机械切削加工技术

[德]阿明·施泰因米勒等 —————— 著

杨祖群 —————— 译

［中文版第二版］

· 第 6 版 ·

湖南科学技术出版社

机械制造工程专业教材——欧罗巴教材出版社

机械切削加工技术

最新整理，第 6 版

阿明·施泰因米勒（Armin Steinmüller）先生主持，
职业教育学校教师和工程师编纂

欧罗巴教材出版社 · 诺尔尼，富尔玛股份有限公司及合资公司
杜塞尔博格大街 23 号， 42781 哈恩－格鲁腾市

欧洲书号：14914

作者和出版商：

本书作者均为职业教育机构的专业教师和工程师：　　　　　　地区

Oliver Bergner（奥利·菲·博尔克纳）职业教育硕士　　　　Dresden（德累斯顿）

Michael Dambacher（米歇尔·达姆巴赫）硕士工程师　　　　Aalen（阿伦）

Thomas Gresens（托马斯·格莱森斯）职业教育硕士　　　　Schwerin（什莫林）

Ralf Kretzschmar（拉尔夫·克莱茨沙尔）硕士工程师，　　Lichtenstein（列支敦士登）
工程教育硕士

Dietmar Morgner（迪特玛·莫克纳）硕士工程师，工　　　Chemnitz（切姆尼茨）
程教育硕士

Armin Steinmüller（阿明·施泰因米勒）硕士工程师　　　Hamburg（汉堡）

Falko Wieneke（法尔克·维涅克）硕士工程师　　　　　　Essen（埃森）

本教材编写小组感谢弗莱默博士先生和罗尔先生从第 1 至第 5 版的合作。

本教材编写小组和审稿部的领导：
Armin Steinmüller（阿明·施泰因米勒），硕士工程师，汉堡

图片草稿：本书各位作者
照　　　片：借用多家公司（公司名称索引参见本书末页）
图片处理：诺依曼（Neumann）图片生产公司，地址：Rimpar（里姆帕）
　　　　　　欧罗巴教材出版社图形符号处理部，地址：Ostfildern（奥斯特费尔德）

本书按照最新官方正字法编辑出版

第 6 版，2015 年出版，修正后再版 2017 年
第 6 次印刷
本版次的各次印刷均可以互换使用，因为直至最新纠正的句子和标点符号错误而做出的相应更动
都是相同的。

ISBN 978-3-8085-1496-2

© 2015 年欧罗巴教材出版社·诺尔尼，富尔玛股份有限公司及合资公司出版，42781 哈恩－格鲁
腾市
http://www.europa-lehrmittel.de
文　　　本：克鲁特股份有限公司（Kluth GmbH）文本＋平面设计制作间，50374 Erftstadt（艾尔
　　　　　　伏特斯塔特）
封　　　面：图片制作 Jürgen Neumann, 97222 Rimpar（里姆帕）
封面照片：Seco Tools GmbH, Erkrath（艾尔克拉特）
印　　　刷：M.P. 印刷和媒体资讯技术公司，33100 Paderborn（帕德博恩）

序言

从第4版起，这本用于机械切削技工职业培训的教材已经体现出革新后新型教学计划的脉动，成为本书内容划分的基础。在不割断各个教学单元内容内在系统关联的前提下，学习单元和教学单元在很大程度上以总体教学计划中学习单元5至单元13的学习目标和内容为准则。教学中置于首位的是设置具体的、服务于培养职业技能能力的职业培训任务。除教授机械切削技工核心技能外，我们还重视培养技工独立工作以及继续深造所必需的所有职业技能。

本页右边列出的本教材的分类主要还是以总体教学计划为基准。为了能使本书内容的焦点集中在切削技术范围之内，教材开端和结尾均设立并划分了学习单元之间互有重叠的专业范围。

本书第一章即设想出描述一个虚拟企业完成各种不同切削加工任务的场景。接续下去的章节中，本书通过特定学习场景中具体的切削加工任务反复重返这个虚拟企业。

本书的作者们在传统加工技术的基础上介绍最前沿的现代切削加工技术。在本书的第6版中，我们几乎在每一章中都增补新技术和新的加工方法。有7章的结尾还增加专业英语学习单元。

为方便读者迅速查找重要信息，本书除列举详细的内容目录外，还为读者提供了附有英文翻译的专业词汇索引。第一章绘制出一个关于本书各具体学习单元及其学习目的和学习内容的概览图。其中列举了针对各学习单元具体到书中第几页的学习提示，在那里可以找到相关的学习内容。

载有关键句子和公式的书页设计也使页内的文本与插图相互之间密切地联系起来。本书共选用了约2000幅照片，但如果图形表达能够更准确地表述问题的实质，则图纸和图片的选用仍优先于照片。

在此，我们感谢读者们对本书错误作出的提示以及更正建议，同时对所有改善本教材的新建议谨表谢忱，并请您将建议发至 Lektorat@europa-lehrmittel.de。

作者和出版社
2015 年春

锥齿轮—滚铣床

目　录

1　机械制造加工人员的任务范围

机械制造加工人员在金属加工工业和手工加工企业中工作。他们在普通或数控加工机床以及柔性加工单元上，主要通过切削的方法，将金属或非金属工件材料制造成为单件的或系列的产品（图 1）。

■ **典型的职业行为**

在对加工工作进行准备时，技工们分析加工任务单，检查其工艺的可行性。为此，他们需对加工系统，输送系统和检测系统进行设置（图 2）。在单件和小批量工件加工时，他们还需独立计划加工进度。

切削技工编制、修改和优化数控加工系统的程序（图 3）。参照质量指标，他们执行加工过程，他们还需在考虑时间和经济特性值的条件下控制和检查这个过程，保证加工设备充分实现其过程能力。

切削技工在质量管理范畴内根据检验方法对检验数据进行计算和评估，将检验结果记录建档。他们据此采取相应的措施优化加工过程。

为了完成切削加工的专业任务，他们有意识地求助于保证产品质量和保障劳动安全的标准，规则和条例。检查安全装置，执行必需的维护保养工作。机床功能出现故障时，他们需参与系统探查故障原因并排除故障的工作。

他们使用德语版和英语版的数据页，手册和操作说明书，将信息系统和通信系统用于获取信息，处理任务单并建立加工结果文档等目的。

机械制造加工人员以团队形式工作在许多企业里，他们积极协调与企业其他部门同事以及工友的工作。

图 1：切削加工

图 2：计算机数控（CNC）机床的设置

```
%7707
N01 G17
N02 G54
N03 G97 S630 T01 M06
N04 G90
N05 G00 X-55 Y0 Z2
N06 G00 Z0
N07 G01 X150 F250 M13
N08 G00 Z2 M09
N09 G97 F1250 S3980 T02 M06
N10 G00 X120 Y-40 Z2
N11 G00 Z-4.25 M08
N12 G22 L2002 H1
N13 G00 Z-8.5
N14 G22 L2002 H1
```

图 3：计算机数控（CNC）程序（节选）

VEL 机械股份有限公司

■ **典型的企业运营场景**

　　下述场景简短描述了虚拟企业 VEL 机械股份有限公司（地址：康斯坦丁大道 12 号，邮编：09120，谢姆尼茨市），提供了企业选择加工订单的最重要信息。这些不同订单的信息在本书的不同段落中均针对该章节主题进行相应的补充和深化。

　　VEL 机械股份有限公司是金属加工工业的一家中等规模企业，雇有员工约 220 名，并培训 25 名各种企业技术和商业管理领域的学徒。他们采用金属和非金属材料，通过切削加工方法制造出各不相同的单件或系列产品零件。这个企业主要的商业内容是作为汽车工业零部件供应商从事它的经营活动。

　　在加工方面，该企业使用几乎所有切削成型的加工方法。VEL 机械股份有限公司的机床设备清单上包括传统技术和数控技术加工机床，以及柔性加工设备。企业的运行过程及其产品均经过质量管理，该企业已获 DIN EN ISO 9001:2000 质量认证。企业各部门的组织结构均为独立的经济单位，所以，即便在企业内部，所有工作的定向均以客户和市场为基准。

图 1：夹头

　　通过六个典型的客户订单即可管窥加工任务多样性和机械加工范围广泛性之一斑，本书也数次作为举例提及这几个订单。

　　夹头是一种典型的回转件，它首先通过普通车床加工出单件样件（图 1）。如果该样件符合客户订单要求，继而转向 CNC 车床进行成批工件加工。

　　在学徒培训车间制造立式钻床工作台是企业内部的一项加工任务，按计划它由第 2 学年学生使用普通铣床完成（图 2）。

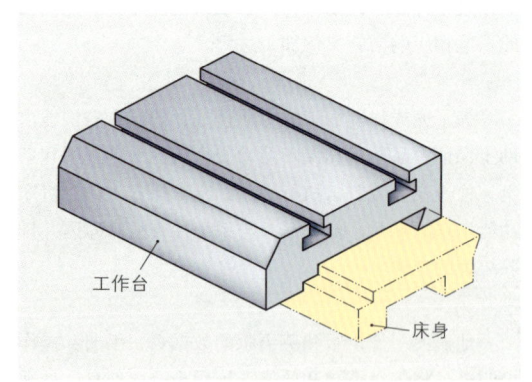

图 2：机床工作台

　　由于传动轴表面材质的高标准要求，工艺上，CNC 车床粗加工后，应由 CNC 外圆磨床完成精加工（图 3）。对于汽车制造商而言，传动轴由供货商大批量生产供货。这种加工将采用选定的质量管理方法进行监视和控制。

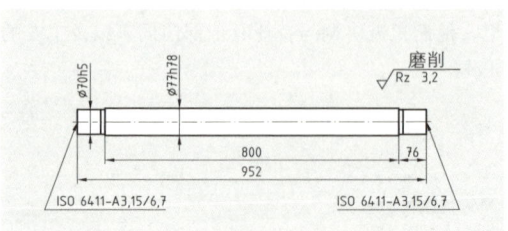

图 3：传动轴

花键轴的制造要求使用多种不同的加工方法。除车、铣、镗、磨之外，还需热处理（图 1）。这些加工需在本企业之外进行。同时也因为花键轴必须"及时"向汽车制造商供货，所以，在加工工艺时间调度组织方面对这样一个工件的要求是最高的。

图 1：花键轴

VEL 机械股份有限公司为大量夹具制造商制造各种零件。例如小批量加工 CNC 铣床专用虎钳底板（图 2）。

套筒式扩管芯轴的功能要求其零件加工公差小，表面材质高（图 3）。它的若干零件必须采用多种加工方法方能满足加工质量要求。为此需在 CNC 加工中心完成其加工任务。

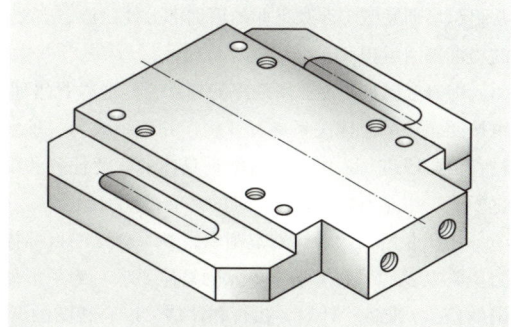

图 2：机床专用虎钳底板

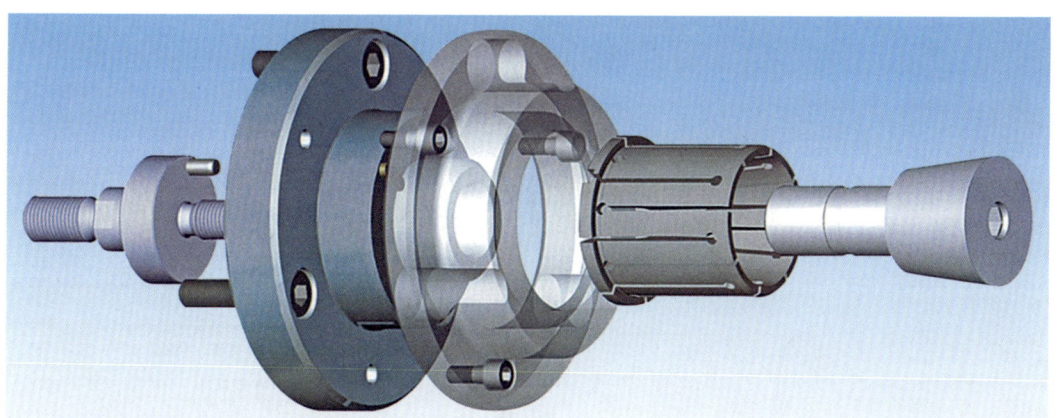

图 3：套筒式扩管芯轴

VEL 机械股份有限公司的一种新产品是传动轴（图 4）。公司采用先进的加工组织和质量管理方法计划、实施、监视和控制这个零件的加工。

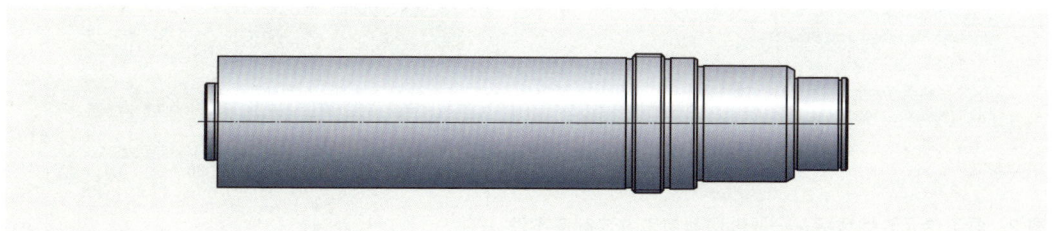

图 4：传动轴

■ 切削技工的职业培训

机械制造加工人员培训采用双元制职业培训方式。培训场所包括培训企业和职业技术学校。培训时长持续达 42 个月。

与常见职业培训相同，切削技工的培训必须涉及所有常见切削加工范围内各种不同的切削加工机床系统。为满足这些要求，部分高度专业化的培训企业通常组织培训联盟。涉及企业的培训部分便由服务企业的培训部门承担。

图 1：在现代化实验室内举办的职业技术学校课程

随着金属加工工业新秩序的建立，职业教育培训也按照企业的总体关系进行开发，并组织成为一种独立的商业过程。专业知识和职业能力与技巧的获取应按过程分阶段进行。因此，应根据具体的职业任务和学习单元的进度设置职业技术学校的课程，始终把开发学生职业工作能力作为教学培训的终极目标（图 1）。

在职业培训教学计划范围内，学习单元的目标描述着重于在学校学习过程结束时应达成的职业技能和能力。它也表达了各个学习单元的具体要求。为了形象地阐明和准确地定向，下面几页的内容涉及学生学习范围的信息 / 准备，计划，执行和评估，以心智图的形式表述学习单元 5 至单元 13 的重要目标，并配上它们在本书中的具体页数，其内容为达成各自单元的目标大有裨益。

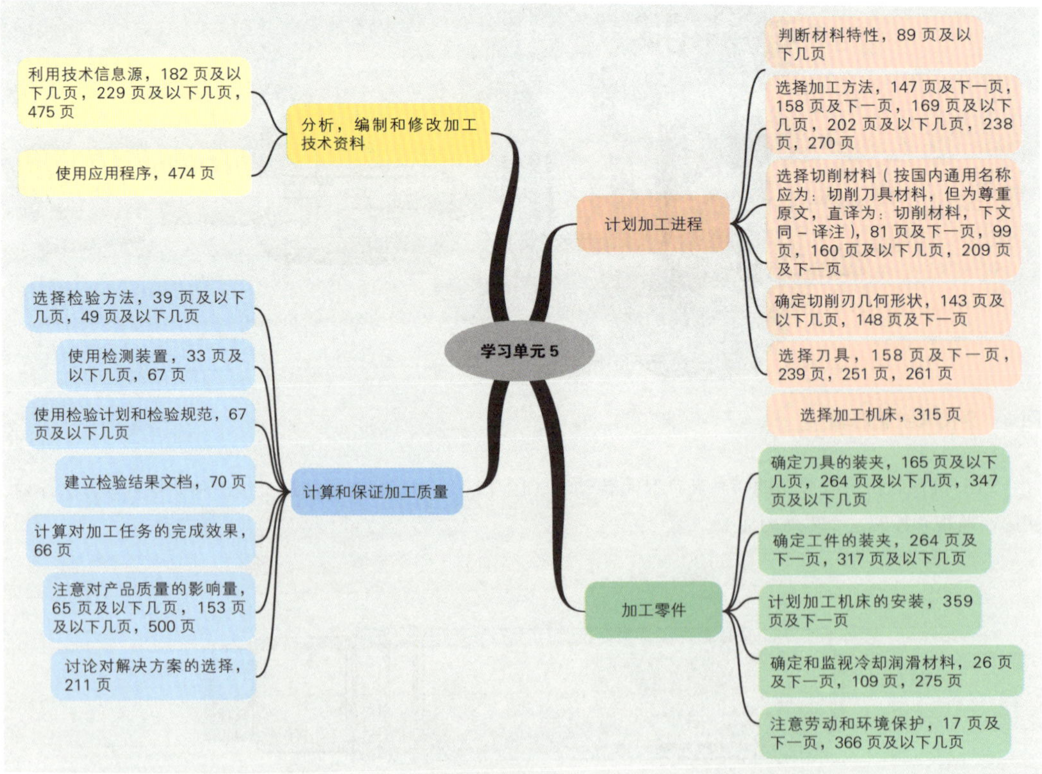

判断材料特性，89 页及以下几页

选择加工方法，147 页及下一页，158 页及下一页，169 页及以下几页，202 页及以下几页，238 页，270 页

选择切削材料（按国内通用名称应为：切削刀具材料，但为尊重原文，直译为：切削材料，下文同－译注），81 页及下一页，99 页，160 页及以下几页，209 页及下一页

确定切削刃几何形状，143 页及以下几页，148 页及下一页

选择刀具，158 页及下一页，239 页，251 页，261 页

选择加工机床，315 页

计划加工进程

利用技术信息源，182 页及以下几页，229 页及以下几页，475 页

使用应用程序，474 页

分析，编制和修改加工技术资料

选择检验方法，39 页及以下几页，49 页及以下几页

使用检测装置，33 页及以下几页，67 页

使用检验计划和检验规范，67 页及以下几页

建立检验结果文档，70 页

计算对加工任务的完成效果，66 页

注意对产品质量的影响量，65 页及下一页，153 页及以下几页，500 页

讨论对解决方案的选择，211 页

计算和保证加工质量

学习单元 5

确定刀具的夹装，165 页及以下几页，264 页及以下几页，347 页及以下几页

确定工件的装夹，264 页及下一页，317 页及以下几页

计划加工机床的安装，359 页及下一页

确定和监视冷却润滑材料，26 页及下一页，109 页，275 页

注意劳动和环境保护，17 页及下一页，366 页及以下几页

加工零件

图 2：学习单元 5 的目标——通过切削加工方法制造零件

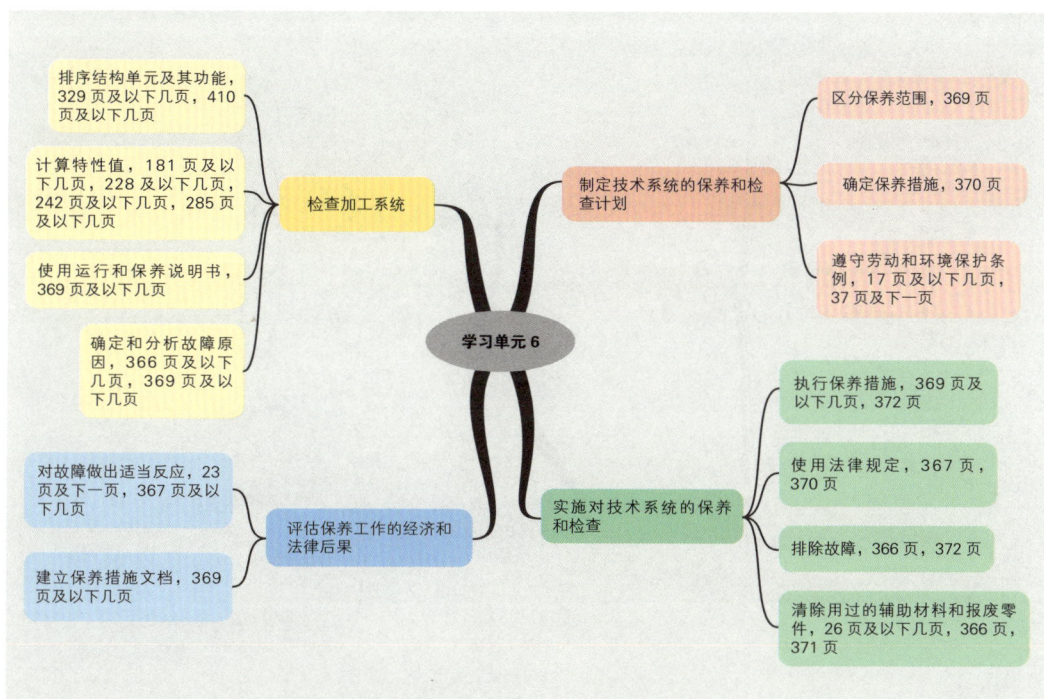

图1：学习单元6的目标——加工机床的保养和检查

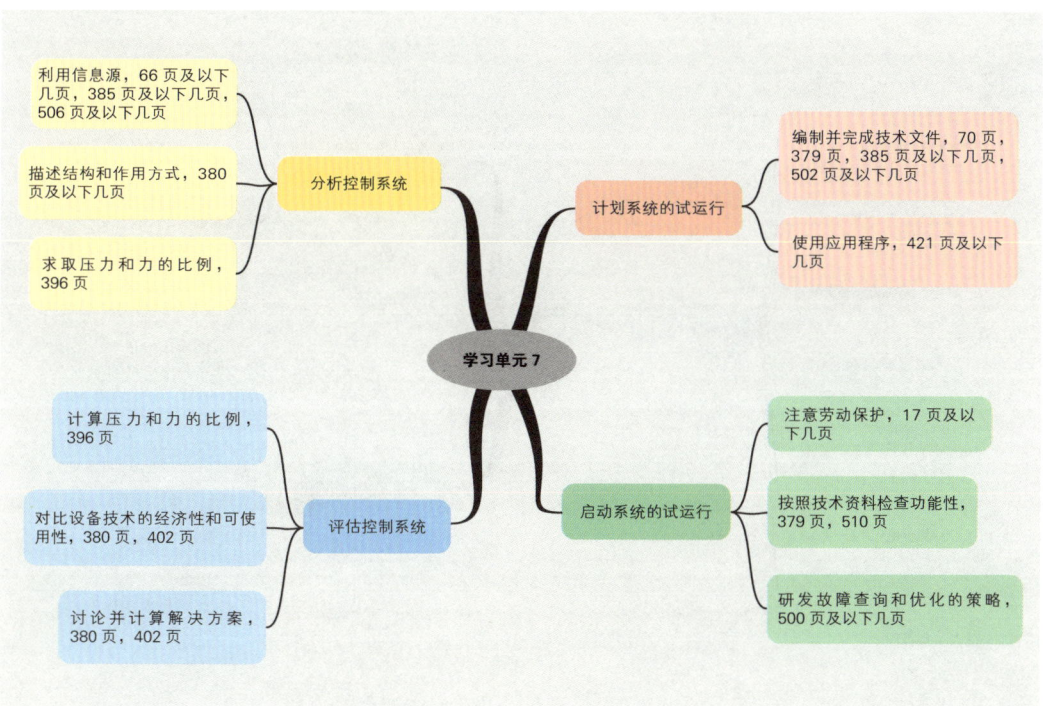

图2：学习单元7的目标——控制系统的试运行

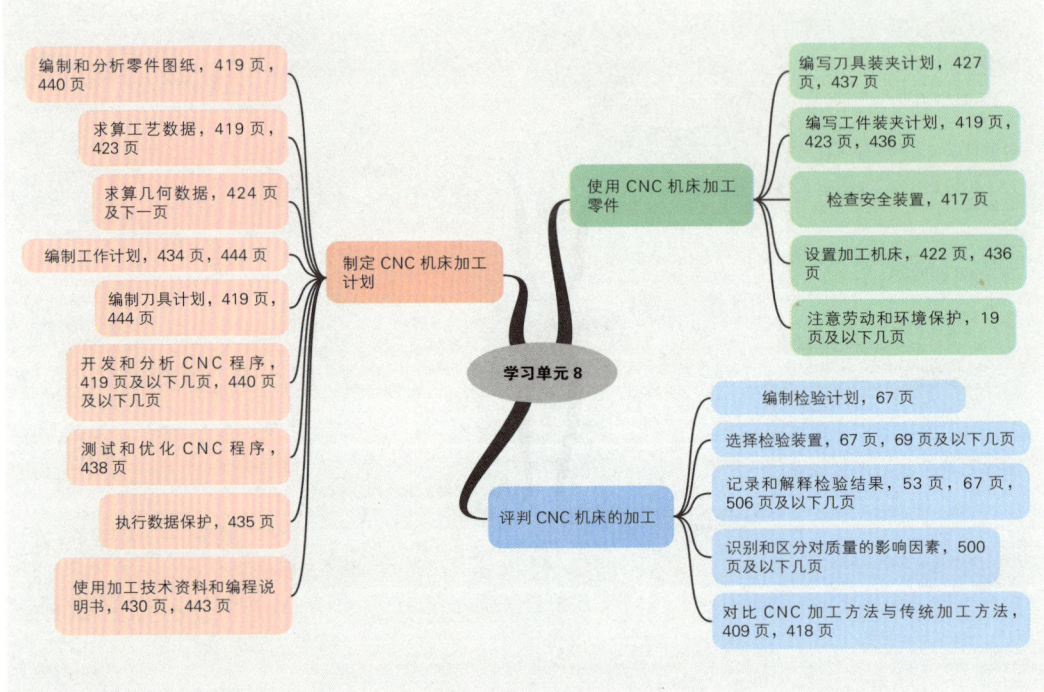

图 1：学习单元 8 的目标 —— 数控加工机床的编程和加工

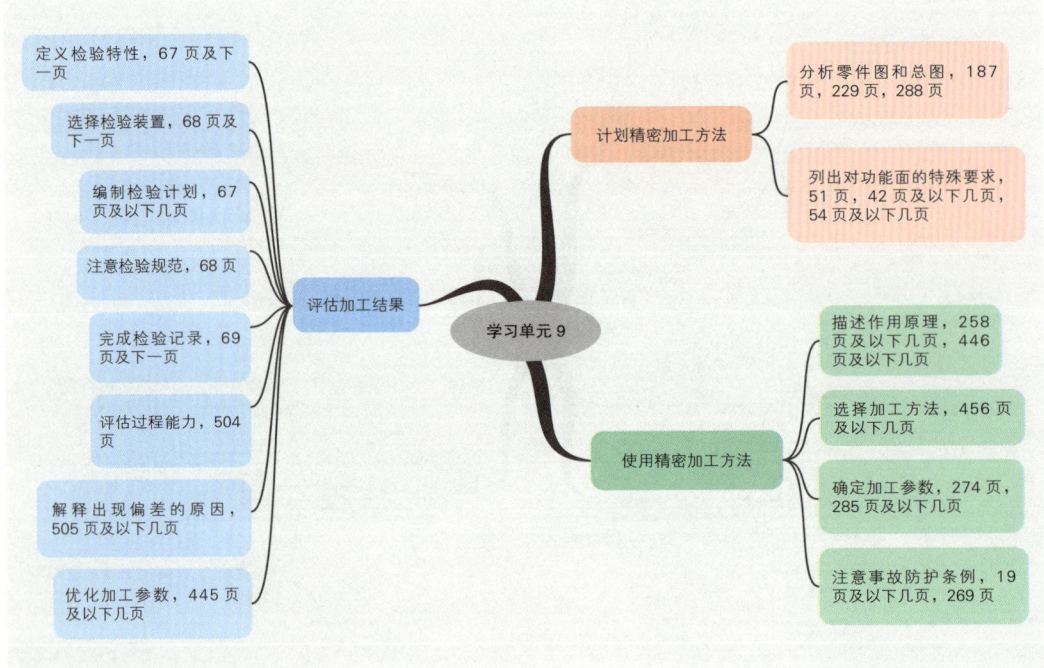

图 2：学习单元 9 的目标——采用精密加工方法制造零件

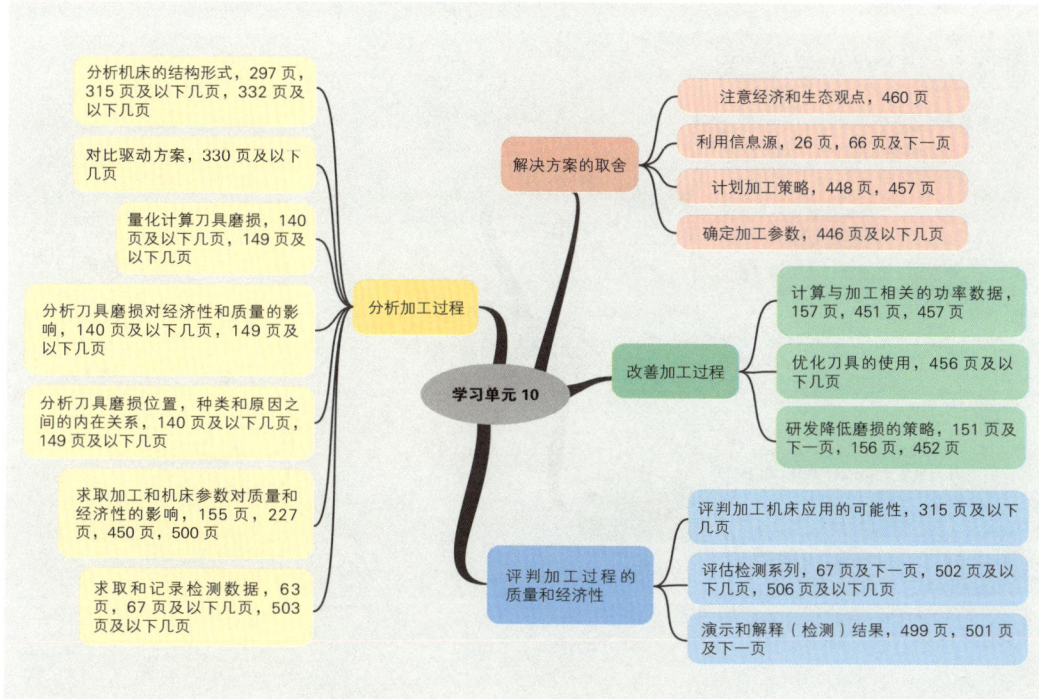

图 1：学习单元 10 的目标——优化加工过程

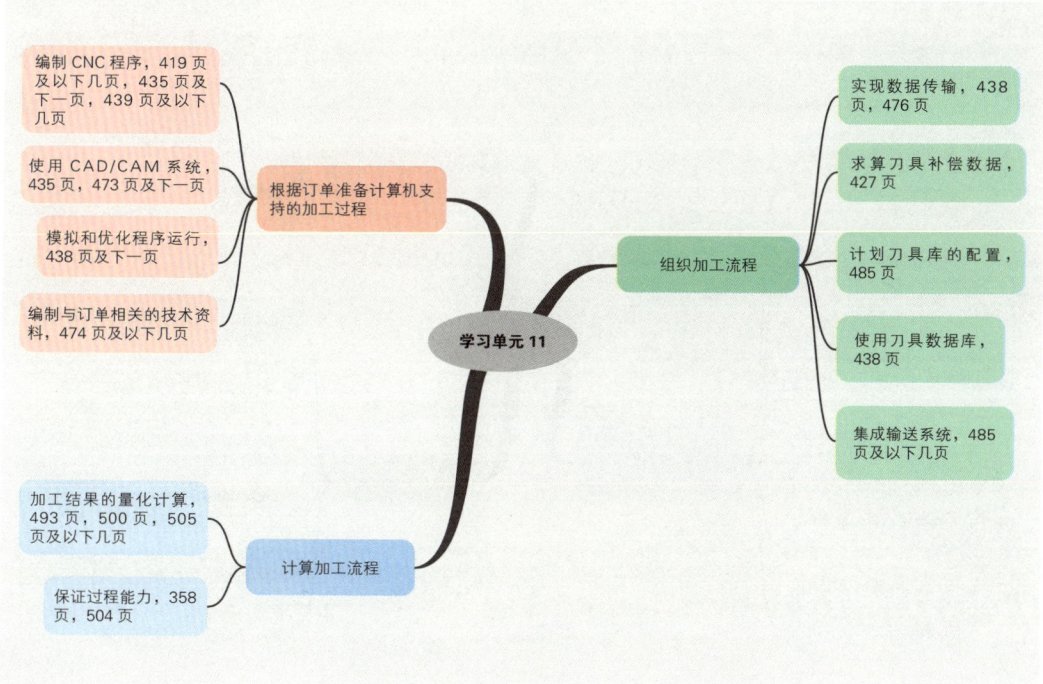

图 2：学习单元 11 的目标——计划和组织计算机支持的加工

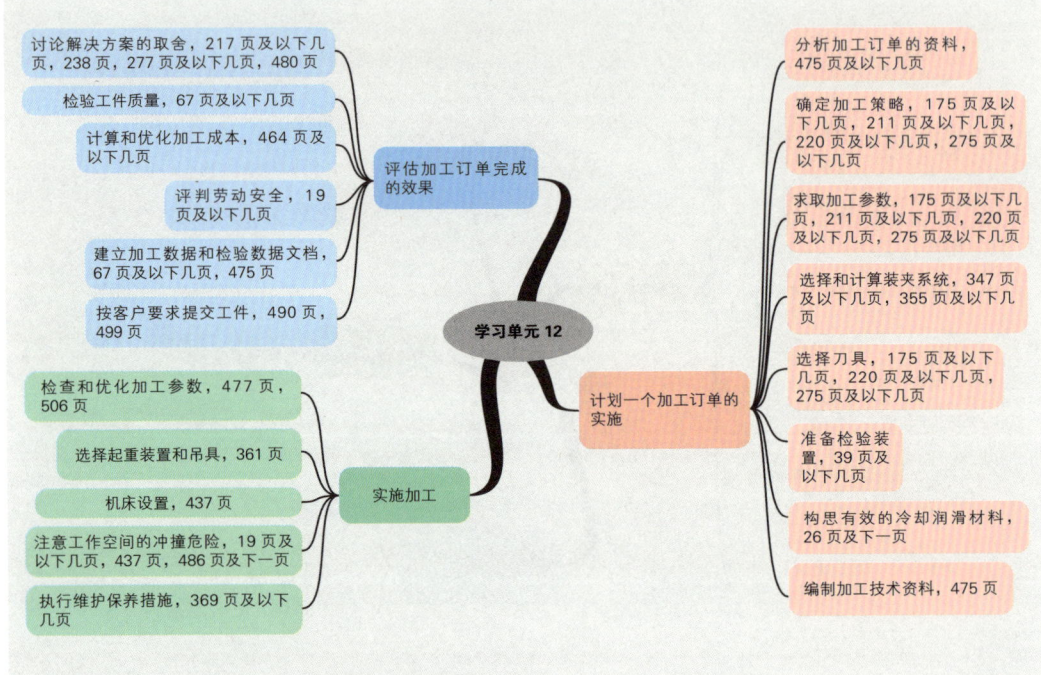

图 1：学习单元 12 的目标——准备和实施单件加工订单

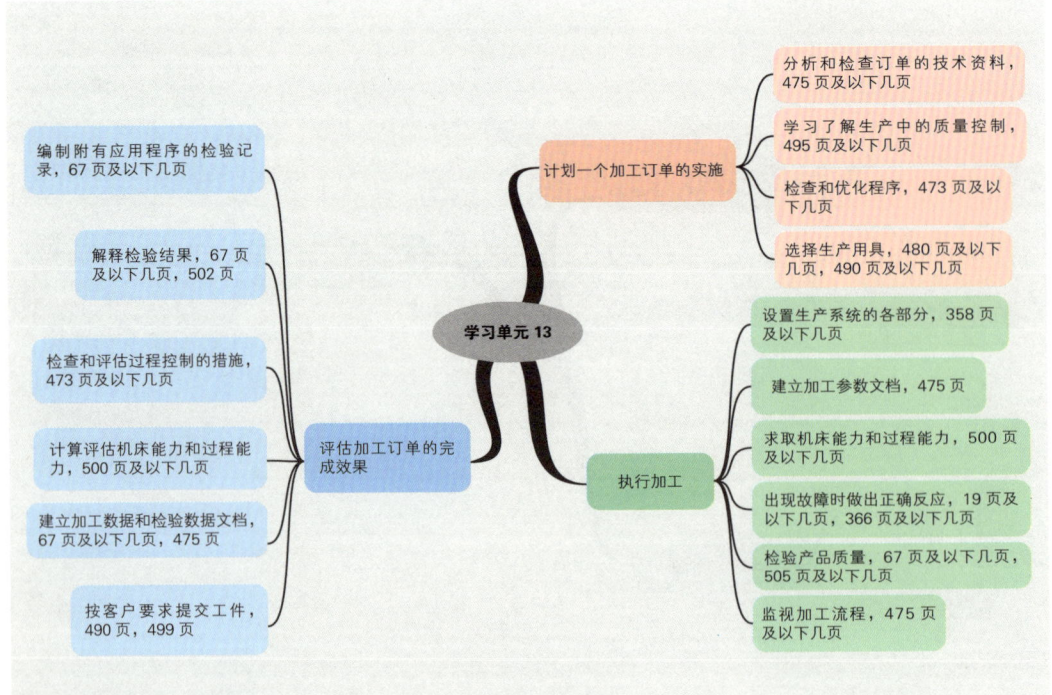

图 2：学习单元 13 的目标——组织和监视系列生产的加工过程

2　切削加工的劳动安全

随着劳动市场机械化程度的迅速提高，从约200年前开始，员工在劳动过程中所受伤害的事故也越来越频繁和严重。由于劳动市场人员数量极为庞大，很少有人关注员工的人身安全诉求。工伤事故天天发生，员工丧失劳动能力后，便被随意解雇。消除事故原因需采取的措施对于企业而言过于昂贵，因为企业从中完全无利可图。

为结束这种弊端，从20世纪下半叶开始逐步创立保护企业员工生命和健康的法律。时至今日，这类法律已成为我们国家"社会网络"的一份子并导致机器和设备的制造必须遵循安全标准。

2.1　普通劳动安全规则

德意志联邦共和国的劳动保护涵盖规则和禁令，它们划分为两种类型的保护条例。

国家条例确定了六个不同领域的劳动保护：

- 车间规则规定了工作车间的状态（例如照明，通风，卫生设施等）。
- 设备安全法对使用机床，装置和设备的安全措施提出要求。
- 危险物品条例要求通过准确定义的说明对所有危险物品做出标记。
- 工作时间规定要求对指定劳动类型必须遵守工作与休息时间的规定。
- 根据青年劳动保护法，年轻人在劳动类型和时长方面适用特殊的劳动保护法。
- 在劳动安全法中要求立法者对工位的劳动保护提出企业方面的补充措施。在执行劳动保护法方面，除雇主外，企业职工代表委员会，以及根据企业类型和规模所设立的安全受托人和其他专业力量，也应参与其中。

所有这些法律和条例以及规定在受保护人不知晓或有意识轻视且不遵守的情况下，都将变得毫无用处。因此，对于企业的新人，必须让他们通晓这方面的知识：

> 您必须知道！
> 您不能接受"明知故犯的同事"的疏忽大意。

图1：职业协会徽标

图2：示范性手法绘制的工位安全宣传画

职业协会事故预防条例规定了使用机器，装置和设备时避免事故的一般性事项。

制造商在允许销售例如一台加工机床之前应首先获取官方检验标志。此外，只有当该机床已遵守所有安全规定之后，才能获准投入运行。

2.2 警告牌和提示牌

为达到"一眼认出"危险的目的，特别研发出人人都能辨识的符号标志，即便文盲或不能识读本地语言的外国人也能认出。这些标志分别标示禁止，指示或提示，并以类似方式应用于全世界。这些标志划分为不同的颜色和形式。

> 禁止是任何情况下都必须遵守的禁令！否则将以人的生命为代价，包括违禁者本人。

所有的禁止标志均为一个圆圈加黑色的被禁行为。圆圈为红色，加一根红色斜线。违禁者将承担法律后果（图1）。

> 指示标志规定了可保护从事危险工作人员人身健康的指定措施。

指示标志为蓝色，圆形和需使用的保护用具。不遵守指示者虽在事故中受到伤害却可能遭遇保险公司拒付（图2）。

> 若干警告标志标记出只允许非常谨慎或专业授权人员才能涉足的危险区段。其他的警告标志则警示装在容器内的危险物品（图3）。

警告标志为三角形。在黄底上用黑色描述其所警告的危险。

> 救生标志提示在紧急情况下的逃生通道和地点。

救生标志为绿底白色，正方形（图4）。

■ 火灾防护

机床旁的禁烟标志有效范围8m，门边的禁烟标志有效范围指其后面的整个房间。这里的地面上可能有可燃液体或爆炸性气体。电气设备，例如机床，或液体起火时，不允许用水或湿法灭火器灭火。因此请您在新工位上首先了解灭火器的用法！必须尽快更换空的或失效的灭火器。发生火灾时应永远记住：

> 先报警，再灭火！

- 拨打紧急求救电话120求救或火警电话119报警。
- 在狭窄且已燃房间内的第一要务是良好的通风，因为烟雾极可能危及逃生的人们，而通风有灭烟的效果。
- 灭火时不要高估自己的能力。人身健康比抢救机床和设备更为重要。

一般性禁止标志　　禁止吸烟

禁止明火；禁止　　禁止步行者进入
开放火源和吸烟

图1：禁止标志

请使用听力　　请使用眼睛
保护器具　　保护器具

请使用手部　　请使用足部
保护器具　　保护器具

图2：指示标志

一般性警告标志　　激光射线警告

图3：警告标志

紧急逃生通道（向左）　　急救站

图4：救生标志

2.3 加工机床旁的劳动安全

若干劳动安全的规则特别适用于在加工机床旁的工作，通过特别的规则补充到每一个工位。本节所列均为最重要的规则。此外各企业还补充其特有的规定。

> 务请遵守所有安放和张贴的禁止标志，指示标志或警告标志！

此外，您也会危害在场的所有其他人员的健康。请您考虑设备和建筑物遭到毁坏的结果。您可能因此失去工作！

在所有较大型加工机床上必须安装无论何时均可轻易触及的"紧急关断"开关。应在规定周期之内定期检查此类开关的功能。按下急停开关应能立即关断机器！内置的制动装置必须能够阻止机床的再次启动。

图1：不合适的鞋

2.3.1 普通劳动安全规则

■ **劳动安全涉及每个人！**

- 向负责人报告危险位置或状况并立即采取消除危险的措施！
- 避免在工位上饮食！这样可避免不经意间摄入有毒或致癌物质。有些工作用具对人类生理机制产生的影响可能若干年后才被认可为不健康。
- 请使用劳动保护服，即便这类服装的外观毫无时尚之感！不合适的鞋将因切屑或突然落下的零件伤及足部（图1）。
- 较为老旧的机床上有些回转型零部件未加护罩。这里，请勿靠近，请勿穿着不牢固的衣服。长发必须束扎（图2）。短发也应使用合适的头部保护。尤其是悬挂的首饰（项链），手带，手表和耳环等必须无条件摘除（图3）。
- 更换工件时请注意高温和尖锐的边棱（毛刺）。若有疑问，请使用防护手套。
- 故障的或磨损很大的刀具和机床零件必须及时地予以更换。
- 用压缩空气清洗机床是危险的，只允许在指定条件下使用。
- 工位上保存的液体，如煤油或润滑材料，无论如何不能装入食品容器。防止有人因错拿瓶子而影响健康甚至造成生命危险。
- 即便受到极轻微的伤害也要报告并得到及时处理。此举可避免长期的病患。
- 玩笑、愤怒或戏弄均可降低注意力，可能在机床范围内引发恶劣后果。请等到工作结束！

图2：长发的处理

图3：悬挂的耳环

2.3.2 车削和铣削的劳动安全

由于老旧车床和铣床的主轴不具备保护装置，在这里工作要求务必穿戴劳动保护服。

机床运行时不允许介入切削过程！

● 旋转零部件旁边的人工工作非常危险，请不要尝试。

● 有些工作，如手动横向进给，由于切屑走向的不确定性，务请佩戴防护眼镜。请不要过晚才做出正确的决定！

● 自动车床和 CNC 机床均配装一套封闭的外部罩壳，机床运行过程中若打开罩壳将导致机床立即停机。禁止外力介入这套保护装置，否则甚至可能伤及旁边未介入的无辜者。通过机罩可视窗也可以及时发现切削过程不正常状况的出现和发展，并能够采取阻止措施。如出现故

图 1：CNC 机床的安全装置

障，可设置自动排屑输送装置，由此避免直接接触危险的切屑（图 1）。

● 抽吸加工过程中产生的气体，防止冷却润滑剂产生的不良气体。

● 清除紊乱切屑，螺旋切屑和带状切屑时仅允许使用规定的工具（例如钩子）（图 2）。切屑本身可毫不费力地割破防护手套。

图 2：除屑工具

■ 切屑可能温度极高且有锐利边棱。请使用刷子或带柄小扫帚。长切屑在清除时可能快速回弹。

● 车刀磨锐时应将所有多余的边角和边棱整圆。

● 请始终注意精确的调整和工件的正确夹紧。否则工件可能松动并达到极高的击穿力（离心力），从而导致高昂代价。

■ 车削加工时需特别注意：

● 夹紧和松开工件时不能忘记取下卡盘扳手（图 3)!

● 只允许使用带有回转护罩的鸡心夹头！

图 3：卡盘扳手

■ 铣削加工时需特别注意：

● 接通机床之前必须设置保护装置处于完全有效的状态（图 4）。

● 多刃铣刀要求较高的切削力。因此，夹具的位置必须精确。

● 铣刀受损后必须立即更换。

图 4：铣床保护装置

2.3.3　磨削的劳动安全

今日的磨床已普遍装备安全装置，如护罩和紧急关断按钮。因此，这里的安全规定与其他 CNC 加工机床的相同。

随着时间的推移，必须在工具磨床（砂轮机）上磨锐刀具。

● 干磨时必须始终佩戴防护眼镜。

● 必须严格遵守更换砂轮盘的装配规定，因为高速旋转的砂轮盘可能因碎裂而产生严重的破坏作用（见 269 页的条例）。

● 定时检查防护罩的正确位置（图 1）。

● 工件的所有支承面均必须与砂轮密切接触。砂轮盘与支承的间距不允许超过 3mm！

● 铝-镁粉尘具有爆炸危险！因此在加工这类材料工件时严禁使用不加护罩的灯具和明火。

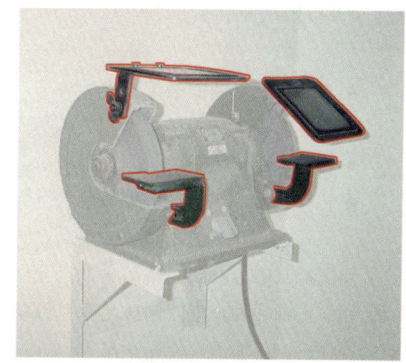

图 1：配装护罩和支承架的磨床

2.3.4　钻削的劳动安全

> 钻孔时需注意保护工件，防止出现中度和重度开裂。

这种情况很少由工件自重所致。但一般仍需通过专用工装和钻床工作台固定夹具夹紧待钻工件（图 2）。这里也需要使用已知工具清除钻屑。

除一般规则外，尤需注意：

● 为避免出现工伤，锐边孔一般均接着打沉孔。

● 长发操作人员必须始终穿戴合适的帽子！

● 严禁在手工钻削时佩戴手套。

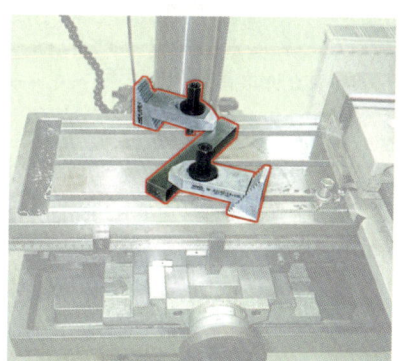

图 2：稳固夹紧防止重度开裂的工件

2.4　使用起重设备和吊具的劳动安全

若接到将若干重型工件吊装至运输车的任务，首先必须使用起重设备（吊车）。为确保吊装安全，必须注意吊具的选用。

吊具指吊钩，吊环，链条，吊带和专用工装，使用吊具可将重物安全地起吊或稳固地放入运输车。但某些企业对于事关安全的重要吊具却未予以足够的重视（图 3）。

图 3：锈蚀的吊具

吊具不允许用作人员（在高处工作时）的防护装备（例如吊带，绳索或弹簧钩等）。某些规定可能有一定偏差，但仍适用于此。吊具必须随机配备德语使用说明。至少必须标出下列可长期识读的数据（参见361页及以后几页）。

- 名称，制造商的徽记或商标。
- 承载能力（与起吊类型相关）。
- 材料。
- 标称长度（吊带或类似物品）。

使用说明中可看到，该吊具是否允许用于这个目的，如何正确和安全地使用该吊具，以及出现何种类型的损伤后，不能继续使用该吊具。

使用后应重读吊具的操作说明，通过正确的仓储和保养措施使吊具保持尽可能长的使用寿命。

图 1：吊具

> 只允许年满 18 岁，且受到专业授权人指导的员工使用吊具。

只允许在起重设备和吊具均完好无损的状态下使用（图 2）。

为避免操作起重设备和吊具时出现事故，务请遵守下列规则：

- 任何人不允许在起吊的重物下穿过和停留！
- 吊链，吊带和圆绳套不允许打结或绞合！
- 吊绳，吊链，吊带和圆绳套均不允许在锐利边棱表面张紧和拉伸，可能导致断裂。
- 锐利边棱必须整圆或加装保护软管！
- 吊钩必须配装安全搭扣，不允许钩尖部有载荷！
- 炎热的工作环境或炽热的工件均可降低吊具的承载能力！
- 受损的吊具不允许继续使用（例如绳索和多股

图 2：出现故障的起重设备

绞合绳断裂，吊带切口，向上弯曲的吊钩）！
- 吊具的仓储必须按操作说明书执行！
- 吊具设计的承载能力必须至少符合吊装物品的质量！
- 每次使用前必须至少目视检查吊具和起重设备是否有缺陷！
- 起吊物品必须稳固防滑，防掉落和倾覆（止挡），使起吊物品无法松脱！
- 物品起吊和落下的全过程必须处于操作人员的完全掌控之中！

2.5 对加工系统的安全要求

加工系统可显著提高生产率。

半自动或全自动加工系统常常自动完成加工过程的若干步骤。它们由计算机控制。工件由机器人实施检验，夹紧或送入下一个生产步骤。

这里，对加工系统的要求是，尽可能少占位置，因故障或保养导致的停机时间尽可能短，并能全程监视加工过程。

但安全措施无法简单地相互衔接。如果这些加工系统不能利用专用的安全装置，那么位于机器作用范围内的工作人员将处于高度危险之中。因此，在欧洲范围内有一系列标准和准则精确调控着对加工系统的安全要求。

自动化加工系统必须按照特殊安全规范监视各个加工机床的运行。

- 任何人均不允许在系统运行过程中踏入加工系统的作用范围。通过不同的安全装置可以阻止人员误入。
- 固定的或可解除联锁的防护墙。

只有在防护墙完全封闭的状态下，机床才能运行。防护墙已牢固固定，防止工件飞出。

- 机械保护元件。

通过止动挡块可将机床零部件（例如机器人的机械手）的作用范围限制在非危险区域内。此外，还可通过这种措施减轻因程序或软件错误所产生的错误功能对人员和机床的不良后果。

- 定位开关。

只有当操作人员处于指定位置时（平台）或指定操作元件持续动作时，才能对机床实施操作。

- 光电保护装置。

如果系统作用范围内有人进入，光电开关，激光扫描或类似有效器件可使机床立即停止运转。

- 行为规则。

所有安全装置均不允许以简单的方式或方法使其失去作用。机床上必须配装足量的紧急关断开关。

机床的设计必须使人员因绊倒或滑倒而进入机床的概率极低。设计机床时，可以通过扶手、栏杆或防滑地板来防止人员因绊倒或滑倒而进入机床。

表 1：若干安全标准	
ISO 11161	集成加工系统的安全
ISO 10218	工业机器人，安全
EN 1088	联锁装置
EN 953	分离的保护装置
EN 349	避免身体滑倒的最小间距
EN 811	下肢的安全间距
EN 294	上肢的安全间距

图 1：加工单元

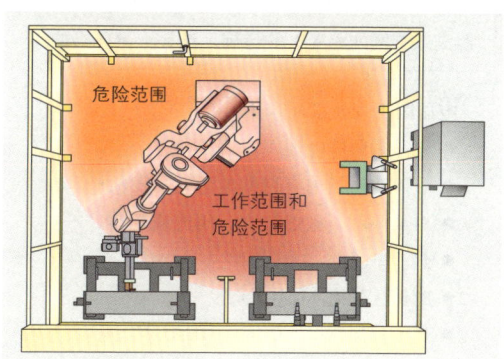

图 2：危险范围

- 较新制造年份的每一台机床均不允许超过指定的噪声值。该数值在操作说明书中有明确规定。
- 如果机床运行中产生的有毒蒸汽或雾（例如冷却润滑材料）达到危害健康的浓度，必须按规定使用有效的关断系统（见 26 页）。

2.6　使用电气器件和装置

电气装置现已占领我们生活的众多领域。早晨的收音机，上班乘坐的有轨电车或使用手机拨打的电话等，但这一切没有电力的供给是无法想象的。同理，如果没有电力驱动的机器和设备，切削加工企业内大部分工作也是无法完成的。

人人皆知，人类直接接触电流可造成人身伤害。但为什么造成伤害以及从何时电流开始变得危险的呢？

人类的神经系统和许多其他的功能均由极弱的电流控制。如果外来电流叠加到人自身的电信号，将产生人无法控制的反应。一只手将强烈痉挛，以至于无法松开握住的导线。心脏也获得错误的信号，不再按照正常的节律跳动。血液不再输送氧气给大脑。这些反应在几秒之内即可造成大脑损伤并导致死亡。电流也可直接破坏若干细胞甚至整个身体器官。

为避免这种悲剧的发生，所有通电的装置和零部件（例如电缆）必须完全绝缘。

一个装置及其附加的若干装置的每一个电流电路均必须配装熔断器，在电流不正常时立即切断电流。

> 电气熔断器触发后，重新启动装置运行之前，必须找出触发的原因。禁止采取一切使熔断器失效（例如跨接）的措施，这是十分危险的。

电压因下列要素而产生：
- 光（太阳能电池）。
- 导体在磁场内有目的地运动（发电机）。
- 对某些材料施加拉力，压力或弯曲。
- 热。
- 摩擦（静电）（图 1）。
- 化学反应。

■ 导电体

电流导通效果极好的材料，例如铜，铝，金，若干气体和液体。

■ 绝缘体

电流导通效果极差的材料，例如许多塑料，陶瓷

■ 电压（U）

人类允许接触的最大电压：交流电 50 V，直流电 120 V。

■ 电流强度（I）

危险的电流强度	
10 mA 以上	肌肉痉挛
25 mA 以上	甚至可导致骨折的强烈的肌肉痉挛
80 mA 以上	心室纤维颤动，直至死亡
5000 mA 以上	身体内外的强烈燃烧

电击事故的急救措施
- 切断电源
- 将触电人移出危险范围
- 呼叫医生
- 实施保持生命或消除痛苦的"急救"

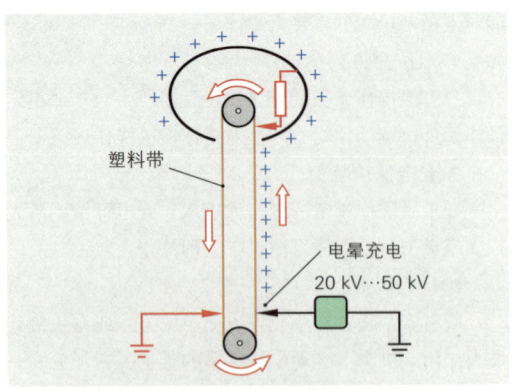

图 1：范德格拉芙发电机（摩擦生电试验）

作业：

请查询通过哪些材料或设备可产生并利用电压的实例。

加工机床几乎所有的运行装置均为电驱动。与带电零部件的直接接触常会导致严重伤害，甚至死亡。此外，故障电器还会导致火灾或生产停顿。出于这些原因，企业有责任按照 BGV A3，DIN VDE 0701，VDE 0702 等标准遵循规定的时间间隔检查电气装置的运行安全性。

如果疏于检查，许多保险公司拒绝承担相应损失的赔付。如果造成人员受伤或死亡，BG（职业协会）也拒负责任。在这种情况下，雇主将负完全责任并额外承担巨额罚金（图 1）。

> 运行安全性检查的费用远低于承担赔付责任的费用！

截至 2002 年底，汇总并部分修改了企业运行安全条例（BetrSichV）中的许多规则和规定。新版条例规定，雇主必须自己决定，哪些装置必须检验，必须由何人进行检验（图 2）。

根据类型和电气接头移动的可能性，重复检验时间间隔的推荐值和标准值介于 6 个月与 4 年（表 1）。

如果确定仅为轻微损坏，可延长检验期限。

检验分三个步骤进行：

● 目视检验。
● 检测电压和电流。
● 功能检验。

检验后给装置标注条形码或检验日期（图 3）。

如果在某个检验步骤发现异常，该装置不允许继续运行，必须按照 DIN VDE 0701 进行维修。

> 如果确定通电零部件的磨损或损伤增大，应立即报告！但仅允许专业人员实施维修。

图 1：问题成堆的电气安装

图 2：企业运行安全条例

表 1：检验期限标准值	
设备，装置	标准值
位置变动的电气装置	6，12，24 个月
配装插接式连接装置的延长线和装置连接线	6，12，24 个月
带插头的导线	12 个月
带插头和固定接头的运动导线	2 年
位置固定的设备	1 至 4 年

图 3：已检验的装置的标记

2.7 使用冷却润滑剂

> 冷却润滑剂不仅现在，而且具有长期的潜在危害。

就立法者而言，他们关心尽可能地消除危害。而雇主的义务则是，引进新型危险品时注意，如何使企业员工了解相关知识。危险物品条例（GefStoffV）中也规定了企业和事业职工代表委员会的参与权，例如引进新型危险品时的听证权（§19）或在确定技术保护措施和准备人身保护时的共同决策权。

接触冷却润滑剂时工作人员的行为	
1. 获取信息	· 关于现在所使用的冷却润滑剂的信息 · 关于接触冷却润滑剂的规则以及遵守极限值等信息 · 关于法律条文和参与权的信息
2. 行为	· 为保护自身安全 不接触 不吸入 · 为保护工件和工位 保持距离 屏蔽 · 有益于环境 节约使用冷却润滑剂和辅料
3. 检查	· 自己是否始终遵守规则 · 别人是否遵守规则

根据冷却润滑剂在切削过程中的重要特性使用这种材料。基本材料和辅助材料（添加剂）决定着冷却润滑剂的特性。若干碳氢化合物中含有多环芳香烃（PAK）。多环芳香烃被视为致癌物质。其中一个代表性物质是苯并芘，香烟的烟雾中含有这种物质。多环芳香烃又称为烧烤毒物，因为烧烤时的高温脂肪中也含有这种物质。切削过程与烧烤类似，期间，冷却润滑剂中的油也被加热至高温。

苯并芘在空气中的浓度不允许超过 0.002 mg / m³，在冷却润滑液中的含量不允许超过 50 mg/kg。

室内空气中矿物油的含量标准值：

油雾	5 mg / m³
油蒸汽 + 油雾	20 mg / m³

> 必须遵守其极限值的其他物质还有亚硝酸盐，氨气和加氯处理的材料。氯化物燃烧时产生超级毒物二恶英。

使用：继续使用已用过的冷却润滑剂时，最为重要的一点是禁止与其他已用过油类混合。重新使用之前必须清洗冷却润滑剂以及空气。

清洗方法			
清洗	在沉淀池内 通过离心机的过滤器	分离	用气溶胶和蒸汽

清除：残渣的清除由本企业或外部企业实施。清除时，应根据使用者使用有害冷却润滑剂的多寡实行"奖励"或"惩罚"。清除每立方米冷却润滑剂的价格介于不足 100 至约 1600 欧元。

■ **法律规则和企业文件**

由于正确使用危害健康的物品对于所涉工作人员而言具有重要的现实意义，另外，这些物品的危险程度常被低估，立法者已建立一套完整的法律法规体系，用于保护人类及其环境。

防范危险的基础是化学品法。该法律使化学品制造商，冷却润滑剂也属于化学品，必须承担产品责任。化学品制造商有义务对其产品进行分级和标记。危险物品条例（GefStoffV）则对如何使用危险品做出更准确的说明。该法律中分9个段落详细列出有关危险品分级，标记，包装，禁止和处理等方面的规定。

在危险物品条例中规定制造商有义务随产品一起向用户提供安全数据页。以欧美标准为基础的安全数据页向用户提供关于产品的详细数据。

安全数据页包含如下数据：

- 关于制造商。
- 关于产品组成成分。
- 关于配制时可能出现的危险。
- 关于急救措施。
- 关于灭火措施。
- 关于无意泄漏时的措施。
- 关于搬运与仓储。
- 关于限制爆炸（接触时长）和人员防护装备。
- 关于准确的物理和化学特性（颜色，气味，燃点等）。
- 关于清除、运输和标记。

这里，从数页的安全数据页中摘选关于冷却润滑材料的一页作为实例，产品2 Zubora 92 F的组成成分/数据：

化学特性

可与水混合的冷却润滑材料，内含矿物油，固体材料，阴离子和非离子表面活性剂，防腐剂和杀虫剂。内含危险物质：

CAS 编号	名称	含量，%	标记符号	R- 语句
6204–44–2	恶唑烷衍生物	< 3	Xn	20/21/22–36–38–43
	脂肪醇聚乙烯二醇醚	4	Xn	22–36–38

编制并向客户分发安全数据页是冷却润滑剂制造商履行其义务的应有之举。但重要的是，每一台机床的每一个切削技工（包括机床维护保养人员）均应以明确和理解的形式知晓数据页关于他们与这些冷却润滑剂打交道时必须注意的内容。

2010年和2011年，危险物品条例与欧洲规则接轨，并在若干点上形成更为一致和严厉的措词。雇主有义务口头指导和咨询，使其雇员了解所有关于危险品的危害和保护措施的信息。同时对操作说明书最低限度的内容作出明确规定。

节选危险物品条例 §14：对员工的教育和指导

1. 雇主必须确保以一种员工可理解的形式和语言使其知晓载有关于按照 §6 "计算" 判断危险程度内容的书面的操作说明书。该操作说明书必须 至少包含如下内容：

（1）关于工位现存或将产生的危险物质方面的信息，例如危险品的名称，其标记符号以及对健康和安全可能造成的危害。

（2）关于适当的谨慎规则和措施方面的信息，使员工可在工位上保护自己并保护其他同事。

2. 雇主必须确保已对员工口头指导按照操作说明书第1款关于所有可能出现的危险以及相应的保护措施。这类指导的一部分属于一般性劳动医疗 – 毒物学的咨询内容。

非技术人员并不总能清楚地理解安全数据页。对此建议使用辅助的示意图（参见 28 页）。

编号：	**操作说明书**	企业：
日期：	**根据危险物品条例 § 14**	

危险物品名称

Zubora 92 F

形状：液体　　　　　　　　颜色：棕色　　　　　　　　　　　气味：典型的

对人员和环境的危害

对人员的危害
　刺激皮肤，过敏危害

对环境的危害
　不允许投放进入排水系统

防护措施和行为规则

技术保护措施和行为规则
　搬运：穿戴人员防护装备。阻止形成气溶胶。每日检查抽吸状态。观察高速切削状态并定期检查。
　仓储：防止高温和冰冻并干燥存放。保持容器封闭。

人员防护措施和行为规则
　通则：远离食品和饮料，更换污染的衣物。工作时不食，不吸，不饮。休息前和下班前洗手。
　手部保护：如果安全技术规则允许使用手部保护用具，请戴防护手套。
　眼睛保护：有喷溅危险时佩戴防护眼镜。

危险状况时的行为

灭火时的行为
　佩戴与空气循环无关的呼吸保护装置。
　灭火剂：泡沫，粉末，二氧化碳
　清洗：穿戴防护手套并用纸巾擦洗

重要的电话号码：
　火警：119，急救：120

急救

皮肤接触：用清水和肥皂清洗，呼叫医生。
眼睛接触：用清水彻底冲洗眼睛。
吸入：不会引发呕吐，但立即呼叫医生。

正确的清除

清除：将固体垃圾送至企业垃圾汇集点，按官方规定进行清除。
包装：完全清空包装。将包装送去清除或再次利用。

图1：冷却润滑剂 ZUBORA 92 F 的操作说明书

　　在安全数据页和具体运行条件的基础上，企业应按上述举例制作类似于冷却润滑剂 ZUBORA 92 F 的图形化操作说明书，并把它们悬挂在使用该润滑剂的机床上。

　　同时向机床操作人员解释示意图的含义。解释的出发点是：注意遵守下列提示；对于保护操作人员以及环境具有重要的意义。

■ **皮肤保护计划**

如果安全数据页关于冷却润滑剂的说明要求的话，请制作皮肤保护计划。皮肤保护计划涉及企业现有的皮肤保护、清洗和护理的用品。

皮肤保护计划范本			
皮肤保护计划			
皮肤受到污染 或侵蚀，原因是	皮肤保护 工作前	皮肤清洗	皮肤护理 工作后
不可掺水的冷却润滑剂	皮肤保护膏 A	皮肤清洗剂 B	皮肤护理剂 C
可掺水的冷却润滑剂 有机溶剂	皮肤保护膏 D 皮肤保护膏 F	皮肤清洗剂 E 皮肤清洗剂 G	皮肤护理剂 C 皮肤护理剂 H

保养计划应确定，在哪些检测周期中，例如每日，用哪种检测方法，例如使用测棒，检测亚硝酸盐的数值，细菌数，pH 值和浓度。将检测值对比规定的极限值并采取指定的措施，例如添加乳浊液或查出细菌数升高的原因。一般情况下，不清洁或冷却润滑剂容器清洗不彻底是导致细菌滋生的原因。

关于如何使用危险品，还有一系列专业人员的帮助：

a）对特别风险和危险的提示（R- 语句）

第 48 句提示，例如：

R4　构成高敏感度爆炸危险的金属化合物

R23　吸入有毒性

R36　造成严重腐蚀

b）安全建议（S- 语句）

在第 53 条安全语句中对正确行为作出提示，例如：

S22　不要吸入尘埃

S24　避免皮肤接触

S38　通风不良时实施呼吸保护

c）符号

危险符号（举例）

图 1：腐蚀　　　图 2：有毒

S 语句和 R 语句也可混合使用，这与冷却润滑剂 ZUBORA 92 F 的情况相同。这里列举的 R 语句含义如下：

36　刺激眼睛

38　刺激皮肤

操作说明书中已列入这些语句。

简明机械手册中可看到完整的 R 语句和 S 语句。即使大多数情况下遵守所有的安全规定将提高成本并造成某些不便，但却能带来高安全度。

作业：

1.检查在您的企业中是否备有冷却润滑剂的操作说明书和安全数据页，是否已编制保养计划和皮肤保护计划。

2.有哪些避免过于频繁地清除冷却润滑剂的可能性？

3.操作说明书和安全数据页中包含哪些对健康危险的提示？

4.请解释使用前和清除前的避免规则。

5.使用冷却润滑剂工作时必须遵守哪些条例和规则？

6.企业职工代表委员会在监视冷却润滑剂的危险方面有哪些权利？

7.在您的企业中，工作时遵照 R 语句和 S 语句吗？这些语句有帮助吗？

火灾时的行为

1. 抢救人员

2. 报火警

使用火警报警器

最近的地点：楼梯间

消防队的警报自动报警并触发建筑物内的火警或使用家庭电话拨打号码 119 或 120

报警时语音清晰镇静：何处着火？何物着火？有人员危险吗？谁在报警？

3. 灭火

4. 关闭门窗

5. 通知躲在狭小房间和卫生间的同事

6. 保持消防人员进入的通道畅通

7. 为消防人员指路

8. 遵循安全指挥人员的安排

9. 危险迫近时：

离开危险区段　　不能使用电梯

按照疏散图寻找集合地点

保持镇静

3 检测技术

检测是制造商为保证其产品符合所要求特性的一种质量控制措施。

3.1 检测技术的发展

由于尺寸可按质量要求进行核查，所以，提供符合客户要求的产品的可能性已在尺寸方面得到改善。这一切均得益于检测手段、检测装置或检测技术的发展。检测装置的发展可追溯到数千年的历史，而伴随着计算机技术应用到检测结果的计算与评估，过去几十年的发展可谓暴风雨般的突飞猛进。

向客户提供质量可靠的产品是一个已有数千年历史的基本要求。古埃及和美索不达米亚校准后的检测器具是可验证的（图 1）。制造商在他们的商品打上印章或印记。这些标记就是产品质量保证的符号。它们是今日名牌商品的前身。

图 2 中量角器和两脚规表示古希腊检测器具的状态。这些检测器具也用作质量标记。

在中世纪，整体量具的基础是王子的身体部位，主要采用他们的脚、肘、胳膊或步幅。据说米这个尺寸击败了许多其他的尺寸，于 1795 年从地球的周长推导出米（图 3）。它应是地球周长的四千万分之一。从 1983 年开始，用真空中光在 1/299792458 秒之内所移动距离的长度定义为米。据此，作为 SI（Internationales Einheitssystem 国际单位制的缩写）单位，米在任何时间均可复制。这就是检测和所有可供使用的检测装置发展的基础（图 4）。

随着国际化的进程，检测和质量控制曾经陷入过一个短暂的危机。曾有过机床加工是均衡加工的保证这种设想。而质量的保障是通过剔除明显有缺陷产品（报废）而达成的。这被证明是一条成本过于高昂之路。

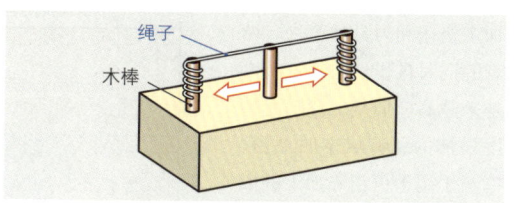

图 1：平面度的检测（古埃及）

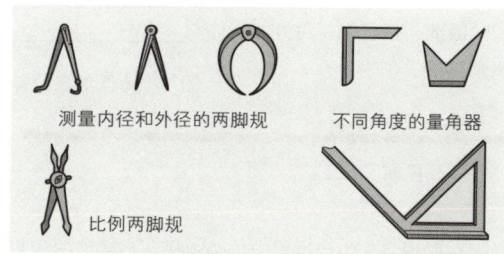

图 2：两脚规和量角器（古希腊）

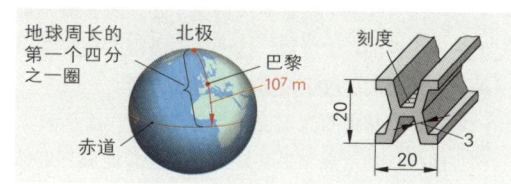

图 3：a）米的推导　　　　b）标准米

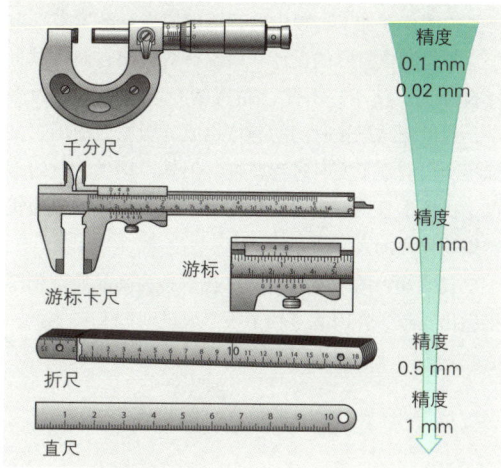

图 4：检测器具的发展

两个至今仍在继续的发展拯救了这场危机：

（1）检测装置精度越来越高，就是说，其分辨率越来越高。

（2）统计学知识应用到检测技术之中。

一方面是检测技术和调节技术的发展，另一方面是加工机床和刀具的改进，两者的同时进步使得加工精度越来越高。但是，伴随着精度增加的还有成本的上扬，以至于用于更精确加工的成本上升甚至大于用于更精密检测的成本。

因此，现代加工适用的原则是：

TU	工件公差 T=25 μm		TO
不精确的范围	更精确的范围		不精确的范围
$U = 8.5$ μm △ (34 %)	8 μm △ (32 %)		$U = 8.5$ μm △ (34 %)
$U = 2.1$ μm (8.4 %)		20.8 μm △ (83.2 %)	$U = 2.1$ μm (8.4 %)
不精确的范围	更精确的范围		不精确的范围

图 1：降低加工公差

公差属于加工。

就是说，在生产过程中，必须保证不精确的检测不会降低规定的公差（图 1）。

为使昂贵的加工投资应用得当，必须能够最大限度地辨别工件的功能极限。这种功能极限的获取要求一种最高精度的、可重复实施的工件分析。

加工日益精密的汽车工业和其他工业门类所要求的精度使传统的量规和手动量具越来越多地被三坐标检测仪所排挤和替代。三坐标检测仪的检测精度最高，它可以像 CNC 机床一样应用程序进行高速检测。这类检测仪在加工过程中的直接应用也日渐增多。由于这类检测仪特殊的设计和耐温材料，使它们可以直接在加工点使用。由此，昂贵的专用检测室成为多余，对检测结果长时间的等待也成为历史。使用三坐标检测仪实现了实时过程监视。但是，提供质量的不仅是机器本身，还有它的使用者，即操作机器或为机器编写程序的人。

技能娴熟的三坐标检测仪技术员为高品质检测结果做出贡献，并因此节约了不必要的时间和成本。

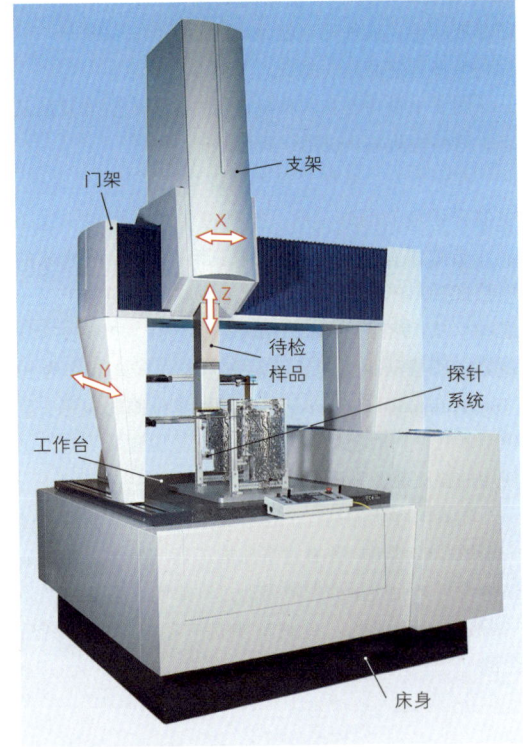

图 2：检测复杂工件的三坐标检测仪

门架　支架　X　Z　待检样品　探针系统　Y　工作台　床身

3.2　检测装置的结构

虽然检测处于我们利益的中心点，但仍需要指出，所有的检验方法对于切削加工都有意义。

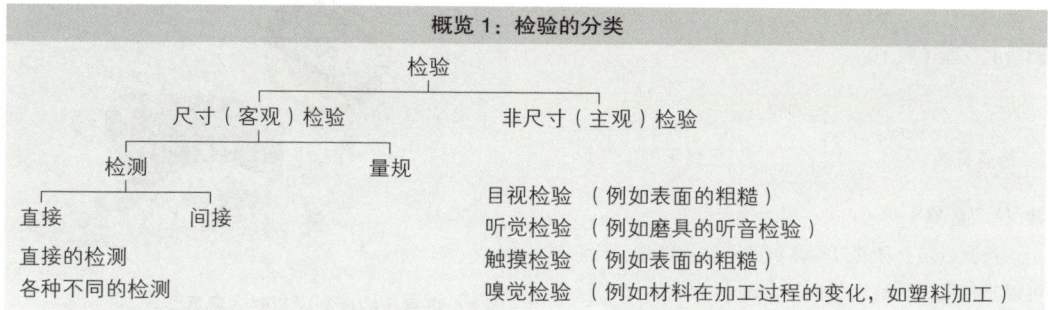

概览 1：检验的分类

检验

尺寸（客观）检验　　　　　　非尺寸（主观）检验

检测　　　　　　量规

直接　　　　间接

直接的检测
各种不同的检测

目视检验　（例如表面的粗糙）
听觉检验　（例如磨具的听音检验）
触摸检验　（例如表面的粗糙）
嗅觉检验　（例如材料在加工过程的变化，如塑料加工）

检验时应确定，受检工件是否有需要满足的、约定的、规定的或期望的条件。主要需要了解应遵守的规定公差或误差极限。

主观检验时，借助人的感觉器官捕捉质量特性。

客观检验时，检验需获得检测装置（检测仪，量规等）的支持。

检测时，使用已知的量或整体量具（测量时没有零件做相对运动 – 译注）与已获取的检测量进行数量对比（例如长度）。

使用（极限）量规时可确定，所检测的尺寸是否处于两个极限值之间，或已超过或低于其中某个极限值（极限量规和尺寸量规）。此外，还可以使用形状量规确定工件是否符合形状公差（图 1）。

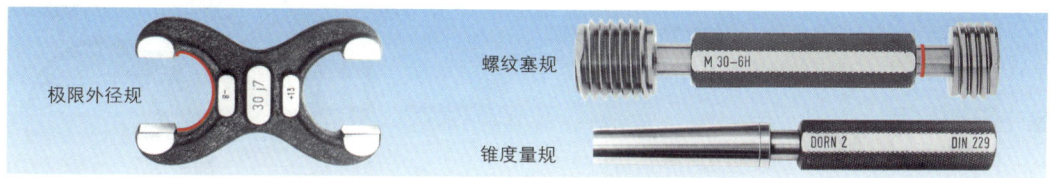

极限外径规　　　螺纹塞规　　　M 30–6H

锥度量规　　　DORN 2　　　DIN 229

图 1：量规

与在具体情况下检测什么和如何检测无关的是，检测装置（检测设备）自有一套原理结构（概览 2）。
检测的方法借助于检测装置才能得以实现。

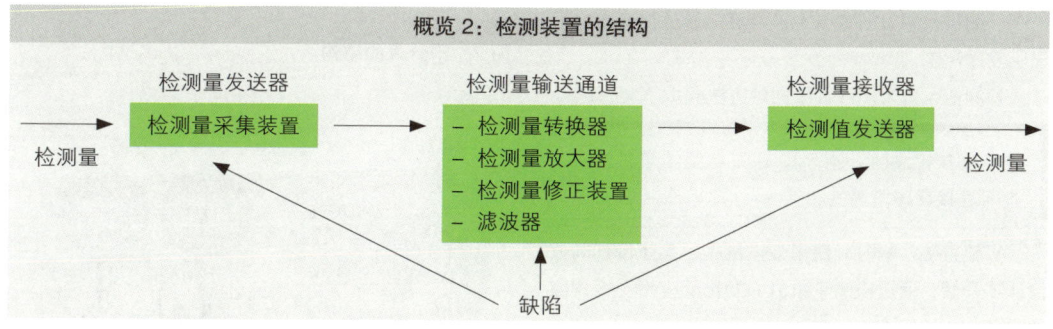

概览 2：检测装置的结构

检测量发送器　　　　检测量输送通道　　　　检测量接收器

检测量　→　检测量采集装置　→

– 检测量转换器
– 检测量放大器
– 检测量修正装置
– 滤波器

→　检测值发送器　→　检测量

缺陷

原则上，检测装置受到信息技术的监视：

检测量发送器　→　检测量输送通道　→　检测量接收器

对于检测，相关业界已经制定了标准化的、不会导致误解的概念。
德国工业标准 DIN 1319 和 DIN 2258 对检测进行了完整的定义，本书仅做推荐。

3.2.1 检测技术的概念

■ **检测仪**

检测仪是一种单独或与其他装置共同检测某个检测量的仪器（图1）。

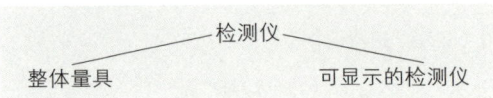

检测仪
整体量具　　　　　　可显示的检测仪

■ **检测量 M**

检测量是一种通过检测可获取的物理量。检测量可以是长度，质量，力。

检测量的载体是受检实体（例如一个棱柱形工件）。

■ **检测量采集装置**

检测量采集装置是检测仪的一个部分，它对检测量直接做出反应。采集装置将工件上存在的量（如长度）转换成一种信号。检测量的采集可以是机械式，电子式，气动式或光学式等方式。这其中的一个举例是千分表的移动测针（图2）。

■ **检测量转换器**

检测量转换器转换检测量，以便能够更好地对比和计算检测量。如长度可以转换成力、电阻或电容。

■ **检测量放大器**

检测量放大器将信号放大，以便能够传输和显示检测量微小的变化。千分表上的齿轮传动机构就是一种简单的放大器。

■ **检测值发送器**

已测得检测量的数值（检测值）通过刻度或数字显示发送出来。

检测值可以采用各种不同的方法获取。

> 直接检测时（图3），通过与整体量具的对比可直接获得检测值。

实施直接检测时应使用整体量具，整体量具的数值从零开始，通过检测量数值的变化反应出受检物体的尺寸。

这个过程也可作为差异检测，即直接检测受检物体检测量与整体量具之间的差。这里，整体量具的数值量应与受检物体的检测量几乎相同。检测过程结束后，计算出检测值。

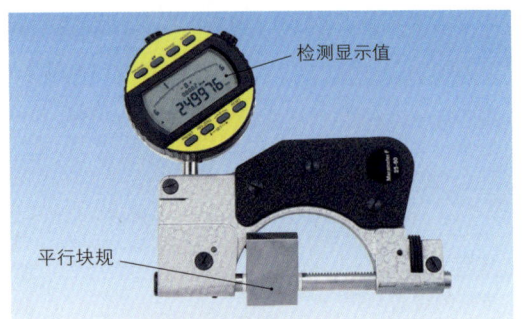

图1：可显示的检测仪和整体量具

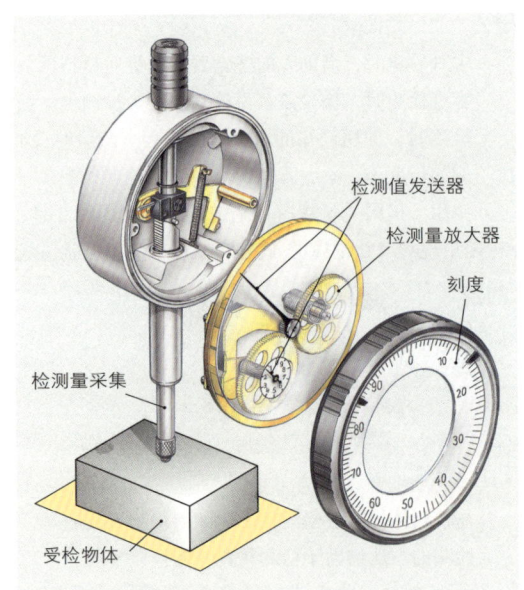

图2：千分表的结构

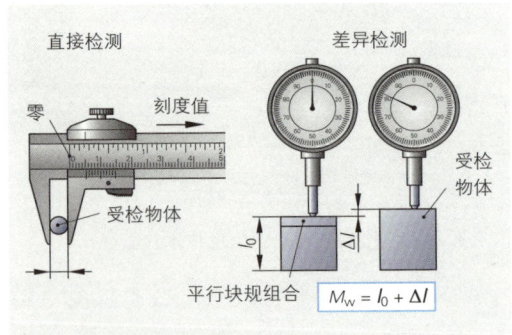

直接检测　　　　　　　　差异检测

$$M_w = l_0 + \Delta l$$

图3：直接检测

> 间接检测时（图1），一个检测量的检测值是从另一个物理检测量的检测值中计算得出的。

通过现存的物理关系，从感应的变化（见36页）或流量的变化（见36页）即可获取一个工件的长度尺寸。

概念（图2）：

■ **显示** A_z　这种显示直接使用人的感知可以理解的关于检测值的信息（M_w）。

■ **刻度显示**　刻度显示是指刻度上的一种可识读的标记状态。

■ **数字显示**　数字显示是以数字顺序形式非连续性显示检测值的形式。

■ **刻度分度值** S_{kw}　刻度分度值是检测量的数值变化，它表示一个刻度分度的显示变化。刻度分度值按检测量的单位标出。

■ **数字间距** Z_{st}　数字间距指两个先后顺序的数字之间的差。

■ **数字间距值** Z_w　一个数字刻度的数字间距值是检测量的数值变化，它表示一个数字间距的显示变化。

■ **灵敏度** E　刻度显示检测仪的灵敏度 E 等于显示变化 L 与导致变化的检测量 M 之间的比。数字显示检测仪的灵敏度 E 等于数字间距的数量 Z 与导致变化的检测量 M 之间的比。

■ **显示范围** A_{zb}　显示范围是一个检测仪最大与最小显示值之间的范围。

■ **检测范围** M_{eb}　一个检测仪的检测范围是检测值未超出规定误差极限的那个范围。检测范围小于或等于显示范围。

■ **检测间隙** M_{es}　检测间隙是一个检测范围内最终数值与初始数值之间的差。

■ **检测力**　检测力是检测装置检测时施加到受检物体上的力。

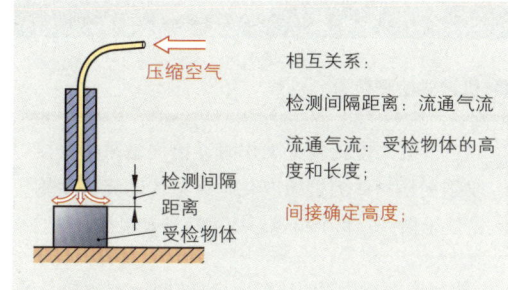

相互关系：

检测间隔距离：流通气流

流通气流：受检物体的高度和长度；

间接确定高度；

图1：间接检测

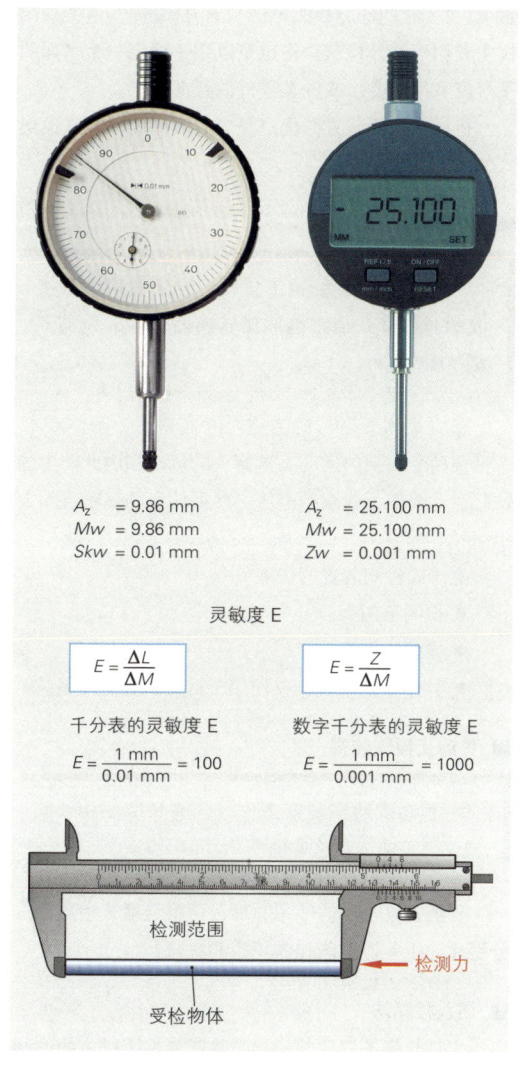

A_z = 9.86 mm　　　A_z = 25.100 mm
M_w = 9.86 mm　　　M_w = 25.100 mm
S_{kw} = 0.01 mm　　　Z_w = 0.001 mm

灵敏度 E

$$E = \frac{\Delta L}{\Delta M}$$　　　$$E = \frac{Z}{\Delta M}$$

千分表的灵敏度 E　　　数字千分表的灵敏度 E

$$E = \frac{1\ mm}{0.01\ mm} = 100$$　　　$$E = \frac{1\ mm}{0.001\ mm} = 1000$$

图2：检测技术的概念

3.2.2　检测装置

■ 机械式检测装置

> 机械式检测装置工作时，检测量采集器接收到受检物体的机械变化，通过传动元件传输给显示指针。整个检测过程中只涉及机械零件。

机械式检测装置的典型应用是机械式精密指针式百分表（图 1）。机械式检测装置的缺点是检测范围的局限性，因为通过机械方式不能任意换算（检测量）。由于它的部分检测范围只有 0.05mm，这类检测仪主要用于差异检测。它也可以用于确定一个平面的平行度和平面度，或轴类零件的径向跳动。

机械式检测装置的优点是，它不需要输入其他形式的能源。

■ 电子式检测装置

> 电子式检测装置工作时，检测量采集器接收的长度变化通过检测量转换器转换成为电子量（图 2）。

感应式测头是与铁芯相连的检测头（图 2），铁芯可在两个线圈内运动。检测头的运动和由此产生的铁芯运动改变了线圈的电压。然后放大并显示线圈电压信号。

电子式检测装置的优点：
- 检测范围大。
- 检测精度高。
- 数据采集便利，方便用于计算机和控制系统。

■ 气动式检测装置

> 气动式检测装置工作时，将长度变化转换成压力差或体积流量的变化。

根据各自不同的使用原理，可将气动式检测方法分别称为压差检测法和体积检测法。

■ 压差检测法

工件长度的变化使检测喷嘴与受检工件之间的间距随之变化。压力的变化传输给一个压力表，压力表以长度单位显示这个压力变化。检测前应校准检测仪。

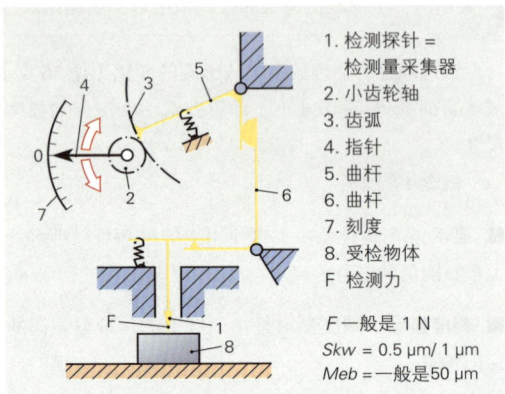

1. 检测探针 = 检测量采集器
2. 小齿轮轴
3. 齿弧
4. 指针
5. 曲杆
6. 曲杆
7. 刻度
8. 受检物体
F 检测力

F 一般是 1 N
Skw = 0.5 μm / 1 μm
Meb = 一般是50 μm

图 1：三段式精密指针式百分表

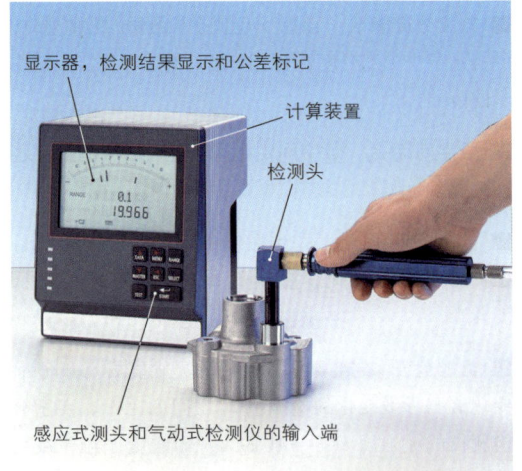

显示器，检测结果显示和公差标记
计算装置
检测头

感应式测头和气动式检测仪的输入端

图 2：装备感应测头的电子式检测装置

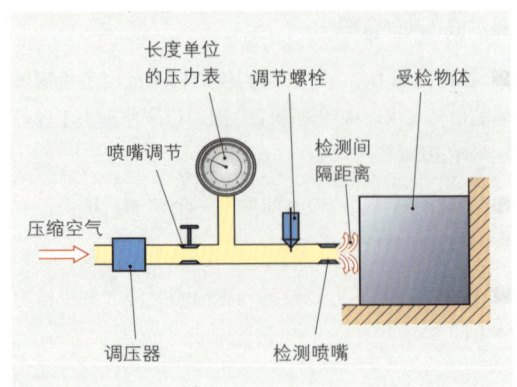

长度单位的压力表
调节螺栓
受检物体
喷嘴调节
检测间隔距离
压缩空气
调压器
检测喷嘴

图 3：压差检测法

■ **体积检测法**

采用体积检测法时，记录因喷嘴与工件之间的间距变化而产生的流量变化。喷嘴与工件之间如果间距变小，则穿过这段距离的流量也随之变小，从而导致悬浮体下降。工件的尺寸便可从刻度上读出。检测前，检测仪的精确校准是必要的。体积检测法主要用于较大批量的工件检验（图 1）。

它也可以检测多个检测点（图 2）。

与体积检测法相比，压差检测法允许较大的检测范围和较高的检测压力（见 36 页）。

气动式检测装置的优点：

● 检测时与受检物体无接触或少接触，从而不会损坏受检物体（例如划痕等）。

● 流动的气流有清洁作用（清除工件表面的污物，油污，碎屑等）。

● 检测精度高。

但其检测范围很小（0.01mm 至 1mm），因此只能用于差异检测。

实施这类检测时可以无接触或机械接触（图 3）。无接触检测时，可检测的表面粗糙度最大为 3μm。

无接触检测的优点：

● 对工件不产生任何损伤。

● 工件表面的切屑和污物被检测气流吹走。

有接触检测时，检测头与工件有接触。工件表面粗糙度较大时（＞3μm），必须采用这种检测方式。

■ **光学检测装置**

光学检测装置应用在 CNC 机床的行程检测系统内（参见 414 页）。

■ **三坐标检测仪**

当简单检测装置无法完成对复杂工件的检测时，需使用三坐标检测仪。它从三个轴向进行检测，工作原理类同于 CNC 机床（图 4）。只是加工机床的刀具在这里由一个检测头代替。检测头采集检测值，并将之传输给计算机。三坐标检测仪可以快速检测几乎任何形状的工件。

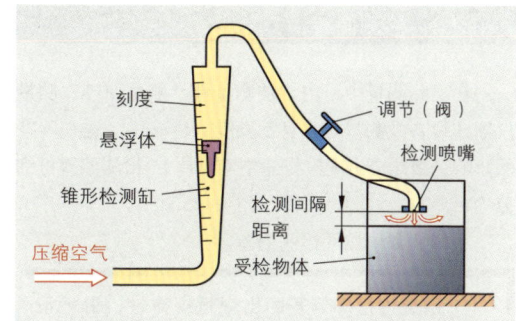

图 1：体积检测法

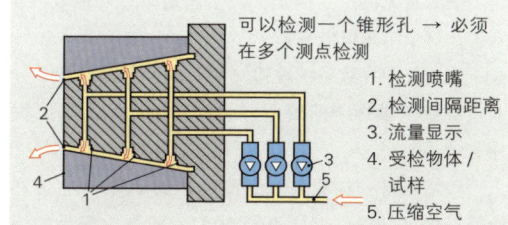

图 2：多测点检测

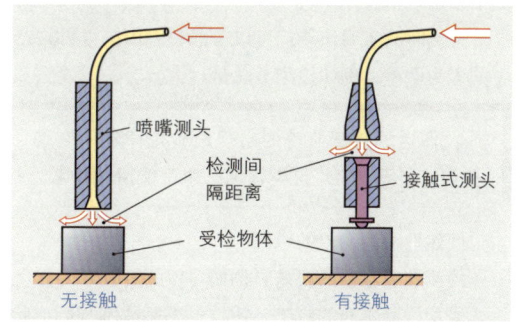

图 3：检测量采集器

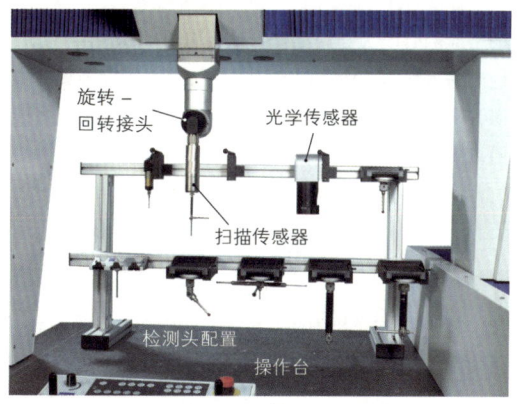

图 4：配有多重传感器的三坐标检测仪

3.2.3　检测偏差

在实际测量中，由于被测量件、测量原理、测量仪器或设备及测量者本身都要受到许多主、客观因素的影响，因此会出现检测偏差（误差）。检测偏差可细分为：

系统性和偶然性检测偏差。

> 系统性检测偏差的出现呈规律性，偏差量相同。其检测结果不正确，但可以参考。

平时常见的一个例子：一个表走时总是快或慢1分钟，这个结果可做参考。

检测仪中导致系统性检测偏差的原因，例如千分卡尺螺纹主轴螺距的偏差，游标卡尺检测面的磨损（图1）。

环境条件：检测装置的温度达到20℃。它传递给受检样品的温度同样也是20℃。而受检样品的温度可能不是20℃。所有这些条件偏差均可能导致检测结果出现错误。

检测时的人为误差：可以考虑总是以同样方式产生的人为误差，例如检测力总是过大。

> 偶然性检测偏差的出现没有规律性，它使检测结果不稳定。这类检测结果不能留作参考。

偶然性检测偏差的原因：

检测装置本身的误差，例如导轨的磨损（间隙）。

受检样品本身的缺陷，污损，毛刺或不规则形状等都可导致出现偶然性检测偏差（图2）。

环境条件：环境因素的波动导致检测结果的波动。

检测时的人为误差：检测时检测员未集中精力，检测力不均匀，检测装置的安放位置不正确或识读错误等，都可能导致偶然性检测偏差。偶然性误差只能通过多次检测来发现，可用于形成平均值（图3）。

> 检测偏差 = 检测值 - 实际值
> 或　误差 = 错误 - 正确

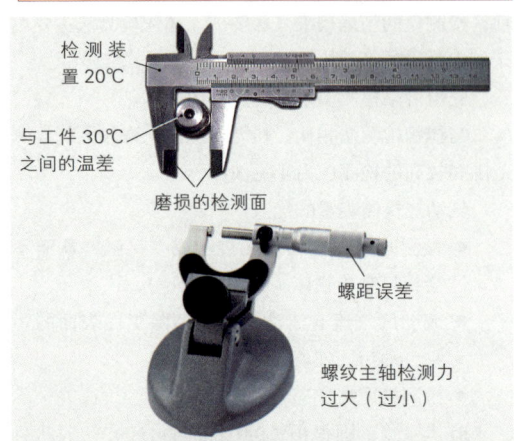

图1：系统性检测偏差举例

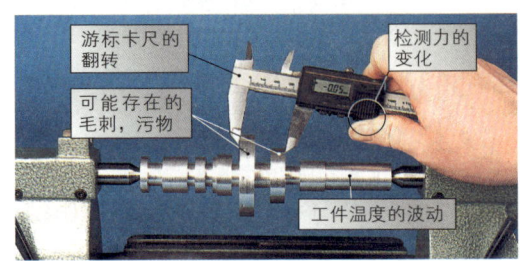

图2：偶然性检测偏差举例

$$\bar{x} = \frac{\sum\limits_{i=1}^{n} x_i}{n} = \frac{x_1 + x_2 + x_3 + x_4 + x_5}{5}$$

检测次数 n	检测值 x	
1	60.001mm	随着检测次数
2	60.003mm	的增加，检测结
3	59.995mm	果的稳定性变
4	59.999mm	好，而系统性偏
5	60.002mm	差仍然存在
$\bar{x}$	60.000mm	

图3：算术平均值

练习与检查：

1. 如何理解检测，量规，直接检测和差异检测这些概念？

2. 请解释机械式，电子式和气动式检测装置的结构。

3. 三坐标检测仪有哪些优点？

4. 由于哪些原因导致出现检测偏差？

5. 偶然性检测偏差与系统性检测偏差之间有何区别，应如何分别处理这两类偏差？

6. 有目的地观察一次自己的检测作业并查找检测偏差的原因。

3.3 尺寸，形状和位置的检测

工件加工过程之中和之后，都必须检查应遵守公差的尺寸和各个参照面的相互位置。

3.3.1 尺寸检测和尺寸公差

长度尺寸可由机械式，电子式，气动式或光学式检测装置检测。检测装置的选择取决于具体的检测任务。这时，所要求的精度常常是决定性因素。

■ **机械式检测装置**
■ **游标卡尺**

虽然游标卡尺不能达到最高精度，但对许多检测任务而言，它却是一个保留的常用量具。使用游标卡尺可以检测内部、外部和深度尺寸。

> 移动游标即可读取精度为 0.1~0.02mm 的检测值。

游标（源自 none= 九）的原理来自将 9 分为 10 段（或将 49mm 分为 50 段）。据此原理，游标上的刻度就小于卡尺上的刻度 0.1mm。当游标上的某个刻度线与卡尺上的某个刻度线对齐时，其显示值是 1/10mm、1/20mm 或 1/50mm（图 2）。

电子数字显示式游标卡尺的使用日渐增多。这类游标卡尺可以消除识读误差。数字显示还可以选择米制或英制。与游标卡尺打交道最多的还是加工车间。

■ **千分卡尺**

> 当直接检测精度要求达到 0.01mm 时，使用千分卡尺。

使用千分卡尺时，起量具作用的是检测轴（螺纹轴）。螺纹轴是一根精度极高，经过淬火和磨削的轴，一般螺距为 0.5mm。围绕螺纹轴的是刻度轮，上面刻有 50 根分度线，将螺纹轴在刻度轮上转动一个刻度线可产生 0.01mm 的长度变化。通过将刻度套筒上的一个或半个毫米与刻度轮上的百分之一毫米相加，即可得出精确的检测结果。千分卡尺也可用于内部尺寸检测。由于检测的难度并需避免检测误差，现在一般使用自定心千分卡尺（图 4）。

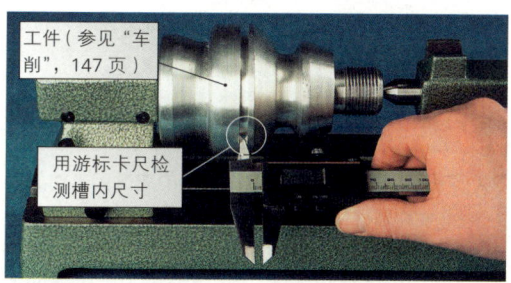

图 1：用游标卡尺检测内部尺寸

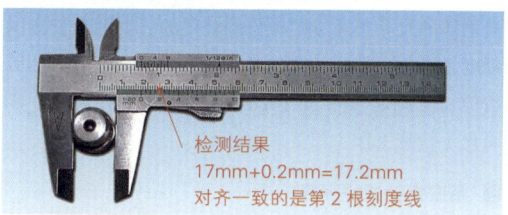

图 2：游标的识读

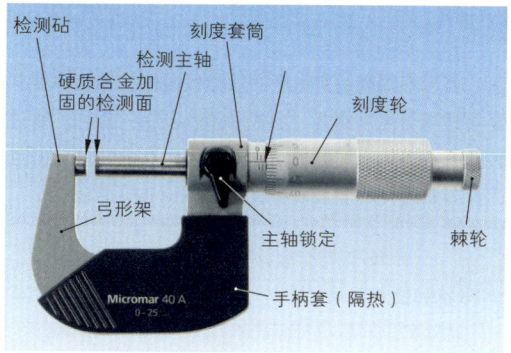

图 3：用于外部尺寸检测的千分卡尺

图 4：电子数字显示式内径千分卡尺

■ 精密指针式千分卡尺

> 对精度要求更高时，应使用精密指针式千分卡尺。

批量加工零件时，使用这类检测装置可保证公差的保持。但是，精密指针式千分卡尺的检测范围大多在 50μm 左右（图 1）。因此，可用于差异检测。千分卡尺可用平行块规校准（见 34 页图）。然后求取工件尺寸与预设尺寸之间的差。代替最大和最小允许尺寸的公差标记使得精确读取检测值成为多余。

■ 千分表

> 千分表检测时，检测杆行程的变化因工件的长度变化所致，该变化通过传动换算系统放大。

千分表内不像游标卡尺或千分卡尺有一个纯尺寸量具。它检测时总需要一个基准，例如平行块规。受检物体的尺寸是通过差异检测获得的。在两个分离的刻度上可分别读出毫米的整数值和精确到 1/100 的分数值。对此请参阅 36 页图 1。数字式千分表进一步简化了检测工作（图 2）。

■ 精密指针式检测表

> 最精确的机械式检测仪表是精密指针式检测表。

若干不同制造商生产的这类检测仪的检测精度甚至可达千分之一毫米（刻度值 0.5μm）（图 3）。通过传动杆与齿轮之间的传动比达到如此高的精度。但也因此导致这类检测表仅有极小的显示和检测范围。

> 千分表和精密指针式检测表均可用于确定形状和位置偏差。

■ 电子式检测器具

大多配备感应式检测系统的电子式检测装置采用多种不同的检测方式（见 36 页图），用于长度检测的检测方式：

单个检测：与千分表一样，用一个检测头检测长度（厚度）尺寸。

总量检测：从两个检测头所测数值的总和求出检测值。这里，检测误差得以有效降低（图 4）。

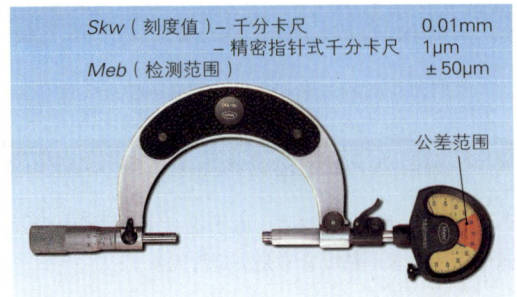

图 1：配有精密指针和公差范围的千分卡尺

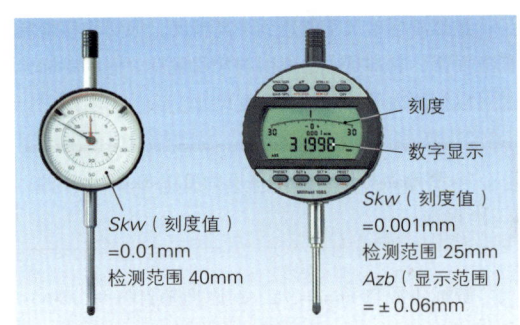

图 2：a）大检测范围的长行程千分表
　　　b）配有数字和刻度显示的数字式千分表

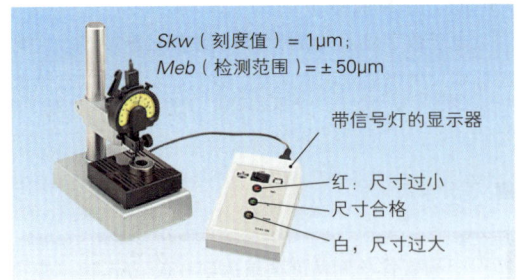

图 3：精密指针式双极限触点检测表

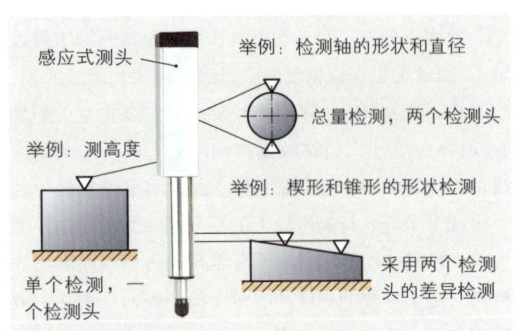

图 4：使用电子式检测装置进行检测

■ 使用量规检测尺寸

对于大批量非加工零件，仅是部件或整机的零件这样的工件而言，其尺寸精度如何并非决定性因素。它们只需"配合"，就是说，能与其他零件共同满足部件功能即可。若使这些零件配合良好，尺寸必须仅在一个可允许的极限尺寸范围内波动。检查零件尺寸是否符合这个尺寸范围，车间里最常用的是量规。

> 使用量规可确定工件是否"合格"，就是说，是否处于允许的尺寸极限范围之内，或是否过大或过小。

根据具体情况，需检测零件的内部或外部尺寸（图2，图3），结果显示为"过大"或"过小"，需报废或返工。

使用量规检测优点很多，但量规制造的特殊性是检测各种不同配合尺寸的前提条件。待检工件的数量也是使用量规的前提条件。

> 量规通端（又称合格端）的检测面更长，因为使用量规通端的同时还可检测工件形状。量规的止端（又称不合格端，红色）仅涉及尺寸。

这种极限量规的使用已渐趋势衰，因为精密指针式量具的应用日渐增多。后者可用于多种不同配合尺寸并显示具体的检测数值。用于最高精度的电子式外径规可达到 0.1μm 的刻度值和步进值（图4）。

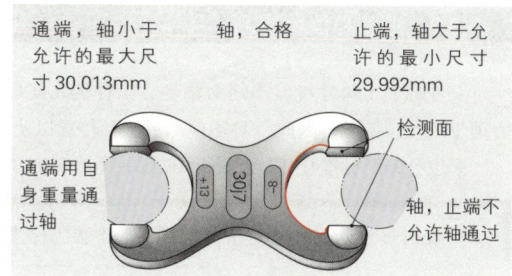

图2：用于配合尺寸 30j7 的极限卡规

通端，轴小于允许的最大尺寸30.013mm　　轴，合格　　止端，轴大于允许的最小尺寸29.992mm

通端用自身重量通过轴　　检测面　　轴，止端不允许轴通过

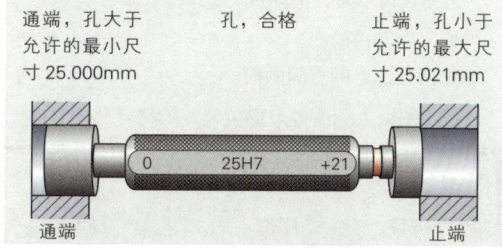

图3：用于配合尺寸 25H7 的极限塞规

通端，孔大于允许的最小尺寸25.000mm　　孔，合格　　止端，孔小于允许的最大尺寸25.021mm

0　25H7　+21

通端　　止端

图4：精密指针式外径规的使用情况

n = 0

练习与作业：

1. 若一根轴的直径大于游标卡尺的检测范围，通过间接测量仍可以用这把游标卡尺测出轴的直径（图1）。检测方法是，先测出圆的弦长，然后按下列公式计算出直径：

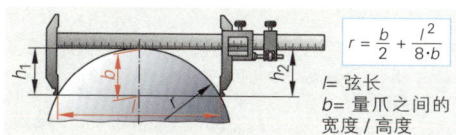

$$r = \frac{b}{2} + \frac{l^2}{8 \cdot b}$$

l= 弦长
b= 量爪之间的宽度／高度

图1：检测弦长

用多把不同规格的游标卡尺试用上述检测方法！现在您能够证明上述公式的正确性吗？采用这种方式时，出现了那些检测不稳定性？

2. 选择何种检测仪器时的决定因素是什么？

3. 如果

● 外部尺寸（轴）大于外径规的通端。
● 外部尺寸（轴）小于外径规的止端。
● 内部尺寸（孔）小于塞规的通端。
● 内部尺寸（孔）大于塞规的止端。

现有哪些检测方法可供选择？

4. 为什么使用整体量具、可显示型检测仪和量规进行检测？请解释这些检测装置的专业用途范围。

5. 请了解您所在培训车间中有哪些使用这类检测装置的注意事项。然后汇总正确使用游标卡尺，千分卡尺，千分表和精密指针式千分表的使用说明概览表。

3.3.2 形状和位置检测

工件的加工尺寸可以不绝对精确，工件的几何形状和个别面的相对位置也允许与一个圆或其他几何造型的理想形状有偏差。因此，必须检测形状和位置以及它们与规定数值的偏差。

形位公差已标准化，现已将形位公差列入 DIN ISO 1101（表 1）。

> 工件要素的形位公差定义为区，如果该工件满足公差，则要素的任意一点都必须位于该区之内。

这里，工件的要素可以命名为面，轴线等。

公差区可以是，例如：

- 一个圆内的面。
- 两个同心圆之间的面。
- 两个平行线之间的面。
- 两个同轴圆柱体之间的面。

技术图纸上标注各个形位公差的符号和公差值。箭头表示适用于该公差的基准轴线或基准面。

表 1：形位公差概览（按 DIN ISO 1101）

特性 / 符号	图形	定义	举例（所有长度尺寸的单位：mm）	
直线度 ─		检测面上两根间距为 t 的平行直线定义为该公差范围。		规定公差的圆柱面的每一根外形轮廓线都必须位于两根间距为 0.05 的平行线之间。
平面度 ▱		两个间距为 t 的平行面定义为该公差范围。		规定公差的面必须位于两个间距为 0.05 的平行面之间。
圆度 ○		在与轴线垂直的检测面上，两个间距为 t 的同心圆定义为该公差范围。		每一个横截面的圆周线都必须位于两个间距为 0.05 的同心圆之间。
圆柱度 ⌖		两个间距为 t 的同轴圆柱体定义为该公差范围。		规定公差的圆柱面必须位于两个间距为 0.1 的同轴圆柱之间。
倾斜度 ∠		两个间距为 t 并与基准面以规定角度倾斜的平行面定义为该公差范围。		规定公差的面必须位于两个间距为 0.05 并与基准面 A 呈 15° 夹角的平行面之间。
平行度 ∥		检测面上两根间距为 t 并与基准平行的直线定义为该公差范围。		规定公差的面上任何一根线都必须位于间距为 0.1 并平行于基准面 A 的两个面之间。

续表

特性 / 符号	图形	定义	举例 （所有长度尺寸的单位：mm）
垂直度 ⊥	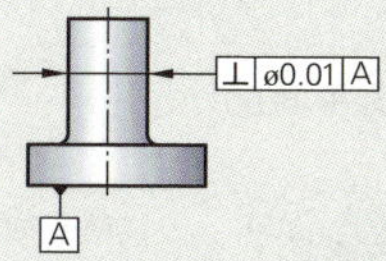 ⊥ ø0.01 A	检测面上两根间距为 t 并垂直于基准面的平行直线定义为该公差范围。	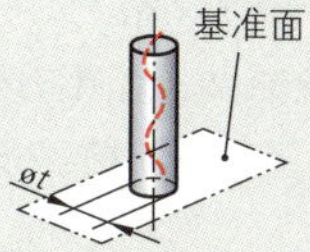 规定公差的圆柱面的任意一个外形轮廓线必须位于两根间距为 0.05 并垂直于基准面 A 的平行线之间。
径向跳动 ↗	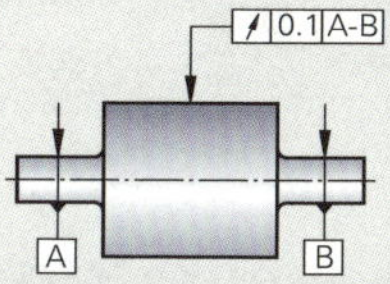 ↗ 0.1 A-B	在垂直于轴线的检测面上，两个间距为 t 且其圆心同属一个基准线的同心圆定义为该公差范围。	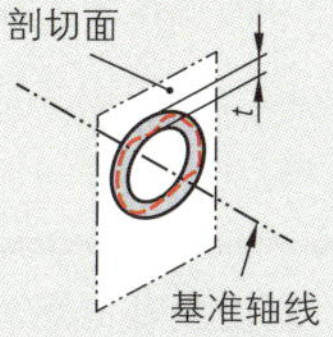 规定公差的面和 A 与 B 组成的基准轴线的径向跳动偏差允许达到 0.1，但不允许超过。检测时，工件必须绕着基准轴线旋转。
全跳动 端面跳动 ↗↗	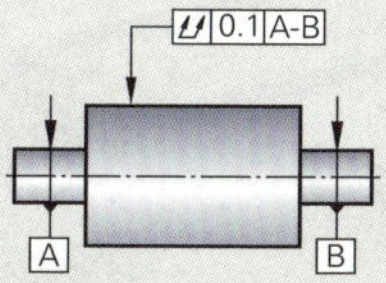 ↗↗ 0.1 A-B	两个间距为 t 并垂直于基准面的平行面定义为该公差范围。	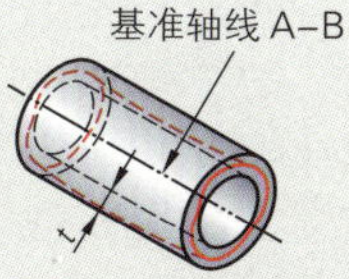 规定公差的面必须位于两个间距为 0.1 并垂直于基准面 A 的平行面之间。检测时，工件以若干个半径旋转。
对称度 ≡	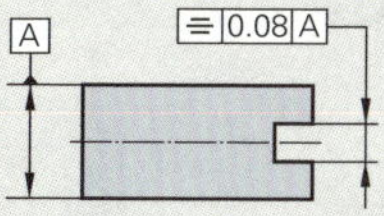 ≡ 0.08 A	两个间距为 t 并对称于基准面或基准线的面定义为该公差范围。	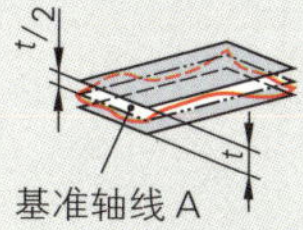 槽的中心面必须位于两个间距为 0.1 并对称于基准面 A 与 B 的平行面之间。
同轴度 ◎	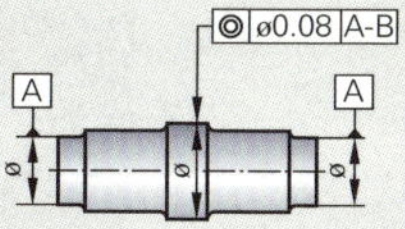 ◎ ø0.08 A-B	一个直径为 t 且其轴线与基准轴线同轴的圆柱体定义为该公差范围。	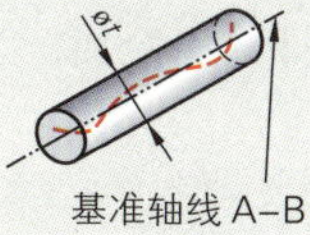 规定公差的轴颈轴线必须位于直径为 0.08 并与基准轴线 A 同轴的圆柱体之内。
位置度 ⊕	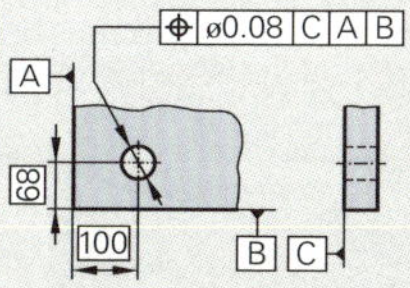 ⊕ ø0.08 C A B	一个直径为 t 且其轴线位于公差位置中理论精确位置的圆柱体定义为该公差范围。	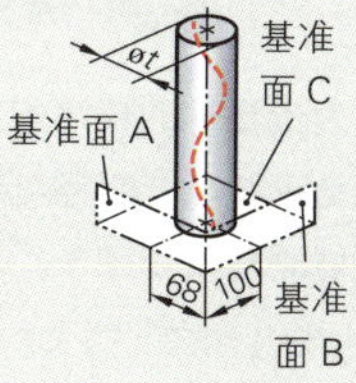 规定公差的孔的轴线必须位于直径为 0.02 且其轴线相对于 A 和 B 面处于理论精确位置的圆柱体之内。

可编程检测仪可以检测上表所列所有的以及其他的公差要素。将检测头驶向各个检测点。计算机处理所采集的数据，检测结果提供是否满足公差的信息。检测仪的操作和识读等工作一般不属于切削技工的任务范畴。因此，下文介绍几个简单易行的检测方法。

■ **直线度，平面度和平行度的检测**

工件直线度最简单的一个检测方法是使用直尺。这在任何一个车间内均简易可行。根据精度的不同要求，目视检测（最高精度可达 1μm）即可满足要求，或使用塞尺或精密指针式检测仪（图 1）。

光学式检测仪也适宜检测直线度。

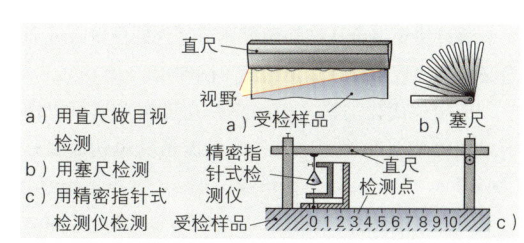

a) 用直尺做目视检测
b) 用塞尺检测
c) 用精密指针式检测仪检测

图 1：检测直线度

与直线度检测一样，用直尺也可检测平面度。但检测平面度时，直尺需在若干个不同点和不同方向进行检测。

也可用带显示的检测仪检测平面度（图1）。

平行度检测应使用带显示的检测仪。检测板或检测台用作基准。这个面的平面度是检测的前提条件（图2）。

长槽或导轨的平行度检测应使用专用检测工装。

■ 斜度和角度的检测

> 斜度与角度的区别在于，斜度的基准面总是一个水平面或垂直面。

斜度总是意味着与水平线或垂直线的一个偏差。斜度检测有两个目的：

a）确定一个零件是否倾斜，并在必要时消除这个倾斜，例如机床床身。

b）确定斜度的大小。

斜度一般都用水平仪检测。

> 角度检测时需确定的是边和面的位置，这个边和面可以在任意位置。

用带显示的检测仪和量规（例如钢制角尺）检测角度。

现在有多种不同的测角仪作为带显示的检测仪用于检测角度。一种特殊的测角仪是正弦尺，它还可以测锥度。使用正弦尺可以调节或检测角度（图5）。

通过正弦函数可求出角度与块规组合之间的关系。

$$\sin \alpha = \frac{E}{L} \Rightarrow E = L \cdot \sin \alpha$$

通过块规组合从已知角度调节零件的位置，或通过必要的块规组合计算出角度（图5）。

使用现代化的精密控制正弦角度调节仪可以调节或检测角度和斜度，其检测精度最高可达2弧秒（图6）。

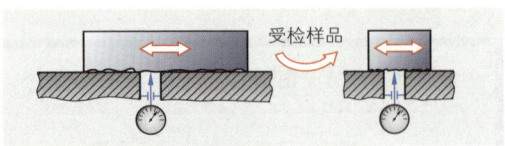

图1：用千分表检测平面度

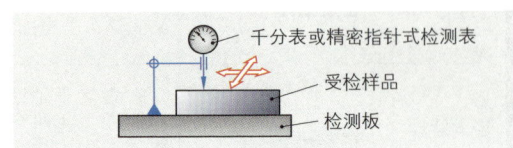

图2：检测平行度

图3：水平仪检测斜度

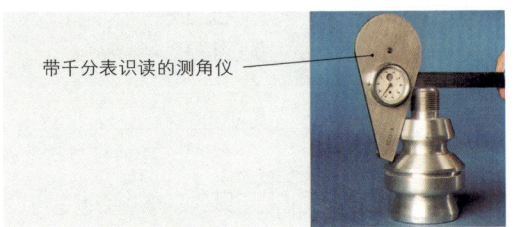

图4：角度检测

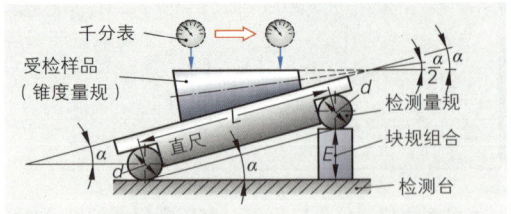

图5：正弦尺

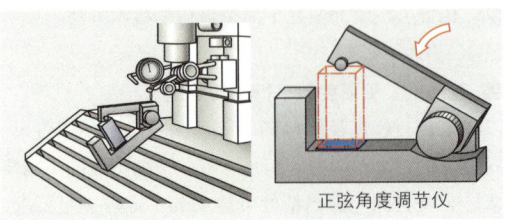

图6：用正弦角度调节仪调节工作台斜度

■ **圆度和圆柱度的检测**

在检测仪上检测圆度和圆柱度最为有效。

但使用简单的量具通过两点或三点检测法，也可以确定圆度。不过这里必须注意，用两点检测法不能测出通常在无心磨削时产生的等厚。而且通常也不能确定椭圆（图1）。

在开口度180°的V形槽内进行三点检测法时，所显示圆度近似于正确。

在受检样品旋转或精密指针表旋转的形状检测仪内也可以精确求出圆度（图2）。

> 检测圆柱度时，除检测圆度外，也可检测外形轮廓线的直线度和平行度。

■ **径向跳动和端面跳动的检测**

使用千分表或精密指针式检测仪可相对简单地检测径向跳动和端面跳动。

> 径向跳动偏差与圆度或同轴度缺陷相关。因此，径向跳动公差同时也限制圆度或同轴度偏差。

但如图3所示，检测只测出径向跳动误差，并不查找其原因。

端面跳动则与端面的平面度密切相关。

■ **同心度和同轴度的检测**

同心度和同轴度偏差在所有带孔的零件中均有意义。

同心度与若干个围绕同一个圆心的圆相关，例如一个轴或盘或其中一个孔的外周圆。

同轴度与前后顺序排列的孔或轴的轴线相关。

简单检测时，径向跳动偏差与同轴度偏差没有区别。为此，有必要使用计算机进行精确分析。

现代化的形状检测仪（图4）分为固定式和移动式，可用手提计算机驱动。

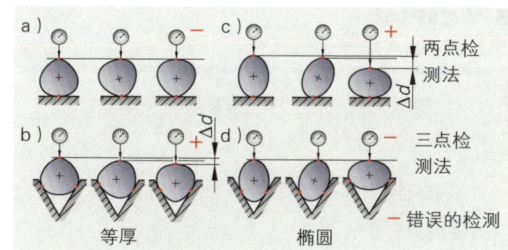

图1：圆度检测时的等厚和椭圆

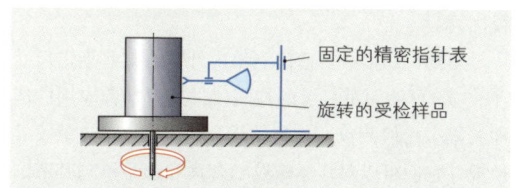

图2：用形状检测仪检测圆度

图3：检测径向跳动

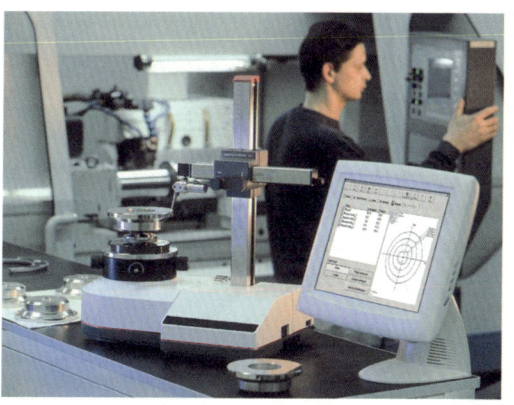

图4：用于检测径向跳动，端面跳动，端面平行度，同心度，同轴度，圆度，平面度和表面波纹性分析的形状检测仪

■ **螺纹的检测**

> 使用带显示的检测仪和量规检测螺纹。

如果只检测内外螺纹的配合能力，使用量规已足以满足检测要求（图2）。

通过螺帽与螺栓的配合以及可确定的（灵活）活动性可检测螺纹是否符合标准，以及螺纹功能是否优秀。

但是，如果必须精确测出内外螺纹某些指定尺寸（图3），可使用带显示的检测仪。这里推荐应用广泛种类繁多的检测仪。如螺纹千分尺（图4）或螺纹外径规，它们可以对任意螺纹啮合角和螺距检测其节圆直径，根圆直径和外圆直径（图1）。

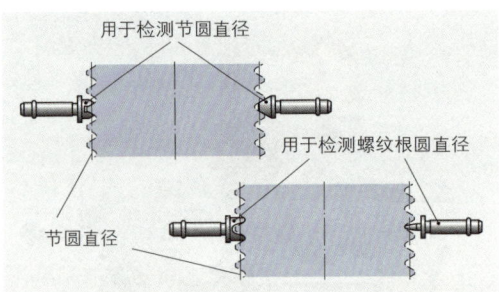

图1：螺纹检测的应用

采用三针检测法可计算螺纹的节圆直径。

检测时，将已知直径的三个测量针放入螺纹空槽，并测量检测螺栓间距 M。通过计算或查表即可得知直径 d_2（图5）。

■ **螺纹螺距的检测**

许多零件的螺距具有特殊的意义，例如驱动主轴。螺纹的螺距是指与轴线平行的、两个相邻并同属一个螺距的、方向相同的螺纹面之间的间距。

最简单的检测可使用游标卡尺（通过螺纹线数测出若干个螺纹线和分度的间距），更精确的检测需使用螺纹螺距检测仪，它可测出螺距的大小和常数（图6）。

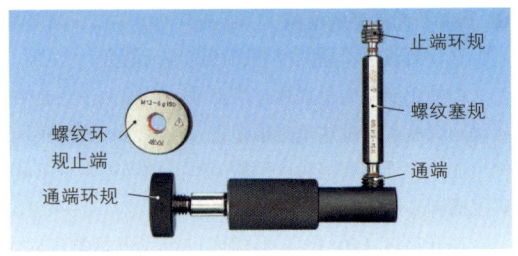

图2：内外螺纹的螺纹量规

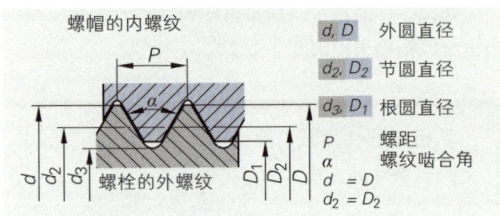

图3：螺纹的指定尺寸

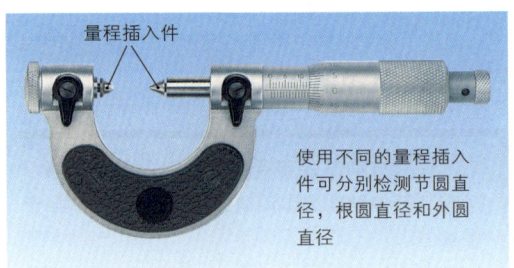

图4：螺纹千分尺

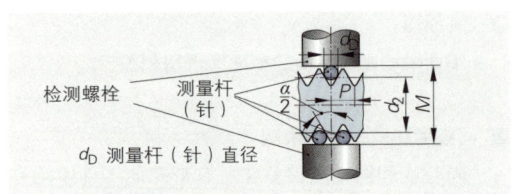

图5：用三针检测法检测螺纹

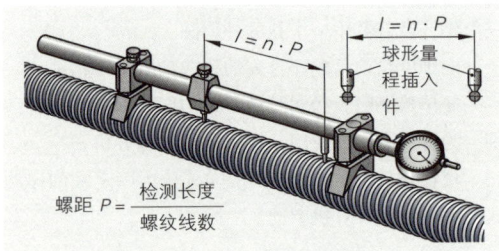

螺距 $P = \dfrac{\text{检测长度}}{\text{螺纹线数}}$

图6：用于主轴的螺纹螺距检测仪

■ 运行啮合的检测

> 齿轮总是相互啮合。配合良好的齿轮是顺畅运行的前提。

齿轮检测基本使用两种方法:
● 采集各个指定尺寸的单个偏差。
● 采集累加偏差(总偏差)。

总偏差检测时,一般采用齿轮接触斑点检验法,啮合噪声检测法或单面和双面啮合综合检验法。

实施齿轮接触斑点检验法时,首先在齿面上涂漆,然后转动标准齿轮,使它与受检齿轮啮合转动。

> 使用最多的是双面啮合综合检验法(图4),它将两个齿轮无间隙地啮合滚动。从轴间距的变化获取误差信息。

但对于精密齿轮,或查找缺陷时,需检测单项偏差,例如:齿间距,齿厚,齿高,分度,齿廓形状,径向跳动和螺旋线等(图3和图6)。

用于上述检测项目的检测装置有,指针式齿间距精密千分尺,齿厚游标卡尺,径向跳动检测仪和齿轮检测仪等(图5,图1,图2和图6)。

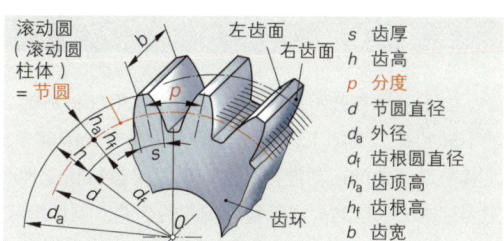

图3:直齿轮重要的指定尺寸

s	齿厚
h	齿高
p	分度
d	节圆直径
d_a	外径
d_f	齿根圆直径
h_a	齿顶高
h_f	齿根高
b	齿宽

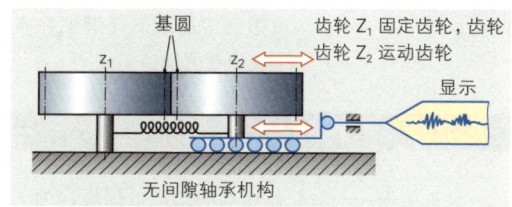

图4:双面啮合综合检验

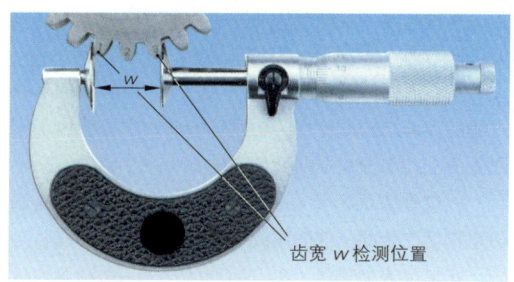

图5:齿宽千分尺

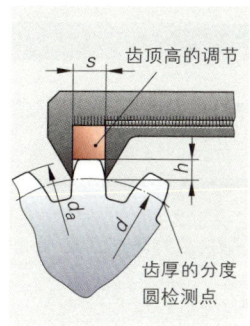

图1:齿厚游标卡尺

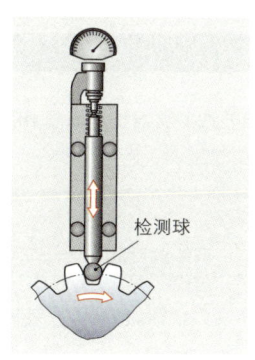

图2:检测径向跳动偏差

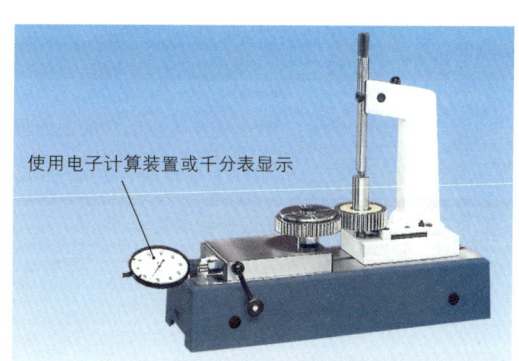

图6:齿轮检测仪

作业:

　1. 螺纹和齿轮中哪些指定尺寸是重要的? 如何检测?

　2. 如何检测工件的直线度和平面度?

　3. 径向跳动检测时应测量哪些偏差?

　4. 如果用正弦尺调节角度为 15° 的滚动轴间距 100,应使用哪一种块规组合?

　5. 请解释使用量规检测形位偏差的优点和缺点。

3.4 表面检测

由于采用各种不同的加工方法以及工件材料的多样性，机械制造加工人员加工出来的工件亦分别具有多种不同特征。实际工件表面与定义为完全光滑和几何形状符合理想的工件表面（图纸规定）之间存在偏差。尤其是部件中的运动件，其表面质量是运行稳定性和使用寿命的重要因素。为保证零件的功能性，以实际应用为标准，为检测规定了各种不同的公差，例如形状，表面波纹性，表面粗糙度等。

作为加工举例，图 1 中需识别的和 11 页与 53 页练习举例中描述的花键轴在本书其他章节也做了描述。

3.4.1 基本概念

设计表面——由符合标准的图纸数据规定的工件表面。

实际表面——检测技术所能采集的、加工后产生的工件表面（图 1）。

实际表面形状（P– 表面形状）——已采集的未经过滤的表面结构总体性。检测仪形成的中心线位于实际表面上凸部分和下凹部分的中心（图 2）。

波纹性表面形状（W– 表面形状）——经过滤表面粗糙度产生的工件的波纹性。

粗糙度表面形状（R– 表面形状）——由检测仪过滤的波纹性所产生的表面形状（图 3）。

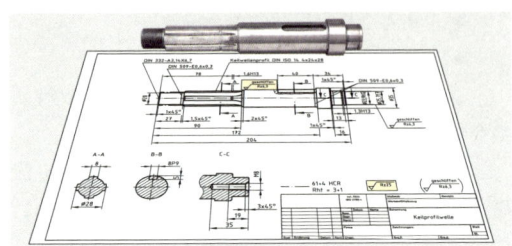

图 1：实际表面和设计表面

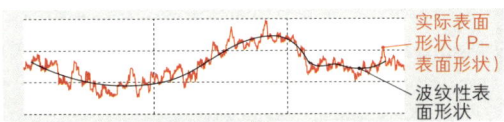

图 2：实际表面形状和波纹性表面形状

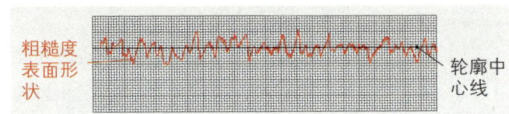

图 3：粗糙度表面形状

3.4.2 表面形状偏差

加工过程中出现的、所有可能产生的实际表面形状偏差按照德国工业标准 DIN 4760 均命名为表面形状偏差，并划分为 6 类。

分类	表达法	名称	可能的原因	切削技工的影响因素
	表 1：DIN 4760 所述的表面形状偏差			
1		形状	切削力，例如 F_P	装夹值，导轨因素
2		波纹	机床和刀具的波动	刀具装夹，加工参数
3		沟纹	进给量，f，v_f 刀具的切削刃	刀刃几何形状
4		浅槽	切屑的形成	刀刃几何形状
5		组织	晶化过程	刀具与工件之间的工作温度
6		晶格结构	脱碳或退火	

放大

3.4.3 表面粗糙度检测量

技术资料中所载明的所有表面粗糙度数据，均以检测技术手段采自工件表面的实际表面形状，其尺寸单位是 μm。

■ **初级表面形状（实际表面形状：$P-$ 表面形状）：**

未经过滤的初级表面形状是计算初级表面形状特性数值的基础和波纹性表面形状以及粗糙度表面形状的原始基础。表面形状的总高度 Pt 是检测区段 l_n 之内最大表面形状峰值 Zp 与最大表面形状谷值 Zv 的高度总和（图 1）。

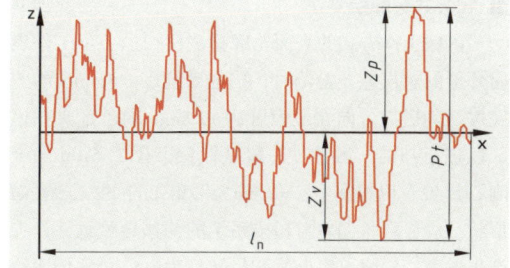

图 1：初级表面形状（实际表面形状，$P-$ 表面形状）

■ **粗糙度表面形状（$R-$ 表面形状）：**
■ **表面粗糙度算术平均值 Ra**

Ra 和 Rz 的检测值均取自工件的 $R-$ 表面形状。

从中心线出发，从计算出的面积总和（矩形面积 $=P-$ 表面形状的上部面积加下部面积）中得出高度 $h=Ra$。

■ **平均表面粗糙深度 Rz**

一般情况下，将已定义的检测区段 l_n 细分为 5 个检测段。表面形状纵坐标的算术平均值 Ra 是一个检测段 l_r 内所有纵坐标值 $Z(t)$ 总和的算术平均值。表面形状的最大高度 Rz 是一个检测段 l_r 内最大表面形状峰值 Zp 与最大表面形状谷值 Zv 的高度总和（图 2）。

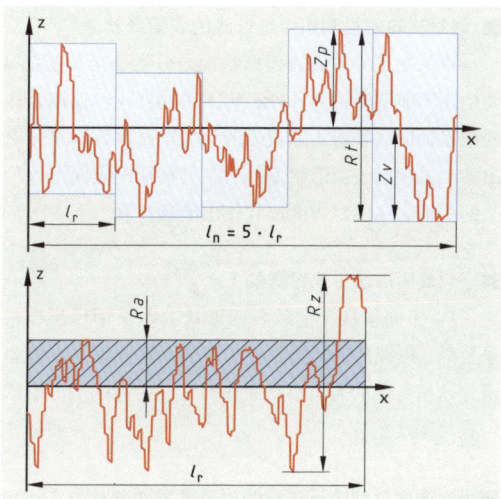

图 2：粗糙度表面形状（$R-$ 表面形状）

3.4.4 表面形状检测方法

表面形状检测方法的选择主要取决于企业的现有条件和检测技术的要求。其选择范围从最简单的手工检测方法直至高度灵敏并使用计算机计算的电子检测仪器。

■ **目视检验（主观方法）**

通过用手指指甲反复触摸工件表面和表面形状对比标准样件，利用若干实际经验，检验人员可探查出表面粗糙度差异最高达 2μm 的典型表面形状缺陷（沟纹、裂纹和划痕）。

由于刀具切削刃几何形状和刀具运动的特殊性，不同的切削加工方法产生具有该切削方法典型特征的

图 3：使用对比标准样件检验工件

工件表面形状结构。因此，对于每一种切削方法都必须有一个相应的表面形状实体。

这个表面形状对比标准样件可产生足够准确和经济的检测结果，因此，根据图纸规定计算的检测值也就没有偏差（图 3）。

■ 触针式轮廓检测法

机械工作方式的表面轮廓检测仪扫描一个工件表面外形的总误差。检测时，扫描系统以 0.5mm/s 的速度按切削进刀方向在最大可达 12.5mm 的已定义扫描区段进行扫描。触针（一般是针尖半径 2~5μm 的金刚石针尖）以检测力 $F=0.7$mN 采集工件的实际表面形状。表面形状偏差对扫描系统的偏移导致触针针尖产生偏移，检测仪将该偏移量转换为电信号并传输给显示装置（图 1）。

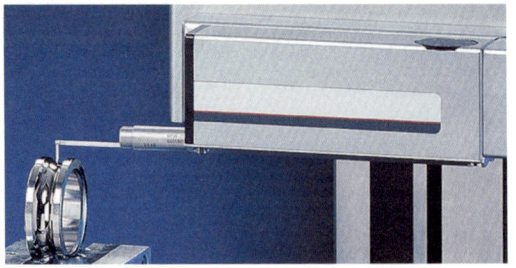

图 1：触针式轮廓仪

■ 触针式轮廓检测法中经过滤的表面形状

单从加工导致的表面形状偏差分类表第 1 至第 4 类中还不能清晰识别各种影响因素的界线。使用合适的技术辅助装置将实际表面形状加以过滤，即可分离出各个单项的表面形状偏差。各具特征的表面形状种类的图形表达可对表面形状作出准确评判。

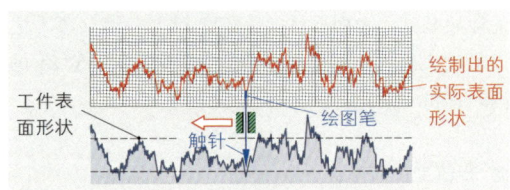

图 2：P– 表面形状

■ P– 表面形状（未过滤的）

P– 表面形状（实际表面形状）系采用检测技术采集的、模拟传输和绘制的工件表面形状信息，就是说，这里绘制的表面形状曲线与工件实际的表面形状一致（图 2）。

■ R– 表面形状（已过滤的粗糙度表面形状）

通过检测仪技术将桶式探针系统与检测线结合起来并不能采集到工件表面的波纹。应按波纹方向绘制表面形状（图 3）。

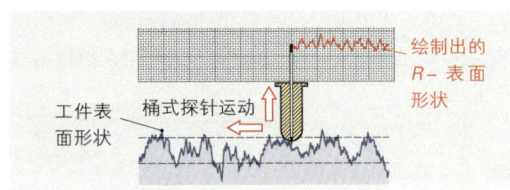

图 3：R– 表面形状

■ W– 表面形状（已过滤的波纹性表面形状）

桶式探针滚过工件表面后，只有工件表面的波纹可以显示出来（图 4）。

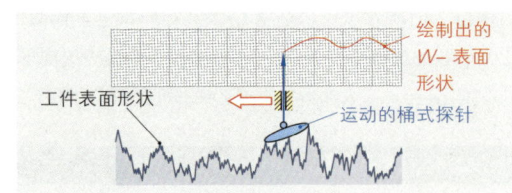

图 4：W– 表面形状

■ 光学显微探头

光学显微探头 FOCODYN 按照动态聚焦原理工作。其光源是一个内置在机壳中的激光二极管。在一个准直光管内，光被汇集成一个平行光束，穿过一个棱镜进入显微物镜，然后通过另一个棱镜向下从检测杆逸出。显微物镜把光聚集成光束，在出口下方 0.9mm 处形成一个焦点。同样的光束中，从工件表面反射回来的光进入光学系统，并在焦点探测器处转向。一个感应式位移检测系统将检测杆的运动转换为一个电信号（图 5）。

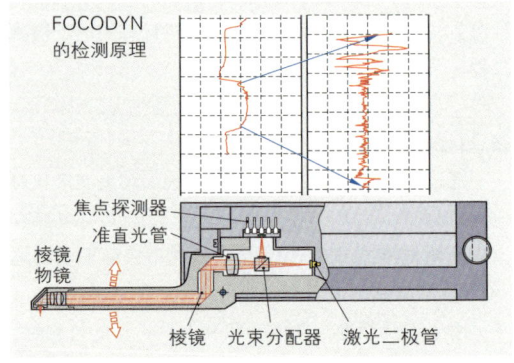

图 5：光学检测探头 FOCODYN 的检测原理

3.4.5　表面质量的评判

> 运动零件的表面质量直接对其优化使用性能产生重大影响。

机械制造加工人员用加工机床上设定的切削值保证工件表面质量的规定值，同时对加工成本施加积极影响。工件要求的表面特性与待检测量之间的关系对于工件表面技术质量评判具有决定性意义（表1）。

表1：工件表面质量		
零件	工件要求的表面质量	检测量
一个加工机床的导轨	滑动性承重能力	表面粗糙深度承重比率

对表面粗糙度数值进行的表面粗糙度分级N1至N12是本教材所属图表手册中表面质量评判的常见方法。可达到的表面粗糙度，例如各种不同切削加工方法的 Ra，Rz，若用直方图图形表达法可形成快速概览（表2）。

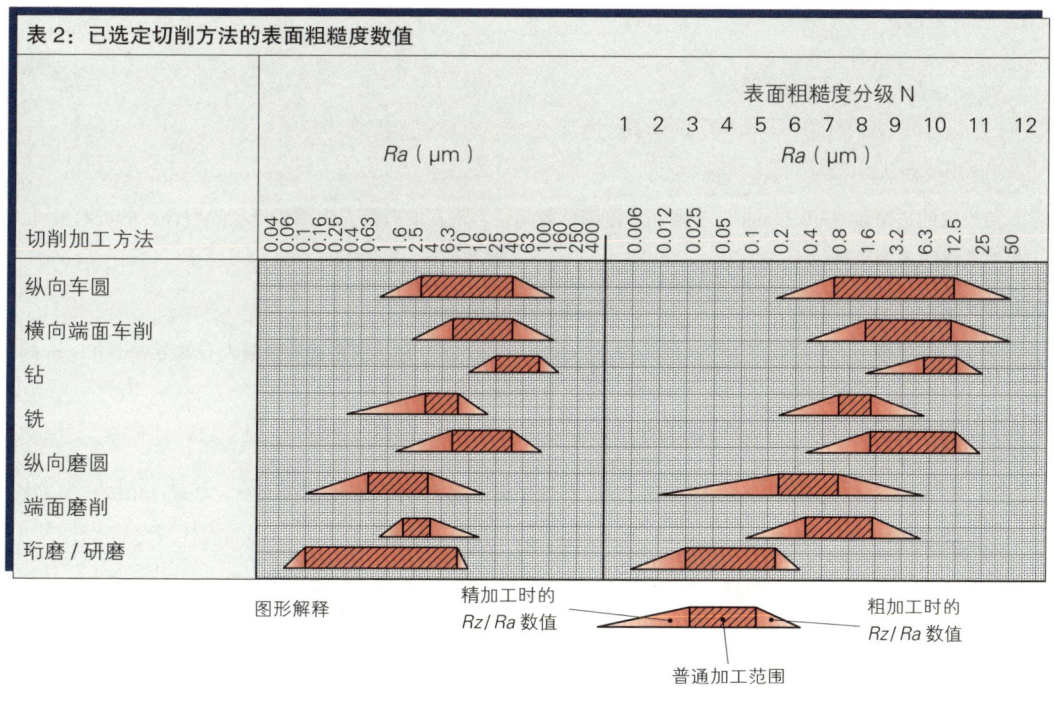

表2：已选定切削方法的表面粗糙度数值

图形解释　　精加工时的 Rz/Ra 数值　　普通加工范围　　粗加工时的 Rz/Ra 数值

工件切削加工时，大量影响因素构成可达到的 Rz/Ra 数值的带宽：

- 切削刃几何形状。
- 材料—切削刃材料对。
- 加工机床的设定值。
- 磨损，润滑状态等。

3.4.6　图纸上表面质量数据的标注

工件表面的符号标记使切削技工可快速清晰地确定待实施的加工方法。对此，按照 DIN ISO 1302 采用基本符号加相应变量的方式标注工件的表面质量数据（图1）。

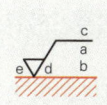

a 带有数字值的表面特性值，数值单位：μm，传输特性 / 单个检测段，单位：mm
b 对表面特性的第二要求（描述同a）
c 加工方法
d 所要求表面沟纹方向的示意图符号
e 加工余量，单位：mm

图1：表面质量数据的基本符号

3.4.7 表面粗糙度的计算

根据企业的加工条件，工件表面质量在图纸资料中优先以 Ra 或 Rz 值标注。这些表面粗糙度特性数值的定义可参阅简明机械图表手册或本教科书（49 页）。用重要的影响因素如进给量"f"和刀具刀尖圆弧半径"r_ε"可计算出下列待加工的工件表面质量的规定数值。

1. 影响因素

进给量 f（单位:mm）：用公式 $$Rz = \frac{f^2}{8 \cdot r_\varepsilon}$$ 计算出平均的表面粗糙深度。

设：要求 $Rz = 16\mu m$ 求：应选用哪一种进给量 f，单位:mm
车刀刀尖圆弧半径 $r_\varepsilon = 0.4mm$

解：$Rz = \dfrac{f^2}{8 \cdot r_\varepsilon}$

$f = \sqrt{Rz \cdot 8 \cdot r_\varepsilon}$

$f = \sqrt{0.016mm \cdot 8 \cdot 0.4mm}$

$f = 0.23mm$

待设定的进给量 $f = 0.23mm$ 位于精加工范围，就是说，现在的刀具刀尖圆弧半径和所设定的进给量可加工出所要求的表面质量。

2. 影响因素

刀尖圆弧半径 r_ε（单位:mm）：用经验公式 $$Ra = \frac{f^2}{18\sqrt{3 \cdot r_\varepsilon}}$$ 可足够精确地为最大有效范围达 0.1mm 的 f

计算出表面粗糙度平均值。若进给量数值更大，则还需更多可用的数值。

设：要求 $Ra = 12.5\mu m$ 求：待使用车刀的刀尖圆弧半径 r_ε，单位:mm
进给量 $f = 0.7mm$

解：$Ra = \dfrac{f^2}{18\sqrt{3 \cdot r_\varepsilon}}$ $r_\varepsilon = \dfrac{f^4}{Ra^2 \cdot 18^2 \cdot 3}$

$r_\varepsilon = \dfrac{(0.7mm)^4}{(0.0125mm)^2 \cdot 18^3 \cdot 3}$

$r_\varepsilon = 1.58mm$

已设定的进给量 $f = 0.7mm$ 和车刀刀尖圆弧半径 $r_\varepsilon = 1.58mm$ 表明这是典型的粗加工。这里，首先指切屑体积，其次指粗糙表面。

3. 用表面粗糙度曲线（51 页图）确定切削量数值:

通过另外两个数值的组合可以非常迅速并足够准确地确定切削量数值（图 1）。

例如，用进给量 $f = 0.45mm$ 和刀尖圆弧半径 $r_\varepsilon = 0.8mm$ 可计算出表面粗糙深度理论值 $Rth = 35\mu m$。

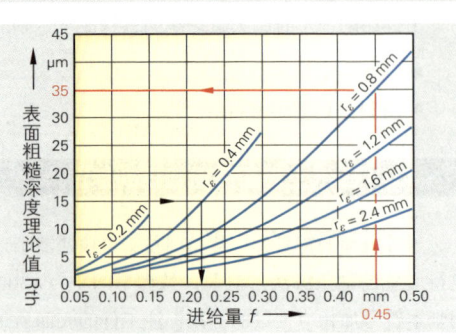

图 1：表面粗糙度曲线

作业：

1. 请解释适用于图纸标注 $\sqrt{\dfrac{磨削}{Rz\ 6.3}}$ 的表面检验方法（图 1）。

2. 借助 52 页曲线确定适用于所要求表面粗糙度 $\sqrt{Rz\ 25}$ 的车削加工进给量 f 和车刀刀尖圆弧半径 r_ε 可能的设定值。

3. 请确定一种合适的材料并解释待实施的淬火方法 ø20 x 27。

请计算检查已查到的设定值和图表手册列出的用于所要求表面质量的规定值。

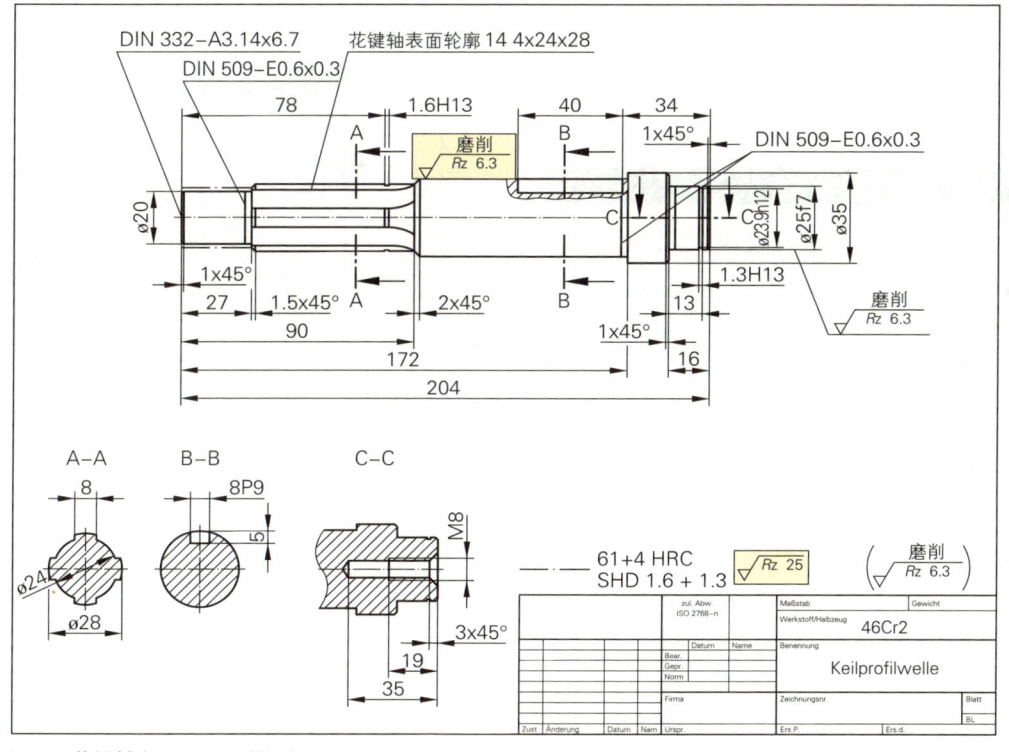

图 1：花键轴（用作练习举例）

1. 请区分设定表面形状与实际表面形状的概念。

2. 请定义下列概念：实际表面形状，粗糙度表面形状和波纹性表面形状。

3. 请区分表面粗糙度检测量 Rz 和 Ra。

4. 请评判触针式轮廓检验法和光学显微探头的实际应用。

5. 请解释图纸上标注表面质量标记的必要性。

6. 请为花键轴编制一个检测计划。

3.5 公差和配合

所有工件均需根据加工条件并按规定的图纸数据（设定尺寸）划分加工精度（实际尺寸）。由于加工和成本原因所允许的（公差规定的）工件偏差是公差。为使工件完成加工任务，其实际值必须位于定义的公差范围之内。尺寸公差以及形状和位置公差的数值取决于工件在部件中的功能。通过适宜配合的工件（配合）可实现如下任务：

- 导向任务（轴-轮毂）。
- 可更换性（零件的更换）。
- 整体量具（检测装置）。

3.5.1 基本概念

标称尺寸 N：共同的图纸尺寸（例如轴和轮毂），这里的极限偏差确定零件的加工公差。标称尺寸表达为长度尺寸。

实际尺寸：检测出的工件尺寸（例如 ø14.8mm）。

公差尺寸：公差尺寸是由下列尺寸组成的尺寸数据：

- 标称尺寸 + 极限偏差（例如 14.3 + 0.1）
- 标称尺寸 + 公差等级（例如 1.1H13）

■ **极限尺寸**：

上极限尺寸 G_o：允许的工件最大尺寸。
下极限尺寸 G_u：允许的工件最小尺寸。

■ **极限偏差**：

上极限偏差 ES, es：最大尺寸与标称尺寸之间的差。
下极限偏差 EI, ei：最小尺寸与标称尺寸之间的差。
基本偏差：上极限偏差和下极限偏差与零线之间现有的最小值，就是说，确定公差至零线的位置。
尺寸公差 T：上极限偏差与下极限偏差之间的代数差绝对值，或上极限尺寸与下极限尺寸之间的代数差绝对值（图 2）。
公差带：公差的图形表达法，就是说，最大尺寸与最小尺寸之间的范围。
公差带代号：基本偏差代号与公差等级代号（例如 H7）组合的标注法。
公差等级：基本公差等级的数字表述。
配合：孔与轴接合状况的数字或数值表达法。配合 = 内配合尺寸 − 外配合尺寸。

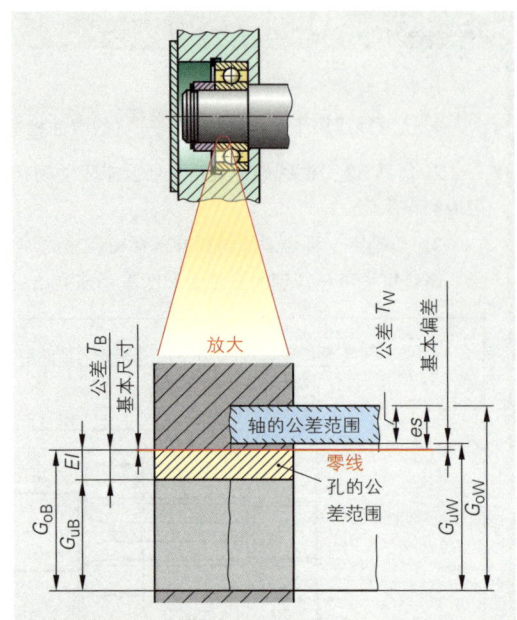

图 1：基本概念

图 1 的计算：

一般性说明：推荐的公差范围均按 DIN 5425

轴：ø25 K6

轴承：ø25 $25^{0\mu m}_{-10\mu m}$ 正常公差 PO（制造商数据）

轴	**轴承孔**
设：标称尺寸 $N = 25$ mm	设：标称尺寸 $N = 25$ mm
$es = +15 \mu m$	$ES = 0 \mu m$
$ei = 2 \mu m$	$EI = -10 \mu m$
求：G_{oW}, G_{uW}, T_W	求：G_{oB}, G_{uB}, T_B

最大尺寸 G_{oW}：

$G_{oW} = N + es$

$G_{oW} = 25$ mm + 0.015 mm

$G_{oW} = 25.015$ mm

最大尺寸 G_{oB}：

$G_{oB} = N + ES$

$G_{oB} = 25$ mm + 0.000 mm

$G_{oB} = 25.000$ mm

最小尺寸 G_{uW}：

$G_{uW} = N + ei$

$G_{uW} = 25$ mm + 0.002 mm

$G_{uW} = 25.002$ mm

最小尺寸 G_{uB}：

$G_{uB} = N + EI$

$G_{uB} = 25$ mm + (−0.010 mm)

$G_{uB} = 24.990$ mm

公差 T：

$T_W = G_{oW} - G_{uW} = es - ei$

$T_W = 25.015$ mm − 25.002 mm

　　 = 0.015 mm − 0.002 mm

$T_W = 0.013$ mm

$T_B = G_{oB} - G_{uB} = ES - EI$

$T_B = 25.000$ mm − 24.990 mm

　　 = 0.000 mm − (−0.010 mm)

$T_B = 0.010$ mm

图 2：极限尺寸和公差的计算举例

■ **公差带至零线的位置**

公差带的位置与零件具体的加工任务和功能相关。在加工技术资料中，通过标称尺寸加极限偏差的尺寸标注或配合标注，可识别公差带相对于标称尺寸（零线）的位置。因此，原则上可出现 5 种不同的公差范围位置（表 1）。

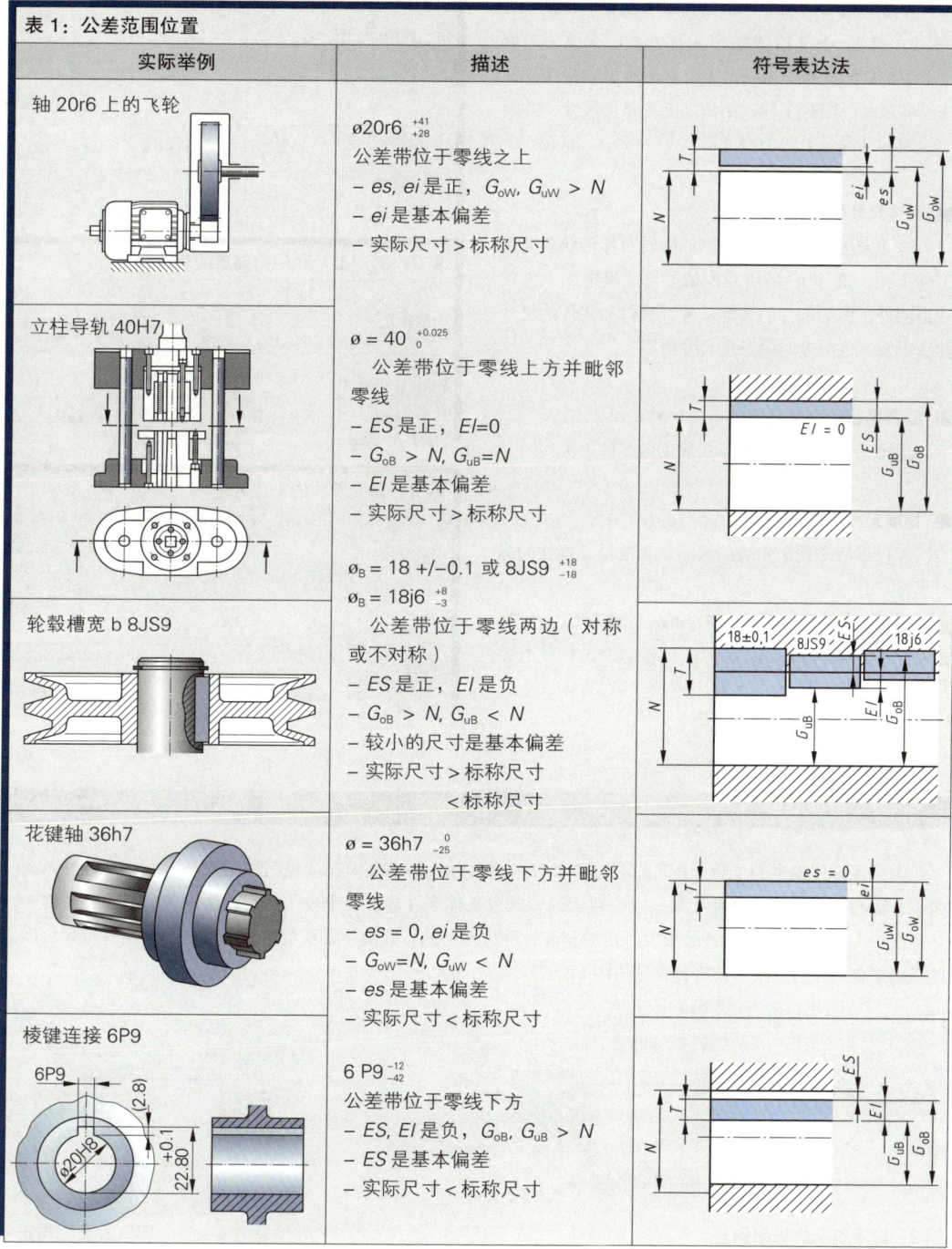

表 1：公差范围位置

实际举例	描述	符号表达法
轴 20r6 上的飞轮	$\varnothing 20r6\ ^{+41}_{+28}$ 公差带位于零线之上 – es, ei 是正，$G_{oW}, G_{uW} > N$ – ei 是基本偏差 – 实际尺寸 > 标称尺寸	
立柱导轨 40H7	$\varnothing = 40\ ^{+0.025}_{0}$ 公差带位于零线上方并毗邻零线 – ES 是正，$EI=0$ – $G_{oB} > N$，$G_{uB}=N$ – EI 是基本偏差 – 实际尺寸 > 标称尺寸	
轮毂槽宽 b 8JS9	$\varnothing_B = 18 +/-0.1$ 或 8JS9 $^{+18}_{-18}$ $\varnothing_B = 18j6\ ^{+8}_{-3}$ 公差带位于零线两边（对称或不对称） – ES 是正，EI 是负 – $G_{oB} > N$，$G_{uB} < N$ – 较小的尺寸是基本偏差 – 实际尺寸 > 标称尺寸 　　　　< 标称尺寸	
花键轴 36h7	$\varnothing = 36h7\ ^{0}_{-25}$ 公差带位于零线下方并毗邻零线 – $es = 0, ei$ 是负 – $G_{oW}=N, G_{uW} < N$ – es 是基本偏差 – 实际尺寸 < 标称尺寸	
棱键连接 6P9	6 P9 $^{-12}_{-42}$ 公差带位于零线下方 – ES, EI 是负，$G_{oB}, G_{uB} > N$ – ES 是基本偏差 – 实际尺寸 < 标称尺寸	

3.5.2 未注公差

未注公差用于所有未规定公差的工件尺寸（自由尺寸）。未注公差按照已标定的标称尺寸范围进行划分，可分为精细，中等，粗糙和很粗糙4个公差等级（表1，表2，表3）。在数字表述方面，未注公差都是上下标相同的正—负公差，在图纸上通常用于标注长度尺寸，倒圆半径，倒角高度和角度尺寸，并附加德国标准提示 DIN 7168 T1。

■ 长度尺寸的未注公差

这类未注公差适用于典型的回转对称形状和菱形工件（孔，槽等）。但由其他偏差尺寸确定的工件尺寸是例外，例如部件的装配尺寸，锻件和铸件的尺寸标注以及工件分度时的角度尺寸等。

■ 倒圆半径和倒角高度的未注公差

适用于以倒圆和倒角形式加工的工件边棱。

■ 角度尺寸的未注公差

工件形状中较短角边的尺寸是角度尺寸标注的标称尺寸。

举例：角边尺寸75mm 和55mm，公差等级为中等。偏差尺寸上限：+20′，偏差尺寸下限：−20′，因此公差 T = 40′。

表1：长度尺寸的未注公差

公差等级	极限偏差，单位：mm 适用的标称尺寸，单位：mm					
	0.5 至 3	大于 3 至 6	大于 6 至 30	大于 30 至 120	大于 120 至 400	大于 400 至 1000
f 精细（f）	± 0.05	± 0.05	± 0.01	± 0.15	± 0.2	± 0.3
m 中等（m）	± 0.1	± 0.1	± 0.2	± 0.3	± 0.5	± 0.8
c 粗糙（g）	± 0.2（0.15）	± 0.3（0.2）	± 0.5	± 0.8	± 1.2	± 2
v 很粗糙（sg）	–	± 0.5	± 1	± 1.5	± 2.5（2）	± 4（3）

表2：倒圆半径和倒角高度的未注公差

公差等级	极限偏差，单位：mm 适用的标称尺寸，单位：mm		
	0.5 至 3	大于 3 至 6	大于 6
f 精细（f） m 中等（m）	± 0.2	± 0.5	± 1
c 粗糙（g） v 很粗糙（sg）	± 0.4（0.2）	± 1	± 2

表3：角度尺寸的未注公差

公差等级	极限偏差，单位：mm 短边的长度尺寸，单位：mm			
	最大至 10	大于 10 至 50	大于 50 至 120	大于 120 至 400
f 精细（f） m 中等（m）	± 1°	± 30′	± 20′	± 10′
c 粗糙（g）	± 1° 30′	± 1°（50′）	± 30′（25′）	± 15′
v 很粗糙（sg）	± 3°	± 2°	± 1°	± 30′

3.5.3 尺寸公差

为实现最优成本的工件装配和部件功能，所有零件均应按照公差尺寸进行加工。公差尺寸与各种不同的加工方法和种类繁多的企业无关。这个要求的特殊意义体现在部件的维修（无需再次加工即可安装备件—可互换性！）。设计人员在标注公差时，可根据零件的应用目的，在数字加前置符号与 ISO 公差缩写符号之间选择使用配合尺寸的极限偏差进行标注（图1）。

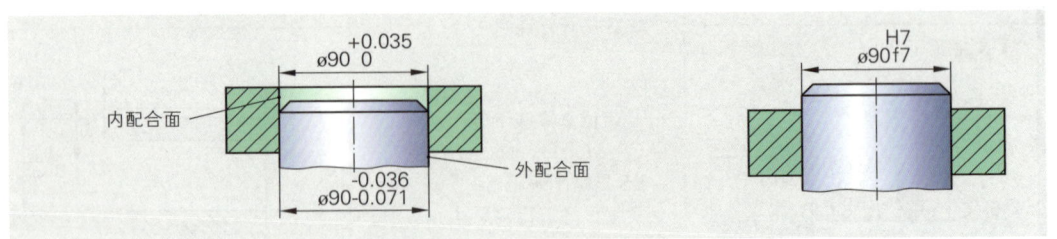

图2：数字表示的极限偏差   **ISO 公差缩写符号**

3.5.4　ISO 公差

ISO 公差体系使用字母和数字用于标注所有公差带位置的配合尺寸的极限偏差（图1）。

> 表示基本偏差的字母标出基本偏差至零线的位置。
>
> 公差等级的数字是表示公差大小的特征数字。

从 ISO 公差标注法中可以导出关于标称尺寸、公差带大小和基本偏差至零线位置的表述。

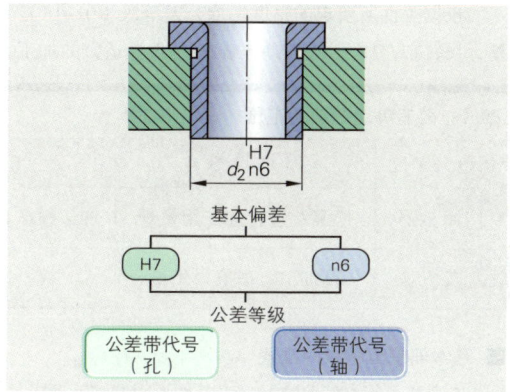

图 1：ISO 公差标注法

图纸标注	含义	图纸标注	含义
从图 1 导出的 ISO 公差标注法信息内容：			
ø18H7	配合尺寸	ø18n6	配合尺寸
ø	圆形	ø	圆形
18	标称尺寸 N = 18mm	18	标称尺寸 N = 18mm
H	基本偏差（内配合面）	n	基本偏差（外配合面）
7	公差等级 7	6	公差等级 6
ES	上极限偏差 = +18μm	es	上极限偏差 = +23μm
EI	下极限偏差 = 0μm	ei	下极限偏差 = +12μm
G_{oB}	上极限尺寸　 = 18.018mm	G_{oW}	上极限尺寸　 = 18.023mm
G_{uB}	下极限尺寸　 = 18.000mm	G_{uW}	下极限尺寸　 = 18.012mm
T_B	公差　 = 0.018mm	T_W	公差　 = 0.011mm

■ 公差的大小（ISO 质量等级）

公差的大小取决于公差等级和工件标称尺寸 N 的大小。现在使用字母 IT（国际公差的德文首字母缩写：Internationale Toleranzen）配上数字 01、0、1、…、18（共 20 个公差等级），用于基本公差等级的细分（图 2）。

在一个指定的标称尺寸范围之内，质量等级 01 表示最小公差，质量等级 18 则是最大公差。在一个标称尺寸范围内，公差数值的公比为 1.6。一个公差度的允许公差还取决于标称尺寸。

出于加工和设计原因，较大的标称尺寸有较大的公差。标称尺寸亦分级为一定的标称尺寸范围：现在已为 1mm…3150mm 的工件规格划定了总共 21 个标称尺寸范围。

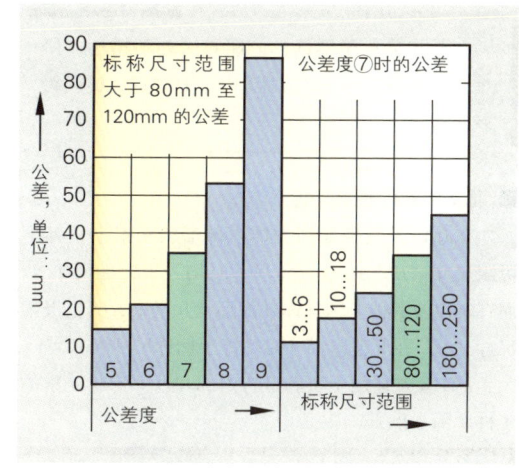

图 2：公差等级与标称尺寸范围之间的关系

根据工件所要求的精度选取公差等级（01~18）。因此，需根据加工时的尺寸偏差［公差等级01，0－小偏差，16，17，18－大偏差（表1）］选择适宜的加工方法。

表1：公差等级的应用范围		
ISO 公差度	01 1 2 3 4	5 6 7 8 9 10 11	12 13 14 15 16 17 18
应用范围	检测装置，加工用量规	加工机床，机床制造和车辆制造	半成品，铸件，日常生活用品
加工方法	精加工，研磨，珩磨	铰，车，铣，磨，精轧	轧，锻，压

■ **基本偏差至零线的位置**

　　5 个基本基本偏差位置对于各种不同的实际要求是不够用的。因此，通过 ISO 公差体系可以划定 24 个基本公差带位置（加上 4 个特殊公差带位置）。所有基本偏差至零线的位置均由基本偏差（至零线的最小值）确定（图1）。

> 　　大写字母 A~ZC 表示孔（ES，EI）的基本偏差，而小写字母 a~zc 则表示轴（es，ei）的基本偏差。

■ **基本偏差代号命名的特点**

- 为避免混淆，禁用字母 I，L，O，Q 和 W（包括大写和小写字母）。
- 为此，对于频繁使用的公差等级 6~11，专为孔的 Z 公差扩展了公差范围 ZA，ZB，ZC，为轴的 z 公差扩展了公差范围 za，zb，zc。
- 最大至 10mm 的标称尺寸范围补充占用孔基本偏差 CD，DF，FG，轴基本偏差 cd，df，fg。

同等对称于零线的正—负—公差用于特殊基本偏差"JS，js"。

> 　　基本偏差至零线的间距具有如下特性，所使用的字母在字母表上距离 H，h 越远，该间距就越大。

■ **基本偏差代号 H，h**

　　在孔以及其他非圆柱体内部形状元素中，其下极限尺寸"EI"在 H 公差尺寸时均等于标称尺寸 N。而在轴以及其他非圆柱体外部形状元素中，其上极限尺寸"es"在 h 公差尺寸时均等于标称尺寸 N。

　　ISO 公差适用于所有带有内部和外部形状元素的工件（图2）。

> 　　公差度特性数字越大，公差越大。

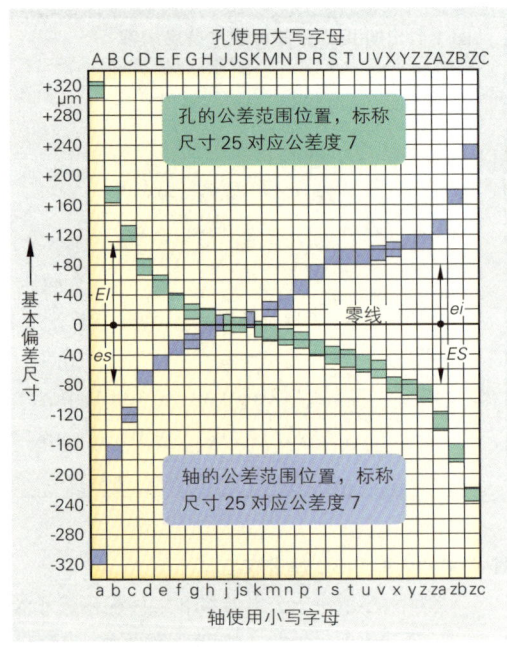

图 1：公差范围至零线的位置

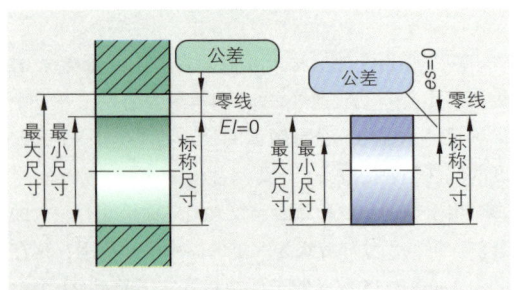

图 2：公差范围 H 和 h 的位置

3.5.5 配合的种类

在所有工件中都存在因加工条件而产生的尺寸偏差。如果圆柱体或非圆柱体零件（有内配合面和外配合面的配合件）需与部件接合，ISO 公差体系通过尺寸公差保证满足所需的配合要求。

> 对配合这个概念可理解为，配合件标称尺寸相同时，组装前孔与轴之间的尺寸差。

从内与外配合面及其最大与最小尺寸之间的理论组合可能性中可得出组装时的两个概念：间隙"P_s"或过盈"$P_ü$"（图 1）。据此，可定义两个极限配合。

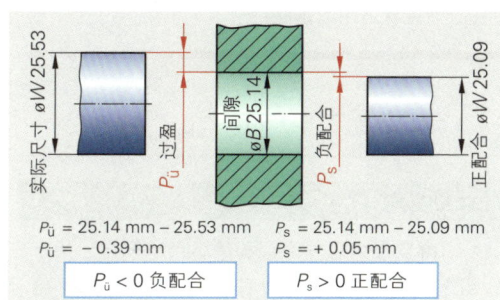

$P_ü = 25.14\ mm - 25.53\ mm$
$P_ü = -0.39\ mm$

$P_s = 25.14\ mm - 25.09\ mm$
$P_s = +0.05\ mm$

$P_ü < 0$ 负配合	$P_s > 0$ 正配合

图 1：配合

> 最大配合"P_{SH}"：内配合面的最大尺寸—外配合面的最小尺寸
>
> 最小配合"$P_{ÜM}$"：内配合面的最小尺寸—外配合面的最大尺寸

G_{oB} = 内配合面的最大尺寸
G_{uB} = 内配合面的最小尺寸
G_{oW} = 外配合面的最大尺寸
G_{uW} = 外配合面的最小尺寸

极限配合的尺寸差可以是正（间隙），负（过盈），特殊情况下也可以是零。

极限配合细分为：

间隙配合	过渡配合	过盈配合

■ 间隙配合（正配合）

在每一种实际尺寸的可能性中，当内配合面（孔）与外配合面（轴）的公差范围在极限尺寸范围之内互不接触（间隙）时，形成间隙配合。

间隙的大小取决于公差范围的位置与大小。间隙配合适用的条件（图 2）：

> 最大间隙 $P_{SH} = G_{oB} - G_{uW} > 0$
>
> 最小间隙 $P_{SM} = G_{uB} - G_{oW} \geqq 0$

$P_{SH} = G_{oB} - G_{uW} > 0$

$P_{SM} = G_{uB} - G_{oW} > 0$

图 2：间隙配合

计算举例：

哪些最大尺寸间隙配合和最小尺寸间隙配合适用于图 3 所示的滑动齿轮变速箱的配合？

ø30 H7/g6：	$G_{oB} = 30.021\ mm$
H7：+21/0	$G_{uB} = 30.000\ mm$
g6：−7/−20	$G_{oW} = 29.993\ mm$
	$G_{uW} = 29.980\ mm$

$P_{SH} = G_{oB} - G_{uW} = 30.021\ mm - 29.980\ mm$
$P_{SH} = +0.041\ mm$

$P_{SM} = G_{uB} - G_{oW} = 30.000\ mm - 29.993\ mm$
$P_{SM} = +0.007\ mm$

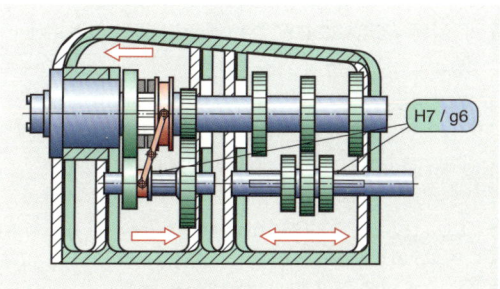

图 3：滑动齿轮变速箱

■ 过渡配合（正配合或负配合）

在每一种实际尺寸的可能性中，当内配合面（孔）与外配合面（轴）的公差带在极限尺寸范围之内部分相交时，形成过渡配合（图1）。

过渡配合适用的条件：

> 最大间隙 $P_{SH} = G_{oB} - G_{uW} > 0$
>
> 最大过盈 $P_{üH} = G_{uB} - G_{oW} < 0$

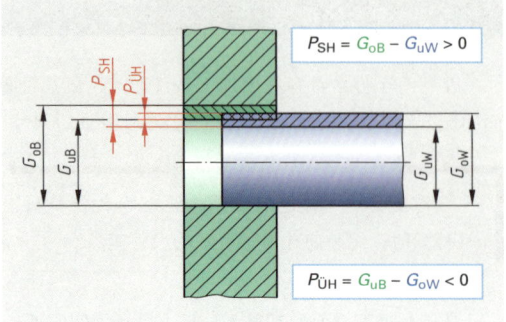

图1：过渡配合

计算举例：

哪些最大尺寸配合和最小尺寸配合适用于图2所示钻孔工装 DIN 172 – A – 26 x 36 中钻套的配合？

ø26 H7/n6: G_{oB} = 26.021 mm
    H7：+21/0 G_{uB} = 26.000 mm
    n6：+28/+15 G_{oW} = 26.028 mm
    G_{uW} = 26.015 mm

$P_{SH} = G_{oB} - G_{uW}$ = 26.021 mm–26.015 mm
P_{SH} = + 0.006 mm
$P_{üM} = G_{uB} - G_{oW}$ = 26.000 mm–26.028 mm
$P_{üM}$ = – 0.028 mm
（过盈的概率大于间隙！）

图2：按照 DIN 6348 的快装钻孔工装

■ 过盈配合（负配合）

当内配合面（孔）与外配合面（轴）的公差范围处于如下情形时，即轴的实际尺寸无论如何都不会小于孔的实际尺寸时，形成过盈配合（图3）。

过盈配合适用的条件：

> 最大过盈 $P_{üH} = G_{uB} - G_{oW} < 0$
>
> 最小过盈 $P_{üM} = G_{oB} - G_{uW} \leqslant 0$

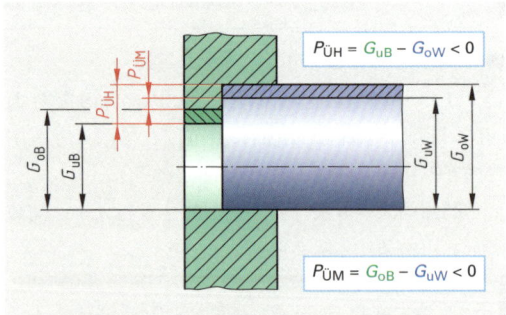

图3：过盈配合

计算举例：

哪些最大过盈配合和最小过盈配合适用于图4所示导轨立柱的配合？

ø40 R6/h3: G_{oB} = 39.966 mm
    R6：–34/–50 G_{uB} = 39.950 mm
    h3：–4/0 G_{oW} = 40.000 mm
    G_{uW} = 39.996 mm

$P_{üH} = G_{uB} - G_{oW}$ = 39.950 mm–40.000 mm
$P_{üH}$ = – 0.050 mm
$P_{üM} = G_{oB} - G_{uW}$ = 39.966 mm–39.996 mm
$P_{üM}$ = – 0.030 mm

图4：热压装配的导轨立柱

相互接合的配合件对部件的功能具有实质性影响。因此，实际工作中，某些实际尺寸的组合将产生间隙配合或过盈配合。通过过渡配合的特殊地位（公差范围的相交），可以在接合后——取决于配合件的实际尺寸——同样只形成间隙配合或过盈配合（图1）。

所形成的配合在一定公差范围内波动，因为内外配合面各种不同的实际尺寸是在允许的极限范围内加工产生的。这些配合取决于 P_H 和 P_M，并命名为配合公差 P_T（图2）。

$$配合公差 = 最大配合 - 最小配合$$
$$P_T = P_H - P_M$$

ISO 公差体系为内外配合面规定了 28 个不同的公差范围位置（A~ZC，a~zc）。每一个公差范围配有 20 个公差度（IT 01~18）。由此，对于一个标称尺寸，可以形成 28 × 20 = 560 个不同的公差范围。所有可能的内外配合面的组合便可产生共 313600 个配合公差范围。出于成本原因，要求配备如此众多的刀具和检测装置显然是不可能的，因此，有必要限制实际需要使用的公差范围。ISO 标准规定，两个配合件的公差范围是"H"或"h"时，应选择其中一个进行加工。通过确定对应件指定的公差范围来求取所要求的配合公差范围是间隙还是过盈。配合公差的选择系列在经济可行的条件下满足了实际中的所有需求。

3.5.6　配合体系

按 DIN 7154 的 ISO 配合体系标准孔 EB，所有的配合尺寸都配有公差范围"H"。通过排序查找外配合面适用的公差带，便可获得所需的配合（间隙配合或过盈配合）（图3）。

特点：

- 孔最小尺寸 G_{uB} = 标称尺寸 N
- 孔的下极限偏差 $EI = 0$

已确定的孔公差范围"H"的位置和轴公差范围"a~zc"的不同位置产生三个具有特点的配合公差范围位置。

EB– 公差范围 H	已选择的轴公差范围	将产生的配合公差
H	a~h	间隙配合
H	j~n	过渡配合
H	p~zc	过盈配合

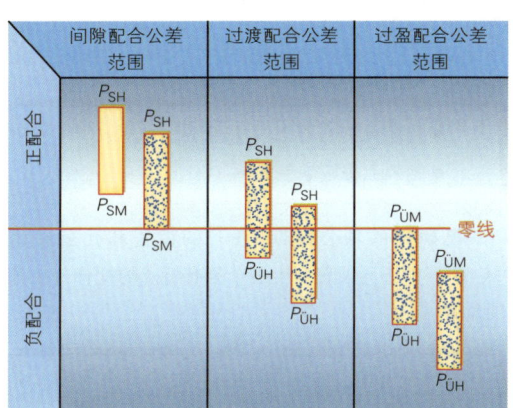

图1：配合公差范围的位置

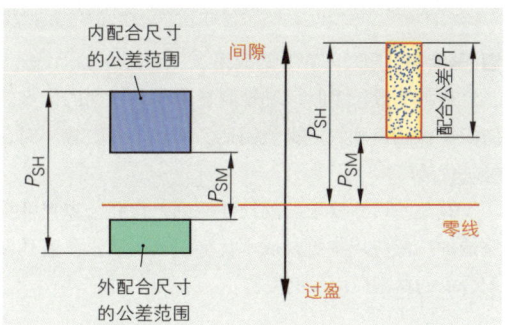

图2：配合公差 P_T

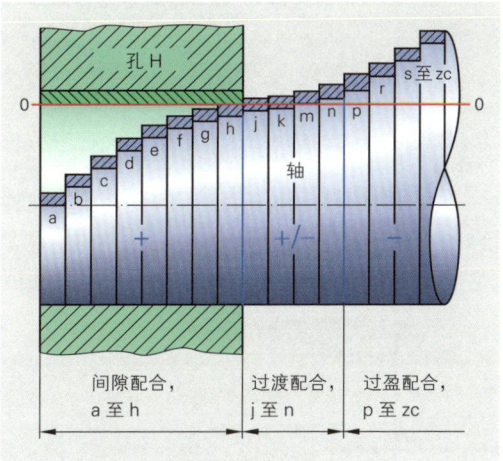

图3：ISO 配合体系标准孔

按 DIN 7154 的 ISO 配合体系标准轴"EW"，所有的外配合面均配有公差范围"h"。为得到适用的配合（间隙配合或过盈配合），需为内配合面排序查找适用的公差带（图 1）。

特征：

- 轴最大尺寸 G_{OW} = 标称尺寸 N
- 轴的上极限偏差 $es = 0$

已确定的轴公差带"h"的位置和孔公差带"A~ZC"的不同位置产生三个具有特点的配合公差范围位置。

EW-公差带 h	已选择的孔公差带	将产生的配合公差
h	A~H	间隙配合
h	J~N	过渡配合
h	P~ZC	过盈配合

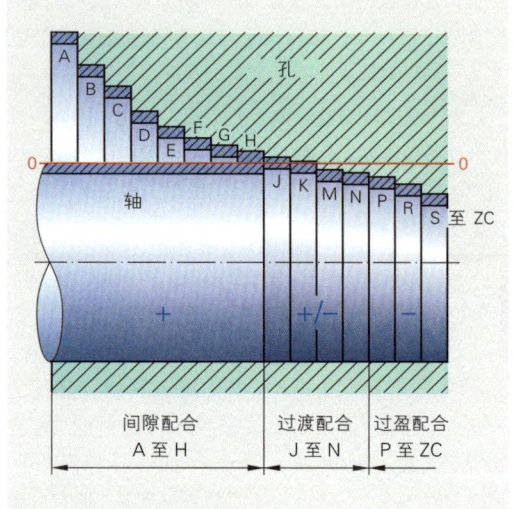

图 1：ISO 配合体系基轴制

■ 基准制"EB，EW"的应用

加工件数较多时，基轴制显现出其独到的优点。采用精拉轴（h9~h11）时，不必加工可直接使用。例如纺织机械制造和农业机械制造。而加工件数较小时，由于刀具和检测装置较高的成本因素，使用基轴制已无经济优势。

有公差尺寸要求的轴尺寸原则上比孔公差尺寸更容易加工和检验。因此，基孔制在通用机械制造和汽车制造的广泛应用中更具成本优势。表 1 所示是基孔制和基轴制配合公差带位置（间隙配合，过渡配合和过盈配合）的典型应用举例概览。

表 1：基孔制和基轴制的配合公差范围

种类	基孔制 EB			基轴制 EW		
	间隙配合	过渡配合	过盈配合	间隙配合	过渡配合	过盈配合
举例	主轴轴承	皮带盘	热压配合的轮	滑动齿轮	套入静轴的齿轮	压装的轴颈
ISO 配合公差	20 H7/f7	15 H7/j6	35 H8/u8	20 G7/h6	15 N7/h6	35 X9/h9
公差范围位置	+21 / 0 / -20 / -41	+18 / 0	+8 / -3	+99 / +60 / +39 / 0	+28 / +7 / -13	0 / -11	-5 / -23	0 / -62 / -80 / -142

Nulllinie

轴配合面　　　孔配合面

3.5.7 配合公差带的选择与应用

设计师在更为经济地加工和检验配合件方面拥有大量的配合公差带可供选用。优选系列 1 作为基本系列足以应付绝大部分的加工任务。而优选系列 2 用于特殊加工任务（表 1）。

表 1：配合公差带的选择

优选系列 系列1排在系列2之前		标准孔		标准轴		举例	
孔	轴	孔	轴	孔	轴	缩写符号	特征和应用
间隙配合						H7—f7 F8—h6	零件运行时的间隙显而易见，例如导轨的滑块
1	2			C11	h11	H7—g6 G7—h6	零件运行时没有明显的间隙，例如磨床的主轴轴承，齿轮，分度机构主轴
1	1			C11	h9		
1	2			D10	h11		
1	2	H8	d9	E9	h9		
1	1					H7—h6 H7—h6	零件滑动，还可用手推动，例如尾架的顶尖座套筒，立柱导轨，铣刀杆间隔环
1	2	H8	f7				
1	1			F8	h6		
1	1	H7	f7				
1	1	H7	g6			H7—j6 J7—h6	轻微敲击或手推可移动零件，例如皮带盘，齿轮或楔形连接和棱键连接时的轴和轮毂
2	1			G7	h6		
2	1	H11	h9	H11	h9		
1	1	H7		H7			
间隙配合或过盈配合						H7—m6 M7—h6	只能用较大力才能再次分离零件，例如轴承套，活塞套，底盘上的导轨立柱
1	2	H7	j6	未确定			
1	2	H7	k6	未确定		H7—s6 S7—h6	零件彼此连接紧密，不需加防止拧开的保护措施，例如热压紧圈，凸缘，齿环
1	1	H7	n6	未确定			
过盈配合							
1	1	H7	r6	未确定			
1	2	H7	s6	未确定			

（62页）表 1 配合尺寸的应用

配合尺寸 MP	20G7/h6		15H7/j6		35X9/h9	
配合体系	标准轴		标准孔		标准轴	
配合面	内配合面	外配合面	内配合面	外配合面	内配合面	外配合面
ISO 公差缩写符号	20G7	20h6	15H7	15j6	35X9	35h9
极限偏差上限 ES, es	+ 28 μm	0	+ 18 μm	+ 8 μm	− 80 μm	0
极限偏差下限 EI, ei	+7 μm	− 13 μm	0	− 3 μm	+ 142 μm	− 62 μm
最大尺寸 G_{oB}, G_{oW}	20.028 mm	20.000 mm	15.018 mm	15.008 mm	34.920 mm	35.000 mm
最小尺寸 G_{uB}, G_{uW}	20.007 mm	19.987 mm	15.000 mm	14.997 mm	34.858 mm	34.938 mm
公差 T_B, T_W	0.021 mm	0.013 mm	0.018 mm	0.011 mm	0.062 mm	0.062 mm
最大配合 P_H		+ 0.041 mm		+ 0.021 mm		− 0.142 mm
最小配合 P_M		+ 0.007 mm		− 0.008 mm		− 0.008 mm
配合公差 P_T		0.034 mm		0.029 mm		0.124 mm
公差范围种类	间隙公差范围		过渡公差范围		过盈公差范围	

作业：

1. 如何理解标称尺寸和实际尺寸这两个概念？

2. 上极限 / 下极限尺寸与上 / 下极限偏差之间有什么关系？

3. 如何命名孔和轴的公差等级？

4. 使用未注公差有哪些优点？

5. 基本偏差 H 和 h 的特点是什么？

6. 基孔制与基轴制的区别是什么？

7. 请解释实际应用举例中两种基准制的意义。

8. 请评判下列配合的标注：

12H7/r6，44F8/h9，75H11/a11。

3.6 检测装置选择举例

为保证车削件达到应用性能，需选用相应的车削方法，同时亦需选择必要的检测方法和检测装置，用以检测证实工件的待检参数。

确定待用检测装置时应注意：

- 待检特性所要求的精度。
- 批量（抽检）。
- 检测装置的实用性。

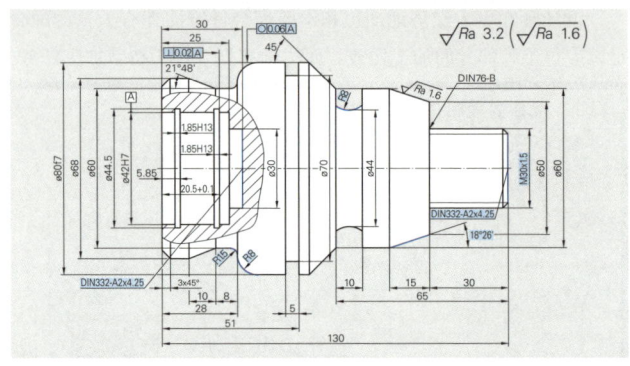

图 1：装夹件检测装置选用实例

质量表									
	质量表 检验计划								
物品代码	名称 装夹件			批量：		加工者： Lars Lanitz		文件名称：	

特征号	特征	标称 尺寸	公差 下限	公差 上限	检测装置 Werker	检测装 置能力	检测范围 Werker %	检测装置 QS	检测范围 QS	附注
1	长度	130	−0.5	+0.5	游标卡尺	好	1	游标卡尺	1	

■ 尺寸，形状和位置的检测

选择检测装置时尤其需注意，显示各种车削方法的装夹件的复杂形状和由此产生的尺寸，形状和位置的多样性。

没有其他附加说明的长度和直径尺寸：　　游标卡尺

半径，螺纹和锥度：　　量规，测角仪

垂直度，圆度：　　径向跳动检测仪

退刀槽和中心孔：　　游标卡尺，检测球

■ 表面形状的检测

按照图纸标注，装夹件的加工应达到表面平均粗糙度 Ra 3.2，锥度 $D = 60$，$d = 50$，以及一个表面粗糙度为 Ra 1.6 的特殊面。

对此，采用机械式桶式探针轮廓仪可保证检测值的采集，并记录这些经过简单计算的检测线。

采用对比标准样件的主观检测法可在加工实习工件时，应用于多个检测练习。

■ 公差和配合的检测

根据标称尺寸以及所属的配合数据，使用外径规和塞规检测配合 ø80f7 和 ø42H7。只有使用特殊加工的平行块规才能足够精确检测护环的卡槽 1.85H13。

■ 质量管理

装夹件作为样品工件，用以显示本教材录用的各种不同的车削方法。这里所强调的是零件部分加工和检验的质量管理范围。因此，单件加工时，实际常用的工艺卡评估并无重要意义。

工件专用检测装置的选择是已加工工件质量管理评估的基础。

3.7 质量检验

质量检验是质量管理的一个组成部分。质量管理系统由质量计划，质量控制，质量保证和质量改善等要素组成（参见第 11 章）。

质量控制的目标是保证产品具有相同并可重复的质量。在检验计划中应确定，必须检验工件的哪些特征，用哪些方法和装置进行检验，以及由何人以何种频度进行检验（参见 67 页）。执行检验的依据就是这些规定和说明。检验的结果需存入检验纪要（参见 70 页）。

接着，在检验数据处理时，计算、记录、必要时继续处理已采集的数据。为保证剔废时的可追溯性并避免后续损失，应建立检验文档并实施数据保护。

检验装置的"正确"使用对于检验结果而言具有决定性意义。就是说，必须选用合适的检验装置，而检验装置还必须具有提供正确结果的能力。为获取正确可靠的检验结果，检测精度应比待检尺寸高出约 1/10。此外，检测的不确定性最大只应达到待检公差的 1/10。所有这些前提条件的保证就是检验装置监督（PMÜ）的任务。

所有质量管理系统，如 ISO 9001 和 ISO/TS 16949:2002，均要求任何一种类型的检测系统都必须进行用于分析检测结果变化的统计学研究。检验装置能力分析（PMFA），英语 Measurement System Analysis（MSA），根据检验装置的种类和待执行的检验，规定了不同的措施。对产品质量的要求和基于产品责任的国际判例迫使企业提供关于保证产品质量所采取措施的证明。

检定	校准	调准
根据检定规定对一个检验装置进行的官方检验和标记。	在不改变检验装置的前提下确定系统性检测偏差。	通过改变检验装置（调整）将系统性检测偏差最小化。

现有多家不同的研究院实施对检验装置的监督。与许多其他工业国家一样，德意志联邦共和国也拥有一个受到国家级监督的检测行业。联邦工程物理研究所（PTB）是一家工程科学技术的国家研究所，也是德意志联邦共和国在检测行业和物理安全技术领域的最高官方机构。

德国认证委员会（DAR）是德国校准服务委员会（DKD）的认证机构。德国校准服务委员会（DKD）是一家集认证（国家认可）实验室，研究院和技术主管当局为一身的联合组织。有 DKD 颁发的校准证书得到国际认可。DKD 也是欧洲认证实验室合作组织（EA）的成员。

检定由官方检定机构和公共法律机构实施。

一个检验装置是否应进行检定或校准，这个决定不仅仅取决于使用者。例如按照 ISO 9001 或 ISO TS 16949 颁发证明的企业检测装置只允许由自动化校准机构实施校准。与之相反，对公共物品流通，例如燃油，加油塔或食品检查等，均只允许由已检定的检测装置实施检测。

3.7.1 检验装置的监督

所有可直接影响产品质量的检验装置均必须受到监督，定期校准。

检验装置监督（PMÜ）的目的：

- 保证检验装置的精度。
- 保证检验装置的可使用性。
- 保证企业内和客户处检验结果的可对比性。
- 制造商责任的证明义务。
- 持续保证所要求的加工质量。

大多数检验装置在其使用寿命周期内都会出现磨损。此外还有检验装置对环境条件变化的反应，如温度、湿度或振动。因此，在首次使用之前检查检验装置的过程能力并定期强制性校准是必要的。

■ **检验装置监督（PMÜ）的要点**

检验装置过程能力检查：

- 一台新检验装置首次使用时，需使用合适的方法检查并保证，该检验装置在使用地现有环境影响条件下可以达到所要求的精度。

将检验装置纳入检验装置数据库：

- 制作检验装置基本数据卡并填入允许的环境因素极限值（图1）。

确定监督检查周期：

- 根据检验装置制造商规定和使用条件予以确定。

移交检验装置：

- 明确负责人员。
- 移交检验装置基本数据卡。

按照监督检查周期核查检验装置：

- 在自动化检验机构进行检验。
- 如果检验装置出现异常高磨损，必须修改检查周期。

检验装置基本数据卡	检验装置识别号： BMS MDC – 25 MJ 代码 – 编号：293 – 230
检验装置： 数字式千分卡尺	
检测范围： 0 ~ 25 mm 检测精度： 0.01 mm 检测偏差： 最大 ± 0.001 mm	
使用地点： 车削加工1车间	检验装置保养人： Müller 先生
温度范围： + 17 ℃ ~ +24 ℃	
空气湿度：最大60%	
检验装置监督检查单位：质量检验科	
I/2011 日期：2011 年 8 月 16 日 签名：*X Müller*	II/2011 日期：2011 年 9 月 13 日 签名：*X Müller*
I/2012 日期： 签名：	II/2012 日期： 签名：

图 1：检验装置基本数据卡

■ **检验计划**

轴的举例（图1）中以节选方式表述检验计划。切削加工技师（这里是 Werker）收到附有加工计划的检验计划（图2）。计划中已列出所有检验特征（长度，直径，角度，径向跳动等）。这些特征均已标注尺寸和公差。计划中还对检验装置做出规定以及由 Werker 先生负责的检验范围。计划同样也规定了还要进行哪些质量检验。检验计划也列出对检验装置能力和机床能力的检查（参见第11章）。

检验计划还规定何时对检验数据进行计算。

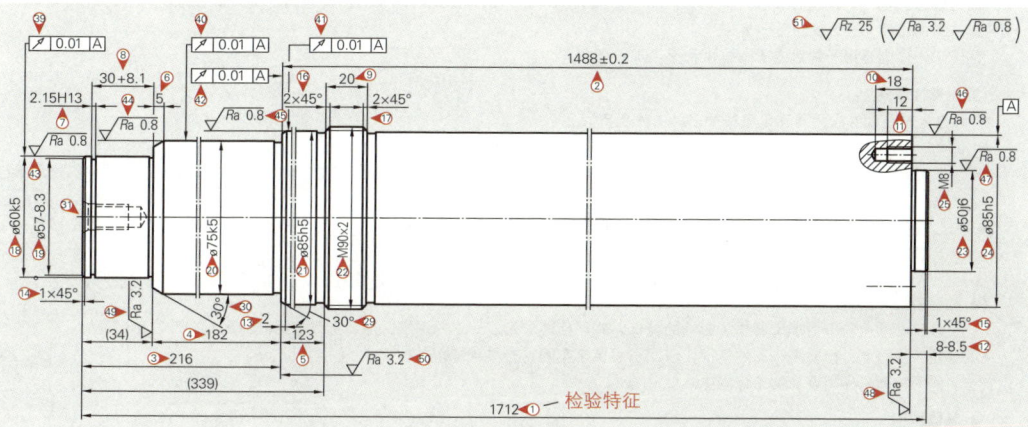

图1：轴

VA51/21 QRLFZ038			**质检表** **质检表** **检验计划 MRO 零件**						
物品代码: 30.96811-0334 011 P0118 30		名称: 轴		批量:		加工人: Lars Lanitz		文件名称: 轴 11-0034_ 计划文档	

特征序号	检验特征	标称尺寸	公差下限	公差上限	检验装置 Werker	检验装置能力	检验范围 Werker %	检验装置 QS	检验范围 QS	附注
1	长度	1712	−1.2	+1.2	游标卡尺	好	1	游标卡尺	1	
2	长度	1488	−0.2	+0.2	游标卡尺	好	25	游标卡尺	1	
3	长度	216	−0.5	+0.5	测深游标卡尺	好	1	深度尺寸	1	
18	直径	60 k5	+0.002	+0.015	精密指针式千分卡尺	好	100	Marameter（商品名）	25	
19	直径	57	−0.3	+0	游标卡尺	好	1	游标卡尺	1	
20	直径	75 k5	+0.002	+0.015	精密指针式千分卡尺	好	100	Marameter	25	
21	直径	85 h5	−0.015	+0	精密指针式千分卡尺	好	100	Marameter	25	
22	直径	M90x2			螺纹卡规	好	25	螺纹卡规	10	
23	直径	50 j6	−0.007	+0.012	精密指针式千分卡尺	好	100	Marameter	25	
24	直径	85 h5	−0.015	+0	精密指针式千分卡尺	好	100	Marameter	25	
39	A 的径向跳动	0.01			精密指针式检测仪	好	100	精密指针式检测仪	25	
40	A 的径向跳动	0.01			精密指针式检测仪	好	100	精密指针式检测仪	25	
41	A 的径向跳动	0.01			精密指针式检测仪	好	100	精密指针式检测仪	25	
42	A 的端面跳动	0.01			精密指针式检测仪	好	100	精密指针式检测仪	25	
55	签名								目视检验	

过程负责人：Prüfer（检验员）先生	3, 15.06.2011

图2：检验计划（节选）

■ **检验的执行**

为使技工的自我检查富有成效，许多企业都会给予技工们额外帮助。例如技工们可以调用企业内部局域网获得相关解释。切削技工如何在未能获得上述帮助的条件下选用检验装置，69 页将回答这个问题。

工作说明

技工自检

1. 目的和有效范围

本工作准则指导加工过程中技工如何进行自检。其目的是，一道加工工序结束后，只有满足质量要求并根据相关组织原则获得特殊许可的工件才允许交付下一道工序。

这个工作原则适用于企业内所有机械和手工加工部门。

2. 一般性原则

● 每个人自身都必须为其满足质量要求的工作负责。

● 每个人所使用的工作用具交付给另一个同事之前应自己负责检查。

● 每个人都有义务向相关负责人报告已确定的前道工序的偏差。尤其是修正前面所有工序偏差、质量偏差、件数错误等也属报告之列。

● 加工任务中修正偏差时，只有相关负责人澄清偏差真实原因并按照规定予以说明之后才能执行下一道加工工序（不能修正的工序必须标记签名或返工）。

3. 检验特征

一个技工必须检验由他加工产生和影响的特征，并严格遵守加工计划的图纸、加工指令或用其他形式向他发出的通知。

如果技工没有能力检验某些工件特征，班组长可要求车间检验员实施相关检验。

这将作为检验工序记录在加工计划中。

4. 检验范围

由技工根据自身掌握的加工过程安全知识对自检范围作出决定。这个范围可根据加工批量的变动而变化（1，2，3，5，10，最后一个工件）。

但检验范围至少应包括第一和最后一个工件。

技工作出检验范围决定时，可参考各种加工方法检验范围表附录 2。

技工无能力自检的检验特征由车间检验员实施相关检验。由加工工艺人员作出这类决定。

对于这种情况，应在加工计划中规定这个检验工序，或采用所有首件工件的检验规则。

5. 检验装置

标准检验装置和与工位相关的检验装置均通过工具发放通道供技工使用。检测装置的存放及其应用限制请参阅附录 1。

技工有义务注意，只允许使用标有验证标签的检验装置工作。如不符合这项规定，该检验装置必须立即送回主管检验室。

6. 检验规定

加工计划中如果未列出检验规定的数据，或未列出该工位加工任务概览性的检验规定，此时对于加工的或受影响的工件特征的检验适用于机械制造业通用的检验装置应用及搬运规则。

请遵守制造商的规定和检验装置应用的普通规则（例如量规的取用，校准规定，温差，清洁度等）。

7. 质量偏差

数量偏差（最大至 50 件的批量）以及工作流程的偏差必须在收到工件的加工阶段或加工开始之前向班组长报告。

大于 50 件批量的数量偏差至少应在加工工序结束后由技工立即报告班组长。

质量缺陷一经确认，必须立即报告班组长或检验员，并对缺陷工件作出标记。

加工方法方面的问题请遵照加工方法说明"控制缺陷零件"一节。

8. 检验证明

技工执行完毕其检验工作后出具的检验证明，证明该工序的结束并在随行加工单上标出件数、日期和员工代码等数据。

如果在加工过程中填写检验纪要，仍需填入签名，姓名和日期等。

9. 一般性质量要求

为保证高水平加工过程，技工移交加工任务时，必须根据工件和运输工具的状态，注意整洁、防腐以及无污染运输方面的要求。例如从运输容器中清除旧标记或污物和切屑。

10. 附录

附录 1："标准检测和检验装置的使用极限"。

附录 2："检验范围 - 技工自检"。

已获加工和装配领导批准。

Astadt（地名），2014 年 6 月 15 日。

■ 技工自检

附表2："检验范围 – 技工自检"

● 根据加工的或受影响的最小公差进行选择。
● 如果确定是缺陷零件，则必须（回溯）检验该批次的每一个零件，直至在规定的检测范围内没有缺陷工件为止。

工序	加工特征	100%	每5个工件的第1个	每10个工件的第1个	每20个工件的第1个
钻	直径	<=IT8	>IT8	自由尺寸	
	深度	<=0.1	>0.1	>0.3	
	间距（轴间距，基准元素）	<=0.1	>0.1	>0.3	
	平行度	<=0.1	>0.1	自由尺寸	
	角度	<=0.1/100	>0.1/100	自由尺寸	
车削	螺纹，直径，长度	<=IT8	>IT8	自由尺寸	
	直径，内径，外径（包括切槽和槽等）	<=0.1	>0.1 <0.2	自由尺寸	
	长度	<=0.1	>0.1 <0.2	自由尺寸	
	径向跳动，端面跳动，一次切削	<=0.02	>0.02	>0.02 <=0.05	>0.05
	径向跳动，端面跳动，多次切削	<=0.02	>0.02	>0.02 <=0.05	>0.05
	形状，倒角，半径，退刀槽			×	
	偏心度	<=0.02 <0.05	>0.02 <0.05	>0.05	>0.05
铣削	螺纹，内/外螺纹	<=IT8	>IT8	自由尺寸	
	长度，包括间距，槽，半径	<=0.05	>0.05	>0.05	
	垂直度	<=20°	>20°	>40°	
	角度	<=20°	>20° <40°	>40°	
	平行度	<=0.1	>0.1	>0.1	
	对称度	<=0.2	>0.05	<=0.05	
	直线度，平面度	<=0.2	>0.05	<=0.05	
平面磨削	长度	<=IT9	<=IT9	<=IT9	自由尺寸
	平行度	<=0.05	<=0.05	>0.05	
	角度	<=10°	>10°	>30°	
	平面度，直径	<=IT7	>IT7	>IT11	自由尺寸
内/外圆磨	直径，内径，角度，外径	<=10°	>=10°	>30°	
	斜度，角度，倒角	<=0.05	>0.05	<=0.05	
	径向跳动，端面跳动	<=0.1	<=0.1	<=0.05	
插/拉削	台阶，切槽	<=IT9	<=IT9	自由尺寸	自由尺寸
	槽宽	<=0.1	<=0.1	>0.1	
	槽深	<=0.05	>0.05	<0.1	
	对称度				

无单位的尺寸一律采用 mm

■ 技工自检

附表1："标准检测和检验装置的使用极限"

检测装置	检测范围 mm	刻度单位	使用极限			
			自由尺寸	> IT8	>= IT5	< IT5
游标卡尺	至300	0.1 mm	×			
游标卡尺	超过300	0.1 mm	×			
测深游标卡尺	至300	0.1 mm	×			
测深游标卡尺	超过300	0.1 mm	×			
数显游标卡尺	至300	0.01 mm	×			
数显游标卡尺	超过300	0.01 mm	×			
千分尺	至500	0.01 mm		×		
千分卡尺式测量仪 A	至150	0.002 mm			×	
千分卡尺式测量仪 B	150~400	0.005 mm				×
精密指针式极限卡规	30~400	0.001 mm				×
极限卡规	3~200	it. Toleranz		×		
内径千分尺	5~1500	0.01 mm		×		
3 点式内径千分卡尺	125~250	0.001 mm			×	
测控仪 A	6~500	0.01 mm		×		
测控仪 B	50~300	0.001 mm			×	
测控仪 C	20~120	0.002 mm				×
测控仪 D	20~110	0.001 mm				×
极限塞规	3~500	it. Toleranz		×		
螺纹卡规	3~200	it. Toleranz	×			
滚柱式螺纹极限卡规	3~50	it. Toleranz		×		
螺纹极限塞规	3~200	it. Toleranz		×		
标准千分表	10	0.1 mm			×	
特种千分表	0.8	0.01 mm			×	
精密指针式检测仪	0.12	0.001 mm				×

检验纪要记录检验结果。技工将加工尺寸和检测尺寸（图1）填入检验纪要。车间将检验纪要发给质量监督员，并由他验证该纪要。检验纪要将得到保存，并根据企业规定存档。日后作为统计学评估计算的技术资料。

参照检验计划 _038

质量表
检验纪要
加工检验

物品代码	名称：	工件号：	件数		纪要类型	检验范围	识别号：
			总数：	收到：			每批次检验纪要：
30.96811-0034	**轴**	1080002			**磨削**		页数： 总页数：

特征号	特征	标称尺寸	公差下限	公差上限	零件号 **1**	零件号 **2**	零件号 **3**	零件号 **4**	零件号 **5**	零件号	零件号	零件号	零件号	零件号	零件号
18	直径	60 k5	+0.002	+0.015	+0.009	+0.014	+0.010	+0.011	+0.006						
39	对 A 的径向跳动	0.01			0.003	0.004	0.008	0.003	0.002						
20	直径	70 k5	+0.002	+0.015	+0.012	+0.010	+0.008	+0.007	+0.006						
40	对 A 的径向跳动	0.01			0.002	0.004	0.006	0.004	0.003						
21	直径	85 h5	−0.015	+0	−0.002	−0.008	−0.007	−0.009	−0.013						
41	对 A 的径向跳动	0.01			0.006	0.005	0.007	0.004	0.003						
23	直径	50 j6	−0.007	+0.012	−0.004	+0.007	+0.009	+0.009	0						
41	对 A 的径向跳动	0.01			0.003	0.003	0.005	0.002	0.005						
24	直径	85 h5	−0.015	+0	−0.008	−0.006	−0.009	−0.007	−0.007						
41	对 A 的径向跳动	0.01			0.004	0.003	0.005	0.005	0.004						
42	对 A 的端面跳动	0.01			0.002	0.001	0.003	0.002	0.003						
	技工签名														

附注：

质量监督员验证：	通过	□	□	日期 / 姓名 / 签字

图 1：磨削检验纪要

3.7.2 检验文件和数据保护

文件这个概念在法律语言应用中用作证据的汇总。由于根据产品责任法以及设备和产品安全法（GPSG）05/2004 在产品出现可证明的缺陷时，企业将面临严重后果，检验文件和数据保护便具有极为重要的意义。这些文件可以书面形式（例如检验纪要），实体形式（例如系列产品的首件样品）或现在增加的数字形式（例如直接存储在机床内部数据载体或外部服务器的数字式检验结果）呈交相关机构。虽然法律上没有建立文件的义务，但 ISO 9001:2000 在多个章节明确支持建立无缝隙对接文件的要求。此外，在许多切削加工企业作为供货商的领域内，要求产品可追溯性的趋势渐盛，例如汽车工业的标准化文件或医药产品的标准。

此类文件应保存多少年，在法律上并无硬性规定，许多企业倾向于按法律时效（表1）作出规定。这些文件不能局限于满足质量特征的要求，它还应包含产品寿命周期的所有阶段。例如制造商在采购时的原材料质量证明，在加工监视时的产品数据采集，在出厂检验时的检验证明，以及仓储和发货时的包装和运输条例。

表 1：文件保存时间的标准数值

文件	举例	年数
首件样品	系列加工的泵座	至少 10 年
零系列检验文件	饮料输送带变速箱驱动轴	至少 10 年
系列零件的检验报告和检测纪要	电梯驱动机构齿条（高度安全重要性的长寿命产品）	30 年（原始文件应与产品一起交付客户）
人员档案	技工在与安全重要性相关的范围内的行为	30 年

3.8 Testing and Measuring

Work piece characteristics can be defined by the aid of quantities. The base quantities and base units (see Metal Trades Handbooks) are determined in the International Systerm of Units sI (System Inter–national) . All physical quantities can be inspected by different procedures, measuring or gauging,even under difficult conditions (Figure 1). The se–lection of the test method and the choice of the measuring instrument depends on the task and the required test accuracy.

1： Measuring the length with vernier callipers

■ 1. Measuring errors

Each measurement process is subject to different influences, thus the test results are falsified.

Systematic deviations are caused by the same var–iables, e.g. temperature influences. This can cause false measuring results. Random deviations in size and value can not be determined, for ex–ample,measuring forces, which means measuring results are uncertain (Figure 2).

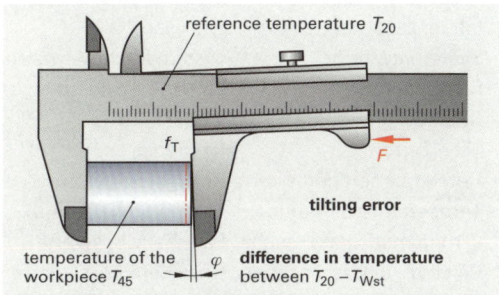

2： Types of measurement errors

■ 2. Dimensional checking

The length of products in the field of machining technology are inspected by means of mechanical or electri–cal, pneumatic or optical measurement devices. The measuring result is always a numer–ical value (Figure 3). Decisive for the selection of the mea–suring device is the required accuracy and the type of measurement. To avoid deviations in measure–ments, the measuring device must be set to "zero" before starting inspecting.

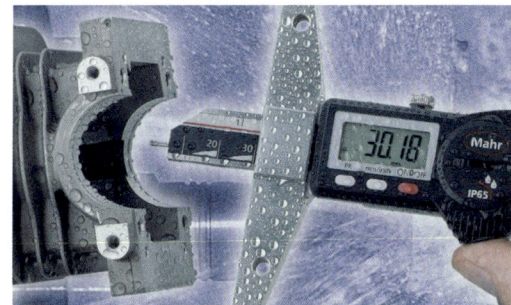

3： Measuring the depth of a workpiece

■ 3. Non–dimensional checking

Gauges represent forms and dimensions, which can be carried out by comparing the work piece with the gauge (Figure 4). This means:

Refinishing operation – Good – Scrap

- Dimensional representations are gauges with increasing dimensions, e.g. slip gauges
- Form gauges represent the shape of work–pieces using the light gap method.
- Limit gauges represent the maximum limit and the minimum limit of a nominal dimension.

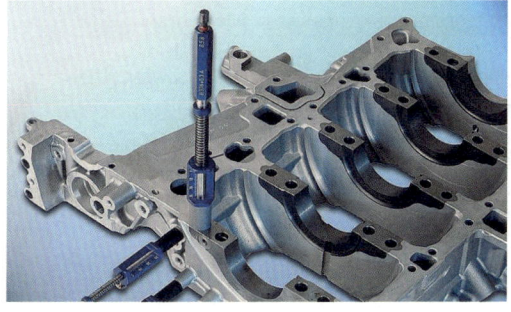

4： Gauging of an internal dimension

Chronological word list		Tasks
1. Measuring and gauging		
Base quantities	Basisgrößen	1. Translate the text from the previous page into German
Base units	Basiseinheiten	2. Translate the terms in figure 1
International SI–units	Internationale SI–Einheiten	3. Answer the following questions:
Inspection procedure	Prüfvorgang	• Name the SI–base quantities and their units.
Inspection procedure	Prüfverfahren	• Explain the difference between the inspection
Measuring accuracy	Prüfgenauigkeit	procedures: measuring and gauging.
Length measuring	Längenprüfung	
2. Measuring errors		
Measuring procedure	Messvorgang	1. Translate the text from the previous page into German
Measuring result	Messergebnis	2. Translate the terms in figure 2
Influences	Einflüsse	3. Answer the following questions:
Systematic error	Systematische Abweichung	• The statement: "*1 have measured precisely*" is wrong, why?
Random error	Zufällige Abweichungen	• Explain the difference between the detect–ed measured value and the actual measured quantity.
Measuring forces	Messkräfte	
Tilting error	Kippfehler	
Reference temperature	Bezugstemperatur	
Temperature difference	Temperaturdifferenz	• Why is the reference temperature T_{20} specified in precision measuring?
Wrong measuring results	Falsche Messwerte	
Unreliable measuring results	Unsichere Messwerte	
3. Dimensional checking		
Measurement arrangements	Messanordnung	1. Translate the text from the previous page into German
• mechanical	• mechanisch	2. Translate the terms in figure 3
• electrical	• elektrisch	3. Answer the following questions:
• pneumatic	• pneumatisch	• What are the advantages of dimensional check–ing?
• optical	• optisch	• Name characteristic features of the measure–ment arrangements for length measuring.
Accuracy	Genauigkeit	
Unit of measurement	Maßeinheit	
Numerical value	Zahlenwert	• Summarize comparison measurement with a practical example.
Comparison measurement	Unterschiedsmessung	
Test surface	Prüffläche	
Support surface	Auflagefläche	
4. Non–dimensional checking: gauging		
Gauges	Lehren	1. Translate the text from the previous page into German
Dimensional gauges	Maßlehren	2. Translate the terms in figure 4
Form gauges	Formlehren	3. Answer the following questions:
Limit gauges	Grenzlehren	• Explain the difference in the applied measuring force for measuring and gauging.
Maximum limit	Höchstwert	
Minimum limit	Mindestwert	• The test result of gauging can only be: refinish–ing operation – good – scrap. Evaluate these statements according to the quality of produced workpieces.
Nominal value	Nennmaß	
Limit plug gauge	Bohrungslehre	
Operating condition	Arbeitslage	
Test result	Prüfergebnis	
Refinishing operation	Nacharbeit–Gut–Ausschuss	• Which advantages does a three–point testing procedure have?
good – scrap		

4 材料工程

材料指具有工程技术可使用特性的固体材料。它们是从原料中获取的初始材料，用于制造半成品和制成品。这里应将辅助材料，如润滑剂和冷却剂，与材料区分开来。

4.1 材料的结构

构成我们身边各种物质的材料由元素周期表中大约 100 多种元素组成。但其中只有少数几种材料在元素状态下具备可为人类直接使用的特性。金就是这些元素之一，因此，金的应用历史已延续数千年。在工业和手工业中使用的材料几乎全部由两种或多种元素组合而成。

■ 材料的循环

所有的材料（图 1）都始终处于自然状态与人工制造状态之间的循环之中。

切削过程中，两种处于材料循环不同状态的材料相对运动。这些材料所具特性迥然相异。

工件材料受到加工，它的特性是可加工性能。而切削材料的特性主要是硬度、耐磨性和耐温性。

将材料－切削材料配对使用可取得优化切削的结果。

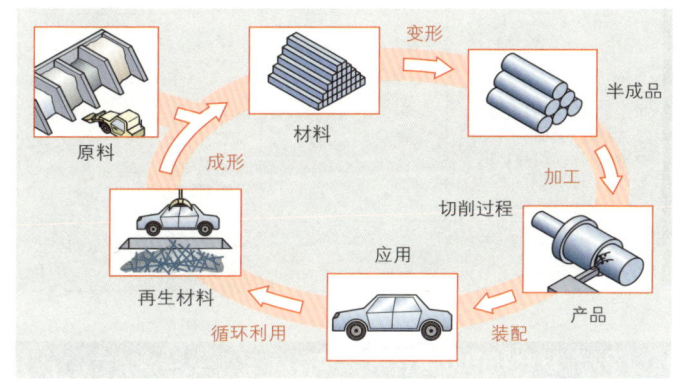

图 1：材料的循环

切削过程中，应尽可能顺畅地消除工件材料微粒之间的相互关系，而刀具材料微粒之间的相互关系则应尽可能牢固（概览图 1）。

通过种类繁多的材料检验方法可对材料结构与由此产生的材料特性及其应用之间的这种关系建立文档。

从材料检验求取的特性数值和专业知识是材料实际应用的基础。

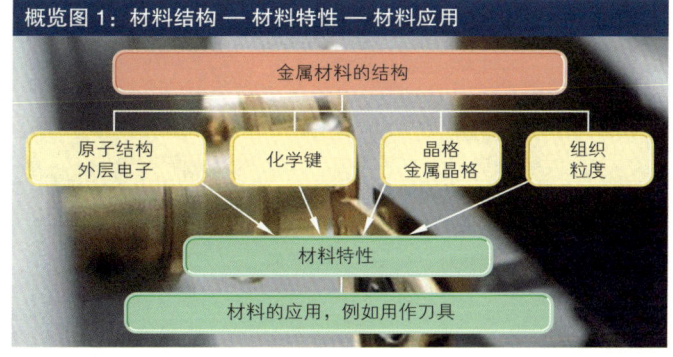

4.2 材料的分类

铁的合金是几百年来应用最为广泛的材料。因此，传统上将铁作为工业加工材料分类的中心：

> **黑色金属材料**   **有色金属材料**   **非金属材料**

由于塑料以及大部分为复合材料的"精确尺寸材料"的应用意义日益扩大，现在另有一种材料的分类方法。新的分类法中更侧重各个材料组（表 1）的材料基本特性。

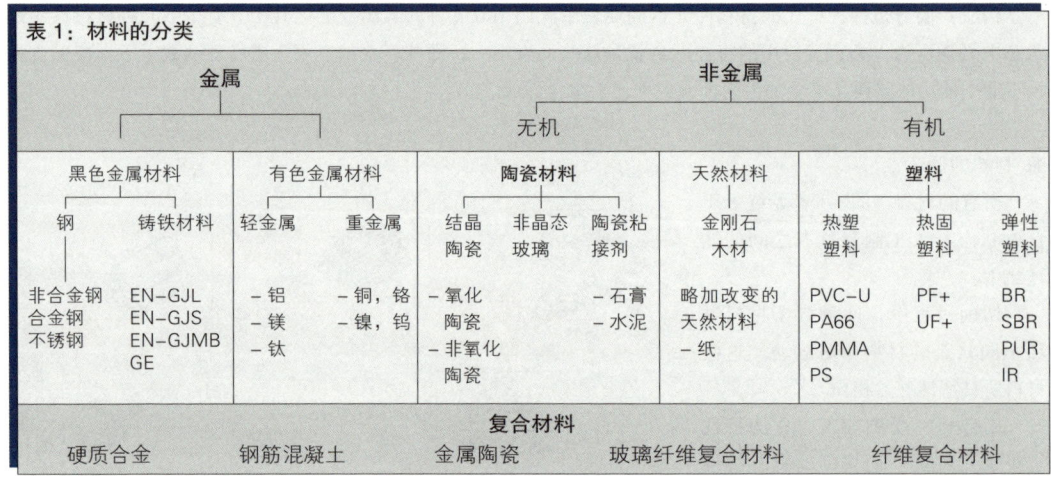

表 1：材料的分类

金属		非金属		
		无机		有机
黑色金属材料	有色金属材料	陶瓷材料	天然材料	塑料
钢 　铸铁材料	轻金属 　重金属	结晶陶瓷 　非晶态玻璃 　陶瓷粘接剂	金刚石 木材	热塑塑料 　热固塑料 　弹性塑料
非合金钢　EN-GJL 合金钢　EN-GJS 不锈钢　EN-GJMB 　　　　　GE	– 铝 　– 铜，铬 – 镁 　– 镍，钨 – 钛	– 氧化陶瓷 　– 石膏 – 非氧化陶瓷 　– 水泥	略加改变的天然材料 – 纸	PVC-U　PF+　BR PA66　UF+　SBR PMMA　　　PUR PS　　　　　IR
复合材料				
硬质合金 　钢筋混凝土		金属陶瓷	玻璃纤维复合材料	纤维复合材料

4.2.1 铁材料的分类，名称和标准

将铁材料划分为钢和铁，其分界是铁 – 碳曲线图中 2.06%C 的 E 点。但钢和铁的名称与标准却因国家条件的不同而各异。

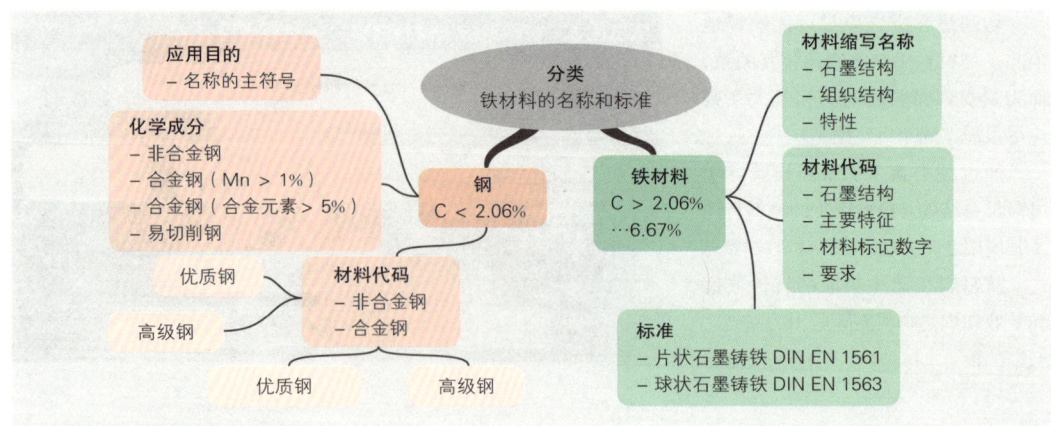

相同钢种的本国名称如 NS 12 153，50C，E 36–3，St 52–3，AE 355 C，Fe510C，AE365C 等现已被欧洲统一的钢名称替代：S355JO。

主管钢名的 DIN EN 10025-2 自 2005-04 开始具有约束力，但也因此简化了欧洲各国之间的商贸交往。当然，从各国繁多的钢名称到欧洲统一的标准体系尚需一段漫长的过渡阶段。

分类标准：

在德国、欧洲和国际标准中，钢的分类和命名始终处于修改完善的过程之中。所以，处于其有效期不同阶段的不同标准尚未完全相互吻合。钢命名系统有效标准 DIN EN 10027 的有效期始自 1992 年。目前正在编制一个新版本。标准的第一部分（简称和主要符号）于 2001 年问世，自 2005 年开始具有约束力。

钢分类标准 DIN EN 10020 "钢分类的概念" 出版于 2000 年。这里出现了某种矛盾：1992 年标准中仍列入了基本钢，而在新标准钢分类中却已删除基本钢这种概念。本书将以前的基本钢归类为非合金优质钢。

> 钢的分类依照不同的标准。

■ **按照化学成分的分类法：**
■ **按照合金成分：**

按照这种分类法，钢只分为合金钢和非合金钢。它精确定义了钢中其他元素成分达到何种比例时是合金和非合金的界限。这种极限值（概览表1）划分得很细。

■ **按照等级：**

按照这种分类法，所有钢可分为三个等级（概览表2）：

● 非合金钢。

> 按照本标准，所含单个元素在概览表 1 中未达到确定极限值的所有钢种均属于非合金钢。

● 不锈钢。

> 内含至少 10.5% 铬和最高 1.2% 碳的所有钢种均属于不锈钢。

● 其他合金钢。

> 除不锈钢之外的所有钢种和至少一个元素达到概览表 1 极限值的钢种属于此类合金钢。

■ **按照主要质量等级的分类法：**

● 非合金钢。

非合金优质钢。

这种钢一般可满足某些指定要求，例如韧性，粒度或可成形性。

非合金高级钢。

高级钢比优质钢的纯度更高。因此可更好地满足应用需求。非合金高级钢较常用于调质和表面淬火。这种钢在已确定的淬火深度，开口冲击韧性或杂质的最高含量（例如磷，硫）等方面具有优异性能。

概览表 1：区分非合金钢与合金钢的极限值

元素	极限值，单位：%
B 硼	0.008
Ti 钛	0.05
V 钒	0.10
Se 硒	0.10
Bi 铋	0.10
Al 铝	0.30
Co 钴	0.30
Cr 铬	0.30
Ni 镍	0.30
W 钨	0.30
Cu 铜	0.40
Pb 铅	0.40
Si 硅	0.60
Mn 锰	1.65

概览表 2：钢的分类

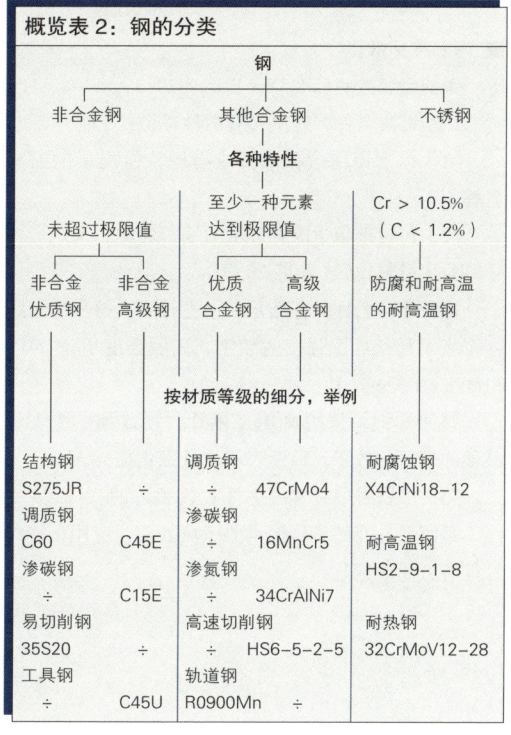

■ **不锈钢**

不锈钢中除铁之外的主要元素是铬（含量至少达 10.5%）。根据含量，合金中第二重要的合金元素是镍。不锈钢可继续细分为：

- 镍含量少于 2.5% 的不锈钢。
- 镍含量等于或大于 2.5% 的不锈钢。

根据其他特性还可以继续细分为：

- 耐腐蚀钢。
- 耐高温钢。
- 耐热钢。

这些特性也是相互关联的，例如耐化学和耐高温钢。

■ **其他合金钢**

其他（不锈钢除外）合金钢与合金钢一样可细分为优质钢和高级钢	
优质合金钢	**高级合金钢**
这类钢种一般可满足指定要求，例如韧性，粒度或可成形性。 这类钢种一般规定不用于调质或表面淬火。 此类钢种的应用举例如下： · 适宜焊接的细晶结构钢。 · 轨道合金钢。 · 重型冷作成形钢。	这类钢种是以其高纯度，精确的化学成分，特殊的制造和检验条件为特点的。因此，它主要满足特殊的高级要求。 此类钢种的应用举例如下： · 机床合金结构钢。 · 压力容器钢，滚动轴承钢。 · 工具钢，高速切削钢。

■ **钢名称标准化**

钢的命名按照标准 DIN EN 10027-1：

1. 用缩写名称，这里又有两种类型：

（1）包含钢用途和机械或物理特性提示的缩写名称。

（2）包含钢化学成分提示的缩写名称。

2. 用材料代码（参见 78 页）：

这种缩写名称的开始是一个主符号。符号后紧跟一个表示最低屈服强度的数字，屈服强度单位：MPa（$1MPa = 1\ N/mm^2$）。

其他的钢，例如 M 电工钢片，可以加一个表示其他物理量的数字，这里表示的是磁化损耗。

第一个符号前设置的字母 G 代表铸钢。

数字后补充的符号提供关于热处理，应用，特殊性能等方面的信息。

主符号（举例）
S 一般钢结构用钢 E 机床结构钢 P 压力容器结构钢 R 轨道用钢 B 混凝土用钢 L 管道用钢

举例：S185
普通钢结构用钢 —— 最小屈服强度 $R_e = 185\ N/mm^2$

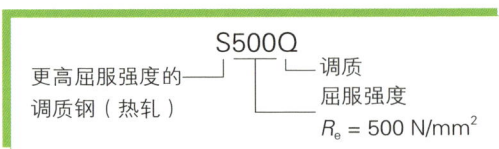

举例：S500Q
更高屈服强度的调质钢（热轧）—— 调质、屈服强度 $R_e = 500\ N/mm^2$

举例：GP240GH
压力容器结构钢用的铸钢 —— 最小屈服强度 $R_e = 240\ N/mm^2$

按照这个版本（2.），这个缩写名称接近于传统名称。

> **非合金钢** – 没有一个合金元素超过极限值（锰含量 < 1% 的易切削钢除外）。

缩写名称的组成成分：

- 碳含量的识别字母 C。
- 等于碳含量一百倍的一个数字。

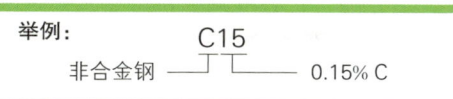

举例：　　C15
非合金钢 └┘└── 0.15% C

> **合金钢，易切削钢** – 至少一种合金元素超过极限值（锰含量 > 1%）。

缩写名称的组成成分：

- 等于碳含量一百倍的一个数字。
- 合金元素的化学符号，按含量递减顺序排列。含量相同时，化学符号按字母表顺序排列。
- 合金元素顺序中表示其含量的数字。百分比含量乘一个系数后得出的数字。

数字用破折号分开。

举例：　　15MnMoV4 – 5
合金钢，0.15% C　　1%Mn　　0.5%Mo

表 1：钢的极限值，单位：%

Al	0.30	Mn	1.65	Se	0.10
Bi	0.10	No	0.08	Si	0.60
Co	0.30	Nb	0.06	Ti	0.05
Cu	0.40	Ni	0.30	V	0.10
Cr	0.30	Pb	0.40	W	0.30

> **合金钢** – 至少一种合金元素达到合金比例 > 5%，高速切削钢除采用特性标记。

缩写名称的组成成分：

- 标记字母 X。
- 等于碳含量一百倍的一个数字。
- 合金元素的化学符号，按含量递减顺序排列。
- 合金元素顺序中表示其含量的数字。

数字用破折号分开。

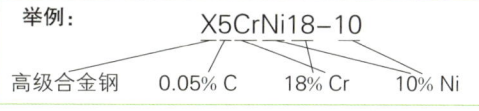

举例：　　X5CrNi18–10
高级合金钢　　0.05% C　　18% Cr　　10% Ni

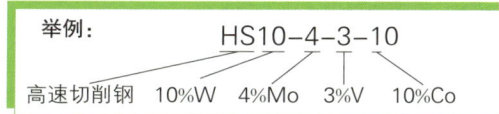

举例：　　HS10–4–3–10
高速切削钢　　10%W　　4%Mo　　3%V　　10%Co

■ **高速切削钢**

缩写名成的组成成分：

- 标记字母 HS。
- 按固定顺序排列表示下列元素含量的数字：
钨—钼—钒—钴。

数字用破折号分开。如果钢名中缺少第四位数字，表示这是钴含量为零的高速切削钢。

举例：

S235JR：建筑结构钢，R_e=235 N/mm^2，开口冲击韧性 +20℃时 27 J。

S235J2W：耐气候建筑结构钢，R_e= 235 N/mm^2，开口冲击韧性 –20℃时 27 J

有两个钢组的钢名前可置一个字母 G（铸件）或 PM（粉末冶金）。

将至今仍然有效的 DIN EN 10027–1 与标准 CR 10260 对接，这符合欧洲标准局的规定。标准 CR 10260 列举了所有钢名的附加符号。对于德国用户而言，这些附加符号已列入德国试行标准 DIN V 17006。

附加符号挂在前文已述的缩写名称后面。

钢和钢制品的这些附加符号可以提示开口冲击韧性，热处理，特殊要求（例如 +F= 细晶钢），处理状态等方面的信息（对比切削技术图表手册）。

■ **材料代码**（按照 DIN EN 10027-2）

这个命名体系的目的是，为每一个应用的材料配属一个代码。藉此可借助 EDV（电子数据处理系统的德语缩写 – 译注）大大简化订货和供货，同时还可简化查询用于指定用途的合适材料。

该系统为每一个材料配属一个五位数的数字（可以根据需要扩展至七位）。

表1：主材料组 – 第一位数字代表主材料组			
0	纯铁，铸铁	3	轻金属
1	钢	4	烧结材料
2	其他重金属	5~8	非金属材料

该系统首先只完成了钢的代码编制：1 XX XX（XX）

表2：钢组 – 第二和第三位数字代表一个钢组			
00 和 90	基本钢种	20~28	高级钢：合金刀具钢
01~02	非合金结构钢	32~33	高速切削钢
15~17	非合金工具钢	40~45	不锈钢
		50~85	高级钢：合金结构钢

组名大多再次提示所有涉及的分类标准：

最后两个数字命名具体的钢。

> **举例：**
>
> 85 组高级合金钢：
>
> 结构钢，渗氮钢
>
> 1.8850 是钢 34CrAlNi7，一种渗氮钢，用于制造加工机床主轴。

● 注意：材料代码的分类并不完全等同于按照现在仍然有效的 DIN EN 10020 所述钢的分类。在 DIN EN 1027-2 中已删除了基本钢这种表述，原则上它把钢只分为合金钢和非合金钢。现在作为特殊等级予以删除的不锈钢在材料代码中只作为子钢组归属列入高级合金钢。

表3：钢组代码（节选）							
非合金钢			合金钢				
基本钢	优质钢	高级钢	优质钢	高级钢			
				工具钢	各种钢	耐化学钢	结构钢，机床结构钢，容器钢

组代码	钢组 用于非合金钢
00.90	基本钢
优质钢	
01.91	普通结构钢，$R_m < 500$ N/mm²
02.92	某些不用于热处理的结构钢，$R_m < 500$ N/mm²
06.96	钢，平均 ≥ 0.55% C 或 $R_m ≥ 700$ N/mm²
07.97	磷或硫含量更高的钢
高级钢	
10	具有特殊物理特性的钢
11	结构钢，机床结构钢，容器钢 < 0.50% C
12	机床结构钢，≥ 0.50% C
15…18	工具钢

组代码	钢组 用于合金钢
优质钢	
08.98	具有特殊物理特性的钢
高级钢	
20…29	工具钢
32…33	高速切削钢
40…45	不锈钢
47…48	耐高温钢
50…84	结构钢，机床结构钢，容器钢，各自规定了合金元素的含量，例如 77 Cr-Mo-V
85	渗氮钢
87…99	规定不用于热处理的高强度焊接钢

4.2.2 铸造材料的名称

迄今为止，使用简单的铸造材料名称同样也已过时，如 GG 表示灰口铸铁，或 GS 表示铸钢等。按 EN 1560 的新名称命名体系，某些部分类似于原体系，某些部分却全然不同。

这里模拟钢标准，也采用缩写名称和材料代码命名铸造材料。

■ 用缩写名称表示铸造材料名称

缩写名称由 6 个部分组成，其中第 1，第 2 和第 5 部分是必需的。

1 EN

2 GJ 表示铸铁

3 石墨结构的说明，例如:S 球状（球形）

                     L 片状

4 表示微观结构或宏观结构，例如 F 表示铁素体

0 机械特性或化学成分

1 附加要求

■ 用材料代码表示铸造材料名称

首个音节 EN 以及表示铸铁的字母 J 之后，是表示石墨结构的字母。

其后是 4 个数字，表示具体的材料和重要特性。

4.2.3 有色金属的名称和标准

> 有色金属分为纯金属和铁不占最大比例的合金。

一般将有色金属合金划分为塑性合金和铸造合金，其中用 G 表示铸造合金。有色金属的名称中列出合金元素，并用 % 数字表示合金的主要成分和后面的合金元素。

举例:GD － ALSi8Cu3 表示一种压铸合金，其中 Si（硅）含量 8%，铜含量 3%。

对于有色金属合金，现在也逐步推行新标准。这里举例介绍铝标准。该标准规定也可以用代码（DIN EN 573–1）或用化学符号（DIN EN 573–2）表示名称。

■ 用代码表示名称

首个音节 EN 之后，A 表示铝，W 表示半成品。

紧接着是 4 个数字。

首个数字（表 1）表示主合金成分。

第二个数字表示合金的偏差。

最后两个数字表示关于组成成分的提示，如 99% 铝，表示该百分比数字超过 99.00%。

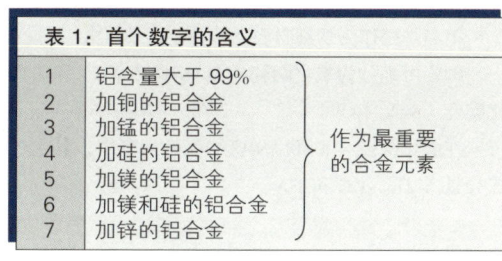

表 1：首个数字的含义	
1	铝含量大于 99%
2	加铜的铝合金
3	加锰的铝合金
4	加硅的铝合金
5	加镁的铝合金
6	加镁和硅的铝合金
7	加锌的铝合金

（2～7 括注：作为最重要的合金元素）

■ 用化学符号表示名称

铝的化学符号之后是合金元素的化学符号和百分比数字。用化学符号表示名称只在例外情况下使用。具体说明参见材料 EN AW － 5052［AlMg2.5］。

4.2.4 按照 DIN ISO 513 的切削材料

按照 DIN ISO 513-2005 所述，属于硬质切削材料的有硬质合金，切削陶瓷，金刚石和氮化硼。

■ **硬质合金**

原则上，硬质合金（表 1）按其主要成分（WC，TiC，TiN）和涂层或非涂层标准进行分类。

继续细分则分为应用组 P，K 和 M。

使用数字可再进一步细分为子组。每一组中，最小数字表示最高耐磨强度，较大数字表示较高韧性。

表 1：硬质合金

识别字母	硬质合金组
HW	未涂层硬质合金，主要由粒度 ≥ 1μm 的碳化钨（WC）组成
HT（又称金属陶瓷）	主要是粒度 < 1μm 的未涂层硬质合金
HF	未涂层硬质合金，主要由碳化钛（TiC）或氮化钛（TiN）组成，或两者均有
HC	涂层硬质合金

举例： HW-P01 或 P01

未涂层硬质合金　切削主组 P，长切屑材料　应用组 P01，极高的耐磨强度

表 2：切削主组

组别	应用	标记颜色
P	长切屑材料	蓝色
K	短切屑材料	红色
M	长和短切屑材料	黄色
N	有色金属	绿色
S	钛	棕色
H	淬火的钢和铸件	灰色

字母 P，K，M，N，S 和 H（表 2）是切削主组的详细识别标记，不能用于切削材料的企业名称。因此，在某个应用组中，如 P01，可能有若干个企业对不同的切削材料使用不同的名称。

■ **切削陶瓷**

结晶陶瓷作为切削材料（表 3）意义重大。

陶瓷可细分为氧化陶瓷（Al_2O_2 和 Zn_2O_2）和非氧化陶瓷（Si_3N_4 和 SiC）。

在氧化陶瓷与非氧化陶瓷的混合陶瓷中，其主要成分是 Al_2O_3，TiC 和 TiN。

表 3：切削陶瓷

标记字母	切削陶瓷组
CA	氧化陶瓷，主要由氧化铝组成（Al_2O_3）
CM	混合陶瓷，在 Al_2O_3 基础上，但也可以是其他氧化物
CN	氮化硅陶瓷，主要由氮化硅（Si_3N_4）组成
CR	氧化陶瓷，Al_2O_3 强化型
CC	涂层的切削陶瓷

举例： CA-K10

切削陶瓷　切削主组 K，短切屑材料　应用组 K10，高耐磨强度

■ **金刚石**

单晶和聚晶金刚石（表 4）是最硬的切削材料。因此将它们命名为超硬切削材料。

■ **氮化硼**

聚晶立方氮化硼（CBN）补充了超硬切削材料组（表 4）。

表 4：金刚石和氮化硼组

标记字母	金刚石组
DP	聚晶金刚石
DM	单晶金刚石
标记字母	**氮化硼组**
BL	低氮化硼含量的聚晶立方氮化硼
BH	高氮化硼含量的聚晶立方氮化硼
BC	涂层的聚晶立方氮化硼

表 1：切削材料—成分与特性		
切削材料	**化学成分**	**特性**
工具钢 非合金 WS 合金	碳含量 0.6%~1.7% 的钢 碳含量 0.6%~1.7% 的钢，同时含有少量 Cr, W, Mo, V, Mn。	因渗碳体而具有高硬度，但低热硬度和低弯曲断裂强度，切削温度最高仅达约 200℃。 通过添加金属碳化物而具有更高强度和热强度（切削温度最高达 300℃），具有比非合金工具钢（WS）更高的韧性和抗冲击强度。
高速切削钢（HS）	分为 4 个合金组 a）18%W 18%W，0.6%~0.8%C 约 4%Cr，Mo，V， 4%~16%Co b）12%W 12%W，0.8…1.4%C 约 4%Cr，Mo，V， 3%~5%Co c）6%W + 5% Mo 6%W，5% Mo 0.8%~1.2% C，V， 4%Cr，目前是 Co d）2% W + 9% Mo 2% W，9% Mo， 0.8%%~1.2% C，V， 4% Cr，目前是 Co	主要因碳化钨（WC）而具有高硬度，钴含量较高时还具有较高的热硬度（最高达 600℃）；钒（V）可提高热硬度，铬（Cr）可改善淬透性，钼（Mo）同样可以提高热硬度。 除合金成分外，高速切削钢的制造方法对其性能也具有很大影响。制取方法（熔炼或粉末冶金）和热处理的类型直接影响到微粒的分布和组织的精细程度。在所有 4 个合金组中，根据各自成分的不同，高速切削钢可分别达到中等和高级负荷能力。
非涂层硬质合金 （HW，HF，HAT）	P–M 和 K– 组 WC TiC/TaC Co P02 33% 59% 8% … P40 76% 12% 14% M10 84% 10% 6% M40 79% 6% 15% K03 92% 4% 4% K04 88% 0 12%	每一个组中，随着组别字母（P，K，M）后面数字的增加，硬度，耐磨强度和抗压强度则渐次下降，而抗弯强度和韧性则渐次上升。 P02 的硬度和耐磨强度均大于，但韧性却小于 P40；K03 的硬度和耐磨强度均大于，但韧性却小于 K40。 碳含量是硬度的决定因素，而钴则增加材料的韧性。
涂层硬质合金 （HC）	涂层材料采用碳化钛 TiC 或 TiC/TiN 或 Al_2O_3	通过极硬的涂层改善材料的耐磨性能，而基底材料仍保持相对较好的韧性。
切削陶瓷 涂层 未涂层 （CA，CM，CN，CR 和 CC）	最重要的材料： Al_2O_3 除此之外： Al_2O_3 + TiC + TiN Si_3N_4	这些材料比硬质合金更硬，更耐磨，热硬度更高，但也更脆。 边棱硬度大于 Al_2O_3 抗弯强度大于 Al_2O_3
切削金刚石 （DP 和 DM）	天然或人工金刚石： 纯碳材料（C）	具有超级硬度和耐磨强度，但从 800℃ 开始渐变成为铁，并变软
氮化硼（BN）	氮化硼	硬度大于硬质合金，几乎与金刚石同样硬度，但耐热性能更高。

切削材料的应用与比较

工具钢应用于木材和石料加工业，在金属加工业中仅用于低切削速度的刀具：锉刀，锯片，攻丝刀具，铰刀，成型车刀，刮削刀具。合金工具钢的切削速度较高。

高速切削钢主要用于多刃刀具，如铣刀，钻头，丝攻和拉削刀具。

钨含量高（18%W）的高速切削钢适宜用于粗加工（粗车）。

钨含量为 12% 的高速切削钢主要用于精加工，若加入钴，则负荷能力提高。

钨含量为 6% 的高速切削钢用于粗加工和精加工，随着钴含量的增加，切削钢的负荷能力亦同时增高（高负荷能力的铣刀和拉刀）。

钨含量为 2% 的高速切削钢可用于各种性能差异极大的刀具，钼和钴的含量显示其负荷能力。

■ 切削主组

P~ 用于长切屑材料（主要是钢）。

M~ 用于长和短切屑材料。

K~ 用于短切屑材料（铸铁等）。

N，S，H 用于特殊加工。

HM（硬质合金），TiC 含量高（P01）的硬质合金用于最高切削速度 v_c，但切削横截面小 → 精车。

HM（硬质合金），钴含量高（P40）的硬质合金韧性更好，适用于粗加工。

通过涂层可以组合多种材料特性（硬度，韧性），从而扩展了这些材料种类的应用范围。

其切削速度 v_c 可双倍于硬质合金，用于精细加工和精加工。注意其振动，抗冲击和冷却等方面的敏感性。

铝的切削只采用氮化硅组成的切削陶瓷（SK）。

仅用于精细加工。主要适宜用于有色金属。具有最好的尺寸质量和表面质量。

用于所有材料的精细加工。主要用于车削。

表1：切削材料中硬质材料（氧化物，碳化物）的占比

工具钢 WS	5%~10%
高速切削材料 HSS	20%~40%
硬质合金 HM	40%~80%
切削陶瓷 SK	80%~100%
氮化硼 BN	实体全硬质
金刚石 DP	天然实体全硬质

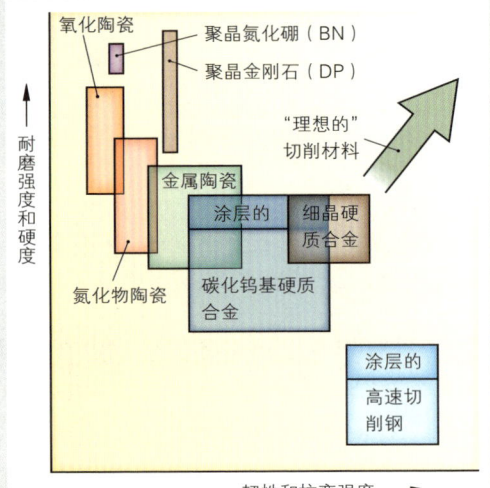

图1：切削材料的特性

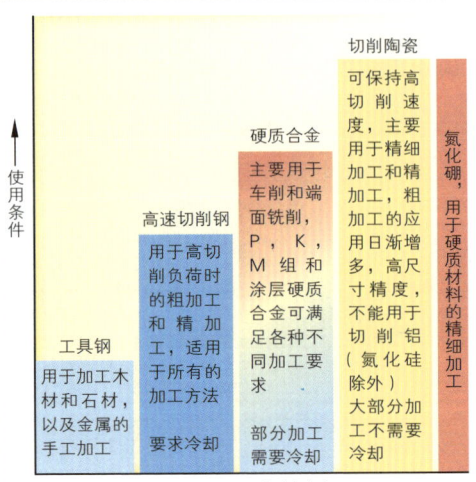

图2：切削材料的使用条件

4.3　铁材料

在金属材料中，由于铁材料特殊的性能以及相对良好的可使用性，使这类材料具有杰出的技术和经济意义。

通过有目的地添加合金元素并使用热处理方法，可使材料的化学和物理性能比任何其他传统合金更能满足应用要求。铁材料的主要影响因素是碳。其他合金元素则扩展各种不同铁材料的技术可能性。

通过工件材料与切削材料的有利组合，可优化采用切削方法产生的工件的最终造型。

4.3.1　铁材料的可切削性

可切削性这个概念涉及切屑形成时下述各要素之间大量的相互作用：

刀具—加工机床—工件

可切削性不能用数值定义，而是根据应用实例通过下列因素予以确定（图 1）：

切削力，切屑形状，磨损 / 刀具耐用度和工件表面质量

图 1：切削特性值

通过以应用为目的的强制性切削试验，列出可供切削操作人员选用的、成本低廉、符合质量要求的加工方法适用数据。

4.3.2　设定值对可切削性的影响

1. 切削特性值：切削力 F

加工工件时，切削力 F 的分力 F_c，F_f 和 F_p 的方向和量对于机床设定值的确定和加工结果（形状偏差第 1 条——工件形状）具有重要影响。各种力作用线的方向取决于加工方法，在纵向车削举例中显示的最为清晰（图 2）。切削力 F 是下列各项的一个尺度：

- 所要求的切削成形力和切屑分离力。
- 克服工件与刀具之间的摩擦力（排出的切屑）。

在试验条件下，可使用合适的检测方法（应变计，压电式检测仪）。

进给量 f，切削速度 v_c，切削深度 a_p 和刀具主偏角 κ 等设定值均对切削力和加工结果产生直接影响。

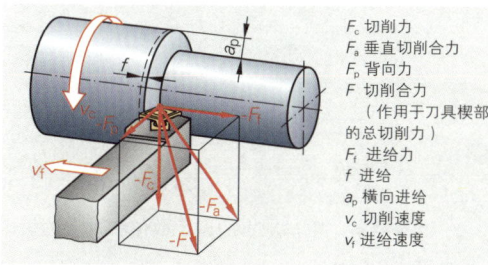

F_c 切削力
F_a 垂直切削合力
F_p 背向力
F 切削合力
　（作用于刀具楔部
　的总切削力）
F_f 进给力
f 进给
a_p 横向进给
v_c 切削速度
v_f 进给速度

图 2：纵向车削的各个力和设定值

■ **机床设定值的影响：**

1. 进给量 f：随着进给量的增加，所有三个力均呈线性增加，受影响最大的是切削力 F_c。

2. 切削速度 v_c：v_c 值较小时，各种力所需数值的不均匀性取决于切削产生切屑的类型。如带状切屑仅需较小的力。

3. 主偏角 κ：主偏角较大时，切削力呈线性下降。进给力和背向力的作用效果也呈线性变化。

4. 切削深度 a_p：随着切削深度的增加，所有三个力均呈线性增加。切削力的上升斜度几乎两倍于进给力和背向力的上升斜度（图 1）。

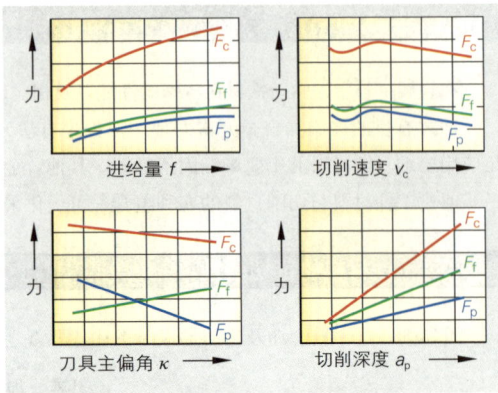

图 1：影响切削力 F_c（F_f，F_p）的各种因素

车削加工时，下列公式表述驱动功率 P_c 和切削力 F_c 与切削横截面确定量之间的内在关系和依存性：

驱动功率： $P_c = F_c \cdot v_c$　　　　　切削横截面： $A = f \cdot a_p = h \cdot b$

切削力：　 $F_c = A \cdot K_c$　　　　　　切削厚度： $h = f \cdot \sin k$

　　　　　　　　　　　　　　　　　切削宽度： $b = \dfrac{a_p}{\sin k}$

计算举例： 一根 42CrMo4（1.7225）的轴进行纵向外圆粗车。为优化切削加工过程，应将待定的横向进给 a_p 以及驱动功率与硬质合金可转位刀片制造商规定数据进行比较。

设：进给量　$f = 0.3\,\text{mm}$　　　　切削速度　$v_c = 150\,\dfrac{\text{m}}{\text{min}}$

设：切削力 F_c，$a_{p\,理论}$ 和 $a_{p\,制造商数据}$

主偏角　$\kappa_p = 60°$　　　切削材料：涂层的硬质合金 HM

驱动功率　$P_c = 6.8\text{kW}$

解题：$P_c = F_c \cdot V_c$　　$F_c = \dfrac{P_c}{V_c} = \dfrac{6.8\text{kW}}{150\,\dfrac{\text{m}}{\text{min}}} = \dfrac{6800\text{Nm} \cdot 60\,\dfrac{\text{s}}{\text{min}}}{150\,\dfrac{\text{m}}{\text{s}}}$

　　　　　　$F_c = 2720\text{N}$　在驱动功率的条件下可使用的切削力

$F_c = A \cdot k_c$　确定切削厚度

　　　　$h = f \cdot \sin \kappa_p$　　$= 0.3\,\text{mm} \cdot \sin 60°$　　$h = 0.26\text{mm}$

　　　　k_c 按 132 页图表查表值

　　　　$k_c = k \cdot C$　　　　$k = 3419\text{N/mm}^2$

　　　　　　　　　　　　$C = 1\left(v_c - 影响因素\right)$

　　　　$k_c = 3419\text{N/mm}^2 \cdot 1$　　　　$k_c = 3419\text{N/mm}^2$

　　$a_{p\,理论} = \dfrac{F_c}{k_c \cdot f} = \dfrac{2720\text{N}}{3419\text{N/mm}^2 \cdot 0.3\,\text{mm}} = 2.65\,\text{mm}$　　$a_{p\,制造商数据}$：$0.3\text{~}5.0\,\text{mm}$

计算结果：粗车加工的设定数值和现有的机床功率表明，$a_p = 2.65\text{mm}$ 时，制造商推荐数值 $a_{p\,制造商数据}$ 最大可达 5.0mm。

系列加工小型工件时，通过专用加工材料（例如易切削钢）的应用可计算出更为有利的切削加工数值：

计算举例：	材料选择：易切削钢 95MnPb28（1.0718）

计算举例：

$$F_c = K_c \cdot A = K_c \cdot f \cdot a_p$$

$$F_c = 1490 \text{N/mm}^2 \cdot 0.2 \text{mm} \cdot 0.5 \text{mm}$$
$$F_c = 149 \text{N}$$

材料选择：易切削钢 95MnPb28（1.0718）

$$K_c = K \cdot C \quad \text{查表值：}$$
$$C = 1.0$$
$$K = 1490 \text{N/mm}^2$$

$$K_c = 1490 \text{N/mm}^2 \cdot 1.0$$
$$K_c = 1490 \text{N/mm}^2$$

f / a_p – 数值请参见 84 页计算举例

$$P_c = \frac{F_c \cdot v_c}{60000}$$

对于待提升的切削功率 P_c（单位：kW）而言，材料的切削速度 v_c（单位：m/min，查表值）与切削力 F_c（单位：N）互相吻合，就是说，能量消耗直接取决于待加工的材料。

2. 切削特性值：切屑形状

对于所有采用刀刃指定几何形状进行切屑分离式加工方法而言，有意识地影响切屑形成的种类和形状对于加工过程和工件均具重要意义。由于重大事故危险和干扰生产进程的原因，必须杜绝若干种切屑形状。通过采用若干设定值，如进给量 f，切削深度 a_p 和可变的切削横截面 A 进行面向实际情况的试验，以及通过采用其他切削条件，例如切削速度 v_c，切削前角 γ 等，可使操作者基于形成有利切屑形状的加工范围得出结论。

■ **切屑形成的过程（图1）：**

- **弹性阶段：** 切削楔挤入工件材料（切削开始）时，首先出现材料的弹性形变①。
- **塑性形变：** 通过引入的切削运动和进给运动使材料开始流动，并在剪切面②范围连续出现材料切屑压缩。
- **材料分离：** 当材料的抗剪切强度被克服之后，在剪切区连续形成切屑③，并在刀刃边棱处产生材料分离。

确定值：切屑压缩系数和剪切角度。

通过切屑形成第 2 阶段的材料形变产生设定切削值与切屑尺寸之间的差异（图1）。

$$\lambda_h = \frac{h_{St}}{h}$$

切屑压缩系数 λ 是材料切屑压缩的一个特性值，此外，例如切屑厚度压缩系数 λ_h 也属于材料切屑压缩。

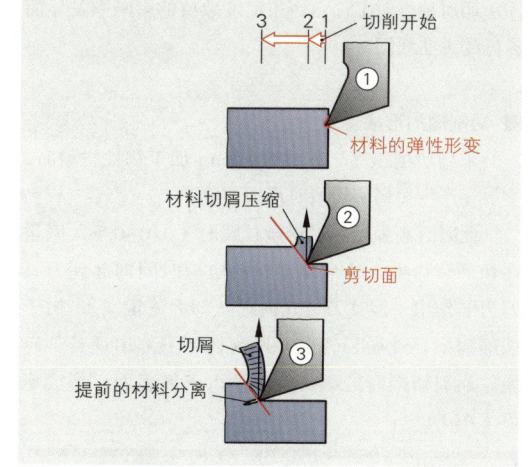

图1：切屑形成阶段

计算举例：

已设定的切削厚度：　$h = 0.7 \text{mm}$

已测出的切屑厚度：　$h_{St} = 2.1 \text{mm}$

$$\lambda_h = \frac{h_{St}}{h} = \frac{2.1 \text{mm}}{0.7 \text{mm}} = 3$$

剪切角 ø 是切削方向作用线与由此产生的剪切面之间的角度（图2）。

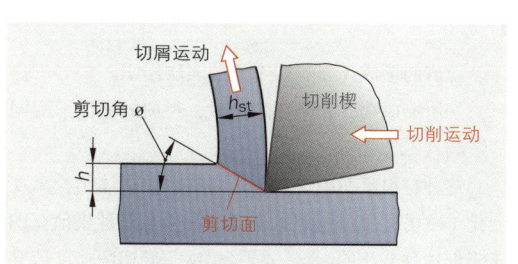

图2：切屑压缩系数和剪切角

剪切角 ø < 45°时出现有利切削比例，此时始终产生比设定切屑厚度更厚的切屑 $h_{st} > h$。由于切削速度 v_c 和切削前角 γ 的设定值与材料专用图表手册查表值之间的偏差，通过改变切屑压缩值和剪切角，可直接影响切屑的形成（曲线图 1）。在切屑形成与工件表面质量之间的直接关系中，还有下列影响因素：

■ **切削力 F_c**

通过改变切削速度 v_c 和切削前角 γ 可影响切削产生的切屑种类。

v_c = 30m/min	γ = 0°	ø = 10°碎裂切屑
⋮	⋮	ø = 20°短螺旋切屑
v_c = 300m/min	γ = 10°	ø = 30°带状切屑

虽然在所有三种切屑形成时都需要中等切削力，但在波动范围中，切削力对不同种类切屑形成的作用差异很大。

切屑种类对工件表面粗糙度数值的影响则是显而易见的（曲线图 2）。

■ **切削瘤的形成**

采用切削速度 v_c = 5~50m/min 加工韧性材料时，主要在产生短螺旋切屑时形成刀瘤。

此时，高强度的材料微粒瞬时（0.01~0.5s）固化在切削刃口处。这个切削材料层短时间内起到刀具刀刃的作用（但其刀刃几何形状却无法定义）。由于切削瘤周期性崩裂破损，导致切屑下部出现若干碎屑。崩裂切削瘤的鳞状微粒插入工件表面，形成疤痕（图 1）。

> 加工完毕的工件显示出尺寸精度的下降和粗糙的表面。前文所列举的切削条件将增加刀具刀刃的磨损。

切屑的形成还影响到工件的表层组织。

切屑形成第 2 和第 3 阶段时，材料的塑性形变同样影响到工件表面。

这种材料负荷的变化导致材料表层晶体结构出现变化（硬化）。而合适的热处理方法和切削速度值有助于降低这种变化的影响。与之相反，低切削速度值导致组织微粒脱落，显现出工件表面质量的恶化（图 2）。

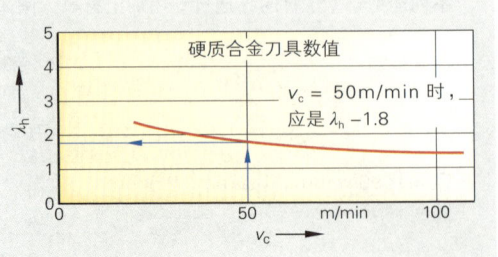

曲线图 1：切削速度 v_c 的影响

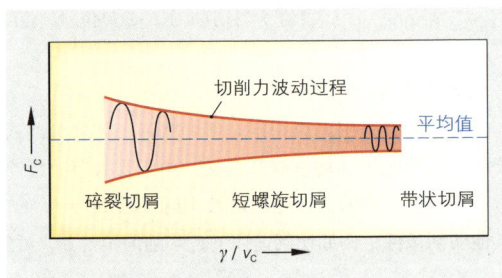

曲线图 2：切削力的影响

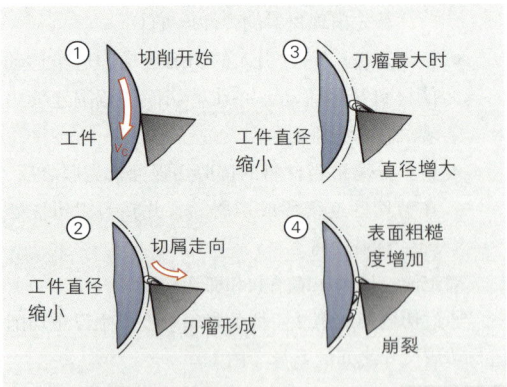

图 1：切削瘤的形成（示意图）

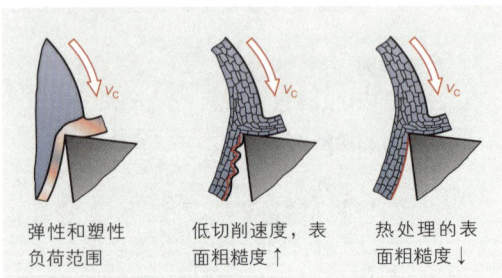

图 2：表层组织的变化

3. 切削特性值：刀具磨损和刀具耐用度 T

刀具磨损和刀具耐用度这两个刀具特性值与切屑形成各阶段和切削力有着直接关系。通过刀刃几何形状的改变可对加工结果产生显著影响（例如工件表面粗糙度和尺寸精度）。关于上述现象的专业知识，检测技术提供的各种检测量采集的可能性和刀具磨损以及刀具耐用度的后果等，均促使切削技工有目的地采取相应措施。

刀具磨损：刀具切削刃的磨损是切削过程中若干因素复杂的共同作用的结果，这些因素的作用可能是连续性的，也可能是短暂冲击性的。

摩擦：正在运行的切屑与切削面之间以及工件与刀具后面之间产生摩擦。摩擦迫使产生强烈的温升（与切削速度密切相关），而温升的扩散导致刀刃材料变软。刀瘤高度硬化的碎屑可撕裂刀具切削刃上刀刃材料最小的材料微粒。剧烈的温度变化，切削中断或（刀刃）楔角过小等都可能导致刀刃破损，从而使刀具报废。

刀具磨损的种类：刀具与工件之间各种不同的运动方式导致产生各种不同的切屑剥离型加工方法，由此而产生的刀刃负荷也各不相同。刀具磨损的典型形式可分为如下几种（概览）。

刀具磨损种类概览（示意图）	磨损现象图（简化图）	检测量	磨损原因	后果	对应措施	已磨损的刀刃
切削后面磨损，刀刃后移		VB 磨损印记宽度	工件与刀具后面之间的摩擦	F 上升最大至 50%	· 提高切削体积（例如切削深度） · 降低切削速度	
切削前面磨损，刀刃缩减（切削前角缩小）		SV 切削刃偏移	切屑运行	刀具温升	· 降低切削速度 · 降低进给量 · 刀具切入或退出工件时倒棱 · 使用已倒圆的刀片 · 为工件中断处倒棱（如刀具切入或退出工件处，槽，孔等）	
刀刃边棱变圆刀刃边棱破损（组合型磨损）		—	刀刃边棱负荷过大	切屑形成 Rz，Ra 值上升	· 改变切削中断的切入频率 · 提高系统刚性	
月牙注磨损切削刃槽形磨损		KT，KM 槽深和中心距	刀瘤扩大	尺寸精度下降	· 降低单位时间内的切削体积（例如进给量） · 降低切削速度 · 提高进给量	

刀具耐用度 T：刀具耐用度指一把切削刀具在两次刃磨之间的使用期限（单位：分钟）。当刀具磨损检测量（VB，SV，KT，KM）超过上表所列概览显示，工件表面质量以及尺寸精度出现显著变化时，刀具使用期限已告结束。刀具的耐用度同样与若干影响因素关系密切。其主要影响因素是切削速度 v_c。

与切削材料相关的有：v_{c15}，v_{c60}，v_{c120}，就是说，采用某切削速度规定值（查表值）时，刀具耐用度的期望值分别是 15 分钟、60 分钟或 120 分钟。

其他的影响因素有：

● 工件 / 刀具的材料。
● 切削量（切削横截面）。
● 刀具刀刃几何形状。
● 冷却润滑材料。

已选刀具耐用度大多是为达到加工成本最优化而在各影响因素之间的一个妥协（曲线图 1）。

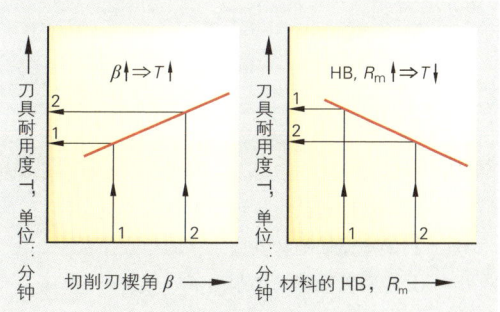

曲线图 1：影响刀具耐用度的物理量

4. 切削特性值：工件表面质量

实际常用的表面粗糙度特性值 Rz 和 Ra 可以准确评估工件表面质量。较浅的表面粗糙深度符合良好的可切削性。加工时，通过下列措施可达到所需的表面质量：

- 扩大刀尖圆弧半径
- 降低进给量
- 提高切削速度
- 使用冷却润滑液

其他的影响因素，如加工机床的振动特性和刚性，切削技工是很难予以改变的。

一个工件理想的表面几何形状取决于进给量 f 和刀片的刀尖圆弧半径 r（图 1）。

$f > 0.1$ mm 时，对 Rt 有效的是：

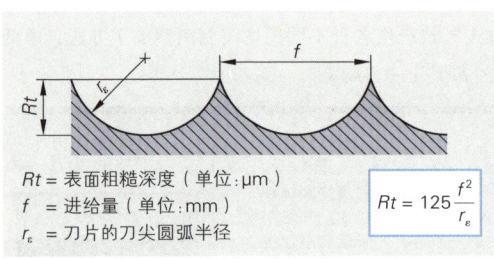

$Rt = $ 表面粗糙深度（单位：μm）
$f = $ 进给量（单位：mm）
$r_\varepsilon = $ 刀片的刀尖圆弧半径

$$Rt = 125\frac{f^2}{r_\varepsilon}$$

图 1：工件表面几何形状

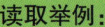
读取举例：

$f = 0.3$ mm; $r_\varepsilon = 1.6$ mm
表面粗糙深度 $Rt = 7.5$μm（图 2）

粗加工时，计算数值与实际检测数值之间存在着非常接近的图形吻合度。但通过其他影响因素却可以显著改变精加工的加工结果。

在某些切削条件下，若干种切削材料形成刀瘤的倾向严重影响着工件表面粗糙度数值。

低切削速度时，由于切削瘤微粒的持续变化，导致产生表面粗糙度的最大值。

提高切削速度，可在加工时进入条状切屑范围。此举可显著降低切削瘤形成并改善工件的表面质量（图 3）。

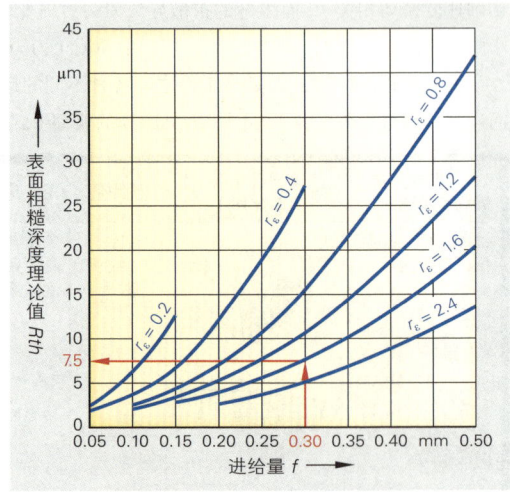

图 2：刀尖圆弧半径和进给量的作用

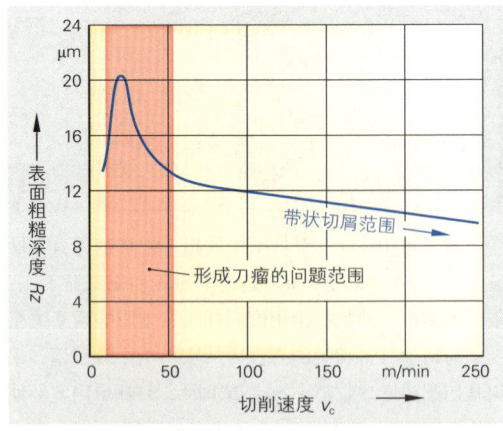

图 3：切削速度的作用

4.3.3　材料对可切削性的影响

切削技工无法在加工过程中对被加工材料的特性施加任何影响。正因如此，材料学的基础知识密切关系到最佳加工结果的可能性。

钢材料： 通过控制非金属影响因素，添加脱氧剂（Al，Si）以及采用特殊的脱氧法，可在材料熔炼过程中正面影响钢的可切削性。

通过钢的典型特性，例如强度，淬硬性，韧性等以及合金元素可间接影响钢的可切削性。汽车工业大批量零件加工与有利的切屑形状相关。将钢的硫含量提高至最大 0.35%，可明显改善其可切削性（刀具耐用度最大可提高 20%）。

铸造材料： 加工铸造材料时，必须特别注意造型和铸造方法对工件表层区造成的加工条件影响。相对于核心区而言，表层明显恶化的可切削性与非金属影响因素（砂箱型砂）和组织形态的偏差（珠光体占比上升）等密切相关。

■ **工件表层区加工提示：**
- 适当的工件前期处理（喷砂处理）。
- 采取足够切削深度的刀具连续切削（切入铸件砂皮下方）。
- 进给量较大时降低切削速度。

已加工工件的表面质量取决于加工方法，切削量，刀具刀刃的磨损状态和材料的组织特性。

■ **普遍有效的切削加工提示：**
- 加工铁素体铸造材料时，需注意刀瘤形成的可能性（表面粗糙度上升）。
- 自动化加工形成有利的切屑（石墨的硬化时效造成组织断裂）。
- 切削力取决于材料强度和组织形态。
- 材料硬度是刀具耐用度 – 切削速度特性的主要影响因素（图 1）。
- 精确的组织分析和由此而制定的热处理可将切削速度最高提至 300%。

月牙洼磨损

EN-GJS-HB230　　　　　　　　　　EN-GJS-HB300

刀具切削刃处脱碳检测量

300 μm
400 μm

300 μm
500 μm

切削楔

$T = 25$ min,
$v_c = 100$ m/min

$T = 31.5$ min.
$v_c = 100$ m/min

图 1：由于不同材料硬度导致脱碳而形成刀刃磨损

■ **合金元素的影响：**

作为添加元素的"合金元素"和受制造条件限制的铁伴同元素直接决定着铸造材料的特性以及加工和应用。作为合金元素和铁伴同元素的是金属和非金属元素，它们通过在合金内所占比例和各个元素的共同作用对合金特性产生影响。非合金钢的材料特性主要受铁伴同元素的影响。合金元素则可改善合金钢的例如渗碳体的形成（Cr，W），耐磨强度和耐腐蚀性能等。

■ **碳的影响：**

碳作为铁的主要合金元素对各种铁材料的特性产生重大影响，碳以下列几种变型形式出现：
- 以纯碳形式石墨（片状或球状）出现在铸造材料中。
- 以化学化合物形式出现：Fe_3C 渗碳体。
- 作为混合晶体填充物奥氏体（最大 2.06%）熔入铁内（图 2）。

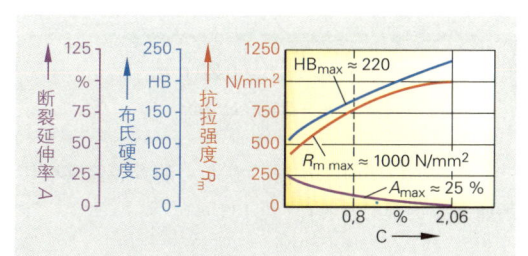

断裂延伸率 A
布氏硬度 HB
抗拉强度 R_m

125 %
250
1250 N/mm²

$HB_{max} \approx 220$

$R_{m\ max} \approx 1000$ N/mm²

$A_{max} \approx 25$ %

0,8　%　2,06
C

图 2：碳对材料机械特性的重要影响

■ **晶体混合型和混合晶体型的切削特性**

金属和非金属合金元素，根据各自原子大小和不同的键合力（晶格类型），与基体材料铁组成各种不同的组织类型。通过不同的合金元素可改善基体金属的某些直接影响其可切削性的材料特性。

■ **晶体混合型**

合金中分离的晶体成分构成一种非均质组织。例如在球墨铸铁中，与其基体金属相比，其强度有着显著增加。

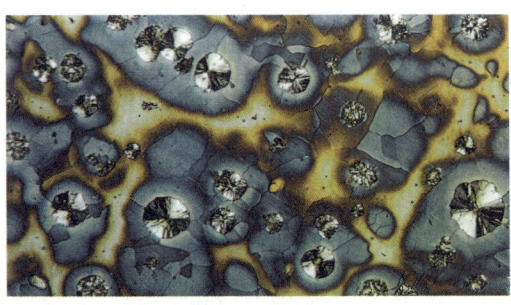

EN-GJS-400-25　$R_m = 400 \text{ N/mm}^2$
EN-GJS-800-2　$R_m = 800 \text{ N/mm}^2$（查表值）

显微照片中，全晶化碳作为合金元素明显脱离基体材料（图1）。

图1：晶体混合型球墨铸铁的组织

晶体混合型材料切削加工时，由于各组织成分强度的不同而产生短碎切屑。易切削钢和铸造材料由于其各种不同的组织成分和其他切削技术影响因素，分别具有良好直至最好的可切削性。此外，晶体混合型材料的可成形性差，但具有良好的浇铸性能（图2）。

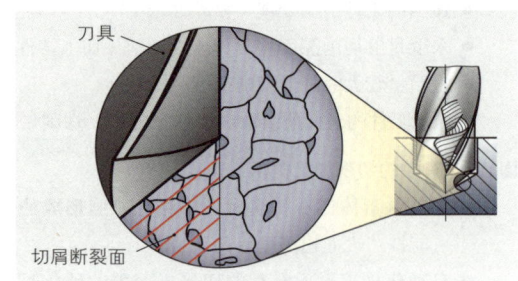

刀具

切屑断裂面

图2：晶体混合型材料切屑的形成

■ **混合晶体型**

混合晶体型合金的均质组织由于其较低的韧性而影响其可切削性（图3）。

无论插入型混合晶体还是置换型混合晶体，合金元素在其中均具有较高的键合力，从而增强了材料的硬度和强度。

通过有目的的对应措施，可以改变混合晶体型材料的可切削性（图4）。

■ **单位切削力 k_c 的标准值**

k_c 是一种与材料相关的切削力特性值，车削加工时，它是功率计算必须考虑的因素。在图表手册中为各种不同切削厚度 h 列出单位切削力数值 k_c，单位：N/mm^2（见132页）。

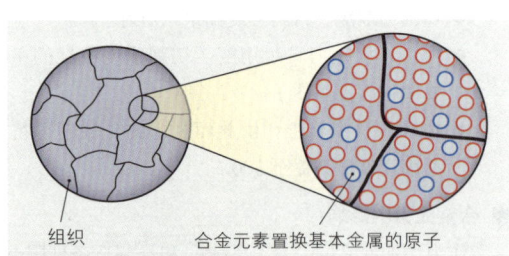

组织　　　　　合金元素置换基本金属的原子

图3：混合晶体型组织

例如：16MnCr5，$h = 0.20 \text{ mm}$
加工时要求 $k_c = 3190 \text{ N/mm}^2$

计算单位切削力 k_c 时，应将 k_c 的查表值乘以切削速度 v_c 的影响因素 C（见133页）。

材料

设定值 v_c, f, a_p

冷却润滑材料

切削刃几何形状 α, β, χ

切削材料

图4：对切削过程的影响因素

4.3.4 工件和刀具的热处理

通过特殊的热处理可有目的地影响对铁材料切削性能的优化。经过热处理可实质性改变待加工工件的材料硬度。热处理对所有切削刀具耐热硬度与刀具耐用度的关系也具有重要意义。

■ **铁材料的热处理**

所有铁材料典型的组织类型与作用温度和碳含量有关。通过线条和字母可分辨出铁－碳－状态曲线图（图1）中各种组织类型的界限。

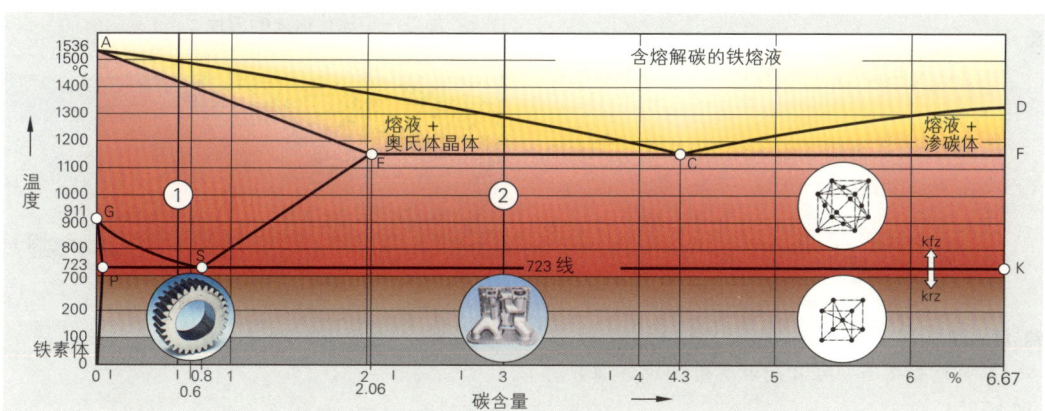

图1：铁-碳-状态曲线图

铁材料加工中不同种类的钢占比最大。碳含量比例一般最大可达2.06%，例外情况下可达2.2%。热处理温度最高可达1100℃。加工和使用时，钢材料必须能够经过浇铸以及冷／热变形，并通过有目的的热处理，才能达成理想的特性。

铁—碳—状态曲线图中钢的相变点中用颜色标识的范围显示出重要的热处理方法。

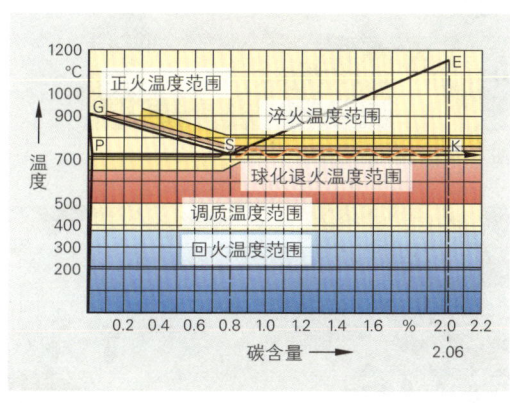

图2：钢的相变点和温度范围

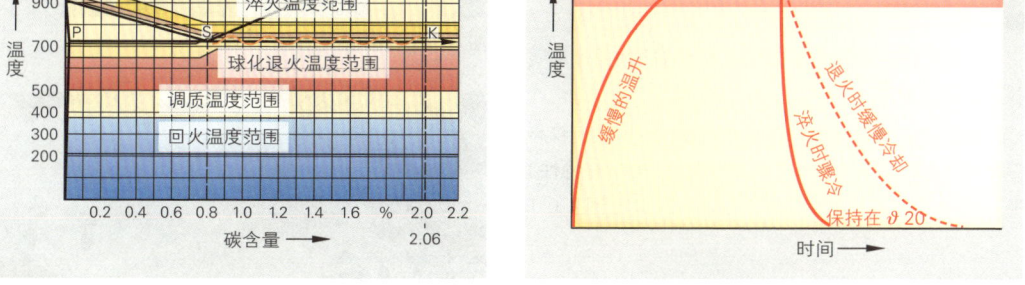

图3：时间-温度-曲线表

所有的热处理方法均需经过3个典型范围。经过缓慢的温度上升后，要求保持热处理温度，接着按照不同的热处理方法进行冷却（图3）。

■ 球化退火

通过球化退火可显著降低钢的硬度，例如，切削加工前切削刀具有效部分的球化退火（图1）。亚共析钢（碳含量最高达0.8%）在铁-碳-状态曲线图P-S线以下进行退火。而过共析钢（碳含量大于0.8%）则在铁-碳-状态曲线图S-K线上下摆动进行退火。球化退火的特点表现为，淬透的片状渗碳体和晶界渗碳体转换成为晶粒状渗碳体。

图1：加工一个球化退火的刀片

■ 正火

通过正火生成改善使用特性的均质细晶粒组织（图2）。

正火用于消除工件因焊接和铸造以及冷/热成形加工形成的不均匀组织结构，形成一个统一的组织结构。

正火的特点是所有晶粒重新形成。钢在G-S-K线上方区域约40℃时进行正火处理。

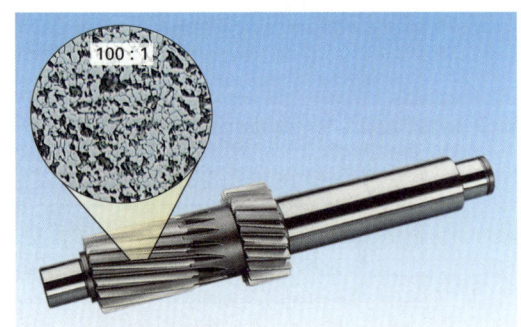

图2：正火处理的齿轮

■ 淬火和回火

淬火是提高钢硬度和耐磨强度的热处理方法（图3）。

其前提条件有三点：

● 碳含量＞0.3%。
● 淬火温度位于G-S-K线上方区域约40℃。
● 与淬火方法相关的骤冷介质。

硬度增加的原因是以强制方式溶解在α-铁内的碳，由此而获得的组织称之为马氏体。

紧接着的回火温度最高达400℃，通过缓慢冷却降低工件应力。

■ 调质

动态负荷结构件必须在强度和韧性之间通过调质找到一个平衡点。

通过淬火与紧随其后的回火热处理组合，在较高温度下（500℃~700℃），即可获得所需的材料特性。通过调质可达到的强度最高至1400N/mm²（图4）。

淬火温度位于G-S-K线上方区域约40℃

图3：淬火和回火

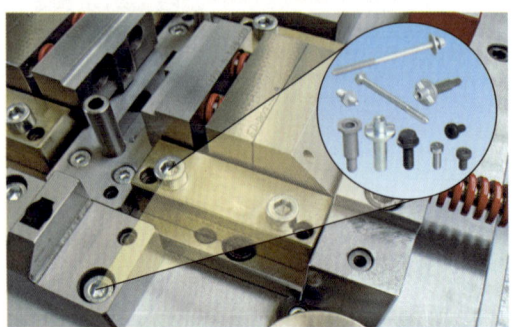

图4：采用调质处理的螺钉

■ **有色金属材料的热处理**

有目的的热处理可显著提高材料的硬度和强度，这主要用于铝合金。其前提条件是合金是否具有形成混合晶体的能力。由此可产生强度类似于钢的高负荷性能结构件以及可切削性能的改变。

铝铸造材料和塑性材料的热处理流程可标记为若干典型范围（图1和2）。

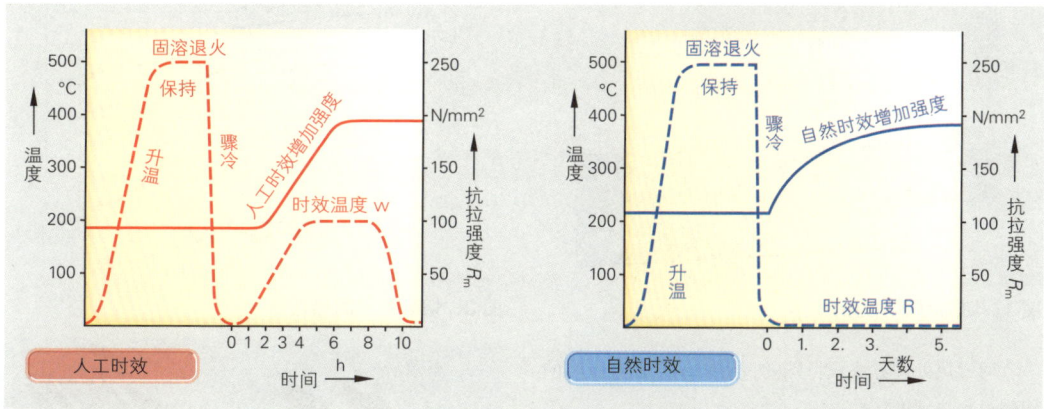

图1：人工时效 图2：自然时效

将铝铸造材料加热至熔化温度并保持，然后在水或油中骤冷。选择各种合金特殊的温度，若干小时后，即可得到强度和硬度的优化增强。

图3所示油箱材料 AC-AlSi10Mg（Fe）DF 经过热处理后的数值如下：

屈服强度	$R_{p0.2}$ 至 96 N/mm²
抗拉强度	R_m 至 224 N/mm²
延伸率	A 至 10%

经过热处理的零件的壁薄可达1.5mm，其加工余量达0.5mm，并可用所有常规切削加工方法进行最终精加工。

可时效硬化的铝塑性合金在接近室温的条件下进行混合晶体的自然时效处理。但要达到所要求的硬度仍需若干天。

长度达米级范围的液压挤压型材，例如采用AlMgSi（6060），现在汽车制造以及门窗制造等领域的应用呈增长趋势。

加工提示：时效硬化的材料不能经受较高的切削加工温度——退火！

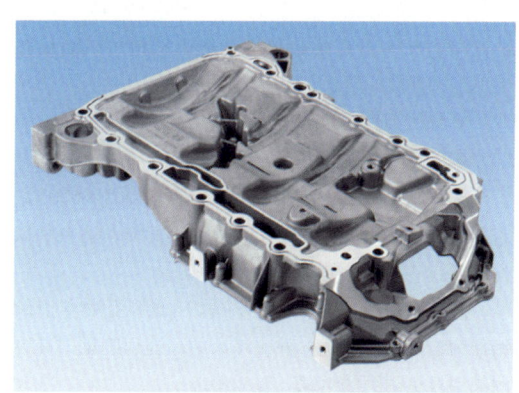

图3：V6汽油发动机的油箱

图4：液压挤压型材

■ 切削刀具的热处理

　　所有切削刀具切削楔的热负荷均显著影响刀具耐用度。而刀具的冷却则常常成为问题。因此，针对相应的加工任务选用优化的切削材料便具有第一重要的意义。

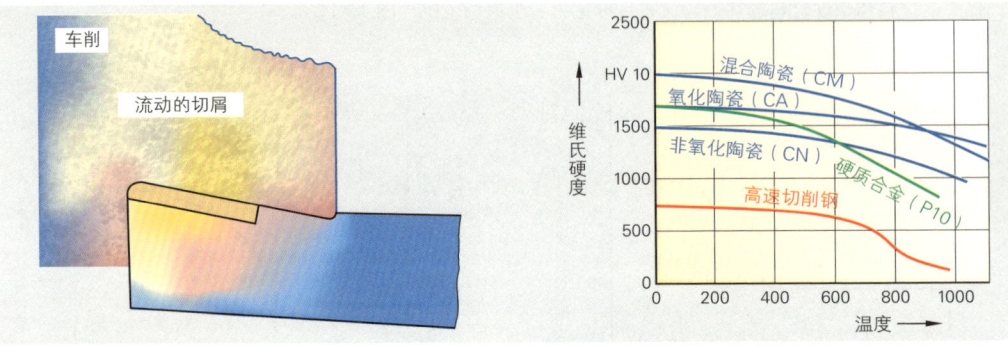

图1：切削时切削力的作用

图2：切削材料的热处理

　　通过热处理方法或特殊的过程技术可达到所需的切削材料热硬度。

　　高速切削钢制成的切削刀具用于钢的软加工，例如车削、铣削和钻削。合金元素（Cr，Co，Mo 和 V）占比高达 50% 并经过热处理的切削材料可以满足切削加工对刀具的要求。

- 淬火温度至 1240℃。
- 骤冷介质：油，热浴和空气。
- 两次回火 > 1 小时，回火温度 540℃ ~ 570℃。

　　典型的过程技术是硬质合金刀具的粉末冶金制造方法。

　　高耐磨微粒（Wo，Ti，Ta 和 Ni 的碳化物）以及钴作为结合剂可产生一种比淬火的高速切削钢刀具更耐高温且更耐磨的组织。

　　硬质合金刀具极具特点的热处理方法是烧结过程。通过扩散过程产生一种与粒度相关的均质组织。

- $t_{烧结} \sim 0.9 \cdot t_{钴熔化温度}$。

　　陶瓷切削材料是采用粉末冶金方法制造的非金属无机材料。其压制的生坯在烧结时明显收缩。不同的陶瓷种类要求特殊的烧结方法。

- 氧化烧结，1500℃。
- 压力烧结，1700℃/300 bar。
- 热压烧结，1750℃/300 bar。

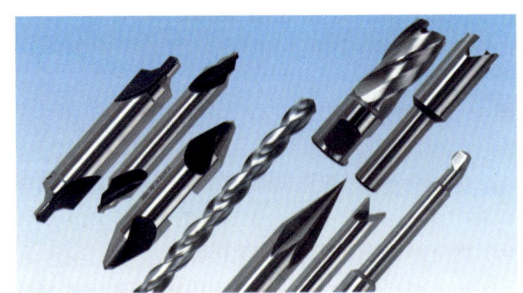

图3：高速切削钢钻头

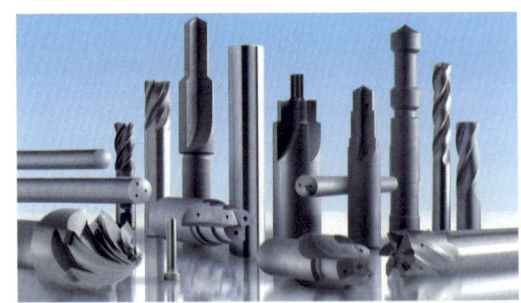

图4：硬质合金钻削刀具

图5：陶瓷钻头

4.4　有色金属

有色金属材料组（纯金属及其合金）是指没有铁含量标称值的金属材料。远在青铜器时代，人类已经开始使用若干种金属材料。其中大部分虽已使用，但直至我们现代才真正具有应用意义（图1）。时至今日，纯有色金属及其具有特殊特性的合金已在许多技术领域占据着不可或缺的地位。

4.4.1　分类和命名

对于有色金属，现在按照其实际应用中典型的重要特性对其进行系统分类（表1）。

科技语言较少使用一般语言中出现的概念：有色金属（译注：前文中有色金属的直译应是非铁金属。由于我国即便在科技语言中同样使用有色金属，所以本书中对此采用统一的标准译法：有色金属），它常指铜及其合金以及白色金属，如锡，铅和锑。

■　**标准化名称**

纯金属按照其纯度命名。这里又划分为原始材料（例如粗铜）和通过指定提纯方法获得的最终产品。对此，我们采用的概念是精细材料，纯材料和电解材料（例如电解铜）（概览表1）。

材料名称的组成如下：

● 标记字母（表示制造 / 应用）。
● 金属名 + % – 含量数值。

通过有色金属不同的化学成分和加工特性可将有色金属划分为铸造合金和塑性合金。这里的材料名称组成如下：

● 欧洲标准 + 材料数值和制造商信息。
● 化学成分。
● 浇铸方法和材料状态。

材料代码按照 DIN EN 1706 和 DIN EN 1412
材料代码由字母和数字组合构成。

● 合金组。
● 种类代码。
● 浇铸方法和材料状态。
● 材料的标记字母。
● 材料制造的标记字母。
● 数字代码。
● 材料组的标记字母。

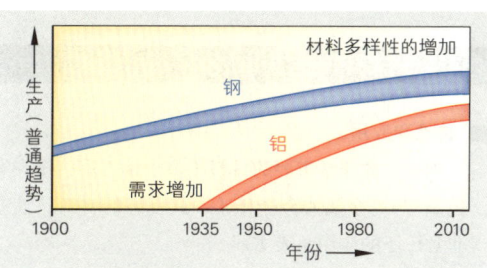

图1：铝的需求趋势

表1：有色金属的分类

	轻金属	重金属
低熔点（660℃）	Mg，Al	Sn，Pb，Zn
高熔点（960℃～1903℃）	Be，Ti	Cu，Ni，Co，Cr，Mn，Ag，Au，Pt
最高熔点（超过2000℃）		W，Mo，Ta

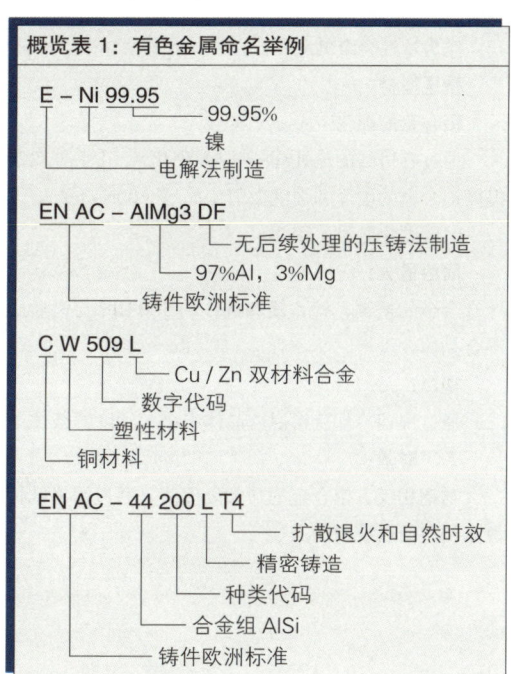

概览表1：有色金属命名举例

■ **有色金属的商业形式**

对于切削加工技术而言，具有继续加工意义的既有铸造产生的材料（铸造合金），又有半成品（塑性合金）。

数量众多的标准化名称（图1）为切削技工提供其所需的加工数值。

4.4.2 铝和铝合金

■ **特性和应用**

铝是一种非常重要的材料（位于钢之后，排在第二位），与纯金属或合金相比，其良好的材料特性获得非常广泛的应用（表1）。

通过合金元素可有目的地显著影响加工和应用所需的下述材料机械特性（表2）：

- 抗拉强度。
- 延伸率。
- 硬度和强度。

加入约12%硅的铝合金在600℃时具有极佳的铸造特性。

作为铸造合金的应用：

发动机壳和变速箱体

加入镁，铜，锌和锰，可显著提高纯铝的强度和硬度。其可成形性良好。

作为塑性合金的应用：

挤压型材

铝合金的硬化

通过有目的的热处理 – 时效硬化 – 几乎可双倍提高铝合金的硬度和强度数值（R_m 至 600N/mm^2）。

时效硬化阶段（图2）：

固溶退火：

合金元素铜，锌，镁和硅在约500℃时与铝形成混合晶体。

骤冷：

通过快速冷却获得混合晶体组织（硬度的载体）。

人工时效：

与钢相反，铝合金的最大硬度值是通过缓慢结构性晶格扭曲而获得的。

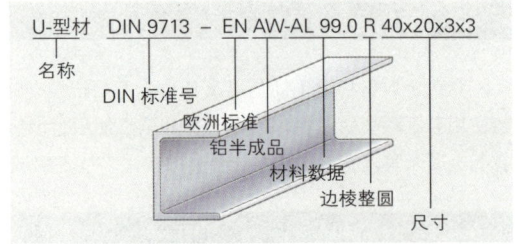

图1：标准化名称举例

表1：铝的特性

特性	应用
低密度 ϱ（2.7 g/cm^3）良好的电导体 良好的可成形性	轻型结构 交通业和建筑业 电气技术（电缆） 强变形的半成品和制成品（薄膜，型材等）
形成一层防护性能极佳的氧化层	容器制造（化工设备）
良好的合金性能	改善切削条件（切屑形成）

表2：铝的合金金属

可影响的材料特性	合金金属					
	Mg	Cu	Si	Zn	Mn	Pb
强度	++	++	+	++	+	0
抗腐蚀性	++	–	++	–	++	0
可浇铸性	+	0	++	++	0	0
可切削性	+	0	–	+	–	++

++ 非常正面的影响，+ 正面影响，– 负面影响，0 无影响

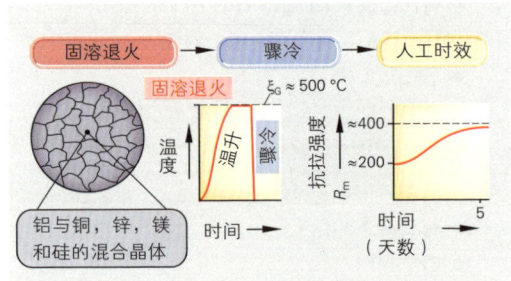

图2：硬化阶段

■ 铝和铝合金的切削加工

特殊的材料特性与设定数据达成客观一致时，即可获得良好的加工结果（加工时间，工件表面等）（图1）。尤其适宜用作切削材料的是高速切削钢和硬质合金。切削速度 v_c 高达 400m/min 时，可使用导热性能良好的冷却润滑液如切削冷却油（1号至3号）或乳浊液（2%~5%）。

与钢件切削相比，铝件切削刀具的切削前角和锯齿齿距必须更大。

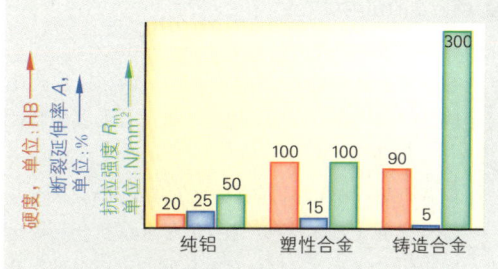

图1：重要的材料加工数值

■ 纯铝的加工

低材料硬度以及不利的切削速度（v_c 值）将无法达到预期的加工结果，同时还有形成刀瘤的趋势。

■ 塑性合金的加工

加入少量铅即可改善切屑的形成。润滑和长切屑的形成均受到抑制（易切削合金）。

■ 铸造合金的加工

加入硅可产生明显不同于基体材料的特性变化（抗拉强度，硬度），从而获得良好甚至非常优秀的切削加工性（图2）。

图2：铸造合金的铣削加工

4.4.3　铜和铜合金

鉴于铜的特殊特性，铜可以纯金属形式，亦可与其主要合金元素锌、锡、镍、铝和铅一起在制造技术领域得到极为广泛的应用。

纯金属与合金的重要特性存在明显差异（抗拉强度，延伸率）（表1）。

表1：铜的特性

特性	应用
非常优秀的导电性	电工技术
非常优秀的导热性	热交换器
良好的可成形性（机动车的格栅）	半成品直至 0.01 mm 厚度（薄膜，导线）
与合金相关的切削加工性（从非常优秀至难以切削）	加工铸造合金和塑性合金

■ 铜的切削加工

纯铜在切削加工时易于形成刀瘤。通过合理的刀刃几何形状（大切削前角和锐利刀具）可有效避免刀瘤以及长锥状螺旋切屑和无规则切屑的形成。

少量加入合金元素硫和铅，可明显改善切削加工性。

适宜铜加工的冷却润滑液是溶液，乳浊液和切削冷却油（SESW，SEMW 和 SN）（图3）。

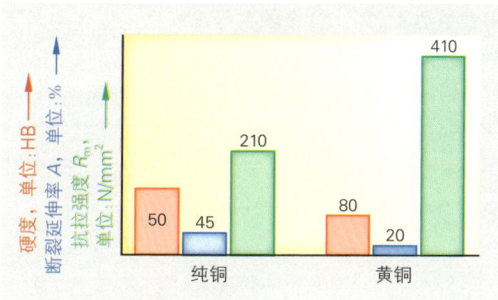

图3：重要的材料加工数值

■ 铜合金的切削加工

黄铜（铜锌合金）

与基体金属相比，一种至少 50% 铜和锌作为主合金成分的铜锌合金，显示出其显著改善的机械特性（图 1）。

如需加工，则合金中锌含量至少达到 38%（图 2）。

锌含量低于 38% 的黄铜由立方面心混合晶体组成。现有的滑移面保证材料具有良好的可成形性。此外，添加少量铁、锡、锰和硅还可改善抗拉强度，耐磨强度和耐腐蚀性。黄铜作为塑性合金的用途举例如下：

- CuZn15　　　　测压计
- CuZn31Si1　　　轴承套
- CuAl8Fe3　　　涡轮，阀座

锌含量超过 38%（图 3）的黄铜形成一种晶体混合体，它具有良好的铸造性能和切削加工性。添加最高达 3.5% 的铅，可改善其切削加工性。铸造合金的主要用途是所谓的易切削合金，如用于车削件的 CuZn39Pb3。

锡青铜（铜锡合金）

与黄铜相比，锡青铜的耐腐蚀性能和抗拉强度以及耐磨强度更好（R_m 最高达 690N/mm^2，HB 最高达 210）。锡青铜中锡含量介于 2%~15%，对于材料和加工具有决定性意义的是 9% 的锡极限。塑性合金（锡含量最高 9%）由于其晶体结构而具有良好的可成形性。

铸造合金工件是切削加工的主要材料。

锡含量 9%~15% 的锡青铜（晶体混合型）具有良好的切削加工性能（图 4）。

铝青铜（铜铝合金）

铝青铜由至少 70% 的铜与主要合金元素铝组成。铝含量达 2% 时，合金颜色呈现红色。铝含量大于 5% 之后，合金呈黄色。

铝青铜的抗拉强度 R_m 达到 450~750N/mm^2。合适的铜铝合金，例如 CuAl10Fe3Mn2，可以代替结构钢用于需经受腐蚀侵蚀的化学仪器。铝青铜合金硬度最高达 180 HB 时具有良好的切削加工性。

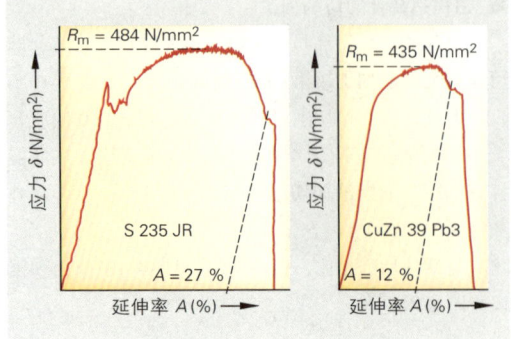

图 1：结构钢和铜合金的应力延伸特性

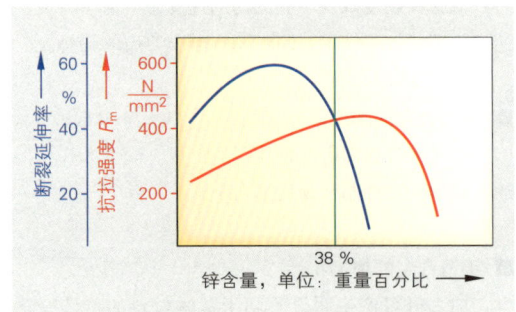

图 2：黄铜的极限 38%

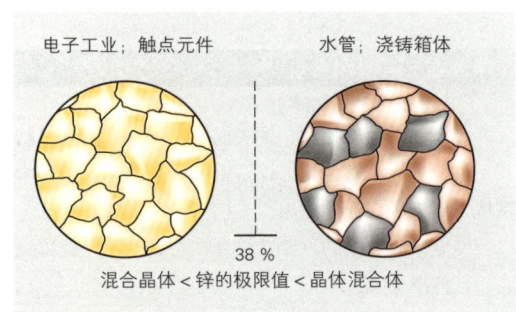

图 3：黄铜组织（示意图）

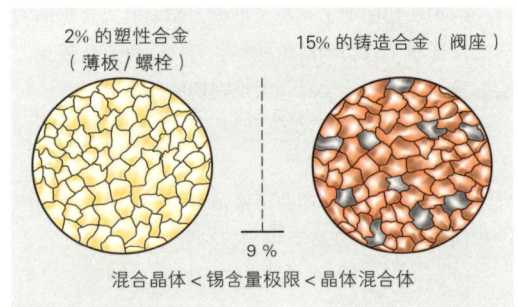

图 4：青铜组织（示意图）

■ 炮铜

　　高含量的锡和锌作为主要合金元素以及其他添加物，在凝固时同样形成一种晶体混合体。由此浇铸而成的半成品具有良好的切削加工性。

· 　炮铜具有极佳的耐腐蚀性，适宜用于薄壁工件的浇铸。

> **举例：**
>
> G-CuSn5ZnPb（图 1）
> - 薄壁成型泵体。
> - 轴承，主轴螺帽，涡轮和蜗杆，管接头件。

图 1：炮铜零件的加工

■ 锌白铜（铜-锌-镍合金）（译注：直译是"新银"）

　　该合金中镍含量最高达 30%，从而使锌白铜的外观和特性像新的银子：

- 良好的切削特性（添加铅）。
- 化学耐受性。
- 类似银的外观（德国人称为：德银）。

　　锌含量影响合金的可浇铸性，与之相比，铜使合金具有良好的锻打冷成型性。添加少量铅可增加适于切削加工的切削加工性（图 2）。

> **用途：**
> - 钟表工业。
> - 精密机械，光学。
> - 餐具和刀具。

设定值：
转速 $n \approx 6000$ 1/min
横向进给 $a_p = 0.5$ mm
进给 $f = 0.22$ mm

图 2：锌白铜的加工

　　严重的缩孔（最高收缩达 2%！）对切削加工形成负面影响。

4.4.4　有色金属合金的加工标准值

表 1：车削加工的加工标准值

材料特性			刀具数据						
	抗拉强度 R_m（N/mm²）	硬度 HB	切削刃材料	设定值			刀刃几何形状		刀具耐用度 T（min）
				f（mm）	a_p（mm）	v_c（m/min）	α（°）	γ（°）	
铝合金	至 400	至 90	HS10-4-3-10	0.6	6	180~120	10	25~35	240
铜合金	至 750	至 100	HS10-4-3-10	0.6	6	120~80	10	18~30	120
			HM: P10	0.6	6	950	6	5	120
镁合金	至 300		K10	0.6	6	1200	10	15~25	30
塑料		至 85							
热固性塑料	至 150		HS14-1-4-5	0.2	3	250~50	10	0	480
热塑性塑料	至 85		HS6-5-2	0.2	3	400~200	10	0	480
层压材料和胶木	至 350		HM: K20	0.2	5	至 40	8	6	120

4.4.5 烧结材料

采用金属或非金属原始材料经过三个加工阶段制成烧结材料的未成形工件（图1）。

■ **粉末的制取和混合**

通过机械方法，但最好通过喷雾法，生成细密均匀的原始组织（细小粉末微粒的冷却速度快）。

金属工件的组成成分如下：

- 纯金属和合金金属。
- 金属化合物。
- 粉末混合物。

氧化陶瓷工件的组成成分如下：

- 硬质材料 Al_2O_3。
- 结合剂 MgO，ZrO_2。

■ **毛坯的压制**

粉末在压模内通过高压被强烈压缩。粉末微粒之间由于外部压力的压紧和粘附（晶界间的冷作硬化）产生材料的紧密结合。

■ **烧结**

下道工序的热处理使压坯形成最终强度：

- 晶界的扩散过程。
- 冷作硬化接触点的再结晶。

晶体的形成与时间和温度相关。单材料粉末最高可加热至其熔化温度的80%。多材料粉末的加热温度取决于其中最低的熔化温度。

■ **烧结材料的标准**

实际应用中出现最多的烧结金属如下：

- 烧结铁和烧结钢（图2）。
- 烧结青铜（CuSn）。
- 烧结黄铜（CuZn）。
- 烧结铝。

除金属的成分和基本特性外，烧结之后与压制压力相关的孔隙体积是一个重要特征，因此也是烧结材料标准的基础。所有烧结金属的标准缩写符号由下列各项组成：

- 标记音节 SINT：用作过程技术的提示。
- 标记字母：用于材料等级。
- 两位数的标记数字：成分和计数数字。

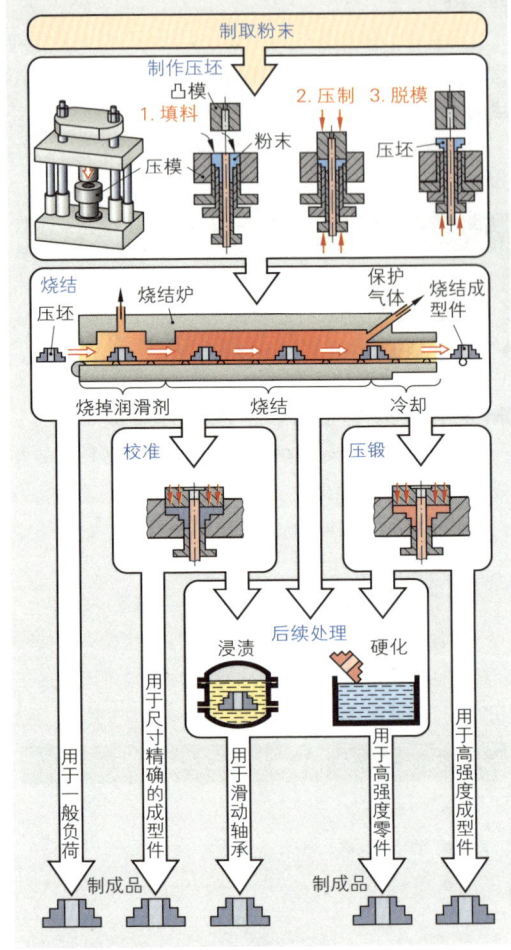

图1：烧结零件的一般制造原理

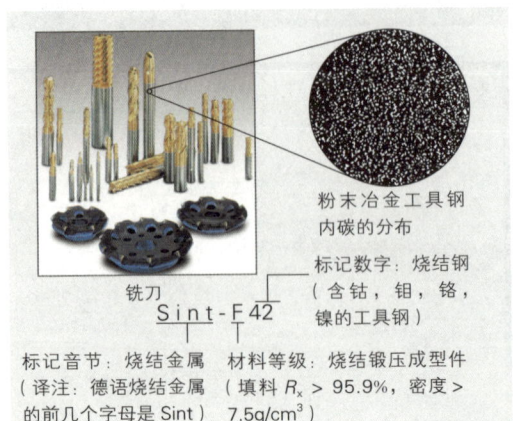

标记音节：烧结金属
（译注：德语烧结金属的前几个字母是 Sint）

材料等级：烧结锻压成型件（填料 $R_x > 95.9\%$，密度 $> 7.5g/cm^3$）

Sint-F 42

铣刀　　粉末冶金工具钢内碳的分布

标记数字：烧结钢（含钴，钼，铬，镍的工具钢）

图2：应用和名称举例

4.5   非金属材料

非金属材料以其特性差异最大的特点出现在切削技术的各个零件领域。原则上，将非金属材料划分为切削加工材料，刀具材料和支持加工过程的辅助材料。

没有最硬的天然材料——金刚石，将很难满足特殊的加工任务（例如砂轮成型加工）。陶瓷切削材料适宜用于淬火工件的后期加工。正确使用润滑材料和冷却材料将有助于工件的切削加工。

在一定的机床条件下，使用人造陶瓷刀片加工铸造材料可达成经济合理的切削加工，因为这类刀具材料具有良好的硬度和耐磨强度。

此外，在切削加工过程中使用辅助材料，可有效降低摩擦和温升。

塑料在切削技术领域内仅扮演一个次级角色。

而天然材料金刚石在切削技术领域中的作用却非常重要。

无机和有机材料可按照其来源依序排列（表1）。

表1：非金属材料的分类

	非金属材料	
无机材料		有机材料
人造材料 陶瓷材料	天然材料	塑料
切削材料 / 非晶态玻璃 / 陶瓷结合剂	辅助材料 / 润滑和冷却剂	金刚石 木头，皮革 / 聚合物和缩聚物

4.5.1   人造材料

氧化铝 Al_2O_3 的特性（耐高温，耐高压，良好的化学耐受性）使它可作为所有切削材料的基体材料，用作切削技术领域中高硬高耐磨刀具的基础（图1）。

■ 切削陶瓷

陶瓷切削材料是具有极高硬度和耐磨强度的烧结材料，但其冲击敏感度也极高（表2和图1）。

表2：人造切削材料的分类

陶瓷切削材料		
氧化陶瓷	混合陶瓷	非氧化陶瓷
纯氧化铝	氧化铝 + 金属添加物	氮化硅

■ 氧化陶瓷

纯氧化铝 Al_2O_3 是氧化陶瓷切削材料的基体材料。

■ 混合陶瓷

采用氧化铝 Al_2O_3 和金属添加物，如 TiC，Cr_2O_3，可制成具有特殊性能的复合材料。

Al_2O_3 —硬度

Cr，Ti —强度，韧性

■ 非氧化陶瓷

与氧化铝相比，氮化硅 Si_3N_4 作为基体材料在下列性能方面具有更好的表现：

● 断裂强度和冲击强度。

● 高温耐受度。

图1：陶瓷刀片

■ **使用准则**

相对价廉物美的可转位刀片采用形状相宜的刀架后，可达到多次使用的目的，而且无需重磨（表 1）。

表 1：切削陶瓷的使用条件	
特殊的特性	应用
硬度	切削加工铸件，渗碳钢和调质钢，白口铸铁，淬火钢
耐温性	切削速度 v_c 达 1000m/min 时工作温度最高达 1400℃
脆性，冲击敏感性	切削条件要求均匀（非断续切削！）
高温敏感性	可无冷却切削加工！
不良的导温体	高工作温度！

■ **塑料**

> 塑料是高分子的，通过人工合成有机碳氢化合物制成的材料。

■ **塑料的特性和分类（表 2）**

塑料众多的特殊特性使之成为技术领域替代金属材料的有力候选。

■ **塑料的典型特性**

- 相对小的密度 → 轻型结构
- 洁净的，可着色的表面 → 结构件
- 耐腐蚀，耐酸 → 化学
- 非导电体 → 电气技术
- 良好的可成形性和切削加工性 → 车辆制造

塑料的切削加工问题在于其较差的导热性。加工温度大于 50℃ 即可引发热堵塞，使加工阻力迅速下降，从而给切屑形成和工件表面粗糙度造成负面影响（图 1）。

刀具－工件材料接触区域的热塑性材料特性是塑料加工的一个重要决定因素。塑料强烈的热学性能即影响其加工，也影响其加工后工件的应用。

> 热塑性塑料变软、热固性塑料燃烧、弹性体变软并润湿。

■ **塑料切削加工的一般性提示（见 103 页表 1）**

- 良好的切屑导出和冷却（大多采用气冷），加上锋利的刀刃，如高速切削钢和硬质合金，可获得良好的加工结果。
- 热塑性和热固性塑料相应的切屑形状是短而易碎，而弹性体产生长且易导出的切屑。
- 适宜的切削值：小进给量时，宜采用高切削速度（图 2）。

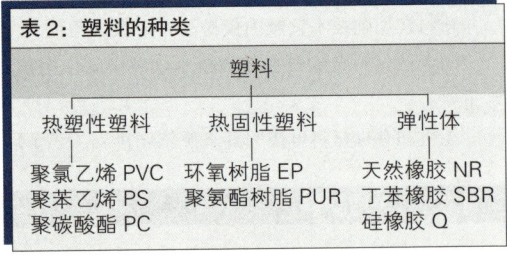

表 2：塑料的种类

塑料		
热塑性塑料	热固性塑料	弹性体
聚氯乙烯 PVC	环氧树脂 EP	天然橡胶 NR
聚苯乙烯 PS	聚氨酯树脂 PUR	丁苯橡胶 SBR
聚碳酸酯 PC		硅橡胶 Q

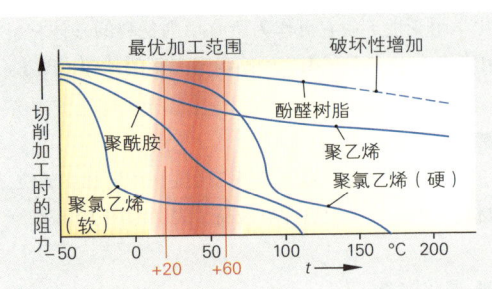

图 1：塑料的热学性能

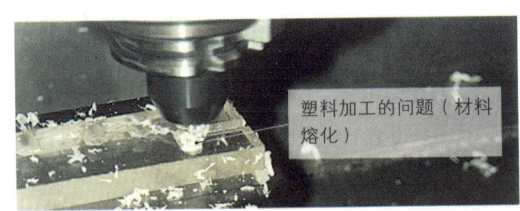

塑料加工的问题（材料熔化）

图 2：塑料加工举例

表 1：塑料的特性，应用和加工设定值

材料	典型特性	举例	切削数值，车削
聚酰胺	ρ = 1.14 g/cm³, R_m = 80 N/mm², 断裂延伸率 A = 200% 耐磨，导滑，可耐受化学药品	轴瓦，齿轮，导轨件	高速切削钢，硬质合金： v_c = 200~500m/min f = 0.1~0.5 mm a_p 至 6 mm
PVC（硬）	ρ = 1.14 g/cm³, R_m = 60 N/mm², 断裂延伸率 A = 100% 硬，有韧性	半成品（管材，型材） 容器制造，箱体	高速切削钢： v_c = 200~500m/min f = 0.1~0.2 mm a_p 至 6 mm
酚醛塑料	ρ = 1.3 g/cm³, R_m = 250 N/mm², 断裂延伸率 A = 1% 可耐受化学药品	齿轮，轴瓦，操作元件	硬质合金，金刚石： v_c < 40 m/min f = 0.05~0.5 mm a_p 至 10 mm

4.5.2　辅助材料

辅助材料是切削加工时要求添加，但加工结束后工件上不再留存的材料。

切削加工技术要求的辅助材料如下（图 1）：

- 润滑和冷却润滑材料。
- 磨料和抛光材料。
- 清洁剂。

图 1：刀具磨刃时辅助材料的应用

4.5.2.1　冷却润滑材料

刀具刀刃磨损的直接原因是切削温度。因此，根据切削条件正确选择冷却润滑液的意义重大。

切削速度越快，切削力越大，工件材料的韧性越大，刀刃几何形状越差，工件材料的导热性越差以及冷却润滑量越少等，均会导致切削温度升高。

由此可见冷却润滑液的作用所在。所有 DIN 51385 所述的冷却润滑液都必须遵循如下规律：冷却效果随润滑效果成本的增加而降低，而润滑成本的变化与添加剂（乳浊液和 EP 添加剂）的加入量相关（图 2）。

用户选择冷却润滑液时，下列要求很重要：

- 冷却和润滑能力。
- 压力吸收能力 / 黏度。
- 清洗能力 / 防腐蚀。
- 润湿的，耐老化的。
- 无气味，无损健康。
- 可降解，有利环境。
- 阻燃性良好。

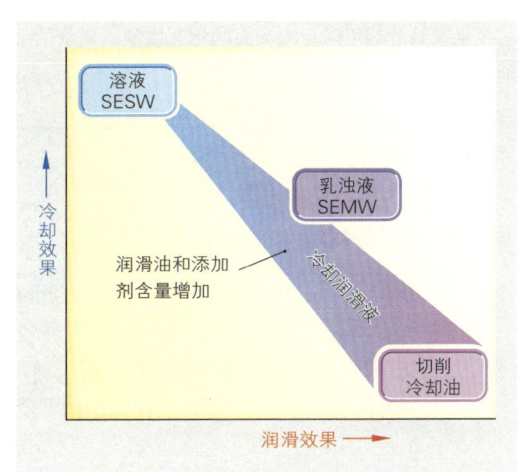

图 1：冷却润滑液的冷却润滑效果

4.5.2.2　润滑材料

加工机床上所有的运动零件都会产生非我们所愿见到的摩擦。通过有目的地使用润滑材料，可在降低磨损的同时改善 P_{zu} 与切削功率之间的关系。

■ 物理基础

机床零件运动时所产生的摩擦力 F_R 与机床零件运动方向相反（图1）。摩擦力主要取决于下列因素：

- 法向力 F_N
- 材料的配合性
- 润滑状态
- 滑动面的表面质量
- 摩擦类型

除法向力 F_N 外，上述所有其他因素均用摩擦系数 "μ" 表示（表1）。

摩擦力的基本计算公式：　$F_R = \mu \cdot F_N$

如果推力 $F < F_R = \mu \cdot F_N$，就是说，没有形成运动，这里作用的是黏附摩擦。

如果 $F > F_R$，则产生运动，这里作用的是滑动摩擦（图2）。

不利的摩擦状态，例如轴承中的大法向力，不利的材料配合和速度比例（小转速），都会对轴承中的摩擦产生不利影响（图3）。

■ 干摩擦

运动零件相互之间的直接滑动导致零件表面迅速升温并变形。其后果是，磨损增加，高温的零件表面相互焊接，形成可怕的"咬死"状态。

■ 混合摩擦

运动开始或润滑不充分（维护和保养问题）时，还会出现滑动面的点状接触。摩擦和磨损降低。应避免这种转速范围！

■ 液体摩擦

足量润滑剂可阻止滑动面的相互接触。剩余的摩擦源自润滑剂分子的滑动运动（图4）。

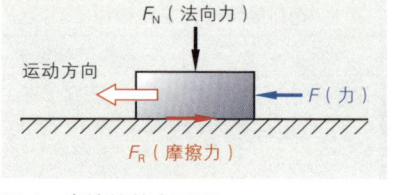

图1：摩擦的基本原理

表1：摩擦系数			
材料的配合性	黏附摩擦系数 μ_H 干摩擦	滑动摩擦系数 μ_G	
		干摩擦	润滑后
钢与铸铁	0.2	0.18	0.09
钢与钢	0.2	0.15	0.07
钢与 CuSn 合金	0.2	0.1	0.04
钢与摩擦片	0.6	0.5	0.25

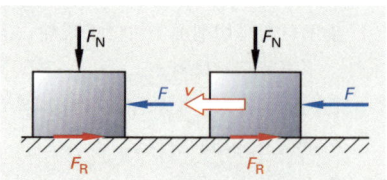

图2：黏附摩擦和滑动摩擦

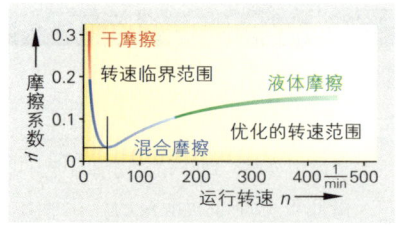

图3：与转速相关的摩擦数值

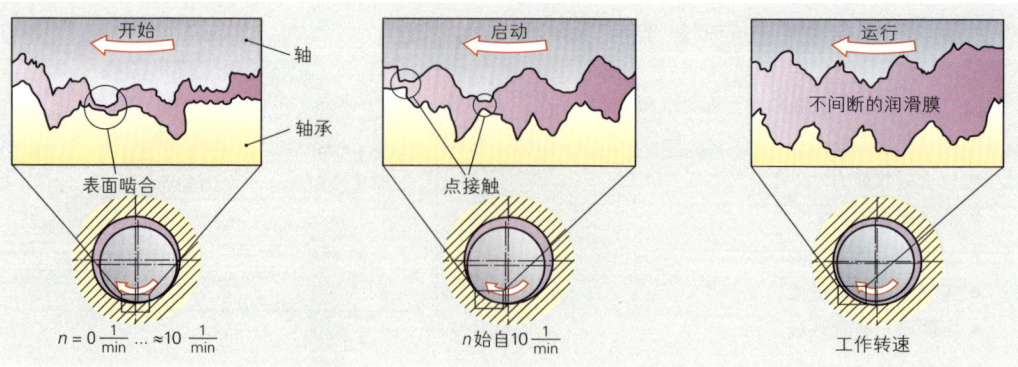

图4：摩擦状态

从普通物理基础知识和技术要求可得出润滑材料最重要任务的结论：

> 润滑材料的任务是阻止摩擦和热传导，消除零件表面接触区的磨耗，降低冲击和振动，防腐蚀。

■ **润滑材料类型**

我们用典型的特性数值定义各种类型的润滑材料（表1）。润滑材料最重要的特性是黏度（黏滞性）。黏度可理解为两个相邻液体层之间的移动阻力（内摩擦）。黏度与温度密切相关！

可使一种润滑材料不再流动的温度称为凝固点（低于0℃）。

较高温度时，可从润滑材料中逸出可燃气体，开始逸出气体的温度称为闪点。

切削技术领域所需润滑材料应具备如下特性：

宽温度范围，低黏度，温度变化时黏度变化小，良好的附着性能和耐压性能，不含酸和水，耐老化，高闪点，低凝固点。

表1：润滑材料类型
润滑材料的状态
流动的润滑油 / 黏稠的润滑脂 / 固体的固体润滑材料
SAE 10W-30 / K 3 N-20 / 石墨

■ **润滑脂**

润滑脂是"皂粉"最精细分布到矿物油或人工合成油后制成的膏状润滑材料（图1）。

钡皂，钠皂或锂皂均对润滑脂特性产生持续影响。

专用特性值按 DIN 2137 对各种润滑脂进行分级并确定其应用范围（表2）。

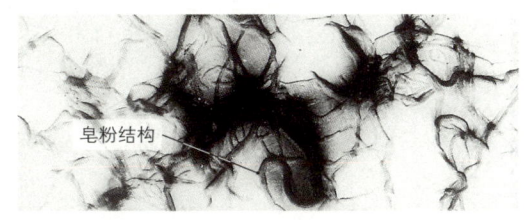

皂粉结构

图1：润滑脂的结构

表2：润滑脂的分级 DIN ISO 2137（12.81）

黏度等级 NLGI 等级	25℃时润滑脂的渗透性，单位：1/10mm	黏度	用途
000	445~475	类似于极稠的润滑油	变速箱润滑脂
00	400~430	半流质	
0	355~385	非常软	
1	31~340	软	
2	265~295	软膏状	滚动轴承润滑脂
3	220~250	近似固体	滑动轴承润滑脂
4	175~205	固体	
5	130~160	非常硬	硬质润滑脂
6	85~115	非常硬	

（渗透性增加↑；黏度增加↓）

■ **润滑脂名称标记法**

符号表达法应为用户提供实际工作中清晰无误的标准信息（图2）。

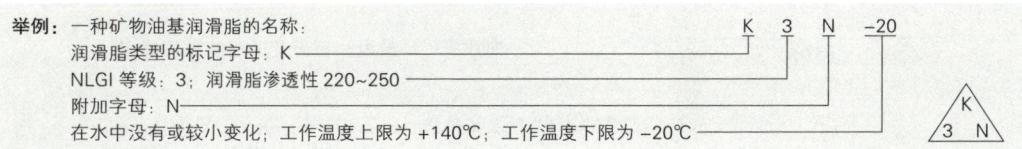

举例：一种矿物油基润滑脂的名称：　　　　　　　　K　3　N　-20
润滑脂类型的标记字母：K
NLGI 等级：3；润滑脂渗透性 220~250
附加字母：N
在水中没有或较小变化；工作温度上限为 +140℃；工作温度下限为 -20℃

图2：名称举例

■ 润滑油

　　润滑油是在矿物油或人工合成油基础上制成的液态润滑材料。其最重要的特性数值同样是黏度。润滑油黏度按 DIN 52529 分级，黏度等级的划分从 ISO VG 2（稀薄）直至 ISO VG 1500（黏稠）。

■ 矿物油

　　矿物油是石油化工工业的蒸馏产品，通过添加各种不同的添加剂，可有目的地影响其特性，例如润滑效果，抗压强度，温度范围，抗老化性能等。

■ 人工合成油

　　在人工合成条件下，相同的碳氢化合物可产生在抗老化性能、主要在黏度 – 温度 – 性能等方面更好的润滑油（表 1）。

表 1：润滑油，节选自 DIN 51 502			
材料组符号	标记字母	DIN 编号	润滑材料类型 特性和用途
矿物油	AN C CG	51501 51517 8659 T2	·无添加剂的普通润滑油，油温最高达50℃，循环润滑。 ·无添加剂的抗老化润滑油，循环润滑，用于滑动轴承和滚动轴承。 ·加入添加剂的矿物油，可降低混合摩擦的磨损，例如导轨面。
人工合成油	L E PG SI	– – – –	·用于热处理的油 ·酯类油，黏度变化小，用于温度波动范围大的轴承点。 ·聚乙二醇油，高抗老化性能，良好的混合摩擦润滑性能，具有一定的疏水性。 ·硅有机油，高抗老化性能，强疏水性，用于温度波动范围大的领域。

　　加工机床齿轮变速箱保养时务请注意规定的润滑油种类。应通过计算和查询曲线表确定所需的变速箱润滑油（参见下文的计算举例）。

计算举例：

借助现有计算基础知识和曲线表可确定一台加工机床直齿轮变速箱润滑油质量（黏度）。

设：　$i = 1.8 : 1$　　传动比
　　　$b = 25\,mm$　　齿轮宽度
　　　$d_1 = 78\,mm$　　节圆直径
　　　$F = 3500\,N$　　节圆直径圆周力
　　　$v = 3.5\dfrac{m}{s}$　　圆周速度
　　　黏度选择曲线表

设：　润滑油种类按 ISO–VG

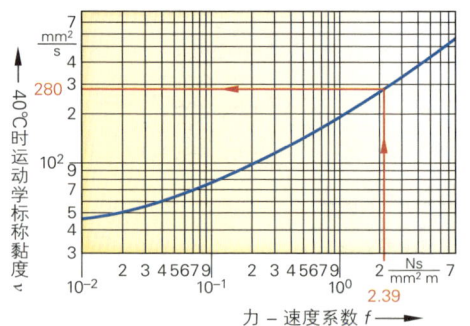

曲线表 1：锥齿和直齿变速箱的黏度确定

解题：计算公式

$$f = \frac{F}{b \cdot d_1} \cdot \frac{i + 1}{i} \cdot 3 \cdot \frac{1}{v}$$

确定黏度的曲线表（f–v– 曲线表）

$$f = \frac{3500\,N}{25\,mm \cdot 78\,mm} \cdot \frac{1.8 + 1}{1.8} \cdot 3 \cdot \frac{1}{3.5\dfrac{m}{s}}$$

$$f = 2.39\,\frac{N \cdot s}{mm^2 \cdot m}$$

据公式计算出力 – 速度系数 $f = 2.39\dfrac{N \cdot s}{mm^2 \cdot m}$，查表在 $v = 280\dfrac{mm^2}{s}$ 处得知润滑油类型为 ISO VG 280

■ **固体润滑材料**

极端工作条件（低滑动速度，极高或极低的温度）妨碍润滑油 / 润滑脂形成一层润滑功能膜。

固体润滑材料的微片结构：

石墨，PTFE（聚四氟乙烯）和 MoS_2（二硫化钼）在润滑面上产生一种较高的黏附力，阻止润滑材料从不平整的润滑缝隙中流出。

在运动中，微片随运动而定向，上下相互滑动（图 1）。

固体润滑材料只用于无法进行液体摩擦的领域，例如高运行温度和润滑膜经受冲击负荷。

固体润滑材料常用作自润滑材料！（表 1）

4.5.3　天然材料

天然材料，例如木材，皮革等，在现代金属材料切削技术领域中几乎没有作用。

只是在另一个领域，木工，才认真地与木质材料打交道。

作为加工机床力矩传输工具的皮质平皮带尚能在技术博物馆觅得踪迹。

各种橡胶产品则是弹性离合器，减震器和加工机床牵引工具的组件。

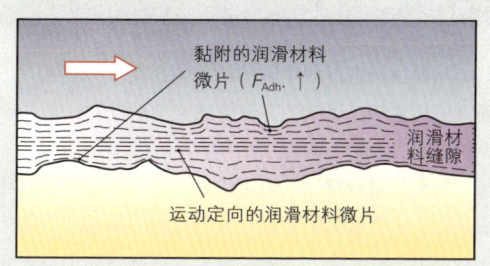

图 1：润滑缝隙的形成

表 1：固体润滑材料

	颜色	运行温度℃	耐受性能		摩擦系数 μ
			耐化学品	耐腐蚀	
石墨	灰黑色	−18~ +450	很好	好	0.1~ 0.2
二硫化钼	灰黑色	−180 ~ +400	好	差	0.04~ 0.09
PTFE	白色至透明	−250 ~ +260	好	好	0.04~ 0.09

复习作业：

直齿轮变速箱换油时，使用名称为 ISO VG 300 的润滑油。

该变速箱工作参数如下：

传动比	$i = 2.5 : 1$
齿轮宽度	$b = 25$ mm
节圆直径	$d_1 = 80$ mm
节圆直径圆周力	$F = 4000$N
圆周速度	$v = 3\dfrac{m}{s}$

作业：

1. 复习作业中所使用的润滑油类型符合 ISO 的条件吗？

2. 请解释切削陶瓷根据其特性的特殊应用条件。

3. 加工塑料时必须注意的事项是什么？

4. 切削加工时使用冷却润滑液有哪些优点？

5. 请介绍摩擦的一般原理。

6. 请描述加工机床的各种摩擦状态。

7. 请解释各种不同类型润滑材料的使用目的。

8. 请解释在下列何种情况下应选择使用低黏度润滑材料：

高转速，高运行温度，小轴承间隙，高轴承负荷。

4.6 腐蚀

与腐蚀所进行的斗争每年需耗费数十亿欧元。正确地使用材料，可减轻甚至解除这项艰巨的任务并减少损失。

所有的材料都谋求固定或恢复到一个稳定和低耗能状态。大部分金属便以金属氧化物的形式处于这样一种最低能耗状态。金属，直至贵重金属如金、银和铂，在自然界均以氧化物或其他化合物形式出现。通过复杂的方法才能获取金属。而当金属违背我们意愿回到"不洁净"状态时，我们称之为腐蚀。

切削技工首先必须知道，他应如何处理受到腐蚀的毛坯件（生锈，起氧化皮），如何防护工件和机床免受进一步的腐蚀。

> 腐蚀从未能彻底避免，只能采取防护措施予以限制。

4.6.1 腐蚀的形式和类型

根据腐蚀的原因和过程，可把腐蚀划分为两种重要形式：化学腐蚀和电化学腐蚀。

根据腐蚀现象图，又可将腐蚀细分为多种类型，例如均匀的腐蚀和局部作用的腐蚀，均匀的机械切削产生的腐蚀和坑腐蚀（图 1）。

腐蚀类型现象图常需结合多种零件才能准确辨识（例如接触腐蚀）。对于切削技工而言，典型的腐蚀现象是生锈引起的均匀的面腐蚀。

■ 化学腐蚀

> 化学腐蚀出现的主要原因是气体作用到热金属表面。

工业领域经常出现的化学腐蚀是钢的氧化皮，例如轧钢设备。由于钢的温度各不相同，因此，分别出现的氧化铁有 FeO、Fe_2O_3 或 Fe_3O_4（图 2）。

如果原始材料未经前期处理，毛坯件表面可能仍保留着一层氧化皮。该氧化层本身非常硬，可对刀具刀刃造成损害。此外，氧化皮层易于剥落。

一般情况下，化学腐蚀不影响切削加工。

腐蚀

腐蚀是金属材料的反应。这种可检测的材料变化可以影响并破坏一个金属零件或整个系统的功能。大部分情况下，腐蚀是电化学性质的反应，在有些情况下，腐蚀也是化学或金属物理性质的反应（DIN 50900）。
对金属的定义也可以在其意义上转用到非金属材料。

腐蚀现象

腐蚀现象是金属材料可检测的变化。

腐蚀损害

因腐蚀造成的金属零件或系统的损害称为腐蚀损害。

腐蚀防护

腐蚀防护涉及所有以避免腐蚀损害为目的的措施。

腐蚀的划分		
根据原因		
腐蚀的形式		
·化学腐蚀		·电化学腐蚀
根据现象		
腐蚀的类型		
·均匀腐蚀和面腐蚀	·局部有限的腐蚀，例如穴状锈蚀	·机械负荷下的腐蚀，例如应力裂纹腐蚀

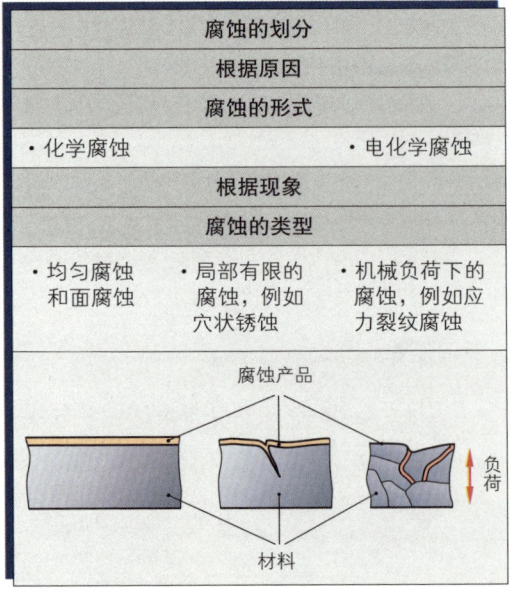

图 1：腐蚀类型

图 2：起氧化皮的工件

■ 电化学腐蚀

双金属与水溶液 – 电解液 – 相遇后形成一种电镀元素（图 1）。此时产生的电压差是一种金属的金属离子向另一种金属释放的尺度。

与氢相比，金属在标准电压等级（图 2）中按其电位排列。

电化学腐蚀的作用如同一种不需要的电镀元素。尤其易受腐蚀侵蚀的是普通金属，它们易于溶解，受到腐蚀（图 3）。

> 电化学腐蚀时，材料在电解液的作用下受到破坏，与此同时，出现电流。

■ 电化学腐蚀的条件：

（1）具有不同电化学电位的金属零件。
（2）金属零件之间的接触，为电子交换创造条件。
（3）使离子交换成为可能的某种电解液。

■ 注意：

- 在一个金属体内，不同的金属部分也可以是合金金属成分。
- 不同的电位可以同时位于一个金属体内，例如铁锈（图 4）。

■ 铁和钢的锈蚀

最常见的，也是对切削技工最重要的腐蚀现象是潮湿环境下铁材料的锈蚀。氧气和水的存在，使得金属表面形成许多局部小阳极和小阴极（图 4）。

在水滴中央，铁以 Fe^{++} 离子的形式进入水溶液。

在水滴边缘，Fe^{++} 离子与从水和溶解的氧中产生的 OH 离子反应。

最终反应结果，生成铁锈 $FeO(OH)$，或 Fe_2O_3-H_2O。

铁锈以环状形式从水滴边缘或湿气中剥离。一段时间之后，整个金属表面全被铁锈覆盖。一个均匀密实的铁锈层保护着金属零件免遭进一步的锈蚀。

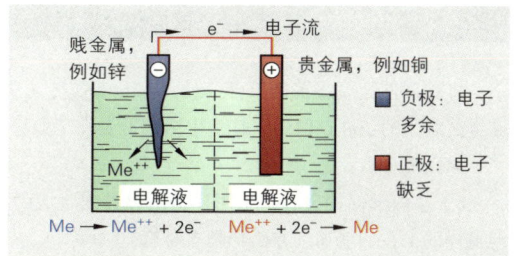

图 1：电镀元素

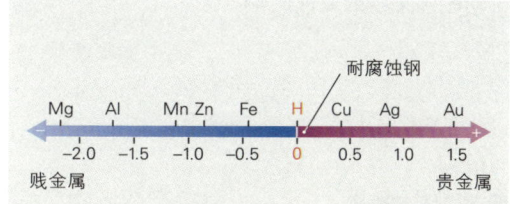

图 2：金属的电压等级

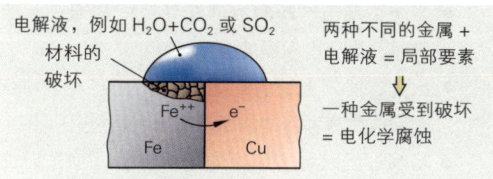

图 3：电化学腐蚀

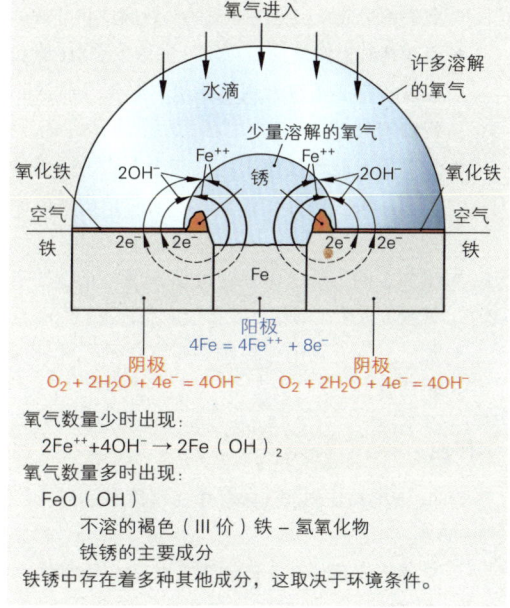

图 4：铁锈

4.6.2 腐蚀防护

排除诱使金属腐蚀的条件，便可对金属实施防腐蚀保护。如果能使金属完全与潮湿空气隔绝，就能够排除金属腐蚀的条件。但是，日常生活中以及在工业企业中，均只能对腐蚀加以限制，无法彻底根除。

原则上可以：

a）从内部保护金属：采用非常耐腐蚀或生成耐腐蚀化合物的合金元素。耐腐蚀钢的效果便如同贵金属。但这样的钢在切削加工方面却颇有难度。

b）从外部保护金属：采取涂漆，金属覆层或特殊的结构造型等措施。

切削加工中的腐蚀防护

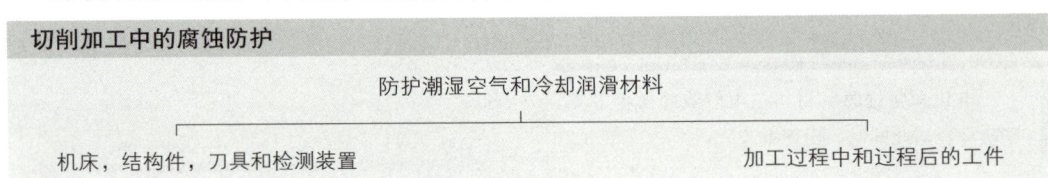

防护潮湿空气和冷却润滑材料

机床，结构件，刀具和检测装置　　　　　　　　　加工过程中和过程后的工件

■ 腐蚀防护措施

● 通过涂油或涂脂的方法防护机床裸露的零部件或检测量具不受腐蚀。如果这个保护层出现纰漏缺陷，必须立即采取补救措施。

● 当防护剂与冷却润滑液在导轨面相遇却不兼容时，也会出现腐蚀。

● 因此，必须保证它们始终相互兼容。必须认真阅读机床和冷却润滑液生产商的使用说明。

● 切削加工时将破坏原先的保护层。加工后的工件易受腐蚀侵袭。因此，可与水混合的冷却润滑液应加入添加剂（防蚀剂），它可在金属表面形成一层无法穿透的钝化膜或极化膜。

● 必须持续监测乳浊液：溶液的浓度，pH 值和温度等都必须符合规范要求，必须及时清除污物（图 2）。

● 加工后，应通过喷涂或浸泡等方法，在工件表面涂覆一层可在各工序之间防护腐蚀的保护层。

● 干加工的工件也需要这种保护层。正常的空气湿度或手工焊接已足以引发腐蚀的产生。

● 加工后和仓储前，可用石蜡或含油乳浊液保护防腐。

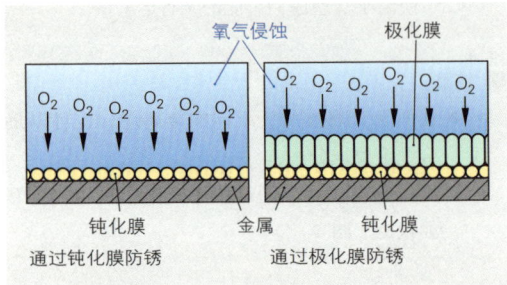

图 1：防锈措施

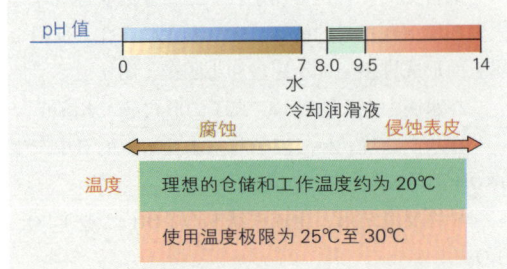

图 2：乳浊液使用条件

作业：

1. 请列举切削加工过程中工件腐蚀的所有危险源。

2. 为什么腐蚀几乎无法阻止，只能限制？

3. 腐蚀引发的媒质如何从外部侵蚀机床，检测装置和工件？

4. 为什么从内部通过合金方法可设置腐蚀防护的防线？

4.7 材料检验

材料检验的任务是显示出下列材料特性：

- 材料加工时的预期特性。
- 加工后工件使用时的预期特性。
- 加工后的工件是否存在材料缺陷。
- 为什么会在零件上出现损伤。

传统的材料检验采用各种方法，向取自各种材料的不同试样施加各种不同的负荷。

从检验结果中获取材料特性方面如硬度，强度或可成型性能等结论。

更多采用无损伤检验法（＝无破坏的材料检验，例如焊缝的 X 光检验法）检验已完成加工的零件，已成为当今检验方法的应用趋势。

4.7.1 机械检验方法

材料的机械检验法用于检验零件的负荷性能。

表 1：强度检验（节选）

负荷类型	检验方法		检验目的
拉力	拉力试验		主要获取金属材料的抗拉强度，韧性和弹性。通过拉力试验可获取材料特性的最重要结论。
压力	压力试验		尤其重要的是，抗压强度与抗拉强度有偏差时，获取金属材料的抗压强度。
弯曲	弯曲试验		获取零件的弯曲强度或交变弯曲疲劳强度。
剪切	剪切试验		获取抗剪切强度，这是剪切加工方法的重要数据。

表 2：硬度检验方法

负荷类型	检验方法		硬度检验的计算
压力 F_P	布氏硬度检验		布氏硬度：通过检测试验钢球的压力值 d_1 和 d_2 以及施加的检验力，计算出软材料的布氏硬度 HB。
	维氏硬度检验		维氏硬度：通过检测金刚石棱锥体的压力值 d_1 和 d_2 以及施加的检验力，计算出较硬材料的维氏硬度值 HV。
	洛氏硬度检验		洛氏硬度：检验体的压痕深度参照检验压力 F_0 和 F_1，即可视为洛氏硬度值 HR。

4.7.2 无损伤材料检验

> 无损伤材料检验可对许多或所有材料进行不危及日后使用的系列检验。

无损伤材料检验的重点是发现工件内部的缺陷，例如缩孔。此类检验的方法有，X 射线检验或超声波检验。此外，还可识别工件表面细小的，肉眼无法辨识的裂纹。此类检验的方法是在工件表面涂覆某种液体，使表面缺陷清晰可辨，或使用磁性方法。

■ **X 射线检验**

X 射线（又名伦琴射线）可以穿透金属物体，穿透之后，根据材料的密度和工件的厚度停留在一张 X 射线底片上，并将其涂黑。通过 X 射线底片涂黑程度的差异，识别工件内部的缺陷，如缩孔或夹杂物。

但是，使用 X 射线检验必须遵守射线保护条例。代替 X 射线的还有伽马射线检验。

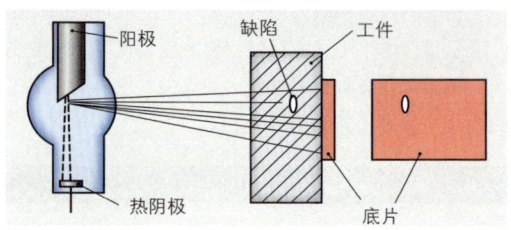

图 1：X 射线检验

■ **超声波检验**

超声波检验的原理是，超声波穿过金属物体，在物体边缘处和缺陷处（裂纹，孔隙，夹杂物）发生反射。超声波照射检验时，频率为 0.5MHz~25MHz 的声波穿过缺陷点后出现弱化，接收的声波强度清晰地显示出缺陷点位置。采用脉冲回声检验时，从缺陷点反射的声波显示可清晰定位缺陷点。

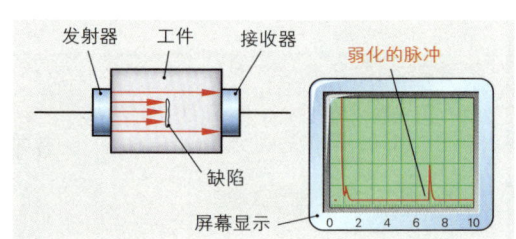

图 2：超声波检验 – 照射检验法

■ **颜料渗入检验法**

颜料渗入检验法属于表面发丝裂纹检验法。采用此法可辨识工件表面最精细的缺陷，如裂纹，孔隙或皱褶。将颜料涂覆在待检验工件表面，颜料在毛细作用下渗入缺陷点。清除工件表面颜料后，缺陷点清晰可辨。通过某些颜料或可反射荧光的颜料（用紫外线光照射）可增强反射效果。

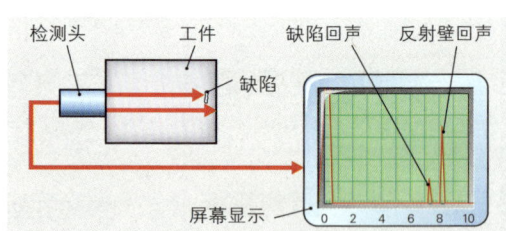

图 3：超声波检验 – 脉冲回声检验法

■ **磁粉检验法**

此法用于铁磁材料。借助氧化铁粉末和施加的磁场使磁力场线清晰可辨。工件表面或接近表面的缺陷破坏磁力线，从而识别出裂纹，夹杂物等缺陷，或硬度差异。

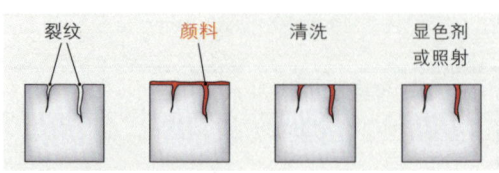

图 4：颜料渗入检验法

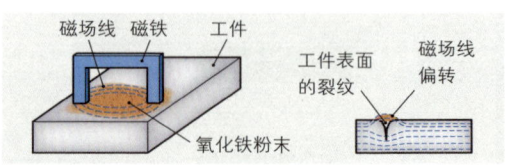

图 5：磁粉检验法

■ **工艺检验法**

工艺检验法（表1）主要用于预告薄板或管材的可加工性能。属于此法的有，例如可确定薄板拉伸极限的深冲试验。

一种特殊的工艺检验法是光谱化学分析法（光谱分析）。此法充分利用元素的特性，即在发光状态下元素以典型波长发光。对比一个波长刻度表，即可确定合金组成成分的类型和数量。

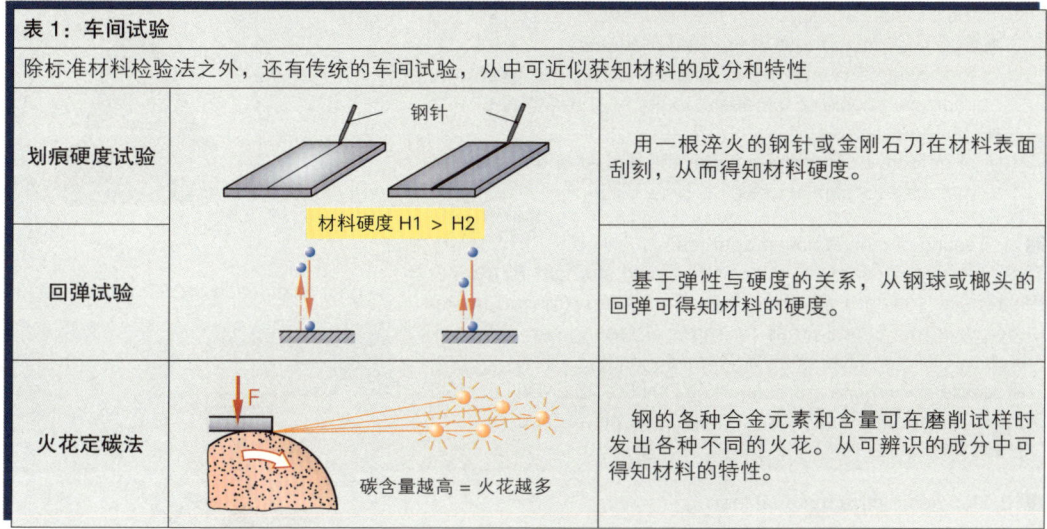

表1：车间试验

除标准材料检验法之外，还有传统的车间试验，从中可近似获知材料的成分和特性

划痕硬度试验	钢针 材料硬度 H1 > H2	用一根淬火的钢针或金刚石刀在材料表面刮刻，从而得知材料硬度。
回弹试验		基于弹性与硬度的关系，从钢球或榔头的回弹可得知材料的硬度。
火花定碳法	F 碳含量越高 = 火花越多	钢的各种合金元素和含量可在磨削试样时发出各种不同的火花。从可辨识的成分中可得知材料的特性。

■ **检验法的应用**

切削技工本人很少使用材料检验的各种方法。在较大的工业企业中均设有专门的检验部门。维护保养时或在较小企业中，自己掌握某些检验方法显得相当重要。例如使用火花定碳法就能够粗略确定，这是哪一种材料。使用划痕硬度试验或通过声响检验（更硬的材料声响更亮）也可作出粗略的归类判断。

4.7.3　切削加工性检验

目前并没有测知材料切削加工性的标准化检验方法。

> 切削加工性是一种复杂的特性。因此，只能通过多种重复试验方可确定。

采用合适的试验方法可求出各种不同材料的切削加工性（表2）。

相同切削条件下切屑的形状，加工后工件的表面质量和所要求的功率消耗等均是合适的对比标准。这里，各种不同的材料必须设有自己特定的设定值和刀刀几何形状。

表2：切削加工性的评估计算

材料	切屑形状	表面质量	功率消耗
结构钢	螺纹状切屑	好	中等
工具钢	螺纹状断续切屑	好	大
淬火钢	螺旋状切屑	很好	中等
铸铁	切屑中断	坏	小
铝合金	螺纹状切屑	很好	小
铜合金	螺纹状断续切屑	好	中等
热固性塑料	带状切屑	中等	极低

作业：

1. 如何求取材料的切削加工性？　　　2. 无损伤材料检验法有哪些优点？

4.8　Technology of materials

The maerial testing is an indispensable part of a modern production (Figure 1) and is divided into three areas:

- Determination of technological properties
  forms the basis for regarding the usage of the material, the possible stresses, eg. the hardness.
- Examination and test of finished products
  for possible faulty manufactured items, for example, improper choice of materials, faulty heat treatment.
- Damage analysis
  of defective components with the aim of optimization of materials for similar uses.

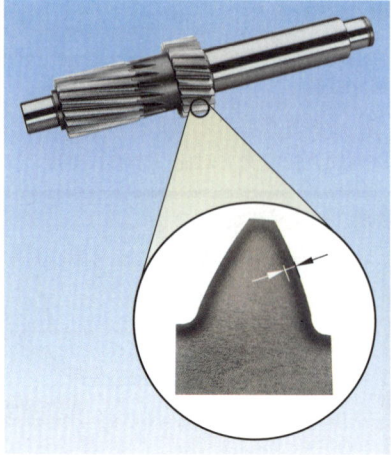

1：gear shaft made of 25CrMo4（1.7218）

■ 1. Testing of mechanical properties

The important parameters, such as the yield strength R_e /R_p 0.2, the tensile strength R_m and elongation A categorized in the threeabove mentioned areas for material testing can be determined by using a universal testing machines (Figure 2).

The tensile specimens are defined by DIN 50125 or DIN EN ISO 527–1. The tensile test must comply with the requirements of DIN EN ISO 6892–1.

■ 2. Non-destructive material testing

Methods of non-destructive material testing are primarily performed on very large work pieces which are difficult to transport. Cracks, voids, structural defects and their location and size in structures are identified by using portable devices (Figure 3). The evaluation of the test can be done immediately on the spot, but requires a high level of expertise.

2：universal testing machine

■ 3. Diagrams and tables

The parameters of the technological properties obtained by material testing are used for the construction, manufacturing control and failure analysis. The diagrams (Figure 4) show the elongation of a specimen under a certain load. The numerical values of the tables define the load ranges or limits. The predetermined reference values for the safety coefficient should be observed.

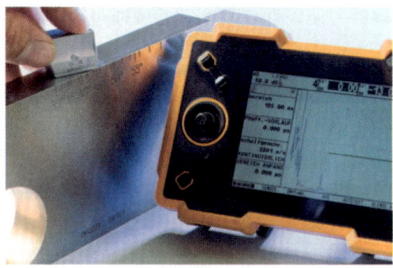

3：ultrasound testing machine

Steel type		Tensile strenght	Yield strenght R_e in N/mm² for product thickness in mm				Elongation at fracture
Designation	Material number	R_m N/mm²	≤ 16	> 16 ≤ 40	> 40 ≤ 63	> 63 ≤ 80	A %
S185	1.0035	290~510	185	175	175	175	18
S235JR S235J0 S235J2	1.0038 1.0114 1.0117	360~510	235	225	215	215	26
S275JR S275J0 S275J2	1.0044 1.0143 1.0145	410~560	275	265	255	245	23
S355JR S355J0 S355J2	1.0045 1.0553 1.0577	470~630	355	345	335	325	22

4：data from the diagram and table

5 加工机床的切削加工

5.1 机床切削的基础

5.1.1 历史回顾

工具和加工技术的历史可追溯到旧石器时代（公元前800000—前10000年）。这一时代的考古发现证明，早期人类作为猎人和果实采集人已能用石头制作简单工具（图1，石斧文化）。直至新石器时代（公元前20000—前3500年），通过改进加工方法，人类已经可以制作石斧、火石镰，石锯和弓形钻以及武器、装饰品和祭祀用品。

制作方法的决定性改进是简单机械的发展。石器时代的人类已能使用弓形架驱动钻孔工具在石头和骨头上钻孔。古人用石头增重的横梁压住空心骨头，而骨头钻头呈环形挤压用来磨耗工件材料的砂粒。通过使用空心钻孔工具提高了切削面每平方毫米的压力，保留在中心的钻芯必须保持不被磨耗（空心钻，图2）。

加工技术继续发展的一大进步出现在公元前1800—前750年，即铁的获取和应用。技术上首次使用的金属是铜和锡。人类发现，当时技术上几乎无法使用的这两种软金属通过混合熔炼竟然产生出一种硬合金——青铜。随着从矿石中提取纯金属的冶炼技术的改进，当时已能用超过1000℃的高温熔炼铁矿石（图3）。伴随着铁器时代的到来，开始出现锻打的铁制工具。

时至中世纪，通过手工作坊的专业化，尤其是对高级武器和火炮需求的增加，使加工技术，如炮管钻以及所属的加工机床与刀具得到全方位地发展。

列昂纳多·达·芬奇（1452—1519年），作为天才的艺术家，工程师和自然科学家，已远超当时的技术水平而具备设计设备和机床的能力（图4）。

图1：石斧

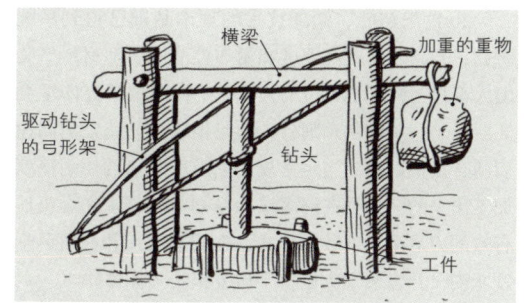

图2：石器时代的钻床

磁铁矿，含铁60%～70%

赤铁矿，含铁60%～70%

蔷薇辉石铁矿，含铁30%～40%

褐铁矿，含铁25%～30%

图3：铁矿石

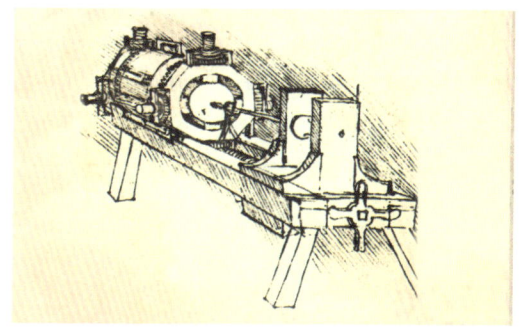

图4：1490年的钻床草图，列昂纳多·达·芬奇

时至 15 和 16 世纪，高炉问世。在第一批简单的铁 – 碳曲线图基础上诞生了可浇铸、可淬火、可锻打并可合金的钢。

1800 年前后，在英国、美国和德国出现了首批配有十字刀架，后顶针座和锥齿轮变速箱的光杠和丝杠车床，完全由金属制成。在整个 19 世纪的进程中，加工机床制造技术的发展突飞猛进，已能够无需克服重大困难地制造多种不同类型的加工机床。出现了传动皮带驱动的钻床、铣床和磨床，并配有主轴和进给机构的变速传动箱（图 1）。

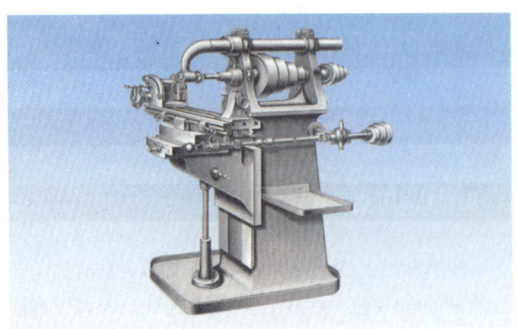

图 1：通用铣床，1900 年

20 世纪初叶，切削技术的理论基础已得到系统研究，并研发出更高硬度和耐热性能的切削材料。美国人泰勒（F.W.Tylor）于 1900 年在巴黎世界博览会上展示了一块钢制车削件，这是他用自己研发的高速切削合金钢以高出当时常规切削速度数倍的切削速度加工出来的。泰勒在许多试验系列中制订了迄今仍然有效的刀具耐用度数学公式，在切削加工和材料科学领域内公开发表了大量科学研究报告（图 2）。

图 2：20 世纪中期的切削技术

通过加入形成碳化物的合金金属如铬、钴、钒和钨构成耐磨性能更佳的铸造合金（Speedaloy，Stellit）。

1926 年的莱比锡博览会，克虏伯公司首次介绍用粉末冶金方法在碳化钨基上加钴结合剂制造硬质合金（WIDI，硬度媲美金刚石，图 3）。如果说，采用硬质铸造合金作为切削材料，其加工时间仅及高速钢的一半，那么采用硬质合金作切削材料的加工时间则再次减半。至 20 世纪 40 年代和 50 年代，对焊接式硬质合金刀具的需求持续上涨。1955 年，氧化铝基陶瓷切削材料问世，并大获成功。

图 3：加入硬质合金刀片的铣刀

时至今日，除日益更新的切削材料的研发外，如立方氮化硼（CBN）和金刚石，硬质材料涂层的硬质合金始终在切削技术领域扮演着重要角色（图 4）。

图 4：焊入立方氮化硼（CBN）的刀片

5.1.2 切削方法

DIN 8580 将加工方法划分为六个主组（图 1）。主组 3 将分离方法系统化，通过消除工件的材料强度使之产生形状变化。某些加工方法如剪切、蚀刻切削的热磨耗和切削技术等在这里均得到系统整理和归类。切削加工方法又可细分为：

- 使用指定几何形状的刀刃执行切削。
- 使用未指定几何形状的刀刃执行切削。

所有切削加工方法均采用单刃或多刃楔状切削刃将材料微粒从工件材料上分离切除，从而产生所需的零件形状（图 2）。

现代加工业已确立两个中心目标：

- 高工件质量。
- 高经济性。

质量标准如工件表面质量和尺寸精度已在过去的若干年中得到长足提升。但仍有可能通过目标明确的技术创新成为指定过程的子系统（图 3）。

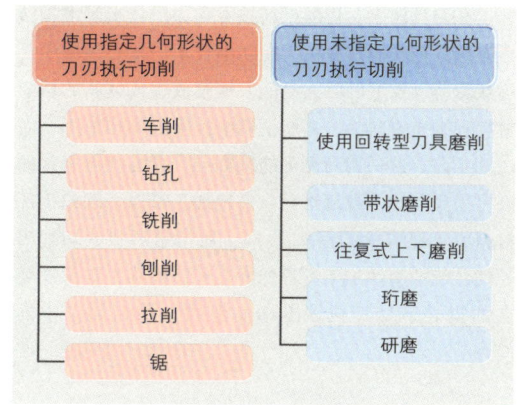

图 1：切削方法的划分

图 2：车削加工

输入参数			切削加工过程	结果参数和计算参数	
刀具 · 切削材料 · 切削材料硬度 · 弯曲断裂强度 · 涂层 · 磨损状态 · 切削刃几何形状	**工件** · 材料性能 · 硬度 · 韧性 · 供货状态 · 热处理 · 半成品制造 · 组织 · 组成成分 · 可切削性 · 单位切削力	**加工方法** · 钻孔 · 车削 · 铣削 · 精密加工 · 硬加工 · 高速切削加工		**刀具** · 磨损 · 磨痕宽度 · 月牙洼磨损 · 刀具耐用度 · 偏移 · 振动	**工件** · 形状精度 · 尺寸精度 · 表面质量
切削参数 · 切削速度 · 旋转频率 · 进给 · 切削深度 · 切削宽度 · 切削横截面	**机床** · 稳定性，刚性 · 工件装夹 · 刀具装夹 · 轴加速度 · 多轴加工 · 不平衡，配重块	**切削条件** · 冷却润滑剂压力 · 冷却润滑剂数量 · IKZ，外部 · 干切削 · 微量润滑 · 不平衡，配重块		**经济性特性数值** · 刀具成本 · 加工成本 · 加工时间 · 刀具更换时间	**工艺特性数值** · 机床功率 · 切削力 · 机床能力指数 · 过程能力指数 · 切屑形状 · 刀具耐用度

图 3：加工技术的过程参数

在刀具技术，切削材料技术和涂层技术等多领域全方位的创新研发表明，在切削技术的核心领域中仍蕴藏着持续发展的巨大潜能。继续改进或创新的切削材料和硬质材料涂层拓展了切削技术的应用范围，而在几年前，这一切尚无可能。如今，聚晶立方氮化硼已可采用高切削数值富有成效地加工难以切削的工件材料，如已淬火的钢（图1）。用指定形状的切削刃替代传统的磨削加工过程。并在经济性和生态保护观点的指导下尽量减少冷却润滑剂在切削加工中的使用。

图1：硬加工

经过优化的切削材料已能通过保证加工过程安全并具有经济性的无润滑加工（干加工）替代传统的湿润滑加工。凡干加工出现问题时，均已可用微量润滑（MMS）法予以圆满解决。这种"近似于干加工"的方法仅用极微量（每小时数毫升）的生态可降解油进行润滑。其原理是，用气流打碎并雾化润滑油，由专用喷嘴将雾化油喷至加工点（图2）。

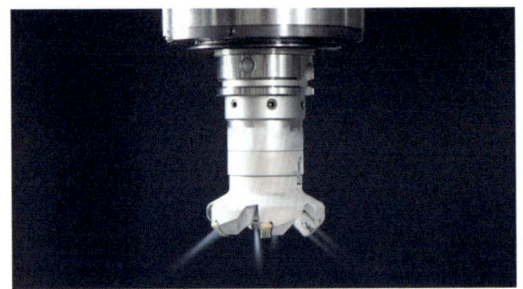

图2：微量润滑铣刀

当今的切削加工自动化程度已越来越高。加工过程的稳定性要求使用自动化检测和调节回路。例如加工机床的刀具断裂和刀具磨耗监视系统。为保持加工过程的尺寸精度，通过无接触式检测系统持续监测机床范围内导致刀具磨损的切削刃偏移量，并予以相应的补偿（图3）。传感器和执行器可以直接安放在刀具切削刃上，从而使加工过程中微调切削刃成为可能。

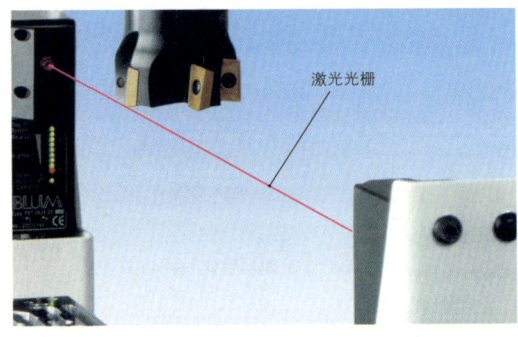

激光光栅

图3：刀具监视系统

机床控制系统通过检测主轴驱动机构的功耗可识别刀具断裂或刀具使用时限，达到规定极限值时及时发出更换刀具的指令。在"机床–刀具–人"这个体系中，切削技术已经历了一场快速的研发过程，但制造商和用户仍在共同并持续地研发，为未来的发展做出准备（图4）。

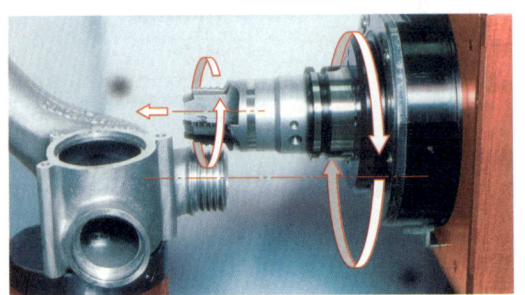

图4：在机壳上的行星式螺纹铣刀

5.1.3　切削原理

5.1.3.1　切削运动

所有的分离切削方法均建立在相同的基本原理基础之上。刀具通过一个或多个楔形切削刃的切削运动将切屑状材料微粒从待加工工件上分离，并产生所需的工件表面形状。

切削运动的种类（表1）和刀具的制造形状划分出多种不同的切削方法：

切削运动（图1）
- 主运动是切削方向的切削运动。
- 进给运动是进刀方向的切削运动。
- 定位运动在切削过程开始之前和之中定位刀具。属于定位运动的有刀具趋近运动，横向进给运动和刀具调整运动。
- 刀具趋近运动是切削运动，它使刀具接近工件位置，切削过程即从这里开始。
- 横向进给运动是切削运动，它确定待切削层的切削深度和宽度。
- 刀具调整运动是切削运动，它在切削过程中补偿刀具趋近运动和进给运动。
- 有效运动是主运动，它是切削运动以及同时进行的进给运动的结果。

表1：切削运动		
加工方法	主运动	
	种类	执行
车削	旋转	工件
铣削	旋转	刀具
钻孔	旋转	刀具
铰削	旋转	刀具
加工方法	进给运动	
	种类	执行
车削	平移	刀具
铣削	平移	工件
钻孔	平移	刀具
铰削	平移	刀具

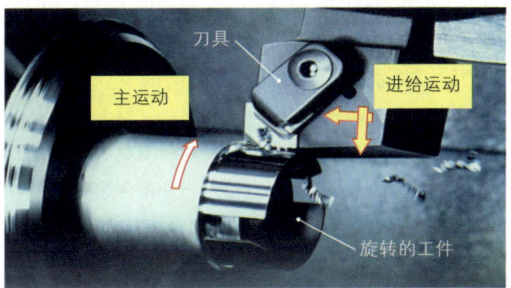

图2：车削

图3：铣削

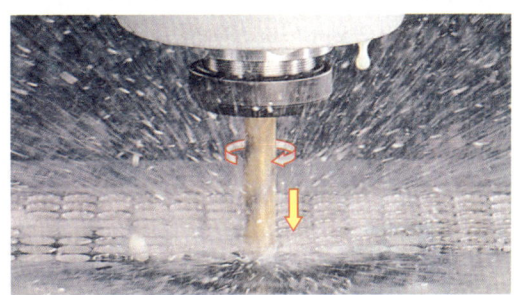

图4：钻孔

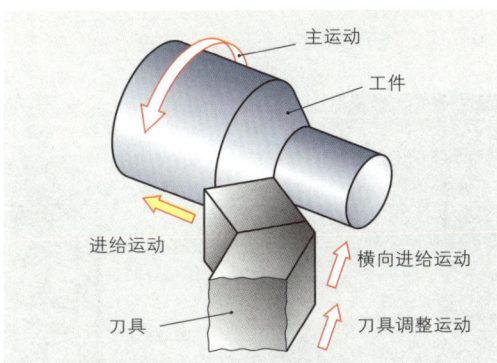

图1：切削运动

5.1.3.2 切削速度

为量化描述切削运动，现对切削速度进行相应的划分。

切削速度

切削速度	切削速度 v_c 是切削方向上刀刃点的实时速度。
进给速度	进给速度 v_t 是进刀方向上刀具的实时速度。
有效速度	有效速度 v_e 是有效方向上刀刃点的实时速度。
定位速度	定位速度是定位时的调整速度（趋近，横向进给，调整）。

■ **切削速度** v_c

切削速度决定着加工时间和生产率。因此，所有加工机床和刀具的制造商都谋求提高加工过程中的切削速度。以前，主要通过研发和采用越来越耐高温和耐磨的切削材料提高切削速度。

在试验中已获取优化的、针对所有材料与切削材料的组合以及已事先确定进给量与切削深度数值的切削速度。这些优化速度值可在标准数值表中查取。用查表所获切削速度值可计算出机床上待设定的转速值或行程值，或从曲线图表中读取。

计算车削转速时以工件的原始尺寸为基准。如果车床转速选择时只有一个转速可选，为保证设计功率，应选择更低一级的转速。

现代化驱动装置的转速可以自动和无级调控。如果在车床上钻孔，锪孔，铰孔或车螺纹，必须按照这些切削方法的特点设定切削速度和转速。

转速（转动频率）的单位可用负指数 $\min^{-1}$ 表示，或写成分数 1/min。对转速 n 或进给量 f 可加一个转数符号（例如 U/min，mm/U）（转 / 分钟，毫米 / 每圈 – 译注），或如这里的写法一样去掉该符号（1/min，mm）。

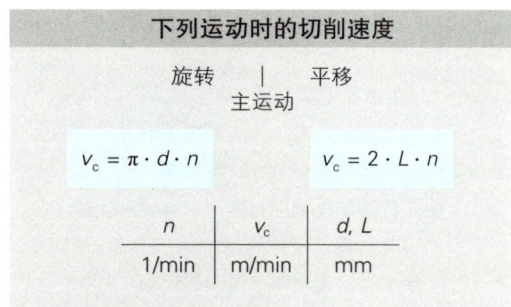

下列运动时的切削速度

旋转		平移
	主运动	

$$v_c = \pi \cdot d \cdot n \qquad\qquad v_c = 2 \cdot L \cdot n$$

n	v_c	d, L
1/min	m/min	mm

v_c 切削速度
n 转速或双行程次数
d 初始直径或刀具直径
L 工件长度加上加工余量

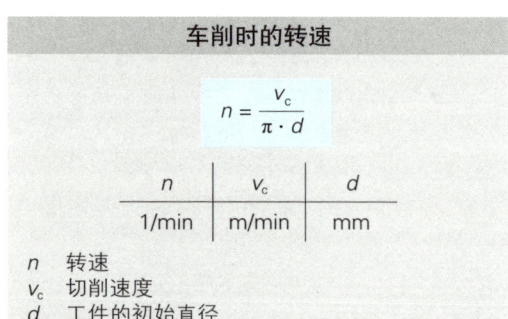

车削时的转速

$$n = \frac{v_c}{\pi \cdot d}$$

n	v_c	d
1/min	m/min	mm

n 转速
v_c 切削速度
d 工件的初始直径

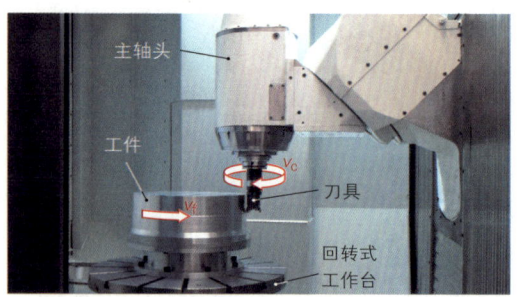

图 1：车铣加工时的切削速度

铣削时，每次均以铣刀最远端切削点（铣刀最大直径）为出发点计算切削速度 v_c。

铣床上，参考铣刀直径，间接通过铣刀转速来设定所需的切削速度（图 1）。

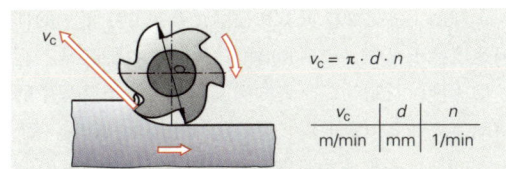

$$v_c = \pi \cdot d \cdot n$$

v_c	d	n
m/min	mm	1/min

图 1：铣削切削速度

钻孔时，与车削相比，选择切削速度时需更多考虑冷却和工件材料，因为切削热量的散热条件更差（图 2）。

> 必须始终注意，给定的切削速度一直以刀尖为基准；在钻头中心，切削速度接近为 0。

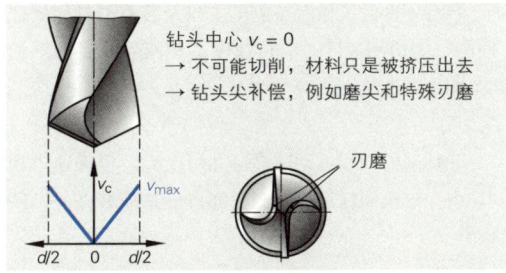

钻头中心 $v_c = 0$
→ 不可能切削，材料只是被挤压出去
→ 钻头尖补偿，例如磨尖和特殊刃磨

刃磨

图 2：钻头切削刃切削速度的变化过程

由于存在钻头中心刀刃挤压的危险，各种钻头尖的设计大相径庭。

如果在钻床上锪孔、铰孔或螺纹攻丝，必须注意这些切削方法的特殊性。铰孔和螺纹攻丝时，切削速度值应低得多。

磨削时，切削速度相当于磨具的圆周速度。切削速度的提高受到磨具强度，机床功率和刚性以及人员安全性的限制。

> 磨削时，磨具与工件圆周速度之间的速度比 q 具有特殊意义。

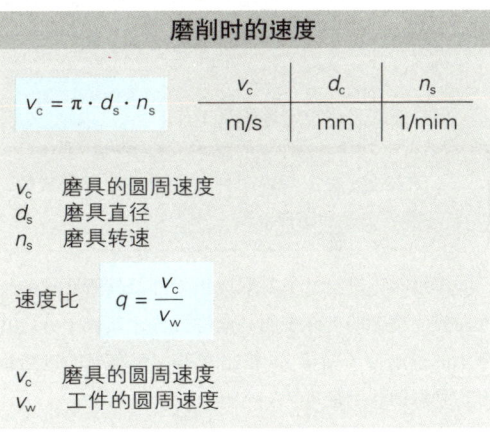

磨削时的速度

$$v_c = \pi \cdot d_s \cdot n_s$$

v_c	d_c	n_s
m/s	mm	1/mim

v_c　磨具的圆周速度
d_s　磨具直径
n_s　磨具转速

速度比　　$q = \dfrac{v_c}{v_w}$

v_c　磨具的圆周速度
v_w　工件的圆周速度

速度比 q 实际决定着磨削质量。q 值越大，磨具转速越高而工件速度越低，工件表面越精细。精磨时，主要通过降低工件速度来提高 q 值。通常采用 $q = 50 \sim 125$。

无心磨削时，q 值的变化则带来不同的影响，因为磨具和工件同向运动（同向磨削）。

磨床也是不调速度，只调转速：按照旁边的公式可近似计算出内圆磨的工件转速。

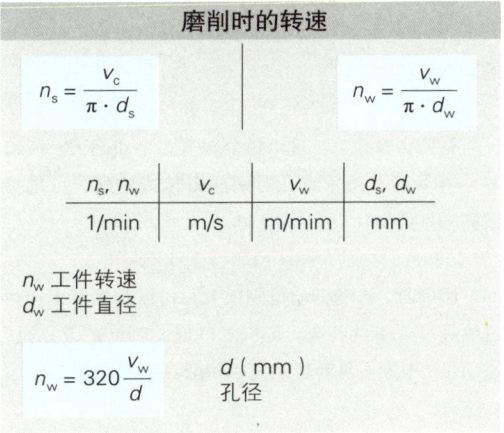

磨削时的转速

$$n_s = \dfrac{v_c}{\pi \cdot d_s} \qquad n_w = \dfrac{v_w}{\pi \cdot d_w}$$

n_s, n_w	v_c	v_w	d_s, d_w
1/min	m/s	m/mim	mm

n_w 工件转速
d_w 工件直径

$$n_w = 320 \dfrac{v_w}{d}$$

d（mm）
孔径

刨削（参见 297 页）和插削（参见 297 页）的切削速度低于车削、铣削和磨削，因为大范围运动，运动加速度以及制动等要素均构成限制。一个行程中的切削速度并非恒定不变。但现代液压驱动技术使一个匀速的速度进程成为可能。它主要在 v_c=20~40m/min 运行。但也能达到 v_c=80m/min。

装有工件的工作台（刨削）以及装有刀具的推杆（插削）的切削速度（前行速度）和回程速度各不相同（图 1）。

非切削的回程运动速度应尽可能高。但加速力和制动力在这里同样造成限制。还可能造成装夹的工件松动。

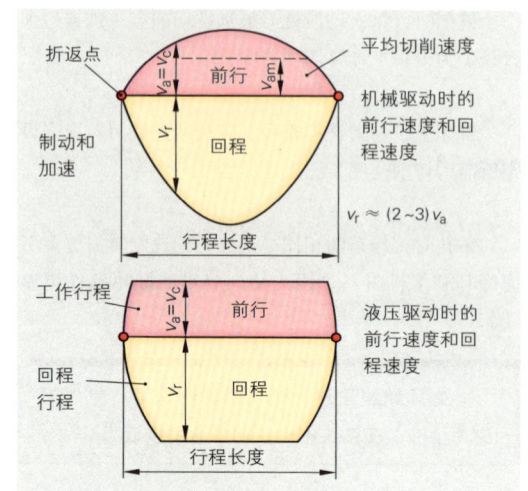

图 1：刨削时的前行速度和回程速度

■ **进给速度 v_f**

从刀具或工件一分钟内在进刀方向所驶过的距离计算得出进给速度值（图 2），例如 2 mm/min。

但一般均采用设定进给量工作。

> 进给量 f 是刀具或工件在进刀方向每圈或每个行程所驶过的距离。

车削时，进给量主要取决于工件及其所要求的特性。较为精细的工件表面只允许百分之几或十分之几毫米的进给量（精车），相比之下，粗车时的进给量可达到每圈若干毫米。

铣削时，以每齿进给量 f_z 为基准求出进给速度 v_f。f_z 的量由各个铣刀刃的负荷能力和待加工面允许的表面粗糙度决定。

钻孔和锪孔时，进给量分布至多个切削刃。所以在 v_f 相同时，由于锪孔时切削刃转速较高，可选择较高的进给量。

磨削时，v_f 的变动范围很大，可以相当于工作台进给速度或工件转速。纵向磨削时，精磨的要点是，进给量 f 根据工件转速始终小于磨具宽度（图 3）。

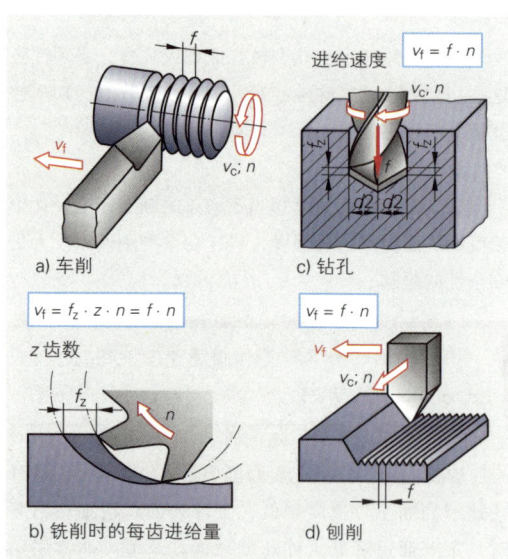

图 2：进刀和进给速度

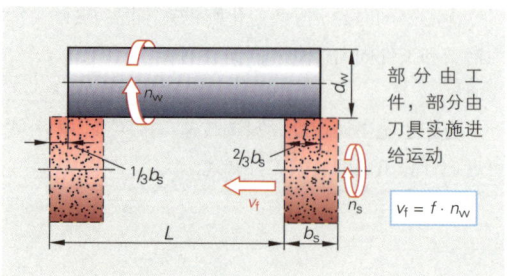

图 3：纵向磨削进给量

5.1.3.3 切削量和切屑量

切削量是执行切削过程时设定的工艺物理特性数值：

- 切削速度 v_c，单位：m/min
- 进给量 f，单位：mm
- 切削深度 a_p，单位：mm
- 切削宽度 a_e，单位：mm

■ **切削深度或切削宽度** a_p

切削深度或切削宽度是主切削刃切入的深度或宽度。根据加工方法的不同而分为径向或轴向，但它始终垂直于工作面。

它决定着待切削层的大小。纵向车削和端面车削（图1），端面铣削和端面磨削时，a_p 等于刀具切入的深度。切槽、周铣和磨外圆时，a_p 等于刀具切入的宽度。钻孔时，a_p 等于钻头半径（图2）。这条规律适用于实体钻孔。但扩孔和锪孔时，需考虑底孔直径。

■ **刀具切入量** a_e

刀具切入量 a_e 是切削刃切入工作面的量。它垂直于进给方向。

刀具切入量 a_e 与切削深度或切削宽度共同决定着待切削层的大小。a_e 主要出现在铣削和磨削。端面铣和周铣时，a_p 和 a_e 互有区别。端面铣时，由铣刀直径确定 a_e，横向进给确定 a_p。周铣时，由横向进给确定 a_e（图3）。

■ **切削比** $G = a_p : f$

切削比是切削深度或切削宽度 a_p 与进给量 f 之比。

现在已有根据工件材料和加工类型并针对各种切削材料优先选用的切削比。刀具制造商在切屑形成曲线表范围内提供切削比 G，在该范围内可形成有利切屑（图4）。

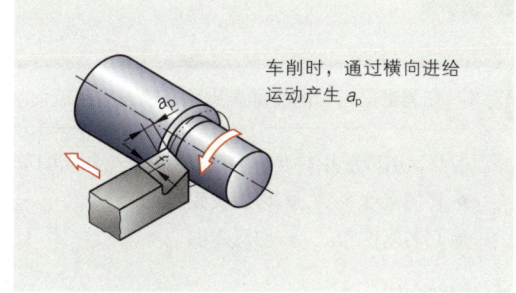

车削时，通过横向进给运动产生 a_p

图1：车削的切削量

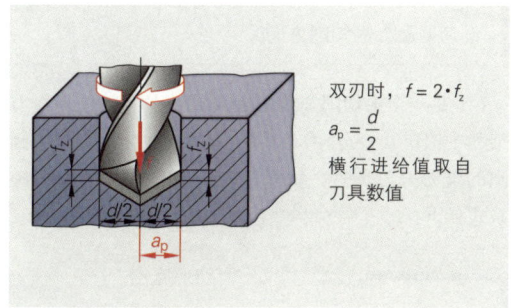

双刃时，$f = 2 \cdot f_z$

$$a_p = \frac{d}{2}$$

横行进给值取自刀具数值

图2：钻孔的切削量

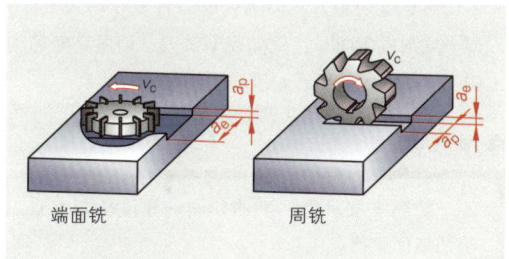

端面铣   周铣

图3：铣削的切削量

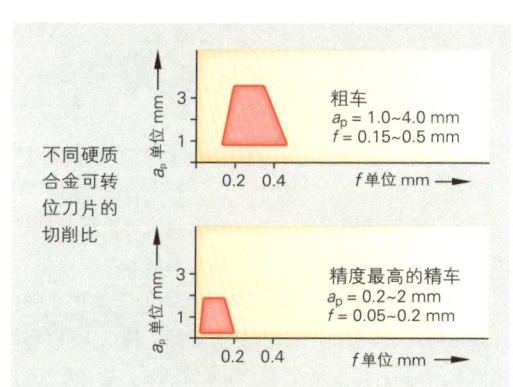

不同硬质合金可转位刀片的切削比

粗车
$a_p = 1.0 \sim 4.0$ mm
$f = 0.15 \sim 0.5$ mm

精度最高的精车
$a_p = 0.2 \sim 2$ mm
$f = 0.05 \sim 0.2$ mm

图4：有利切削比 G 的范围

■ **切屑量**

> 切屑量是由切削量推导出的、预先描述待切削要素大小和形状的量。

但是，切屑量并不等于实际切削所产生切屑的量。切屑量是：

- 切屑宽度
- 切屑横截面
- 切屑厚度
- 切屑体积

■ **切屑宽度 b**

> 切屑宽度 b 是待切削的切屑宽度。它垂直于切削面上的切削方向。

b 是一个由切削宽度 a_p 推导出来的量。使用直刀刃和主偏角 $\kappa = 90°$ 的刀具时，$b = a_p$。使用无刀尖倒圆的直刀刃刀具时，切削量 a_p 与切屑量 b 之间的关系式如下：

$$b = \frac{a_p}{\sin \kappa}$$

b	切屑宽度
a_p	切削深度或宽度
κ	主切削刃的主偏角

切屑宽度表示刀具刀刃以哪一种宽度切入工件。刀刃不规则或弯曲时，例如成型铣刀，切屑宽度等于主切削刃切入段的展开长度。

■ **切屑厚度 h**

> 切屑厚度是待切削的切屑的厚度。它垂直于切削面测得。

切削运动和进给运动相互垂直，因此，下式成立：

$$h = f \cdot \sin \kappa$$
若 $\kappa = 90°$，则 $\sin \kappa = 1$；据此：
$$b = a_p$$
$$h = f$$

铣削时的切屑厚度 h 是一个由每齿进给量 f_z 推导出来的量；它表示铣削时各齿最大的切屑厚度。

但铣削时待切削的切屑厚度始终处于变化之中。尤其是周铣，它从最小值（从零开始）持续上升至最大值 h，然后陡然下降至零。端面铣削时，待切削切屑厚度的变化更为均匀。计算时必须采用平均切屑厚度。

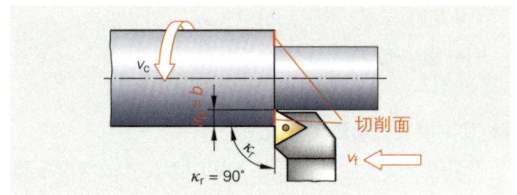

图 1：主偏角 $\kappa = 90°$ 时的切屑宽度

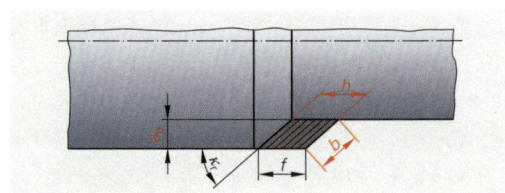

图 2：车削的切屑量

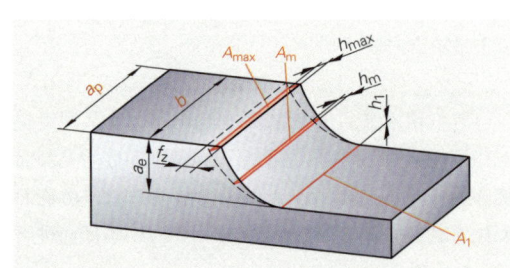

图 3：周铣的切屑量

■ **平均切屑厚度 h_m**

平均切屑厚度是铣削时待切削切屑厚度的平均值。

使用圆柱平面铣刀铣削时，切屑厚度的变化是点状切屑从最小值至最大值（图3）的变化。一般采用下式表示 h_m 的数值：

$$h_m < h$$

平均切屑厚度对于铣削切削力计算和功率计算具有决定性意义。该值可从曲线表中查取，或从铣刀直径，每齿进给量和刀具切入量计算得出。

■ 切屑横截面 A

> 切屑横截面 A 是垂直于切削方向待切削的切屑的横截面。

计算力和功率时需要切屑横截面。它是作用于切削刃的切屑有效横截面（图 1）。

$$A = b \cdot h$$

采用进给方向夹角 $\varphi = 90°$ 的切削方法时（例如车削和刨削），还适用下式：

$$A = a_p \cdot f$$

铣削时，切屑横截面的变化与刀刃切入位置和刀刃厚度变化相关。计算切屑横截面时，取平均切屑厚度。

钻孔时，切屑横截面指每个刀刃的切屑横截面 A_z。

由于钻头半径等于切削宽度（$D/2 = a_p$），因此很容易算出 A_z。

扩孔和锪孔时，需注意底孔直径。

■ 切屑体积 Q

> 切屑体积 Q 是单位时间内切削的切屑的体积。

$$Q = A \cdot v_c$$

A 切屑横截面
v_c 切削速度

切屑体积可视为是检验切削过程效率和加工机床生产率的一个尺度（图 2）。

使用无刀尖倒圆的直刀刃刀具时，可得出下式：

$$Q = b \cdot h \cdot v_c \qquad Q \text{ 切屑体积（cm}^3\text{/min）}$$

铣削和磨削时，可将待切削层的横截面积乘以进给速度 v_f，简单地计算出切屑体积 Q。

钻孔时需注意，待切削层是圆形的。扩孔和锪孔时，应排除底孔。

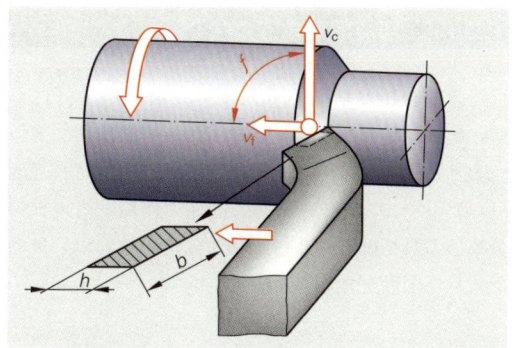

图 1：切屑横截面

切屑横截面		
车削	铣削	钻孔
$A = b \cdot h$ $A = a_p \cdot f$	$A = b \cdot h_m$	$A_z = \dfrac{D \cdot f}{4}$
A 切屑横截面		f 进给量
A_z 每刃切屑横截面		D 孔径
b 切屑宽度		h_m 平均切屑厚度
		a_p 切削深度

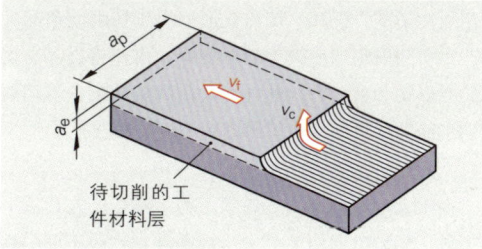

待切削的工件材料层

图 2：周铣的切屑体积

切屑体积		
车削，刨削	铣削，磨削	钻孔
$Q = b \cdot h \cdot v_c = a_p \cdot f \cdot v_c$	$Q = a_p \cdot a_e \cdot v_f$	$Q = \pi \cdot a_p^2 \cdot v_f$
Q 切屑体积		a_e 刀具切入量
v_f 进给速度		b, h, f, a_p 同上表

作业：

1. 请列举切削量如 f 和 a_p 与切屑量如 b 和 h 的差别。

2. 请计算端面铣削时的切屑宽度（设：$a_p = 3\,mm$，三个铣刀头的主偏角分别是 $\kappa = 90°$，$\kappa = 75°$ 和 $\kappa = 42°$）。

3. 切削比对于切削加工机床有哪些意义？

4. 请借助示意图解释概念"切屑横截面"。

5. 为什么切屑体积是加工机床生产率的一个标准？

6. 切削比 G 与切屑横截面 A 之间存在着什么关系？

5.1.4 切屑的形成

向前挤压的切削楔首先使工件材料产生弹性形变。超过材料弹性（屈服强度）后，不断增加的剪切应力 τ 导致工件材料内出现塑性形变，超过材料强度（抗剪强度 τ_{aB}）后，在剪切力的强力作用下出现材料分离。刀具切削刃的几何形状使分离的材料以切屑的形式从切削面上方流出（图 1）。

如果材料形变能力足够强，分离的切屑可连续地流出（带状切屑，片状切屑）。切削脆性材料时，由于形变区或剪切区内的形变较小，切屑提前出现断裂（短螺旋切屑，碎裂切屑）。

通过剪切区内的组织形变和紧随其后切削面上出现的切屑堵塞均导致流动的切屑内出现组织硬化。工件材料原先的韧性数值因此大幅度下降（图 2）。

剪切角 ø 变小，与此同时，因切屑内组织结构的硬化而使切削力提高。切屑变形取决于切削前角的大小。小切削前角产生较小的剪切角，由此将提高剪切面的变形功和剪切力。此外，大角度偏转阻止了切屑在切削面上的流动（切屑厚度压缩比，图 3）。

由于大的力（摩擦，切削压力）和温度在切屑下面形成一种特殊比例关系。这种条件常在较下面的切屑范围内形成一个薄薄的流动区。材料在这里与其在金属熔炼时一样出现了性能变化。若干材料还形成焊接在切削面上的材料层（刀瘤）。刀瘤是黏附，扩散和腐蚀等过程的祸根。

5.1.4.1 切屑厚度压缩比 λ_h

切削力使切削分离的材料在切削面上受到压缩，从而使流动的切屑相对于设定的切屑量出现尺寸变化。

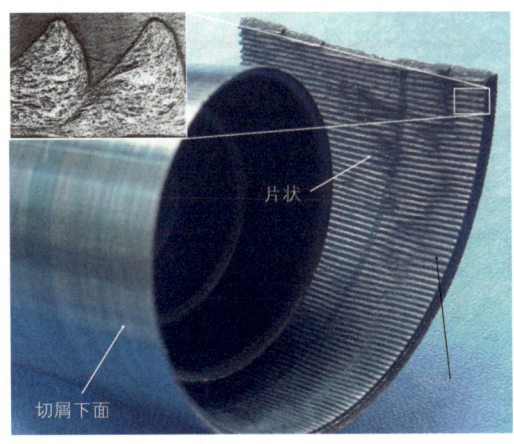

图 1：切屑上面的片状切屑和切屑下面可见的流动区域

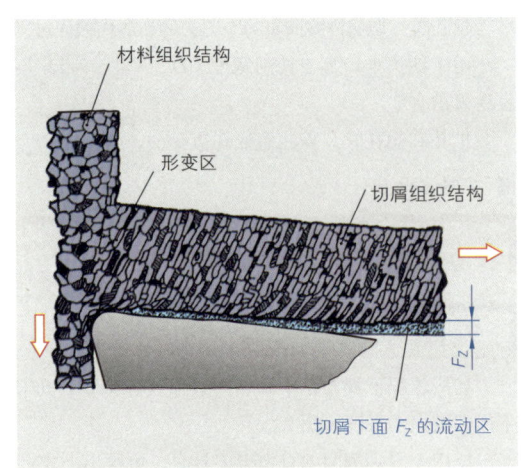

图 2：剪切区内的组织变化

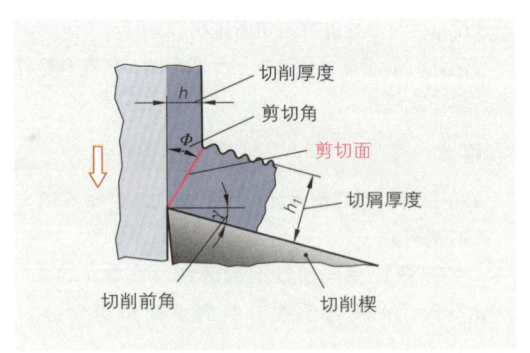

图 3：剪切面与切屑厚度压缩比

这里，一个重要的特性数值表现为切屑厚度压缩比 λ_h：

$$\lambda_h = h_1 / h \qquad \lambda_h > 1$$

λ_h 是已压缩的切屑厚度 h_1 与尚未形变的切屑厚度 h 之间的比（图 2）。

实际上，工件材料机械性能和流动切屑与刀具切削刃的切削面之间的关系决定着切屑厚度压缩比 λ_h。

5.1.4.2　切屑流速 v_{sp}

借助切削速度 v_c 和切屑厚度压缩比 λ_h 可计算出切屑流速 v_{sp}：

$$v_{sp} = v_c / \lambda_h$$

v_{sp} 的单位：m/min

$v_{sp} > v_c$

5.1.4.3　剪切角 ø

与切屑厚度压缩比 λ_h 有直接关系（图 2）的是剪切角 ø：

$$\tan ø = \cos \gamma / (\lambda_h - \sin \gamma)$$

5.1.4.4　切屑表面摩擦系数 μ_{sp}

摩擦条件由切削材料种类，切削材料涂层，表面材质和切削压强，温度和切屑在切削面上的滑动速度 v_{sp} 等要素定义，并汇总为切屑表面摩擦系数 μ_{sp}。

通过检测切削力分力 F_N 和 F_R，可使用下述方程式：

$$\tan ø = F_R / F_N = \mu_{sp}$$

计算出切屑表面摩擦系数 μ_{sp}。

但一般情况下，几乎无法确定切削力分力 F_N 和 F_R（下页图 1）。

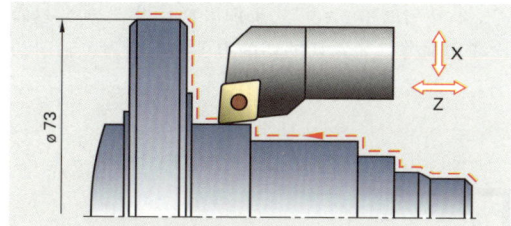

图 1：车削加工

剪切角和切屑厚度压缩比的作业

已知：

材料：C45，切削材料：HC –P10

v_c = 240 m/min，a_p = 3mm，f = 0.2mm

切削前角 γ = 6°，主偏角 κ = 93°

求：切屑厚度压缩比 λ_h，剪切角 ø

解：$h = f \cdot \sin \kappa = 0.2$mm · $\sin 93° \approx 0.2$mm

现测得切屑厚度 h_1= 0.55mm

切屑厚度压缩比

$\lambda_h = h_1 / h = 0.55$mm $/ 0.2$ mm $\approx$ <u>2.75</u>

剪切角

$\tan ø = \cos \gamma / (\lambda_h - \sin \gamma)$

$\tan ø = \cos 6° / (2.75 - \sin 6°) = 0.376$

<u>ø = 20.6°</u>

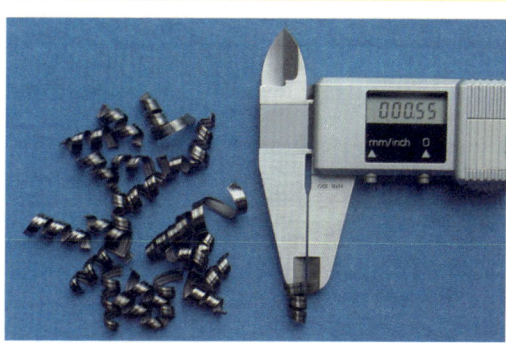

图 2：测量切屑厚度

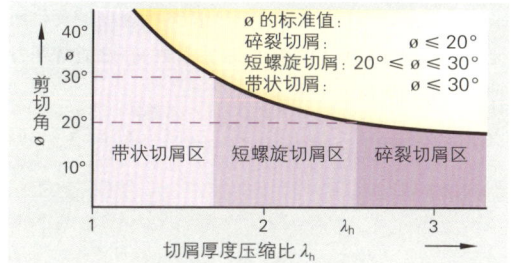

图 3：剪切角与切屑厚度压缩比

若切削前角 $\gamma = 0°$，主偏角 $\kappa = 90°$，那么只需检测切削力 F_c（正切的切削力）和进给力（轴向切削力）即可。

$\gamma = 0°$，$\kappa = 90°$时的适用公式：$F_N = F_c$ 和 $F_R = F_f$。

$$\mu_{sp} = F_f / F_c$$

实际生产中也可以设 μ_{sp} 的数值大于 1，因为切削后面的剪切力和压力影响切削前面的比例关系以及切屑形状（图 1 和图 2）。

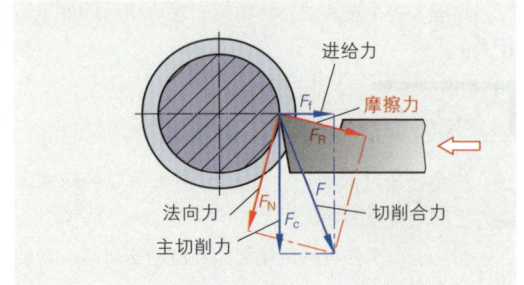

图 1：力的分解

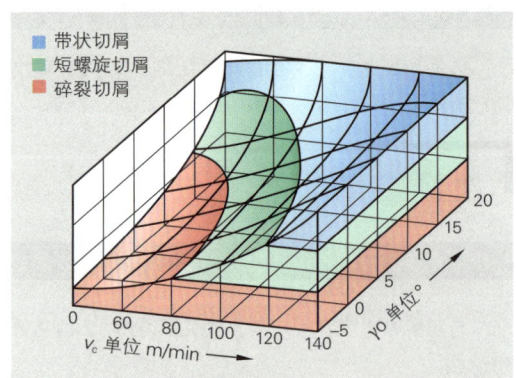

图 2：切削速度 v_c 和刀具前角 γ_0 对切屑形状的影响

5.1.4.5 摩擦对切屑形成的影响

切屑压缩描述剪切区和切削前面的压缩过程。位于剪切面与接触面之间的切屑根部呈楔形。如果忽略分离功和切削后面的摩擦去观察切屑根部的各种力，发现各种力在这里达到平衡，作用在剪切面上的切削合力 F_z 等于作用在切削前面的力，但方向相反。

切削合力 F_z 可以分解为与切削前面平行的摩擦力 F_R 和与之垂直的法向力 F_H。由于切屑滑过切削前面，所以 F_R / F_N 的比例关系等于滑动摩擦系数 μ，导致 F_z 和 F_N 也包含摩擦角 φ（图 3）。

$$\tan \varphi = F_R / F_N = \mu$$

测量切削力即可计算求出 μ 和 φ。

摩擦系数 μ 是一个物理变量，与下列因素相关：
- 工件材料与切削材料的配合。
- 表面材质。
- 接触区温度。

摩擦系数和切屑厚度压缩比随切削速度的变化而变化，以至于仅用切削前面摩擦系数 μ_{sp} 已能解释各种不同的切屑压缩（图 4）。

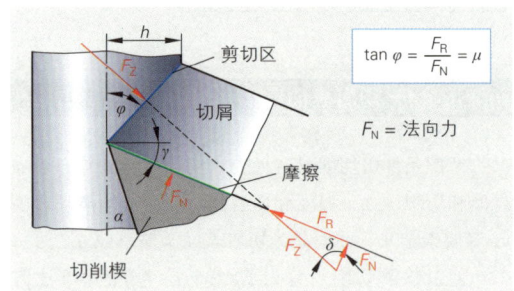

图 3：摩擦角

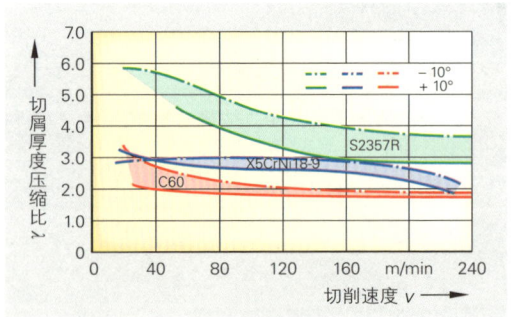

图 4：切削速度对切屑厚度压缩比的影响

一般而言，摩擦系数和切屑压缩比均随切削速度的增加和工件材料强度的增强而变小。

图 1 表示剪切角 ø，切削速度 v_c，切削前角 γ 和滑动摩擦系数 μ 对切屑类型的影响。

5.1.4.6　切屑的形状

只有在保证经济性和过程安全性的前提下才能执行切削加工，即加工产生的切屑变形不能妨碍加工流程的正常进行。已实现大幅度自动化加工流程的现代加工机床是切屑连续成型的必不可少的前提条件，因为操作人员不可能连续不间断地进行监视。因切屑缺陷而导致产品缺陷将产生经济和工艺的严重后果。

切屑类型可分三类：

带状切屑，短螺旋切屑和碎裂切屑。

在这些切屑类型中又分别划分出不同几何形状的切屑（图 2）。

切屑成形主要受工件材料和各个切削数值（v_c，a_p，$f\cdots$）的影响。但切削刃倒圆，刀具的几何形状，刀具磨损状态和可转位刀片切削正面的断屑器或排屑槽等因素也能改变切屑产生的形状。因此，切屑的类型、形状和颜色是判断切削过程的一个重要尺度，因为切屑的形状易于观察，并能直接计算并评估其结果。

5.1.4.7　切屑形状图表

为评估切削过程，可按照进给量和切削深度 a_p 将切削加工产生的切屑划分为一个切屑矩阵。这里，在遵守其他切削加工特性数值的前提下，如切削材料，刀具几何形状，切削速度，工件材料等，将切屑形状进行分类，并根据其工艺目的汇总为不同的切削范围。

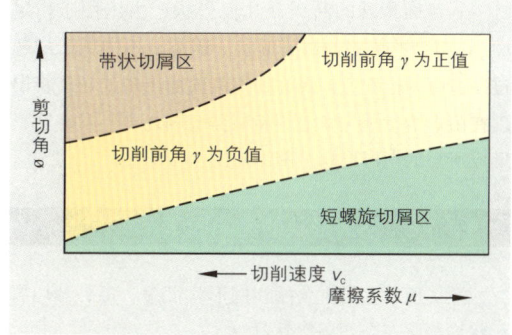

图 1：过程数值对切屑类型的影响

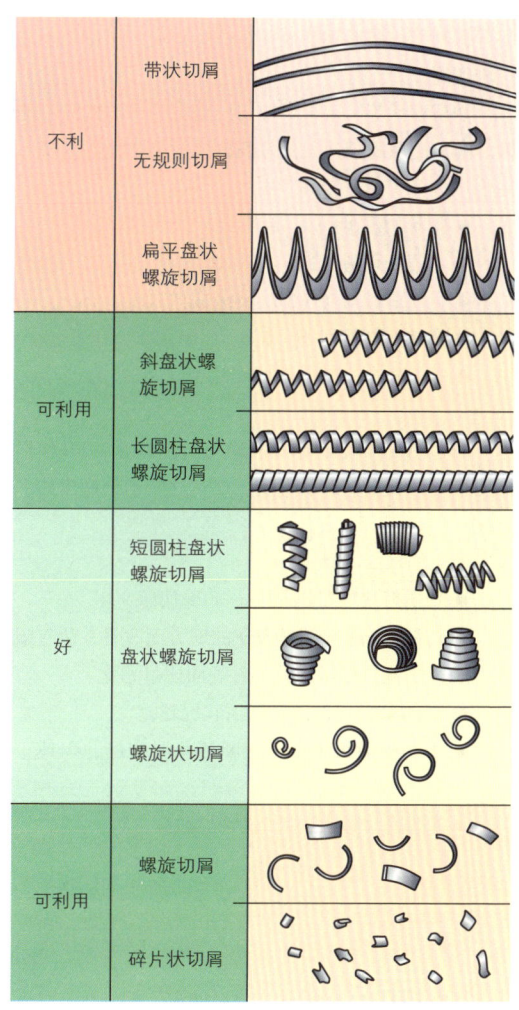

图 2：切屑形状（柯尼希划分法）

制造商特殊的断屑器几何形状产生出用于指定 $f - a_p$ 组合的优化的切屑形状。因此，不能低于或超过制造商的推荐值，因为在切削前面出现的切屑将出现在由进给量预先确定的断屑器范围之内，并在这里形成所需的切屑形状（图1）。

5.1.4.8 切屑形状的影响因素

图2所示是最重要的切屑形状汇总。每一种切屑形状均配属一个切屑空间数 R。

该数字表示输送体积与切屑材料原体积之比。判断时，两个标准（人员安全和输送能力）均需遵守。带状切屑，无规则切屑和盘状螺旋切屑均不是理想的切屑形状。

有利的切屑形状是盘状短螺旋切屑，螺旋切屑和螺旋切屑碎片。

切屑形状等级表示对切屑形状进一步的判断可能性。这里配属的是列入括号的特性数字：

- 带状切屑（1）。
- 无规则切屑（2）。
- 盘状螺旋切屑（3）。
- 盘状短螺旋切屑（4）。
- 螺旋切屑，螺旋切屑碎片（5，6，7）。

右边图3和图1所示是切削条件和切削刃几何形状对切屑形状影响的示意图。现对这些结果做出如下总结：

- 切屑形状随切削速度 v_c 的增加而变坏。
- 切屑的断裂随进给量 f 的增大而改善，但有限度，高进给量导致工件表面质量恶化。
- 切削深度 a_p 越深，断屑状况越差。
- 负切削前角（$-\gamma$）使断屑状况变好，但使工件表面质量变差。
- 主偏角 κ 越大，断屑状况越好。

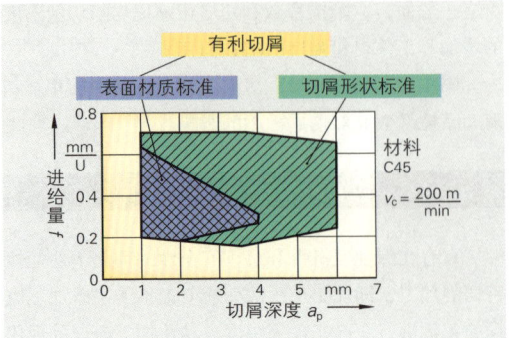

图1：切屑形状曲线图

切屑形状		切屑空间数 R	判断
带状切屑		≥ 90	不利
无规则切屑			
盘状螺旋切屑	长	≥ 50	可利用
	短	≥ 25	
螺旋状切屑		≥ 8	好
断屑碎片		≥ 3	可利用

图2：切屑形状及其切屑空间数

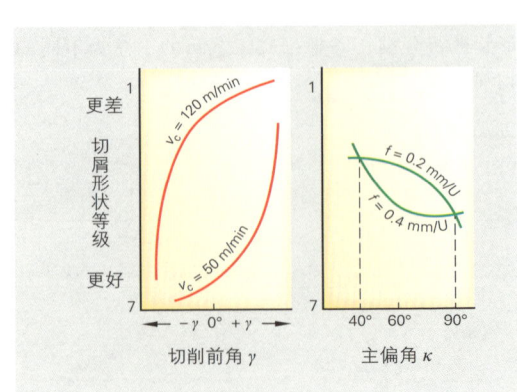

图3：刀具几何形状对切屑成形的影响

5.1.5   切削合力

只有施加巨大的力和驱动功率才能使金属材料的切削成为可能。为使切削楔在切削时能够切入工件材料，必须向切削楔施加一个力。而待加工的工件材料则给切削楔施加阻力，而阻力的大小取决于工件材料的特性。作用于工件材料的切削楔的力和工件材料作用于切削楔的反作用力相同（作用力 = 反作用力）。

在高切削功率的同时保证切削过程高安全性，这就要求刀具研发人员和用户具备关于刀具切削合力的产生、类型、大小、方向和作用等对产品质量和刀具使用经济性等方面的丰富知识。

切削力可从理论上进行计算，但采用不同制造类型的切削力检测记录仪也可对其进行检测。

最大负荷力沿主切削刃边棱出现，然后沿切削后面和切削前面渐次减弱。这里，切削前面在刀具切削刃和切削刃边棱稳定性的几何结构方面具有决定性意义。

切削过程中出现的各种力主要有压力、剪切力和摩擦力，它们分别作用于刀具和工件的不同方向。不仅是力的量，还有作用方向的非独立性，对于切削过程而言，均具有重要意义（图2）。

5.1.5.1   切削合力的分力

若从三个维度观察刀具切削刃，可将切削合力分解为三个基本分力（图1）：

F_c = 主切削力   （正切切削力）
F_p = 背向力   （径向切削力）
F_f = 进给力   （轴向切削力）

重要的因素还有，观察的位置，刀具或工件的相关性，已定义的、切削合力及其分力作用的坐标方向（$+/-x$, $+/-y$, $+/-z$）等。从切削刃边棱相对于工件轴线的几何位置可得出主偏角 κ 影响进给力 F_f 和背向力 F_p 的作用过程（图3）。

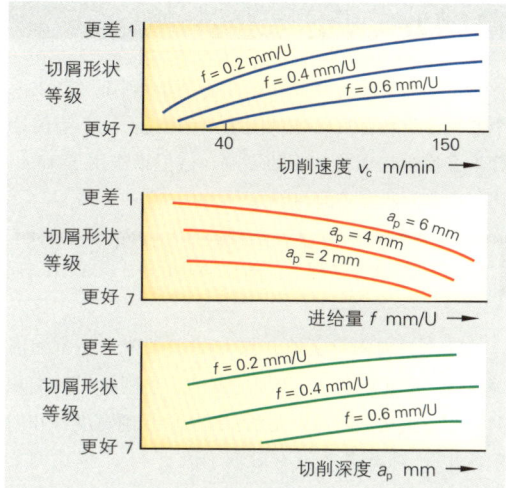

图1：切削条件对切屑成形的影响

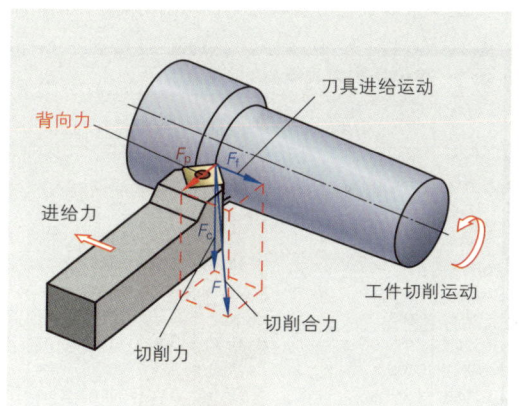

图2：分力

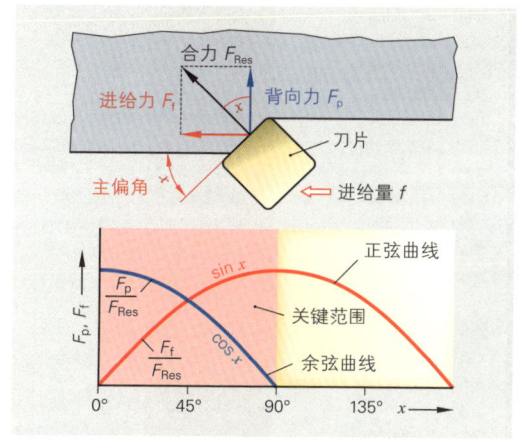

图3：进给力 F_f 和背向力 F_p 取决于主偏角 κ

5.1.5.2 单位切削力 k_c

每一种工件材料在刀具切削刃切入时都会产生一个取决于材料强度特性的阻力（切削阻力）。为使计算不受实际切屑横截面的影响，这里指作用于 $1mm^2$ 切削横截面所要求的切削力。

---

k_c 是单位切削力，单位：N/mm^2。

除与材料相关之外，与 k_c 相关的要素还有切屑厚度 h，切削前角 γ，切削速度 v_c，切削材料种类和与切削方法相关的切削类型和排屑。切削宽度 b 和切削深度 a_p 对 k_c 几乎没有影响（但 a_p 与 F_c 呈比例关系！）。

从表 1 可查取各种不同材料的 k_c 数值。

这里常以试验中求取的单位切削力 $k_c 1.1$ 主值为

基础，该数值设切屑横截面 $A = 1\ mm^2$。

切屑厚度 h 或进给量 f 均对单位切削力产生实质性影响。当切屑横截面 A 恒定不变时，f 和 h 的增大将导致 a_p 和 b 的缩小，并因此导致 k_c 数值的缩小，从而导致切削力 F_c 和切削功率 P_c 的降低。由于切削深度 a_p 或切削宽度 b 对单位切削力 k_c 的影响很低，那么以较小的 a_p 并采用有利的和多次的切削，可在小切削力的条件下达到高切削功率，但应采取最大进给量 f（见 133 页图 1）。

若采用近似方法进行研究，也可以使用近似方程式计算 k_c。

$$k_c \cong (4 \cdots 6)\, R_m$$

R_m = 最小抗拉强度，单位：N/mm^2。

系数 4 用于 $h = 0.2 \sim 0.8\ mm$。

系数 6 用于 h = 最大至 $0.2mm$。

表 1：单位切削力表值

材料代码	材料名称	$k_{c1.1}$ N/mm^2	m_c	\multicolumn{12}{c}{下述切屑厚度 h（mm）时的单位切削力 k_c（N/mm^2）}
				0.05	0.06	0.00	0.10	0.16	0.20	0.30	0.40	0.50	0.80	1.0	1.60
1.0037	S235JR	1790	0.17	2962	2872	2735	2633	2431	2340	2184	2080	2003	1849	1780	1643
1.0044	S275JR	1820	0.25	3849	3677	3422	3236	2878	2722	2459	2289	2164	1924	1820	1618
1.0050	E295	1950	0.25	4249	4052	3760	3548	3140	2963	2667	2475	2335	2066	1950	1726
1.0060	E355	2070	0.17	3445	3340	3180	3062	2827	2721	2540	2419	2329	2150	2070	1911
10401	C15	1480	0.22	2861	2748	2580	2456	2215	2109	1929	1811	1724	1554	1480	1335
1.7131	16MnCr5	2100	0.26	4576	4364	4050	3821	3382	3191	2872	2665	2515	2225	2100	1858
1.0503	C45	1680	0.26	3661	3491	3240	3057	2705	2553	2298	2132	2012	1780	1680	1487
1.1191	C45E	1050	0.14	2814	2743	2635	2554	2391	2318	2190	2103	2039	1909	1850	1732
1.1221	C60E	2130	0.18	3652	3534	3356	3224	2962	2846	2645	2512	2413	2217	2130	1957
1.7038	37CrS4	1810	0.26	3944	3761	3490	3294	2915	2750	2475	2297	2167	1918	1810	1602
1.7218	25CrMo4	2070	0.25	4378	4182	3892	3681	3273	3095	2797	2603	2462	2189	2070	1841
1.7035	41Cr4	2070	0.25	4378	4182	3892	3681	3273	3095	2797	2603	2462	2189	2070	1841
1.8159	50CrV4	2220	0.26	4837	4614	4281	4040	3575	3374	3036	2817	2658	2353	2220	1965
1.7220	34CrMo4	2240	0.21	4202	4044	3807	3633	3291	3141	2884	2715	2591	2347	2240	2029
1.7225	42CrMo4	1950	0.26	5448	5195	4821	4549	4026	3799	3419	3173	2994	2649	2500	2212
1.0718	9SMnPb28	1200	0.18	2058	1991	1891	1816	1669	1603	1490	1415	1359	1249	1200	1103
1.2067	1000r6	1410	0.39	4535	4224	3776	3461	2881	2641	2255	2016	1848	1538	1410	1174
1.2842	90MnCrV	2300	0.21	4315	4153	3909	3730	3380	3225	2962	2788	2660	2410	2300	2084
1.4301	X5CrNi18–10	2350	0.21	4408	4243	3994	3811	3453	3295	3026	2849	2718	2463	2350	2129
1.4580	X10CrNiMoNbl8–10	2550	0.18	4372	4231	4018	3860	3546	3407	3167	3007	2889	2655	2550	2343
0.6025	GJL–250	1160	0.26	2528	2411	2237	2111	1868	1763	1586	1472	1389	1229	1160	1027
0.6040	GJL–400	1470	0.26	3203	3055	2835	2675	2367	2237	2010	1865	1760	1558	1470	1301
0.7035	GJS–350	1000	0.25	2115	2021	1880	1778	1581	1495	1351	1257	1189	1057	1000	889
0.7040	GJS–400	1080	0.23	2151	2063	1931	1834	1646	1564	1425	1333	1267	1137	1080	969
1.0446	GS–45	1600	0.17	2662	2581	2458	2367	2185	2104	1963	1870	1800	1662	1600	1477
3.2382	AlSi10Mg	412	0.3	1012	958.2	879	822	713.9	667.7	591.2	542.3	507.2	440.5	412	357.8
3.2581	AlSi12	454	0.28	1050	998.1	920.9	865.1	758.4	712.5	636	586.8	551.2	483.3	454	398
3.2163	Als19Cu3	456	0.27	1024	974.7	901.8	849.1	747.9	704.2	631.2	584	549.8	484.3	456	401.7
3.3545	AlMg4	509	0.27	1143	1088	1007	947.8	834.8	786	704.5	651.9	613.8	540.6	509	448.3
21240	MgAl7Mn	280	0.19	494.7	477.9	452.5	433.7	396.6	380.2	352	333.2	319.4	292.1	280	256.1
2.0380	CuZn39Pb2	780	0.18	1337	1294	1229	1181	1085	1042	968.8	919.9	883.6	812	780	716.7

若将图 1 的曲线表数值代入对数轴线分度曲线表，可得到一根直线。直线的螺旋角 α 与材料相关，因此将其定义为材料常数 m_c（图 2）。

$$\tan \alpha = \Delta k_c / \Delta h = m_c$$

用主值 $k_{c1.1}$，材料常数 m_c 和切屑厚度 h 可求出单位切削力 k_c，单位：N/mm²：

$$k_c = k_{c1.1} / h^{mc}$$

$k_{c1.1}$ 的单位：N/mm²

h 的单位：mm

5.1.5.3　切削力计算

用下述方程式计算切削力 F_c：

$$F_c = A \cdot k_c$$
$$F_c = a_p \cdot f \cdot k_c = b \cdot h \cdot k_c$$

F_c 的单位：N

k_c 的单位：N/mm²

优化的 k_c 数值要求继续补偿，例如切削速度、加工方法，切削前角，切削材料和切削刃棱边倒钝（表 1）。

这里采用的切削力计算方法与下表一样也以维克多·基兹勒（Victor Kienzle）的研究工作为基础。

表1：k_c 补偿系数

用于切屑压缩比的补偿系数 K_{St}	
外圆车削，HSS（高速切削钢）	1.05
外圆车削，HM（硬质合金）	1.0
外圆车削，陶瓷	0.95
内圆车削，HSS（高速切削钢）	1.45
内圆车削，HM（硬质合金）	1.2
内圆车削，陶瓷	1.25
切槽和切断车削，HM（硬质合金）	1.3
实体钻孔，HSS（高速切削钢）	1.0
实体钻孔，HM（硬质合金）	0.95
端面铣削，HSS（高速切削钢）	1.2
端面铣削，HM（硬质合金）	1.0
周铣，HSS（高速切削钢）	1.55
周铣，HM（硬质合金）	1.3
铰孔，HSS（高速切削钢）	1.3
铰孔，HM（硬质合金）	1.2
拉削	1.2
用于切削速度的补偿系数 K_{vc}	
$K_{vc} = 1.0$，硬质合金刀具，80～250 m/min	
$K_{vc} = 1.15$，高速切削钢刀具，25～80 m/min	
$K_{vc} = 1.2$，用于 $v_c < 25$ m/min	

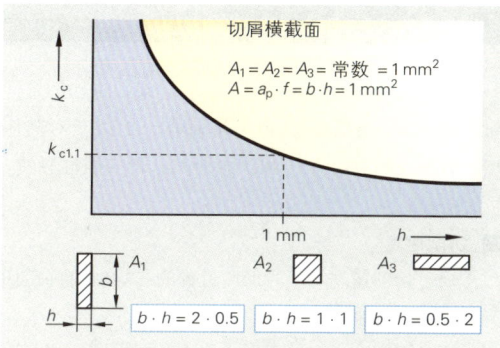

图1：切屑横截面 A 的形状影响单位切削力

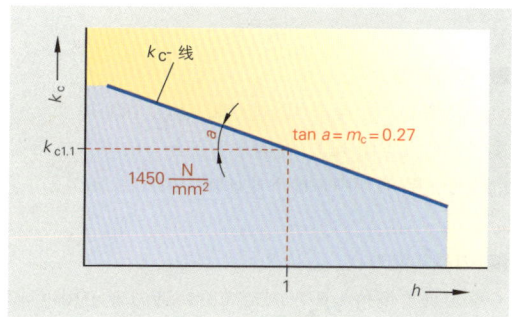

图2：双对数曲线表中 C45 的 k_c 线

纵向车削切削力 F_c 的计算举例

刀具：　　可转位刀片 HC-P20

　　　　　主偏角 $\kappa = 63°$

切削数值：$v_c = 180$ m/min，$f = 0.3$ mm，

　　　　　$a_p = 3$ mm

材料：　　调质钢 42CrMo4

解题：

1）切屑厚度 $h = f \cdot \sin \kappa = 0.3$ mm $\cdot \sin 63°$

　　$\underline{h = 0.26\ mm}$

2）单位切削力（数值参见 132 页表值）

　　$k_c = k_{c1.1} / h^{mc} \cdot K_{St} \cdot K_{vc}$

　　$k_c = 1950 / 0.26^{0.24} \cdot 1.0 \cdot 1.0$

　　$\underline{k_c = 2694\ N/mm^2}$

3）切屑横截面

　　$A = a_p \cdot f = 3$ mm $\cdot 0.3$ mm $= \underline{0.9\ mm^2}$

4）切削力

　　$F_c = A \cdot k_c = 0.9$ mm² $\cdot 2694$ N/mm²

　　$\underline{F_c = 2424\ N}$

5.1.5.4　影响切削力的量

定向为实际应用的切削力研究必须知晓切削条件对以功率为主的切削分力（切削力 F_c）以及对其他切削分力，如进给力 F_f 和背向力 F_p，的实质性影响。

■ **切削速度**

通过切削速度对切屑形成过程的影响便可确定切削速度对切削合力的影响。

于是切削合力在易于形成刀瘤和短螺旋切屑的速度范围内达到其最大值。各切削力随切削速度的增加而降低，这就可以解释工件材料强度降低与温度的相关关系以及带状切屑增加的原因所在。

■ **切屑横截面**

切削合力的各分力随进给量 f 以及切屑厚度 h 的递减而增大（图 1a）。切削合力各分力的增大也与切削深度 a_p 以及切削宽度 b 成比例关系（图 1b）。

■ **刀具几何形状**

刀具主偏角 κ 按比例施加给切削力 F_c 的影响较小。随着切削前角 γ 的增加，切削力也因对工件材料更为有利的剪切而降低（图 1c）。较大的主偏角可增加进给方向上切削合力的分力，并在 $\kappa=90°$ 时达到分力最大值。如果在切屑横截面 A 恒定不变的前提下加大主偏角 κ，将加大切屑厚度 h，并以相同的幅度缩小切削宽度 b。由于切削力 F_c 与切削深度 a_p 呈比例关系，通过缩小进给量可提高切削力 F_c，那么加大主偏角 κ 便可轻松降低 F_c。切削力也会随切削前角 γ 的缩小而增大（图 1d）。表 1 所示是标准值，提示切削合力各分力如何随切削前角 γ 或刃倾角 λ 的变化而变化。切削后角在 $3° < \alpha < 12°$ 范围内的变化对切削合力各分力没有标称数值的影响。

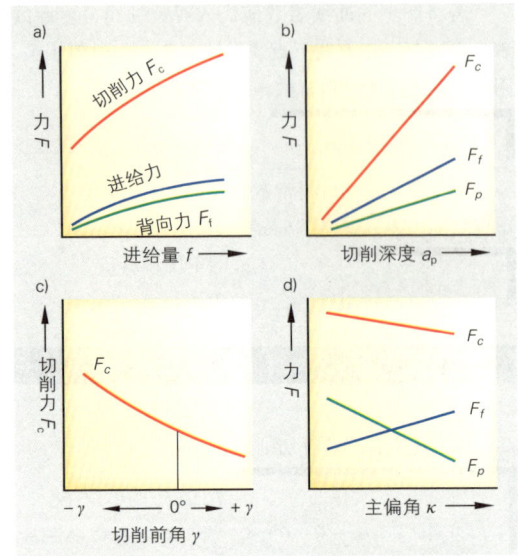

图 1：切削前角 γ 和主偏角 κ 对切削合力的影响

表 1：刀具几何形状的影响

影响量		每度的角度变化导致的 切削分力的变化		
		切削力 F_c	进给力 F_f	背向力 F_p
降低 ↓	切削前角	⇧ 1.5 %	⇧ 5.0 %	⇧ 4.0 %
	刃倾角	⇧ 1.5 %	⇧ 1.5 %	⇧ 10 %
增加 ⇧	切削前角	⬇ 1.5 %	⬇ 5.0 %	⬇ 4.0 %
	刃倾角	⬇ 1.5 %	⬇ 1.5 %	⬇ 10 %

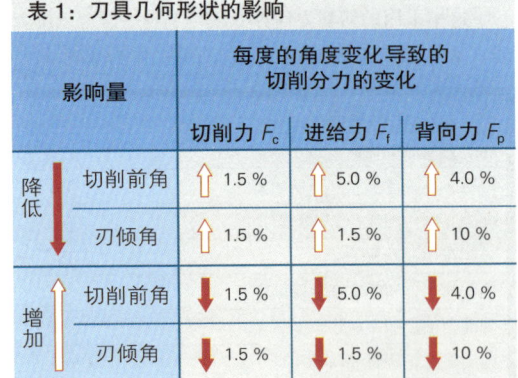

图 2：材料对切削合力的影响

■ **材料**

　　加工不同材料时，由于材料的机械性能各异，切削力也应各有不同。134 页图 2 显示，用于各材料组的切削力随强度和布氏硬度的增加也以不同的仰角呈线性上升态势。但是，材料的化学成分和强度值却不能始终对所要求的切削合力数值产生影响，因为，尽管抗拉强度方面存在着显著的差异，但切削数值却常常并无实质性差别。

5.1.5.5 切削功

　　切削过程中，施加给工件的总切削功将分别转换为形变功、剪切功、摩擦功和热能。切削功 W_c 是进给路径 l_c 与作用于此方向切削合力的分力 F_c 的乘积。

切削功 W_c

$$W_c = l_c \cdot F_c$$

进给功 W_f

$$W_f = l_f \cdot F_f$$

　　（ l_c 和 l_f 的单位：m，F_c 和 F_f 的单位：N，W_c 和 W_f 的单位：Nm ）

　　由此产生的有效功 W_e 是相关切削功和进给功的占比总和。

$$W_e = W_c + W_f$$

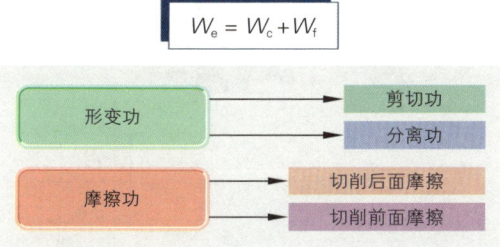

图 1：切削功

5.1.6 切削总功率

5.1.6.1 切削功率

　　正切切削力 F_c 的主要决定因素如下：材料的可切削性能（抗拉强度，硬度，韧性），未变形的切屑厚度 h 和分离的切屑厚度 h_1 之间剪切面的变形力，作用于切削前面和切削后面各种摩擦力，作用于切削刃的冷却润滑条件等。切削过程中出现的转矩取决于切削力的量，由此在刀具切削刃上产生所要求的切削总功率 P_c。

计算切削力和切削功率的作业

　　用两种不同的切屑横截面形状进行纵向车削，粗车车削。

　　材料：调质钢，C45

　　刀具：硬质合金可转位刀片 HC–P35

　　主偏角 $\kappa = 63°$，切削前角 $\gamma = 6°$

　　切削速度 $v_c = 180$ m/min

　　各切削力和功率差各是多大？

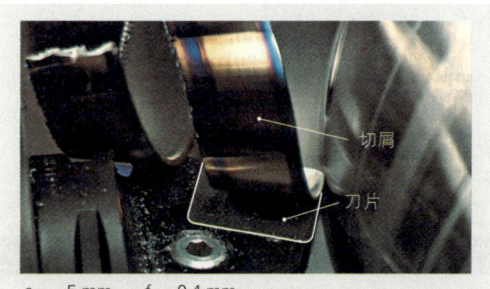

$a_{p1} = 5$ mm, $\quad f_1 = 0.4$ mm
$a_{p2} = 2.5$ mm, $\quad f_2 = 0.8$ mm

图 2：切屑横截面

解题：

切屑横截面 $A_1 = A_2$

$A_1 = a_{p1} \cdot f_1 = 5.0$ mm $\cdot$ 0.4 mm = 2 mm^2

$A_1 = a_{p2} \cdot f_1 = 2.5$ mm $\cdot$ 0.8 mm = 2 mm^2

切屑厚度

$h_1 = f_1 \cdot \sin \kappa = 0.4$ mm $\cdot \sin 63° = 0.07$ mm

$h_2 = f_2 \cdot \sin \kappa = 0.8$ mm $\cdot \sin 63° = 0.13$ mm

单位切削力

$k_{c1} = k_{c1.1} / h_1^{mc} \cdot k_{St} \cdot k_{vc}$

$k_{c1} = 1680 / 0.07^{0.26} \cdot 1.0 \cdot 1.0 = 3354$ N/mm^2

$k_{c2} = k_{c1.1} / h_2^{mc} \cdot k_{St} \cdot k_{vc}$

$k_{c2} = 1680 / 0.13^{0.26} \cdot 1.0 \cdot 1.0 = 2855$ N/mm^2

切削力

$F_{c1} = A_1 \cdot k_{c1} = 2$ mm$^2 \cdot 3354$ N/mm$^2 = 6708$ N

$F_{c2} = A_2 \cdot k_{c2} = 2$ mm$^2 \cdot 2855$ N/mm$^2 = 5710$ N

窄厚切屑要求的切削力小于宽薄切屑！！！

切削功率

$P_{c1} = F_{c1} \cdot v_c = 6708$ N $\cdot 180$ m / 60s = 20.12kW

$P_{c2} = F_{c2} \cdot v_c = 5710$ N $\cdot 180$ m / 60s = 17.13kW

功率差 $\Delta P_c \approx 3$ kW

根据功率计算的物理基本法则产生切削方向的切削功率 P_c。

$$P_c = F_c \cdot v_c$$

P_c 的单位：N/mm = W

v_c 的单位：m/min 或 m/60s

进给方向的进给功率 P_f

$$P_f = F_f \cdot v_f$$

P_f 的单位：N/mm = W

有效作用方向的有效功率 P_e

$$P_e = F_c \cdot v_c + F_f \cdot v_f$$

车削时，进给速度 v_f 小于切削速度 v_c。

进给功率 P_f 在有效功率 P_e 中的占比也相应地略有下降（$P_f < 3\%$）。

因此可近似地设 $P_e \approx P_c$。

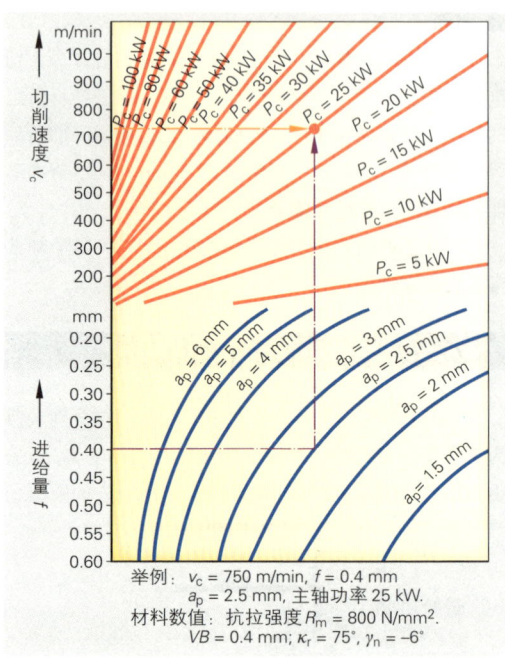

举例：v_c = 750 m/min，f = 0.4 mm
a_p = 2.5 mm，主轴功率 25 kW.
材料数值：抗拉强度 R_m = 800 N/mm².
VB = 0.4 mm；κ_r = 75°，$\gamma_n = -6°$

图 1：车削 C45 时的主轴功率

5.1.6.2 机床功率

用切削功率 P_c 和机床效率 η 确定所要求的机床效率 P_e（图 1）。

$$P_e = P_c / \eta$$

η = 机床效率
（$75\% \leqslant \eta \leqslant 90\%$）

5.1.6.3 切削力矩

物理上用切削力 F_c，有效杠杆臂 l_c 和切削刃的切入次数 z 计算切削力矩 M_c（转矩）：

$$M_c = F_c \cdot l_c \cdot z$$

M_c 的单位：Nm

不同切削方法时，切入工件的切削刃上的情况也各不相同。如图 2 所示，使用麻花钻头时，沿切削刃的切削状态差别极大。从外缘至中心，切削速度线性递减。因此使切削条件恶化。虽然通过配给合适的切削刃几何形状略有改善，但切削刃纵向的切削力分布仍不平衡。因此在计算切削力矩时，无法确定力的介入点，从而无法配属明确的杠杆臂。近似计算麻花钻头时可将杠杆臂设为 $l_c = d / 4$。

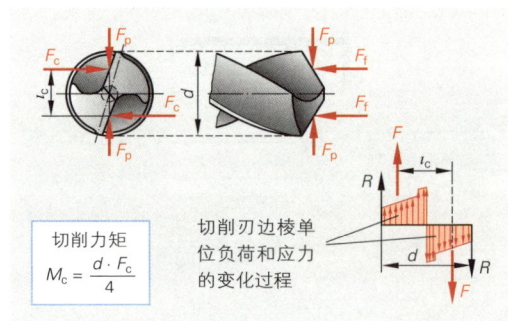

切削力矩
$$M_c = \frac{d \cdot F_c}{4}$$

切削刃边棱单位负荷和应力的变化过程

图 2：钻孔时的切削力矩

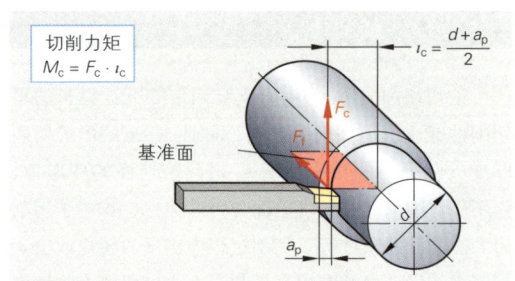

切削力矩
$$M_c = F_c \cdot l_c$$

$$l_c = \frac{d + a_p}{2}$$

基准面

图 3：车削时的切削力矩

车削时的切入比例最好通过数学计算求取。进给量恒定不变时，切屑厚度 h 也保持不变。切削深度 a_p 比工件直径更小时可忽略不计切削速度的下降。力的介入点位于切削深度的一半（见 136 页图 3）。据此计算杠杆臂：$l_e = d + a_p / 2$

5.1.7　刀具的耐用标准

5.1.7.1　刀具耐用时间

时至今日，刀具或刀具切削刃的耐用时间 T 已不取决于加工方法，仅通过对工件要求的质量标准即可定义。与工件相关的特征，如表面质量、尺寸精度等均限制着刀具切削刃的使用时长。

这种研究方法的结果是，切削刃边棱的磨损状态已仅具次级意义。现在已可通过与机床相关的特性数值来确定刀具耐用时间，如加工过程的功率消耗。由于随着切削刃棱边倒钝增加的趋势要求加大切削功率 P_c，因此，在持续运行的加工过程中，通过已记录的机床功率 P_c 最大极限值可连续监视刀具的耐用时间。并能够根据需要自动执行刀具更换。

在实际生产中经常使用刀具耐用行程 L_f 和耐用量 N。

5.1.7.2　刀具耐用行程 L_f

刀具耐用行程 L_f 指总进给行程，即单刃或多刃刀具的所有切削刃在该刀具耐用时间 T 之内的全部行程。

$$L_f = T \cdot v_f = T \cdot n \cdot f_z \cdot z$$

T　　刀具耐用时间，单位：min

v_f　　进给速度，单位：mm/min

n　　转速，单位：1/min

f_z　　进给量/每齿，单位：mm

z　　齿数

图 1：C45 的车削加工

刀具耐用行程与刀具耐用量的计算举例

工件材料 C45，切削材料 HC–P15

切削数值：　　　a_p = 2.5 mm, f = 0.3 mm
　　　　　　　　v_c = 210 m/min

刀具耐用时间：T = 15 min, VB = 0.6 mm

求：　　　　　　刀具耐用量 N

解题：

转速

$n = v_c / (D \cdot \pi)$ = 210 m/min / (0.06 m $\cdot \pi$)

n = 1115 min^{-1}

进给速度

$v_f = n \cdot f$ = 1115 min^{-1} $\cdot$ 0.3 mm = 334.5 mm/min

---

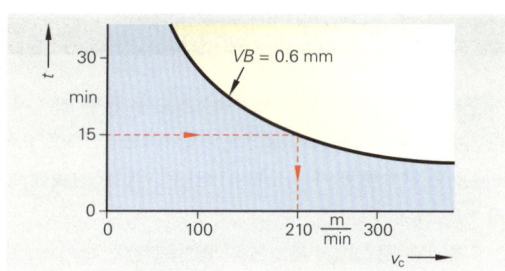

图 2：取决于切削速度 v_c 的刀具耐用时间

---

1. 采用刀具耐用行程 L_f 的可能性：

$L_f = T \cdot V_f$ = 15 min $\cdot$ 334.5 mm/min = 5017.5mm

$N = L_f / l$ = 5017.5 mm/355mm = 14 个工件

2. 采用主有效时间 t_h 的可能性：

$t_h = L \cdot i / v_f$

t_h = 355 mm $\cdot$ 1 / 334.5 mm/min = 1.06 min

$N = T / t_h$ = 15min / 1.06 min = 14 个工件

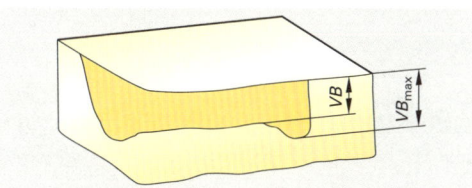

图 3：磨痕宽度 VB

5.1.7.3　刀具耐用量

刀具耐用量 N 指刀具耐用时间之内所能加工的工件件数。

$$N = T / t_h$$ t_h 主有效时间，单位：min

5.1.7.4　求算刀具耐用时间

为求取刀具磨损和耐用时间，应进行切削试验。这里应特别关注的是刀具耐用时间与切削速度的关系密切。当切削条件（刀具，切削材料，机床，进给量和切削深度）恒定不变后，切削速度 v_c 保持变化，并作为磨损的计算标准用于检测切削后面的磨痕宽度 VB。系列试验的结果显示在一张 v_c–VB– 曲线图表上（图1）。

VB 的求取简单易行，因为从磨损面至切削后面的过渡段的发展几乎平行于主切削刃。测量从初始的主切削刃开始。这里可平衡掉那些微小的不规则性。

5.1.7.5　刀具耐用度

由于切削刃边棱的磨损状态直接影响加工质量，必须规定一个磨损标记允许宽度 VB_{zul}（例如 0.6 mm），在这个宽度内，工件可以达到所要求的表面质量（R_a，R_z）。

据此在系列试验中确定各不同切削速度（$v_{c1} < v_{c2} < v_{c3}$）下的刀具耐用时间（T_1，T_2，T_3）（图2）。

现将这些数值对（$T_1 - v_{c1}$），（$T_2 - v_{c2}$），（$T_3 - v_{c3}$）代入配有对数轴线分度的 T–v_c 曲线图，得到 VB_{zul} 的刀具耐用度。对于不同的 VB_{zul} 重复这个过程，便可得到一个切削刃边棱大应用范围的 T–v_c 曲线图（图3）。

切削深度 a_p 和进给量 f 直接影响刀具耐用时间，这一点在试验中得到充分印证。在配有对数轴线分度的曲线图中显示出各种不同切削材料各自的刀具耐用度（图4），它在十进制分度中表现为双曲线形式。

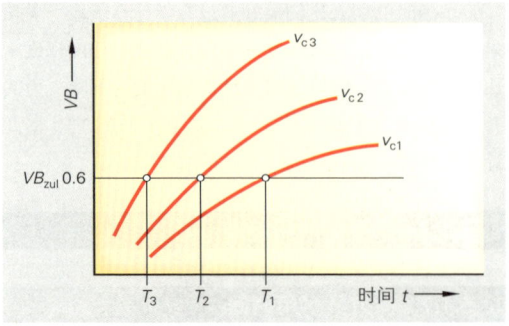

图1：取决于切削速度的刀具耐用时间

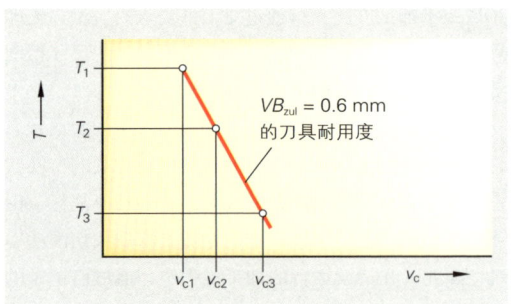

图2：在双对数曲线图中的刀具耐用度

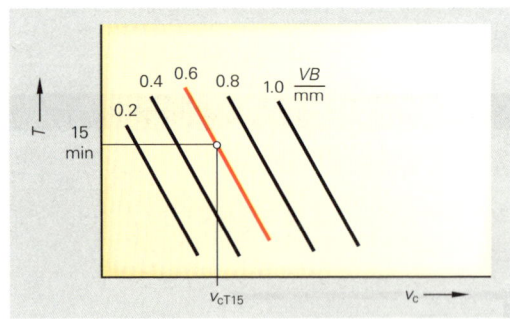

图3：不同磨痕宽度 VB 的刀具耐用度

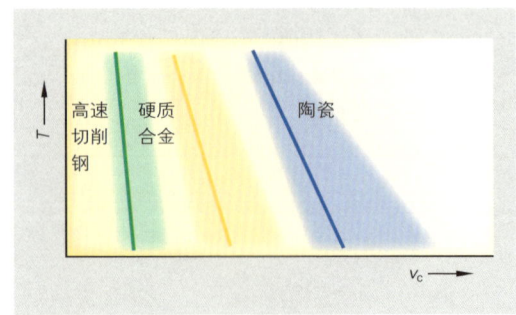

图4：不同切削材料的刀具耐用度

5.1.7.6　刀具耐用度的影响因素

刀具耐用时间取决于诸多因素，但它们一般都不是单独作用的，而是常以直接或间接相关关系组合作用的。只有在有目的地充分准备相关试验并对结果进行统计学计算评估，才有可能对所测刀具耐用时间的变化直接配属具体参数。

现将各种影响因素归纳如下：

刀具
- 切削材料的种类
- 切削材料涂层
- 刀具各角
- 刀尖圆弧半径，切削刃边棱倒圆
- 刀具稳定性，伸出长度
- 排屑

机床
- 动态振动特性
- 刀具稳定性，工件装夹稳定性

工件
- 可切削性性能，合金成分
- 组织结构
- 稳定性，形状和工件几何形状

切削条件
- 冷却润滑剂，种类，数量，施加方式
- 干加工
- 切削速度，进给量，切削深度
- 切屑横截面形状
- 进给行程，不间断切削

加工过程条件
- 加工方法，加工策略
- 磨损标准
- 表面质量，尺寸精度

5.1.8　能量平衡

切削加工必需的机械能几乎完全转化为热能。切削刃上设定的温度分布表示切削过程产生的和排出的热能之间的一个平衡状态（图1）。它持续影响着切削刃边棱的磨损特性，正如切削楔的磨损状态影响切削温度一样。

材料的剪切，组织的形变和作用于切削后面与前面的摩擦功都将已利用的能转化为热。这里产生的热能取决于待加工的材料和切削速度。理想状态是，排出的切屑将约80%的切削热 Q 带走。通过切屑的退火颜色可辨识切削温度的高低。但最高温度并不出现在切削刃边棱，而是直接位于切削前面（图1）。

在这个位置有必要通过耐热硬质材料涂层将月牙洼磨损最小化。

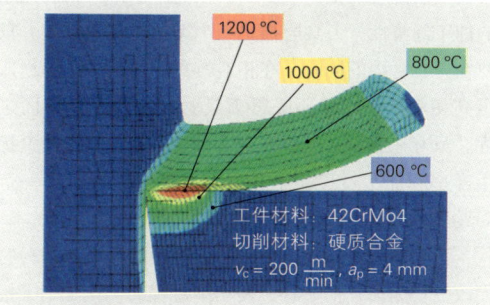

图1：温度分布

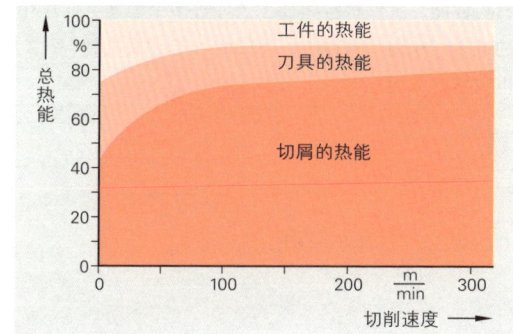

图2：总热能的分布

为使切削材料本身尽可能少地吸收热能，将低导热的隔热层（例如 Al_2O_3）加在硬质材料涂层与基底材料之间（表 1）。排出的切屑吸收高温并带走最大一部分热能。通过相应的切削前面几何形状降低切屑与切削前面的接触点。

表 1：硬质材料涂层的性能					
	TiN	CrN	TiCN	AlTiN	TiAlN
维氏硬度	2500 ± 400	2300 ± 400	2900 ± 400	3000 ± 400	3600 ± 400
氧化温度（℃）	500 ± 50	650 ± 50	450 ± 50	750 ± 50	850 ± 50
摩擦系数 [100Cr6]	0.65 ± 0.5	0.55 ± 0.5	0.45 ± 0.5	0.6 ± 0.5	0.2…0.4
型号，涂层厚度	2~4	3~8	2~4	2~4	2~4
颜色	金色	银色	红褐色/灰色	蓝/黑色	黑紫色

5.1.9 刀具磨损

任何一种切削刀具都会在切削过程中受到一定程度的磨损（图 1）。只要刀具切削刃边棱切削加工的工件处于质量特征范围之内，这种磨损是可以接受的。但是，刀具耐用时间和刀具耐用度标准限制着切削刃边棱的加工产品可使用性。但在精加工时，切削刃边棱微小的磨损已意味着这把刀具的耐用时间已经到期，因为刀具磨痕宽度 $VB > 0.2mm$ 才能获得良好的工件表面质量，而磨耗的切削刃尖已无法保证工件质量。粗加工时，由于对工件表面质量和尺寸精度的要求较低，允许刀具出现更大的磨损。

切削材料，切削刃几何形状和切削数值的优化选择对于高生产率和高耐用时间具有决定性意义，但刀具刀架的静态和动态刚性以及工件的装夹同样对切削刃边棱的高度磨损产生影响，从而产生令人无法满意的加工经济性。刀具磨损是一个无法避免的过程。只要在刀具磨损的同时，在相对较长的使用时间内创造出高切削效率，就不必将刀具磨损视为一个负面过程。只有在刀具过度磨损且不可控，并因此持续干扰生产率和加工过程安全时，刀具磨损才能成为一个问题。

多个同时作用的负荷因素导致出现刀具磨损，它们改变切削刃几何形状，使切削过程的优化受到干扰并使加工结果变差（图 2）。刀具磨损是刀具和切削材料性能，工件材料和加工条件等多个因素共同作用的结果。在切削过程中，不同的基本磨损机制（图 3）也在相互作用。

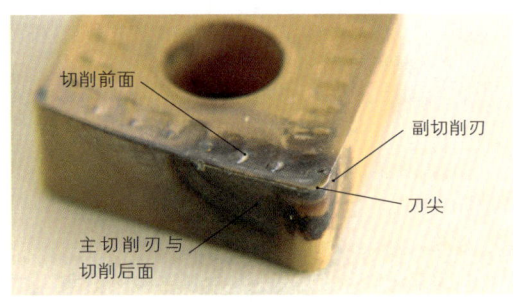

图 1：可转位刀片的磨损危险区域

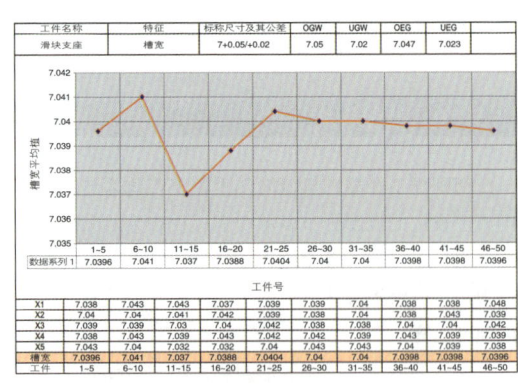

图 2：车削加工过程的质量控制卡

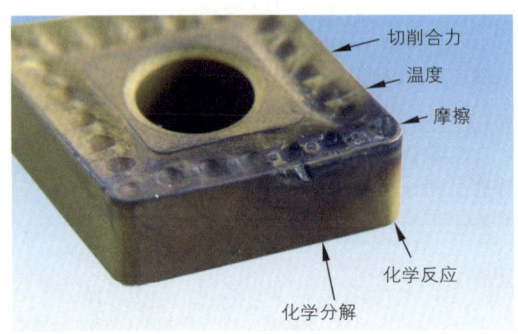

图 3：负荷因素

5.1.9.1   磨损原因

■ **磨蚀**

磨蚀是最为常见的机械磨损形式。它产生于工件材料上磨耗的硬质材料微粒在切削刃的切削后面形成的一个平面（切削后面磨损）。切削材料的高硬度以及硬质材料涂层可降低磨蚀性磨损。

■ **扩散**

扩散产生于切削材料与工件材料化学成分之间的化学亲合力。扩散磨损与切削材料硬度无关。切削前面上形成的月牙注主要是与温度相关的、碳与金属或金属碳化物亲合的结果（图 2）。

■ **氧化**

金属表面高温与空气中氧气共同作用产生氧化。尤其容易发生氧化的是硬质合金矩阵中的钨和钴，因为疏松的氧化层极易受到排出切屑的破坏。氧化陶瓷切削材料难以氧化，因为氧化铝极硬（图 3）。

氧化层首先形成于切削刃边棱部位，这里出现高温，并易于接触空气中的氧气（切口磨损）。

■ **断裂**

切削刃边棱断裂经常出现在热负荷和机械负荷点。断裂是硬质耐磨的切削材料对冲击性负荷或温度剧烈变动的反应，例如冷却润滑剂输入不均匀等即可导致出现裂纹和断裂。韧性较好的切削材料在出现大负荷时会出现塑性形变，形变提高了切削力，最终仍将出现断裂。

■ **附着**

附着主要在切削速度较低时出现在切削材料与工件材料之间。出现在切削前面的刀瘤是最为明显可见的附着现象。切屑、切削刃边棱与切削前面之间因切削压力和加工高温而使材料微粒出现上下层状焊接（图 4）。

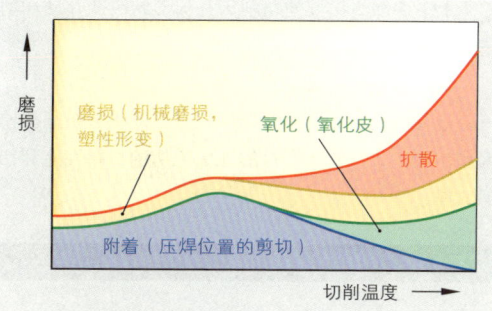

图 1： 切削时的磨损原因（根据菲尔埃格理论（Vieregge– 德国经济学家 – 译注）

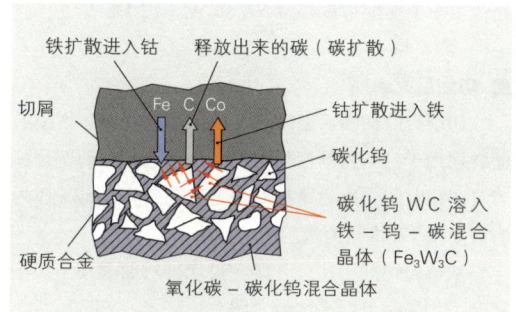

图 2：硬质合金内部的扩散过程

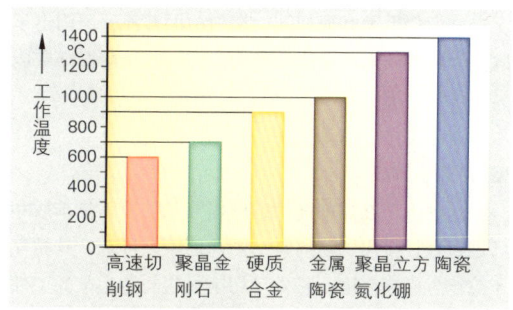

图 3：切削刃最高工作温度

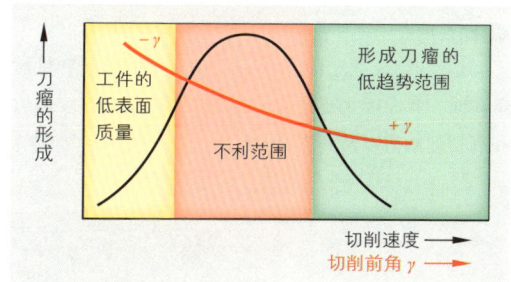

图 4：刀瘤的形成

上下叠加焊接层使切削刃几何形状改变并使切削条件恶化。

前文所述的磨损现象以集中的形式侵蚀切削刃，所以重要的是，在判断磨损形状时，准确分析磨损原因和作用方式，便于有目的地优化切削材料性能和切削数值。

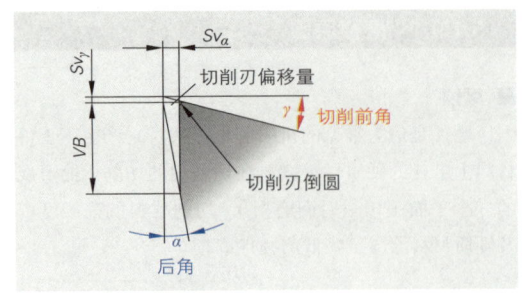

图 1：切削刃边棱磨损

5.1.9.2　磨损形状

■ 切削刃边棱磨损

材料微粒沿切削刃边棱的均匀磨耗导致出现切削刃边棱磨损。由此而在切削前面和切削后面出现的磨耗产生一个切削刃偏移量 Sv_α 和 Sv_γ（图 1）。

■ 切削后面磨损

切削刃的切削后面磨损主要因磨蚀所致。切削后面磨损用于判断刀具切削刃的磨损状态，有利于判断刀具耐用时间，因为这种磨损是均匀增大，易于作为磨痕宽度 VB 进行测量。

从原始切削刃边棱开始测量切削后面磨损。切削宽度不均匀时可取平均值（图 2）。

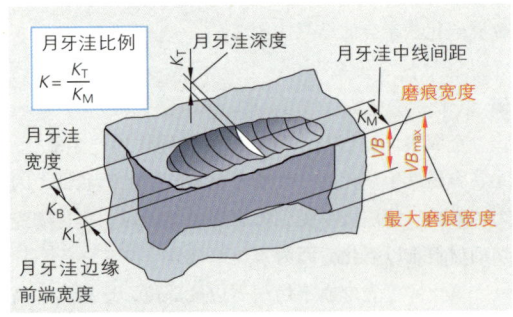

图 2：月牙洼磨损

■ 切削前面磨损

与切削后面磨损相同，切削前面磨损的原因也是磨蚀。随着切削刃负荷的增加，切削前面磨损渐变成为月牙洼磨损。

■ 月牙洼磨损

这种出现在切削前面的磨损形状的原因是扩散和磨蚀过程。排出的切屑与切削前面频繁接触，其相互摩擦产生极高温度，触发了切削材料与待切削的工件材料之间的扩散过程。

■ 塑性形变

塑性形变一般出现在切削刃过高的热负荷和机械负荷时。其原因主要是待切削工件材料的高强度数值和高切削数值以及高进给量。

■ 断裂和裂纹的形成

这一现象是切削刃高热负荷和机械负荷的结果。

■ 刀瘤的形成

它导致在切削楔的切削前面形成切屑微粒的压焊。这种现象一般出现在切削材料低切削速度范围内。加大切削数值（v_c，f）一般可避免这种现象。不锈钢，若干铝合金易于出现这种磨损形状。常用改善措施是切削材料涂层，正几何形状，提高切削数值和冷却润滑剂量等。

5.1.10　切削刃几何形状

这些角均与不同的面相关，在这些相关面上可测得这些角。

工作面

切削方向和进给方向构成工作面。

基准面

基准面是平行于刀架支承面的一个面。

切削平面

切削平面是包含切削刃并垂直于基准面的一个面。

正交平面（切削楔检测面）

正交平面是垂直于切削平面的一个剖面（图1全部）。

■ **基准面的角**

主偏角 κ：主偏角由主切削刃与进给方向构成。

刀尖角 ε：刀尖角位于主切削刃与副切削刃之间。

■ **正交平面的角**

后角 α：后角是切削后面与切削平面之间的夹角。

楔角 β：楔角是切削后面与切削前面之间的夹角。

前角 γ：前角是切削前面与基准面之间的夹角。根据切削前面位置的不同，前角可正可负。

■ **切削平面的角**

刃倾角 λ：刃倾角是切削刃与基准面之间的夹角。

这里放弃了基准系统中刀具工作角度的说法。

上文所列举的各个角对于所有的切削刀具均有意义。除此之外，还有仅在某些刀具出现的角。例如钻头的顶角 σ。它由两个主切削刃构成。钻头的切削特性与该角密切相关（图2）。

■ **角度对切削过程的影响**

角度值对切削过程具有决定性影响。在车削举例中现列举几个作用。

> 刀尖角 ε：其角度值决定着导热性能和切削刃稳定性。

大刀尖角可改善导热性能，并稳定切削刃（图3）。

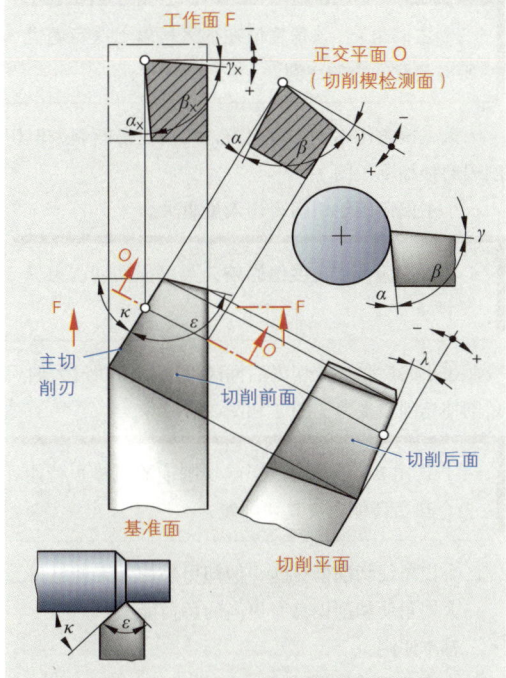

备注：α，β，γ，ε，κ 和 λ 各角也常加上测出这些角的面的标记，所以这些角的写法是：α_0，β_0，γ_0，ε_r，κ_r 和 λ_{s0}

图1：车刀各面

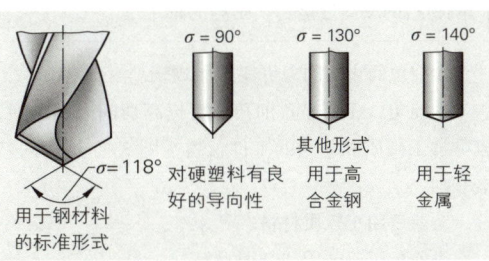

图2：钻头的顶角

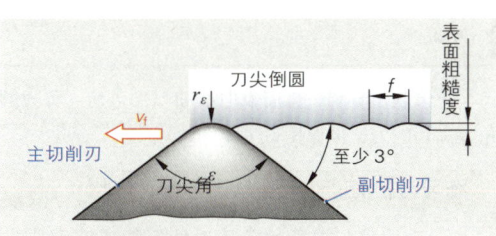

图3：刀尖角的影响

主偏角 κ：该角度值在很大程度上决定着进给力与背向力的比例。

大主偏角作用于小背向力，切屑更易断裂，但切削刃磨损加剧（图 1）。

小主偏角则使切削刃切入量更大。

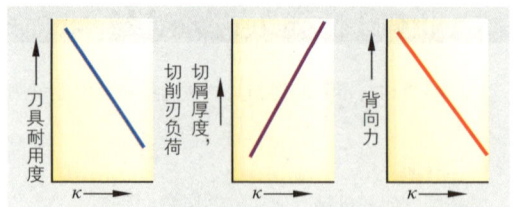

图 1：主偏角的影响作用

后角 α：该角度值影响刀具磨损和切削刃稳定性。

过小的后角导致切削后面高度磨损。而过大的后角则使切削楔变薄（图 2 和图 3）。

楔角 β：该角度值影响切削楔的机械负荷能力，热负荷能力及其切削能力。

小楔角使切削楔变薄，但却更易切入工件材料。

大楔角使切削楔具有更高的负荷能力。

基本原则：

小楔角用于软质材料。

大楔角用于硬质和坚固材料。

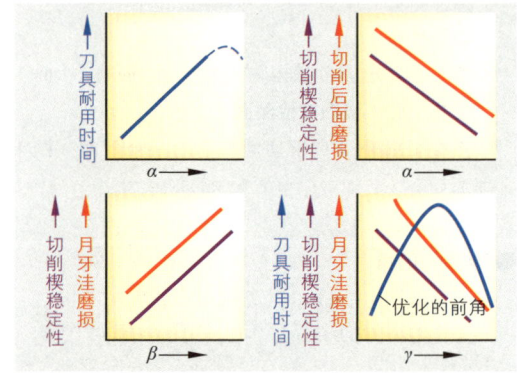

图 2：后角，楔角和前角的作用

前角 γ：该角度值的作用类似于楔角，它影响材料的成屑性能和切削刃的稳定性。

大前角而小切削力可使排屑顺畅。

小前角，主要是负前角，可提高切削力和磨损，但可加工硬质和坚固的工件材料（图 3）。这里的基本原则：

大前角用于软质材料。

小前角用于硬质和坚固材料。

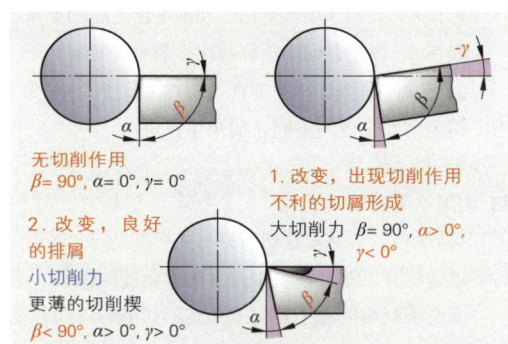

图 3：车削时，有利切削角度的产生

刃倾角 λ：该角度值影响切屑形状和排屑方向。

正刃倾角有利于排屑，但增加刀尖负荷。负刃倾角提高切削力，但保护刀尖（图 4）。

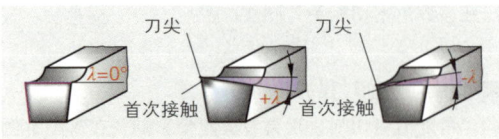

图 4：车削时，刃倾角的作用

练习与检查：

1. 后角，楔角和前角对切屑形成有哪些影响？

2. 主偏角和前角对切削力有哪些影响？

3. 改变楔角可产生哪些作用？

4. 在何种情况下采用负前角加工？

5. 后角，楔角与前角之间存在着哪些计算关系？

6. 切削刃的刃倾角如何影响切削过程？

5.1.11 Fundamentals of metal cutting

Kinematics during cutting

■ **1. Machining movements are movements that are involved in chip formation:**
- Cutting motion: (main motion) Causes the chip removal during one revolution.
- Cutting speed: Speed of the considered cutting point in the cutting direction.
- Active movement: Resulting motion from cutting and feed motion.
- Infeed: Determines the thickness of the layer to be removed.

■ **2. Machining parameters that must be set for cutting:**
- Feed: Path in the direction of Feed.
- Feed per tooth: Path directly in the feed direction between two succession resulting cut surfaces.
- Machining ratio: Ratio between depth of cut to feed.
- Cutting depth, cutting width: Width and depth of engagement of the main cutting edge.

Setting parameters of machining technology are derived from forces and tool geometry:
- Chip thickness: Thickness of the chip to be removed.
- Cutting width: Width of the chip to be removed.
- Machining cross section: Cross-sectional area of the chip to be removed.
- Removal rate: Of a tool in a given time chipped volume.

■ **3. Three stages of chip formation**
First of the three stages the upsetting takes place, the wedge penetrates into the material and compresses the material solidifies. The pressure and shear stress in the workpiece increases up to the breaking limit and a chip is sheared off.

The shearing is done at the point of maximum shear stress, that forms the shear angle with the workpiece surface. The chip is now flowing from the chip surface of the wedge.

■ **4. Chip types**
- Breaking or crumbling chips: Are short chip pieces that do not hang together. They are formed in brittle, hard materials, large depths of cut, low cutting speeds and small rake angles.
- Shear chips: Arise when single, completely separate damping parts to weld together again, They are formed in ductile materials at moderate rakeangles and low cutting speed.
- Continuous chips: Emergence of long-chipping materials, high cutting speed and large rake angles. They are desirable because of the good surface quality.

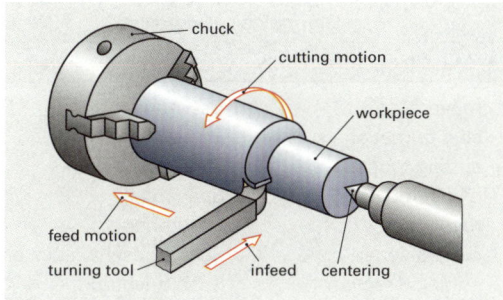

1：Machining movements

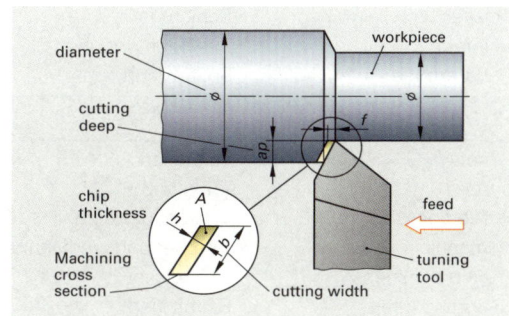

2：Machining parameter

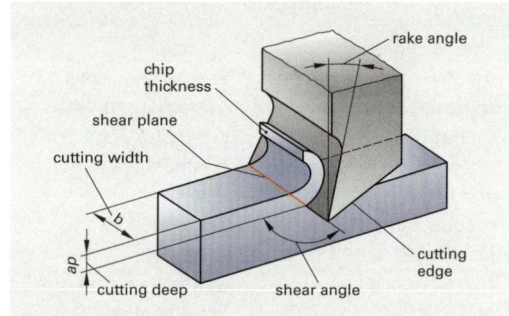

3：Stages of chip formation

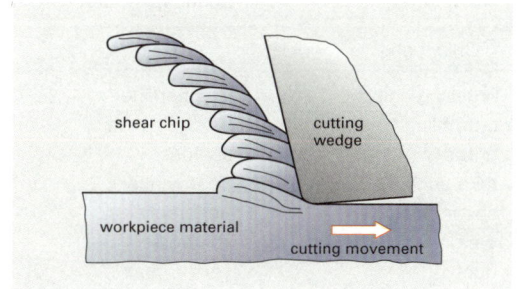

4：Shear chip

Chronological word list		Tasks regarding the text of page 145
1. Machining movements		
movement	Bewegung	1. Translate the text from the previous page into German
chip formation	Spanbildung	2. Translate the terms in figure 1
cutting motion	Schnittbewegung	3. Answer the following questions:
chip removal	Spanabfuhr	• What is meant by machine movements?
revolution	Umdrehung	• Describe the difference between the cutting movement and feed movement.
cutting speed	Schnittgeschwindigkeit	• What is the resulting motion of cutting motion and feed motion?
cutting direction	Schnittrichtung	• Who carries out drilling, turning and milling, the cutting motion and the feed motion?
active movement	Wirkbewegung	
feed motion	Vorschubbewegung	
thickness	Dicke	
layer	Schicht	
infeed	Zustellbewegung	
determine	bestimmen	
2. Machining parameter		
set	einstellen	1. Translate the text from the previous page into German
feed	Vorschub	2. Translate the terms In figure 2
feed per tooth	Vorschub pro Zahn	3. Answer the following questions:
machining ratio	Bearbeitungsverhältnis	• Describe the difference between the chip thickness and the cutting width.
chip thickness	Spandicke	• How is the chip cross section calculated?
cutting deep	Schnitttiefe	
cutting width	Schnittbreite	
cutting edge	Schneide	
3. Stages of chip formation		
chip thickness	Spandicke	1. Translate the text from the previous page into German
machining cross section	Spanungsquerschnitt	2. Translate the terms in figure 3
removal rate	Abtragsleistung	3. Answer the following questions:
repeat	Wiederholung	• Describe the shear angle and the shear plane.
upset	Anstauchen	• Why the chip on the rake face is compressed again?
crack	Riss	• Which stresses in the material, the chips are sheared?
wedge	Schneide, Keil	• What influence do the cutting speed and rake angle on the chip shape?
penetrate	vordringen	
material solidifies	Material verfestigt sich	
shear angle	Scherwinkel	
shear plane	Scherebene	
breaking limit	Bruchgrenze	
shear stress	Schubspannung	
4. Chip types		
breaking chips	Bruchspäne	1. Translate the text from the previous page into German
crumbling chips	Bröckelspäne	2. Translate the terms in figure 4
brittle	spröde	3. Answer the following questions:
rake angle	Spanwinkel	• Why are formed in hard and brittle materials only short chips?
shear chips	Scherspäne	• In what conditions the continuous chips form?
weld	schweißen	
ductile	verformbar	
continuous chips	Fließspäne	
desirable	wünschenswert	

所有切削方法的共同点是，借助楔形刀具切削刃分离工件材料微粒来制造工件形状。因此，切削方法的区别主要在于刀具对应工件形状的主运动，副运动以及为取得表面质量而要求的切削刃（参见 117 页）。

5.2 车削

在传统车床上单件加工材料为 C60 的紧固件（图 2），其毛坯件尺寸为 ø90 ×132。加工任务明确指出，必须以不同的刀具和合理的工艺顺序加工该毛坯件，才能完成制成品形状。

> 车削是使用一定几何形状的切削刃，切削加工大部分为回旋对称的内轮廓和外轮廓。

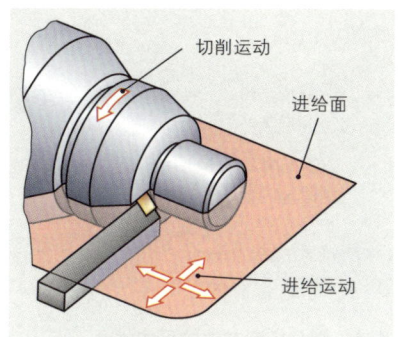

图 1：车削原理

工件在切削时一般执行闭合的、圆形的切削运动。单刃刀具固定夹紧，进给时可沿着垂直于切削方向的加工面任意运动（图 1）。

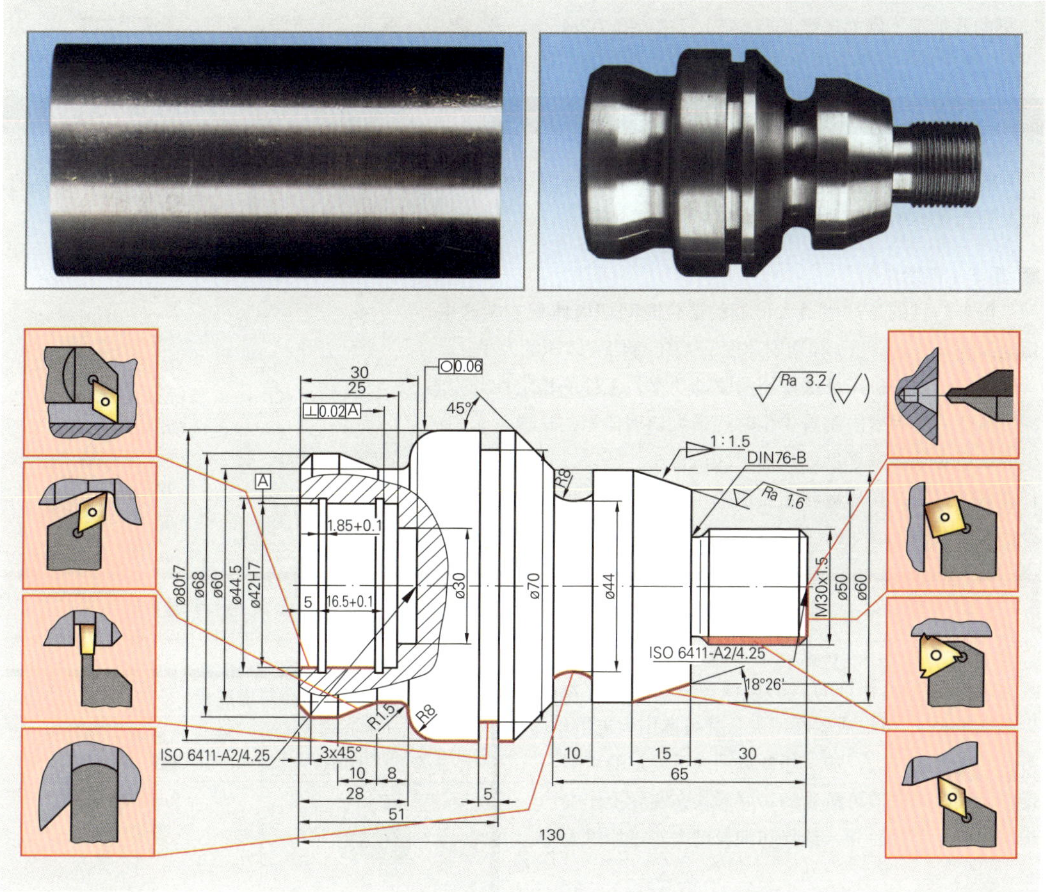

图 2：加工任务

■ 车削方法的划分

加工完成工件形状的各个特征和必要的加工步骤可作为划分的准则（图1）。由于可以遵照准则观察所执行的每一个过程，导致用于更准确描述具体车削方法的概念出现重合。例如，加工 ø42H7 称为内圆 – 纵向 – 外圆 – 车削。

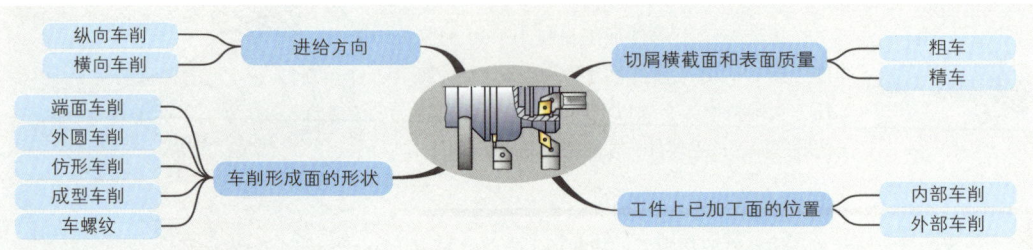

图1：划分车削方法的可能性

举例（前页图2）：

　　ø42H7 与轮廓 R1.5/R8 的区别首先是它们在工件上的位置。加工 ø42H7 和 44 的 R8 形状时需采取不同的进给方向。所有凸起面的区别是它们的形状。加工工件轮廓的所有工件特征之前，必须进行一系列的预加工。例如按照 ISO 6411 打中心孔 A2/4.25，该工艺孔不采用车削方法，但可在车床上加工。

5.2.1　切削条件和表面质量

根据工艺计划中加工步骤的工艺目的，可将车削分为前期车削和最终车削。按照加工的难度，也可将前期车削称为粗车，最终车削称为精车。

■ 粗车（前期车削）

粗车的目的是达成最大可能的单位时间切屑体积 Q。这里，切削深度 a_p，进给量 f 和切削速度 v_c 决定着切屑体积的大小。

但是，加工机床可供使用的驱动功率，工件的稳定性和刀具的负荷能力等因素限制着单位时间最大切屑体积的达成。车削产生的切屑必须顺畅平稳地从加工区域排出，所以，切屑的形状和长度必须适宜。切屑形状主要取决于工件材料，但仍可通过精心设定切削数据予以保证。

$$Q = a_p \cdot f \cdot v_c$$

Q	切屑体积
a_p	切削深度
f	进给量
v_c	切削速度

> 按照加工任务，粗车刀具应选用最大可能的楔角和刀尖圆弧半径以及刀尖角，小主偏角和负刃倾角。

大楔角 β_o 可保证刀具的机械和热稳定性。大刀尖圆弧半径 r_ε 可形成耐磨刀尖，并可选用大进给量。可选的进给量越大，加工任务范围内可设定的切削深度亦越大。为获取可接受的切屑形状，实际工作中均根据工件材料的差异，选择切削深度大于进给量4倍至12倍。

表1：刀尖圆弧半径与进给量

刀尖圆弧半径 r_ε 单位：mm	推荐的最大进给量 f, 单位：mm
0.4	0.25
0.8	0.5
1.2	0.8
1.6	1.1

缩小主偏角 κ_r 可使切屑变宽变薄（图 1）。这有利于切屑的形成。切削施加的力分布在一个更长的切削刃上。但主偏角越小，背向力 F_p 越大（图 2）。因此，约 45° 的小主偏角刀具只能用于车削稳定性极好的工件。

根据具体加工任务而采用最大刀尖角 ε_r 可保证刀具的机械稳定性和热稳定性，并降低磨损。负刃倾角 λ_s 在切削时降低刀尖负荷。因此在不规则或断续切削时选用（154 页图 2）。

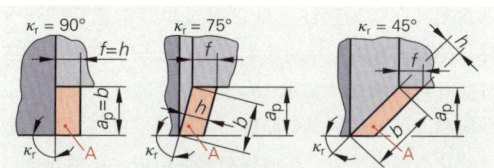

图 1：主偏角与切屑横截面

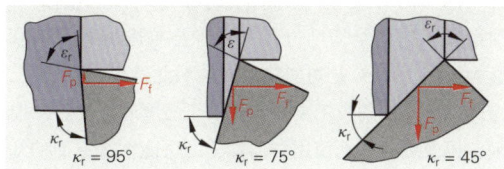

图 2：主偏角与背向力

举例：

在传统车床上，必须借助不同的车刀粗车工件（图 3）。选用刀具时，需参照前文所述所有对应加工形状的准则。

如果使用 CNC 车床，可通过带有最终轮廓精车的纵向粗车循环编程，使用两把车刀完成粗车。稍后，沿着工件轮廓执行精车时，主偏角和切屑厚度以及切屑宽度均在持续变化（155 页图 1）。因此，设定的加工尺寸必须使切屑的形成始终处于顺畅无碍状态。

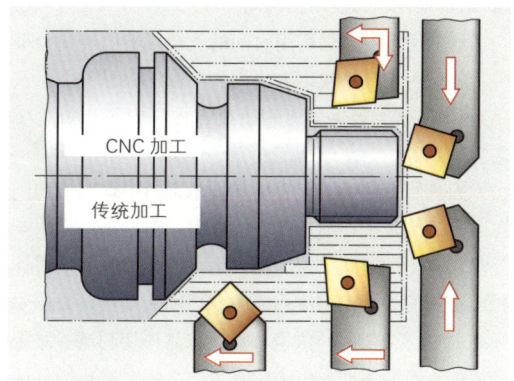

图 3：粗车举例

■ 车削的磨损形式

由于大多数车削时的高切削速度和切削温度，摩擦和扩散是车削中最重要的磨损原因。所以，切削后面磨损和月牙洼磨损是主要磨损形式。刀瘤的形成和由此而可能产生的切削刃崩裂，是加工韧性工件材料和低中速切削速度时的一个重要磨损形式（图 4）。

摩擦磨损了切削楔的切削前面和切削后面。切削温度的高低取决于切削速度，进给量和切削深度。这里，切削速度的作用为最大。提高切削速度可大幅度超比例地加大磨损，相比之下，切削深度的作用最小。在高切削温度影响下将出现扩散（磨损）。切削材料微粒分离，与排出的切屑一起运至切削区外。从而改变了切削材料的组织。

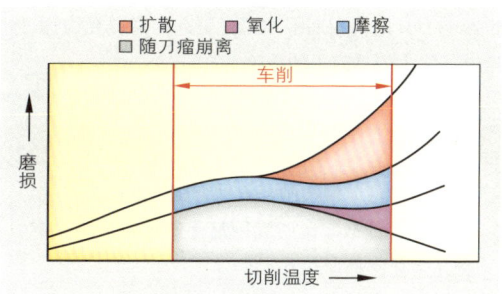

图 4：车削时的磨损

尤其在切削韧性工件材料时和低中速切削速度时，小型材料微粒周期性焊接固着在切削前面，形成刀瘤并再次剥离（参见151页）。此过程使切削前面变粗糙。可导致切削刃崩裂。切削温度极高时，还通过氧化磨损切削刃，在切削刃表面生成一层氧化皮。

切削过程中，单位时间达到的切屑体积越大，刀具切削刃的磨损越高。超量磨损的原因是不利的切削条件。它们给切削过程和加工结果施加的是不利影响（图1）。专业切削技工必须对此做出正确反应。为此，专业切削技工需要掌握关于极度磨损的特殊原因，以及更经济地使用切削加工的可能性等方面的知识（51页表1）。

■ **切削条件和刀具耐用时间**

切削速度对刀具耐用时间的重要影响已经试验证实，并已用于计算规定刀具更换期限（参见152页及153页）。这类规定也可用于批量加工时细化加工工艺流程。

刀具制造商的图表手册和技术资料中均列出切削深度，进给量和切削速度等标准值，但大多数只用于一种刀具耐用时间。若为达到更大的单位时间切屑体积或更长的刀具耐用度而需改变切削速度，则必须对标准值进行补偿。补偿值可直接从具体切削试验结果

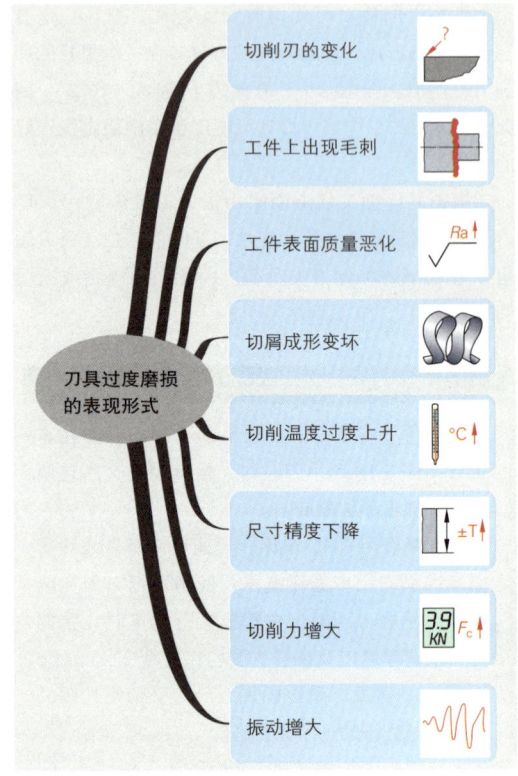

图1：刀具过度磨损的症状

构成的现有图表或数值表中查取，必要时进行插补或进行新的试验重新取值和计算。

持续保持有利切削条件，可获得良好的刀具耐用度直线，同时还可对刀具耐用时间产生积极影响（152页表2）。此外，选用刀具时，必须主要注重刀具的几何条件（后角，主偏角，刀尖圆弧半径等），因为这些因素也影响刀具的使用期限。选择更高的磨损允许标准也会延长刀具的使用期限。但这样的选择将降低加工的安全性，增大刀具破损的危险。

作业：

1. 如何分清车削与其他切削方法的区别？

2. 为什么车削时切削后面磨损和月牙洼磨损是主要磨损形式？

3. 请列举加工 M30 x 1.5 工件形状所要求的方法（参见 147 页）。

4. 车削材料为 EN AC–AlSi10Mg 的轴时，如何才能避免刀具上出现刀瘤？

5. 加工紧固件时突然出现工件表面质量恶化和振动。可能是什么原因？

表 1：磨损形式

磨损形式和可能出现的现象	可能的原因	对应措施
切削后面磨损	切削速度过高 切削材料的耐磨强度过低 进给量过小	降低切削速度 选用耐磨强度更高的切削材料 加大进给量
月牙洼磨损	因过高切削速度导致切削温度过高 进给量过大或冷却不足 切削材料的耐磨强度过低	降低切削速度 减少进给量 选用正前角 选用耐月牙洼磨损的材料
刀瘤	切削速度过低 前角的负角度值过大	提高切削速度 使用冷却润滑液 选用正前角
塑性形变	因过高切削速度导致热负荷过大，进给量过大	选用硬度更高的切削材料 降低切削速度，减少进给量 改善冷却状况
热梳状裂纹	因断续切削或不均匀冷却而产生热应力	选用韧性更好的切削材料 保证均匀冷却
崩裂 / 断裂	切削材料过脆 切削深度过大 进给量过大 切削刃几何形状稳定性过低 刀瘤形成	选用韧性更好的切削材料 降低切屑横截面（尤需减少进给量） 选用更稳定的切削刃几何形状 提高切削速度，选用正前角

表 2：所选切削条件对刀具耐用时间的影响

切屑形成	变化类型	刀具耐用时间曲线图	对刀具耐用时间的影响
工件材料	切削加工性变坏 材料 1 → 材料 2	刀具耐用时间 T（纵轴）；切削速度 v_c（横轴）。材料 1，T_1；材料 2，T_2；已选的 v_c。	工件材料的切削加工性越差，刀具的使用期限越短
切削材料	使用耐磨强度更好的切削材料 切削材料 1 → 切削材料 2	刀具耐用时间 T（纵轴）；切削速度 v_c（横轴）。切屑材料 2，T_2；切屑材料 1，T_1；已选的 v_c。	切削材料的耐磨强度越高，刀具的使用期限越长
切削深度	提高切削深度 $a_{p2} > a_{p1}$	刀具耐用时间 T（纵轴）；切削速度 v_c（横轴）。T_1，a_{p1}；T_2，a_{p2}；已选的 v_c。	切削深度设定的越大，刀具的使用期限越短
进给量	提高进给量 $f_2 > f_1$	刀具耐用时间 T（纵轴）；切削速度 v_c（横轴）。T_1，f_1；T_2，f_2；已选的 v_c。	选用的进给量越大，刀具的使用期限越短
冷却润滑	使用冷却润滑液	刀具耐用时间 T（纵轴）；切削速度 v_c（横轴）。T_2，使用冷却润滑液；T_1，不使用冷却润滑液；已选的 v_c。	提高刀具耐用度，但在采用若干切削材料时需放弃冷却润滑，目的是通过高切削温度达到有利的加工条件（参照 460 页）。

■ **精车（最终车削）**

　　精车的目的：使用最小的加工投入，保证加工图纸允许的工件表面轮廓偏差极限（图1）。常常也有小轮廓要素（如倒角，退刀槽等）直到精车阶段才完成。达到所需产品质量的重要条件是：

- 机床的一般状态。
- 加工步骤的顺序。
- 刀具，工件和装夹的稳定性。
- 已规定的磨损准则以及。
- 待选用的切削条件4。

　　主要通过适宜的加工步骤实施顺序保证工件的位置公差。可达到的形状精度有赖于机床的一般状态和加工稳定性，但切削条件的选用也有影响。工件表面可达到的粗糙度也取决于切削条件的选用和刀具磨损的发展状况。

> 　　原则上，精车时设置小进给量，并为之选用相对较大的刀尖圆弧半径。采用有利的切削刃几何形状和高切削速度常可改善工件表面质量。

　　减少进给量可降低工件表面粗糙度（图2），但同时却延长加工时间并提高成本。因此，进给量的选用下限以达到所要求工件表面粗糙度为准。如果所选进给量过小，将难以继续形成顺畅的切屑，而刀具磨损却极大。

　　刀具的刀尖圆弧半径越大，工件表面粗糙度越小。但与此同时，振动的危险却增大。

　　这里，可用图示法和一个计算规则来表述设定的进给量 f，选用的刀尖圆弧半径 r_ε 与理论上产生于工件表面的表面粗糙深度 R_{th} 之间的相互关系（图3）。在已知表面粗糙深度理论值的条件下，从曲线图可读取可能的进给量–刀尖圆弧半径组合。由于工件和刀具以及机床状态的稳定性均影响到可达到的质量，应将给定的数值视为初始数值，必要时必须予以补偿修正。

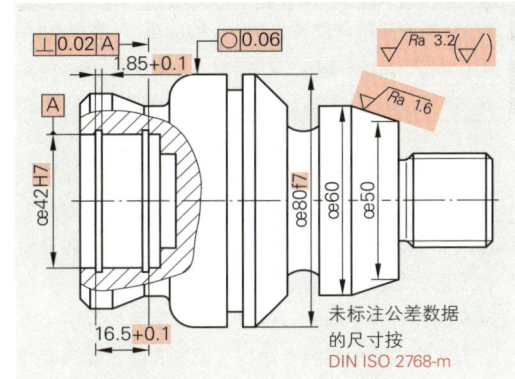

图1：加工图纸

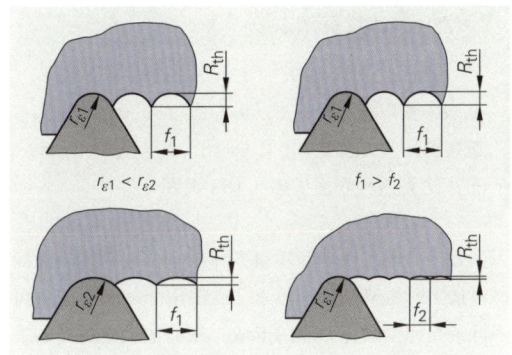

图2：进给量，刀尖圆弧半径和表面粗糙深度

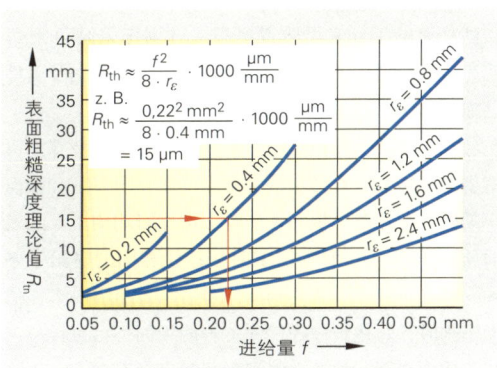

图3：刀尖半径和进给量的规定

表1：表面粗糙深度理论值 R_{th} 的配属 – 表面轮廓纵坐标值的算术平均值														
R_{th}，单位：μm	1.8	2.2	2.6	3.0	3.5	4.0	4.5	5.0	6.0	7.0	8.0	9.0	10.0	15.0	20.0
R_a，单位：μm	0.35	0.44	0.53	0.63	0.71	0.80	0.90	1.0	1.2	1.4	16	1.8	2.0	3.2	4.4

加工图纸上的检测量大部分标注的是表面轮廓形状的最大高度 Rz（平均粗糙深度），或表面轮廓总坐标值的算术平均值 Ra（表面粗糙度平均值）。在表面粗糙度形状的特性数值之间并不存在数学关系。但在文献中仍可看到不同的，可进行数值配属的说明（表1）。有实际经验的切削专业技工设置表面粗糙深度理论值 R_{th} 约等于表面轮廓形状的最大高度 Rz，并据此选定可能的进给量 – 刀尖圆弧半径组合。

举例：（147页图2）

紧固件加工图纸规定其 Ra 值为 3.2 μm。从表1查取表面轮廓形状的总高度 R_{th} 为 15 μm。选用例如刀尖圆弧半径 0.4 mm，进给量 0.25 mm 可以达到这种表面质量（153 页图 3）。

刀瘤的形成使表面质量变坏。主要在韧性较大的材料加工时提高切削速度和 / 或使用冷却润滑液，可降低甚至完全阻止刀瘤的形成，从而加工出更高的表面质量（图 1）。

正前角 γ_0 有利于切屑形成。切削产生的切屑排出更顺畅。它还阻止切削力消耗和振动危险。由此使切削加工的工件表面质量更高。选用正刃倾角 λ_s 可使产生的切屑从工件待加工表面导出，避免伤及工件已加工表面（图 2）。

在有效加工高表面质量方面，研发具有特殊刀尖造型的可转位刀片具有重要意义。在纵向车削和端面车削时，刀具更平整的表面轮廓直接影响到工件的表面质量（图 3）。实际加工时，选用相同的进给量条件，此举可降低表面轮廓形状 R_{th} 的高度约一半。仿形车削时，为达到精确尺寸，若使用同类型可转位刀片，要求采用一种补充的刀尖圆弧半径组合。

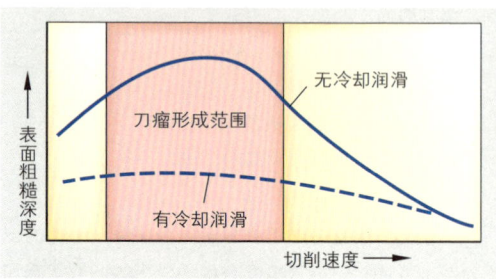

图1：切削速度与表面粗糙深度

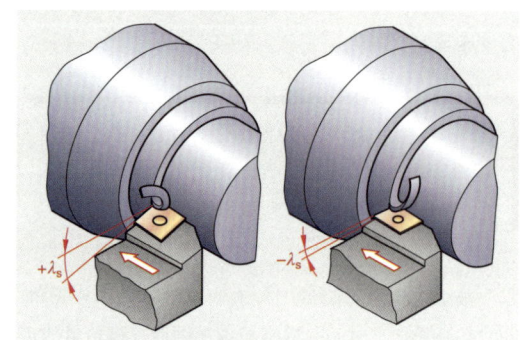

图2：刃倾角与切屑导出

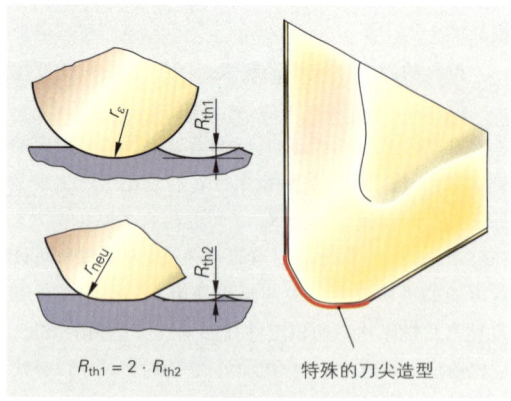

$R_{th1} = 2 \cdot R_{th2}$

图3：特殊刀尖造型的可转位刀片

精车时的切削深度由粗车留下的加工余量决定。仿形车削时，改变主偏角以及切屑厚度和切屑宽度（图1）。确定加工尺寸和进给量时必须注意，切屑宽度和切屑厚度的大小始终应以有利切屑形成为准则。

车削时，造成工件表面形状偏差的原因各有不同。关于这些原因及其影响作用的知识，对于有效加工出所需产品质量是必要的（表1）。

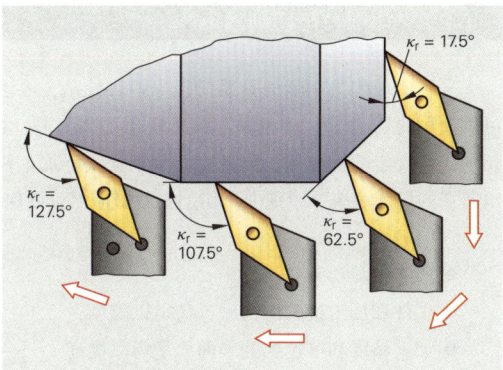

图1：仿形车削时的主偏角

表1：车削造成的形状偏差，其原因和对应措施		
原因	对形状偏差的影响	对应措施
导轨缺陷 弯曲	形状偏差 不平，不圆	通过下列措施降低切削力： • 加大前角和进给量 • 降低切削深度 • 使用带有特殊排屑槽且切削刃锋利的可转位刀片 通过下列措施降低背向力： • 加大主偏角
振动	波纹性 波纹	通过下列措施改善加工稳定性： • 加大前角和主偏角 • 使用锋利切削刃的可转位刀片 • 缩小刀尖圆弧半径
进给量 刀尖圆弧半径	粗糙度 表面沟纹	减少进给量 加大刀尖圆弧半径
切屑形成 刀瘤 磨损发展	粗糙度 网纹，鳞片状	通过下列措施改善切屑形成： • 加大前角 • 采用正刃倾角 使用冷却润滑液 提高切削速度 降低磨损标准

5.2.2 切削力与切削功率

采用最现代化切削刀具后所提出的目标是，要求粗车时使用单位时间最大切屑体积，因此，对加工机床可供使用的切削功率 P_c 越来越多地提出更高要求。在大多数小型机床上无法实现刀具和可转位刀片制造商为切削条件规定的标准值，因此，必须根据实际加工任务进行补偿。从设定的切削速度和所需的切削力可计算出所需的切削功率。原则上，切削力数值应尽可能保持较低水平，因为这将产生下列作用：

- 所需切削功率变小，
- 工件和加工机床的机械负荷得以限制，
- 加工精度和可达到的表面质量得以提高。

切削条件的改变对切削力需求的影响程度各有不同。它同时还改变了刀具的磨损状况。运用关于这些影响的可能性及其对刀具磨损发展状况负面作用的知识，可以有目的地设定和改变切削条件（表1）。

$$P_c = F_c \cdot v_c$$

P_c	切削功率
F_c	切削力
v_c	切削速度

表 1：切削条件和切削力

条件		变化类型	对切削力的影响	对磨损的影响
切削深度		切削深度的一半 $a_{p2} = a_{p1} / 2$	切削力的一半 $F_{c2} = F_{c1} / 2$	小幅度延缓磨损的发展
进给量		进给量的一半 $f_2 = f_1 / 2$	根据材料的不同降低切削力 $F_{c2} = (0.8{\sim}0.4) \cdot F_{c1}$	中等程度地延缓磨损的发展
材料		选用低耐磨强度和较软的材料	降低切削力 $F_{c2} < F_{c1}$	延缓磨损的发展
前角		前角加大 1° $\gamma_{01} = 6°$ $\gamma_{02} = 7°$	降低切削力约 1.5% $F_{c2} = 0.985 \cdot F_{c1}$	磨损的发展随前角的增大而加速
主偏角		缩小主偏角 $\kappa_{r2} < \kappa_{r1}$	提高切削力 $F_{c2} > F_{c1}$	延缓磨损的发展
切削刃边棱		采用倒圆或倒角的切削刃	提高切削力 5 %~10% $F_{c2} = (1.05{\sim}1.1) \cdot F_{c1}$	延缓磨损的发展
切削材料		采用涂层硬质合金并抛光表面的切削材料	降低切削力 $F_{c2} < F_{c1}$	延缓磨损的发展

■ **确定切削条件**

在设定最大切屑体积，节约成本的刀具耐用度和可实现的切削功率等方面的目标时，应注意粗车切削数值的选定并进行验算。由于对磨损发展和切削力需求的影响相对较小，首先应在注意已选刀具具体切削分布的同时，确定最大切削深度和相应较大的进给量。在考虑理想刀具耐用度的前提下，从切削材料制造商标准数值表或切削图表手册中选定一个切削速度。采用现行有效的计算规则检验加工机床是否具备足够的驱动功率 P_a。

用加工机床主电机驱动功率的效率计算可供使用的切削功率 $P_{c\,ver}$。现代化加工机床的效率可达 0.75 至 0.92。由切削力和切削速度可确定切削所需切削功率 $P_{c\,erf}$。由切削深度，进给量和单位切削力的乘积计算切削力的大小。

举例（147页图2）

材料 C60 装夹件在第一次装夹时，采用切削材料制造商标准数值表的切削速度值 v_c = 200 m/min 执行粗车车削（图1）。这里使用的切削材料是涂层的硬质合金 P20。精车时的轮廓加工余量为 0.5 mm，计划两个加工步骤分三次切削，同时还需检验，车床可供使用的切削功率是否足够用于单个加工变量。机床驱动功率 P_a 为 11 kW。车床效率已给定为 0.8。

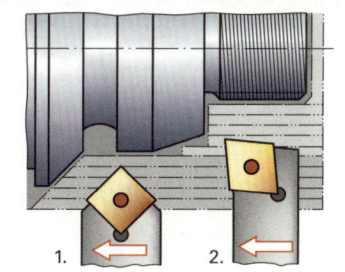

图1：

解题：（举例的工作步骤1，五次切削）：

切屑厚度 $h = f \cdot \sin \kappa_r = 0.63\ \text{mm} \cdot \sin 45° = 0.45\ \text{mm}$

单位切削力 $k_c = \dfrac{k_{c\,1.1}}{h^{mc}} = \dfrac{1835\ \text{N/mm}^2}{0.45^{0.22}} = 2187\ \text{N/mm}^2$ 或直接取表值

切削力 $F_c = a_p \cdot f \cdot k_c = 2.9\ \text{mm} \cdot 0.63\ \text{mm} \cdot 2187\ \text{N/mm}^2 = 3996\ \text{N}$

所需切削功率 $P_{c\,erf} = F_c \cdot v_c = \dfrac{3996\ \text{N} \cdot 200\ \text{m/min}}{60\ \text{s/min}} = 13320\ \text{Nm/s} = 13320\ \text{W} = 13.3\ \text{kW}$

可用切削功率 $P_{c\,ver} = P_a \cdot \eta = 11\ \text{kW} \cdot 0.8 = 8.8\ \text{kW}$（88000 W）

要求的数值	加工步骤 1			加工步骤 2		
初始直径 d_a，单位：mm	91			61		
最终直径 d_e，单位：mm	61			31		
主偏角 κ_r	45°			95°		
切削次数	3	4	5	3	4	5
切削深度 a_p，单位：mm	4.8	3.6	2.9	5	3.75	3
进给量 f，单位：mm	0.4	0.5	0.63	0.4	0.5	0.63
切屑厚度 h，单位：mm	0.28	0.35	0.45	0.4	0.5	0.63
单位切削力 k_c，单位：N/mm²	2428	2312	2187	2245	2137	2031
切削力 F_c，单位：N	4662	4162	3996	4490	4007	3839
所需切削功率 $P_{c\,erf}$，单位：W（Nm/s）	15540	13873	13320	14967	13357	12797

任何一种加工方法，若所需切削功率大于可用切削功率。这种加工不可行。使用未涂层硬质合金 P20 时，可选用图表手册的切削速度数值 v_c = 120 m/min 实施加工。

所需切削功率 $P_{c\,erf}$，单位：W（Nm/s）	9324	8324	7992	8980	8014	7678

分两个加工步骤且 4 和 5 次切削的加工方法所需切削功率小于可用切削功率。这种加工可行。

5.2.3　进刀方向的意义

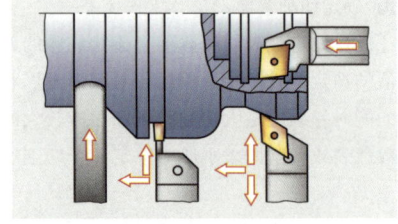

图1：车削进给方向

正确合理地完成具体加工任务时要求不同的进给方向（图1）。进给方向是车削方法基本分类的另一个特征。数控加工机床车削时，各加工步骤之间轴向刀架溜板重复纵向运动和横向运动，从而多次改变进给方向。因此，有必要将常见划分进一步细分（表1）。

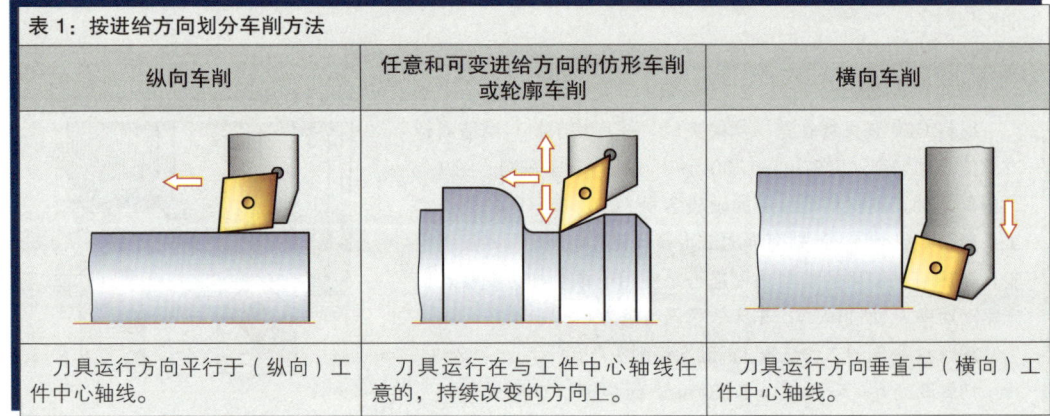

表1：按进给方向划分车削方法

纵向车削	任意和可变进给方向的仿形车削或轮廓车削	横向车削
刀具运行方向平行于（纵向）工件中心轴线。	刀具运行在与工件中心轴线任意的，持续改变的方向上。	刀具运行方向垂直于（横向）工件中心轴线。

对于加工过程中进给方向和主偏角具有决定性意义的是车刀形状。装备可转位刀片的车刀除刀夹之外（参见165页），其可转位刀片的形状也起决定性作用。

■　可转位刀片的选择

必须根据所需完成的加工任务选择可转位刀片。除加工过程中的进给方向外，特别影响选择的因素还有工件材料，切削深度和刀夹结构（图2）。

加工任务要求根据所使用的刀具确定进给方向。刀具切削刃的形状和校准必须以实际执行的进给方向为准。选择可转位刀片形状和配装刀夹时，尤需注意遵守已确定的主偏角值和副切削刃与工件轮廓之间的最小角度值（图3）。

切削材料和切削刃几何形状，切削前面以及可转位刀片切削刃的结构等要素必须根据工件材料的不同具体确定。

同时，应根据加工过程中的工艺目的选择可转位刀片的外部尺寸，刀尖圆弧半径，切削刃结构和公差等级。

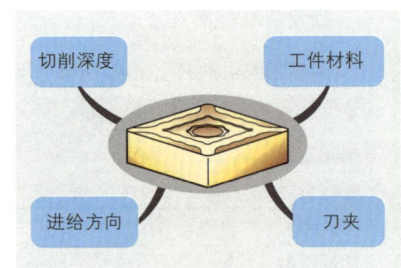

图2：可转位刀片的选择

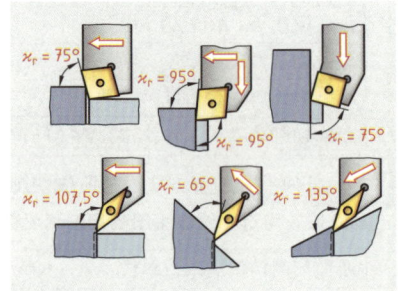

图3：主偏角 κ_r 与进给方向

为保证切削刃所要求的稳定性，已为每一种形式的可转位刀片规定了最大可用切削刃长度（图 1）。并参照切削深度和主偏角确定可转位刀片的规格。凸肩前缘车削时可显著加大切削深度。通过选用较大的可转位刀片进行车削计算。

刀夹和可转位刀片的结构存在着密切关系并互为条件。可转位刀片的形状，类型和规格都必须符合刀夹规定的装夹要求。可转位刀片的名称和结构现已标

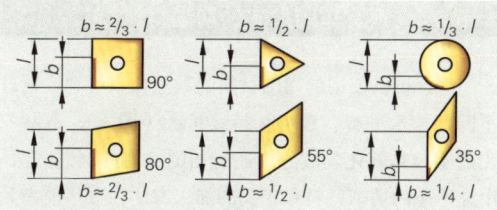

图 1：切削刃可用长度

准化（表 1）。其名称索引是一个表述可转位刀片相应特征的字母和数字组合。掌握现用名称的准确知识，对于有效无误地选择所需可转位刀片颇有裨益。

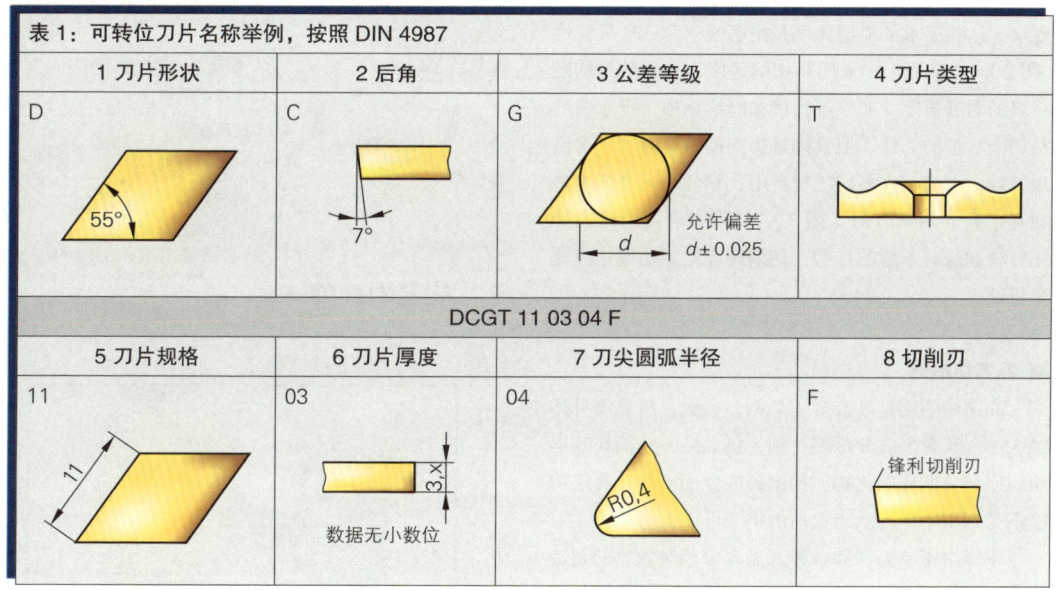

表 1：可转位刀片名称举例，按照 DIN 4987

1 刀片形状	2 后角	3 公差等级	4 刀片类型
D	C	G	T

DCGT 11 03 04 F

5 刀片规格	6 刀片厚度	7 刀尖圆弧半径	8 切削刃
11	03	04	F

举例（147页图2）：

采用仿形车削方法对复杂外形轮廓 R1.5/R8 进行粗车和精车，精车 ø42H7 采用刀尖角 55° 的可转位刀片。但粗车 ø42H7 时可采用刀尖角 80° 的可转位刀片。在这种情况下，采用高速切削钢成型车刀加工 ø44 的形状 R8（参见 178 页）。

举例中的工件材料是调质钢 C60。精车时选用的可转位刀片带有轻度正几何形状切削刃，排屑槽和尽可能锋利的切削刃。切削材料选用例如主应用组 P 的涂层硬质合金类（参照 162 页）。

精车采用的可转位刀片的刀尖圆弧半径为 0.4mm（参见 154 页）。粗车车刀的刀尖圆弧半径选为 0.8 mm。由于高精度要求，公差等级定为 G。而粗车公差等级定为 M。最小刀片规格取决于加工过程中出现的最大切屑宽度。此外，可供使用的刀夹对所用刀片规格非常重要。根据刀夹的装夹系统，外部加工和粗车时选用 M 型刀片，精车时选用 T 型刀片（参见 166 页）。

5.2.4　适宜车削加工的切削材料

当今可供使用的切削材料的数量相当可观，通过不断的技术进步，现仍在持续扩大（图1）。不断变化的不仅是其化学成分，还有切削材料的制造方法。由此产生的切削材料和相关的加工方法在数年前尚无法想象。

切削过程中，根据具体的加工条件，车刀或多或少地经受高机械负荷、化学负荷和热负荷。不同形式的磨损便是这些负荷的后果（参见151页）。

各种不同的加工任务对切削材料提出一定的具体要求。这些要求的典型体现是耐磨强度和韧性等特性（图2）。如果加工中采用高切削速度，重要的是切削材料的耐磨强度。如果进行例如断续切削，则重要的是切削材料的韧性。但具体选择切削材料时却常常出现问题，因为在许多切削材料中，韧性和耐磨强度是相互矛盾的两个方向（图3）。切削材料的持续发展还有缓和这对矛盾的目的，切削陶瓷便成功地达成这个目的。

■ **高速切削钢**

高速切削钢是高合金工具钢，合金含量最高可达约35%。其合金成分是钨、钼、钒和钴，它们在基本组织中部分形成碳化物。根据各成分的不同，高速切削钢分别用于中高动态负荷的钢工件加工。

主要由于高韧性和各种成型车刀相对较小的制造成本，高速切削钢在实际应用中保持着自己的地位。高速切削钢的持续发展扩展了它的应用范围。除传统熔炼法制造的高速切削钢外，现在还有粉末冶金法制造和涂层的高速切削钢（图4）。

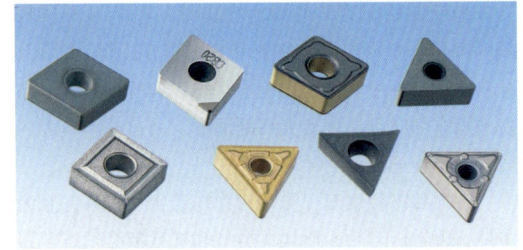

图1：现代切削材料：可转位刀片

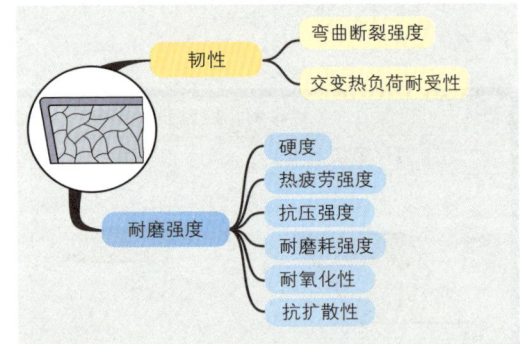

图2：对切削材料的要求

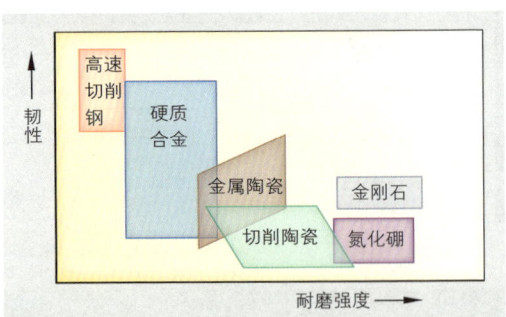

图3：主要切削材料的特性

图4：高速切削钢制成的车刀

鉴于现在可实现的切削速度，涂层高速切削钢的应用填补了未涂层高速切削钢和硬质合金之间的空缺。高速切削钢的特性可以完成切削钢材料时的特殊加工任务（图1）。

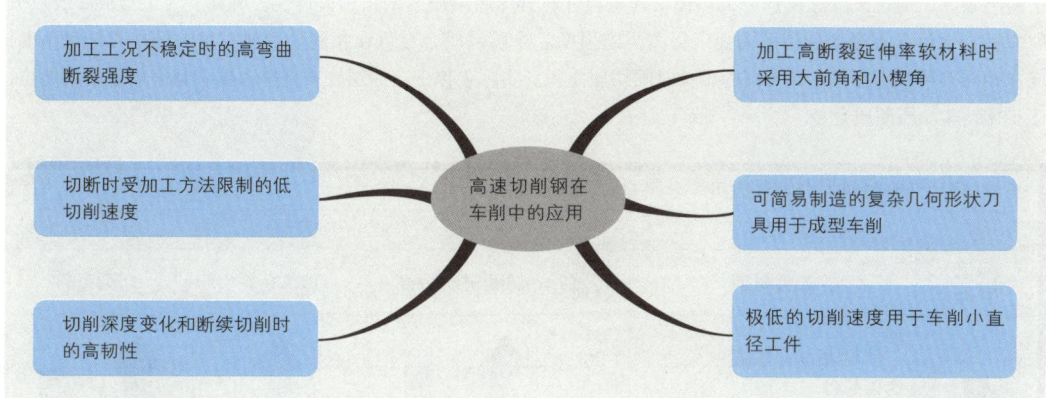

加工工况不稳定时的高弯曲断裂强度		加工高断裂延伸率软材料时采用大前角和小楔角
切断时受加工方法限制的低切削速度	高速切削钢在车削中的应用	可简易制造的复杂几何形状刀具用于成型车削
切削深度变化和断续切削时的高韧性		极低的切削速度用于车削小直径工件

图1：高速切削钢的应用

■ **硬质切削材料**

用于切削加工的硬质切削材料在名称和应用方面已按 DIN ISO 513 标准化。在切削加工指定工件材料时，为给使用者制定切削材料的使用标准，现将硬质切削材料划分为六个主应用组：P（蓝色），M（黄色），K（红色），N（绿色），S（棕色）和 H（灰色）。每个主应用组又细分为若干子应用组。子应用组的名称是主应用组标识字母后附加标识数字（162 页表1）。制造商按照耐磨强度和韧性，将他们的切削材料类型在这个系统中归类汇总。现在，几乎所有的硬质切削材料均可用于车削这种加工方法。

■ **硬质合金（HW，HF，HC）**

作为领先的切削材料，粉末冶金方法制造的硬质合金可转位刀片可用于一般的车削加工。这种材料由硬质材料和结合材料组成。其中的硬质材料采用碳化钨，碳化钛和碳化钽。并采用钴作为结合材料。合金元素的占比与种类决定着硬质合金的性能（图2）。

较高韧性的同时具有高硬度，对切削材料的这种实际需求促使细晶和超细晶硬质合金材料的研发。在不必改变结合材料的前提下，通过降低晶体粒度提高耐磨强度和韧性。

硬质合金的一种特殊形式是金属陶瓷（HT）。其中的硬质材料采用碳化钛和氮化钛替代碳化钨。金属陶瓷具有良好的化学耐受性，其耐磨强度好于未涂层硬质合金，其刀刃强度大于切削陶瓷。使用这种切削材料可在小切削深度和小进给量条件下实现高切削速度（图3）。

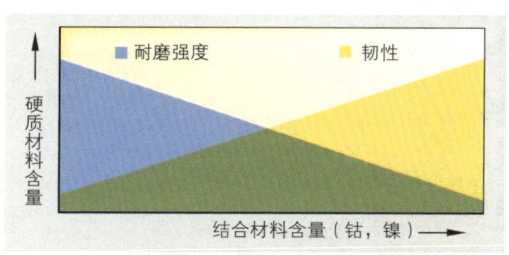

图2：合金元素的影响

图3：使用金属陶瓷进行加工

■ 涂层硬质合金

　　涂层硬质合金涂有一个由氮化钛、碳化钛、碳氮化钛或氧化铝组成的多层硬质材料涂层，此类涂层提高了耐磨强度。通过改变涂层成分，可使切削材料针对具体磨损原因增强相关特性。例如，人工合成涂层成分的积极特性可在不降低韧性的前提下提高耐磨强度。涂层硬质合金可在相同的切削方法中提高刀具耐用度，或在相同刀具耐用度时达到更高的单位时间切屑体积。实际工作中，涂层硬质合金占据着越来越重要的地位，逐步排挤非涂层硬质合金。

表 1：硬质切削材料的分类和应用（参照 DIN ISO 513）

主应用组			子应用组		
标记字母	工件材料	切削材料	切削材料特性	加工条件	切削条件
P	钢： 　所有类型的钢和铸钢，不锈钢除外	P01 P05 P10 … P50	↑1 ↓2	↑3	↑4 ↓5
M	不锈钢： 不锈钢和不锈钢铸件	M01 M05 M1 … M40	↑1 ↓2	↑3	↑4 ↓5
K	铸铁： 片状石墨铸铁 球状石墨铸铁 可锻铸铁	K01 K05 K10 … K40	↑1 ↑2	↑3	↑4 ↓5
N	有色金属： 铝 其他有色金属 非金属材料	N01 N05 N10 … N30	↑1 ↓2	↑3	↑4 ↓5
S	钛和特种合金： 　铁基，镍基和钴基耐高温合金 　钛以及钛合金	S01 S05 S10 … S30	↑1 ↓2	↑3	↑4 ↓5
H	硬质材料： 淬火钢 淬火铸铁材料 用于冷模铸件的铸铁	H01 H05 H10 … H30	↑1 ↓2	↑3	↑4 ↓5

箭头数字说明：
1 - 耐磨强度
2 - 韧性
3 - 加工稳定性
4 - 切削速度
5 - 进给量

名称举例： HT－P10
　　　　　　　　　└── 子应用组：P10
　　　　　　　　切削材料：金属陶瓷

切削材料具有高耐磨强度和相对较小的韧性。推荐用于稳定的加工条件，高切削速度和低进给量。

■ **切削陶瓷**

采用粉末冶金方法制造的可转位刀片用作切削陶瓷车刀时，其基本形状一般都是负几何形状，没有排屑槽，大多没有中心孔。切削刃一般做倒角处理，以降低断裂危险，同时可避免高切削速度时的崩刃（图1）。切削陶瓷的优点是高硬度，高耐热性能，以及优秀的化学和热负荷耐受性能。其缺点是相对较低的韧性和耐温度交变性能。

图1：切削陶瓷制成的可转位刀片

切削陶瓷的基本应用范围是切削铸铁和淬火钢，切削时一般不使用冷却润滑液。当今技术的发展已经克服了陶瓷的缺点。目前已有四种具有不同特性的切削陶瓷：

- 具有高硬度和高热硬度的氧化陶瓷（CA），但它对温度变化极为敏感。另外还有微粒弥散型增强氧化陶瓷（CR）。
- 具有韧性和耐温度交变性能强于氧化陶瓷的混合陶瓷（CM）。
- 具有高韧性和高切削刃稳定性的氮化陶瓷（CN）。
- 涂层陶瓷（CC），由于在保持相同韧性的同时具有更高的耐磨强度，其实用意义逐渐增大。

■ **金刚石**

金刚石是所有已知材料中最硬的。作为切削材料，金刚石分为两种形式：单晶和聚晶。实际用于车削的是人工合成制造的聚晶金刚石（DP）。它主要用于精车有色金属，纤维增强型塑料和微粒弥散型增强塑料、玻璃和陶瓷。小型金刚石切削刃用于硬质合金可转位刀片（图2）。加工时，切削区温度不允许超过600℃。由于金刚石对铁材料具有高亲合性，金刚石刀具不适宜切削黑色金属材料。此外，金刚石的高脆性也要求稳定的加工条件。

图2：配装聚晶金刚石的可转位刀片

■ **立方氮化硼（BN）**

立方氮化硼是一种极硬的切削材料。它具有比切削陶瓷更高的断裂强度，硬度和热硬度，对铁材料的亲合性很小。由这种切削材料制成的车刀可用于带有烧结或焊接刀尖的硬质合金可转位刀片，部分刀尖还需根据形状与刀杆补充连接（图3）。立方氮化硼的应用范围是切削硬质铁材料。

图3：采用立方氮化硼进行硬车

举例（147页图2）：

可使用硬质合金类P20粗车C60工件。精车时，则使用金属陶瓷。加工 ø44 的 R8 时，使用高速切削钢的成型车刀。

5.2.5 加工面的位置

车削方法因工件加工面的位置各异而各有不同。根据车削过程中加工面位于工件外面或里面，可把车削分为内部车削和外部车削（158 页图 1）。

■ 加工的稳定性

保证最佳加工稳定性是加工计划的一个基本目标。加工的稳定性主要取决于加工机床，切削条件，待加工工件，相应的装夹，以及所选用的刀具及其磨损状态（图 1）。

加工机床的稳定性取决于机床的类型、结构、规格和磨损状态。选择不当的切削条件，如过小的切削深度，过小的进给量，小主偏角和过大的刀尖圆弧半径以及刀具的磨损发展等，均会导致切削过程中出现振动，从而明显降低加工稳定性。

工件的稳定性取决于工件的形状，加工面的位置，以及与加工面位置相应的待选装夹方式。切削后，车削件刚性的特性值是伸出长度 l 与工件直径 d 的比例。

根据工件装夹方式，可按上述比例将工件划分为稳定工件、半稳定工件和不稳定工件（图 2）。

为提高轴类零件的加工稳定性，可将工件装夹在两个顶尖之间。这就要求预先打中心孔（参照 177 页）。如果无法装夹在两个顶尖之间或工件长度不能满足这种装夹方法，可使用一个预加工件加装在跟刀架上，附加支撑和导向（图 3）。固定中心架安装在车床床身，其位置应是工件预期的最大挠曲点。同时行进的跟刀架应装在刀架纵向托板上尽可能靠近加工点的位置。

刀具的稳定性由刀具最小悬空长度，最大刀杆横截面，稳定的刀具装夹和刀夹定期保养维护等因素保证（图 4）。

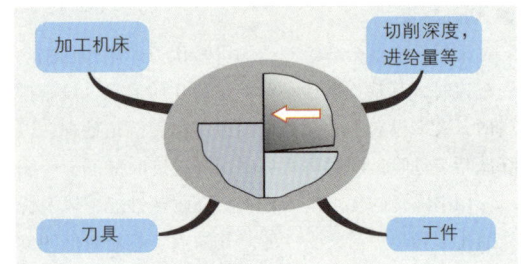

图 1：加工稳定性的影响因素

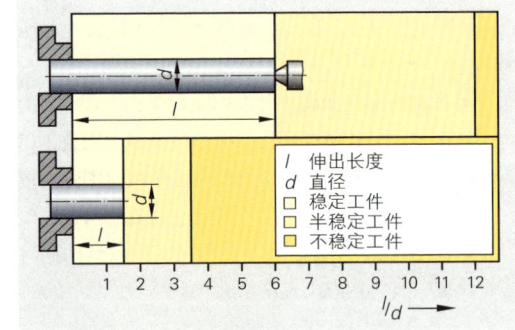

图 2：卡盘夹持的工件和轴类工件

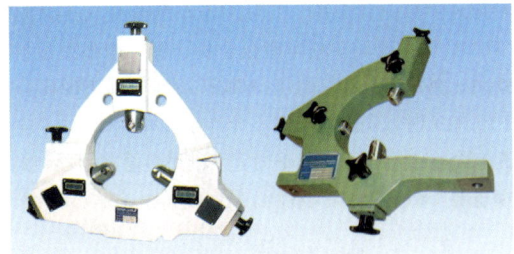

图 3：固定的中心架和随行的跟刀架

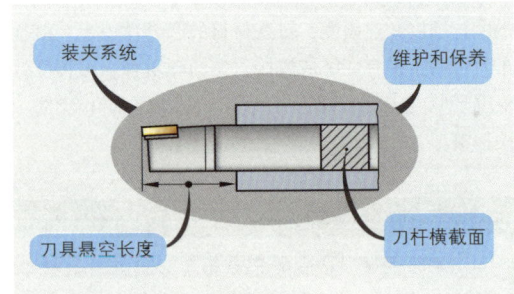

图 4：刀具稳定性的影响因素

■ 可转位刀片的刀夹

正确选用车刀对于加工稳定性具有重要意义。今天，大部分应用实例中，车刀的形式已是装备着可转位刀片的刀夹。焊接切削刃的车刀和全切削材料的实体车刀仅用于少数加工任务。根据装夹系统的不同，可转位刀片在刀夹上的固定形式分为：夹紧或螺栓上紧。与焊接切削刃的刀具相比，这种装夹方式的优点在于：

- 标准化的可转位刀片拥有种类繁多的形状、型号、结构和规格，其材料是各种各样的切削材料。这就使根据各自具体加工任务合理选用优化刀具成为可能。

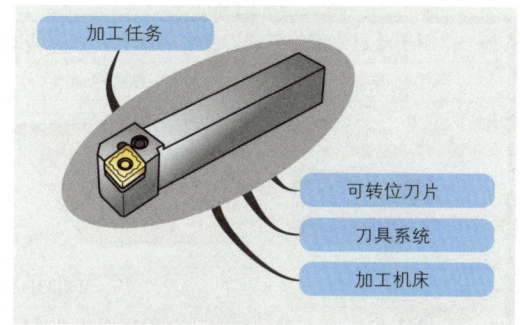

- 装夹系统可在已夹紧的刀具上便捷和高重复精度地更换切削刃。显著降低刀具预调和更换的成本。

影响刀夹选择的因素：待完成的加工任务，根据任务预选的可转位刀片，刀具系统和加工机床（图1）。

目前，针对刀夹装夹系统，已有多种特色迥异的技术解决方案。对于普通车削加工，刀夹装夹建立在四个基本原理的基础之上（表1）。每一种装夹系统都有其具体特点和特性值，选用时必须予以重视（图2）

图1：刀夹选择的影响因素

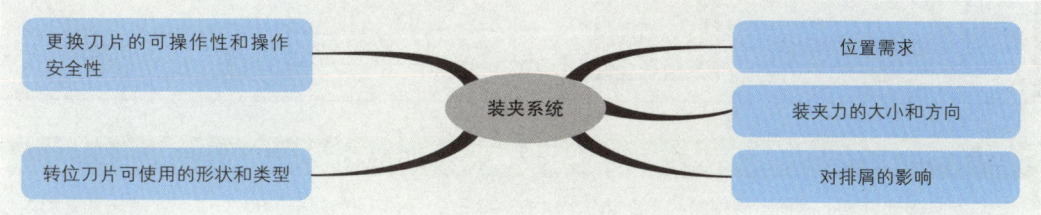

图2：装夹系统的特征

表1：装夹系统 – 特性和应用

	C	M	P	S
原理	从上面装夹	从上面装夹，通过孔装夹	通过孔装夹	通过孔拧螺栓
重要特性	用于无中心孔的正转位刀片；用于较小力和作用方向不变化的力	组合夹紧；易于接近切削刃；用于较大切削力，占空间位置大	简单、快速和安全地更换刀片；不妨碍切屑排出	用于带有中心孔的正转位刀片；占空间位置小
应用	用于低强度工件材料的高精度和中等精度加工；不用于仿形车削和拉削	用于较高强度工件材料的高精度和中等精度加工，不用于车内圆	用于粗车车削外部和内部	用于精车外部和内部

刀夹的选用应视具体加工任务的要求而定。必要的进给方向和切削时可实现的主偏角，是决定刀夹结构和形状以及可转位刀片形状的主要因素。所选的可转位刀片形状必须符合刀夹规定的装夹形式。刀夹的尺寸亦必须符合加工机床所使用的刀具系统。一个刀夹用于外部加工还是内部加工，均取决于加工面的位置和据此设定的几何条件。

用于普通内部和外部车削加工的可转位刀片刀夹的名称均已标准化（表1和表2）。关于标准化名称的知识可使切削技工正确无误地选用所需刀夹。

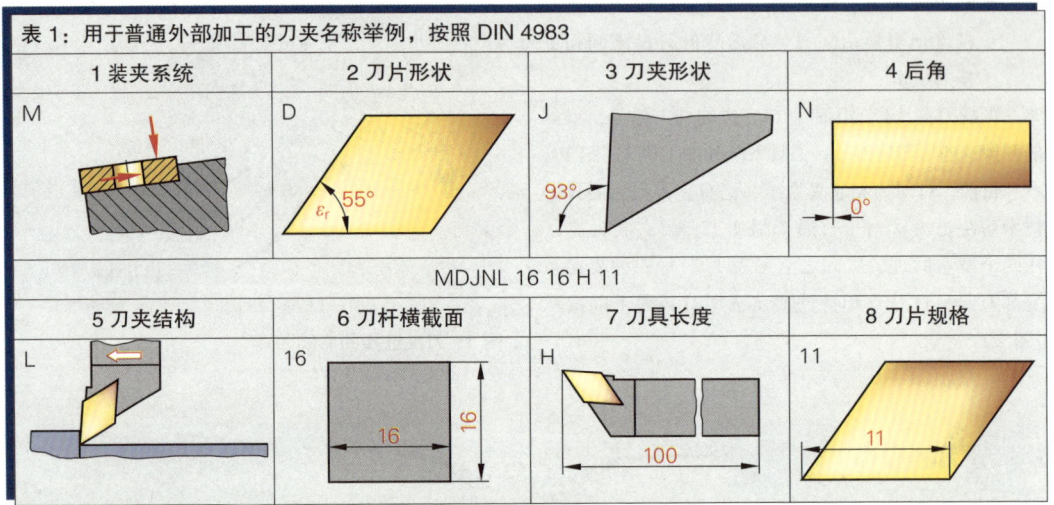

表1：用于普通外部加工的刀夹名称举例，按照 DIN 4983

1 装夹系统	2 刀片形状	3 刀夹形状	4 后角
M	D 55°	J 93°	N 0°

MDJNL 16 16 H 11

5 刀夹结构	6 刀杆横截面	7 刀具长度	8 刀片规格
L	16　16×16	H 100	11　11

举例（147页图2）：

粗车外部轮廓，根据可转位刀片（DNMM 11 03 08 F），采用一种主偏角93°(J)，M 装夹系统的刀夹。刀夹尺寸取决于所使用的加工机床。考虑到加工的稳定性，选择刀具宽度和刀具高度应尽可能大，而刀具长度应尽可能小。车削在旋转轴中心后面进行。所以必须使用左边结构刀夹（此处旋转轴中心是自动车床编程时的概念，不适用于传统车床 – 译注）。

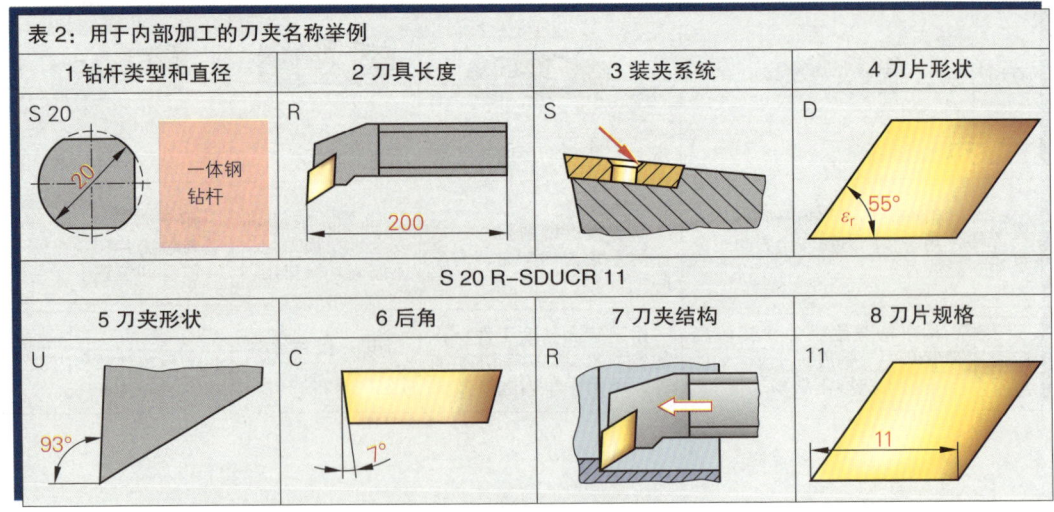

表2：用于内部加工的刀夹名称举例

1 钻杆类型和直径	2 刀具长度	3 装夹系统	4 刀片形状
S 20　20　一体钢钻杆	R 200	S	D 55°

S 20 R–SDUCR 11

5 刀夹形状	6 后角	7 刀夹结构	8 刀片规格
U 93°	C 7°	R	11　11

举例（147页图2）：

　　精车 ø42H7 孔，预选可转位刀片（DCGT 110304 F），为该刀片配装的刀夹主偏角 93°（U），装夹系统 S。加工机床所使用的刀具系统决定钻杆直径和刀具长度。车削在旋转轴中心前面进行。所以必须使用右边结构刀夹（此处旋转轴中心是自动车床编程时的概念，不适用于传统车床 – 译注）。完成这样的加工任务，使用简单的钢钻杆（S）即可。

　　定期维护和保养刀夹是保证加工稳定性的一个重要因素。正确无误的知识，例如关于各种装夹系统的具体结构和合理操作，对于有效使用这些刀具无疑是必要的（图1）。

■ **模块化刀具系统**

　　使用传统刀具系统时，机床总运行时间中生产性加工时间的比重相对较低。一半以上的时间必须用于辅助工作，如准备，检测，更换工件和刀具，以及维护和保养等。

　　模块化刀具系统由各种不同的支架、转接器和由快速装夹系统选择组合的切削刀具组成（图2）。使用模块化刀具系统可大幅度降低刀具预调费用。

　　在配有自动换刀装置的机床和加工中心上使用这种系统尤具优点。部分超越加工方法限制的刀具组装灵活性，是现有装备优化利用和加工计划多样性的一个重要前提条件。

■ **内部加工的特殊性**

　　保证加工稳定性的因素，刀具悬空长度和刀杆横截面，在内部车削时常常成为问题。根据加工任务的不同，有时必须要求刀具悬空长度大和刀杆横截面小。冷却润滑液的供给和切屑的排出输送也可能成为问题。加工时还会出现降低刀具耐用度的振动，从而导致工件质量不佳，并产生噪声。对于判断加工任务和选择钻杆至关重要的是刀具悬空长度与钻杆必需直径之比（图3）。

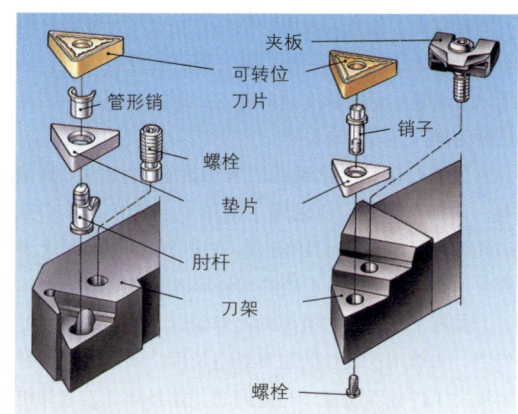

图1：刀夹的装夹系统

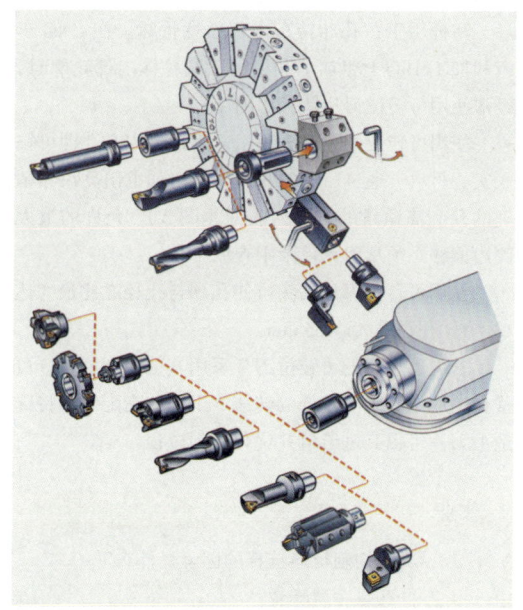

图2：模块化刀具系统

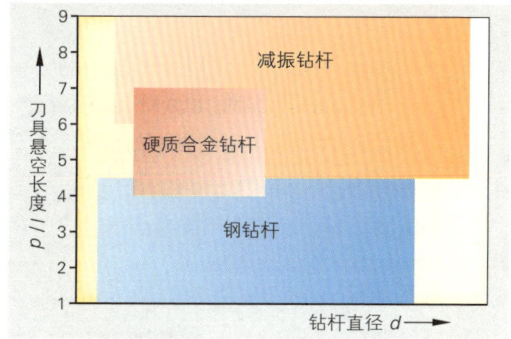

图3：钻杆的使用

根据加工任务，选用的钻杆直径应尽可能大。但必须考虑为排屑留出足够空间。钻杆长度设定时，必须以刀具最小悬空长度时所能达到制造商推荐的装夹长度为准。

为降低切削时出现的力和因此而出现的刀具偏差，内部车削时，应采用主偏角 $\kappa_r \approx 90°$，正切削刃几何形状和锋利的切削刃。切削深度 a_p 必须大于刀尖角 r_ε，从而保证正确的切屑形成并降低振动。

减振钻杆可加工极深的内部轮廓，但由于装夹的规定，只能用于较长的刀具悬空长度。使用减振钻杆可提高工件表面质量，与此同时，还可降低刀具和机床的磨损以及噪声干扰。减振钻杆常常装备可更换和可调节式切削头（图 1）。

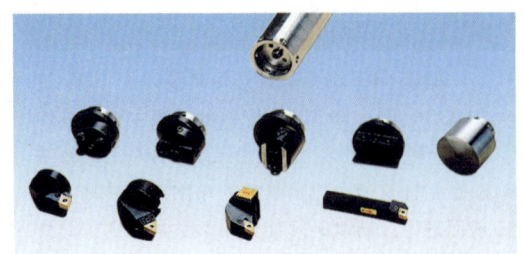

图 1：配装可更换切削头的钻杆

钻杆用于扩孔和精车内部任意轮廓。在 CNC 车床和加工中心上粗加工和精加工圆柱体内部轮廓时，经常使用可转位刀片钻头（图 2）。

使用可转位刀片钻头时，无需预打中心孔即可钻入实心材料。通过后续的侧边偏移可加工出高尺寸精确的孔和高质量的工件内表面（图 3）。允许的最大侧边偏移必须从刀具目录中查取。

使用可转位刀片钻头可使孔深与孔径之比最大达 13：1，孔径最大达 65 mm。

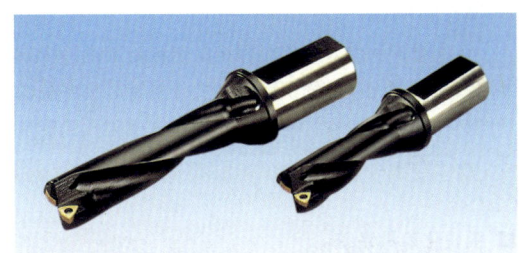

图 2：可转位刀片钻头

若内部车削的可转位刀片采用其他切削材料，可优化适应钻头中心较低的转速。不同的高配置和特殊造型刀片可提高进给量并优化切削过程。

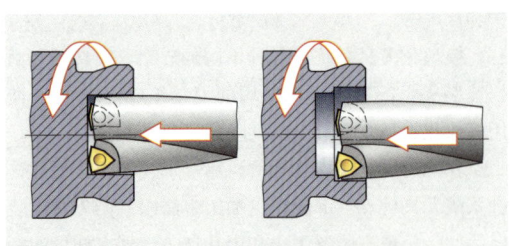

图 3：可转位刀片钻头的应用

作业：

1. 决定切削材料选择的因素是什么？

2. 什么是金属陶瓷？

3. 作为切削材料，金刚石不适宜加工哪些材料？

4. 请译释下列名称：

刀片 DIN 4987–CNMM 12 04 08 E–M20。

刀夹 DIN 4984–PCANL1616 M 11。

5. 请讨论模块化刀具系统的有效使用。

举例（147页图2）：

选用可转位刀片钻头加工内部轮廓 ø42H7。使用 ø30 钻头实体钻孔并扩孔至 ø40 后，采用侧边偏移量 1.007 mm 精加工。孔底端面必须使用钢钻杆和相应的可转位刀片精车。

5.2.6　工件轮廓的几何形状

现在用不同的形状标记待加工工件的几何形状，其加工要求使用不同的车削方法。加工过程所产生的面的形状是划分车削方法的另一个重要特征（表 1）。

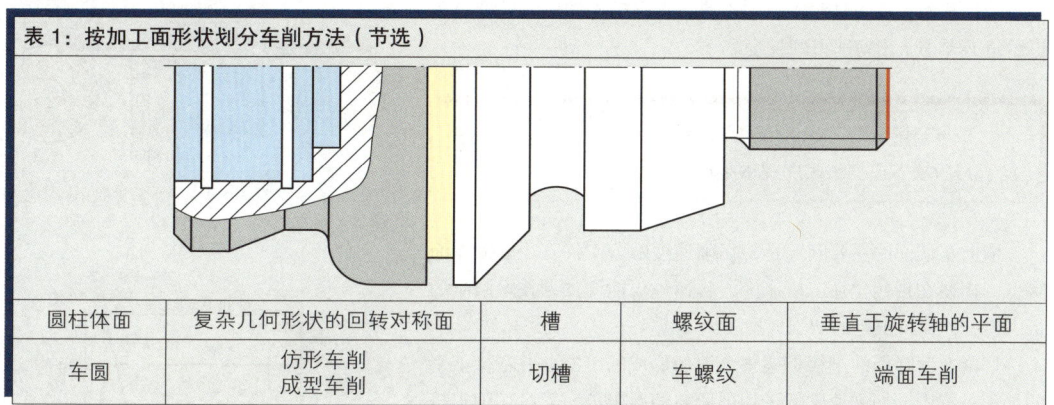

	表 1：按加工面形状划分车削方法（节选）			
圆柱体面	复杂几何形状的回转对称面	槽	螺纹面	垂直于旋转轴的平面
车圆	仿形车削 成型车削	切槽	车螺纹	端面车削

■ **圆柱体外表面和垂直于旋转轴的平面**

车圆和车端面是最简单的车削方法，各种车床均可毫无问题地完成这类车削。根据进给方向的不同，还可将车削方法继续细分（表 2）。

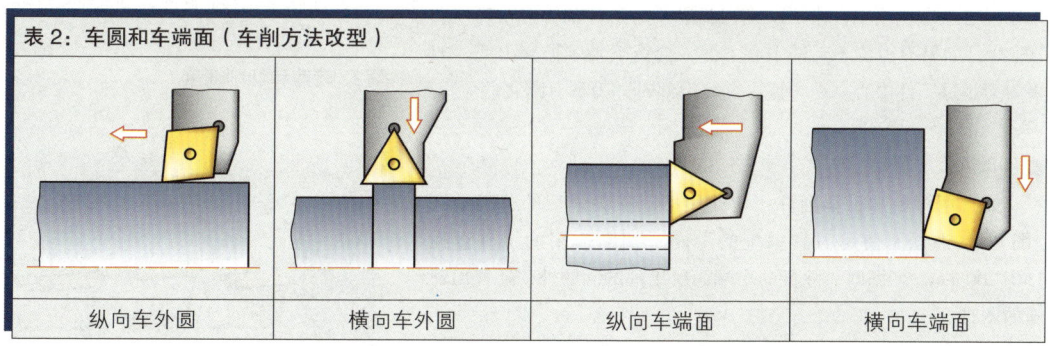

表 2：车圆和车端面（车削方法改型）			
纵向车外圆	横向车外圆	纵向车端面	横向车端面

纵向车外圆和横向车端面是圆柱体外表面和垂直于旋转轴平面车削方法的典型改型。

横向车外圆和纵向车端面作为独立的加工步骤则很少使用，但它们是复杂加工过程的组成部分。

纵向车外圆时，除加工面位置、工艺目的和进给方向之外，选择刀具的重要因素是相邻加工面（图 1）。

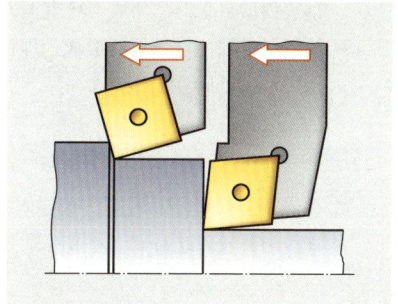

图 1：纵向车外圆

加工棒料需使用特殊的纵向车外圆方法，即粗车。采用这种车削方法时，旋转的车刀头加工静止的工件（图1）。

车刀头在圆周均匀安装三个或多个可转位刀片。粗车车削所使用的刀片主偏角极小。这样可使高负荷更均匀地分布在刀具切削刃上，从而提高刀具耐用度。为获得良好的工件表面质量，其进给量必须小于副切削刃的长度。

> 粗车车削方法可提供所需尺寸精度和低表面粗糙度的棒料，为后续多道加工工序提供半成品。

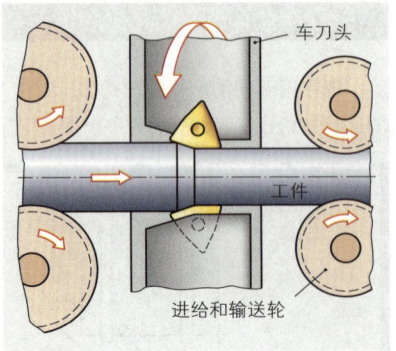

图1：粗车

横向车端面的主要问题是，切削速度随着工件直径的减少而降低。即便在现代化加工机床上，转速也仅能增加到技术限制的最大值，以保持恒定的切削速度（图2）。

切削速度降低的过程贯穿整个刀瘤形成的范围。并在接下来的加工过程中，切削速度低于切削所需的极限值。刀具切削刃挤压工件材料，振动加剧。因此，车端面应尽可能避免车至工件中心。

如果工件还需加工内部轮廓，应首先打一个中心孔。工件若无内部轮廓加工要求，如有需要，也可预打中心孔。如果出于技术原因必须车削至工件中心，则刀具必须与工件轴心线精确校准（图3）。如果刀刃位于工件中心下部，会留下轴颈形突出部。如果刀刃越过工件中心，在车掉这个突出部时，刀具有断裂危险。

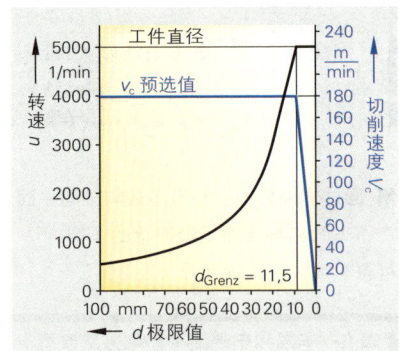

图2：转速和切削速度

■ 切断

如果用棒料加工车削件，应使用切断作为最后的分离方法（图4）。根据所使用刀具系统的不同，切断适用的工件直径150~200 mm。切断时，除横向车端面所出现的问题外，还将出现新的困难：

- 工件材料位于刀具两边。这可能妨碍排屑，并可能导致工件表面质量受损，切屑卡死直至刀具断裂。
- 切断时必须注意切屑的形成，即便工件直径较大，仍必须保证顺畅排屑。

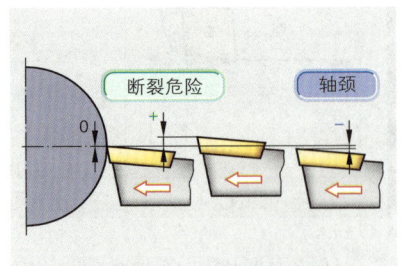

图3：刀具调整

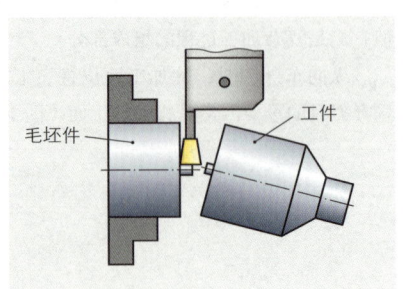

图4：切断

● 出于节约材料的原因，应谋求最小切断宽度。但这将损害刀具的稳定性。

切断刀具主要装备可转位刀片（图1）。带杆刀具加工直径最大至 50 mm 的工件。装夹在特殊夹头的切断刀用于直径更大的工件。

切断所用刀片大多是对称形状，小前角，并配一个可横向挤压切屑的特殊排屑槽（图1）。为使刀片不被卡住，切削刃向后逐渐变细，并在侧面开出后角。为在整个直径范围内都能获得有利的加工条件，刀片宜使用高韧性切削材料。

切断常需"从上边进刀（译注：原文此处用括号，表明这是口语，不是技术专用术语。原意指换边，此处指从上边进刀，工件从下向上旋转，主要利于排屑）"车削。此举可改善排屑。切断时，尤为重要的是使用冷却润滑液。它有利于排屑和降低刀具磨损。

为保证刀具稳定性，根据工件直径的不同，必须参照标准值表确定一个最小切断宽度。并据此选择可转位刀片。工件直径也决定着刀夹的选用。原则上，切断刀具的刀夹应选用如下设置：最小刀具悬空长度，最小刀具伸出长度，最大刀片占位和最大刀杆横截面。

新近研发的切断刀具，虽然切断宽度更小，但刀具稳定性更高。刀片的更大可选数量和刀夹的更广泛应用范围均有助于更有效的刀具应用（图2）。

为进一步降低振动危险，刀夹以90°主偏角装入。工件装夹时，必须使切断点尽可能靠近夹具（图3）。接近工件中心时，宜减少进给量。这样可均衡因切削刃负荷增加而逐渐不利的切削条件。工件即将分离前，可把进给量减少至25%。这样可降低残留轴颈尺寸的不利影响。

工件断落时可能会给工件或刀具造成损伤。车床加工中心装备有截住落下工件并立即在副轴加工工件后面的工装。

切断后，工件上仍可能保留着一段轴颈。如果第二次装夹时不加工工件后面，应进行无轴颈切断（图4）。使用左或右转位刀片可抑制轴颈的形成。切断管材时，这种刀片还可阻止干扰环的形成。由于侧边作用的挤压力，必须根据不同的工件材料减少进给量，最大减至50%。

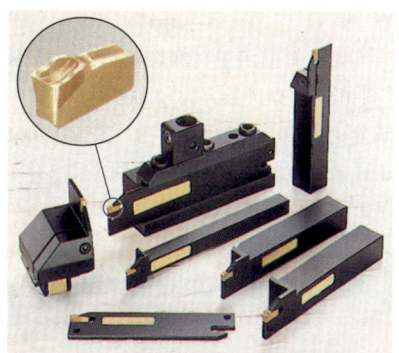

图1：切断刀具

图2：现代的切断车刀

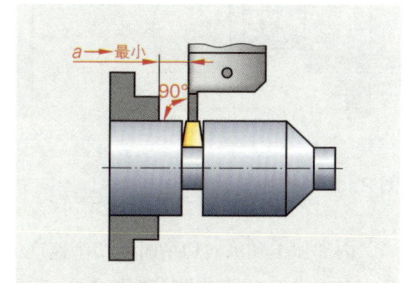

图3：降低振动危险

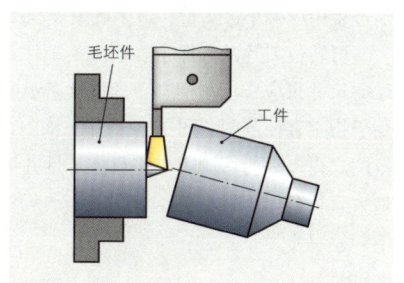

图4：无轴颈切断

■ 槽

切槽车削用于在回转对称工件圆周和端面切出窄槽和宽槽（图 1）。根据进给方向和加工面位置，切槽车削方法还可以继续细分（表 1）。各种不同的加工策略均取决于槽宽，槽深以及槽在工件上的位置和工件的稳定性（图 2）。此外，还需注意除切断车削方法所述问题之外的其他特点。

> 切槽刀宽度越小，槽越深，所选进给量必须越小。

图 1：在端面加工一个槽

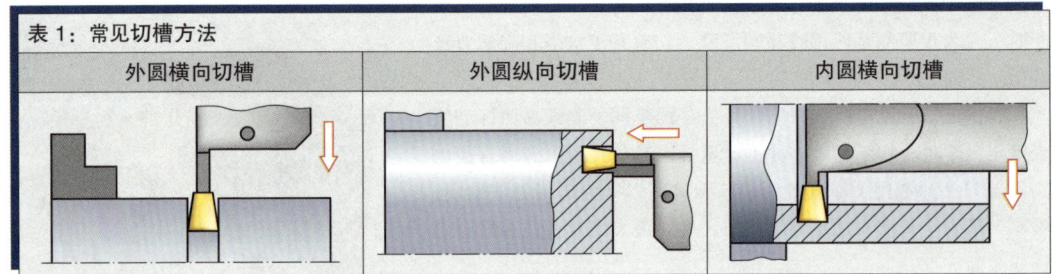

图 2：切槽的加工策略

内部加工和纵向切槽时的切削速度最大可降低 60%。为降低切宽槽多次切入时作用于侧边的挤压力，刀具在各次进刀之间应进行移位调节，移位量至少达到刀片宽度的 2/3，也可选择移位量达刀片宽度的 5/3。这样，两次走刀之间，保留了一段未加工的环柱体。此举可使刀片的负荷均匀，并优化排屑。球面切槽时，切削过程中应减小进给量，最多可减少 50%（图 2）。

可转位刀片的选择主要取决于工件上槽的深度和位置。刀具悬空尺寸只应选用车槽必要的尺寸。纵向切槽刀片的刀夹只允许用于指定直径范围（图 3）。待加工槽的直径必须在这个指定直径范围之内，因为否则刀夹将靠上工件并损坏工件。切槽时，应从最大直径车削至最小直径。

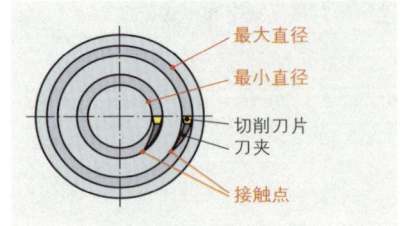

图 3：可用直径范围

切槽时常使用带有弹簧夹紧的刀具装夹系统（图1左）。这种装夹系统的优点是，刀片更换简单可靠，重复精度高。切宽槽时，常对有横向和纵向进给的加工流程进行编程。此外，无论如何都必须使用螺栓装夹系统（图1右）。这类刀夹也常用于CNC仿形车削。刀具的切削刃非常易于调整，现在已开发出数量众多的刀片几何形状，可用于各种差异极大的加工任务。

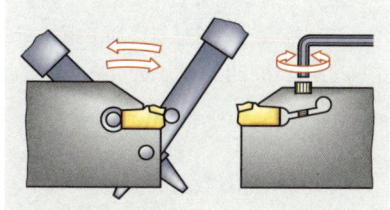

图1：装夹系统

■ **螺栓面（螺纹）**

在车床上车削螺纹已有多种方法，可根据加工任务的要求相应实施（表1）。

表1：螺纹切削方法

加工任务（举例）	中等质量螺纹，小标称直径	包括所有螺纹类型的高质量螺纹	长螺纹和管螺纹接头	螺纹轴
加工方法	攻丝	车螺纹	用螺纹梳刀切螺纹	螺纹旋风铣削
刀具	板牙，丝锥	螺纹车刀	螺纹梳刀	螺纹旋风铣削装置

攻丝时，大多数只需一个加工步骤即可完成螺纹的加工。使用板牙或丝锥加工外丝和内丝（图2）。加工时，刀具轻易地使工件材料变形。因此，外螺纹的螺栓外圆应略小于标称直径，内螺纹的孔内圆应略大于螺纹根直径。具体加工数值可查表获取，或使用经验公式计算。

攻丝时，借助顶尖座套筒使板牙轻松压向工件。在传统车床上，丝锥的夹具是后顶针座。如果在CNC机床上采用丝锥加工螺纹，推荐使用一种带有轴向长度补偿装置的夹具（图3）。为保证攻丝的准确无误，工件应精确倒角，倒角宜宽。攻丝的切削速度宜极低，并保证足量冷却润滑。

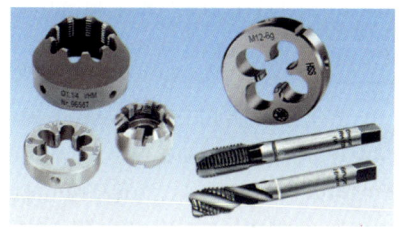

图2：攻丝刀具

图3：刀具装夹

最常见的螺纹加工方法是使用装备可转位刀片的刀具车削螺纹。车削螺纹时，通过与待加工螺纹断面形状相关的成型刀具的精确进给运动产生螺纹。进给量必须符合螺纹的螺距（图1）。

传统车床车螺纹时，通过丝杠和丝杠主螺母实现进给运动。工作主轴的运动通过变速齿轮传输给丝杠，实现丝杠的运动（图2）。通过变速操纵杆，必要时通过预先更换变速齿轮，实施必要的螺距调整。

CNC机床车螺纹时，控制系统根据转速和螺距计算进给量。进给电机推动刀架溜板按所需速度行进。较为早期的控制系统还必须预先编程一个恒定转速。

螺纹车刀切削刃类型和形状的选择主要由待加工螺纹决定。原则上，可转位刀片的形状必须与待加工螺纹断面形状相吻合。但可以使用不同类型的刀片（图3）。

使用整体成型可转位刀片可加工出一个完整的螺纹形状，其螺纹深度和半径等绝对符合标准。加工过程中同时校准初始直径。但这种可转位刀片只能精确地用于一个具体的螺距。

部分成型刀片用于一个小螺距范围。螺纹尺寸从范围内最小螺距开始，它不加工初始直径。因此，由此加工出来的螺纹断面形状与标准的偏差极小。为保证两个螺纹轮廓侧面的几何形状近似相等，刀具刃倾角 λ 必须等于螺纹螺旋角 ρ（图4）。

这样可阻止切削后面单边磨损，并提高刀具耐用度。为使可转位刀片的刀夹可用于各种不同螺距的螺纹加工，宜采用相应的垫片调节倾角。刀具所需倾角可计算得出，或从曲线表查取。

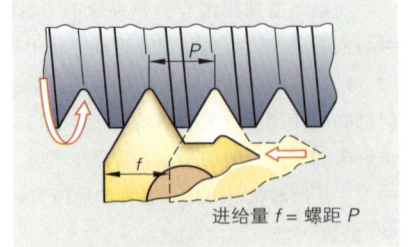

图1：螺纹车削原理

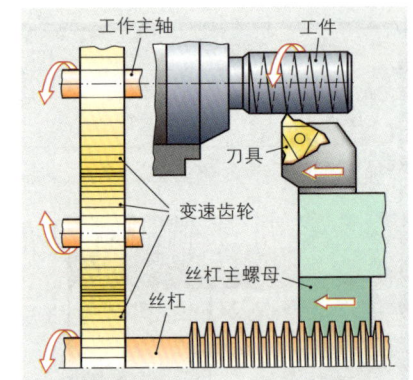

图2：进给运动

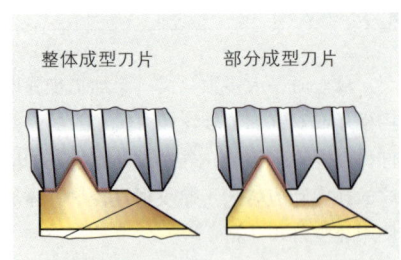

图3：螺纹车削的刀片类型

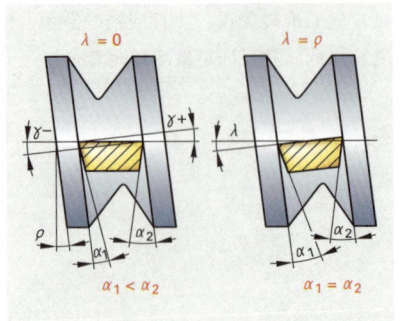

图4：刀具刃倾角

为防止尺寸和形状错误，螺纹车刀的装夹必须精确对准工件中心。由于磨损高，螺纹车削所采用的切削速度远远低于外圆纵向车削的切削速度。但此举增加了刀瘤形成的危险。因此，建议螺纹车削时务必使用冷却润滑液。

对于加工工件外圆或内圆的左旋螺纹或右旋螺纹，现在已有工作轴旋转方向，进给方向和刀具结构等要素的多种组合可供使用（表1）。

车削螺纹宜根据加工任务和可供使用的加工机床选择最有利的组合。这类加工大多采用卡盘。但卡盘也可以反向旋转。因此，必须改变工作轴的旋转方向和刀具的安装位置，或使用左边结构刀具车削右旋螺纹，反之亦然。原则上，可转位刀片与刀夹的结构必须相互一致。

> 螺纹车削时，无法仅用一个工序完成螺纹加工。

要求切削的次数取决于螺距和工件材料（表2）。相同螺距时，对切削难度大的工件材料所计划的切削次数必须多于易切削材料。每次切削所需的横向进给可采用径向进给、侧边进给或两边交替进给等多种方式（176页图1）。

径向进给时产生 V 字形切屑，这种切屑主要在较大螺距时难以预料。此外，可能产生振动。切削刃相对均匀地在刀尖处经受高机械负荷和高热负荷。

径向进给主要用于小螺距螺纹和短切屑工件材料。在传统车床上，这种进给方式比沿着螺纹轮廓侧面的侧边进给更容易实现。

这种进给方式时，由横向刀架和上刀架实施横向进给。上刀架的横向进给数值必须计算。使用 CNC车床时可对这种进给方式进行编程。

图1：外圆螺纹的加工

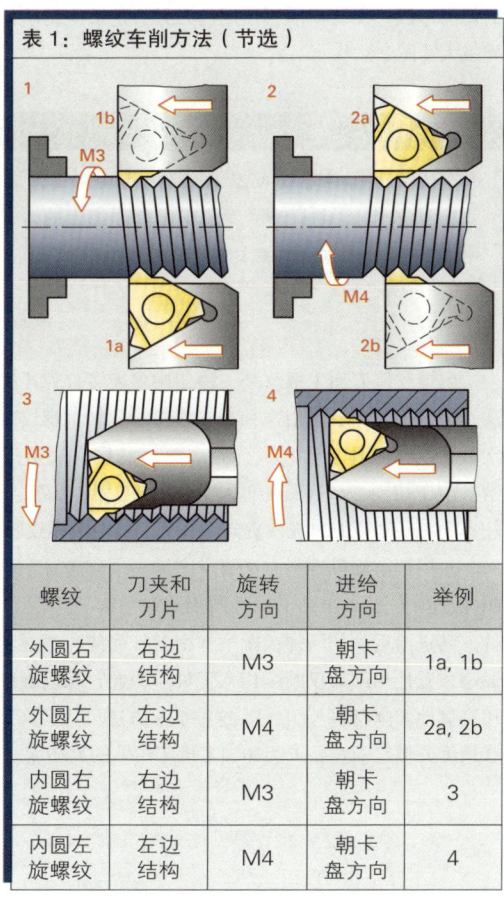

表1：螺纹车削方法（节选）

螺纹	刀夹和刀片	旋转方向	进给方向	举例
外圆右旋螺纹	右边结构	M3	朝卡盘方向	1a, 1b
外圆左旋螺纹	左边结构	M4	朝卡盘方向	2a, 2b
内圆右旋螺纹	右边结构	M3	朝卡盘方向	3
内圆左旋螺纹	左边结构	M4	朝卡盘方向	4

表2：切削次数

螺距 P 单位：mm	1.0	1.5	2.0	2.5	3.0
切削次数	4~8	6~10	7~12	8~14	10~16

侧边进给时，切屑可更好地形成和排出。从而降低颤振倾向。切削刃的机械负荷和热负荷均低于径向进给。位于进给方向的切削刃承担大部分切削任务。

为改善工件表面质量和位于进给方向反向切削刃切削后面的过度磨损，横向进给角度可略小于螺纹啮合角。

侧边进给适用于长切屑工件材料，不稳定工件和内部加工。两边交替进给则特别适用于加工大型螺纹断面形状。可转位刀片磨损均匀。有利于延长刀具耐用度。但这种进给方式在传统车床上成本很高。因此主要用于 CNC 机床。

由于每次进刀产生的切屑横截面应保持大致相等，径向进给量必须连续降低。需注意不能低于必需的切屑厚度，以保证良好的切屑形成。螺纹车削所使用的刀具必须适应具体任务，因此差异极大（图 2）。

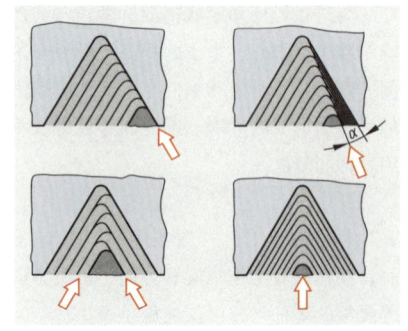

图 1：横向进给方式

> **举例（147页图2）：**
>
> 加工紧固件螺纹 M30 x 1.5，选用加工方法 1a（参见 175 页表 1）。由于使用传统车床单件加工的方式，需采用径向进给。根据螺纹螺距并参照工件材料 C60，计划 8 次切削。

用螺纹梳刀加工螺纹是一种使用多齿转位刀片的螺纹车削方法（173 页表 1）。采用这种加工方式时，加工螺纹所必需的切削次数更少，具体视齿系数而定。这里的横向进给只能是径向进给。由于切削力和高颤振倾向，此法仅适用于稳定性好的工件。较小的工件则可能出现位置问题，因为需要大螺纹收尾。

采用螺纹旋风铣削方法要求车床必须装备一个驱动刀架。与粗车车削方法一样，工件外圆周边装有多把刀具，高速切削工件。其进给运动同如螺纹车削，由丝杠完成。通过工件和刀具的偏心位置使切削刃仅断续切入工件。因此，螺纹旋风铣削刀具采用高韧性切削材料（图 3）。这种加工方法可达到高尺寸精度和形状精度，但它同样要求例如加工机床主轴的高精度。

图 2：螺纹车削刀具

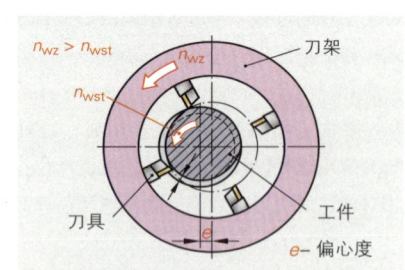

图 3：螺纹旋风铣削

图 4：旋风头

在普通车床上车锥度，这种方法仍在继续发展。这种车削方法有几种改型，如上刀架回转和调整后顶针座（表1）。具体方法的选用需视具体加工任务而定。必需的加工数据必须从图纸读取或计算，并据此对机床进行设定。

表1：普通车床车锥度的方法		
	上刀架回转	**调整后顶针座**
应用	由于上刀架行驶距离的限制，此法仅用于短圆锥	由于稳定性降低，此法仅用于非常狭长的圆锥（后顶针座最大调整幅度为工件长度的2%）
确定必要的机床设定值	锥角 $\frac{\alpha}{2}$ $$\tan\frac{\alpha}{2} = \frac{D-d}{2 \cdot L}$$	后顶针座调整度 V_R $$V_R = \frac{D-d}{2} \cdot \frac{L_w}{L}$$
切削方法的原理	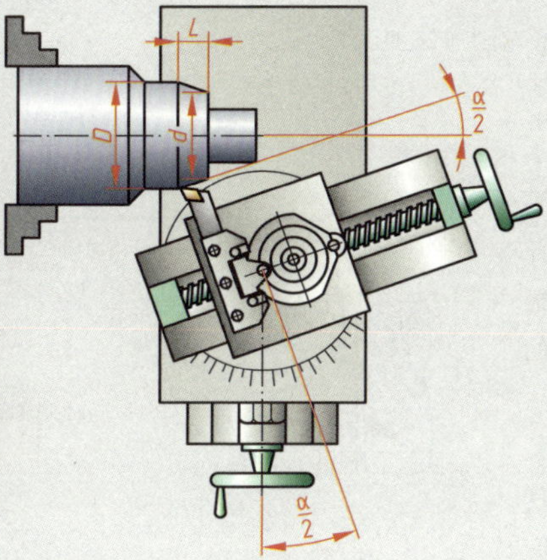	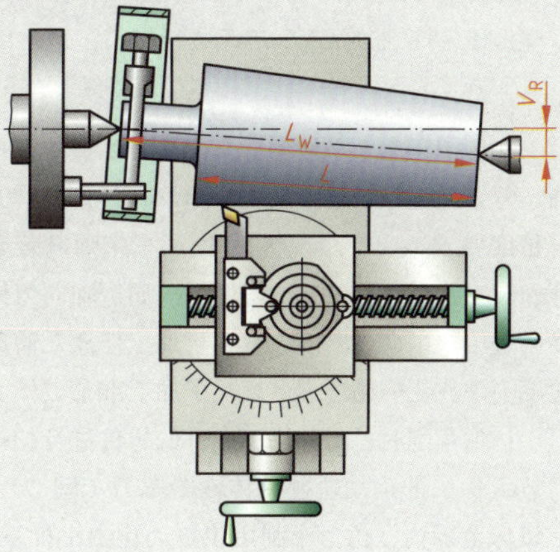
说明	可用锥度量规检查上刀架的设定	工件长度和中心孔深度均对调整度产生影响。为增强安全性，应使用球形顶针尖。
为避免尺寸和形状偏差，车锥度的刀具必须与工件中心精确对中。		

■ 中心孔

> 为使工件在两个顶尖之间夹紧，必须在工件端面确定中心。

在车床上用中心钻头打出中心孔。中心钻头的规格和形状均已标准化，可根据具体加工任务选用。钻头选择的重要依据如下：

- 尺寸和工件材料。
- 必需的装夹力。
- 确定工艺流程。

加工图纸均标出所有打中心孔所需的数据和说明（图1）。

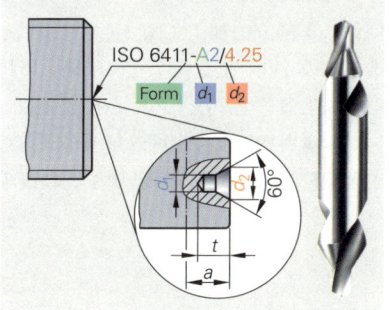

图1：中心钻头的选择

■ **任意几何形状的回转对称面**

成型车削或仿形车削可加工任意形状的外表面。这些车削方法的区别在于刀具的复杂程度和进给运动。

成型车削时，将待加工形状预置在刀具上。因此，沿工件轮廓进行简单的进给运动即可满足加工要求。而仿形车削的特点却是复杂的进给运动和简单的刀具（图1）。

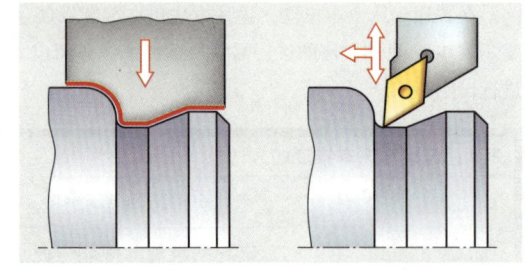

图 1：成型车削和仿形车削

举例（147页图2）：

采用横向成型车削方法加工紧固件的形状要素：ø44 的 R8。所需刀具采用合适的高速切削钢车刀磨刃制造。为避免尺寸和形状偏差，前角应为 0°，装刀时，刀具必须与工件中心精确对中。也可使用装有轮廓控制系统的 CNC 车床进行加工，这里用仿形车削方法加工 R8 更为有效。

在传统车床上采用仿形车削法有如下缺点：成本高，复杂，受限于仅可加工简单形状，且经常无法满足精度要求。而使用现代化 CNC 车床则显著增加任意回转对称外表面加工的可能性。通过轴向刀架溜板横向进给与纵向进给的重叠，可加工任意几何形状的轮廓。现代化的循环程序简化了加工准备工作。

仿形车削时，对待加工工件的样件进行扫描。然后放大探头的运动轨迹并传输给车刀（图2）。在现有机床范围内，仿形车削用于自动化中小批量生产。自由仿形车削时，机床操作人员手工操作刀架溜板和横刀架按所需形状进行运动。然后使用量规检查由此产生的轮廓。这种方法只用于尺寸和形状偏差较大的单件加工。

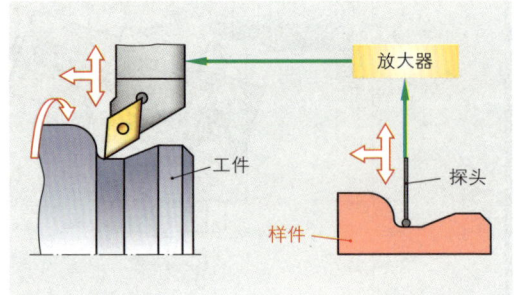

图 2：仿形车削

■ **偏心形状**

小型工件上的形状要素，其对称轴并不全等于工件中心轴线，但与之平行，这类形状应在传统车床采用偏心车削方法加工（图3）。在工件两个端面均打出工艺中心孔，但这两个孔位于偏心形状的对称轴线上。加工前，工件按工艺中心孔装夹。

卡盘夹持的工件也可以对准车床花盘并夹紧。加工大型偏心工件时需使用特殊工装和机床。

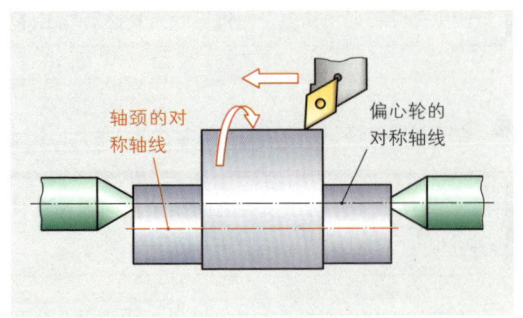

图 3：偏心车削

在可控主轴运动（C 轴）的 CNC 车床上，通过插补 C 轴与车刀横向进给（X 轴）可加工偏心形状。

如果机床转塔刀架内装备有可驱动刀具，这种机床可以通过铣削方法非常有效地加工更为复杂的形状（图 1）。

■ **压花（滚花）**

> 采用压花或滚花铣方法可以加工工件表面的表面形状。

压花时，工件表面无切屑成型。加工过程中，固定在一个稳定夹具内的滚花小轮在工件上挤压出它的表面形状（图 2）。根据各种不同的压花，工件直径扩大约滚花分度的 1/3 至 2/3。工件和刀具的机械负荷极高。因此，加工时的切削速度很低，并施加足量冷却润滑液。如果成型的滚花比滚花小轮宽，可以采用纵向进给。

滚花铣时，工件表面的形成伴有切屑分离。其机械负荷小于压花。因此，这种加工方法用于稳定性较差的工件（图 3）。

制作不同的滚花需用不同的滚花小轮及其组合。压花需使用带有倒角的滚花小轮。而滚花铣的滚花小轮则边棱锋利。滚花小轮有不同的标准分度。根据工件直径，滚花宽度和工件材料决定分度尺寸。

图 1：在车削件上加工六角形

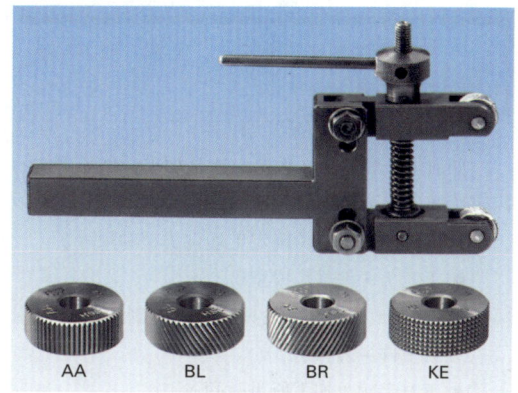

图 2：滚花刀具和滚花小轮

图 3：滚花铣

作业：

1. 粗车与其他车削方法有何区别？

2. 为什么横向–端面车削避免车至工件中心？

3. 避免切断时的振动危险应采取哪些必要措施？

4. 工件端面切槽时应注意哪些事项？

5. 车螺纹与用螺纹梳刀切螺纹有何区别？

6. 车螺纹时，切削次数取决于何种因素？

7. 请解释传统车床的车锥度方法？

8. 中心孔的形状与尺寸取决于哪些因素？

5.2.7 车削加工计划

在实际工作中，要求专业切削技工对自己的工作高度负责。主要在小批量和单件加工时，他们不可避免地需对客户的不同愿望作出反应。而大批量加工时有成熟的、专为加工任务制作的加工资料可供使用。根据加工任务和投入条件的不同，就是说企业的规模和组织，切削技工必须独立承担订单展开后指定的具体加工任务。

如今，由切削技工制作加工计划的趋势持续上升。加工计划制定之后，下一步是加工任务中的具体事宜，如确定设定值，确定夹具，修改现有 CNC 程序，质量控制等。

■ **加工计划的一般性基础知识**

必须为图 1 所示通过车，铣和磨加工方法制造的工件制定一个成本优化的加工顺序。

> 总加工任务细分为设计，工艺，加工和质量控制等范围。

如何生产和用什么生产，这是加工计划需确定的内容（部分属于工艺范畴），可分为四个步骤：

- 确定原始材料（确定毛坯件类型和尺寸）。
- 工艺（工件逐步成型）。
- 选择加工刀具，夹具和辅助材料（准确地组合工件 – 刀具）。
- 工时定额（加工所需时间）。

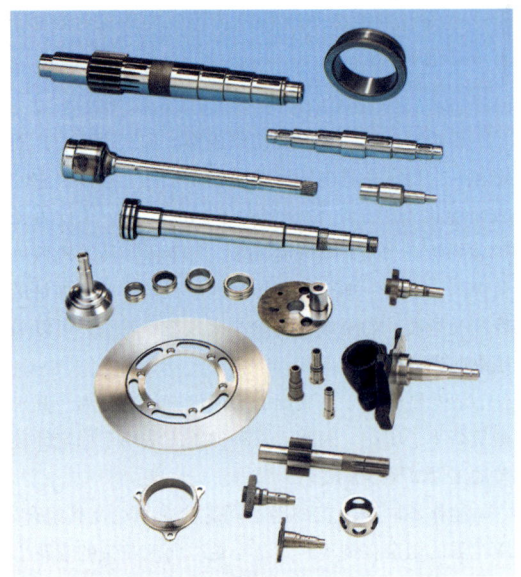

图 1：加工举例

■ **工时定额**

这是与工作人员相关的订单任务全程时间，它涵盖了实现一个加工任务所需的全部时间。它是工作流程中计划、执行和工资等要素不可或缺的基础。根据加工任务的不同，可通过下述要素求出工时定额：

- 对比评估（参照类似加工任务）。
- 计划时间（重复的加工过程）。
- 与工作场地相关的耗用时间（时间测定）。
- 计算（主有效时间）。

根据 REFA– 劳动研究与企业组织协会 – 规定，订单任务全程时间 T 由准备时间 t_r 和执行时间 t_a 组成（概览表 1）。

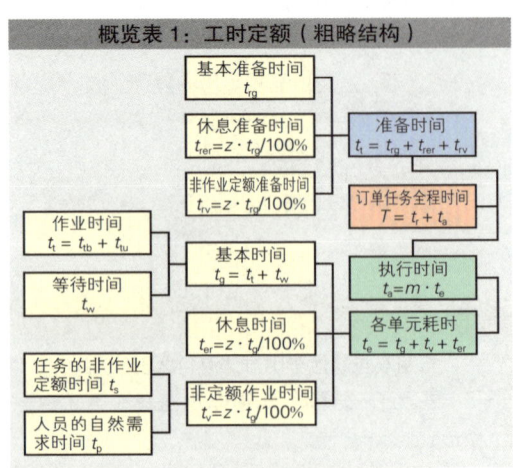

> 准备时间 t_r：包括所有机床工作准备所需时间。
> 执行时间 t_a：是每单位时间 t_e 乘以件数 m 的加工时间。

■ **工艺计划的计算和举例**

　　总体计算的基础对车削件工艺计划有效，但与加工任务的难度和所使用车削方法及其所属刀具无关。注意，不同加工任务需用不同的车削方法，以及不同的加工机床。

> 　　制定工艺计划的重要因素是：计算并确定机床设定值（查表值或实际经验数值），选择刀具，所需夹具以及辅助材料。

■ **计算基础**

　　（1）进给量"f"：

$$f = \sqrt{8 \cdot Rth \cdot r_\varepsilon}$$

f ：刀具进给量（mm）

Rth ：表面粗糙度理论值（mm）$Rth - Rz$

r_ε ：车刀刀尖圆弧半径（mm）

　　（2）切削深度"a_p"：切削深度可由切削比例 $G = a_p / f$ 确定。但只在加入所使用刀具、车削方法、机床和待加工工件材料等具体内容后才能确定数值。当切削比例 $G = 2:1$ 至 $10:1$ 时，才有利于切屑形成。切削材料专用切削比：

切削材料	精车	粗车
硬质合金 – 焊接	3：1	10：1
– 可转位刀片	5：1	8：1
金属陶瓷	5：1	7：1
陶瓷	2：1	–

　　3.转速"n"：

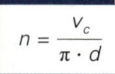
$$n = \frac{v_c}{\pi \cdot d}$$

加工机床待设定转速 n（单位：1/min）取决于车削直径和工件材料 – 切削材料的组合（v_c 值）。

■ **车削方法特征**

　　1.纵向外圆车削

　　进给量"f"：计算值 – 取决于所要求的表面粗糙度和刀具的刀尖圆弧半径。

　　切削深度"a_p"：与加工任务相关的数值（精车或粗车）。

　　转速"n"：计算值 – 取决于工件直径（ø = 常量）和已获取的切削速度值（图1）。

　　2.横向端面车削

　　进给量"f"：恒定的计算值，或手动进给。

　　横向进给"a_p"：恒定的设定值。

　　转速"n"：计算值 – 取决于已获取的切削速度和初始直径。

　　工件直径 ø ↓ → Rz ↑（图2）。

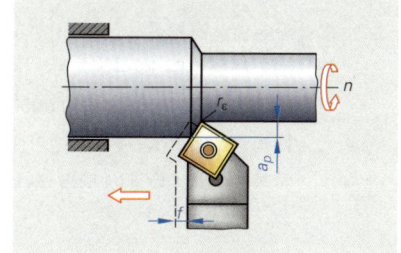

图1：设定值：纵向外圆车削

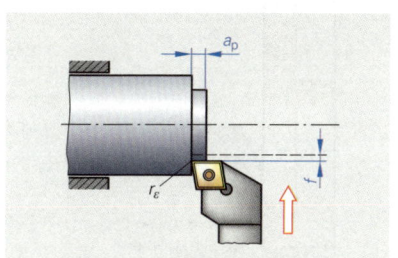

图2：设定值：横向端面车削

> 　　其他车削方法（参见147页表）的工艺计划可在纵向外圆车削和横向端面车削计划的基础上制定。

计算举例

作业： 使用规定的计算基础，为材料是 16MnCr5（1.7131）的支板简化加工顺序（图 1），制定车削加工工艺计划。与此同时，以表格形式汇总用于车削方法示意图的计算结果，以及所使用的刀具和计算的设定值。

车削加工步骤：
10　软性卡爪夹住毛坯件 ø125x13 并切削
20　定中心并钻孔 ø20 mm
30　扩孔至 ø68 x 5 和 ø90 x 5H7
40　切削工件内部
50　端面车削，第 1 个端面
60　纵向车削毛坯件至 ø120 x 10.5
70　工件调头
80　端面车削第 2 个端面，将工件厚度车至 10 mm
90　第 2 个端面倒角 2 x 45°
100　质量检验

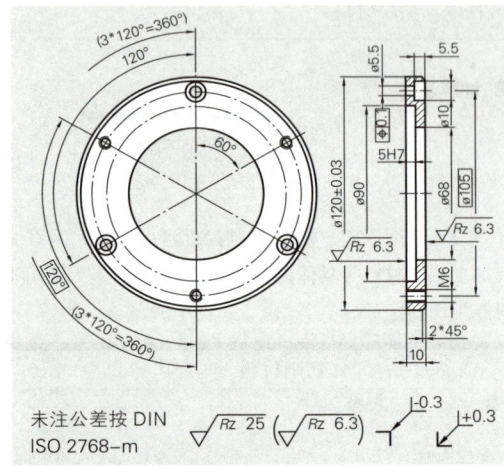

未注公差按 DIN ISO 2768−m

图 1：夹板（计算举例）

■ **加工步骤 30**

设：孔径 ø = 20 mm，表面粗糙度 Rz 25 μm，材料 16MnCr5，内圆车刀 r_ε = 0.4 mm（硬质合金刀片）

求：设定值：进给量 f（mm），切削深度 a_p（mm），转速 $n\left(\dfrac{1}{\min}\right)$

解：加工任务（图 2）

纵向内圆车削 ø68 x 5 和 ø90 x 5H7

精车 Rz 25 μm，硬质合金：P10（涂层）

可转位刀片 CCGH 11 03 04 F

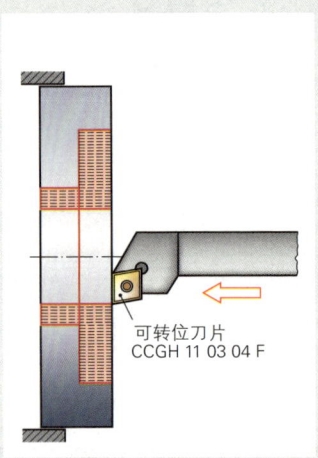

可转位刀片
CCGH 11 03 04 F

图 2：扩孔 ø20

$$f = \sqrt{8 \cdot Rz \cdot r_\varepsilon}$$
$$f = \sqrt{8 \cdot 0.025 \text{ mm} \cdot 0.4 \text{ mm}}$$
$$f = 0.28 \text{ mm}$$
$$a_p \approx 4 \cdot f$$
$$a_p \approx 4 \cdot 0.28 \text{ mm}$$

a_p（理论值）最大可能至 ≈ 1.13 mm

a_p（实际值）< 0.5 mm

车削检测凸缘 – 检测工件 – 继续切深

a_p < 0.5 mm 在规定的内圆 ø68 mm，ø90 mm

$$n = \frac{v_c}{\pi \cdot d}$$

v_c = 100 m/min（下列组合的查表值：16MnCr5/P10 涂层）

$$n = \frac{1000 \frac{\text{mm}}{\text{m}} \cdot 100 \frac{\text{m}}{\text{min}}}{\pi \cdot 20 \text{ mm}} \qquad n = 1592 \frac{1}{\min} \qquad n_{R20} = 1600 \frac{1}{\min}$$

■ 加工步骤 50

设：工件直径 ø125 mm（初始直径），端面表面粗糙度 Rz 6.3 μm，材料 16MnCr5，车刀刀尖圆弧半径 r_ε = 0.4mm（硬质合金刀片）

求：设定值：进给量 f（mm），横向进给 a_p（mm），转速 n（$\frac{1}{min}$）

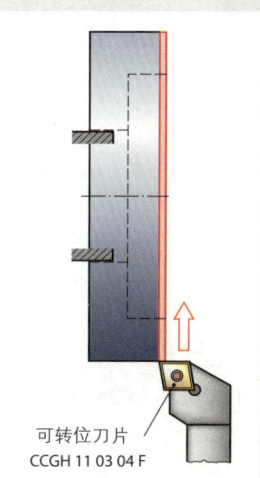

可转位刀片
CCGH 11 03 04 F

图 1：第 1 端面的端面车削

解：加工任务：第 1 端面的横向端面车削（图 1）

精车（R_z 6.3 μm），硬质合金：P10（涂层）

可转位刀片 CCGH 11 03 04 F

$$f = \sqrt{8 \cdot Rz \cdot r_\varepsilon}$$

$$f = \sqrt{8 \cdot 0.0063mm \cdot 0.4\,mm}$$

$$f = 0.14\,mm$$

$$a_p \approx 4 \cdot f$$

$$a_p \approx 4 \cdot 0.14\,mm$$

a_p（理论值）最大至 ≈ 0.57 mm

a_p（实际值）0.5 ~ 1 mm– 切削深度取决于前道工序的分离方法

$$n = \frac{v_c}{\pi \cdot d} \; ; \qquad n = \frac{1000 \frac{mm}{m} \cdot 200 \frac{m}{min}}{\pi \cdot 125\,mm}$$

v_c = 200 m/min（下列组合的查表值：16MnCr5/P10 涂层）

$$n = 509.3 \frac{1}{min}$$

$$n_{R20} = 500 \frac{1}{min}$$

■ 加工步骤 60

设：工件直径 ø125 mm（初始直径），外圆表面粗糙度 Rz 25 μm，材料 16MnCr5，车刀刀尖圆弧半径 r_ε = 0.4 mm（硬质合金）

求：设定值：进给量 f（mm），切削深度 a_p（mm），转速 n（$\frac{1}{min}$）

解：加工任务：纵向外圆车削

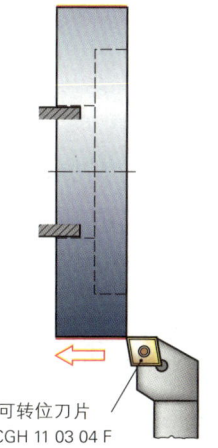

可转位刀片
CCGH 11 03 04 F

图 2：纵向外圆车削 ø120x10.5

精车 Rz 25 μm

可转位刀片 CCGH 11 03 04 F，硬质合金：P10（涂层）

$$f = \sqrt{8 \cdot Rz \cdot r_\varepsilon}$$

$$f = \sqrt{8 \cdot 0.025\,mm \cdot 0.4\,mm}$$

$$f = 0.28\,mm$$

$$a_p = 4 \cdot f$$

$$a_p = 4 \cdot 0.28\,mm$$

a_p（理论值）最大至 ≈ 1.13 mm

a_p 实选 = 0.8mm

（a_p 值应符合加工任务 ø125 mm → ø120 mm）

$$n = \frac{v_c}{\pi \cdot d'} \qquad n = \frac{1000 \frac{mm}{m} \cdot 100 \frac{m}{min}}{\pi \cdot 120\,mm}$$

v_c = 100 m/min（下列组合的查表值：16MnCr5/P10 涂层

$$n = 265 \frac{1}{min} \qquad n_{R20} = 250 \frac{1}{min}$$

■ 加工步骤 80

设：工件直径 ø120 mm（初始直径），端面表面粗糙度 Rz 6.3 µm，材料 16MnCr5，车刀刀尖圆弧
  半径 r_ε = 0.4 mm（硬质合金刀片）

求：设定值：进给量 f（mm），切削深度 a_p（mm），转速 n（$\frac{1}{\min}$）

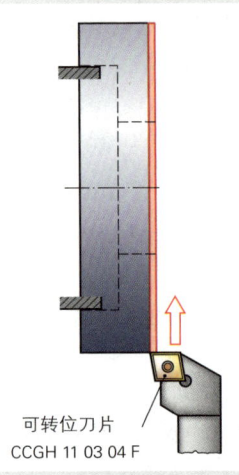

可转位刀片
CCGH 11 03 04 F

**图 1：第 2 端面的端面车削，车
至最终尺寸**

解：加工任务：第 2 端面的横向端面车削（图 1）

精车（R_z 6.3 µm），硬质合金：P10（涂层）

可转位刀片 CCGH 11 03 04 F

$$f = \sqrt{8 \cdot Rz \cdot r_\varepsilon}$$

$$f = \sqrt{8 \cdot 0.0063\,\text{mm} \cdot 0.4\,\text{mm}}$$

$$f = 0.14\,\text{mm}$$

$$a_p \approx 4 \cdot f$$

$$a_p \approx 4 \cdot 0.14\,\text{mm}$$

a_p（理论值）最大至 $\approx$ 0.56 mm

a_p（实际值）0.5 ~ 1mm– 车至最终尺寸

$$n = \frac{v_c}{\pi \cdot d} \; ; \qquad n = \frac{1000\,\frac{\text{mm}}{\text{m}} \cdot 200\,\frac{\text{m}}{\text{min}}}{\pi \cdot 120\,\text{mm}}$$

v_c = 200 m/min（下列组合的查表值：16MnCr5/P10 涂层）

$$n = 530.5\,\frac{1}{\min}$$

$$n_{R20} = 500\,\frac{1}{\min}$$

■ 加工步骤 90

设：工件直径 ø120 mm（初始直径），端面表面粗糙度 Rz 25 µm，材料 16MnCr5，车刀刀尖圆弧
  半径 r_ε = 0.4 mm（硬质合金刀片）

求：设定值：进给量 f（mm），切削深度 a_p（mm），转速 n（$\frac{1}{\min}$）

解：加工任务：横向端面车削

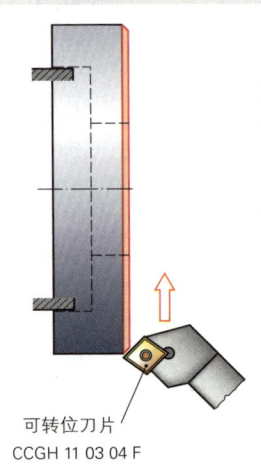

可转位刀片
CCGH 11 03 04 F

图 2：车倒角 2x45°

精车（Rz 25 µm），硬质合金：P10（涂层）

可转位刀片 CCGH 11 03 04 F

$$f = \sqrt{8 \cdot Rz \cdot r_\varepsilon}$$

$$f = \sqrt{8 \cdot 0.025\,\text{mm} \cdot 0.4\,\text{mm}}$$

$$f = 0.28\,\text{mm}$$

$$a_p \approx 4 \cdot f$$

$$a_p \approx 4 \cdot 0.28\,\text{mm}$$

a_p（理论值）最大至 $\approx$ 1.13 mm

a_p（实际值）0.5 ~ 1 mm– 切削深度

$$n = \frac{v_c}{\pi \cdot d} \; ; \qquad n = \frac{1000\,\frac{\text{mm}}{\text{m}} \cdot 100\,\frac{\text{m}}{\text{min}}}{\pi \cdot 120\,\text{mm}}$$

v_c = 100 m/min（下列组合的查表值：16MnCr5/P10 涂层）

$$n = 265\,\frac{1}{\min}$$

$$n_{R20} = 250\,\frac{1}{\min}$$

结果汇总表

加工步骤	车削方法示意图	刀具		设定值		
		形状	切削材料	f （mm）	a_p （mm）	n_{R20} （1/min）
10 切削工件						
30 扩孔至 ø68.5 和 ø90 x 5H7		DIN 4974 $r_\varepsilon = 0.4$ mm	P10 涂层	0.28	< 0.5	1600
50 端面车削第 1 端面		DIN 4977 $r_\varepsilon = 0.4$ mm	P10 涂层	0.14	至 1 mm	500
60 纵向外圆车削 ø120 x 10.5		DIN 4980 $r_\varepsilon = 0.4$ mm	P10 涂层	0.28	0.8	250
80 第 2 端面车削至最终尺寸		DIN 4977 $r_\varepsilon = 0.2$ mm	P10 涂层	0.14	加工至设定尺寸	500
90 车倒角 2 x 45°		DIN 4977 $r_\varepsilon = 0.4$ mm	P10 涂层	0.28	至 1 mm	250

车削工艺计划的练习举例：材料 45Cr2（1.7005）

　为典型的工件形状（轴）编制加工计划，在"车削方法示意图"一栏中简单图示。确定需使用的"刀具（形状和切削材料）"，并按一般有效计算基础计算进给量"f"（mm），切削深度"a_p"（mm）和转速"n"（1/min）的设定值。

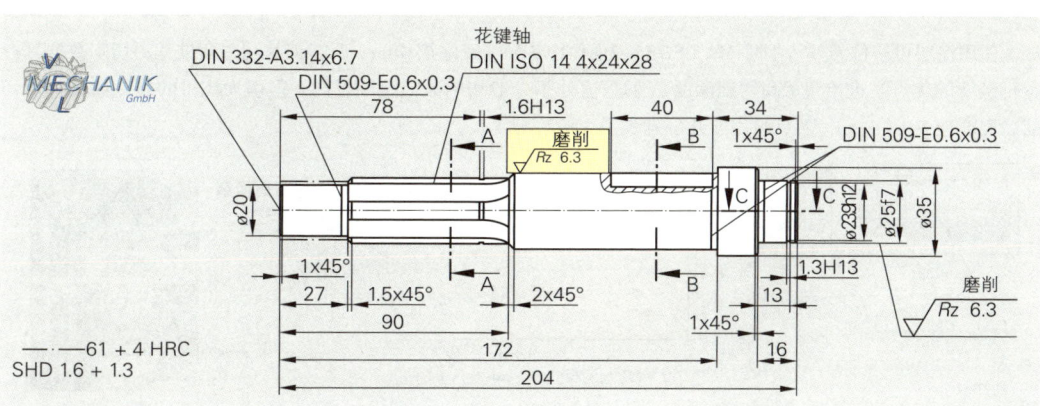

图 1：花键轴

■ **工艺计划的计算**

　　车削（图2）主有效时间 t_h（min）的计算要求精确划分所使用的加工方法。下列计算以车削件前道工序（示范举例，图1）为基准。在加工步骤50时，毛坯件端面精车（$Rz = 6.3\ \mu m$）。加工方法专用计算值可查阅端面车削（空心圆柱体）图表手册的配属表。

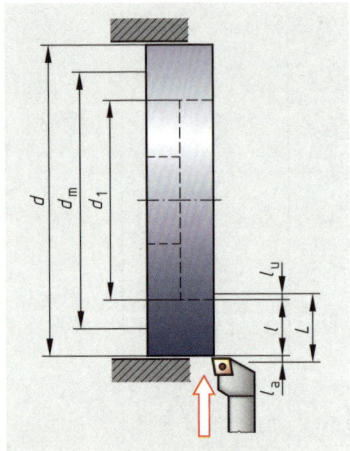

图1：车削件（加工步骤50）

端面车削
空心圆柱体

进刀行程

$$L = \frac{d - d_1}{2} + l_a \cdot l_u$$

平均直径　　　　　　　　转速

$$d_m = \frac{d + d_1}{2}; \qquad n = \frac{v_c}{\pi \cdot d_m}$$

主有效时间

$$t_h = \frac{\pi \cdot d_m \cdot L \cdot i}{v_c \cdot f}$$

图2：端面车削（空心圆柱体）的主有效时间

设：　$d = 25$ mm
　　　$d_1 = 90$ mm
　　　$l_a = l_u = 1.5$ mm（一般设定！）

求：进给距离 L（mm）
平均直径 d_m，单位：mm
主要有效时间 t_h（min）

计算值和查表值：
$f = 0.90$ mm
$v_c = 200 \dfrac{m}{min}$

$$L = \frac{d - d_1}{2} + l_a \cdot l_u$$

$$L = \frac{25\,mm - 14\,mm}{2} + 1.5\,mm + 1.5\,mm$$

$$L = 20.5\,mm$$

$$d_m = \frac{d + d_1}{2}$$

$$d_m = \frac{25\,mm + 14\,mm}{2}$$

$$d_m = 107.5\,mm$$

$$t_h = \frac{\pi \cdot d_m \cdot L \cdot i}{v_c \cdot f}$$

$$t_h = \frac{\pi \cdot 107.5\,mm \cdot 20.5\,mm \cdot 1}{200000\,\dfrac{mm}{min} \cdot 0.14\,mm}$$

$$t_h = 0.25\,min$$

第1端面一次切削（加工步骤30）所需主要有效时间是15秒。

　　使用涂层可转位刀片（型号 MA US 735– 超薄 TiC/TiN– 双涂层 4μm）时，刀片制造商推荐的切削数据具有运行经济的优点。进给量 f 和切削深度 a_p 的数值处于一般切削数值范围之内。但引人注目的是，通过降低切削后面磨损 VB（mm），刀具耐用度几乎延长了3倍（图3）。

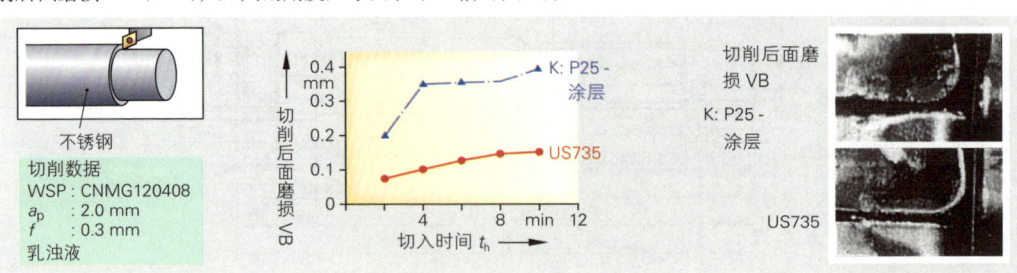

图3：US735 的功率曲线图

复杂车削任务的工艺计划

请为图纸所示紧固件（图 1）按前文所述内容编制完整的工艺计划。

注意为相应加工步骤在车削方法示意图，刀具（形状和切削材料）和设定值（ f , a_p 和 n ）等栏目内列举的加工特点。

紧固件应以单件加工形式按图纸制造（图 2）。

材料：调质钢 C60（1.0601）。

图 1：紧固件

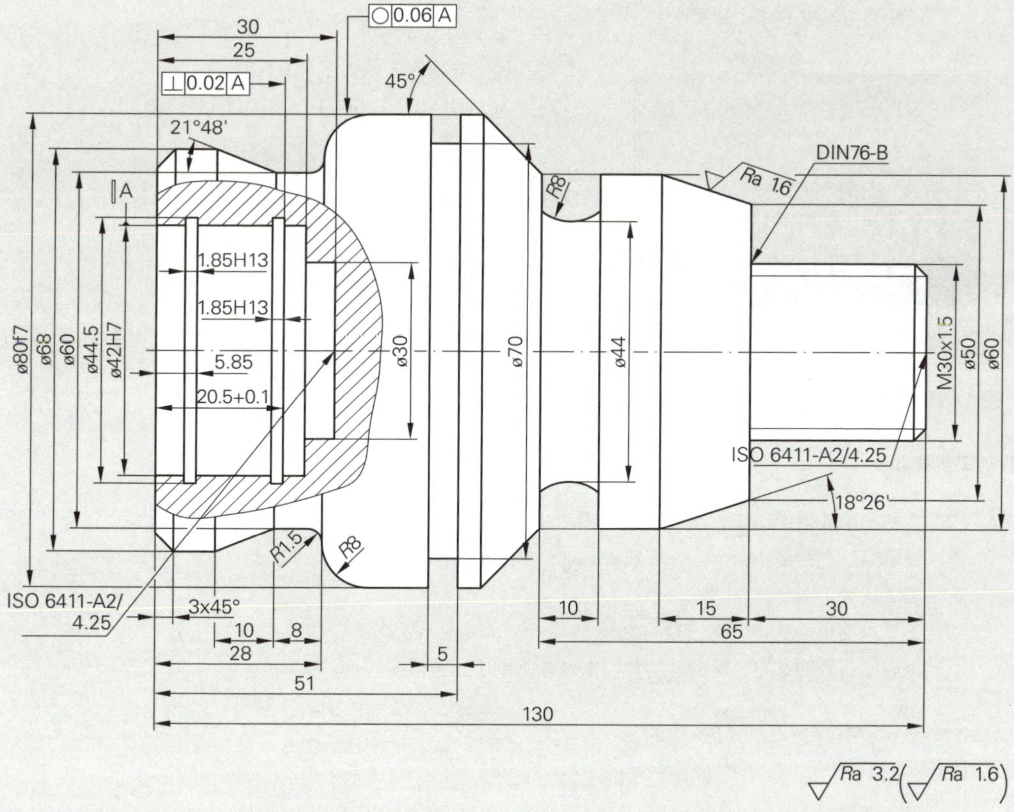

图 2：紧固件加工图纸

■ **加工步骤 10**

检查原料尺寸 ø90 x 132（Rd 90 x 132 热轧钢棒料，按 DIN 1013–C60）是否符合加工图纸和毛坯件切削。

■ **加工步骤 20**

设：工件直径 ø90（初始直径），要求端面表面粗糙度 Ra 3.2 μm，工件材料 C60，车刀刀尖圆弧半径 r_ε = 0.4mm（硬质合金刀片）

求：设定值：进给量 f（mm），切削深度 a_p（mm），转速 n（$\frac{1}{min}$）

解：加工任务（图 1）

第 1 端面横向端面车削 ø90

精车：Ra 3.2 μm ≈ Rz 12.5μm

可转位刀片 CCGH 11 03 04 F

硬质合金类型 P10（涂层）

$$f = \sqrt{8 \cdot Rz \cdot r_\varepsilon}$$
$$f = \sqrt{8 \cdot 0.0125\,mm \cdot 0.4\,mm}$$
$$f = 0.2\,mm$$

$$a_p \approx 4 \cdot f$$
$$a_p \approx 4 \cdot 0.2\,mm$$

a_p（理论值）最大至 ≈ 0.8mm

a_p（实际值）0.5 ~ 1 mm（实际经验值）

$$n = \frac{v_c}{\pi \cdot d'}$$

v_c = 350 m/min（工件材料 – 切削材料组合的查表值）

$$n = \frac{1000\frac{mm}{m} \cdot 350\frac{m}{min}}{\pi \cdot 90\,mm}$$

$$n = 1238\frac{1}{min}$$

$$n_{R20} = 1250\frac{1}{min}$$

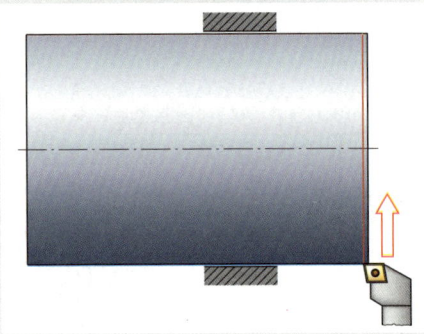

图 1：第 1 端面的端面车削

■ **加工步骤 30**

设：计划的工件端面，工件材料 C60，要求中心孔表面粗糙度 Ra 3.2 μm

求：设定值：进给量 f（mm），转速 n（$\frac{1}{min}$）

解：加工任务（图 2）

第 1 端面中心孔按 DIN 332–A2x4.25

中心钻头 DIN 333，A 形，材料：高速切削钢（未涂层）

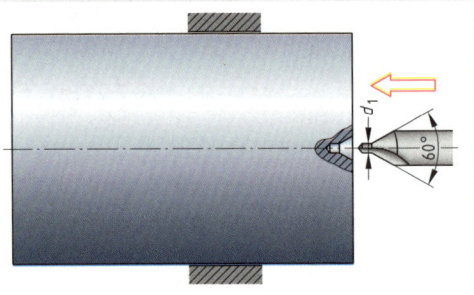

数值参见图表手册：

$$v_c = 40\,m/min$$
$$f = 0.05\,mm$$
$$n = \frac{v_c}{\pi \cdot d}$$

$$n = \frac{1000\frac{mm}{m} \cdot 40\frac{m}{min}}{\pi \cdot 4.25\,mm}$$

$$n = 2996\frac{1}{min}$$

$$n_{R20} = 2800\frac{1}{min}$$

图 2：第 1 端面中心孔

■ **加工步骤 40**　工件调换夹具。

■ **加工步骤 50**　第 2 端面中心孔 – 模拟加工步骤 30 确定设定值 / 车削方法。

■ **加工步骤 60**　第 2 端面的端面车削，车至最终长度 – 模拟加工步骤 20 确定设定值 / 车削方法：

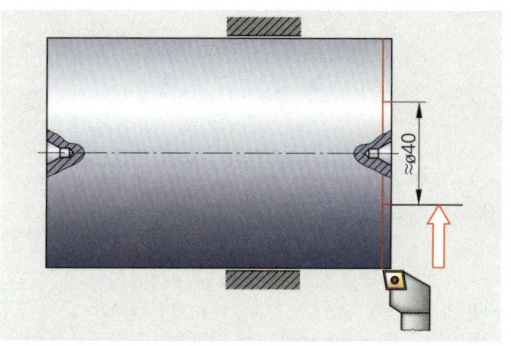

图 1：端面车削至最终尺寸（长度 _l_=130mm）

车出检测凸缘

求出工件长度

采用横向进给可加工完成最终长度尺寸

l = 130 mm（图 1）

（由于装夹技术原因，最多只能车至约 ø40）

■ **加工步骤 70**　工件装夹在两个顶尖之间，继续加工

■ **加工步骤 80**

设：工件初始直径 ø90，要求 ø80f7 的表面粗糙度 _Ra_ 3.2 µm，工件材料 C60，车刀刀尖圆弧半径
r_ε = 1.2/0.4 mm（硬质合金刀片）

求：设定值：粗车和精车的进给量 f（mm），切削深度 a_p（mm），转速 n（$\frac{1}{min}$）

解：加工任务（图 2）

纵向外圆车削 ø90 → ø80f7

粗车 _Ra_ 16 µm ≈ _Rz_ 63

精车 _Ra_ 3.2µm ≈ _Rz_ 12.5µm

可转位刀片 CCGH 11 03 04 F

硬质合金：P10（涂层）

	1. 粗加工 （粗车）	2. 精加工 （精车）

2. 精加工（精车）：

$$f = \sqrt{8 \cdot Rz \cdot r_\varepsilon}$$

1. 粗加工（粗车）：

$$f = \sqrt{8 \cdot 0.063\,mm \cdot 1.2}$$
$$f = 0.78\,mm$$

2. 精加工：

$$f = \sqrt{8 \cdot 0.0125\,mm \cdot 0.4\,mm}$$
$$f = 0.2\,mm$$

$$a_p \approx 7 \cdot f$$
$$a_p \approx 7 \cdot 0.78\,mm$$
a_p（理论值）至 ≈ 5.5 mm

$$a_p \approx 4 \cdot f$$
$$a_p \approx 4 \cdot 0.2\,mm$$
a_p（理论值）至 ≈ 0.8 mm

$$a_p = 2.25\,mm$$
$$i = 2: \Rightarrow ø81\,mm$$

$$a_p = 0.5\,mm \Rightarrow ø80f7$$

$$n = \frac{v_c}{\pi \cdot d}$$

$$n = \frac{1000\,\frac{mm}{m} \cdot 200\,\frac{m}{min}}{\pi \cdot 90\,mm}$$

$$n = 707\,\frac{1}{min}$$

$$n_{R20} = 710\,\frac{1}{min}$$

$$n = \frac{1000\,\frac{mm}{m} \cdot 350\,\frac{m}{min}}{\pi \cdot 81\,mm}$$

$$n = 1375\,\frac{1}{min}$$

$$n_{R20} = 1400\,\frac{1}{min}$$

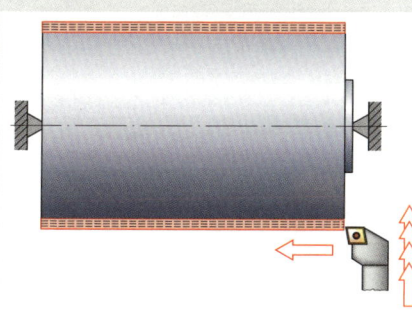

图 2：纵向外圆粗车和精车 ø90 → ø80f7

■ 加工步骤 90

设：工件直径 ø80f7，要求 ø68 的表面粗糙度 $Ra = 3.2$ μm，工件材料 C60，车刀刀尖圆弧半径
$r_\varepsilon = 1.2$ mm/0.4 mm（硬质合金刀片）。

求：设定值：粗车和精车的进给量 f（mm），横向进给 a_p（mm），转速 n（$\frac{1}{\min}$）

解：加工任务（图 1）   1. 粗加工   2. 精加工

纵向外圆车削 ø80f7 → ø68 x 28   （粗车）   （精车）

粗车 Ra 16 μm ≈ Rz 63 μm

精车 Ra 16 μm ≈ Rz 12.5 μm $f = \sqrt{8 \cdot Rz \cdot r_\varepsilon}$

可转位刀片 CCGH 11 03 04 F

硬质合金：P10（涂层）

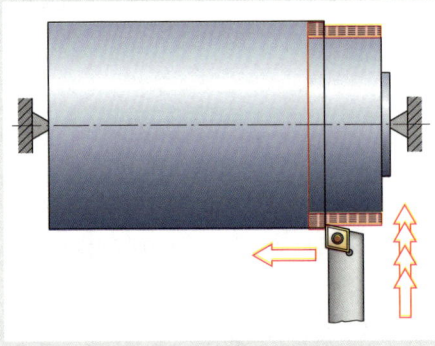

$$f = \sqrt{8 \cdot 0.063\,\text{mm} \cdot 1.2\,\text{mm}}$$
$$f = 0.78\,\text{mm}$$
$$f = \sqrt{8 \cdot 0.0125\,\text{mm} \cdot 0.4\,\text{mm}}$$
$$f = 0.2\,\text{mm}$$

$a_p \approx 7 \cdot f$	$a_p \approx 4 \cdot f$
$a_p \approx 7 \cdot 0.78\,\text{mm}$	$a_p \approx 4 \cdot 0.2\,\text{mm}$
a_p（理论值）至 ≈ 5.5 mm	a_p（理论值）至 ≈ 0.8 mm
$a_p = 2.75\,\text{mm}$	$a_p \approx 0.5\,\text{mm} : \Rightarrow$ ø68 mm
$i = 2 : \Rightarrow$ ø69 mm	

$$n = \frac{v_c}{\pi \cdot d}$$

$$n = \frac{1000\,\frac{\text{mm}}{\text{m}} \cdot 200\,\frac{\text{m}}{\text{min}}}{\pi \cdot 80\,\text{mm}}$$

$$n = \frac{1000\,\frac{\text{mm}}{\text{m}} \cdot 350\,\frac{\text{m}}{\text{min}}}{\pi \cdot 69\,\text{mm}}$$

$$n = 796\,\frac{1}{\min}$$

$$n = 1615\,\frac{1}{\min}$$

$$n_{R20} = 800\,\frac{1}{\min}$$

$$n_{R20} = 1600\,\frac{1}{\min}$$

图 1：纵向外圆车削 ø80f7 → ø68x28

■ 加工步骤 100

设：工件直径 ø68，要求倒角的表面粗糙度 Ra 3.2 μm，工件材料 C60，车刀主偏角 $\kappa = 45°$，硬质合金刀片。

求：设定值：进给量 f（mm），切削深度 a_p（mm），转速 n（$\frac{1}{\min}$）

解：加工任务（图 2）

纵向车削：倒角 3 x 45°

精车 Ra 3.2 μm ≈ Rz 12.5μm

可转位刀片 SCGH 10 03 04 F

P10（涂层）

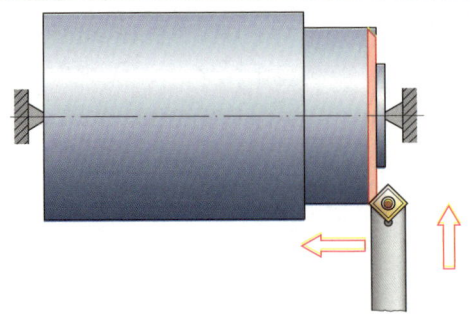

不能用普通公式 $f = \sqrt{8 \cdot Rz \cdot r_\varepsilon}$ 计算进给量 f！

实际经验值：

手动进刀控制进给量

切削深度 a_p 等于倒角尺寸

转速 $n \approx 400\,\frac{1}{\min}$

图 2：纵向车削倒角 3x45°

■ 加工步骤 110

设：工件直径 ø68，要求 ø60 的表面粗糙度 Ra 3.2 μm，工件材料 C60，硬质合金刀片。

求：设定值：进给量 f（mm），切削深度 a_p（mm），转速 n（$\frac{1}{min}$）

解：加工任务（图 1）

切槽车削 ø68 → ø60（R2.5）

精车 Ra 3.2 μm ≈ Rz 12.5 μm

宽车刀按 DIN 4976/ISO 4，硬质合金：P10（焊接）

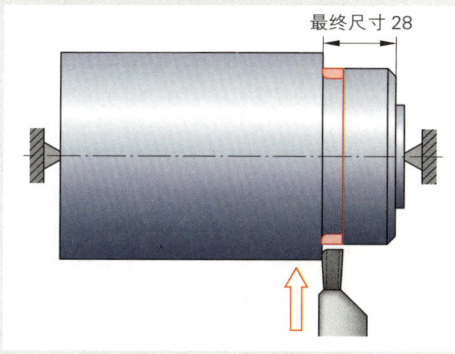

最终尺寸 28

不能用普通公式 $f = \sqrt{8 \cdot Rz \cdot r_\varepsilon}$ 计算进给量 f。

实际经验值：

手动进刀控制进给量 f

切削深度 a_p 等于切槽宽度

转速 $n \approx 400 \frac{1}{min}$

图 1：切槽车削 ø68 → ø60（R2.5）

■ 加工步骤 120

设：工件直径 ø68/60，要求锥面的表面粗糙度 Ra 3.2 μm，工件材料 C60，车刀刀尖圆弧半径
r_ε = 0.4 mm，硬质合金刀片。

求：设定值：进给量 f（mm），切削深度 a_p（mm），转速 n（$\frac{1}{min}$）主偏角 α/2

解：加工任务（图 2）

纵向车削锥度 ▷ 1:1.25

精车 Ra 3.2 μm ≈ Rz 12.5 μm

可转位刀片 CCGH 11 03 04 F

P10（涂层）

$$f = \sqrt{8 \cdot Rz \cdot r_\varepsilon}$$
$$f = \sqrt{8 \cdot 0.0125\,mm \cdot 0.4\,mm}$$
$$f = 0.2\,mm$$

$$a_p \approx 4 \cdot f$$
$$a_p \approx 4 \cdot 0.2\,mm$$
$$a_p（理论值）至 \approx 0.8\,mm$$
$$i = 5 : a_p = 0.8\,mm$$

$$n = \frac{v_c}{\pi \cdot d}$$

$$n = \frac{1000 \frac{mm}{m} \cdot 350 \frac{m}{min}}{\pi \cdot 68\,mm}$$

$$n = 1638 \frac{1}{min}$$

$$n_{R20} = 1600 \frac{1}{min}$$

$$tan\,\alpha/2 = \frac{D - d}{2 \cdot L}$$

$$tan\,\alpha/2 = \frac{68\,mm - 60\,mm}{2.10\,mm} = \frac{8\,mm}{20\,mm} = 0.4$$

$$\alpha/2 = 21.801° = 21°48'$$

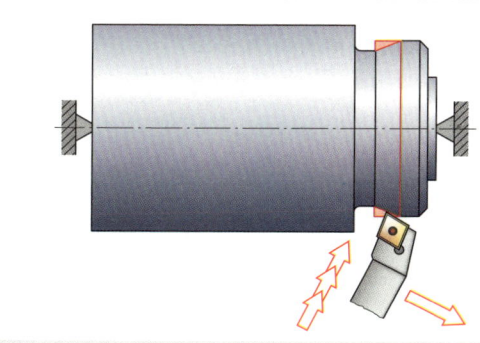

图 2：车锥度 ▷ 1:1.25

■ 加工步骤 130

设：工件直径 ø80f7，要求半径 $R8$ 的表面粗糙度 Ra 3.2 μm，工件材料 C60，成型车刀的切削材料是高速切削钢

求：设定值：进给量 f（mm），切削深度 a_p（mm），转速 n（$\frac{1}{\text{min}}$）

解：加工任务（图 1）

在 ø80（$R8$）上面成型切槽

精车 Ra 3.2 μm ≈ Rz 12.5 μm

成型车刀 $R8$ DIN 4964（B 形），切削材料：高速切削钢

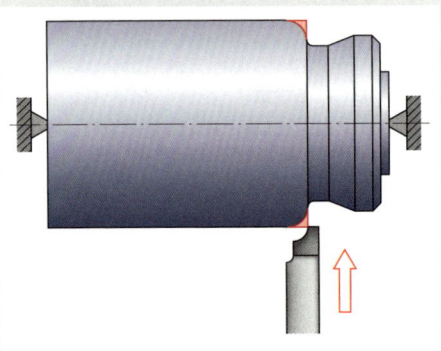

不能用普通公式 $f = \sqrt{8 \cdot Rz \cdot r_\varepsilon}$ 计算进给量 f！

实际经验值：

手动进刀控制进给量 f

切削深度 a_p 等于半径

转速 $n < 100 \; \frac{1}{\text{min}}$

图 1：成型车削，半径 $R8$

■ 加工步骤 140

设：工件直径 ø80f7，要求切槽的表面粗糙度 Ra 3.2 μm，工件材料 C60，切槽车刀材料是硬质合金

求：设定值：进给量 f（mm），切削深度 a_p（mm），转速 n（$\frac{1}{\text{min}}$）

解：加工任务（图 2）

切槽车削 ø80f7 → ø70 槽宽 5 mm

精车 Ra 3.2 μm ≈ Rz 12.5 μm

可转位刀片 LCGW 12 04 F，硬质合金：P10（涂层）

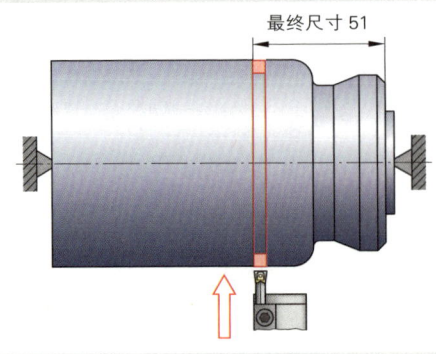

最终尺寸 51

不能用普通公式 $f = \sqrt{8 \cdot Rz \cdot r_\varepsilon}$ 计算进给量 f。

实际经验值：

手动进刀控制进给量 f

切削深度 a_p 等于切槽宽度

转速 $n \approx 400 \; \frac{1}{\text{min}}$

图 2：切槽 ø80 → ø70 槽宽 5 mm

■ 加工步骤 150 工件调头，装夹在两个顶尖之间。

■ 加工步骤 160

设：工件直径 ø80f7，要求 ø60 的表面粗糙度 Ra 3.2 μm，工件材料 C60，车刀刀尖圆弧半径 r_ε = 1.2 mm/0.4 mm（硬质合金刀片）。

求：设定值：进给量 f（mm），切削深度 a_p（mm），转速 $n\left(\dfrac{1}{\min}\right)$

解：加工任务（图 1）

纵向外圆车削 ø80f7 → ø60 x 65

粗车 Ra 16 μm ≈ Rz 63 μm

精车 Ra 3.2 μm ≈ Rz 12.5 μm

可转位刀片 CCGH 11 03 04 F

硬质合金：P10（涂层）

	1. 粗加工（粗车）	2. 精加工（精车）
		$f = \sqrt{8 \cdot Rz \cdot r_\varepsilon}$

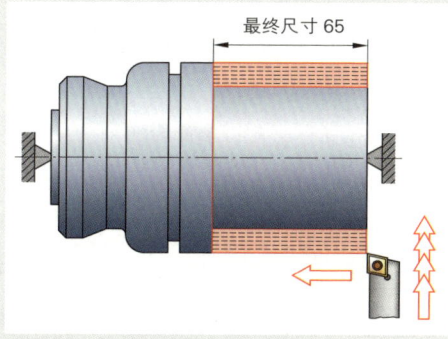

左列（粗车）：

$f = \sqrt{8 \cdot 0.063\,\text{mm} \cdot 1.2\,\text{mm}}$

$f = 0.78\,\text{mm}$

$a_p \approx 7 \cdot f$

$a_p \approx 7 \cdot 0.78\,\text{mm}$

a_p（理论值）至 ≈ 5.5 mm

$a_p \approx 3.0\,\text{mm}$

$i = 3$ 次切削后的

$ø_{Wst} = 62\,\text{mm}$

右列（精车）：

$f = \sqrt{8 \cdot 0.0125\,\text{mm} \cdot 0.4\,\text{mm}}$

$f = 0.2\,\text{mm}$

$a_p \approx 4 \cdot f$

$a_p \approx 4 \cdot 0.8\,\text{mm}$

a_p（理论值）至 ≈ 3 mm

$a_p \approx 0.5\,\text{mm}$

$i = 2$ 次切削后的

$ø_{Wst} = 60\,\text{mm}$

$$n = \frac{v_c}{\pi \cdot d}$$

左列：

$$n = \frac{1000\,\frac{\text{mm}}{\text{m}} \cdot 200\,\frac{\text{m}}{\min}}{\pi \cdot 80\,\text{mm}}$$

$$n = 796\,\frac{1}{\min}$$

$$n_{R20} = 800\,\frac{1}{\min}$$

右列：

$$n = \frac{1000\,\frac{\text{mm}}{\text{m}} \cdot 350\,\frac{\text{m}}{\min}}{\pi \cdot 62\,\text{mm}}$$

$$n = 1797\,\frac{1}{\min}$$

$$n_{R20} = 1800\,\frac{1}{\min}$$

图 1：纵向外圆车削，粗车和精车
ø80f7 → ø60x65

■ 加工步骤 170

设：工件直径 ø60 mm，要求 ø30 的表面粗糙度 Ra 3.2 μm，工件材料 C60，车刀刀尖圆弧半径 r_ε = 1.2 mm/0.4 mm（硬质合金刀片）。

求：设定值：粗车和精车的进给量 f（mm），切削深度 a_p（mm），转速 $n\left(\dfrac{1}{\min}\right)$

解：加工任务（图 2）

纵向外圆车削 ø60f7 → ø30 x 30

粗车 Ra 16 μm ≈ Rz 63 μm

精车 Ra 3.2 μm ≈ Rz 12.5 μm

可转位刀片 CCGH 11 03 04 F

硬质合金：P10（涂层）

	1. 粗加工（粗车）	2. 精加工（精车）
		$f = \sqrt{8 \cdot Rz \cdot r_\varepsilon}$

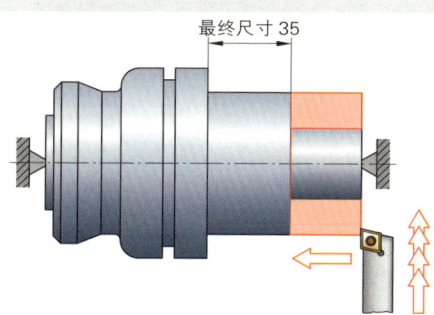

左列（粗车）：

$f = \sqrt{8 \cdot 0.063\,\text{mm} \cdot 1.2\,\text{mm}}$

$\underline{f = 0.78\,\text{mm}}$

$a_p \approx 7 \cdot f$

$a_p \approx 7 \cdot 0.78\,\text{mm}$

a_p（理论值）至 ≈ 5.5 mm

$a_p \approx 2\,\text{mm}$

$i = 7$ 次切削后的

$ø_{Wst} = 32\,\text{mm}$

右列（精车）：

$f = \sqrt{8 \cdot 0.0125\,\text{mm} \cdot 0.4\,\text{mm}}$

$\underline{f = 0.2\,\text{mm}}$

$a_p \approx 4 \cdot f$

$a_p \approx 4 \cdot 0.2\,\text{mm}$

a_p（理论值）至 ≈ 0.8 mm

$a_p \approx 0.5\,\text{mm}$

$i = 2$ 次切削后的

$ø_{Wst} = 30\,\text{mm}$

$$n = \frac{v_c}{\pi \cdot d}$$

左列：

$$n = \frac{1000\,\frac{\text{mm}}{\text{m}} \cdot 200\,\frac{\text{m}}{\min}}{\pi \cdot 60\,\text{mm}}$$

$$n = 1061\,\frac{1}{\min}$$

$$n_{R20} = 1000\,\frac{1}{\min}$$

右列：

$$n = \frac{1000\,\frac{\text{mm}}{\text{m}} \cdot 350\,\frac{\text{m}}{\min}}{\pi \cdot 31\,\text{mm}}$$

$$n = 3594\,\frac{1}{\min}$$

$$n_{R20} = 3550\,\frac{1}{\min}$$

图 2：纵向外圆车削，粗车和精车
ø60 → ø30x30

■ 加工步骤 180

设：工件直径 ⌀60，要求切槽的表面粗糙度 Ra 3.2 μm，工件材料 C60，成型车刀的切削材料是高速切削钢。

求：设定值：进给量 f（mm），切削深度 a_p（mm），转速 n（$\frac{1}{min}$）

解：加工任务（图1）

切槽车削 ⌀60 → ⌀44（R8）

精车 Ra 3.2 μm ≈ Rz 12.5 μm

成型车刀 R8 DIN 4964，B 形（宽度 10 mm），切削材料：高速切削钢。

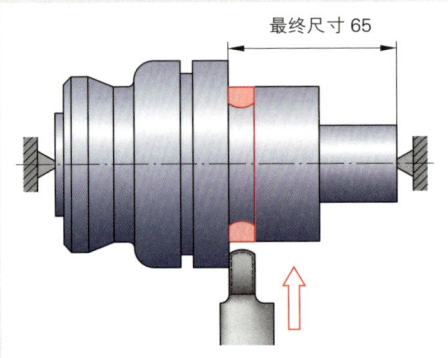

最终尺寸 65

不能用普通公式 $f = \sqrt{8 \cdot Rz \cdot r_\varepsilon}$ 计算进给量 f！

实际经验值：

手动进刀控制进给量 f

切削深度 a_p 等于槽宽

转速 $n < 100 \frac{1}{min}$

图1：成型切槽 R8x10

■ 加工步骤 190

设：工件直径 ⌀80，要求 45° 倒角的表面粗糙度 Ra 3.2 μm，工件材料 C60，车刀主偏角 κ = 45°，车刀切削材料是高速切削钢。

求：设定值：进给量 f（mm），切削深度 a_p（mm），转速 n（$\frac{1}{min}$）

解：加工任务（图2）

纵向车削：⌀80f7 的倒角 45°

精车 Ra 3.2 μm ≈ Rz 12.5 μm

可转位刀片 SCGH 10 03 04 F，硬质合金：P10（涂层）

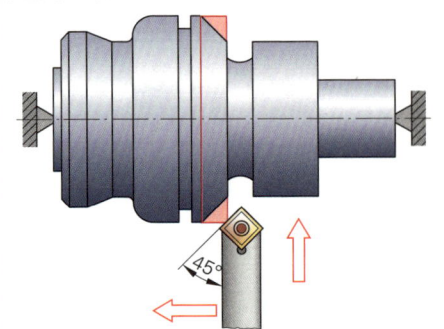

45°

不能用普通公式 $f = \sqrt{8 \cdot Rz \cdot r_\varepsilon}$ 计算进给量 f！

实际经验值：

手动进刀控制进给量 f

切削深度 a_p 等于倒角尺寸

转速 $n < 100 \frac{1}{min}$

图2：纵向车削 ⌀80f7 的倒角 45°

■ 加工步骤 200　工件调头，装夹在两个顶尖之间。

■ 加工步骤 210

设：工件直径 ⌀60/50，要求锥面的表面粗糙度 *Ra* 1.6 μm，工件材料 C60，车刀刀尖圆弧半径
$r_\varepsilon = 0.2$ mm

求：设定值：进给量 *f*（mm），切削深度 a_p（mm），转速 *n*（$\frac{1}{min}$），主偏角 *α*/2（生成的锥角）

解：加工任务（图 1）

纵向车削锥度 1:1.5

精车 *Ra* 1.6 μm ≈ *Rz* 6.3 μm

可转位刀片 CCGH 11 03 04 F

硬质合金：P10（涂层）

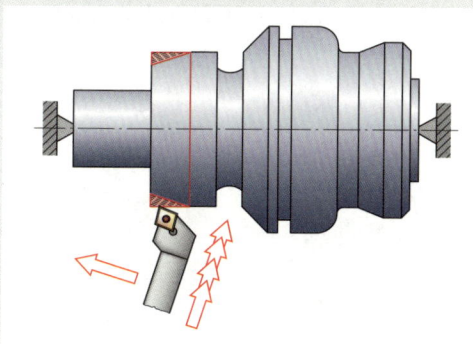

图 1：在 ⌀60 上车锥度 ▷ 1:1.5

$$f = \sqrt{8 \cdot Rz \cdot r_\varepsilon}$$
$$f = \sqrt{8 \cdot 0.0063\,mm \cdot 0.2\,mm}$$
$$f = 0.1\,mm$$
$$a_p \approx 3 \cdot f$$
$$a_p \approx 3 \cdot 0.1\,mm$$
$$a_p\,(理论值) 至 \approx 0.3mm$$
$$i = 5 : a_p = 0.2\,mm$$
$$n = \frac{v_c}{\pi \cdot d}$$
$$n = \frac{1000\,\frac{mm}{m} \cdot 350\,\frac{m}{min}}{\pi \cdot 60\,mm}$$
$$n = 1857\,\frac{1}{min}$$
$$n_{R20} = 1800\,\frac{1}{min}$$
$$\tan \alpha/2 = \frac{D - d}{2 \cdot L}$$
$$\tan \alpha/2 = \frac{60\,mm - 50\,mm}{2.15\,mm} = \frac{10\,mm}{30\,mm} = 0.333$$
$$\alpha/2 = 18.43° = 18°26'$$

■ 加工步骤 220　工件调头，装夹在两个顶尖之间。

■ 加工步骤 230

设：工件直径 ⌀30，要求螺纹退刀槽的表面粗糙度 *Ra* 3.2 μm，精车，硬质合金涂层刀片，工件材料 C60

求：设定值：进给量 *f*（mm），切削深度 a_p（mm），转速 *n*（$\frac{1}{min}$）

解：加工任务（图 2）

切槽车削 ⌀30（DIN 76-B）

精车 *Ra* 3.2 μm ≈ *Rz* 12.5 μm

可转位刀片 VDAH 12 03 04 F

硬质合金：P10（涂层）

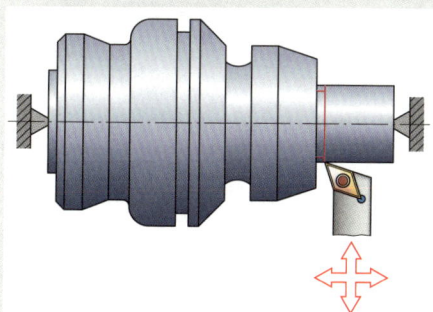

不能用普通公式 $f = \sqrt{8 \cdot Rz \cdot r_\varepsilon}$ 计算进给量 *f*。

实际经验值：

手动进刀控制进给量 *f*

切削深度 a_p 等于退刀槽宽度

转速 $n < 400\,\frac{1}{min}$

图 2：在 ⌀30 上车削螺纹退刀槽 DIN76-B

■ 加工步骤 240

设：工件直径 ø30，要求倒角的表面粗糙度 Ra 3.2 μm，工件材料 C60，车刀主偏角 $\kappa= 45°$，硬质合金刀片

求：设定值：进给量 f（mm），切削深度 a_p（mm），转速 $n(\frac{1}{min})$

解：加工任务（图 1）

纵向车削螺纹倒角 45°

精车 Ra 3.2 μm ≈ Rz 12.5 μm

可转位刀片 SCGH 10 03 04 F，硬质合金：P10（涂层）

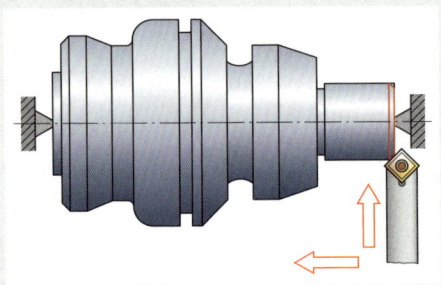

不能用普通公式 $f = \sqrt{8 \cdot Rz \cdot r_e}$ 计算进给量 f。

实际经验值：

手动进刀控制进给量 f

切削深度 a_p 等于倒角尺寸

转速 $n \approx 400\frac{1}{min}$

图 1：纵向车削螺纹倒角

■ 加工步骤 250

设：工件直径 ø30，要求螺纹 M30 x 1.5 的表面粗糙度 Ra 3.2 μm，工件材料 C60，车刀切削材料是高速切削钢

求：设定值：进给量 f（mm），切削深度 a_p（mm），转速 $n(\frac{1}{min})$

解：加工任务（图 2）

车削细牙螺纹 M30 x 1.5

精车 Ra 3.2 μm ≈ Rz 12.5 μm

可转位刀片 TCGH 10 03 05 F，硬质合金：P10（涂层）

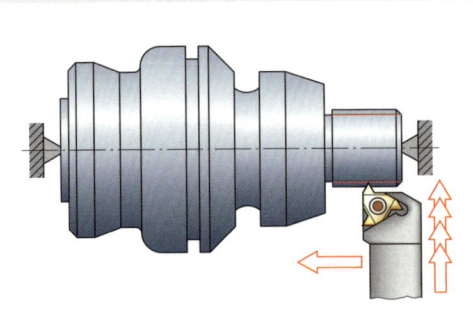

不能用普通计算资料设定螺纹专用设定值！

实际经验值：

进给量 f 等于螺纹螺距 P

切削深度 a_p（i=8）– 走刀量分配

转速 $n \approx 50\frac{1}{min}$

侧边切削深度 b ≈ 0.02 mm 阻止螺纹成型时出现钩状毛刺

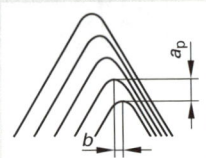

图 2：车削细牙螺纹 M30x1.5

■ 加工步骤 260　工件调头，装夹外圆 ø60 处。

■ 加工步骤 270

设：端面车削和工件左侧端面定中心，工件材料 C60，切削速度 v_c（m/min）和进给量 f（mm）可查表获取，切削材料是硬质合金 P20

求：设定值：进给量 f（mm），转速 $n\left(\dfrac{1}{\min}\right)$

解：加工任务（图 1）

钻底孔 ø28 x 31 深

全硬质合金钻头

硬质合金：P20

数值请查阅图表手册：

$$v_c \approx 70\,\text{m/min}$$

$$v_c = 0.32\sim0.5\,\text{mm}$$

$$n = \frac{v_c}{\pi \cdot d}$$

$$n = \frac{1000\,\frac{\text{mm}}{\text{m}} \cdot 70\,\frac{\text{m}}{\text{min}}}{\pi \cdot 28\,\text{mm}}$$

$$n = 796\,\frac{1}{\min}$$

$$n_{R20} = 710\,\frac{1}{\min}$$

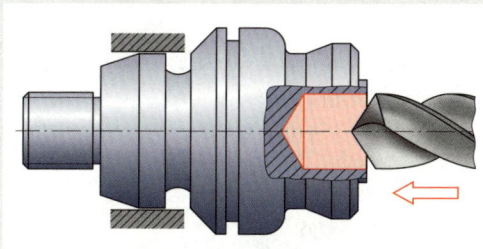

图 1：钻底孔 ø28x31 深

■ 加工步骤 280

设：孔径 ø28，要求 ø内径 = 30/42H7 的表面粗糙度 Ra 3.2 μm，工件材料 C60，车刀刀尖圆弧半径 $r_\varepsilon = 0.4\,\text{mm}$，硬质合金刀片

求：设定值：进给量 f（mm），切削深度 a_p（mm），转速 $n\left(\dfrac{1}{\min}\right)$

解：加工任务（图 2）

纵向车内圆 ø30 x 30/ø42H7/ x 25

精车 Ra 3.2 μm ≈ Rz 12.5 μm

可转位刀片 S 15R – SCUDR 10

硬质合金：P10（涂层）

第 1 次：ø30

$$f = \sqrt{8 \cdot Rz \cdot r_\varepsilon}$$

$$f = \sqrt{8 \cdot 0.0125\,\text{mm} \cdot 0.4\,\text{mm}}$$

$$f = 0.2\,\text{mm}$$

$$a_p \approx 4 \cdot f$$

$$a_p \approx 4 \cdot 0.2\,\text{mm}$$

$$a_p\,（理论值）至 \approx 0.8\,\text{mm}$$

第 2 次：ø42H7

$i = 2: a_p = 0.5\,\text{mm}$ $i = 12: a_p = 0.5\,\text{mm}$

（ø28 ⇒ ø30）   （ø30 ⇒ ø42H7）

（注意检测凸缘！）

$$n = \frac{v_c}{\pi \cdot d}$$

$$n = \frac{1000\,\frac{\text{mm}}{\text{m}} \cdot 280\,\frac{\text{m}}{\text{min}}}{\pi \cdot 30\,\text{mm}} \qquad n = \frac{1000\,\frac{\text{mm}}{\text{m}} \cdot 280\,\frac{\text{m}}{\text{min}}}{\pi \cdot 42\,\text{mm}}$$

$$n = 2971\,\frac{1}{\min} \qquad n = 2122\,\frac{1}{\min}$$

$$n_{R20} = 2800\,\frac{1}{\min} \qquad n_{R20} = 2000\,\frac{1}{\min}$$

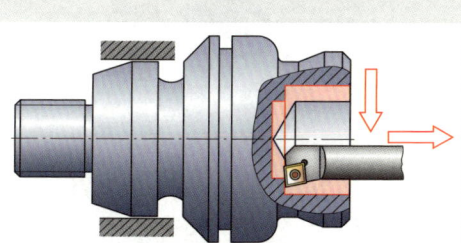

图 2：纵向车内圆 ø30x30 / ø42H7x25

■ 加工步骤 290

> 设：工件直径 ø42H7，要求槽的表面粗糙度 Ra 3.2 μm，工件材料 C60，车刀刀尖圆弧半径
> $r_\varepsilon = 0.4$ mm，内切槽车刀的切削材料是高速切削钢。
>
> 求：设定值：进给量 f（mm），切削深度 a_p（mm），转速 $n(\frac{1}{\min})$
>
> 解：加工任务（图 1）
>
> 切槽车削 ø42H7 / ø44.5 x 1.85H13
>
> 精车 Ra 3.2 μm ≈ Rz 12.5 μm
>
> 右侧内切槽车刀 DIN4963
>
> 切削材料：高速切削钢

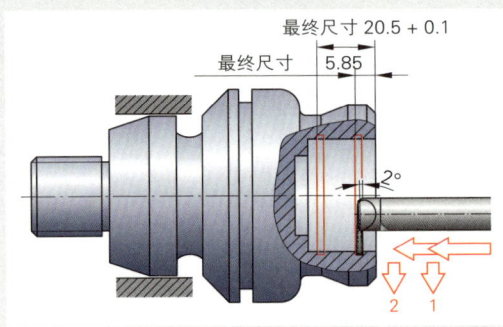

不能用普通计算基础设定加工专用设定值！

实际经验值：

手动进刀控制进给量

切削深度 a_p 等于槽宽

转速 $n < 100 \frac{1}{\min}$

图 1：切槽 ø44.5x1.85H13

■ 加工步骤 300　加工任务的质量检查。

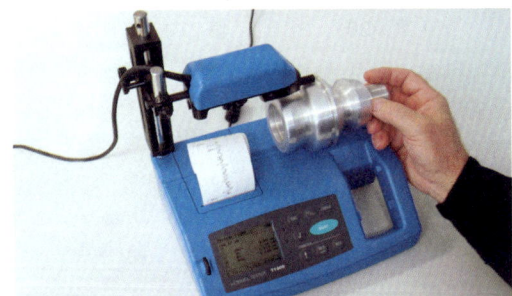

图 2：表面粗糙度检验

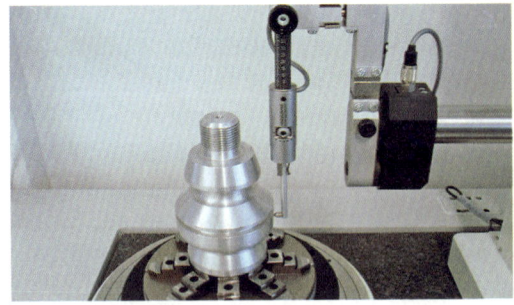

图 4：检验径向跳动 ø80f7

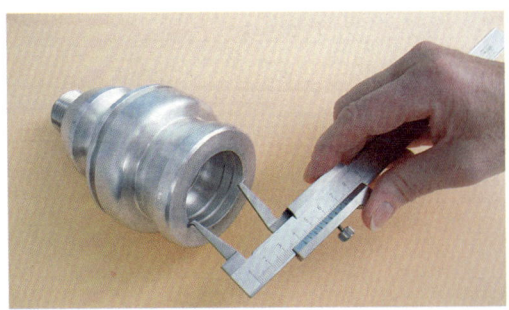

图 3：检验槽 ø44.5x1.85H13

图 5：检验倾角 18°25′

5.2.8 Turning

The attempt to develop the technology of turning further to that effect,that both efficiency and safety of the production are improved and a high environmental soundness and global sustainability are ensured,leads to the development and application of optimized procedural principles, innovative tools and tool holders as well as enhanced cutting materials.

Medical engineering is one of the most technically demanding growth industries.Production orders from this economic sector become more and more important for the companies. The work pieces made of corrosion–resistant and wear–proof titanium alloys and stainless steels which often have to be produced make great demands on the configuration of the cutting operation.

An example is the straight turning gaining in importance as a procedural principle.Contrary to the basic principle of turning,with this process variant not only the cutting motion but also the feed motion is realized by the work piece(figure 1).

According to this,the tools are tightly aligned and built into the head which ensures a minimal tool change time (figure 2).The essential advantage of this process variant lies in the synchronously running,but axially fixed guide bush,positioned directly at the area of tool contact,which guarantees a minimal tendency of vibration during the machining. This enables efficient and highly accurate work on tough materials at very long work pieces.

Important goals in the development of cutting materials are a high wear resistance,long service lives and their certain predictability.For this purpose, the development of cutting material coatings consisting of unidirectional aligned crystals makes a major contribution.The densely packed crystals are in vertical position to the cutting zone and to the swarf that is draining off (figure 3).The heat from machining can be dissipated more effectively Cracks developing in the coating run horizontally. The corresponding spalling of coating particles guarantees a consistent and slow abrasion.

The recycling of hard metal cuting materials makes a major contribution to the enhancement or both environmental soundness and sustainability of production.Manufacturers offer their customers a comfortable take–back of used tools.Afterwards the cuting materials are recycled with the helip of certified mechanical and/or chemical procedures. The raw materials gained from this proces can be used for the production of new tools,The customers are now provided with new tools(figure 4).

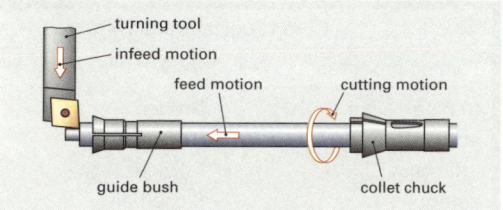

1：principle of turning with a guide bush

2：working space of a swiss type lathe

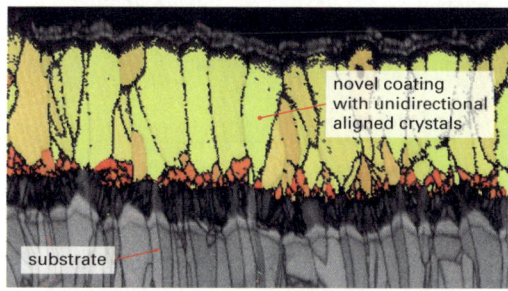

3：structure of modern cutting material coatings

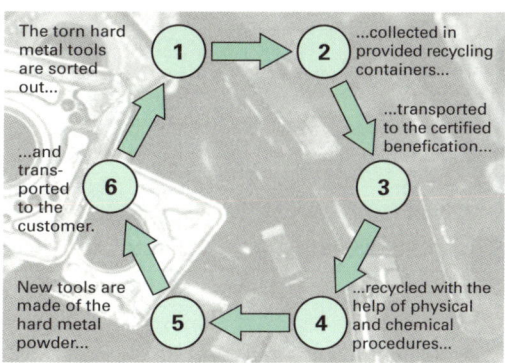

4：recycling of hard metals

Chronological word list		Tasks
Turning processes		
turning	Drehen	1. Translate the paragraph 1to 4 of the text from
attempt	Bestreben	the previous page into German
efficiency	Effizienz	2. Translate the terms in figures 1 to 2
safety	Sicherheit	3. Answer the following questions:
environmental soundness	Umweltverträglichkeit	• Which are the goals of the further development
sustainability	Nachhaltigkeit	of the turning processes?
development	Entwicklung	• Name possible results of the further develop-
application	Anwendung	ment of turning.
cutting material	Schneidstoff	• Why do customers from the medical technolo-
medical engineering	Medizintechnik	gy sector gain in importance?
production order	Fertigungsauftrag	• Why does the production of medical–technical
work piece	Werkst ü ck	work pieces make great demands on the con-
corrosion–resistant	korrosionsbeständig	figuration of the cutting operation?
wear–proof	verschleißfest	• Explain the production principle of straight
titanium alloys	Titan–Legierung	turning.
stainless steel	rostfreier Stahl	• Name the advantages of this process variant
straight turning	Langdrehen	
cutting motion	Schnittbewegung	
feed motion	Vorschubbewegung	
head	Werkzeugträger	
synchronously running	synchron mitlaufend	
guide bush	Spannzange	
tendency of vibration	Vibrationsneigung	
tough	zäh	
Cutting tool materials		
wear resistance	Verschleißfestigkeit	1. Translate the paragraph 5 of the text from the
service life	Standzeit	previous page into German
predictability	Vorhersagbarkeit	2. Translate the terms in figure 3
coating	Beschichtung	3. Answer the following questions:
unidirectional aligned	unidirectional ausgerichtet	• Name major aims of the development of cutting
crystals	Kristalle	materials.
abrasion	Verschleiß	• Which benefits do the unidirectional aligned
		crystals of the cutting material coating have?
Recycling loop		
recycling	Wiederverwertung	1. Translate the paragraph 6 of the text from the
manufacturer	Hersteller	previous page into German
offer	Angebot	2. Translate the terms in figure 4
customer	Kunde	3. Answer the following question:
certified	zertifiziert	• Explain the phases of the recycling loop of tools
raw material	Rohmaterial	made of hard metal.

5.3 铣削

铣削加工方法在加工领域的应用远超出金属加工工业的范畴。它主要用于平面的加工。

> 铣削是一种使用指定几何形状切削刃的切削加工方法。

大多数多齿刀具执行圆形切削运动。根据各切削方法的不同，可由工件或刀具执行进给运动，进给运动的方向垂直于或倾斜于刀具旋转轴。

在金属加工技术中，铣削是除车削外最重要的加工方法。它可以在铣床上加工出各种各样的产品形状。铣削一般加工棱柱形工件，有时也加工已经过前期首次变形和再次变形加工的回转对称工件。此外，铣削可以加工不规则外形轮廓的工件，但它主要用于平面的加工。

5.3.1 加工任务

由于学徒培训车间一台立式钻床的装夹台已不能继续使用，您现在的加工任务是，用铸件 EN–GJS–500–7，通过铣削方法加工出这个工件（图 1，图 2）。毛坯件的一边覆盖着铸件砂皮，并在铸造时已留出加工余量。

完成这个加工任务，需具备若干基础知识，以及采用不同铣削方法的一系列加工步骤。

特征 A 表示可能的加工方向以及必需的基础知识（图 2）。

特征 B 至 E 表示不同的、加工机床工作台所必需的铣削方法（自 217 页开始）。

5.3.2 铣削方法的划分

根据不同的观点，铣削按其方法或结果划分和归类。

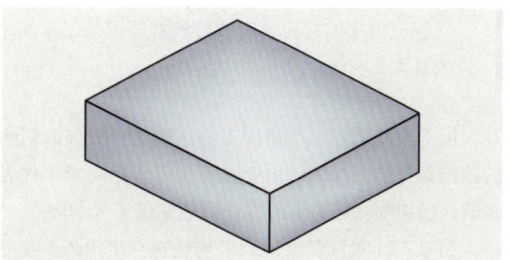

图 1：毛坯件

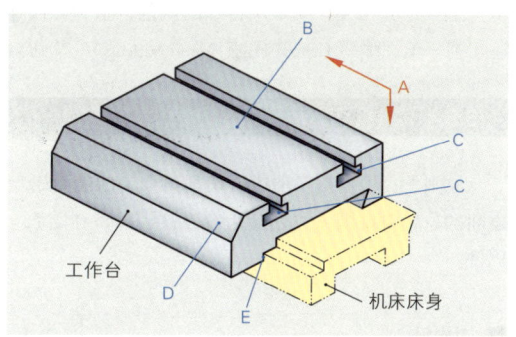

图 2：加工任务

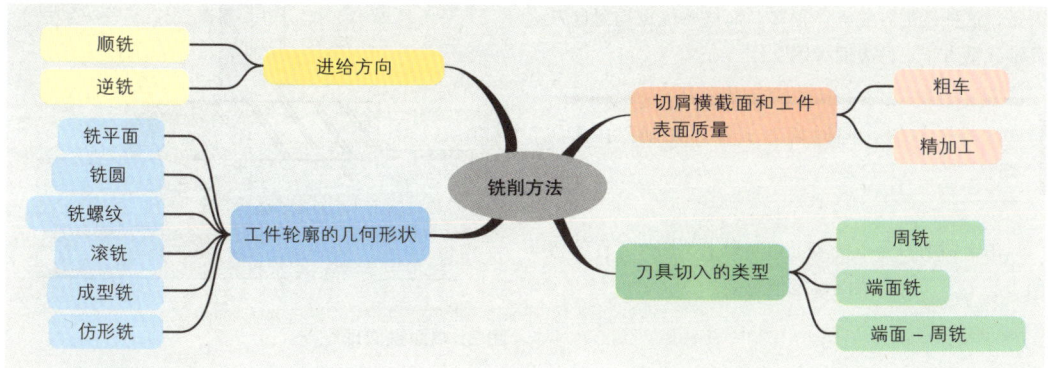

图 3：铣削方法的划分

5.3.3 铣削加工的类型

为完成本章开始所介绍的加工任务，需使用多种铣削方法。首先给毛坯件粗加工——一种具有高切削工效的加工类型。

由于在这个加工步骤中，工件表面质量几乎不重要，采用普通的加工尺寸，仅通过一次切削即可完成粗车工序。因此，较多采用大的每齿进给量和小切削速度。相应数值因工件材料和切削材料的不同而大相径庭。由于刀具市场的快速发展，标准值宜从刀具制造商提供的实时图表手册中查取。

由于铣削刀具具有多个切削刃，产生的切削力变化速度极快。工件的装夹和机床的稳定性均必须适应这一特点！

> 现代粗加工刀具的高效性能常超过加工车间小型铣床允许的最大负荷。

接下来的精加工与粗加工的区别是，更高的切削速度和较小的进给量与切削深度。由于这道加工工序要求工件表面质量，常采取两次切削。所要求的数值可达到低于 $Rz20$ 的表面粗糙度。

如果工件质量要求达到平均粗糙深度 $Rz6.3$ 或更高的表面质量，需采用精铣并设定特殊的切削条件（图1）。这些切削条件大多与工作经验相关。或采用特殊的铣削方法，如高速铣，亦称高速切削（英文缩写 HSC = High Speed cutting）（参见447页）。

5.3.4 刀具切入

原则上，根据铣刀轴线、切削刃和工件表面相互之间的位置将铣削方法划分为端面铣、周铣和端面－周铣。

■ 端面铣

今天，端面铣已优先用于大多数加工任务。其原因是，这种铣削方法优点很多。而这些优点均源自刀具轴线垂直于工件表面（图2）。

> 端面铣时，同时切入工件的切削刃多于周铣。

由于切削力分布在多个切削刃上，切入工件的切削刃越多，切削数值的设定值越高。

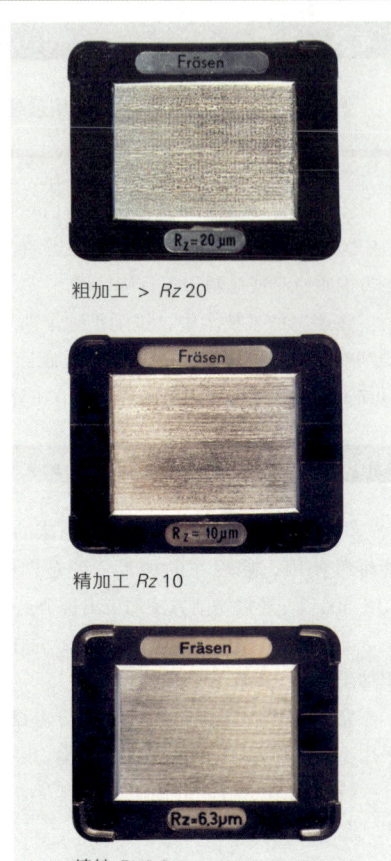

粗加工 > Rz 20

精加工 Rz 10

精铣 Rz 6.3

图1：铣削可达到的表面质量

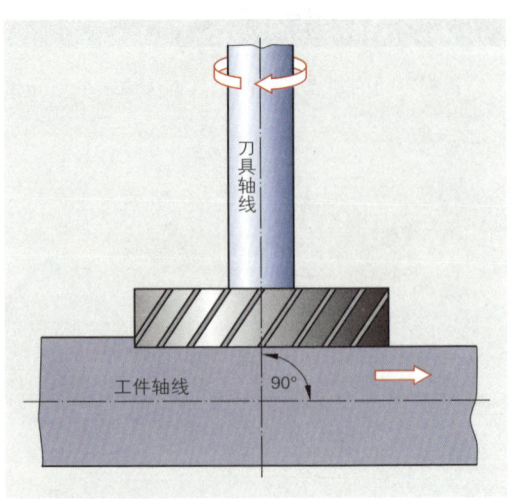

图2：端面铣原理

端面铣的刀具特别适用于装备可转位刀片（212页）。可转位刀片可承载极高的负荷，与高速切削钢的切削刃相比，前者的单位时间切屑体积更大，成本更低。

由于铣刀切削刃短，加工过程非常稳定。此外，刀片可迅速转位或更换，可节省费时的刀刃重磨。

端面铣时始终有多个切削刃切入工件（图1）。由于铣削时走刀更为均匀，其作用力不会产生大幅度振动。此外，由于单位时间切屑体积大，加工最大加工尺寸高达2~3 mm毛坯件的极佳方法无疑就是端面铣。

根据工件形状，端面铣既可以铣平面，也可以铣圆（图1和图2）。

■ 周铣

周铣时，刀具轴线平行于加工面。此时只有圆周切削刃参与切削（图2）。

这种切削方法大多产生一个波浪形工件表面。

■ 端面–周铣

如果铣刀切削刃设置在刀具端面和圆周，走刀过程中所有切削刃均参与切削，这种铣削方法称为端面–周铣。如果铣削时工件表面仍得到部分保留，这种方法称为直角面铣（图3）。

圆周切削刃主要执行切削任务，与此同时，端面切削刃的作用则是平整。这种切削方法尽管切削效率很高，但工件表面质量仍保持良好。

5.3.5　工件轮廓的几何形状

■ 铣平面

铣平面是用铣刀进行的平面（端面）加工（图1和图2）。

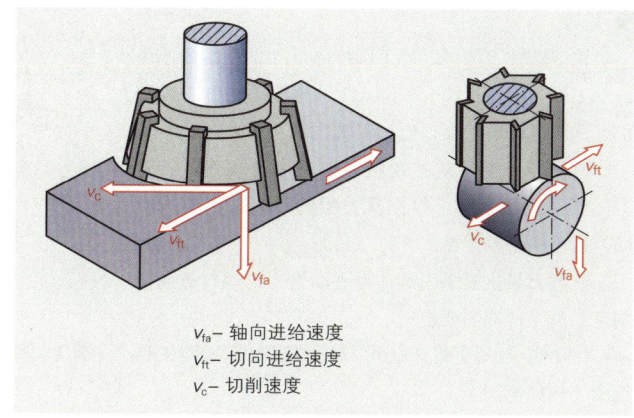

v_{fa}– 轴向进给速度
v_{ft}– 切向进给速度
v_{c}– 切削速度

图1：端面铣 – 铣平面端面铣 – 铣圆

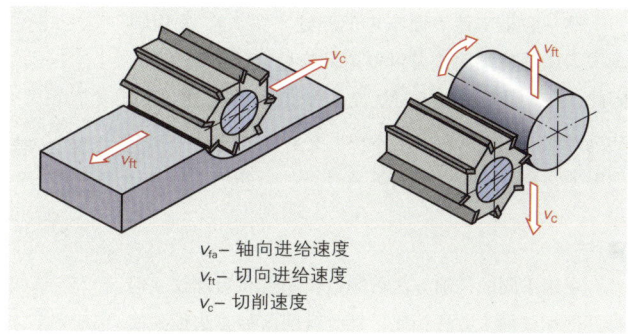

v_{fa}– 轴向进给速度
v_{ft}– 切向进给速度
v_{c}– 切削速度

图2：周铣 – 铣平面周铣 – 铣圆

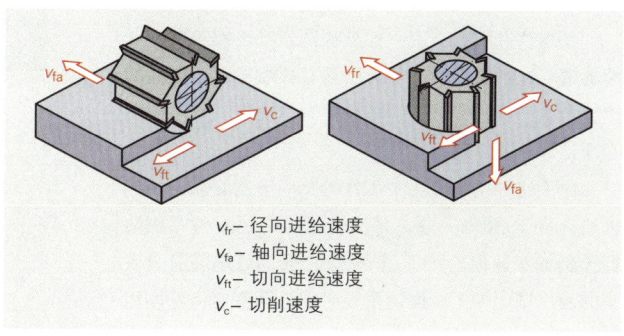

v_{fr}– 径向进给速度
v_{fa}– 轴向进给速度
v_{ft}– 切向进给速度
v_{c}– 切削速度

图3：端面 – 周铣

作业：

请记录，在您的培训范围内可找到哪些铣削方法？

请向您的一位同学解释，哪些产品采用多种方法加工而成。

■ 铣圆

铣圆这种方法可以加工圆柱体形工件上的面或平板形工件，这些工件上的圆无法用车削方法加工（图1）。铣圆可以铣外圆，也可以铣内圆。

铣圆时，工件装夹在圆回转工作台或分度装置上。圆形进给运动可根据其类型的不同，由机床驱动，也可由手动控制。

铣圆刀具主要采用圆柱形平面铣刀，运行方向分别是：与工件同向或逆向。

CNC控制加工机床还可以铣非圆和不规则工件轮廓（例如椭圆）。

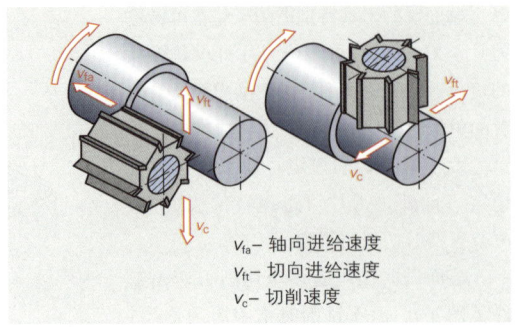

v_{fa} – 轴向进给速度
v_{ft} – 切向进给速度
v_c – 切削速度

图1：铣圆

■ 铣槽

槽一般指工件表面窄矩形凹处（图2）。采用圆盘铣刀或圆柱端面铣刀可创造最为稳定的切削条件。因此，在工件件数极大时优先采用带柄铣刀。虽然立式铣床和加工中心的数量大幅上升，带柄铣刀的使用却愈加频繁。

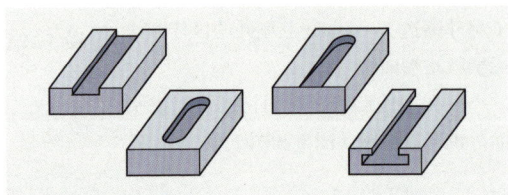

图2：若干槽形

■ 铣螺纹

采用不同的铣削方法可制造长螺纹和短螺纹。但与其他螺纹加工方法相比，螺纹铣削这种方法很少使用，因为它相对复杂且昂贵。但在CNC加工范围内，小件数螺纹的铣削加工却呈上升趋势。

长螺纹铣削时，用一种盘状铣刀铣出螺纹螺距或螺旋槽。这种铣刀的切削刃已具有螺纹形状。螺纹的螺旋角由刀具轴线对工件轴线的倾角决定。其主偏角必须计算（图3）。

由于这种铣削方法中工件的圆周速度必须与轴向进给速度 v_{fa} 精确一致，螺纹铣床也必须配备专用装置（例如变速齿轮箱）。长螺纹铣削也可用装有分度头的通用铣床加工。但这里还必须计算变速齿轮的齿轮变速比 z_i / z_g（图3）。

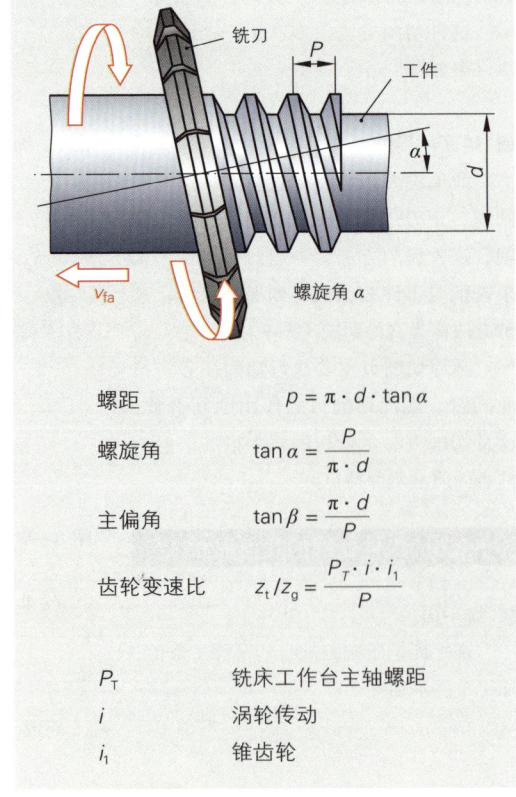

螺距	$p = \pi \cdot d \cdot \tan \alpha$
螺旋角	$\tan \alpha = \dfrac{P}{\pi \cdot d}$
主偏角	$\tan \beta = \dfrac{\pi \cdot d}{P}$
齿轮变速比	$z_t / z_g = \dfrac{P_T \cdot i \cdot i_1}{P}$

P_T	铣床工作台主轴螺距
i	涡轮传动
i_1	锥齿轮

图3：长螺纹铣削及其必要的计算公式

■ 螺纹旋风铣削

与长螺纹铣削类似的一种加工方法是螺纹旋风铣削。

这种加工方法采用的刀具是装备可转位刀片的旋风铣刀，可达极高转速。通过高转速达到高切削速度。大多数单刃旋风铣刀由于其冲击式切削方法，切削刃负荷很高，但所加工的工件表面质量也很高。这种切削方法要求的切削条件是，小切削深度和小每齿进给量（图1）。

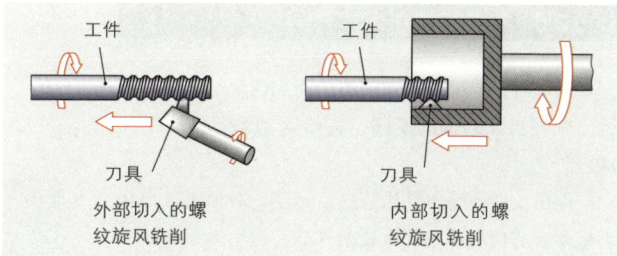

图1：螺纹旋风铣削

旋风铣削也用于平面精加工。根据切削刃位置的不同，旋风铣削可分为旋风端面铣和旋风周铣（图2）。

短螺纹铣削时，螺纹类型和螺纹长度均由刀具决定。刀具是圆柱形成型铣刀。

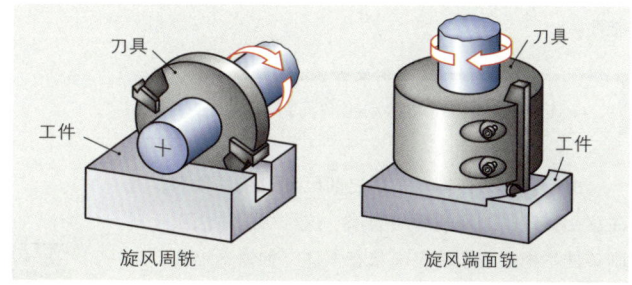

图2：旋风铣削

工件旋转60°时，铣刀切入工件的深度就是螺纹全部深度。工件继续旋转，铣刀即可切削出所需螺纹。切削时，铣刀按螺距 P 进行全轴向旋转运动（图3）。

这种螺纹加工方法效率很高，因此适宜用于较大批量生产。

■ 滚铣

加工轴向平行的、螺纹形啮合齿的最重要加工方法之一是滚铣。

圆柱形铣刀齿沿着基体（工件）按螺纹螺距运行，切除切削余量。在切削过程中，工件与刀具的运动均已精确定义（图4）。

根据切削刃切入方式的不同，滚铣可分为轴向滚铣，径向滚铣，对角线滚铣和切向滚铣。

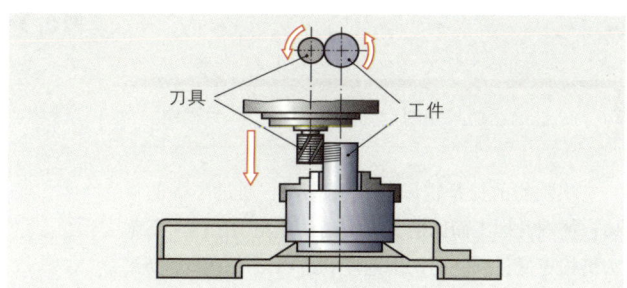

图3：短螺纹铣削

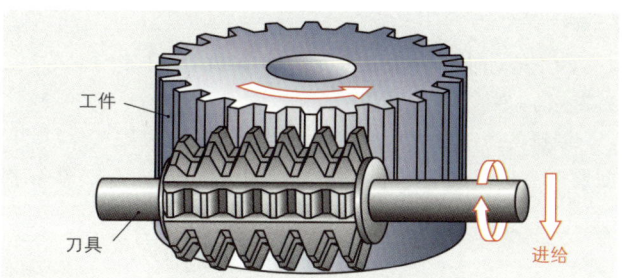

图4：滚铣

作业：

请讨论铣圆，铣槽、铣螺纹、螺纹旋风铣和滚铣的重要性。这些铣削方法经常得到应用吗？

5.3.6 刀具运动

铣削时，通过铣刀切削刃的圆周切削运动分离切屑。根据机床结构的不同，进给运动由刀具或工件执行。

但由工件还是刀具执行进给运动，对加工过程并不重要。对切屑形成的重要条件是，进给运动与切削运动相互的关系。这取决于相对运动。

与进给相关的刀具旋转方向有两种相对运动的可能性。

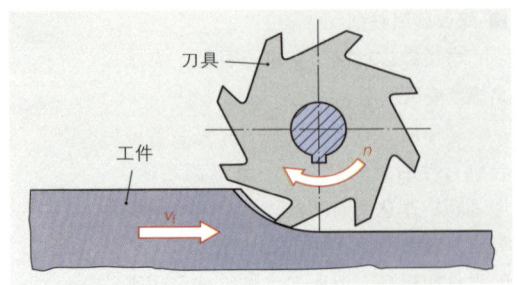

图 1：逆铣

> 进给运动与切削运动相向而行，称为逆铣。

由于切削刃在切入工件之前已刮过工件表面，需注意相对较高的切削后面磨损。这种切削方法用于切削条件不稳定或工件表面状态不佳，如铸造缩孔，铸造砂皮，硬质锻皮或焊缝等（图 1）。

大多数情况下，铣削采用更具优点和经济性的顺铣法。

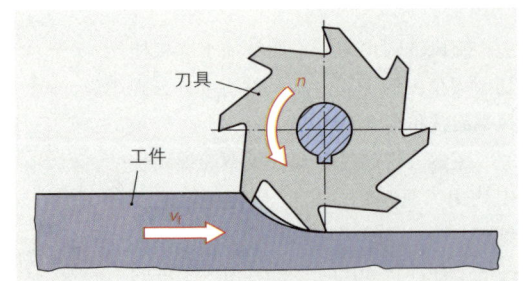

图 2：顺铣

> 进给运动与切削运动同向而行，称为顺铣。

顺铣的前提是铣床的顺铣装置。通过顺畅的排屑，使顺铣加工面比逆铣更精确，更均匀。由于切削刃磨损更低，顺铣的切削速度和进给量可最大提高至1.5 倍。刀具耐用度却并未降低（图 2）

使用小楔角和相对较大前角的铣刀更具优点（208 页）。

由于运动的设置支持工件的装夹，顺铣适用于不易装夹的工件。

顺铣的另一个优点是，粗铣时可达到较大切削量。

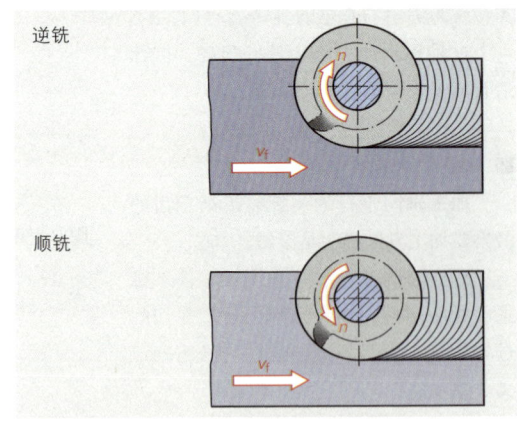

图 3：端面铣削时，逆铣与顺铣的效果

作业：

1. 如何理解相对运动？
2. 顺铣与逆铣之间有哪些区别？
3. 在哪些条件下采用这种或那种铣削方法？
4. 请描述顺铣和逆铣时切屑是如何形成的。
5. 切屑形成对加工过程构成哪些影响？

■ **主轴倾斜时的铣削**

由于采用垂直主轴轴线铣削（端面铣）时的切削刃在回程时再次切削，在工件表面产生交叉纹路（图1）。这个过程称为重复切削效应。它损坏切削刃，缩短刀具耐用时间。此外，还产生不规则的工件表面。

这两种缺陷均可以通过铣削主轴或（较为罕见）机床工作台的轻微倾斜得以避免。专业人员称这种倾斜为主轴倾斜。其与刀具进给方向的倾斜角度应设定在 $0.005° \sim 0.03°$（$30'' \sim 1'48''$）（图2）。

如果倾斜过大，对切削刃负荷不利。需注意的是，已设定的倾斜会在工件上形成轻微的凹陷表面。

> 铣削采用垂直主轴轴线时，必须设定主轴倾斜，以避免重复切削效应。

与其他加工方法相反，铣削时的切削运动总是由刀具执行（图3）。

进给运动和横向进给运动的执行取决于机床类型。传统小型铣床，如升降台式铣床，其进给和横向进给运动均由装夹着工件的铣床工作台执行（图4）。

但刀具也可以执行横向进给运动，如龙门铣床。在较大的，但同时也更为现代化的数控加工机床上，刀具可执行切削运动，也可执行进给运动和横向进给运动。其优点是，不必装备工作主轴驱动第二个机床要素（机床工作台）进行运动。这使机床成本更为便宜，定位更为精确。

作业：

1. 交叉纹路是怎样产生的？
2. 如何避免交叉纹路？
3. 哪些运动可由铣刀执行？
4. 主轴倾斜如何影响工件表面的平面度？

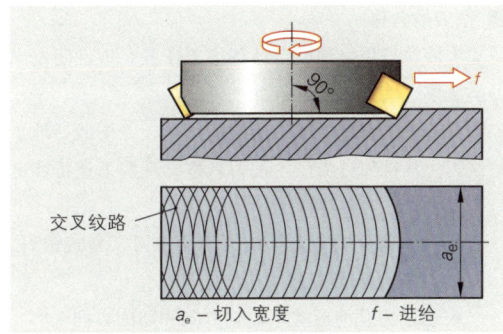

图1：重复切削效应

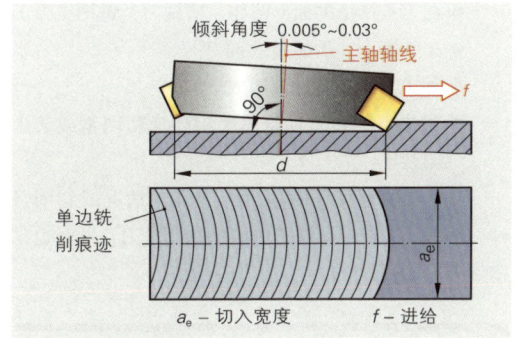

图2：主轴倾斜的端面铣

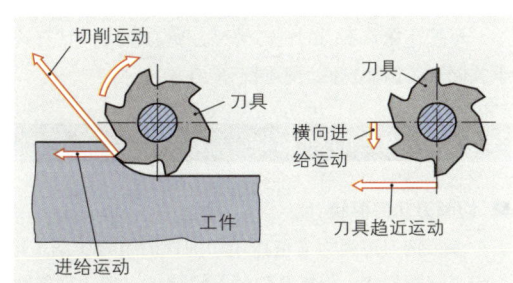

图3：铣削时的运动

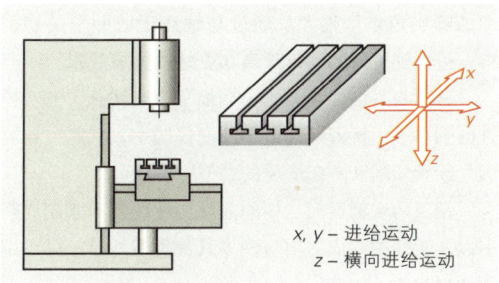

图4：升降台式铣床的运动

■ 铣刀的名称

为使铣刀更好地配合各种加工任务，现已研发出种类繁多，性能各异的各种铣刀。

专业人员将铣刀按一定特征分类，以便概括地了解铣刀。从铣刀分类产生铣刀名称。现按下述特征进行铣刀分类：

- 在铣床上的装夹方式（带柄铣刀，套式铣刀，铣削头，端铣刀）。
- 切削刃几何形状（螺旋方向和切削方向）。
- 切削方式（端面铣，周铣）。
- 刀具形状（例如圆盘铣刀，圆柱铣刀）。
- 由刀具产生的面（例如，槽铣刀，键槽铣刀）。
- 工效能力（例如高效铣刀）。
- 加工方式（通过铣削或铲削）。
- 结构（例如刀具整体采用高速切削钢或装入刀片）。

有些刀具可能同时碰到上述加工情况或切削条件。所以，一把带柄铣刀可以是端面铣刀，同时也是槽铣刀。

> 铣刀命名时采用其最常见特征进行命名。

尽管存在着不同的铣刀类型，所有铣刀仍具有若干共同点，例如它们均不同于车刀。

5.3.7 铣刀的特性

■ 切削刃几何形状

多刃铣刀可视为多重作用切削楔的组合（图 1）。它们必须在形状、规格和位置上精确地一致。仔细观察具体一个切削刃，可再次看到切削楔所有的已知面和角度（143 页）。铣刀与车刀的不同之处在于，铣刀的螺旋角作用很大。通过与轴线形成倾角的切削刃，可达到更低的运行噪声和更好的排屑效果。

铣削与其他切削方法（例如车削或钻孔）的实质性区别在于，铣削切削刃不断变化的切入状态。其原因是断续切削和不断变化的切屑厚度。

铣刀的切削后面、切削前面、主切削刃和副切削刃以及负切削后面等均与许多其他类型刀具一样，用于切削加工（图 2）。

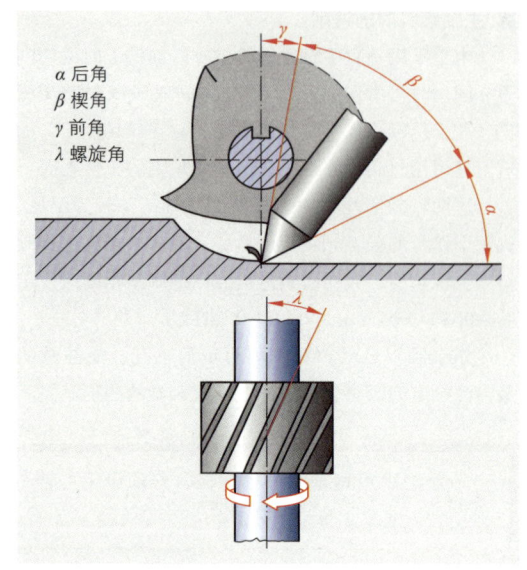

α 后角
β 楔角
γ 前角
λ 螺旋角

图 1：铣刀的角度

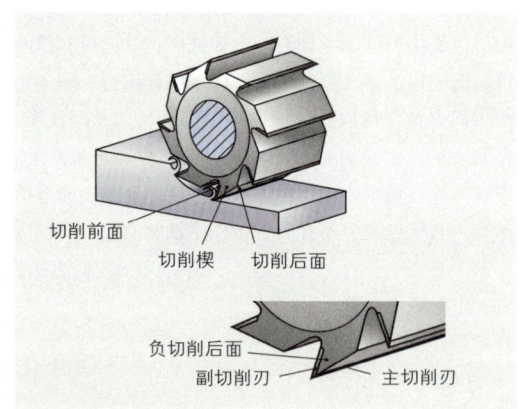

切削前面
切削楔　切削后面
负切削后面
副切削刃　　主切削刃

图 2：铣刀的面和切削刃

每把铣刀都有多个主切削刃。由于铣刀每转一圈各个切削刃仅短暂地参与切削过程，而在其余时间始终空转，切削刃可以不断得到冷却。这就提高了刀具耐用度。

对比其他的加工方法，铣削常采用低切削速度和高进给量。其原因再次涉及昂贵刀具耐用度的最大化问题。如刀具耐用度曲线表所示，这里有一个刀具耐用度极高的理想数值（图 1）。如果提高切削速度 v_c，刀具磨损则加大。因此，最佳作法是仅加大进给量，因为这同样可以提高单位时间切屑体积，而磨损却更小。

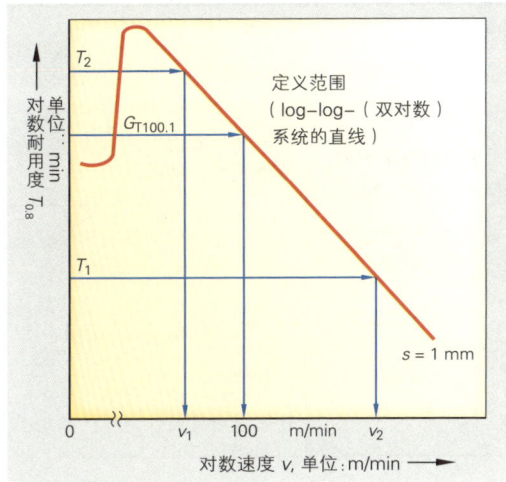

图 1：刀具耐用度曲线表

■ 切削材料

铣刀可以整体由高速切削钢或硬质合金制造。但由于加工过程中铣刀的主要负荷出现在切削刃表层区域，刀具的大部分根本不要需具备与成本密切相关的切削刃特性，如硬度或耐磨强度等。因此，尤其是大直径刀具，其发展趋势是，铣刀刀体由低负荷且价廉的工具钢制造，刀体上焊接、夹紧或用螺栓拧紧刀片（图 2）。

现在已能提供带柄铣刀的全套可更换刀头，通过其特殊的装夹系统同样可保证极高的加工过程安全性（图 3）。

所有安装简便的装夹系统均能保证快速简便且高位置精度的刀片或切削头的装夹。这使刀具可迅速投入再次使用，因为仅需更换受损或磨钝的刀片即可。

通常使用的切削材料是高效高速切削钢和硬质合金，但切削陶瓷和金刚石的使用逐渐增多（210 页表 1）。由于铣削是断续切削，铣削所使用的切削材料必须在具有足够硬度的同时具有极高韧性。此外，铣刀切削材料应能在持续温度变化过程中不受损坏。切削材料不同的性能使之能够用于不同的用途。

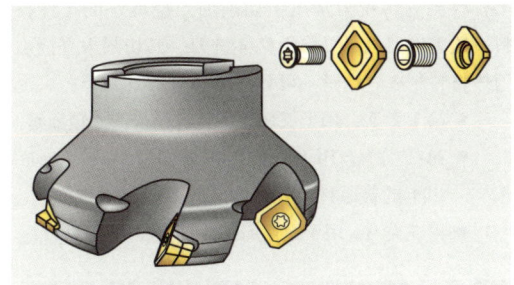

图 2：装入刀片的铣刀

图 3：装入可更换刀头的铣刀

表1：铣削所用切削材料概览表	
切削材料	**性能，用途**
高速切削钢 HSS	高韧性和高刀刃强度，因此可采用相对大的切削前角。可用于复杂形状铣刀，例如成型铣刀，螺纹铣刀。
硬质合金　HM	高硬度，同时具有足够韧性。用于所有类型的铣削加工，并且非常具有经济性。
切削陶瓷	其硬度大于硬质合金。最高达1200℃的高耐热性。 用于极高切削速度的加工，也可以加工淬火后的工件材料。
金刚石	具有所有切削材料中最硬的硬度。用于铝合金，塑料，有色金属材料，玻璃，陶瓷，硬质合金等工件材料的精加工。

高速切削钢铣刀的购置成本相对便宜，同时具备高弯曲断裂强度和良好韧性。因此，并由于其形状的多样性，这种铣刀常用于切削加工性良好的工件材料。这类铣刀也可以称为整体铣刀。其切削刃直接由刀体材料制成。这里，可划分出3种刀具类型：

- 第1类 W，用于长切屑，软材料，例如轻金属。
- 第2类 N，用于最低抗拉强度为 $1000\ N/mm^2$ 以上的普通材料。
- 第3类 H，用于短切屑，高强度和高硬度材料。

> 待加工材料越硬，切削前角必须越小，铣刀齿数必须越多。

■ **粗加工铣刀的分屑槽**

特别在粗加工铣削时，易产生既宽又长的切屑，因此，粗加工铣刀的切削刃均配有一种特殊的外形轮廓。这种轮廓称为分屑槽，又称排屑槽，它切断加工时产生的切屑（图1）。圆形分屑槽的缩写字母是R，扁平形分屑槽是F。举例，一把普通类型高速切削钢圆形切削刃铣刀的名称是 NR。圆形切削刃特别适用于粗加工铣削（粗铣）。扁平形切削刃铣削后的工件表面质量更好，因此最适合于粗铣–精铣。粗车铣刀切削刃的成型轮廓产生短厚切屑，它在粗车铣削时对加工过程产生积极影响。

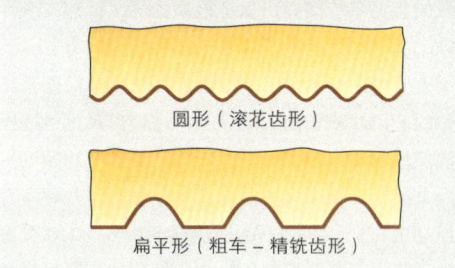

圆形（滚花齿形）

扁平形（粗车–精铣齿形）

图1：粗车铣刀的分屑槽

> 提示：高速切削钢（以前简称 HS）只在"高效高速切削钢"结构中具有经济意义。因此，在实际应用中缩写为 HSS，但在 DIN ISO 4957 中的标准化名称仍保留为高速切削钢（HS）。

■ 高速切削钢整体铣刀的齿形

整体铣刀一般有两种不同的齿形。这是因为其制造类型的差异，外观上极易区别（图1）。

尖齿铣刀可从其尖锐的齿形分辨出来。这种铣刀采用铣削方法制造。但因此只能制造直线轮廓的铣刀（例如圆盘－圆柱铣刀）。

磨损后，这种铣刀可重磨磨锐切削前面和切削后面。

铲背铣刀只能通过专用铲背车床制造（图3）。但需预先铣出齿槽（图2）。其制造过程更为复杂。

与尖齿铣刀相比，使用仿形车刀进行铲背加工也能制造成形铣刀（例如凹半圆铣刀和凸半圆铣刀）。

> 磨损后，仅需重磨铲背铣刀的切削前面，即可保持刀具的尺寸精度。

铲背铣刀的螺旋角常常过小（大部分 $\lambda=0°$）。由此而产生刀具耐用度较短的缺点，但与之相对的是优点，例如相比较而言较高的整体使用寿命。

■ 硬质合金切削材料

硬质合金具有高硬度、高温耐磨强度以及高抗压强度。因此，这种切削材料的用途极广。最常用于铣刀的是 DIN ISO 513（2005-11）制定的 K 组硬质合金。常用于加工钢材料的是 P20 至 P40，用于精铣的是 M10 和 M20。

耐磨强度极高的是涂覆碳化钛涂层或氧化铝涂层的硬质合金。

如果对切削材料的耐磨强度和刀刃强度要求极高，则使用超细晶粒硬质合金刀片。

一般采用焊接或可转位刀片形式将硬质合金切削材料嵌接或用螺栓拧在刀具刀体上（图4）。

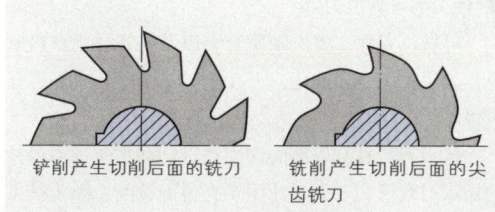

铲削产生切削后面的铣刀　铣削产生切削后面的尖齿铣刀

图1：齿形

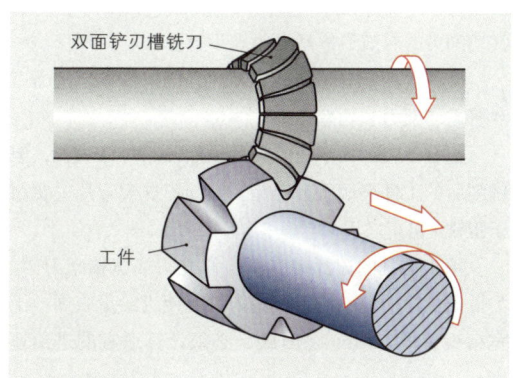

双面铲刃槽铣刀

工件

图2：铣齿槽

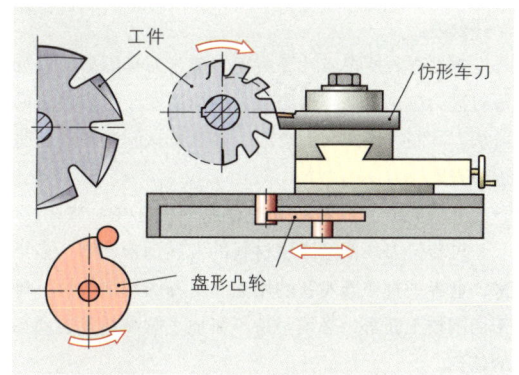

工件

仿形车刀

盘形凸轮

图3：铲背过程

图4：硬质合金可转位刀片

■ 铣刀的可转位刀片

可转位刀片主要由硬质合金以及陶瓷切削材料制成。其尺寸已经标准化，刀片上带一个螺孔或无螺孔嵌接。

四刃刀片具有较高的切削稳定性和多于三刃刀片的切削刃数量。三刃刀片用于直角面铣削，因为其主偏角可达到 $\kappa = 90°$（图 1）。

此外，还可使用正后角或负后角的可转位刀片。楔角为 90° 时已是负（后角）刀片。与正刀片相反，其切削刃的有效刃边是上边和下边。

许多刀片配有导屑槽。因此其前角为正，这类刀片所需切削力和功率较小。

配有刀尖圆弧半径的刀片虽然使用寿命较长，但铣削后的工件表面质量粗糙。因此，这类刀片主要用于粗铣 / 粗车。

用于精铣的刀片带有平行修光刃或宽精整刀刃。为铣出优秀的表面质量，铣刀的每圈进给量必须小于宽精整刀刃（图 2）。因此，必须计算适宜的进给速度 v_f。

用于精密加工的铣刀除普通结构铣刀外，还有高精结构铣刀。这类铣刀无需校准即可保证 0.1 mm 的工件公差。

根据查表所得或计算所得转速，刀具的齿数以及每刃进给量，再计算得出最大进给速度。每刃进给量可从刀具制造商图表中查取，或从机械制造图表手册近似查取。

其他提示请参阅 82 页切削材料的选择一节。

可转位刀片新型涂层材料的发展远未终结。多年来，业界一直在开发新的用途和更高的切削数值。对于切削技工而言，必须坚持不懈地了解最新发展动态的信息。

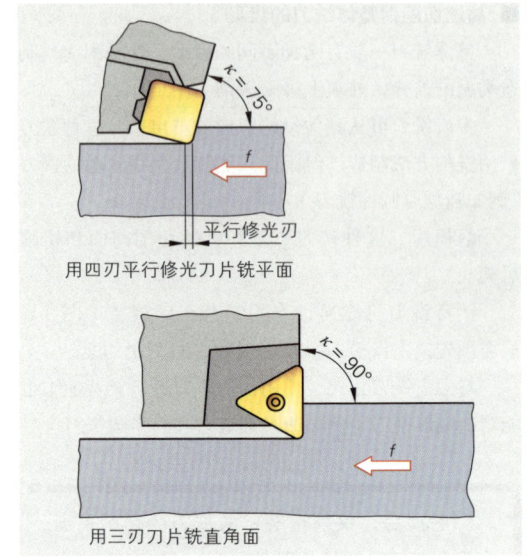

用四刃平行修光刀片铣平面

用三刃刀片铣直角面

图 1：铣平面与铣直角面时的主偏角

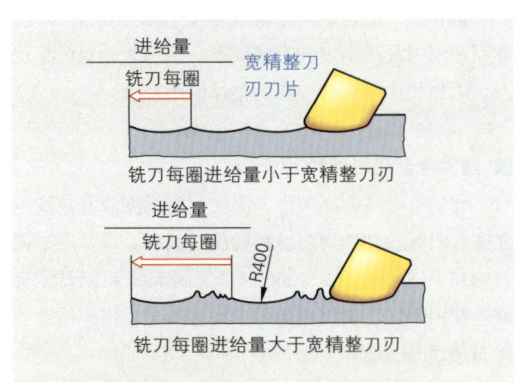

铣刀每圈进给量小于宽精整刀刃

铣刀每圈进给量大于宽精整刀刃

图 2：使用宽精整刀刃刀片铣削时的工件表面

作业：

1. 请在图表手册上查出公式或计算进给速度的公式。

2. 如果选用较大的铣刀直径，如何修改切削速度？

3. 请用文字表述如何求取铣削进给速度的数值。

4. 请借助本教材求取可转位刀片其他的基本几何形状。

■ **陶瓷和金刚石用作切削材料**

使用陶瓷切削材料的铣刀切削刃数量少于硬质合金切削刃数量（图1）。陶瓷类切削材料虽然具有高硬度方面的优点，但其缺点是对铣削过程中必定持续出现的冲击负荷的高敏感性。不过现在已研发出具有更佳抗冲击负荷性能的新型混合陶瓷材料。陶瓷切削材料大多用于淬火钢或硬质铸件的精加工。其刀片一般采用负前角和负倾角。

尤其需注意的是，陶瓷对温度快速变化极为敏感。

> 陶瓷切削材料切削时始终不用冷却液！

天然金刚石仅用于超精密铣削或金属的高光洁度镜面铣削。其切屑厚度在微米范围。

但使用更为普遍的是人工合成金刚石，即聚晶金刚石（PKD）（图2）。聚晶金刚石主要用于有色金属材料，如铝、铜以及塑料等材料的加工。由于其极高的硬度，切削刃的磨损极其微小，一个切削刃可加工甚至高达上千个工件。

> 必须保护金刚石免受高温。金刚石在约800℃时即可燃烧！

■ **刀具耐用度和磨损**

与任何一种切削方法相同，铣削同样会出现刀具切削刃磨损。

铣削的特点是断续切削。这种切削方式的特点是，切削刃在刀具每圈旋转时均以冲击方式切入工件材料，因此，切削刃的机械负荷很高。当切削刃从工件材料退出时，切削刃的负荷同样突然降低。此外，切削刃在切削时温度可高达数百摄氏度，退出切削后又经环境空气突然冷却。这个过程称为机械负荷和热负荷。

原理上，所有已知磨损形式，即切削后面磨损，切削前面磨损，切削刃磨损，月牙洼磨损以及刀瘤等，均可在铣削时出现（图4）。

最常出现的磨损是切削后面磨损。通过检测磨痕宽度 VB，并对比允许磨痕宽度，即可确定这类磨损（图3）。如果超过允许 VB，必须重磨或更换刀具，因为在这种状态下可能造成刀具损坏。

由于铣削的断续切削特性，特别常见的是梳妆裂纹和横向裂纹（图4下）。

图1：陶瓷切削刃铣刀

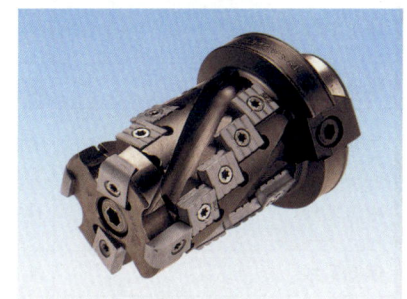

图2：金刚石切削刃铣刀

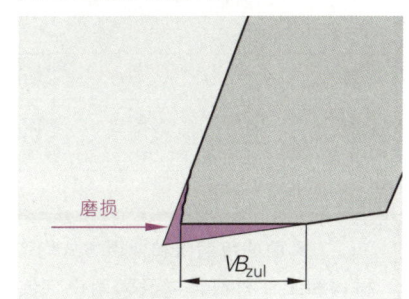

磨损

VB_{zul}

图3：磨痕宽度 VB

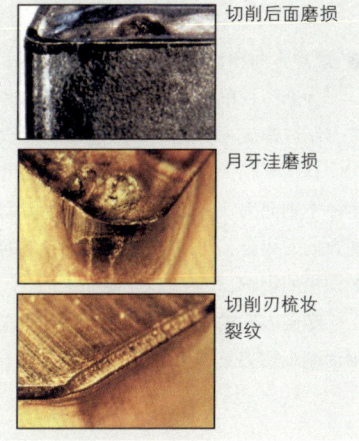

切削后面磨损

月牙洼磨损

切削刃梳妆裂纹

图4：磨损形式

刀具磨损每年导致巨大的损失。不仅刀具价格越来越昂贵，更换刀具时，机床的停机时间成本也在持续上涨。

磨损无法避免，但如果熟知最常见磨损的原因，仍然可以降低并减轻磨损。深入了解并掌握磨损的原因，可有效采取避免切削过程中过快磨损的多种方式和方法。下表汇总普通磨损的原因和降低磨损的方法，以及可以避免的刀具切削刃变化。

表：磨损的形式及其规避措施		
磨损的形式	**磨损的原因**	**降低 / 规避的措施**
普通的切削后面磨损	磨耗	无法降低
切削后面磨损加大	· 每齿进给量过小 · 周铣时采用逆铣方法	· 提高每齿进给量 · 采用其他切削材料
普通的月牙洼磨损	磨耗	无法降低
月牙洼磨损加大	刀具温度很高	· 降低切削速度 · 采用其他切削材料
梳妆裂纹	快速，频繁的温度变化	· 降低切削速度 · 加工时不用冷却液
横向裂纹	冲击负荷过高	调整为更有利的切入
切削刃崩刃和剥落	· 切削力过大 · 快速，频繁的温度变化	· 降低切削速度 · 加工时不用冷却液 · 采用其他切削材料
刀瘤	切削速度过低	提高切削速度
变形	切削刃压力过高	· 降低每齿进给量 · 采用其他切削材料

刀具的使用期限和使用方式均取决于切削材料和工件材料，以及切削设定值和冷却润滑液。

■ 螺旋方向和切削方向

为避免切削刃切入工件材料时的冲击作用，许多铣刀制成螺旋形。切削刃通过螺旋渐次切入工件（图1）。其结果是大幅度提高了刀具耐用度。此外，还产生一个轴向力。通过这个轴向力并借助螺旋方向与切削方向的组合，可对切削力和轴向力的大小与方向施加积极的影响。

螺旋方向的确定与螺纹相同，即左旋或右旋。从驱动端观察刀具即可确定切削方向（图2）。

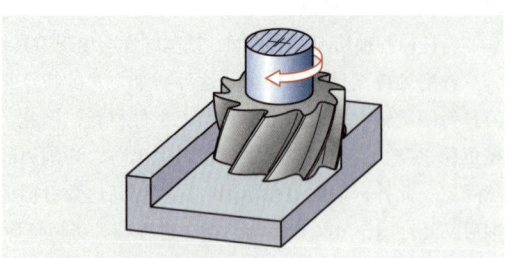

图1：圆柱端面铣刀螺旋切入工件

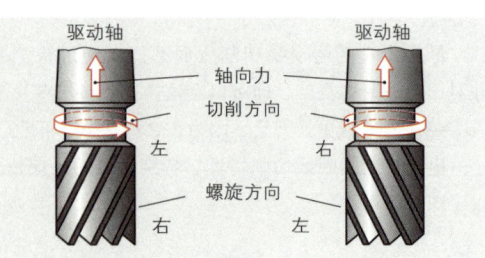

图2：带柄铣刀的螺旋方向和切削方向

在一把铣刀上，切削方向和螺旋方向应是对立的，目的是使轴向力朝向主轴轴承。

> 螺旋形铣刀保证加工过程平稳均匀地进行。

通过铣刀的螺旋形可提高工件尺寸精度和表面质量。在直齿铣刀上，因齿螺旋而出现的轴向力的作用方向是铣刀主轴轴承机构，通过交叉齿形可抵消该轴向力（图 1）。由此而产生的相同形式的切削力可使机床的运行更为平稳安静。

通过螺旋齿形切削刃也可达成这种平稳运行。

使用螺旋齿形圆柱铣刀时，可通过两把螺旋方向相反的铣刀对接使用来抵消轴向力。对此，仅需简单地反方向装上第二把铣刀即可（图 2）。

如果一根主轴上组合了若干把铣刀，专业人员称之为组合铣刀（223 页）。

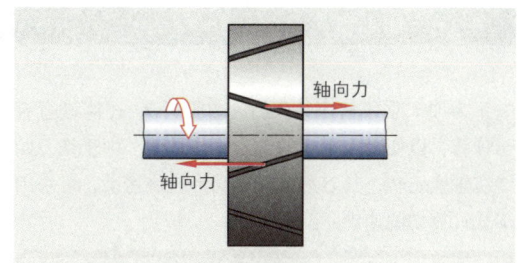

图 1：交叉齿形的圆盘铣刀

■ **铣刀的齿距**

切削刃切入工件时的有效间距称为齿距（u，单位：mm）（图 3）。通过齿距可设定切削过程中有多少个切削刃同时切入工件。

齿距一般可划分为：

● 宽齿距（L）。

较少数量切削刃的铣刀用于长切屑工件材料。鉴于总切削过程较低的实际功率，推荐此类铣刀用于加工若干种有色金属材料。

● 窄齿距（M）。

中等水平的可转位刀片数量可在普通的切削条件下产生良好的生产率。此类铣刀非常适用于钢和不锈钢的粗车铣削。

● 超窄齿距（H）。

切削刀片的最大数量可在低刀具切入深度 a_e 条件下产生硬质工件材料的大切屑体积。

此类铣刀非常适用于铸铁材料和耐热超级合金的粗车铣削，以及铸铁材料的精铣。

如果切削刃排列不均匀，称为非等分齿距。由此可对切削过程施加积极影响（图 3）。

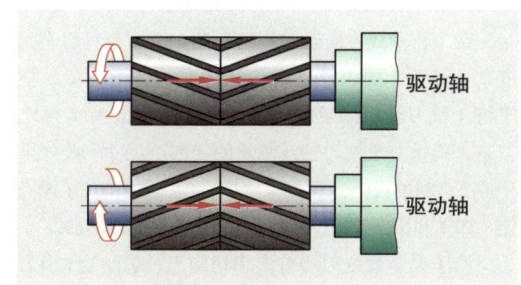

图 2：反方向对接的圆柱铣刀

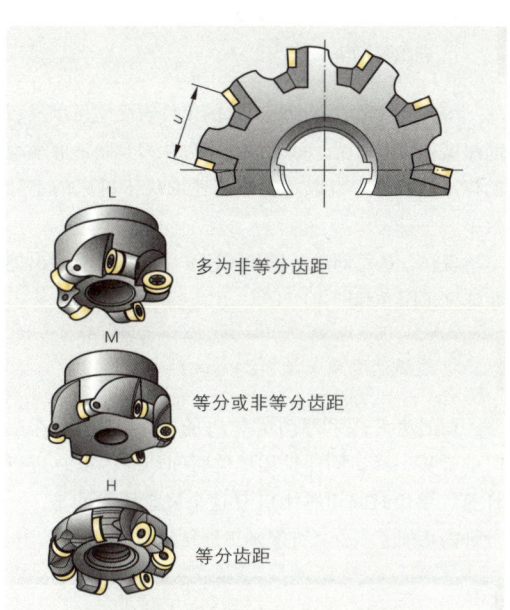

图 3：不同类型齿距的铣刀

5.3.8 切削量

为加工立式钻床装夹台（201页），还需进行若干计算，以便设定正确的铣床工作数值。由于铣刀始终绕轴线旋转，其刀刃沿一个圆形轨迹运动，可采用下式计算切削速度 v_c：

> 切削速度 $v_c = \pi \cdot d \cdot n$

切削速度取决于待加工工件，切削材料以及加工类型。还必须注意机床和工件的刚性。

在刀具轴线方向确定切削深度 a_p，而刀具切入深度 a_e（译注：国内教材通常将 a_p 称为背吃刀量，指平行于铣刀轴线测量的切削层尺寸；将 a_e 称为侧吃刀量，指垂直于铣刀轴线测量的切削层尺寸。此处采用原文教材的说法，下文同）则由切削方向的加工面确定（图1和图2）。但刀具切入始终垂直于刀具轴线。

由于大多数铣刀均有多个切削刃，进给量 f 由刀具每转动一圈朝向工件所行驶的距离计算得出。式中可见，每个切削刃在切入过程中所行驶的距离，即每齿进给量 f_z 乘以刀具的切削刃数量 z。

> 进给量 $f = f_z \cdot z$

每齿进给量取决于所要求的工件表面质量以及切削深度和切削速度，每齿进给量可从刀具制造商编制的标准值图表中查取。但该值还取决于机床的实际效率。

现在，从每圈进给量和转速 n 中还可计算得出进给速度（图3和图4）。

> 进给速度 $v_f = f_z \cdot z \cdot n = f \cdot n$

切削功率 P_c 和驱动功率 P_a 的计算与钻孔和车削时的计算一样，同样采用单位时间切屑体积 Q 进行计算。单位时间切屑体积 Q 这个概念所指的是，一分钟内切削了多少立方厘米工件材料。

> $Q = A \cdot V_f = a_e \cdot a_p \cdot v_f$
>
> $P_c = Q \cdot K_c$
>
> $P_a = \dfrac{P_c}{\eta}$
>
> A 切屑横截面
> k_c 单位切削力
> η 效率

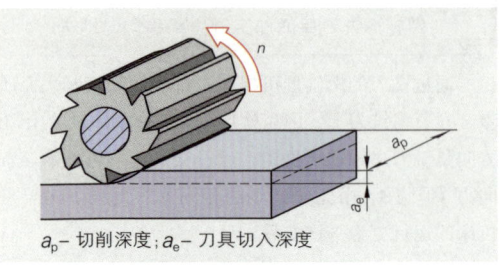

$a_p -$ 切削深度；$a_e -$ 刀具切入深度

图1：周铣时的切削深度和刀具切入深度

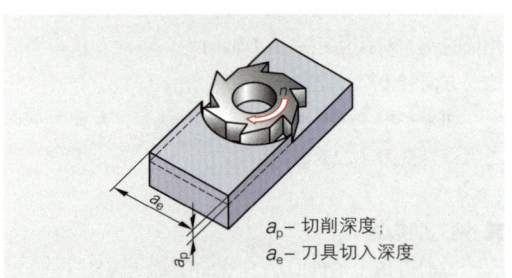

$a_p -$ 切削深度；
$a_e -$ 刀具切入深度

图2：端面铣时的切削深度和刀具切入深度

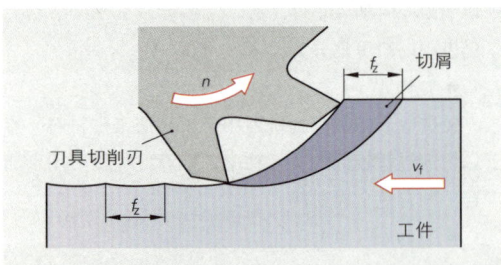

切屑
刀具切削刃
f_z
v_f
工件
n

图3：周铣的进给速度

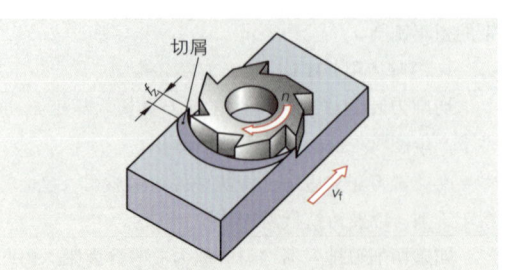

切屑
n
v_f

图4：端面铣的进给速度

作业：

请找出下列计算工艺量时所有的单位：v_c, d, π, f, f_z, z, n, Q, A, k_c, P_c, P_a, η（提示：请复习基础一节）

5.3.9　铣削加工举例

　　当您掌握必要的知识后，便可根据 201 页加工任务的设置，开始加工装夹台。首先，必须通过端面铣，使毛坯件达到图纸尺寸（218 页）。

> 端面铣是通过端面铣，平铣或端面 – 平铣方法，采用直线进给运动制造一个平面。

　　根据其可能性，有多种端面铣削方法可以用于端面铣。

　　与平铣相比，端面铣的优点如下：

- 由于刀具切入点可以不在刀尖，因此切削刃得到保护。冷却润滑液也可以更好地到达切削刃。
- 端面铣要求的切削功率更低。因而可以更好地利用机床功率。
- 由于端面铣时有更多齿切入工件，其切屑横截面和机床负荷更为均匀。

　　为节省加工时间，应使用较少的加工步骤进行生产。因此，端面铣时宜选择尽可能大的铣刀直径。

　　如果在现有机床上可以使用直径略大于工件最厚部位的铣削头，用一次切削（走刀）铣完工件表面。

> 铣削头直径应至少是工件厚度的 1.3 倍。

　　此外，使用端铣刀进行端面铣时，应注意主偏角 k。如果主偏角大于 75°，工件边棱可能破裂（图 1）。

　　如果待加工工件非常狭窄，铣刀轴线必须位于工件范围之内。这样可以避免切削刃直接撞击和因此导致的快速磨损（图 2）。

　　另外还必须注意倾斜，因为重复切削同样会导致不必要的高磨损（207 页）。

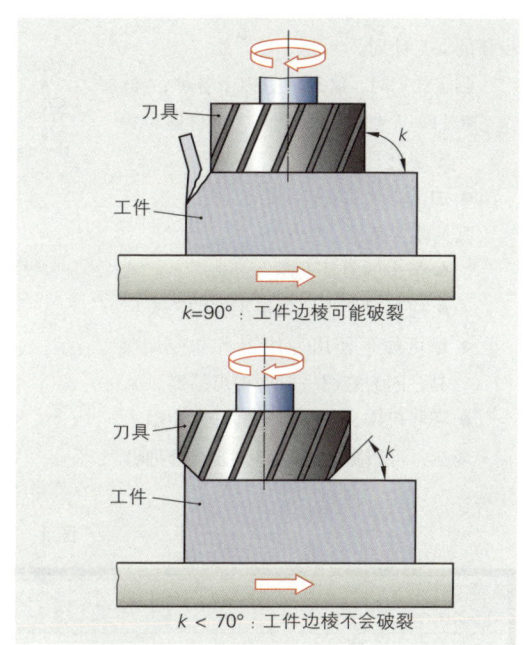

k=90°：工件边棱可能破裂

k < 70°：工件边棱不会破裂

图 1：端面铣的有利主偏角

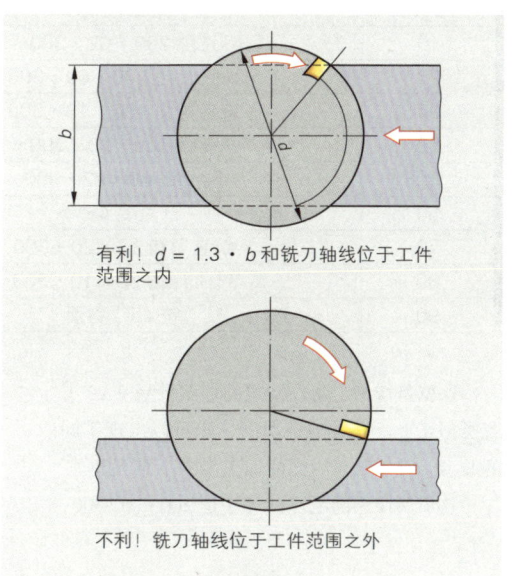

有利！$d = 1.3 \cdot b$ 和铣刀轴线位于工件范围之内

不利！铣刀轴线位于工件范围之外

图 2：铣刀轴线位置的可能性

经过前文所述的加工开始之前的思考后，现在可以按照图纸制造装夹台（图1）。

首先，必须制定一个包含最有利加工步骤的加工计划。

制定计划时，必须注意以下各项：

● 每一个加工步骤之前，工件能否稳定装夹？

● 加工步骤的安排是否合理？

其具体含义是：

　● 最少的刀具更换。

　● 应尽可能少地更换工件的装夹！

● 尽可能不使用专用刀具和专用夹具，因为它们一般均相当昂贵。

● 哪些机床，刀具和夹具可供使用？

现在，可根据上述思路制定如下加工计划：

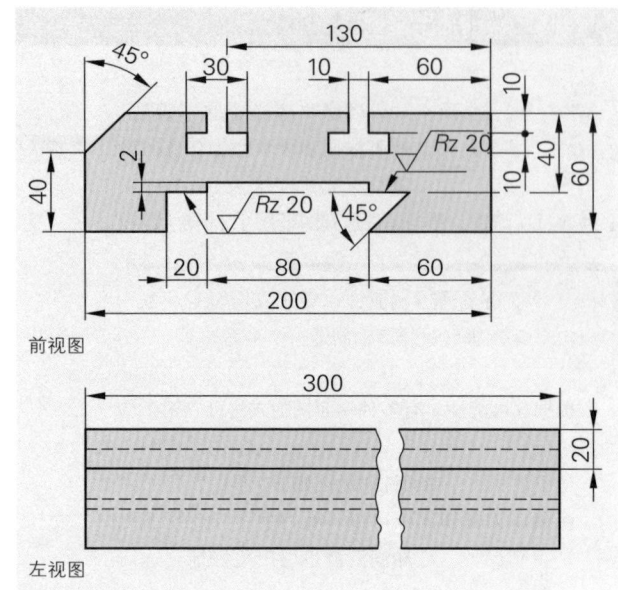

图1：加工图纸节选

加工计划 任务号：		加工人员： 日期：
工件名称：　装夹台 工件材料：　EN-GJS-500-7 工件尺寸：　200・60・300		批量：　　1 重量/单件：5.5kg 期限：　　立即
加工步骤	加工过程	刀具
10	铣削 200・62・300	端面铣刀 D270
20	精铣上边 200・60・300	端面铣刀 D270
30	铣直角面 100・18・300	直角面铣刀 D100
40	精铣 100・20・300	直角面铣刀 D100
50	端面铣 80・22・300	端面铣刀 D80
60	铣角度 45°	45° 单角铣刀
70	铣直角槽 10・20・300	圆盘铣刀 b=10
80	铣 T 形槽 30・10・300	T 形槽铣刀 D30；b=10
90	铣 45° 斜面	45° 角度铣刀

这就是按给定条件制定的加工计划（AP），或类似于此。在其他情况下，也可以出现不同的改型。铣工对于后面的加工步骤不感兴趣。

这里所使用的毛坯件尺寸是 200・70・300（宽・高・长）。

锯切下料后产生五个面。第六个面（高度）是铸造砂皮（图2）。

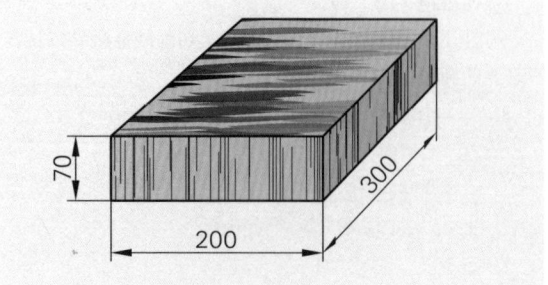

图2：毛坯件尺寸

加工开始前，必须求出加工机床的各个设定数值。必须保护机床和刀具免受过负荷损坏。首先，应按照下列指定因素求取设定值：

- 工件材料（EN-GJS-500-7）。
- 切削材料（硬质合金）。
- 铣削方式（端铣刀）。
- 预计的加工（粗车）。
- 切屑体积（切削深度和切削宽度）。
- 机床功率。

切削速度 v_c 和每齿进给量 f_z 可查表求取。表中，这两个数值与指定材料和铣刀相关（表1，表2和表3）。

而刀片方面，应使用刀具制造商的标准值表，以便求出机床最佳设定值。如果无法做到这一点，可使用通用的机械图表手册。对于铸铁，首先应注意其布氏硬度。材料EN-GJS-500-7 的布氏硬度是 180 HB。但装备硬质合金切削刃铣刀的标准值还允许有很大的数值空间。

可读取的数值有（表1）:v_c=70 ~ 120m/min;f_z=0.1~0.3mm。

为获取准确的加工数值，必须考虑加工过程中其他同样起作用的影响因素。这些影响因素如下：

- 工件表面轧制、铸造和锻造产生的氧化皮。
- 顺铣或逆铣。
- 专用高效铣刀，有或无刀尖倒角。
- 工件、刀具以及机床的稳定性。

计算时，上述这些影响因素均以补偿系数形式出现。一般设定正面影响因素的补偿系数＞1；妨碍加工的负面影响因素的补偿系数＜1。

表1：切削速度与进给量标准值，v_c 单位：m/min

铣削刀具	加工方式	非合金钢 R_m 最大至 700 N/mm²	合金钢		铸铁布氏硬度最大至 180 HB
			R_m 最大至 50 N/mm²	R_m 最大至 1000 N/mm²	
铣刀（刀头）		切削刃材料是硬质合金			
	粗车 V_c	80~150	80~150	60~120	70~120
	f_c	0.1~0.3	0.1~0.3	0.1~0.3	0.1~0.3
	精加工 V_c	100~300	100~300	80~150	80~160
	f_c	0.1~0.2	0.1~0.2	0.06~0.15	0.1~0.2

表2：材料数值

缩写符号	抗拉强度 R_m，单位：N/mm²
EN-GJS-400-15	400
EN-GJS-500-7	500
EN-GJS-600-3	600
EN-GJS-700-2	800

表3：进给量与切削速度

铣削刀具	加工方式	非合金钢 R_m 最大至 700 N/m²	合金钢		铸铁布氏硬度最大至 180 HB
			R_m 最大至 750 N/mm²	R_m 最大至 1000 N/mm²	
圆柱铣刀		铣刀材料是高速切削钢			
	粗车 V_c	30~40	25~30	15~20	20~25
	f_z	0.1~0.2	0.1~0.15	0.1~0.15	0.1~0.3
	精加工 V_c	30~40	25~30	15~20	20~25
	f_z	0.05~0.1	0.05~0.1	0.05~0.1	0.1~0.05

举例：

举例：

铣刀刀尖已倒角：	补偿系数：1.2
需铣掉铸造砂皮：	补偿系数：0.8
选定的切削速度：	v_c / 选定 =100 m/min
实际切削速度：	v_c =100m/min·1.2·0.8=96 m/min

必须设定一个比原假设更低的加工数值。

车间加工过程中，切削技工的实践经验常常是加工数值的基础。如铸造毛坯件上下两面粗车铣削时的切削深度为每刀 4mm，参照影响因素，应选取的加工数值是：

v_c =90 m/min；f_z = 0.1 mm

计算转速时必须加入铣刀直径（D=270）：

$$n = \frac{V_c}{\pi \cdot d} = \frac{90\,m/min}{\pi \cdot 0,27\,m} = 106\frac{1}{min}$$

$$V_f = z \cdot f_z \cdot n = 18 \cdot 0,1\,mm \cdot 1061/min = 190\,mm/min$$

作业：

请求出上述举例中的 n 和 v_f，条件是用 16 齿，直径为 D=100 的高速切削钢圆柱铣刀。请使用尽可能小的数值（表3）。请评估计算结果。

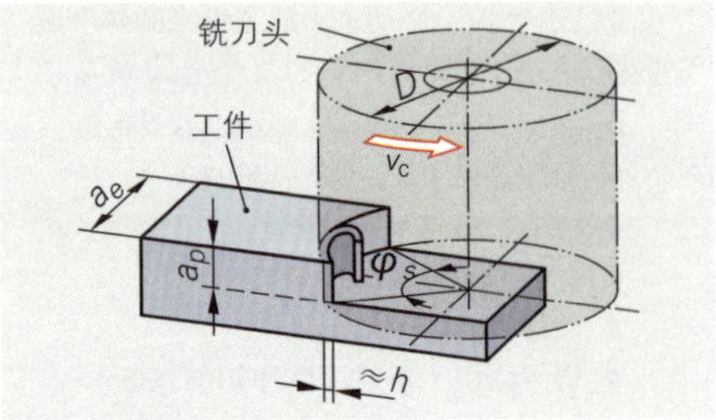

粗加工铣削时尤为重要的是，检查所使用的加工机床是否能够达到计算得出的切削数值所要求的功率（136 页）。这种切削功率 P_c 是克服材料阻力所必需的。该数值由切削力 F_c 和切削速度 v_c 计算得出。

当今，持续发展的刀具制造商允许的加工数值仅能完全在现代化机床上使用。加工更大批量的经济性要求使用尽可能高的设定值进行加工。

由于部分机床功耗并未用于切削力，机床型号铭牌上标注的是驱动功率 P_a。这里已经考虑到效率 η。铣床的效率介于约 70%（$\eta = 0.7$）至 90%（$\eta = 0.9$）之间。

图 1：端面铣削的加工值

如果一台机床所要求的切削功率相当于驱动功率，该机床已得到充分利用。

$$驱动功率 = \frac{切削功率}{效率} \qquad\qquad P_a = \frac{P_c}{\eta}$$

由于切削过程中切屑厚度的变化，铣削时均取用平均值：

$$平均切削功率 = 平均切削力 \cdot 切削速度 \qquad\qquad P_{cm} = F_{cm} \cdot V_c$$

切削力 F_c 是切削工件材料所要求全部力的总合。它由切屑横截面 A 和一个在相同条件下适用于所有材料的数值，即单位切削力 k_c，计算得出。

$$平均切削力 = 单位切削力 \cdot 切屑横截面 \qquad\qquad F_{cm} = K_c \cdot A$$

平均切屑横截面 A_m 表示的是，所有以某一切削深度切入工件材料的切削刃所产生的切屑厚度（图 1）。

$$平均切削横截面 = 切削深度 \cdot 切屑厚度 \cdot 切入工件切削刃的数量 \qquad\qquad A_m = a_p \cdot h \cdot z_e$$

端面铣削时，可以简单设定切屑厚度 h：

$$切屑厚度 = 0.9 \cdot 每齿进给量 \qquad\qquad h \approx 0{,}9 \cdot f_z$$

切入工件切削刃的数量 z_e 可从铣刀直径 D，铣刀切削刃的数量 z 和待加工工件宽度 a_e 中计算得出（图 1）。

$$切入工件的切削刃数量 = \frac{切削刃切入与退出之间的角度 \cdot 切削刃数量}{360°}$$

$$Z_e = \frac{\varphi_s \cdot z}{360°}$$

$$\sin \frac{\varphi}{2} = \frac{a_e}{D}$$

举例：

这里设平均切削力 $F_{cm} = 5850$ N。代入 F_c 即可计算驱动功率，单位：kW：

$$P_c = \frac{F_c \cdot v_c \,(\text{m/min})}{60000} = \frac{5850 \text{ N} \cdot 96 \text{ m/min}}{60000} = \underline{8.77 \text{kW}}$$

$$P_a = \frac{P_c}{\eta} = \frac{8.77 \text{ kW}}{0.8} = \underline{10.96 \text{ kW}}$$

计算求出所要求的 8.77 kW 切削功率，机床的驱动功率必须至少达到 11 kW。

在加工过程中，刀具执行切削进给所使用的时间称为主有效时间。

$$主有效时间\ t_h = \frac{L \cdot i}{V_f} = \frac{L \cdot i}{n \cdot f}$$

如果已知准确的主有效时间，将可以避免铣刀以切削速度运行的趋近行程时间或切削结束后的空转行程时间过长。此外，工艺部门也必须计算加工过程中准确的主有效时间 t_h。

因此，尤其在数控铣床编制程序时，除至此已经计算得出的加工数值外，还必须知道，刀具快速趋近行程的结束点，切削进给的起始点，以及从何时开始刀具再次以快速行程回驶至初始点。实际使用时间应处于机床优化利用范围之内。

这里，行程 L 从工件长度 l，趋近行程 l_a，空转行程 l_u 以及周铣时的切入行程 l_s 中计算得出（图2）。

尤其在大铣刀直径时，应仔细选取切入行程 l_s，因为这里可以节省大量时间。平铣时，铣刀已位于工件上方，但尚未开始铣削（图1）。

趋近行程 l_a 用作快速进给与切削进给之间的安全距离。

现在乘以切削次数 i，即可计算出实际待铣削长度（图2，图3，图4）。

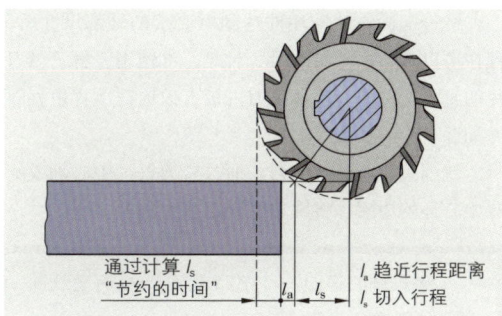

图1：计算 ls 的必要性

l_a 趋近行程距离
l_s 切入行程
通过计算 l_s "节约的时间"

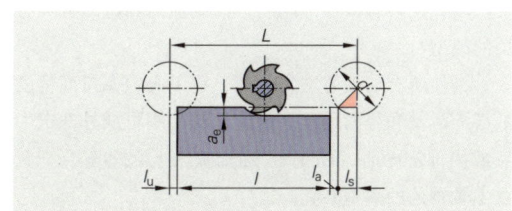

图2：周铣的进给距离

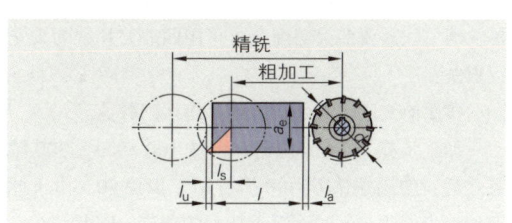

图3：端面铣的进给距离

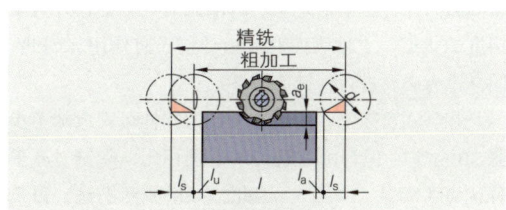

图4：端面 – 周铣的进给距离

举例：

加工溜板毛坯件的下面，应使用的方法是，端面铣刀 $D270$ 以粗车铣削端面的方式分两次切削，从 $h=70$ mm 铣至 62 mm。因此，铣削切入的切削深度（吃刀量）$a_e=4$ mm。已求出转速 $n=106$ 1/min 和进给量 $f=1.8$，趋近行程和空转行程 $l_a = l_u = 1$ mm。

$$L = l + \frac{d}{2} - l_s + l_a + l_u; \quad l_s = \frac{1}{2}\sqrt{d^2 - a_e^2}$$

$$l_s = \frac{1}{2}\sqrt{270\,mm^2 - 4\,mm^2} = \underline{135\,mm}$$

$$L = 300\,mm + 135\,mm + 1\,mm + 1\,mm = 437\,mm$$

$$t_h = \frac{L \cdot i}{n \cdot f} = \frac{437\,mm \cdot 2}{106\,\frac{1}{min} \cdot 1.8} = \underline{4.58\,min}$$

为达成均匀铣削过程，端面铣刀必须完全离开已加工的面（重复切削）。

毛坯件上面的切削深度为 2mm，一次切削精铣至 $h=60mm$。

$$L = 1 + d + l_a + l_u$$

$$L = 300\,mm + 270\,mm + 1\,mm + 1\,mm = \underline{572mm}$$

$$t_h = \underline{2.99\,min}$$

经过端面铣使毛坯件达到所要求的外部尺寸后，现在可以开始加工滑动面。对此，可使用装备三刃刀片的直角面铣刀。这种铣刀可最有效地铣出直角表面并加深。

铣削头属于套式铣刀。通过铣刀杆，中心轴或配有中心环的垫圈，将铣刀头固定在主轴上。

> 套式铣刀通过一个孔固定在一根有莫氏锥度杆或陡锥杆的套式铣刀刀杆上。

套式铣刀有多种不同的，与制造商和铣刀种类有关的改型。

为使所有切削刃均匀负荷，铣刀必须保持高精度的端面跳动和径向跳动。因此，铣削头可从外部定中心或内部定中心（图1）。万能铣床上大多配有配置在主轴轴颈的内中心孔。

由于切削刃相对较薄，装备三刃刀片的铣削头容易产生振动。因此，这类铣刀特别适用于铣削直角轮廓。如需要多次切削，可采用四刃刀片铣削头先行粗铣。

按照前文所用的公式可计算出切削数值。

加工步骤 30/40：铣角和精铣 100·20·300 结束之后，使用端铣刀 D80 执行加工步骤 50。由于此道加工步骤所产生的面没有特别的功能，因此没有必要在此铣出非常精确的角度。与直角面铣刀相比，装备四刃刀片，主偏角 $\kappa=75°$ 的端铣刀具有更长刀具耐用度的优点。工件表面对溜板功能没有作用。因此，同样没有必要进行精铣（图2）。

在卧式铣床上，使用圆柱铣刀同样可完成加工步骤 30 至 50。但与圆柱铣刀的平铣相比，端铣刀有多种优点（参见 217 页）。因此，如果放弃平铣，对工件功能不会产生负面影响，本例中应尽可能放弃使用平铣（图3）。

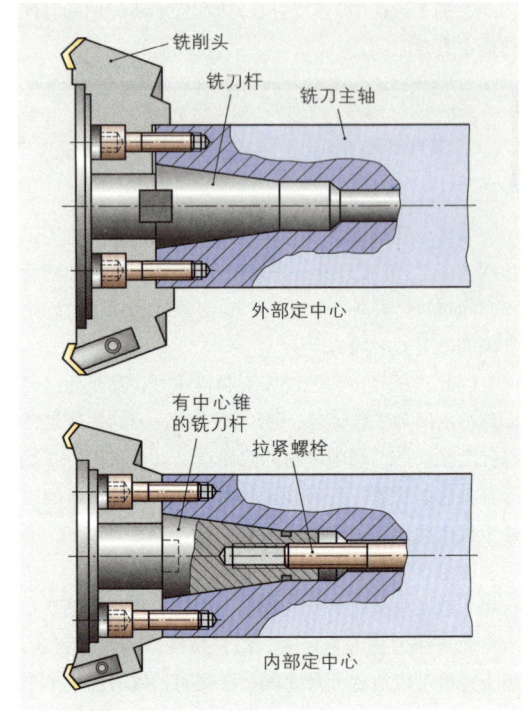

图1：铣削头的固定和定中心

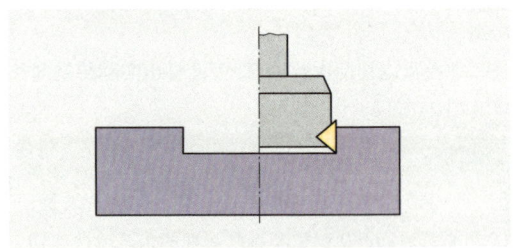

图2：加工步骤 30/40：铣直角面和精铣 100·20·300

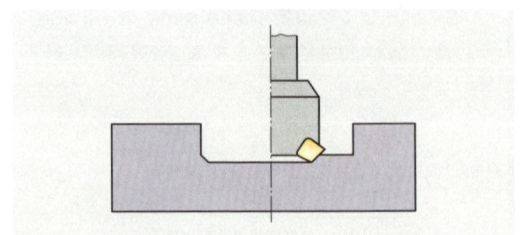

图3：加工步骤 50：端面铣 80·22·300

为铣出第一导轨的 45° 斜面，必须使用合适的单角铣刀（又称燕尾铣刀 – 译注）（图 1）。

> 单角铣刀用于加工有角度的导轨（燕尾轮廓），并可加工 45°、50°、55° 或 60° 成型角度。

单角铣刀也属于套式铣刀，大部分由高速切削钢制成。

这里的铣刀名称：

铣刀 DIN 842–A 45° × 100 L–HSS

（成型角度 45°，A 形；d_1=100mm；左边结构切削刃；材料：高速切削钢）

请不要将这种铣刀混同于角度铣刀（图 2）。

> 角度铣刀是双面铲刃槽铣刀，用于加工尖齿刀具的排屑槽。

这类铣刀的成型角度与形状没有标准化，因为这些数值取决于螺旋线节距和所要求的刀具角度。这类铣刀也可以用作带柄铣刀（参见 224 页）。

下一个加工步骤是分两次切削加工 T 形槽。

第一个加工步骤中铣出直角槽。它是下一个加工步骤使用 T 形槽铣刀的前提条件。

从图纸可看出，用宽度 b=10mm 的圆盘铣刀可铣出直角槽。

> 圆盘铣刀在所有三个面均有切削刃。交叉齿形（A 形）用于加工深槽，直齿形（B 形）用于加工浅槽，最大槽宽可达 50mm（图 3）。

这里所需的圆盘铣刀可用下述名称命名：

铣刀 DIN 885 – A 50 × 10 N – HSS

（A 形；d_1=50mm；b=10mm；刀具应用组 N；材料：高速切削钢）

由于待加工槽必须相互准确平行，应在卧式铣床铣刀杆上同时装夹两把铣刀，一个加工步骤即可铣出两个槽（图 4）。

由专用间隔环和间隔套保证刀具之间的准确间距，它们可以调出任意位置间距并保证足够精度。多把套式铣刀的这种组合称为成组铣刀（或称：组合铣刀）。其优点是高生产率（图 5）。

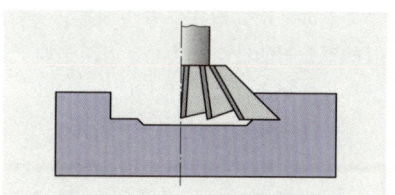

图 1：加工步骤 60：单角铣刀

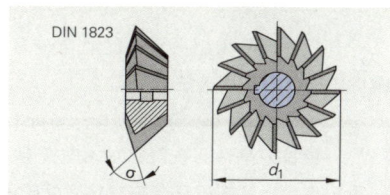

图 2：B 形角度铣刀

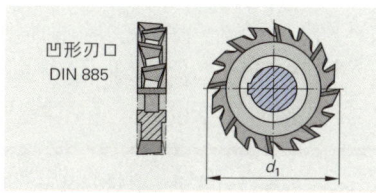

图 3：A 形圆盘铣刀

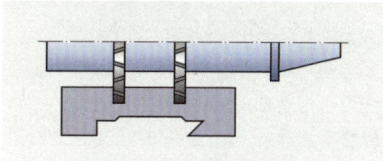

图 4：加工步骤 70：铣直角槽

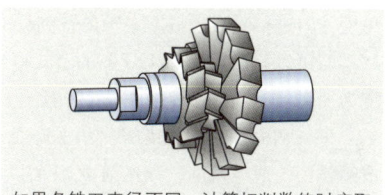

如果各铣刀直径不同，计算切削数值时应取最大直径和最弱切削材料

图 5：成组铣刀（三部分）

也可采用其他铣削方法加工装夹台的直角槽（223 页图 4）。但这里介绍的铣削方法尤其适用于加工各种不同的槽型。每种槽型都有特别适宜的专用刀具。

如铣键槽可用键槽铣刀，长孔铣刀（图 1）或简单的带柄铣刀。

> 带柄铣刀一般采用右边切削刃和右旋结构，直径范围 2~65 mm。

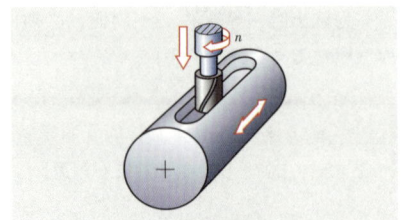

图 1：用长孔带柄铣刀铣槽

有几种型号采用可更换硬质合金刀片（刺猬形铣刀）。铣半圆键的槽，应使用槽铣刀（图 2）。

> 槽铣刀是带柄铣刀，以轴向铣削方法进行加工。交叉齿形或直齿形切削刃只分布在铣刀外圆周（单边）。

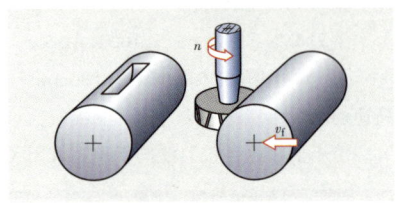

图 2：用槽铣刀进行轴向滚铣

铣槽时，铣刀端面加工工件，而不是刀具外圆周切削刃。由此使切削力的负荷方向从铣刀的轴向转为径向。

加工举例中，待加工的装夹台现在已经铣出两个直角槽。下一个加工步骤使用专用刀具，T 形槽铣刀（图 3）。

> T 形槽铣刀属于带柄铣刀组，三边装切削刃，切削刃一般为交叉齿形（图 4）。

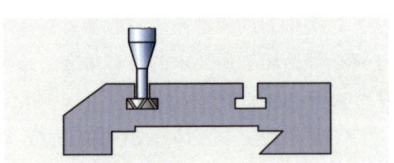

图 3：加工步骤 80：铣 T 形槽

铣 45° 斜面则有多种不同方法。

如果现有机床允许铣削主轴回转，可使用铣削头或圆柱端面铣刀进行普通的端面铣即可（图 6）。如果这种可能性不存在，倾斜装夹工件也可以铣出 45° 斜面。为此需要一个万能回转虎钳。通过这个可回转装夹装置可调出任意角度。

在有利角度时，如 45°，最简单的做法是，使用一把标准化角度铣刀进行垂直于铣刀主轴的铣削。

图 4：T 形槽铣刀

与可以完成同样加工任务的套式单角铣刀一样，也有成型角度为 45°、50°、55°、60° 的角度铣刀。

平行切面和有利角度时，水平铣刀主轴可以非常有利地进行成组铣削（成组铣削，参见前页）。

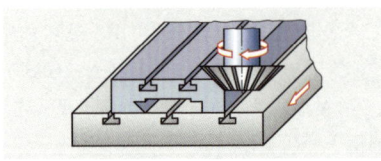

图 5：加工步骤 90：用角度铣刀铣 45° 斜面

> 铣斜面有三种铣削方法：
> - 通过可回转铣刀主轴头进行周铣或端面铣，
> - 倾斜装夹工件，
> - 使用对称双角铣刀或角度铣刀。

图 6：用可回转铣刀主轴头进行铣削

5.3.10　特种铣刀

使用普通刀具加工装夹台（上页加工任务最后一个加工步骤）。由于铣削加工中数量庞大的加工任务只有采用特种铣刀和特种铣床才能完成，本节特对此做一个简短介绍。

螺纹加工便有多种铣削方法（204 页和 205 页）。

加工螺纹啮合角常为 30° 的长梯形螺纹可使用盘形螺纹铣刀（图 1，图 2）。但轮廓精度常无法令人满意。因此，螺纹啮合面铣完后，常需再次磨削或精车。这种加工只能在长螺纹铣床或配有相应装备的机床上完成。加工过程中，工件的旋转运动必须按定义与铣床滑板的纵向运动精准地一致。加工数值取决于机床，因此宜选用机床制造商推荐数值。

齿轮或齿轮轴的圆柱体形直齿或螺旋齿制齿一般均在长螺纹铣床或齿轮滚齿机上使用专用滚齿刀加工（图 3）。螺纹轮廓和螺距已包含在各自的切削刀具内。进给方向可以是轴向、切向或径向（图 4）。

短螺纹可用套式（短）螺纹铣刀或带柄螺纹铣刀加工（图 5）。同时还需要短螺纹铣床。刀具须略长于所加工的螺纹并带有直线螺纹槽。通过工件旋转或刀具在切削过程中的上下运动加工出螺距。精铣后即可达到非常光洁的螺纹。

作业：

1. 如何区别周铣和端面铣的进给行程？
2. 如何为铣削头定中心？
3. 什么是成组铣刀？
4. 如何加工有角度的导槽？
5. 如何加工斜面？
6. 铣螺纹有哪些方法？

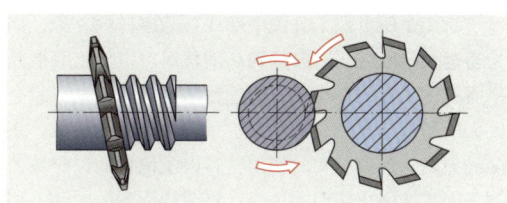

图 1：螺纹盘形铣削

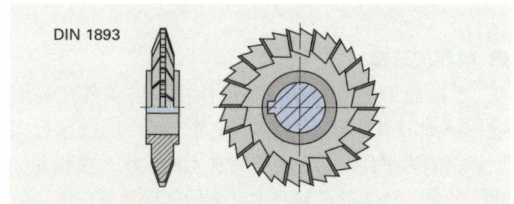

图 2：螺纹盘形铣刀

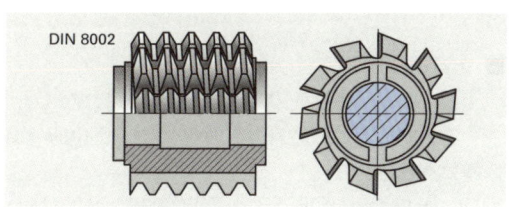

图 3：直齿轮的滚齿刀

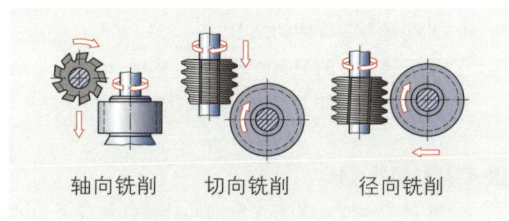

轴向铣削　　切向铣削　　径向铣削

图 4：滚铣的进给方向

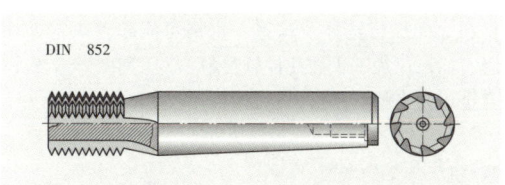

图 5：套式螺纹铣刀

5.3.11　机床与刀具的选择

铣削是所有加工方法中形式最为多样的一种，因为通过大量的工艺、刀具和切削材料可以加工制造几乎所有的工件几何形状。但这种多样性却在选择时令人无所适从。尤其是铣削加工，若在合适的机床，正确的刀具，最有意义的切削材料以及优化的设定数值等方面均能做出精明的选择，将节约大量的时间、能源和金钱。在德国，这就意味着上述选择如同天气预报，举足轻重。

■ **机床的选择**

5 轴加工中心并非总是最佳选择。单件产品制造，例如刀具和模具制造，有时选择传统铣床反而更好，因为单件产品无需费时费力的编程，模拟和优化。此外，这类简单且成本低廉的铣床常常仅需更低的运行成本和保养维护成本，与 CNC 机床相比，可节约大量费用。

■ **刀具的选择**

如今市场可提供的刀具和切削材料数量庞大。

刀具制造商的产品目录有时提供如下所述的一个选择要点顺序：

（1）根据 DIN-ISO 513 表格确定待加工材料。（见 80 页和 162 页）

（2）确定一种或多种加工方法。

（3）选择一款合适的铣刀。

选择配装刀片的刀具时：

（4）根据已定加工方法选择优化的刀片。

■ **切削材料的选择**

企业员工一般均具有丰富的经验选择相应合适的切削材料。但也可根据刀具制造商的图表手册轻松选择切削材料（图 1）。一般在不同刀具耐用度的切削材料之间进行选择。这里，价格可能起着决定性作用。如果仅加工少数几件软材料工件，如铝合金或铜合金，便宜的切削材料就是经济的选择。

■ **机床选择的考量**

- 哪些机床原则上适合于工件必需的加工？
- 应以多少件数加工哪些材料？
- 应采用哪些铣削加工方法？
- 在一台机床上是否可以不用更换夹具即可实

施后续加工工序？

- 机床使用计划是否充分利用了对该机床的计划时间段？
- 哪些机床可以满足切削数据的要求，如转速和进给量？
- 哪些机床可以满足给定参数，如公差和应达到的表面质量？
- 电气功率是否与计算的最大数值相符？
- 是否使用了合适的切削加工技工？

■ **刀具选择的检查表**

（1）工件材料

–P（钢）

–M（不锈钢）

–K（铸铁）

–N（有色金属）

–S（钛和特种合金）

–H（硬质材料）

（2）加工方法

– 端面铣削，直角面铣削

– 成型铣削，铣圆

– 铣槽，铣螺纹

（3）铣刀的选择

– 铣削头，圆柱平面铣刀，带柄铣刀

– 装夹

– 分度

（4）可转位刀片类型

– 刀片几何形状（四刃，圆…）

– 刀片规格，刀片厚度

– 后角和刀尖圆弧半径

– 切削材料（HM，CA，BL…）

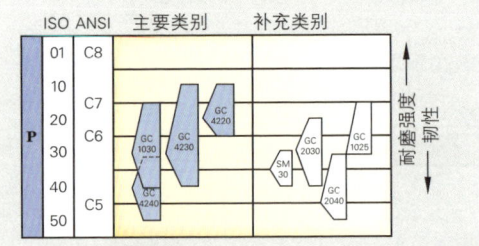

图 1：刀具目录选择表

说明:ISO – 国际标准组织

　　　ANSI – 美国国家标准研究院

■ 避免切削过程中出现的问题

耐热超级合金（HRSA）和钛极难切削。所以应尽可能选用正前角和设定角度小于 45° 的圆形可转位刀片。通过降低切屑厚度可有效减少切削刃断裂和断口磨损。在切削条件不利时，超小齿距的铣刀由于多齿同时切入仍可达到高生产率。为避免高温传递，最好使用高压冷却润滑液（但不能用于切屑陶瓷）。切削速度取决于所选刀片（约 v_c = 30 m/min 至 50 m/min），出现振动时宜及早下调（参见 457 页图 3）。

振动产生不良工件表面并加大刀具和机床的磨损。使切削功率下降。振动的产生原因各有不同。刀具的小主偏角 κ_r 使切削力产生轴向（铣刀主轴方向）偏移。刀具的轴向振动稳定性明显好于径向（图 2）。有利的选择：圆形切削刀片。非等分齿距铣刀常可有效抑制振动，因为"摆动"有效地抑制了谐振（图 3）。

换刀时或定期检查切削刃时必须将所有零件（夹具，垫片，螺栓等）认真清洗，检视受损状况。由于切削力过小可能引发振动，推荐使用扭力扳手按照刀具制造商提供的拧紧力矩固定切削刀片。过高的拧紧力损坏夹紧件。

避免振动的措施：

● 根据可能性，选择铣刀直径大于刀具切入量 a_e 20%~50%。
● 刀具刀夹组合尽可能短并使用最大适配直径。
● 使刀具和刀夹处于平衡状态。
● 使用减振铣刀。
● 主轴转速可轻松变速。
● 检查工件装夹—装夹工装的稳定性并靠近机床工作台。
● 进刀方向始终以装夹的最稳定点为宜。

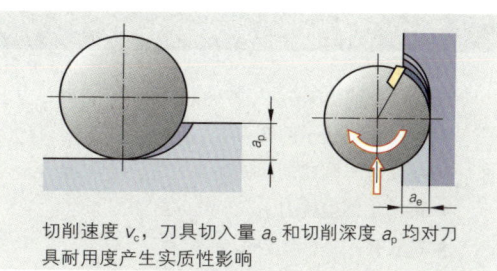

切削速度 v_c，刀具切入量 a_e 和切削深度 a_p 均对刀具耐用度产生实质性影响

图 1：降低切屑厚度的圆形可转位刀片

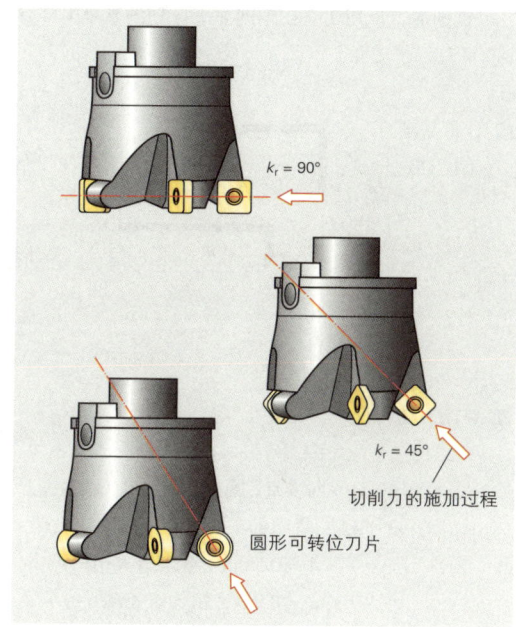

$k_r = 90°$

$k_r = 45°$

切削力的施加过程

圆形可转位刀片

图 2：为避免振动改变主偏角

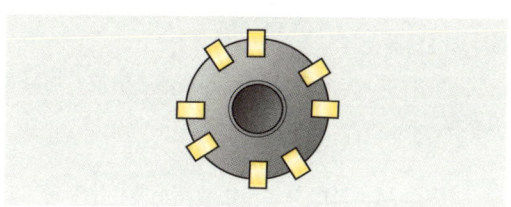

图 3：铣刀的非等分齿距

5.3.12 铣削加工计划

通过"铣削"方法加工各种不同形状工件时，要求采用不同的铣削方法（参见 202 页及后面几页），如：

● 滚铣（圆柱平面铣刀）。

● 端面铣（圆柱端面铣刀）。

● 铣槽（圆盘铣刀）。

● 铣长孔（带柄铣刀）。

不同的刀具负荷，运动特性和使用的切削材料等，均要求切削速度 v_c(m/min) 和进给速度 v_f(m/min) 方面差异极大的数值。刀具准备和计算时，铣刀的齿数 z 应视为铣削方法的典型数值。

铣削加工计划建立在车削加工计划的基础上（参见 208 页及后面几页），并补充了铣削加工的特点（参见 180 页及后面几页）。

■ **计算基础**

（1）转速"n"：

$$n = \frac{V_c}{d \cdot \pi}$$

待设定的刀具转速 n(1/min) 取决于铣削方法，工件材料与切削材料的组合，以及铣刀直径。

（2）进给速度"v_f"：

$$V_f = n \cdot f_z \cdot z$$

进给速度 v_f(mm/min) 取决于铣削方法 / 铣刀（f_z，z）和计算出的转速 n。

（3）切削速度"v_c"：

选用制造商推荐数值。

■ **铣削方法特征：**

（1）加工平面（图 1）。

例如使用圆柱平面铣刀，圆柱端面铣刀，圆盘铣刀和带柄铣刀。

切削深度"a_p"：是与加工任务相关的恒定数值

$a_p = 0.5$ mm，精铣（$Rz10$）

$a_p = 8$ mm，粗加工（$Rz63$）

切削速度 v_c 和每齿进给量 f_z。

查表值：它们是恒定数值，取决于工件材料与切削材料的组合。

（2）加工弯曲面（图 2）以及齿轮，螺纹和仿形铣削（参见 203 页及后面几页）。

切削深度 a_p，切削速度 v_c 和每齿进给量 f_z 均可查表取值和计算获取。

与图 1 所示铣削平面相比的基本差别在于切削速度 v_c 与进给速度 v_f 的不同组合。

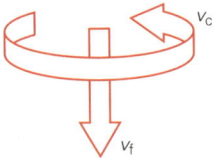

举例：滚铣齿轮（225 页图 3）。

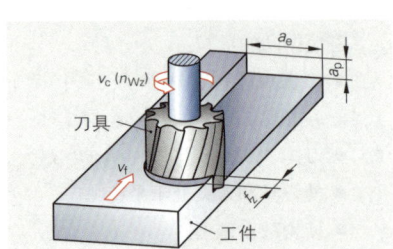

图 1：铣削平面的设定值

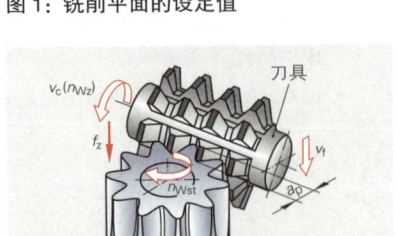

图 2：铣削弯曲面的设定值

计算举例：

作业：铣削加工材料为 EN−GJL−HB235（EN−JL2050）的底板（铸件，图 1），采用铣削方法专用计算基础编制加工计划。模拟车削加工计划，将求取的加工方法示意图，刀具和设定值等结果汇总制成图表。

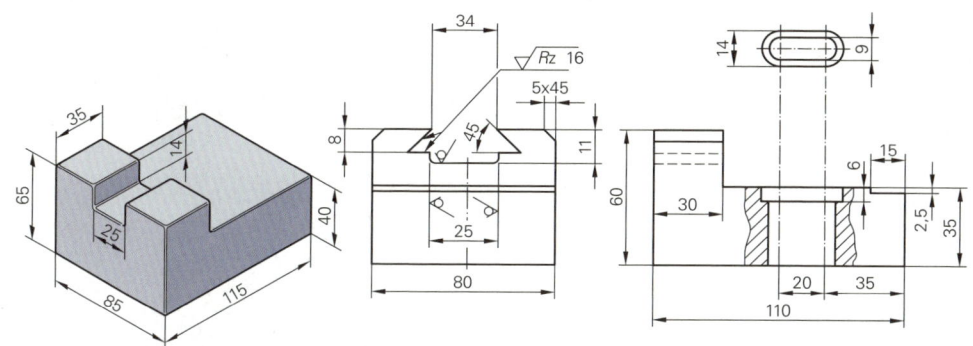

图 1：铸件（毛坯件和加工完成的工件）

铣削加工步骤：

10　检查铸造毛坯件的尺寸保持精度，为主要尺寸划线。

20　用平行垫块把工件固定在指定位置，然后纵向夹紧在机用虎钳内（工件上边朝上）。

30　按照划线和规定尺寸，用圆柱端面铣刀端面铣削工件上部的三个面。

40　改换装夹，注意工件位置！现在用铣削头加工工件下部，按规定尺寸端面铣削。

50　改换装夹，注意工件位置（工件垂直）! 用铣削头加工端面。

60　改换装夹，注意工件位置！用铣削头加工侧边。

70　铣削头倾斜 45°，ø 铣倒角 5×45°。

80　铣削头调头回转! 用 45°，ø40×10 单角铣刀铣削燕尾槽。

90　为长孔划线。

100　用麻花钻头为铣削台阶作准备（ø9 mm 通孔，ø14 mm 孔，深度 6 mm）。

110　用 ø9 mm 和 ø14 mm 带柄铣刀分多次进刀铣出长孔。

■ **加工步骤 30**

设：工件材料 EN-GJL-HB235，要求表面粗糙度 Rz 25 μm，圆柱端面铣刀

求：设定值：转速 $n\left(\dfrac{1}{\min}\right)$，进给速度 v_f（mm/min）

查表值：切削速度 v_c（m/min），每齿进给量 f_z（mm）

解：加工任务：端面 – 平面铣削（图1）

圆柱端面铣刀 ø =125 mm，z =12

DIN 1880，精加工 Rz 25 μm

切削材料：高速切削钢（未涂层）

查表值：

$$V_c = 30\ \frac{m}{\min}\ ,\ f_z = 0.05 \sim 0.15 mm$$

$$n = \frac{V_c}{\pi \cdot d}$$

$$n = \frac{1000\frac{mm}{m} \cdot 30\frac{m}{\min}}{\pi \cdot 125\,mm}$$

$$n = 76.4\ \frac{1}{\min}$$

$$n_{R20} = 71\ \frac{1}{\min}$$

$$V_f = n \cdot f_z \cdot z$$

$$V_f = 71\ \frac{1}{\min} \cdot 0.1\,mm \cdot 12$$

$$V_f = 85.2\ \frac{mm}{\min}$$

零件的每一个面（1,2,3）均可用一次切削完成 a_p···3 mm！（相当于材料加工余量）

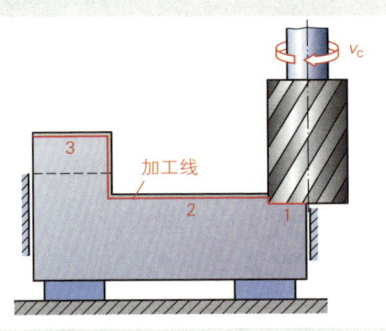

图1：加工步骤 30

■ **加工步骤 40**

设：工件材料 EN-GJL-HB235，要求表面粗糙度 Rz 25 μm，铣削头

求：设定值：转速 $n\left(\dfrac{1}{\min}\right)$，进给速度 v_f（mm/min）

查表值：切削速度 v_c（m/min），每齿进给量 f_z（mm）

解：加工方法：用铣削头端面铣削（图2）

铣削头直径 ø=160 mm，z=8

精加工 Rz 25 μm

切削材料：硬质合金（K10）

查表值：

$$V_c = 200\ \frac{m}{mm}\ ,\ f_z = 0.05 \sim 0.15\,mm$$

$$n = \frac{V_c}{\pi \cdot d}$$

$$n = \frac{1000\frac{mm}{m} \cdot 200\frac{m}{\min}}{\pi \cdot 160\,mm}$$

$$n = 398\ \frac{1}{\min}$$

$$n_{R20} = 400\ \frac{1}{\min}$$

$$V_f = n \cdot f_z \cdot z$$

$$V_f = 400\ \frac{1}{\min} \cdot 0.15\,mm \cdot 8$$

$$V_f = 480\ \frac{mm}{\min}$$

按照给出的工件尺寸设定 a_p（注意切削次数！）

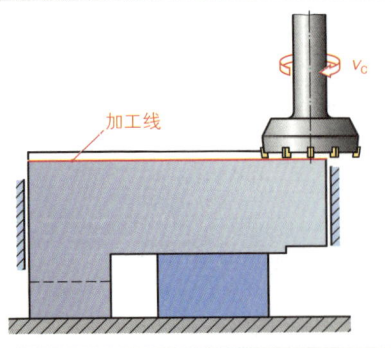

图2：加工步骤 40（用铣削头铣削）

■ 加工步骤 50/60

设：工件材料 EN–GJL–HB235，要求表面粗糙度 $Rz\,25\,\mu m$，铣削头

求：设定值：转速 $n\left(\dfrac{1}{min}\right)$，进给速度 v_f(mm/min)

查表值：切削速度 v_c(m/min)，每齿进给量 f_z(mm)

解：加工任务：用铣削头端面铣削（图2）

铣削头直径 ø =160 mm，z=8

精加工 $Rz\,25\,\mu m$

切削材料：硬质合金（K10）

查表值：

$$V_c = 200\ m\,/\,min$$
$$f_z = 0.05{\sim}0.15 mm$$
$$n = \frac{V_c}{\pi \cdot d}$$
$$n = \frac{1000\,\frac{mm}{m} \cdot 200\,\frac{m}{min}}{\pi \cdot 160\ mm}$$
$$n = 398\,\frac{1}{min}$$
$$n_{R20} = 400\,\frac{1}{min}$$

$$V_f = n \cdot f_z \cdot z$$
$$V_f = 400\,\frac{1}{min} \cdot 0.15\ mm \cdot 8$$
$$V_f = 480\,\frac{mm}{min}$$

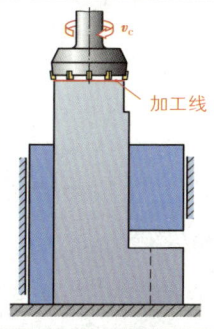 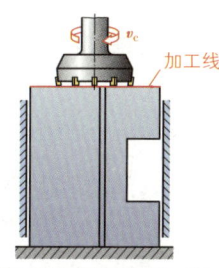

图1：加工步骤 50/60

首次切削的 a_p 应达到铸造砂皮以下！第二次切削切深进给至所要求尺寸！

■ 加工步骤 70：

设：工件材料 EN–GJL–HB235，要求表面粗糙度 $Rz25\,\mu m$，圆柱端面铣刀

求：设定值：转速 $n\left(\dfrac{1}{min}\right)$，进给速度 v_f (mm/min)

查表值：切削速度 v_c(m/min)，每齿进给量 f_z(mm)

解：加工任务：铣倒角（图2）

圆柱端面铣刀 ø =125 mm，z=12

DIN 1880，精加工 $Rz\,25\,\mu m$

切削材料：高速切削钢（未涂层）

查表值：

$$V_c = 30\ m\,/\,min$$
$$f_z = 0.05{\sim}0.15\ mm$$
$$n = \frac{V_c}{\pi \cdot d}$$
$$n = \frac{1000\,\frac{mm}{m} \cdot 30\,\frac{m}{min}}{\pi \cdot 125\ mm}$$
$$n = 76.4\,\frac{1}{min}$$
$$n_{R20} = 71\,\frac{1}{min}$$

$$V_f = n \cdot f_z \cdot z$$
$$V_f = 71\,\frac{1}{min} \cdot 0.1\ mm \cdot 12$$
$$V_f = 85.2\,\frac{mm}{min}$$
$$a_p = 5\ mm$$

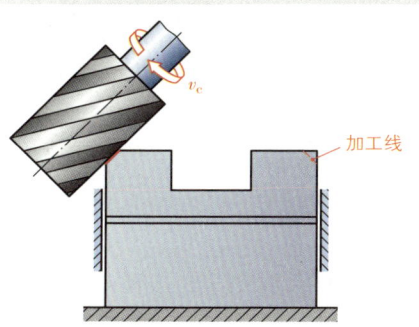

图2：加工步骤 70

■ 加工步骤 80

设：工件材料 EN−GJL−HB235，要求表面粗糙度 $Rz\,16\,\mu m$，单角铣刀

求：设定值：转速 $n\left(\dfrac{1}{min}\right)$，进给速度 $v_f\,(mm/min)$

查表值：切削速度 $v_c\,(m/min)$，每齿进给量 $f_z\,(mm)$

解：加工任务：用单角铣刀（或译：燕尾铣刀）铣燕尾导轨（图 1）

单角铣刀 45°，ø40×10, z=16, DIN 842（图 1）

精加工（导轨表面质量 $Rz\,16\,\mu m$）

切削材料：高速切削钢（未涂层）

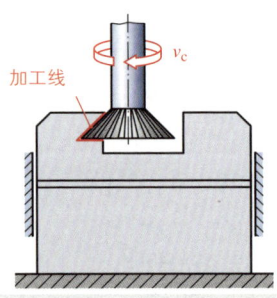
加工线
v_c

图 1：加工步骤 80

查表值：

$V_c = 30\ m/min$

$f_z = 0.05 \sim 0.15\ mm$

$$n = \frac{V_c}{\pi \cdot d}$$

$$n = \frac{1000\,\frac{mm}{m} \cdot 30\,\frac{m}{min}}{\pi \cdot 40\ mm}$$

$$n = 238,7\ \frac{1}{min}$$

$$n_{R20} = 224\ \frac{1}{min}$$

$$V_f = n \cdot f_z \cdot z$$

$$V_f = 224\ \frac{1}{min} \cdot 0.1\ mm \cdot 16$$

$$V_f = 358\ \frac{mm}{min}$$

（要求多次切削，合理分配 a_p！）

■ 加工步骤 110

设：工件材料 EN−GJL−HB235，要求表面粗糙度 $Rz\,25\,\mu m$，带柄铣刀

求：设定值：转速 $n\left(\dfrac{1}{min}\right)$，进给速度 $v_f\,(mm/min)$

查表值：切削速度 $v_c\,(m/min)$，每齿进给量 $f_z\,(mm)$

解：加工任务：铣长孔（图 2）

带柄铣刀 ø9 mm, ø14 mm, z=5, DIN 327 B

精加工 $Rz\,25\mu m$

切削材料：硬质合金（K10）

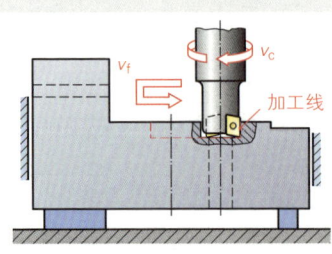
v_f
v_c
加工线

图 2：加工步骤 110

查表值：

$V_c = 200\ m/min$

$f_z = 0.08\ mm$

$$n = \frac{V_c}{\pi \cdot d}$$

$$n_1 = \frac{1000\,\frac{mm}{m} \cdot 200\,\frac{m}{min}}{\pi \cdot 9} \qquad n_2 = \frac{1000\,\frac{mm}{m} \cdot 200\,\frac{m}{min}}{\pi \cdot 14}$$

$$n_1 = 7074\ \frac{1}{min} \qquad\qquad n_2 = 4547\ \frac{1}{min}$$

$$n_{1/2gewahlt\ R20} = 4500\ \frac{1}{min}$$

$$V_f = n \cdot f_z \cdot z$$

$$V_f = 4500\ \frac{1}{min} \cdot 0.08\ mm \cdot 2$$

$$V_f = 720\ \frac{mm}{min}$$

（切深进给分多次切削，合理分配 a_p！）

表1：结果汇总表

加工步骤	加工方法示意图	刀具 形状 切削材料	v_c (m/min)	f_z mm	$n_{R}20$ 1/min	v_t mm/min	a_p mm
10 工件装夹							
30 端面铣		DIN1880 高速切削钢，ø125, 未涂层 $z=12$	30	0.1	71	85,2	…3
40 铣削头端面铣		ø160, 硬质合金（K10） $z=8$	200	0.15	400	480	按尺寸
50 铣削头端面铣		ø160, 硬质合金（K10） $z=8$	200	0.15	400	480	按尺寸
60 铣削头端面铣		ø160, 硬质合金（K10） $z=8$	200	0.15	400	480	按尺寸
70 圆柱铣刀铣倒角		DIN1880 高速切削钢 ø125, 未涂层 $z=12$	30	0.1	71	85,2	5
80 铣燕尾导轨		DIN842, 高速切削钢，45°, 未涂层 ø40x10, $z=16$	30	0.1	224	358	合理分配
110 铣长孔		DIN 327B, 硬质合金（K10） ø9, ø14, $z=2$	200	0.08	4500	720	合理分配

练习举例：冲头导轨

图示冲头导轨（图1）的材料是 E295（1.0050），毛坯件尺寸 140 × 40 × 55，现在按前文所述举例编制加工计划。求：

加工方法示意图，刀具，表值和设定值（v_c, f_z, n_{R20}, v_t, a_p）。

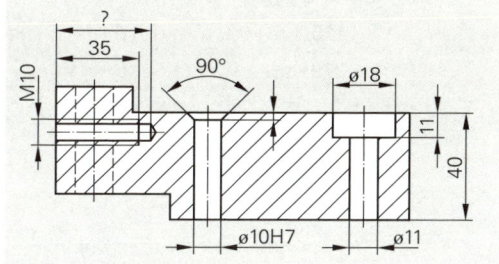

图1：冲头导轨底板

■ **加工计划的计算**

在使用多刃刀具以及不同铣削方法时，其主有效时间 t_h（图 2）的计算与车削方法的完全不同。

下列计算举例涉及前面已完成的铣削加工步骤（图 1）。在加工步骤 40 时，铸件的基面已用铣削头加工完毕。工件的最后加工步骤是铣长孔，在加工步骤 110 完成。两个加工步骤完成后的工件表面质量确定为 R_z。

加工方法特有的计算值可从图表手册的端面铣（中部）和铣槽类中查取。

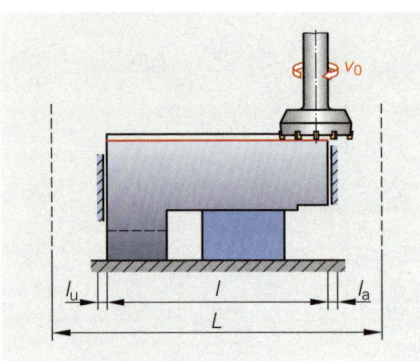

圆柱端面铣刀

铣削行程 $L = l + d + l_a + l_u$
精铣
$l_a = l_u \approx 1.5$ mm
进给速度
$v_f = n \cdot f$
每圈进给量
$f = f_z \cdot z$
主有效时间
$$t_h = \frac{L \cdot i}{v_f}$$

图 1：铣削件（加工步骤 40）　　图 2：端面铣（中部）

设：铣削头直径 $d = 160$ mm
　　铣刀齿数 $z = 8$
　　抵近行程和空转行程 $l_a = l_u \approx 1.5$ mm

求：进给距离 L（mm），进给量 f（mm）
　　进给速度 v_f（mm/min）
　　主有效时间 t_h（min）

解：$L = l + d + l_a + l_u$
　　$L = 115$ mm + 160 mm + 1.5 mm + 1.5 mm
　　$L = 278$ mm

$$t_h = \frac{L \cdot i}{v_f}$$

$$t_h = \frac{278\,\text{mm} \cdot 1}{480\,\dfrac{\text{mm}}{\text{min}}}$$

$$t_h = 0.58\ \text{min}$$

切削材料HM（硬质合金）（K10）的表值和设定值：

$f_z = 0.05 \sim 0.15$ mm

$V_c = 200\ \dfrac{\text{m}}{\text{min}}$

$n = 400\ \dfrac{1}{\text{min}}$

$f = f_z \cdot z$

$f = 0.15\,\text{mm} \cdot 8$

$f = 1.2\,\text{mm}$

$V_f = f \cdot n$

$V_f = 1.2\,\text{mm} \cdot 400\ \dfrac{1}{\text{min}}$

$V_f = 480\ \dfrac{\text{mm}}{\text{min}}$

用装备硬质合金K10的铣削头（$z = 8$）加工基面，要求耗时0.58分钟。

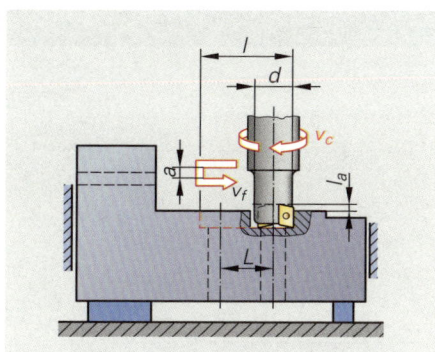

图1：铣削件（加工步骤110）

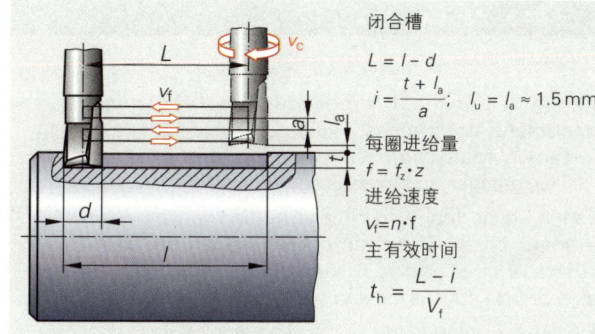

图2：铣槽的主有效时间

闭合槽

$$L = l - d$$

$$i = \frac{t + l_a}{a}; \quad l_u = l_a \approx 1.5 \text{ mm}$$

每圈进给量
$$f = f_z \cdot z$$
进给速度
$$v_f = n \cdot f$$
主有效时间
$$t_h = \frac{L \cdot i}{v_f}$$

设：PVD 涂层全硬质合金带柄铣刀 SSM 200 C ø14 mm, 齿数 $z=2$

切削数值（刀具制造商数据）：$n=1500 \left(\frac{1}{\min}\right)$, $v_f = 365$ mm/min, $t = 6$, $l_a = 1$ mm（图1/2）

求：进给距离 L（mm），进给量 f(mm)，转速 $n\left(\frac{1}{\min}\right)$，主有效时间 t_h(min)

解：$L = l - d$

$L = 34$ mm $- 14$ mm

$L = 20$ mm

$$i = \frac{t + l_a}{a} = \frac{6 \text{ mm} + 1 \text{ mm}}{2 \text{ mm}} = 3.5(4)$$

$f = f_z \cdot z$

$f = 0.12$ mm $\cdot 2$

$f = 0.24$ mm

$$V_c = \pi \cdot d \cdot n = \frac{\pi \cdot 14 \text{ mm} \cdot 1500 \frac{1}{\min}}{1000 \frac{\text{mm}}{\text{m}}} = 66 \frac{\text{m}}{\min}$$

$$t_h = \frac{L \cdot i}{V_f}$$

$$t_h = \frac{20 \text{ mm} \cdot 4}{365 \frac{\text{mm}}{\min}}$$

$$f_z = \frac{V_f}{n \cdot z} = \frac{365 \frac{\text{mm}}{\min}}{1500 \frac{1}{\min} \cdot 2} = 0.12 \text{ mm}$$

$t_h = 0.22$ min

由于受加工方法限制，带柄铣刀的切削深度较小，现在使用涂层带柄铣刀，其高效切削数据（v_c, f_z）极具优势。现在的主有效时间仅为 0.22 分钟！（而刀具耐用度提高约3倍！）

练习举例：

请为材料是 C22（1.0402）的夹紧虎钳棱形爪编制铣削加工计划。

求：加工方法示意图，刀具，表值和设定值 v_c, f_z, n_{R20}, v_f, a_p，并计算主有效时间 t_h。

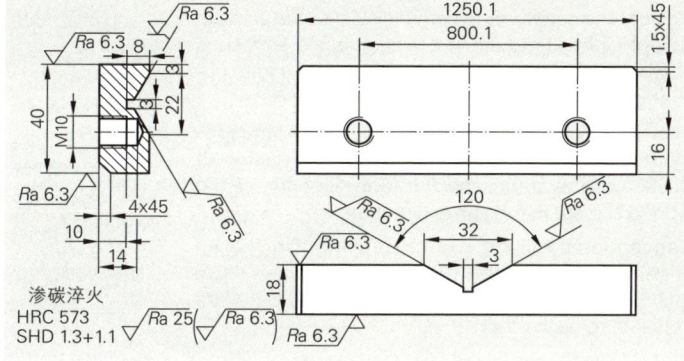

图3：练习举例：棱形爪

5.3.13   Milling

Milling is the most important metal—cutting manufacturing process, which produces planar surfaces. Many components, such as gears, profiles, grooves and threads can be milled.

A multi—edge tool with circular cutting movement removes chips. The main cutting edges are the surface of an imaginary cylinder. The minor cutting edge or face edge is located on the circular surface.

The cutter blade is in the shape of a wedge (Figure1). The wedge angle β, the clearance angle a of the surface and the rake angle γ with the rake face create a right angle.

The cutting edges are often inclined by the helix angle ? opposite the cutter axis, so that the cutting edge does not suddenly penetrate into the work piece.

■ Operating movements

The chip removal is carried out by the use of successively following cutting edges and almost without a break.

The feed motion is realized by the motion of the work piece. It is usually completed in one direction or simultaneously, in longitudinal, transverse and vertical direction.

The feed can be performed by the work piece and the tool. The thickness (depth of cut) and the width(cutting width) of the work piece are determined by the infeed movement.

■ Milling procedures

Peripheral milling (roll milling): The main cutting edges are located on the periphery, which produce the work piece's surface. The axis of the cutter is parallel to the machined surface.

Face milling: The secondary cutting edges locat-ed on the end face of the cutter produce the work piece surface. The cutter axis is perpendicular to the surface. Face-peripheral milling: The work piece's surface is generated simultaneously from the major and minor cutting edge.

Down—cut milling (Climb milling): in the engagement region of the cutting edges the direction of rotation of the cutter and the feed direction of the work piece are in the same direction.

Conventional milling (Up-cut milling): In the en gagement area of the milling cutters, the cutte rotation and the feed motion of the work piece are opposite to each other.

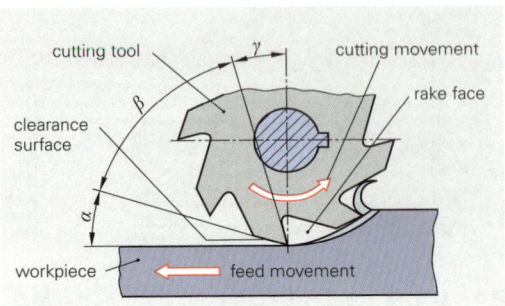

1：angles at a milling cutter

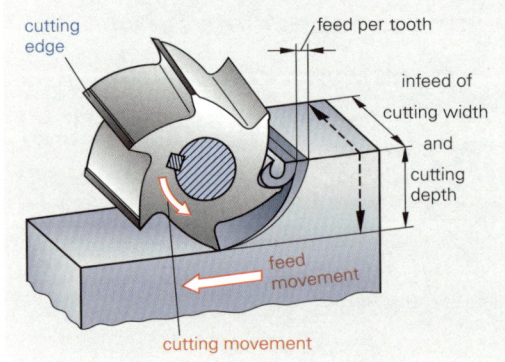

2：movements at plain milling（peripheral milling）

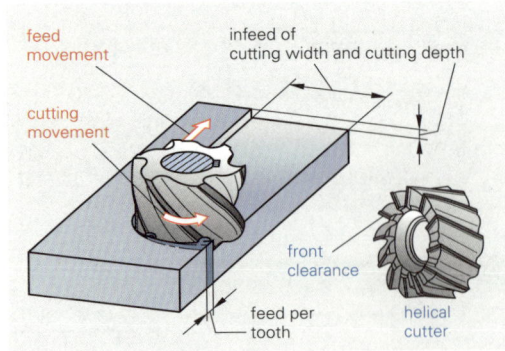

3：movements at face milling

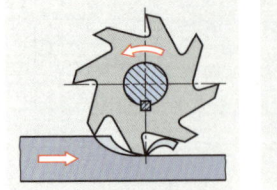

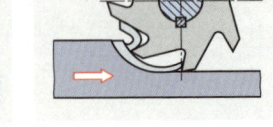

4：down—cut milling   5：up-cut milling

Chronological word list		Tasks
Milling		
Manufacturing process	Fertigungsverfahren	Tasks
Gear wheel	Zahnrad	1. Translate the text Milling" from the previous page into German
Profile	Profil	
Groove	Nut	2. Translate the technical terms of the figures 1,2, 3 into German
Thread	Gewinde	
Chip removal	Spanabnahme	3. Answer the following questions:
Tool	Werkzeug	■ Name the difference between the manufacturing processes milling, turning and drilling.
Cutting movement	Schnittbewegung	
Main cutting edge	Hauptschneide	
Circumference cutting edge	Umfangsschneide	■ Which similarities do these processes have?
Surface area	Mantelfläche	
Side cutting edge	Nebenschneide	■ Before the introduction of milling, plane surfaces were produced by planing and shaping(see page 297). Why is milling advantageous?
Face cutting edge	Stirnschneide	
Milling cutter edge	Fräserschneide	
Wedge	Keil	
Workpiece surface	Werkstückoberfläche	■ Which facilities must a milling machine have in order to carry out an infeed movement by the tool?
Milling cutter axis	Fräserachse	
Wedge angle	Keilwinkel	
Clearance angle	Freiwinkel	■ How is the infeed to the workpiece performed?
Clearance surface	Freifläche	
Rake surface	Spanfläche	■ What happens when the helix angle is zero.Is a higher or smaller cutting force necessary than if the helix angle isn't parallel to the axis of the miller?
Rake angle	Spanwinkel	
Cutting edge	Schneidkante	
Workpiece	Werkstück	
Helix angle	Drallwinkel	■ Describe the advantages and disadvantages of conventional milling and climb milling.
Operating movement	Arbeitsbewegung	
Feed movement	Vorschubbewegung	■ How should a milling cutter be formed to mill gear wheels?
Infeed movement	Zustellbewegung	
Infeed	Zustellung	铣削这种加工方法主要加工平面。在对工件表面度量高标准要求方面，铣削仅次于磨削。其切屑去除的方法类似于车削，但铣刀装有多个排列成圆形的切削刃。铣刀轴线位于刀具之内，并承担切削运动。铣刀刃的数量取决于工件材料。工件材料越软，产生的切屑就越多。因此，铣刀直径相同时，加工较软工件的铣刀齿槽必须更宽。
Cutting depth	Spanungstiefe	
Cutting width	Spanungsbreite	
Material layer	Werkstoffschicht	
Milling process	Fräsverfahren	
Peripheral milling	Umfangsfräsen	
Roll milling	Walzfräsen	
Face milling	Stirnfräsen	
End face	Stirnfläche	
Face–peripheral milling	Stirn–Umfangsfräsen	
Climb milling	Gleichlauffräsen	
Engagement area	Eingriffsbereich	
Turning direction	Drehrichtung	
Feed direction	Vorschubrichtung	
Conventional milling	Gegenlauffräsen	
Feed per tooth	Vorschub je Zahn	
Cutting width	Schnittbreite	

5.4 钻孔，锪孔，绞孔

VEL 机械股份有限公司得到一份制造 250 个纸张打孔机的订单（图 1）。现由"切削部门"负责加工底板，刀片，横梁，手柄和冲头。在处于生产运行的车间里铣削加工冲头导轨（图 2）的过程中（235 页），需在培训中心对冲头导轨进行钻孔，锪孔和绞孔加工。第 2 学年的学徒工操作多台立式钻床完成这些加工任务。

加工完成的冲头导轨送入装配部门，与刀片和底板组装。装配时的固定方法是内六角螺钉和圆柱螺钉。

■ 钻孔，锪孔和绞孔方法概述

图 3 所示是冲头导轨的钻孔，锪孔和绞孔加工方法。在这些加工方法中，刀具均进行圆形切削运动。刀具在钻床上旋转，相比之下，车床上却由工件产生切削运动。而进给运动是轴向直线运动。

钻孔可分为圆孔（实体钻孔，扩孔，深孔和浅孔），螺孔（手工攻丝或机床攻丝）和成型孔（例如中心孔，数控定心孔）。锪孔，这种加工方法亦可分为端面锪孔和端面扩孔，以及成型锪孔。绞孔则由圆铰刀或成型铰刀执行。

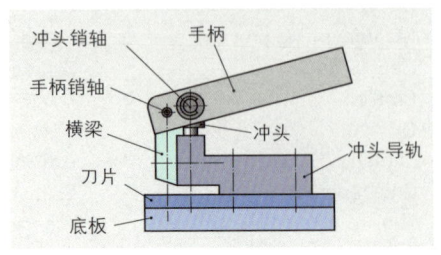

图 1　纸张打孔机的整体图示

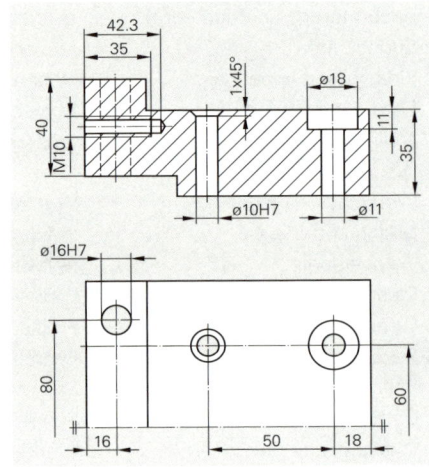

图 2：冲头导轨的加工图纸

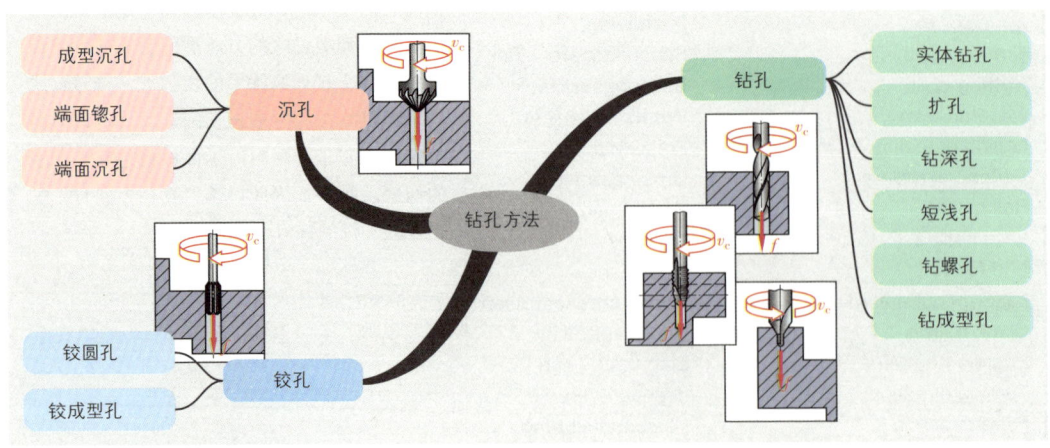

图 3：冲头导轨的加工方法

5.4.1　钻圆孔的方法

■ 实体钻孔

实体钻孔需使用麻花钻头或装备可换位刀片的钻头（图1）。

麻花钻头是使用最多的钻孔刀具，因为它在钻孔过程中具有良好的导向性能，因此也可在普通钻床上使用。麻花钻头还有如下优点：

- 重磨时保持直径不变。
- 具有钻孔自排屑功能。
- 良好的可装夹性。

装备可转位刀片钻头（图2）的导向性能差于麻花钻头，因此主要用于无间隙滑动式驱动的加工机床。由于其可转位刀片和内部注入冷却液，这类钻头可用于高速切削。

■ 麻花钻头的切削刃和角度

从几何形状看，麻花钻头是螺旋状钻头，但与口语名称相比，这个准确的名称至今仍未能得到普及。为降低磨损，麻花钻头也可以加一层氮化钛（TIN）涂层。一般麻花钻头装夹时插入钻头卡盘的是圆柱形柄（简称"直柄"）（图3），但锥柄麻花钻头（图4）可直接插入钻床钻孔主轴，由变径套筒驱动。扁尾的作用是将钻头从钻床主轴上松开卸除。

钻头切削刃（图5）由一个切削楔组成，其刀尖构成一个横刃。两个螺旋状排屑槽用于排出切屑和冷却切削刃。通过螺旋槽的外部倒角为钻头在钻孔内导向。为降低导向刃带在孔内的摩擦，麻花钻头在100 mm长度上渐次变细0.02至0.08 mm。

副切削刃构成从导向刃带至螺旋槽的过渡段，与此同时，螺旋槽端部与切削楔切削后面的端部构成主切削刃。正确刃磨时，主切削刃形成一个直线。因此，刃磨时应从主切削刃开始，将切削后面磨成一个弧形。

两个切削后面的相交线构成带有横刃的钻头尖。横刃斜角 Ψ（图6）在刃磨各个切削后面时分别磨成49° 和55°。横刃具有刮削作用，并要求约2/3的进给力。钻钢工件时，横刃斜角 $\Psi=55°$ 时的进给力为最小。横刃的特殊刃磨降低进给力。

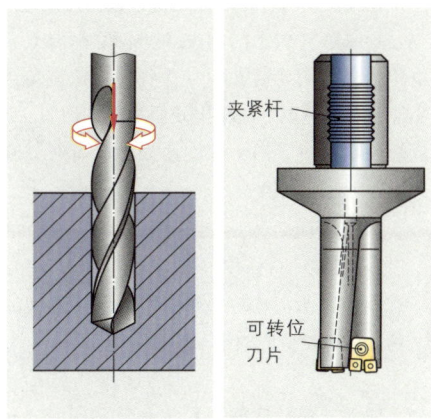

图1：实体钻孔（原理）　图2：装备可换位刀片的钻头

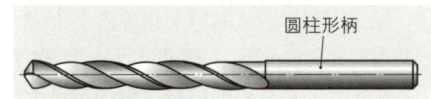

图3：直柄麻花钻头

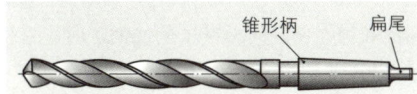

图4：锥柄麻花钻头

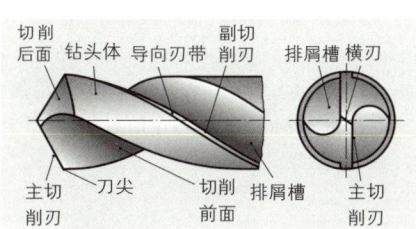

图5：麻花钻头的名称

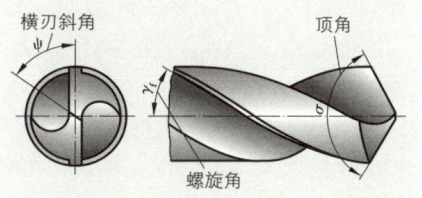

图6：麻花钻头的角度

麻花钻头可分为三种不同的类型等级，它们分别是 N、H 和 W 型钻头。

钻头类型由各自的使用范围及角度决定（图 1）。

侧前角 γ_f（图 1）由螺旋形槽的螺旋形成，因此也称为螺旋角（后文中一律称为：螺旋角 – 译注）。小螺旋钻头可更好地排出硬质材料的切屑。加工硬质或韧硬材料时，钻头螺旋角为 10°~19°。H 型钻头采用这种螺旋角值。

加工软质材料时，钻头的小螺旋可加大容屑空间。因此，这时的钻头常采用 27°~45° 螺旋角。这类钻头归类于 W 型钻头。

加工一般结构钢和若干有色金属时，钻头常是中等螺旋。根据钢材料的不同，螺旋角在 19°~40°。这类钻头称为 N 型钻头。

两个主切削刃之间的夹角称为顶角 σ（图 1）。根据所钻材料的不同，顶角的大小介于 80°~140°。

加工导热性较差的材料（例如塑料）或短切屑材料（例如非合金钢）时，常选用小顶角 σ=80° 或 σ=118°。加工长切屑材料（例如高合金钢）或导热性和韧性良好的材料（例如铜）时，宜使用顶角 σ=130° 或 σ=140° 的麻花钻头。

■ **麻花钻头的磨损**

麻花钻头的磨损（图 2）主要位于主切削刃。切削速度过高时，刀尖角和螺旋槽刃带都可能加大磨损。进给量过大则导致钻头横刃和切削后面磨损。

过高的切削温度将导致主切削刃出现月牙洼磨损。

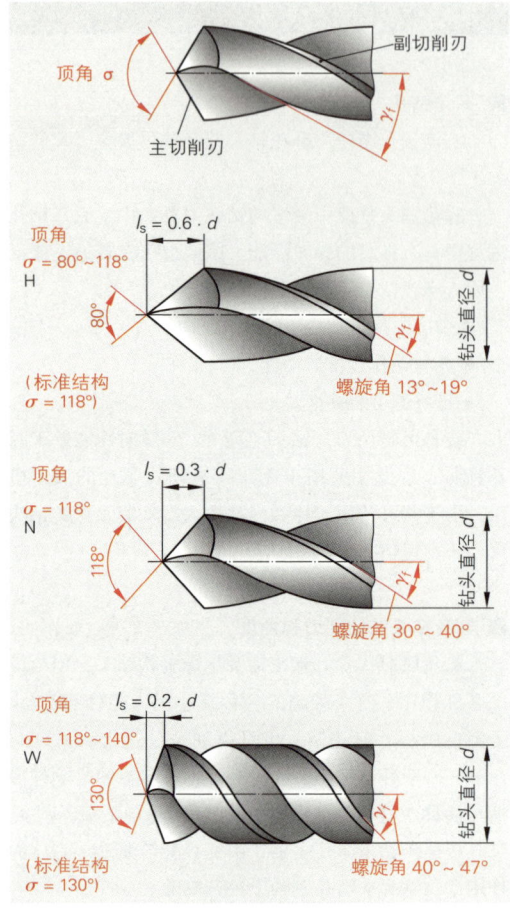

图 1：N、H 和 W 型钻头

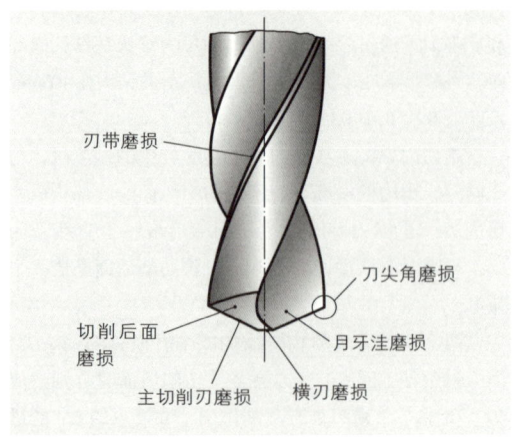

图 2：麻花钻头的磨损

导致磨损的原因如下：

● 错误的冷却液，或未使用冷却液。

● 冷却液未能充分到达主切削刃。原因：例如螺旋槽内切屑过多或钻孔过深。

若要消除磨损，必须重新刃磨麻花钻头的主切削刃和副切削刃以及螺旋槽的导向刃带，直至消除它们的磨损为止。如果没有完全消除导向刃带的磨损痕迹，可能出现卡钻现象。

刃磨错误（图1）可导致钻孔尺寸精度下降，并无法达到制造商推荐的刀具耐用度。

后角过大可形成一个钩，并崩断主切削刃，但若后角过小，则会产生过高的进给力，导致出现钻头断裂的危险。

主切削刃不等长，可使钻头偏离钻孔中心，从而导致钻孔过大。切削刃几何角度不对等，可导致钻头的单边主切削刃切入工件。由于切入工件的切削刃负荷很高，可导致钻头的刀具耐用度下降。

麻花钻头的特种刃磨（图2）。

对于大部分加工情况而言，圆锥面刃磨法是最合适的基本刃磨形式。圆锥面刃磨时，切削后面是圆锥面的一种组成部分。

通过磨尖横刃的圆锥面刃磨法，可大幅度提高麻花钻头的定中心性能。与此同时，缩短横刃后仅需较小的进给力，但钻头尖的强度也同时降低。

磨尖横刃并补偿主切削刃的圆锥面刃磨法常用于加工硬质材料。通过改变主切削刃前角，可形成一个非常稳定的切削楔，同时又不影响排屑。

双锥面刃磨法专用于加工灰口铸铁工件。通过两个圆锥面及较小的顶角，可降低敏感的刀尖角负荷，很好地加工坚硬的铸造砂皮。

带中心顶尖的麻花钻头用于钻薄板上的无毛刺圆孔。在定心孔保证顶角的同时，主切削刃立即在其全部长度上加工工件。导向刃带可立即支撑在孔壁上。

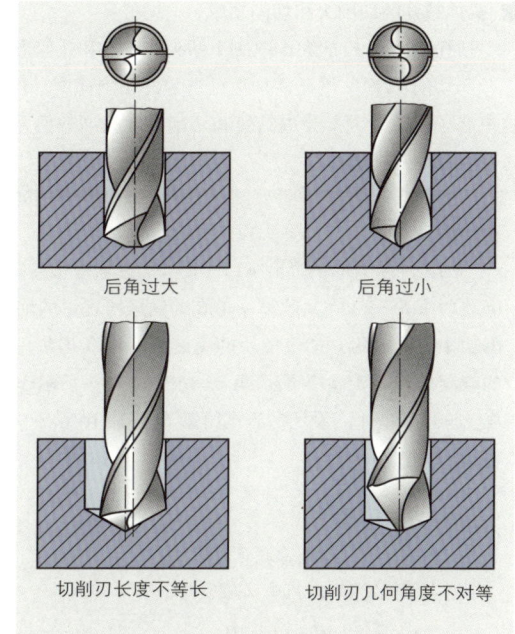

后角过大　　　后角过小

切削刃长度不等长　　　切削刃几何角度不对等

图1：麻花钻头的刃磨错误

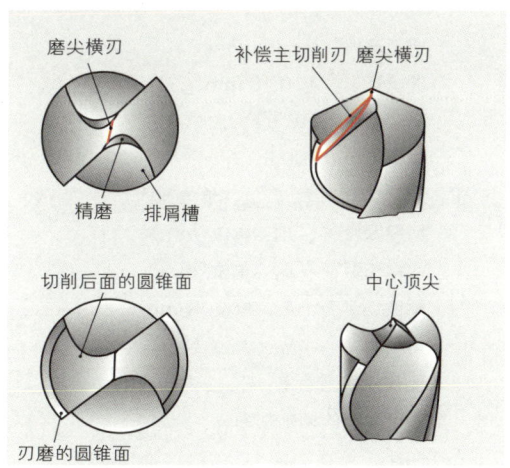

磨尖横刃　　　补偿主切削刃　磨尖横刃

精磨　排屑槽

切削后面的圆锥面　　　中心顶尖

刃磨的圆锥面

图2：特种刃磨

■ 实体钻孔的切削力和切削功率

钻孔切削力 F_c 的大小取决于钻头的规格和几何形状，待加工的工件和设定的进给量。

而切削功率 P_c 则还需加上已选定的切削速度。待设定的进给量和切削速度由制造商推荐或查表取值。但这里必须注意，大部分进给量和切削速度的高数值并不能在每一台加工机床上实现，因此，必须由切削技工进行相应的匹配选择。

加工举例：

加工冲头导轨的通孔 ø11（图 1）之前应核查，驱动功率 P_a=5 kW，效率 η=0.8 的钻床所提供的切削功率是否够用。加工使用的高速切削钢麻花钻头的螺旋角 γ_f=25°，刃磨顶角 σ=118°。钻头切削速度 v_c=35 m/min。设定钻床进给量 f=0.18 mm。

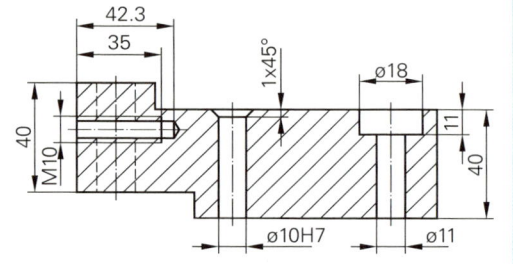

计算：

设：材料：E295

钻头材料：HSS（高速切削钢）

N 型钻头，螺旋角 γ_f=25°

钻头直径：d =11 mm

顶角：　σ=118°

　　　　Z=2

切削速度：v_c=35 m/min

进给量：　f =0.18 mm

驱动功率：P_a= 5 kW

效率：　　η=0.8

求：可用切削功率：$P_{c\,ver}$，单位：kW

切屑厚度：　h，单位：mm

切屑横截面：A，单位：mm^2

单位切削力：k_c，单位：N/mm^2

切削力：　　F_c，单位：N

要求的切削功率：$P_{c\,erf}$，单位：kW

解：可使用的切削功率：

$$P_{c\,ver} = P_a \cdot \eta$$
$$P_{c\,ver} = 5\,\text{kW} \cdot 0.8$$
$$P_{c\,ver} = \underline{4\text{kW}}$$

切屑厚度

$$h = \frac{f}{2} \cdot \sin\frac{\sigma}{2}$$
$$h = \frac{f}{2} \cdot \sin\frac{118°}{2}$$
$$h = f \cdot 0.43$$
$$h = 0.18 \cdot 0.43$$
$$h = \underline{0.08\,\text{mm}}$$

切屑横截面

$$A = d \cdot \frac{f}{4}$$
$$A = 11\,\text{mm} \cdot 0.18\,\text{mm}/4$$
$$A = \underline{0.495\,\text{mm}^2}$$

单位切削力

$$K_c = K \cdot C$$

切削速度的补偿系数 C	
切削速度范围 v_c，单位：m/min	补偿系数 C
10~30	1.3
31~80	1.1

$$K_c = 3200\,\text{N/mm}^2 \cdot 1.1$$
$$K_c = 3520\,\text{N/mm}^2$$

（单位切削力 k 的表值请参见图表手册）

切削力

$$F_c = 1.2 \cdot A \cdot K_c$$
$$F_c = 1.2 \cdot 0.495\,\text{mm}^2 \cdot 3520\,\text{N/mm}^2$$
$$F_c = 2091\,\text{N}$$

要求的切削功率

$$P_{c\,ver} = \frac{z \cdot F_c \cdot V_c}{2}$$
$$P_{c\,ver} = \frac{z \cdot 2091\text{N} \cdot 35\,\text{m}}{2.60\,\text{s}}$$
$$P_{c\,ver} = 1220\,\text{N m/s} = 1.22\,\text{kW}$$

可用切削功率（$P_{c\,ver}$=4 kW）大于所要求的切削功率（$P_{c\,ver}$=1.22 kW）。加工可在规定条件下进行。

■ 实体钻孔时的切削力矩

加工冲头导轨的通孔 ø11 之前应核查，是否可用手工夹紧机用虎钳内的工件。这里假设，切削技工上紧虎钳工件时，最大使用 F_{Hand}=50 N 的手部力量即可夹紧（图1）。据此，手与钻头中心之间的有效杠杆长度应为 120 mm。

所需手部夹紧力的计算表明，孔径 ø11 时已不可能用虎钳夹紧。因此，为防止事故发生，特规定，工件必须稳固夹紧，孔径大于 8 mm 时必须增加措施，防止工件断裂。

扩孔

扩孔指扩大浇铸的、冲压的或预钻的孔。

这里，扩孔可以分若干阶段依次进行。扩孔的目的是，将孔加工至标称尺寸的公差下限，以便铰孔，或直接加工至标称尺寸。扩孔所使用的刀具如下：

- 双刃麻花钻头。
- 三刃扩孔钻头（螺旋扩孔钻）。
- 带锪孔刀具的镗杆。
- 带镗刀的镗钻头。

双刃麻花钻头在扩孔时形成粗糙表面。因此，只能用于孔壁表面粗糙度无关重要时的扩孔。双刃麻花钻头的导向性能相对较差。使用这种钻头扩孔时需注意，钻头的刃磨必须均匀。

三刃扩孔钻头（螺旋扩孔钻）（图3）与双刃麻花钻头相比，具有更好的导向性，更好的表面质量和更高的形状保持精度。通过其更多的切削刃数量，这种钻头的切削功率也相应更大。其切削刃几何形状与双刃麻花钻头相似，但其主切削刃并未直达钻头中心。

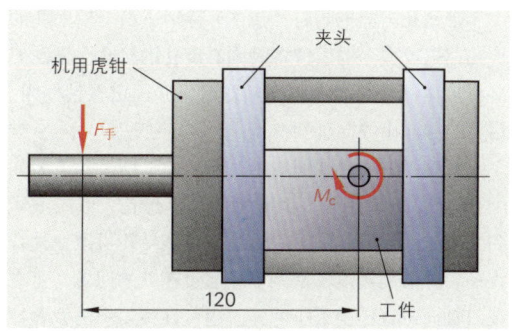

图1：机用虎钳的力和力矩

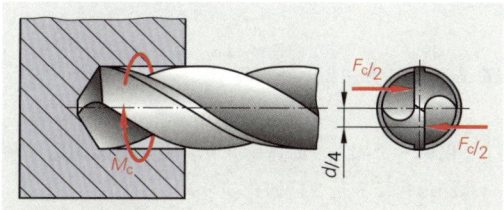

图2：钻头的力

计算举例：

设：切削力： F_c = 4182 N

钻头直径： d = 11mm

有效杠杆长度： $l_手$ =120mm

允许的手部力： $F_手$ =50N

求：切削力矩： M_c, 单位 Nm

所要求的手部力： F_{erf}, 单位：N

解：切削力矩

切削力矩由作用在钻头上力决定（图2）：

$M_c = F_c \cdot d/4$

$M_c = 4182\ N \cdot 11\ mm\ /4$

$M_c = 11500\ N\ mm = \underline{11.5 N\ m}$

所要求的手部力

$F_{erf} = M_c/l_手$

$F_{erf} = 11500\ N\ mm\ /120\ mm$

$F_{erf} = 96\ N$

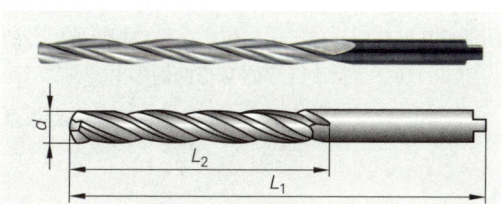

图3：三刃扩孔钻头（螺旋扩孔钻）

带锪孔刀具的镗杆（图 1）特别适用于较大孔的扩孔，以及多个前后位置高同心度孔的扩孔。锪孔刀具大多由硬质合金或氧化陶瓷组成并固定在钻杆内。钻头的导向由导向轴颈执行。

带镗刀的镗钻头（图 2）用于加工精密孔（例如配合孔）。但也用于端面车削和车床镗孔，以及钻床和铣床上的切槽车削。旋转滚花微调转轮可改变镗孔直径，并借助刻度精密调节。通过镗刀的回转，可在镗刀轴向位置镗削最小的孔，也可在镗刀斜向位置镗削较大的孔。刀具的夹紧原理阻止已设定镗孔直径的改变。

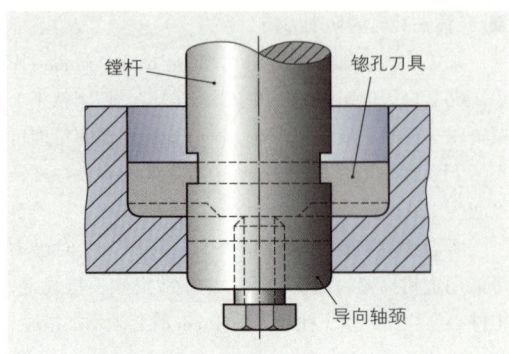

图 1：带锪孔刀具的镗杆

■ **专用钻孔方法和钻孔刀具**

深孔钻。

仅用一个加工步骤，麻花钻头便可毫无问题地钻出孔深为孔径 3 至 5 倍的孔。

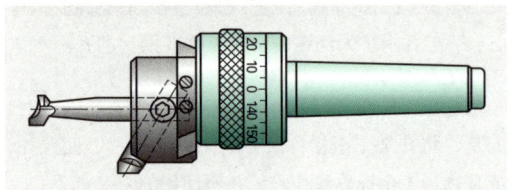

图 2：带镗刀的镗钻头

孔深大于孔径 5 倍以上的孔称为"深孔"。

使用特殊设计的麻花钻头加工中等深度的深孔时，常因深孔排屑困难而中断切削过程。加工更大深度的深孔（孔深 / 孔径之比 =20 以上）时，则必须使用深孔钻头。使用深孔钻头可钻孔深最大为孔径的 150 倍。这里，深孔钻头加工后的孔壁表面质量很高，使得后续的精加工成为多余。

与传统钻孔不同的是，深孔钻使用加压的冷却润滑液。冷却润滑液直接送至切削刃，同时冲走切屑。

深孔钻刀具可分为单刃深孔钻头，BTA 钻头和喷射钻头（表 1）。所有三种类型的钻头均可用于实体钻孔以及扩孔。

■ **单刃深孔钻头**

使用单刃深孔钻头进行深孔钻（图 3）时，冷却润滑液从钻杆内部进入切削面。在冷却润滑液压力的作用下，切屑经钻头圆周的 V 形凹槽排出。

表 1：深孔钻头

	单刃深孔钻头	BTA 钻头	喷射钻头
实心钻头	D=2~20	D=6~63	D=20~63
	t = 100 D		t=40~100 D
扩孔钻头	D=20~250	D=20~1000	D=63~250
	t= 100 D		
D= 孔径；t= 孔深			

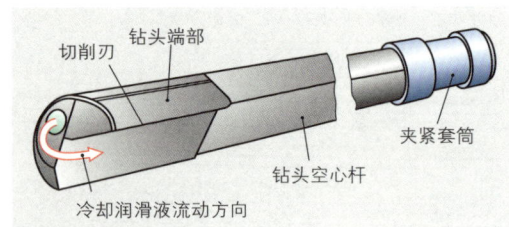

图 3：单刃深孔钻头

单刃深孔钻头（244 页图 3）可用作实心钻头或扩孔钻头，但主要用于实体钻孔。单刃深孔钻头由三个部分组成：钻头端部，钻头空心杆和夹紧套筒。钻头端部可全部由硬质合金制成，或仅装备硬质合金刀片。单刃深孔钻头仅装有一个切削刃，切入工件之前，必须由钻套和钻头端部的导条进行导向。这类钻头的最大可钻孔深达 4000 mm。

使用 BTA 钻头的深孔钻（图 1）主要为避免切屑排出时划伤孔壁。其孔壁表面粗糙度可达 Rz 1。

在 BTA（Boring and Trepanning Association（深孔钻孔法）的缩写 – 译注）钻头（图 2）上，冷却润滑液从外部压入钻头空心杆与孔壁之间的环状缝隙。夹带切屑的冷却润滑液经过排屑孔和钻头空心杆内管回流出去。使用 BTA 钻头进行深孔钻需要专用深孔钻床，可对钻套和钻杆内管完全密封。这类钻头的最大可钻孔深达 15000 mm。

现在已研发出用于特殊结构机床进行深孔钻的喷射钻头（图 3）。喷射钻头的钻杆由一个双管空心杆组成。冷却润滑液的供给也相应地不再受钻头管壁的限制，而是经由第二个内管进行。由此可取消如BTA 钻头钻孔时昂贵的密封成本。

在喷射钻头上，一部分冷却液在达到切削刃之前，已经可以经喷嘴压入钻头内管。由此便在钻头内管产生可辅助促进排屑的抽吸效应。

■ 浅孔钻

浅孔钻头（图 4）装有硬质合金可转位刀片，用于 16 mm 至超过 120 mm 的孔径范围。使用浅孔钻头钻孔时，其切削速度最大可达传统高速切削钢麻花钻头的 15 倍。由于其非对称切削力和由此而产生的振颤危险，浅孔钻头仅用于装备无间隙滑动式驱动的加工机床。

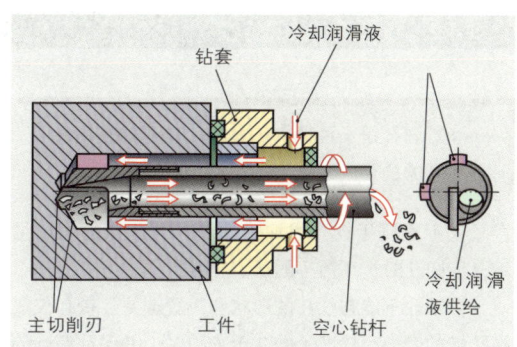

图 1：使用 BTA 钻头的深孔钻

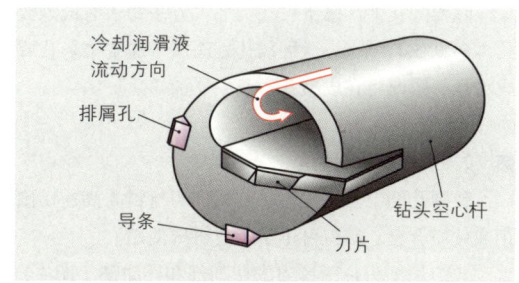

图 2：BTA 深孔钻头

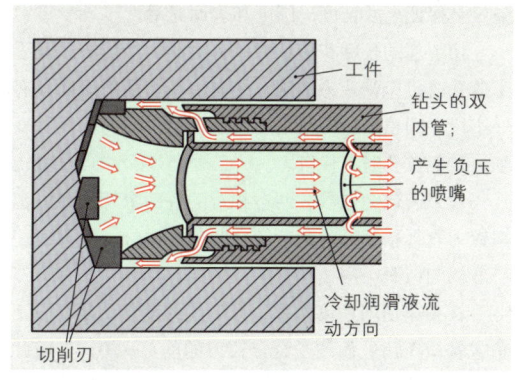

图 3：喷射钻头

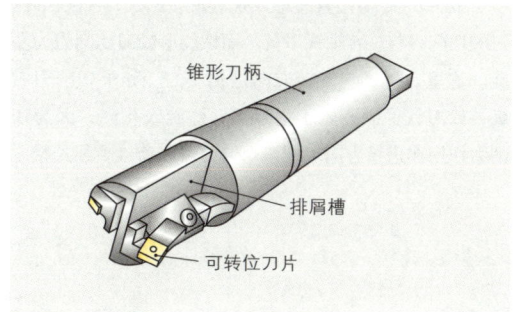

图 4：浅孔钻头

5.4.2　绞圆孔的方法

> 铰圆孔是一种精加工方法，其目的是提高圆柱形孔的质量。

铰圆孔属于铰孔类加工方法，其产生的切屑最细。铰圆孔时，用微小的切屑厚度扩孔。

铰圆孔不能补偿孔的形状和位置偏差。铰孔仅提高孔壁的表面粗糙度（ *Rz* 4 至 *Rz* 10），并保证精确的直径尺寸。一般而言，铰孔后相当于配合等级 H 7。

除铰圆孔外，属于铰孔类加工方法的还有成型铰孔（参见 5.4.3 节）。这种铰孔方法用于加工锥形孔或成型孔，因此将在成型孔一节中详加描述。

■ **铰刀的切削刃和角度**

铰圆孔的刀具是铰刀，其切削刃材料为高速切削钢或硬质合金。铰刀可供手工或机床使用。

铰刀切削刃位于铰刀的切削部和导向部（图 1）。切削任务由锥形切削部完成，相比之下，导向部的任务仅是保证尺寸精度，圆度和表面光滑性。

切削部的长度和形状均以各自的加工任务以及手工铰孔或机床铰孔为准则。导向部在切削部后面仅有一小段是圆柱形。从此之后直至刀柄，导向部微微变细，避免铰孔时卡住铰刀。

铰刀齿数为偶数，两边相对的各两个切削刃可提高铰刀直径精度。为避免铰孔时出现振颤，铰刀还配有非均匀齿距（图 2）。

在高速切削钢铰刀中，锥形齿的前角 γ 是轻微正角或轻微负角。而硬质合金铰刀的前角 $\gamma = 0°$ 。由此产生的切削刃刮削作用可加工出优质表面质量。

铰刀的结构是直线形或螺旋形（图 3）。直线形铰刀的切削刃与旋转轴线平行。而螺旋形铰刀切削刃为左旋。这里，螺旋与旋转方向是相反的。如果切削刃右旋，铰刀就像酒瓶软木塞起子一样旋入孔内，因为切削力作用在进给方向。螺旋形铰刀可以跨接直线长槽。

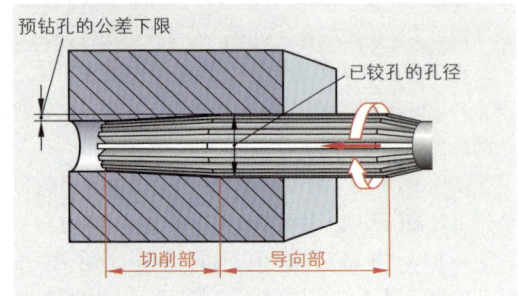

图 1：铰刀的切削部和导向部

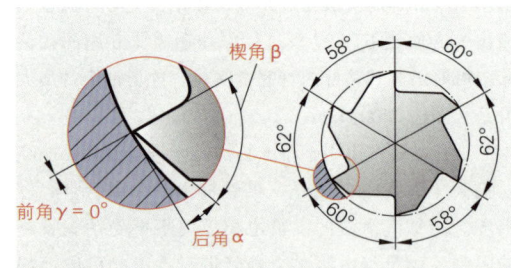

图 2：铰刀切削刃的角度和齿距

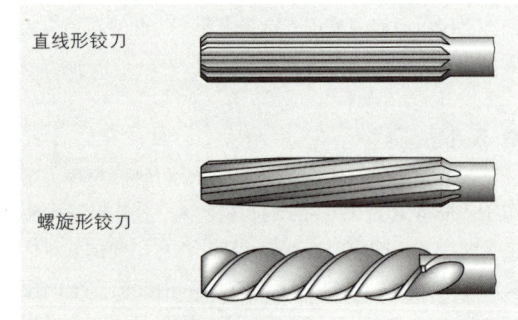

图 3：直线形和螺旋形铰刀

■ 铰孔的加工规则和标准数值

为达到所要求的孔尺寸及形状精度和表面粗糙度，铰孔时需注意以下各项规则：

- 铰刀永不允许逆切削方向转动。此规则亦适用于铰刀旋转退出时，否则切屑可能卡在切削刃与孔壁之间，从而造成孔壁划伤或切削刃崩刃。

- 待铰削的孔必须已预钻孔至正确的公差尺寸下限。如果钻孔预留的加工余量过小，铰削将无法消除钻孔遗留的加工痕迹。但如果钻孔预留的加工余量过大，则铰刀可能出现偏移并降低表面质量。实际加工中一般使用下列加工余量作为标准值。

表 1：铰孔的公差下限

已铰孔孔径单位：mm	小于 5	5 ~ 20	20 ~ 30	30 ~ 50	50 ~ 100	大于 100
钻孔预留加工余量，单位：mm	0.1	0.2	0.3	0.4	0.5	0.6

- 为达到所要求的表面质量，必须使用合适的冷却润滑液。因为铰孔时的润滑意义大于冷却，例如加工非合金钢时，宜使用 10% 至 20% 冷却润滑乳浊液。铸造材料和热固性塑料可无润滑干铰，而软质铝合金宜使用煤油作为冷却润滑液。

- 铰孔的切削速度必须大幅度小于钻孔。作为标准值，铰孔切削速度应为具有可比直径钻头的切削速度的约 1/3。而铰孔进给量相当于钻头进给量。

表 2：铰孔的冷却与润滑

工件材料	R_m < 900 N/mm² 的钢，铜合金，铝合金，热塑性塑料	R_m > 900 N/mm² 的钢，高合金钢，钛合金	铸造材料，镁合金，热固性塑料	软质铝合金
冷却润滑液	10% 至 20% 乳浊液	切削冷却油	干铰 / 压缩空气	煤油

■ 铰圆孔的刀具

铰刀基本可分为手工铰刀，机用铰刀和螺旋齿铰刀（表 1）。铰圆孔铰刀的两种结构分别是可调式或不可调式铰刀。手工铰刀和机用铰刀可分直线形切削刃或 7° 螺旋角的螺旋形切削刃。螺旋齿铰刀则仅有螺旋形切削刃，其螺旋角为 45°。

铰刀有一个切削部。铰刀通过切削部导入仅有几十微米加工余量的预钻孔内。通过切削运动和进给运动，切削部分离出细小的切屑。

铰刀齿呈锥形。齿端留有磨圆时产生的倒角。铰刀齿数一般为偶数（6、8、10 等），便于从相对而立的两齿处顺利地测量铰刀直径。铰刀齿距不等分，就是说，齿间距不对等。此举为避免孔壁留下振颤痕迹。若是等分齿距，下一个齿总是铰入上一个齿的振颤点。不等分齿齿距可避免这个缺陷。

表 3：手工铰刀，机用铰刀，螺旋齿铰刀

不可调式铰刀		可调式铰刀	
· 直柄铰刀或锥柄铰刀	· 带套装刀杆的套式铰刀	· 可调，有可调范围	· 根据磨损可重调

■ 不可调式铰刀

与任何一种切削刀具一样，不可调式铰刀也有磨损。

铰孔直径低于公差尺寸时，刀具耐用度到期。

不可调式手工铰刀（图 1）有一个长锥形切削部和较长的导向部，目的是提高其导向性。直柄手工铰刀端部呈四角形，用于夹持螺丝攻扳手。

不可调式机用铰刀（图 2）的切削部和导向部略短，因为机床主轴的导向更为准确。这种铰刀也有用于装夹的直柄或锥柄，直径大于 10 mm 的铰刀配有莫氏锥柄。

不可调式螺旋齿铰刀（图 3）是螺旋角 45° 的机用铰刀，由于其长切削部，只能用于通孔的铰孔。此类铰刀的使用范围是长切屑工件材料。由于切削速度较高并且可调，螺旋齿铰刀特别适用于批量生产。

不可调式套式铰刀（图 4）即可用作机用铰刀，亦可用作螺旋齿铰刀。但主要用于孔径大于约 25 mm以上的大型孔。加工时，铰刀固定在一个套装刀杆上。

■ 可调式铰刀

可调式铰刀分可调式或重调式铰刀（又称嵌片式铰刀－译注）。

可调式铰刀（图 5）的可调范围从 1 ~10 mm，视具体铰刀规格而定。此类铰刀亦可用作手工铰刀和机用铰刀，均装有调节螺母和调节刻度。调节时，松开后螺母，上紧前螺母。

重调式铰刀（图 6）上固定着可调式刀片，所以刀片可以切削至其根部。刀片由夹紧件夹持。通过旋转上部两个螺母，即可重调刀片。

图 1：不可调式手工铰刀

图 2：不可调式机用铰刀

图 3：不可调式螺旋齿铰刀

图 4：不可调式套式铰刀

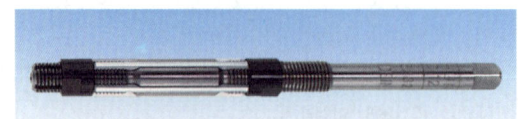

图 5：可调式铰刀

图 6：重调式铰刀

钻圆孔和铰孔作业

选择和解释冲头导轨的钻圆孔方法。

使用立式钻床按图 1 所示加工图纸钻和铰已预设的冲头导轨。

钻圆孔加工计划规定加工顺序如下：

- 预钻孔 ⌀11。
- 精钻孔 ⌀11。
- 预钻孔 ⌀10 H7，预留铰孔加工余量。
- 铰圆孔至配合精度 ⌀10 H。

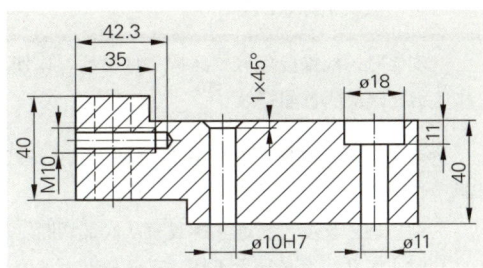

图 1：冲头导轨的加工图纸

（1）冲头导轨样件应使用软质铝合金。请选择合适钻头加工各个孔。请列出所选钻头的类型，螺旋角和顶角。

（2）批量加工冲头导轨时采用的工件材料是 E360（St 70-2）。用于这种工件材料的钻头类型是什么？请解释您的选择。

（3）为优化钻孔方法，批量加工所选用的钻头宜采用特殊刃磨。请列出适宜钻孔的特殊刃磨方法，并解释您所选择的刃磨方法。

（4）请列举刃磨时可能出现的刃磨缺陷，并解释其影响作用。

（5）样件加工的钻头应无特殊刃磨。但预钻孔必须相应较大，接着必须扩孔。请描述合适的扩孔钻头。

（6）请选择用于铰出配合精度 ⌀10 H7 的铰刀，并描述其作用方式。

5.4.3　攻丝的方法

手工或在机床上均可加工内螺纹。

攻丝刀具则根据加工任务各有不同。选择加工方法和丝锥时，必须参照下述要点：

- 待加工材料的切削加工性
- 待加工螺孔的数量
- 要求的加工精度和表面质量
- 螺孔的类型（通孔或盲孔）
- 螺纹的类型（例如米制螺纹）

■ 攻丝的准备

用丝锥加工内螺纹之前，必须先打出底孔。从标称直径 D 中减去螺距 P，便可为所有米制 ISO 螺纹（标准螺纹和细牙螺纹）求出底孔直径 D_1。惠氏螺纹的底孔 D_1 计算则是从标称直径 D 中减去 1.28 倍螺距 P（表 1）。

表 1：螺纹底孔直径

米制 ISO 螺纹		惠氏螺纹	
D	D_1	D	D_1
M 5	4.2	1/4 英吋	5.1
M 6	5.0	3/8 英吋	7.9
M 8	6.8	1/2 英吋	10.5
M 10	8.5	3/4 英吋	16.5
M 12	10.2	1 英吋	22.0
M 16	14.0	1 1/4 英吋	28.0

底孔加工完毕，丝锥切削出螺纹轮廓侧面。这里必须根据各自的螺距确定丝锥进给量。丝锥旋入底孔的每圈进给量就是螺纹的螺距 P。

> 攻丝时，丝锥应能轻易压碎工件材料，以便挤压出孔端部的首圈螺纹。

为避免毛刺，宜使用90°锥形锪钻为底孔锪孔，或用数控定心钻定中心并锪孔。

为缩短旋入长度，长通孔螺纹宜从底部切断。加工底孔时，底孔深度必须大于螺纹有效长度。丝锥的切削部将最后的螺纹轮廓侧面切除并做最后的平整，因此需要一个底孔加长部分。根据螺纹规格可确定内螺纹底孔加长部分如下（表1）。

■ 丝锥的切削刃和角度

> 丝锥是楔形切削刃的多刃刀具。

丝锥切削刃仅切削出螺纹轮廓。螺纹的形成由楔形切削刃完成。切屑通过三或四个直线形或螺旋形排屑槽排出（图1）。

切削过程主要由前角 γ（图2）的大小决定。加工长切屑工件材料（例如铝合金或铜合金）时，应选大前角，而加工硬质和脆性工件材料时，宜使用小前角丝锥。

后角 α（图3）的大小决定着工件螺纹轮廓侧面与刀具之间的摩擦。丝锥圆周的铲磨形成后角。后角可降低卡钻和丝锥断裂的危险。

丝锥切削楔构成楔角 β（图4）。楔角越大，切削楔越稳定。因此，加工硬质和脆性工件材料时，优先选用大楔角丝锥。

但楔角值也会降低排屑槽的规格。加工长切屑和韧性工件材料时，切屑易卡在容屑槽内。因此，加工此类工件时，选用较大容屑槽的丝锥比选用切削楔稳定的丝锥更重要。

表1：内螺纹的底孔加长部分

螺纹	底孔加长部分
M 4	3.8
M 5	4.2
M 6	5.1
M 8	6.2
M 10	7.3
M 12	8.3
M 16	9.3
M 20	11.2
M 24	13.1
M 30	15.2
M 36	16.8
M 42	18.4
M 48	20.8

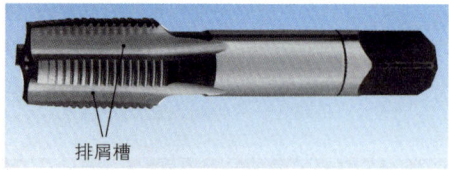

图1：丝锥的排屑槽

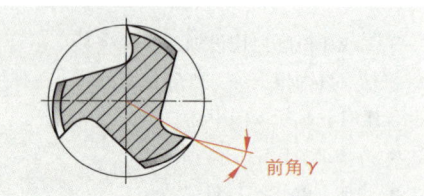

图2：前角

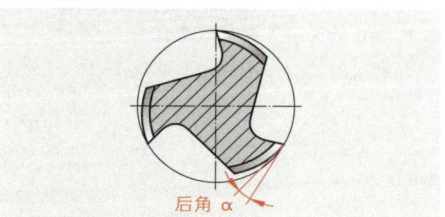

图3：后角

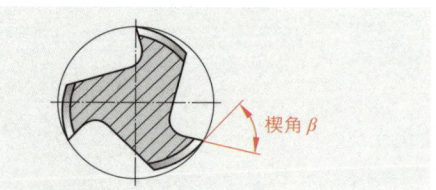

图4：楔角

■ **手工攻丝刀具**

手工攻丝一般需要多级螺纹加工工具。如米制 ISO 螺纹需用 3 件式成套手工丝锥（图 1），而细牙螺纹和惠氏螺纹仅需用 2 件式成套手工丝锥。

3 件式成套手工丝锥由头攻丝锥、二攻丝锥和精攻丝锥三件组成。所有三种丝锥均配有便于导入底孔的锥形切削部。其中头攻丝锥的锥形切削部最长。头攻丝锥的螺纹轮廓侧面比后续的丝锥更平整。二攻和精攻丝锥各自的锥形切削部均更短。其螺纹轮廓近似于精攻丝锥的最终螺纹轮廓。采用 3 件式成套手工丝锥攻丝时，其排屑分配至各个丝锥。

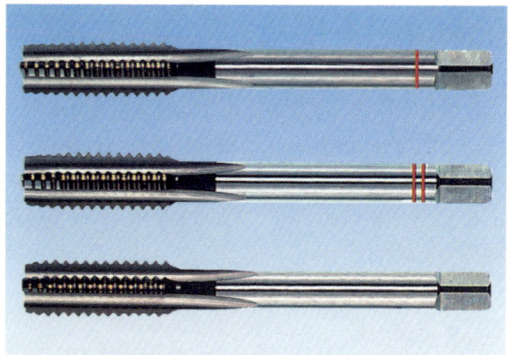

图 1：3 件式成套手工丝锥

工件材料为软质材料（例如铝合金，铜合金或锌合金）时，可用内螺纹成型模（图 2）加工螺纹。这种螺纹加工工具没有排屑槽，只有一个非圆横截面。

内螺纹成型模主要用于薄板材上的螺纹加工。这里的材料已经压实，利于提高螺纹的强度。

图 2：内螺纹成型模

■ **机床攻丝刀具**

使用机用丝锥可在钻床，车床或铣床上攻丝。由于丝锥的导向由机床完成，这里不再需要不同的头攻和二攻丝锥进行首次和二次攻丝。机用丝锥用其前部螺纹轮廓侧面进行首次和二次攻丝，用其后部螺纹轮廓侧面进行精攻，完成全部攻丝。

通孔螺纹机用丝锥（图 3）的切削部呈螺旋状，开有一个直线排屑槽。切削产生的切屑在丝锥前部向前推挤，然后向下掉出螺孔。螺旋切削部还有高切削功效的作用。

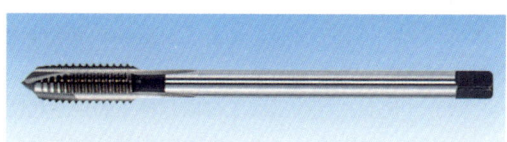

图 3：通孔螺纹机用丝锥

盲孔螺纹机用丝锥（图 4）采用右旋切削部。切屑从右旋出螺孔。加工短切屑材料（例如黄铜）时，丝锥右旋螺旋角达 15°。加工长切屑材料时，宜选用 35° 螺旋角。采用 15° 小螺旋角便于更好地将切屑向上排出螺孔，而 35° 大螺旋角用于长切屑的顺畅排出。

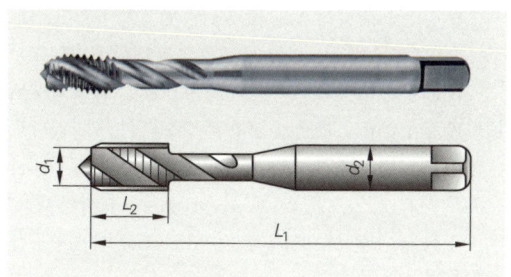

图 4：盲孔螺纹机用丝锥

5.4.4 成型钻孔的方法

所有的钻孔，沉孔和铰孔方法均属于成型钻孔方法，它们均可切削出一个非圆柱体形或阶梯形孔。成型钻孔可用作继续加工其他孔型的预钻孔（例如中心孔），或用作精加工孔（例如成型扩孔）。成型钻孔可分为3种方法：

- 实心成型钻孔。
- 成型扩孔。
- 成型铰孔。

■ 实心成型钻孔

实心成型钻孔法（图1）指采用某种刀具钻出一个非圆柱体形。成型钻孔的刀具是中心钻头或阶梯钻头。如果使用数控钻头或阶梯锪钻，可仅用一把刀具同时完成成型钻孔的钻孔和锪孔。

■ 实心成型钻孔刀具

中心孔用作预钻孔，目的是避免麻花钻头在后续加工中偏离孔中心。此外，中心孔亦可用作导孔。其作用是在车床或磨床上扣住机床主轴或后顶针座的顶针。中心孔已经标准化。每个中心孔均有一个定中心的锥形部分和圆柱形部分。中心孔根据各自用途分为3种不同结构（图2）。

A形中心钻头用作后续工序麻花钻头的预钻孔钻头，或用于加工定位中心孔，这类定位孔一般会在轴端面加工时一并去除。

B形中心钻头与A形相反，它加工的中心孔增加了一个锥形保护沉孔，并在零件加工完成后予以保留。

R形中心钻头有一个凸起的滑动面，用于调整后顶针座车削锥形。此外，还有补偿车削件热处理后形状偏差的作用。这种中心孔可在磨削时防止两个顶针之间的同心误差。

工件车削或磨削必需的、但在加工完成后又不允许保留的中心孔必须给予特殊标记。

台阶孔的中心孔可在一个加工步骤中用阶梯钻头（图3）加工制成。这种特殊刀具特别适于大批量生产，因为它可大幅度缩减加工时间。

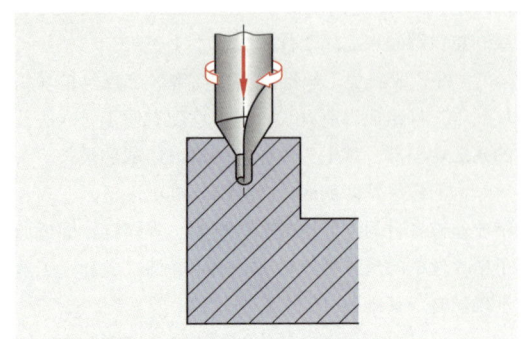

图1：成型钻孔原理

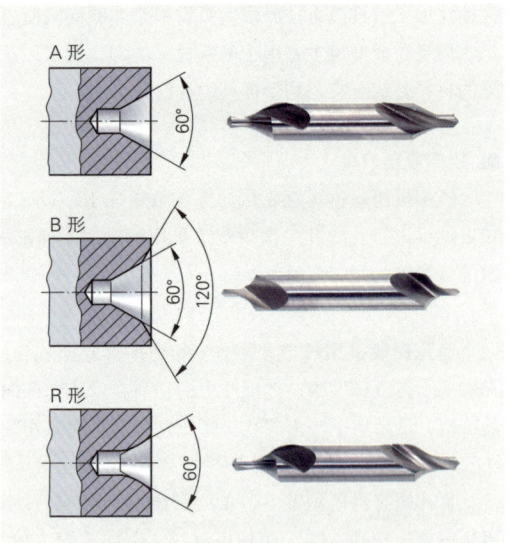

图2：中心钻头

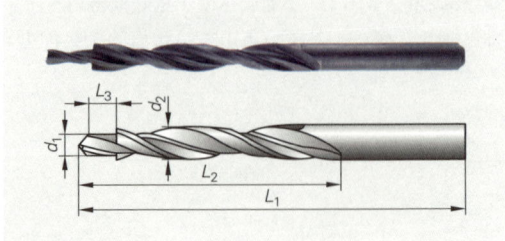

图3：阶梯钻头

使用阶梯锪钻可同时完成钻孔和锪孔（图1）。即仅使用一把刀具，一次进刀，完成已加工孔的锪孔。

数控定心钻头在 CNC 机床上完成孔的定中心和锪孔（图2）。数控定心钻头的顶角为90°。数控定心钻头钻出的锥形，其端部直径大于后续工序钻头的直径。

在数控定心钻头后面使用的麻花钻头由已成型的锥形孔导向，由于麻花钻直径更小，可在孔的端部打出一个沉孔。

■ **成型扩孔**

成型扩孔时，通过对预加工的圆柱形孔的扩孔，加工出各种所需内孔孔型（图3）。成型扩孔钻头，又称销孔钻头，主要用于加工锥形销的内锥面。

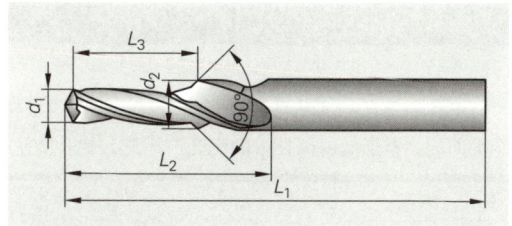

图1：阶梯锪钻

图2：数控定心钻头

图3：成型扩孔钻头

5.4.5 成型绞孔的方法

用于成型铰孔的刀具是圆锥铰刀。具有不同锥度的铰刀用于铰削锥形销的锥形孔（图4）或莫氏锥度的精加工（图5）。圆锥铰刀可分为直线槽或螺旋槽铰刀。

粗铰锥孔的圆锥螺旋铰刀（图6）分为两种结构。它用于锥形销的粗铰。

而带有断屑器的直线槽铰刀用于粗铰莫氏锥度（图7）。铰削属于断续切削，可使切屑断裂，从而具有较大的排屑能力。

成型铰孔之前，必须先在工件上预钻一个圆柱形孔。接着根据加工任务的不同，分别使用带有断屑器的铰刀或圆锥螺旋铰刀进行粗铰。精铰则使用螺旋槽莫氏锥度铰刀或直线槽圆锥铰刀。精铰后即可达到所需表面质量。圆锥铰刀必须旋转进入预钻的圆柱形孔，否则将导致前段锥度过大。因此，预钻孔和铰孔一般均使用同一次装夹。

图4：加工锥形销锥孔的直线槽圆锥铰刀

图5：螺旋槽莫氏锥度铰刀

图6：圆锥螺旋铰刀

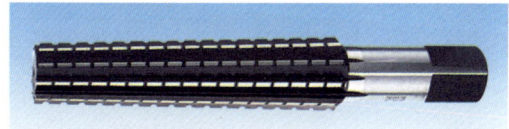

图7：带有断屑器的直线槽铰刀

5.4.6 锪孔方法

锪孔与钻孔的实质性区别在于，锪孔不在实心材料，而是在一个预钻的，浇铸的或冲压的孔内加工出一个平面的，锥形的或圆柱形的沉孔。因此，锪孔方法分为成型沉孔，端面扩孔和端面锪孔（表1）。

表1：锪孔		
成型钻孔	端面扩孔	
成型沉孔	端面扩孔	端面锪孔
加工一个锥形面或相应的成型面	加工一个突出的平面	加工一个带有加深平面的圆柱形沉孔

■ **锪孔刀具的切削刃和角度**

锪孔时的排屑由单刃或多刃刀具承担。多刃锪孔时，刀具更易导向，因为切削力和进给量分布在多个切削刃上。与钻头相比，锪孔刀具的后角更小，但切削后面更大。这种几何形状可避免锪孔时出现振颤。

■ **高速切削钢（HSS）锪孔刀具的锪孔标准值**

如果锪孔时采用比钻孔更低的切削速度和更大的进给量，一般会取得更好的结果（表2）。

表2：锪孔的切削速度和进给量									
工件材料	切削速度 v_c 单位：m/min	锪孔刀具标称直径如下时的（直径单位：mm）每圈进给量，单位：mm							
		5	8	10	12.5	16	25	40	63
非合金钢，最大至 700N/mm²	20~30	0.06	0.08	0.10	0.12	0.14	0.18	0.22	0.30
非合金钢，大于 700N/mm²	16~25	0.04	0.05	0.07	0.08	0.10	0.14	0.18	0.24
合金钢	10~15	手动	0.04	0.06	0.07	0.08	0.09	0.12	0.17
灰口铸铁	10~20	0.06	0.08	0.12	0.14	0.17	0.22	0.27	0.27
铜	25~40	0.06	0.09	0.11	0.12	0.14	0.18	0.22	0.27
黄铜	30~80	0.09	0.11	0.13	0.15	0.17	0.22	0.28	0.35
长切屑铝合金	40~80	0.09	0.11	0.14	0.16	0.18	0.22	0.28	0.35
短切屑铝合金	25~40	0.07	0.09	0.11	0.13	0.14	0.18	0.22	0.30
塑料，软质	20~40	0.06	0.08	0.10	0.11	0.14	0.18	0.22	0.30
塑料，硬质	12~20	0.05	0.06	0.08	0.09	0.11	0.14	0.18	0.22

■ **成型沉孔**

成型沉孔这种加工方法（图1）属于成型钻孔加工方法组。一般是在现有孔上锪出一个锥形。但也可以加工成凸球形或其他相应的成型形状。

加工锥形成型沉孔的原因如下：

● 为钻孔或管去毛刺。

● 为攻丝而锪孔。

● 给螺钉头加工装配面。

■ **成型沉孔加工刀具**

一般采用90°顶角的锥形锪钻为孔去毛刺和锪孔（图2）。锥形锪钻有三个切削刃和一个圆柱形直柄或莫氏锥柄。

根据加工任务的不同，使用60°顶角的锥形锪钻也可以去毛刺，75°顶角用于铆钉头，120°顶角用于薄板铆钉（图3）。

锥形锪钻的一种特殊结构是去毛刺锪钻（图4）。这种刀具的特点是无振颤切削，由于切削时排屑良好，加工后的工件表面质量很高。

固定导向轴颈锥形锪钻（图5）适用于为螺钉头加工装配面。通过导向轴颈可保证通孔的锪孔中心位置。顶角90°的锥形锪钻可为沉头螺钉，半沉头螺钉和自攻螺钉加工装配面。

成型锪钻的一种特殊形状是管状工件打毛刺器（图6）。它通过一个内置锥形锪钻从内部，外部刀具从外部同时打掉管状工件的切削毛刺。根据不同的管径，一个可调螺栓调节内置锥形锪钻的进给力。

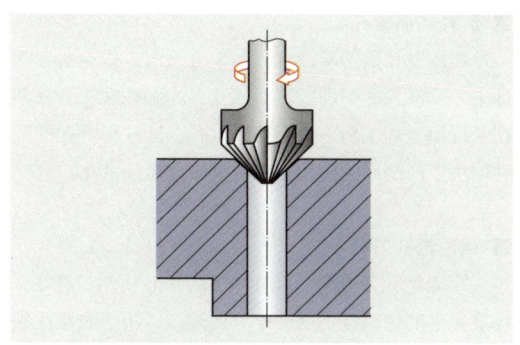

图1：成型沉孔原理

图2：顶角90°的锥形锪钻

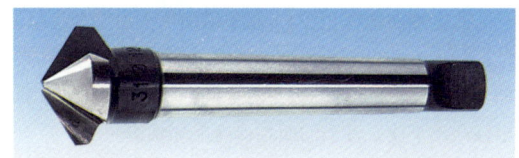

图3：顶角120°的锥形锪钻

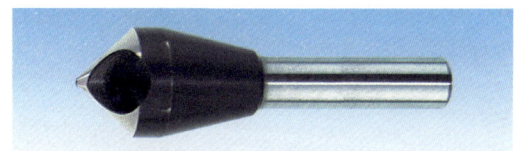

图4：去毛刺锪钻

图5：固定导向轴颈锥形锪钻

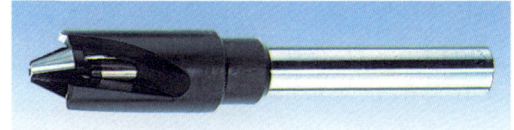

图6：管状工件打毛刺器

■ 沉孔端面锪孔

　　端面锪孔属于端面沉孔加工方法组，指在通孔上加工一个深入的平面。端面锪孔可为圆柱螺栓的头部在装配面上加工出一个圆柱形沉孔。圆柱形沉孔的尺寸取决于所使用的内六角螺钉规格，已标准化。

■ 端面锪孔刀具

　　端面锪孔刀具是顶角180°的平底锪钻（图2）。标准化平底锪钻有一个固定导向轴颈，用于锪钻在预加工通孔内的导向，这类锪钻分为直柄锪钻或莫氏锥柄锪钻。

　　如果加工结构件，常需为不同规格的圆柱头螺钉加工沉孔，对这类加工任务宜采用成套组合平底锪钻（图3）。这里，平底锪钻已装入各自所需的导向轴颈。平底锪钻的旋转运动由标准刀架实施。

■ 凸台端面锪孔

　　凸台端面锪孔（图4）属于端面沉孔加工方法组，是一种加工凸出平面的加工方法。例如为六角螺钉头加工一个光滑的装配面。在铸件或锻件设计时已计划出该凸出平面。其余的面均保持毛坯状态。

■ 锪孔用冷却润滑液

　　为避免刀瘤形成，锪孔时需注意冷却，对不同工件材料宜选用合适的冷却润滑液（表1）。

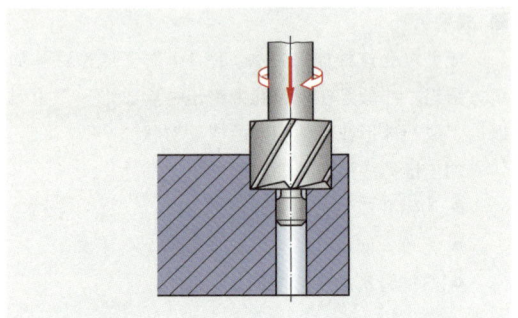

图1：端面锪孔原理

图2：平底锪钻

图3：成套组合平底锪钻

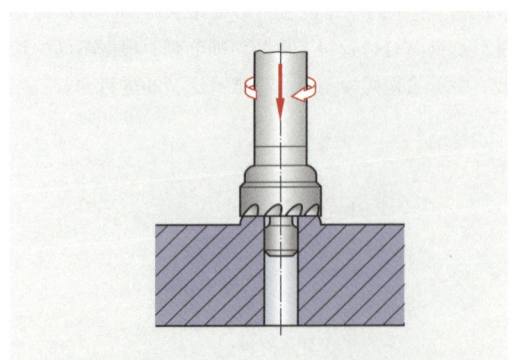

图4：端面凸台锪孔原理

表1：锪孔用冷却润滑液			
工件材料	冷却润滑液	工件材料	冷却润滑液
钢，铝合金	冷却润滑乳浊液	韧性好的铜，黄铜	切削冷却油
灰口铸铁，镁合金	干加工	热固性塑料，热塑性塑料	压缩空气

选择并解释冲头导轨攻丝，成型钻孔和锪孔的方法

在 5.4.2 节中已提出加工冲头导轨的 ø11、ø10 H7 孔作为深化学习内容的作业（图 1）。在下面的深化作业中，要求选择并解释 M10 螺孔，成型沉孔和平底锪孔的加工方法。

冲头导轨精加工加工计划规定如下加工顺序：

- 加工 M10 螺孔的底孔。
- 底孔锪孔。
- M10 攻丝。
- ø10 H7 孔锪孔。
- ø11 孔端面锪孔。
- 给未锪的孔去毛刺。

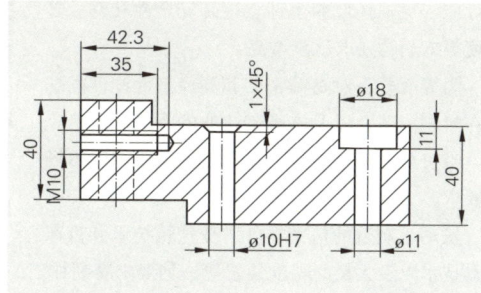

图 1：冲头导轨的加工图纸

1. 冲头导轨样件采用软质铝合金。为螺孔准备工序选择正确的底孔直径，检查底孔总深度的尺寸标注。

2. 加工计划第二步规定为 M10 螺孔的底孔扩孔。请解释，为什么这个加工步骤是必需的。

3. 请选择样件底孔扩孔刀具，并解释您的选择。

4. 请解释软质铝合金样件使用哪种丝锥最合适，请说明批量生产冲头导轨应选用哪种丝锥。

5. 样件攻丝时宜使用哪种冷却润滑液？

6. 批量生产时，您可以在 CNC 机床上加工工件材料为 E360（St 70-2）的冲头导轨。请指出，用哪些种刀具打中心孔、哪些刀具为 M10 螺纹底孔锪孔。请解释您的刀具选择。

7. 请确定 ø10 H7 孔的扩孔刀具。请确定锪孔刀具的切削速度和进给量。请计算外径为 15 mm 锪钻的转速。

8. 请描述批量生产时 ø11 孔端面锪孔的典型特征。

9. 请为尚未去毛刺的孔选择去毛刺刀具，并解释您的选择。

5.5 磨削

当今，机械制造业技术更新的循环周期越来越短。例如汽车制造业，对汽车产品具有更高经济性能、更强环境兼容性、更高安全性和驾驶舒适度等方面的要求逐步增高。

同等规模下对高精密度和高经济性零件的加工在机械制造业以及汽车制造业的意义亦日趋重要。唯有如此，才能保证企业迅速适应国际市场的要求。

发动机制造的精密零件，变速箱技术和汽车底盘技术以及大量的辅助装置等，均要求磨削加工的技术诀窍，以适应高精度的要求（图1）。

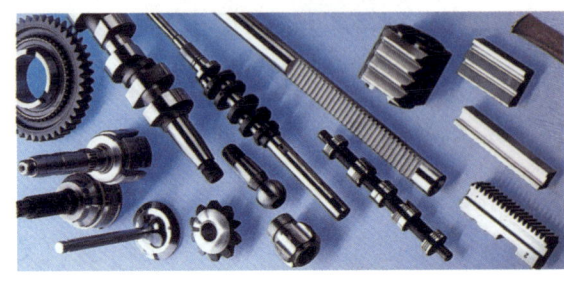

图1：磨削的精密零件

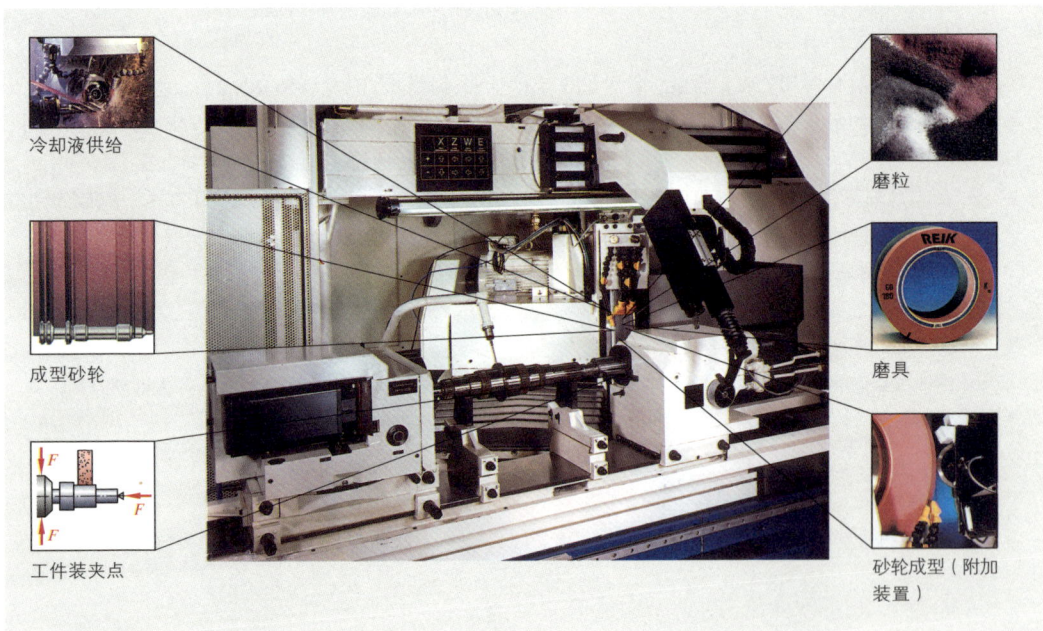

冷却液供给

成型砂轮

工件装夹点

磨粒

磨具

砂轮成型（附加装置）

图2：磨削加工换挡变速箱传动轴

传动轴的几何形状和所使用砂轮的类型可使多个磨粒同时切入工件。因此，砂轮与待加工材料之间的接触区内可形成不同的切削条件。加入附加部件和辅助材料后，便形成一个非常复杂的磨削过程（图2）。

> 磨削是一种使用不规则几何形状切削刃的切削加工方法。

这里的多刃刀具由大量天然或人工合成黏接磨粒组成。这里，黏接在高速旋转的砂轮圆周上的各个磨粒并不持续切入工件材料。

磨削特别用于加工淬火后的材料和对表面质量以及形状精度要求很高的工件。影响磨削加工结果的因素很多，但最重要的是：磨料，工件材料，加工速度和切削量。

5.5.1 磨料

不同的磨削加工任务要求使用不同的磨料类型。使用天然磨料金刚石和金刚砂不需要很高的制备技术投入。但制造人工合成磨料则需要很高的能源消耗，用于高温高压的熔炼和压制过程（刚玉－氧化铝，碳化物－碳化合物，氮化物－氮化合物和金刚石）。磨料的缩写名称，硬度和典型用途举例均可从表1查取。

表1：磨料类型

符号	磨料	硬度标准		用途范围
		莫氏硬度	努氏硬度	
A	普通刚玉（Al_2O_3）	~ 9	18000	低于 60 HRC 的中等韧性材料至硬质材料（$R_m < 500$ N/mm²），如非淬火钢，可锻铸铁。
	白刚玉 （Al_2O_3）	8.0~9.2	21000	超过 60 HRC 的韧硬钢，如工具钢；玻璃的磨削和抛光。
C	碳化硅 （SiC）	9.5~9.7	24800	端面磨削硬质合金，灰口铸铁，陶瓷，有色金属；高速切削钢，热加工和冷作加工钢。
B	氮化硼 （BN）	–	60000	精密磨削韧硬钢，如高速切削钢，热加工和冷作加工钢。
D	金刚石 （C）	10	70000	精密磨削韧硬材料和脆性材料,如硬质合金，灰口铸铁，玻璃，陶瓷，尼孟合金

■ 粒度

确定磨粒大小的概念是粒度。通过使用不同规格筛子进行筛选，得出 4 个粒度定义：粗，中等，细和极细。每英寸长度上网眼数量用作磨料的粒度编号。但极细粒度必须通过特殊的粒度水析法进行分离。氮化硼和金刚石是例外，它们不适用上述粒度名称。这两种磨料类型的筛网网眼宽度单位是 μm。

名称举例:（表 2）

B 320：氮化硼 BN 的粒度（极细）

D 80：金刚石磨粒的粒度（细）

C 46：碳化硅 SIC 的粒度（中等）

A 24：刚玉 Al_2O_3 磨粒的粒度（粗）

待使用的粒度取决于工件所要求的表面粗糙度。工件外形轮廓越复杂，要求的表面粗糙深度值越小，砂轮的粒度要求越细。作为实际加工时的一般标准值，粗磨淬火钢的粒度为 24/30。更精密的磨削，如精磨，则要求粒度为 80/100（表 3）。

应用标准：

细粒－精磨或精密磨

粗粒－粗磨

表2：按 DIN 69101 的粒度

磨粒			微粉
粗	中等	细	极细
4	30	70	230
5	36	80	240
6	40	90	280
7	46	100	320
8	54	120	360
10	60	150	400
12		180	500
14		220	600
16			800
20			1000
22			1200
24			

表3：粒度的应用

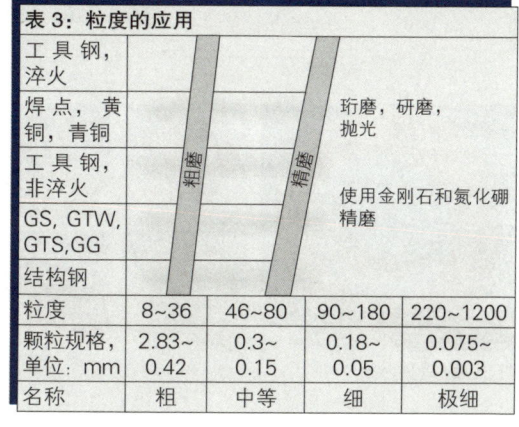

	工具钢，淬火			
	焊点，黄铜，青铜			珩磨，研磨，抛光
	工具钢，非淬火			
	GS, GTW, GTS,GG			使用金刚石和氮化硼精磨
	结构钢			
粒度	8~36	46~80	90~180	220~1200
颗粒规格，单位：mm	2.83~0.42	0.3~0.15	0.18~0.05	0.075~0.003
名称	粗	中等	细	极细

■ 磨粒类型

天然或人工制造磨粒的区别在于其颗粒形状。尖锐颗粒或等积状颗粒，根据其特性分别适用于各个特殊的不同用途。加工长切屑工件宜使用尖锐颗粒的砂轮。等积状颗粒的锋利边棱在加工脆性材料时更为耐磨。

■ 单晶磨粒（单颗粒晶体）

等积状颗粒具有高颗粒强度。适宜加工硬质和脆性工件材料，例如金刚石切割轮。

■ 聚晶磨粒（多颗粒晶体）

不规程结构的颗粒具有更大的分裂表面。因此，在磨削过程中剥离产生出比单晶磨粒明显更小的工件材料微粒。更粗糙的颗粒表面保证砂轮结合剂更好的粘接效果。通过提高加工更硬工件材料时的摩擦磨损，可获取更为有效的磨粒使用效果。

■ 磨粒覆层

铜质或镍质薄金属层或非金属层以及陶瓷涂层作为磨粒覆层可提高砂轮黏接时磨粒的结合力，同时改善磨具的导热性 Q_{ab}（图1）。

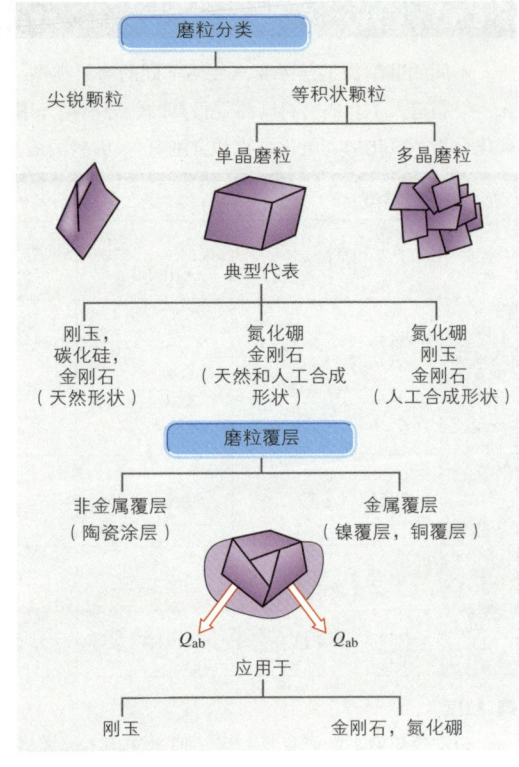

图1：磨粒类型和磨粒覆层

5.5.2 磨具

磨具的组成成分和几何形状以实际使用条件为准。

DIN 标准已收集磨具的所有典型特征。磨具的形状和尺寸均取决于工件形状。待加工工件材料决定磨料，磨粒粒度，硬度等级，组织和结合剂（261页表1）。

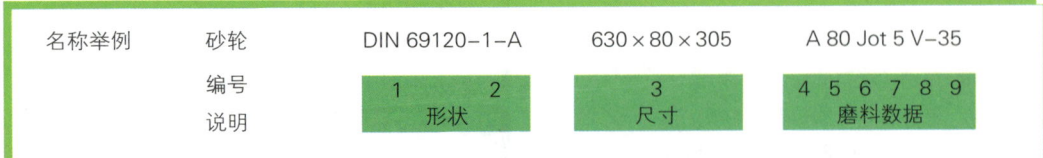

名称举例	砂轮	DIN 69120–1–A	630×80×305	A 80 Jot 5 V–35
编号		1　　2	3	4 5 6 7 8 9
说明		形状	尺寸	磨料数据

图2：磨具形状

表 1：磨具分级

编号	DIN 说明	第 260 页名称举例的内容含义一般性说明
1	DIN 69120 1 形 ISO 1 形	平形砂轮，无凹，一个端面为优先工作面。 应用举例： 磨端面，磨外圆，磨内圆，成型磨削，切断和刃磨刀具

| 2 | 边缘形状标记符号 | A：端面直线边缘形状 |

名称	A	B	C	D	E	F
形状		65°	45°	60°	60° 60°	

| 3 | 砂轮主要尺寸 | 630 x 80 x 305
D: 外径 = 630 mm
T: 砂轮宽度 = 80 mm
H: 孔径 = 305 mm |

| 4 | 磨料类型 | A：白刚玉 |

磨料	符号	化学成分	硬度 莫氏	努氏
金刚砂	SL	$AL_2O_3+SiO_2+Fe_2O_3$	8	
白刚玉	A	AL_2O_3	9	...2080
碳化硅	C	SIC	9,6	2480
氮化硼	B	BN	–	4700
金刚石	D	C	10	7000

| 5 | 粒度数据 | 80：细（= 每英寸长度上 80 个网眼） |

分类	每英寸长度上网眼数
粗	4 5 6 7 8 10 12 14 16 20 22 24
中等	30 36 46 54 60
细	70 80 90 100 120 150 180 220
极细	230 240 280 320 360 400 500 600 800 1000 1200

| 6 | 砂轮硬度数据 | Jot：软 – 用于普通磨削 |

分类	标记字母
极软	A B C D
很软	E F G
软	H I Jot K
中等	L M N O
硬	P Q R S
很硬	T U V W
极硬	X Y Z

| 7 | 组织数据 | 5：中等组织密度 |

标记数字：	0 1 2 3 4 5 6 7 8 9 10 11 12 13 14
组织：	封闭型（密封） 开放型（有孔隙）

| 8 | 结合剂类型 | V：陶瓷结合剂 |

结合剂类型	符号	特性	用途
陶瓷	V	有空隙，脆性	精磨
人工树脂	B	弹性	切断
金属	M	韧性，耐压	成型磨
电镀结合剂	G	高切削能力	硬质合金内部磨削
橡胶结合剂	R	弹性	切断
虫胶结合剂	E	韧弹性	仿形磨削
菱镁结合剂	Mg	软	干磨

| 9 | 圆周速度（最大值） | 35：最高圆周速度，单位：m/s |

颜色标记	蓝色	黄色	红色	绿	绿 + 蓝	绿 + 黄	绿 + 红
最高圆周速度 v_c(m/s)	50	63	80	100	125	140	160

磨粒结合组成的磨具（按 DIN 69111 第 1 部分）

节选的应用举例									形状编号：（DIN69100T1）	标称尺寸	图形表达法（© 符号表示优先工作面）	子组（名称）	主组
手工磨削	砂轮机磨	刀具刃磨	锯片刃磨	齿面磨削	内圆磨削	外圆磨削	切断磨削	端面磨削					
9	8	7	6	5	4	3	2	1					
	●	●	●	●	●	●	●	●	1	$D \times T \times H$ 举例：$300 \times 20 \times 127$		1.1.1 无凹	1.1 组 平行 砂轮
	●			●			●		5	$D \times T \times H-P... \times F...$ 举例： $508 \times 50 \times 304,$ $8-P\ 390 \times F\ 20$		1.1.2 单面凹	
		●		●		●			7	$D \times T \times H-P... \times F/G...$ 举例： $760 \times 100 \times 304,$ $8-P\ 410 \times F\ 30/G\ 30$		1.1.3 双面凹	
						●			38	$D/J \times T/U \times H$ 举例： $610 \times 390 \times 32/20 \times 304.8$		1.1.4 单面台阶	
				●					39	$D/J \times T/U \times H$ 举例： $610/390 \times 32/20 \times 304.8$		1.1.5 双面台阶	
	●		●		●				3	$D/J... \times T/U... \times H$ 举例： $300/J\ 100 \times 32/U\ 4 \times 76.2$		1.2.1 单面带锥	1.2 组 凸形 和渐 薄形 砂轮
		●							4	$D... \times T... \times H$ 举例：$150 \times 25 \times 20$		1.2.2 双面带锥	
				●					20	$D/K... \times T/N... \times H$ 举例： $508/K400 \times 50/N\ 5 \times 304.8$		1.2.3 单面渐薄	
					●				21	$D/K... \times T/N... \times H$ 举例： $508/K400 \times 50/N\ 5 \times 304.8$		1.2.4 双面渐薄	
						●			26	$D \times T/N... \times H-P... \times F.../G...$ 举例： $508 \times 80/N\ 5 \times 304.8-$ $P\ 390 \times F10/G\ 5$		1.2.5 双面凹和双面渐薄	

续表

9	8	7	6	5	4	3	2	1	形状编号：(DIN69100T1)	标称尺寸	子组（名称）	主组
	●							●	35	D×T×H 举例：450×63×200	1.3.1 黏接固定在支承盘上的砂轮	1.3组固定在支承盘上的砂轮
	●							●	36	D×T×H 举例：600×70×20	1.3.2 螺钉固定在支承盘上的砂轮	
	●							●	37	D×T×W... 举例：350×70×W 40	1.3.3 螺钉固定在支承盘上的圆柱形砂轮	
		●							6	D×T×H–W...×E... 举例：200×63×76.2–W 20×E 20	1.4.1 圆柱形碗形砂轮	1.4组碗形和碟形砂轮
		●							11	D/J...×T×H–W...×E...K... 举例：150/J114×50×32–W 10×E 13×K 96	1.4.2 锥形碗形砂轮	
	●	●		●	●				12	D/J...×T/U×H–W...×E...K... 举例：200/J 92×32/U3.2×32–W10×E12×K92	1.4.3 碟形砂轮	
●						●	●	●	27	D×U×H 举例：230×6×22.23	1.5.1 钹形砂轮	1.5组钹形砂轮
●		●					●		28	D×U×H 举例：80×5×13	1.5.2 钹形砂轮（钟形）	
								●	3101	B×C×L	1.6.1 砂瓦	1.6组砂瓦
	●					●			52	D×T×S 举例：20×20×03	1.7.1 磨头（圆柱形ZY）	1.7组磨头
	●						●		26	B×C×L 举例：50×25×200	1.8.1 磨石油石（矩形）	1.8组油石，磨石

节选的应用举例：9 手工磨削　8 砂轮机磨　7 刀具刃磨　6 锯片刃磨　5 齿面磨削　4 内圆磨削　3 外圆磨削　2 切断磨削　1 端面磨削

图形表达法（◎ 符号表示优先工作面）

5.5.3 磨削加工的运行安全

与其他多种切屑分离的切削加工方法相比，由于磨削加工的切削速度更高（v_c 最高达 100 m/s）而具有明显增高的事故危险性，磨削加工要求强化安全制度。遵守钢铁和金属职业协会以及德国砂轮协会的强制性劳动保护条例（UVV），可将事故危险最小化。

运输和仓储

不同的磨削加工任务，要求磨具从脆性至弹性的多种加工特性。

对于磨具具有决定性作用的是结合剂。

薄磨具（弹性结合剂）仓储时必须平放，必须有相应的中间间隔垫。

（堆放高度 = 砂轮外径）

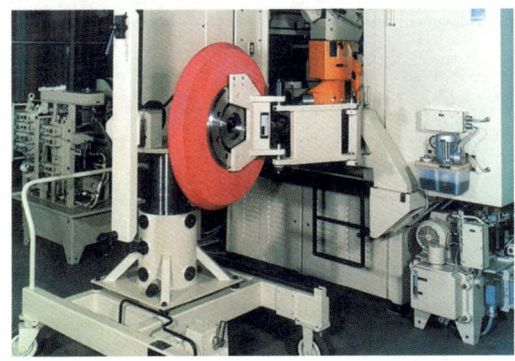

图 1：合理仓储的砂轮

从砂轮外径 300 mm 起，要求运输和仓储始终处于直立状态（断裂危险！）（图 1）。

法兰固定和已做平衡的砂轮宜悬挂保存（防止不平衡）。

- 磨具不允许置于潮湿的室内保存！
- 避免温度较大幅度波动！
- 远离化学侵蚀物质！

■ 砂轮的检验

砂轮现存的脆性，主要是陶瓷结合剂的脆性，使砂轮对冲击非常敏感。不合理的制造、运输或仓储等原因造成的损坏均将无可避免地导致砂轮的毁坏。

■ 声音检测硬度

声学检测法用于陶瓷结合剂粘接砂轮的无损伤硬度检测（图 2）。

检测时，从磨具的几何形状和砂轮的声速确定磨具的自身频率。

声速是检测砂轮硬度的一个尺度（声速越高，硬度越大！）。

图 2：砂轮的硬度检测

■ 砂轮的装夹

磨具形状和待执行的加工任务决定着砂轮的固定或装夹。

下列几项数据适用于法兰固定：

- 主轴直径 = 砂轮孔径 H。
- 砂轮法兰材料：钢 / 铸铁。
- 法兰直径 = $1/3 \cdot D$（砂轮外径加保护罩）。
- 中间垫片由弹性材料制成（单位面积压力），宜由橡胶或皮革制成（图 3）。

直径差别
砂轮盘
法兰
弹性垫片

图 3：已法兰固定的砂轮

■ 砂轮的平衡

　　劳动安全和必须达到的磨削质量（跳动公差和平面度公差最高达到 $t=1\mu m$ 和表面粗糙度最高达到 $Rz\,0.1\,\mu m$）要求加工开始之前对砂轮进行平衡。在转速上升时，砂轮现存的不平衡将产生非常强大的离心力，它可能带来的危险作用如下：

> ● 工件磨削表面不可控制的粗糙度增加。
> ● 因振动而增加的负荷导致磨削主轴套磨损！
> ● 砂轮爆裂 – 危险事故！

■ 平衡方法

　　● 静平衡。

　　首先，将夹紧的磨具（用轴和法兰）平稳地安放在平衡器上。磨具现存的不平衡产生一个旋转力矩，该力矩使待平衡砂轮滚动。在环形槽内相应移动平衡块，即可达到力和旋转力矩的平衡。

　　已平衡的砂轮可在任何一个位置上保持平稳状态（图 1）。

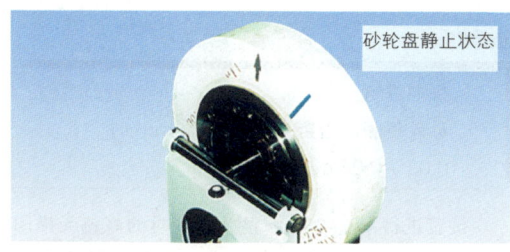

图 1：静平衡

　　● 动平衡。

　　快速运转的、较大的砂轮（$T > 1/6 \cdot D$）必须以指定转速（制造商数据）进行动平衡。

　　动平衡时需将砂轮装入磨削主轴。

　　作为附加装置的动平衡装置属于磨床制造商的供货范围（图 2）。

图 2：动平衡

■ 砂轮的修整

　　切屑分离刀具（此处指砂轮）的特点要求其必须在加工任务开始之前经常性地进行修整，为加工任务提供安全服务。

> 修整的主要任务是：
> ● 优化重新装夹砂轮的径向跳动。
> ● 根据加工任务修整砂轮的外形轮廓。
> ● 恢复砂轮的原切削能力 – 锐化。

■ 砂轮机的修整

　　砂轮机上砂轮严重磨损时，主要由手持修整磨石或钢波轮相对准确地进行修整，使之符合使用目的，例如刃磨麻花钻头。修整时，通过去除结合剂和打碎已磨损的磨粒，恢复砂轮表面磨粒的切削能力（图 3）。

图 3：砂轮机的修整过程

■ 磨床上修整砂轮

特殊的加工任务，例如加工水泵轴，磨削加工阀门和变速箱轴等，要求砂轮在径向跳动和砂轮外形轮廓等方面比普通修整更为准确的修整结果（参见 265 页）。

■ 单粒修整器

这是单个镶嵌的金刚石（最大 2.5 克拉），其体积为 2/3~3/4 镶嵌在一个垂杆内。

金刚石尖部最有效的切入范围从砂轮中部偏离旋转方向约 10°，略微偏移至 3 mm 处。这样可产生一个拉拔的修整过程。出于安全原因，不允许超过下列修整值：

> 横向进给：
> 砂轮每圈进给量 0.01 ~ 0.02 mm 时
> 0.03 ~ 0.05 mm

接着进行第 2~3 次修整，但这时的修整无横向进给，进给量各有不同且超过砂轮宽度，由此可取得明显好转的工件表面粗糙度。

■ 多粒修整器

它由大量小颗粒金刚石（小于 0.1 克拉）组成，它们分层镶嵌在金属基体上。修整过程因此同时分配给多个切削刃。修整刀具应始终作用于砂轮中部并垂直于砂轮（图 1）。

■ 局部颗粒修整器

它由无数最小的金刚石碎片组成，它们烧结在金属基体上。其修整过程与多粒修整器的相似（图 2）。

■ 成型

对于复杂的加工任务，例如螺纹磨削，砂轮通过成型（修整）可产生工件的负形状。

用镶嵌金刚石的修整轮成型修整砂轮，以期达到极佳的工件精度。

修整轮是以最大为 1000 N/mm 的压紧力紧靠在砂轮上获取驱动力的，砂轮带动修整轮作逆向运动。其速度比为

> $v_{修整轮} : v_{砂轮} \approx 1 : 5$

修整时间取决于砂轮直径，但一般在 0.05~0.15 分钟（图 3）。

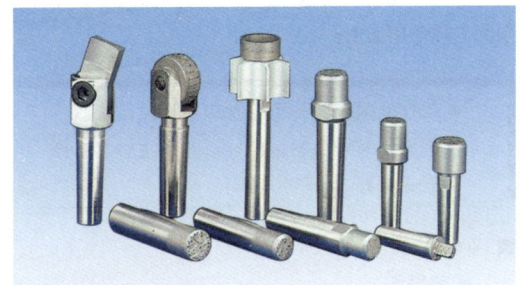

图 1：多粒修整器

图 2：修整刀具

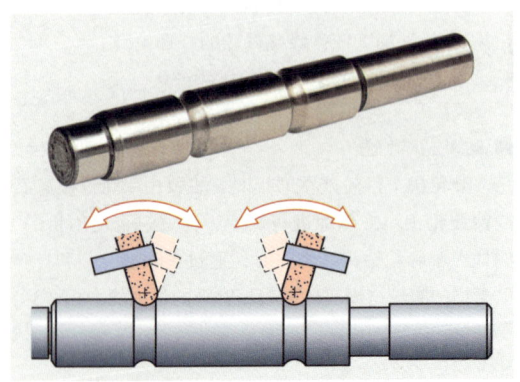

图 3：切磨磨削方法加工水泵轴的成型砂轮

■ **磨削时工件的装夹**

　　磨削加工时，必须非常认真仔细地选择工件的装夹方法和夹具，必须与加工任务以及磨削方法完全吻合。

　　与其他加工方法如车削或铣削时的装夹相反，磨削装夹需要精确的位置定位，就是说，用小夹紧力使工件与砂轮精确定位。装夹时必须满足下列要求：

- 工件对应刀具准确且无歧义的定位。
- 夹紧和夹紧力的传导。
- 工件的无变形装夹。
- 快速，简便但安全的工件更换。
- 无事故和便于操作的搬运。

　　工件装夹和夹具的选择与加工相关，应规范操作，并精心维护！

■ **平面磨削时工件的装夹（端面装夹）**

　　不同工件（规格，形状，数量等）在端面平行加工时，不同的加工任务要求各种不同的专用夹具。

　　夹紧螺栓，压板和槽板用于简单加工目的，或与其他夹具一起在平面磨床上组合使用。

　　多用途通用机床虎钳特别适用于加工装配面小的工件和有色金属工件，以及加工某些斜面（正弦虎钳）。

　　磨削工装用于加工相同工件形状且批量较大的工件。

　　电磁和恒磁夹板属于平面磨床的基本装备（图1）。

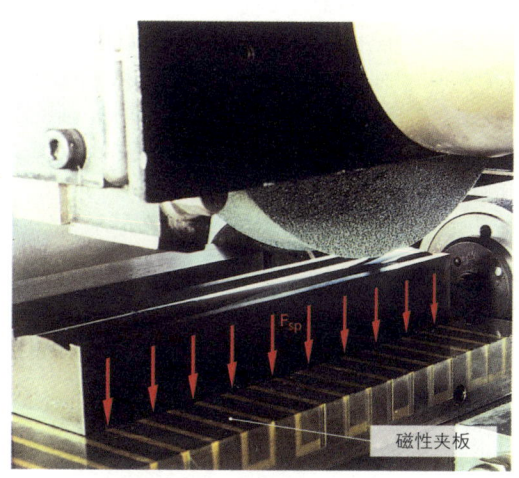

图 1：平面磨削时的工件装夹

■ **外圆磨时工件的装夹**

　　与平面磨削相比，加工对称回转体工件时，不同的加工任务要求差别更大的工件导向和装夹装置（图2）。

　　这里所使用的工件导向或夹具基本可划分如下，纵向 – 圆周磨削时夹持在两个顶尖之间，横向 – 圆周磨削时夹持在卡盘内，无心贯穿磨削时使用导轨。

图 2：外圆磨削时的装夹原理

■ **外圆磨削**

固定的定心顶尖用于待加工工件的导向和中心位置的确定。定心顶尖的最典型特征是，材料为工具钢或硬质合金，磨削加工，顶尖杆带有莫氏锥度系列 MK1~MK6，其顶尖角度为 60°。

工件主轴或尾架顶尖座套筒的莫氏锥度较小时，顶尖插套用于减径选择。

磨削夹头划分为不同规格，属于外圆磨床的标准附件。它将转矩传输给工件。磨削芯轴用于精确定心并夹紧带通孔的预加工工件。固定和可调磨削芯轴分属于不同的夹紧锥度。

弹簧卡头作为自定心径向装夹的快速夹具，主要用于圆形工件。

跟刀架分两点式和三点式结构或闭合形式，用于防止细长轴类工件在砂轮磨削压力下产生挠曲变形（图 1）。

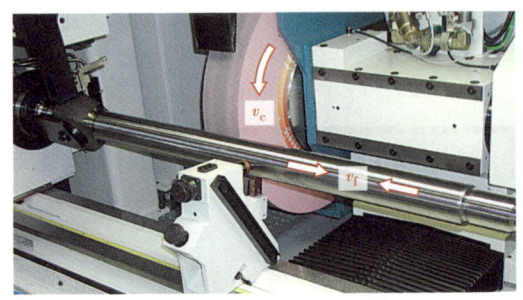

图 1：外圆磨削活塞杆

■ **无心磨削时工件的导向**

无心外圆磨削时，已相应定位的导轨以及调节轮和砂轮承担工件的导向任务。它同样是一个三点式结构，通过压紧轮和支撑轮以及调节轮保证无卡盘外圆磨削的进行。调节轮传输转速 n_r，以便达到所需的 q 比例。所以可以横向和纵向磨削工件（图 2）。

■ **内圆磨削**

多爪卡盘作为通用夹具适用于单件或小批量工件的加工。对于工件直径相同的较大批量加工，则使用自定心径向装夹的滑动爪式卡盘更具优势。带有外圆定心和内圆定心的端面爪式卡盘，适用于径向装夹易变形工件的粗磨和精磨加工。这里，在预钻孔的端面和中心实施工件的装夹。涨开式卡爪用于加工大型不规则形状工件，通过定心芯轴校准工件（图 3）。

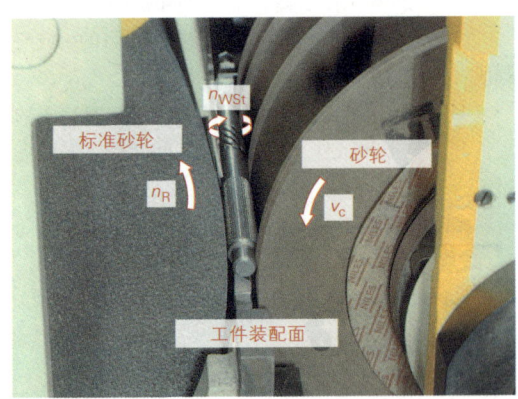

图 2：无心磨削传动轴

■ **成型磨削时工件的装夹**

由于成型磨削的工件形状，实际上使用与外圆磨削，内圆磨削和平面磨削相同的导向和装夹装置。夹具选择时，必须注意复杂的相对运动和工件形状。

图 3：内圆磨削滚动轴承套圈

■ **刀具刃磨（磨锐）时工件的装夹**

对于简单刀具（车刀）的磨损，在砂轮机上即可根据相应的工作经验磨出所需的切削刃几何形状。但这种刃磨需要高度细心，因为刀具的磨削一般全凭手工导向和把持。复杂而精确地刀具刃磨（麻花钻头或 CNC 加工刀具的特殊刃磨）则必须在专用刃磨磨床上进行。这种磨削加工可与成型磨削相比。

■ **磨削加工的劳动保护和环境保护**

对于各种不同磨削加工任务的准备和执行而言，现已公布明确无误的劳动守则，以保证操作人员的高度劳动安全。钢铁和金属职业协会以及 DSA（德国砂轮协会）的劳动保护条例 UVV 是强制性劳动规范。任何违反 UVV 劳动规范的行为均可能受到民法和刑法制裁。

劳动保护条例

- 只允许由指定专业人员装夹磨具。（操作人员必须具备可资证明的资质证书！）
- 每次装夹之前必须进行声音检测。

检测时，轻击自由悬挂中心孔的磨具。

- 无损伤砂轮的声音响亮。若敲击发出当嘟声或其他杂音，表明磨具出现损伤，必须立即报废打碎。
- 只允许将砂轮非强力地推入磨削主轴。
- 法兰最小直径规定如下：

　　　　带防护罩时：1/3 D

　　　　带锥砂轮：1/2 D

　　　　无防护罩和平形砂轮：2/3 D

- 砂轮不允许承受弯曲负荷，因此，必须使用同样规格和形状的法兰并加装橡胶，毛毡或类似材料的弹性中间垫片。
- 每一个新装夹的磨具必须强制执行试运行（以最高允许转速运行 5 分钟）– 危险防护范围。
- 防护罩必须由韧性材料制成，必须根据砂轮磨耗状况进行相应的重调。磨锐时，操作人员必须佩戴防护眼镜。
- 不允许超过给定的最高切削速度 v_c(m/s)。

■ **实际应用的劳动保护和环境保护**

通过磨床的现代化造型，可以把加工过程中无法避免的、与加工方法相关的伴随现象最小化。通过整套完全封闭的加工空间，可阻挡飞溅的磨削冷却乳浊液，同时将切削噪音衰减至可承受范围，封闭护罩所使用材料的强度可以提供更高的安全性，例如砂轮崩裂时所提供的保护（图 1）。

图 1：符合劳动保护法和环境保护法设计的外圆磨床

使用回转体刀具的磨削方法分类采用 DIN 8589 第 11 部分（1984–01）的分类法，按照工件形状（序号第 4 位），砂轮相对于工件的位置（序号第 5 和第 6 位），以及进给运动（序号第 7 位）进行划分。

序号第 4 位			序号第 6 位	
...1	...2	...3	1	2
端面磨削	外圆磨削	螺纹磨削	圆周磨削	侧面磨削
...4	...5	...6		
分度滚磨	成型磨削	仿形磨削	序号第 7 位	

序号第 6 位

......1　　......2
圆周磨削　侧面磨削

序号第 7 位

......1　　......2　　......3
纵向磨削　横向磨削　斜面磨削

序号第 5 位

...1　　...2
外圆磨削　内圆磨削

......4　　　......5　　　......6
自由形状磨削　仿形磨削　　动态仿形磨削

......7　　　......8　　　......9
数控仿形磨削　连续分度滚磨　非连续分度滚磨

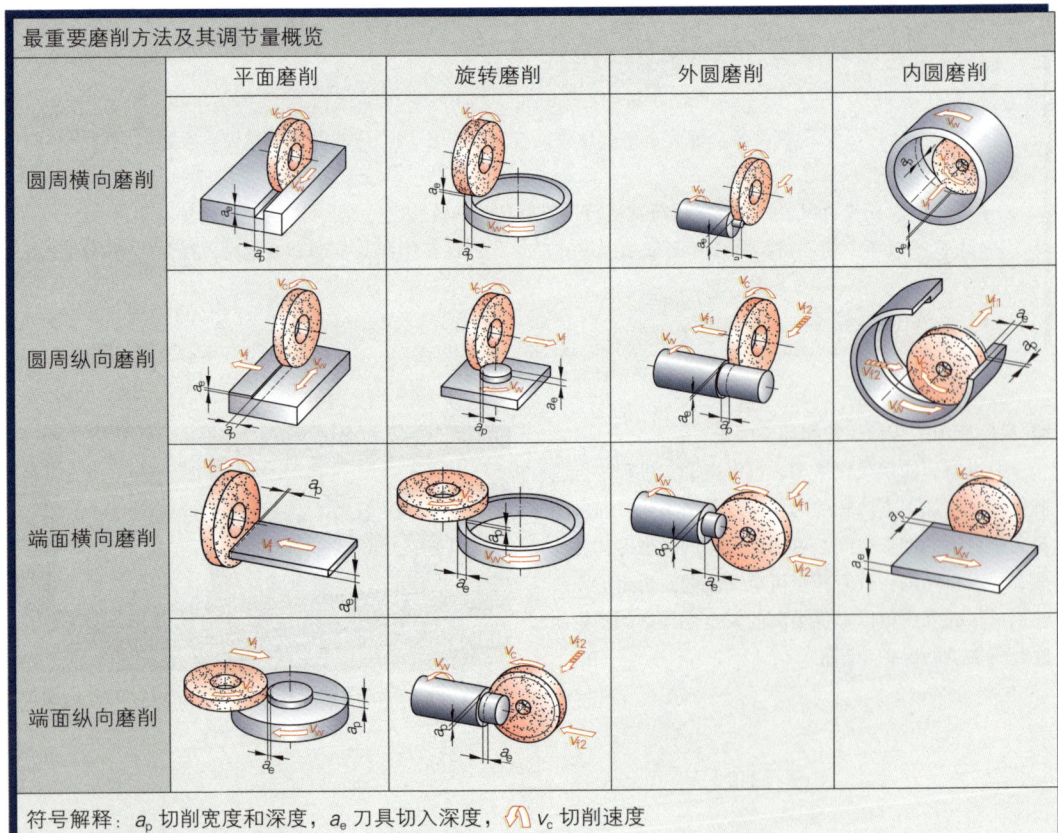

最重要磨削方法及其调节量概览

	平面磨削	旋转磨削	外圆磨削	内圆磨削
圆周横向磨削				
圆周纵向磨削				
端面横向磨削				
端面纵向磨削				

符号解释：a_p 切削宽度和深度，a_e 刀具切入深度，v_c 切削速度
v_w 工件速度，连续磨削，非连续磨削，v_f 进给速度

5.5.5 切削过程和切削量

■ **切削刃几何形状**

切削刃形状 磨削方法归类到名为采用非确定几何形状切削刃切削（DIN 8580）的加工方法组，从中可得出如下结论：

> 磨削刀具的切削刃数量，切削楔几何形状和切削刃与工件切削面的相对位置等均是不确定的！

磨削过程有利的切削刃形状是，磨料粒度与刀尖圆弧半径之间的尺寸比例应满足如下要求：

● 负前角 γ（ -80° ~ -60° ）
● 比例 磨料粒度：刀尖圆弧半径 1/12…1/15。

这些设定数值用于人工和天然磨料。

通过扫描磨具表面，采用统计学方法可求得一个平均切削刃轮廓，磨削时，该轮廓可用于切削楔与已定义的切削刃几何形状和切削刃形状之间的图形对比。优先由后角 α 和负前角 γ 定义切削刃形状（切削楔）（图 1）。

磨损面 A_{VK} 与车刀的切削后面相仿。

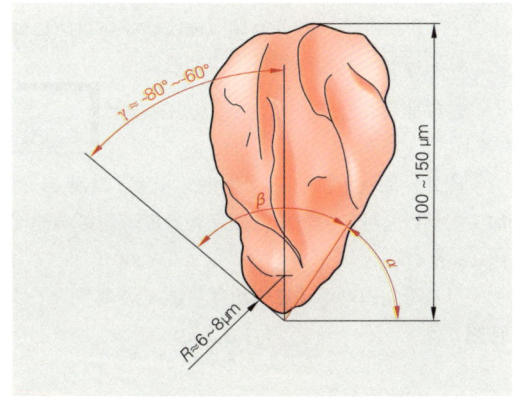

图 1：一个理想磨粒的形状和切削刃几何形状

■ **切削刃切入**

原则上，运动状况、设定值和切削刃形状取决于加工方法指定的切削刃几何形状。

切屑分离的标志是：

● 磨粒与工件表面接触时，工件的弹性形变。
● 随着磨粒切入深度的增加，工件的塑性形变（材料切屑挤压）。
● 剪切面的材料分离（切屑）。
● 侧向和径向同时出现的材料硬化（图 2）。

这些过程数次重叠，最终导致出现连续性切屑分离。

所有磨削方法中均由多刃刀具执行工件材料的分离。单粒之间彼此相连的磨粒，以其各不相同的形状和位置，以及因此而持续变化的与工件的相对角度，形成差异极大的切削过程。

磨削方法中，可以用关于砂轮上各个磨粒的普通切削理论基础知识（后角 α，楔角 β 及负前角 $\gamma \approx -80° \sim -60°$）解释切屑的形成（图 1）。

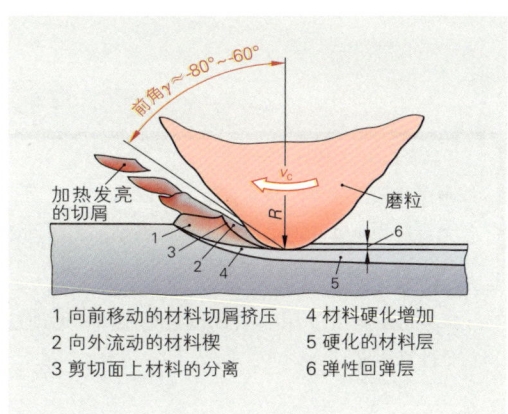

1 向前移动的材料切屑挤压　　4 材料硬化增加
2 向外流动的材料楔　　　　　5 硬化的材料层
3 剪切面上材料的分离　　　　6 弹性回弹层

图 2：切削刃切入

■ 切屑形成

横向进给 a_e 和工件与刀具之间的相对运动以及磨粒间距是产生最小点状切屑的原因（图 1）。

通过连续产生的大量切屑横截面 AEE' 的分离，圆柱体形工件磨削时逐步形成一个多棱形工件横截面。

切削速度 V_c 与工件速度 V_w 之比越大，所形成的多棱形的边角也越多（近似一个理想的圆形）。切削速度 V_c 受到砂轮结构限制。一般采用 DSA（德国砂轮协会）标准和事故防范条例所标注的砂轮盘颜色标记，标明该砂轮所允许的最大切削速度值。

最好通过选择工件速度 V_w 求出速度比（表 1）。

$$q = \frac{V_c}{V_w}$$

此外，磨削方法，磨削类型（粗磨 / 精磨），待加工工件以及砂轮的组织，硬度和力度等均影响速度比 q（表 1）。

可从影响因素中计算得出尽可能无级调节的工件转速 n_w。

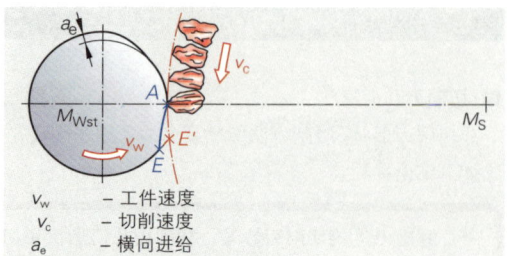

v_w — 工件速度
v_c — 切削速度
a_e — 横向进给
M_{Wst}/M_S — 工件 / 刀具—中心点
AEE' — 已大幅度放大的理论切屑形状图示
A — 磨粒分离切屑的开始
E — 磨粒分离切屑的结束
AE — 工件—实际表面（多棱形）
EE — 相当于每齿进给量 f_z

图 1：磨削切屑的形成

表 1：速度比"q"（传统磨削）

材料	平面磨削		圆形磨削	
	圆周磨削	轮侧磨削	外圆磨削	内圆磨削
钢	80	50	125	80
铸铁	65	40	100	65
铜，铜合金	50	30	80	50
轻金属	30	20	50	30

$$n_w = \frac{D \cdot n_1}{d \cdot q} = (1/min)$$

D 砂轮直径（mm）
n_1 砂轮转速（1/min）
d 工件直径（mm）
q 速度比

实际工作的提示：
- 采用较大速度比值 q 可磨出更好的工件表面。
- 此时切削体积缩小，就是说，磨削加工时间延长。
- 工件 – 刀具的强力接触可能产生烧伤点。

每齿进给量"f_z"由工件每圈进给距离和磨削过程总量计算得出。

$$f_z = \frac{\pi \cdot d}{\pi \cdot q \cdot d/\lambda_{ke}} = \frac{\lambda_{ke}}{q} \ (mm)$$

式中：d 工件直径（mm）
q 速度比
λ_{ke} 磨粒有效间距（mm）

纵向进给"f"视待磨削工件材料和磨削宽度而定，但优先视磨削类型而定。

$f = 1/4 \cdots 1/2$ T(mm) 精磨
$f = 2/3 \cdots 3/4$ T(mm) 粗磨
T= 砂轮宽度（mm）

增加无进给磨光工序 – 修光（无进刀磨削）– 可显著改善工件的尺寸精度和几何形状。

实际加工的修光行程数：
IT5工件　5次修光行程
IT6工件　3次修光行程
IT7工件　2次修光行程

5.5.6 运动，力和磨削效率

主运动和副运动之间的协调是所有切屑分离加工方法的重要特征。主运动，相对于工件材料分离而言，就是砂轮的切削运动和工件运动。

其结果称为有效运动，是一个磨粒的瞬时运动。

副运动是不直接参与工件材料分离的运动：刀具趋近运动，回程运动，横向进给运动和调节运动。

所有砂轮与工件之间的调节运动均要求相对进行。

a_p 表示切削宽度或切削深度，a_e 表示刀具切入以及切入深度。

由于磨粒切削刃几何形状各不相同，确定磨削中各作用力的数值非常复杂。与其他切屑分离加工方法相比，磨削加工的各种力相对较小，为此研发出大量经验计算公式。

应加入考虑之列的影响因素均源自各种不同的应用领域。重要的影响因素是工件材料的抗剪切强度，速度比，单位切削力 k_c 和横向进给量 a_e 和 a_p（图1）。

■ 切削力，切削功率和驱动功率的简化计算

如果设单位切削力 k_c 约为 30000 N/mm^2，采用简化计算公式可求出实际使用的切削力数值 F_c。并由此计算出右边列出的各种功率。

这里，砂轮磨损，冷却润滑，砂轮类型和实际待加工的工件材料等已列入 k_c 表内，但一般均忽略不计。借助 F_c 和 V_c 已可计算出切削功率 "P_c"。

通过参考机械效率 η，可计算得出实际驱动功率"P_a"。

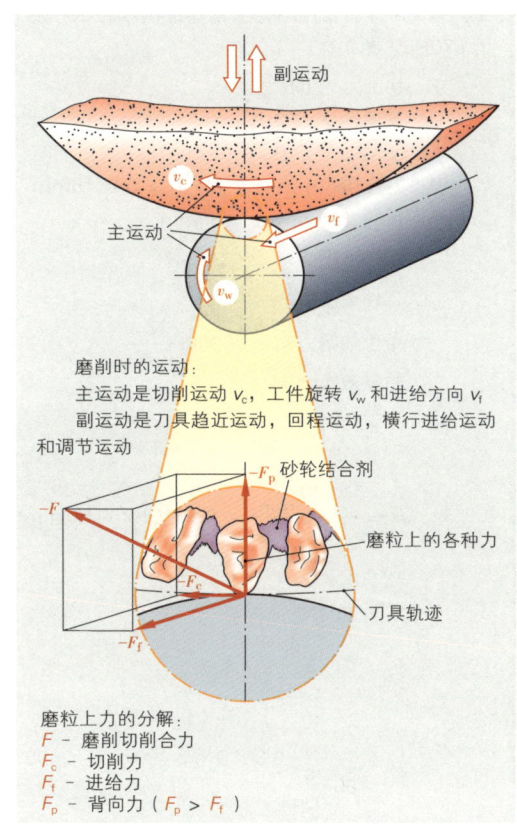

磨削时的运动：
主运动是切削运动 v_c，工件旋转 v_w 和进给方向 v_f
副运动是刀具趋近运动，回程运动，横行进给运动和调节运动

磨粒上力的分解：
F – 磨削切削合力
F_c – 切削力
F_f – 进给力
F_p – 背向力（$F_p > F_f$）

图1：磨削的运动和力

$$F_c = \frac{V_w}{V_c} a_e \cdot a_p \cdot k_c \text{(kN)}$$

v_c – 切削速度（m/s）
v_W – 工件速度（m/min）
a_e – 横向进给（mm）
a_p – 切削宽度（mm）
k_c – 单位切削力（N/mm^2）

$$P_c = F_c \cdot v_c \text{（kw）}$$
$$P_c = v_w \cdot a_e \cdot a_p \cdot K_c \text{（kw）}$$

$$P_a = \frac{P_c}{\eta} \text{（kw）}$$

计算举例：

请计算 5.5.9 节（290 页）磨削加工计划中加工步骤 60 待加工传动轴（切磨磨削部位的粗磨）的 ø70H5（图 1）。

求：切削力 F_c (N)

切削功率 P_c (kW)

驱动功率 P_a (kW)

设：刀具切入（径向进给）$a_{eV} = 0.0016$mm

砂轮宽度 $b_s = a_p = 80$mm

切削速度 $V_c = 45\dfrac{m}{s}$

工件速度 $V_w = 20\dfrac{m}{min}$

单位切削力 $K_c = 30000\dfrac{N}{mm^2}$

机械效率 $\eta = 0.6$

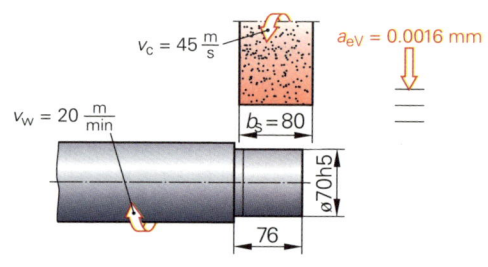

图 1：切磨磨削部位 ø70h5 的粗磨

解：$F_c = \dfrac{V_w}{V_c} a_{ev} \cdot a_p \cdot K_c$

$$F_c = \frac{20\dfrac{m}{min}}{45\dfrac{m}{s} \cdot 60\dfrac{s}{min}} 0.0016\,mm \cdot 80\,mm \cdot 30000\dfrac{N}{mm^2}$$

$$F_c = 28.4N$$

$$P_c = V_w \cdot a_{ev} \cdot a_p \cdot K_c$$

$$P_c = \frac{20\dfrac{m}{min}}{60\dfrac{s}{min}} 0.0016\,mm \cdot 80\,mm \cdot 30000\dfrac{N}{mm^2}$$

$$P_c = 1280\dfrac{Nm}{s} = 1.28kW \qquad P_a = \frac{P_c}{\eta} = \frac{1.28kW}{0.6} \qquad P_a = 2.13kW$$

根据 DIN 323 第 1 部分标准数值主系列 R20，切磨磨削部位粗磨所需驱动功率 P_a=2.24kW。驱动功率 P_a 已足够用于小径向进给量 a_{eF}=0.0008mm 和其他未更动的设定值。

作业：

采用图表手册给定的设定值，驱动功率 2.24kW 可以完成加工任务 50 中 ø77h7 的粗磨和精磨吗？

设：刀具切入（径向进给）$a_{eV} = 0.0057$ mm

砂轮宽度 $b_s = a_p = 80$mm

切削速度 $V_c = 45\dfrac{m}{s}$

工件速度 $V_w = 20\dfrac{m}{min}$

单位切削力 $K_c = 30000\dfrac{N}{mm^2}$

机械效率 η=0.6

如果"不能"完成，必须并如何更动哪些设定值？

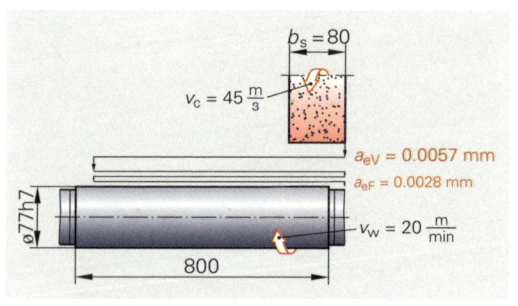

图 2：纵向磨削部位 ø77h7 的粗磨和精磨

5.5.7 切削条件

大多数因刮削代替切削使工件材料分离（前角 γ 不确定），以及相对较高的切削速度 v_c 等因素形成的不利磨削过程，要求磨床具备较大的驱动功率。但是，输入的有效功率最高可达 90% 转化成为热，温度最高可达 1000℃（火花飞溅）。由此对工件和砂轮产生极高的、因加工方法所致的热负荷。

- 尺寸偏差（膨胀 – 工件冷却后的报废危险）。

- 工件应力导致因工件膨胀形成裂纹。

- 烧伤点是温度高达回火温度范围并且作用深度达 0.15mm 的表面印记（图 1）。

- 砂轮黏接结合松动。

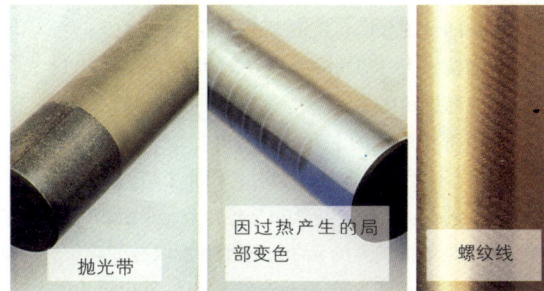

因过热产生的局部变色

抛光带　　螺纹线

图 1：热负荷对工件造成的磨削损伤

通过适宜的切削条件可显著降低磨削对工件和砂轮的负面热影响。

降低热损伤的措施：

- 设定值（小径向进给量 a_e，小速度比 q）。
- 磨具选择（加工任务决定砂轮的选用）。
- 组合使用强力冷却 润滑措施。

■ **冷却润滑**

冷却润滑液可显著降低磨削产生的摩擦热。由于冷却液流持续带走磨削产生的热，工件仅有限升温。与此同时，冷却液流还冲洗清空砂轮的容屑空间。

■ **冷却润滑液的种类和作用**

一种冷却润滑液（概览表）可达到的润滑作用在实际应用中关系重大。

- 冷却液，它由可溶于水的无机物如苏打组成。它在具有中等润滑作用的同时具有极佳的冷却作用。

- 乳浊液，它通过相应的混合比例使油充分混合分布于水中。具有良好的冷却作用，但仅有很小的润滑作用。

- 切削冷却油，它用油与极性环氧树脂混合而成。具有良好的润滑作用，但冷却作用却极小。

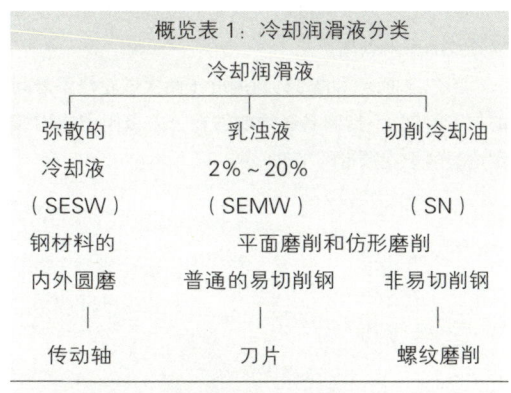

概览表 1：冷却润滑液分类		
冷却润滑液		
弥散的 冷却液 （SESW）	乳浊液 2% ~ 20% （SEMW）	切削冷却油 （SN）
钢材料的 内外圆磨	平面磨削和仿形磨削 普通的易切削钢	非易切削钢
｜	｜	｜
传动轴	刀片	螺纹磨削

加工数据：　液流压力 P_e … 1.5 bar
　　　　　　液流量 Q_k … 4L/min
　　　　　　（每毫米砂轮宽度）

■ 磨削时的刀具磨损

磨料的特性，磨具的结构以及其他外部影响因素均是刀具磨损的重要因素。已定义的磨损形式与磨损因素密切相关，主要以单独或多个叠加的形式出现。

■ 刀具磨损的原因

微观磨损。

磨具的微观磨损与其化学和热耐受性相关。磨料与工件的接触，冷却润滑液和空气的进入等导致出现促使磨粒磨损的化学反应。

随着工作温度的上升，扩散磨损增加。采用金刚石磨粒且工作温度＞800℃时，碳原子从磨料中逸出，扩散进入钢组织，与铁和某些合金元素组成碳化物，它们是磨损增大的元凶。较小磨粒微粒的碎裂，微粒碎裂，主要出现于聚晶磨粒和磨粒负荷较小时（表1）。

表1：磨料的热特性和化学特性

磨料	化学反应	耐热性	导热性
刚玉	无	耐磨削温度	低
碳化硅			高
立方氮化硼	使用冷却水，高于1050℃	大于1200℃开始崩裂	高
金刚石	从800℃开始形成碳化物；从1000℃开始形成二氧化碳	从800℃开始软于立方氮化硼并转变成石墨	非常高

■ 宏观磨损

因切削力 F_c 负荷作用于结合剂和磨具的各个磨粒而产生宏观磨损（图1）。

工件 – 磨具接触区的摩擦首先导致磨粒碎裂，然后才在摩擦值上升时出现整个磨粒崩裂（因温度上升致使结合剂松动）。位于下面现已露出的磨料现在可以承担全部磨削功能（自锐效应）。

磨具宏观磨损的特点如下：

（砂轮）边缘或半径变化。

磨具的径向和轴向的形状偏差（波纹性，轮廓偏差）（图2）。

衡量磨具耐磨强度的尺度是，微观磨损和宏观磨损导致的磨料剥离。

工艺方面定义的刀具耐用度（两次砂轮修整之间的加工时间），指磨具必须能够在公差极限范围内锋利地磨削规定数量的工件。

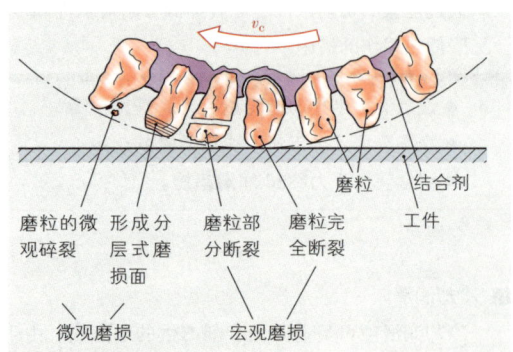

图1：磨粒的微观磨损和宏观磨损

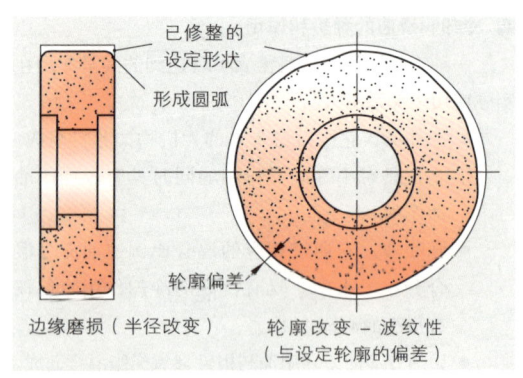

图2：刀具磨损的几何形状

对于应用目的而言，通过应用因任务而异的各种磨削方法，可低成本高效地满足机械制造工业大量零件对质量特征（表面粗糙度，平面度）的要求。

■ 平面磨削 – 加工平面

> 平面磨削方法通过端面磨削和圆周磨削，以工件的直线往复或旋转式进给运动以及刀具持续不断的切削运动，加工出平整的工件表面。

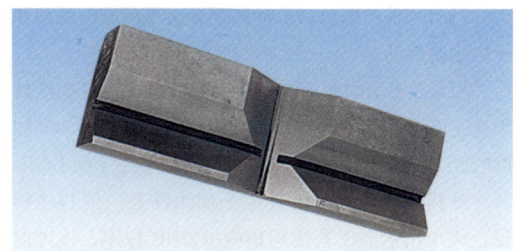

图 1：平面磨削的棱形卡爪

圆周平面磨削。

磨削加工淬火的、端面平行的卡爪时，通过圆周平面磨削可取得良好的加工效果（图 1）。

出于经济原因，圆周磨削宜使用宽大的砂轮。由此而产生的工件与刀具之间的短小接触长度可保证良好的冷却润滑效果，从而将热负荷最小化。

小切深进给值 a_e（mm）和砂轮宽度 b_s（mm）的大横向进给量 f（mm）（20%~50%）均影响到磨削的均匀分布和较小的周边磨损（表 1）。

圆周平面磨削方法时，刀具 – 工件轴线不同的位置可在工件上形成不同的表面结构（磨削痕图）。

圆周平面磨削：平行的表面沟纹方向。

端面平面磨削：弧形的表面沟纹方向。

平面 – 端面圆周磨削：向心的表面沟纹方向（图 2）。

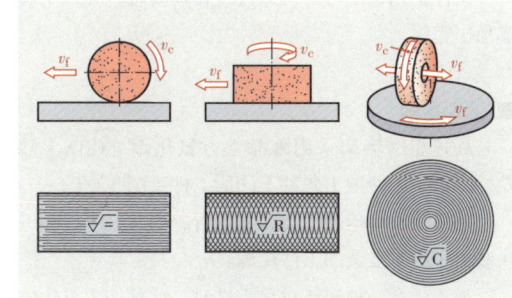

图 2：平面磨削方法的磨痕图

为保证达到磨削质量，包括形状公差、尺寸精度和表面粗糙深度（精磨时，最高达到 ISO 公差等级 4，Rz 值最高达到 0.1 μm），磨床的磨削主轴必须具有极佳的刚性和径向跳动精度。对磨床工作台导轨和运动的高标准要求主要保证修光 i~8 所要求的位置重复精度（图 3）。

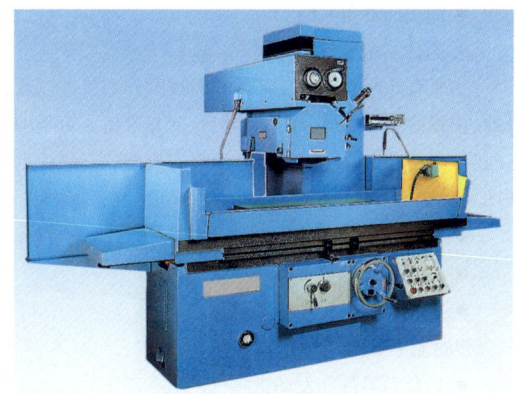

图 3：平面磨床

表 1：使用刚玉 / 碳化硅磨削铁材料的标准值						
磨削方法	加工尺寸 mm	切深进给 a_e mm	Rz μm	粒度	v_c m/s	v_f m/min
粗磨	0.5~0.2	0.1~0.02	10~3	30~46	20~35	20~30
精磨	0.1~0.02	0.05~0.005	5~1	46~80		
最精磨	0.02~0.005	0.008~0.002	1.6~0.1	80~120		

■ 圆形磨削 – 加工回转对称面

> 通过高转速旋转的轮缘砂轮和低转速旋转的工件，圆形磨削加工出回转对称的内表面和外表面。

径向和轴向圆形磨削的区别在于纵向进给运动和径向进给运动。

批量生产磨削加工传动轴（例如汽车零件中磨削加工变速箱传动轴）时，采用砂轮组加工方法，可为外圆磨削提供最好的保证高生产效率的前提条件（图 1）。

外圆磨床可用于各种单个加工任务。但与之相反，纯单用途磨床若使用相应的 CNC 程序，也可以加工全部零件家族的所有零件（图 2）。

工件识别系统可对机床进行自动换装，并调用所需加工程序。

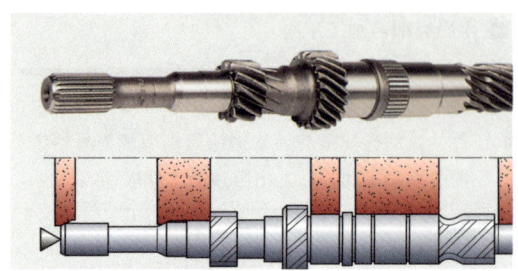

图 1：传动轴外圆磨削时，采用砂轮组实施切磨磨削

■ 圆形磨削

高速粗磨磨床采用聚晶立方氮化硼（CBN）砂轮，适用于柔性加工各种不同的工件（图 3）。

这里的所有运动均由刀具执行，因此，可以在一次装夹中加工复杂的工件轮廓。

加工任意一种回转对称零件时，这种加工方法的典型优点是：

- 简短的准备时间。
- 高持续精度。

在所有外圆磨床上，工件和刀具的外形尺寸以及轴线位置使导致切屑分离的接触长度非常短。对于加工过程而言，由此在设定值方面具有典型的方法优点（图 4）：

- 有利的冷却润滑效果。
- 工件更小的热负荷。
- 砂轮孔隙中更顺畅的容屑功能。

典型的加工举例：

- 传动箱零件和发动机零件。
- 汽车底盘零件。
- 箱体内部形状。
- 液压部件的零件。

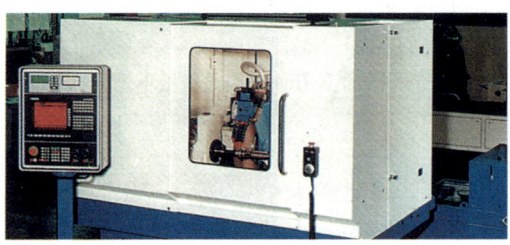

图 2：用于批量生产的 CNC 外圆磨床

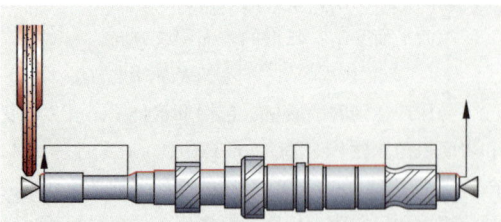

图 3：传动轴纵向仿形磨削，采用聚晶立方氮化硼（CBN）砂轮的高速磨削技术（HSG ：High Speed Grinding —— 高速磨削的英文缩写）

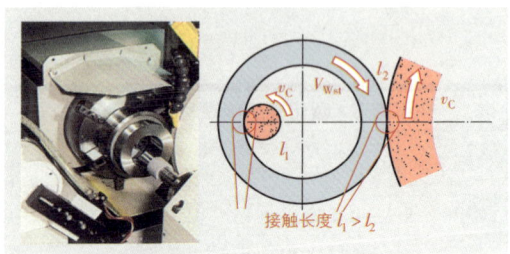

图 4：传动齿轮内外圆磨削时的接触长度

■ **圆形磨削加工举例**

　　制造商向客户交付新磨床时，同时移交符合标准的验收工件（图1）。此外，适用于圆形磨削的条件如下：

所有的磨削面：$Ra < 0.4\mu m$。

径向跳动：$< 2\mu m$（外圆），$< 3\mu m$（内圆）。

圆柱度偏差：$< 2\mu m$（外圆），$< 4\mu m$（内圆）。

■ **纵向外圆磨削**

验收工件的加工顺序	
加工步骤	公差量
①外圆纵向磨削 ø300，L= 300mm	m4
②外圆切磨削 ø330，L= 50mm	f4
③内圆纵向磨削 ø190，L= 150mm	H5
④内圆平面磨削 ø120/190	
⑤内圆锥形纵向磨削 ø190/200 　L= 150mm	按量规

　　工件滑座的纵向进给使工件（ø300）沿着砂轮运行（图2）。

　　直径过渡段的退刀槽和工件端部砂轮空转行程的作用是，保证整个工件长度上工件直径保持恒定。

　　进给量 f 和径向进给量 a_e 均取决于加工状态（粗磨或精磨）。

　　细长轴不可避免的挠曲必须通过随行的工件支架予以纠正。

　　切磨磨削（译注：实际指无纵向运动，仅有切深进给的磨削，因其加工方式与切槽加工相同，故原文使用切磨磨削的说法，下文同）。

　　宽砂轮连续切深进给直至达到最终加工尺寸ø330f4（图3）。

　　首先以 $a_{eV} \approx 1.2\mu m$ 进行粗磨，接着以 $a_{eF} \approx 0.6\mu m$ 进行精磨。

　　砂轮宽度 b_s（最大100mm）大于工件宽度 l，因此可取消纵向进给。

　　从有利于加工技术的角度考虑，大于200mm的长轴应首先分段磨削至最终尺寸，紧接着通过多次无切深进给的纵向行程进行修光磨削。

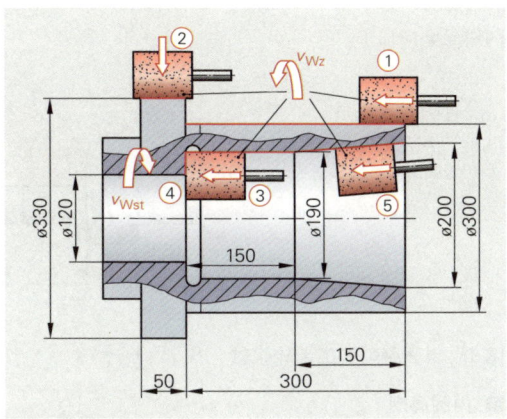

图1：验收工件

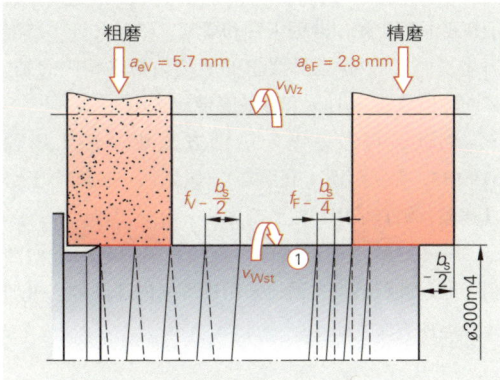

图2：纵向外圆磨削设定值

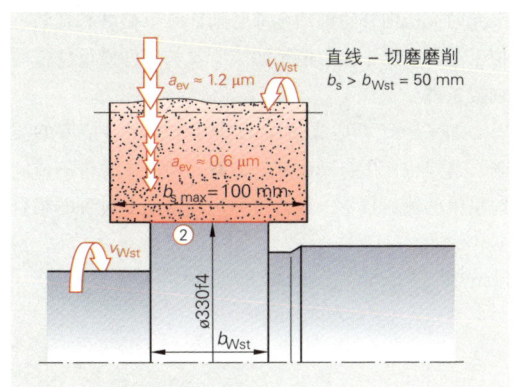

图3：切磨磨削至设定值

斜面磨削（此处指轴面与相邻直角端面的组合磨削－译注）。

为同时加工工件的外轮廓面和端面，将砂轮斜向调节 30°，为规定的加工任务抛光（图 1）。

齿轮泵轴磨削加工过程中使用合适的检测技术，可使加工时间最小化。大砂轮宽度和抛光适用于大范围的斜面磨削加工。

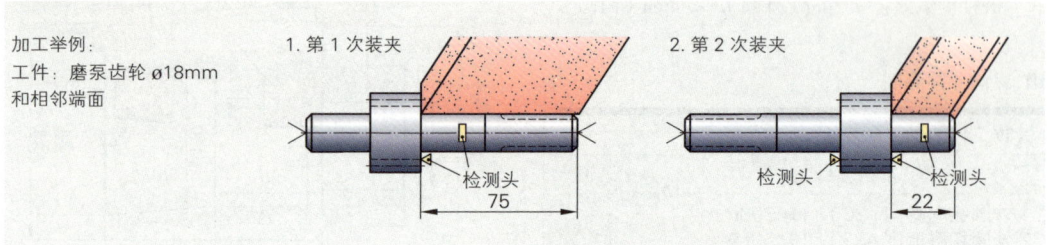

图 1：斜面磨削加工齿轮泵轴

■ 内圆磨削

将加工设定值状态 $øW_{st} > øW_z$ 颠倒过来即可得出内圆磨削加工设定值。刀具直径缩小幅度较大，磨削接触长度更短。薄壁工件和磨削主轴只允许小磨削力（挠曲），以保证所要求的质量。与之相应的是，径向进给值 $a_e < 1μm$ 和砂轮宽度应选小。

因此，可考虑纵向磨削方法用于加工内径 ø190H5（279 页图 1 和图 2）。如果加工长度小于磨具宽度，则宜采用径向磨削方法。

使用砂轮端面可执行小直径差的内表面平面磨削。通过倾斜磨削主轴，采用锥形纵向磨削方法可加工锥形内表面（图 3）。

■ 与工件相关的组合磨削方法

传动齿轮最经济的磨削加工方法是，仅用一次装夹同时完成内外轮廓的全部磨削任务。粗磨和精磨近似于相同的加工设定值是达成所要求工件质量特征的前提条件。

加工单元可达成短加工时间和高尺寸精度的要求。这里也使用自动化解决方案，即机床集中的或同时供给的输送技术，包括粗加工和精加工过程的组合等（图 4）。

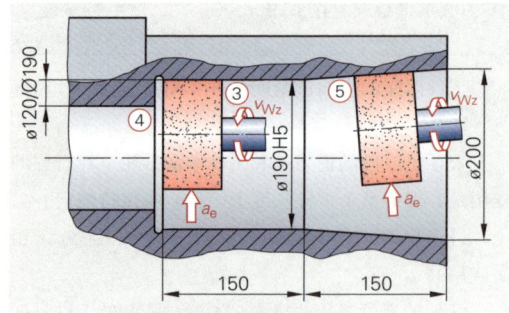

图 2：验收工件的内圆磨削

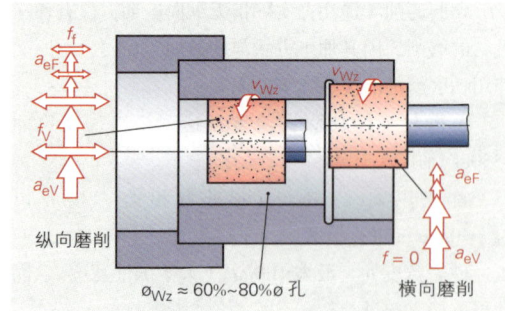

图 3：纵向和横向磨削

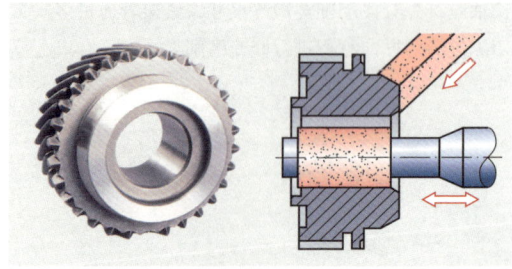

图 4：同时磨削一个传动齿轮

无心磨削。

圆柱销，滚动体和类似的无台阶零件均可以采用无心 – 通磨方法加工。

磨床的几何形状，主要是磨削开口角 γ 的接触特性，是该磨削方法特有的特征（图1）。

较长的斜导轮执行工件进给，并由支承执行工件导向。一个大型轮缘砂轮执行磨削任务。导轮和砂轮的旋转方向相同，并彼此互为比例。

■ CNC 磨削

工件滑座的纵向运动（Z 轴线）与横向滑座的横向进给运动（X 轴线）构成 CNC 轮廓控制系统的两个主轴线（图2）。

它可以加工工件几何形状中大量的回转对称部分。

使用其他辅助轴线和运动可大幅度扩大加工范围。

通过辅助轴线的回转（B 轴线）可以磨削锥度。装有多个磨削主轴的回转磨削头可以实现一次装夹的多次加工，从而达到内外磨削的高精度磨削质量。

■ 磨削循环和调节程序

（1）轮廓控制的砂轮盘轮廓成型。

（2）采集工件位置。

（3）检测头校准。

（4）采集工件轴向检测位置。

（5）切磨磨削，用可编程进给量 $f_1...f_4$ 进行粗磨，精磨和精细磨。

（6）多重切磨磨削，用可编程进给量 $f_1...f_3$ 进行多重切磨磨削，接着进行纵向磨削。

（7）用三个可编程进给量 $f_1...f_3$ 进行纵向磨削。

（8）用三个可编程进给量 $f_1...f_3$ 进行端面磨削，磨削加工尺寸或最终尺寸位置均可编程。

（9）锥形纵向磨削 – 与纵向磨削相同。

（10）锥形 – 多重 – 切磨磨削 – 与多重切磨磨削相同。

（11）用两个可编程进给量磨圆弧，可采用固体声控刀具防撞装置。

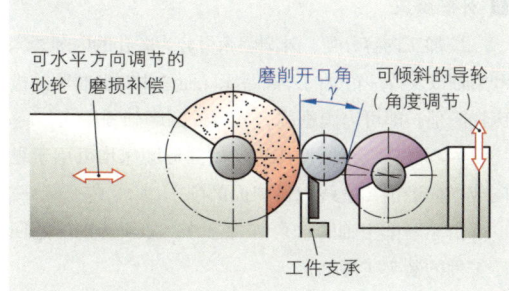

图1：无心磨削原理

$$n_R \sim n_{Wst} < n_S$$

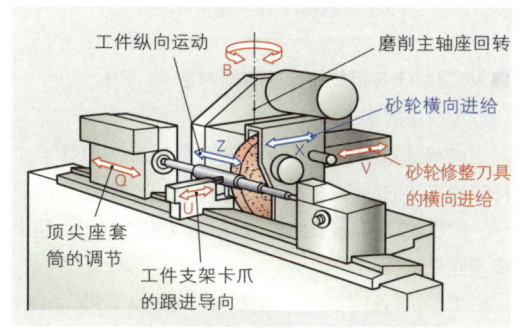

图2：CNC 外圆磨床的轴线和磨削运动

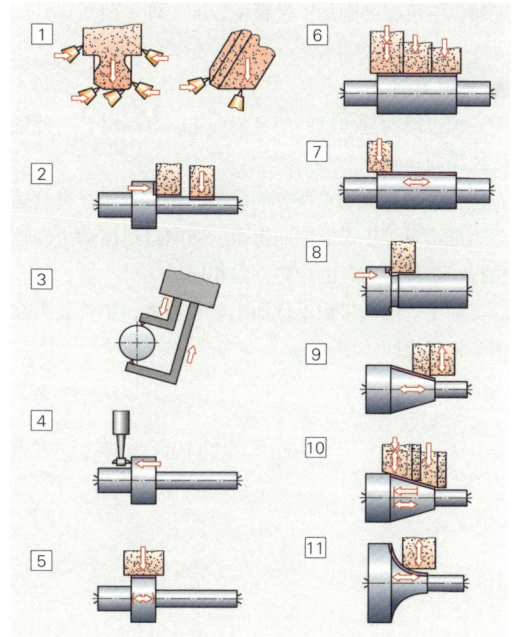

图3：NC 磨削循环和调节程序

■ **外圆磨床**

按加工内容分类，外圆磨床可分为磨孔的内圆磨床和磨轴以及特种轮廓的外圆磨床。而通用圆形磨床的机床特征是，即可内圆磨削，亦可外圆磨削（图1）。

内圆磨床，外圆磨床和通用圆形磨床均可用于纵向或横向磨削（直线以及斜面磨削）。

由于磨削主轴的水平切削合力，必须特别注意回转工件的装夹（图2）。

● 短工件（$ø_{Wst} > l_{Wst}$）用弹簧卡头或卡盘"活动"装夹。

● 长工件（$ø_{Wst} < l_{Wst}$）为避免挠曲必须在两个顶尖之间使用随行工件支架。

■ **与磨削任务相关的特殊磨削方法**

展成法磨削。

展成法磨削是工件表面的磨削加工，刀具－工件按展成法的啮合关系相对运动，完成齿廓的磨削。

这里的横向进给运动，进给运动和切削运动均由成型砂轮执行。

工件执行钟摆运动。精磨时，主动齿轮作为工件的转向机构装夹在一个三倍滚齿分度装置内并校准。圆形回转工作台直径最大达1600mm，带有两个装夹工装，它可在磨削加工过程中装卸工件（图3）。

■ **螺纹磨削**

螺纹磨削是螺纹面的磨削加工，磨削时，工件做持续纵向运动。

工件和完成加工任务的成型砂轮进行相互进给运动。进给量等于需磨削的螺距。横向进给运动由砂轮执行。工件与刀具的旋转方向相同。

加工螺纹面采取单件加工装夹方式，工件装夹在两个顶尖之间（图4）。

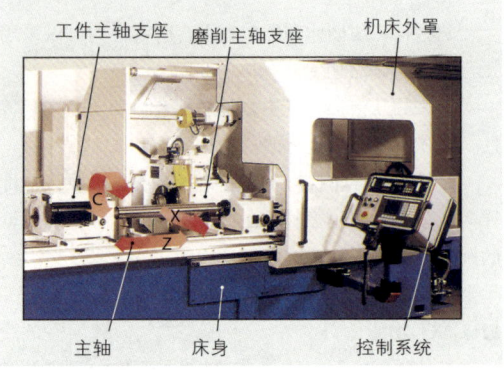

图1：外圆磨床

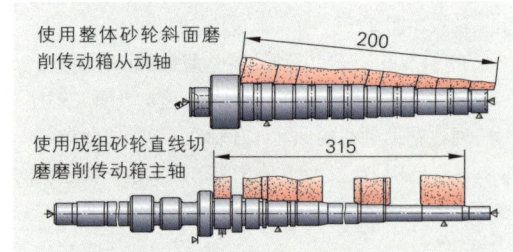

图2：加工举例

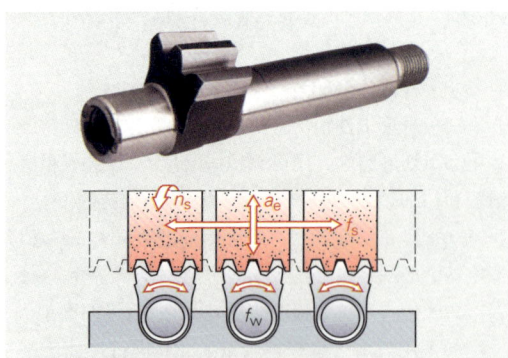

图3：分度滚磨转向机构主动齿轮

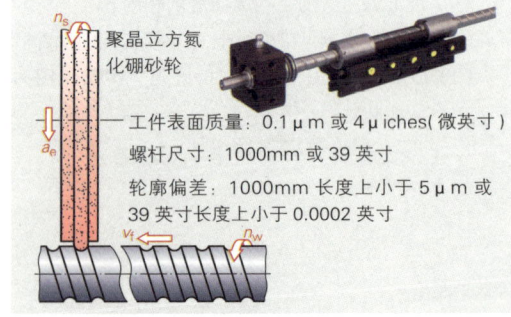

图4：滚珠螺杆的螺纹磨削

■ 深磨

通过砂轮一次切深进给即加工出大幅度轮廓变化的工件轮廓，这种磨削方法称为深磨。

首先，由一个金刚石修整轮按照加工任务对砂轮进行修整。然后一次切深进给即磨削至最终深度，接着，以比其他磨削方法相对更小的进给速度（速度范围 $v_f = 20{\sim}100$ mm/min）在一个加工循环中完成磨削。

高压输送足量冷却润滑液阻止工件温升，并冲洗磨屑，防止其划伤已成型的轮廓面（图 1）。

该磨削方法的典型特征是大切削体积和高磨削质量。

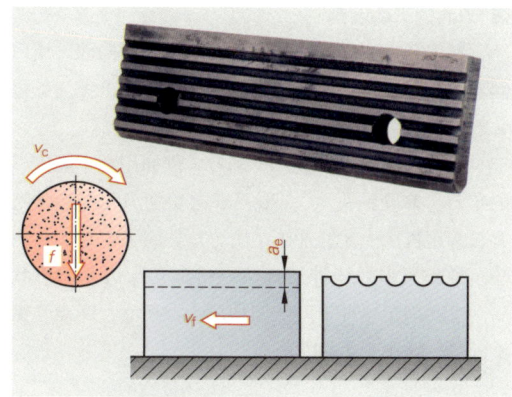

图 1：深磨的磨削原理

■ 成型磨削

通过直接传输刀具轮廓（例如切磨磨削），或通过砂轮与工件之间的运动组合形成复杂的工件形状，这种磨削加工方法称为成型磨削。

■ 切槽加工方法中的成型磨削

横向进给运动将成型砂轮切入已预加工的工件。切削运动和工件进给运动共同完成加工过程（图 2）。

■ 不规则横截面的成型磨削

成型砂轮的特殊形状已应用到现代刀具制造业。

首先，使待加工冲头横截面的不规则形状分段显现于磨床投影屏。细节和投影放大保证高图像精度。除主运动（切削运动）之外，砂轮还附带进行长约80mm 的行程运动。

滑座的横向进给运动使未成型砂轮沿冲头运动。磨削头直接执行该运动。滑座在单件加工时由手轮手动操作。

配有 CNC 控制系统的成型磨床主要用于重复件加工和系列生产（图 3）。

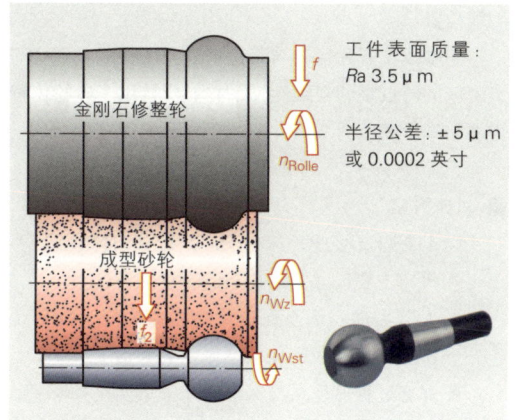

图 2：转向球的成型磨削

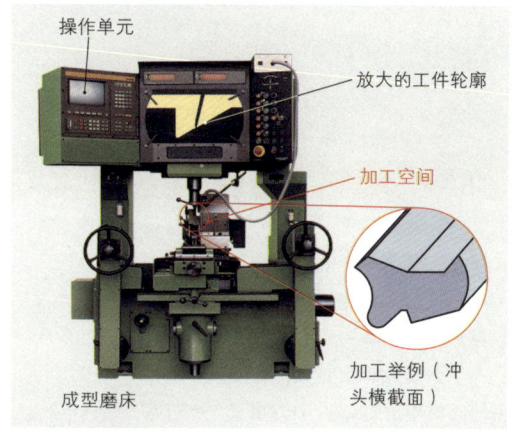

图 3：成型磨床

■ 刀具的刃磨磨削

在刀具上磨削加工指定的几何平面和凸面，用以制造或重复制造指定的切削刃几何形状，这种加工包含着差异极大的各种磨削方法。

刃磨磨削中除少数几个例外（例如用于车间生产的车刀，麻花钻头），一般要求的切削刃几何形状唯有在专用机床上才能加工（图1）。

种类繁多的各种刀具（规格，切削刃几何形状等）可磨削出各种不同的面和形状：平面，凹面，螺旋面等，均小于1mm²。

■ 刃磨磨削的坐标轴系

工件与刀具之间的有效面表明刃磨磨削时不同的轴线位置。

主轴线位置和运动与其他磨削方法相同。现代刃磨磨床的特点是两根柔性轴，它们代替用于砂轮位置重调的副滑座（图2）。

■ 机床方案

设计最现代化刃磨磨床时，应重视下列细节（图3）。

● 机床主要尺寸（罩壳）的全集成设计。
● 人造大理石床身保证主轴线直线度（比传统机床床身的稳定性和减振性大8倍）
● 静态过程监视系统保证尺寸采集误差补偿。
● 装备一个电话调制解调器，实现运行故障的远程诊断。

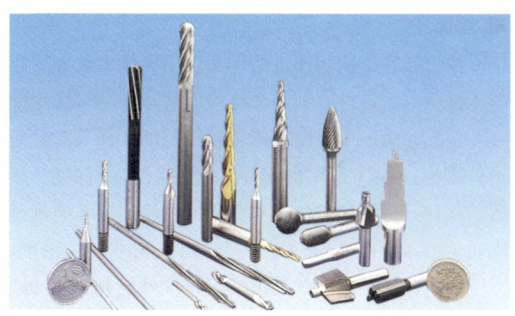

图1：已刃磨的刀具

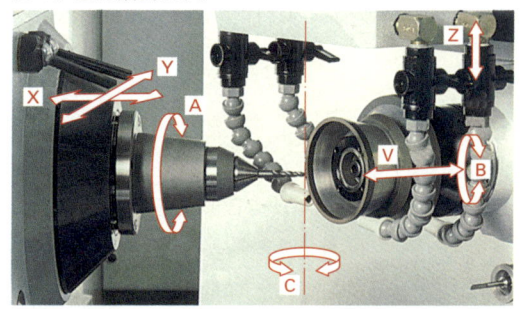

图2：刃磨磨削的7轴坐标系

图3：生产磨床加工高速切削钢／硬质合金刀具

作业：

1. 加工方法"磨削"的一般性定义是什么？

2. 请列举影响磨削结果的最重要因素。

3. 什么是磨料？请列举最重要的磨料种类及其实际应用举例。

4. 请定义磨粒名称：D 60，A16。

5. 根据 DIN 6910 对磨具应有哪些说明标记？

6. 砂轮硬度与工件硬度之间有何关系？

7. 如何对磨具进行声音检测？

8. 如何对砂轮进行静态和动态平衡？

9. 砂轮修整的内容是什么？

10. q 比例指什么？

11. 请列举用于磨削的最重要冷却润滑液？

12. 冷却润滑的作用是什么？

13. 请列举可能出现的磨削缺陷的特点。

14. 圆周磨削与端面磨削之间的方法差别是什么？

15. 请编制磨削加工尾座顶尖的加工计划。

5.5.9 磨削加工计划

实际工作中，有效改善通过其他加工方法预加工工件表面质量和形状精度的最常用方法就是磨削。

最重要的磨削方法有：外圆磨削，内圆磨削和平面磨削，以及这些磨削方法的改型（270 页）。一般而言，按照磨削刀具运动和工件运动特点来区分不同的磨削方法（图 1，图 2，图 3）。编制加工计划以求最佳加工结果时，需注意这些典型特征。

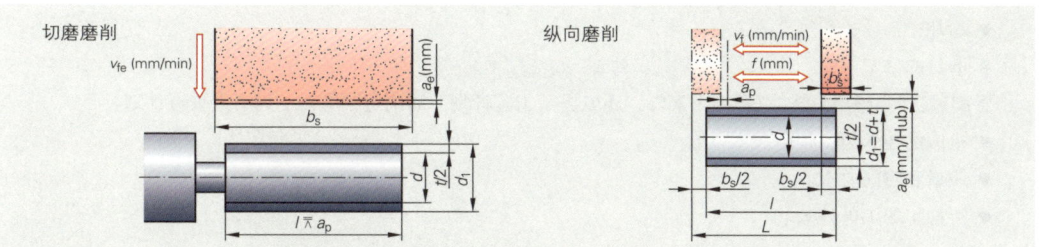

图 1：影响外圆磨削（切磨磨削和纵向磨削）的因素

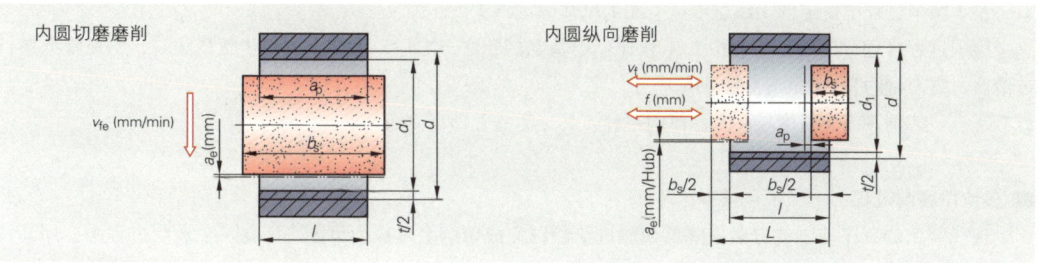

图 2：影响内圆磨削的因素

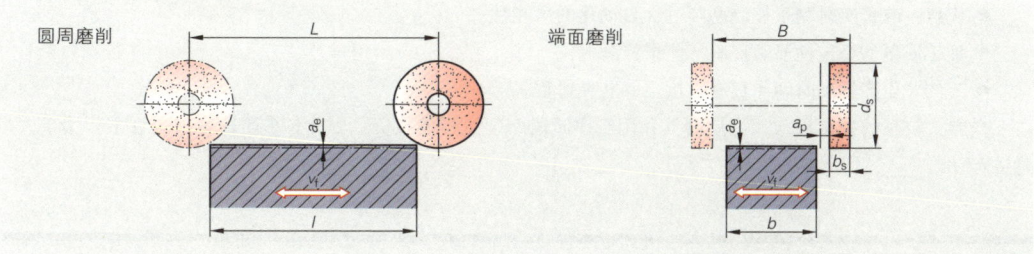

图 3：影响平面磨削的因素

工件几何形状和切削数据的缩写符号：

b_s – 砂轮宽度（mm）

B – 磨削宽度（平面磨削）+ 砂轮趋近行程和空转行程的余量（mm），（mm/ 行程）

d_s – 砂轮直径（mm）

i – 切削次数（÷）

f – 横向进给量（mm/ 行程）
– 每圈进给量（mm）

v_{fe} – 横向进给速度（mm/min）

v_f – 进给速度（mm/min）

a_p – 切削宽度或深度（mm/ 行程）

a_e – 切磨磨削（mm）或纵向磨削（mm/ 行程）时的切深进给

l,b – 工件长度，宽度（mm）

L – 磨削长度，磨削宽度 = 工件长度或工件宽度 + 砂轮趋近行程和空转行程的余量（mm）

d_1 – 工件初始直径（mm）

d – 工件最终直径（mm）

t – 磨削余量，加工尺寸（mm）

■ **计算基础**

下述计算源自各种不同磨削方法（272 页）的影响因素。这些影响因素如下：

- 切削条件（v_c, a_e, f 等）
- 装夹类型（工件刚性）。
- 工件材料与刀具之间的相互作用。
- 质量要求。
- 机床参数和装备。
- 冷却。
- 磨具的修整。

磨削过程的计算除需注意影响因素外，还取决于工艺计划。磨削过程应按下列要素进行计划：

- 机床的技术装备程度。
- 质量和时间要求。
- 待加工的工件件数。

■ **简单的磨削过程**

整个磨削过程中恒定的切深进给量（加工尺寸恒定减少）。

磨削过程合理分配为粗磨和精磨 – 快速但不精确的粗磨，之后，第 2 个加工步骤精磨时，明显降低横行进给值，进刀量约为 0.05mm（参考值）。

优点：特别在表面精度较高时，使用一种刀具（磨具）即可完成精磨。

■ **多阶段磨削过程**

现代磨床的程序控制使分阶段降低切深进给量以完成留磨余量成为可能。即在一个磨削过程中，用高切削功率尽可能长地分配留磨余量，目的是通过改善切削条件（切深进给，转速，通过进刀回弹补偿挠曲变形），进一步保证尺寸和形状精度以及表面质量。

- 优点：改善实时测量控制磨削过程自动化的可能性。
- 加工质量的稳定性显著提高（测量控制）。
- 节约非生产辅助时间（仅有一次工件装夹过程）。

缺点：较高的技术投入，专用磨具和用于多阶段磨削过程的投资。因此，多阶段磨削过程主要用于大批量生产。

表 1：磨削过程计算标准值（外圆磨削）			
砂轮圆周速度 v_c(m/s) 与加工任务有关	工件圆周速度 v_w(m/min)		速度比 q $q = \dfrac{v_s}{v_w}$
	不易弯曲 零件	易弯曲 零件	
35 薄壁零件，热负荷敏感材料	20	15	105~104
45 标准任务，软质和硬质钢	30	20	90~135
60 磨耗功率高和工件材料加工尺寸大	20~30	–	120~180
15…20 硬质合金，陶瓷（用金刚石砂轮）	35~40	35~40	25~35
25…35 内圆磨削，软质和硬质钢	22~28	22~28	65~75

进给量"f"（mm）

进给量的影响因素；

- 磨削长度"L"
- 工件直径"d"
- 砂轮宽度"b"

工件进给量的实际参考值： $f = 0.5 \cdot b_s$

考虑到较短磨削行程时磨床工作台加速度和回转点延迟等因素，无法达到纵向进给 $f = 0.5 \cdot b_s$。工件直径

表 1：进给量"f"的标准值

磨削长度 L	外圆磨削进给量"f"，单位：mm 工件直径"d"，单位：mm，$b_s = 100$mm		
mm	< 30	> 30~50	> 50
150	13	23	39
200	16	25	41
250	18	27	43
300	21	30	44
400	26	34	46
500	30	38	47
600	–	42	49
700	–	45	50
800	–	–	50

求算切深进给量"a_e"（μm）。

切深进给量的影响因素：

- 工件稳定性。
- 磨削过程（粗磨或精磨）。
- 砂轮宽度。

切深进给量给定的表值适用于非淬火和淬火结构钢以及工具钢，最高硬度达 62 HRC，表值中已含根据所需质量而要求的修光行程。

修光行程次数：IT 7 = 2 次修光行程

IT 5 = 5 次修光行程

可根据工件形状，将稳定性作为特性数值求算。实际工作中，由于时间原因均简单地采用经验数值。稳定性特性值不适用于"活动装夹"（表 2）。

稳定性特性值 SK： $SK = \dfrac{\text{平均直径}}{\text{至最近装夹点的距离}}$

表 2：切深进给量"a_e"标准值

SK	求算切深进给量"a_e"，单位：μm									
	纵向磨削				切磨磨削					
	粗磨 IT 7 砂轮宽度 b_s，单位：mm		精磨 IT 5		粗磨 IT 7 有效砂轮宽度 b_s，单位：mm			精磨 IT 5		
	30~60	80~100	30~60	80~100	30	60	100	30	60	100
0.20	8.6	5.7	4.2	2.8	3.0	2.0	1.2	1.5	1.0	0.2
0.25	9.0	6.0	4.7	3.1	3.2	2.2	1.5	1.8	1.3	0.9
0.30	9.3	6.2	5.1	3.4	3.4	2.5	1.7	2.2	1.6	1.2
0.35	9.5	6.4	5.4	3.6	3.6	2.7	2.0	2.4	1.8	1.5
0,40	9.9	6.6	5.6	3.7	3.8	2.8	2.2	2.5	2.1	1.7
0.45	10.0	6.7	5.7	3.8	3.9	3.1	2.4	2.7	2.3	1.8
0.50	10.2	6.8	5.8	3.9	4.1	3.3	2.5	2.8	2.4	2.0
0.55	10.2	6.8	5.8	3.9	4.2	3.4	2.7	2.9	2.5	2.2
0.60	10.2	6.8	6.0	4.0	4.3	3.5	2.9	3.0	2.6	2.3
0.65	10.4	6.9	6.0	4.0	4.3	3.6	3.0	3.1	2.7	2.3
0.70	10.5	7.0	6.0	4.0	4.4	3.7	3.2	3.2	2.8	2.4
0.75	10.5	7.0	6.0	4.0	4.5	3.8	3.3	3.2	2.8	2.5
0.80	10.5	7.0	6.0	4.0	4.5	3.9	3.3	3.3	2.9	2.6

计算举例：

传动轴外圆磨削（图1），磨削部位 ø77h7（纵向磨削）和 ø70h5（切磨磨削）。根据其磨削特点，为该加工任务制定加工计划。采用表格形式汇总已确定和求取的切削数值，磨削方法示意图和说明。材料：C60（1.0601），已淬火。磨削余量 $t=0.25$mm。

用纵向磨削和切磨磨削方法加工该轴，将全部磨削过程合理分配为粗磨和精磨。

■ **磨削加工步骤**

10 选择并装夹磨具　　　　　40 装夹工件并设定工件转速 n_w(1/min)

20 设定转速 n_s(1/min)　　　50 纵向磨削：– 粗磨

30 修整磨具 – 精磨　　　　　60 切磨磨削：– 粗磨

　　　　　　　　　　　　　　　　　　　　　– 精磨

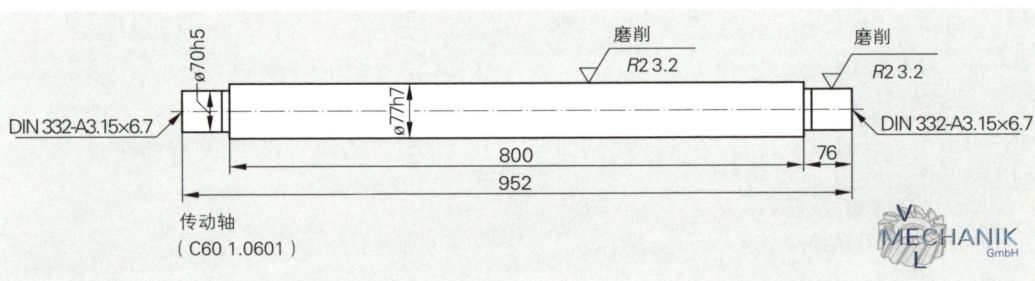

图1：传动轴

■ **加工步骤 10**

求：磨具　　　解：DIN 69120 –1A– 630 × 80 × 305 – A70 Jot 5 V – 35

　　　　　　　（参见图表手册）

■ **加工步骤 20**

求：砂轮转速 n_s(1/min)　　　　　解：查表：$v_s = 45$ m/s

设：摘选 v_s 表

砂轮圆周速度（m/s）

$$n_s = \frac{v_s}{\pi \cdot d} = \frac{1000 \frac{mm}{m} \cdot 60 \frac{s}{min} \cdot 45 \frac{m}{s}}{\pi \cdot 630 \text{ mm}} = 1365 \frac{1}{min}$$

砂轮圆周速度v_s（m/s），与加工任务相关

35 薄壁零件，热负荷敏感材料

45 标准任务，硬质和软质钢

60 磨耗功率高和工件材料加工尺寸大

15～20 硬质合金，陶瓷（用金刚石砂轮）

25~35 内圆磨削，软质和硬质钢

加工步骤30：修整磨具（图2）。　　　**图2：修整过程**

■ 加工步骤 40

求：工件转速 n_w(1/min)

设：摘选 v_w 表
（工件圆周速度 m/min）

工件圆周速度 $v_w\left(\dfrac{m}{min}\right)$	
不易弯曲 零件	易弯曲 零件
20	15
30	20
20~30	
35~40	35~40
22~28	22~28

解：查表： $v_w = 20\dfrac{m}{min}$

$$n_{w1} = \frac{v_w}{\pi \cdot d_1} = \frac{1000\dfrac{mm}{min} \cdot \dfrac{m}{min}}{\pi \cdot 77\,mm}$$

$$n_{w1} = 83\,\frac{1}{min}$$

$$n_{w2} = \frac{v_w}{\pi \cdot d_2} = \frac{1000\dfrac{mm}{min} \cdot 20\dfrac{m}{min}}{\pi \cdot 70\,mm}$$

$$n_{w2} = 91\,\frac{1}{min}$$

■ 加工步骤 50（纵向磨削部位）

设：工件直径 $d_w = 77$ mm，砂轮宽度 $b_s = 80$ mm，磨削余量 $t = 0.25$ mm，磨削长度 $L = 800$ mm（磨具两侧留空40mm），工件转速 $n_{w1} = 83$ 1/min，查表取值：切深进给量 a_e(μm) 和进给量 f 以及工件横向进给量 f(mm) 的计算公式，SK = 0.20

1. 粗磨（图1）

求：磨削余量 t_v(mm)，切深进给量 a_{eV}(mm)，进给量 f_V(mm)

设：摘选 a_e 表（切深进给标准值，单位：μm）

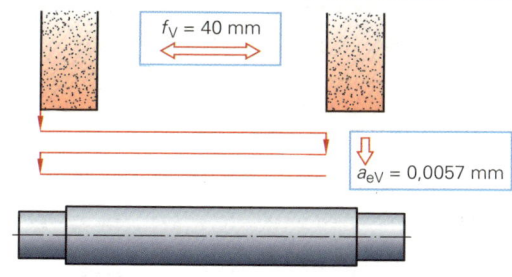

图1：粗磨磨削原理

纵向磨削				
SK	粗磨 IT 7 砂轮宽度 b_s		精磨 IT 5 单位：mm	
	30~60	30~60	30~60	30~60
0.20	8.6	5.7	4.2	2.8
0.25	9.0	6.0	4.7	3.1
0.30	9.3	6.2	5.1	3.4

解：粗磨余量 t_v： $t_v = t - 0.05$mm

（留磨余量为0.05mm）

$t_v = 0.25$ mm $- 0.05$mm

$t_v = 0.20$mm

设： a_e 查表，切深进给： $a_{eV} = 0.0057$mm(见表)

进给量： $f_V = 0.5 \cdot b_s$

$f_V = 0.5 \cdot 80$mm

解： $f_V = 40$ mm

精磨余量： $t_F = 0.05$ mm

切深进给： $a_{eF} = 0.0028$ mm (见表)

进给量 t_F： $t_F = 20$ mm

(实际经验值)

2. 精磨（图2）

求：磨削余量 t_F(mm)，切深进给量 a_{eF}(mm)，进给量 f_F(mm)

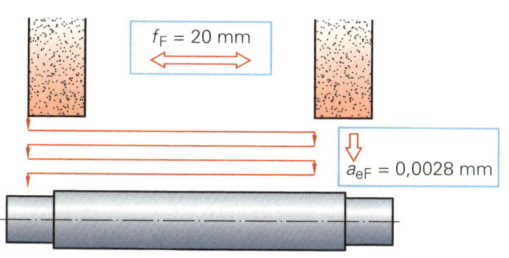

图2：精磨磨削原理

■ 加工步骤 60（切槽位置）

设：工件直径 d_w = 700 mm，砂轮宽度 b_s = 80 mm，磨削余量 t = 0.25 mm，工件长度 l = 76 mm，工件转速 n_{w2} = 91 1/min, SK = 0.20– 已定

1. 粗磨（图 1）：

设：摘选 a_e 表（切深进给标准值）

求：磨削余量 t_F(mm), 切深进给量 a_{eV}(μm)

解：

a_{eF} = 0,0008 mm
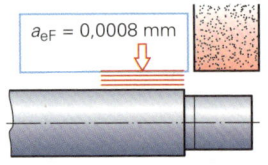

图 1：粗磨磨削原理

	纵向磨削					
SK	粗磨 IT 7 砂轮宽度 b_s, 单位：mm			精磨 IT 5		
	30	60	100	30	60	100
0.20	3.0	2.0	1.2	1.5	1.0	0.6
0.25	3.2	2.2	1.5	1.8	1.3	0.9
0.30	3.4	2.5	1.7	2.2	1.6	1.2
	3.6	2.7	2.0	2.4	1.8	1.5

粗磨余量　　t_v: t_v = t − 0.05mm（留磨余量为 0.05mm）

$$t_v = 0.25\ mm − 0.05mm$$

$$t_v = 0.20mm$$

切深进给：　　a_{eV} = 0.0016mm（见表）

平均值 b_s 60/100 = 80 mm（参见 SK 20 栏）

2. 精磨（图 2）

求：磨削余量 t_F(mm), 切深进给量 a_{eF}(μm)，进给量 f_F(mm)

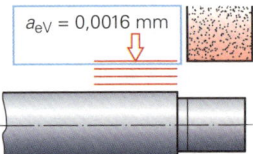
a_{eV} = 0,0016 mm

精磨余量：t_F = 0.05 mm（留磨余量为 0.05mm）

切深进给：a_{eF} = 0.0008 mm（见表）

平均值 b_s 60/100 = 80 mm（参见 SK 20 栏）

图 2：精磨磨削原理

结果汇总：						
加工步骤	方法示意图	刀具	n_s/n_w f_F (1/min)	表值和设定值		
				t_v/t_F (mm)	a_{eV}/a_{eF} (mm)	$f_v/$ (mm)
10 选择和装夹磨具 20 设定转速 n_s 30 修整磨具		DIN 69120–1A–630 × 80 × 305– A70Jot5V–35	1365			
40 装夹工件 设定转速 n_w			83/91			
50 纵向磨削 粗磨和精磨				0.20 0.05	0.0057 0.0028	40 20
60 切磨磨削 粗磨和精磨				0.20 0.05	0.0016 0.0008	

计算举例：

根据手中现有工艺流程编制图示工件的加工计划。请从所给表格并通过计算求取所有要求的设定值。最后以表格形式汇总磨削方法示意图，刀具，以及表值和设定值。

求：磨削方法示意图，刀具，表值和设定值 n_s，n_w，t_V，t_F，a_{eV}，a_{eF}，f_V，f_F

1. 传动轴：按给定的工艺流程磨削加工（图1）。

（1）磨具的轮廓修整 – 外径，斜锥面，左端面 – 圆弧3mm，右端面。

（2）测量工件的轴线位置（端面），用于计算Z轴上的位置。

（3）切磨磨削（测量控制）ø55h5。

（4）切磨磨削（程序控制）ø80h6。

（5）磨削斜锥面（轮廓控制）。

（6）端面磨削。

（7）多重切磨磨削（测量控制）ø50g6。

（8）切磨磨削（测量控制）ø30h6。

（9）圆弧磨削（轮廓控制）。

设：工件材料E335，要求的表面粗糙度 $Rz = 3.2$ μm，端面磨削余量 $t=0.1$mm，工件直径磨削余量 $t=0.03$mm

2. 工件轴（图2）：

磨削5个标记位置：ø55±0.004mm，ø60h5，ø62h6，ø65±0.0025mm 和 ø65g6，用切磨磨削（磨止挡块），以及采用内圆磨削方法磨锥孔

莫氏锥度5，内锥1:10。两个锥度均应粗磨和精磨。

设：工件材料：200MnCr5，已淬火，工件直径的 $t=0.3$mm，端面的 $t=0.1$mm，内圆磨的 $t=0.5$mm，要求工件表面粗糙度 $Ra=0.16$μm 以及 1.25μm。

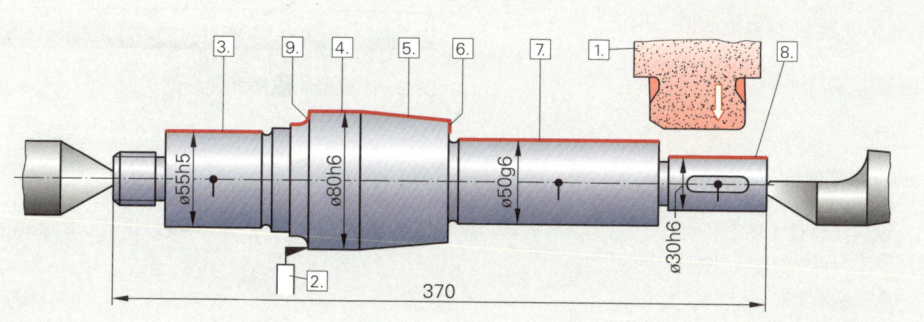

图1：传动轴

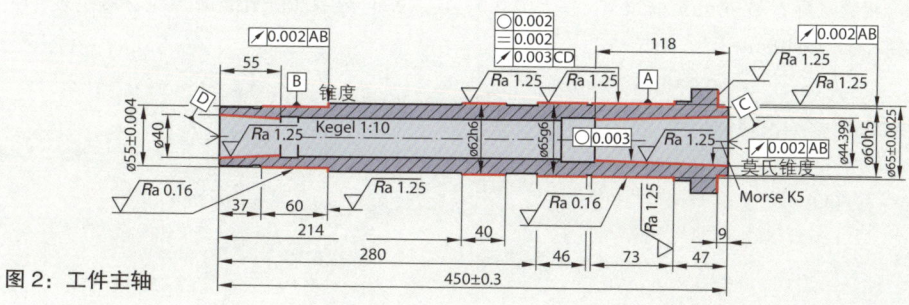

图2：工件主轴

■ 加工计划的计算（磨削）

前文加工计划中列举的加工举例（传动轴 – 图 1）的加工步骤（加工步骤 50/60 纵向磨削和切磨磨削），现将其列为所有其他磨削方法主有效时间 t_h 的计算举例。磨削方法中，纵向磨削和切磨磨削执行这里的轴外圆磨削。磨削过程分为粗磨和精磨。

计算举例：

传动轴（图 2）的外圆磨削分为粗磨和精磨，现计算其主有效时间。

设：ø77h7（纵向磨削部位）和 ø70h5（切磨磨削部位），工件材料 C60，已淬火，磨削余量：t=0.25mm，磨削速度：v_c = 45 m/s，工件速度 v_w = 22 m/min。

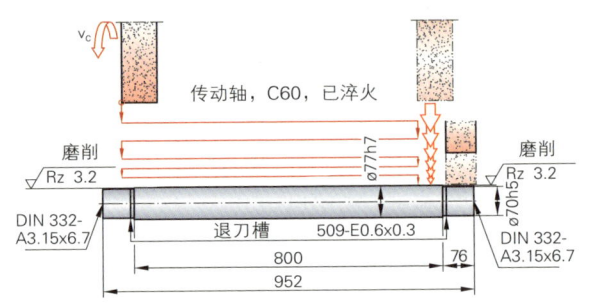

图 1：传动轴

进给长度 L：
$$L = l - \frac{1}{3} \cdot b_s$$

进刀次数 i（外圆磨削）：
$$i = \frac{d_1 - d}{2a} + 8$$

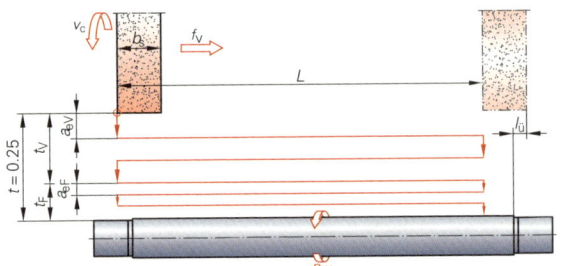

图 2：计算量（纵向外圆磨削）

1. 纵向磨削部位：

设：计算量（图 2）如下：工件直径 d_w=77mm，工件转速 n_w = 91 $\frac{1}{min}$，磨削余量 t=0.25mm/ø，磨具宽度 b_s=80mm，工件长度 l=800mm

求：主有效时间 t_h, t_{hv}, t_{hf} (min)

解：$t_h = \dfrac{t \cdot L}{2 \cdot n_w \cdot a_e \cdot f} = \dfrac{L \cdot i}{n_w \cdot f}$

粗磨：粗磨余量 t_v=0.20mm（标准值 t_v = t−0.05），切深进给 a_{ev}=0.0057mm（参见 290 页表，Sk 0.20），纵向进给 f_v=40mm（$f_v = 0.5 \cdot b_s$）

$$t_{hv} = \frac{t_v \cdot L}{2 \cdot n_w \cdot a_{ev} \cdot f_v} = \frac{0.20\,\text{mm} \cdot 774\,\text{mm}}{2 \cdot 91\,\dfrac{1}{\text{min}} \cdot 0.0057\,\text{mm} \cdot 40\,\text{mm}}$$

$$t_{hv} = 3.73\ \text{min}$$

精磨：精磨余量 $t_f = 0.05$mm，切深进给 $a_{ef} = 0.0028$mm

纵向进给 $f_f = 20$mm

$$t_{hf} = \frac{t_f \cdot L}{2 \cdot n_w \cdot a_{ef} \cdot f_f} = \frac{0{,}05\,\text{mm} \cdot 774\,\text{mm}}{2 \cdot 91\dfrac{1}{\text{min}} \cdot 0.0028\,\text{mm} \cdot 20\,\text{mm}}$$

$$t_{hf} = 3.79\,\text{min}$$

纵向磨削 ø77h7，800mm 长，$t_h = t_{hv} + t_{hf}$，其主有效时间达到

$$t_h = 3.73\,\text{min} + 3.79\,\text{min}$$

$$t_h = 7.52\,\text{min}$$

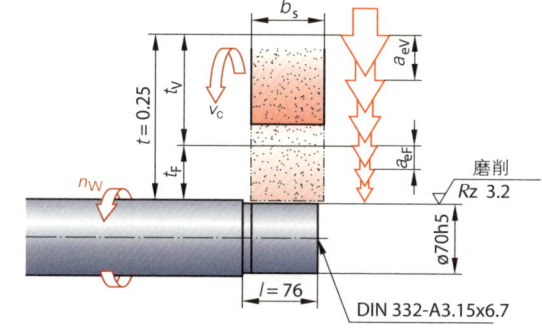

图1：计算基础（切磨磨削）

2. 切磨磨削（图1）：

设：工件直径 $d_w = 70$mm，磨具宽度 $b_s = 80$mm，工件宽度 $l = 76$mm，工件转速 $n_w = 100\dfrac{1}{\text{min}}$，磨削余量 $t = 0.25$mm/ø

求：主有效时间 t_h，t_{hv}，t_{hf} (min)

解：$t_n = \dfrac{t}{2 \cdot n_w \cdot a_e}$

粗磨：粗磨余量 $t_v = 0.20$mm（$t_v = t - 0.05$），切深进给 $a_{ev} = 0.0016$mm（查表 Sk 20）

$$t_{hv} = \frac{t_v}{2 \cdot n_w \cdot a_{ev}} = \frac{0.20\,\text{mm}}{2 \cdot 100\dfrac{1}{\text{min}} \cdot 0.0016\,\text{mm}}$$

$$t_{hv} = 0.63\,\text{min}$$

精磨：精磨余量 $t_f = 0.05$mm，切深进给 $a_{ef} = 0.0008$mm

$$t_{hf} = \frac{t_f}{2 \cdot n_w \cdot a_{ef}} = \frac{0.05\,\text{mm}}{2 \cdot 100\dfrac{1}{\text{min}} \cdot 0.0008\,\text{mm}}$$

$$t_h = 0.63\,\text{min} + 0.31\,\text{min}$$
$$t_{hf} = 0.31\,\text{min}$$

切磨磨削 ø70h5，76mm 宽，$t_h = t_{hv} + t_{hf}$，其主有效时间达到：

$$t_h = 0.63\,\text{min} + 0.31\,\text{min}$$

$$t_h = 0.94\,\text{min}$$

■ **锥形夹头的磨削说明**

通过功能面的磨削加工，锥形夹头的尺寸和形状精度使其与夹紧套筒共同作用，保证工件切削。

锥形夹头磨削说明作为单件加工示范性举例。考虑到培训车间不同的加工条件，可采取不同的加工方法。

夹头制造商执行系列生产时，将采用不同的加工条件。

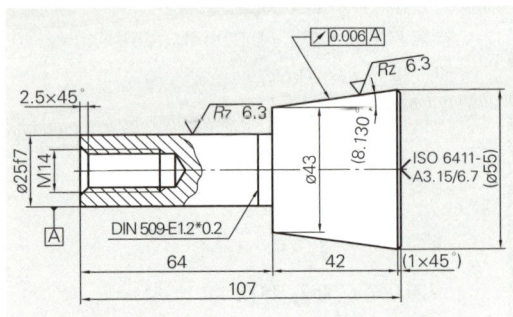

图 1：锥形夹头

锥形夹头磨削加工的部分任务	加工说明
1. 检查工件	尺寸检查：磨削余量约 0.3mm，所加工的锥度 2/2，硬度检测。
2. 选择夹具	位于两个顶尖之间的工件装夹可用一次装夹加工圆柱体和锥体。 由于使用硬质合金定心顶尖以及 6μm 径向跳动公差的要求，加工 M14 螺纹时，要求实施定心磨削。
3. 选择砂轮	加工圆柱体 ø25f7 x 64 和锥度 l = 42，必须采用 $b > 50$ mm 的砂轮。这里需注意锥形夹头的材料和硬度状态。
4. 设定值	注意，待实施的磨削方法与设定值 q 和 v_w 相关。 圆柱体采用往复式磨削：f_v f_F a_{eV} a_{eF} 锥面采用切磨磨削：a_{eV} a_{eF} t_v t_F
5. 磨削加工	注意遵守所有相关的保护条例（UVV）。
6. 磨削加工过程中的检验	准备待使用的量具！ 可用千分表或正弦规检测 8.130° 角，但必须通过调整夹具来校正偏差。
7. 最终检验	检测形位公差的量具。

5.5.10　Grinding

Grinding is a manufacturing process with the help of geometrical-ly undefinedt cutting edges. The forming tool consists of countless bound grains is the grinding wheel (Figure 1).

Process advantages are:
- ■ Dimensional and shape accuracy (.. IT 5)
- ■ Surface roughness (Rz .. 1 micron)
- ■ Hard machining

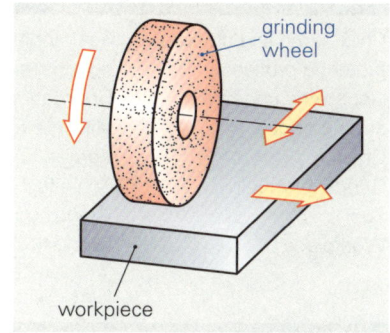

1　Basic principle of grinding

■ Movements and forces during grinding

A characteristic feature of grinding is the cutting movement of the grinding wheel and the work
piece motion. The resulting effective movement is the instantaneous motion of an abrasive grain.
Arrival, return, supply and adjusting movements are not directly involved in material removal.

The size of the individual forces is relatively small when grinding due to the different cutting geome-try of the abrasive grains and is defined by means of empirical values (Figure 2).

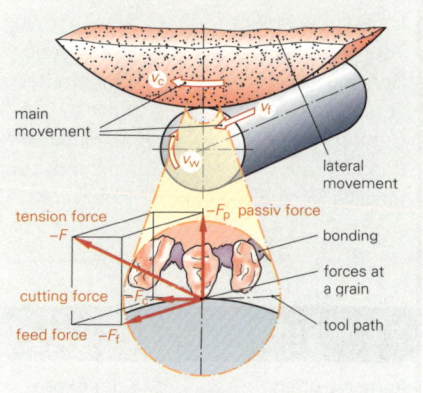

2　movements and forces in grinding

■ Cutting action and chip formation

The movement conditions, settings and the edge shape (grain) are characteristics of grinding, this
means the depth of cut with geometrically unde fined cutting edges.

Phases of chip formation (Figure 3):
- ■ Elastic material deformation 1/6
- ■ Plastic material deformation 2
- ■ Separation of materials in the shear plane 3
- ■ Complete material solidification 4/5

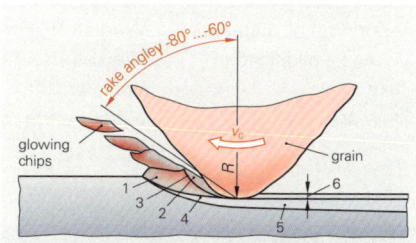

3　cutting edge engagement and chips formation

■ Grinding procedures

All grinding procedures with rotary tools and rotaryor linear moving work pieces are classified acco rding to DIN 8589 part 11 (1984-01).
Classification criteria (Figure 4):
- ■ shape of workpiece
- ■ location of the grinding wheel to the workpiece
- ■ feed movement

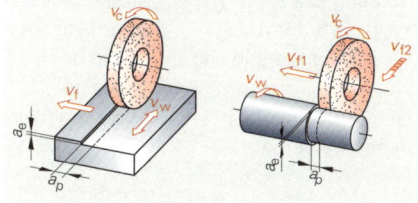

4　classification of grinding methods

Chronological word list		Tasks
1. Manufacturing process grinding		
Chip-removing manu facturing process	Spanabhebendes Fer- tigungsverfahren	1. Translate the text from the previous page into German
Geometric undefined cutting edges	Geometrisch unbe- stimmte Schneiden	2. Translate the terms in figure 1
Grain	Korner	3. Answer the following questions:
Grinding wheel	Schleifscheiben	■ Which difference does grinding have in com- parison to other chip-removing manufacturing processes?
Tool	Werkzeug	
Workpiece	Werkstück	■ How does the self-sharpening effect take place in grinding?
		■ How can hard materials be ground?
2. Movements and forces during grinding		
Main movement	Hauptbewegungen	1. Translate the text from the previous page into German
Lateral movement	Nebenbewegungen	2. Translate the terms in figure 2
Tool path	Werkzeugbahn	3. Answer the following questions:
Bonding	Bindemittel	■ Explain the movement of the grinding wheel and the workpiece during grinding.
Force at a grain F	Spankraft F	
Cutting force F_e	Schnittkraft F_c	■ Evaluate the proportion of the cutting forces whilst grinding in comparison to other met- al-cutting techniques .
Feed force F_r	Vorschubkraft F_t	
Passive force F_p	Passivkraft F_p	■ Explain the continuously changing cutting forces whilst grinding.
3. Cutting edge engagement		
Abrasive grain	Schleifkorn	1. Translate the text from the previous page into German
Elastic deformation	Elastische Verformung	2. Translate the terms in figure 3
Plastic deformation	Plastische Verformung	3. Answer the following questions:
Seperation of material	Werkstofftrennung	■ Name the special features of the cutting geometry of an abrasive grain.
Material solidification	Werkstoffverfestigung	
Rake angle	Spanwinkel	■ Explain the stages of chip formation.
Glowing chips	aufglühende Spane	■ Explain the special features of the chip forms while grinding.
4. Griding procedures		
Rotating tool	rotierendes werkzeug	1. Translate the text from the previous page into German
Workpiece form	Werkstuckform	2. Translate the terms in figure 4
Position of the grinding wheel	Lage der Schleif- scheibe	3. Answer the following questions:
		■ Choose two grinding procedures and mention the location of the axes.
Feed movement	Vorschubbewegungen	■ Name a matching manufacturing product from each technique.
Infeed movement	Zustellbewegungen	
		■ Sketch two grinding procedures and add arrows for infeed and feed movements and the related parameters.

5.6 插削，刨削和拉削

插削属于除刨削之外金属加工技术中最古老的、手工的、稍后工业化的加工方法。以前，只能采用插削或刨削加工高表面质量的平面和槽（图 1）。拉削这种加工方法的特点同样也是刀具沿工件表面做直线运动。

> 刨削和插削是其刀具和工件均做相对直线运动的切削加工方法。

插削时，由刀具执行切削运动，而工件执行进给运动和横向进给运动。如果由工件执行切削运动，则称为刨削（图 2）。在当今的德国，刨削已是一种极为罕见的加工方法。

5.6.1 插削

插削的工作原理与车削极为相似。切屑形成的过程，刀具和切削刃几何形状的名称大部分与车刀相同（图 3）。

与铣削相比，这种加工方法的优点是低廉的装备和刀具成本。此外，工件切削过程中温升极低。因此不会在工件表面产生切削应力或组织变化。

插削的切削速度约为车削值的 50% 至 80%。

但插削较大的缺点在于，其高于 50 m/min 的高切削速度难以控制。由于很大质量在静止与运动之间，刀具运动方向之间进行快速变换，插削冲击着物理极限。因此，它谋求最大切削深度，这又导致刀具的耐用度较低。

为提高生产率，常将多个工件前后叠加后装夹。刀具切削刃一般由高速切削钢制成；硬质合金或陶瓷刀片常常并不适用。

■ 插床

插床一般用于刀具制造和加工较小工件。插床分立式和卧式插床（图 4）。插床极少用于大批量工业生产。但小型企业评价其具有如下优点：

- 加工中的高度灵活性。
- 物美价廉且几何形状简单的刀具制造。
- 工件的高表面质量。
- 相对低廉的设备购置成本。
- 运行噪声相对较小。

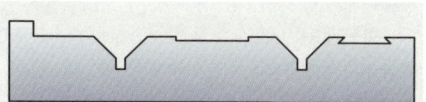

图 1：刨削和插削可加工的工件形状

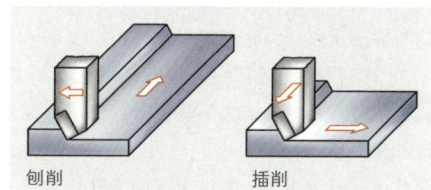

图 2：刨削与插削的运动区别

刨削   插削

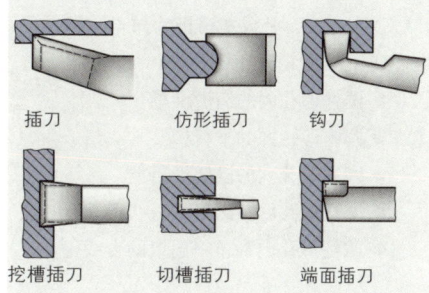

插刀   仿形插刀   钩刀

挖槽插刀   切槽插刀   端面插刀

图 3：插削加工的几种特殊插刀形状

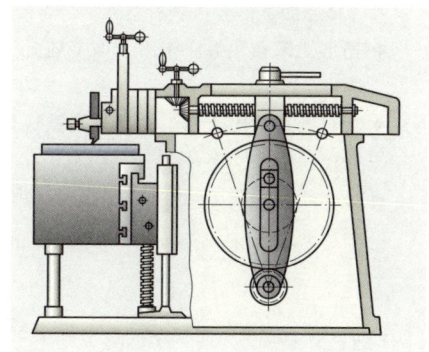

图 4：卧式插床

有些插床专用于某些指定工件轮廓的加工。它们称为插槽机或插齿机。原则上，它们按插削方向进行划分。

卧式插床（也有牛头刨床或短行程牛头刨床）特别适用于加工台阶，槽和平面（297 页图 4）。

立式插床主要用于加工冲头，内四角和内六角槽以及内花键和键槽（图 1）。

插削的一种特殊形式是键槽拉削。其工作行程方向与插削相反。因此刀具需进行相应改动（图 2）。

与工作台传动相同，挺杆传动也可分别为液压式，机械式和电气式。某些机床装备了可旋转，可回转和可翻转工作台，它们均可由轮廓控制或 CNC 控制其运动。因此，这类机床可加工复杂形状工件。

如今已可提供装备 CNC 控制系统的新型插床和键槽拉床（图 3）。它们可加工的工件轮廓，若采用传统加工方法，其成本将极为昂贵，但这里则成本相对低廉，且加工时间短（图 4）。例如：

- 圆柱形孔内的润滑油槽
- 圆锥形孔内的平行槽
- 圆锥形孔内的翻转平行槽
- 圆柱形孔内斜出口的直线槽
- 圆柱形孔内翻转斜出口的直线槽

■ **其他特种插床**

特种插床如下：

- 仿形插床和冲头插床用于加工划分很细的成型件。
- 板材插边机用于加工大型且笨重板材侧边和边棱。
- 插齿机用于加工圆柱形或锥形基底材料上的齿廓。

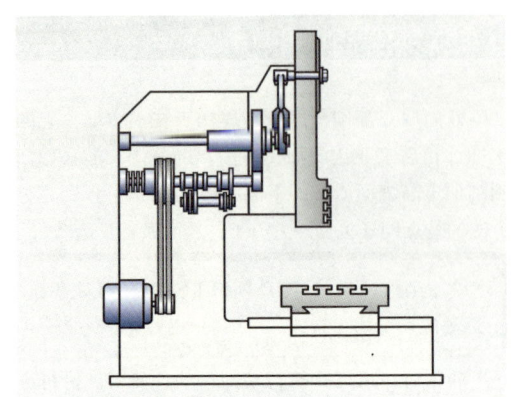

图 1：立式插床

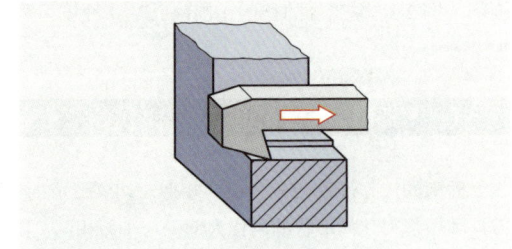

图 2：键槽拉削

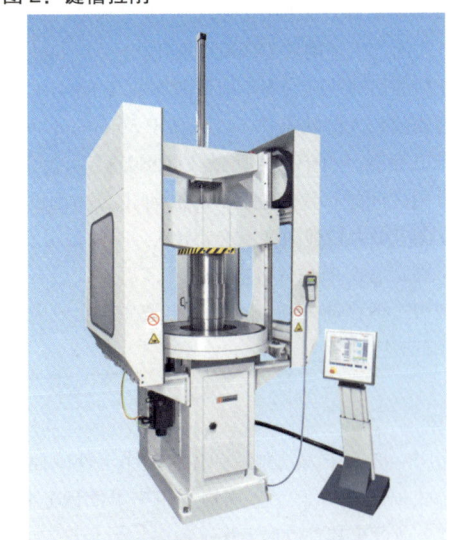

图 3：CNC 键槽拉床

图 4：CNC 插床加工的工件

作业：

1. 刨削与插削的区别是什么？
2. 一般采用哪种加工方法替代刨削和插削？
3. 与其他加工方法相比，插削有哪些优点？
4. 插床加工哪些工件轮廓尤具优势？

5.6.2   拉削

> 拉削是一种采用多刃刀具的切削方法。拉削后，工件的轮廓与拉刀轮廓相同。

由于采用错位切削刃，拉削一次走刀行程可以较小切屑厚度达到较大横向进给量（图1）。因此，这种切削方法可在短时间内完成特别难加工的工件轮廓，并达到高表面质量和形状精度。由于拉刀只用于指定形状，这种切削方法亦仅用于大批量生产。

■ **各种拉削方法**

推削是技术最简单的拉削方法。加工时，推刀由拉床挺杆顶在工件旁，或通过一个预加工孔顶入工件（图2）。这种方法特别适用于中小批量生产。

但这种方法的缺点在于，相对较薄推刀承受的弯曲负荷达到其负荷能力的极限。此外，它只能加工其长度小于拉床最大行程的短工件。

因此，这种方法在拉削技术中几乎不予采用。由于通过拉拔的拉刀具有较高的负荷能力，其切削速度高于推削。所以拉削所需单件生产时间较短，尽管刀具和机床的投入不菲，但仍值得用于大批量生产。

拉制工件内轮廓的拉削刀具是拉刀（图3）。

加工工件外轮廓的一种专用拉削方法是链式拉削。加工时，已固定在传动链上的随行夹具夹紧工件，并执行主运动通过固定的拉刀片（图4）。

螺纹拉削是一种与攻丝类似的切削方法。加工时，工件旋转通过按螺纹齿廓形状排列并固定螺距的拉刀。这种切削方法同样用于外螺纹的加工。

仿形拉削时，刀具进行一种可控的圆形切削运动。由此产生一个成型面。

如果让工件也绕其轴线旋转，则这种方法称为旋转拉削。

根据刀具在工件上拉制的几何形状，将拉削分为圆形拉削、成型拉削或平面拉削。

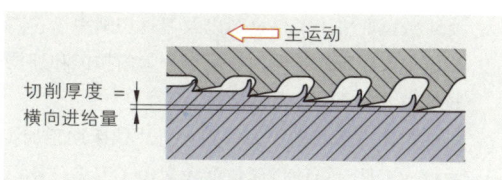

图1：拉刀的切削刃几何形状

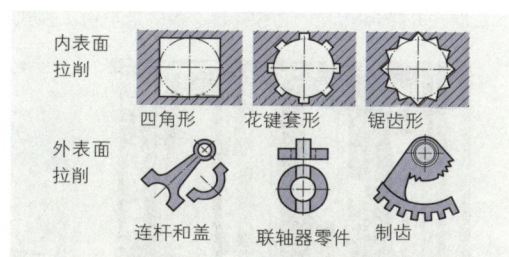

图2：拉削加工成型的若干轮廓形状

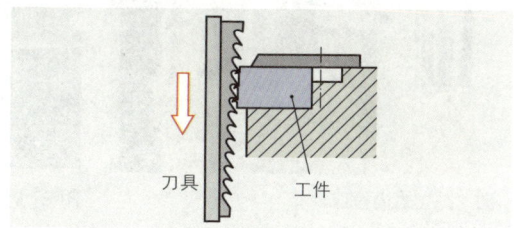

图3：推刀

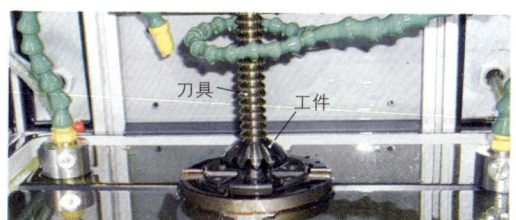

图4：拉削加工成型的若干轮廓形状

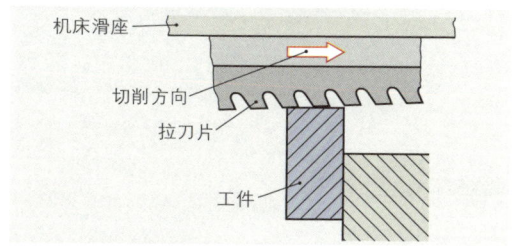

图5：平面拉削的拉刀片

■ 拉床

多刃刀具在拉床上从待加工工件上推过或拉过。一个走刀行程即可完成所需工件形状。

而切削运动则视方法而定，有些由刀具，有些由工件执行切削运动。

切削速度是工件表面粗糙度的影响因素。

拉削刀具已预先规定横向进给量。

加工数值取决于工件材料以及刀具切削刃，它们均可查表取值。

根据加工任务的不同，拉床可分为内拉床和外拉床。此外还可分为立式拉床和卧式拉床。

拉床由液压驱动，可以数控。

卧式拉床占地面积很大，因为卧式拉床用于加工特长工件（图2）。通过拉刀的分度，即数字控制各切削刃先后切入工件，可使机床长度大大短于刀具总长。

立式拉床由于其高度常深入基坑或使用升高的操作台（图1）。

而在升降台拉床上则不需要这些。这里由工件执行加工行程。

图1：立式内拉床　　　图2：卧式外拉床

■ 内表面拉削的工件装夹

工件固定在夹板上之后，悬挂在尾部支架上的刀具进入工件孔内并锁定头部支架。

■ 拉削刀具

拉刀一般由高速切削钢制成，但也可装备其他类型的切削刃。为使拉刀刃磨后保持尺寸精度，每个拉刀尾部均有一个校准齿部（图3）。

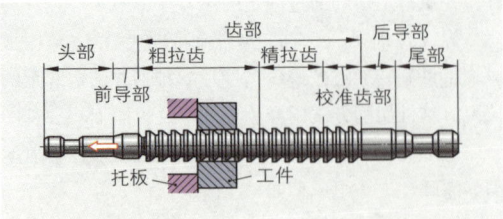

图3：拉刀的构造原理图

作业：

1. 为什么拉削仅用于大中批量系列生产才合理？

2. 推刀、拉刀或拉刀刀片各有什么用途？

3. 拉削刀具的结构和功能之间有何关系？

4. 如何使卧式外拉床长度短于拉刀长度？

5. 拉刀的校准齿部的作用是什么？

6 加工机床的结构，功能和运行

6.1 加工机床：技术系统和生产要素

加工机床作为生产要素在工业生产中占据着举足轻重的地位。无论产品的质量，还是生产的经济性，均取决于加工机床的技术状态和持续不懈的研究发展。

图 1 所示是车床的第一个机械化进程。与早期仍使用手工加工方法，即必须手持车刀进行切削相比，随着机床的第一步机械化发展，车刀已可以进行轴向运动。

图 1：手工车削和机械车削

为清晰地认识加工机床的功能和作用方式，一般将机床视为一个可输入能源，材料和信息的技术系统。这些输入量在机床内得以转换，然后以已改变的输出量离开机床（图 2）。机械能被分离成势能（位置能）和动能（运动能）。电能存储在电流内，可使例如车床驱动电机的主轴旋转（图 3）。热能则存在于发热体内。电机旋转时，除可预见的动能外，还有一部分电能转换成热能。其主要原因是摩擦。热能在"加工机床"系统内被视为耗损能，因为未能在技术上利用它。

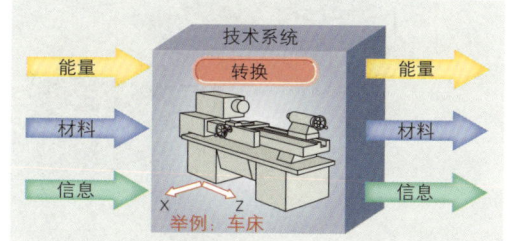

图 2：技术系统"机床"

借助能量，材料（图 4）在"加工机床"系统内即可从一个位置输送到另一个位置（材料输送），也可加工成另一种形状（材料变形）。

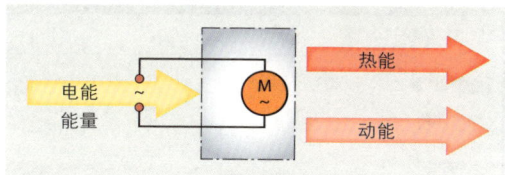

图 3：技术系统"电机"的能量流

为了获取所需的加工结果，即工件的几何形状以及所要求的公差，必需向机床输入信息。传统机床获取和存储信息的途径是人和辅助措施，例如加工图纸。CNC 机床则将信息存储在硬盘或存储卡上，通过数据线传输给机床控制系统（图 5）。

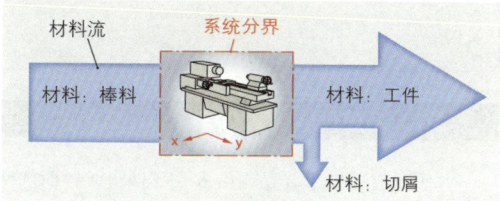

图 4：技术系统"机床"的材料流

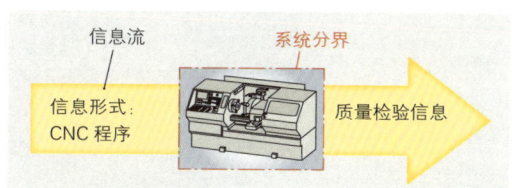

图 5：机床的信息流

6.2   机床要素

　　一台加工机床由众多零部件组成。这些结构和功能件可统一归类在机床要素这个概念之下。为能够有效操作机床以及必要时快速查找机床故障，必须充分了解机床重要零部件的任务和作用方式。

　　机床要素是机床的指定零部件，它们在功能上彼此相连。它们将承受拉力、压力、扭转，弯曲或剪切等负荷。

　　我们把一台机床上执行某个具体功能的零件或部件称为功能要素。

　　但功能部件则是由至少两个零件接合而成的部件。

　　这里请注意，例如加工机床制造商将传动箱视为功能要素，而传动箱制造商则视它为功能部件（图1和图2）。

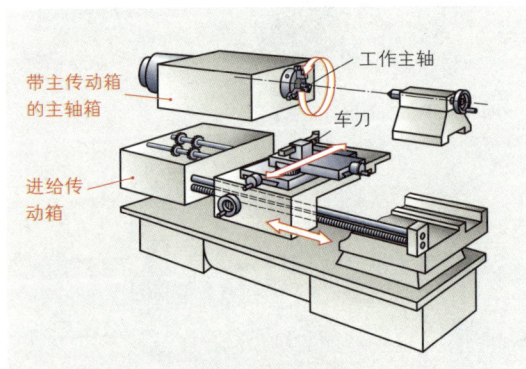

图1：车床的光杠和丝杠（示意图）　　　　　图2：离合传动箱

机床要素	
机床要素可在能量，材料或信息转换过程中使它们： • 变形 • 传输 • 连接 • 存储 • 控制 • 支撑 • 停止	因此，将机床要素划分为： • 变形要素（制动，齿轮副） • 传输要素（轴，管） • 连接要素（螺栓，销钉） • 存储要素（弹簧，压力容器） • 控制要素（步进转换机构） • 支撑要素（轴承，导轨） • 绝缘，密封（硅胶）

6.2.1   连接件

　　几乎所有的技术装置均由多个部件组成，而部件又由按照不同任务要求彼此连接的零件组成，与此同时，部件之间也彼此相连。

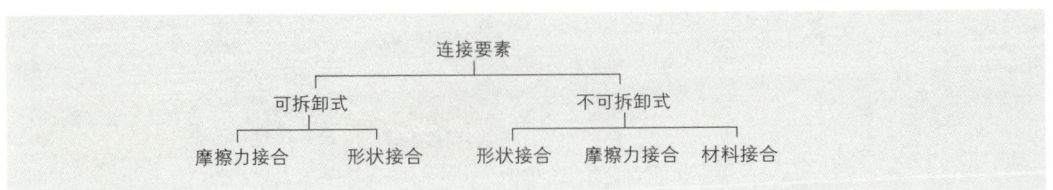

可拆卸式连接，在加工装置投资不大的条件下，可使不复杂的装配和机床的拆卸也成为可能。拆卸的重要性更大，因为需对机床进行必要的维护保养和维修工作。

不可拆卸式连接，通过材料分子之间的内聚力和黏附力作用形成。制造过程中常对加工装置投资较大，同时需要具有专业技能的劳动力。这种连接方式一般只有通过破坏连接材料才能再次分离。

6.2.1.1 螺钉连接

螺钉是一种使用极其频繁和广泛的机床要素。它经常与螺帽一起使用。

> 螺钉和螺帽一般用于机床要素之间的可拆卸式连接，根据不同目的，即可作为形状接合型，也可作为摩擦力接合型（图1）。

现在，已针对不同的任务和要求研发出数量繁多的螺钉螺帽种类，并且基本实现标准化。

螺钉可用作螺塞（例如机油盘），确定间距的要素（例如刀架），或作为检测装置（例如千分卡尺的测微螺杆）。

在任何一个螺钉头部均刻有强度等级。据此，可对螺钉的最小抗拉强度（Rm）或最低屈服强度（Re）进行计算或查表求值。使用这些数值可计算允许应力，从而避免螺钉连接过负荷现象的出现（图2）。

通过振动，残留的预应力或材料的"蠕动"，螺钉连接可能出现违反本意的松动。通过四种各不相同的螺丝防松基本措施，可非常有效地避免螺钉连接的松动。

装配锁紧（例如夹紧垫圈，弹簧垫圈，齿形垫圈），以摩擦力接合作用方式防松，同时可平衡残留的预应力。

防拧锁紧（例如棘齿螺钉，油漆螺钉头部，黏接材料涂螺纹），常以材料接合作用方式防松，在螺钉连接轴向动态负荷方面的防松效果极佳。

防脱锁紧（例如止动垫圈，钢丝锁紧，开槽的冠状螺帽），以形状接合作用方式防松，常用于预应力仅起次要作用的螺钉连接。

自锁螺钉配有小螺距细牙螺纹。其摩擦角大于螺旋角（图3）。

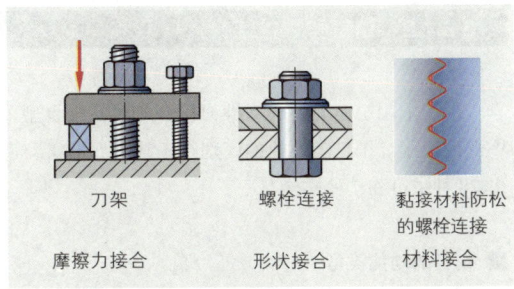

图1：螺钉连接的可能性

刀架　　　　　螺栓连接　　　　黏接材料防松的螺栓连接

摩擦力接合　　形状接合　　　　材料接合

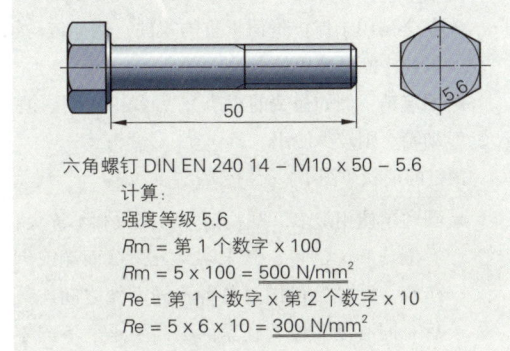

六角螺钉 DIN EN 240 14 – M10 x 50 – 5.6
计算：
强度等级 5.6
Rm = 第1个数字 × 100
Rm = 5 × 100 = $\underline{500\ N/mm^2}$
Re = 第1个数字 × 第2个数字 × 10
Re = 5 × 6 × 10 = $\underline{300\ N/mm^2}$

图2：六角螺钉的名称和计算举例

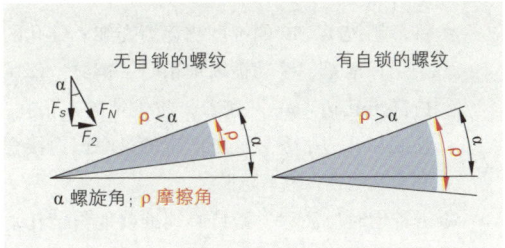

无自锁的螺纹　　　　有自锁的螺纹

$\rho < \alpha$　　　　$\rho > \alpha$

α 螺旋角　　ρ 摩擦角

图3：自锁

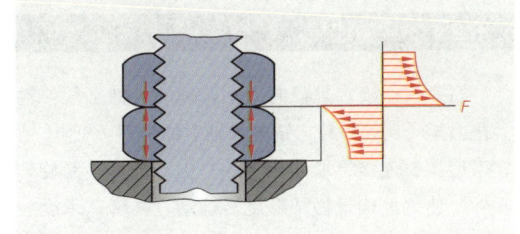

图4：锁紧螺帽

防松螺帽（锁紧螺帽）可以快速地、简便地和价廉物美地安装（图4）。

6.2.1.2 销钉和螺栓连接

由于采用快速简便的摩擦力接合或形状接合型可拆卸连接方式，销钉和螺栓连接在机械制造业获得极为广泛的应用。销钉与螺栓的区别在于其头部形状、直径以及一个可能存在的开口销孔。根据 DIN 标准可划分出 28 种销钉和 7 种螺栓。

■ **销钉的功能类型**
- 定位销用于两个零件连接时锁紧位置，防止侧移。
- 紧固销以摩擦力接合或形状接合形式连接零件。
- 安全销用于保护价值贵重的零件，例如传动箱。其作用方式如下：负荷过高时，安全销毁坏（剪断），以此中断摩擦力接合。
- 固定销（例如弹簧的止挡），锁紧销（例如锁紧六角螺钉）和从动销（例如用于停机状态下可变挡的传动箱）则较少使用。

销钉的形状（图 1）。

- 圆柱销使用最多。圆柱销分为淬火和不淬火，有倒角和无倒角，其末端又分为球面端或倒角端。圆柱销可满足各种不同零件之间连接后对同心度和位置锁紧的极高要求。不同零件的销孔应尽可能同时钻孔，以保证最精确的功能性。
- 锥形销按 1：50 的锥度比逐渐变细。锥孔的选用标准是，手动插入锥销时，销钉末端还应高出孔边 4mm。接着，将锥销敲入销孔，使之与孔边平齐。这里产生的是摩擦力接合和形状接合，但不防振。

敲击锥销时应注意，销钉必须准确地与销孔垂直，并需涂润滑脂。榔头的规格应与销钉相配，因为过大的敲击力可产生破坏性应力。

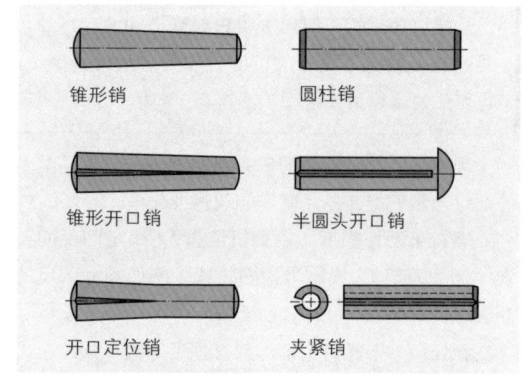

图 1：最常用销钉类型

6.2.1.3 从动连接

如果快速旋转且径向跳动精确的零件必须传输大扭力矩（例如齿轮，铣削主轴上的铣刀），则不适宜采用销钉连接，取而代之的是键。键可夹紧旋转零件，使之准确地做圆形旋转运动，并可以承受较大的力。

尤其在加工机床上，许多键作为连接要素，广泛用于轴–轮毂连接（图 2）。由于键同时与轴和轮毂的键槽形成配合，所以称之为平键。最为常用的平键分为 A 形、B 形和 C 形。

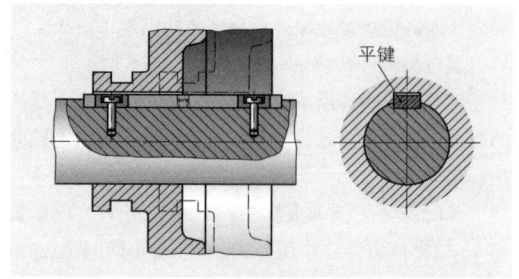

图 2：轴–轮毂连接

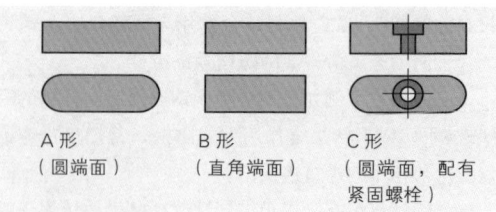

图 3：平键的形状

如果轴和轮毂必须保持相对轴向移动，可通过相应的公差（滑配合）满足这一要求（例如 CNC 铣床主驱动单元的滑动齿轮变速箱）。此处所指为导键（图 1）。

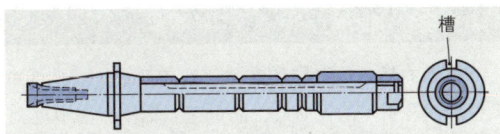

图 1：卧式（升降台式）铣床的铣刀芯轴

> 通过形式接合，键以可拆卸式方式连接两个零件。

对于高负荷并变换旋转方向的旋转连接（例如换挡变速箱）而言，其键和轴从一个工件中铣削加工而成。这种工艺方法加工的产品是花键轴。这类连接也可以通过相应公差保持其轴向移动。尽管原指"平键轴"，实际使用的却是花键轴这个概念（图 2）。

图 2：花键轴

楔用于两个零件的快速可拆卸式连接。楔也可分为 A 形（圆端面）和 B 形（直角端面）。通过夹紧，楔可形成摩擦力接合型连接（图 3）。

楔形纵键连接与平键相比存在着缺点，即其质量重心从旋转轴线移出（图 4）。由于径向跳动不能满足要求，这种形式的轴－轮毂连接不适宜用于快速旋转零件（图 4）。

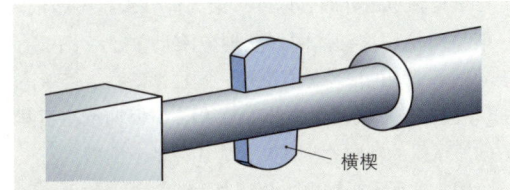

图 3：横楔连接

> 楔以可拆卸式连接方式，通过摩擦力接合，连接两个零件。

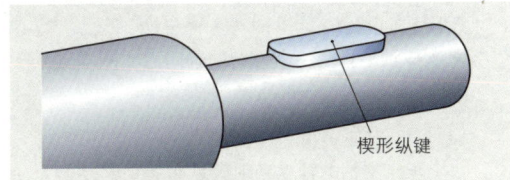

图 4：楔形纵键连接

作业：

1. 机床要素可完成哪些任务？请从实际培训中列举实例。

2. 请解释下述螺钉名称的含义：
   六角螺钉 DIN EN 240 14–M 10 x 50 – 8.8？

3. 请用示意图和名称列出您所知的所有螺钉锁紧形式。

4. 销钉或螺栓用于何处？请列举实例。

5. 请解释使用键的优点所在。

6. 何时使用楔？与键连接相比，楔连接有哪些缺点？

7. 为什么机床虎钳既是功能要素，又是功能部件？

6.2.2　导轨和轴承

运动的机床要素必须得到准确的导向，受到径向或轴向作用力时，仍能保持其位置不变。如要满足这一要求，需使用导轨和轴承。

在加工机床上，导轨和轴承保证例如工作台和刀架溜板的运动以及主轴的支撑。因此，它们必须具备如下特性：

● 低摩擦，可避免黏滑效应（黏滑效应妨碍精确定位，参见 308 页）和快速磨损。

● 高刚性，尽可能无间隙，可保证机床精度不受损害。

● 良好的减振作用，可弱化振颤和振动。

● 简便的维护保养。

6.2.2.1 轴承

轴承的任务是引导和支撑动轴或静轴（对比 309 页及后面几页）的径向或轴向负荷。轴承分为滑动轴承和滚动轴承。这两类轴承均根据其负荷方向划分为径向轴承或轴向轴承。

滑动轴承现在主要用于出现冲击负荷以及高旋转速度的部位。这里，位于轴端部的轴颈在由各种不同材料制成的轴承套内转动。轴承套总是由比轴颈更软的材料加工而成，并具有良好的滑动性能。滑动轴承常配有润滑槽，因为使用润滑剂后，其优势明显（图 1）。

滚动轴承由外圈、内圈、滚动体和保持架组成。一般按所使用滚动体的形状划分滚动轴承（图 2）。滚动轴承采用的滚动体有滚珠、圆柱形滚柱、锥形滚柱、（腰）鼓形滚柱和滚针（图 3）。根据轴承在不同方向所承受的轴向力，将其分为 3 种轴承类型：

固定轴承承受轴向力和径向力两个方向的力（图 4a）

● 浮动轴承不承受轴向力（图 4b）。
● 支撑轴承承受一个方向的轴向力（图 4c）：
轴向力：轴线方向的负荷。
径向力：与轴线成 90° 的负荷。

一个车床主轴的轴承必须满足如下要求：
● 承载高工件负荷。
● 对抗小轴向负荷（车削时两个顶尖之间），维持稳定。
● 稳定的，低振动的径向跳动。

因此，车床主轴的轴承机构采用推力（轴向）滚珠轴承和向心（径向）滚柱轴承（图 5）。

在专为高速切削加工（HSC）设计的现代化 CNC 机床上，直接驱动的电机主轴常由混合滚动轴承支承（参见 451 页，线性驱动）。轴承圈仍由钢制，强大的离心力已由采用更硬更轻的陶瓷滚珠承受。由于陶瓷的表面滑动性极佳，大幅度降低了滚珠打滑和摩擦。

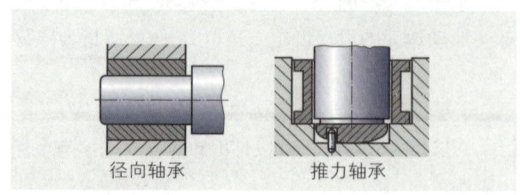

图 1：滑动轴承

图 2：滚动轴承

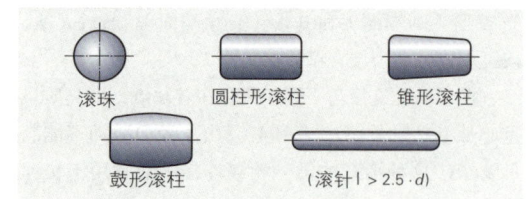

图 3：滚动体

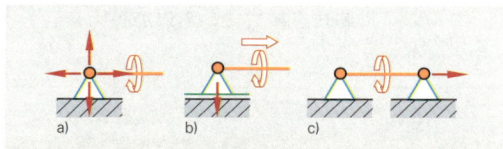

图 4：a）固定轴承；b) 浮动轴承；c) 支撑轴承

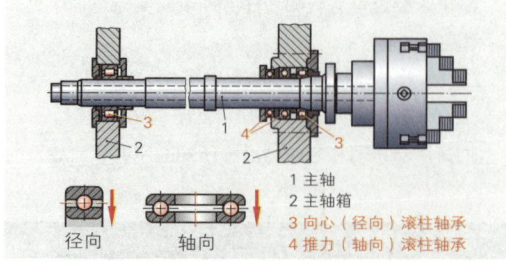

图 5：车床主轴承受的力

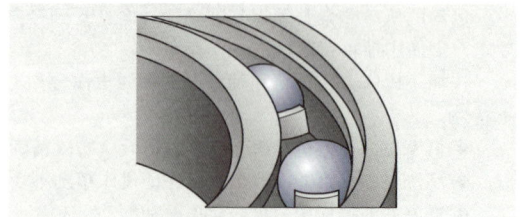

图 6：混合滚珠轴承

6.2.2.2 导轨

导轨应能使其他机床要素纵向运动，例如铣床工作台的导向。工作台在滑动轨道上运动，这种导轨属于机床床身组成部分，或是粘接以及螺栓连接的板条。导轨一般采用较硬材料制作，因为导轨轨道上滑动的零件出现磨损时，更容易更换。根据已定义的摩擦类型和制造方式，可将导轨分为滑动导轨和滚动导轨。

滑动导轨的结构可细分为开放式或封闭式。封闭式导轨也可承受垂直于运动方向的力，因为导轨轨道将滑动体保持在垂直于移动方向的所有方向上，而在开放式导轨上则不是如此（图1）。

滑动导轨由于其间隙小并重调简便，它常用于高精度加工机床。

如果要求导轨上运动轻便或横向偏移最小，则应采用滚动导轨。在导轨轨道与轨道上运动的零件之间是滚动体，如滚珠，滚柱或滚针（图2）。

与滑动导轨相比，滚动导轨的优点是摩擦更小，磨损更小，低速时没有黏滑现象。但滚动导轨的制造难度更大，因为其对硬度和平面度要求很高。

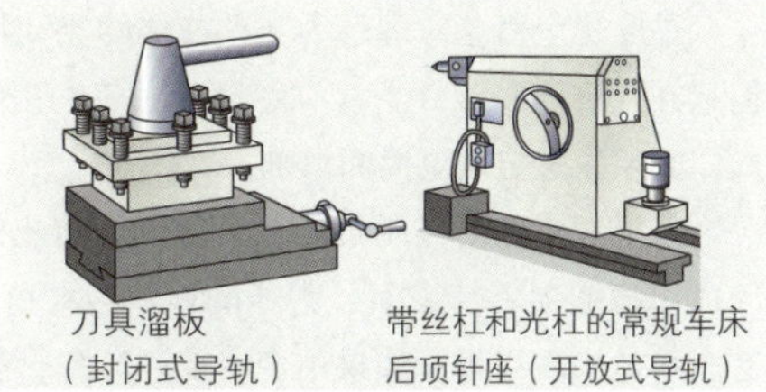

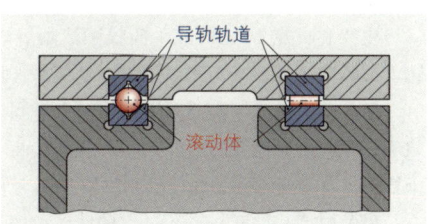

刀具溜板（封闭式导轨）　　带丝杠和光杠的常规车床后顶针座（开放式导轨）

图1：封闭式或开放式导轨

图2：滚动导轨

6.2.2.3 摩擦

现对根据加工任务在本书358页及后面数页列举的CNC机床进行检查，必要时进行维护保养。维护保养时，尤其应检查预计出现摩擦的机床运动部件，因为加工机床的磨损对产品质量关系重大。根据面与面之间相互运动类型的不同，可把摩擦分为四种摩擦类型：滑动摩擦，黏附摩擦（静摩擦），滚动摩擦和静摩擦与滑动摩擦两者兼有的混合摩擦（图3）。

滑动摩擦出现于滑动导轨和滑动轴承。为确定相同或不同材料之间出现的摩擦，需求出滑动摩擦系数 μ。该系数从摩擦力 F_R 和法向力 F_N 中计算求取。

> 摩擦受材料组合，润滑剂类型，表面粗糙度，滑动速度，润滑剂时效和黏度，表面压力以及轴承形态等诸多因素影响。

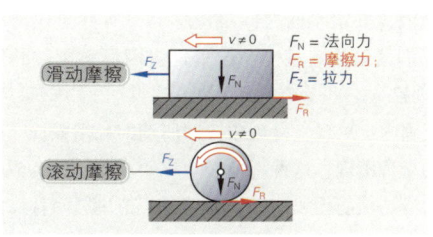

F_N = 法向力
F_R = 摩擦力；
F_Z = 拉力

图3：运动时重要的摩擦类型

材料组合	滑动摩擦系数 μ		
	干磨	加润滑脂	加润滑油
灰口铸铁 – 灰口铸铁	0.25~0.15	0.1~0.05	0.1~0.02
青铜 – 灰口铸铁	0.2	0.15	0.1
钢 – 灰口铸铁	0.2~0.15	0.1~0.15	0.05

在加工机床导轨上，表面压力产生于工作台和工件的质量。通过润滑剂可降低表面压力。可用作润滑剂的有气体，固体润滑材料，液体润滑材料和润滑脂等。

> 润滑剂的任务是减小摩擦、磨损以及扩散热量。

此外，润滑剂还应能够降低振动和噪声，保护零件不受腐蚀、以及导致引发磨损的微粒和热能等因素的侵害。

黏度这个概念应理解为一种液体的流动特性（黏度）。由于粘度随温度变化而变化，一种润滑剂的黏度数据只在允许温度条件下才有意义。由于润滑剂使用过程中的化学变化和污染，其性能亦向不利方向变化。因此，必须注意定期更换润滑剂。

如果润滑剂已经用过或过于陈旧，将出现固体摩擦（图1）。固体摩擦磨损零件表面。磨耗的材料微粒可产生较大表面压力，甚至可能出现冷焊。如果出现大面积冷焊，我们称之为"咬死"。这时，零件表面的大部分从材料中撕裂剥离，从而使导轨面损毁。

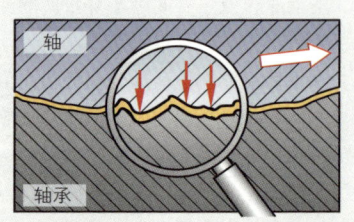

图1：固体摩擦

史特利贝克（Stribeck）曲线图清晰展现出流体动力滑动导轨上滑动摩擦系数 μ 与滑动速度 v 的关系（图2）。

流体动力滑动导轨上采用流体动力学润滑理论所描述的液体效应，随着滑动速度的增加，润滑液体在两个滑动面之间形成一个楔形。这里必须向导轨或轴承供给无压力润滑液。

借助史特利贝克（Stribeck）曲线图可解释这里出现的摩擦状态（与运行条件相应的摩擦类型）。

静止状态下，导轨两个滑动面之间呈黏附摩擦状态。该范围内出现的黏附摩擦系数 μ_0 约两倍于滑动摩擦系数 μ。就是说，为克服这种状态，必须施加一个大于推动零件继续运动的力。

在混合摩擦范围内，摩擦系数 μ 随着速度的增加而降低。这时，润滑液仅在滑动面之间缓慢移动，有些点还出现接触（图3）。如果润滑液流速过慢，这里也会因材料微粒的熔化而出现"咬死"现象。

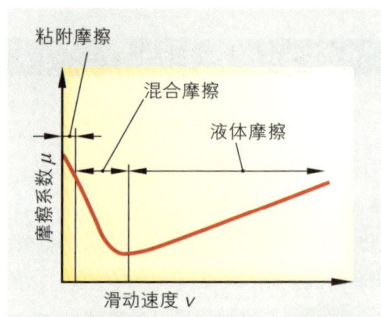

图2：史特利贝克（Stribeck）曲线图

该范围内也出现黏滑现象，即所谓的黏滑效应。其特点是黏附与滑动交替出现，这种现象必须尽快克服，因为混合摩擦范围内所有的滑动性能均属不利。最后一个范围是液体摩擦范围。这里，流体动力学润滑理论所描述的润滑液楔产生一个较大的力，使两个滑动面之间完全分离（图4）。因此不会再出现机械磨损。

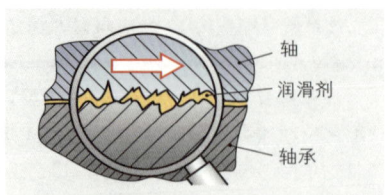

图3：黏滑效应

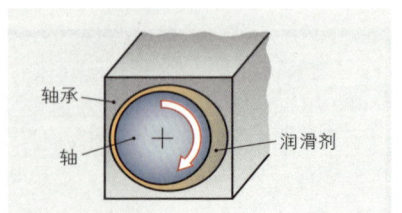

图4：润滑液楔

现在较少采用流体静力式，空气静力式或电磁式滑动导轨和滑动轴承。在流体静力以及空气静力滑动导轨上，通过一个压力系统（泵）将液体或气体压入滑动面之间。

这类导轨的优点在于，它们避开了不利的黏附摩擦和混合摩擦范围，因为两个滑动面即便在静止状态下也未相互接触。由于这种液压系统或压缩空气系统需要较高的维护保养费用和运行成本，它们只用于因工作速度较低而无法采用流体动力润滑的部位，或从开始即对滑动运动要求很高精度的部位。加工机床上仅有约 7% 的轴承和导轨采用流体静力或空气静力润滑方式。

为尽快离开黏附摩擦和混合摩擦的不利范围，轴承和导轨设置了特殊形式和扇形体（图 1）。它们有利于快速形成润滑液楔，提高润滑液楔的数量并改善轴的中心度。滑动轴承内的润滑剂仅在已有的或已产生的各支承力平衡时才能起作用。

滚动摩擦出现在滚动轴承和滚动导轨上。摩擦系数明显低于滑动轴承。其另一个优点是，即便在低速以及低润滑剂消耗时，轴承仍具有高负荷能力。

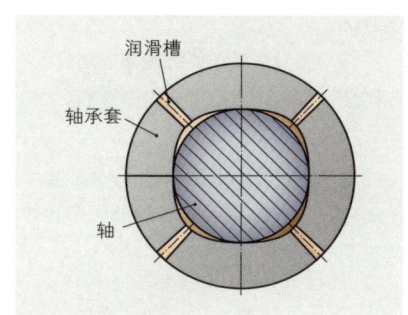

图 1：多面滑动轴承

作业：

1. 在哪些要求条件下使用滑动轴承？

2. 您认识哪三种轴承类型？如何区别它们？

3. 如何理解黏滑效应（黏滑）？

4. 与滑动导轨相比，滚动导轨有哪些优点？

5. 影响摩擦的因素有哪些？

6. 润滑剂的作用是什么？

6.2.3   静轴

静轴是用于轴承和支承静止的、回转的或摆动的机器零件的机床要素。为此，它支承在别的零件上或在轴承内旋转。

> 静轴不传输转矩！

静轴可分为静止轴和回转轴两种类型。静止轴承受挠曲负荷，回转轴承受扭曲（扭转）负荷。静止短轴又称为栓。

静轴可以是直线形或曲柄形，并具有多种外形轮廓（图 2）。静轴的负荷点称为轴端，而轴承点称为轴颈。轴颈可以各种不同形式出现，与动轴的轴颈相同。本文右边表内列出各种轴颈类型的概览。

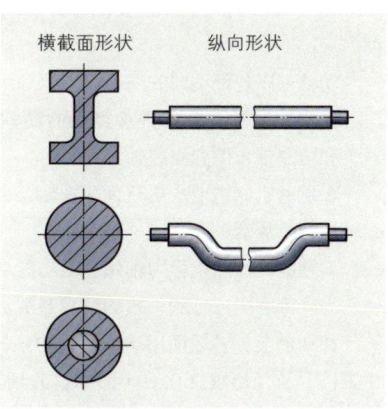

图 2：静轴的形状

在轴的槽、孔或浅槽边会出现强烈的切口应力集中效应。通过相应的造型，如倒圆或环形槽，可减少切口效应。静轴在车床上大量使用（例如中间齿轮的轴承机构）。

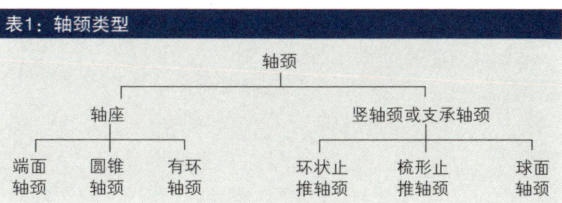

表1：轴颈类型

	轴颈				
	轴座			竖轴颈或支承轴颈	
端面轴颈	圆锥轴颈	有环轴颈	环状止推轴颈	梳形止推轴颈	球面轴颈

6.2.4 传动要素

传动要素传输转矩和旋转运动，或改变旋转方向以及转速。

此外，传动要素的功能还有减缓冲击和振动，承受和支承其他的机床要素，以及保护其他系统免受过负荷损坏。

传动要素按其任务可做如下划分：

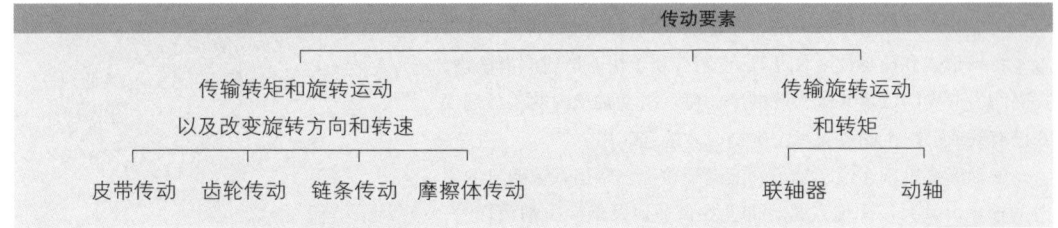

6.2.4.1 动轴

刚性动轴是传动要素的最简单形式。

动轴用于传输转矩并支承其他机床要素。

因此，动轴承受扭曲和弯曲负荷。

动轴支承的机床要素可移动或固定地安装在动轴上。动轴的直径一般按比例相对小于其长度，并依照其所承受的力进行设计。加工机床上的动轴传输工件运动或刀具运动，因此称为主轴。

动轴也以各种不同的横截面形状和纵向形状出现（图1）。

除刚性轴外，还有特殊类型的动轴，如万向轴（例如联轴器）和挠曲轴（例如测速轴）（图2）。

在发动机制造业中广泛使用曲轴。曲轴将直线运动转换成为旋转运动（从动）（图3）。

动轴的支承点也称为轴颈。其功能与形状均与静轴相同。

为降低磨损，轴颈一般均滚光磨削。

在动轴上，一般使用止推环、护环、定位环和止动垫圈作为锁紧件。直径出现变化时（例如过渡到轴颈），过渡段必须倒圆或加工成锥形，防止因切口应力集中效应而出现疲劳断裂，并提高造型强度。

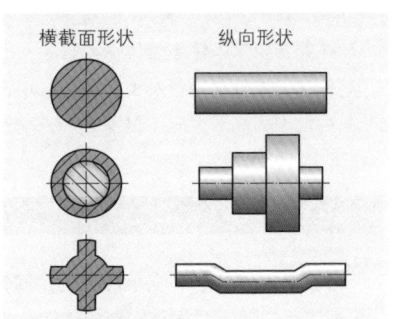

图1：动轴的形状

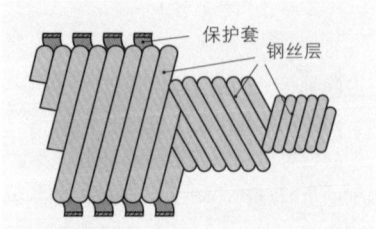

图2：挠曲轴

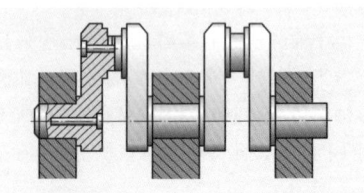

图3：曲轴

6.2.4.2　联轴器

联轴器（准确名称：动轴联轴器）的任务是，连接两个动轴轴端，并通过形状接合或摩擦力接合形式有目的地中断或传递其中一个轴杆的转矩。

由于联轴器还必须满足其他任务要求，因此，根据联轴器各种不同的任务需求，联轴器拥有多种结构形式和传动原理。但它们基本均可按右边所列概览表进行分类。

非离合式刚性联轴器连接两个相互持续同心且不能离合的动轴。常用的有套筒联轴器和圆盘联轴器（图1）。

非离合式活动联轴器用于两轴不能持续同心运行的连接。这类联轴器可以补偿横向运动，角度运动或纵向运动，甚至还可以补偿突然变化的或冲击式的运动。

典型的活动联轴器代表是万向联轴器，它用于两轴呈一定角度相对运动的部位（图2）。

离合式联轴器（离合器）用于两轴之间可切断的转矩传输，并在需要时重新建立转矩传输。形状接合型（齿轮，螺栓）或摩擦力接合型（机械弹簧，液压）联轴器传输转矩。

形状接合型离合器仅在两轴同时（同步）运行时或静止时才能实施离合操作（例如爪式离合器，图3）。

使用橡胶成型件或机械弹簧替代常用金属成型件，可补偿两轴之间的径向或轴向偏差，并减缓冲击和振动。这就是弹性联轴器。

摩擦力接合型离合器可在不同旋转频率下实施离合操作。此外，这类离合器可在保护材料免受损坏的前提下逐步提高转速。因此，常用于通过变速箱实施变速的部位，以便在换挡时中断电机与变速箱之间的转矩传输。由于要求高速转矩传输时换挡的简便易控，常采用单片盘式摩擦离合器或多片盘式摩擦离合器（图4）。此类离合器可实施机械式（踏板，变速杆），液压式或电子式操作。

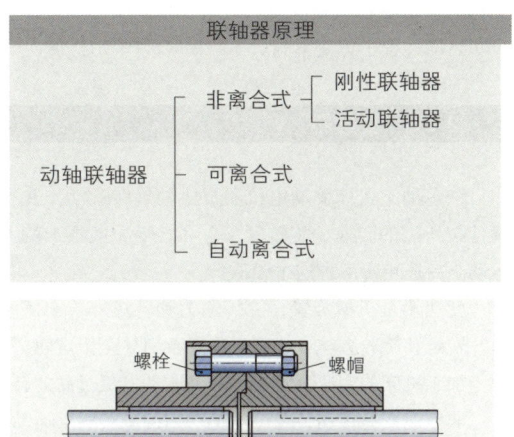

图1：圆盘联轴器

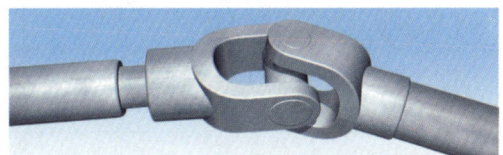

图2：万向联轴器（又称万向轴）

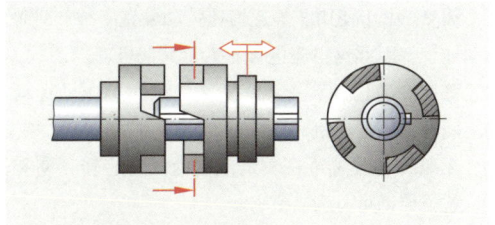

图3：爪式离合器

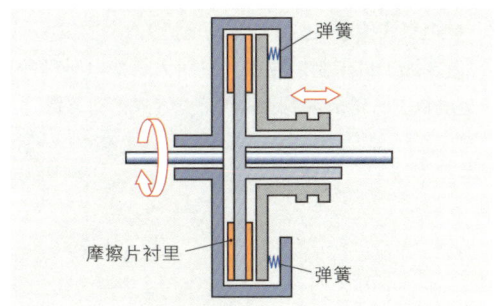

图4：单片盘式摩擦离合器

自动离合式离合器在达到指定转速频率、旋转方向或转矩时自动操作离合过程。离心离合器（亦称启动离合器）仅在达到一定转速和相应离心力时才接入驱动。这样可保护电机在启动过程中免受不利负荷的损害（图1）。

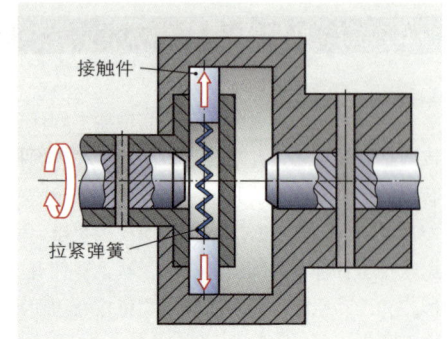

图1：离心离合器

6.2.4.3 变速箱

许多加工机床驱动电机所提供的旋转运动，并不总是准确地按所需的转速（旋转频率）和转矩，或根本就不是旋转运动。变速箱可解决这个矛盾。

变速箱是机械装置，除传输力和转矩外，它还应改变转速、转矩和旋转方向，或将机床要素引导至指定轨道（参见概览图）。

加工机床的变速箱常用于降低驱动电机过高的转速并生成指定的运动，如刀具溜板的进给运动。

非等速变速传动装置一般把均匀的旋转驱动运动转换成为非等速的直线运动（图2）。

曲柄摆杆传动装置	曲轴	凸轮盘
例如卧式插床	例如压力机	例如自动车床的横向进给运动

图2： 由于使用非等速变速传动装置必须产生最为复杂的运动过程，因此这里还包含着大量其他机理。

等速变速传动装置意义更大。这里的驱动运动与从动运动之间存在固定比例。

无级传动装置可在一定范围内任选旋转频率和转矩（图3）。这类传动可分为：

● 液压式传动装置（如齿轮磨床的砂轮驱动装置）。
● 机械式传动装置（如卧式铣床的进给驱动装置）。
● 电气式传动装置（如驱动电机）。

但在加工机床制造业中，采用大功率电子学的现代电机（步进电机）已越来越多地取代了电气式传动装置。

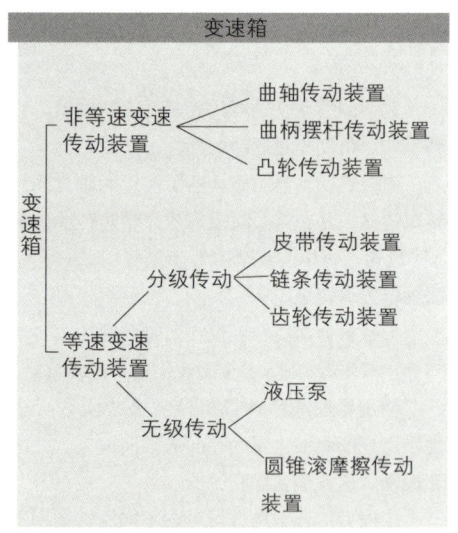

图3中的概览图：

变速箱
- 非等速变速传动装置
  - 曲轴传动装置
  - 曲柄摆杆传动装置
  - 凸轮传动装置
- 等速变速传动装置
  - 分级传动
    - 皮带传动装置
    - 链条传动装置
    - 齿轮传动装置
  - 无级传动
    - 液压泵
    - 圆锥滚摩擦传动装置

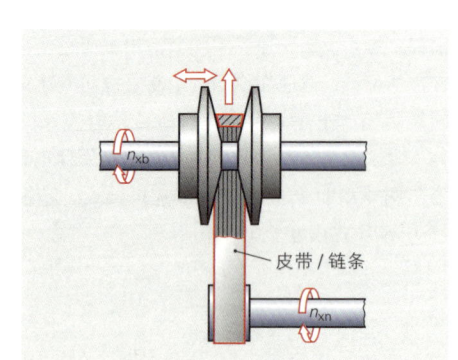

图3：无级变速带式传动装置

分级传动装置产生规定的转速频率和转矩。

最重要的分级从动转速传动装置是带式传动装置，如皮带传动或链条传动，以及作为齿轮传动装置或摩擦轮传动装置的轮式传动装置。

皮带传动装置无疑属于已知最古老的传动装置。它用于较大间距的跨越式传动。此外，皮带还可保护机床免受过负荷损害，平衡冲击负荷。由于这些优良特性，几乎每一种加工机床都使用皮带传动装置（图1和图2）。

链条传动装置的功能原理与皮带传动相同。只是噪声更大，弹性更小，但可传输更大的力。链条和链轮的制作材料差异极大，因此其形状也有极大的差异。

属于链条传动装置的零件还有：

- 链条导轨
- 链条张紧装置
- 减振装置
- 润滑装置

摩擦轮传动装置由于其过多的缺陷而于今日已几乎弃用（图4）。

计算平皮带传动装置（基本传动比）可用下列公式：

$$V_{An} = V_{Ab}$$

$$\pi \cdot n_{An} \cdot d_{An} = \pi \cdot n_{Ab} \cdot d_{Ab}$$

$$i = \frac{d_{Ab}}{d_{An}} = \frac{d_2}{d_1}$$

d 直径
n 转速
v 圆周速度
i 传动比

d_{An} 主动轮直径

d_{Ab} 从动轮直径

若是三角皮带，需使用有效直径 d_w!

有效直径 d_w = 外径 d_a − 2 · 修正系数 c

$$d_w = d_a - 2 \cdot c$$

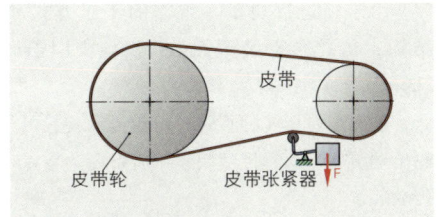

图1：皮带传动装置

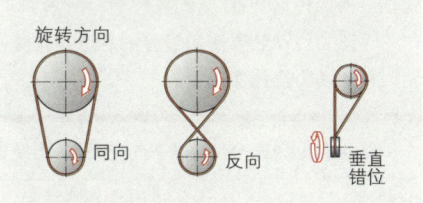

图2：转矩传输方式

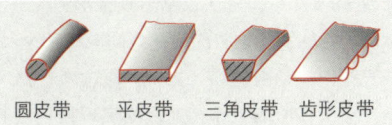

图3：皮带横截面

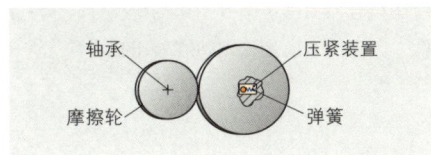

图4： 摩擦轮传动装置（也可作为无级变速传动装置）

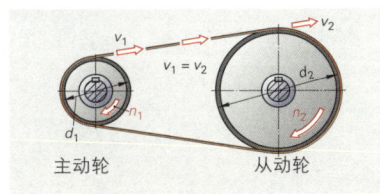

图5：皮带传动装置

计算举例：平皮带传动装置

设：主动轮（1）　　从动轮（2）

　　$n_1 = 300 \ 1/min$　　$d_2 = 120mm$

　　$d_1 = 50mm$

求：

a)从动转速多大？

b)传动比多大？

解：

a) $\pi \cdot n_1 \cdot d_1 = \pi \cdot n_2 \cdot d_2$

$n_2 = \dfrac{\pi \cdot n_1 \cdot d_1}{\pi \cdot d_2} = \dfrac{300 \ 1/min \cdot 50 \ mm}{120 \ mm} = 125 \ 1/min$

b) $i = \dfrac{d_2}{d_1} = \dfrac{120 \ mm}{50 \ mm} = 2.4:1$

由于高运行功率，可靠的工作方式和紧凑的结构，齿轮传动装置极为广泛地应用于加工机床（图1）。

根据齿轮形状的不同，齿轮传动装置可分为直齿轮传动装置，涡轮传动装置，齿条传动装置或锥齿轮传动装置。

如果至少有两对相对运行的齿轮副可供选用，这就是可换挡传动装置。

车床主传动装置使用最多的构造结构是滑动齿轮变速箱和动力换挡变速箱。

> 滑动齿轮变速箱仅在停机状态下才能换挡！

滑动齿轮组安装在一个花键轴上。通过一个变速杆或相应装置，每次仅啮合所需转速对应的齿轮副。滑动齿轮的紧凑型装配可达到高效率和小尺寸（图2）。

动力换挡变速箱（图3）通过离合器（例如盘式离合器）在所需工作转速之间实现换挡。其优点是可在运行过程中（负荷条件下）实施换挡。其缺点是因使用离合器而使整个变速箱结构尺寸较大，并且效率低，因为所有的齿轮副始终处于啮合状态。

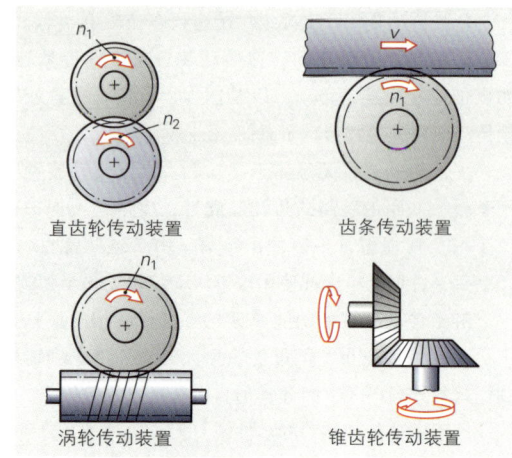

图1：齿轮传动装置

采用下列公式计算直齿轮传动装置（基本传动比）（图4）：

$$v_{an} = v_{ab}$$ d 节圆直径

$$\pi \cdot n_{an} \cdot d_{an} = \pi \cdot n_{ab} \cdot d_{ab}$$ n 转速

$$n_{an} \cdot m \cdot Z_{an} = n_{ab} \cdot m \cdot Z_{ab}$$ v 圆周速度

$$i = \frac{n_{an}}{n_{ab}} = \frac{n_1}{n_2}$$ z 齿数

z_{an} 主动轮齿数 i 传动比

z_{ab} 从动轮齿数 m 模数

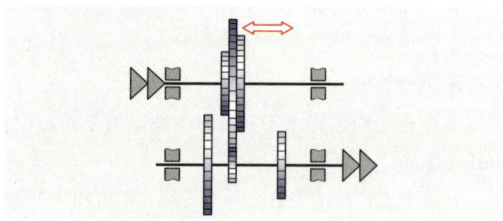

图2：滑动齿轮变速箱

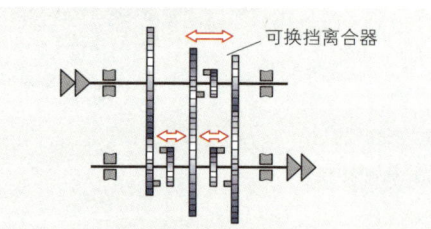

图3：动力换挡变速箱

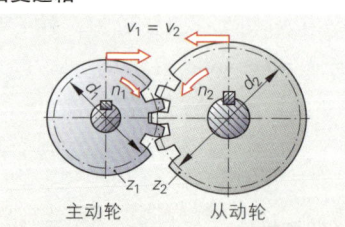

图4：齿轮传动

作业：

1. 请解释传动要素有哪些任务。

2. 请解释动轴与静轴的区别。

3. 请解释联轴器主要完成哪些任务。

4. 请解释可离合式联轴器主要完成哪些任务。

5. 请描述非等速变速传动装置与等速变速传动装置的区别。

6. 请用基本传动比公式计算齿轮传动装置的工作转速n和传动比。

这里，主动齿轮齿数40，转速400 1/min。从动齿轮齿数80。

6.3 按照加工方法分类加工机床

由于加工技术问题的多样性，构成各种加工机床类型的广泛性。例如图 1 所示便是两种截然不同的加工机床：成型加工和切削加工。为了充分了解种类繁多的加工方法，需对加工机床和加工方法进行系统分类（DIN 8580）。

图 2 所示为金属加工的加工机床分类。加工机床在这里被视为机械化或自动化的加工装置，它可将工件加工成规定的形状。这个加工过程是通过刀具与工件之间的相对运动完成的。

> 加工机床这个概念一般限定在三种加工方法范围之内：成型，分离和接合。

用于变形，涂层或改变材料特性（例如调质，渗碳淬火，渗碳）的加工设备不列入加工机床组。

成型：锻压机
锤头
立柱
锻模
机床床身
分离：刨床
刀具溜板
刀具
工件台
机床床身
刀具溜板驱动

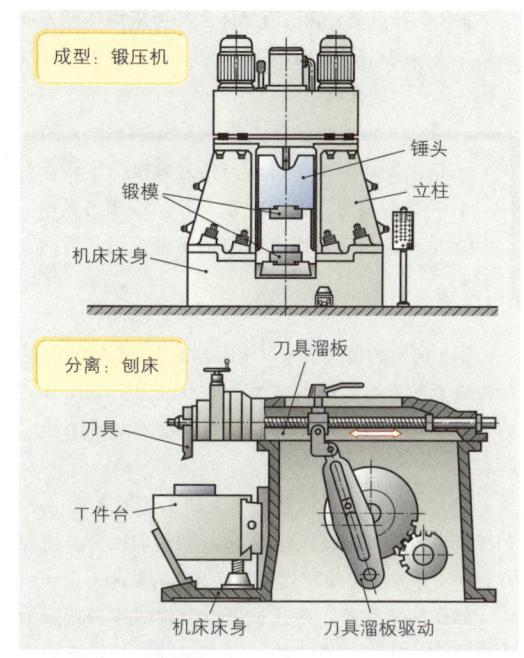

图 1：加工机床举例

加工技术的目的
材料的接合 创造
变形
■ 铸造或制造铸模的加工设备
■ 压铸机
■ 连铸机
■ 烧结加工设备
材料的接合 保留
通过重新排列改变材料特性
成型
■ 压力机
■ 锻压机
■ 轧机
■ 弯曲机
■ 拉伸机
■ 使用有效介质或有效能量使使工件成型的机器
材料的接合 变小
通过分离改变材料特性
分离
■ 钻床
■ 车床
■ 铣床
■ 磨床
■ 切割设备
■ 分离设备
■ 单用途机床
■ 刨床
■ 拉床
■ 锉床
■ 刷光机
材料的接合 变大
通过渗入改变材料特性
涂层
接合
■ 压焊机
■ 熔焊机

图 2：按照加工方法对加工机床的分类

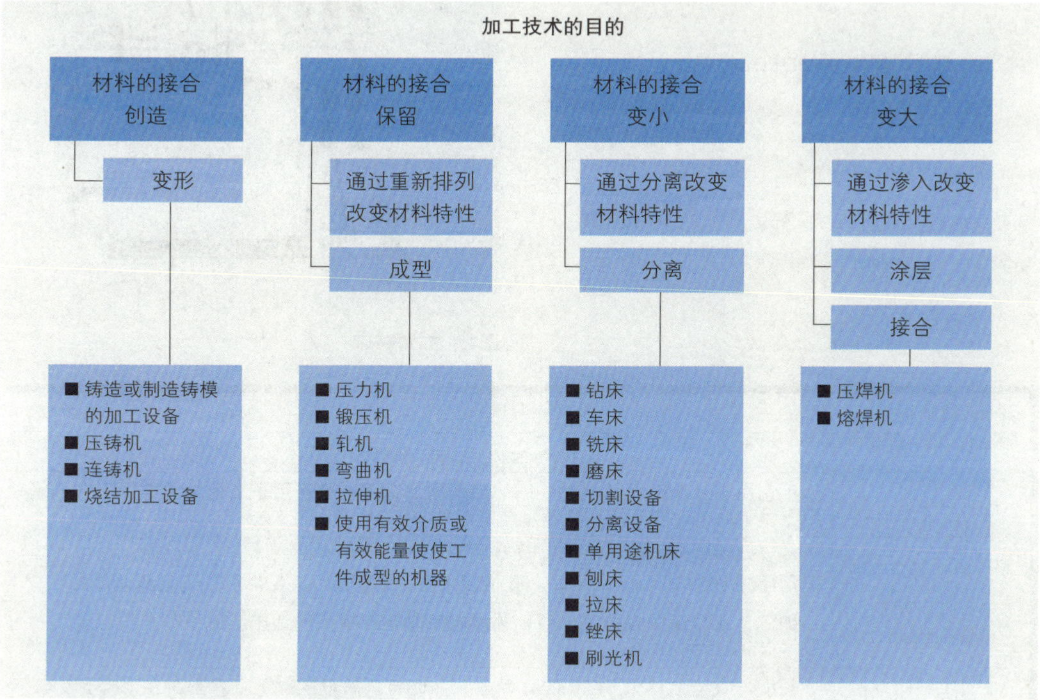

6.3.1 钻床

钻床的特点是，在所有钻床上均可采用任意一种钻孔方法，例如使用麻花钻头或硬质合金钻头，进行钻孔、锪孔、铰孔或攻丝。

> 钻床是切削加工机床，其刀具执行旋转运动，并具有指定几何形状切削刃。钻床刀具的切削运动与该刀具或工件的轴向进给运动同时进行。

图 1 所示的台式钻床可使用丝锥头进行攻丝。这种机床上的进给运动主要为手动，或由主驱动分支的进给驱动完成。根据工件尺寸，可手动调节相应的高度。

较大的工件可在摇臂钻床上加工（图 2）。这种钻床装有一个可围绕立柱做 360° 回转的摇臂。该摇臂支撑水平方向移动并装有相应刀具的钻床刀架。

如需加工大孔，钻孔过程中出现的各种切削力均由稳定的箱型支座吸收。双支座结构的钻床称为龙门钻床或坐标钻镗床。它们用于加工尺寸精度最高的孔。

表 1 列举出属于钻床的机床类型。

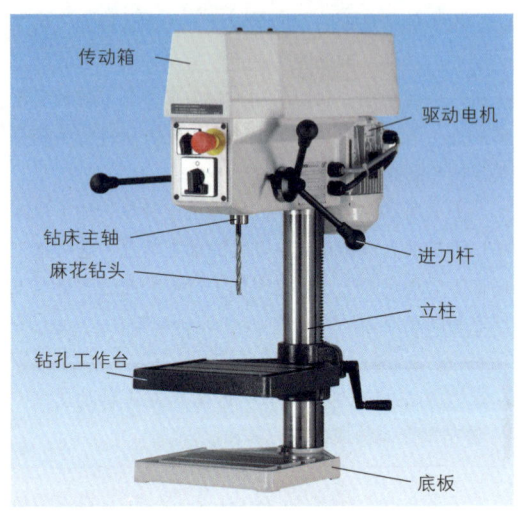

图 1：台式钻床

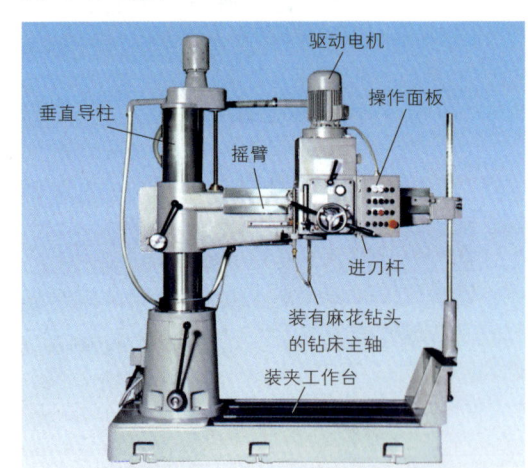

图 2：摇臂钻床

表 1：钻床类型	
机床类型	特征描述
手钻	手钻由于其高度可移动性，即可用于家庭范围，亦可用于工业企业范围。它一般采用电气驱动单元或压缩空气驱动单元。
单轴钻床	单轴钻床按其结构可分为台式钻床，立式钻床和摇臂钻床。台式钻床一般仅适于加工孔径最大约 30 mm 的小孔。孔径较大时，需使用立式钻床和摇臂钻床。
多轴钻床	加工钻孔数量很大的工件时，需使用多轴钻孔单元的钻床。通过数孔同时加工，可取得很高的经济效益。
深孔钻床	长度与直径之比大于 20 的孔需在专为此目的研发的深孔钻床上加工。专用刀具可采用高压冲洗。

6.3.2 车床

车床（图1）的特点是工件做旋转运动，而刀具（车刀）却不旋转。

> 车床是切削加工机床，其基本结构中用于加工回转对称工件的刀具不受驱动。车床上由工件执行切削运动，而由刀具执行进给运动。刀具切削刃呈指定几何形状。时至今日，车床的扩展结构中已较多使用受驱动的刀具。

车床名称按照其床身形状和主驱动轴与基础床身的相对位置命名。

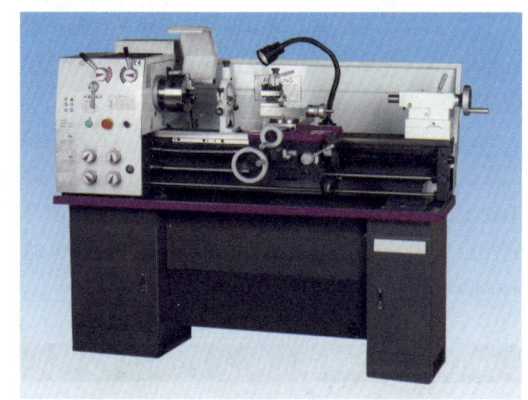

图1：车床

6.3.2.1 卧式车床

卧式车床的纵向溜板和横向溜板均位于水平位置（图2）。这种车床的床身支座具有很高的刚性，因此优先用于加工高精度工件。卧式车床也常用作手工操作的通用车床。如图1所示，其刀具位于车床中轴线前面，可为机床的手工操作人员提供良好的视野。刀具装夹采用简单的刀架或快装刀架。

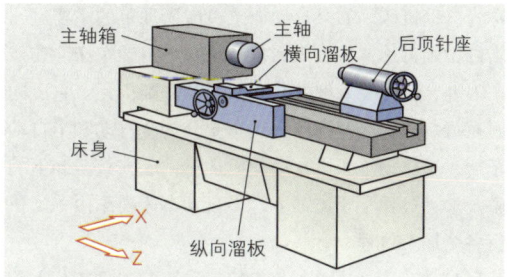

图2：卧式车床

6.3.2.2 床身倾斜式车床

CNC数控车床常采用倾斜式床身结构形式。这种车床的刀具位于车床中轴线后面，从而使炽热的切屑不会落到刀具上，冷却润滑液也能顺着倾斜的床身快速输送出去。与其他结构的车床相比，倾斜床身车床的热负荷危险也因此大幅度降低。图3所示的床身倾斜式车床的刀具夹具装有一个鼓轮式转塔。通过自动换刀，可实现一次装夹完成全部加工。

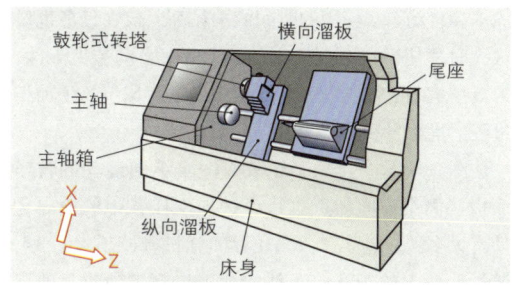

图3：床身倾斜式车床

6.3.2.3 双塔车床

与其他结构车床相比，双塔车床的优势在于自动加工短小工件。由于工件卡盘易于接近，便于实施工件的快速自动更换。如图4所示，两个平行的主轴箱可同时加工两个相同的工件。

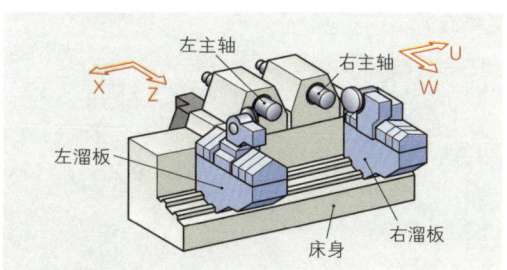

图4：双塔车床

6.3.2.4 立式车床

317 页所述车床的驱动主轴均位于水平位置。图1 所示立式车床则是立柱床身结构。其驱动主轴位于垂直位置。这种称为立式车床的结构形式可装夹大型工件，主轴却不必承受弯曲负荷。立式车床适用于加工大直径但长度并不过长的工件。重型工件在平面卡盘上装夹相对更为简便。旋转工作台下面的床身底座内部是主传动。这种结构的传动可产生最大达340000 Nm 的转矩，其功率输出超过 250 kW。

6.3.2.5 自动车床

可不需人工介入自动完成其加工过程的加工机床称为自动机床。如果自动加工机床所加工的主要是回转件，则可称这种机床为自动车床。自动车床除安装车刀外，还可装入例如钻孔单元和铣削单元。它可同时执行多个加工过程。自动车床分为全自动和半自动车床。全自动车床可自动完成从工件装夹直至卸下的整个加工过程，相比之下，半自动车床尚须由手动执行各个加工过程。

自动车床（图 2）与 CNC 车床（6.3.2.7 节）相反，它装备的是机械控制系统。由于加工过程的计划成本和自动车床使用的时间成本较高，仅在任务批量很大时才使用自动车床。自动车床上自动装夹工件，刀具按正确的加工顺序进入工件切削区域。每个加工过程的进给量和转速均已自动设定。

图 2 所示的自动车床装有一个纵向运动的转塔溜板。两个横向溜板执行各种加工任务中的横向运动。大多数自动车床由凸轮盘实施机械控制（图 3）。通过凸轮盘轮廓存储工件的加工步骤。凸轮盘的启动由工艺计划的加工过程顺序决定。每个凸轮控制一个溜板。

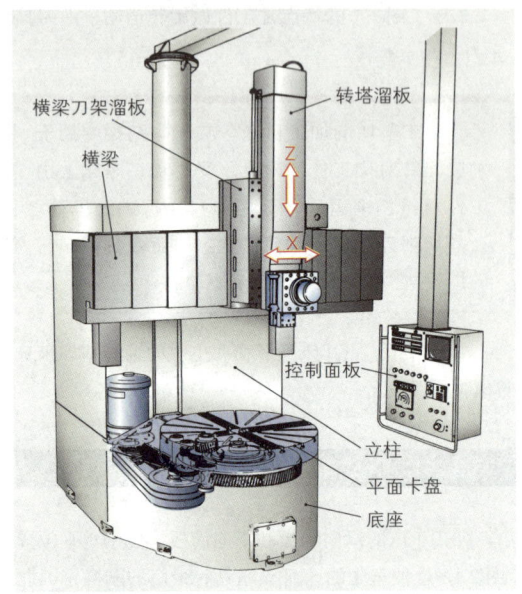

图 1：立式车床

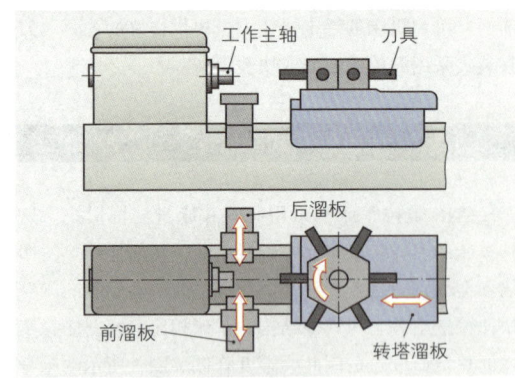

图 2：装有转塔溜板的自动车床

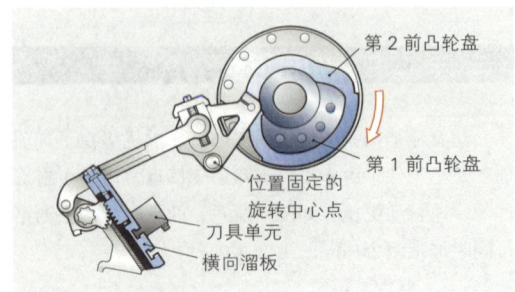

图 3：控制转塔溜板的凸轮盘

多轴自动车床的多根驱动主轴同时进行加工。图1所示是机械控制多轴自动车床剖面图。由中心主轴驱动的六根工作主轴可分步骤同时加工六个工件。六根工作主轴装在一个主轴箱内，根据加工步骤将主轴箱旋转至某个位置。每根加工主轴均配有一个横向溜板和一个钻孔单元。加工主轴前部的中心位置是一个中央纵向溜板箱，其功能是为六根工作主轴的任何一根提供纵向刀架溜板服务。多个凸轮盘或鼓轮执行溜板运动的机械控制。因此，应将图示的自动车床称为凸轮控制车床。

多轴自动车床的所有刀具可以同时工作。棒料装夹并进给完成后，进入例如第1工作主轴加工区，完成纵向车削和钻底孔。与此同时，其他的工作主轴执行其他后续加工步骤。第一个加工步骤完成后，主轴箱将各个工作主轴转至另一个位置。当第1工作主轴再次执行纵向车削和钻底孔时，第2工作主轴则同时进行精钻和倒角。主轴箱转动一周后，工件的所有加工步骤全部完成。

图2所示是一台配装CNC控制系统的多轴自动车床。计算机控制系统的装备成本大幅度低于凸轮控制的自动车床。与凸轮控制的自动车床相同，这台机床也是每个加工主轴仅完成一道加工步骤。每一道加工步骤完成后，主轴箱都要转动至一个新位置。

图3所示是多轴自动车床的主轴单元和刀具单元。六根工作主轴易于识别。每个主轴负责两个工件加工溜板。每个溜板均可轴向和径向运动。

溜板上可固定安装刀具或采用受驱刀具。溜板上装有一个与驱动主轴同步运行的装夹单元用于装夹位于对面的工件。这种车床因此可执行完整的切断加工，并紧接着加工工件背面。

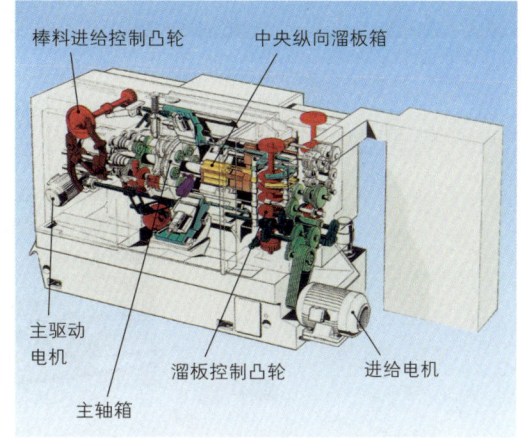

图1：凸轮控制的多轴自动车床

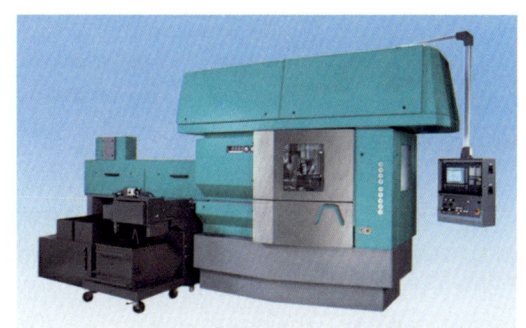

图2：CNC控制的多轴自动车床

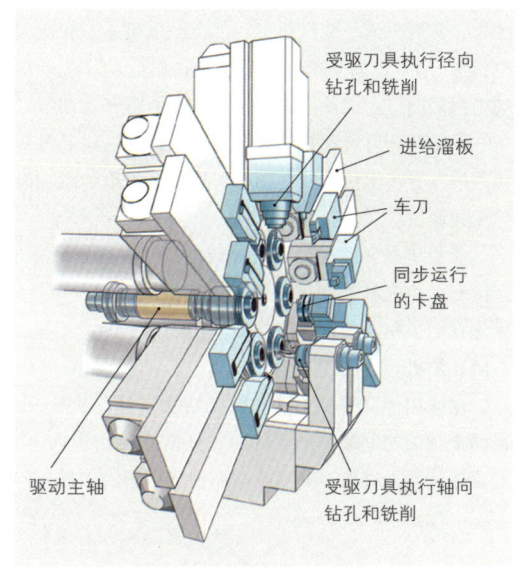

图3：自动车床的主轴单元和刀具单元

6.3.2.6　常规车床

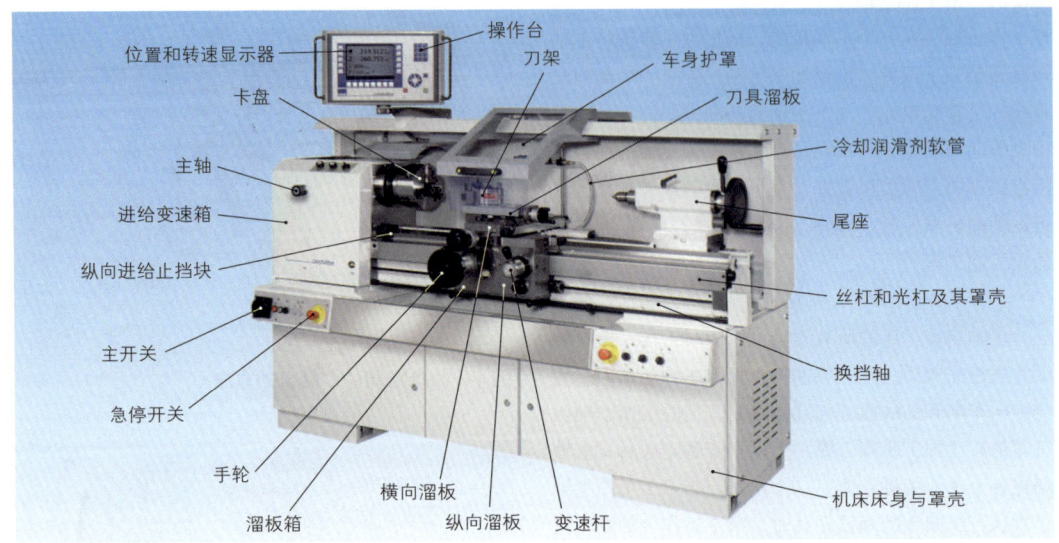

图1：常规车床

　　常规车床（图1）主要用于单件或小批量工件的加工。这种车床的优点是灵活性。但常规车床的应用范围极大程度上受工件形状的限制，因为对溜板只能采用轴向平行控制（直线控制）。相对于工件，刀具无法进行倾斜和径向运动。

　　图2显示常规车床的能量流。与 CNC 车床不同的是，常规车床一般仅装有一部驱动电机（三相交流电机），用于驱动全部切削运动和进给运动。位于驱动电机后面，由滑动齿轮变速箱执行卡盘转速调节。

　　新型车床可实现驱动电机无级调速。这里通过变频器改变异步电机的转动频率。据此可以取消滑动齿轮变速箱。

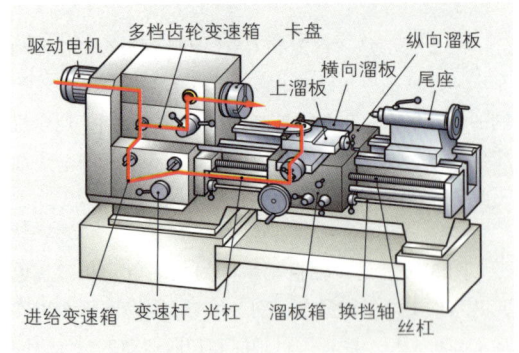

图2：车床的能量流

　　能量流在驱动电机之后分流至进给变速箱。通过进给变速箱的变速杆有效控制光杠和丝杠。纵向和端面车削时，由光杠控制进给量，而车螺纹时则改由丝杠控制进给量。丝杠螺帽手柄控制刀具溜板运动。但必须事先在溜板箱上确定纵向溜板或横向溜板的进给量。车削过程从操作换挡轴开始。它控制光杠和丝杠的左旋、右旋和停机。

　　尾座用于支撑长工件和装夹钻孔刀具。加工长工件时，尾座上装备一个随工件旋转的定心顶尖。加工需在两个顶尖之间装夹的工件时，还需在工作主轴内加装第二个定心顶尖。由此使工件准确定中心。工作主轴的旋转运动通过鸡心夹头或端面夹具传输给工件。

6.3.2.7　CNC – 车床

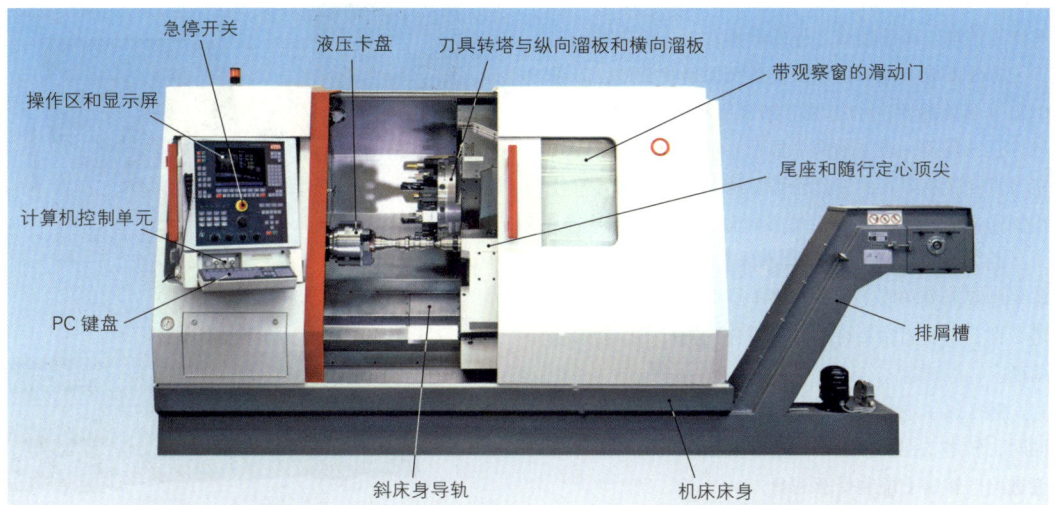

图 1：CNC 车床

CNC 车床（图 1）是装备计算机数字控制系统的自动化加工机床。这类机床用于加工中小批量工件以及复杂轮廓的单件工件。CNC 车床使用的目的是：提高生产率和加工灵活性，以及高产品质量前提下的经济性。

CNC 车床装有轮廓控制系统，可以加工任意轮廓（圆弧，斜面）的回转件。无论主传动轴的切削运动，还是横向溜板 X 方向和纵向溜板 Z 方向的进给运动，均由独立控制的驱动电机完成。图 2 显示从各电机开始的能量流。

与常规车床相反，CNC 车床可以不用人工介入，依序启动多把不同刀具的刀具运动。

CNC 程序依序逐句处理车床的加工运动和刀具运动。通过车床操作面板或外部计算机可完成程序的输入。图形表达法支持 CNC 编程。

使用图 3 所示的用户界面可按照程序设定进行加工模拟。这样可以避免可能出现的程序错误和刀具碰撞。

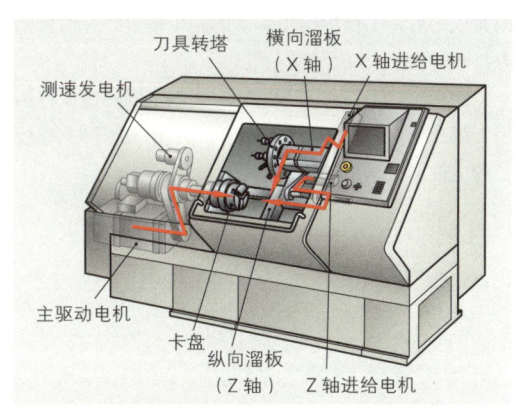

图 2：CNC 车床的能量流

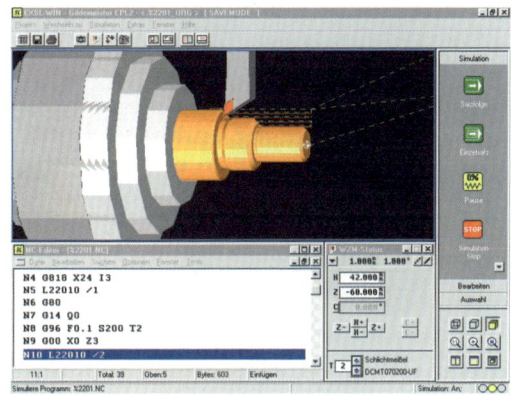

图 3：CNC 编程用户界面

CNC 车床的扩装

一根驱动主轴和一个刀具转塔且无驱动刀具的 CNC 车床仅能加工回转对称几何形状的工件。这类车床无法加工车削轴线之外的键槽，侧边孔或钻孔。

若要低成本地车削加工复杂几何形状工件，需对 CNC 车床实施不同的扩装。图 1 所示是一台 CNC 车床，它已配装一根主轴和一根副主轴以及三个装有固定刀具和受驱刀具的刀具转塔。两主轴可同步或单独控制转速。刀具转塔可在 X 方向和 Z 方向任意运动。

图 2 至图 4 所示是 CNC 车床多种扩装的可能性。若采用双刀具转塔，可在转塔 1 纵向车外圆的同时转塔 2 钻孔。受驱钻头可配合刀具分别执行不同的切削速度。

图 3 显示中心线之外的钻孔由转塔 2 执行。与此同时，转塔 1 在工件上铣键槽。这里，主轴按指定角度进给。转塔上配装受驱刀具。

图 4 所示是副主轴的应用举例。右边横向端面车削完成之后，工件由同步转动的副主轴接收并由两把刀具同时加工。

切断后，工件由两个主轴分别以不同转速执行加工。第二个刀具转塔装有随行的定心顶尖，可支撑较长的工件。

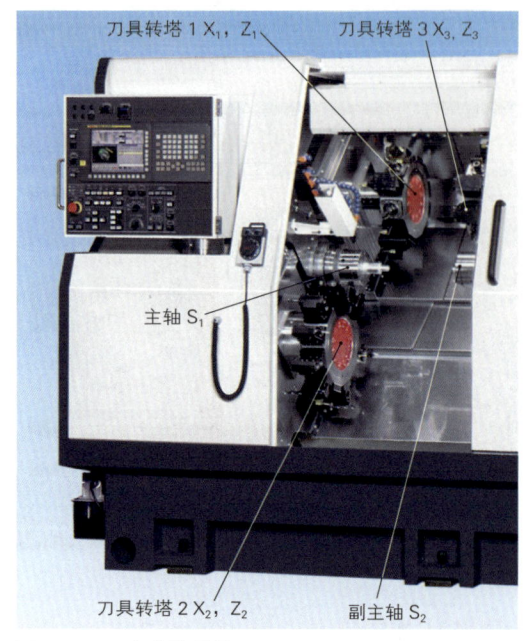

图 1：CNC 车床的扩装

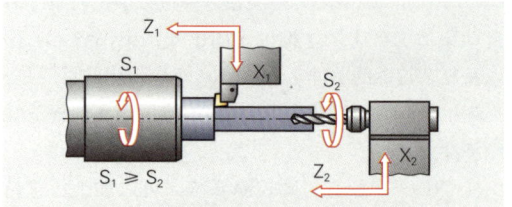

图 2：轮廓车削和钻孔

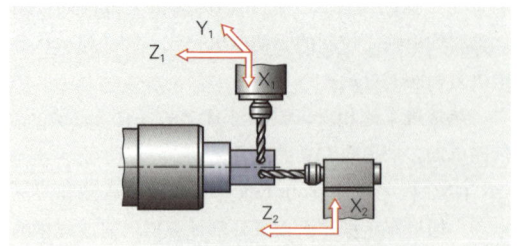

图 3：轴向钻孔和中心线外钻孔

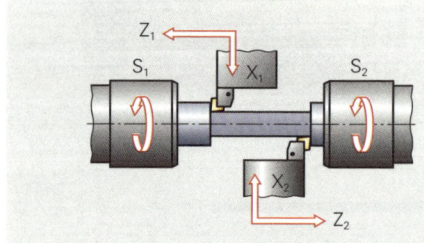

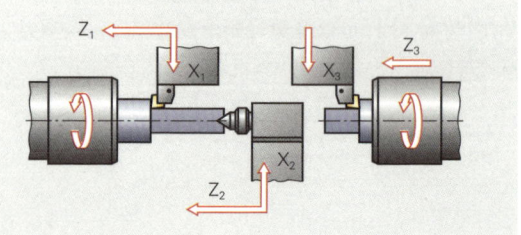

图 4：使用主轴和副主轴车削

6.3.3 铣床

铣床是其刀具可执行旋转切削运动的切削加工机床。其刀具切削刃具有指定的几何形状。根据铣床结构类型的不同，即可由刀具，亦可由工件执行铣床的进给运动。主进给运动垂直于主传动轴轴线方向。

铣床是根据溜板结构，工作主轴位置或加工面类型命名的。若按溜板结构命名，铣床基本可分为升降台式铣床（图1），卧式铣床（图2和图3）和龙门铣床（324页图1）。

若按工作主轴位置命名，铣床可分为卧式铣床或立式铣床。如果工作主轴可根据加工面的不同分别回转至水平位置或垂直位置，这种铣床称为万能铣床（图1）。

专用铣床根据加工面的类型划分。例如自动仿形铣床装有一个与刀具平行的传感器，其任务是扫描一个模型。然后根据扫描结果铣削工件。

■ 卧式铣床

装夹在卧式铣床上的工件不能像升降台式铣床（图1）一样进行高度方向的升降。高度升降运动只能由铣刀头完成。这种结构形式可以加工重型工件。根据铣床型号的不同，铣刀头还可以执行横向运动。铣刀头可横向运动的铣床称为十字床身结构（图2）。如果装夹工件的横向溜板执行横向进给运动，这种铣床称为十字工作台结构。如果所有轴向的进给运动均由立柱和铣刀头执行，可称之为固定立柱结构（图3）。

■ 万能铣床

万能铣床主传动轴的安装位置即可水平，亦可垂直。与图2所示卧式铣床相比，图3所示是一台立式结构铣床。图1所示的万能铣床上，工作主轴安装在垂直位置。借助可回转铣刀头，可在水平或任意倾斜位置上铣削工件。

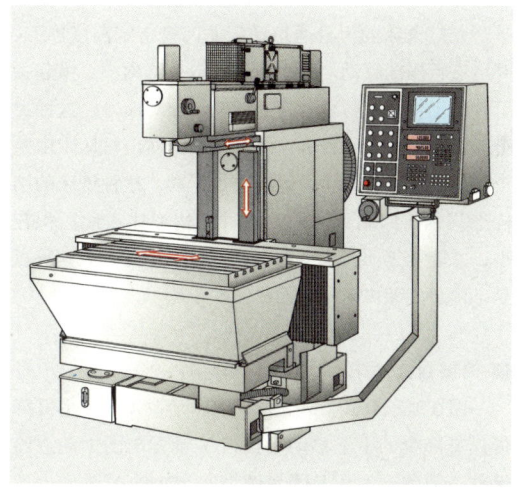

图1：万能铣床

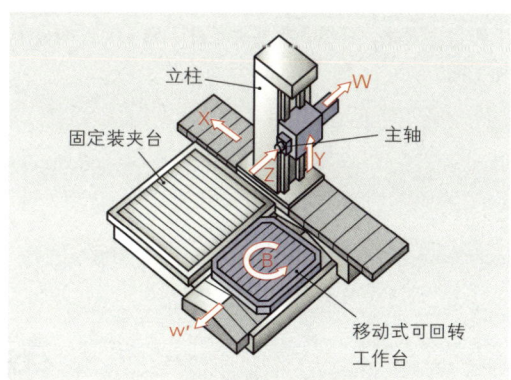

图2：十字工作台结构卧式铣床

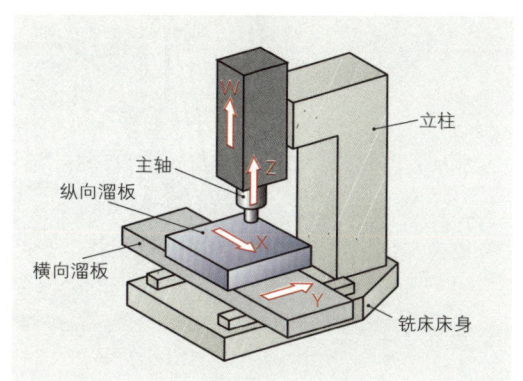

图3：立柱结构卧式铣床

■ 龙门铣床

在前文所介绍的所有铣床上均无法加工面积特大型工件。此类工件的加工需使用龙门铣床。

龙门铣床的刀具通过铣床龙门在指定高度进刀，并可进行横向移动。图1所示的台式结构中，由装夹工件的工作台执行纵向进给运动。相对而言，这种类型的铣床占地面积较大。图2所示的龙门铣床则由整个铣床龙门的移动执行纵向进给运动。这种铣床的结构形式称为门架式结构。这种结构形式占地面积较小，并能加工比台式结构铣床更重的工件。但其缺点是，由于门架纵向移动而灵活性较低。

■ 升降台式铣床

图3所示升降台式铣床装有一个高度可变的升降台。升降台的上下移动可执行Y轴方向的横向进给运动。与此同时，升降台旁纵向溜板的X轴方向运动执行升降台式铣床的进给运动，铣刀头的横向移动执行Z轴方向运动。升降台可回转并装有一个旋转工作台。因此，可在一次装夹条件下加工工件的多个加工面。

图1：台式结构龙门铣床

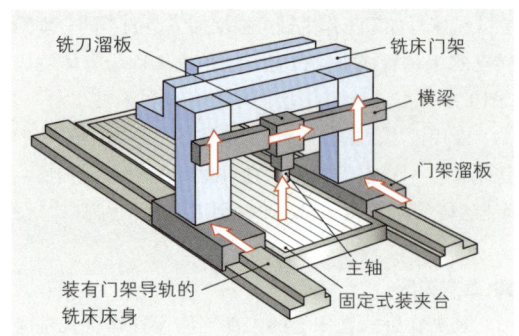

图2：门架式结构龙门铣床

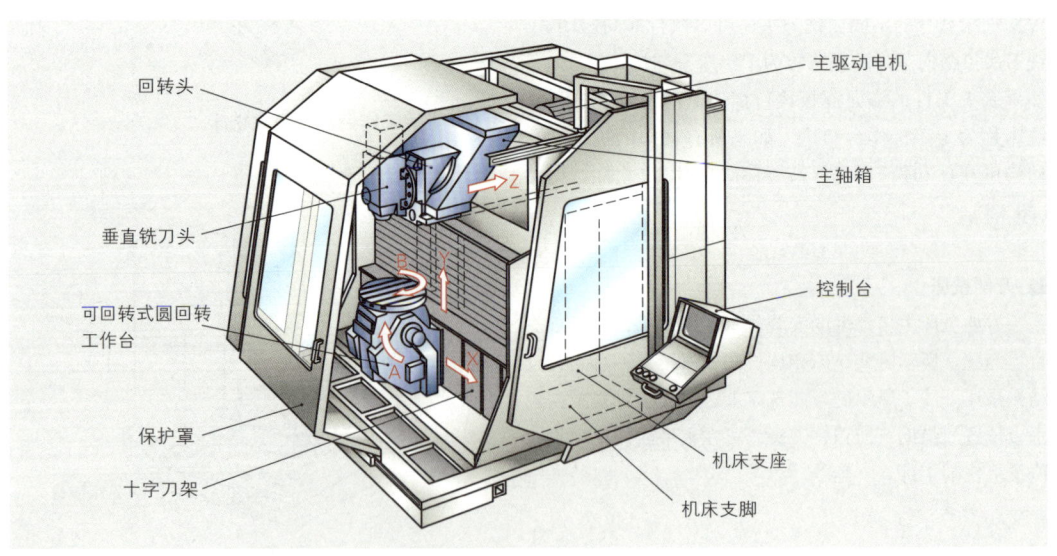

图3：装有回转工作台和圆回转工作台的升降台式铣床

■ **高速铣床**

　　高速铣削（HSC）指切削速度大幅度高于普通计算机数控铣削速度，即切削速度高出 5 至 10 倍。与此同时还提高了进给量，但降低了切削深度 a_e。高速铣削主要用于针对已淬火钢件或高速切削钢的硬铣。由于切削速度很高，这种切削方法可获得良好的工件表面质量。

　　图 1 所示高速铣床可实施五个轴线方向的加工，因此可铣削复杂轮廓。采用小型仿形铣削时，可以任意铣出几乎所有内部轮廓，而这样的轮廓迄今为止只有通过线切割方法才能加工。本页图示的高速铣削加工举例表明，高速铣削甚至可以在铣刀轮廓两个铣削触点之间狭小的中间空间内铣出手机壳体。刀具形状是在淬硬状态下铣削成型的。

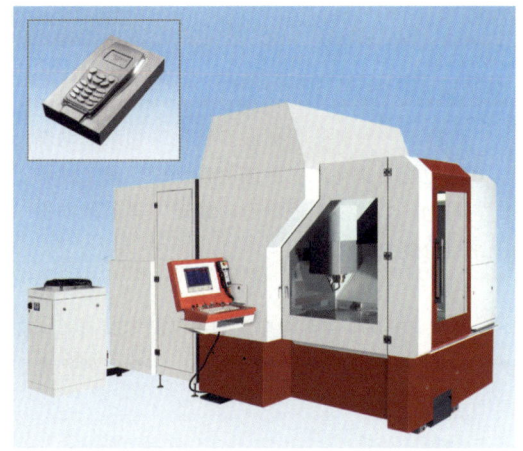

图 1：高速铣床

■ **常规铣床与 CNC 铣床的差别**

　　通过对比常规铣床与 CNC 铣床，即可确定其基本差别。常规铣床（图 2）仅有一个控制系统。而且仅由一台驱动电机实施切削运动和进给运动。铣削主轴和进给主轴必要的旋转运动则必须经由变速箱进行调节。可调式止挡装置用于结束纵向溜板和横向溜板的进给运动。溜板的运动还可通过手轮进行手动调节。

　　而 CNC 铣床装有一个轮廓控制补偿系统。根据结构的不同，可以同时运行两轴、三轴，甚至更多轴。切削运动由主驱动电机执行，但进给运动则由各自的进给驱动电机完成。图 3 所示的 CNC 铣床已经不再装备手轮。各种溜板运动均由操作台控制。

　　机床安装后，一般需试运行复杂的 CNC 程序，即在铣床操作人员不介入的条件下，自动加工一个工件的完整轮廓。图 3 所示的 CNC 铣床未配备刀库。如需换刀，必须由铣床操作人员手工换刀。而装备换刀装置和刀库的 CNC 铣床可实现自动换刀。

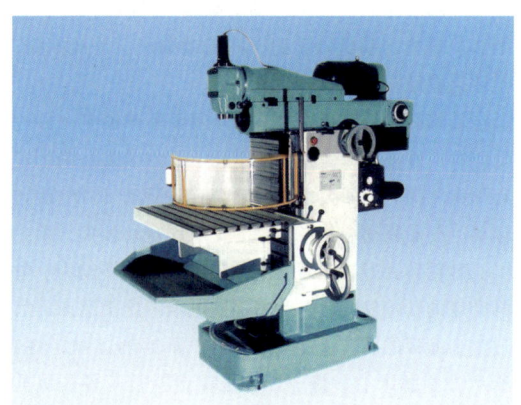

图 2：常规铣床

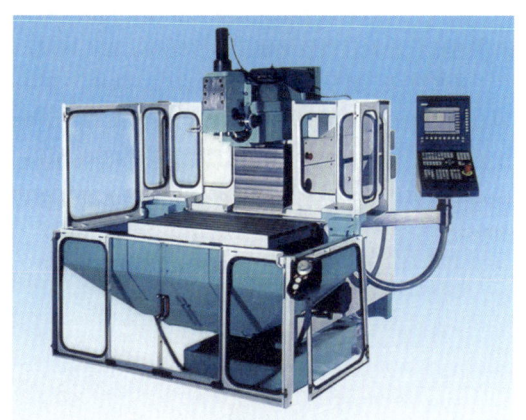

图 3：CNC 铣床

6.3.4 磨床

磨床一般装备圆柱形刀具，其切削运动基本通过旋转来完成。磨床的切削运动是工件和刀具的一个或多个进给运动以及刀具的横向进给运动叠加而成。

磨削对磨床的任务和要求因工件的不同而差异极大。因此磨床的结构形式种类繁多。下文所列是最主要的若干种磨床。

6.3.4.1 外圆磨床

外圆磨床因其进给运动由旋转工件执行而得名。第 2 个进给运动由刀具的纵向运动构成。与此同时，工件完成径向的横向进给。

外圆磨床（图 1）专门设计用于外部加工。砂轮受驱对工件进行纵向和横向运动。工件装夹在两个定心顶尖之间。端面夹具从驱动端传输驱动工件的旋转运动。在非驱动端装夹工件的是从动定心顶尖。

砂轮作为刀具在磨削主轴溜板接受旋转动力。外圆磨床的砂轮仅能对工件做径向进给。这类磨床需通过整个溜板的旋转才能完成工件斜面磨削过程。图 1 所示外圆磨床上，整个工件工作台执行工件的纵向进给。

无心外圆磨床（图 2）的工件在一个砂轮和一个导轮之间穿梭运动。为防止工件在两个砂轮之间打滑，用一个支承条稳定工件。导轮缓慢旋转使工件做圆周进给。导轮轻微倾斜使工件缓慢驶出加工区域。

工具磨床（图 3）用于车刀和刨刀，钻头，铣刀，刀盘和锯片等刀具的刃磨。示意图中的工具磨床可加工带有螺旋槽和直线槽的刀具。其进给运动和切削运动均由计算机数字控制，因此可以全自动磨削复杂刀具形状。

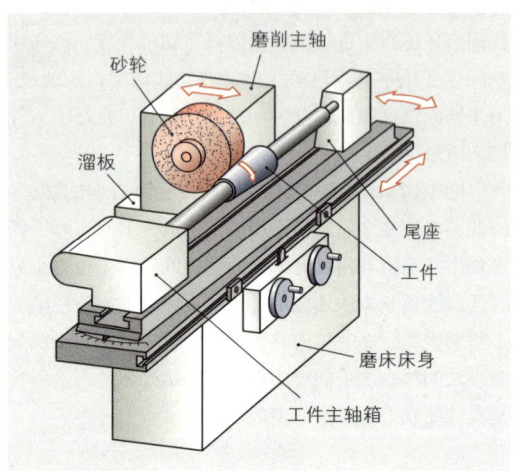

图 1：外圆磨床

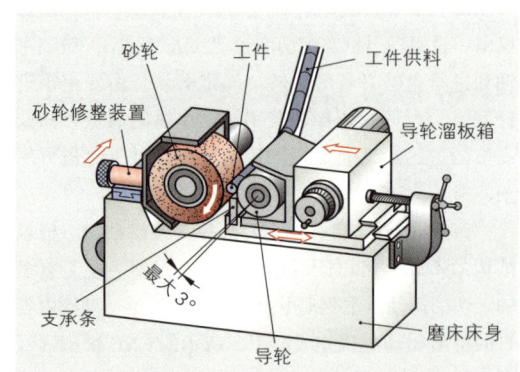

图 2：无心外圆磨床

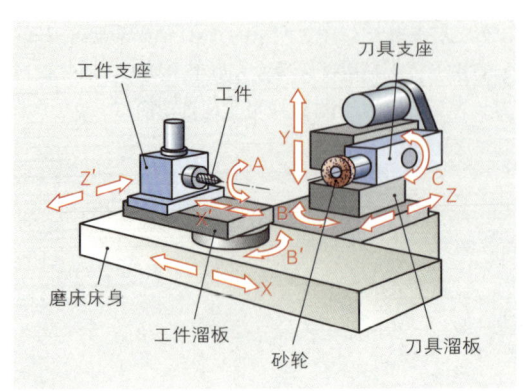

图 3：工具磨床

万能外圆磨床（图1）与普通外圆磨床的区别只是它附加了一个内圆磨装置。该装置可以磨孔。内圆磨装置由夹紧内圆磨削主轴的十字溜板组成。该十字溜板执行纵向和横向进给。

与内圆磨装置一样，外圆磨装置也装有一个十字溜板。磨削主轴在该溜板上可以回转。纵向磨削时，Z轴方向执行进给，X轴方向执行步进横向进给。横向磨削时，其进给和横向进给的轴向正好相反。斜面磨削时，万能外圆磨床通过磨削主轴的相应倾斜和X轴与Z轴方向同时进给完成斜面磨削。

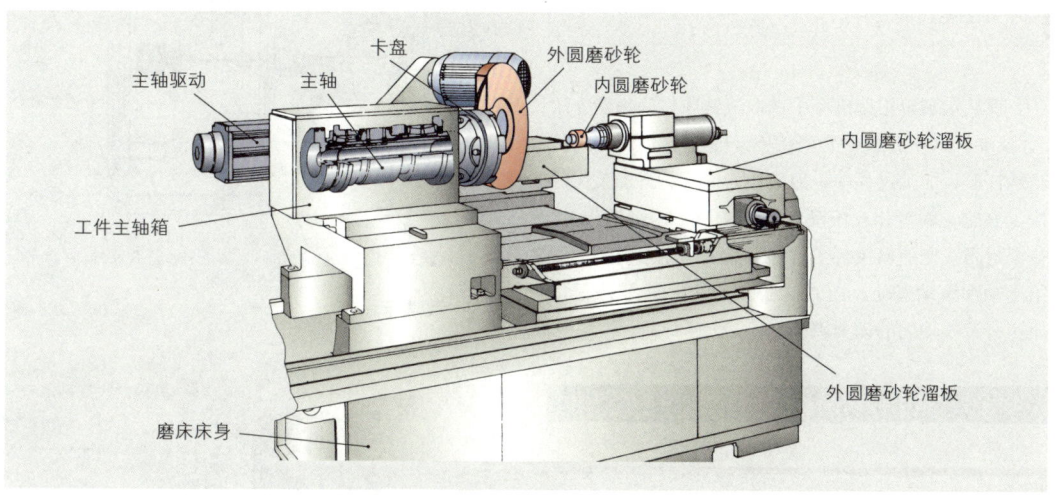

图1：万能外圆磨床

6.3.4.2 平面磨床

平面磨床（图2）用于加工平面。这类磨床可采用圆周磨削和端面磨削两种磨削方法。平面磨床的工作主轴处于水平位置。工件装夹在可做纵向进给运动的长工作台上。

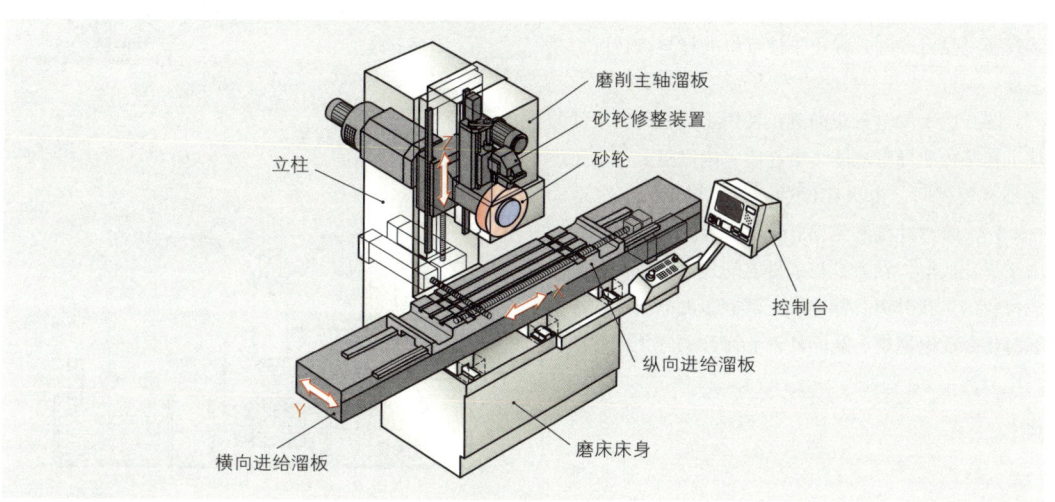

图2：平面磨床

6.3.5 单用途机床

专用加工机床设计用于仅完成某种特殊加工任务。它们必须具备特殊的运动学功能，用于加工相应的工件。

现从众多单用途机床中选取滚铣床作为举例介绍（亦请参见第 4 页照片）。滚铣床刀具的几何形状为传动蜗杆形。加工过程中，刀具作为蜗杆，待加工齿轮作为涡轮，两者相互滚动。在图 1 所示的滚铣床上，一个封闭式变速箱执行工件和刀具之间相互协调的进给运动和滚动运动。而 CNC 滚铣床则由电子滚铣模块执行滚铣轴向的动力耦合。

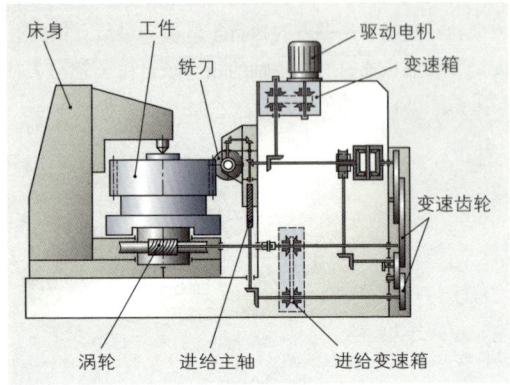

图 1：滚铣床

6.3.6 非机械切削机床

非机械切削机床指通过化学、电化学或热学作用将材料微粒从工件中分离的机床。

腐蚀装置进行化学分离，电化学分离则在电解液内，在作为阳极的工件与作为阴极的刀具之间通过电荷交换来实现。将阴极连续下沉，可导致刀具的负图像复制在工件上。这种加工方法所使用的电化学蚀刻装置通过强力冲洗，阻止工件溶解的材料微粒沉积在阴极。

图 2 所示的电火花蚀刻设备用于热分离。工件的加工在某种非导电液体（电介质）内进行。与电化学蚀刻装置相同，电火花侵蚀刀具也做连续下沉运动（图 3）。通过冲洗和定时抬升刀具实现材料的分离。由于火花放电，在刀具与工件之间最近距离接触点形成材料的点状分离。脉冲发生器制备的电流在脉冲关断时切断放电通道，从而使向心爆炸的气化微粒从材料中分离出去。

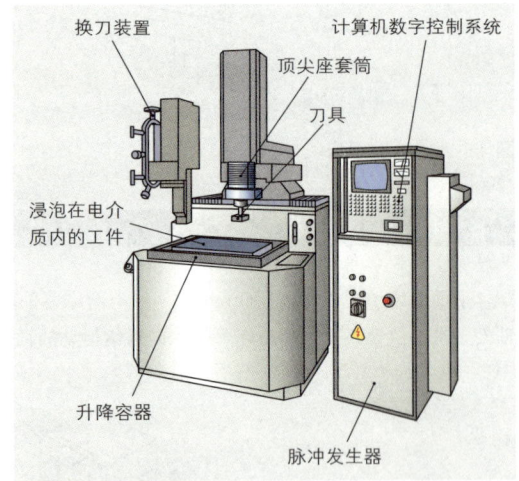

图 2：电火花蚀刻装置

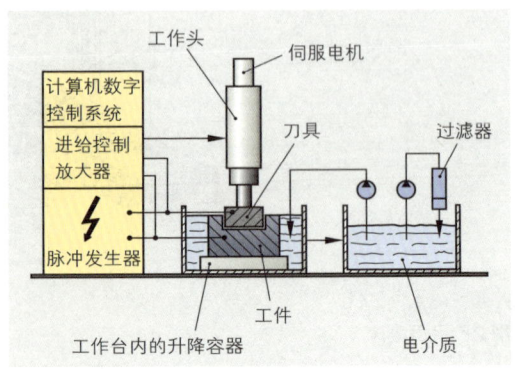

图 3：电火花蚀刻装置的结构

6.4 加工机床的分析，立项和试运行

　　VEL 机械股份有限公司现在得到一份订单：批量生产图1 所示的机床虎钳。

　　底板的加工（图2）应在一个新装备的加工范围内进行。作为公司员工，您现在收到如下任务：检查某已经停止运行部门的 CNC 铣床（图3）的加工能力，选取装夹刀具和工件所需的夹具，做好 CNC 铣床试运行准备。

6.4.1 加工机床的分析

　　如果将加工机床视为一个技术系统，本节所述的加工机床，其主要功能是采用铣削方法加工工件。若要完成主要功能，必须完成各种不同的子任务。例如刀具的驱动由机床的多个部分参与完成。加工机床上执行某个任务或功能的所有零件汇集成一个单元。这种单元称为功能单元。图3 所示为 CNC 铣床所有重要功能单元的名称。

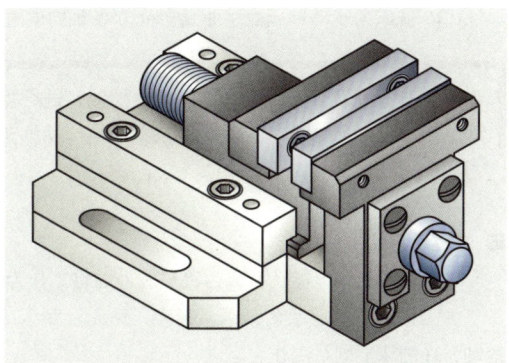

图 1：机床虎钳

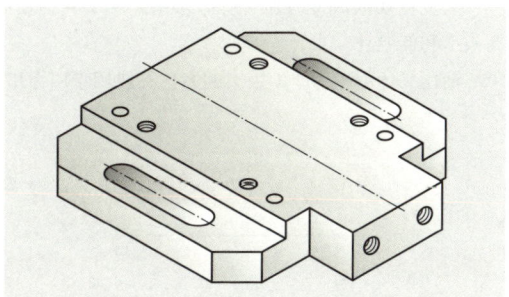

图 2：机床虎钳底板

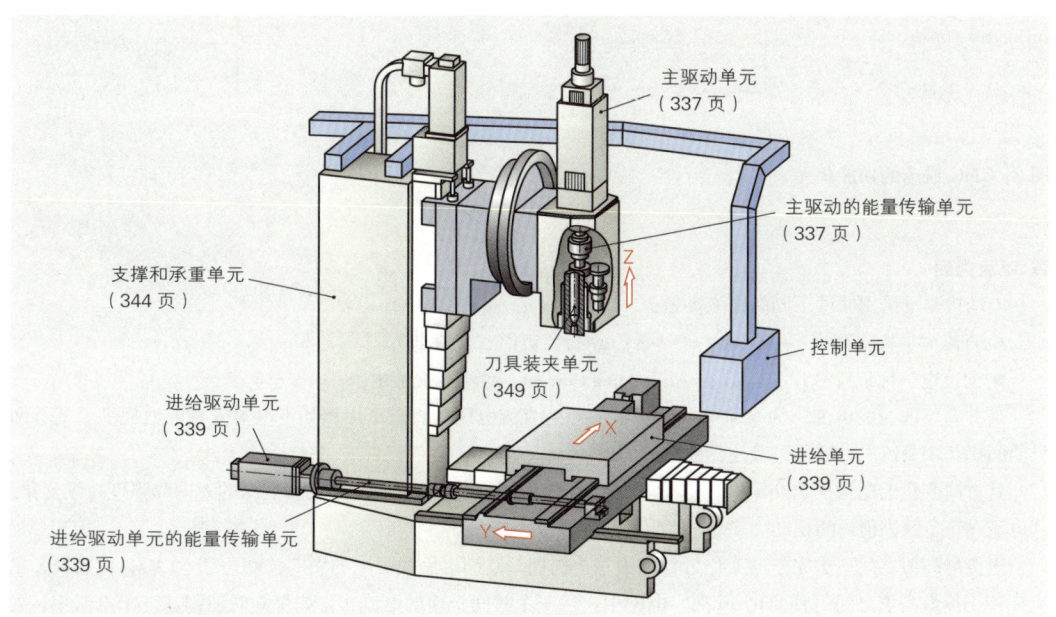

主驱动单元
（337 页）

主驱动的能量传输单元
（337 页）

支撑和承重单元
（344 页）

控制单元

刀具装夹单元
（349 页）

进给驱动单元
（339 页）

进给单元
（339 页）

进给驱动单元的能量传输单元
（339 页）

图 3：CNC 铣床的功能单元

6.4.1.1　驱动单元

CNC 铣床的驱动单元由主驱动单元和各轴向的进给驱动单元组成。

> 主驱动单元执行驱动切削运动的功能，进给驱动单元则执行各轴向的进给运动。
> 一个完整的驱动单元应由电机，能量传输单元以及控制单元组成。

■ 主驱动单元电动机

主驱动单元将电能转换成为机械能，并将之作为运动能提供给加工机床执行主运动。

加工机床的主运动在车床、铣床、钻床、磨床或锯床上是主轴运动，在压力机和插床上是滑块和挺杆的运动，在刨床上则是工作台运动。

加工机床的驱动发动机有两种不同的工作原理：电动机和液压马达（图 1）。

大多数切削成型的加工机床采用产生旋转运动的电动机做主驱动电机。其原因在于电动机的两大特点：高效率和低温升。

液压马达由于可产生极大的力，一般用于压力机。

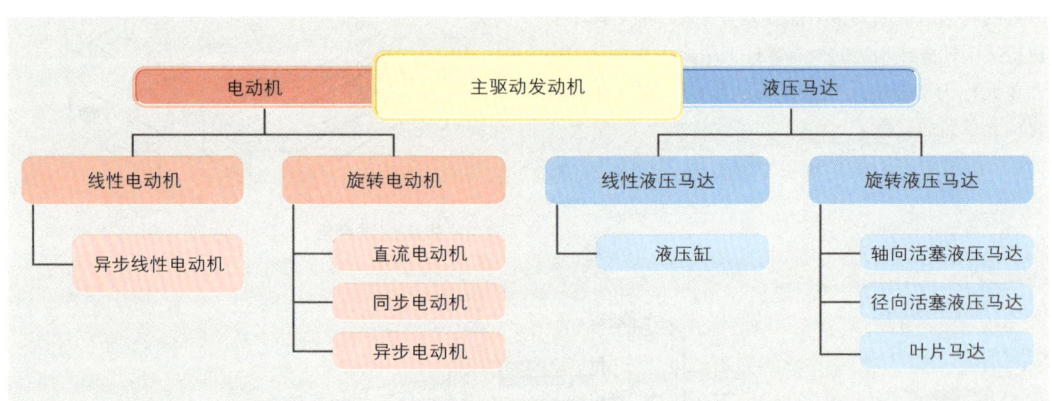

图 3：CNC 铣床的功能单元

■ 电流类型

电动机驱动采用两种不同的电流类型：

- 直流电　标记符号：– 或 DC（=Direct Current – 英语：直流电）。
- 交流电　标记符号：~ 或 AC（=Alternating Current – 英语：交流电）。

其方向不改变的电流称为直流电。这类电流产生直流电压。直流电由例如干电池或蓄电池提供。从电网只能间接获取直流电，即通过整流器获取直流电。

其方向变化的电流称为交流电。这类电流产生交流电压。交流电流及其交流电压的方向和强度持续变化。其电流在正负最高值之间摆动。

正负最高值之间一次完整的变化过程称为一个周期。欧洲电网交流电的周期波动达到 50 Hz，就是说，电流在其正负最高值之间每秒变化 50 次。电网中产生三个时间交错的电流相。如果同时使用这三个电流相，即可得到一个三相交流电流（参见 352 页）。

■ **直流电动机**

与同步电动机和异步电动机相比，直流电动机的优点是相对简单的转速控制。

观察直流电动机的结构（图 1），它由一个嵌有电枢绕组的可旋转电枢和一个固定在电动机定子上的恒磁磁铁组成。恒磁磁铁产生一个恒定的励磁磁场，而电流通过电枢绕组后才产生电枢磁场。

可旋转的嵌入式电枢绕组（图 2）位于恒磁磁铁的南北极之间。电枢绕组通过碳刷和集电器由直流电源供电。电流流过电枢绕组即形成一个围绕其自身绕组的磁场。与恒磁磁铁相同，磁场北极位于电枢绕组的一端，磁场南极位于电枢绕组的另一端。

恒磁磁铁与电枢绕组之间的磁场磁极相互吸引，从而产生电枢绕组的旋转运动。如果电枢绕组达到某个假设的固定位置，集电器便在电枢绕组内产生电流换向。该电流换向的同时也使电枢绕组的磁极转换，并导致电枢磁极继续旋转。

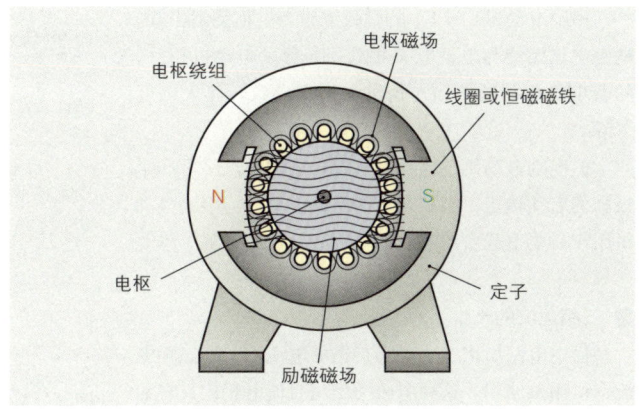

图 1：直流电动机的结构和磁场

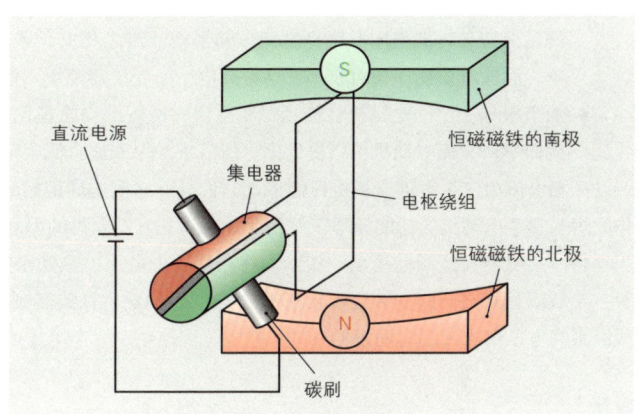

图 2：直流电动机的结构件（原理示意图）

■ **直流电动机的特性曲线**

直流电动机根据励磁绕组和电枢绕组的电路划分。主要分为分励电动机和串励电动机。这些电动机各表现出不同的、决定着电动机应用范围的特性曲线。图 3 所示是分励电动机示意图及其转矩 – 转速 – 特性曲线。

分励电动机的励磁绕组与电枢并联。启动时，分励电动机仅有较小的转矩。直至达到额定转速后，这类电动机才有稳定转矩。分励电动机用于例如 CNC 机床的进给驱动。由于刀具并未在启动时立即切入工件，进给驱动电动机可在无负荷状态下达到其额定转速。出现负荷后，电动机转速仅有微量下降。

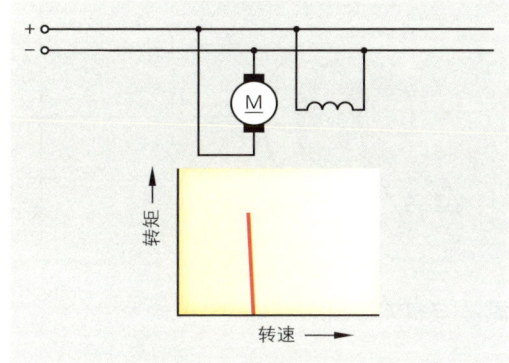

图 3：直流分励电动机的特性曲线

串励电动机（图1）的励磁绕组与电枢绕组串联。励磁电流始终与电枢电流相等。与分励电动机相反，随着电机负荷的增加，这种关系可导致转速大幅度下降。

但串励电动机也因此而具有自己的优点：可产生极高的启动转矩，例如客车的启动电动机。串励电动机用于需要重载启动的机器（例如起重设备）。

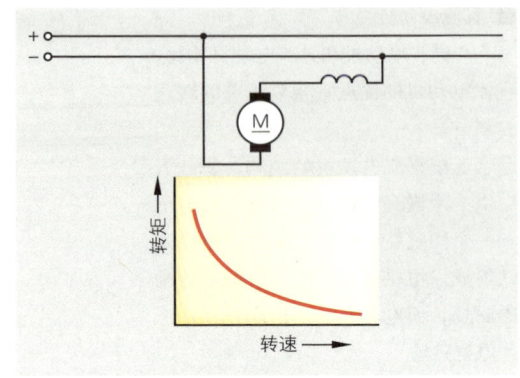

图 1：直流串励电动机的特性曲线

■ 三相电流的产生

供电电网提供三个时间交错的电流相，即三相电流，供用户使用。这种电流类型与直流电相比具有如下优点：

- 三相电流的各电流相可进行远距离传输，损耗却很小。使用直流电时必须采用较大的导线横截面，目的是保持导体低电阻并降低电流传输损耗。与之相反，采用相对较小的导线横截面可传输极高压交流电，而输电损耗却相对较小。这种高电压由变压器产生。但变压器只能用于交流电。
- 加工机床主驱动电动机在使用三相电流时所需结构原理比前文所述的直流电动机更为简单。由于其结构简单，交流电动机价格更低廉，所需维护保养比直流电动机更少。

三相电流由三个等值交流电压组成，它们彼此之间的周期时间相错1/3。交流发电机产生三相电流，其工作原理与直流电动机的功能原理正好相反。现将交流发电机的原理简述如下：

将一块磁铁在线圈前运动，线圈内将产生一个电压。磁铁距线圈越近，线圈内所产生的电压值越高。如果三个线圈相互之间的安装位置相互错位120°，恒磁磁铁旋转到每一个线圈时均会产生一个交流电压。每个线圈最高电压值出现的时间是错开的。在电流回路中，三个电压产生一个三相交流电流（图2）。

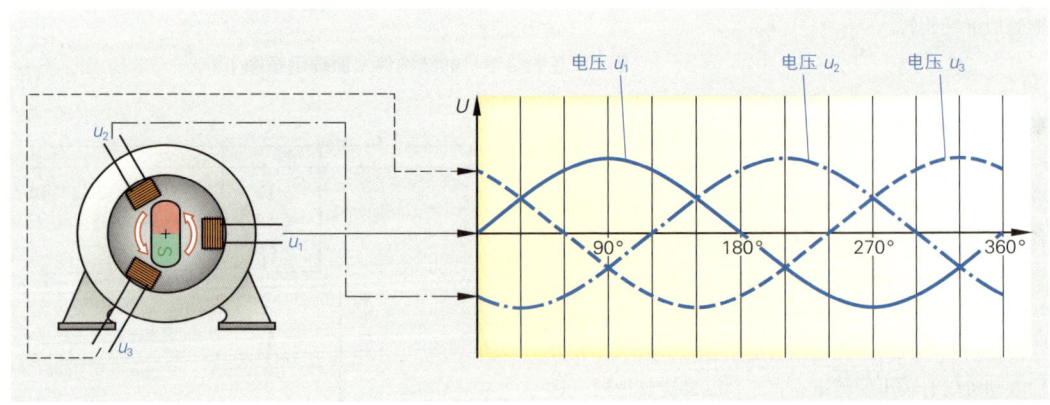

图 2：三相交流电流的产生

■ **三相交流电动机**

如果将三个相互错位 120° 的线圈接入一个三相电流电路，每个线圈内均将产生一个磁场，其强度随各相电压的变化而变化。由于各线圈达到其最大磁场强度的时间点各不相同，电动机定子内便生成一个旋转磁场。如果将一个恒磁磁铁装入该旋转磁场，该磁铁将随旋转磁场旋转。这与前页描述三相电流产生的原理相同，只是交流电动机与之相反而已。

三相交流电动机也按两种功能原理分类：

- 同步电动机。
- 异步电动机。

■ **同步电动机**

同步电动机的结构如图 1 所示。转子由一个恒磁磁铁组成。电动机定子内固定着三个相互错位 120° 的线圈。线圈与供电电网的三相电流导线连接。电网零线构成电流回路。

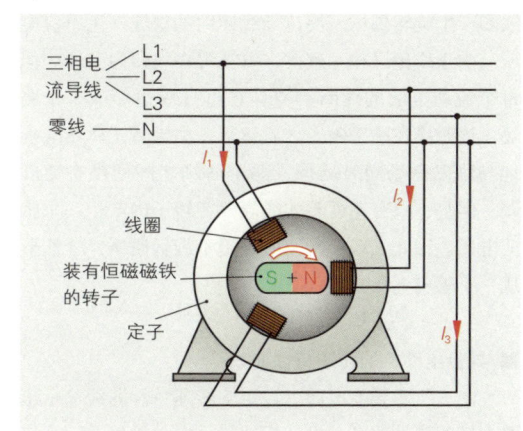

图 1：同步电动机的结构

■ **同步电动机的转速特性曲线**

同步电动机无负载运行，就是说，没有外部转矩同步影响三个相互错位 120° 线圈产生的旋转磁场。

如果同步电动机加上负载，转子将比旋转磁场略微滞后，但仍然与旋转磁场同步运行。转子滞后的角度称为功角（图 2）。该角度随负载增加而加大。如果转子滞后过多，电动机"脱离同步"，便不能再与旋转磁场同步运行。此时转子将立即停转。这种负载称为"倾覆转矩"。倾覆转矩约两倍于电动机制造商给定的额定转矩。正如图 2 转矩 – 转速特性曲线所示，负载增大时，转速仍继续保持不变，一旦达到倾覆转矩，转速即急速下降。

■ **同步电动机的转速控制**

同步电动机的转速取决于供电电网频率。若频率为 50 Hz，所产生的转速为 3000 min^{-1}。如果将同步电动机用作加工机床的主驱动电动机，要求其具备不同的转速。常规加工机床通过多档变速箱变换转速，相比之下，CNC 加工机床采用无级变速。无级变速装置需使用电子整流器和脉冲 – 逆整流器。同步电动机的转速范围可在 –5000 ～ +5000 min^{-1} 调控。

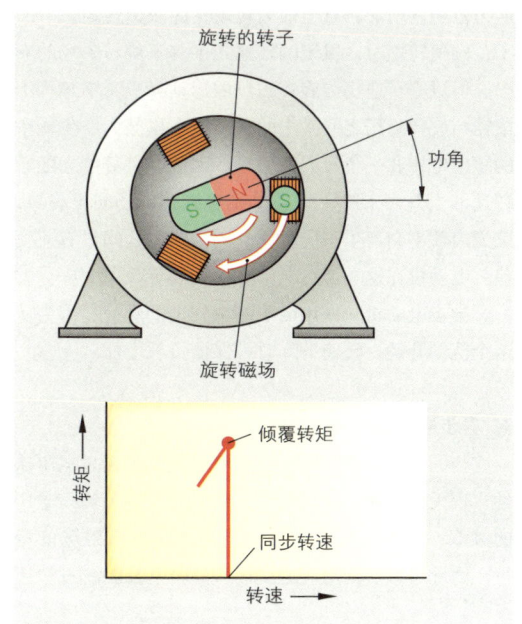

图 2：步电动机的功角和特性曲线

■ **异步电动机**

异步电动机的结构与同步电动机相仿。它与同步电动机的区别在于，其转子不是由恒磁磁铁，而是由装有线棒和叠片铁芯的鼠笼组成。线棒相互连接，因此称为鼠笼转子。异步电动机的定子装有三个相互错位120°的线圈，它们产生旋转磁场（励磁磁场）。

图 1 所示是鼠笼转子式异步电动机的工作原理。线圈产生旋转磁场，使位于线棒内的鼠笼产生感应电压。由于线棒已相互连接，电流可在线棒内流通。但每个流通电流的线圈本身又在自身周边形成一个磁场。该磁场在励磁磁场之后运行。如果转子磁场准确地与励磁磁场同时运行，两个磁场之间便没有速度差。但是，只有速度差才能导致在转子内产生一个感应电压。因此，转子转速应略慢于旋转磁场，才能形成一个感应电压。

■ **异步电动机的转速特性曲线**

图 2 所示异步电动机转矩 – 转速特性曲线显示出整个转速范围的电动机运行性能。电动机可在较小启动转矩条件下启动。随着转速的增加，电动机的负载能力也随之增加，直至最大转矩，即倾覆转矩。

倾覆转矩时，鼠笼的转速几乎等于旋转磁场的频率。但鼠笼转速仍与旋转磁场的运动异步（不相等）。鼠笼与旋转磁场之间微小的速度差在鼠笼内产生较小的感应电压和一个较弱的磁场。因此，负载能力随着转速的上升而下降。如果鼠笼与旋转磁场同步旋转，鼠笼内就不会产生感应电压，因为两者之间没有速度差。电动机在这一个点上不能再施加负载。

异步电动机只使用低于倾覆转矩的转速，因为从这个范围开始，转速下降时可保证负载增加。

■ **异步电动机的转速控制**

与同步电动机相同，异步电动机亦可通过电子器件实现无级变速。这里使用变频器无级调节输入电压的频率。频率的降低或提高均可改变旋转磁场的运行。因此可以实现反应速度极快的转速控制。

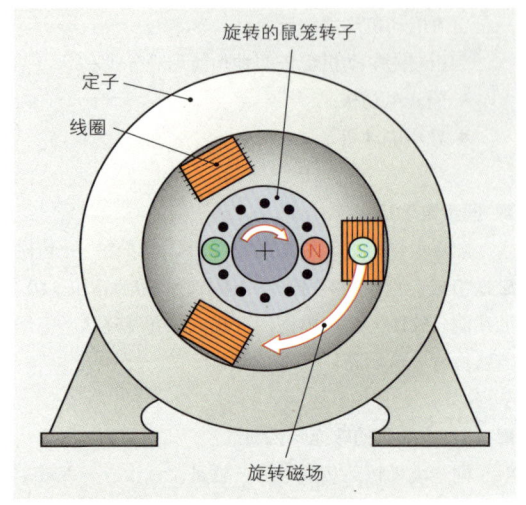

图 1：鼠笼转子异步电动机的原理

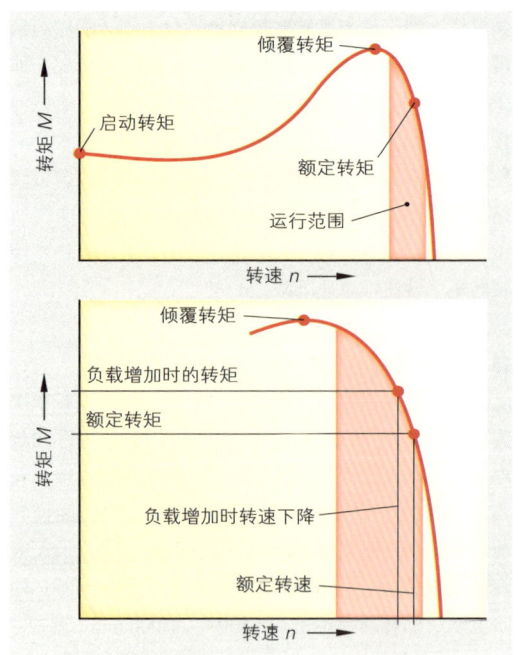

图 2：异步电动机的运行性能

■ **电子控制三相交流电动机的特性曲线**

　　采用电子方式控制用于主驱动的电动机，其功率特性曲线和转矩特性曲线如图 1 所示。电子控制可保证切削功率在整个转速范围内保持恒定不变，而转矩则在转速上升时下降。

■ **电子控制异步电动机的特性曲线**

　　采用电子方式控制用于主驱动的异步电动机，其功率特性曲线和转矩特性曲线如图 2 所示。电子控制可保证切削功率在转速的高速范围内保持恒定不变。电子控制系统还可降低转矩。转速较低时，所产生的转矩仍保持恒定不变，而功率则随转速上升而增大。

■ **启动电流极限**

　　滑环转子异步电动机的鼠笼线棒已不再短接，而是接入带有启动电阻的滑环（图 2）。异步电动机启动时，三相电流的电流强度大于额定运行电流 3～6 倍。而启动电阻可限制启动电流。启动后，启动电阻持续回调，直至达到额定转速为止。为降低启动过程中碳刷的损耗，抬起碳刷，并像鼠笼转子电动机一样与鼠笼线棒短接。

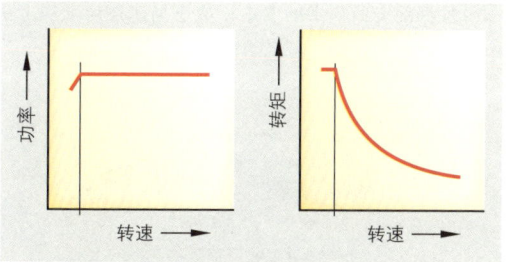

图 1：电子控制主驱动的功率特性曲线和转矩特性曲线

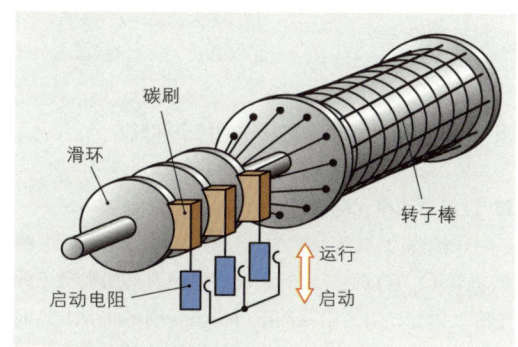

图 2：滑环转子异步电动机

■ **对主驱动电动机的要求**

　　切削加工机床（车床，铣床，钻床，磨床或锯床）主驱动电动机的选择首先取决于工件所要求的质量和所需的加工时间。为此，图 3 列举出对切削加工机床主驱动的要求。主驱动必须满足切削加工所需的切削功率，并能在尽可能大的转速范围内调节转速。

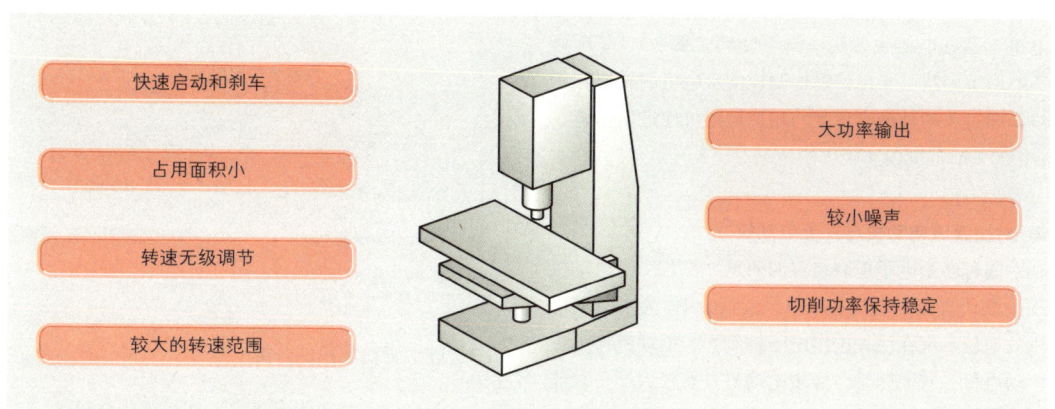

图 3：对主驱动电动机的要求

根据前文所列举的要求，液压马达在切削加工机床中的应用显然意义不大。首选他励直流电动机和异步电动机才能满足前文所述的要求（图1）。

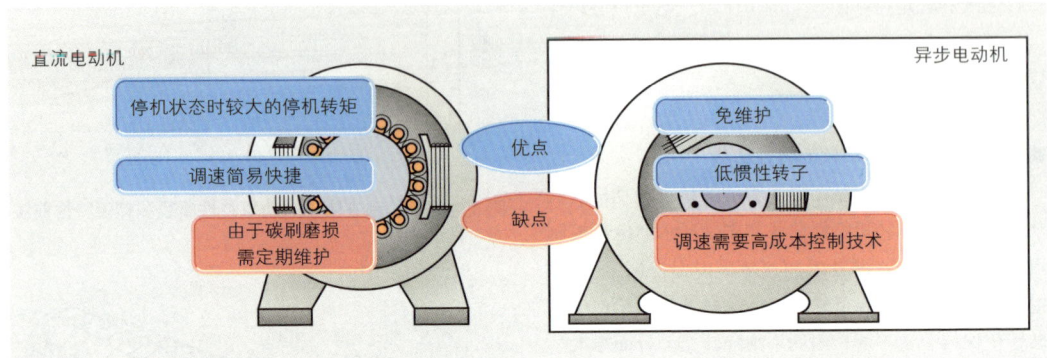

图1：不同电动机用作主驱动的优点和缺点

■ 进给驱动单元电动机

CNC加工机床最重要的功能单元之一便是进给驱动单元，它按照规定的运动方式使刀具加工出工件轮廓。因此，对进给驱动电机提出特别高的要求，因为作为加工机床控制回路的执行机构，它在很大程度上决定着加工质量。

专业研发的、配装调节和控制装置的电动机和液压马达可满足上述对进给驱动电机的要求（图2）。而加工机床主要使用电动进给驱动装置。进给驱动电机可对速度实施大范围调控，从最小进给到快速行程。这里不再要求切削进给与快速行程之间使用换挡变速箱。

切削加工机床使用大量不同结构类型的进给驱动电机。这些电机主要用作伺服驱动（图3）。采用特殊的调节回路可非常精确地调控伺服电机的转速和相位。通过驱动轴最小角度的相位运动可使进给溜板在1/1000 mm范围内实施进给运动。

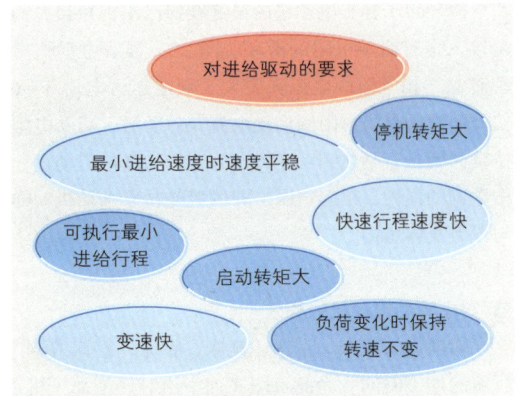

图2：对进给驱动电机的要求

■ 对比直流电动机与异步电动机

通过新型电子控制装置的研发，三相交流电动机逐步取代直流电动机在CNC加工机床作为主驱动电机的地位。现在优先选用电子控制异步电动机作为主驱动电机。其原因是，异步电动机具有较大的负载能

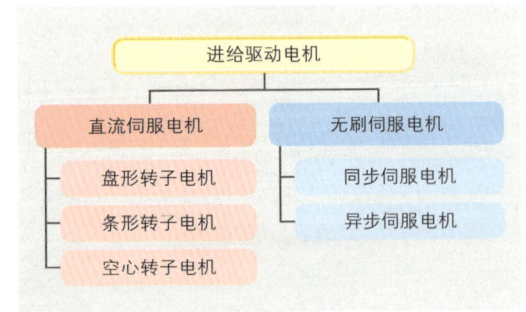

图3：进给驱动电机的分类

力，短时间内可输出的转矩十倍于额定转矩。此外，电机结构尺寸小，反应速度快，以及免维护等优点，也是电子控制异步电动机作为加工机床主驱动电机首选的重要因素。

　　主驱动的任务是驱动刀具执行切削运动。主驱动电机产生的旋转运动必须作为切削运动传输给刀具。电机的旋转运动传输给顶尖座套筒，使后者同样进行旋转运动。刀具装在顶尖座套筒内，后者的旋转运动现在成为刀具的旋转运动。所有位于主驱动电机与顶尖座套筒之间的部件和零件均用于传输能量，因此称之为传动要素。图1所示能量传动单元中最重要的传动要素是联轴器、轴、主轴、齿轮和顶尖座套筒。轴与齿轮共同装在变速箱内。主传动单元中也常用皮带传动机构替代齿轮变速箱。齿轮变速箱的功能是大幅度改变刀具的转速和切削速度。它可将主驱动电机产生的转速在转速范围之间准确地调出所需的转速。

　　主驱动单元中若使用皮带传动机构，可在电机与机床主轴之间无级并长距离地传输旋转运动。由于电机与主轴之间相距较远，皮带传动可以有效降低电机的温升和振动传输给机床主轴。

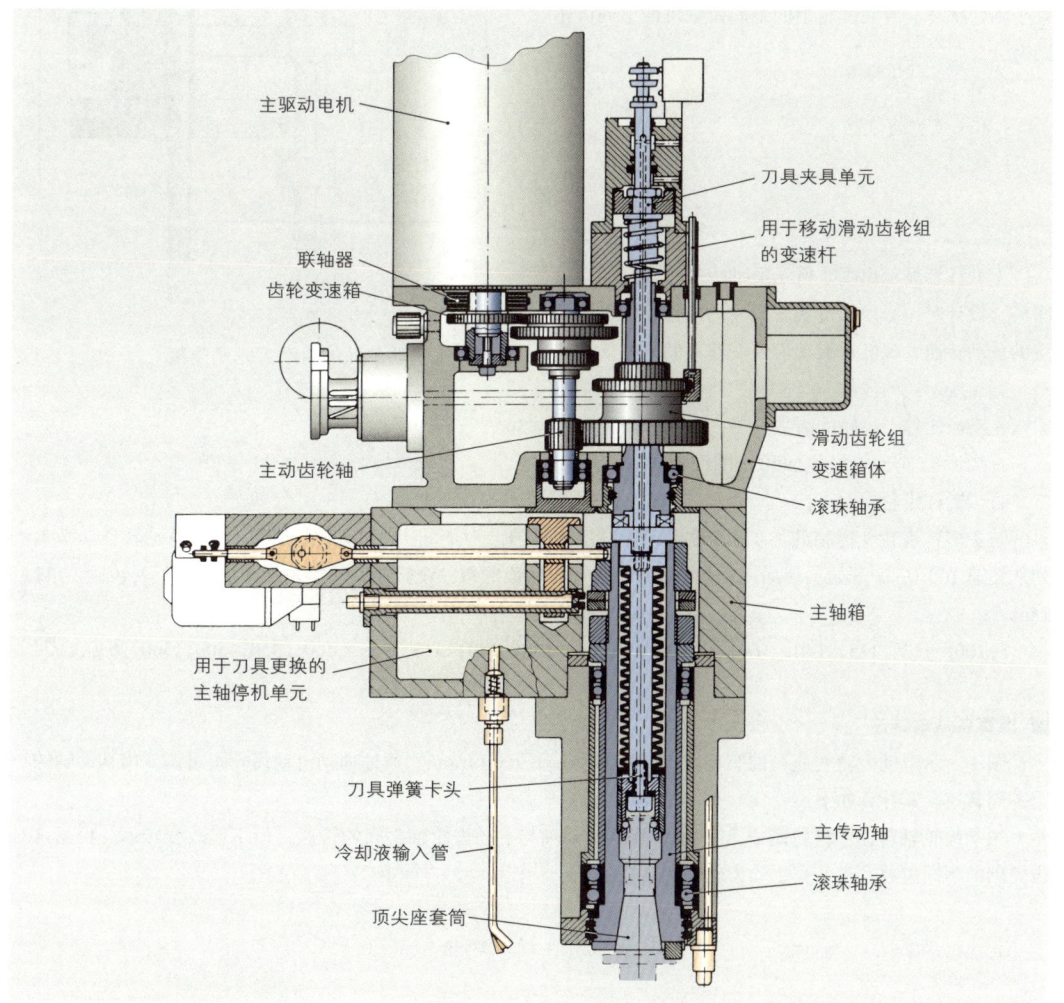

图1：主驱动的能量传动单元

图 1 所示为主传动单元滑动齿轮变速箱示意图。在驱动电机与传动轴之间是一个不可离合的联轴器。通过螺钉连接将两个盘片固定连接。在这类变速箱内，一般采用单列或双列滚珠轴承作为主传动轴、主动齿轮轴和从动轴的轴承机构。

变速杆可使滑动齿轮组做相对于从动轴的轴向运动。但这个动作只能在停机状态下完成。一个平键完成滑动齿轮组与传动轴之间的转矩传输。变速箱有两个传动挡位。一挡时，电机转速无变速地直接传输给变速箱。二挡时，滑动齿轮组的移动提高或降低传输给传动轴的电机转速。该变速箱内齿轮 z_1 和 z_2 始终处于啮合状态。滑动齿轮组的不同位置可使下列齿轮副啮合：

z_3 和 z_4

z_5 和 z_6（当前位置）

z_7 和 z_8

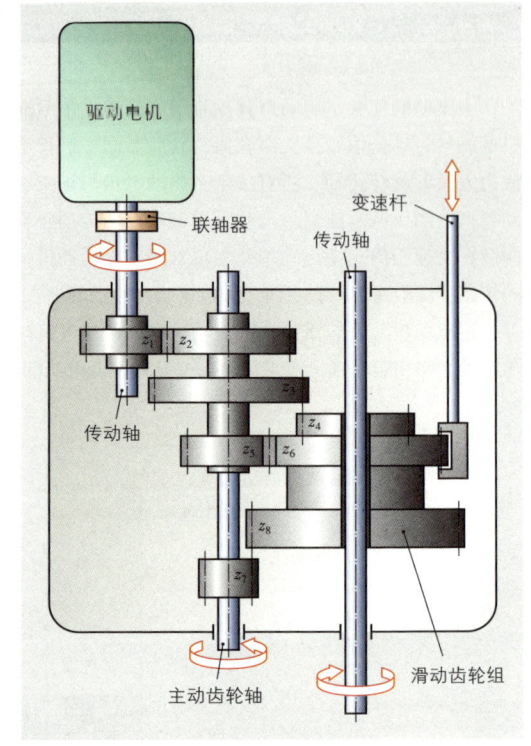

图 1：主传动单元的滑动齿轮变速箱

下列计算显示出图 1 所示滑动齿轮变速箱的设计布局。设计时，必须确定缺省齿轮的规格，以及待设定的从动转速。现已知滑动齿轮变速箱的下列规格：

第 1 变速挡的齿数：	$z_1 = 20$	$z_2 = 32$	
主动齿轮轴上齿轮的齿数：	$z_3 = 55$	$z_5 = 36$	$z_7 = 19$
主动齿轮轴与从动轴之间的间距：	$a = 86$ mm		
直齿圆柱齿轮模数：	$m = 2$ mm		

装备多挡齿轮变速箱的加工机床的从动转速已标准化。从标准几何基本系列 R20 推算从动转速。基本系列从转速 100 1/min 开始。然后用系数 $q = 1.12$ 推算出后面的每一个转速。基本系列可推算出下列转速（单位：1/min）：

... 100, 112, 125, 140, 160, 180, 200, 224, 250, 280, 315, 355, 400, 450, 500, 560, 630, ...

■ **求算各从动转速**

图 1 所示滑动齿轮变速箱的驱动电机转速达到 $n_1 = 2000$ 1/min。通过移动滑动齿轮组可调节出从动轴的三个不同转速，其计算如下：

主动齿轮轴转速：齿轮副 z_1 和 z_2 用于降低传动轴与主动齿轮轴之间的转速，但不能改变转速。根据这对齿轮副的不同齿数，现计算主动齿轮轴的转速如下：

$$n_2 \cdot z_2 = n_1 \cdot z_1 \qquad n_2 = \frac{n_1 \cdot z_1}{z_2} = \frac{2000 \text{ 1/min} \cdot 20}{32} = 1250 \text{ 1/min}$$

由于主动齿轮轴上的每个齿轮均以相同转速运行，齿轮 z_2, z_3, z_5, z_7 的转速等于：$n_2 = n_3 = n_5 = n_7 = 1250$ 1/min。

为计算出各从动转速，必须确定缺省齿轮的齿数。通过已知主动齿轮轴与从动轴的间距可计算得出第4，第6和第8个齿轮的齿数：

$$a = \frac{m \cdot (z_3 + z_4)}{2} \qquad z_4 = \frac{2 \cdot a}{m} - z_3 = \frac{2 \cdot 86\,\text{mm}}{2\,\text{mm}} - 55 = 3 \qquad z_8 = \frac{2 \cdot a}{m} - z_7 = \frac{2 \cdot 86\,\text{mm}}{2\,\text{mm}} - 19 = 67$$

$$z_6 = \frac{2 \cdot a}{m} - z_5 = \frac{2 \cdot 86\,\text{mm}}{2\,\text{mm}} - 36 = 50$$

从动轴转速：通过移动滑动齿轮组可调出从动轴的3个不同转速。滑动齿轮组现在的位置连接着齿轮 z_5 和 z_6。据此可知，从动轴现在的转速 n_{ab}：

$$n_6 \cdot z_6 = n_5 \cdot z_5 \qquad n_6 = \frac{n_5 \cdot z_5}{z_6} = \frac{1250\ 1/\text{mm} \cdot 36}{50} = 900\ 1/\text{mm}$$

$$n_{ab} = n_6 = 900\ 1/\text{mm}$$

若移动滑动齿轮组至连接齿轮 z_3 和 z_4 的位置，则从动轴转速为：

$n_{ab} = n_4 = 2240\ 1/\text{min}$

现连接齿轮 z_7 和 z_8，则从动轴转速为：

$n_{ab} = n_8 = 335\ 1/\text{min}$

现在观察一下计算得出的从动轴三个转速 n_8、n_6 和 n_4，从中可确定几何分级的转速系列。该转速系列的级差达到 $q = 2.48$。

据此，每组第8个转速可从几何基本系列中推算得出。因此，将前文已计算的多档齿轮变速箱的（转速）推算系列命名为 R 20/8。

6.4.1.3　进给驱动的能量传动单元

进给驱动电机产生的旋转运动必须以线性进给运动形式传输给工件。图1所示为 CNC 铣床进给单元。这里，进给驱动电机的旋转运动转换成为横向溜板的直线运动。在横向溜板上面装备着进给单元的纵向溜板。纵向溜板上面固定着工件夹具。

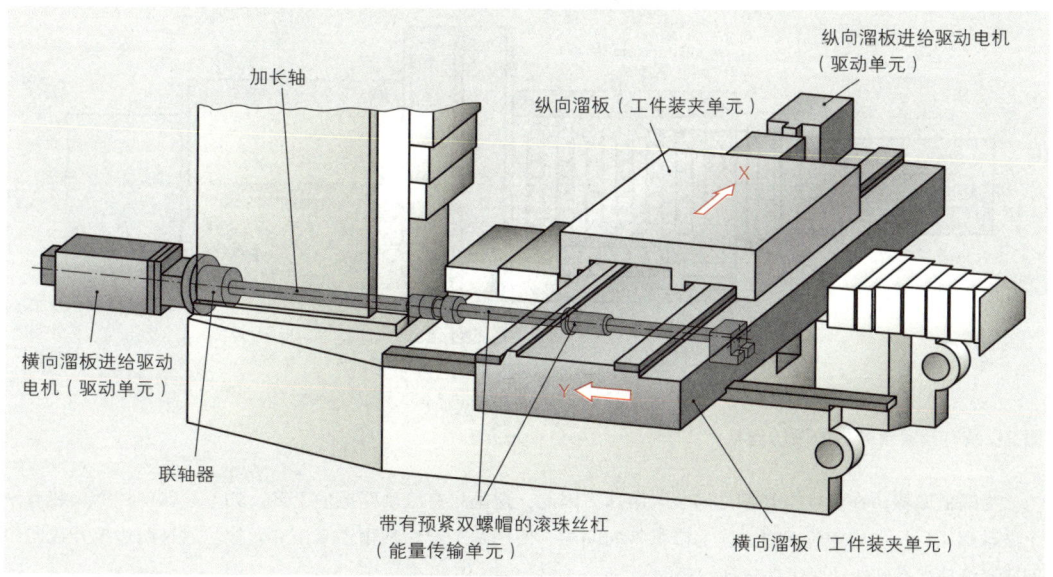

图1：CNC 铣床进给单元

进给单元由驱动单元，能量传输单元和工件装夹单元组成。进给单元中最重要的传输要素是：

- 联轴器
- 滚珠丝杠 – 螺帽系统及其轴承机构
- 导轨
- 纵向和横向溜板
- 延长轴

图 1 所示为滚珠丝杠螺帽系统及其轴承机构。这里，进给驱动电机通过延长轴和联轴器直接驱动滚珠丝杠。滚珠丝杠的轴承机构由滚珠轴承组成，它们与锁紧螺帽共同锁紧滚珠丝杠。滚珠丝杠上装有一个预紧双螺帽，它固定在横向溜板上。

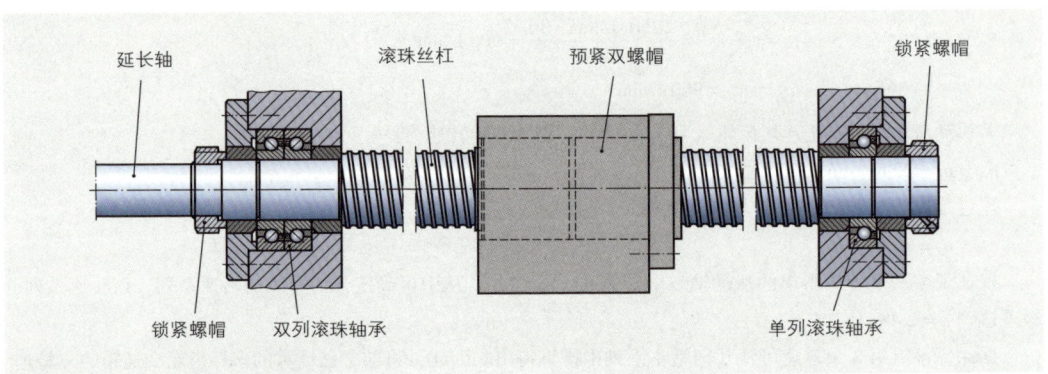

图 1：传输要素：滚珠丝杠螺帽系统

为使横向溜板快速准确运动，必须将旋转运动尽可能无间隙低摩擦地转换成直线运动。

传统加工机床通常采用梯形丝杠传动机构。由于滑动摩擦大和换向间隙相对较大，这种传动机构不适用于 CNC 加工机床。CNC 铣床的溜板传动采用装有预紧双螺帽的滚珠丝杠传动机构（图 2）。

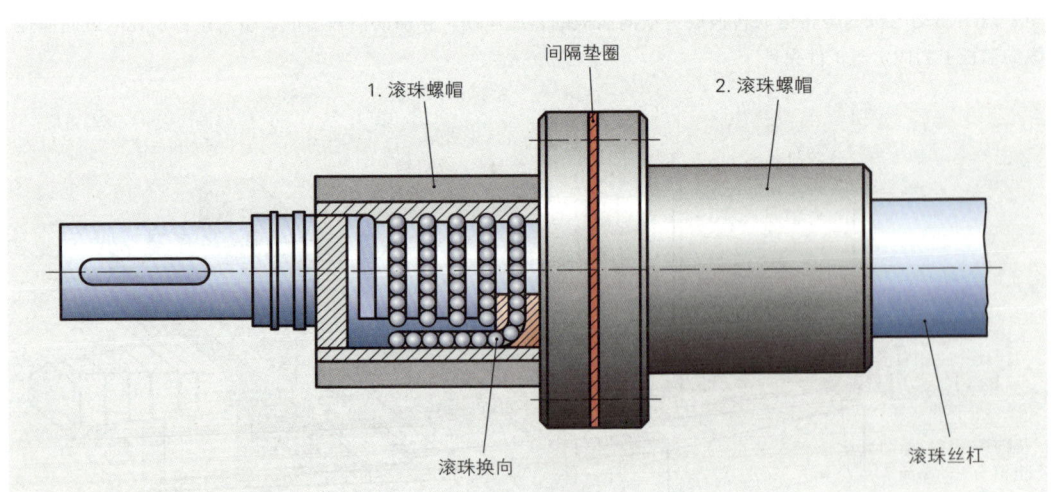

图 2：装有预紧双螺帽的滚珠丝杠

为降低摩擦，在丝杠与螺帽之间装入滚珠。因此，这里只有滚动摩擦值上升。如果滚珠丝杠上仅装有一个滚珠螺帽，换向间隙仍然过大。为降低换向间隙，使用两个滚珠螺帽锁紧滚珠丝杠。通过两边拉开或向中间压紧滚珠螺帽到达锁紧滚珠丝杠的目的。

图 1 演示通过两边拉开方式锁紧两个滚珠螺帽。两个螺帽之间装入已校准的间隔垫圈，其作用是向两边拉开两个螺帽。这时，滚珠丝杠处于拉应力状态。也可选择紧固螺帽实施向中间压紧的锁紧方式。结构上，这种方式同样通过旋转螺丝锁紧螺帽。锁紧位置可立即用销钉固定。

由于滚珠在滚珠丝杠导轨槽内运行，它们必须做返程运动。管路转向结构中，滚珠从螺帽最后一道螺纹通过轴向管路返回到第一道螺纹（图 2）。这种管路一般位于螺帽内部，目的是不受外部损害。但管路转向结构的缺点是管路拐点处大角度转向，这将有损滚珠的匀速运动。

滚珠返程运动的第二种结构称为内部转向结构。这种结构中，滚珠在每一道螺纹端部经过一个转向导槽返回（图 3）。因此，滚珠螺帽内每一道螺纹端面均有一个闭合的滚珠回路。这种滚珠转向结构的优点是占用面积小，缺点是返回到前一道螺纹时仍需大角度转向。这同样有损滚珠的匀速运动。与梯形丝杠相比，滚珠丝杠能够满足进给驱动传输特性所提出的高要求。滚珠丝杠特性的主要优点如下：

- 由于较小的滚动摩擦而具有极高的效率。
- 无黏滑效应（由静摩擦过渡到滑动摩擦而产生的黏滑）。
- 磨损低，使用寿命长。
- 温升低。
- 由于几乎达到无间隙，因而具有极高的定位精度。
- 运行速度快。

除滚珠丝杠外，也有采用流体静力丝杠螺帽作为进给驱动（图 4）。这种结构中，流体静力螺帽在一个简单的梯形丝杠上运行，并向螺帽油槽内注入高压油。

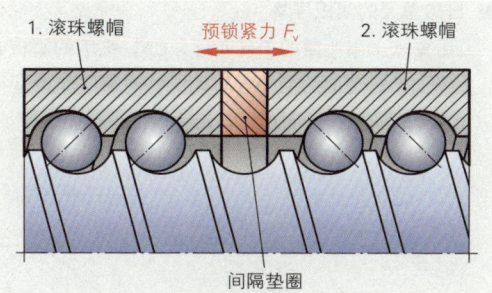

图 1：向两边拉开的滚珠螺帽

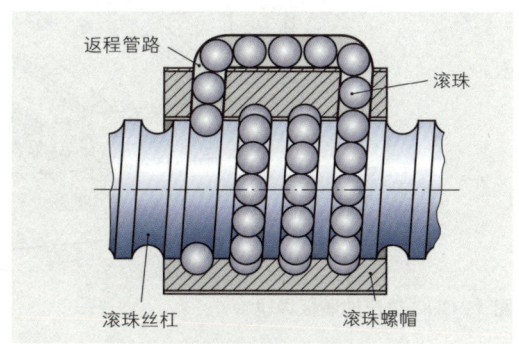

图 2：滚珠丝杠的管路转向结构

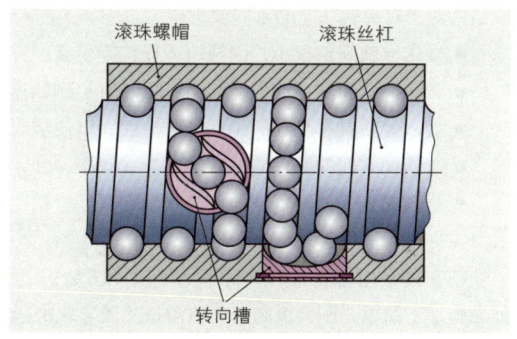

图 3：滚珠丝杠的内部转向结构

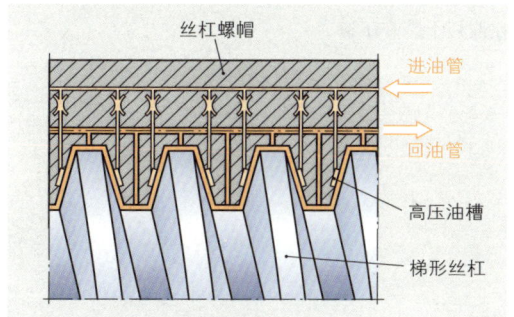

图 4：流体静力丝杠螺帽的原理

■ 进给单元的溜板导轨

若要加工出所需的工件轮廓，CNC 铣床的溜板必须运行准确。图 1 所示为纵向溜板的溜板导轨。它们安装在横向溜板上面的两个导轨条上。而横向溜板运行在机床床身导轨上。横向溜板驱动装置上覆盖着伸缩式防尘罩盖，防止掉落的切屑和污物损伤导轨面。图 1 所示 CNC 铣床的导轨称为平面导轨。

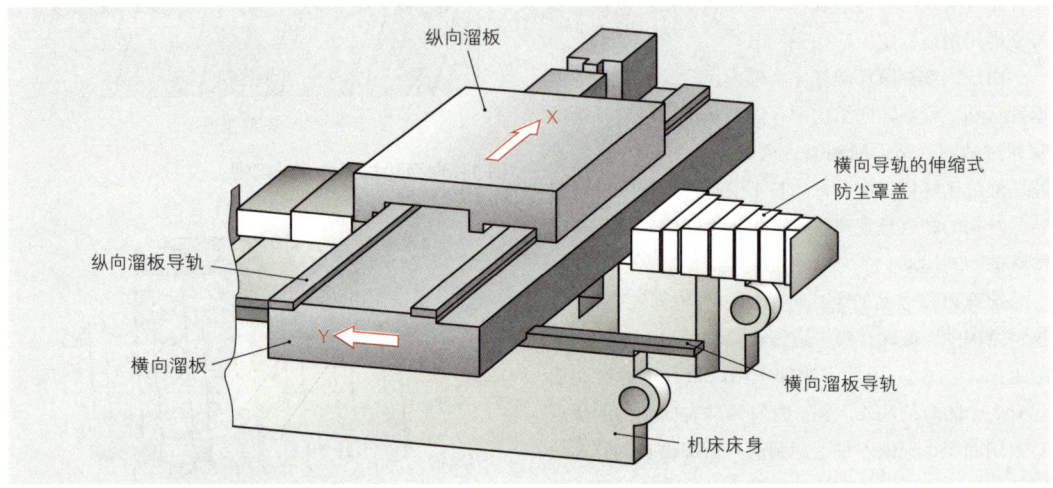

图 1：CNC 铣床的溜板导轨

除上述平面导轨外，加工机床还经常使用后面数页图中所示的棱形平面导轨和燕尾槽形导轨。不同的导轨结构源于对导轨功能的不同要求：

● 要求导轨间隙很小，因导轨运行精度极高。
● 要求导轨间隙在溜板运行温升较高时（例如掉落的热切屑）仍保持微量增加。
● 要求导轨具有足够的刚性和减振性，以便吸收加工时出现的各种力和振动。
● 导轨面之间的摩擦应尽可能小。
● 导轨结构应能避免切屑和污物影响其运行精度。

现在最常用的导轨形式是平面导轨（图 2）。这种导轨加工简单，刚性极高。为使溜板侧面导轨准确无误，平面导轨附加了一个窄导轨。如果溜板因温升而膨胀，窄导轨仍能保持较小间隙。为防止脱落，特在溜板上装有压板。

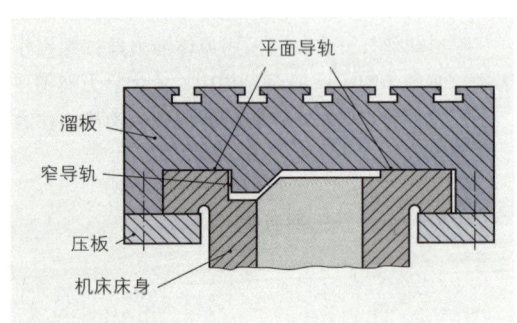

图 2：平面导轨

棱形平面导轨（图1）是一种非常精确的溜板导轨。

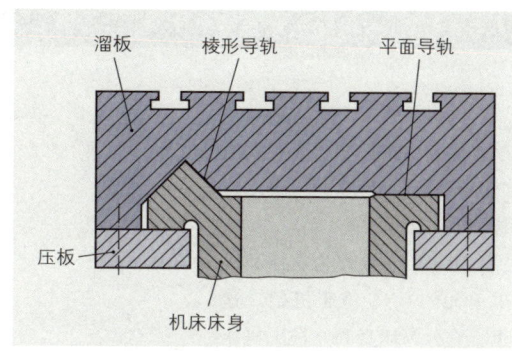

图1：棱形平面导轨

> 溜板在棱形平面导轨上可因温升膨胀，却不会出现卡死或间隙增大。

平面导轨与棱形平面导轨的相互对比表明，棱形平面导轨的导轨面更小。棱形平面导轨的特点是有利的自洁效应，因为污物排出非常顺畅。

燕尾槽形导轨（图2）有一个倾斜侧面，因此呈三角形。该倾斜面可防止溜板脱落。这种导轨不需要防倾覆压板。因此，燕尾槽形导轨可建造的很低，常用于刨床和中小型铣床。

无论棱形平面导轨还是燕尾槽形导轨，其加工制造成本很高。究其原因，是加工刀具较为昂贵（例如加工燕尾槽形导轨需使用角度铣刀），加工时间长。

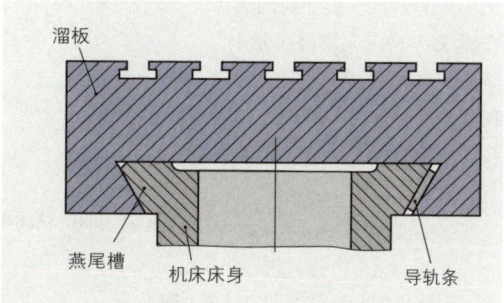

图2：燕尾槽形导轨

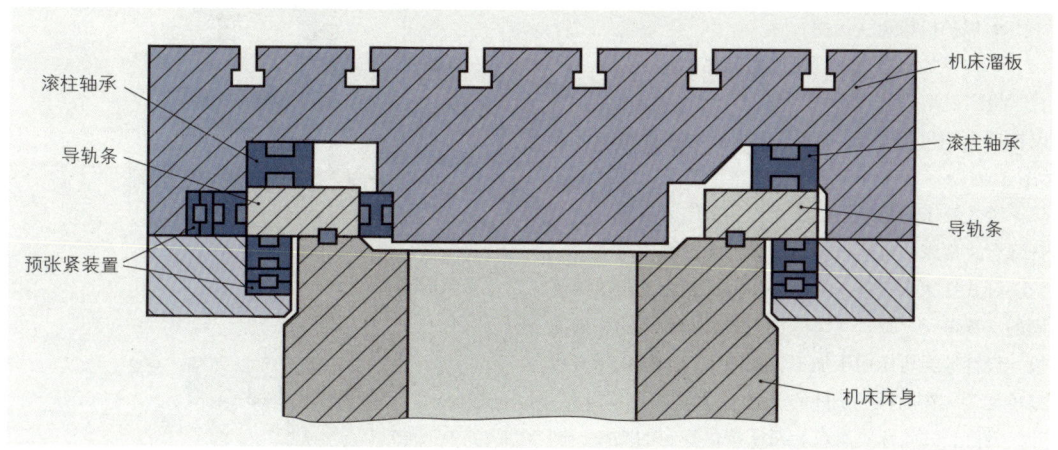

图3：滚动轴承溜板导轨

除滑动导轨外，加工机床制造业还广泛使用滚动轴承导轨。图3所示为滚动轴承溜板导轨的一个举例。为使滚柱轴承间隙降低至最小程度，轴承之间已预锁紧。

滚柱轴承的滚动体在淬火和精磨的机床导轨条上运行。滚柱轴承与机床溜板固定连接。这里所产生的滚动摩擦与滚珠轴承一样，明显小于滑动导轨。低速运行时的黏滑效应也不会在这里出现。但滚动轴承溜板导轨的缺点是结构成本高。因此，这种导轨主要用于精度极高的CNC铣床、车床和磨床。

机床机架构成支撑和承重单元。它由部件和功能要素组成，其尺寸和形状均与机床的各种不同任务相关。

图 1 所示是作为支撑和承重单元的 CNC 铣床机架。这里，它分为床身和立柱。机床立柱用于安装主驱动单元及其切削头和刀具。整个切削头可在垂直方向（z 方向）运行。装有纵向溜板（x 方向）和横向溜板（y 方向）的进给单元位于床身。

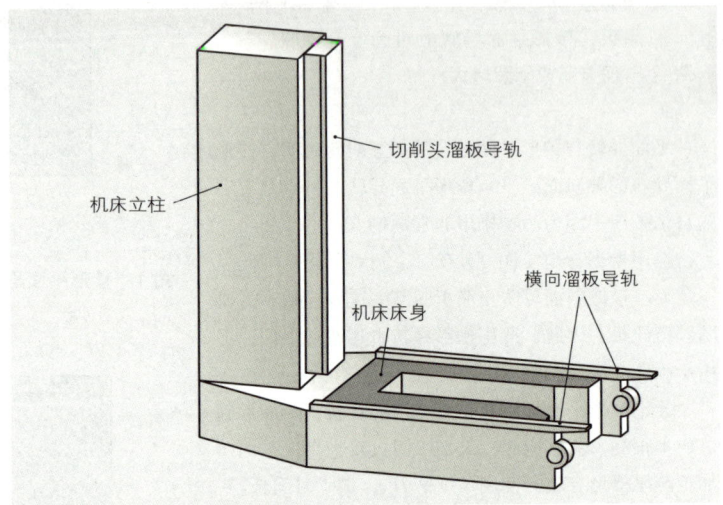

图 1：CNC 铣床的床身和立柱

机床机架必须具备如下主要功能：

- 吸收和传导机床重力和各种加工力。
- 降低运行和加工产生的振动。
- 保护机床免受污损。
- 传导加工运行过程所产生的热能。

机床机架因结构形式各异而差别很大。原则上，以铣床为例可将 CNC 加工机床划分为两种结构形式（图 2）。

卧式铣床的机架由机床立柱和机床床身组成，而升降台式铣床的机架只装备带有机床支脚的立柱。

卧式铣床床身是一个比升降台式铣床支脚更为坚固的支撑单元。负责支撑床身上的纵向溜板和横向溜板。设计这类机床用于加工较大型工件。机床床身可以承受装夹在溜板上工件的重力。

升降台式铣床支脚仅为机床提供稳定的支撑，同时也是切屑和冷却润滑液的收集单元。

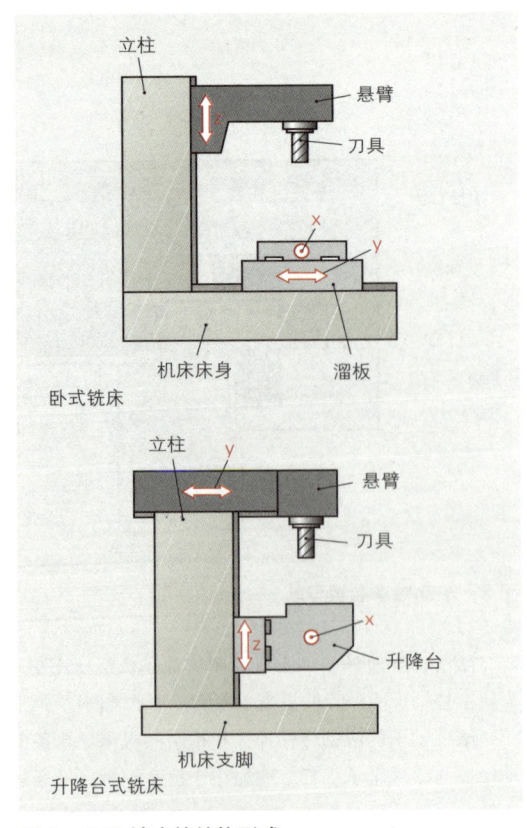

图 2：CNC 铣床的结构形式

由于加工力作用而产生的弯曲负荷，每个机床立柱均具有一定的挠性（图1）。机床机架必须能够吸收加工力。负荷作用到机床立柱，使之显示出图1所示略显夸张的挠性变形 f。

加工机床的加工精度越高，允许的挠性变形越小，否则将无法达到所要求的加工质量。

机床立柱的挠性主要取决于三个条件：

（1）选用合适的材料：

机床机架一般选用灰口铸铁或钢。灰口铸铁机架的优点是，可加工出复杂形状，如曲面，拱形或缺口等。此外，灰口铸铁还显示出极佳的减振特性。因此，灰口铸铁机架可很好地吸收振动。

（2）选用合适的立柱横截面：

加装加强筋后可降低机床立柱的挠性变形（图2）。

（3）接合连接的类型：

机床机架的各部件（立柱，床身，导轨等）以摩擦力接合型或形状接合型彼此连接。对于这类连接，螺钉连接的挠性很高。因此机架上螺钉接合点的数量极大。

改善加工质量的另一个措施是机架的降温处理（图3）。

由于机架需接受周边部件（例如电动机）产生的热量和滚烫的切屑，精密加工机床机架内置大蓄水箱，采用冷却水进行散热。这一措施可降低因热能影响导致的机架变形。

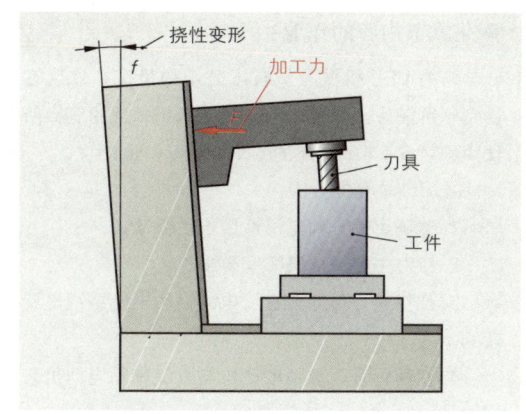

图1：机床立柱的挠性

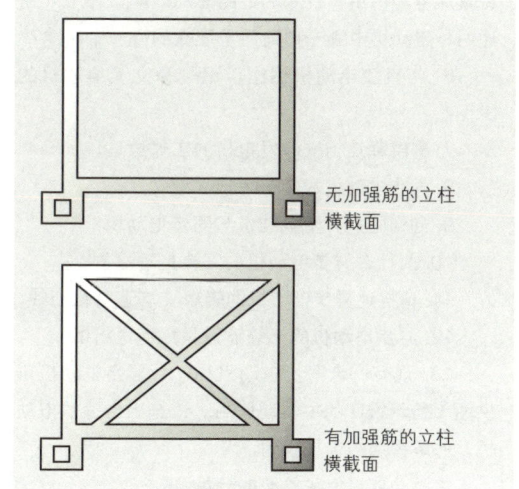

图2：机床立柱的横截面形状

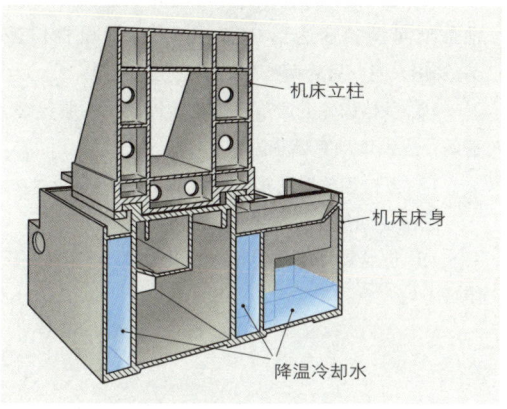

图3：机架的退火处理

深化本节内容的作业：

作为 VEL 机械股份有限公司的员工，您现在接到一份任务：分析加工图 2 所示机床虎钳底板所使用的第 6.4.1 节描述的 CNC 铣床（图 1）。

主驱动单元的分析：

1. 请确定哪一种电机适用于主驱动。

2. 应对主驱动提出哪些要求？

3. 请描述，为什么直流电动机的电枢绕组是旋转的。

4. 请解释直流分励电动机与直流串励电动机之间的区别。

5. 您现在需要一台直流电动机用于吊车，另一台直流电动机用于铣床的进给驱动。问：作业 4 所述两种电动机中哪一种适用于现在的哪一个用途？

6. 与直流电动机相比，请列举交流电动机的优点。

7. 请解释三相交流发电机的工作原理。

8. 同步电动机的转子为什么旋转？

9. 如何区别异步电动机与同步电动机？

10. 为什么异步电动机的线棒是短接的？

11. 请描述异步电动机的转矩 – 转速特性曲线。

12. 异步电动机的无级调速是如何进行的？

13. 现有一台同步电动机和一台异步电动机可供图 1 所示铣床的主驱动使用。请选出合适的电动机，并解释您的选择原因。

主驱动能量传输单元的分析：

14. 主驱动能量传输单元由哪些传输要素组成？

15. 铣床应采用三挡滑动齿轮变速箱。从动轴最低可调转速达到 355 min^{-1}。现设挡位差 $q=2.48$，问：另外两挡的转速应是多大？

16. 多档齿轮变速箱应由皮带传动机构所代替。请问：皮带传动有哪些优点？

17. 多档齿轮变速箱的名称 R 20/4 有何含义？

进给驱动能量传输单元的分析：

18. 进给驱动能量传输单元可由哪些传输要素组成？

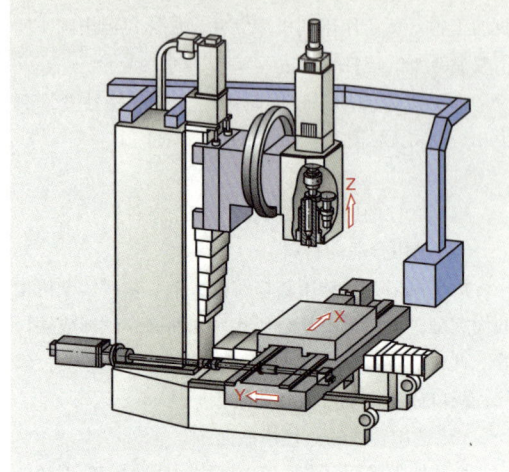

图 1：CNC 铣床

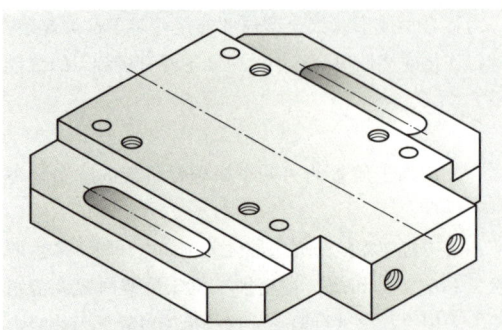

图 2：机床虎钳底板

19. 滚珠丝杠如何达到无间隙？

20. 如何使滚珠丝杠内的滚珠返回到螺纹初始端？

21. CNC 铣床上可以使用哪些不同类型的导轨？

支撑和承重单元的分析：

22. 机床机架必须具有哪些功能？

23. 机床机架材料的选用取决于哪些条件？

6.4.2 钻、铣和平面磨刀具和工件的夹具

本节介绍刀具和工件的夹具之选择对于加工机床设计的意义。

根据加工方法和加工任务的不同，所需夹具亦各不相同。下节列举出加工举例"加工机床虎钳底板（图1）"可供使用的夹具。

夹具有三个任务：
- 保证刀具或工件的位置。
- 传输切削运动。
- 吸收切削力。

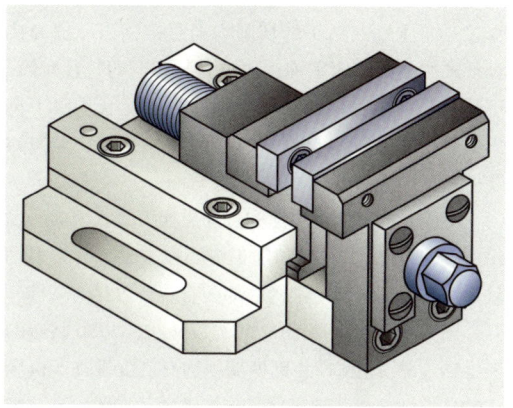

图1：机床虎钳

加工机床虎钳底板所需的加工方法有：钻孔，攻丝，铣和平面磨。下表已列出可能使用的刀具和工件夹具。

刀具夹具	工件夹具
主轴夹具 · 莫氏锥柄 · 陡锥锥柄（SK） · 空心锥柄（HSK） · 多边形柄 刀具夹具 · 三爪钻头卡盘 · 快装钻头卡盘 · 弹簧夹头 · 套装铣刀芯轴 · 旋入式铣刀夹具 · 圆柱刀柄夹具 · 丝锥夹具	机械式夹具 · 装夹件 · 虎钳 · 装夹工装 液压式夹具 · 液压式整体夹具 · 液压夹板 磁性夹具 · 电磁铁 · 恒磁磁铁 真空夹具 · 真空夹板 · 真空装夹工装 校准单元 · 正弦工作台

■ 钻头夹具

直径小于10 mm的麻花钻头一般都有圆柱形直柄。装夹这种钻头需用三爪钻头卡盘（图2）。卡盘有一个锥柄，通过自锁锥形夹紧套将该锥柄固定在加工机床的顶尖座套筒内。通过一个齿环将刀具（钻头）夹紧在三爪钻头卡盘内，钻头卡盘扳手可拧动该齿环。齿环和扳手均已标准化，从而保证钻头的可更换性。

图2：三爪钻头卡盘

使用合适扳手即可在三爪钻头卡盘内夹紧钻头，相比之下，快装钻头卡盘仅用手动即可夹紧钻头（图1）。较大的麻花钻头一般都有不同规格的莫氏锥柄并直接装入主轴。钻头的切削力通过锥柄以摩擦力接合形式传递给钻床主轴。通过套装相应的减径套筒，可使钻头的小锥柄与钻床主轴的内锥配合。由于莫氏锥柄可在主轴上自锁，它必须用一个楔块轴向卸装（图2）。

莫氏锥柄不适宜快速和自动更换刀具。因此研发出用于 CNC 加工机床和加工中心在主轴上装夹刀具且没有自锁的锥柄。锥柄端部配有装夹刀具的夹具。

图 3 所示是按照 DIN 69871 和 DIN 2080 制造的陡锥柄（SK）。各种陡锥柄端部均有内置螺孔。机床主轴可借助该螺孔轴向夹紧陡锥柄。夹紧力导致锥柄与主轴锥柄夹具之间产生摩擦力接合形式的连接。如果陡锥没有套入主轴，摩擦力式连接也将丧失，因为陡锥本身没有自锁。与莫氏锥柄相反，陡锥锥柄的夹紧时间明显缩短。

陡锥锥柄尾部 DIN 2080 标准的装夹槽产生附加的形状接合型连接。该槽可吸收冲击式运动负荷。DIN 69871 标准的陡锥锥柄是环线槽结构，该槽可更稳固地夹持自动换刀的刀具。

陡锥锥柄的其他研发改型还有空心锥柄（HSK）（图4）。这种结构可快速简单地自动更换刀具。图4下部显示空心锥柄的作用方式。这种锥柄的外圆呈锥形结构。空心锥柄的内孔有一个斜壁槽。

机床主轴配装一个锥形夹具，一个滑块和一个夹紧楔块。夹紧之前，楔块平放在滑块上。如果滑块向主轴端部方向（图中所示向右）拉紧，它将夹紧楔块压入空心锥柄内置槽。空心锥柄由此压紧在主轴上。锥形装配面的接合属摩擦力接合形式。此外，端部装夹槽还提供一个形状接合型连接。

空心锥柄尤其适用于高转速，因为夹紧楔块在离心力作用下向外顶压，从而提高了夹紧力。

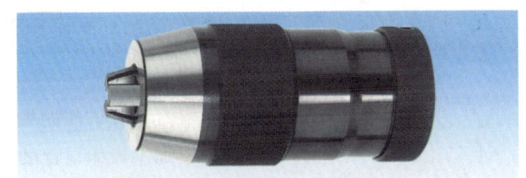

图 1：快装钻头卡盘

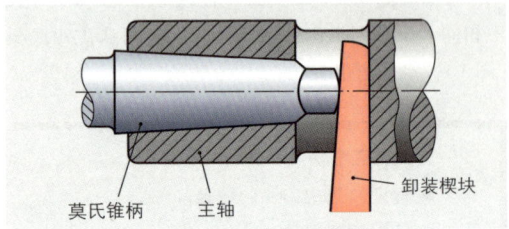

莫氏锥柄　　主轴　　　卸装楔块

图 2：用卸装楔块拆卸莫氏锥柄

DIN 69871 标准的陡锥锥柄（SK）
环形槽
DIN 2080 标准的陡锥锥柄（SK）
夹紧件
装夹槽

图 3：陡锥柄

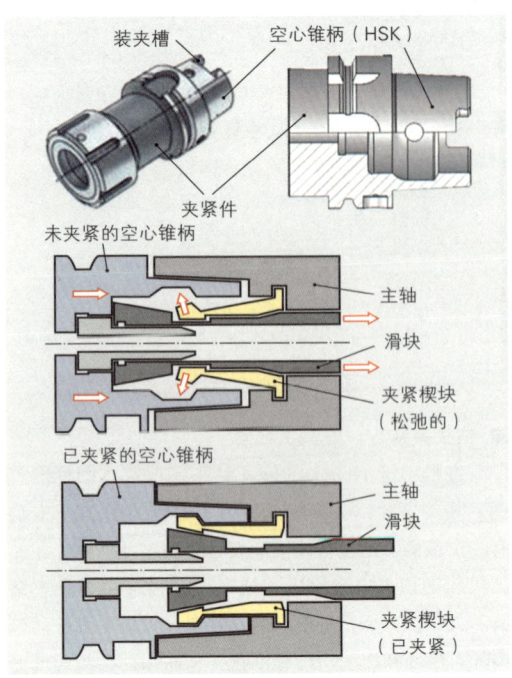

装夹槽　　空心锥柄（HSK）
夹紧件
未夹紧的空心锥柄
主轴
滑块
夹紧楔块（松弛的）
已夹紧的空心锥柄
主轴
滑块
夹紧楔块（已夹紧）

图 4：空心锥柄（DIN 69839）

多边形柄（图1）在主轴夹紧杆与刀具刀柄之间形成形状接合型连接。这种类型的连接可快速和自动地更换刀具。一个侧边装入的销子轴向保护多边形柄防止滑脱，该销子在夹紧过程中插入柄部销孔。

多边形柄内孔中有冷却液孔，从而使冷却液直接通过主轴穿过多边形柄和夹紧件送至刀具。这里，冷却液引向刀具外圆，并通过刀具原有的冷却液孔直接到达切削刃。

无论锥柄还是多边形柄，均在夹具另一端以各种不同结构夹紧刀具。

如图2所示采用卡盘夹紧结构。这种夹紧结构可夹持不同圆柱形刀柄直径的铣刀和钻头。根据刀具刀柄直径的不同必须更换内置的弹簧夹头。用钩状扳手上紧紧固螺帽，从而夹紧刀具。

图3所示套装铣刀芯轴用于装夹铣削头或滚铣刀。将铣刀推至芯轴部，用紧固螺栓轴向紧固。位于夹具端部的配合键以形状接合型传输力矩。放置配合键的横向槽位于铣刀。

小直径铣削头如图4所示直接拧入夹具的螺纹芯轴。此类刀具可称为旋入式铣刀。

由侧边的止动螺钉对装入的钻头或铣刀实施轴向保护。与弹簧夹头相反，圆柱柄夹具可设定高转速。这种夹紧方式中，夹具与刀具之间的摩擦力以摩擦力接合形式传输力。

图5所示的夹紧方式用于丝锥。这种丝锥夹具装有一个滑动离合器和一个纵向补偿。丝锥的圆柱形刀柄插入夹具孔内，然后用止动螺钉从侧边固定。

滑动离合器可设定丝锥的最大有效转矩。如果例如丝锥卡住，转矩超过设定值，滑动联轴器自动滑动脱离。与此同时，纵向补偿防止丝锥断裂。丝锥夹具仅适用于旋转方向可变换的加工机床。

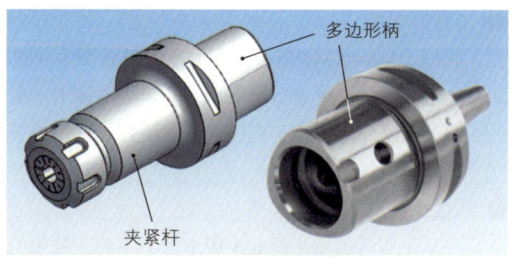

图1：多边形柄（ISO 26623–1）

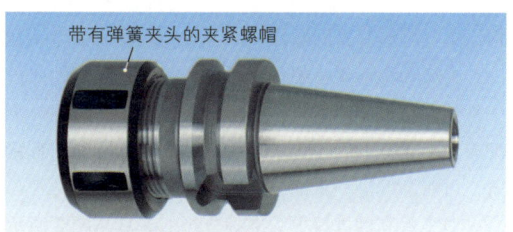

图2：用弹簧夹头夹紧

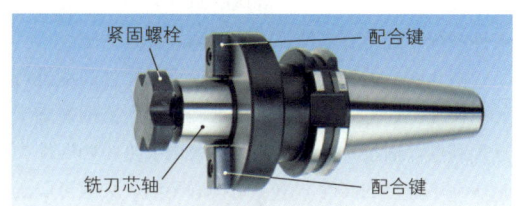

图3：用套装铣刀芯轴夹紧

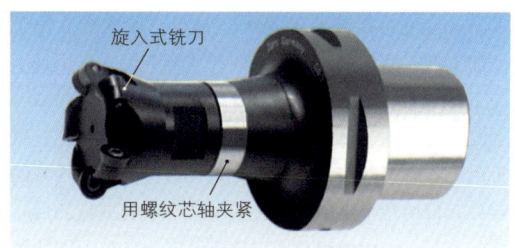

图4：旋入式铣刀的夹紧

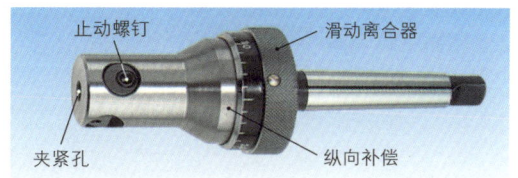

图5：丝锥夹具

■ **工件的夹具**

底板（346 和 347 页）在加工过程中必须尽可能稳固地装夹在加工机床的机床溜板或工作台上。但装夹单元不能将工件装夹过紧。装夹单元必须吸纳加工产生的各种力，同时不能因装夹而损伤工件表面。

装夹这个底板可采用机械式、液压式、磁性或真空夹具。

■ **机械式夹具**

与车床装夹单元（例如车床卡盘）不同，铣床的装夹单元常由若干个零件组成，它们构成完整的，具有多种规格的组件系统。组件中包含各种不同的夹板，夹具底座和紧固螺栓。

夹板和梯形支座中，夹板的任务是将夹紧力通过工件传输至机床溜板或工作台。而梯形支座构成一个配有台阶的工件配合件（图 1）。如果夹板也配有台阶，可对高度进一步细分。

对工件高度进行更为准确分级的夹具是图 2 所示的无台阶夹板和可调式夹具底座。两个精细分级并可上下交错的楔子执行夹具底座的高度调节。一套夹具组件系统中配备有多种规格的可调式夹具底座。

图 3 所示的夹板和螺旋千斤顶可对工件高度进行无级调节。通过一个螺栓即可准确调出所需的螺旋千斤顶高度。通过对夹具底座的无级调节可精确匹配夹板压在工件上的高度。由于结构的不同，夹板可以是弯曲或扁平形状。

采用紧固螺栓加上球形垫圈和球形垫板可实现无夹具底座的直接装夹（图 4）。这里，紧固螺栓位于已加工的工件孔内。球形垫圈和球形垫板的作用是平衡工件表面的倾斜和不平。

大批量加工时要求工件装夹快捷易行。对此，可采用图 5 所示的快装夹板。快装夹板没有需要松开的零件，仅用几个手柄即可快速组装。快装夹板的另一个优点是，占用面积小，可以迅速匹配各种不同的工件高度。

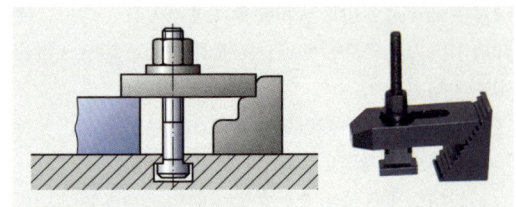

图 1：夹板和梯形支座

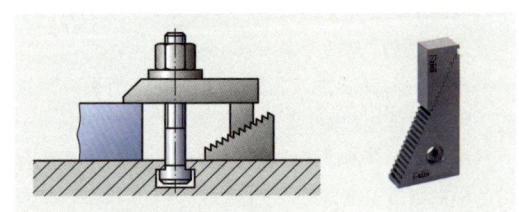

图 2：夹板和可调式夹具底座

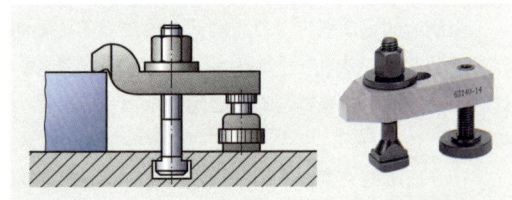

图 3：夹板和螺旋千斤顶

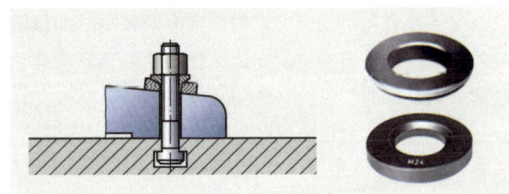

图 4：紧固螺栓和球形垫圈以及球形垫板

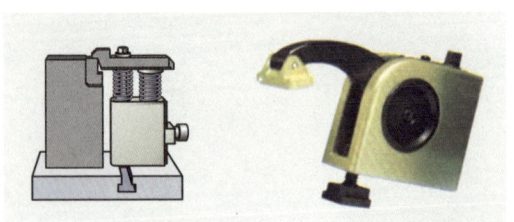

图 5：快装夹板

图 1 所示为平板夹具的使用情况。这种夹具可装夹高度较低的工件。使用平板夹具可完全空出需加工的工件表面。在松开状态下，将工件装夹在平板夹具上，然后固定在机床溜板上。上紧侧边的钳口螺栓即可夹紧工件。

机床虎钳（图 2）用于装夹小型工件。通用机床虎钳可根据加工进程进行回转和旋转。如果校准虎钳固定钳口与机床工作台导轨平行，可大幅度简化装夹的调整工作。

精密机床虎钳（图 3）用于扁平工件的精密装夹。虎钳为模式化结构，就是说，所有组件均可更换，并可灵活适应各种不同的装夹任务。其紧凑型结构使精密机床虎钳具有很高刚性。

双机床虎钳（图 4）可并排装夹两个工件。虎钳中部是一个固定钳口。转动手柄可使虎钳两端的钳口相向运动，并排夹紧两个工件。

图 5 所示的 CNC 机床虎钳特别适用于在 CNC 铣床上装夹各种不同尺寸规格的工件。这种虎钳的后钳口是固定的。用侧边的插销可推移活动的前夹头（图 5 右边），用于适配工件尺寸规格。CNC 机床虎钳是液压式装夹过程。通过插销与活动钳口液压式运动之间的组合构成一个机械 – 液压结构的虎钳。

根据不同的工件几何形状可更换各个钳口或整个装夹单元。在固定和活动钳口的上部是槽和螺孔。它们可固定工件卡爪，而工件卡爪可大幅度扩展虎钳的装夹范围。

侧边的标准槽可使 CNC 机床虎钳在加工机床的槽式工作台上高精度定位。

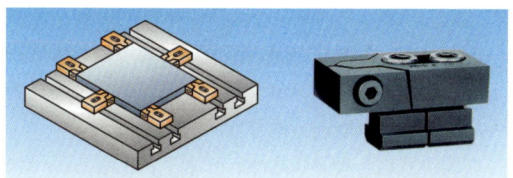

图 1：平板夹具

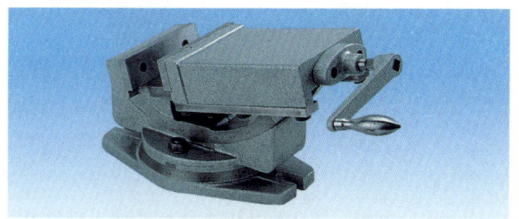

图 2：机床虎钳

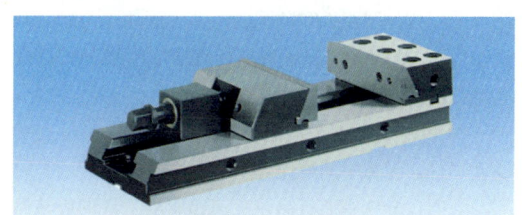

图 3：精密机床虎钳

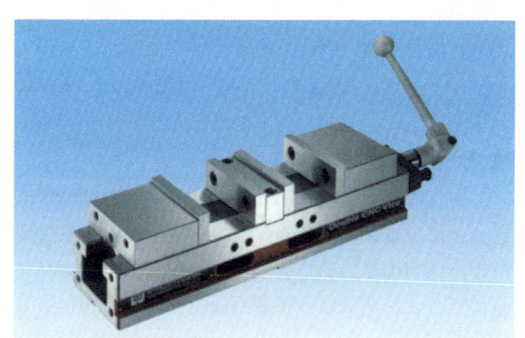

图 4：双机床虎钳

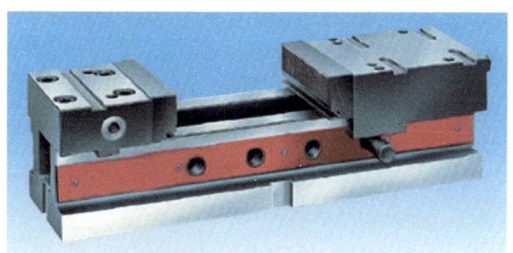

图 5：CNC 机床虎钳

夹头（图1）可同时装夹凹个工件。这种夹头由一个底板和一个支柱组成，四个相同类型的机床虎钳垂直固定在该支柱上。由于是垂直位置，这种夹具装夹的4个工件只能进行垂直方向的加工。

模块式组合夹具（图1）可用于替代夹头进行快速精确地装夹工件。模块式组合夹具可灵活适应各种不同的装夹任务。孔式组合夹具系统由螺孔组成。它可在任意位置用螺栓或用紧固件夹紧工件。

CNC圆回转工作台（图2）可执行角度步进运动。据此，仅用一次装夹即可加工一个工件的不同加工面。CNC圆回转工作台的水平方向和垂直方向均可使用。

通用分度头（图3）可用手动方式使工件旋转。分度头也可由机床工作台驱动。分度头用于装夹例如圆周分度或外圆粗铣和铣孔的工件（例如六角形，花键轴等）。通用分度头还可进行直接或间接分度以及差动分度。

24齿棘爪分度机构进行直接分度。这里可直接驱动工件，无需中间变速箱。

而间接分度则通过涡轮变速箱驱动工件的旋转运动。这里，工件由一个曲轴驱动，曲轴后面是一个可更换的孔盘。

差动分度时，通过变速齿轮进行分度，这里不需要孔盘。

■ **液压夹具**

由于机械式装夹工件需要耗费大量的辅助时间，系列生产时常采用液压夹具。液压式整体夹具（图4）可快速达到极高的夹紧力。夹爪的快速运动使液压式整体夹具具有如下优点：短时间内迅速夹紧规格差异极大的各种工件。

液压夹板（图5）直接固定在机床工作台上。通过控制阀向工件施加极高的夹紧力。液压夹板可直接回转至装夹点上方，将工件压紧在溜板上。

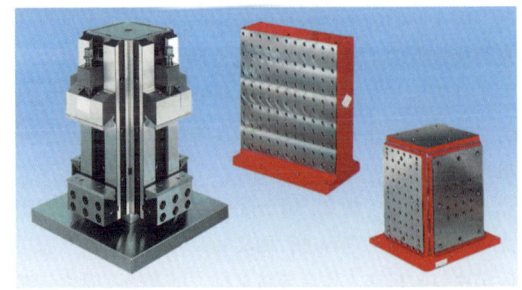

图1：夹头和模块式组合夹具

图2：CNC圆回转工作台

图3：通用分度头

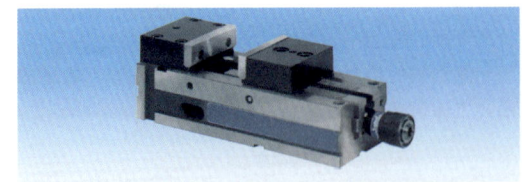

图4：液压整体夹具

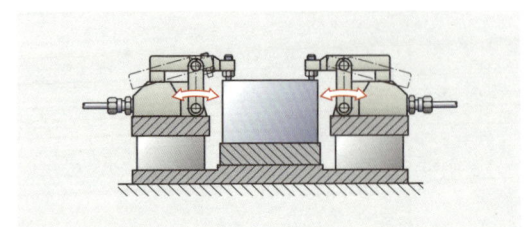

图5：液压夹板

■ 磁性夹具

夹具选择时，除前文所述的机械夹具和液压夹具外，可供选用的还有图 1 所示的恒磁磁铁。执行装夹任务的夹板和夹爪的磁场易被磁场的机械式移动切断。合金元素钕、铁和硼的组合构成现今最强大的恒磁磁铁。其夹持力最高可达 180 N/cm^2。这里磁铁也用于要求高加工力的切削加工。

线圈和铁芯在高电流的作用下产生电磁夹具（图 2）的磁场。磁场的大小由电流控制。电流导线的电阻导致电磁铁产生温升。为降低电磁铁的温升，常将电磁铁与同时安装的恒磁磁铁组合使用。电磁铁的铁芯在完成加工任务后必须由相应的系统进行消磁。

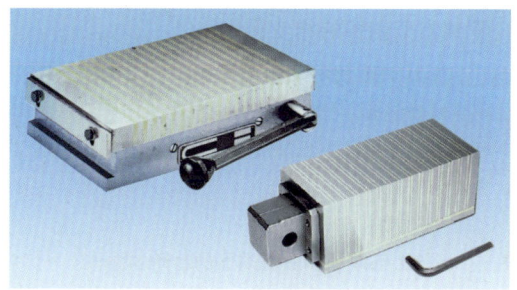

图 1：恒磁磁铁

■ 真空夹具

在夹板与工件表面之间构成一个真空环境可产生高夹紧力。图 3 所示为真空夹具的两种作用原理。真空格栅式夹板在格栅面之间产生真空。根据工件的尺寸规格，未使用的夹板面由格栅槽内的密封条去真空。工件放置在密封条上，而装夹面上没有密封条。

真空槽式夹板的真空产生于纵向槽内。装夹时，工件装夹面必须覆盖整个夹板。如果工件小于夹板，可使用遮蔽垫。使用这种夹具时，工件装夹面必须平整光滑。真空槽式夹板用于轻型切削加工任务（印刷电路板的钻孔和刻划等）。它可以装夹极小且形状复杂的工件。

图 2：电磁铁

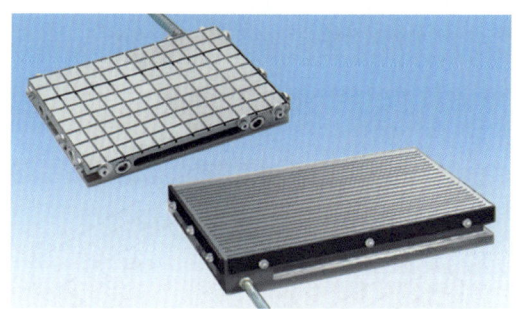

图 3：真空夹板

■ 校准单元

校准装夹单元（虎钳，恒磁磁铁等）时宜采用正弦台。该工作台可纵横两个方向回转。每块夹板下方均有一个块规。根据正弦原理由块规尺寸计算出倾斜角度。

图 4：正弦工作台

深化本节内容的作业：

作为 VEL 机械股份有限公司的员工，您现在得到一个任务，分析并遴选加工图 1 所示机床虎钳底板可能使用的夹具。加工该底板所需采用的加工方法如下：

- 铣端面。
- 铣上部端面和右侧端面的台阶。
- 铣槽。
- 铣 45°斜面。
- 定中心，钻底孔，为配合孔和螺孔锪孔。

刀具夹具

1. 请确定各种钻头应使用的钻头夹具。

2. 铣台阶和铣槽应使用带圆柱刀柄的直柄铣刀。这类铣刀应使用哪种夹具？

3. 端面铣削底板右侧端面应使用铣削头。铣削头刀柄是陡锥柄。请描述这种刀具夹具，并解释其力的传输路径。

4. 底板端面 M6 螺纹应在无主轴换向的立式钻床上加工。这类加工任务应使用哪种夹具？

5. 如何区分螺纹切削卡盘与螺纹切削头？

工件夹具

机床虎钳底板的加工需要多次装夹。

第 1 次装夹应完成端面铣和右侧端面台阶的铣削。接着加工螺孔。

后续装夹应完成底板的全部加工任务。

6. 首先做出底板的模型。请计算总共需要多少次装夹，并选出每次装夹适用的夹具。

7. 请绘制每次装夹的装夹示意图，从图中应能看出底板装夹的方法，以及底板处于哪个加工阶段。

8. 该底板应系列批量生产。为降低装夹时间，希望两次装夹即可完成全部加工任务。请选出仅用两次装夹即可完成底板加工的夹具。

9. 请绘制底板每次装夹的示意图。并解释底板每次装夹的加工面。

10. 该底板应使用夹头。请解释这类夹具的使用方法。

11. 该底板的上下两个端面应在加工完成后精磨。请选择精磨夹具，并解释您选择的依据。

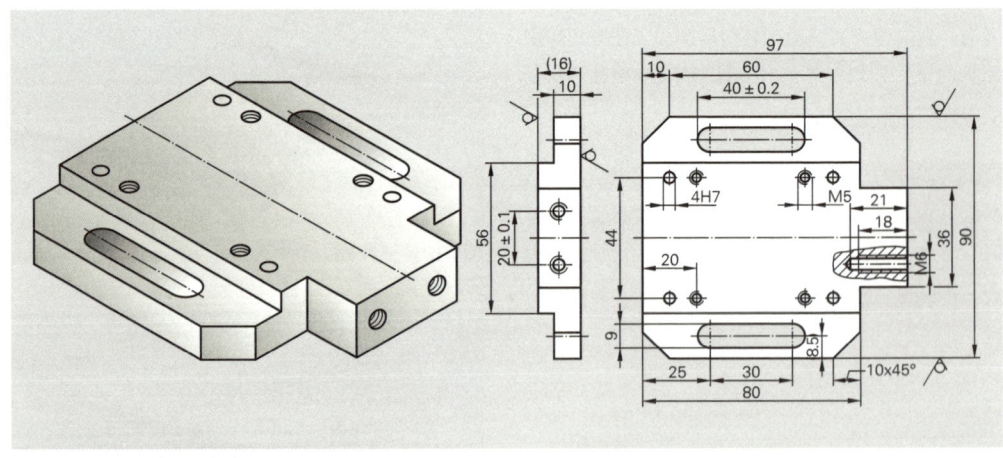

图 1：机床虎钳底板

6.4.3   车削和内外圆磨时刀具和工件的夹具

VEL 机械股份有限公司培训部接受了图 1 所示花键轴的加工任务。花键轴加工需要使用各种不同的刀具以及工件的夹具。

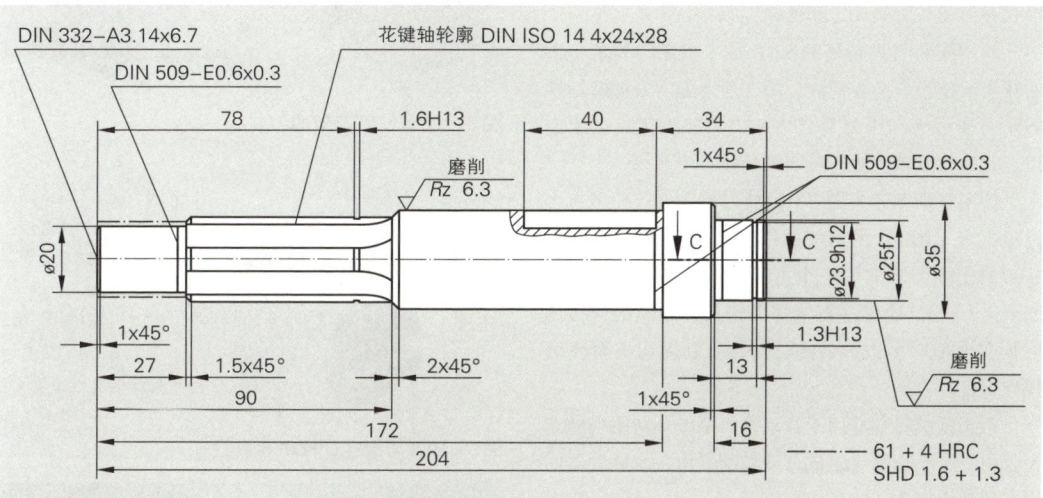

图 1：花键轴

■ 车刀夹具

车削时，较小的钻头以及定心钻可装夹在三爪卡盘内，外加带有莫氏锥度的锥形夹紧套（请参照 6.4.2 节钻头夹具）。车床后顶针座夹紧莫氏锥度（图 2）。较大的钻头与钻床一样直接推入后顶针座夹紧套。

钻头的莫氏锥柄以摩擦力接合形式将切削力传输给车床后顶针座。

最简单经济的车刀装夹形式是四面车刀刀架（图 3）。这类车刀刀架可同时装夹四把不同的车刀。刀架每回转 90°，即可迅速地将所需车刀送至所需的加工点。

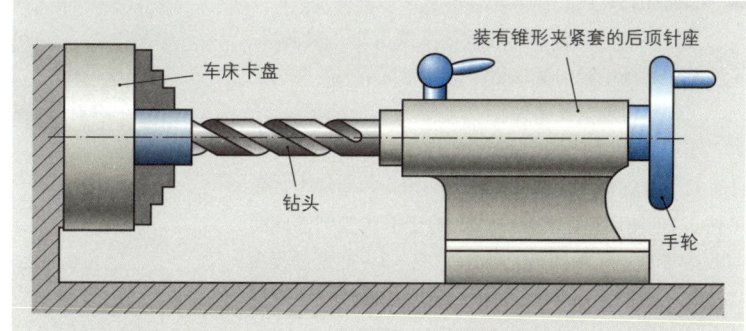

图 2：装夹钻头的后顶针座

图 3：四面车刀刀架

图1所示的快装刀架允许在车床之外校准车刀。车刀已在快装刀架上装夹完毕，重装时仍能精确保持原位。调节螺栓将车刀调至所需高度。加工时，将快装刀架从上方装入刀架头。刀架头位于机床刀具溜板。旋转手柄即可上紧快装刀架。切削力以形状接合形式在刀架与刀架头之间传输。

使用配装刀具转塔的CNC加工机床时要求车刀的装夹快速且高换装精度。图2所示DIN 69880标准VDI刀架可为车床刀具转塔装夹刀架提供高精度定位。其与刀具转塔的连接属形状接合型。

使用直柄车刀（图2）的换刀精度低。而带有多边形夹套（图3）的刀架适用于刀具的高精度定位。在刀具上或刀具的另一个夹具上配有多边形柄（参照6.4.2节），这里，刀架与刀架夹套之间的连接属形状接合型。多边形柄的轴向定位精度由夹套侧边螺栓保证。

刀头系统特别适用于自动换刀系统。待更换的车刀仅由一个小切削头组成，该切削头由一个联轴器固定在刀架上（图4）。

■ 花键轴的夹具

旋转运动的工件在车床的装夹要求是，装夹后，工件旋转运动的径向跳动很小。与刀具装夹的要求相同，工件也应能快速装夹。

车床卡盘用于快速和定中心地装夹各种形状的工件。对于圆柱形零件（或规则地三角，六角或十二角工件），可使用车床三爪卡盘，对于形状规则的四角或八角工件，可使用四爪卡盘（图5）。夹紧过程属机械式（图5）。而CNC车床的卡盘属液压式。车床卡盘的夹紧力必须满足传递所需转矩的要求。

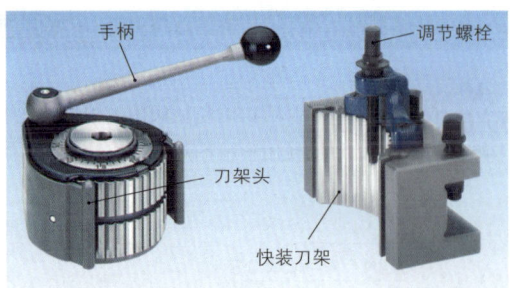

图1：配有快装刀架的刀架头

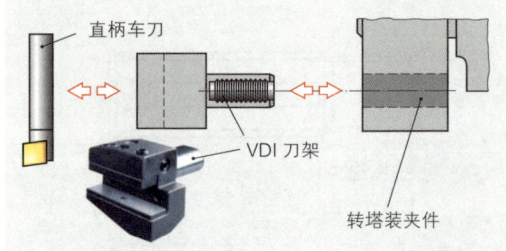

图2：VDI 刀架（DIN 69880）

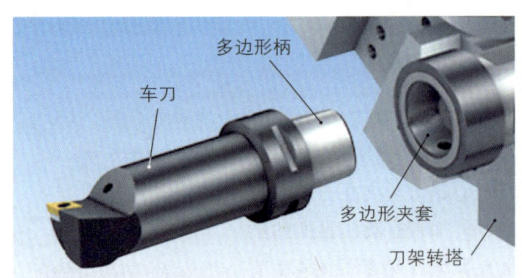

图3：带多边形夹套的刀架

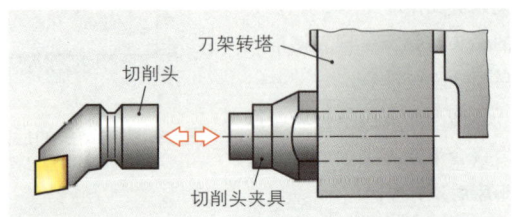

图4：切削头系统

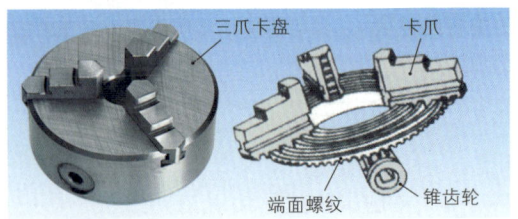

图5：车床卡盘

对平面非对称形状工件必须使用带卡爪的花盘（图 1）。这里，可用各自的螺纹轴单独调节卡爪。对于较大的不规则形状工件，需使用工装才能装夹在带有装夹槽的花盘上。

在车床或内外圆磨床上装夹较长工件时，一般选择装夹在两个顶尖之间。为此需在工件的两个端面均打出中心孔。工件装夹时，驱动端采用端面夹爪（图 2），非驱动端采用从动定心顶尖（图 3）。

从动定心顶尖顶推工件的方向与端面夹爪的机床主轴顶尖方向相反。定心顶尖对工件只有定中心作用，机床主轴通过端面夹盘驱动工件旋转。

夹盘是推入端面夹爪的一个零件，对工件端面施加一个压紧力。装夹后，夹盘的尖齿已插入工件。因此，工件旋转驱动力的传输是形状接合型。由于夹盘尖齿的压痕，工件端面需要加工修整。

除端面夹爪外的另一种选择是鸡心夹头（图 4）。鸡心夹头套在工件上，用螺栓夹紧工件。通过一个夹紧挡块使工件旋转。鸡心夹头必须用盖板封闭。

使用安全鸡心夹头可实现快速和定心装夹。这里，一个杆–凸轮件夹住工件表面，切削力越大，夹紧力亦越大。通过这个凸轮件将机床主轴的旋转运动传输给工件。

图 1：花盘

图 2：端面夹爪和夹盘

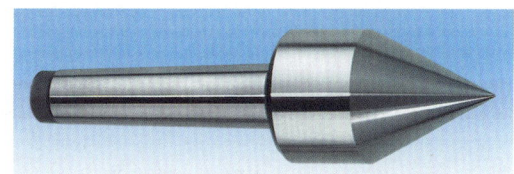

图 3：定心顶尖

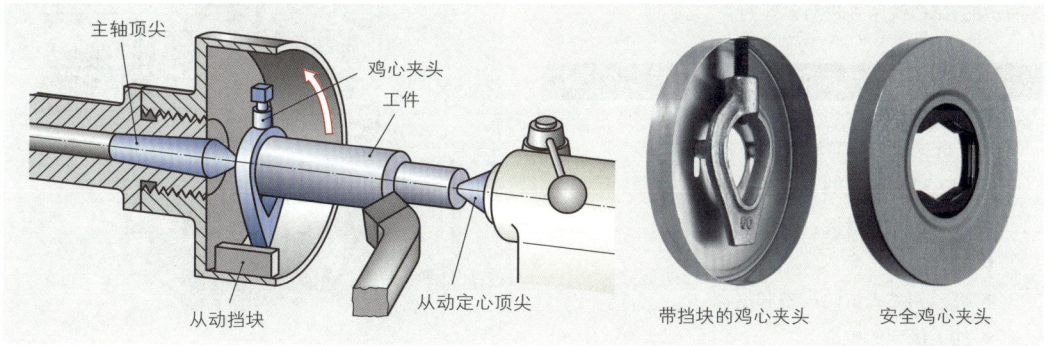

图 4：鸡心夹头

本节内容深化作业：

作为 VEL 机械股份有限公司的培训学员，您现在得到一个任务，确定刀具和工件的夹具。花键轴（图1）的加工需按下列工序分别在车床，铣床和外圆磨床上完成：

- 端面车削
- 打定心孔
- 台阶的纵向车外圆
- 车环形槽
- 铣键槽
- 铣花键轴
- 磨削待磨台阶的外圆

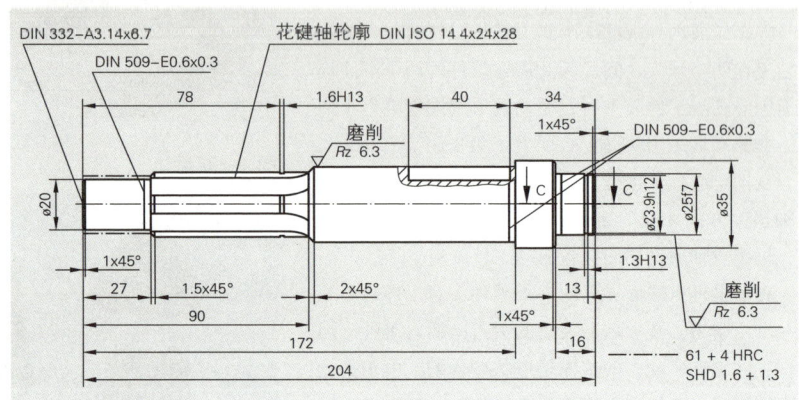

图1：花键轴

车刀和铣刀夹具

1. 请解释定心钻头的装夹。

2. 粗车和精车车刀在常规车床上的装夹与 CNC 车床的装夹有何不同？

3. 现在使用圆盘铣刀在常规铣床上加工花键轴。如何在铣床上装夹圆盘铣刀？

车床和外圆磨床上花键轴的夹具

4. 花键轴端面车削应使用哪一种夹具？

5. 请列举粗车花键轴时工件装夹的可能性。

6. 精车时应使用哪一种夹具装夹花键轴？

7. 外圆磨削时应使用哪一种夹具装夹花键轴？

花键轴的铣削夹具

8. 铣键槽时应使用哪一种夹具装夹花键轴？

9. 使用哪一种夹具可加工花键轴。请按加工步骤解释花键轴轮廓 DIN ISO 14–4 x 24 x 28 的加工。

6.4.4　加工机床的试运行和安全规定

VEL 机械股份有限公司决定，在新设立的加工区安装图2所示的 CNC 铣床并进行试运行。

6.4.4.1　加工机床的试运行

加工机床试运行需注意如下各项：

- 加工机床的运输。
- 入厂检验和清洗。
- 安装加工机床。
- 机床相关人员的配备和培训。
- 加工机床的校准。
- 加工机床的验收。

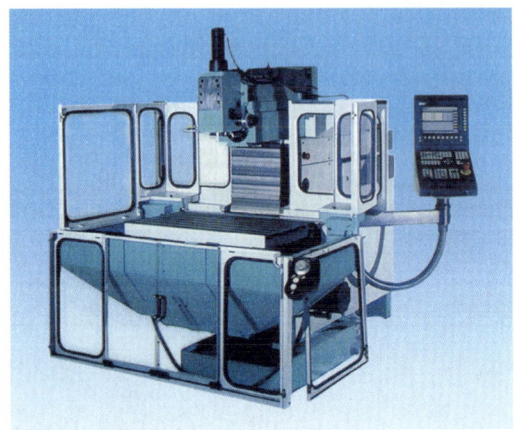

图2：CNC 铣床

加工机床的试运行涉及对机床的运输、安装和验收做出计划，使机床遵守相关条例规定迅速地交付使用。试运行的重要信息是加工机床制造商编制操作说明书的一个组成部分。

■ 加工机床的运输

运输加工机床应遵循下文所列各项：

● 机床运输之前，必须稳妥固定所有活动零件。

● 相关员工的指导。

● 自检运输通道和道路的高度和宽度。

● 考虑地板和盖板的负荷。

● 购置用于运输的合适的搬运设备和车辆。

● 如果使用车间行车（图 1），必须使用行车制造商规定的悬置点。

图 1：CNC 铣床的运输

■ 入厂检验和清洗

运输前，应检查加工机床及其附件的完整性和无损伤状况。将检查确定的损伤记录在案，并迅速通知相关人员。如果导轨面已涂防锈油，必须用软抹布擦去防锈油，然后涂一层合适的润滑油。

■ 加工机床的安装

制定加工机床安装计划时，必须考虑功能性（例如精度和加工质量）对环境特性（例如震动）的影响。机床安装的重要因素一般是安装件和地基，其特性必须符合机床的各项具体要求。选择安装件和设计机床地基时，必须考虑以下各项：

● 机床的调整和校准。

● 通过地基增强机床刚性。

● 保证机床稳定性。

● 被动隔绝外界的动态干扰。

● 主动隔绝，防护机床免受环境震动影响。

● 机床保养和维修的所有接触面。

加工机床的地基连接和占用面积是机床安装图（图 2）的内容。

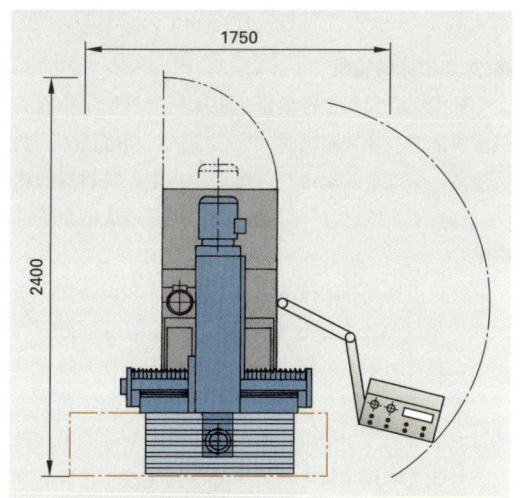

图 2：CNC 铣床安装图

安装加工机床时，必须注意机床自身的静态和动态特性以及机床制造商的规定。同样必须遵守机床安装的安全条例。

根据机床各自不同的规格和特性提出对机床地基的不同要求，地基的浇筑建造必须满足这些要求。

■ 相关人员的配备和培训

加工机床到位之前，必须确定人员培训日期和培训内容。并列出试运行时负责前文所列任务的下述人员名单：

- 运输负责人。
- 验收准备负责人。
- 操作和维护保养以及编程的专业人员。
- 与制造商派遣的装配人员的协调负责人。

■ 加工机床的校准

此处校准指加工机床纵向溜板和横向溜板的水平校准。车床校水平时，需将纵向溜板运行至机床中间位置。接着用水平仪在导轨的左右两端校准横向和纵向的水平。

铣床校准时，将水平仪放置在机床工作台上，校准工作台处于精确水平状态。

■ 加工机床的验收

加工完成后的工件质量是机床所要求加工精度的最重要依据。加工测试时，应依序执行切削任务，然后检测一定数量的规定几何形状和指定工件材料的相同工件。通过统计计算可排除偶然因素造成的系统性缺陷。

受检工件样品的检测决定着对机床和设备加工精度的评估。当今大多数 CNC 加工机床的运行精度均很高，只有采用三坐标测量仪才能确定各种偏差。

德国工程师协会和德国质量安全协会制定的加工测试共同标准 VDI/DGQ 3441 及后面多个标准中，对与工件无关的加工机床规定了统一的受检工件样品和加工条件。受检工件样品具有最简单轮廓，按统计学方法进行加工、检测和评估。由于在精加工条件下加工，不会出现大的负荷。

评估依据只有几何形状精度和定位精度。

CNC 车床测试时，推荐采用 VDI 2851 第 2 页（图 1）所示受检工件样品。据此可检验机床的反向不灵敏区，尺寸偏差，角度偏差，慢速运行特性和轮廓偏差。

CNC 铣床的受检工件样品是按照 VDI 2851 第 3 页标准制造的。从这些工件可判断机床顺铣和逆铣加工的下列特征：定位精度，反向不灵敏区和较小螺距时的插补。

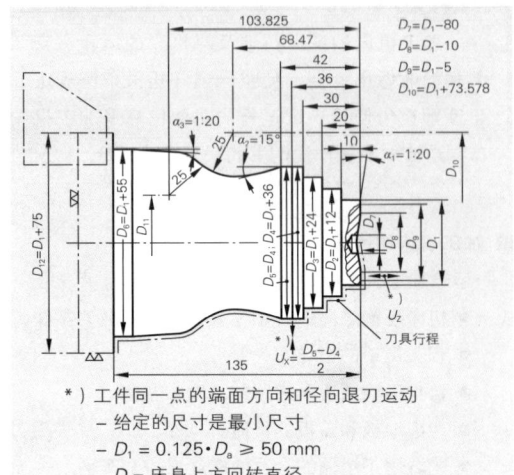

$$D_7 = D_1 - 80$$
$$D_8 = D_1 - 10$$
$$D_9 = D_1 - 5$$
$$D_{10} = D_1 + 73.578$$

*）工件同一点的端面方向和径向退刀运动
- 给定的尺寸是最小尺寸
- $D_1 = 0.125 \cdot D_a \geq 50$ mm
- D_a：床身上方回转直径

图 1：CNC 车床受检工件样品，标准 VDI 2851 第 2 页

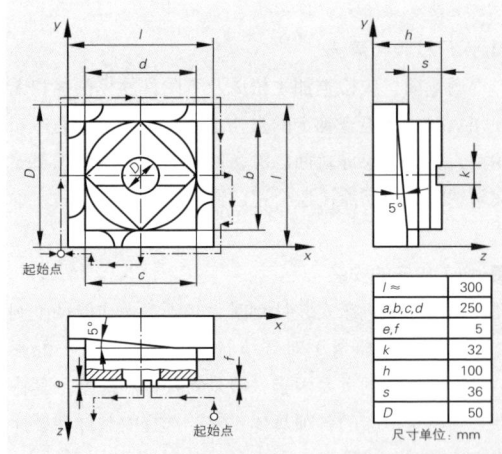

$l \approx$	300
a, b, c, d	250
e, f	5
k	32
h	100
s	36
D	50

尺寸单位：mm

图 2：CNC 铣床受检工件样品，标准 VDI 2851 第 3 页

通过加工测试间接判断机床性能的另一个方面，机床能力系数和过程能力系数。

机床能力测试由机床制造商自己进行。测试时，用受检机床连续加工 50 个零件，然后检测加工零件的极限尺寸。机床能力测试作为一种证明，表明该加工机床在尽可能相同的条件下，有能力将所加工的工件持续保持在公差极限之内。

如果机床在用户工厂安装，则需要通过加工 300 个零件的过程能力测试验证机床的长时间运行性能。与机床能力测试相反，过程能力测试不是连续加工指定数量的零件，而是在一个指定期限的时间范围内，从实际加工过程中抽取 10 个抽检批次，每次 5 个零件进行检验。过程能力测试还需考虑可能出现的影响因素，例如操作人员的更换或气候变化等。安装，校准并验收后，机床的所有功能单元都必须进行检验。检验结果记录在一个试运行纪要（图 1）文件内建档。试运行成功后，该机床即可投入使用。

6.4.4.2　运输重物的吊具和起重设备

必须采用起重设备执行加工机床和机床装备所必需的部件（工装，夹具等）的运输，例如吊车（行车，359 页）。凡起吊或运输重物时，均需使用吊具。吊具连接起重设备与所吊物品（参见 491 页）。

> 系住物品指为运输和起吊物品而将它稳固地固定。使用吊车时，系住物品所使用的吊具是吊链，绳索，吊带或圆吊索。它们均配有相应的吊装装置（例如吊钩，吊环等）。

图 2 所示是各种不同吊具的概览。用作吊链的是具备相应质量等级的圆钢环链。起重钢丝绳由扭转的高强度钢丝组合而成。

技术设备的试运行纪要

试运行地点：_____

机床 / 设备名称：
机床编号：_____
企业资产号：_____
试运行人员：（姓名，企业）
制造商 / 供货商：_____
用户 / 客户：_____
本机床检验 / 确定的项目如下：
○ 完整性：_____
○ 功能检验：_____
　– 机床：_____
　– 控制系统：_____
　– 安全装置：_____
　– 液压装置：_____
　– 气动装置：_____
　– 电气装备：_____
○ 环境保护：_____
○ 官方许可：_____
○ 技术资料：_____
已确定的偏差：_____

已达成的协议：_____

本机床已功能完整地移交 / 接收。其结构符合客户订单要求。
地点：_____ 日期：_____
签字：
制造商 / 供货商：_____
用户：_____

图 1：试运行纪要

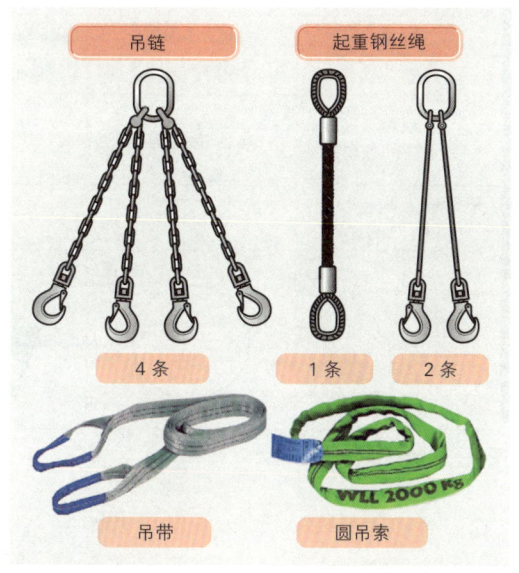

图 2：吊具概览

吊带和圆吊索由化学纤维编织而成（361 页图 2）。圆吊索是闭环吊带，外表面常包裹一层保护套。

■ **吊链**

吊链连接着起重设备与所吊重物。它必须符合职业协会生产用具操作规程（BGR 500），并满足 EN 814-4 所述要求。

吊链只允许用于物品的吊装和运输。所有的吊链上均必须悬挂标记标牌。图 1 所示标牌指该吊链的质量等级为 8。所有达到这种质量等级的吊链均可配挂一个红色八角形标牌，上面的数据如下：

- 承载能力（一条吊链时直接标出承载能力数据，多条吊链时则指倾斜角度范围）。
- 吊链条数。
- 吊链标称厚度，单位：mm。
- 制造日期。
- 制造商信息。
- CE 标记。

图 2 所示吊链质量等级一览表。质量等级 10 的标牌未标准化。该特殊等级标牌的颜色和形状均由制造商自行确定。

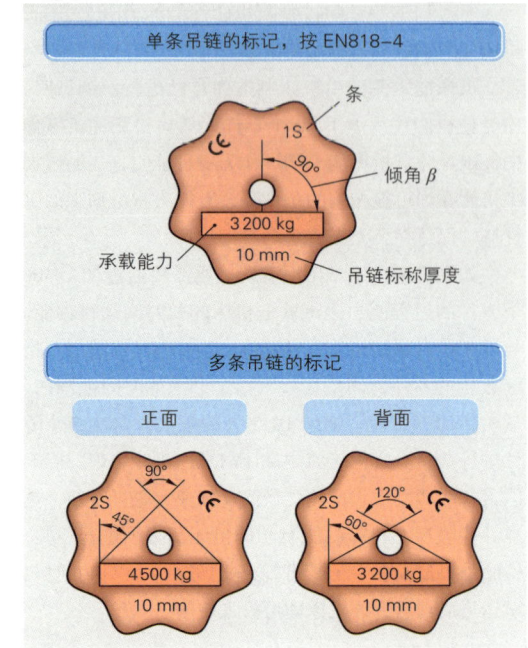

图 1：质量等级 8 的标记标牌

质量等级	2	5	8	特级质量
标准	DIN 32891	DIN 5687 第 1 部分	DIN 5687 第 3 部分	
致断应力	250 N / mm²	500 N / mm²	800 N / mm²	> 940 N / mm²
材料 DIN EN 10027	非合金结构钢	高级钢	高级钢	Ni 0.7% Cr 0.4% Mo 0.15%
承载能力与检验力与致断力的比例	1 : 2 : 4	1 : 2.5 : 4		
形状和颜色标记	无色	绿色	红色	粉色

图 2：吊链标准和质量等级

■ 吊链的承载能力

选择合适的吊链取决于运输方式。吊链的类型和长度以及待采用的固定方法均必须与所起吊物品相符。若选择有误，可能导致吊链断裂。

> 永不允许吊链超过其承载能力。

根据各吊装状况的不同，一次最多可使用四条吊链（图 1）。若使用多条吊链，吊链的承载能力取决于 0° ~ 45° 和 45° ~ 60° 的倾角范围。

如果吊装物体的重量呈不对称分布，需用 3 条或 4 条吊链，只允许以双吊链的承载能力和最大倾角为基础进行计算。如果双吊链不对称负重时（图 2），取用单吊链的承载能力。

图 3 所示是不同倾角和多吊链对称负重时质量等级 8 的单吊链和多吊链的承载能力，单位：kg。温度范围超过 −40℃ ~ +200℃ 时，计算时必须相应降低吊链的承载能力。

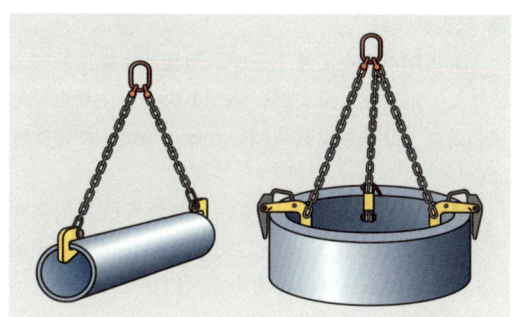

图 1：多吊链的吊装

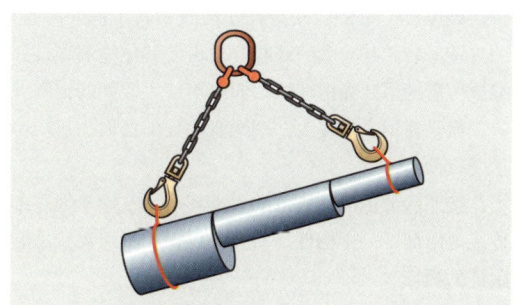

图 2：不对称倾角的吊装

标称规格	单吊链直接吊装	双吊链直接吊装		3 和 4 条吊链直接吊装		闭环捆扎
		倾角 β				
（mm）	0°	至 45°	45° ~ 60°	至 45°	45° ~ 60°	0°
6	1.120	1.600	1.120	2.360	1.700	1.800
8	2.000	2.800	2.000	4.250	3.000	3.150
10	3.150	4.250	3.150	6.700	4.750	5.000
13	5.300	7.500	5.300	11.200	8.000	8.500
16	8.000	11.200	8.000	17.000	11.800	12.500
18	10.000	14.000	10.000	21.200	15.000	16.000
19	11.200	16.000	11.200	23.600	17.000	18.000
20	12.500	17.000	12.500	26.500	19.000	20.000
22	15.000	21.200	15.000	31.500	22.400	23.600
26	21.200	30.000	21.200	45.000	31.500	33.500
吊装系数	1.0	1.4	1.0	2.1	1.5	1.6

图 3：质量等级 8 的高强度吊链承载能力

■ 起重钢丝绳

起重钢丝绳在运输工程中的运用范围极广。与吊链相反，钢丝绳自重更轻，弹性更大，可达到更快的输送速度。其缺点是其承载能力低于吊链，耐腐蚀性能差。

起重钢丝绳由细钢丝螺旋形编绕成股并捻制而成。多股钢绳围绕一根绳芯同向或交叉螺旋形编绕（图1）。芯股由纤维填充物构成。捻制成形的整束钢丝绳构成钢丝绳的标称直径。

钢丝绳端部用铝夹头压制成吊环或索端环或作为拼接处连接（图2）。吊环用于较重吊具（例如吊钩）的直接吊装。其较大的环状开口可使其他绳端穿过并编成所需的吊装绳索形状。如果不使用僵硬的铝制夹头，而是使用拼接接头，钢绳弯曲处的任何一点均可承受负荷。

按照欧洲标准，成型的索端环表示在钢丝绳端部连接处附加了一个构件。索端环可保护钢绳免受吊装附件的损坏。

图3所示是不同的吊装附件与索端环的连接。钢丝绳的上端用于连接多条钢丝绳的吊装组件。单条钢丝绳时使用配装索端环的吊装环，以便挂入吊钩。钢丝绳的下端，可在索端环上安装吊钩或吊耳。

图4显示钢丝绳端部采用何种结构组合的可能性。无吊装附件的吊环和索端环组合中，吊钩可直接吊挂钢丝绳上端。而钢丝绳下端可采用例如加吊耳螺栓的连接方式。起重钢丝绳在下端索端环挂入吊钩，而在上端采用压接夹头的吊环，这些组合形式可直接或用吊钩的吊具间接运输所吊物品。配装钢丝绳滑动吊钩的起重钢丝绳可用于自锁式吊索连接。这里，吊钩已穿入索端环。

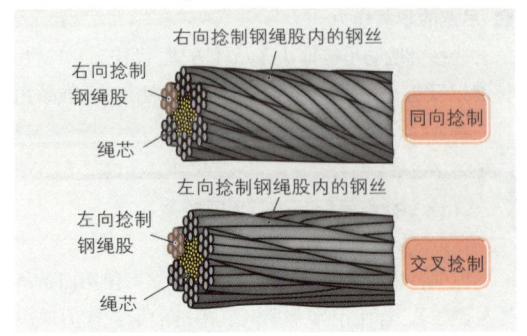

图1：钢丝绳捻制类型

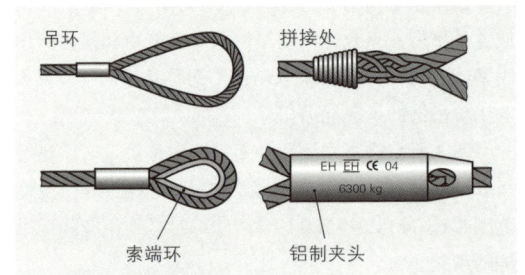

图2：起重钢丝绳端部

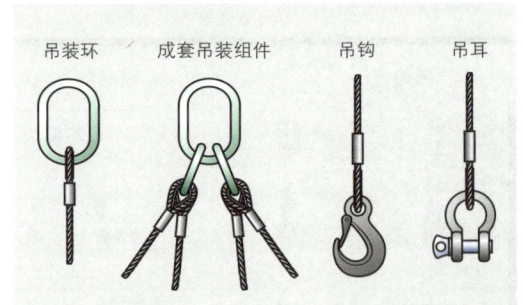

图3：索端环内的吊装附件

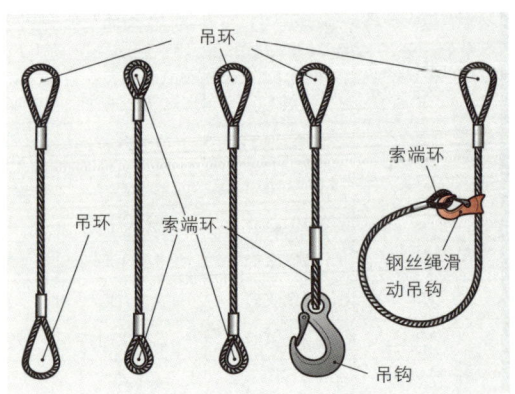

图4：钢丝绳端部的结构组合

■ 起重钢丝绳的承载能力

由钢丝组成的起重钢丝绳在压制的铝夹头上或固定安装的钢丝绳承重挂钩上均打有欧洲标准的标记（图 1）。挂钩上标有许用承载能力 WLL（Working Load Limit– 吊装负荷极限），单位：kg。

起重钢丝绳的最小直径为 8 mm。图 2 所示是钢丝绳受损的可能性。如果出现这些损伤，必须剔除受损钢丝绳，就是说，该钢丝绳已达到报废标准。

如果出现单根钢丝断裂，只在与直径相关的指定长度内目视可见的断裂钢丝达到指定数量时，才能报废整根钢丝绳。绞股钢丝绳不允许在 3 d 长度内出现多于 4 处断裂。6 d 长度内的断裂处不允许大于 6 处，30 d 长度内的断裂处最多不允许超过 16 处。

如果钢丝绳的某处出现绳股断裂，压伤或纵向弯曲以及扭结或分叉（图 2），则该钢丝绳已达到报废标准。如果出现强腐蚀现象或钢丝绳接触导致应力变化的零件，该钢丝绳也必须弃用。

图 3 所示是起重钢丝绳承载能力 WLL（单位：kg）与钢绳股数和吊装类型的相关关系。吊装类型可分为直接吊装或间接吊装。

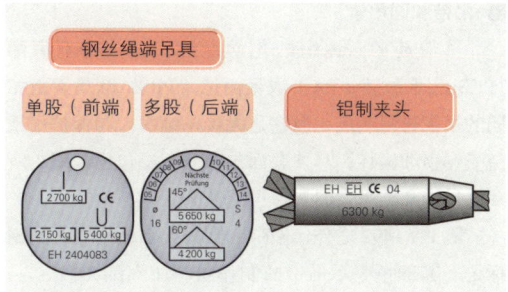

图 1：起重钢丝绳标记

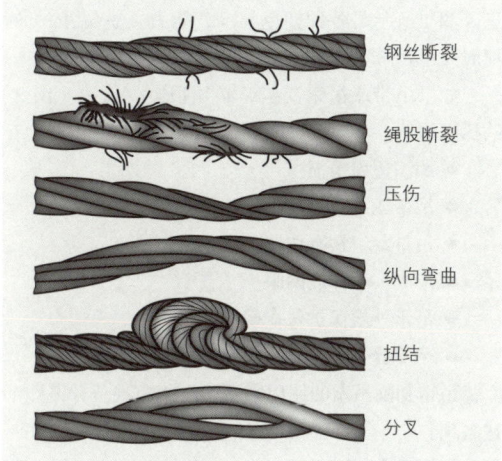

图 2：起重钢丝绳的报废

钢丝绳直径	单股		2 股				3 和 4 股 直接吊装	
	直接吊装	捆绑	直接吊装		捆绑			
	倾角 β							
（mm）	0°	0°	至 45°	45°~60°	至 45°	45°~60°	至 45°	45°~60°
8	700	560	950	700	770	560	1.500	1.050
10	1.050	840	1.500	1.050	1.150	840	2.250	1.600
12	1.550	1.240	2.120	1.550	1.700	1.240	3.300	2.300
14	2.120	1.690	3.000	2.120	2.330	1.690	4.350	3.150
16	2.700	2.150	3.850	2.700	2.950	2.150	5.650	4.200
18	3.400	2.700	4.800	3.400	3.700	2.700	7.200	5.200
20	4.350	3.450	6.000	4.350	4.750	3.450	9.000	6.500

图 3：起重钢丝绳承载能力 WLL，标准 EN 13414，第 1 部分，单位：kg

■ **吊带和圆吊索**

吊带是平面编织的化学纤维，其成分有聚酯（PES），聚酰胺（PA）或聚丙烯（PP）。圆吊索由相同的吊带材料制成，但它是无接头编织，为保护吊索免受磨损和损坏，其外表面包裹着一层包皮。图1所示是吊带和圆吊索的选择可能性。

除 EN 1492 之外，吊带和圆吊索上面还一个缝制标记，其颜色表示吊带的制作材料（聚酯（PES）-蓝色，聚酰胺（PA）-绿色，聚丙烯（PP）-棕色）。吊带和圆吊索的颜色还标明其单个吊带承载能力的信息。图1所示是各种颜色与承载能力（单位：kg）的配属关系。

如果吊带或吊索受损，必须报废。报废（图2）的标准如下：

- 编织边缘受损。
- 吊带或吊索的外形轮廓严重变形。
- 吊带编织物有切口。
- 形成一个环或网眼。
- 吊索外层保护包皮受损。
- 承重缝受损。

吊带和圆吊索的使用必须符合相应规范并遵守下述各项：

- 吊带和圆吊索不允许在锋利边棱或粗糙表面抽拉。
- 永不允许从吊带或吊索凌空抛下所吊物品。也不允许在地板上拖曳物品。
- 吊带和圆吊索不允许打结或扭转。如果所吊物品在空中可能出现轴向扭转，必须增加一根保护索。

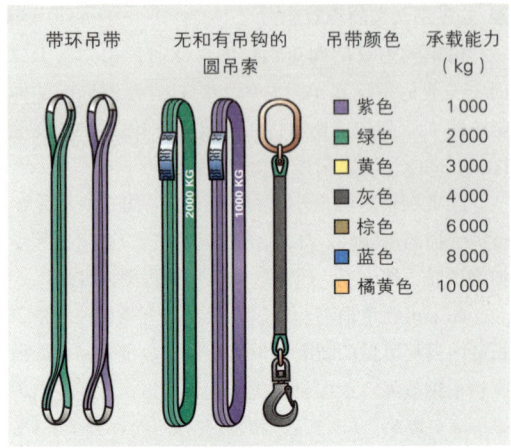

图1：吊带和圆吊索及其颜色与各自的承载能力

吊带颜色	承载能力（kg）
紫色	1 000
绿色	2 000
黄色	3 000
灰色	4 000
棕色	6 000
蓝色	8 000
橘黄色	10 000

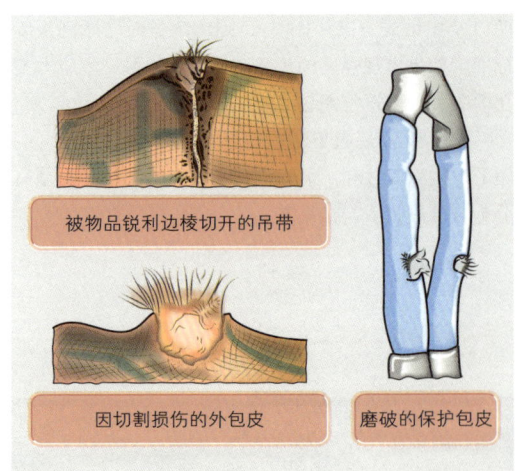

图2：吊带和圆吊索的报废

被物品锐利边棱切开的吊带

因切割损伤的外包皮

磨破的保护包皮

6.4.4.3 加工机床的运行安全

及时排除故障才能保证加工机床的运行安全。如果未能及早排除故障，将可能因零部件损坏而造成人员伤害。尤其可能造成生产停顿。加工机床的操作人员可根据下述各项查找故障点：

- 噪声识别 – 注意观察机床的不正常噪声。一旦出现新噪声，需立即确定位置并找出原因。

- 目视检查：注意观察因切屑和润滑油造成的污损、密封、导轨等。例如，切屑卡在机床溜板与导轨之间的可能性是存在的。
- 检查温度：定期检查机床不同零部件的温度状况。例如用手小心触摸轴承座，可及时发现温度过高等异常现象。
- 检查液压系统：定期检查压力表，核对工作压力。
- 检查电气设备：定期检查触点和插接式连接。

加工机床运行安全规范：

加工机床运行安全规范中规定如下措施：

- 保护机床操作人员安全的措施。
- 保护周边环境免受损害的措施。
- 保持加工机床价值的措施。

■ 保护机床操作人员

加工机床制造的原则是，机床本身不是危险源。CNC 加工机床护罩用于保护机床操作人员（图 1）。护罩对操作人员的保护不仅是机床的运动部件，还有飞溅的切屑和冷却润滑液。如果没有机床护罩，冷却润滑液可直接喷溅至机床四周。

护罩滑动门上的安全开关在开门状态下关断机床内的加工运行。调节时，脚踏开关用于控制机床运行和关断安全联锁装置。这些工作只允许有经验的专业人员执行。

较大的机床设备，例如柔性加工中心，除各机床单元的护罩外，还装备有防护栅栏。以此隔离例如搬运装置的工作区。

对机床操作人员实施保护的另一项措施是急停开关（图 2）。该开关在出现危险时可立即使机床处于停机状态。其他的机床安全装置是，例如控制灯，故障显示灯，双手开关，光电开关或钥匙开关等。

■ 保护环境

为保护环境，不允许有害物质从加工机床扩散至周边环境。掉落的切屑必须按照材料类别分开汇集，循环利用。冷却润滑液是危险物品，更换后的废液必须装入相应容器汇集和清除。

■ 加工机床的保值

机械和电子安全装置规定用于机床的保值。例如行程检测系统的限位开关就是一项保护措施。这种机械安全装置在机床溜板行至限位开关时，可阻止其继续运行。加工机床的每一个加工轴及其辅助装置（例如自动换刀装置）均受到限位开关的保护。机床操作人员对机床所做的小型检验亦可对机床起到保值作用。

图 1：CNC 加工机床的护罩

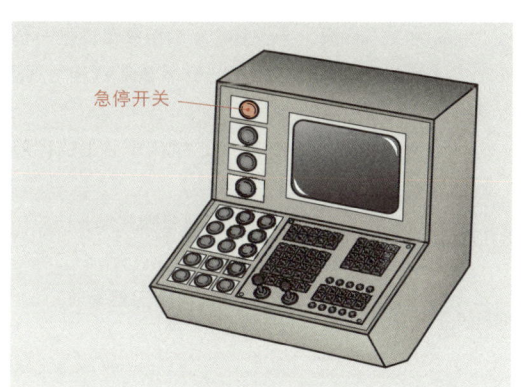

急停开关

图 2：CNC 加工机床的操作台

安全规范

- 加工工件过程中不允许关断安全装置。
- 在机床加工区实施保养和维修工作时，必须关断操作台的停机开关和电控柜的主开关，使机床处于关断状态。
- 只允许电气专业人员执行机床电气设备的操作和维修工作。
- 密封泄漏，例如液压系统，必须立即排除修复。

通过对机床的检查，首先可确定故障，较小的故障可由操作人员予以排除。但电气单元和液压系统的故障必须由专业人员排除。机床停机时，应由受过培训的专业人员实施维修工作。

诊断系统用于简化加工机床故障点的查找。对各类故障均配属一个故障编码。根据所显示的故障编码，可在故障列表中归类查找对应的故障类型。

本节内容深化作业：

图 1 显示的 CNC 铣床应安装在一个新设立的加工区。请您回答下文列举的关于机床安装计划的各个问题。

1. CNC 铣床试运行时应注意哪些事项？

2. 从何处可获知机床试运行的必要信息？

3. 运输 CNC 铣床时应注意什么？

4. 现在，加工机床导轨上仍有防锈油。运输时应采取哪些措施？

5. 加工车间内，待安装铣床的相邻工位是一台加工大型工件的曲轴压力机。安装该新铣床之前，必须采取哪些措施？

6. 采取哪些方式获取 CNC 铣床安装工位计划的信息？

7. 加工机床试运行人员必须具备哪些专业技能？

8. CNC 铣床安装完毕后，必须执行哪些工序？

9. 采用哪些方式可对 CNC 铣床实施验收？

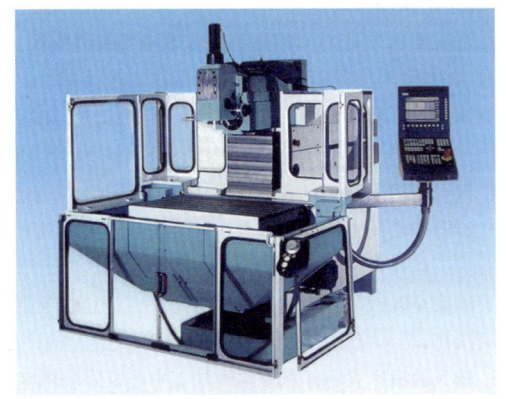

图 1: CNC 铣床

10. 验收 CNC 铣床时应加工受检工件样品。工件加工完毕后，必须检验工件的哪些特征？

11. 请描述机床的过程能力测试。

12. 如何区别机床能力测试和过程能力测试？

6.5   加工机床的维护保养

加工机床的维护保养应能保证机床实施稳定和无故障的加工过程。

维护保养由保养，检查和维修等要素组成，其中维修只在例外情况下才属于切削技工任务范围。执行合理的和按机床运行规定计划的保养与检查可在整个加工过程中保证产品质量的稳定性。具体可划分为预防性和预见性维护保养（表1）。

表 1：维护保养措施

维护保养（DIN 31051）		
其措施包括维持、确定和恢复一台机床的设定状态。		
保养	检查	维修
维持机床设定状态的措施	确定机床实际状态的措施	恢复机床设定状态的措施

预防性维护保养包括排除机床停机故障原因的所有计划内行动。为此需根据经验数值确定例如各个部件附件的更换周期，预防机床出现故障，避免出现停机时间。

预见性维护保养指为避免加工设备潜在的停机故障而采取的行动。预防和预见性维护保养均建立在机床运行的过程数据和生产过程不断发展的基础之上。所有的维护保养措施均需建档并评估。从这些数据中推导出优化未来维护保养措施的结论。此举的目的就是持续改善加工设备和加工过程的效率。

企业组织必须配备维护保养的资源，并建立一个维护保养计划体系。有计划的保养措施，检验仪器和装置的仓储，维护保养任务的文档和评估等均属该计划的内容。

6.5.1   保养

保养包括所有为维持一个技术系统设定状态而采取的行动。

定期且有效保养的目的是保证技术设备的最佳状态，至少延迟不可避免的磨耗。现存磨耗允许量应尽可能缓慢地消耗。所谓磨耗允许量，应理解为一个零件因磨损直至达到其使用极限的使用寿命。待实施的保养工作在很大程度上取决于制造商的规定数据，但由于运行试验和使用条件，该工作范围可部分扩展和细化（表2）。

为对加工机床及其各个零件和附件作出可靠性结论，应对机床的停机作出记录并作统计学评估。利用这些结果编制针对本企业的保养规定，作为对制造商保养计划的补充。作为机床设备保值工作的维护保养可细分为多个范围。

表 2：保养措施

具体工作	举例
清洗	清除切屑和辅助材料
填充	冷却润滑剂，变速箱润滑油
润滑	机床导轨，变速箱，主轴
更换	灯具，过滤器
重调	校准螺栓，止挡块，机床时钟

图 1：一台车床的保养指导

保养和维护工作只允许由受过专业培训并获得授权的人员执行。

待执行的保养工作与待保养的对象和具体的使用条件密切相关。一般均执行制造商规定的保养计划。制造商的保养计划至少包含保养措施针对的保养单元，保养部位和保养时间以及应采用的辅助装置和润滑材料。但机床润滑图与 DIN 8659（图 1–3）和保养计划（图 4）所述的润滑规定常有不同。

制造商列出的润滑周期一般适用于单班次运行，因此必须与企业具体运行状况相适应。

制造类似的保养计划还包括气动单元和液压单元，以及所用其他的外围设备和装置。根据这类计划制定的保养工作和维护工作，以及涉及安全的零部件的保养措施等，均应根据维护保养任务单移交给受过专业培训的服务企业或企业内部的维护保养部门。

由于切削技工不允许执行所有的保养工作，制造商必须规定具体待执行的工作，并根据专业技能的不同，细分具体哪些保养工作应由机床操作人员，受过培训的企业专业人员，授权的服务公司执行，或只允许由制造商自己执行（图 5）。

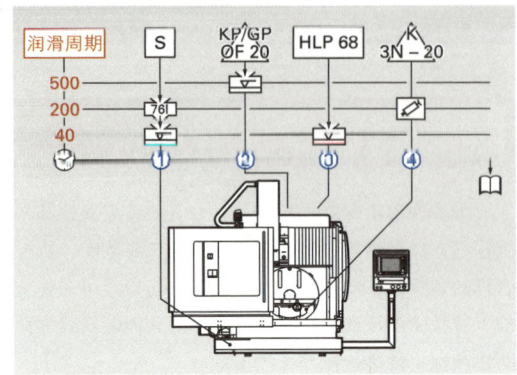

图 1：润滑图

图 2：润滑图符号

符号	说明
	检测油料位并灌满
	更换润滑材料，数量说明
	采用润滑脂润滑
	采用润滑油润滑
	更换滤油器
HLP 68	使用 DIN 51 502 规定的润滑材料

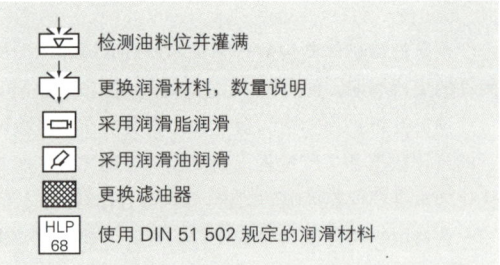

图 3：润滑规定

周期单位：小时	位置编号	润滑点	具体工作	符号
40	①	润滑材料容器	检测油料位并灌满（尽可能保持料位满）	
	③	油雾化器	检测油料位并灌满（约 0.2 升）	
200	①	冷却润滑剂容器	需要时清空，清洗，然后重新灌满（约 76 升）	
	④	圆回转工作台	采用润滑脂润滑	
500	②	中央润滑装置	检测料位并灌满	

具体执行的保养工作：
A = 客户安排的人员或操作人员
B = 客户方经过培训的服务人员
C = 制造商 / 经销商（依据保养合同）的服务人员

位置号	具体工作	8 小时	40 小时	200 小时	1000 小时
22	检查导轨盖板是否有损	A			
23	检查换向间隙和所有轴的参照位置			B	
24	检查轴向电机和主轴驱动（电缆接线）			C	
26	更换各轴导向座的润滑脂包				C
30	清理主轴锥面	A			
31	目视检查并清洗刀库组件		A		
33	目视检查刀库链条的塑料轮			B	

图 5：保养指南节选

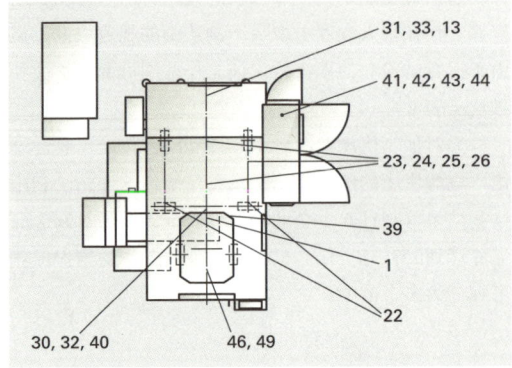

图 4：一台加工中心的润滑和保养点（节选）

6.5.2 检查

定期检查加工机床和辅助设备的目的是，早期识别其磨耗现象，从而保证加工产品的质量。这样才能做到及时采取相应措施。检查一般均按照规定周期执行，目的是保证检查的定期性，制定加工设备检查计划的基础是运行时数和设备的使用条件。

通过检查人员的感官感觉或借助检测装置与仪器获取并分析机床设备的实际状态。

表 1：检查的要素

检查 确定实际状态所采取的措施		
获取并分析机床设备的实际状态	分析磨损的原因及其对机床设备可能出现故障的影响	求取并执行合适的对应措施

表 2：通过感官感觉执行的检查

	看	听	嗅	触摸
不定期	例如 • 湿度 • 烟雾的形成 • 裂纹	例如 • 摩擦的嘎吱声 • 轧轧声 • 咔哒咔哒声	例如 • 污染的冷却液 • 导线熔蚀	例如 • 振动 • 温度 • 松开的连接
原因	冷却液容器故障	驱动主轴干磨运行	冷却液更换时间过晚	工作主轴的冲击
对应措施	向制造商发出更换信息	驱动主轴涂润滑脂	立即更换	检查并校准设定值

相比感官感觉，作为检查辅助设备的检验装置与仪器（图 1）更为准确并可得出具体的检测结果，从而对结果做出更为客观和精准的评估。例如检测驱动线路和轴承的频率，轴承和电机的温度，润滑油的料位和压力，螺纹管接头的上紧扭矩等。

属于切削技工重要任务的是定期检查冷却润滑剂（KSS）。检查时必须注意，皮肤接触或吸入冷却润滑剂均存在着损害健康的危险（详情参见 26 页及后面数页）。

图 1：冷却润滑剂检测箱

> 根据危险物品条例，如果致癌物质 N – 亚硝基二醇胺（NDELA）的质量含量等于或大于 0.0005%，冷却润滑剂便具有致癌危险。

出于运行安全，尤其是质量安全的原因，必须仔细检查、清洗和处理冷却润滑剂。因此，TRGS 611（危险品技术规则）对定期检查做出规定。

例如使用手持折射仪确定使用浓度（图 2），使用 pH 试纸检查 pH 值，借助试棒确定亚硝酸盐含量以及检查温度等。

图 2：用手持折射仪检查冷却润滑剂

对使用冷却润滑剂并在相同或类似加工与使用条件下运行的机床，可通过抽检具有典型性的机床进行检查，目的是完成前文规定的检查任务。对冷却润滑剂的检测试验无论如何都必须建立书面文档（图1）并存档，便于日后识别对现在所用冷却润滑剂的更动，以及证明优化冷却和润滑对产品质量的影响。

执行对冷却润滑剂的检测和维护是每一个机床操作人员的义务，此外还建议命名具有丰富专业经验的冷却润滑剂监督委托人。

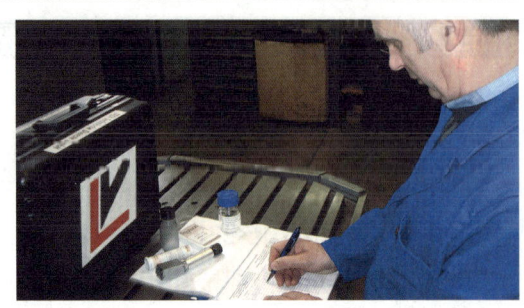

图1：冷却润滑剂检验结果建档

6.5.3　维修

维修一般不属于切削技工的任务范畴。切削技工的任务主要是提出维修任务。与保养和检查相反，维修任务的实施一般并不按照时间计划和工作计划进行，而是常常由检查结果所引发。

维修包含重新恢复加工机床设定状态所采取的所有措施。使机床恢复工作能力的措施可以是例如重调、维修或更换零部件。

维修可按照不同的保养方案进行。保养可细分为周期性保养，停机紧急保养，机床状态性保养和质量安全性保养。

表1：保养方案

	周期性保养	机床运行状态性保养	停机故障性保养	质量安全性保养
执行	根据规定运行时间进行，与机床状态无关。	对机床实施的连续的、检测性的监视，超过指定极限值时执行维修。	机床和某零部件出现故障或停机时。	以维护保养工作记录文档的评估结果为基础
优点	良好的计划性，机床的高可靠性，人员需求的可计划性。	最大程度地利用零部件的使用寿命，保证可靠性。	充分利用磨耗允许量，规划成本低。	最大可能地使用机床设备，保证生产质量。
缺点	不能充分利用设备的磨耗允许量，备件需求量大，维护保养成本高。	检测费用高，提高了规划和成本费用，人员需求的可计划性差。	导致机床停机，较高的备件购置和仓储成本，有时可能出现生产停顿。	计划成本略高，部分原因是每台机床必须单独建立文档。

经济和生态的各种不同维护方案的选择取决于各个企业及其具体的质量要求。一般由预防性、机床设备运行状态和质量保证等多种方案组合而成最优解决方案。

6.6　提高质量能力

随着对加工零件持续提高的精度要求，更精确地检查机床能力和过程能力并持续予以改进的必要性也在不断增长。

■ **精度检测**

一台机床的加工结果，如工件的公差保持度或表面质量，均受到机床运动的静态和动态精度的实质性影响。因此，对于精密加工而言，采集和补偿运动偏差实属重要。现在检测装置的发展趋势是直接采集机床的静态和动态偏差，借助 PC 计算软件对偏差量进行记录和计算评估。这种检测方法与一般性加工结果的检查相比，其优点是剥离了机床影响因素中的工艺影响因素。

这种检测的一个实例是由正交光栅检测仪实施的圆形测试（图 1），它记录 CNC 机床主轴实际行驶的圆形轨迹，借助软件求出其与理论圆形轨迹的偏差。利用求取的数据可推断出例如机床轴线精度恶化或机床组件不同热膨胀的原因。

如果通过精度检测确定图 2 所示结果，那么这台加工机床已不具备要求达到所需加工结果的能力。这里要求增加设计方面的措施，例如安装纵向检测装置。

图 1：正交光栅检测仪实施的圆形测试 © HEIDENHAIN

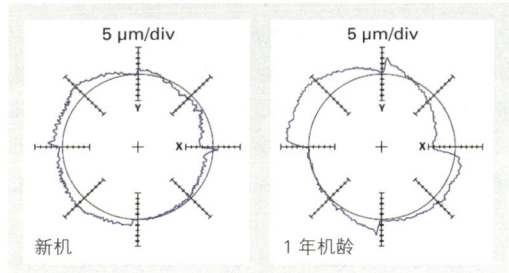

图 2：一台加工中心的圆形测试 © HEIDENHAIN

加工机床的精度尤其取决于对持续变化的使用条件予以补偿的能力。例如，从粗加工到精加工过渡时，机械和热学负荷状态均发生了变化。因此，具有特殊意义的是进给驱动。高进给速度和加速度使进给驱动受到高负荷，并产生大量的热。滚珠丝杠的温度分布因此变化的极为迅速，它在短时间内可导致出现最高达 100 μm 的位置偏差。工件的尺寸精度将因此而不复存在。为避免此类偏差，有必要采用适用的定位检测技术。现在已有多种不同的应对策略，例如借助轴编码器通过滚珠丝杠采集进给轴的位置。但这里只能通过主轴导程采集驱动轴位置，且不考虑磨损和温度产生的变化。而使用纵向检测装置可抑制这类偏差源。

使用纵向检测装置采集溜板位置，从而可通过位置控制回路对进给机构运行的全程进行数据采集（图1）。这种改型中，传动机构的间隙和精度均不影响位置采集。检测的精度仅取决于纵向检测装置自身的精度与安放位置。其他的偏差源也可以排除，如球循环型滚珠丝杠因温升导致的位置偏差，换向偏差或因加工力使传动机构零部件变形而导致的偏差等。

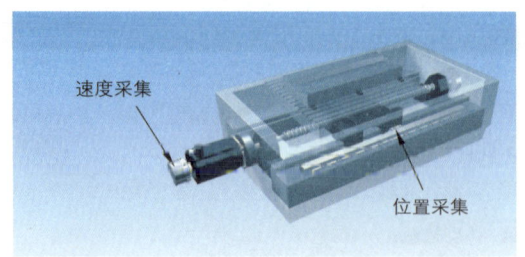

图1：用纵向检测装置进行位置控制 © HEIDENHAIN

除373页所描述正交光栅检测装置外，为了说明对机床精度的理解和不断提高的加工速度所带来的影响，不同制造商还研发出许多其他的检测装置和检测方法。例如自由形变测试或瞬态特性测试，关于换向运动中黏附摩擦的影响以及如何保持精确定位等信息。这些测试在要求最高加工精度必须保持在$0.1 \sim 0.01\,\mu m$的机床上进行。

正是因为上述精度检测用于正确设定加工机床并补偿检测结果，才能加工出达到要求质量且保持高度重复精度的产品。

■ 远程诊断

从远程对故障进行诊断是未来的一个研发方向，如由机床制造商或通过企业内部局域网实施的远程服务。在这个方面，如在不触发机床运动的前提下，对机床控制系统的在线远程操作。加工机床上出现的问题和故障，可能对加工过程产生负面影响甚至导致加工停顿，现在已经可以对它们进行快速的分析和排除。

上述这些发展成果已改变了对切削技工实际工作的要求。

图2：铣床工作台上的对比检测仪 © HEIDENHAIN

这些变化有：

● 能够独立熟悉并掌握新型加工工艺和检测技术的能力。

● 从思维上完全融入加工过程。

● 准确无误地与数字诊断技术打交道。

● 识别并准确描述加工机床上出现的故障，必要时用英语描述。'

6.7   Machine tools

1. Components of a pillar drilling machine

A machine tool is usually a device for machining of metals or other Solid materials.

The cutting motion of the tool is related to the drive of the drill bit generated by the pillar drill.The drill is driven by the drive motor,the belt transmission and the drill spindle.The work piece is clamped on the machine table.Depending on the work piece size，the table can be set to the correct working height by the wheel for vertical adjustment.

The locking lever fixes the position of the table. Drilling is carried out by the feed lever which moves the drill downwards.

2. Drive unit of the pillar drill

The drive unit generates a rotary motion from the drive motor for the drill spindle，in which the tool is clamped.The speed of the drill spindle can be changed by using different transmission belts. Ifthe upper pulley shown in Figure 2 is engaged，a higher drill speed is set.If the lower double pulley is engaged，it produces a slow rotation.

3. Functional units of lathe

The overall function of a machine tool usually can easily be identified.The main task of the conven- tional lathe(Figure 3)is to turn cylindrical work pieces.

A detailed analysis of the machine tool is necessary to see how the main task is fulfilled.The operation of the machine can be illustrated if the different units of the system are categorized.Each of the color−coded functional units in Figure 3 performs a specific task.

The drive unit performs a cutting motion to the work piece.

The work units allow the " turning operation" of the work piece.For the feed movements of the Ion−gitudinal and cross slide，the feed gear unit and transmission units are required.The guiding unit enables the linear movement of the carriage.The disposal unit with its chip tray is used to collect the chips.All functional units are attached or integrated in the support and structural unit.

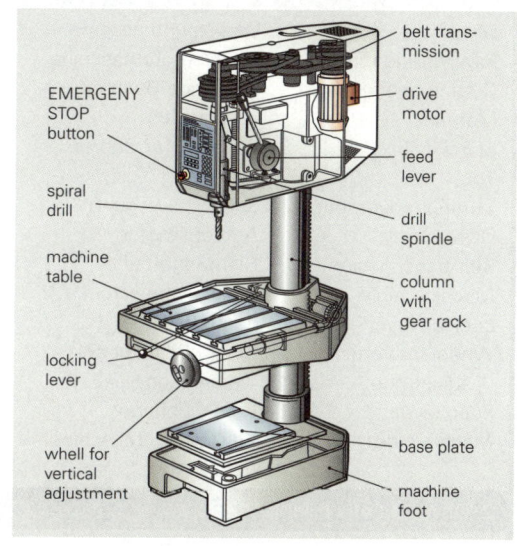

1：components of a pillar drilling machine

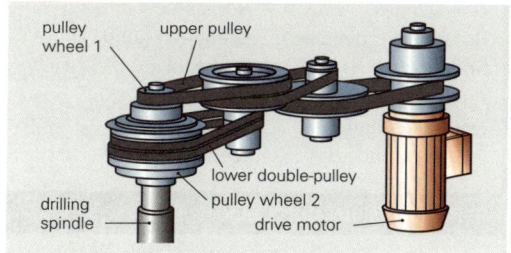

2：drive units of a pillar drilling machine

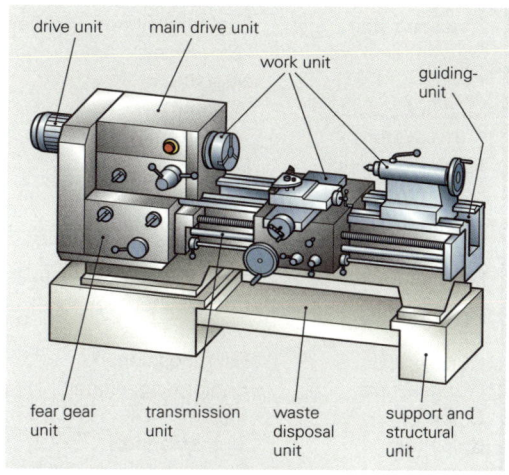

3：functional units of a lathe

Chronological word list	Tasks
1. Components of a pillar drilling machine	
Machine tool — Werkzeugmaschine Pillar drilling machine — Ständerbohrmaschine Cutting operation — spanende Bearbeitung Material — Werkstoff Spiral drill，drill — Spiralbohrer, Bohrer Tool — Werkzeug Cutting movement — Schnittbewegung Drive motor — Antriebsmotor Belt transmission — Riemengetriebe Machine table — Maschinentisch Locking lever — Feststellhebel Wheel for vertical adjustment — Stellrad für Höhenverstellung Feed lever — Vorschubhebel Machine foot — Fußplatte, Maschinenfuß	1. Translate the text from the previous page into German 2. Translate the terms in figure 1 3. Answer the following questions： ● How is the drill of a pillar drilling machine moved downwards? ● How is the cutting movement of the tool at a pillar drilling machine created? ● Where can the workpiece be clamped? ● What do you have to do in order to drill a high workpiece? ● How can the machine table of a pillar drilling machine be fixed? ● Which machine components can be combined into a unit? Explain the different units.
2. Drive unit of a pillar drill	
Drive unit — Antriebseinheit Drive motor — Antriebsmotor Drill spindle — Bohrspindel Rotational movement — Drehbewegung Speed — Drehzahl Pulley — Riemen Double-pulley — Doppelriemen Pulley wheel — Riemenscheibe	1. Translate the text from the previous page into German 2. Translate the terms in figure 2 3. Answer the following questions： ● How can the rotational speed of the drive unit be changed? ● Which pulleys perform a slow rotational movement?
3. Functional units of a lathe	
Lathe — Drehmaschine Overall function — Gesamtfunktion Main task — Hauptaufgabe Functional unit，unit — Funktionseinheit, Einheit Conventional work unit — konventionelle Arbeitseinheit To chip — zerspanen Mode of operation in a system — Wirkungsweise System Turning operation — Drehbearbeitung Feed movement — Vorschubbewegung Longitudinal slide — Längsschlitten Cross slide — Querschlitten Feed gear unit — Vorschubgetriebeeinheit Power transmission unit — Energieübertragungseinheit Guiding unit — Führungseinheit Disposal unit — Entsorgungseinheit Chips — Späne Chips tray — Spänewanne Support and structural unit — Stütz-und Trageeinheit	1. Translate the text from the previous page into German 2. Translate the terms in figure 3 3. Answer the following questions： ● What is the main task of a lathe? ● How can you recognize，that the main task of a lathe is fulfilled? ● Which functional unit does a conventional lathe have? ● Which tasks does the drive unit of a conventional lathe fulfill? ● What does the work unit of a lathe enable? ● Which units do the slides of the conventional lathe contain? ● Which task does the guiding unit have? ● What is the function of the disposal unit? ● Which tasks do the support and structural unit of a lathe have?

7   通过控制和调节实行自动化

自18世纪工业化开始以来，工业化国家的人居生活已得到根本的改变。在技术领域中所发生的变化主要源自生产率的持续提升。在最近几十年中，这些变化的原因则是借助控制技术和调节技术使加工自动化程度继续跃升。

7.1　加工自动化

人类发展史的初期已出现最早的工具：石斧（115页图1）。当时的基本原理至今仍在使用（图1）。人必须首先拥有关于如何加工材料以及制成品的外观应是何种形式等信息。在我们从中世纪获知的首批车床上，所有的运动均由人力驱动。直至蒸汽机的发明，人力才由机械转换的运动能取代。机械能通过主轴和传输皮带传递给各台机床。首先变成切削运动，然后通过变速箱和主轴转换成机床的进给运动（301页图1）。

当今技术状态的标记是生产过程不断进步的自动化。自动化技术为加工制造业提供按客户所需质量和多样性制造产品的低成本生产过程。它大幅度降低了机床操作人员繁重的，单调的和危险的体力劳动。工业化发展末期，计算机编程取代了人工直接输入信息的操作方式。

> 加工自动化指借助技术方法使加工过程独立运行。

这些技术方法就是计算机支持的控制系统、调节技术和控制技术在生产过程中的应用。

7.2　控制

直流电机的简单举例中（亦请参见331页）已可辨认出控制的原理所在。电枢电压作用于一个指定的旋转频率（图3）。如果需要旋转运动变快或变慢，必须通过改变电枢电压才能改变旋转频率。

通过喷入的燃烧气体量控制淬火炉所需温度（图5）。

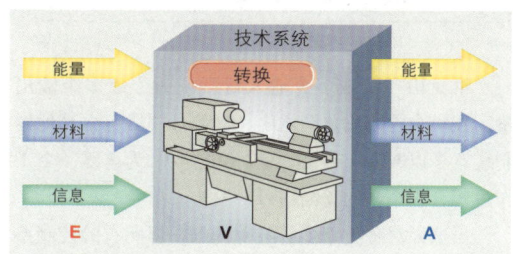

图1：技术系统

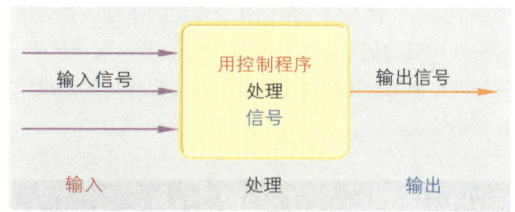

图2：控制的作用原理

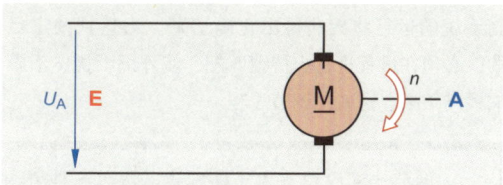

图3：控制转速的直流电动机

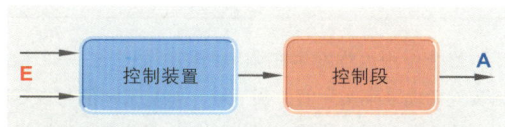

图4：控制系统框图

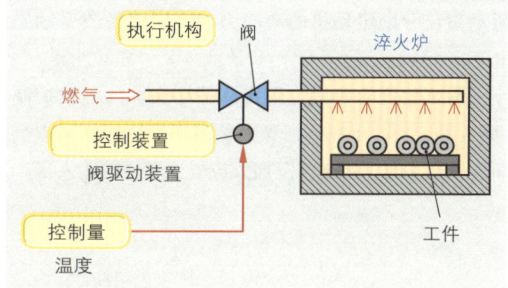

图5：温控淬火炉

控制指在一个规律性符合其过程目的的系统中通过输入量影响输出量。

常见由一个或多个输入量影响一个或多个输出量。在一个控制段范围之内，其信号同样可由其他控制装置予以改变（377页图 2 和图 4）。为重复一个工作过程，一个新的反馈信号触发输入信号。

虽然面对种类繁多的各种任务，但所有的控制系统的结构却相互类似。相同功能的部分称为区（图 1）。在输入区引入控制系统的信号。在处理区逻辑连接各个信号，使其满足控制任务设定的条件。在输出区将处理层的信号以执行机构合适的形式发送出去。例如设定加工机床的电压数值。动力机构指加工机床的驱动装置。

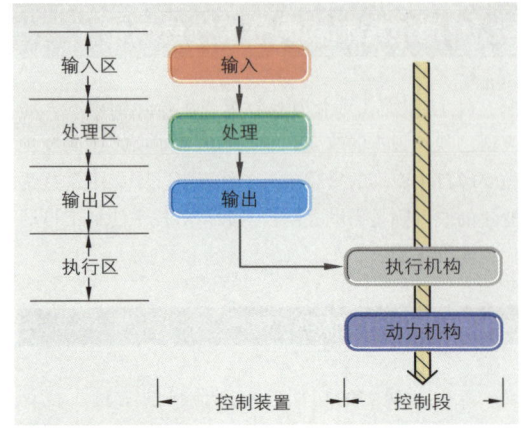

图 1：控制系统结构

7.3 调节

当一个过程受到外部因素（干扰量）的影响，控制系统的运行将无法得出正确结果。为达到预定目的，必须在过程进行中持续匹配，使外部干扰量不影响最终结果。这就是调节过程。

调节一词应理解为一种方式，通过这种方式，虽然存在着干扰量的作用，但输出量仍保持在设定值范围之内。

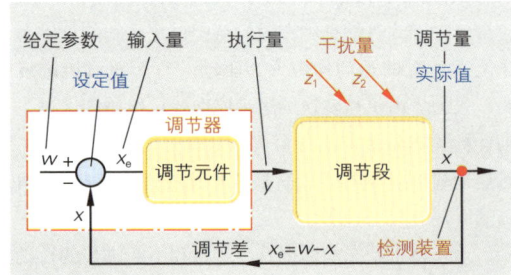

图 2：调节回路

整个作用流程发生在调节回路（图 2）。一个检测装置持续采集实际值，调节量。如果实际值与设定值，给定参数，有偏差，调节器内的调节差必须触发新的执行量。

如果由于不同负载导致转速偏离设定值，图 3 所示直流分励电动机的离心力调节回路便改变励磁电流。

调节装置的典型应用实例是淬火炉的温度控制（图 4 和 92 页图 3）。当淬火炉内部温度因外部影响而发生变化时，燃气阀门加大或减少燃气的输入量。

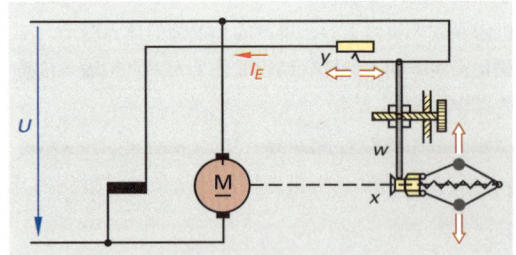

图 3：电动机转速调节回路

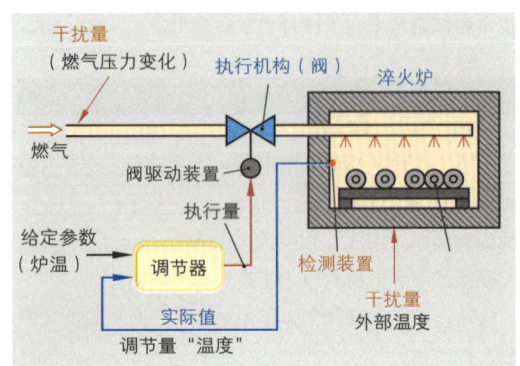

图 4：淬火炉温度调节

作为 VEL 机械股份有限公司的员工，您现在得到一个任务，将切削加工范围的一个手工工位实现气动控制自动化。

该工位的加工任务是，在裁切下料的矩形板材上打一个中央通孔。由于加工件数较少，迄今为止，一直采用手工操作台式钻床的方法执行该加工任务。现由于需求大幅度增加，需将工件的切削，钻孔和卸料等实施自动化。

本章前部已讲述，控制技术和调节技术的装备结构，如何计划控制过程的流程，这些技术所需的部件，以及如何用电路图描述其过程。

右边的工艺示意图中可识别出所有的部件，借助这些部件可放入并夹紧工件，输送钻头和工装。图 2 所示示意图描述加工过程可能执行的流程。其主要任务是，以举例形式将后面几页所示用于钻孔工装的弯曲工装发展成为第 390 页的线路图。

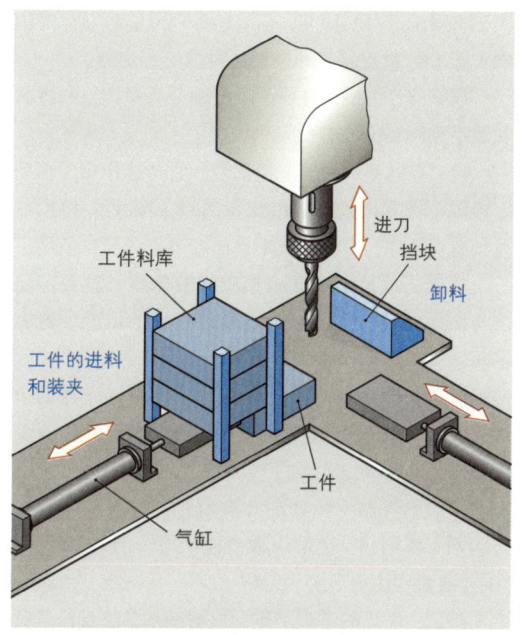

图 1：自动化钻孔工装计划示意图

作业：

1. 请解释 EVA 原则的基本意义：输入（E）－处理（V）－输出（A）。

2. 请在课堂上讨论加工自动化的优点，虽然此举将"取消工作岗位"。

3. 控制技术与调节技术的基本区别是什么？

4. 控制或调节一个技术过程主要取决于什么？

5. 在前述主要任务中应将一个迄今为止由手工完成的加工任务自动化。请制表列举对此所需的各个工作步骤，确定每个工作步骤所需时间，并计算总时间。

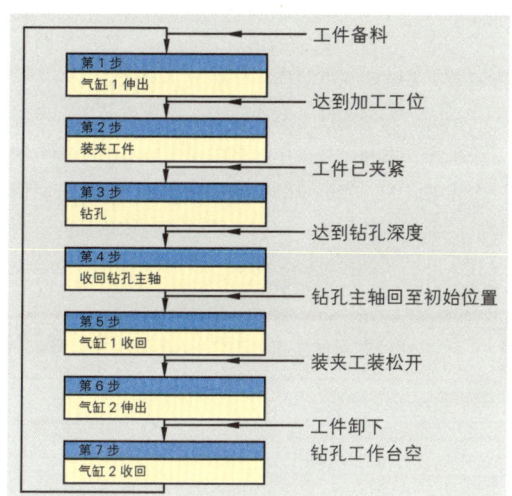

图 2：自动化钻孔工装计划图

7.4 控制系统的类型

控制系统可根据不同的观点进行划分。这主要取决于方案中信号的种类，信号的处理或能量载体等因素（图 1）。针对这三种类型还可以继续细分。

根据信号类型可将控制系统细分为模拟、二进制和数字控制系统（图 2）。

模拟控制系统处理模拟信号。它持续作用，在规定极限范围之内按比例改变检测量（图 3）。模拟信号具有直观性，简单的技术手段即可生成模拟信号。

举例：液体温度计用相应的液体柱长度表示温度检测量的数值。模拟钟表通过指针的角度位置表示时间。

模拟控制系统的其他举例是，使用调光器调节灯光亮度，或通过调压变压器改变电动机的转速设定值。

二进制控制系统处理二点信号。这种信号可设定为两个不同的（离散）数值或状态，例如"1"或"0"，或者"接通"或"关断"。

举例：磨床的进给工作台应持续从其终端位置驶出，完成前进 / 后退运动（图 3）。

数字控制系统处理编写成数码的（编码）信号。多个二进制信号以数字数值方式汇总。，然后按照二进制数字系统给二进制信号分配数字数值。

举例：无序零件（例如螺帽）包装机的数字控制系统采用二进制信号工作。螺帽逐个经过输送带旁的一个光电开关。光信号的每次中断产生一个二进制信号。达到规定件数后，控制系统结束包装单元的进料过程，下一个计数过程开始。

> 工业控制系统主要处理二进制和数字信号。

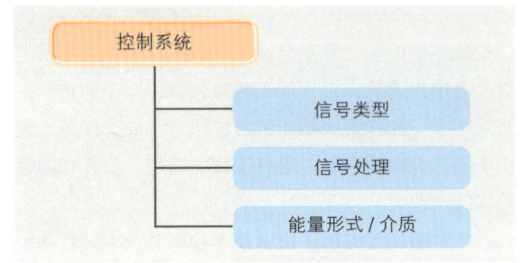

图 1：根据控制系统类型划分控制系统

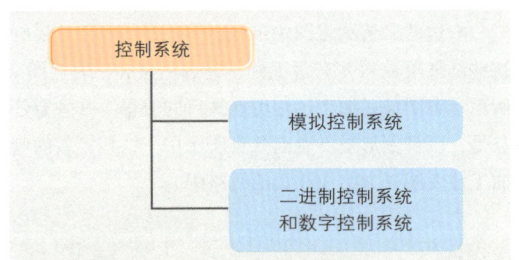

图 2：根据其信号类型划分控制系统

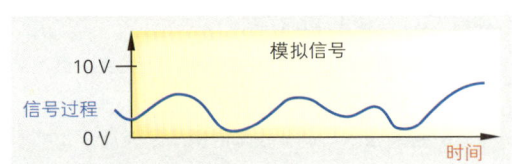

图 3：自动化钻孔工装计划图

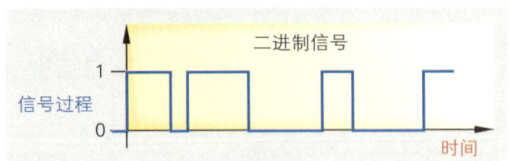

图 4：二进制信号的时间流程

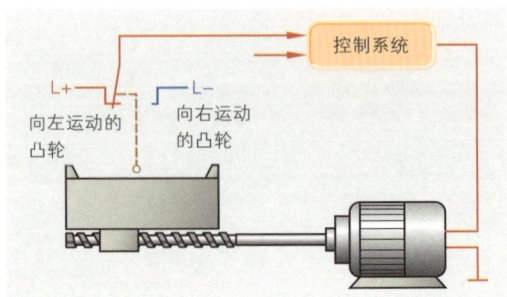

图 5：二进制控制系统

按照信号处理类型，可将控制系统分为逻辑控制和流程控制（图1）。

逻辑控制系统从若干个同时出现的信号的逻辑电路中生成控制指令。

举例：当三个压力传感器中至少两个同时响应时，应打开容器的安全阀。

流程控制系统按照规定的固定步骤顺序自动执行加工和生产过程。过程链中，顺序步骤的相继接通既

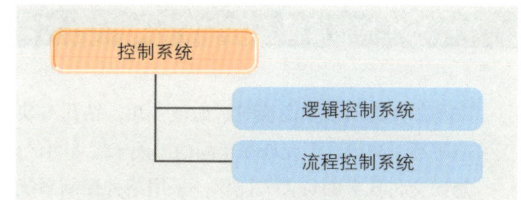

图1：按照信号处理方式划分控制系统

取决于时间（例如通过时间继电器或时钟脉冲发生器），亦取决于流程顺序（例如操作极限按钮）。

> 流程控制系统自动执行按步骤进行的过程。流程控制系统既可作为时间计划控制系统，也可作为行程计划控制系统连续运行。

控制系统的另一种划分方法是按照所使用的能量形式或介质（图2）。

值得注意的是，企业运行的实际工作中，通过同时使用多种能量形式，可执行多个控制任务。例如信号输入和信号处理的电子化，以及用压缩空气完成指令转换，此处所指是电子气动控制系统。

产生较大力的设备一般采用液压控制系统。液压控制完全可与电气控制组合成为电子液压控制系统。

与气动控制系统相比，液压控制系统的缺点是因液压油泄漏导致环境威胁！

机械控制系统自工业化早期即已投入应用。但在当今的生产过程自动化进程中，它已不再是现代化控制系统的可选项。机械控制系统的低成本也不再成为价廉物美的代表。

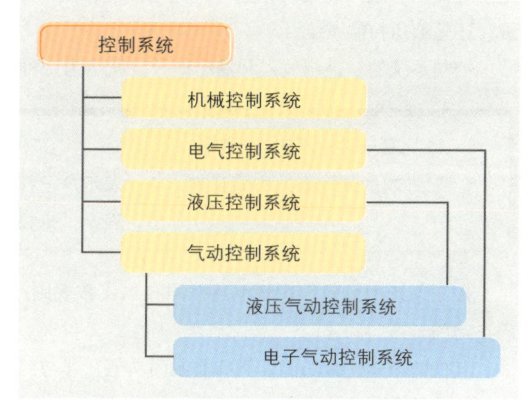

图2：按照所使用能量形式划分控制系统

尽管如此，当出现如下要求时，机械控制系统仍具有不可替代之处：

- 精确的行程控制。
- 高调整速度。
- 无延迟。
- 长使用期限。

机械控制系统的举例：通过凸轮轴对内燃机实施阀门控制。

综述，用户决定能量形式时，除考虑设备投入（例如零部件的数量和种类）外，还应考虑与现有系统的对接可能性。同样还应审查其安全性，如控制系统的可靠性，如电气控制系统发出的火花有导致工作区域爆炸的危险。

7.5 一个控制系统的草案

在与加工部门领导商谈时，您被告知，钻孔工装（见 379 页）运行时必须考虑的企业具体条件。由于钻孔工装应防潮，防尘，不允许在车间内出现未经许可的外部介入，所以，必须避免出现对设备的干扰影响因素。

您向交付任务的负责人建议，采用某种控制系统使钻孔设备自动化。

从自动化设想转化为现实的进程包含着下文所述的计划步骤。为了充分了解控制系统的结构和功能作用方式及其组成部件，首先必须描述基本逻辑功能。按计划使用这些基本功能，才能按顺序步骤将复杂的控制系统组装完成。

7.5.1 基本逻辑电路

例外的是，非二进制的模拟控制系统中采用以 2 位数字为基础的数字系统，即二进制数字系统，进行控制系统的信号输入、处理和输出。它与控制系统的结构无关，即无论是可编程序控制器（PLC），气动控制系统，还是液压控制系统。

控制系统的二进制输入和输出信号仅设定为两种状态："0" 或 "1"。

> "1" 表示 "信号已占用"　　　　　　"0" 表示 "信号未占用"
>
> 二进制的其他表述方式还有："1" 表示 "已操作 / 已接通 / 施加 / '开' / 正确"
>
> 　　　　　　　　　　　　　　　"0" 表示 "未操作 / 未接通 / 未施加 / '关' / 错误"

控制系统中的信号逻辑电路按照布尔代数规则运行。该逻辑电路建立在下述基本逻辑功能基础之上：是门，与门，或门和非门。

其他的布尔代数功能，例如非或门功能，非与门功能，均源自上述基本功能。

这些基本功能可直观地表述为：

- 逻辑符号
- 真值表
- 气动阀门
- 电气触点或
- 程序

■ 真值表

真值表采用表格形式描述电路功能。真值表中系统地采集输入端信号状态可能存在的组合。针对输入端每一种信号配置，记录控制系统输出端状态。

真值表的行数取决于输入端的数量（'n'）。两行真值表用于只有一个输入端的控制系统。四行或九行真值表用于有两个或三个输入端的控制系统。真值表行数为 'z' 时，'z'$=2n$。

■ 是门功能（相等）

举例：呼叫信号。按下某个按钮发出一个声音或光学信号，要求例如对流水生产线范围内某个工位实施救助。

实现这个要求的电气解决方案：为达到是门功能，将按钮设计成一个 "常开触点"。按下按钮，电流通向输出端 A（电气用户，例如灯泡）。

气动解决方案：操作同样设计为常开触点的气动阀门，使压缩空气通向工作元件，例如信号喇叭。

逻辑符号	真值表	气动方案	电气方案	程序
E—[1]—A	输入端　输出端 E｜A 0｜0 1｜1	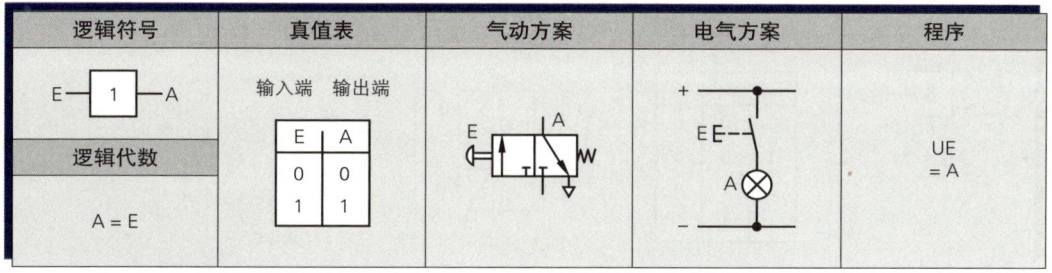		UE = A
逻辑代数 A = E				

图1：是门功能（相等）

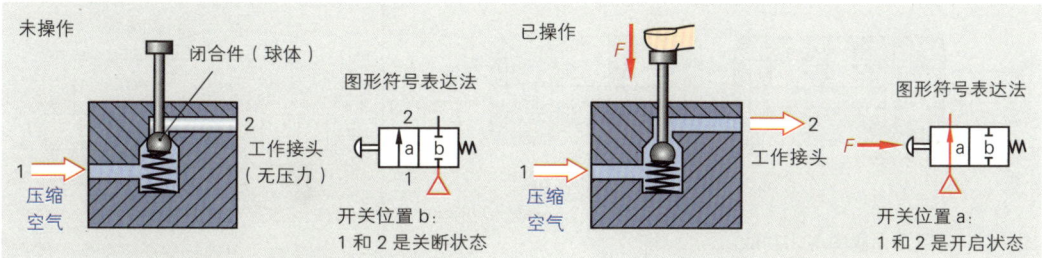

图2：通过两位两通（2/2）换向阀实现是门功能

■ **非门功能（否定）**

举例：息声电路：按下按钮使一个用户，例如声音报警器，停止鸣叫。

电气解决方案：为达到非门功能，将信号输入按钮设计成"常闭触点"：

按下这个按钮切断通往输出端 A（电气用户，例如蜂鸣器）的电流。

气动解决方案：通过一个常闭触点结构的气动阀门，将输入信号 E 传输给控制系统。阀门在非接通状态下将例如压缩空气导向喇叭。

逻辑符号	真值表	气动方案	电气方案	程序
E—[1·]—A	输入端　输出端 E｜A 0｜1 1｜0			UN E = A
逻辑代数 A = Ē				

图3：非门功能（否定）

■ **与门功能（逻辑乘积）**

举例：双手控制：一台加工机床仅在满足操作人员双手同时发出信号 E1 和 E2 的前提条件下才能启动加工运动。

电气解决方案：控制系统为达到与门功能，将 E1 和 E2 两个输入按钮串联连接。只有同时按下常开触点，才能接通通往输出端 A（一个继电器）的电流。继电器 K 接通例如控制系统动力部分的电动机。

气动解决方案：输入信号通过控制系统换向阀进行传输。信号输入单元 E1 和 E2 在最简单情况下串联。E1 和 E2 同时发出信号，压缩空气才能接通流向输出端 A（384 页的图 1 和图 2）。

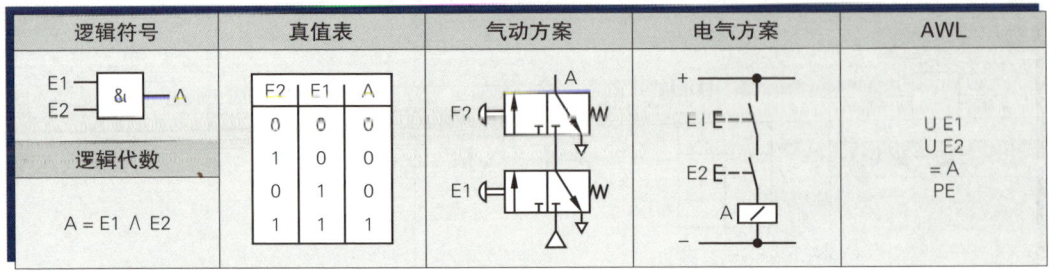

图1：与门功能（逻辑乘积）

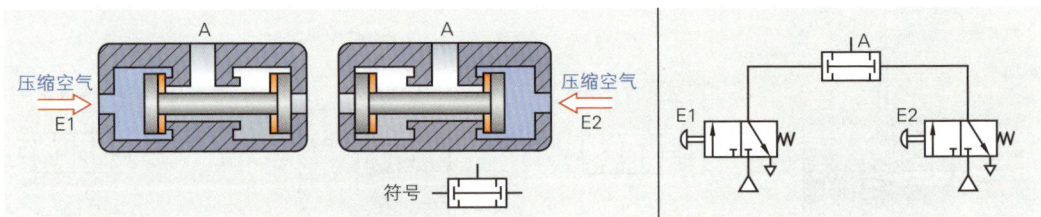

图2：装有双压力阀的与门功能

备注：在企业实际应用中，多采用双压力阀代替信号发生器的串联电路，实现与门功能（图2）。

■ **或门功能（逻辑加法）**

举例：呼叫信号：要求紧急救助（参见是门功能举例）的呼叫信号可从两个操作点执行操作。操作两个信号发生器中的至少一个，即可发出呼叫信号。

电气解决方案：为达到或门功能，将E1和E2并联连接。按下两个常开触点中的任意一个，即可接通通向用户—输出端A—的电流。

气动解决方案：图3所示是信号发生器E1和E2的连接结构，这里是一个三位两通（3/2）换向阀。

逻辑符号	真值表	气动方案	电气方案	AWL
E1 ≥1 A E2	E2 E1 A 0 0 0 1 0 1 0 1 1 1 1 1			U E1 O E2 = A PE
逻辑代数 A = E1 ∨ E2				

图3：或门功能（逻辑加法）

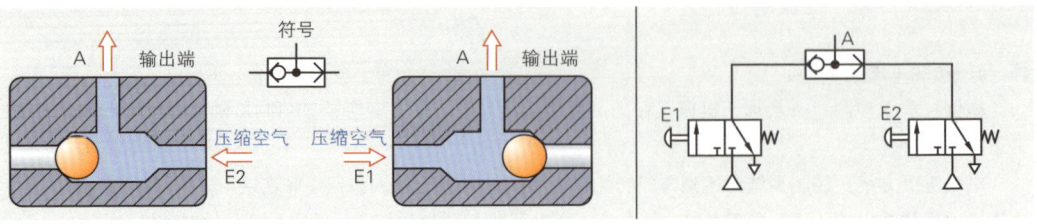

图4：用换向阀实施或门功能

备注：在企业实际应用中，在信号发生器输出端安装换向阀实现或门功能。

7.5.2   控制系统的表达法

计划一个过程或设备控制系统时，不仅需要描述控制系统设备装置结构，还需有目的地描述控制任务以及控制系统的功能。这类描述多采用图示表达法。

功能图适宜作为对控制技术常常难以理解的用户与受托开发控制系统的研发者之间易于理解的沟通方式。功能图的编制与所使用的设备装置技术无关，它可以准确表达逻辑控制系统和流程控制系统的开关转换功能。

■ **逻辑控制系统**

用基本逻辑功能符号图示表达这类控制系统。

举例：部分自动化的弯板设备。

气缸将人工放置的板材推向一个止挡块，使之定位，以便开始下道工序（弯板）（图1）。

手动操作控制杆，使弯板模具回转。

设备操作人员只需向信号发生器 E1 和 E2 中至少一个发出启动指令，定位气缸伸出。启动工作过程的条件是，定位气缸的活塞已完全收回（信号 E3）。

■ **流程控制系统**

流程控制系统的功能图描述已定义（限定范围并准确描述）的、按先后顺序设置并执行的各个步骤的过程流程。值得注意的是，已设置步骤的指令仍保留着（存储），直至被另一个相反指令取消为止。

时至今日仍常用流程控制系统的功能图，因为它直观。自 2005 年开始，DIN 60848 用新标准"GRAFCET"代替"旧的"功能图。

GRAFCET 是一个新创词汇，源自法语"GRAphe Foncitonnel de Commande Etape Transition"，译为德语："Darstellung der Steuerungsfunktion mit Schritten und Weiterschaltbedingungen。"译为中文：用步骤和继续转换条件表达控制系统功能，简称：顺序功能表图用 GRAFCET 规范语言，实际常称为：顺序功能图。

由于大量设备控制系统直至 2005 年仍采用功能图形式建档，下文将讲述这种功能图的结构并以弯板设备为例深化本节内容（图1）。

然后，讲述 GRAFCET 与功能图的区别。

流程控制系统功能图的重要要素是步骤符号和指令符号（图2）。

步骤符号：

每一步骤除步骤编号外，都有一段简短的解释性文字。

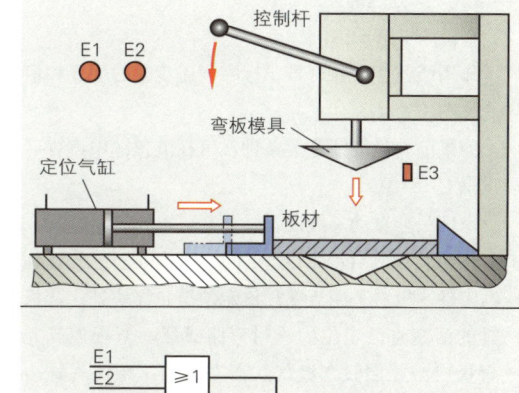

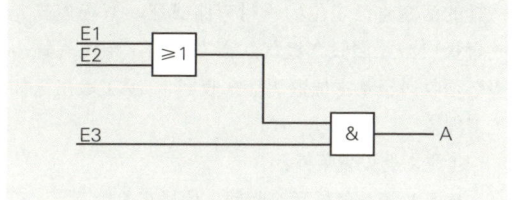

图1：部分自动化的弯板设备

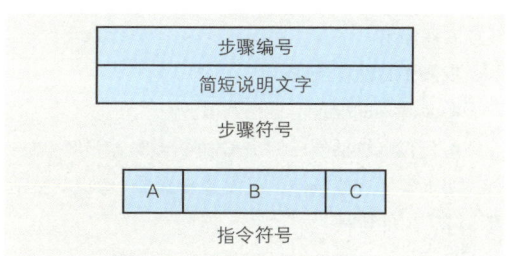

图2：功能图的步骤符号和指令符号

■ 指令符号

A 区：描述指令类型。

B 区：指令的作用。

C 区：规定已设置步骤的中断条件（385 页图 2）。

指令符号 A 区的指令类型定义如下：

S = 存储的

NS = 非存储的

D = 延迟的

T = 时间限制的

作用线连接步骤符号，标明程序步骤的顺序和信号流（图 1）。

如果已满足继续开关条件，可在流程链中设置后续步骤。

举例：全自动弯板设备。

按照发布的启动指令（E1），应将一个已放置到位的工件（板材）用活塞顶推定位至止挡块处。弯板模具的活塞将已定位的板材弯曲成形。弯板模具完成弯板成型并回收弯板气缸活塞之前，定位气缸活塞必须收回至基本位置（活塞收回）。手工取出已加工工件。

步骤 1 的设置条件：

● 弯板模具气缸活塞收回（信号至 E3）。

● 按下启动按钮 E1。

如果满足这些条件，可设置并执行步骤 1：定位气缸活塞伸出。

步骤 2 的设置条件：

● 步骤 1 的准备信号已到位。

● 定位气缸活塞已伸出（信号至 E4）。

如果满足这些条件，可设置步骤 2：弯板气缸活塞下降，工件弯板。

步骤 3 的设置条件：

● 步骤 2 的准备信号已到位。

● 弯板气缸活塞位于下部终端位置（信号至 E5）。

如果满足这些条件，可设置步骤 3：定位气缸活塞收回。

步骤 4 的设置条件：

● 步骤 3 的准备信号已到位。

● 定位气缸活塞已收回（信号至 E6）。

如果满足这些条件，可设置步骤 4：弯板气缸活塞收回。设备重又回到其基本位置。现在可以启动新一轮程序流程。

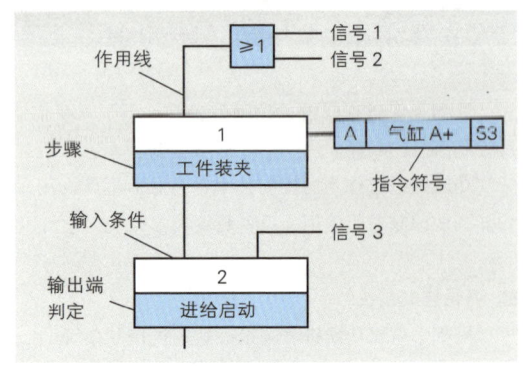

图 1：功能图的符号（流程控制系统）

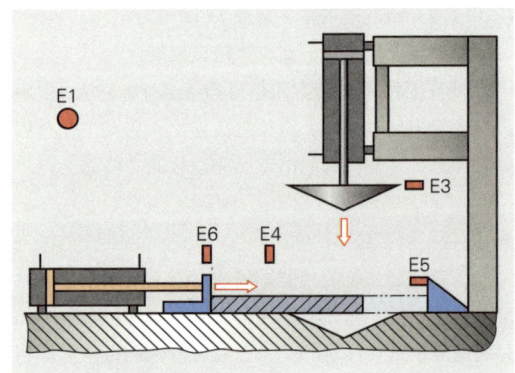

图 2：全自动弯板设备

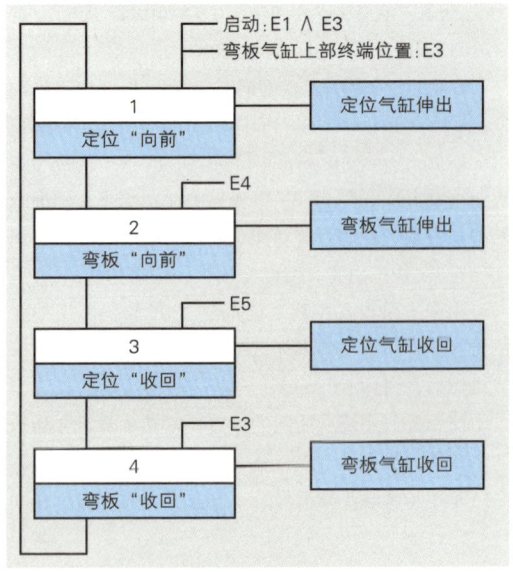

图 3：弯板设备功能图（简化版）

■ GRAFCET

随着自动化技术的持续发展，描述流程控制的功能图带给用户的局限性越发明显地显现出来：

- GRAFCET 适宜用分层方法表述控制系统。现代化柔性生产设备和机床拥有多种不同的、必须根据其分层上下统一协调的运行类型。具有最高优先级的是急停功能。随着急停指令的发出，控制系统离开有效流程链，并立即转换进入检查设备或机床进入安全运行状态的流程程序。
- 与功能图相比，GRAFCET 规范语言描述的控制任务可以更为准确地翻译成现代的、可编程序控制器（PLC）的程序语言。
- 与功能图相比，GRACET 规范语言优化了对步骤和指令的表达。它更清晰，更准确。

但如果认真观察其基本结构，GRAFCET 在很大范围内与功能图是一致的。所以，采用 GRAFCET 规范语言表述流程控制时，使用其可能的分支、汇合、跃升和回路等构成的步骤链，与过程，与功能图相比，并没有根本性的改变。

GRAFCET 的流程与流程控制系统功能图一样分为步骤。步骤链以启动步骤开始。这时，控制系统处于其基本位置。基本位置是控制系统开机后所处的一种状态。标准建议，用方框复述各步骤。在方框的上半部用一个字母数字符号，一般采用一个数字标记步骤。启动步骤一般习惯标记为数字"1"，并用一个双轮廓线标记的"小框"予以强调。步骤的注释允许自由表述，但必须排在步骤符号右侧的引号内。

动作描述设置所属步骤如何处理初始变量。所以，动作描述的是已设置步骤的作用。在 GRAFCET 规范语言中，应在矩形框内描述动作，矩形框位于所属步骤右侧等高位置。矩形框高度应与步骤符号相同，矩形框宽度则视所述行动文本长度而定。每个步骤允许描述多个行动。

作用连接线表示后续步骤的步骤链流程路径。这些连接线垂直走向，自上而下，确定步骤流程的方向。水平方向上允许附加程序分支。如果 GRAFCET 图表的识读方向无法遵守协议（协定）（参见图 1），应在作用连接线上设置箭头。

如果过渡条件，即转换条件得到满足，程序流程可以转换进入后续步骤。

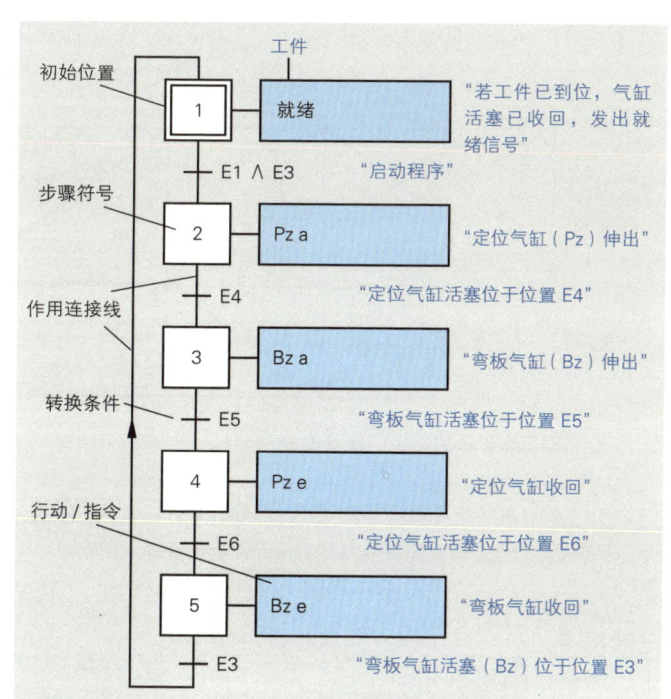

图 1：采用 GRAFCET 规范语言绘制的工作循环（弯板设备）

图中标注：

工件

初始位置 → 1 → 就绪　"若工件已到位，气缸活塞已收回，发出就绪信号"

E1 ∧ E3　"启动程序"

步骤符号 → 2 → Pz a　"定位气缸（Pz）伸出"

E4　"定位气缸活塞位于位置 E4"

作用连接线 → 3 → Bz a　"弯板气缸（Bz）伸出"

转换条件 → E5　"弯板气缸活塞位于位置 E5"

4 → Pz e　"定位气缸收回"

行动 / 指令 → E6　"定位气缸活塞位于位置 E6"

5 → Bz e　"弯板气缸收回"

E3　"弯板气缸活塞（Bz）位于位置 E3"

　　GRAFCET 规范语言中，转换条件用位于垂直作用连接线上的水平短线表示。继续转换条件位于水平短线右侧，用布尔代数表示。"点"和"星"表示变量的与门逻辑功能，加号表示或门逻辑功能，"横杠"表示非门逻辑功能。除逻辑运算外，用户还可以表述例如控制程序中确定时间延迟的转换条件。

　　允许对转换条件补允解释性短文。但该短文必须排在引号之内，以避免误读和混乱。

■ **状态图表**

　　状态图表用于图形描述控制系统中某个选定部件的位置（这里称为"状态"）和运动（"状态变化"）。状态图表适宜用于表述机械式、气动式、液压式和电气/电子式控制系统各工作元件的运动流程。

　　状态图表是两维图：垂直轴线上表示工作元件的状态，该状态与水平轴线所选工作步骤以及与已测定的时间密切相关。一条宽实线描述工作元件的运动。

　　信号线（窄实线）表示何处采集的信号，以及该信号作用到控制系统的哪一个部件。

　　表示与工作步骤相关的工作元件状态（位置）的状态图表可称为路径 – 步骤图表。

　　路径 – 时间图表则是表示与时间相关的工作元件状态（位置）的状态图表。

　　举例：装有工件自动定位的弯板设备。

　　图 1 所示的路径 – 步骤图表显示工作元件"定位气缸"（气缸 A）和"弯板气缸"（气缸 B）的运动流程。

　　状态"1"表示气缸活塞已伸出。

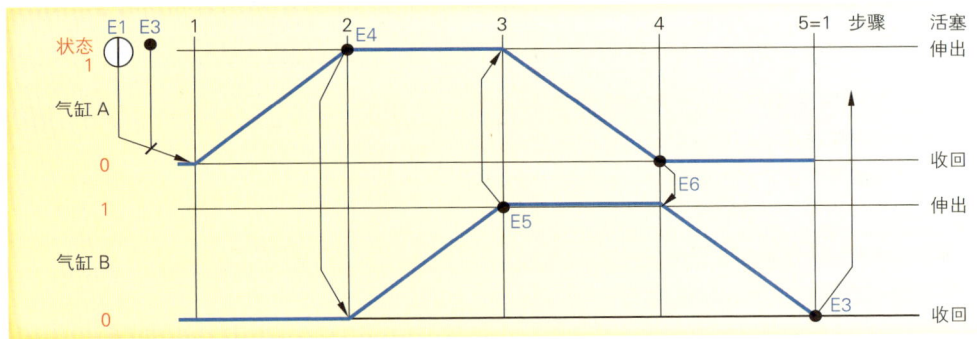

图 1：全自动弯板设备的路径 – 步骤图表

　　VDI（德意志联邦共和国工程师协会的德语缩写 – 译注）标准 3260 为状态图表规定了用于控制系统操作的信号符号，信号逻辑功能符号以及工作元件运动符号（图 2）。

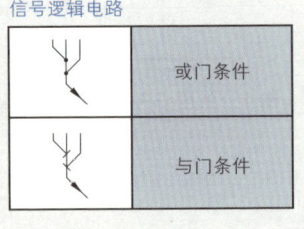
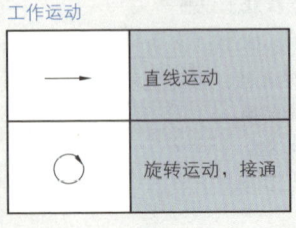

图 2：功能图表符号

7.6　控制系统的技术结构

如果设备自动化要求对控制任务进行描述，应按照标准和协议描述控制系统的装置结构图。现在，用户必须确定其所使用的仪表技术类型（气动，液压，电气控制系统，可编程序控制器，等等）。控制系统硬件结构适宜的表述方法是电路图或在计算机上编制的程序。

7.6.1　气动控制系统的结构

气动控制系统的基本装置结构遵循 VDI 3260 的控制链体系（图 1）。一台设备的控制系统一般由多个平行排列的控制链组成。各个控制链包括工作元件和用于控制工作元件的必要部件。

压缩空气的作用是能量供给源和信息载体。因此，压缩空气能量供给网是设备运行的必要前提条件。通过操作信号发生器 / 输入元件启动工作过程（举例中所述工作过程是弯板设备："工件的定位和弯曲成形"）。

控制元件处理输入元件以及信号发生器的信号。出于安全原因，只有当信号发生器报告确认工作过程（例如：活塞已处于收回状态）的启动条件已获满足，工作过程的启动才能有效。控制元件构成控制系统的"计算机"。

控制元件的输出端作用于执行机构。为了操纵执行结构，短时的、脉冲形式的气流通过控制输入端。执行机构转换进入新的开关位置，即便气流脉冲消失后仍保持该位置不变。流程控制系统中，执行机构存储开关状态。

执行机构的输出端通向工作元件，并控制工作元件。工作元件（举例中是定位气缸）做机械功，并将指令转换为待控制的工作过程。

控制链描述气动控制系统的原理结构。若需将采用压缩空气驱动的控制系统的技术结构准确地建立文档，宜采用气动气路图。

气路图用符号表述控制系统的全部元器件。表示压缩空气圆形管路的线条描述各个元器件之间的逻辑连接。

除技术结构外，用户还可从气路图中获知元器件和控制系统的功能。

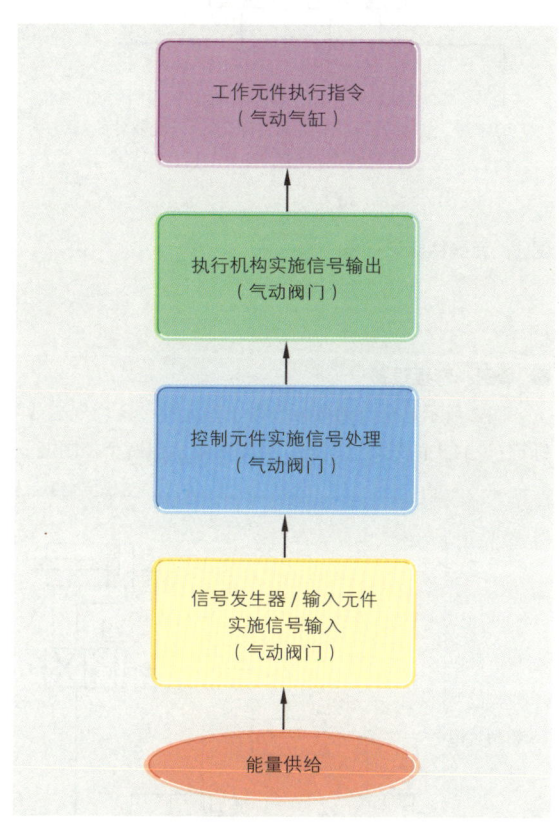

图 1：气动控制系统的控制链

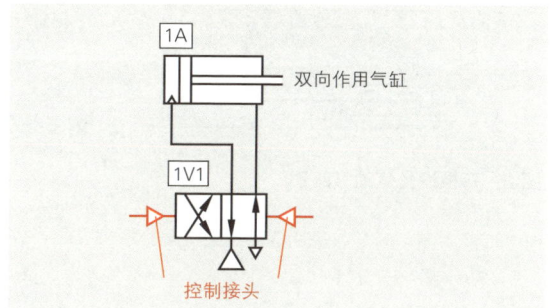

图 2：脉冲阀用作执行机构

■ **气路图绘制说明**

- 控制系统元器件应按运动流程的顺序依序横向绘制，能量流的方向是自下而上的。
- 元器件之间的管路应在垂直或水平方向直线绘制。
- 管线无交叉绘制可改善气路图的清晰度。
- 气动气路图绘制在输出端位置。将其理解为开关位置，从开关位置启动开关程序。

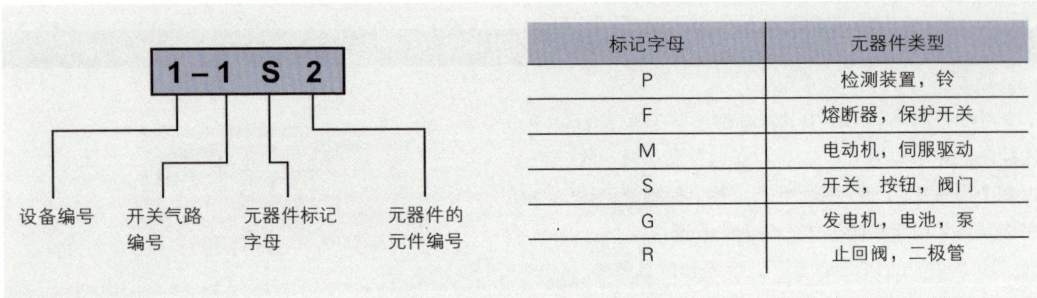

标记字母	元器件类型
P	检测装置，铃
F	熔断器，保护开关
M	电动机，伺服驱动
S	开关，按钮，阀门
G	发电机，电池，泵
R	止回阀，二极管

图 1：元器件标记符号

■ **举例：弯板设备**

图 2 所示是全自动弯板设备工作元件"定位气缸 A"（气路图标记：1A1）和"弯板模具气缸 B"（气路图标记：2A1）的气动气路图。气路图显示出两个控制链。

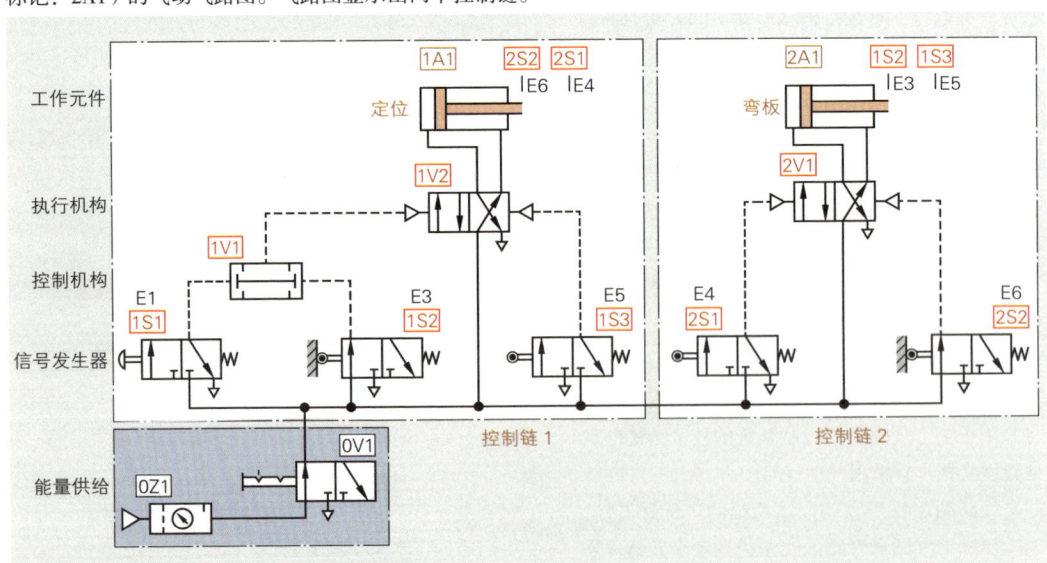

图 2：弯板设备气动气路图

■ **步进模式控制系统**

它是气动步进路径控制系统的替代和补充。步进模式控制系统（图1）可直接转换功能图所表示的流程控制系统的步骤。前一个步骤（节奏）的准备信号和后一个步骤的撤销信号保证了步骤的流程顺序。

控制系统作为流程链并按步骤流程执行指令，从而简化了故障查询。

步进模式控制系统的缺点是元器件数量过大。尽管如此，市场上仍提供标准化的步进模式控制功能块，这类功能块紧凑地集成了多个流程步骤。

> 步进模式控制系统通过前一个步骤的准备信号和后一个步骤的撤销信号保证所需的步骤流程。

■ **举例：全自动弯板设备**

企业实践证明，工作元件的运动流程是有缺陷的，如果定位气缸不能保证精确定位，个别工件的打滑将导致弯板设备停机。改进建议：将工作元件的运动顺序设计为 A+B+B−A−（1A1+2A1+2A1−1A1−）（缩写符号见图2）。

该措施应能保证弯板加工过程中，定位气缸夹紧工件，防止错位。

> 步进模式控制系统适用于带有信号相交的控制任务。

图3举例显示出信号相交：步骤2结束后，气缸1A1触发信号发生器E4，并保持该状态直至第4步骤结束。

第3步骤结束时，气缸2A1通过信号发生器E5发出一个信号。

结果是，第3步骤开始时，信号发生器E4和E5同时存在：其信号与执行机构对立，执行机构的正确开关顺序没有得到保证！

控制系统研发者应采取技术措施，短期关断施加给E4和E5的信号。

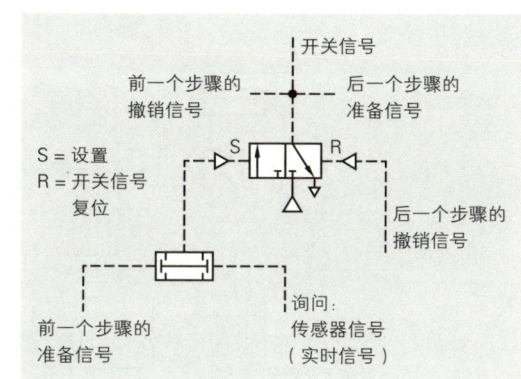

图1：步进模式控制功能块

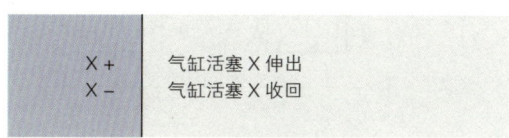

图2：工作元件状态变化的简短描述

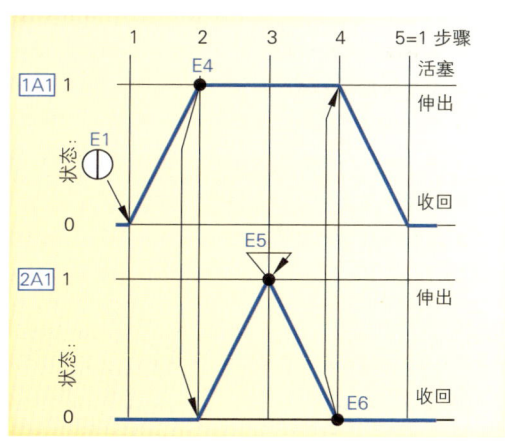

图3：带有信号相交的路径 – 步骤图

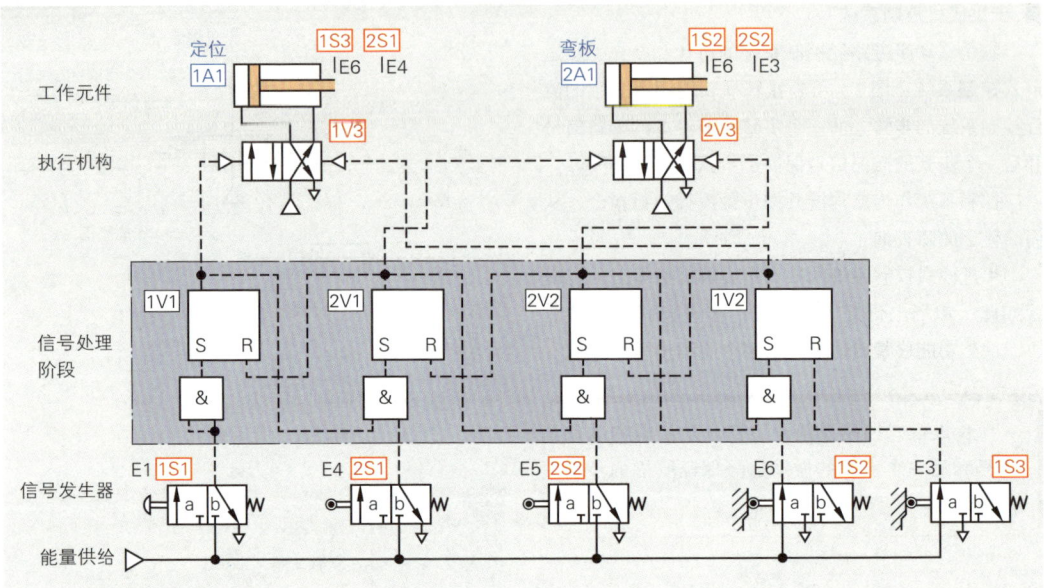

图 1：步进模式控制系统阻止信号相交

　　带有空载回程功能的键控轮（图 2）允许保留传统的气路图结构。

　　使用这种零件是出于安全技术的原因，因为掣子被卡住可能造成运行故障，尤其在多尘环境。

　　装有空载回程轮或轮杆的换向阀具有如下缺点：

- 出现污损时，掣子有被卡死的危险。
- 阀门无法安装在活塞终端位置。
- 要求操作行程较大。
- 活塞高速运动时，压缩空气开关时间极短。

　　用具有时间延迟开关功能的阀门（延时阀）（393 页图 1）关断信号，可保证元器件快速运动时工作流程的顺利进行。

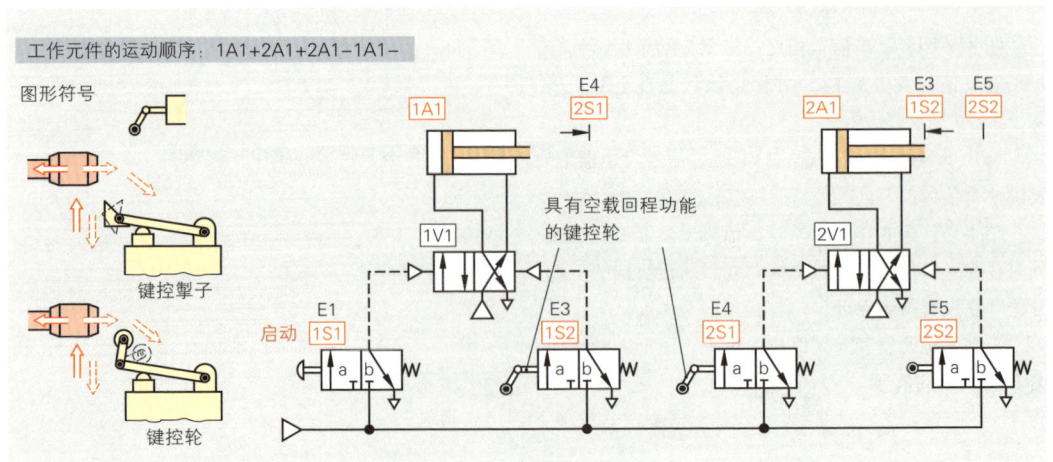

图 2：弯板设备（信号相交，通过空载回程轮实现信号关断）

气缸 1A1 和 2A1 已更新工作流程，只在脉冲阀 1V1 控制管路 14 排气结束后，才能启动该工作流程。在技术上，通过延时阀 1V2 满足这种重新启动的开关条件：压缩空气储气容器达到系统压力后，延时阀 1V2 延时转换至开关位置 'a'，并通过 1V1 关断压缩空气流。

时间延迟阀 2S1 可以脉冲形式向执行机构 2V2 的开关送气。节流阀的打开幅度很大，它使延时阀 2V1 可以快速开关。

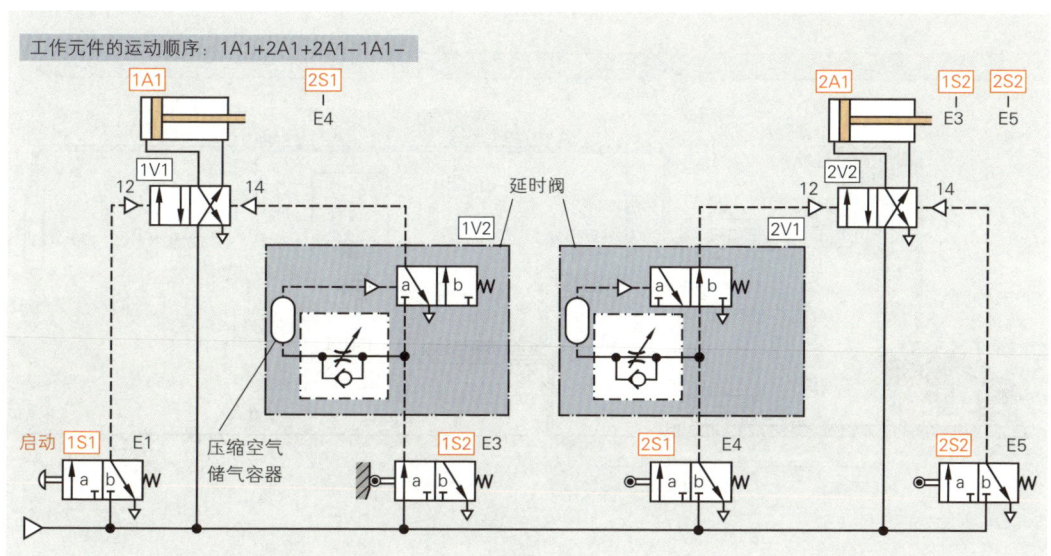

图 1：弯板设备（通过延时阀实现信号关断）

转换阀也可以保证开关步骤的正确顺序（图 2 ）。

这类控制系统称为级联控制系统。这里，通过管路 I 和 II 之间压缩空气气流的交替转换实现信号关断。转换阀的任务是满足持续由压缩空气网供气的脉冲阀 0V1。

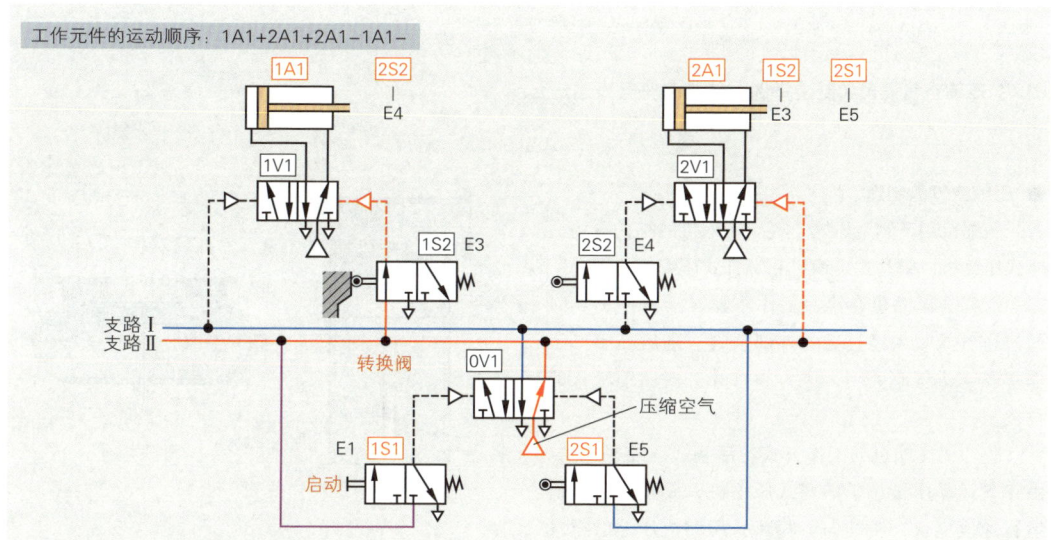

图 2：弯板设备（通过转换阀实现信号关断）

气动控制系统需要压缩空气传输信号，并做机械功。在生产企业，由压缩空气设备制造和分配压缩空气。压缩空气设备一般由压缩空气制造单元，制备单元和配气单元（图 1）组成。

DIN EN ISO 1219 规定了设备元器件示意图的图形符号及其名称。

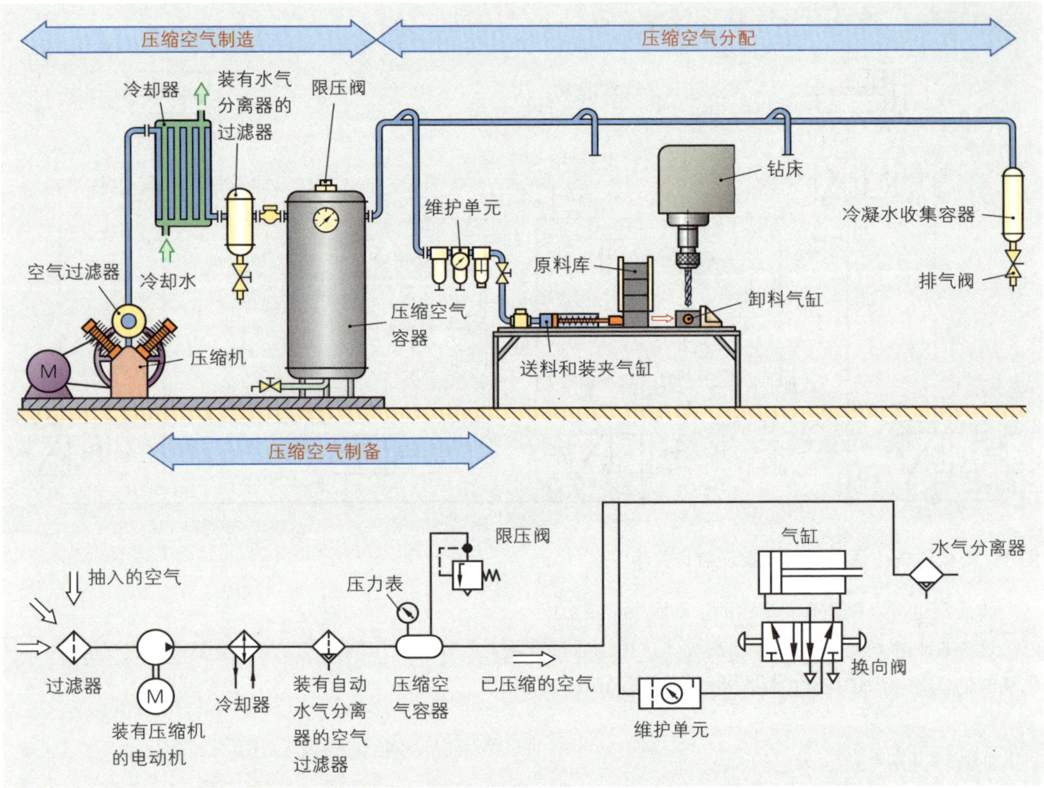

压缩空气制造　　　　　　　　**压缩空气分配**

冷却器　装有水气分离器的过滤器　限压阀　　维护单元　　钻床　　冷凝水收集容器

空气过滤器　冷却水　　　　　　压缩机　　　压缩空气容器　原料库　　卸料气缸　　排气阀

M　压缩机　　　　　送料和装夹气缸

压缩空气制备

抽入的空气　　　压力表　限压阀　　　　　气缸　　水气分离器

过滤器　装有压缩机的电动机　冷却器　装有自动水气分离器的空气过滤器　压缩空气容器　已压缩的空气　维护单元　换向阀

图 1：压缩空气设备和制造举例 – 结构和符号表达法

■ **压缩空气的制造**

压缩机用于制造压缩空气。压缩机的结构分为活塞式压缩机，膜片式压缩机和螺杆式压缩机（图 2）。

活塞式压缩机在第一工作步骤 – 活塞伸出 – 时通过进气阀吸入经过滤的外部空气，随后在第二工作步骤 – 进气阀关闭，压力阀打开 – 时压缩吸入的空气。

膜片式压缩机的工作方式与活塞式压缩机相仿。由于其运动质量小于活塞式压缩机，膜片式压缩机运行速度更快，更均匀。膜片式压缩机压缩的空气不含油。

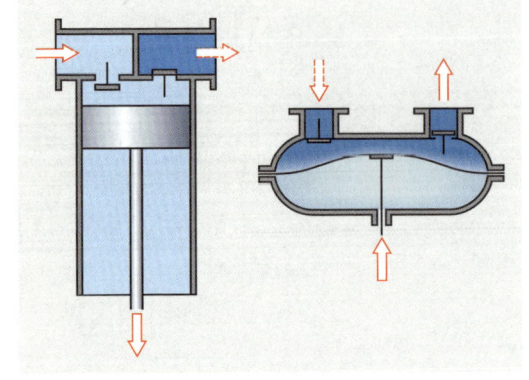

图 2：活塞式压缩机和膜片式压缩机 – 示意图

螺杆式压缩机（图 1）运行时，螺杆相互啮合，但旋转方向相反。螺杆周边的气室持续变小，直至压缩机出口，使空气体积变小，压力升高。

■ **压缩空气的制备和压缩空气的配气**

压缩机抽吸周边环境的含尘空气，其温度与环境温度相同，并含有一定的大气湿度。所以必须过滤抽吸进入压缩机的空气。对空气进行压缩将产生热，使压缩空气的温度大幅度上升。为避免用户端形成冷凝水，压缩空气需经过冷却器进行降温冷却，通常将温度降至 4℃。降温形成的冷凝水（冷凝物）汇集在水气分离器内。由于冷凝水含有有机杂质，例如油迹，对它的清除处理必须符合专业要求。

使用压缩空气容器的目的有二：存储压缩空气和均衡气网压力（使用活塞式压缩机时需均衡压力波动）。压缩空气从容器流出，通过压缩空气网（图 2）分配至各个用气点。

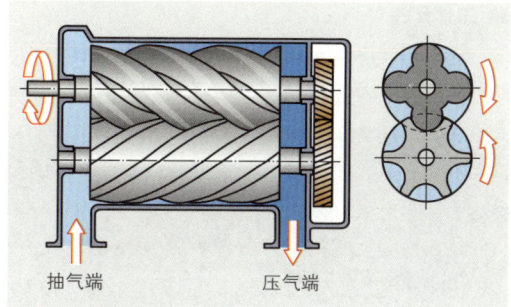

图 1：螺杆式压缩机

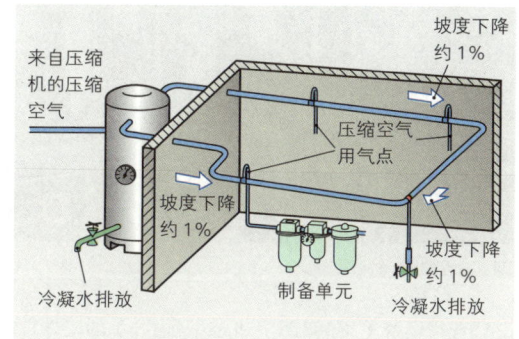

图 2：压缩空气网

为有目的排放冷凝水，压缩空气管道至冷凝水排放点的铺设呈逐步下降趋势。

气动控制系统前已安装维护单元（图 3）。为排放冷凝水，维护单元分离冷凝水和灰尘，并精确调节压缩空气的工作压力。必要时还给压缩空气加入油雾（使压缩空气具有润滑能力）。

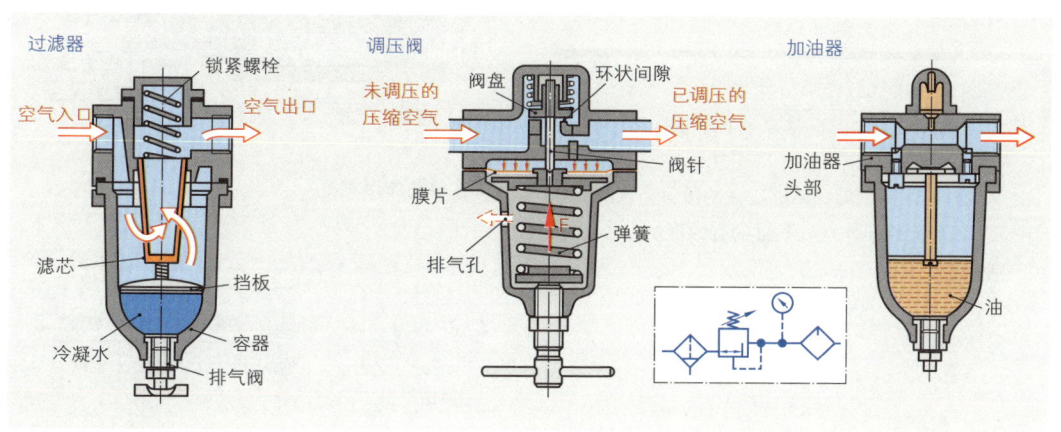

图 3：维护单元

■ 工作元件

工作元件作机械功。作功所需能量以气动形式，即通过压缩空气供给工作元件。压缩空气气缸的技术应用范围极为广泛。气缸将输入的能量通过活塞杆以直线运动形式输出给受控工作过程，即作机械功。

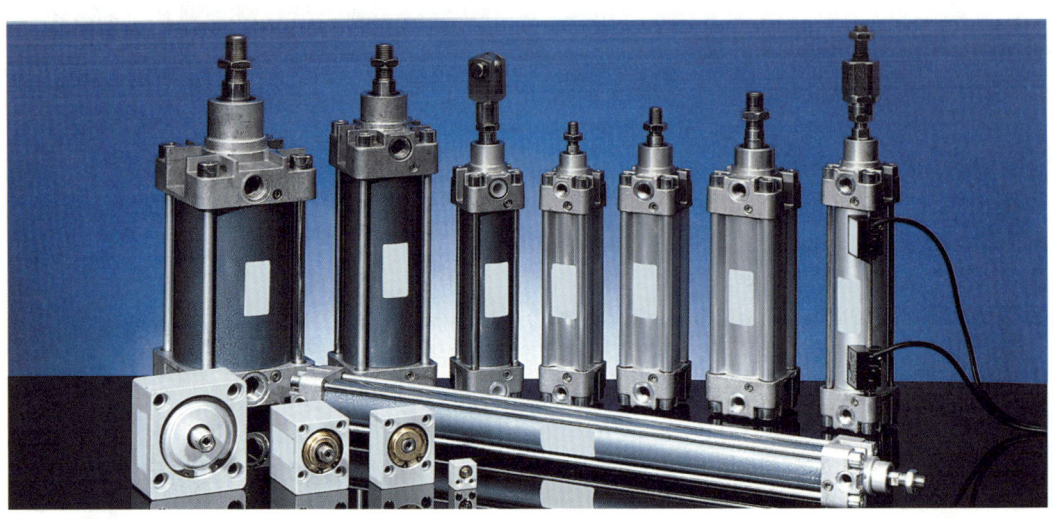

图 1：气动气缸

弯板设备（385 页图 1 和 386 页图 2）的工件自动供料 / 装夹装置的压缩空气气缸将工件从料库顶出，送至加工位置。这时，处于伸出终端位置的活塞向工件施加保持力。气缸作功方向是单向。

供料和装夹作功完毕后，活塞杆应从其伸出位置收回。回程运动需要力。最简单的方式是外部施加作用力，例如手动。如果气缸是垂直安装，可利用活塞的重力使其恢复原位。弹簧复位装置则与气缸安装位置无关（图 2）。

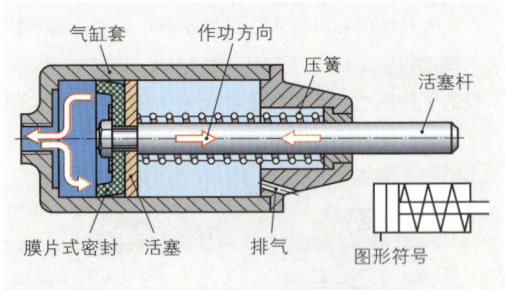

图 2：单向作用气缸

> 单向作用气缸作功方向为单向。气缸活塞收回至初始位置的回程需要一个外部力。

从气缸的几何数据，压缩空气的压力和气缸效率 η 中计算工作元件压缩空气气缸的有效活塞力 F：

活塞直径 $d = 100 \text{ mm}$

工作压力 $p_e = 6000 \text{ hP}_a = 60 \dfrac{\text{N}}{\text{cm}^2}$

效率 $\eta = 85\%$

$$F = p_e \cdot A \cdot \eta = p_e \cdot \frac{\pi \cdot d^2}{4} \cdot \eta$$

$$F = 60 \frac{\text{N}}{\text{cm}^2} \cdot \frac{\pi \cdot (10 \text{ cm})^2}{4} \cdot 0.85 = 4006 \text{ N} \triangleq 4 \text{ kN}$$

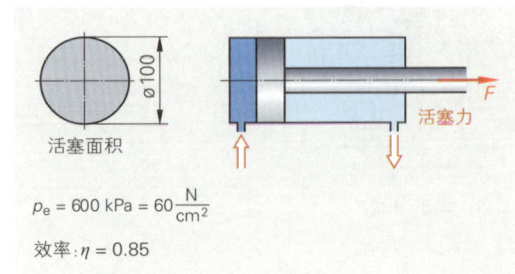

$p_e = 600 \text{ kPa} = 60 \dfrac{\text{N}}{\text{cm}^2}$

效率：$\eta = 0.85$

图 3：活塞力的计算

待 385 页举例中所述工件就绪后，钻床主轴上下运动，自动进行钻孔过程。双向作用气缸（图 1）适宜用作钻床主轴的驱动装置，因为这里需控制两个方向的运动（进给和复位）。在双向作用气缸内，活塞左右的两个气缸室交替进行压缩空气的进气和排气过程。让非进气气缸室排气，使活塞向所需方向运动。

> 双向作用气缸的伸出和收回运动均可视为作功运动。
>
> 通过压缩空气的反向进气，使气缸活塞复位至初始位置。

缸端缓冲装置的工作方式是，一旦活塞杆端部的缓冲轴颈进入缸底（或缸盖）的孔内，活塞与缸底之间剩余的压缩空气快速冲出（图 1）。这股压缩空气由活塞密封，在活塞即将到达程终点前起到制动作用。这个气垫通过节流孔和一个节流止回阀缓慢排出。压缩空气通过节流止回阀的通路进行反向启动。

无减振气缸仅适用于低速活塞运动。否则有冲击气缸缸端的危险。

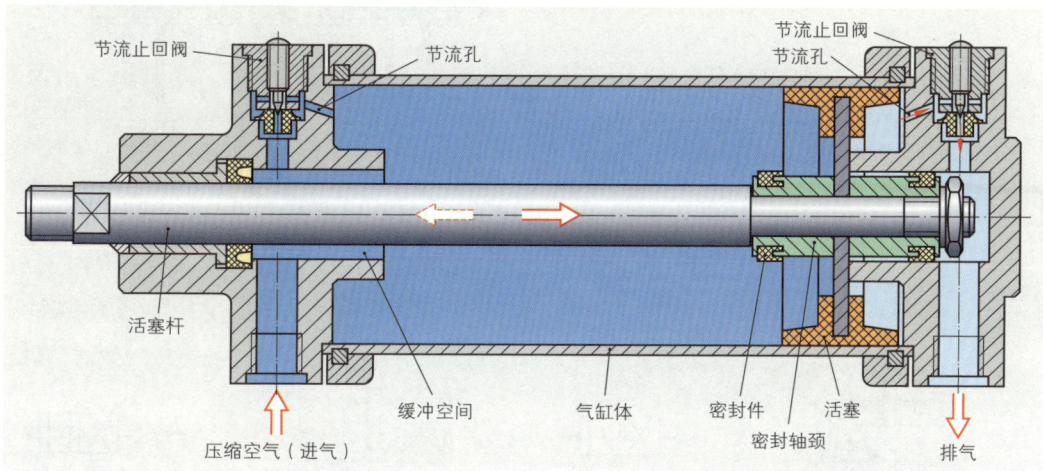

图 1：装有缸端缓冲装置的双向作用气缸

在加工制造业，除压缩空气气缸外，气动马达也可用作工作元件。

气动马达产生旋转运动，驱动例如压缩空气工具（螺丝刀，手持砂轮机）和起重设备。气动马达的结构分为活塞式马达和齿轮式马达，但使用最多的是压缩空气–滑片式马达，其滑片可在滑片槽内径向移动（图 2）。

与电动机相比，气动马达的优点是功率重量比低。

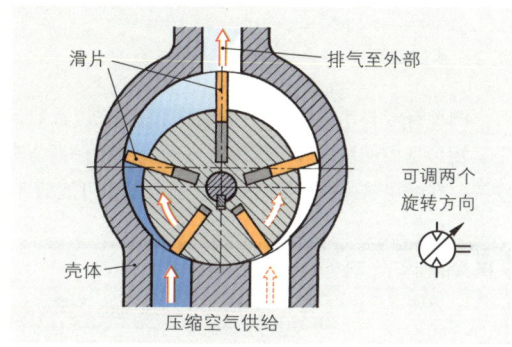

图 2：压缩空气–滑片式马达

■ 信号处理

气动控制系统需要压缩空气作为信号输入、信号处理和信号输出的介质。为此，必须控制压缩空气的方向、启动和停止以及流量等影响因素。气动控制系统中由阀门完成这些调控任务。

■ 换向阀:

图 1 所示为一个控制气动工作元件的简单气路。钻孔设备中，它是一个气动控制的推料器气缸。工件加工完毕后，按下按钮，推料器将工件从钻孔设备内推出。

按下操作元件，换向阀从开关位置 a 转换至开关位置 b。这时，压缩空气从接头 1 通过阀门涌出，穿过工作管路 4 到达工作元件 – 双向作用气缸。活塞伸出。

气缸活塞回程时必须将换向阀转换至开关位置 a。这时，压缩空气从接头 1 涌出，通过工作管路 2 进入气缸右室，活塞收回。

> 换向阀控制压缩空气气流的开和关及其方向。

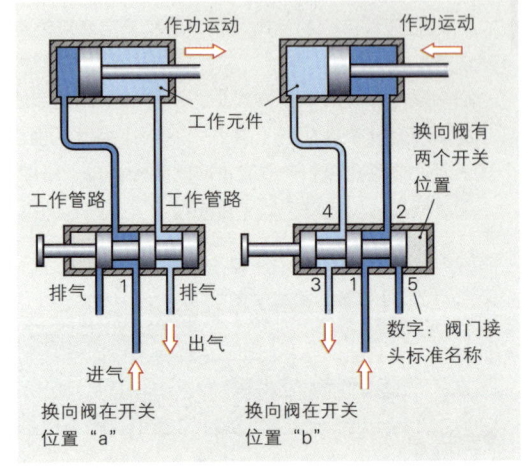

图 1：换向阀

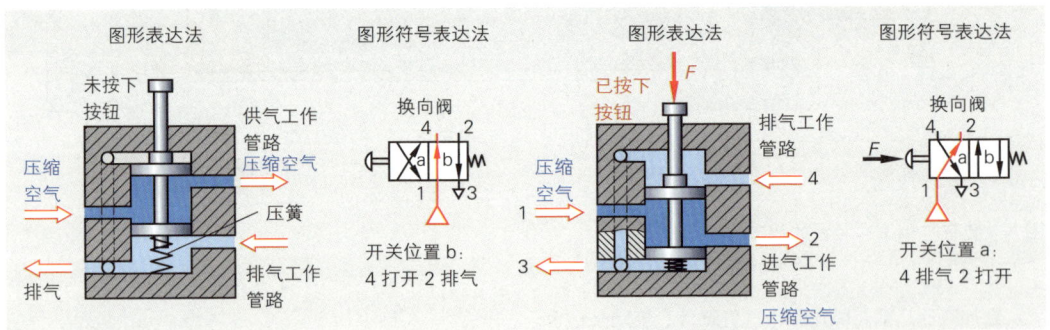

图 2：两位四通（4/2）换向阀

图形符号表达法中，换向阀可能的开关位置数量源自矩形框内的数量。阀门接头绘制成连接矩形框的线条，矩形框内的线条表示压缩空气的流通路径。箭头表示压缩空气气流方向，矩形框内的横线表示关断压缩空气。在缩写名称中，根据受控接头数量和可能的开关位置数量命名换向阀。

接头的标记名称		
接头	旧标准	DIN-ISO 5599
压缩空气供给	P	1
工作管路	A	4
工作管路	B	2
排气	R	3
排气	S	5
控制接头	Z	14
控制接头	Y	12

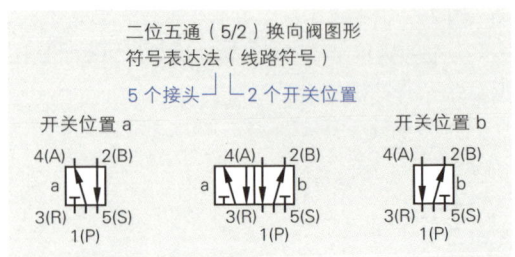

图 3：换向阀表达法（举例）

阀门操作动作的图形符号位于矩形框之外（图 1）。

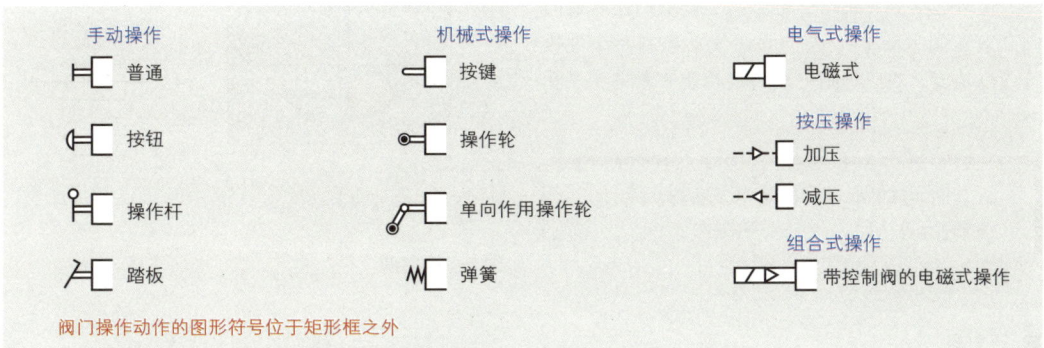

阀门操作动作的图形符号位于矩形框之外

图 1：阀门操作类型 – 符号按照标准 DIN ISO 1219

■ **流量控制阀**

　　流量控制阀可控制压缩空气的体积流量（流量）。气路中，主要用节流阀（图 2）改变体积流量。

　　阀内通过逐渐变细的通路横截面使节流阀产生节流作用。带有可调变径的节流阀比传统固定变径节流阀的用途更为广泛。

> 流量控制阀在两个气流方向改变压缩空气的体积流量。

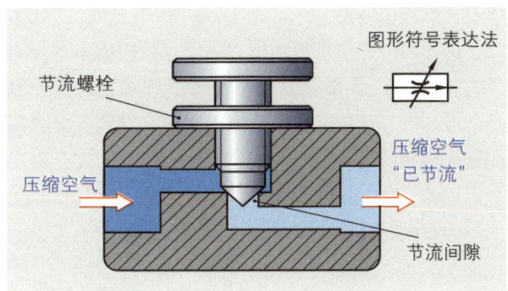

图 2：节流阀

■ **节流止回阀**

　　该阀只在压缩空气的一个气流方向进行节流（图 3）。而在相反方向，压缩空气不受节流阻碍地通过一个止回阀。该止回阀只在一个方向关断压缩空气气流，而在相反方向放行气流。止回阀的关断元件一般是球体或锥体。

　　设定活塞速度：出于技术原因，压缩空气气缸不可能在几分之一秒之内完成其工作行程。因此，为设定活塞速度，需预先为工作元件接通节流止回阀。

　　双向作用气缸的活塞伸出速度应在启动方向可调，其作用是排气节流。排气节流气流具有如下优点：施加给工作元件的压缩空气无延迟地作用于活塞，使活塞运动均匀平稳。

　　如果对供给工作元件的压缩空气进行节流，则称为供气节流。

图 3：节流止回阀

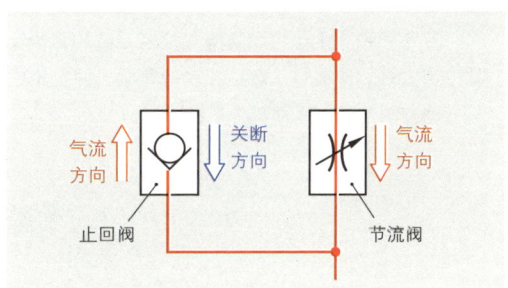

图 4：节流止回阀

■ 关断阀

止回阀属于关断阀一组。属于该组的还有换向阀和双压阀（图 1）。换向阀在气动控制系统中执行或门功能，双压阀则完成与门功能（参见 383 和 384 页）。

> 关断阀关断压缩空气某个方向的气流。
> 而在相反方向，气流畅行无阻。

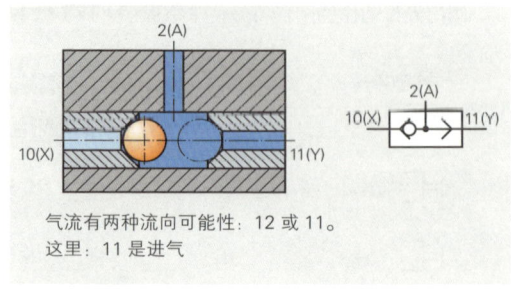

气流有两种流向可能性：12 或 11。
这里：11 是进气

图 1：换向阀

■ 压力阀

属于该组的还有用于均衡工作压力的调压阀。调压阀常用在压缩空气调制单元，保持控制系统内工作压力均衡稳定。

安全阀的作用是防止压力容器或机组内出现超限压力（图 2）。在出现异于正常运行的偏差时，一般是危险状况，安全阀防止出现可能最终导致压力容器或机组损毁危险的超高压或超低压。因此，安全阀均是限压阀。

安全阀对受保护机组或压力容器超限压力做出的反应，一般是封口（封铅）破裂（图 2，右上）。这时，安全阀必须更换。

> 气动控制系统中，压力阀可影响和调控压力。

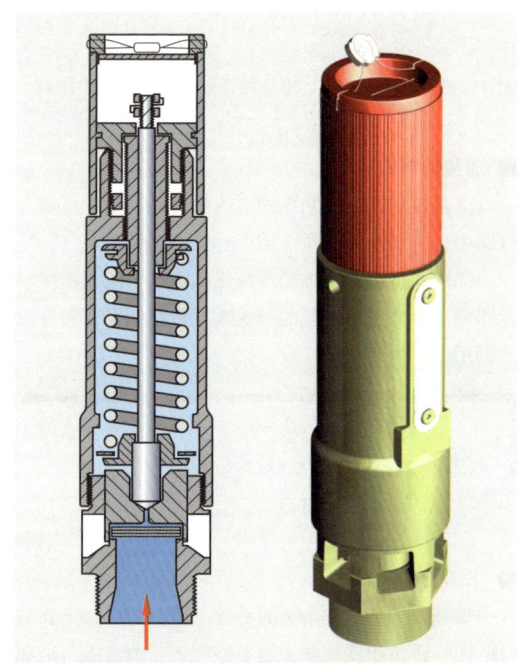

图 2：安全阀

作业：

1. 为什么双向作用气缸需配装缸端缓冲装置，该装置如何发挥作用？

2. 下面数页中您将学习电气控制系统的结构及其作用方式。请编制一份钻孔设备草案，并指出它与气动控制系统的区别。

3. 在已计划的控制系统中存在信号相交吗？

4. 如何调节工作气缸的速度？

5. 压缩空气供气网内的冷凝水是如何产生的？

6. 压缩空气供气网中的压力容器作何用途？

7.6.3   电气控制系统

气动控制系统优先选用于"简单"功能的自动化。对于复杂的加工过程则优先选用电气控制系统，因为这类控制系统的制造结构比气动控制系统更为紧凑，所需维护保养更少。控制系统的电气信号还可用于过程监视和过程建档等目的。

通过传感器、按键和 / 或开关向电气控制系统发出信号。控制程序预先确定对信号处理的语句。通过执行元件（工作元件），将指令转换给设备（待控制的过程）。

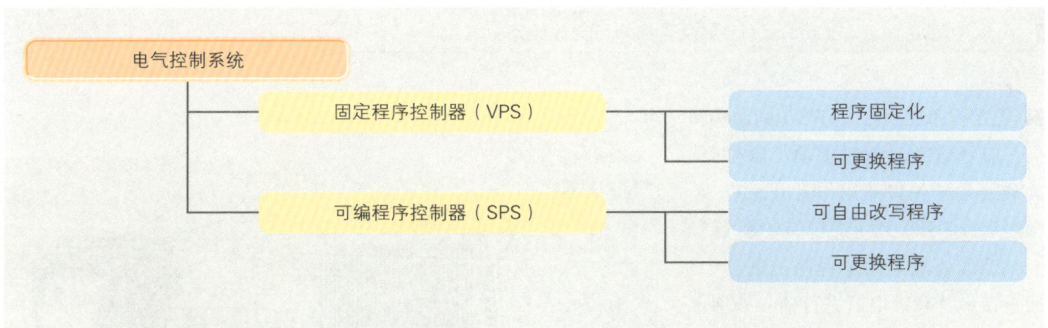

图 1：根据信号处理技术对电气控制系统的分类

■ **固定程序控制器**

固定程序控制器的元器件均通过导线固定连接。一旦一个固定程序控制器制造完毕，再欲修改电路，投入费用很高。通过选择开关或纵横制分配器，可弥补这类控制系统匹配性差的弱点。

■ **可编程序控制器**

可编程序控制器可自由编程或更换程序。可自由编程，意味着若欲修改控制任务，可将控制程序部分甚至全部改写。这里已完全见不到固定程序控制器那样的机械式介入。可更换程式式控制器的程序修改需使用编程存储器。

■ **固定程序控制器和可编程序控制器的发展**

当今信息技术广泛且深入地发展，致使操作过程完全可由电子元件完成，并已找到价格昂贵的接触器和继电器控制系统的替代品 – 可编程序控制器（德语：SPS，英语:PLC）。今天，现代化可编程序控制器的标准化结构均包括计算功能，计时功能和计数功能。

图 2：可编程序控制器的自动装置

较高功效的可编程序控制器尤需提供过程进程的可视化（图形表达），执行控制任务，在信息网络化生产企业中用作主导计算机。

而固定程序控制器已丧失其在生产过程自动化中的意义。仅在信号处理步骤寥寥无几的简单生产过程中，此类控制系统在经济与技术方面仍具使用价值。例如：较大型电动机的启动电路。

表1：电气控制系统的优点和缺点（节选）		
	优点	缺点
固定程序控制器（VPS）	• 对故障不敏感，坚实耐用 • 控制任务简单时成本低 • 生产批量大时成本低 • 同时进行信号处理	• 占用面积大 • 不能处理二进制信号 • 修改控制程序费用高 • 维护工作费用高（磨损，腐蚀）
可编程序控制器（SPS）	• 占用面积小 • 由于无触点元件，运行可靠性高 • 可以监视程序运行和控制过程 • 可通过程序测试进行故障查找 • 更换软件即可更改程序	• 控制任务简单时费用高

■ 固定程序控制器（VPS）的结构和元件

信号输入。通过手动、限位开关和终端开关以及用作常开触点或常闭触点的开关均可进行信号输入。

信号处理。固定程序控制器中通过接触器和继电器进行信号处理。这些元件允许导通和关断电信号。

流程控制系统中，由继电器和接触器充任二进制信号的存储器。

接通较大电流时，使用接触器。

继电器（图1）并非设计用于大功率电气设备。它用于电路中的信号处理。与接触器相反，继电器有多个输出端，因此具有信号处理的多种可能性。

在电子气动控制系统中，执行机构"电磁阀"控制气动气缸：如果向电磁阀输入端施加一个电压，电磁阀线圈内即产生一个磁场。磁场力关断或打开通向工作元件的阀门 – 参见403页举例。

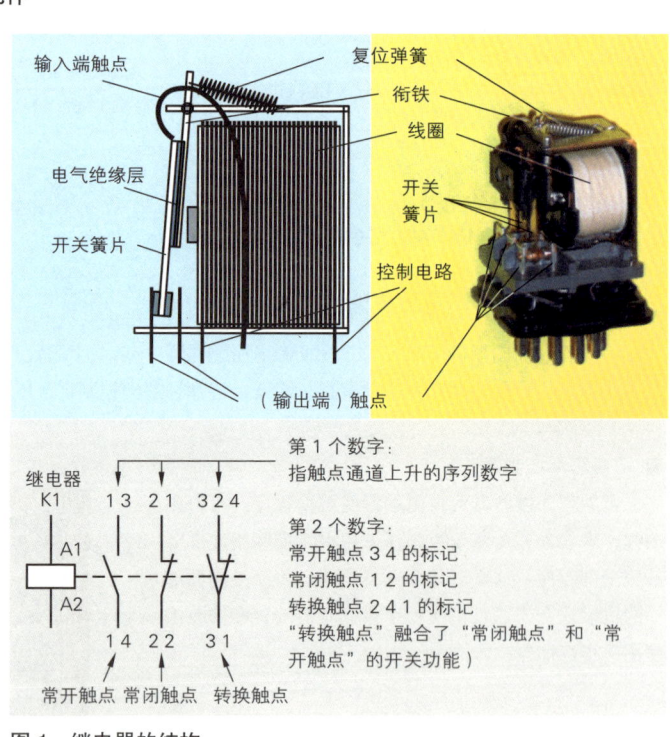

第1个数字：
指触点通道上升的序列数字

第2个数字：
常开触点34的标记
常闭触点12的标记
转换触点241的标记
"转换触点"融合了"常闭触点"和"常开触点"的开关功能）

图1：继电器的结构

■ 电路图

　　从固定程序控制器的电路图可看出，其元件的排列布置常常也可称之为"接触器或继电器控制系统"。出于安全原因，电路图可划分为低电压（24V）供电的控制部分和高电压供电的动力部分。

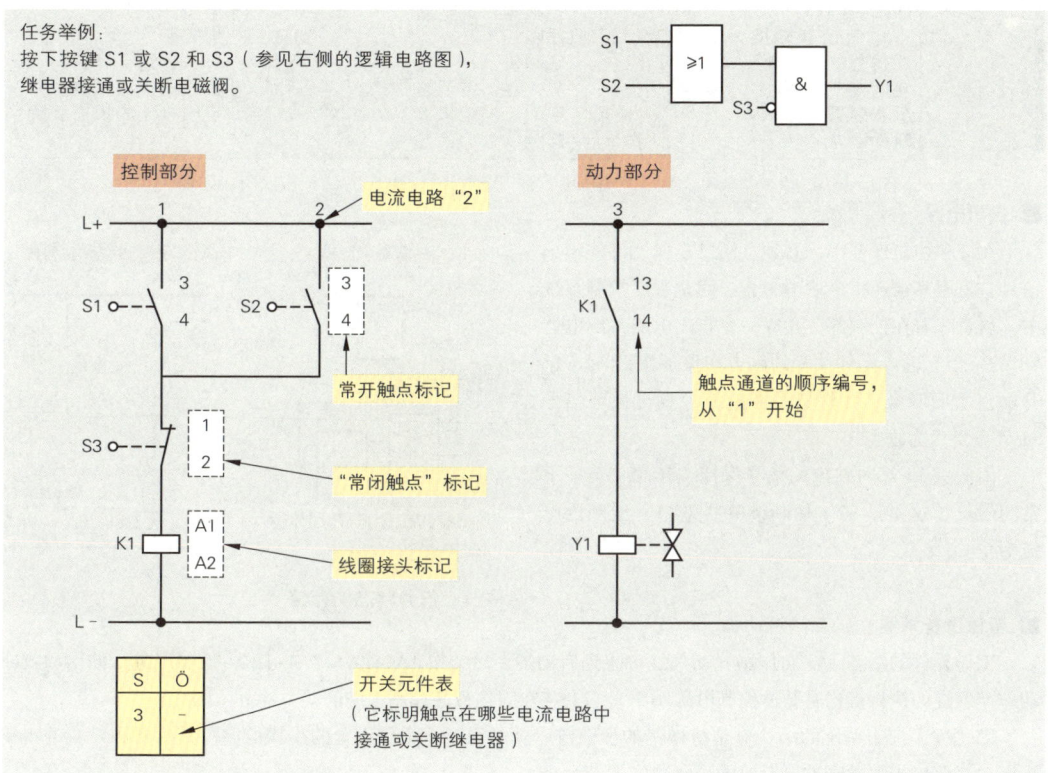

任务举例：
按下按键 S1 或 S2 和 S3（参见右侧的逻辑电路图），
继电器接通或关断电磁阀。

图 1：固定程序控制器电路图举例

绘制电路图必须遵守的规则：

- 控制部分（控制电路）绘出信号输入和信号处理的元件。
- 动力部分（主电路）标明控制工作元件的电气元件。
- 控制系统的元器件按顺序编号。
- 元件的线路符号按电流电路垂直流向的电流路径顺序依序绘出。
- 电流电路按从左至右顺序编号。
- 元件在控制系统中的实际位置可以不依照电路图。

- 继电器（接触器）的触点按驱动线圈标记。
- 常闭触点标记为： 1 / 2
- 常开触点标记为： 3 / 4
- 转换触点标记为： 2 4 / 1
- 开关元件表标明电流电路的编号，继电器在电路中执行开关功能。

表 1：电气元件标记

标记字母	名称	标记字母	名称	标记字母	名称
A	部件	H	喇叭，信号灯	Q	强电开关装置
B	PE 转换器	K	接触器，继电器		电机保护开关
	非电气信号转换为电	L	线圈	R	电阻
	气信号的转换器	M	电动机	S	开关，选择开关
C	电容器	N	放大器，调节器	T	变压器，放大器
F	保护装置	G	电池，发电机	Y	电气操作的机械装置
	熔断器	P	检测仪		

■ **自闭电路**

在许多控制任务中，必须存储已操作元件的输出信号，直至其被逆指令取消为止。固化程序控制系统中，这意味着在控制部分建立一个自闭电路：继电器 K1 的一个与输入元件并联的触点在按下按键 S2（常开触点）后吸合，并保持线圈电流，直至按键信号 S1 停止发送为止。

由按键 S1 短时发出的信号保持（存储）至按下常闭触点（这里是 S2）切断继电器（K1）线圈内电流为止。

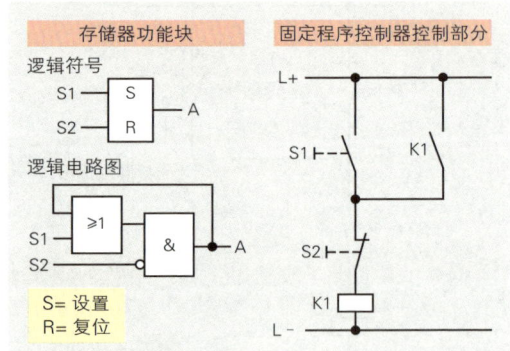

图 1：信号状态的存储

■ **弯板设备举例**

工作元件的活塞（双向作用气动气缸）收到启动指令后，按 1A1+2A1+2A1–1A2– 的顺序进行伸出和收回动作。气缸的执行机构是脉冲控制电磁阀，它们安装在固化程序控制系统的动力部分（图 2）。

固化程序控制系统的结构应是待撤销的步骤链。就是说，每个已设置的步骤均保留其预备和设置的步骤顺序，直至该步骤顺序被更有效的步骤顺序撤销为止。

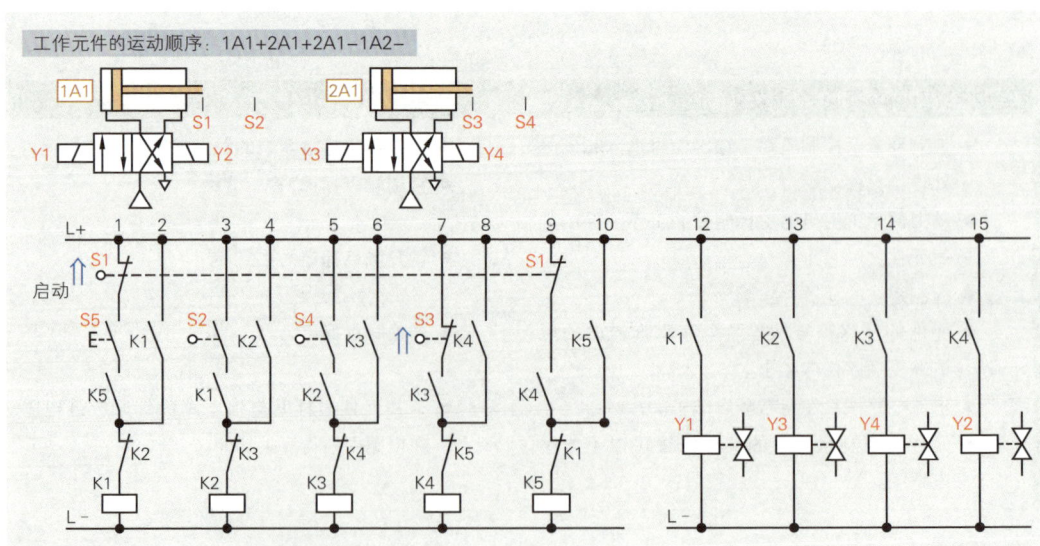

图 2：装有自闭电路的固定程序控制器电路图

7.6.4　可编程序控制器（SPS）

可编程序控制器（SPS）及其外围设备（电源部分，操作装置，监视器，等）可视为专为完成某控制任务的计算机。一个可编程序控制器由电信号的输入区，处理区和输出区组成。

■ 可编程序控制器的结构

输入区由传感器和可编程序控制器的输入部件组成。输入部件构成受控设备与控制系统之间的接口。

可编程序控制器的"心脏"，微处理器（CPU），位于处理区。它是可编程序控制器的计算机，并按照软件命令执行输入信号的逻辑连接。

控制程序包含着可编程序控制器按哪些顺序执行哪些指令的语句。编程器只是用于将指令步骤输入可编程序控制器的编程装置。固件（软件的一部分）由可编程序控制器制造商设定。属于固件的还有操作系统。为保护产品，同时也保护装置免受故障、有意或错误操作等因素的侵扰，固件存储在只读存储器内，通常是 ROM 存储功能块。

输出区通过输出部件和执行元件，将可编程序控制器的指令转换传输给受控设备。

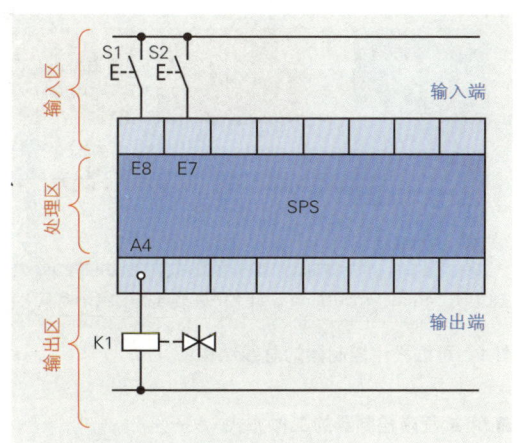

图 1：可编程序控制器的部件

如果可编程序控制器的程序已成功校验，必须保护程序不受外部侵入。为此，将可编程序控制器程序输入至 EPROM。"刻录"在 EPROM 内的程序可在停电时保护数据，防止丢失。这是存储器的基本性能。

由于可编程序控制器与自动化设备和操作员交互作用，可编程序控制器装有存储实时数据的功能块：RAM 存储器适宜用作运行存储器，用于存储持续覆盖或修改的数据。与磁性存储器（例如硬盘）相反，CPU 对 RAM 的访问时间极为短暂。

表 1：存储器集成块	
名称	特性
RAM（Random Access Memrory） （随机存取存储器的英语缩写 – 译注）	写/读存储器：可任意删除和覆盖存储器内容（数据，程序）。它不是可保存的（短暂）存储器！结果：停电时将丢失所存储的数据。
ROM（Read Only Memory） （只读存储器的英语缩写 – 译注）	只读存储器：由制造商固定编程的功能块，是必选的存储器。
PROM（Programable ROM） （可编程只读存储器的英语缩写 – 译注）	只读存储器：由用户一次性编程的功能块。
EPROM（Erasable PROM） （可擦写只读存储器的英语缩写 – 译注）	只读存储器：可用紫外线光删除功能块的内容（程序）。

存储器功能块与 CPU 之间的通讯由称为"总线"的导线（图 1）执行。

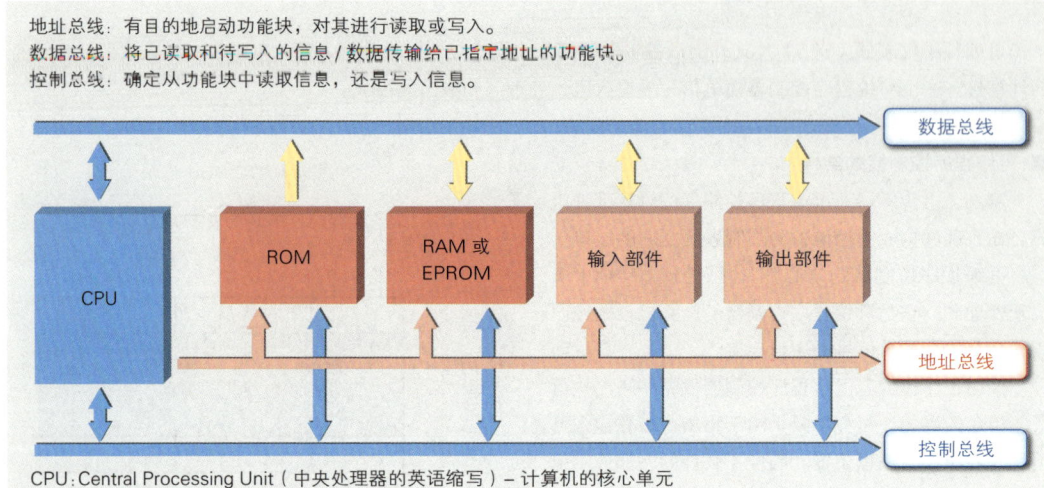

地址总线：有目的地启动功能块，对其进行读取或写入。
数据总线：将已读取和待写入的信息／数据传输给已指定地址的功能块。
控制总线：确定从功能块中读取信息，还是写入信息。

数据总线

ROM　　RAM 或 EPROM　　输入部件　　输出部件

CPU

地址总线

控制总线

CPU：Central Processing Unit（中央处理器的英语缩写）– 计算机的核心单元

图 1：可编程序控制器的总线结构

■ 可编程序控制器的工作方式

控制系统应执行的指令存放在程序存储器内。根据其编号顺序上行的地址依次从存储器中读取并执行。这时，指令处理的速度极快。一个控制程序全部执行完毕仅需数毫秒！通过控制程序最后一行的一个跳转指令，每次控制程序运行完毕后均立即回到程序开始。

由于可编程序控制器的循环（程序循环）运行工作方式和程序的每次循环所需时间极短，因此可连续控制这个工作过程。

> 可编程序控制器的控制程序以极高速度连续循环运行。

■ 编制程序

为简化可编程序控制器的程序编制，专门研发出以应用为目的的编程语言，例如：

- 语句表（AWL）。
- 触点图（KOP）。

这些编程语言可满足各个专业领域中相差甚大的应用要求，因此具备各种不同的功能性。编程语言"语句表"所涉及的是一种纯"文本语言"，而编程语言"触点图"则以图形元素为基础。尽管两种编程语言存在差异，但用户可将它们彼此组合，在较大的可编程序控制器程序包范围内，充分利用两种语言各自的优点。

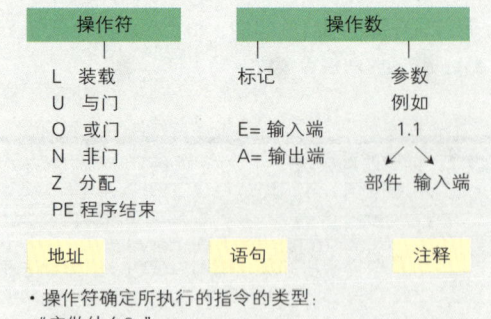

操作符		操作数	
L 装载		标记	参数
U 与门			例如
O 或门		E= 输入端	1.1
N 非门		A= 输出端	
Z 分配			部件 输入端
PE 程序结束			

地址	语句	注释

- 操作符确定所执行的指令的类型："应做什么？"
- 操作数指定哪些输入端和输出端参与指令处理："谁来参与？"

举例：语句表中的与门功能		
地址	语句	注释
000	UE1.0	询问输入端 S1
001	UE1.1	询问输入端 S2
002	UE1.2	询问输入端 S3
003	= A2.0	输出端 A
004	PE	程序结束

图 2：使用语句表编制可编程序控制器程序

语句表（AWL）是可编程序控制器的一种文本式编程语言，由一系列控制语句和指令组成（参见 406 页图 2）。

用户借助编程装置并根据指令结构的顺序，即可将程序写入编程器的指令行。

语句表的指令由操作符和操作数组成。它们均以缩写形式输入。406 页图 2 所示是可编程序控制器程序的语句表，该程序用与门功能将输入端 S1、S2 和 S3 逻辑连接。可编程序控制器将控制程序翻译成机器语言，并按照其依序上升的地址进行处理。为简化程序的理解，语句表中各个程序行均可补充简短的、可任意表述的文本解释。例如图 2 举例中的注释行，它记录着分配给可编程序控制器输入和输出端的信号名称。令用户一目了然的是一个分列表中的分配排列。因为若欲修改输入和输出端的名称，依然可从更动中识读出可编程序控制器程序。

"触点图"（KOP）在美国（英语："ladder diagram"，意为：梯形图）是直接从继电器控制系统电路图中开发的。通过触点图中不是垂直走向，而是水平走向的各电流电路，可以输入打字机的字符句，用于图形表达控制系统中的导线和开关元件（例如常开触点和常闭触点）。

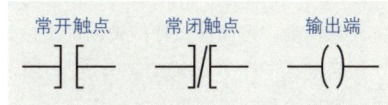

图 1：触点图的符号

各个电流电路在触点图中彼此平行排列。在从左至右的读取方向上，电流电路从垂直线 – 电源 – 出发。控制系统的输出端是闭合电流回路排放在右侧垂直绘制的汇流排。

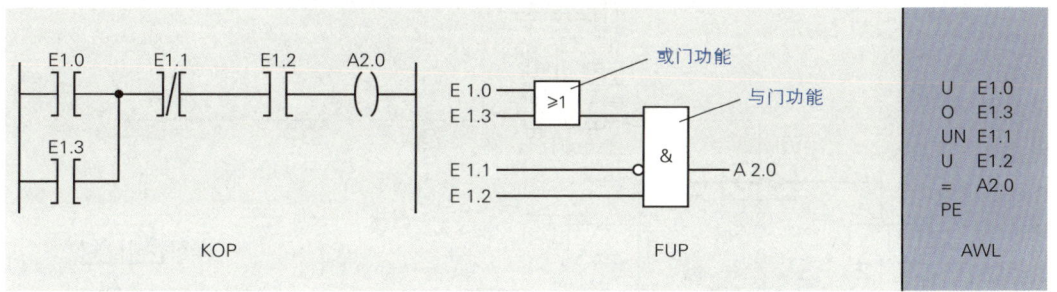

图 2：分别用触点图（KOP），功能图（FUP）和语句表（AWL）描述的控制系统

■ 可编程序控制器其他的编程语言：

可编程序控制器的编程语言中还有结构化文本（ST）和流程语言（AS）。

结构化文本 ST 是一种与高级语言"Pascal"相关的文本语言，它由语句和表述词组成，例如"IF"，"THEN"，"ELSE"，"FOR"等。ST 优先用于控制系统中的例如算法（计算运算）编程。

流程语言 AS 用于流程控制的草案和结构。AS 将控制任务分步骤，即加工状态，进行表述。步骤由行动组成。由于行动可由下一层的行动重复描述，用户用编程语言 AS 可以在控制系统中按等级结构编制程序。

作业：

1. 请为钻孔设备的气动控制系统开发电路图。控制系统的结构（步进程序控制系统，步进模式控制系统或级联控制系统）由您自己确定。

2. 请编制功能图，触点图和语句表，用于询问工件料库现在至少还存放多少板材。

作业：

3. VEL 机械股份有限公司在现有钻孔设备旁增加一台工装设备。它由一个作为工作单元的双向作用气缸组成，现将其功能描述如下：

钻孔设备切削加工后，将工件以及工件上残留的金属切屑从加工工位上退出。

如果后续工件不能继续精确定位，例如，由于止挡角件前残余切屑的累积，则孔的加工尺寸同样无法精确。为保证工件精确的加工位置，将给钻孔设备装入一个"回转工装"，便于通过往复运动确保彻底清除加工位置上的切屑。

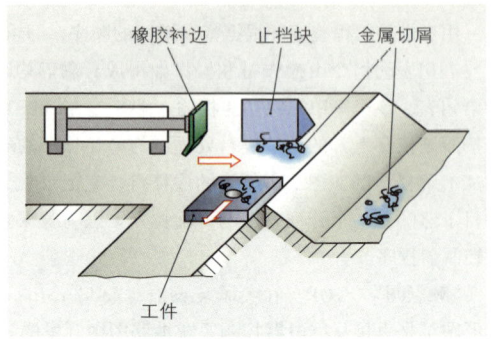

图 1：回转工装原理示意图

这个往复运动由一个双向作用气缸执行。由于切屑主要堆积在靠近工件切削位置附近，气缸活塞首先必须完全伸出，然后按照用户预设次数执行"短暂的"往复运动，再收回至初始位置。

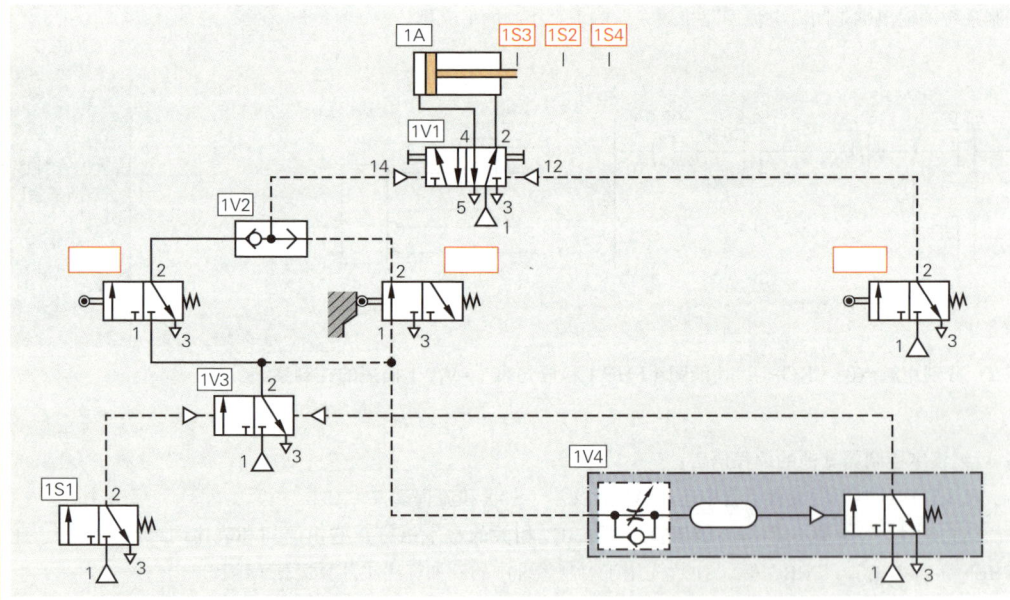

图 2：回转工装气路图

a）请在气路图（图 2）中补充缺失的信号元件名称（不在书内，在一个示意图内）。

b）将计时器时间设定为 13 秒。请确定短行程往复运动的次数，这里设活塞完全伸出和收回需 4 秒钟，短程往复运动需 2 秒。

c）绘制描述气缸运动流程的路径 – 步骤图表。

8　编程控制的切削和计算机支持的加工

在过去数十年中，计算机支持的加工已成为许多金属加工企业以客户为定向进行数量及质量高品质生产的基本前提条件。由于 CNC 加工机床从单件加工，到小批量加工，直至大批量加工所具有的广泛有效的使用可能性，它已经成为当今切削加工业标准的加工手段，并以此构成实现各种不同加工任务的基础。

8.1　CNC 机床的使用效果

首先，CNC 加工机床可比传统机床更快更准确地加工复杂几何形状的工件。这里，可优化匹配工艺数值。通过全套加工并将车削和铣削组合到一个加工设备，常常可以取消费用不菲的工件多次装夹和校准。由此还可提高加工质量。可编程加工流程的精确和任意重复，刀具的自动磨损补偿和刀具耐用度监视，以及几乎完全取消人员直接参与加工等优点，均保证工件具有相同的高品质。

因此，质量管理条例所要求的质量检验可限定为抽检。现代化控制系统可将编程的加工流程预先模拟，并检查其缺陷所在（图 1）。由此大幅度提高加工的安全性。由于这些技术需要可观的设备购置成本，但同时具有高速的革新速度，就企业管理的视角而言，迫切需要优化 CNC 加工机床的生产能力。

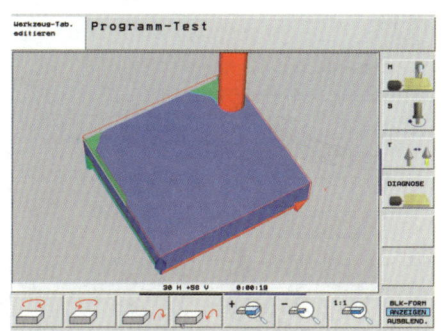

图 1：加工的三维模拟

CNC 加工的工作流程与传统加工有着实质性区别。CNC 加工机床的操作人员几乎仅需完成加工准备工作。而加工本身则完全交由 CNC 设备的控制系统具体实施。控制系统一般还承担刀具更换，利用对话编程进行程序编制等多项任务。

随着 CNC 技术应用的增加，切削技工的体力劳动负荷下降。现在由机床执行例如横向进给任务，控制主轴转速并更换刀具（图 2）。

但是，对切削技工的智力要求却在提高。加工流程一般在加工开始之前应已完全计划就绪。可供使用的旋转轴提高了加工机床运动学的复杂性。并由此提高了对切削技工空间想象能力的要求。切削技工对传统切削加工工艺的基本理解是有效从事 CNC 技术的基本条件。此外，切削技工必须能够对机床进行操作和编程。通过从事并使用现代化 CNC 技术，切削技工应成长为一个具有高级专业技能的技术人员，并具备参加日后持续进行的继续培训的基础能力。

图 2：对机床操作人员的要求

8.2　CNC 加工机床的结构和工作方式

将加工机床与计算机支持的数字控制系统相结合，便产生出多种可能性，如改善加工的质量和数量，以及更有效地机床运行。这种潜能的利用要求对传统加工机床进行结构性改变。

8.2.1　CNC 加工机床与传统加工机床的比较

CNC 加工机床与传统加工机床的对比表明，除总体性能外，首先是结构和功能复杂性方面的重要变化（图 1）。

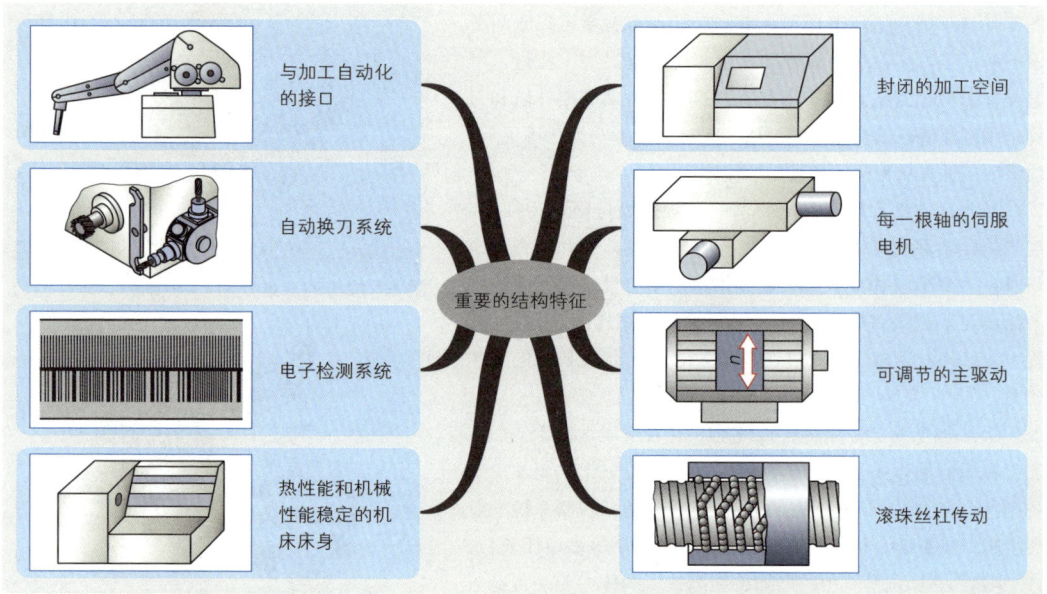

与加工自动化的接口

自动换刀系统

电子检测系统

热性能和机械性能稳定的机床床身

重要的结构特征

封闭的加工空间

每一根轴的伺服电机

可调节的主驱动

滚珠丝杠传动

图 1：CNC 加工机床重要的结构特征

CNC 加工机床可采用更高的切削速度和进给速度以及更大的冷却润滑液压力。出于加工安全和环境保护的原因，CNC 加工机床有一个封闭的加工空间。加工过程中产生的切屑留存在加工空间内，由机装切屑输送装置送至外部。加工所使用的冷却润滑液在机床内部汇集，处理，然后重新投入循环使用。

出于人机工程学原因，通过面积很大并且开合度也很大的机床护门可以顺畅进入并轻松观察机床加工空间。

CNC 加工机床的运行常需要恒定的切削速度。对此所要求的转速变化由无级变速电动机完成。在现

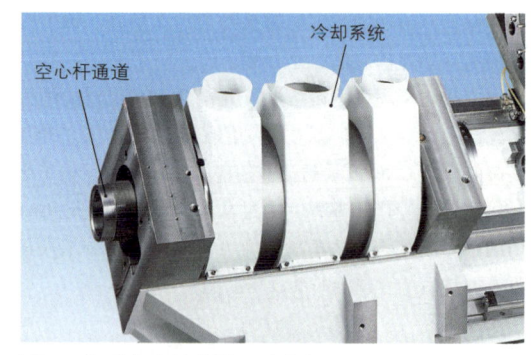

空心杆通道

冷却系统

图 2：集成在主轴内的驱动电机

代化机床上，这种电动机直接集成安装在驱动轴内（图 2）。在 CNC 铣床上，在分为若干变速级的总速度范围内，这种结构变化仍能保证机床具有优秀的动力特性。

为使 CNC 加工机床能够加工复杂工件形状，每根轴均由其自己单独的、一般是数字式的伺服电机驱动。线性驱动的使用因此而逐步增多（图 1）。这种驱动方式具有高强度加速性能和延迟性能，并且无磨损。采用这种驱动装置还可以在极长的行驶距离上完成每轴的精确定位。

通过更多数量的可控轴，例如 CNC 铣床的 2 轴 - 数控工作台和工作主轴，其准确定义的旋转运动作为进给运动或横向进给运动，可进一步扩大机床加工工件形状的多样性（图 2）。

通过采用可编程尾座，刀具转塔的刀具驱动和主副轴，进一步扩大了 CNC 车床在全套加工方面的加工可能性（图 3）。

为使控制系统的计算精度和伺服电机的定位精度传输给工件和刀具的相关运动，采用滚珠丝杠传动作为传动元件（图 4）。滚珠丝杠的运行几乎无间隙，并可连续传输非常缓慢的运动（无粘滑效应）。为此所使用的导轨件结合了滑动摩擦和滚动摩擦的优点。

CNC 加工机床的加工一般均达到极高的单位时间切削量 Q。与之密切相关的是机床基础件的高机械负荷和热负荷，对此，现代加工机床制造业通过特殊的机床设计和革新材料等措施予以应对。如铣床设计时尤其注意，加工过程中的运动物体质量应尽可能小。为保证更有效排除切屑和冷却润滑液以及由此产生的热量，CNC 车床一般采用倾斜床身导轨。在机床工作台的易操作性和运动性方面，CNC 通用铣床结构的意义更为重要。

CNC 加工机床的刀具更换几乎在所有情况下均可自动化。为在程序编制时可动用所有必需的刀具，车床至少装备一个刀具转塔，铣床则装备一个刀库和一个换刀装置（412 页图 1）。新型机床的刀具转塔和刀库均由伺服电机驱动并配备检测系统。由此可使机床达到更高的定位精度和更快的刀具更换速度。

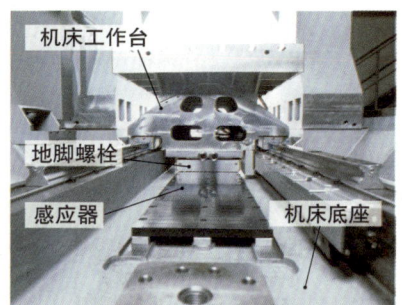

图 1：线性驱动

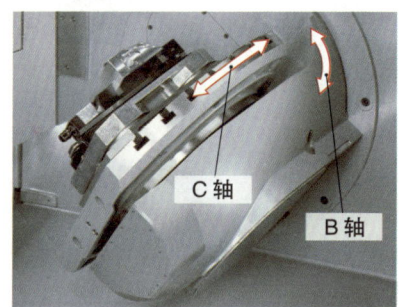

图 2：2 轴 - 数控工作台

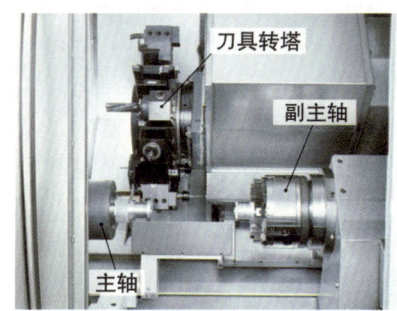

图 3：CNC 车床的加工空间

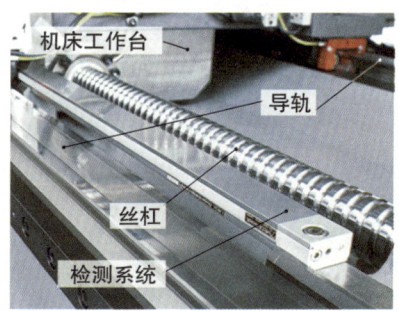

图 4：滚珠丝杠传动

现代CNC加工机床均装备连接自动化外围设备的标准化接口。通过为机床补充装备工件托盘更换装置和工件存储装置以及工件搬运系统，可使切削加工的自动化程度进一步提高（图2，图3）。

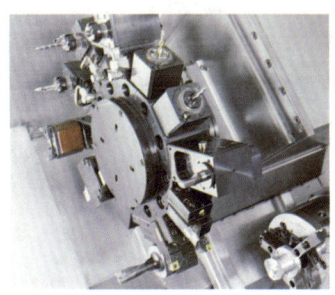

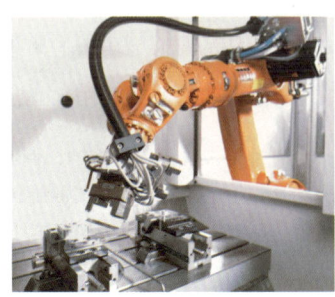

图1：刀具转塔　　　　　　图2：工件存储装置　　　　　　图3：工件搬运

CNC加工机床对每一个受控轴均装备一套电子检测系统，利用行程运动和定位运动的结果，使控制系统获取关于机床溜板、圆工作台或主轴的实时位置。若干年来，常规加工机床主轴配备这类检测系统的数量也在增加。此举可实现例如直线控制等项功能，从而使机床操作舒适性大大提高（参照418页）。此外，其他一些专为CNC加工机床研发的技术装备，如无级调速主轴，伺服电机或专用导轨和传输单元等，也逐步增加其在常规机床上的应用。传统加工机床如车床和铣床，现在几乎仅在工业企业的职业培训部门才能见到。

8.2.2　检测系统

> 检测系统的任务是生成可使控制系统确定受控单元实时轴位置的信号。检测系统由一个整体量具和一个扫描单元组成。

实际工作中，可通过多种途径完成检测系统的这个任务（图4）。这些可能性的区别主要在于获取信号的方式和整体量具的类型，在机床上的安装方式，精度和价格等。

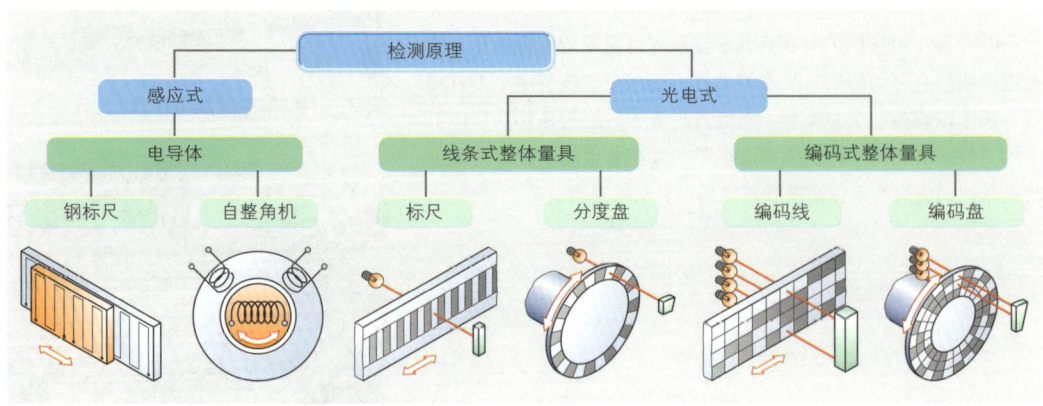

图4：检测方法的基本原理（节选）

检测系统的各种不同技术方法取决于待检测的运动以及加工机床的具体使用条件（图1）。

感应式检测方法使用电压作为信号载体。扫描单元装有两个接入不同交流电的导体绕组（图2）。绕组通过在量具内的相对运动感应出一个有相位差的电压。该电压决定着行驶行程和行驶方向。为区分间距为360°的周期性重复状态，需使用一个计算总数的计数器。

光电式检测方法是通过光照明或光穿过量具来产生信号（图3）。在光穿透方法中，量具有透明区和光线无法穿透的非透明区。若使用光照明方法，量具内分反应区和非反应区。扫描单元由装有光学透镜的光源，扫描格栅和装有光电元件的接收器组成。扫描单元通过其与量具的相对运动，由光电元件获取亮 – 暗 – 信号，这些信号用于确定轴位置。

线条式整体量具的扫描可称为增量式检测（图4）。这里产生亮 – 暗 – 信号，然后将这种信号转换为计数脉冲。计数脉冲（增量脉冲）的数量就是已行驶行程的距离或角度，这种方式还可确定运动方向。

为从中求算出受控单元的实时位置，加工机床的检测系统必须经过校准。一般在接通加工机床电源后，驶过位于整体量具上的基准标记即可完成这种校准。这里，控制系统收录以机床坐标系统为基准的绝对轴位置。

现代化线性检测系统在整体量具上标出多个基准标记，其彼此间距已经定义。这样可快捷补偿干扰脉冲导致的检测误差。即便停电之后，检测系统重新校准的速度更快，因为距离基准标记的距离更短。

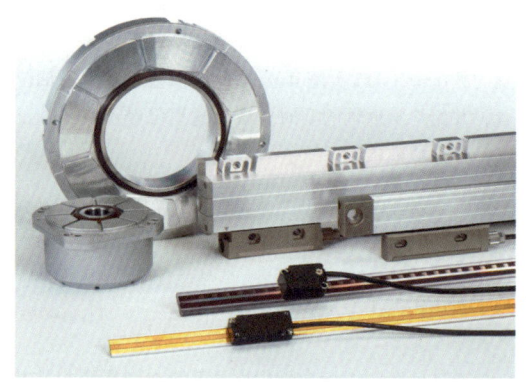

图1：现代化检测系统的制造形状

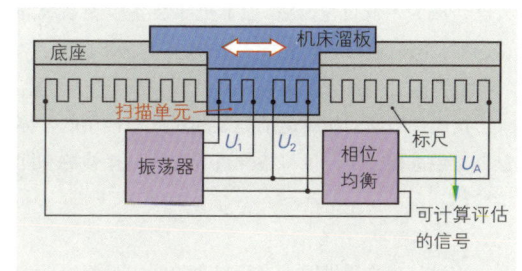

图2：感应式检测

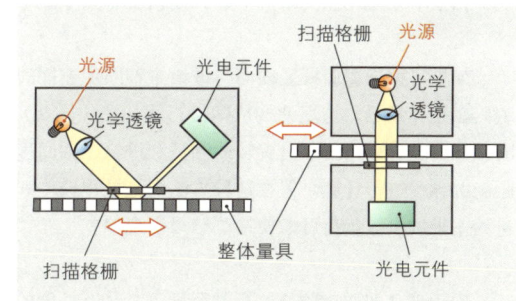

图3：光照明和光穿透检测方法

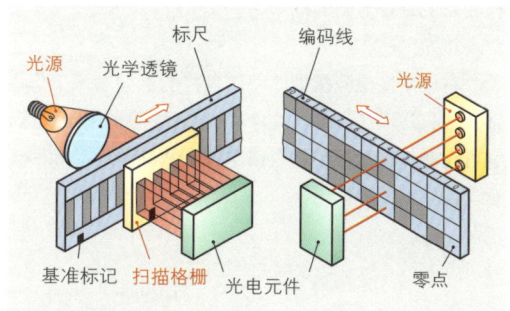

图4：增量检测和绝对检测

绝对检测是一种位置检测方法。由于使用了已编码整体量具，可为每一个行程或角度要素配属一个明确的数字值（413 页图 4）。据此可以直接计算出轴位置，并始终掌握轴的实时位置。这里已经不再需要驶过基准标记校准检测系统。

由于待读取的编码轨迹数量很大，扫描单元的结构较为复杂。但获取使用扫描的亮－暗－信号所需技术费用仍低于增量式行程检测系统。

总体而言，增量式行程检测系统在制造和购置方面具有成本优势。尽管如此，绝对行程检测系统在今天已经成为中低价位 CNC 加工机床装备检测系统的首选项，同时业已成为高端 CNC 设备的标准配置。

按照待检测的相对运动类型和对此所使用的整体量具类型进行分类，可将检测系统分为直接检测和间接检测。

直接行程检测借助一把标尺直接求出溜板运动的行程距离。直接检测时，整体量具安装在机床溜板上，扫描单元安装在机床机架上，或相反（图 1）。

如果将为检测溜板运动而与进给主轴固定连接的编码盘用作量具，这里便构成间接行程检测（图 2）。间接检测时，采用编码盘旋转的圈数和进给主轴回程距离的导程进行计算。但在这种方法中，导程偏差和进给主轴的机械负荷可能使检测结果出现偏差。

由于现在即便对较长的行驶行程仍有足够长度的标尺可供使用，大部分加工机床制造商采用直接行程检测系统装备他们的机床。

直接角度检测指借助编码盘检测例如车床工作主轴的定位运动（图 3）。这种检测方法同样用于铣床，它可检测 2 轴数控工作台或主轴头的旋转运动和回转运动。

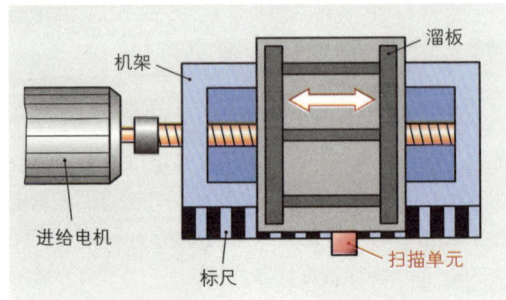

图 1：直接行程检测

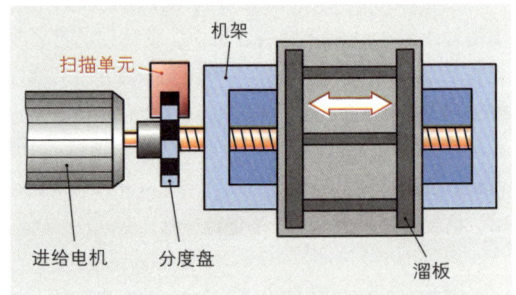

图 2：间接行程检测

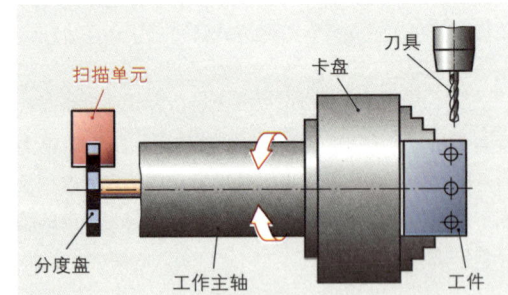

图 3：直接角度检测

作业：

1. 请描述企业使用 CNC 技术后产生了哪些结果。

2. 操作 CNC 加工机床与操作常规机床对切削技工的要求有哪些变化？

3. CNC 加工机床与常规机床的结构特征有哪些区别？

4. 请解释 CNC 铣床数控工作台的增量式检测原理。

8.2.3　控制系统

　　CNC 设备的"神经中枢"是控制系统。它由多个功能单元组成，通过数控操作系统使这些功能单元共同作用并相互支持（图 1）。它是人与机床之间的连接单元。因此，控制系统的接口具有建立人－机两个方向通信的功能。控制系统的核心部件是计算机系统。

　　至操作人员的接口（人机接口）由控制台，电子手轮，标准化数据传输和外部存储器接头等组成。操作控制台的具体结构由制造商和控制系统的功率范围决定。原则上，操作控制台由显示器，机床操作元件，编程操作元件和控制操作元件组成（图 2）。显示器在今天一般均是 TFT 彩色显示屏。操作元件是按键，选择开关和电位器。其标记符号已按 DIN 24900 和 DIN 55003 标准化。许多操作系统还补充配备标准键盘，有些还选择配备触摸键盘（Touch-Pad）或触摸屏（Touch-Screen）。

　　至加工机床的接口由自适应控制系统，驱动控制系统和位置控制系统组成（图 1）。自适应控制系统是可编程序控制器（德文缩写：SPS，英文缩写：PLC）。它沟通与加工机床现有执行元件和传感器的通讯联系。计算机系统产生的信号由可编程序控制器进行放大，以便使机床执行元件能够使用这些控制任务信号，例如"刀具切削"和"启动冷却润滑液供给"等。与此同时，还需将各个执行指令与相关的条件，如"现有夹具所需压力"，"关闭加工空间"等，进行逻辑连接和参考。

　　位置控制系统接收行程检测系统发出的实时轴位置信息（实际值），并与驱动控制系统共同控制轴的驱动。CNC 控制系统可通过标准化接口与其他可编程序控制器连接，实现与附加机械手装置或工件托盘更换装置的通讯或与多工位自动线的连接。

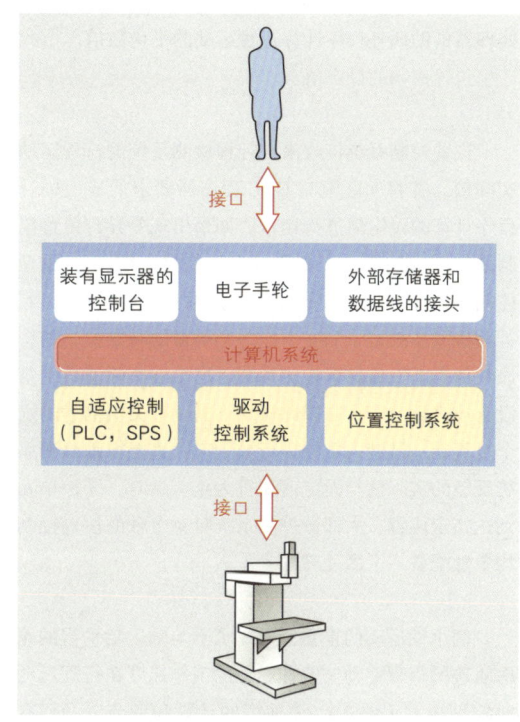

图 1：控制系统框图

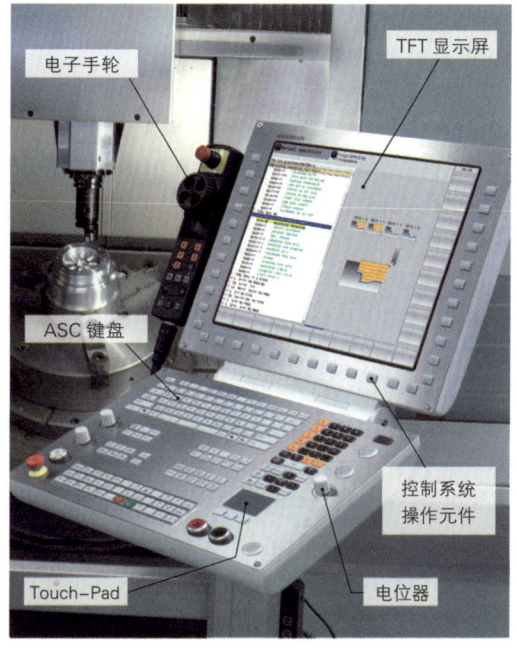

图 2：操作控制台

计算机系统由若干微处理器组成。它们组织控制系统所有部件的协调行动，管理程序存储器、工艺存储器和系统存储器，监视与操作人员的接口。一个微处理器借助插补程序计算行程运动的平均数值。由此产生位置控制的设定值。

位置控制系统接收来自行程检测系统的行程运动实际值。并将实际值与 CNC 程序所要求的或由插补程序计算的设定值进行比较。如果出现差异，位置控制系统立即向驱动控制系统发出信号（图 1）。驱动控制系统亦发出相应的控制量，触发一个行程运动。行程检测系统记录到一个作为调节量的新数值，并将该数值重新发给位置检测系统。这个新实际值再次与设定值进行比较，并以此循环下去。上文所描述的这个过程在一秒钟内重复进行数千次，直至行程检测系统反馈的实际值与设定值相符为止。这时，受控单元到达指定位置。大部分控制系统对每个轴的位置控制均单独配备一个微处理器。

两个轴运动的重叠，形成了不与轴运动平行的轮廓轨迹的行程运动。但轴驱动的工作速度在行程运动时差别极大（图 2）。该速度的计算和调节以及所有参与轴之间的协调一致与同样由微处理器控制的驱动控制系统相同。

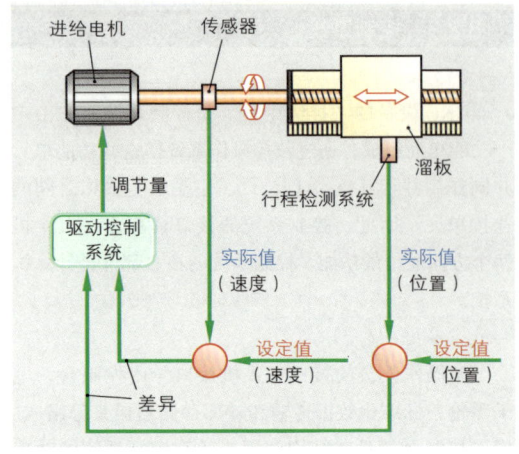

图 1：速度控制和位置控制框图

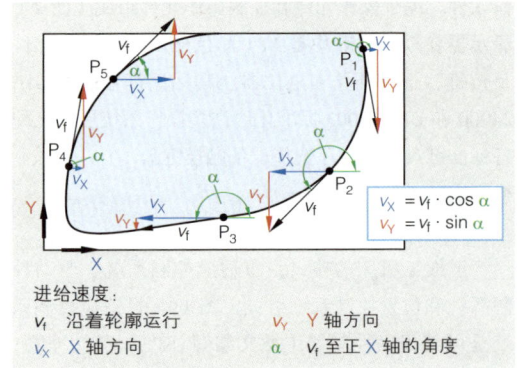

进给速度：
v_f　沿着轮廓运行　　　v_Y　Y 轴方向
v_X　X 轴方向　　　　 α　v_f 至正 X 轴的角度

$$v_X = v_f \cdot \cos \alpha$$
$$v_Y = v_f \cdot \sin \alpha$$

图 2：速度的组成成分

行程运动速度实际值始终由一个传感器采集，并与已计算得出的实际值进行比较。如果出现差异，驱动控制系统校正行程运动速度（图 1）。改变后的行驶速度再次由传感器记录，并作为实际值再次发给驱动控制系统。新实际值再次与设定值比较，并以此循环。这种速度控制同样以极高频率运行。从而使整个系统的运行速度足够快，保证加工与轴不平行的工件轮廓时不会出现轮廓损伤。

为使例如车削端面时切削速度保持恒定，或在攻丝时逐步完成与旋转方向相反的回转，主轴的转速必须"无级"可调。这个功能也由驱动控制系统承担。

CNC 控制系统（计算机数字控制的控制系统－译注）的数据存储使用多种不同的存储介质。操作系统存储在电子编程只读存储器（EPROM）内，程序和工艺数据存储在磁盘内，部分存储在读－写存储器（RAM）内。若欲在机床关断电源后获取所存数据，电路必须仍然带电。该电源由缓冲电池提供。由于控制系统制造商各不相同，这类电池可以是可充电的某种蓄电池，或不可充电而必须定期更换的电池，一般每年更换一次。

从仪表技术角度观察，CNC 控制系统是一种非常紧凑的系统，其所占面积极小。这种操作系统属模块化结构，可根据待控制加工机床的复杂程度进行扩展。除操作控制台和必要时附加的可编程序控制器（SPS）外，控制系统的其他成分是数控核心（NCU），电源单元和进给驱动以及工作主轴的启动控制单元，所有这些部件均装入一个标准化机箱（图 1）。控制系统内的数据传输由导线系统 – 总线 – 承担。

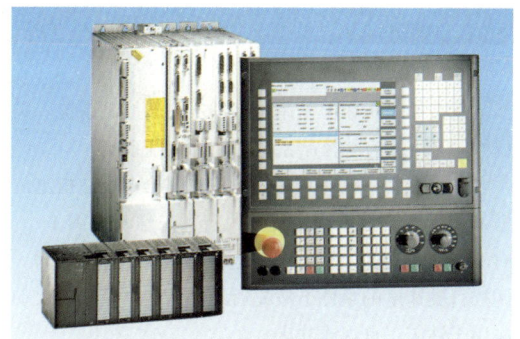

图 1：现代化 CNC 控制系统的部件

CNC 操作系统可使控制系统所有部件共同协调运行，并承担与操作人员和加工机床的通讯。操作系统的基本组件是输入和输出例行程序，一个编辑器，存储器管理程序，数控翻译程序。制造商在最近几年中大幅度提高了操作系统的运行能力（图 2）。除运动能力和可使用的功能数量外，在遵守控制系统结构的标准和规范以及独立的匹配能力方面，新型操作系统已具备现代化控制系统的主要质量特征。

主要在刀具和成形制造方面的三维形状加工要求以最短时间得到最高尺寸精度和表面粗糙度质量。这一要求只有高速切削（HSC，参照 446 页及后面数页）才能予以满足。高速切削技术的应用取决于 CNC 控制系统的性能与加工机床动力学特性的协调统一。操作人员可以轻松控制并激活的控制系统新型功能可以承担这一重任（图 3）。

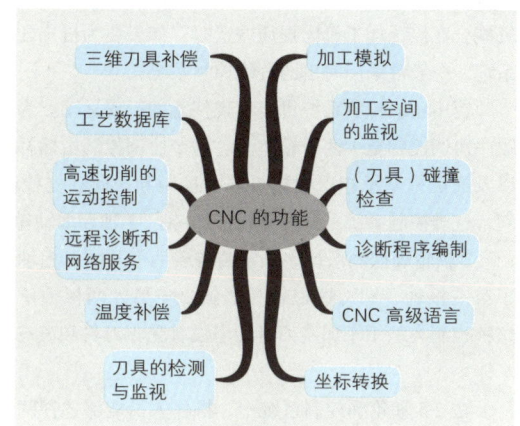

图 2：CNC 控制系统的功能（节选）

通过预先审查加工程序可预先识别加工中的方向变化，并在考虑驱动系统加速性能的前提下合理匹配加工动力。据此可以避免加工工件的轮廓偏差，以及可能导致机床产生振动的速度骤变。计算行程运动平均值的新型方法可成倍提高轮廓切削速度。

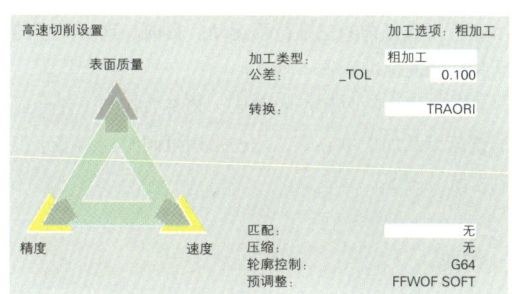

图 3：高速切削加工的设置

当今的 CNC 控制系统也包含数量繁多的针对速度、停机状态和位置等参数的监视功能。为保证机床设备即便在故障条件下仍保持较为安全的状态，专为机床连接多项相关功能，并将机床输出的信息进行相互比较和检查。

8.2.4 控制系统的类型

数控加工机床上采用了多种不同的控制系统。具体可以划分为点位控制系统，直线控制系统和轮廓控制系统。

点位控制系统对刀具如钻头或焊枪电极在指定位置进行定位，根据加工程序应在这些位置上执行加工任务（图 1）。刀具在定位运动时不能切入工件，因为定位运动属于快速行程运动。轴驱动可以在不调控行驶速度的条件下按先后顺序启动，或同时启动。点位控制主要应用于钻床，点焊或冲床。

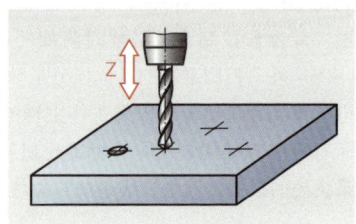

图 1：点位控制

直线控制系统分别对各轴单独控制。因此可以形成与轴平行的工作进给行程运动（图 2）。直线控制系统应用于简单加工机床和装配机械。在传统加工机床提质改造时，如果要为机床配装电子行程检测系统，一般常采用简单的直线控制系统。

使用轮廓控制系统可以实现任意的行程运动。为此，需要按上下顺序协调控制至少两个轴驱动。这个协调控制由插补程序和位置控制以及速度控制承担。根据可同时控制和彼此独立控制的轴数量的不同，这类控制系统可分为 2 轴，2.5 轴，3 轴和多轴轮廓控制系统。

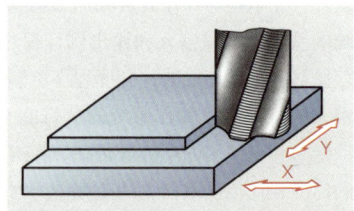

图 2：直线控制

2 轴轮廓控制系统中固定装备着两个共同可控轴。如果机床装备了第三根轴，那么这根轴只能独立于另外两根轴单独控制（图 3）。这种控制类型用于那些刀具转塔没有受驱刀具和没有可控工作主轴的车床。

在 2.5 轴轮廓控制系统中，操作人员能够选择两根共同控制轴中的某一根。在程序开始时，操作人员必须通报控制系统，他要使用哪一个工作面（421 页图 4）。3 轴轮廓控制系统可同时控制至少三根轴。由此可形成复杂的三维行程运动。目前，这种类型的控制系统已是车床和铣床的标准配置（图 4）。

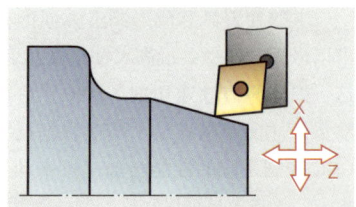

图 3：车床的 2 维轮廓控制

装有多个刀具转塔的车床，装有数控圆工作台或 2 轴数控工作台的铣床以及加工中心等，均已采用可同时控制多于三轴的多轴轮廓控制系统（图 5）。

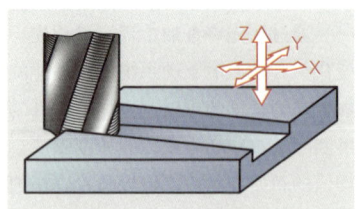

图 4：铣床的 3 维轮廓控制

作业：

1. 请描述 CNC 控制系统的基本结构和最重要功能。
2. 请解释恒定切削速度时端面车削主轴速度的控制。
3. 在车削件上加工一个偏心轴颈需用哪一种控制类型？
4. 请计算 X 轴进给电机在点 P5 处（416 页图 2）的转速，条件：$\alpha = 47°$，$v_f = 300$ mm/min，$P = 5$ mm。

图 5：5 轴加工

8.3　按照 DIN 66025 和 PAL 编程

用一台 CNC 加工机床为小批量机床虎钳加工底板（图 1）。可供使用的立式铣床装备着一个 2 轴数控工作台。通过该工作台可组织 5 面加工。机床的 CNC 控制系统按照 DIN 66025 进行编程。与此同时，可使用按照 PAL 编制的加工循环程序。

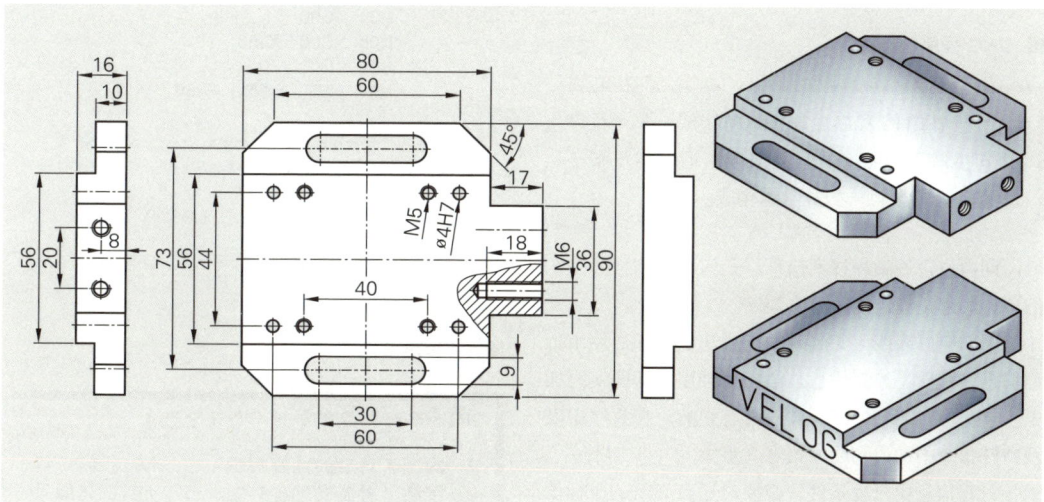

图 1：加工任务

加工计划：第一次装夹时，可加工出全部轮廓。第二次装夹时，必须完成工件底部的加工尺寸，并为通孔和槽倒棱。为此，工件装夹在一个固定在 2 轴数控工作台上并由液压操作的机床虎钳上（图 2）。根据所需加工的轮廓和所选加工方法，确定不同的刀具，并计算出相应的工艺数据（图 3）。

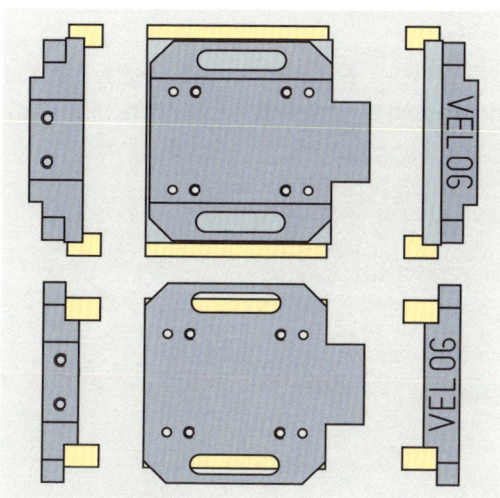

图 2：装夹示意图

– 刀具表 –			
刀具编号，名称； 切削材料	切削速度 v_c 单位：m/min	进给 f_z 或 f 单位：mm	齿数 z
T01 端铣刀 ø 100；HC	200	0.05	8
T02 立铣刀 ø 16；HC	200	0.08	4
T03 立铣刀 ø 25；HC	200	0.10	4
T04 孔槽铣刀 ø 6；HC	200	0.06	2
T05 数控定心钻 ø 12；HC	200	0.06	2
T06 麻花钻头 ø 4.2；HSS	40	0.10	
T07 麻花钻头 ø 3.8；HSS	40	0.10	
T08 麻花钻头 ø 5.0；HSS	40	0.10	
T09 丝锥 M5；HSS	15		
T10 丝锥 M6；HSS	15		
T11 铰刀 ø 4H7；HSS	15	0.12	
T12 槽刻刀 ø 1；HSS	50	0.05	

图 3：刀具表

8.3.1 基础

为组织加工任务，控制系统需要大量精确描述全部加工步骤的信息。所有这些信息均由 CNC 程序提供。

■ CNC 程序的结构

一个 CNC 程序由若干语句组成。一个程序语句由若干词组成。词大部分由地址字母和一个有或无前置符号的数字组成。

词内包含着编程技术信息，几何形状信息和工艺信息。编程是规定词的写入顺序。

语句应以表明语句编号的词为起始。随后给出行程信息，其后是控制信息。语句编号用于标明实时加工步骤，但对语句的编写顺序没有影响。在程序中以及特殊指令中的语句顺序则意义重大。

行程信息由行程条件，必要时还有必需的坐标值组成（图 1）。

控制信息可以是进给速度数据，主轴转速数据，刀具和所使用的机床功能的数据等。如果程序词的数字组包含一个十进制分数，该分数应采用十进制小数点与其整数部分分开。

现代控制系统允许对程序中的数值进行计算和赋值。那么词由一个地址（字母和数字）和用等号相连的一个数学计算或数字组组成。DIN 66025 对地址字母的应用已做规定。控制系统制造商利用 DIN 标准指定空间，并使用指定地址字母提高其控制系统的功能范围和控制系统的舒适度。PAL 标准也允许字母组合的地址化。

```
% 7707；底板
N01   G17
N02   G54
N03   G97   S630   T01   M06
N04   G90
N05   G00   X-55   Y0     Z2
N06   G00   Z0
N07   G01   X150   F250   M13
```

程序信息：	程序语句 07
行程信息：	对 X 坐标 =150 的直线插补
控制信息：	进给速度 250 mm/min，接通主轴（右旋）和冷却润滑液

图 1：程序节选

DIN 66025 规定的地址字母（节选）

A 围绕 X 轴旋转的旋转轴	M 机床功能
B 围绕 Y 轴旋转的旋转轴	N 语句编号
C 围绕 Z 轴旋转的旋转轴	R 参数
F 进给	S 转速或切削速度
G 行程条件	
I X 轴插补	T 刀具
J Y 轴插补	X 线性轴 X
K Z 轴插补	Y 线性轴 Y
L 可自由使用	Z 线性轴 Z

■ 坐标系

为统一 CNC 加工机床的程序编制，DIN 66217 规定了工件上坐标轴的位置和方向，以及机床上的运动方向。

坐标系的基础是一个含 X，Y 和 Z 坐标轴的右手直角坐标系（图 2）。

坐标轴的排列顺序可用右手的拇指、食指和中指来表示（图 2）。

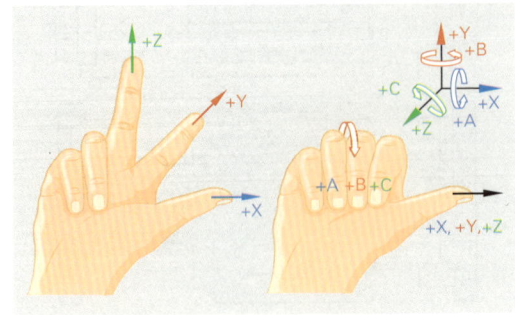

图 2：坐标轴的方向

坐标系规定了加工机床的主要运行轨迹。Z轴位于加工主轴方向，X轴指机床溜板的纵向运动。Z轴的正方向始终是从工件至刀具。与之相应，铣床的各种不同坐标系均与其制造类型相关（图1）。

在工件旋转的加工机床上，X轴的运行是从工件轴线至刀具载体（图2）。在现代化CNC机床上，由不同的部件，例如工作主轴，数控圆工作台或2轴数控工作台等，执行受控的旋转运动。这些旋转运动分别标名为A、B和C。如果用右手握住一个线性轴，其手指指向所属旋转轴的正旋转方向（参见420页图2）。

理论上，通过三个线性轴和两个旋转轴，可使加工空间的任何一点成为所需的刀具启动点。CNC加工机床制造商针对客户不同的要求研发出各种不同的运动学解决方案。除将两个旋转轴集成安装在铣刀头的方案之外，还有将两个旋转轴装入机床工作台等多种改型（图3）。实际应用中，还有将两个旋转轴分配到铣刀头和机床加工台的方案。如果工件实际执行旋转运动，应在旋转轴旁的字母上方用单引号作标记。

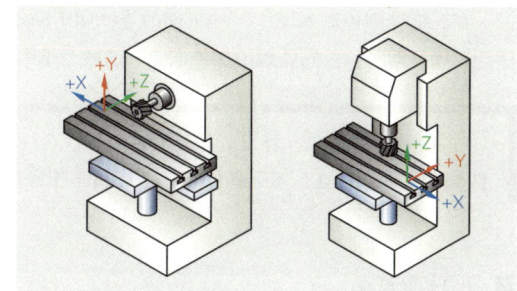

图1：铣床坐标系

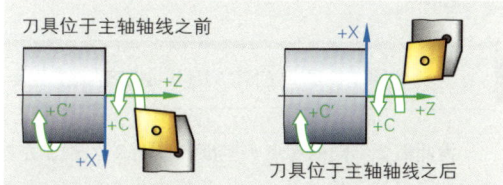

图2：车床坐标轴

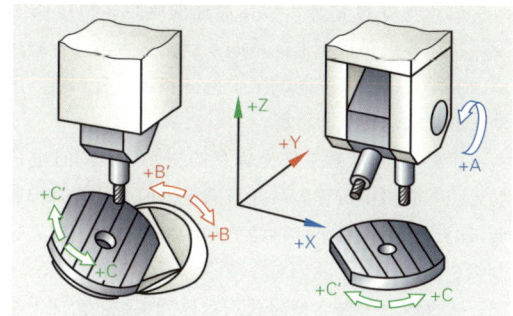

图3：运动学解决方案（举例）

8.3.2 编写 CNC 程序

```
%7707；底板                        ；主程序的程序编号
N01 G17                            ；选择加工面
N02 G54                            ；零点转移
N03 G97 S630 T01 M06               ；用赋值语句调用刀具
N04 G90                            ；绝对尺寸数据
```

确定程序编号和使用 % 符号作为主程序的标记后，便可明确无误地编写控制系统程序。所有可供使用的功能，如激活，修改和模拟均可用于程序。操作人员可通过程序输入继续编写。在装备 2.5 轴轮廓控制系统的 CNC 加工机床上，编程人员必须在控制系统程序的开头告知主加工面（图 4）。

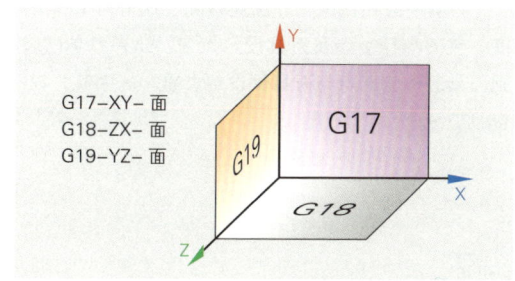

G17–XY– 面
G18–ZX– 面
G19–YZ– 面

图4：主加工面

在二维铣削控制系统中，加工面的选择用于确定定位逻辑。确定后方能在语句中编制刀具定位运动的程序。机床启动时，首先处置由加工面定义的两个轴的溜板，然后才处置横向进给轴（图1）。

> 按照 DIN 66025 标准，行程条件 G17、G18 和 G19 用于选择主加工面。据此，如果它与所属的工件坐标 – 转换相连，可选择位于加工空间的任意一个加工面。因此，可以组织多面加工。

■ 零点和基准点

CNC 加工机床通过处理以机床为基准的坐标数值来控制各种运动。但编程人员却以工件为基准的坐标值编写程序。

> 为能够正确编写 CNC 程序，必须理清工件坐标系与机床坐标系的相互关系并计算刀具尺寸。

为此需要不同的零点和基准点（图2）。控制系统已知若干这类关系，但其余的关系必须在程序中告知控制系统，例如通过调用某个零点偏移或调用某个刀具。

机床零点 M 由加工机床制造商确定，机床操作人员不能改变。机床零点是机床坐标系的零点，它常常位于机床加工空间边缘，甚至超出加工空间的某个机械和热学有利点。因此，行程运动一般无法达到机床零点。

工件零点 W 是工件坐标系的初始点，同时也是程序编制的初始点。它可由编程人员任意选定，但必须告知控制系统。机床调试时，通过设置坐标轴数值和在程序中输入零点偏移来告知控制系统。

基准点 R 是装备增量式行程检测系统的机床上最重要的系统基准点。它与机床零点的相对位置已预先精确确定。由于机床零点一般无法达到，基准点便用于行程检测系统的校准。如果机床可以到达基准点，机床便以它的坐标系进行校准。旋转轴（数控圆工作台，工作主轴）的增量式检测系统也通过抵达基准点进行校准。

刀具载体基准点 T 由刀具夹具的中间轴线与端面构成。如果控制系统收到的信息是无刀具，实时轴位置便以该点为基准。

刀具一般在机床之外已经检测。这里所求算的尺寸（例如长度，铣刀半径）涉及刀具设定点 E。如果刀具已装入刀具载体，则刀具载体基准点与刀具预设定点重合。因此，控制系统可直接接收检测值。

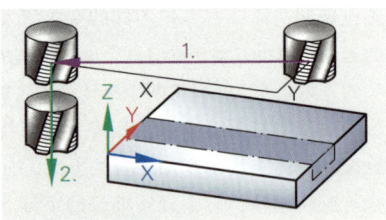

图1：定位逻辑

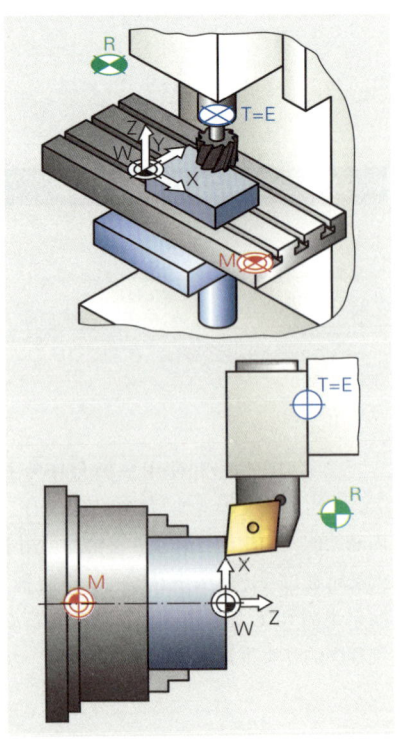

图2：零点和基准点

原则上，编程人员可以自由选取工件零点 W 的位置。但仍然已逐步形成绘制加工图纸时必须注意的标准。如铣削件的零点常位于工件的某个角。横向进给轴方向的零点确定在加工件的表面或基面（图 1）。而车削件的零点位于端面或精加工件装配面的工件对称轴线上。

根据加工图纸上尺寸标注种类和方式的不同，也可以优先采用其他的点或更多的零点。一般通过编程的零点偏移可以达到上述的点。如果工件有多个加工面，应为每个加工面定义一个零点（图 2）。零点必须通过摸索尝试进行设置，或通过零点偏移进行编程，从第一个零点出发并与坐标转换相连。根据这样的指令可与常规加工一样进行加工。

■ 行程信息和控制信息

> 按照 DIN 66025 标准规定，地址字母 G（几何形状功能）规定用于行程条件的说明。

配属给该字母的是一个两位数的关键数字。新型控制系统在指令范围内还有 G 词，它带有一个三位数的关键数字。若干行程条件仅以语句形式有效，但它们大部分的有效时间需视具体情况而定，就是说，它们的有效时间直至另一个行程条件取代它为止。并非所有的 G 指令都要求直接在语句中配属坐标值。

控制信息描述 CNC 程序的工艺部分。

> 地址字母 F（进给功能）和 S（主轴速度功能）规定用于进给和主轴转速。

如果行程条件 G94 已激活，可在 F 下编程进给速度，单位：mm/min。如果在 F 下设定的速度单位是 mm/ 每圈，则必须激活行程条件 G95。如果行程条件 G96 已激活，可在 S 下设定一个恒定的切削速度，单位：m/min。如果在 S 下对单位为 1/min 的主轴转速进行编程，则必须激活行程条件 G97。已编程的数值有效时间视具体情况而定，只有通过覆盖新数值才能对它们进行更改或删除。

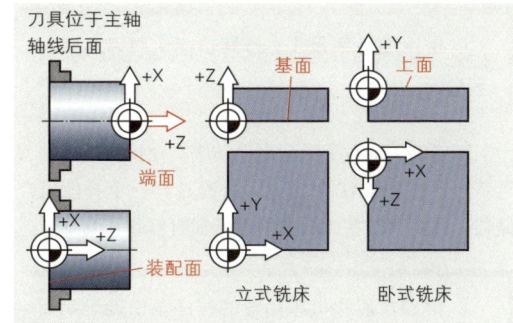

图 1：铣削件和车削件的零点位置

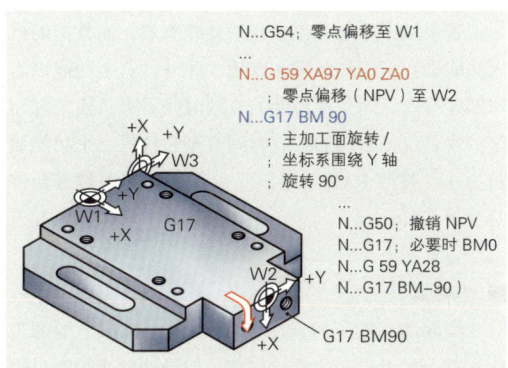

图 2：零点偏移和坐标系旋转

DIN 66025 规定的行程条件（节选）	
G00	快速行程运动
G01	直线插补
G02	顺时针方向圆插补
G03	逆时针方向圆插补
G09	精确停止
G17	面选择 XY
G18	面选择 ZX
G19	面选择 YZ
G40	撤销刀具轨迹补偿
G41	刀具轨迹补偿，左
G42	刀具轨迹补偿，右
G53	撤销零点偏移
G54	零点转移
G59	加入零点偏移
G90	绝对尺寸数据
G91	增量尺寸数据
G94	进给速度，单位：mm/min
G95	进给，单位：mm/ 每圈
G96	恒定的切削速度，单位：m/min
G97	主轴转速，单位：1/min

使用地址字母 T（刀具功能）对刀具进行编程。

所属的关键数字标记出手动或自动换刀所需的刀具编号。按照 PAL 规定，可补充选择一个补偿值存储器，并对存储在此的数值进行临时修改（图 1）。

附加功能和机床功能的程序词由地址字母 M（机床功能）和一个两位数的关键数字组成。

若干机床功能在程序开始立即有效，而其他的机床功能则直至语句结束才有效。此外，若干功能以语句形式有效，而其他功能的有效时间需视具体情况而定，就是说，它们的有效时间直至它被另一个功能撤销为止。按照 PAL 规定，一个程序语句中最多允许两个 M 指令。

■ 坐标值

绘制加工图纸时，已为 CNC 加工机床上的加工标注符合加工工艺的数控尺寸。但设计师或绘图员仍

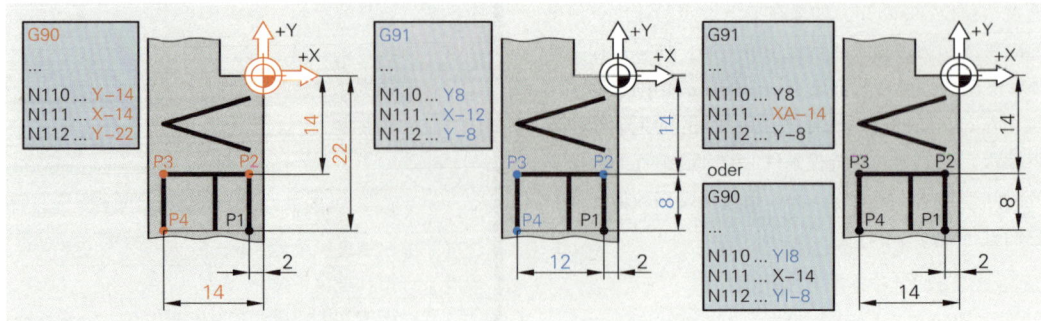

图 1：刀具的调用

DIN 66025 规定的附加功能（节选）		
指令	含义	有效性
M00	编程停止	
M03	主轴旋转方向　顺时针方向	
M04	主轴旋转方向　逆时针方向	
M06	换刀	
M08	冷却润滑液　开	
M09	冷却润滑液　关	
M17	子程序结束	
M30	主程序结束，复位	
程序开始	程序结束	视情况而定　语句形式

会根据加工任务的不同优先标注某个尺寸。为使编程员不必花费大量精力进行计算即可描述待加工的工件轮廓，控制系统提供多种输入所需坐标值的方法。

大多数情况下，坐标值是绝对编程的，就是说，它以实时工件零点为基准。如果加工图纸含有链式尺寸，或如果某程序部分需多次使用，坐标值应是相对（增量）编程的，就是说，它以前一个程序语句的起始点或实时刀具位置为基准（图 2）。

绝对编程始终描述控制系统设置刀具所在的点。相对编程始终描述控制系统设置刀具所处的行程。

通过输入程序词 G90 或 G91，将编程类型通报给控制系统。此外，许多控制系统在应用其他地址字母或字母组合时，可以对坐标值进行混合说明。

图 2：坐标值的编程

绘图员或设计师为某些轮廓标注尺寸时，使用的是极坐标尺寸数据。编程员必须了解笛卡尔坐标与极坐标之间的数学关系，并进行三角函数计算，以求取笛卡尔坐标值（图1）。许多控制系统可以直接使用极坐标值。对此，编程员也可以决定，他应采用绝对数值，还是增量数值。按照 PAL 规定，编程时可以组合使用笛卡尔坐标值与极坐标值。

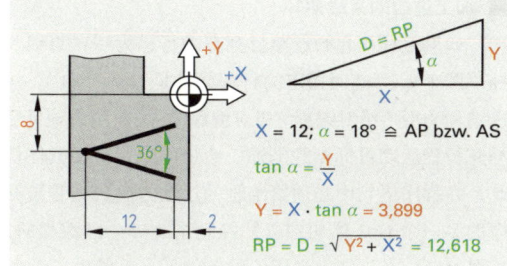

$X = 12; \alpha = 18° \triangleq AP$ bzw. AS

$\tan \alpha = \dfrac{Y}{X}$

$Y = X \cdot \tan \alpha = 3{,}899$

$RP = D = \sqrt{Y^2 + X^2} = 12{,}618$

图1：由笛卡尔坐标至极坐标的转换

```
…；槽 V
N100 G00 X–14 Y–8 Z2                    ；快速行程运动至 P1
N101 G01 Z–1 F100 M13                   ；直线插补，P1 时沉入
N102 G01 X–2 AS–18 F400                 ；直线插补至 P2
N103 G00 Z2                             ；快速行程运动，P2 时回程
N104 G00 X–14 Y–8                       ；快速行程运动至 P1
N105 G01 Z–1 F100                       ；直线插补，P1 时沉入
N106 G01 X–2 AS18 F400                  ；直线插补至 P3
N107 G00 Z2                             ；快速行程运动，P2 时回程
…
```

■ **行程运动**

行程运动的编程与机床运动学性能无关。它不考虑加工过程中工件和刀具是否以及如何运动（图2）。

编程员的编程出发点始终是刀具执行对工件的相对运动。

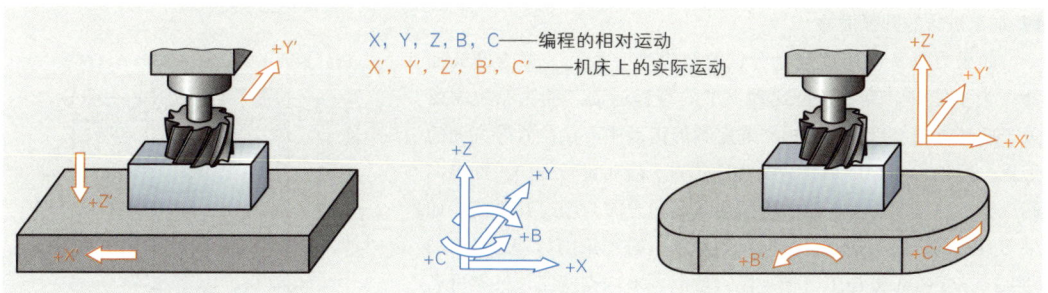

X, Y, Z, B, C——编程的相对运动
X′, Y′, Z′, B′, C′——机床上的实际运动

图2：相对运动和实际运动（举例）

■ **快速行程运动**

通过行程条件 G00（G0）可使刀具以最大轴速度向任何方向快速行驶至语句中指定的目标点。老型号控制系统的插补程序在行程过程中并不使用，所以不能精确确定刀具轨迹。同理，需借助多个 G00 语句绕过位于运动起始点与目标点之间的"障碍"（夹具，工件边棱）。现代化控制系统已配备可组织横向进给运动和回程运动的空间定位逻辑。根据 PAL，在已知极坐标值的条件下，可使用行程条件 G10 对快速行程运动目标点进行编程。

■ 加工进给的直线插补

如果刀具从起始点至目标点的行程为一条直线，称为直线插补（图 1）。为此而指定的行程条件是 G01（G1）。并必须根据所选编程类型（绝对编程 / 相对编程），按照所属地址字母在语句中补充行程运动目标点的坐标。给定的坐标值视具体情况有效。因此，在程序语句中必须给出轴的运动方向。编程员必须至少在程序的第一个 G01 语句中告知控制系统一个已编程的加工进给量。根据 PAL，在已知极坐标值的条件下，可借助行程条件 G11 为直线插补目标点进行编程。

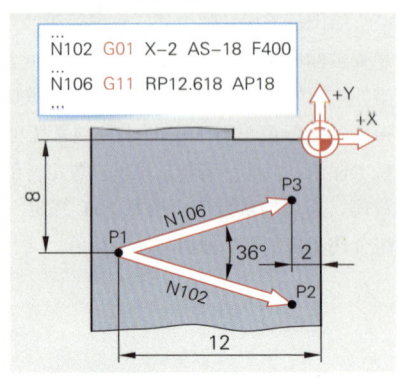

```
...
N102  G01  X–2  AS–18  F400
N106  G11  RP12.618  AP18
...
```

图 1：直线插补

…; 槽 V	
N123 G00 X–6 Y–34	; 快速行程运动至 P1
N124 G01 Z–1 F100	; 直线插补，P1 时沉入
N125 G01 X–10 F400	; 直线插补至 P2
N126 G03 X–10 Y–4210 J–4	; 圆弧插补至 P3
N127 G01 X–6	; 直线插补至 P4
N128 G03 X–6 Y–34 R4	; 圆弧插补 P1
N129 G00 Z2	; 快速行程运动，P1 时回程
N130 G10 RP4 AP45 IA–10 JA–48	; 快速行程至 P5
N131 G01 Z–1 F100	; 直线插补，P5 时沉入
N132 G02 X–10Y44 IA–10 JA–48 F400	; 圆弧插补至 P6
N133 G01 X–6	; 直线插补至 P7
N134 G12 AP30 IA–6 JA–48	; 用极坐标圆弧插补至 P8
N135 G00 Z2	; 快速行程运动，P8 时回程
…	

■ 加工进给的圆弧插补

如果刀具从起始点至目标点的行程为一个圆，称为圆弧插补。为了能够计算和执行这种类型的行程运动，控制系统需要关于旋转方向，目标点坐标和确定圆形运动中心点位置等方面的信息。行程条件 G02（G2）或 G03（G3）标明旋转方向。如果向第三轴的负方向看去，G02 所描述的运动方向为顺时针方向。如果刀具运动方向为逆时针方向，则编程员必须采用行程条件 G03（图 2）。与 G00 和 G01 语句一样，目标点坐标在所属地址字母后面以绝对编程或相对编程方式标出。

控制系统通过插补参数 I，J 或 K 以及 IA，JA 或 KA，获取刀具运动圆形轨迹中心点位置的信息。这些参数已经准确无误地配属给轴方向 X，Y 和 Z，它们以增量方式并以起始点（I，J，K）为基准给出，或以绝对方式 (IA,JA, KA) 给出（图 2）。

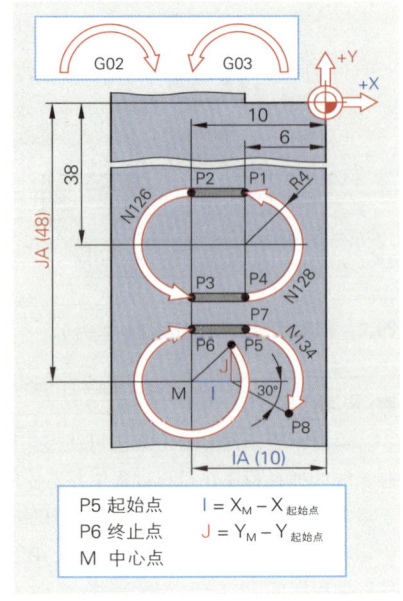

P5 起始点	I = X_M − X 起始点
P6 终止点	J = Y_M − Y 起始点
M 中心点	

图 2：圆弧插补

与大多数控制系统一样，可按照 PAL 选择用圆弧半径确定的中心点。几何解决方案的差别是地址 R 的前置符号。在已知极坐标值的条件下，借助行程条件 G12 或 G13 为圆弧插补目标点编程。

…；台阶上/下	
N22 G97 S2550 F1020 T03 M06	；调用刀具：立铣刀 *d* = 25mm
N23 G00 X–15 Y43 Z2	；定位
N24 G00 Z–6 M13	；横向进给
N25 G41	；调用刀具轨迹补偿
N26 G01 X–15 Y28	；驶至（工件）轮廓
N27 G01 X100	；加工台阶
N28 G40	；选择刀具轨迹补偿
N29 G01 X95 Y43	；驶离（工件）轮廓
…	
N33 G41 G45 D13 X100 Y–28	；切线方向行驶，刀具轨迹补偿
N34 G01 X0	；加工台阶
N35 G40 G46 D13	；切线方向驶离，刀具轨迹补偿
…	

■ **刀具补偿**

> 刀具补偿是 CNC 控制系统的一种功能，它用程序给定的坐标值自动计算出刀具尺寸。它大幅度简化了行程运动的编程，允许对完全不相关的几何数据和工艺数据进行编程，同时简化了机床操作人员对加工运行过程的人为介入。

■ **刀具检测**

　　如果控制系统没有关于所使用刀具的信息，它将以刀具载体基准点 T 作为编程刀具运动目标点的基准。因此，必须对刀具进行检测，将控制系统刀具存储器内的检测值配属给刀具，并在程序中调用刀具。这些绝对必需的刀具检测值在钻孔刀具中指长度，在铣刀中指长度和半径，在车刀中指 X 和 Z 方向的伸出部分，刀尖圆弧半径和刀具切削刃位置（图 1）。

■ **刀具长度补偿**

　　控制系统通过刀具调用和/或补偿值存储器选择，从刀具存储器调出铣刀或钻头的长度以及车刀的伸出部分，并用实时轴位置对它们进行计算。控制系统在随后所有的行程运动时均将实时刀具尺寸自动补偿已编程的坐标值，机床各轴按照补偿后的坐标执行行程运动（图 2）。但是，如果需要补偿铣刀半径或车刀的切削刃半径，则必须告知控制系统附加的行程条件。

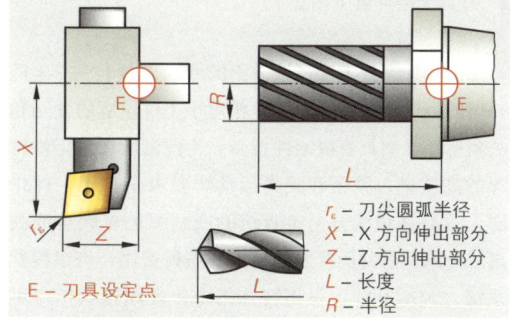

r_ε – 刀尖圆弧半径
X – X 方向伸出部分
Z – Z 方向伸出部分
L – 长度
R – 半径
E – 刀具设定点

图 1：刀具轮廓检测值

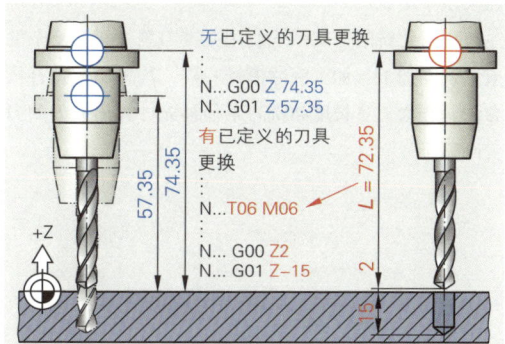

图 2：刀具长度补偿原理

■ 铣刀的刀具轨迹补偿

在机床工作状态下，控制系统的运行没有铣刀半径补偿。已编程的坐标描述了刀具运动的中心点轨迹。但为了铣削轮廓，（刀具）中心点轨迹必须偏离工件轮廓，其偏离量一般正是刀具的半径（图1）。为对轮廓进行描述，编程员需计算出所要求的各点。如果必须采用另一种铣刀半径进行加工，需要对程序进行修改。

铣刀半径补偿允许对工件待加工轮廓进行编程时不考虑刀具半径。编程员描述工件轮廓，并告知控制系统，刀具将从工件哪一边开始加工，以及将使用哪一种刀具或哪一种刀具补偿存储器。刀具相对运动方向的视角方向对于"工件轮廓左边或右边"这一数据具有决定性意义。控制系统从上述这些数据中计算出等距线。铣削时，这个与轮廓线等距的轨迹一般与铣刀中心点轨迹叠合。

> 如果铣刀在待加工轮廓左边运动，必须采用行程条件 G41。如果铣刀在待加工轮廓右边运动，则采用 G42 编程。用行程条件 G40 取消刀具半径补偿（图2）。

由于计算技术和机械方面的原因，对于铣刀半径补偿的精确函数而言，刀具相对于工件轮廓的驶至和驶离运动类型具有决定性意义。为保证所加工工件轮廓的高质量，驶至和驶离运动均要求垂直于工件轮廓，最好从切线方向（直线的或圆弧的）驶至或驶离。为降低因此而产生的计算和编程费用，许多控制系统，包括 PAL，发出特殊指令，使用这些指令可以更有效地描述驶至与驶离运动与铣刀半径补偿的内在关系（图3）。

现代化铣削控制系统使用三维刀具补偿。复杂的成形铣削加工与加工深冲模具一样，均采用这种补偿方法。它为刀具长度和铣刀半径补充计算出铣刀的刀尖圆弧半径。

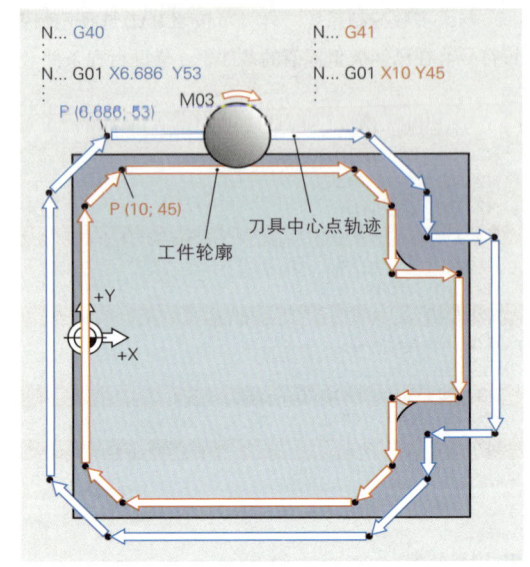

图1：无铣刀半径补偿编程和有铣刀半径补偿编程

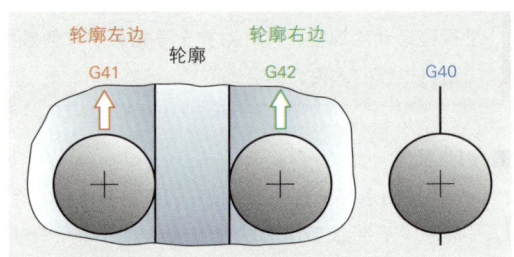

图2：确定铣削刀具位置

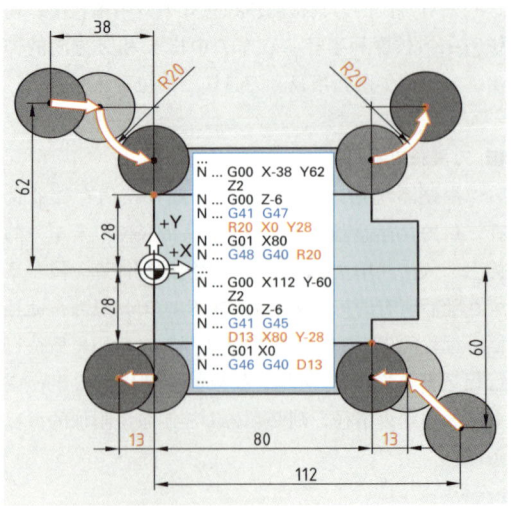

图3：驶至和驶离条件的语句

■ **车削刀具半径补偿（切削刃半径补偿）**

为提高车刀刀具耐用度和工件表面质量，车刀的切削刃尖部均已倒圆。

如果未激活切削刃半径补偿，控制系统（机床开机状态下）根据已编程坐标处理理论切削刃点 S。据此，与轴不平行运动时，工件上将出现轮廓偏差和变形（图 1）。

激活切削刃半径补偿用于计算等距线，该等距线以切削刃半径为间距，其走向沿待加工轮廓（图 2）。这样便可以避免轮廓偏差。

> 除切削刃半径外，CNC 控制系统还需要刀具相对于工件的位置和刀具切削刃的位置，用于切削刃半径补偿。

相对运动方向作为视角方向，适用于模拟铣削时刀具相对于工件的位置（图 2）。

根据刀具的各个不同位置，理论切削刃点 S 位于切削刃半径 P 的中心点左边或右边以及上边或下边（图 3）。控制系统在计算刀具轨迹时必须注意这一点。因此，在补偿存储器中为切削刃半径补充了一个位置系数。

在刀具补偿存储器中也可写入刀具磨损或加工尺寸的补偿尺寸。某些控制系统可以接受循环检测的结果，然后用于刀具补偿。这样便可以改善机床操作人员介入加工过程的可能性。

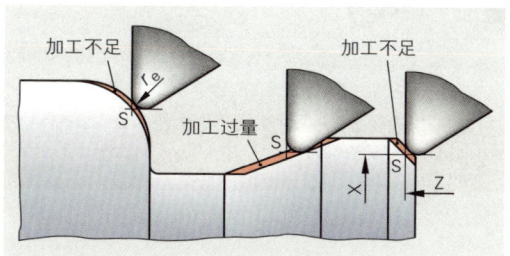

图 1：切削刃半径所产生的轮廓偏差

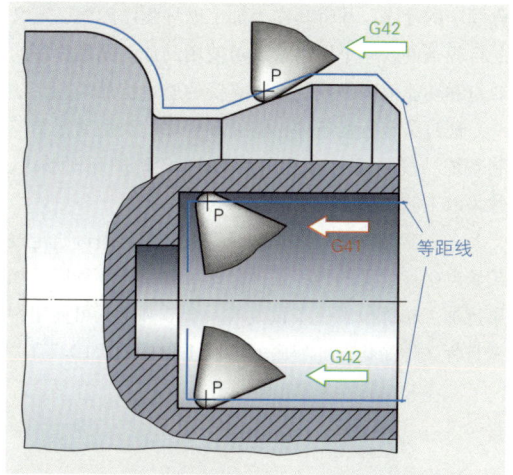

图 2：确定车削刀具位置

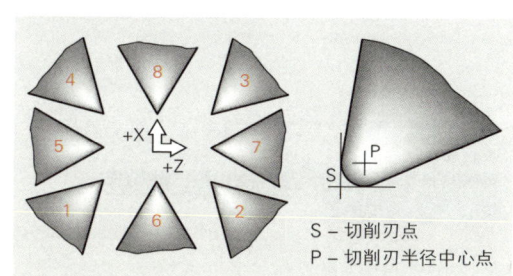

S – 切削刃点
P – 切削刃半径中心点

图 3：位置系数

作业：

1. CNC 程序由哪些要素构成？

2. 请解释下列指令顺序：
N20 G02 X40 Y30 I0 J15 F120

3. 工件零点对于编制和处理 CNC 程序有哪些意义？

4. 请解释，为什么"旋转轴线前面"车削时容易混淆语句 G02 和 G03。

5. 在哪些条件下可用增量方式编写一个程序或一个程序部分？

6. 请您编写使用刀具 T02 加工外轮廓的加工程序（参照 419 页）。

7. 请讨论将错误的刀具尺寸输入刀具存储器后的后果。

8. 粗加工和精加工的刀具补偿将产生哪些结果？

■ 加工循环程序

```
…; 槽上 / 下
N39 G97 F1250 S10610 T04 M06                              ; 调用刀具：键槽铣刀 d = 6mm
N40 G74 ZI10.5 LP30 BP0 D3.5 V2 W2 EP3 H14 M13 E200       ; 定义，铣键槽循环程序
N41 G79 X25 Y36.5 Z–6                                     ; 调用铣键槽循环程序，上部槽
N42 G79 X25 Y36.5 Z–6                                     ; 调用铣键槽循环程序，下部槽
…
```

加工轮廓常要求大量单独的行程运动。因此，控制系统制造商常根据客户需求，预先编制所需加工步骤顺序的程序，并将其作为加工循环程序配属已定义的行程条件。一个控制系统可使用的加工循环程序的数量和功能范围是控制系统重要的质量特征。

通过给定行程条件，将循环程序的类型通报给控制系统。按照规定句法描述待加工轮廓的几何形状，并采取工艺措施（图1）。

一个循环程序可以一次或多次调用。通过给定按起始点坐标定义的行程条件，即可调用循环程序。如果待加工轮廓位于一条直线或一个节圆上，可使用特殊行程条件简化循环程序的调用（431 页图 1）。

按 PAL 编制的加工循环程序（节选）	
G72	方孔 – 铣削循环程序
G73	圆孔 – 铣削循环程序
G74	槽 – 铣削循环程序
G75	圆弧槽 – 铣削循环程序
G81	钻孔循环程序
G82	带有断屑功能的深孔钻循环程序
G83	带有退刀排屑功能的深孔钻循环程序
G84	螺纹攻丝循环程序
G85	铰孔循环程序
G86	镗孔循环程序
G88	内螺纹 – 铣削循环程序
G89	外螺纹 – 铣削循环程序

按 PAL 调用循环程序	
G76	在一条直线上的多次调用
G77	在一个节圆上的多次调用
G78	在一个点上的调用（极坐标系）
G79	在一个点上的调用（笛卡尔坐标系）

G74 ZI/ZA.. LP.. BP.. D.. V.. W.. AK.. AL.. O.. Q.. H.. E.. F.. S.. M..

必选参数：

ZI/ZA	槽深度，增量从工件表面开始，或绝对
LP	X 方向槽长度
BP	Y 方向槽长度
D	横向进给深度
V	至材料表面的安全间距

可选参数：

W	回程绝对间距，AK/AL 边缘和底部加工尺寸
EP	设置点：0– 槽中心点，1– 右边，3– 左边
AE	刀具下沉角度
O	横向进给运动：O1– 垂直，02– 水平
Q	运动方向：Q1– 顺铣，Q2– 逆铣
H	加工类型：H1– 粗加工，H4– 精加工，H14– 粗加工和精加工
E	下沉进给　　　　F　主加工面进给
S	转速　　　　　　M　附加功能

可选参数的预设定：W = V，O1，Q1，H1，E = F，F 和 S 是实时编程数值。

说明：

铣刀直径必须位于槽宽的 55% 至 90% 之间。

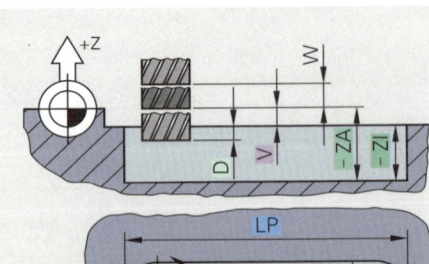

G79 X.. Y.. Z.. AR..（带 EP3 的举例）

地址：

X, Y, Z	起始点坐标值
AR	与正 X 轴之间的旋转角度

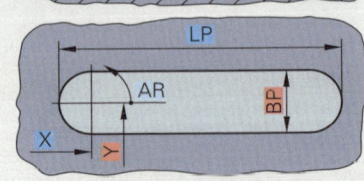

图 1：铣槽循环程序的定义和调用

在直线上的多次调用（孔列）
G76 X Y Z AS D O AR W H
必选参数：
AS	孔列与正 X 轴之间的角度
D	调用点的间距
O	调用点的数量

可选参数：
X, Y, Z	孔列的起始点坐标
AR	孔 / 槽与正 X 轴之间的角度位置
W	回程面，绝对
H	两个位置之间的回程位置：
	H1– 安全面，H2– 回程面

可选参数的预设定：
X, Y, Z 刀具的实时位置，AR0, H1

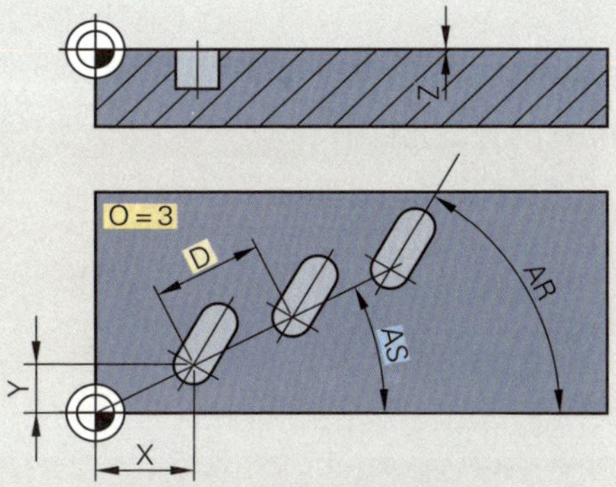

在节圆上的多次调用（多孔圆形）
G77 IA JA Z R AN/AI AI/AP O AR Q W H
必选参数：
R	节圆半径
AN	第一个调用点与正 X 轴之间的角度
AI	两个相邻调用点之间的角度
AP	最后一个调用点与正 X 轴之间的角度
O	调用点的数量

可选参数：
IA, JA, Z	节圆中点坐标
AR	孔 / 槽与正 X 轴之间的角度位置
Q	孔 / 槽的定向：
	Q1– 一同旋转，Q2– 固定定向
W	回程面，绝对
H	两个位置之间的回程位置：
	H1– 安全面，H2– 回程面

可选参数的预设定：
IA, JA, Z 刀具的实时位置，AR0, Q1, H1

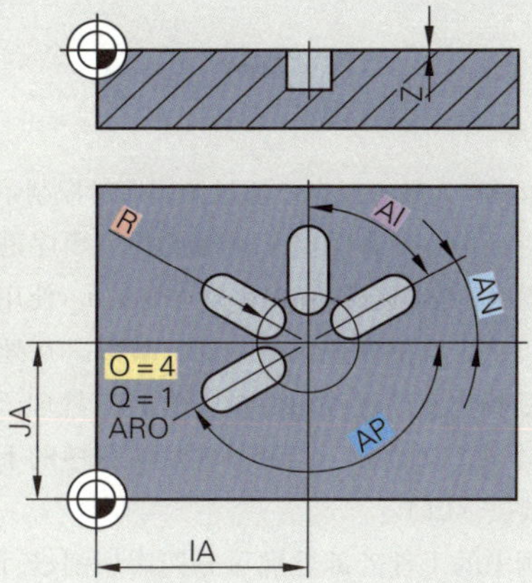

图 1：在直线或节圆上循环程序的调用

除已描述的直线槽加工循环程序外，控制系统还有其他钻孔和铣削循环程序可供使用，例如攻丝循环程序 G84。采用 PAL 制控制系统还可以铣削内外螺纹，以及使用循环程序组织加工内轮廓。

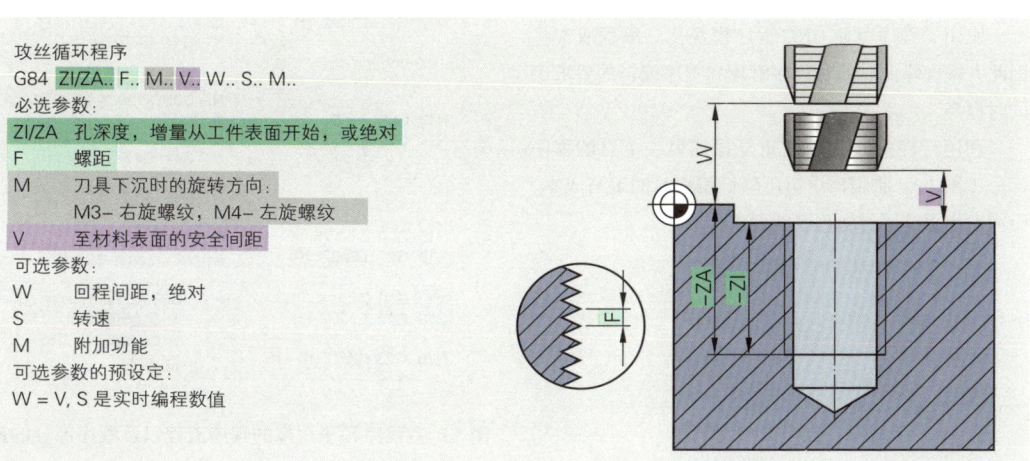

攻丝循环程序
G84 ZI/ZA.. F.. M.. V.. W.. S.. M..
必选参数：
ZI/ZA	孔深度，增量从工件表面开始，或绝对
F	螺距
M	刀具下沉时的旋转方向：
	M3– 右旋螺纹，M4– 左旋螺纹
V	至材料表面的安全间距

可选参数：
W	回程间距，绝对
S	转速
M	附加功能

可选参数的预设定：
W = V, S 是实时编程数值

图 2：定义攻丝循环程序

```
…; 外部轮廓
N09 G97 F1250 S3980 T02 M06                    ; 调用刀具: 立铣刀 d = 16 mm
N10 G00 X120 Y-40 Z2
N11 G00 Z-4.25 M13                             ; 横向进给, 第 1 步
N12 G22 L2002 H1                               ; 调用子程序
N13 G00 Z-8.5                                  ; 横向进给, 第 2 步
N14 G22 L2002 H1                               ; 调用子程序
N15 G00 Z-12.75                                ; 横向进给, 第 3 步
N16 G22 L2002 H1                               ; 调用子程序
N17 G00 Z-17                                   ; 横向进给, 第 4 步
N18 G22 L2002 H1                               ; 调用子程序
N19 F800 T02 TC2 M06                           ; 调用精加工刀具
N20 G00 N17 N18 H1                             ; 重复程序部分
N21 G00 Z2 M09
…
```

■ 子程序

机床操作人员可以自己通过子程序对控制系统制造商没有预编程序却又经常出现的加工顺序进行编程。子程序包含固定数值或参数（变量）。使用地址字母 L 可从主程序中调用子程序。接着，在地址字母 H 之后给出工序过程的数量（图 1）。处理子程序并读取语句 N17 之后，控制系统用主程序的下一个语句继续执行加工。

举例中的工件外部轮廓可分四次切削进行粗加工，接着，从刀具补偿存储器调用一个新的刀具半径，并调用缩减的进给量进行精加工。这个加工过程由子程序完成。主程序首先包含固定坐标值，其轮廓描述的起始点和结束点均与子程序的相同。主程序只执行刀具调用和每次切削的横行进给。

使用子程序可使 CNC 程序模块化。编程成本将因此大幅度降低。但对程序管理和程序编辑的要求也同时提高。

调用行程条件 G23 可重复描述另一个点的程序部分（图 1）。使用该语句可降低编程时的编写成本，但同时也提高了编辑程序的要求。

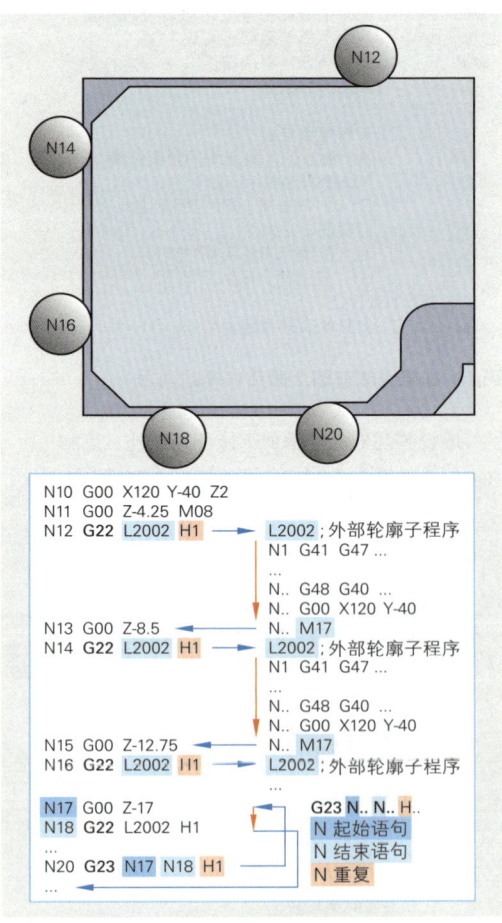

图 1: 主程序和子程序的程序流程以及程序部分的重复原理

```
…; 数值赋值
N.. G97 F1250 S3980 T02 M06                    ; 调用刀具: 立铣刀 d＝16 mm
N.. P1＝80 P 2＝60 P 3＝90 P 4＝36 P5＝17        ; 给出工件几何形状数据
N.. P6＝4.25                                    ; 确定切削深度
N.. G00 X＝P1+P5+3*PCR Y＝(P4/2+3*PCR) Z2       ; 驶至起始点 P0
N.. G00 Z＝-P6 M 13                             ; 横向进给，第 1 步
N.. G22 L2002 H1                               ; 调用子程序
N.. G00 Z＝-2*P6                                ; 横向进给，第 2 步
N.. G22 L2002 H1                               ; 调用子程序
N.. G00 Z＝-3*P6                                ; 横向进给，第 2 步
…
```

机床虎钳有多种不同的制造尺寸。所属的底板是其零件家族中的一员。底板的基本形状相同，但尺寸各异（图 1）。为使加工底板外部轮廓的子程序可适用于零件家族所有尺寸不同的底板，写子程序时基本无数值。为此，由参数或计算规则替代程序地址的数字值。

编程时必须认真区分用户参数与系统参数的差别。现在常用的控制系统中，用地址字母 P 和 0～9999 的数字为用户参数编程（图 2）。用等号并给定一个数字值或一个计算规则进行数值赋值。必要参数在主程序中定义。控制系统由此在程序运行期间计算出所需的结束点坐标值。

程序运行过程中可以访问系统参数。系统参数用一个字母组合标记，它总是带有实时有效数值。举例中使用的是系统参数 PCR，目的是求取加工的起始点以及驶至运动和驶离运动的地址数值。这样可保证铣刀半径补偿的驶至运动和驶离运动始终与实时所用刀具相互一致。

在若干应用中，系统参数的计算也用于对程序跳跃受限时编制程序。给出对此所要求的行程条件 G29 后，通过已选定的相互比较对两个地址数值进行比较。如果比较结论属实，跳跃至给定的语句编号，如果不属实，则执行下一个程序行。轮廓编程时，给出行程条件 G09- 准确停止 – 可按照编程坐标值精确驶至目标点。达到目标点后，在开始至下一个轮廓点的运动之前，进给速度延迟至零。由此可避免出现加工痕迹。

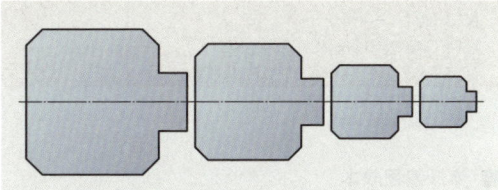

图 1：零件家族

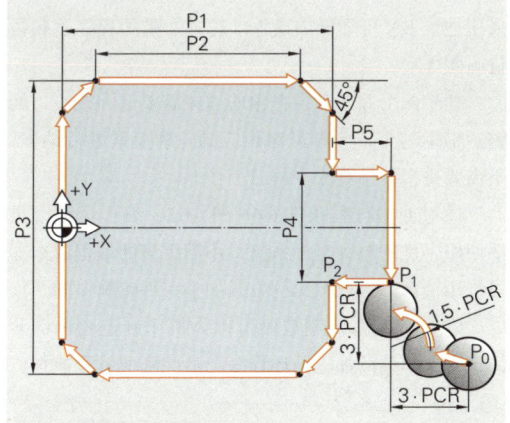

图 2：参数和子程序流程

铣床的系统参数（节选）	
PXA	实时 X 轴坐标，绝对
PNX	X 方向的工件零点
PF	实时进给量
PS	实时主轴转速，有前置符号
PSX	最大主轴转速
PT	实时刀具编号
PCR	铣刀半径

```
L2002                                          ; 子程序，带参数的外部轮廓
N01 G41 G47 R=1.5*PCR X=P1+P5 Y=P4/2           ; 调用 FRK，驶至 P1
N02 G09 G01 X=P1                               ; 驶至 P2，保持精度
N03 G01 Y=-(P1-P2)/2
N04 G01 X=P1-(P1-P2)/2Y=-P3/2
N05 G01 X=(P1-P2)/2
N06 G01 X0Y=-(P3-(P1-P2))/2
N07 G01 Y=(P3-(P1-P2))/2
N08 G01 X=(P1-P2)/2Y=P3/2
N09 G01 X=P1-(P1-P2)/2
N10 G01 X=P1Y=(P3-(P1-P2))/2
N11 G09 G01 Y=P4/2
N12 G01 X=P1+P5
N13 G01 Y=-P4/2
N14 G46 G40 D=PCR                              ; 选择 FRK，驶离轮廓
N15 G00 X=P1+P5+3*PCR Y=(P4/2+3*PCR)           ; 驶至起始点 P0
N16 M17
```

■ **降低编程成本**

　　大部分控制系统使用指令，具有专业技能的机床操作人员可用指令更有效地训练其编程能力。因此，采用地址 RN 可降低描述外形轮廓所需的程序语句数量（图 1）。

　　如果两个并未互为直角的边棱需要倒圆或棱边倒钝，借助这个语句即可对相应的轮廓要素进行编程，不需要更多的计算成本。

　　通过使用行程条件 G66 和 G67，编程员可以灵活使用工件的轮廓坐标系统，不需更多的编程成本即可采用镜像方式或按比例方式加工工件轮廓（图 2）。

　　CNC 控制系统制造商可以为机床制造商和部分用户定义单独的加工循环程序。由此降低编程成本。

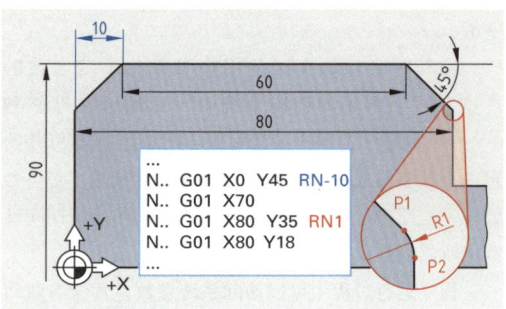

图 1：轮廓要素的编程

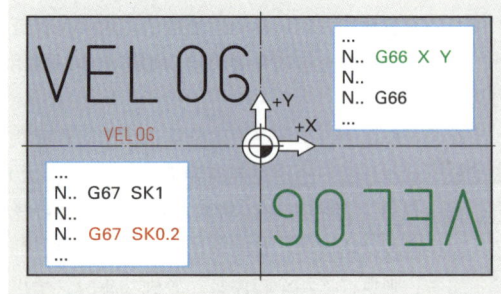

图 2：外形轮廓的镜像和比例

作业：

　　1. 请解释使用加工循环程序的优点和缺点。

　　2. 利用刀具表（参照 419 页图 3）编制完整的底板螺孔 M5 和孔 4H7 的加工程序。

　　3. 请解释使用子程序的结果。

　　4. 请描述子程序参数化原理。

　　5. 请区分加工循环程序与子程序的差别。

　　6. 设倒圆半径 $R_N = 0.8\,mm$，请计算过渡点 P1 和 P2 的坐标（图 1）。

8.4　其他编程方法概览

除按照 DIN 66025 进行手工编程外，还有其他编制 CNC 控制程序的方法。控制系统制造商已研发的控制系统指令储备已远超 DIN 标准的规定，并或多或少地创新其控制系统的特征（图 1）。主要为实现高速切削功能和 5 轴加工功能而研发 CNC 高级语言。但 CNC 控制系统的传统功能亦需更多地予以关注。

随着计算机技术的飞速发展，现在已具备成熟条件，研发采用对话形式舒适且范围广泛的编程用户界面。对话编程可直接在加工机床（车间编程）或在专用编程工位（工艺编程）上进行。因此，手工编程将逐步退出这个领域。

```
···   10 TOOL CALL1Z S630；刀具调用
      11 M13；主轴旋转方向，冷却润滑液
      12 FN 0：Q40=+0；横向进给
      13 FN 0：Q88=+250；加工进给
      14 CALL LBL1；调用子程序

···   50 LBL1；精铣子程序
      51 L X−55 Y0 Z2 R0 FMAX
      52 L Z+Q40 R0 FMAX
      53 L X150 R0 FQ88
      54 L Z+2 R0 FMAX
      55 LBL0；子程序结束
```

图 1：带有控制系统高级特性的程序（节选）

但机床加工程序的优化和机床设备安全稳妥的操作仍要求切削专业技工具备手工编程的基本知识，主要应对故障状况。手工编程时，如前文所述，需要输入 CNC 代码进行编程。

车间编程时，采用明文或易懂的图形编制程序。操作系统在显示屏上向操作人员提出几何形状和工艺方面的问题，操作人员通过输入尺寸，数字值或选择符号对这些问题予以回答，由此产生 CNC 代码（图 2）。操作人员的操作是直观的，其依据是加工计划。但是，由于加工精度的要求已经大幅度提高，CNC 磨床早已采用对话形式编制程序。

```
R40=85    （mmD 毛坯直径）
R1=50.01  （mmD 最终直径尺寸）
R3=−11    （mmZ 位置）
R9=0.3    （mmD X 方向加工尺寸）
R10=0     （mmZ 加工尺寸）
R20=13    （μmD 转折点 vv/vvv）
R25=0     （mm 中间检测位置 Z）
R28=0     （mm 摆动行程 +/−）
R17=0.9   （mm/min GAP）
R12=1.4   （mm³/mm/s Q'）
R16=18    （mm/min WUG）
R18=4     （无进给磨削圈数）
R11=0     （μmD X 方向试样尺寸）
R30=0     （μmD 中间修整后卸载）
R19=1     （修整程序）
R22=0     （mm 摆动速度）
R29=0     （mm 摆动行程）
L950 P1   （切磨磨削）
```

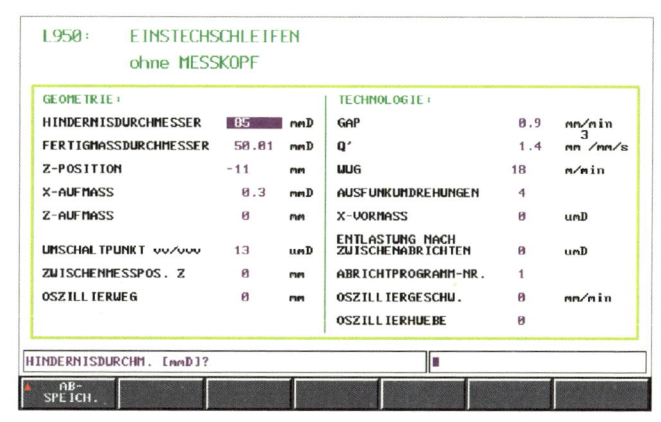

图 2：切磨磨削循环程序

除上述编制修改程序的方法之外，还有一种将程序输入控制系统的方法。但考虑到加工生产产生的噪声，它会加重操作人员的劳动强度。因此，许多工业企业在工艺办公区域设置编程工位，或在车间之外编制程序。

工艺编程时，首先编制出与机床和控制系统无关的程序。操作人员与系统对话中确定原材料，并描述待加工的工件轮廓。几何程序可计算缺失的轮廓点。通过连接 CAD 系统，也可以直接接受从图纸文件传输的几何数据。

这种方式常用于带有三维图纸的工件，例如成型加工所需，因为手工编程无法用于复杂的几何形状。

工件轮廓描述或读入待加工工件的几何数据之后，操作人员按照加工计划确定加工流程（图1）。根据现有信息，系统推荐刀具和切削数值，操作人员或可接受，或可修改。

接着，借助软件（后信息处理器）生成一个操作系统专用程序，该程序可以模拟并可向相应的机床传输。

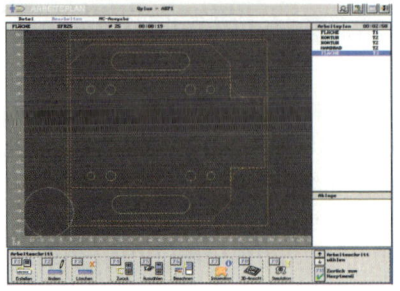

图1：定义工艺数值

8.5 机床的准备

机床准备时，操作人员必须认真进行大量的工作，以期保证按照要求完成加工任务。具备所有必需的信息是执行加工任务的前提条件。最重要的技术资料除加工图纸、加工计划和 CNC 程序外，还有附有装夹示意图和刀具图的技术说明页。

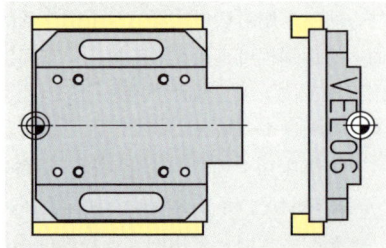

图2：装夹示意图以及第一个工件零点

■ 检测系统的校准

如果 CNC 加工机床装备有增量式检测系统，操作人员必须在启动机床后将所有受控单元驶至其基准点，目的是校准检测系统。但装备绝对式检测系统的机床则取消这项校准。

■ 装夹和校准毛坯件

操作人员按照工艺技术资料附带提供的装夹示意图，将工件固定在机床工作台或指定的夹具上（图2）。程序编制时亦应考虑工件装夹的类型和方法。程序编制时，擅自改变装夹方法，可能导致刀具与工件发生碰撞，因此必须避免。

图3：工件探针检测系统

现代化 CNC 加工机床采用探针检测系统，使用控制系统的检测循环程序后使工件校准的效率极高（图3）。

现在，使用2轴数控工作台铣床加工底板。B 轴可在 −5°～+110° 回转。C 轴可作 360° 旋转运动。通过这样的配置可设定任意一个加工面，并执行多面加工。旋转轴编程时仍需遵循基本原则：刀具与工件执行相对运动。控制系统将已编程的语句换算成所连接机床的具体动作。举例中使用语句 G17 BM−90 为主加工面的回转编程。该语句在机床上的具体动作是：B 轴回转 +90°，C 轴旋转 +180°。

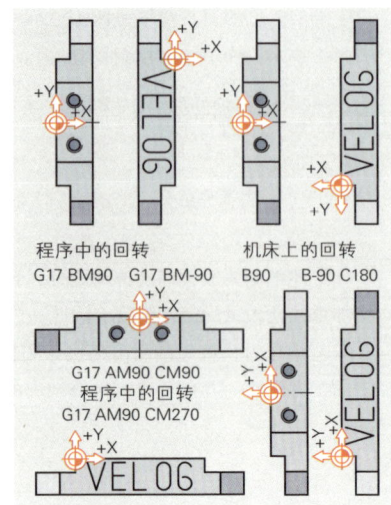

图4：回转和轴方向

这些动作大幅度改变了轴方向，使切削技工在监视加工时面临不少问题。并使工艺流程的设计和优化也出现困难。为解决这些难题，实际应用中常常编程 C 轴和 A 轴执行回转运动，这与机床上实际配备的轴完全相同（436 页图 4）。举例中加工必需的主加工面 G17 的回转与编程员的想象相反，实际是由工件执行的。加工机床操作员用左手定律便能表达工件的回转运动（图 1）。

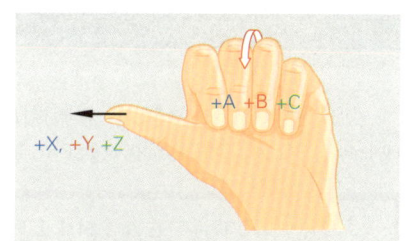

图 1：左手定律

■ 刀具的检测和调整

根据技术说明页，操作人员为编制 CNC 程序定义的刀具准备刀库或刀具转塔。他们应检查刀具存储器中刀具所属的数据。如果刀具存储器中尚未存入刀具数据，必须立即采集相关数据。例如可从刀具夹具上粘贴的标签识读这些数据，并通过键盘手工输入，或由 DNC 计算机（参见 439 页）进行传输。采用无线电射频识别技术（RFID，俗称电子标签 – 译注）可将刀具的全部数据存储在一个与刀具或刀具夹具固定连接的数据载体上。这些信息在更换刀具时传输给控制系统，使之识别如何在加工机床刀库内存放刀具。如果必须对刀具进行检测，可直接在机床的刀具夹具内连接或借助专用仪器技术（内部检测）或在刀具预调设备（外部检测）上进行检测（图 2 和图 3）。

图 2：内部刀具检测

在 CNC 车床上装备刀具转塔时，操作员必须注意，并不是每一个刀具转塔位上都可以使用受驱刀具。所使用车刀不同的伸出长度提高了刀具与工件的碰撞危险，尤其在刀具转塔回转运动时。因此，刀具转塔在刀具更换时应驶回其刀具更换点（参照 442 页）。最少换刀时间才是刀具转塔或刀库的最有效占用。可变占位编码原则为 CNC 铣床提供了这种可能性。操作员设定刀库内任意位置的刀具，控制系统负责后续的位置管理。更换刀时，用换刀器上的刀具换下机床工作主轴上的刀具。之后，更换下的刀具放入刀库空位。控制系统随后在刀具存储器中更新刀具在刀库内的位置。

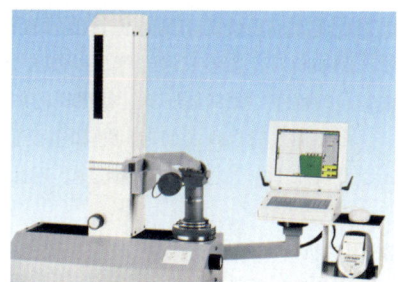

图 3：刀具预调装置

■ 设置轴数值

加工机床开机并在各受控单元驶至基准点后，即对其坐标系统进行校准。但 CNC 程序是按照工件零点进行编制的。通过设置轴数值，将机床 – 坐标系统与工件坐标系统之间的连接通报给控制系统，供 CNC 程序调用（图 4）。

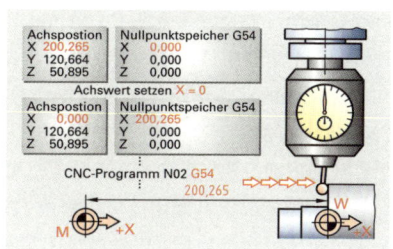

图 4：使用三维探针设置轴数值

8.6　程序的测试和执行

如果操作人员不是在机床上编制程序，则首先必须从程序管理中调出该程序，并传输给指定的 CNC 加工机床。

> 为使 CNC 程序可在加工机床上进行测试和修改，操作人员必须激活控制系统中的程序。

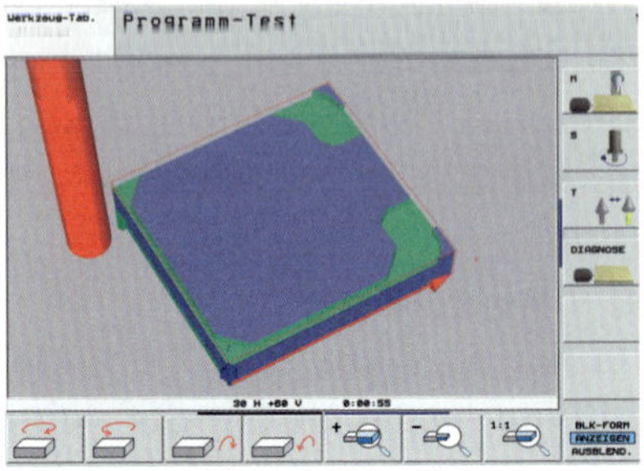

大部分 CNC 控制系统和编程系统均可进行轻松且无危险的程序测试。在显示屏上模拟加工流程并显示刀具和工件。与此同时，控制系统还能进行刀具与工件的碰撞检验。

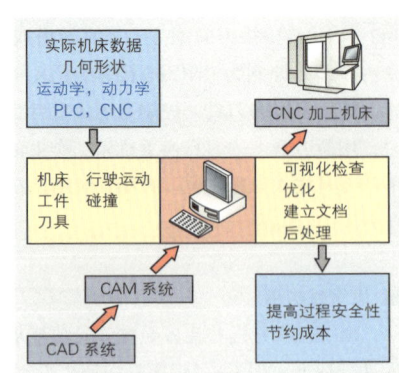

图 1：加工检查

通过不同模式的选择，例如放大，单句，剩余材料等，操作人员可以任意显示或模拟他所感兴趣的加工细节，并以此检查整个加工流程（图 1）。如果加工流程检查未发现错误，操作人员开始执行程序。

采用新程序进行首次加工时，建议使用单独语句模式，如有可能，应减少进给量。如果操作人员确定，更换后的刀具已驶至正确的起始点，即可使用连续语句模式进行加工。如果操作人员在程序执行过程中发现错误，例如不正确的切削数值，他可直接在加工机床上优化修改 CNC 程序。如果程序修改过程导致出现故障，例如断刀，急停或停电等，操作人员必须在故障排除后，从中断的程序点开始继续执行程序。一般不宜重新启动程序，尤其是加工过程很长的加工程序，重新启动意味着加工时间和成本的增加。

多面加工时出现的回转问题和主要在 5 轴加工时出现的复杂的运动流程，均显著加大了刀具与工件或夹具以及机床工作台之间的碰撞危险。因此，碰撞问题观察与研究的重要意义明显大于传统的 2 维加工范围。

■ 虚拟机床

这些模拟软件描绘出完整的加工问题。它虚拟检查各个加工步骤的可执行性，并通过其可视技术检查和优化提高加工流程的过程安全性。完全融入企业 CAD/CAM 环境后，软件成为完整过程链的一个重要组件。软件使用特性数据如工作空间的几何形状和实际机床的动力学特性。机床操作员据此有能力在他们掌握 CNC 机床的条件下全面模拟加工流程，不仅检查预期的加工结果，还能识别刀具与工件及其夹具或终端开关之间的碰撞危险。

在故障情况下，操作员可以修改 CNC 程序或工件以及工件装夹。机床操作员甚至可以考虑机床实际条件，优化刀具的横向进给和行程运动。操作员的不确定性，因碰撞导致的工件损伤以及因此产生的昂贵的机床维修费用等因素是可以理解的，但也因此导致人员操作时的过分谨慎。在机床上可以从头至尾安全地运行全套数控程序，进行虚拟检查。这种检查使机床操作员确信可以放弃耗时费钱的磨合例行程序。对于虚拟检查程序而言，也可以取消绘制装夹示意图和装备图。

图 2：虚拟机床的分类

8.7 加工过程的通信

现代化加工过程中存在着信息持续交换的必要性。因此，在许多企业内将 CNC 加工机床的控制系统连接至中心数据存储计算机。必要时还将现有的刀具预调设备或坐标测量仪并入企业局域网（图 1）。这种方案称为分布式数字控制（DNC，Distributed Numerical Control）。

最初的方案称为直接数控。下文简述研发直接数控时所处的发展阶段，即数字控制系统尚未有自己内部的数据存储器，必须根据时间顺序向多台加工机床分配控制信息，并通过直接数据传输替代数据交换载体以及输入和输出装置。而现代化的 DNC 系统功能已远超它的前辈（图 2）。

数据管理可以安全稳妥地管理和分类由成千上万段程序组成的程序档案。它可以保证所需程序处于时间准确的、安全的就绪和分配状态。通过规定的接口和协议，DNC 系统负责组织中心计算机与各个分散控制系统以及其他所连接网络单元之间的数据传输。通过数控编程系统，可以访问中心存储的程序，以便进行必要的修改。DNC 系统持续采集网络连接的加工机床所产生的运行数据，并存储留作计算之用。在柔性加工系统内部，通过工件运输装置相互链接各个加工机床。这里，DNC 系统是柔性加工系统重要的前提条件。现代化通信技术的充分利用使得操作员能够调用机床制造商的支援服务或连接各位同事的终端机，其目的是监视自动化加工过程，并在出现功能故障时及时得到通报。

如果刀具预调设备已集成并入 DNC 网络，可将每把刀具的检测数据存入中央计算机。通过补充刀具结构、切削材料、所属夹具、切削数据、备件等方面的数据将产生大量信息，这些信息以刀具数据库的结构存储，可在一个用户界面随时访问（图 3）。

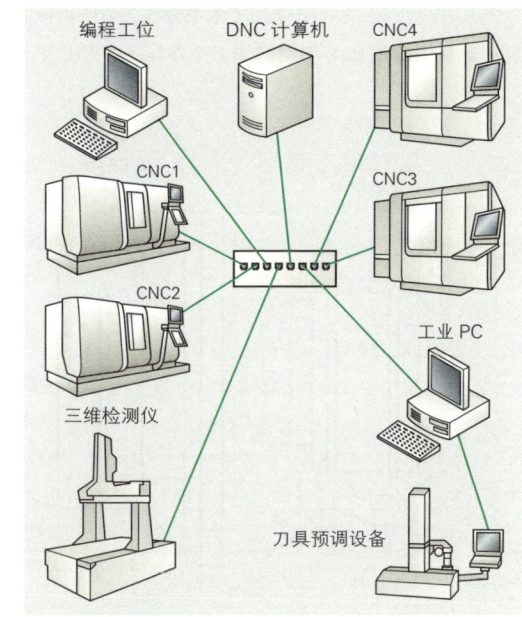

图 1：DNC 网络

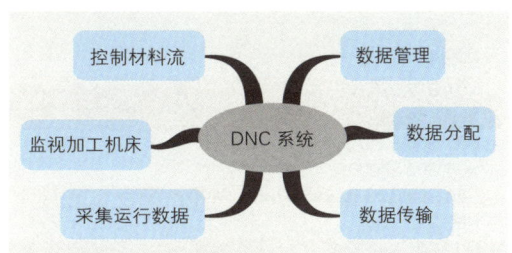

图 2：DNC 系统的任务

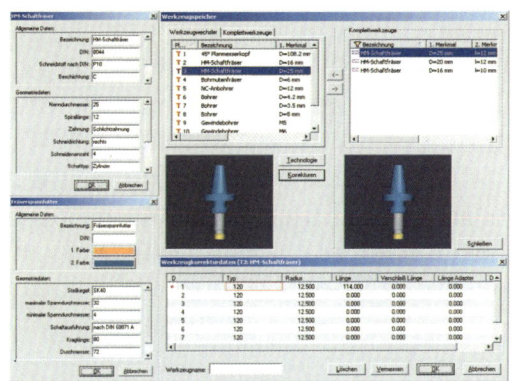

图 3：刀具数据库的用户界面

现在，采用 CNC 车床加工本书第 5.2 节所描述的工件。按照 DIN 66025 对机床控制系统进行编程。与此同时，使用按照 PAL 编制的加工循环程序。根据首次装夹应完成的加工任务选取刀具和切削数据（图 1）。

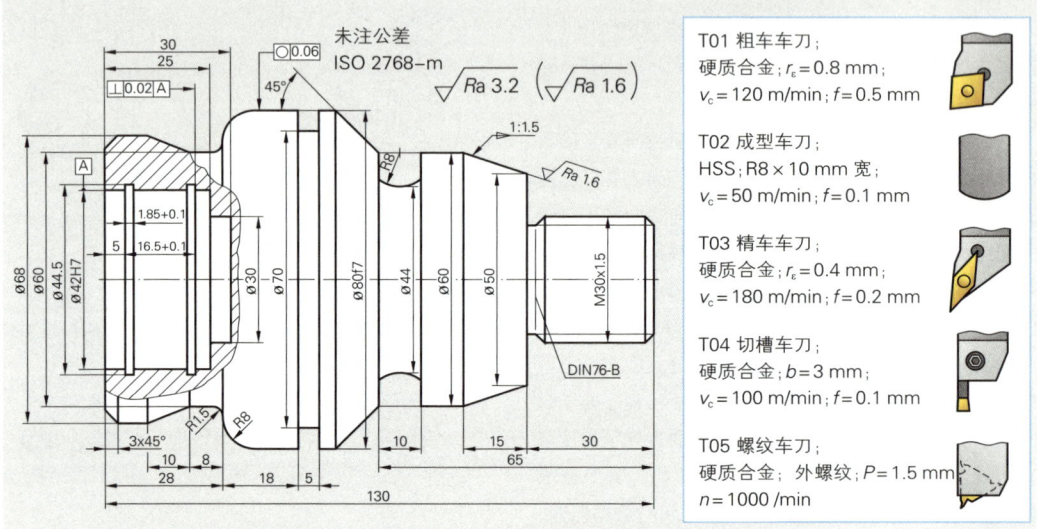

图 1：加工任务

右侧刀具数据栏：

T01 粗车车刀；
硬质合金；$r_\varepsilon = 0.8$ mm；
$v_c = 120$ m/min；$f = 0.5$ mm

T02 成型车刀；
HSS；R8×10 mm 宽；
$v_c = 50$ m/min；$f = 0.1$ mm

T03 精车车刀；
硬质合金；$r_\varepsilon = 0.4$ mm；
$v_c = 180$ m/min；$f = 0.2$ mm

T04 切槽车刀；
硬质合金；$b = 3$ mm；
$v_c = 100$ m/min；$f = 0.1$ mm

T05 螺纹车刀；
硬质合金；外螺纹；$P = 1.5$ mm
$n = 1000$ /min

%5895	; 第一次装夹
N01 G18 DIA HS	; 选择车削面 ZX
N02 G54	; 零点转移
N03 G96 S240 T01 M06	; 调用刀具
N04 G92 S5000	; 转速限制
N05 G90 G00 Z0.5 X90 M04	
N06 G95 F0.5	; 每转进给量
N07 G01 X–2 M08	; 端面车削，粗车
N08 G00 Z2 X85 M09	
…	

原则上，CNC 车床程序的结构和句法均与 CNC 铣床的相同。但在方法的特殊性方面仍有一定的差异，这是本节所要讲述的要点。

用行程条件 G18 确定 ZX 面为加工面。接着，通过确定地址 DIA，必须给出目标点和与直径相关的圆心点的所有 X 数值（图 2）。用地址 HS 选择主轴作为实时工件轴。随后用行程条件 G54 编程的零点偏移以主轴为基准。

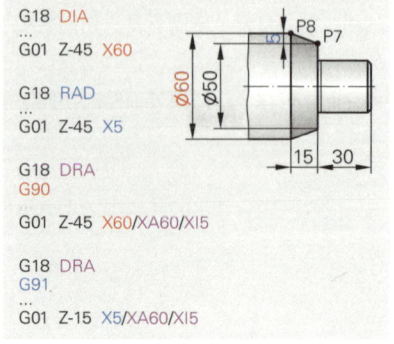

```
G18  DIA
G01  Z-45  X60

G18  RAD
...
G01  Z-45  X5

G18  DRA
G90
...
G01  Z-45  X60/XA60/XI5

G18  DRA
G91
...
G01  Z-15  X5/XA60/XI5
```

图 2：X 坐标数据

操作人员在加工件端面设置工件零点。在程序中，通过行程条件 G54 将工件零点的位置通报给控制系统。由于车削时一般均需加工端面，加工开始时，工件零点已设定在工件上，地址 Z 在端面车削时始终是精车加工尺寸的正数值（图 1）。对此还要编程 X 的负数值，避免在端面中心部位残留工件材料。

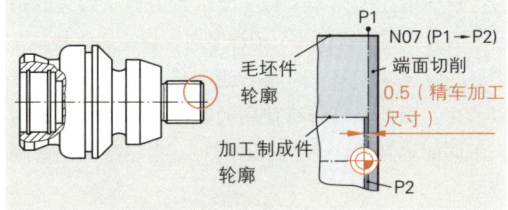

图 1：工件零点位置和端面切削

N09 G81 D3 H3 AK 0.5	; 定义循环程序
N10 G22 L1206 /1 H1	; 外轮廓子程序
N11 G80	; 循环程序的轮廓描述结束
N12 G14 H2	; 驶至刀具更换点
…	

部分车削件的加工非常复杂。因此，常常通过使用加工循环程序完成加工任务。前文所述的控制系统均存有大量的循环程序。

使用纵向粗加工车削循环程序实施工件外轮廓粗加工。使用行程条件和地址的数据定义循环程序，并具体描述这个加工步骤的工艺（图 2）。接着编程待加工的工件轮廓。这种编程可以直接接续，或在主程序结束后进行。以后必须用行程条件 G23 调用该程序部分。

按照 PAL 编制的加工循环程序（节选）	
G31	螺纹加工循环程序
G81	纵向粗车循环程序
G82	端面粗车循环程序
G83	与轮廓平行的粗车循环程序
G84	钻孔循环程序
G85	退刀槽循环程序
G86	径向切槽循环程序
G87	径向轮廓切槽循环程序
G88	轴向切槽循环程序
G89	轴向轮廓切槽循环程序

纵向粗加工车削循环程序
G81 D.. /H4 H.. AK.. AZ.. AX.. AE.. AS.. AV.. O.. Q.. V.. E.. F.. S.. M..
必选参数：
D/H4 切削深度 / 仅精车
可选参数：
H   加工类型：H1– 粗加工，退刀倒角 1x45°
      H2– 粗加工，沿轮廓退刀
      H3– 与 H1 相同，最后加工轮廓
      H4– 精车
      H24–H2 和 H4
AK 与轮廓平行的（等距线）加工尺寸
AZ Z 方向加工尺寸
AX X 方向加工尺寸
AE 切槽角度
AS 更换角度
AV AE 与 AS 的安全间隔
O   加工起始点：O1– 实时刀具位置，O2– 从轮廓计算得出
Q   优化空转行程：Q1– 驶出，O2– 驶入
V   空转行程优化时 Z 方向的安全间距

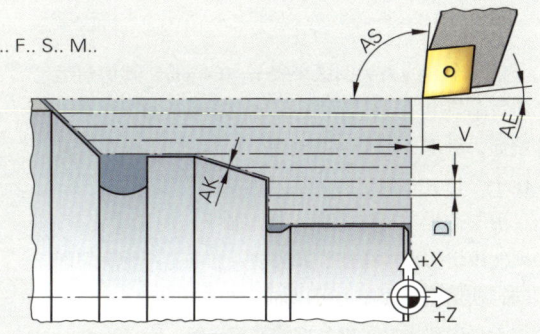

说明：
在刀尖圆弧半径补偿 G41/G42 内部使用循环程序
可选参数的预设定：
H2, AK0, AZ0, AE 和 AS 源自刀具存储器，
AV1, O1, Q1, V1, E=F, F 和 S 是实时编程数值。

图 2：纵向粗加工车削循环程序

轮廓描述（见 441 页）要求近似等于后续的精车。因此将其存储在一个子程序内，目的是使其具有更好的纵观性（图 1）。螺纹退刀槽只在精车时才予以考虑。因此，可将待使用的数控语句有选择地写入不同的隐蔽层。子程序调用时，指定待使用的隐蔽层。

行程条件 G80 结束对加工循环程序的轮廓描述。对此，可通过地址 ZA 和 XA 优化定义与轴平行的边界线。使用循环程序加工时，刀具切削刃点不允许超过该边界线（图 2）。于是，便有可能使用例如不同的粗加工循环程序执行对工件轮廓的加工。

用行程条件 G14 使刀具驶至刀具更换点。给出属于字母 H 的所需地址数值即可确定，是否同时或按先后顺序驶至两个轴方向上的点。

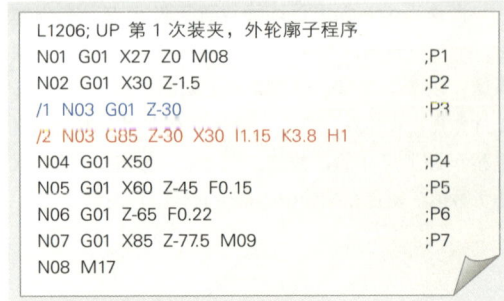

```
L1206; UP 第 1 次装夹，外轮廓子程序
N01  G01  X27  Z0  M08                      ;P1
N02  G01  X30  Z-1.5                         ;P2
/1 N03  G01  Z-30                            ;P3
/2 N03  G85  Z-30  X30  I1.15  K3.8  H1
N04  G01  X50                               ;P4
N05  G01  X60  Z-45  F0.15                   ;P5
N06  G01  Z-65  F0.22                        ;P6
N07  G01  X85  Z-77.5  M09                   ;P7
N08  M17
```

图 1：子程序

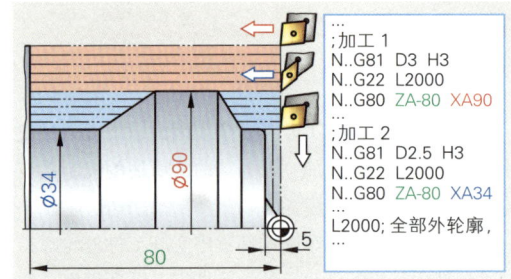

```
;...
;加工 1
N..G81  D3  H3
N..G22  L2000
N..G80  ZA-80  XA90
;加工 2
N..G81  D2.5  H3
N..G22  L2000
N..G80  ZA-80  XA34
L2000; 全部外轮廓,
;...
```

图 2：轮廓加工准备工作的策略

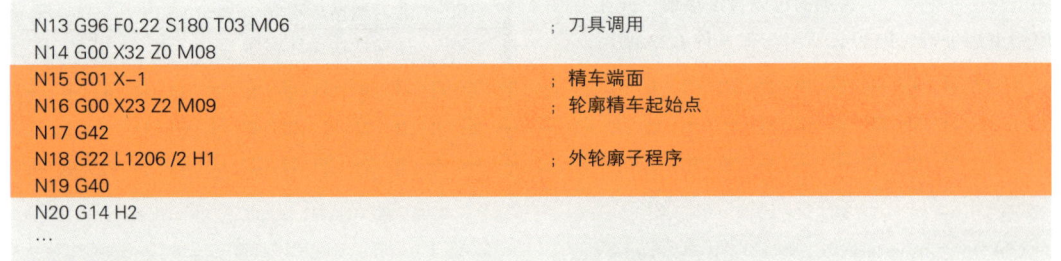

```
N13  G96  F0.22  S180  T03  M06             ; 刀具调用
N14  G00  X32  Z0  M08
N15  G01  X-1                               ; 精车端面
N16  G00  X23  Z2  M09                      ; 轮廓精车起始点
N17  G42
N18  G22  L1206 /2  H1                      ; 外轮廓子程序
N19  G40
N20  G14  H2
...
```

精车车刀的刀尖圆弧半径 $r_\varepsilon = 0.4$ mm。其切削运动超过车削中轴线，目的是保证没有残余物留存在工件端面。根据下道工序的倒角（$1 \times 45°$），现在刀具应位于语句 N16 规定的位置。

由于待加工最终轮廓不是与轴平行的轮廓元素，必须使用切削刃半径补偿方法进行加工。与轮廓切削相同，使用循环程序也可以加工螺纹退刀槽（图 3）。调用子程序即可显示所要求的数控语句。

不同的进给量数值可达成不同的表面粗糙度。为避免 80 圆周出现毛刺，应驶至位于相同方向的点 P7，但该点位于加工工件之外。

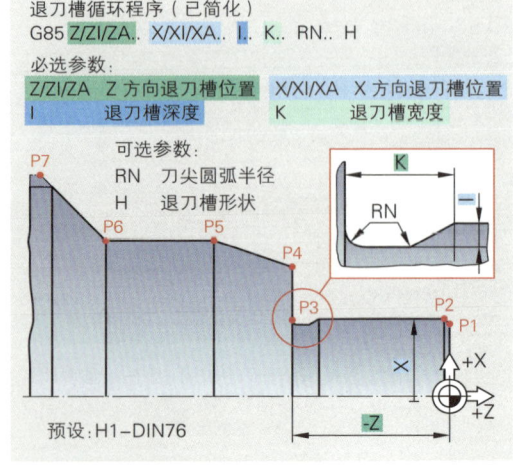

退刀槽循环程序（已简化）
G85 Z/ZI/ZA.. X/XI/XA.. I.. K.. RN.. H
必选参数：

Z/ZI/ZA Z 方向退刀槽位置	X/XI/XA X 方向退刀槽位置
I 退刀槽深度	K 退刀槽宽度

可选参数：
RN　刀尖圆弧半径
H　退刀槽形状

预设：H1–DIN76

图 3：外轮廓和退刀槽循环程序

```
N21 G96 F0.1 S100 T04 M06                    ;刀具调用
N22 G00 Z−65 X61
N23 G86 Z−65 X60 ET48 EB10 D3 AK0.2 H1 M08   ;切槽循环程序
N24 G14 H1 M09
N25 G96 F0.1 S50 T02 M06                      ;刀具调用
N26 G00 Z−65 X61                              ;仿形车削起始点
N27 G01 X44 M08
N28 G04 U1                                    ;停留时间
N29 G01 X61
N30 G14 H1 M09
…
```

径向切槽循环程序（已简化）

G86 Z/ZI/ZA.. X/XI/XA.. ET.. EB.. AS.. AE.. RO.. RU.. D.. AK.. EP.. H.. DB.. E.. F.. S.. M..

必选参数：

Z/ZI/ZA	绝对或增量的切槽位置 Z 轴坐标值
X/XI/XA	绝对或增量的切槽位置 X 轴坐标值
ET	切槽底圆直径

可选参数：

EB	切槽的宽度和深度
	Z 轴方向的 +/−，编程的切槽位置的 +/−
D	横向进给深度
AS	起始点切槽侧面角度
AE	终结点切槽侧面角度
RO	+ 倒圆，− 上部角倒角
RU	+ 倒圆，− 下部角倒角
AK	与轮廓平行（等距加工尺寸）
H	加工类型：H1− 预切槽，H2− 切槽，H4− 精加工，H14−H1 和 H4，H24−H2 和 H4
DB	车刀宽度的横向进给，单位：%
E	实心材料切槽进给量，F 进给量
S	切削速度
M	附加功能

可选参数的预设定：
EB= 车刀宽度，AS0，AE0，RO0，RU0，D＝（X−ET）/2，AK0，H4，
E＝F，F，S 和 M 是实时编程数值。

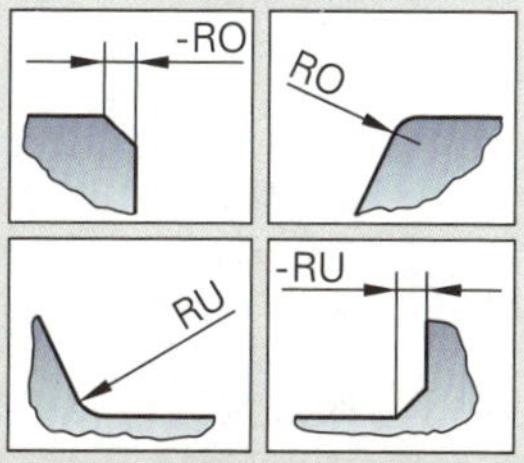

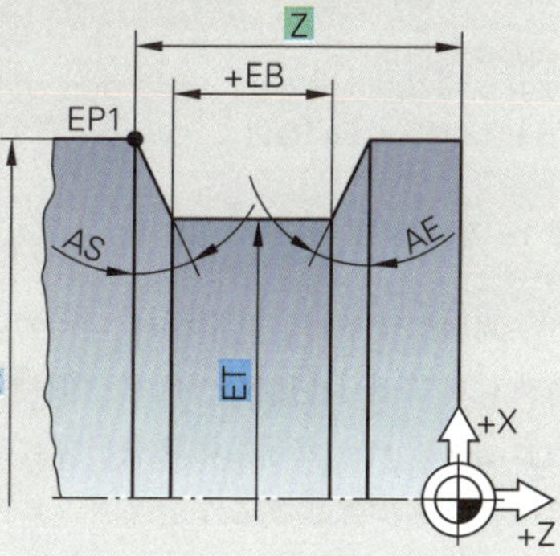

图 1：径向切槽循环程序

Ø44 上面形状元素 R8 的加工应分为两个加工步骤。首先使用径向切槽循环程序，用切槽车刀粗加工外形轮廓，之后，用成型车刀精加工至最终尺寸（图 1）。切槽车刀可两边检测，其刀具尺寸存储在控制系统的刀具存储器内（图 2）。

控制系统从这些数据中计算出加工切槽两个侧面所要求的坐标值。成型车刀只从左边检测。因此，这种车刀必须精确定位。切槽达到切槽底圆后，用行程条件 G04 设定一秒的停留时间。这样可以保证形状元素的加工精度。为达到所需工件表面质量，应在加工进给状态下完成回程运动。

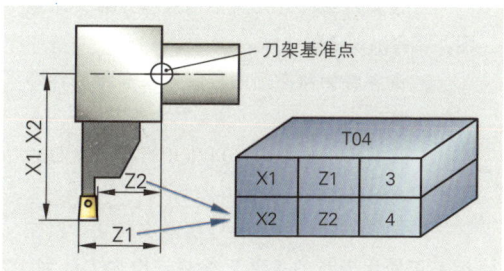

图 2：切槽车刀的检测

N31 G97 S1000 T05 M06	; 刀具调用
N32 G00 Z2 X30	
N33 G31 Z-27 XA30 F1.5 D0.92 DU2 Q8 O1 H4 M03 M08	; 车螺纹循环程序
N34 G14 H0 M09	
N35 M00...	; 程序停止

车螺纹循环程序
G31 Z/ZI/ZA.. X/XI/XA.. F.. D.. ZS.. XS.. DA.. DU.. Q.. O.. H.. S.. M..
必选参数:
Z/ZI/ZA 从螺纹起始点至终结点绝对或增量的 Z 轴坐标值
X/XI/XA 从螺纹起始点至终结点绝对或增量的 X 轴坐标值
F   螺纹螺距
D   螺纹深度
可选参数:
ZS   Z 方向的螺纹绝对起始点
XS   X 方向的螺纹绝对起始点
DA   启动行程
DU   空转行程
Q   加工步骤数量
O   空转行程数量
H   横向进给类型和残留物切削
S   转速 / 切削速度
M   附加功能
可选参数的预设定:
ZS, XS- 实时刀具位置, AD0, DU0, Q1, O0, H1,
S 和 M 是实时编程数值。

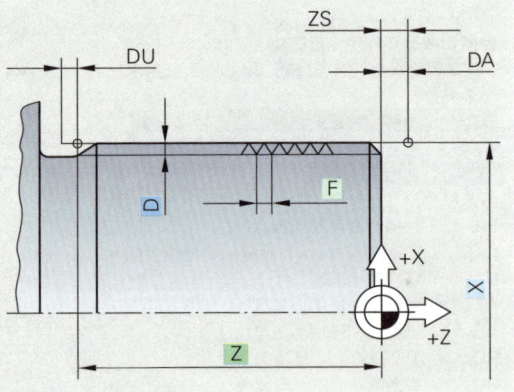

图 1:车螺纹循环程序

　　调用螺纹车刀,设定行程条件 97- 转速恒定。在较为老旧的常规机床上,这主要是车削螺纹的基本含义。而在 CNC 车床上切削螺纹时,一般使用切削头。因此,工作主轴的旋转方向应改为"顺时针方向"。车削螺纹的启动行程和空转行程均取决于螺纹的螺距、设定的转速和加工机床的动态性能。循环程序定义时,除几何数据和切削步骤数量之外,还需告知控制系统横向进给的类型和方法(图 1)。程序停止后,操作人员可将工件再次装夹,进行第 2 次装夹设定的加工任务。

作业:

　　1. 请对比 CNC 加工机床各种不同的编程方法。

　　2. 请解释编程时,若不注意遵守装夹示意图,将会出现哪些结果。

　　3. 请解释为何必须向控制系统通报工件零点的位置?

　　4. 请解释程序语句 N04 中用行程条件 G92 限制转速的必要性(参照 440 页)。

　　5. 加工举例中的工件需要两次装夹。请在参考可使用刀具的条件下编制一份加工计划,并写出所需的 CNC 程序(图 2)。

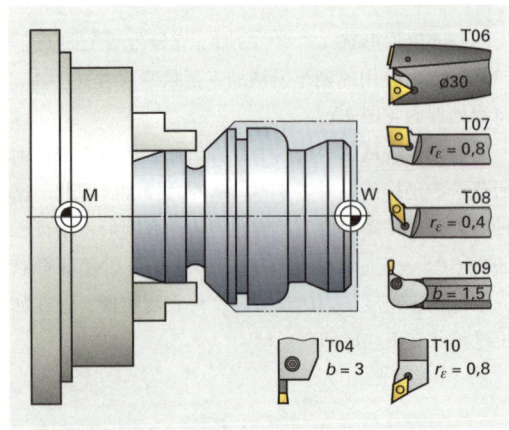

图 2:第 2 次装夹的刀具装夹示意图

9　加工优化和精密加工

现代化切削加工技术已确定两个中心目标：

● 高工件质量。

● 高经济性。

质量方面如表面质量和尺寸精度在过去的若干年中已得到大幅度提升。进一步提升的可能性是改进过程参数（图 1）。

图 1：过程参数

输入参数
· 加工方法
· 刀具
· 加工机床
· 材料
· 冷却润滑材料
· 工件几何形状

过程参数
· 切削力
· 切削功率
· 切削加工温度
· 加工稳定性

判断性参数
· 质量特征
· 尺寸精度
· 表面质量
· 工艺特征
· 刀具磨损
· 经济特征
· 加工成本

产品

9.1　加工技术的发展趋势

具备线性轴强劲动力，并配装高频主轴、自动换刀系统和工件搬运机构等装备的车削和铣削加工中心已大幅度减少加工时间，排屑时间，并以此降低产品的加工成本。

减振结构原理与机床结构的高刚性相结合，允许在主轴相应功率条件下达到刀具的高进给速度。控制系统对加工机床温度变化过程的补偿，使得加工过程摆脱外界因素的影响，可在指定运行时间内保证加工过程的高度稳定性。

继续改进的或新型的切削材料和硬质材料涂层扩展了切削技术的应用领域，而在数年前，这些领域尚无法涉足。难以实施切削加工的材料，例如淬火钢，在今天已经可以使用聚晶立方硼，采用高切削数值成功加工。这里，指定几何形状切削刃的切削填补了传统磨削加工的空白（图 2）。

利用优化的切削材料，常常采用过程更为安全且更为经济的干加工替代传统的冷却润滑加工。如果干加工出现问题，可频繁采用微量润滑（MMS）（图 3）。

图 2：切削刀具

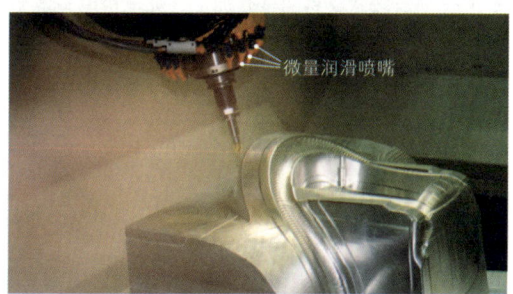

微量润滑喷嘴

图 3：铣削时的微量润滑

9.2 高速切削加工 –HSC

在达到尺寸和形状高精度以及表面高质量的同时缩短加工和运行时间，是对切削加工永恒的要求，它促使企业引进新型生产工艺。全球市场持续增长的竞争和高效加工方法的发展迫使刀具和机床制造商，当然还有用户本身，不断思考现有生产技术的效率问题。通过继续的和新型的研发革新，应能保证或改善生产过程的经济性和产品质量。满足这些要求的发展战略就是高速切削加工（High speed cutting，HSC）。

早在1931年已有一项"高速切削加工"的德国专利面世。但是该项专利向当时机床和刀具制造商的实际转换却以失败告终。尽管如此，科学试验仍将关于高速切削作用的基础知识带入切削加工过程（图2）。

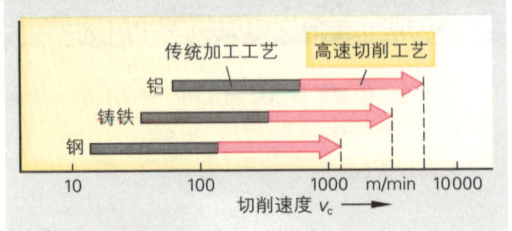

图1：切削速度范围

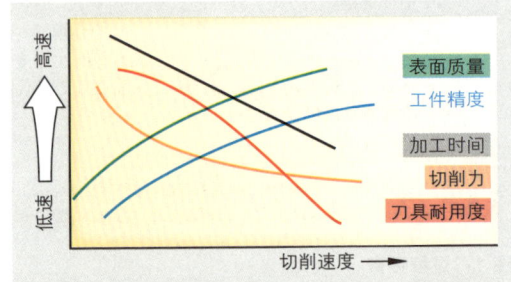

图2：切削速度的影响

9.2.1 高速切削工艺的特点

与普通加工相比，高速切削加工一个明显的、普遍有效的区别是在不同应用范围的基础上，材料和加工策略的难度。根据对切削理论的不同理解，对高速切削这一概念便有着不同的解读：

● 采用高切削速度进行切削。
● 采用高主轴转速 n 进行切削。
● 采用大进给量 f，f_z 进行切削。
● 在低切削深度条件下，采用高切削速度和大进给量进行切削。

对于发展和引进现代化高速切削加工工艺具有决定意义的是对刀具制造的要求，如在压铸模制造和锻模制造中，采用铣削方法加工淬火工具钢（图3，图4）。还有较软材料的全套加工，如电极制造业中石墨的下沉式蚀刻切削，这些均属于高效刀具制造的任务范围。

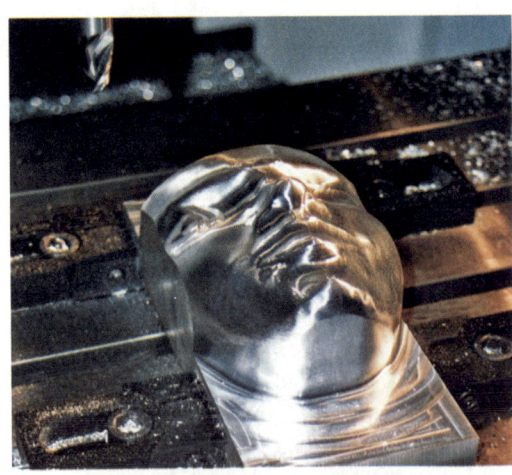

图3：采用高速切削加工方法进行仿形铣

图4：刀具制造中的铣削加工

为获取机床高效合理的潜在能力，有必要全面观察加工过程。在整个加工过程中，粗加工阶段宜采用高切削功率（大切削深度）和中等切削速度，而在精加工和精细加工阶段，宜采用高切削速度和低切削深度（图 1）。根据工件材料的不同，采用最高为传统加工方法 5 至 10 倍的切削速度，使工件表面质量最高可达磨削质量，但加工时间却大幅度缩减。

通过提高工作轴的旋转速度，或转速不变却加大刀具直径的方法提升切削速度，使之远高于传统加工的切削速度。小直径刀具若要达到真正的高速切削范围，需要极高的主轴转速（图 2）。

根据这些前提条件，现催生出两个切削基本战略（图 3）：

■ 高速切削（High speed cutting–HSC）

在中小型切削功率范围内，采用极高的切削和进给速度，较小的轴向和径向切削深度进行铣削加工。主要用于精加工轻金属合金，铜，石墨和淬火的钢质材料。

■ 高性能切削（High performance cutting–HPC）

采用传统加工速度值与高速切削速度值之间过渡范围的切削速度进行加工。其目标是，采用高主轴扭矩和中等切削深度达到高单位时间切削量（图 3）。

9.2.2　工艺背景

■ 降低切削刃温度

与传统切削数值相比，若提高切削速度，刀具切削刃的温度可增至最高值。切削速度的继续增加将影响切削温度的降低。

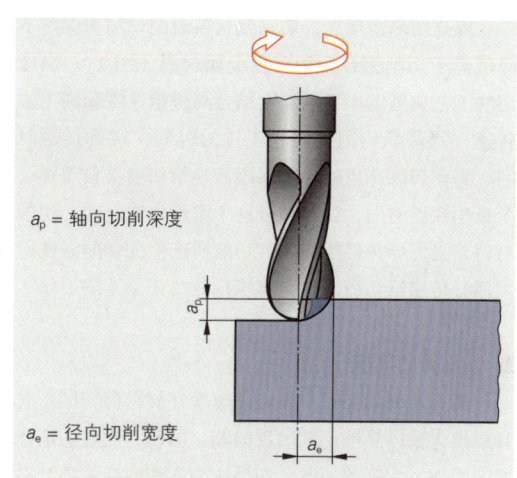

图 1：采用高速切削工艺铣削时的切削深度

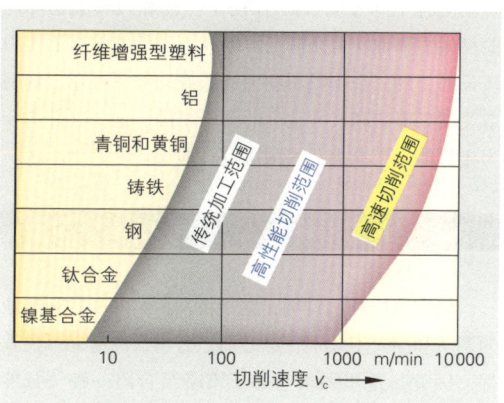

图 2：不同切削速度的切削加工范围

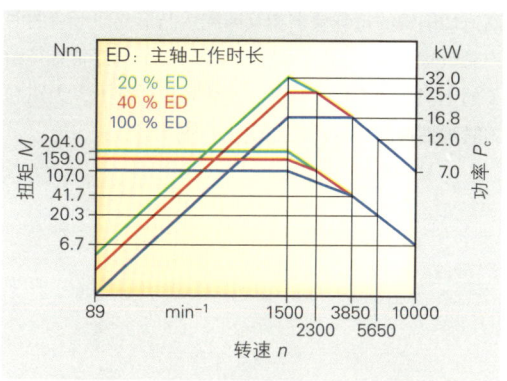

图 3：转速－扭矩－功率曲线图

提高切削速度后，切削铁材料时的切削刀温度下降值低于切削铝合金和有色金属材料（图1）。高速切削工艺典型的小切削深度结合高进给速度和高主轴转速，将降低切削刃切入工件的时间，或称接触时间。将剪切区产生的切削温度传递给切削材料需要一个最小接触时间。如果没有这个温度传递时间，切削材料自身的导热性能又低，切削所产生的切削温度绝大部分传递给切屑，由切屑执行散热任务（图2）。

■ 切削力的降低

高速切削加工时，高切削速度在材料剪切区短时释放出大量以热能形式出现的能。因此，随着切削速度的增加，切削剪切区，切屑压缩区和变形区内材料的单位切削力 k_c 反而下降。总切削力和必需的切削功率同样下降（图3）。作用于工件和刀具上已降低的径向力和轴向力允许在振动风险较低的前提下使用较长的刀具。采用低切削力的低振动加工可在工具制造业加工形状和尺寸精确的薄壁工件，这些工件迄今为止只能采用电火花蚀刻法进行加工。

9.2.3 加工策略

用高速切削的铣削工艺（图4）加工模具制造业的调质和淬火工具钢，这方面仍有很大的潜能可供发掘。因此，这里要求与加工策略组合出一种"智能铣"。CAD-CAM（计算机辅助设计－计算机辅助制造的英文缩写－译注）过程链中的程序软件必须与高速切削铣的特殊要求相互匹配。凸形或凹形弯曲的刀具轨迹或极窄的铣削轨迹半径均要求与刀具直径相关的不同切削刃切入长度，这将导致切削力，力矩和刀具弹性伸出部分的剧烈变化（图4）。

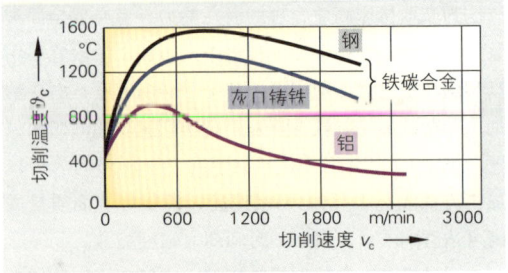

图1：切削温度与切削速度的关系

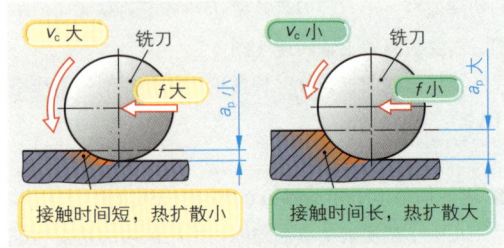

图2：高速切削方法和传统加工方法的接触时间

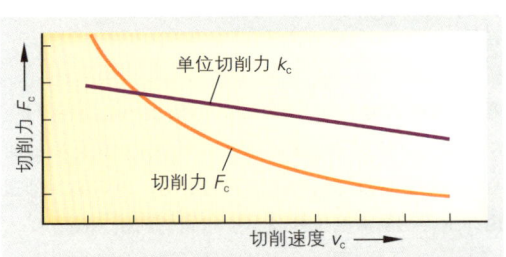

图3：切削力随切削速度的增加而降低

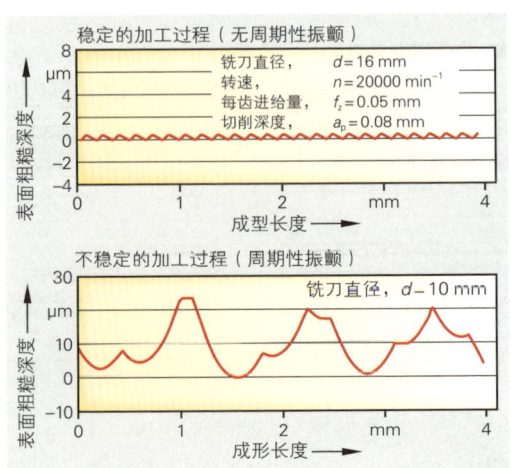

图4：切削刃不同切入条件下所产生的工件表面粗糙深度

高速切削粗加工时，待切削的材料按恒定的切削量分配，恒定的切屑截面积产生出近似均匀的、用于后续精加工的加工尺寸。为使粗铣铣刀能够连续顺铣，需按照工件轮廓进行编程。

刀具的切入角度 φ_s（接触角）受到加工策略的影响：

- 从内至外。
- 从外至内。

如果刀具倾斜切入工件，然后沿轮廓从外至内地铣出工件轮廓，待切削的工件材料始终处于里边。这种加工策略要求刀具的切入角度位介于 $\varphi_s = 90°$ 至 $180°$ 之间。其缺点是首次轮廓切入角度为 $180°$（图1）。

与上述相反，从内至外的加工策略则在内角产生不利的切入角度，最大可达 $270°$（75% 为刀具圆周），其原因是材料始终在轮廓的外边。

粗加工的横向进给（刀具切入量 a_e = 铣刀直径的 35% 至 40%）形成工件表面的剩余粗糙度。粗加工后工件表面的凹凸不平必须在精加工初级阶段予以削除，目的是以较小的切削力波动为精加工后阶段留下均匀的加工尺寸（图2）。

高速切削工艺的主要应用范围是加工制造压铸模具，喷射铸造模具和深拉模具，此类模具属于材料硬度最高达 63 HRC（表1）的冷热成型加工优质钢和工具钢的薄板成型模具以及锻模。

对于大多数强变形的自由形状表面一般不采用精加工的常规作法，即轴线平行式或钟摆式扫描总体几何形状。与粗加工一样，应首先编程以轮廓为基准的轮廓轨迹。刀具切入量（径向进给 a_e）以所需的工件表面剩余粗糙度为准。

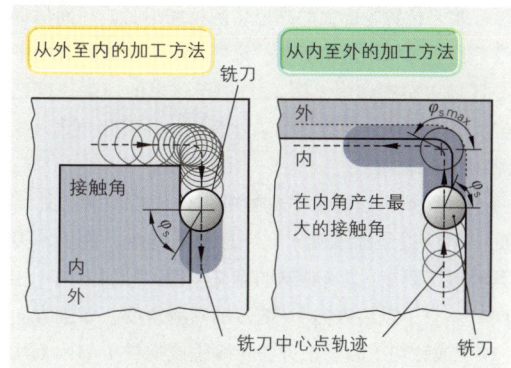

图1：从外至内和从内至外的加工方法

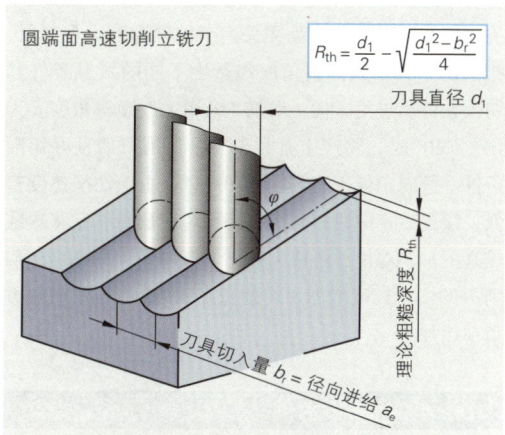

$$R_{th} = \frac{d_1}{2} - \sqrt{\frac{d_1^2 - b_r^2}{4}}$$

图2：剩余粗糙度的计算

表1：刀具制造业典型的切削数据

带 TiCN 或 TiALN 涂层的硬质合金立铣刀适用于加工已淬火的钢材料：

粗加工：
实际 v_c	100 ~ 150 m/min
a_p	铣刀直径的 6% ~ 8%
a_e	铣刀直径的 25% ~ 40%
f_2	0.05 ~ 0.15 mm

初级精加工：
实际 v_c	100 ~ 250 m/min
a_p	铣刀直径的 3% ~ 4%
a_e	铣刀直径的 10% ~ 25%
f_2	0.05 ~ 0.20 mm

精加工和精细加工：
实际 v_c	250 ~ 300 m/min
a_p	铣刀直径的 0.1% ~ 0.2%
a_e	铣刀直径的 0.1% ~ 0.2%
f_2	0.02 ~ 0.20 mm

水平位置轮廓面的高速切削精加工时，球面仿形铣刀由于其轴向进给量小，只能在下部轴线附近的中心区域内实施切削（图1）。由于这里的切削速度已经大幅度降低，导致切削条件恶化，并因此导致刀具耐用度降低。

刀具倾斜趋近水平位置的工件面可改善上述情况，但前提是加工机床允许这种可能性。这里，刀具轨迹（图2）具有特殊的意义。铣刀倾斜方向（相同或垂直于进给方向），铣刀轴倾斜角度，切削方向（顺切或钻切）和加工方法（顺铣或逆铣）等因素均影响刀具耐用度，工件质量和切削过程安全性。

球头铣刀的切削加工总是与球面截形（图3）相关，但与刀具倾斜运动无关。工件轮廓若出现变化，相同的刀具轴线倾斜角度却产生不同的接触条件和切入条件。进给方向（顺切/纵切）上倾斜角度 β 为 $10°\sim20°$ 时，将产生有利于刀具切削刃的良好切削条件。倾斜角低于刀具轴线 $10°$ 时，由于切削速度较低，接近刀具中线的摩擦和挤压过程加长。这将导致较高的加工温度并形成刀瘤。若倾斜角大于 $20°$，切削刃的切入长度增加（切削长度），这将导致切削刃负荷增加。

9.2.4 机床技术

除主轴的高旋转频率和高进给速度外，高速切削加工工艺还要求刀具切削刃相应的切削功率。为在主轴高转速时以优化的切削条件实现工件质量的实质性提升，进给轴线上必须采用很大的加速数值和延迟数值。

通过可更换电机主轴及其具有的不同功率特性数据，可以在一次装夹的条件下采用小转速大主轴转矩（例如 $P_e=25\,kW$，n 最大至 14000 1/min），实施较大切削截面的加工策略，这点与粗加工的要求相同。而精加工则采用高主轴转速和降低功率（例如 $P_e=7\,kW$，n 最大至 30000 1/min）。

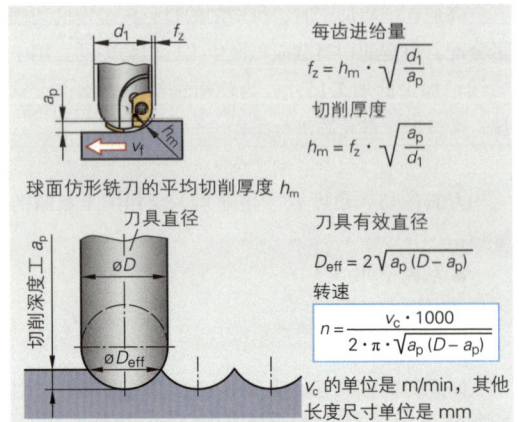

每齿进给量
$$f_z = h_m \cdot \sqrt{\frac{d_1}{a_p}}$$

切削厚度
$$h_m = f_z \cdot \sqrt{\frac{a_p}{d_1}}$$

球面仿形铣刀的平均切削厚度 h_m

刀具有效直径
$$D_{eff} = 2\sqrt{a_p(D-a_p)}$$

转速
$$n = \frac{v_c \cdot 1000}{2 \cdot \pi \cdot \sqrt{a_p(D-a_p)}}$$

v_c 的单位是 m/min，其他长度尺寸单位是 mm

图1：球面仿形铣刀的切入条件

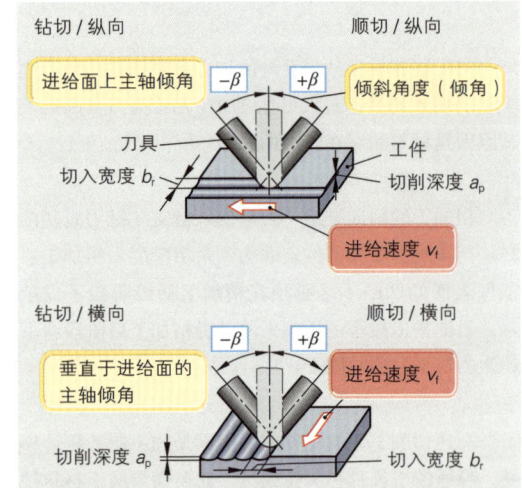

图2：铣削策略和铣刀倾斜角度

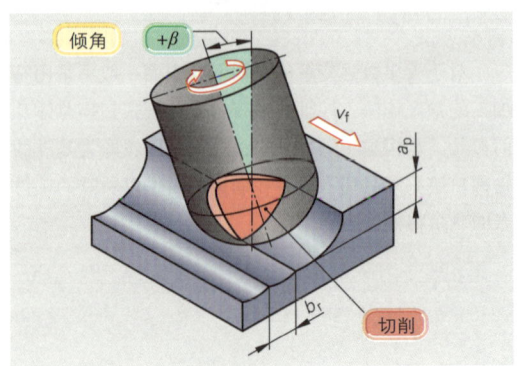

图3：球面截形处的切削条件

采用这样的工艺方法可使机床在最短时间内改换装备，完成各种不同的加工任务。

9.2.5 驱动方案

由于旋转轴和直线轴的动力学特性值很大，要求驱动功率必须满足相应要求。

为在直线轴上相应实现大加速值以及高进给速度和趋近速度，可采用两种不同的驱动技术：

- 通过滚珠丝杠的数字控制驱动。
- 直线电动机（转换－直接－驱动）。

直线驱动时，扁平的交流直线电动机（图2）直接产生一个直线运动。电动机由静态初级部分（定子）和动态次级部分（转子）组成。

位于初级部分的交流绕组产生一个移动磁场。动态次级部分装有一排恒磁磁铁。定子移动磁场的感应在转子内通过磁力产生一个定向推力。推力方向和次级部分的运动方向均由初级部分移动磁场的运动方向决定。

这种驱动技术已运用于磁悬浮列车。

可集成在电动机内的检测系统结构是模拟线性电位器，或是配有光学标尺的数字顶射式检测系统（图2）。

通过机械式传输单元缺省的间隙以及转子与机床运动部件的固定连接，即便在高速行程运动时，亦仍可实现精确控制。

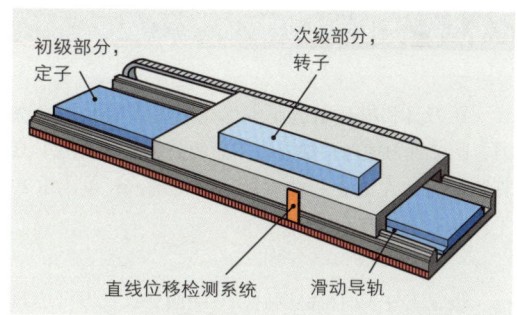

图1：直线驱动的结构

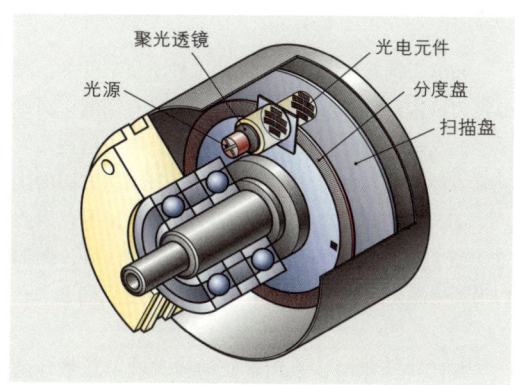

图2：轴编码器结构示意图

表1：直线电动机与滚珠丝杠传动的对比

对比标准	直线电动机	滚珠丝杠传动
速度	极高，仅受直线标尺和直线导轨的限制	高，受到摩擦损失和耐磨性能以及主轴自身的极限频率限制
加速度	最大至 120 m/s² （自身加速度）	最大至 30 m/s²，受惯性力矩的限制
进给力	通过多个电动机的电路几乎不受限制	通过减速，很大
驱动装置冷却	绝对要求冷却	行程运动速度极高时要求对滚珠丝杠进行冷却
磨损	很小，直线导轨是唯一的磨损件	高，尤其在快速趋近运动时

9.2.6　高速切削刀具

在刀具和模具制造业中优先采用直端面立式铣刀，圆弧铣刀或球头铣刀。不同的刀具形状取决于刀具的径向切入宽度 a_e 和工件表面质量，它也决定着工件的加工时间（图1）。

设定工件表面粗糙度后，直端面立式铣刀可达到最大切入宽度，但在已加工表面的表面轮廓内留下铣刀切削刃尖角的痕迹。

与球头铣刀相比，在相同的工件质量条件下，圆弧铣刀可达到的切入宽度更大，因为带有切削刃圆弧半径的立式铣刀留下的加工余量较小。除去这些几何元素方面的优点之外，圆弧铣刀还具有工艺方面的优点。刀具中心区的切削速度不可能下降为零。因此这类铣刀可使用高硬度和耐高温的切削材料，例如PKD（聚晶金刚石）和CBN（聚晶立方氮化硼）。

加工淬火钢时，采用常规的球头铣刀是最佳选择，因为这类铣刀半径大，可以更好地吸收切削力和切削热量。

传统的硬质合金，尤其在高切削速度时，仅能有限具备加工淬火钢所必需的切削刃稳定性和耐磨强度。因此，由应用组 K 细晶硬质合金制造的可转位刀片和整体硬质合金刀具规定用于高速切削（图2）。随着碳化钨粒度下降至 < 1 μm，其硬度和刃口稳定性以及弯曲断裂强度均有增加。

通过硬质材料涂层可进一步改善细晶基质的耐磨强度。现在主要采用TiN，TiCN，Al2O3和TiAlN作为硬质材料涂层，涂层结构多采用单层或多种复合涂层。在与单层涂层相同层厚的条件下，多层涂层具有更好的涂层黏附性能和更大的抗裂纹扩散安全性，它们的单层层厚低于 0.2 μm。由于高速切削刀具的切削力很大，其硬质材料涂层的最大层厚限定为 10 μm。

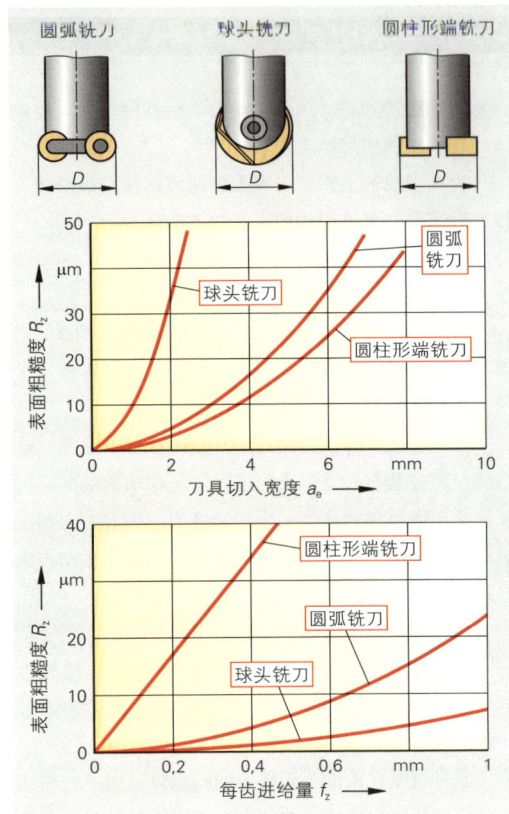

图1：刀具几何形状对工件表面粗糙度和刀具切入宽度的不同影响

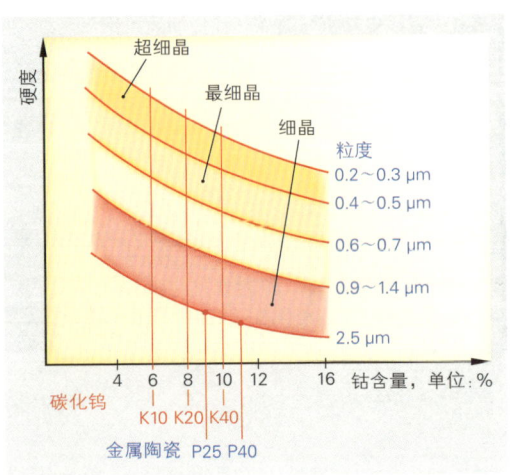

图2：硬质合金刀具的粒度

9.2.7　刀具的装夹

刀具装夹构成机床主轴与刀具之间的连接点。高速切削工艺必须采用合适的刀具装夹系统，其主要特征如下：

- 高换刀精度。
- 高径向跳动精度。
- 高转速下大扭矩传输。
- 高径向强度。
- 低不平衡度。
- 适宜车间内搬运。

普通切削技术的夹具仅能部分满足上述要求。而下列刀具夹具特别适宜用于高速切削工艺：

- 热态收缩卡盘。
- 加力卡盘。
- 液压膨胀卡盘。

■ 热态收缩卡盘

收缩卡盘是一种单件式刀具夹具，它有一个定心精度极高的装夹孔。由于质量的均匀分布，卡盘的回转对称形式可达到最高等级的动平衡（参见455页）。夹头锥度与刀具装夹孔之间的径向跳动精度优于 $3\ \mu m$，它涉及测量芯棒，这种测量芯棒带有 $3\,d$ 拆卸长度。

卡盘利用热空气或感应电加温至约 $200\,℃$ 进行热态收缩并夹紧刀具。加热时，卡盘内装夹孔直径扩大，使刀具轻松插入。冷却后，这种装夹方式可产生极高的强度。

■ 加力收缩卡盘

加力收缩系统中，刀具装夹孔的弹性反向变形力传递转矩。原始状态下，刀具装夹孔并不是一个精确的圆，而是类似一个整圆的等边三角形，一个多边形（图 1）。通过一个液压装置施加径向力使卡盘装夹孔变形成为一个圆。

刀具装夹后，夹具卸载，装夹孔重又弹性变形恢复成为原始的近似多边形。

■ 液压膨胀卡盘

液压膨胀卡盘应用了密封系统内液体压力均匀分布的物理学原理。

通过一个带有止挡块的夹紧螺栓使一个活塞动作。旋紧螺栓，卡盘液压系统内的液压油压力上升。这时，刀具装夹孔内的一个薄壁膨胀套筒变形。膨胀套筒在整个装夹孔中心轴线上均匀变形。压力下降后，膨胀套筒重又恢复至初始直径（图 3）。

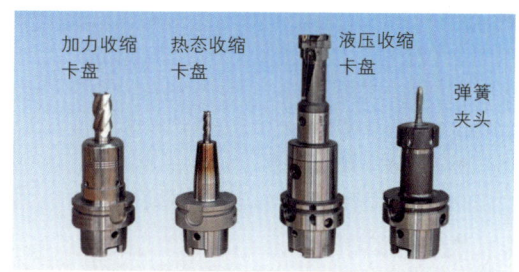

图 1：刀具的装夹

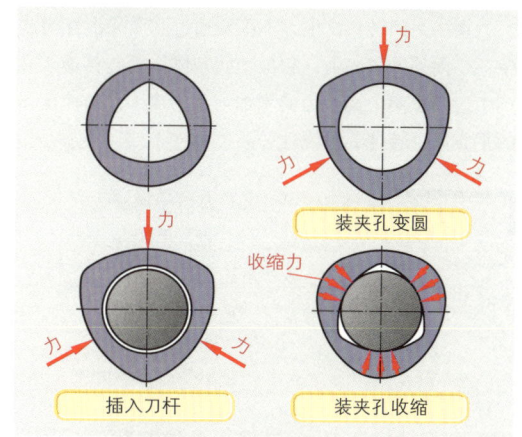

图 2：加力收缩技术

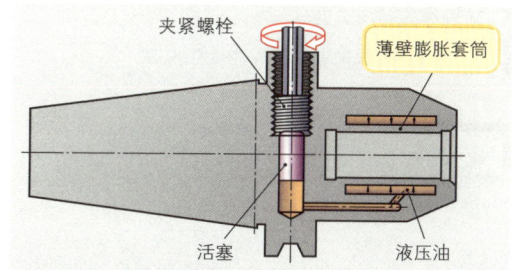

图 3：液压膨胀卡盘的功能

9.2.8　回转系统的不平衡

　　高速主轴驱动的加工机床要求刀具夹具和刀具的动态不平衡尽可能小。以旋转轴线为基准，任何极小的质量分布不均匀都将导致卡盘和刀具的振动和径向跳动误差，它们均对主轴轴承机构，工件表面质量和刀具耐用度等产生负面影响。出于这一原因，刀具各组件应做动平衡，并按照 VDI 2060 标准进行相应的平衡质量等级（G0.4～G80）分类（表1，图1）。

■ **不平衡**

　　不平衡可分为三种类型：

● 静态不平衡：

一个回转系统的重心位于主惯性轴线之外。

● 力矩不平衡：

一个回转系统的重心与主惯性轴线不平行。

● 动态不平衡：

　　静态不平衡和力矩不平衡的组合称为动态不平衡（图2）。

　　在一个回转系统中，不平衡通过其质量惯性力产生一个向外的离心力，它推动回转体作径向移动，并产生运动噪声。离心力的增加与不平衡 U，角速度 ω 的平方以及转速 n 呈线性关系：

$$F = U \cdot \omega^2$$

式中：F = 离心力，单位：N

　　　U = 不平衡，单位：g·mm

　　　ω = 角速度，单位：1/s

　　　$\omega = \dfrac{2\pi \cdot n}{60 \text{ s/min}}$

　　　n = 转速，单位：1/min

　　不平衡 U 表明有多少不对称质量分布在旋转轴线的径向方向。

　　不平衡的单位是克毫米（g·mm）。

$$U = m \cdot e$$

式中：U = 不平衡，单位：g·mm

　　　m = 总质量

　　　e = 重心间距

　　由于不平衡，重心在不平衡方向偏离旋转轴线，该偏离距离称为重心间距 e（图3）。

表1：允许的剩余偏心度和剩余不平衡度

平衡质量等级	旋转频率，单位：min^{-1}					
	10000	15000	20000	25000	30000	40000
	剩余偏心度，单位：μm；剩余不平衡度，单位：g·mm/kg					
G2.5	2.5	1.7	1.25	1	0.9	0.65
G6.3	6.3	4.3	3.2	2.6	2.1	1.6
G16	16	11	8	6.1	5.5	4
G40	40	27	20	16	13	10

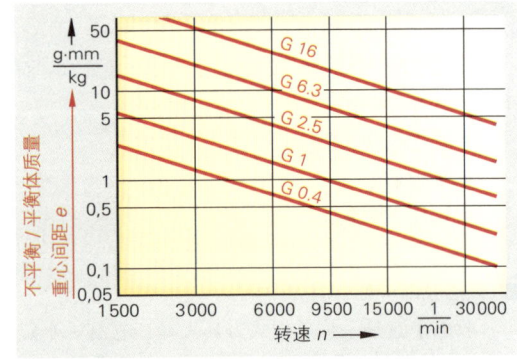

图1：按照 DIN ISO 1040 的动平衡质量等级

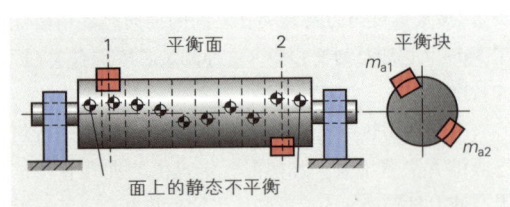

图2：动态不平衡

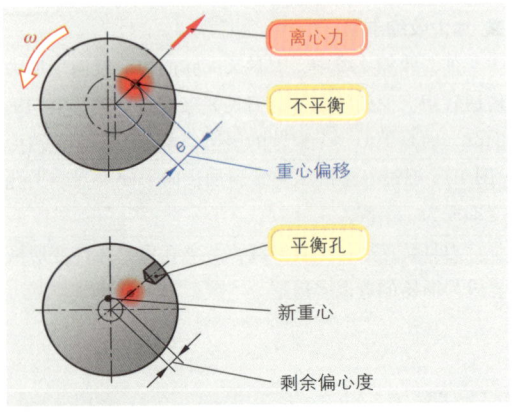

图3：不平衡产生的重心偏移

为重新建立所要求的对称质量分布并平衡非对称离心力，采用平衡孔或平衡块进行平衡，以此降低重心间距和由此产生的不平衡。于是，在技术可行限度之内出现了剩余偏心度的允许误差（允许的 e），它仍导致产生剩余不平衡度。

■ **平衡质量等级**

> 平衡质量等级 G 等于围绕旋转中心允许的重心圆周速度 v_{zul}。

例如，$G\ 2.5v_{zul} = 2.5\ mm/s$（参见 454 页图 1）。

$$G = e \cdot \omega$$

式中：G = 平衡质量等级，单位:mm/s

e = 重心间距，单位:mm

ω = 角速度，单位：1/s

如果在公式 $G = e \cdot \omega$ 中代入 $e = U/m$，可依据平衡质量等级 G 推导出如下关系式：

$$G = U/m \cdot \omega$$

> 一个不平衡较大的物体可在低转速时达到与一个不平衡较小但转速高的物体相同的平衡质量等级。

一个不平衡已确定的物体在转速较低时具有比同一物体但转速较高时更好的平衡质量等级。G 与平衡体质量 m 成反比。

一个质量小但不平衡较大的物体在转速相同时具有与不平衡较小但质量大的物体相同的平衡质量等级！

利用已取得的平衡质量等级可求出允许的剩余不平衡度：

$$U_{zul} = G \cdot m/\omega$$
$$U_{zul} = \frac{G \cdot m}{2 \cdot \pi \cdot n}$$

式中：U_{zul} = 剩余不平衡度，单位:g·mm

G = 平衡质量等级，单位:mm/s

m = 平衡体质量，单位:g

n = 转速，单位：1/60s

为求出总剩余不平衡度，应加入各部分不平衡：

$$U_{总不平衡} = U_{主轴不平衡} + U_{刀具夹具不平衡} + U_{刀具不平衡}$$

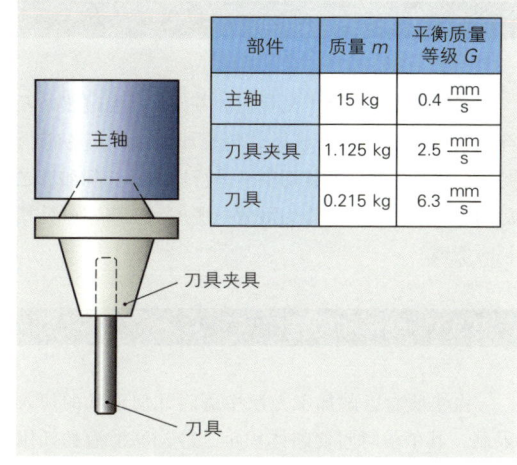

部件	质量 m	平衡质量等级 G
主轴	15 kg	0.4 $\frac{mm}{s}$
刀具夹具	1.125 kg	2.5 $\frac{mm}{s}$
刀具	0.215 kg	6.3 $\frac{mm}{s}$

图 1：总系统：主轴，夹具，刀具

举例：

计算 $n = 30000$ 1/min 时的剩余不平衡度

$$U = \frac{G}{2 \cdot \pi \cdot n} \cdot m$$

$$U_{主轴不平衡} = \frac{0.4 \frac{mm}{s} \cdot 15000\ g}{2 \cdot \pi \cdot 30000 \frac{1}{min} \cdot \frac{1\ min}{60\ s}} =$$

$$= 1.910\ g \cdot mm$$

$$U_{夹具不平衡} = \frac{2.5 \frac{mm}{s} \cdot 1125\ g}{2 \cdot \pi \cdot 30000 \frac{1}{min} \cdot \frac{1\ min}{60\ s}} =$$

$$= 0.895\ g \cdot mm$$

$$U_{刀具不平衡} = \frac{6.3 \frac{mm}{s} \cdot 215\ g}{2 \cdot \pi \cdot 30000 \frac{1}{min} \cdot \frac{1\ min}{60\ s}} =$$

$$= 0.431\ g \cdot mm$$

$m_{总质量} = 16340\ g$

$U_{总不平衡} = 3.236\ g \cdot mr$

计算总不平衡度 $G_{总不平衡}$：

$$G = U_{总不平衡} \cdot \frac{2 \cdot \pi \cdot n}{m_{总质量}}$$

$$G = 3.236\ g \cdot mm \cdot \frac{2 \cdot \pi \cdot 30000 \frac{1}{min} \cdot \frac{1\ min}{60\ s}}{16340\ g} =$$

$$= 0.62\ mm/s$$

9.3　硬质材料的加工

实际应用中，处于高负荷的零件常需经过热处理淬硬。从半成品至制成品，传统加工过程链的特征是，使用指定几何形状切削刃进行切削，切削加工之后的淬火过程和磨削作为最后一道加工工序，可见其耗时费钱。

9.3.1　硬车和硬铣

由于所有磨削加工方法中磨料几何形状的切入限制，其单位时间切削体积小，冷却润滑液的耗用量大，因此，应通过硬切削缩短加工过程链（图1），并降低单位时间能耗（表1）。在这个环节上，高效耐磨的刀具是一个重要的前提条件。工件的硬切削，作为最后一道加工工序，迄今为止除磨削或珩磨外，主要使用涂层的硬质合金，混合陶瓷和聚晶立方氮化硼（PCBN）可转位刀片。这些切削材料满足了如耐扩散性和耐热性的要求，具备足够的耐压强度和边棱强度。带激光切削加工排屑槽的刀片，其刀刃边棱是适宜用于硬切削的优化的微观几何形状（图2）。

9.3.2　超声波切削加工

现代化高效能材料，如工程陶瓷，纤维增强型塑料或工程玻璃等，在众多工业领域构成工艺创新的基础。这些材料的实际应用在很大程度上取决于加工方法。如在硬切削领域中开发的新型研磨方法，其刀具以超声波频率振动，是一种全新的切削加工方法。传统研磨加工仅能用于精加工和工件表面抛光，与之相比，超声波研磨可执行硬切削成型加工。其成因是在液体内均匀分布的松散的研磨颗粒。刀具以每秒20000次的频率振动。使研磨颗粒被连续敲打进入工件表面，并在工件表层区域内产生微型裂纹，从而使材料分离（图3）。

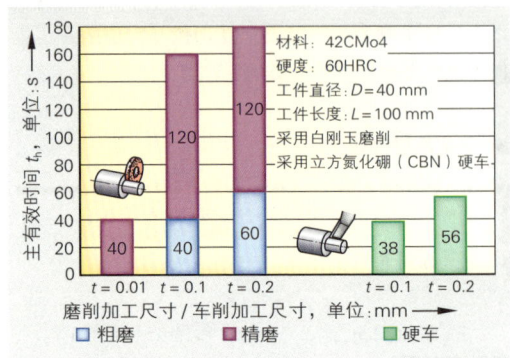

图1：主有效时间的对比

表1：单位时间能耗对比

加工过程	切屑形成所需能量（J= 焦耳）	
车削，铣削，钻削	1～3	J/mm³
磨削	30～60	J/mm³
硬车	6～10	J/mm³
对比：		
电火花加工	100～200	J/mm³
电蚀刻切削	200～500	J/mm³

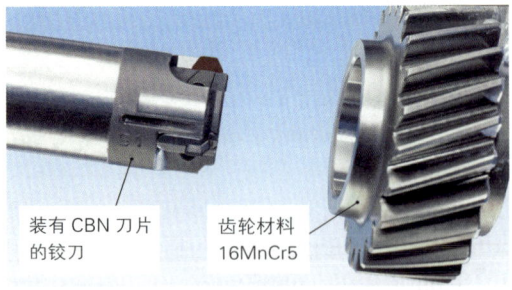

装有 CBN 刀片的铰刀　　齿轮材料 16MnCr5

图2：硬加工

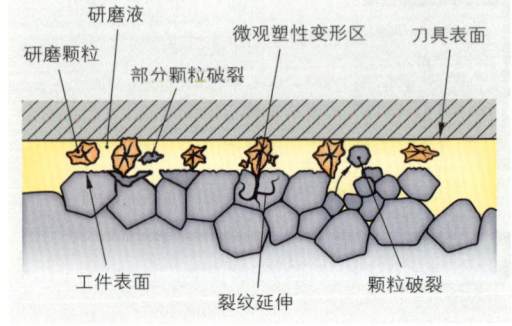

图3：超声波切削硬加工

9.3.3 加工举例

硬铣代替磨削

一个已淬硬工件，用硬铣方法精加工一个预加工槽（图1）。

刀具：细晶硬质合金立式铣刀，

TiCN 单层涂层，

铣刀直径 $d = 10$ mm

铣刀齿数 $z = 6$（图2）

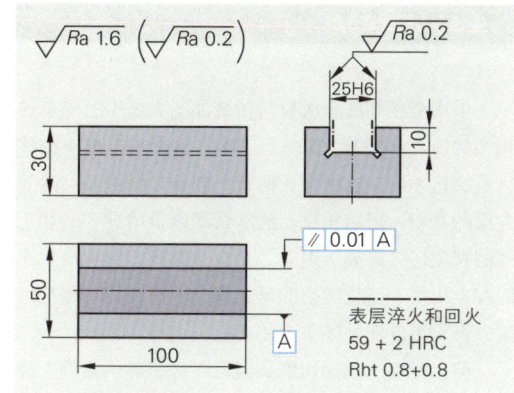

图1：硬铣一个槽

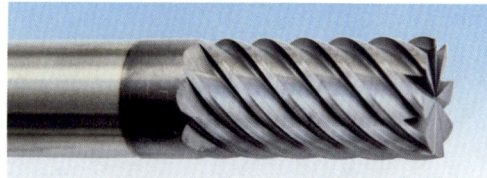

图2：用于硬铣的 TiCN 涂层立铣刀

工件材料： X153CrMoV12(1.2379)

切削参数： 每齿进给量　$f_z = 0.07$ mm

切削深度　　$a_p = 10$ mm

切削宽度　　$a_e = 0.2$ mm

1. 切削试验时，试验刀具耐用度与切削速度的相关关系（图3）。

以加工零件数量计算的最大刀具耐用度 N 是多大？

$$N = \frac{L}{l} = \frac{\text{刀具耐用度}}{\text{进给行程距离}} = \frac{32000\,\text{mm}}{200\,\text{mm}} = 160$$

2. 对比硬铣和端面磨削的主有效时间。

每边加工余量 $f = 0.2$ mm

硬铣：

转速：$n = \dfrac{v_c}{\pi \cdot d} = \dfrac{70\,\text{m/min}}{\pi \cdot 0.01\,\text{m}} = 2228\,\text{min}^{-1}$

进给量：$f = f_z \cdot z = 0.07\,\text{mm} \cdot 6 = 0.42\,\text{mm}$

槽的双面加工，切削 $i = 2$

进给行程：$L = l_a + l + l_u = 100\,\text{mm} + 2\,\text{mm} + 2\,\text{mm}$

主有效时间 $t_h = \dfrac{L \cdot i}{n \cdot f}$

$$t_h = \frac{104\,\text{mm} \cdot 2}{2228\,\text{min}^{-1} \cdot 0.42\,\text{mm}} = 0.22\,\text{mm}$$

硬铣的主有效时间 $t_h = \underline{13.3\,\text{s}}$

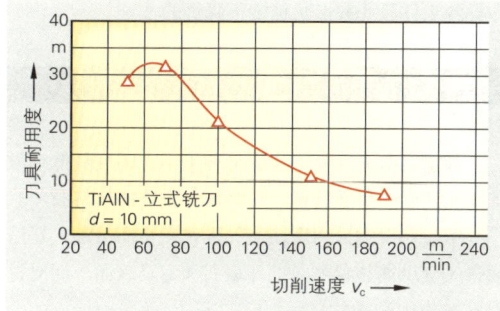

图3：刀具耐用度与切削速度的关系

端面磨削：

砂轮盘直径：　$D = 200$ mm

横行进给量：　$f = 0.04$ mm/ 每行程

进给行程：　　$L = l + l_a + l_u$

一个槽边

$L = 100\,\text{mm} + 45\,\text{mm} + 45\,\text{mm} = 190\,\text{mm}$

砂轮盘宽度 $B = 0.2$ mm

砂轮行程次数

$$n = \frac{v_f}{L} = \frac{20\,\text{m/min}}{0.19\,\text{m}} = 105\,\text{次行程 / 分钟}$$

切削次数　$i = \dfrac{t}{a} + 2 = \dfrac{0.2\,\text{mm}}{0.04\,\text{mm}} + 2 = 7$

主有效时间 t_h

$$t_h = \frac{i}{n} \cdot \left(\frac{B}{f} + 1\right) = \frac{7}{105\,\text{min}^{-1}} \cdot \left(\frac{0.2\,\text{mm}}{0.04\,\text{mm}} + 1\right)$$

单侧槽边用时 $t_h = 0.40$ min

磨削的主有效时间 $t_h = 0.8$ min $= \underline{48\,\text{s}}$

9.4 微量润滑

采用全冷却的金属材料传统加工方法中，与工件相关的冷却润滑液（KSS）成本占整个加工成本的比例最高达 16%。这里包含购置，制备，维护和清除等方面的费用。可以预见，清除费用以及清理切屑和工件的费用还会提高。因此，从企业管理，但也从生态的观点出发，值得考虑的是，完全取消使用冷却润滑液，即对工件实施绝对干加工。

但因此而出现的切削高温将在许多应用条件下导致如下负面后果，如降低刀具耐用度，形成刀瘤，材料表层的热学组织影响，切屑输送受限，或因缺少冷却导致工件尺寸和形状精度下降等。

图 1：采用外部供油的微量润滑

9.4.1 准干加工

微量润滑（MMS）或准干加工均大幅度降低纯干加工所产生的负面后果，同时减少企业的材料循环。

微量润滑指采用压缩空气雾化微量润滑油，然后通过一套供油装置喷向工件表面和刀具表面。润滑材料在气流中的微粒粒度 0.5 ~ 2 μm。而采用传统的全冷却方法，受监视的循环系统中冷却润滑液的循环量约为 20 ~ 100 L / h，相比之下，微量润滑时润滑材料的耗用量小于 50 mL / h（图 2 和图 3）。

使用最微小用量的润滑材料已足以充分降低摩擦，并有效阻止切削前面和切削区出现焊接现象。

润滑材料在加工过程中已完全消耗（损耗型润滑）。位于润滑有效范围的物体和掉落的切屑一般仅带走微不足道的润滑材料残渣。位于切屑上的润滑材料残渣量低于 0.3 质量百分比的极限，这就使它们不用清洗即可再次熔炼。

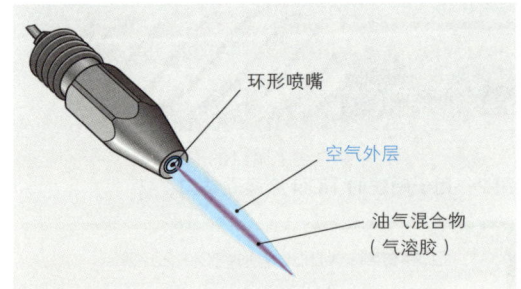

图 2：采用外部供油环形喷嘴的微量润滑

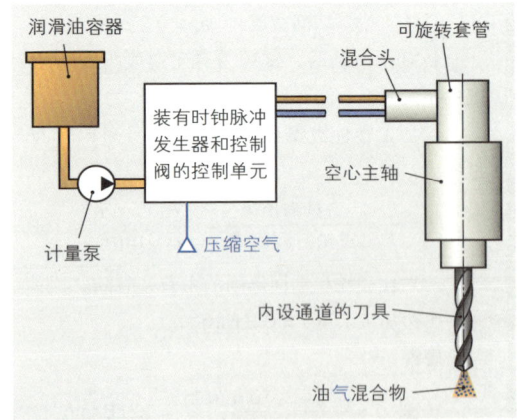

图 3：内部供油的微量润滑

图 4：微量润滑技术原理

9.4.2   润滑液的计量系统与供油系统

一个完整的微量润滑系统由如下部件组成：计量装置，混合系统和供油系统。

润滑材料与压缩空气精确地混合才能产生气溶胶。这里原则上应用两种功能原理（图 1）。

单通道原理：由一个气溶胶生成器（气溶胶升压器）产生油气混合物。压缩空气施压冲击润滑材料使之雾化，然后通过输送管道送至刀具。

双通道原理：在距离刀具较近的位置才由混合头生成气溶胶。物流（压缩空气和润滑材料）由两个分离的管道输送至双材料喷嘴。

润滑材料输送单元的控制系统与机床控制系统的对接与计量装置的类型无关，目的是在换刀时降低或关断压缩空气和润滑材料的供给。

油气混合物输送至作用点的途径有二：外部的喷嘴和位于机床主轴以及刀具内部的供油通道。

9.4.3   润滑液

微量润滑系统中应使用不危害健康的润滑材料，如生物油（例如菜油），脂肪类乙醇或人工合成润滑脂（酯类），它们即便在高温条件下仍具有优秀的润滑性能和极低的胶化倾向。

此类润滑材料的价格超过传统润滑材料的价格。但由于此类润滑材料的耗用量极低，其较高的购置费用在总成本计算中所占比例微乎其微。

9.4.4   微量润滑的优点

几乎省略的全部冷却润滑液供给与清除技术产生出巨大的节约潜能。采用微量润滑的优化加工过程使刀具耐用度高于干加工，在个别情况下，加工过程的耗时最高可缩减 30%。冷却润滑液的购置，仓储和运输以及清除的费用均可大幅度削减甚至省略。冷却润滑液的检验和维护费用亦可取消。根据应用条件的不同，还可以减少或节约后续清除工件上冷却润滑液残液过程的费用。干切屑可以作为循环利用材料出售，与之相比，湿切屑只能作为特种垃圾清除处理。由此可见其生态优点，因为没有损害环境的废旧乳浊液。在健康保护方面，因冷却润滑液引起的疾病，例如呼吸道系统和皮肤的过敏反应等，均可得以避免。

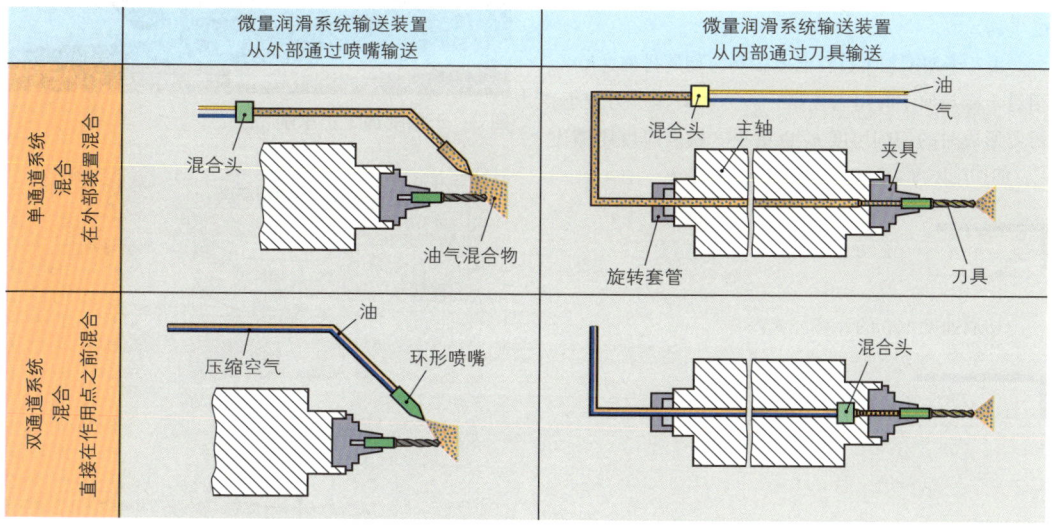

图 1：微量润滑系统的供油系统

9.5 干加工（无润滑加工）

从经济和工艺角度来看（图1），"干"加工过程中，简单地关断冷却润滑液输送还远远不够。干切削加工时缺失的是冷却润滑液的初级功能，即冷却、润滑和冲洗。对于所有参与切削加工过程的部件而言，这意味着改变任务分配，以及工件和切削刃更高的热负荷。

即便面对种类繁多的各种工件材料，例如调质钢，铝和铸铁等，干加工或微量润滑加工已能够控制加工过程的安全。但问题与之前一样，一方面是高单位切削力，另一方面是高合金含量，两者均会导致在刀具切削刃上形成材料沉积（刀瘤）（图2）。

9.5.1 全润滑对比干加工

观察全冷却润滑加工时剪切区周边自由扩散的热量，结论是，70% 的热量由排出的切屑和冷却润滑液带走。低于 10% 的热量仍保留在工件上，低于 20% 的热量仍在刀具上。全冷却在切屑的上下面之间产生较大温差，它对切屑断裂性能的影响是有利的，因此易于产生较短的切屑形状（图3）。干加工时的热流分布类似于全冷却加工，但剪切区和切屑的温度更高。

由于干切削加工过程温度较高，切屑排屑速度 v_{sp} 相对于冷却加工时得以提高，因为切屑变形力较小，切屑形成时的切削厚度 h_1 也更小。切屑厚度压缩比 λ_h，即切削厚度 h 与切屑厚度 h_1 之比变小（图4）：

$$\lambda_h = h_1/h \qquad \lambda_h < 1$$

切屑速度 V_{sp} 的计算公式：

$$v_{sp} = v_c/\lambda_h \qquad v_{c1} \text{ 是切削速度}$$

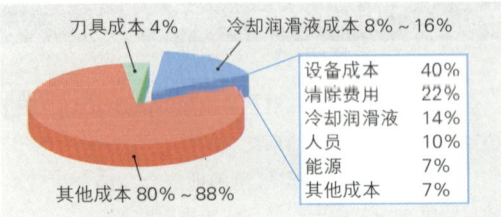

图 1：冷却润滑液成本在加工成本中所占比例

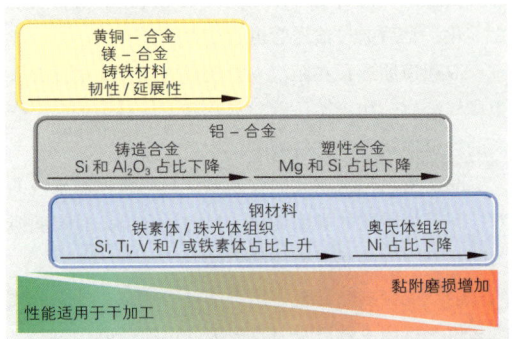

图 2：用于干加工的工件材料

图 3：干切削加工：车削

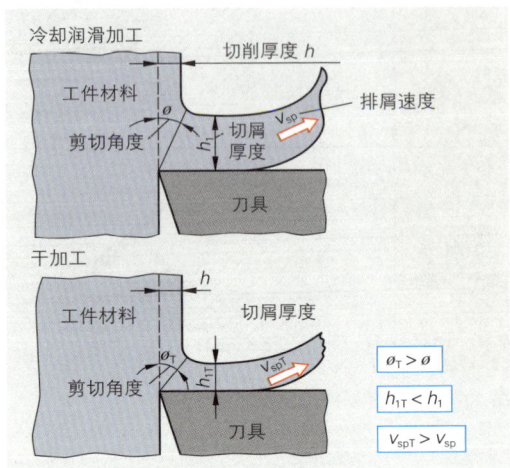

图 4：冷却润滑加工与干加工的对比

切屑厚度压缩比 λ_h 下降的越少，排屑速度可以越快。与切屑厚度压缩比有直接关系的是剪切角度 Φ：

$$\tan\phi = \frac{\cos\gamma}{\gamma_h - \sin\gamma}$$

ϕ = 剪切角度
γ = 切削前角

如果切屑厚度压缩比较小，剪切层与加工层之间的倾角，即剪切角度 ϕ 则较大，由此，刀具切削前面负荷很大的刀具接触区位置更多地偏向前切削刃。

9.5.2　接触时间

如果提高加工时的进给量 f 和切削速度 v_c，刀具与工件之间的接触时间将随之降低。这将导致工件温度下降，但与此同时，刀具温度却几乎恒定不变。由于接触时间的减少，由剪切区和变形区向工件的温度传输时间也随之缩短。更多的热量仍保留在切屑上，并由切屑排出带走。

使用开放式切削刃的切削加工方法，它们的排屑是不间断的，例如钢材料，铸铁材料和铝合金的车削和铣削，因此，它们特别适宜采用干切削加工方法。出于加工安全和经济性的考虑，接触区内的切削高温促使加工时采用具有高热硬度和低导温性的切削材料和硬质材料涂层，如涂层的硬质合金，金属陶瓷，切削陶瓷和氮化硼（图 1）。

硬质材料涂层如 TiN，TiAlN，TiCN 和 Al$_2$O$_3$，由于其导温性极低，可隔绝热量，阻止其传导至位于涂层下方的基底材料，因此，刀具涂层特别适用于干切削加工。这些涂层在刀具与工件之间形成一个隔热屏，使绝大部分切削热量由切屑带走，而不是由刀具切削刃吸收（表 1）。

切削前面接触区内的干压强使切屑产生额外的热量。为了通过低摩擦和快速排屑等方法尽量减少这些热量扩散的阻碍，接触区内刀具的切削前面必须具有良好的表面质量。

干钻孔，尤其是孔深度 $L > 4\,d$ 时，其切削条件特别苛刻，因为没有冷却液流的支持，切屑必须通过刀具排屑槽从深孔中排出。扩大钻孔刀具的排屑槽并在槽表面涂上导滑和润滑层，改善切屑从蓄屑室排出的条件。这里常采用微量润滑技术。

表 1：硬质材料涂层的性能

特征	TiN	TiAlN	TiCN
结构	单一	单一	多样
层数	1	1	最多 7 层
颜色	金色	黑 – 紫色	紫色
厚度，单位：μm	1.5 ~ 3	1.5 ~ 3	4 ~ 8
硬度，HV0.05	2200	3300	3000
摩擦系数，钢	0.4	0.3	0.25
导热系数	0.07 kW/mK	0.05	0.1
最高工作温度	600℃	800℃	450℃

TiN，氮化钛：全涂层，用于钢和铸铁

TiCN，碳氮化钛：用于难以加工的合金钢和铸铁材料

TiAlN，铝氮化钛：用于硬质合金和高速切削钢刀具，用于加工铝合金和镍合金，铸铁材料，适用于高速切削加工和微量润滑加工

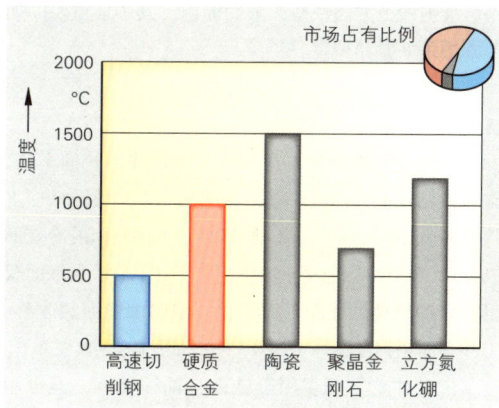

图 1：不同加工机床的最高使用温度

9.6 精密加工方法

由于功能或设计的原因，许多工件必须按高表面质量以及高尺寸和形状精度进行加工。因此，或通过优化传统加工方法，或通过专用精密加工方法，如精轧，珩磨，研磨和线切割等，对于某些特殊产品而言均是无法放弃的。工艺与刀具，始终在持续研发和相互匹配的过程之中。这里，精密加工指工件表面质量达到公差度 IT 6 或更高的加工方法。

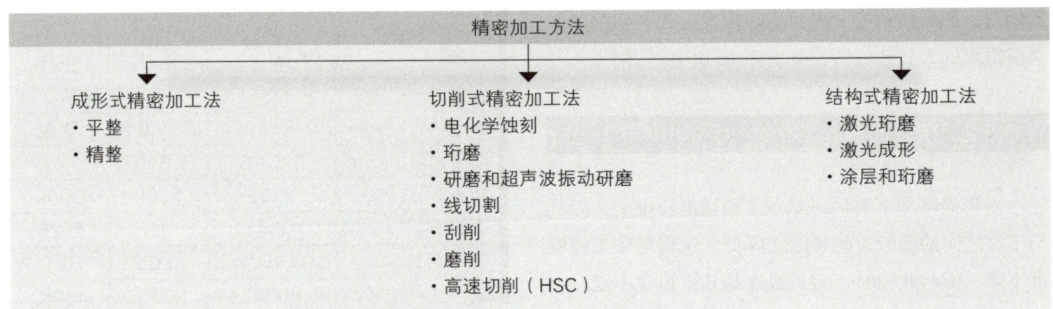

精密加工方法

成形式精密加工法
- 平整
- 精整

切削式精密加工法
- 电化学蚀刻
- 珩磨
- 研磨和超声波振动研磨
- 线切割
- 刮削
- 磨削
- 高速切削（HSC）

结构式精密加工法
- 激光珩磨
- 激光成形
- 涂层和珩磨

9.6.1 成形式精密加工法

如果存在使用的可能性，应优先采用这类无切削的加工方法。这类加工方法在达到最高精度尺寸的同时常常也能达到所需的表面硬度，并达到更高的承重比。这类加工方法快捷，节约能源。其中最重要的加工方法是平整和精整。

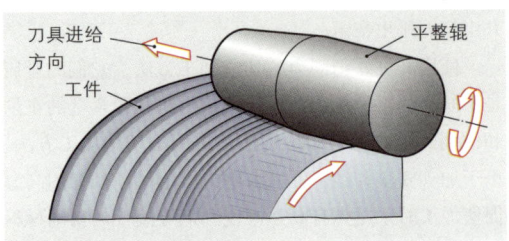

图 1：轴的平整

■ 平整

平整，又称滚光，在专用平整机或传统的车床，铣床或钻床上，通过平整刀具施加压力平整圆柱形工件的表面（图1和图2）。加工时，工件表面的冷变形以及材料硬化最高达到 70%。加工后，轴承支承面获得更好的滚动性能和承重比以及耐腐蚀能力的改善。工件表面粗糙度低于 $R_z = 0.5 \sim 0.1 \ \mu m$（463 页图 1）。

这种加工方法多用于锥面，轴，轴承，但也用于圆管或管接头的内部加工（图 3）。加工前，工件必须清洗干净，其最大硬度应达到 50 HRC（特种刀具 65 HRC），表面粗糙度至少达到 10（高级调质钢）~ 25 μm。加工时必须使用冷却润滑液。

由于工件材料和前道工序后表面粗糙度的不同，平整加工后的尺寸差异很大。相关的加工尺寸，转速和进给量等，建议咨询刀具制造商，或通过试验获取。

图 2：平整刀具

图 3：平整加工后的产品

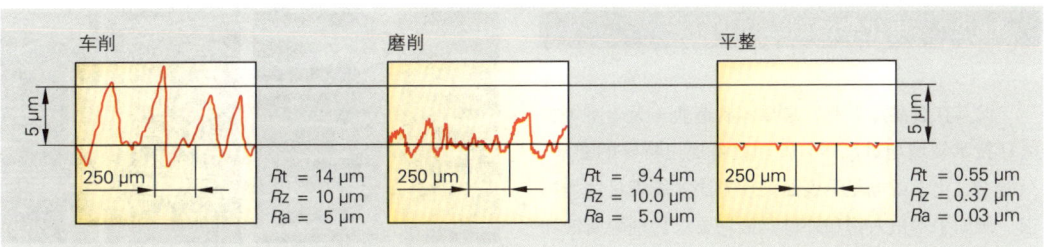

图1：不同加工方法可达到的工件表面粗糙度数值

■ **精整**

精密加工方法中，精整的应用原因多有不同。

如果提出尺寸的精度要求，有些成型件在铸造成形后是无法直接使用的，因为例如尚无法足够精确地确定其收缩余量。在这种情况下，通过一个芯轴（用于孔，圆管接头，圆管等）或一个阴模（用作轴或圆管形状精确的对应件）不加热冷拉工件，直至达到最精确的公差尺寸。此外，由于对工件表面施加高压，还会出现所需的冷作硬化。

精整加工法只应用于大批量加工任务（例如半成品），因为它所使用的大压力专用机床和刀具（凹模）均不通用。

制造烧结成型件时，客户不仅对订货产品的表面质量以及尺寸和形状精度提出极高要求，对强度也有高标准要求。通过精整可使工件满足这些性能要求。若要提高工件强度，热处理钢粉末烧结成型件需加热至再结晶温度之上，然后立即进行精整加工。多次重复这种加工方法，可显著提高工件的抗拉和抗压强度。

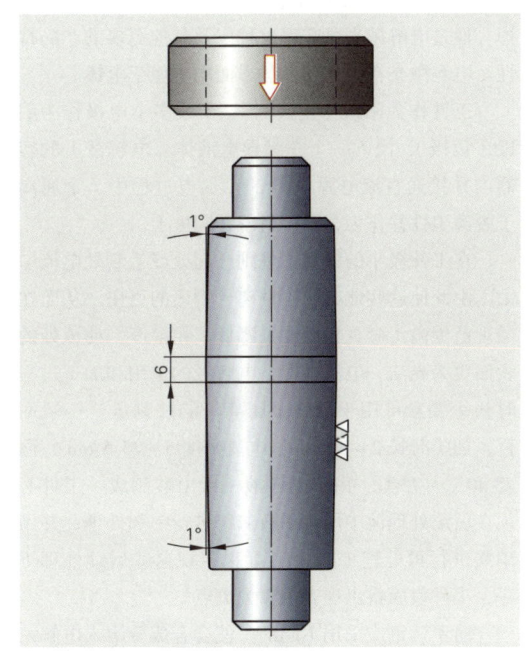

图1：轴的平整

9.6.2 切削式精密加工法

采用指定几何形状切削刃的加工方法，如精车，精镗或精铣等，其特征均是采用特殊的切削刃几何形状以及高切削速度，小切削深度和小进给量（图1和表1）。这类加工方法要求加工机床具有高刚性，刀具和工件的装夹应短小而稳固。时至今日，刮削这种加工方法几近绝迹，因为采用其他的加工方法也能达到刮削的加工效果，且速度更快，成本更低。

但工件表面的最小表面粗糙度，需采用无特定几何形状切削刃的切削式精密加工方法才能达到。重要

表1：精车可达到的最小表面粗糙度

工件材料	切削材料	表面粗糙度 Rz
钢	硬质合金，金属陶瓷	3 μm
灰口铸铁	硬质合金，金属陶瓷	4 μm
黄铜	硬质合金	2.5 μm
	金刚石	0.2 μm
青铜	硬质合金	0.5 μm
	金刚石	0.2 μm

的、磨粒黏接的、无特定几何形状切削刃的精密加工法中，除精磨和振动磨之外，还有珩磨和研磨。电化学蚀刻则不需要刀具切削刃。

9.6.2.1 电化学蚀刻

尤其在食品加工业，半导体制造业（无尘室）和医疗技术领域均对仪器装置和设备提出特殊的要求，只能通过化学或电化学表面处理方法才能满足这类要求。例如手术植入物和外科器械均要求特别耐腐蚀和特别洁净（图 1）。

如果包括微观组织在内的表面特别光滑，使污染物微粒和微生物几乎无法立足，因此可以轻易清除掉。通过电解抛光可获得这种以及其他更多的产品特性。电解抛光在设备和方法方面均类似于电镀。

工件作为阳极（正极），一个或多个电极作为阴极（负极），浸入一个充满导电液体（电解液）的容器内并接通直流电源（图 2）。通电过程中，金属离子脱离工件并作为金属盐附着在阴极上。

在工件极小的微观不规则凸起处或毛刺处电流增大。由此使这些地方的工件离子剥离的更快。从而在微观范围内（微观粗糙度）降低了粗糙度，使该处的表面更为光洁。电流强度，电解液的选用和加工过程时长等要素可用于调整金属离子的蚀刻量。一般而言，加工时长 2 ~ 20 min，电流密度 5 ~ 25 A/dm^3，温度 40℃ ~ 75℃。由于电解液一般由酸制成，工件必须在后续处理池中用例如石灰浆进行中和处理，并用硝酸进行再处理（图 3）。如果忽视这些后续处理工序，工件表面将出现表面腐蚀斑点。

对不锈钢应采用不同的、使合金成分溶入电解液的速度。由于铁和镍原子比铬原子更快地从晶格中析出，从而在工件表面形成一个特殊的铬区。但不是所有的钢种类都适宜这种方法！

电解抛光加工法几乎可加工任何规格和形状的工件。

与其他可产生类似结果的加工方法（例如高光洁度抛光）相比，电解抛光的优点在于：

- 没有抛光材料残留物压痕，不洁净的污物或微小的划痕等缺陷点。
- 加工过程中没有施加热负荷和机械负荷。
- 无扭曲变形。
- 完全充分利用了材料内部的耐腐蚀能力。

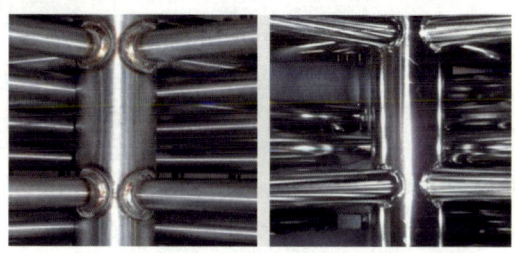

图 1：电解抛光工件，之前与之后

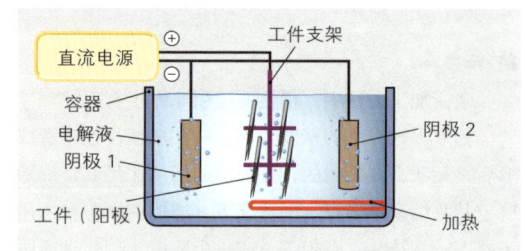

图 2：电解抛光法

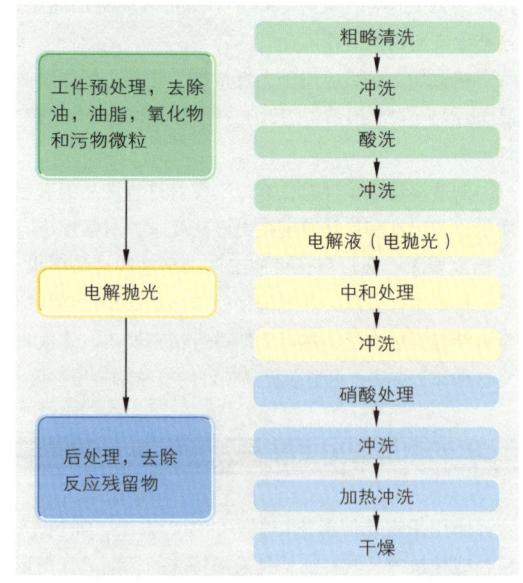

图 3：电解抛光法流程图

作业：

精密加工一个标称尺寸 250 mm 的工件。请求出 IT 5 的 R_a 和 R_z 的推荐值，单位：µm 和 mm。

9.6.2.2 珩磨

珩磨是一种采用无特定几何形状切削刃的精密加工方法。

珩磨的刀具与磨削类似，也是采用粘接的磨粒。但与磨削仍有区别：工件材料切削量更小，磨具的工作方式亦不相同。珩磨需进行多个加工阶段，所使用的珩磨条粒度越来越细，表面压强越来越小，切削速度越来越高，最终可达表面粗糙度 $R_z = 0.2\ \mu m$。

典型的珩磨加工工件是轴承衬套，凸轮轴和汽缸套。

珩磨在滑动面和导轨面上产生的浅槽是有用的，因为这些浅槽可保证润滑油膜具有良好的附着能力。

珩磨时产生两个方向的切削运动（图1）。首先，通过压紧和工件材料的移动，平整并硬化工件表面。但随着硬化的增加，工件表面的脆性同时增加。直至因此而出现材料疲劳，才由切削磨粒将这层材料切除。使用珩磨油可冲去工件和刀具上切除的材料微粒。

两个切削运动方向上刀具的长度不同，即行程不同，因此将珩磨划分为长行程珩磨和短行程珩磨。由此产生出这两种切削方法加工的工件表面典型的微观样品（图2）。

短行程珩磨又称为超级磨光加工法。其珩磨行程长度仅有几个毫米。这种珩磨典型的、向另一个方向的切削运动由工件执行（图3和图4）。短行程珩磨主要用于工件圆柱形外表面的精密加工。

珩磨条由高级刚玉或碳化硅制成，固定安装在珩磨机上。珩磨条的宽度约等于工件直径的一半。

珩磨条的结构类似于砂轮盘。这里也通过磨粒的剥离和碎裂产生磨具自锐。由于珩磨时切削速度极低（20 ~ 80 m/min），而且压紧力也很低（20 ~ 400 N/cm²），其磨具的磨耗也极低。磨耗使各个磨粒钝化，若不及时破碎，就难以形成新的切削刃。其结果是珩磨条的切削性能相对变差。

通过调换方向或重磨珩磨条可改善其切削性能。

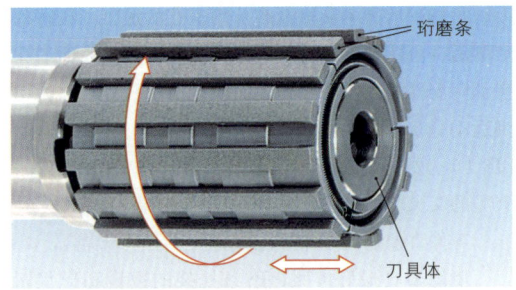

图1：内部珩磨时的切削运动

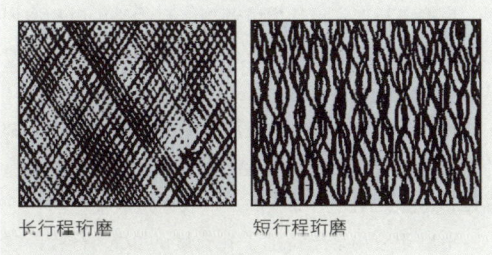

图2：珩磨后的工件表面

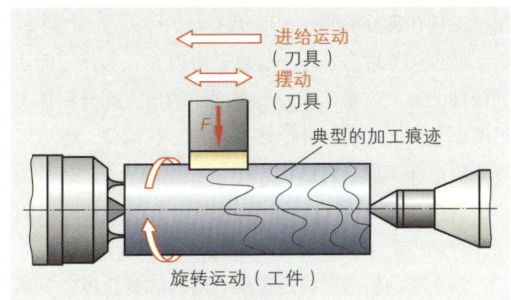

图3：短行程珩磨时的各种运动

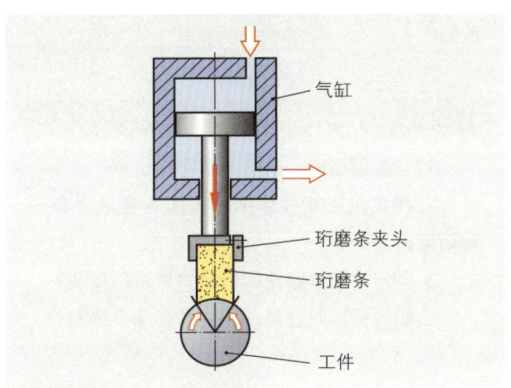

图4：短行程珩磨的工装

长行程珩磨（又称镗磨）用于孔的加工。长行程珩磨后，可达到工件的形状修正，改善工件表面的润滑油附着性能以及更好的表面质量。长行程珩磨的切削运动是行程的往复运动和内珩磨头均匀的旋转运动（图1）。这些切削运动在工件表面产生这种加工方法典型的交叉磨削纹路（465页图2）。

工件直径越大，加工行程越长。

珩磨刀具最好按照珩磨条托架的数量和形状划分。珩磨条托架是珩磨刀具的一个组成部分，磨具，即珩磨条便固定在这个托架上。

珩磨条托架常设计为可调型，目的是可以均衡加工时珩磨条出现的磨损。此外还可准确地调整珩磨刀具与所需的直径。

通过珩磨机上机电或液压控制的横向进给锥面调节珩磨条托架。快速回程运动时，珩磨条托架可迅速复位，避免对刚才所加工的工件表面造成损伤。

珩磨条应约等于待加工孔长度的2/3。行程设定的原则是，珩磨条在上下两个折返点时，其长度的1/3必须超出工件。这样可以均匀使用珩磨条，同时保证工件孔良好的圆柱体形状（图2）。

通过调节珩磨条超程长度，可以在孔的指定面达到极佳的加工效果，即刀具磨削面的最大部分所加工过的面。借此方法可补偿修正例如形状偏差，也可以有意识地加工出指定形状（图3）。

盲孔底部必须设一个达珩磨条长度1/3的退刀槽，否则将产生明显的形状偏差。

最重要的珩磨磨料是金刚石磨粒和氮化硼。其结合剂一般采用人工树脂或陶瓷。

平面珩磨是与研磨（参见467页）极为相似的一种加工方法。

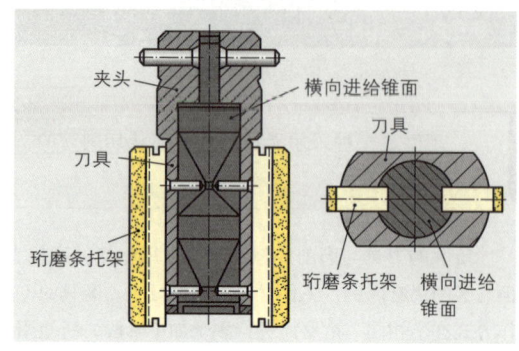

图1：内珩磨头

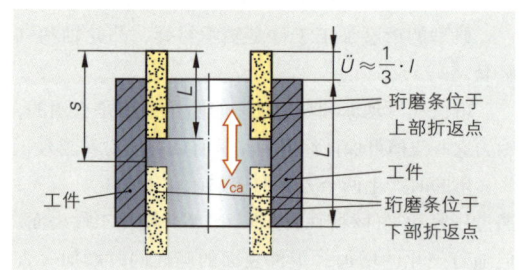

图2：珩磨通孔时的超程

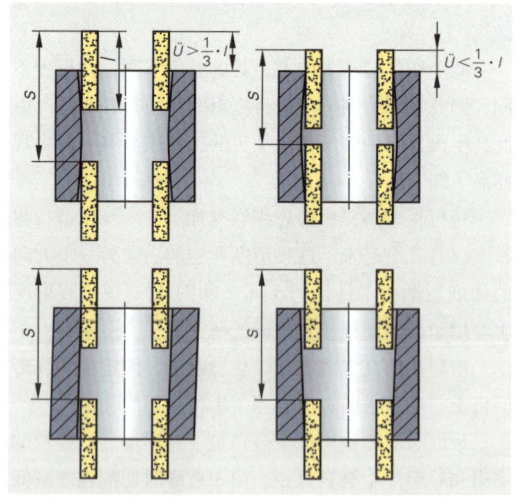

图3：形状修正法

作业：

1. 与磨削相比，珩磨具有哪些优点？

2. 精密加工圆柱体形外表面主要采用哪一种珩磨方法？

3. 如何才能使磨钝的珩磨刀具重新锐利？

4. 长行程珩时磨是必须注意哪些事项？

9.6.2.3 研磨

已知最古老的工件表面加工方法之一便是研磨。早在石器时代已使用沙子，水和木棒磨平表面。即便时至今日，研磨仍不失为一种高度发展的精密加工方法，其加工原理却未有任何改变。

研磨是一种使用松散磨粒去除工件表面的切削加工方法。

松散磨粒由一种液体一起带入工件与刀具之间。研磨可达最高表面质量（最高低于 $R_z = 0.05 \, \mu m$）和精度（图 1）。

达到这种极低表面粗糙度的原因是，研磨磨粒在刀具与工件之间滚动，从而在表面压出许多极微小的凹穴。

如果使用硬质研磨磨粒（一般是细晶铸铁），研磨磨料的颗粒滚动性能良好。由于材料表面出现硬化，这种滚动将导致材料表面微粒破裂。材料表面看上去是灰色的麻面。

如果使用软质研磨磨粒（铝，铜），磨粒之间相互卡住，通过运动产生切削作用。由此产生一个光滑表面（抛光研磨）。

如今，研磨磨料一般采用轻质矿物油或水与所需粒度研磨粉的混合物。研磨磨料一般由刚玉、氮化硼、碳化硅或金刚石组成，其粒度介于 5 ~ 100 μm。

磨料中液体的作用是使扁平的磨粒也能滚动。如果磨粒滑动，其加工结果与磨削相同。此外，这些液体具有防腐蚀，清除切除的材料微粒并封闭研磨磨料的向外通道等项功能。

加工原则：
- 研磨过程中，工件运动方向应尽可能不规则地相对于刀具，目的是避免产生规则的加工痕迹（这不是所需痕迹）。
- 使用下沉的压紧力可减少工件材料的去除量。工件表面将更细。
- 如果需产生平面，研磨盘也必须是平面。
- 研磨膏内磨料越少，工件材料的去除量也越小。
- 工件宽度应始终大于高度。这样可避免可能出现的倾覆。
- 均匀的压紧力可显著提高加工质量。

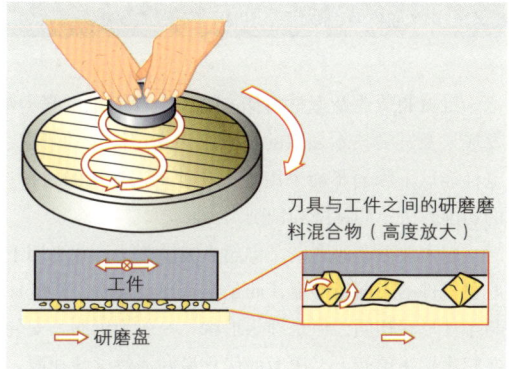

图 1：研磨原理

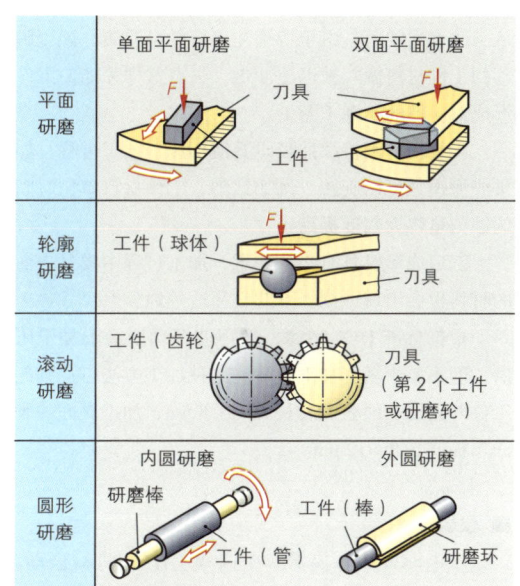

图 2：最重要的研磨方法

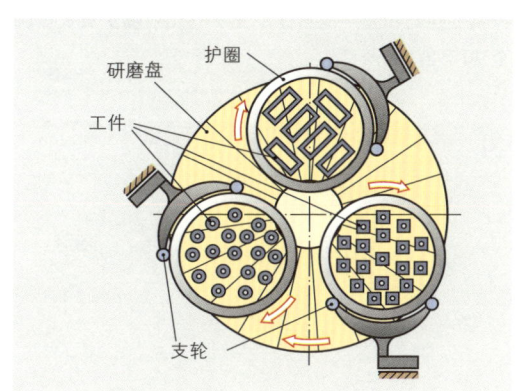

图 3：将工件装入护圈内的平面研磨

9.6.2.4　超声波振动研磨

机械制造业新型材料如CFK（化学纤维增强型塑料）或专用工程陶瓷（硅酸盐陶瓷和氧化物陶瓷）的研发成果及其高技术领域的特点已为超声波振动研磨在加工工业中开发出一个全新的应用领域。它用于那些导电性能低下因而不能采用电火花蚀刻法加工的材料。由于此类材料表面的高硬度和高脆性，已不宜采用传统的切削方法，如钻削和铣削。

超声波振动研磨，又称超声波蚀刻法，并不用于改善工件的表面粗糙度，而是制造出新形状。对应件与工件形状相同，但是理想形状，一般为钢制，安装在超声振荡单元上。压力的优化最好通过试验获取。

混合小型磨料颗粒的液体作为研磨刀具以恒定流量注入。成形模具使磨料颗粒振动，通过冲击使微粒从工件表面脱落。由于持续注入新的悬浮液，蚀刻脱落的工件材料微粒被迅速冲走。只有这样才能使工件形成对应件的轮廓（图1）。

反复提升和持续抽吸研磨液加速了加工进程。如果成型模具可以旋转，例如钻削，工件材料单位时间的蚀刻量将大幅度提高。

制造成形模具时必须注意，加工过程中模具表面的材料也会出现蚀刻。因此必须适量地放大尺寸。

根据标准 DIN 8589，超声波振动研磨归类于研磨，但不属于精密加工方法。这种加工方法可达到的工件外轮廓表面粗糙度是 $Rz\ 5 \sim 8\ \mu m$，加工底面的表面粗糙度是 $8 \sim 12\ \mu m$。

■ 仪器技术

压电陶瓷声转换器产生高频（HF）机械振动，该频率与交流电频率相同。高频交流电压（19 kHz 至 22 kHz）则由一个超声振荡器发出。声转换器，振幅变换器和超声波振荡单元（马松喷嘴）放大振幅至 $20 \sim 40\ \mu m$。

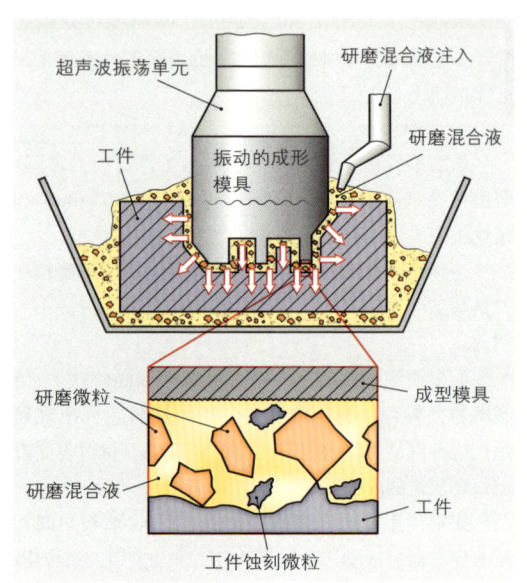

图 1：超声波振动研磨

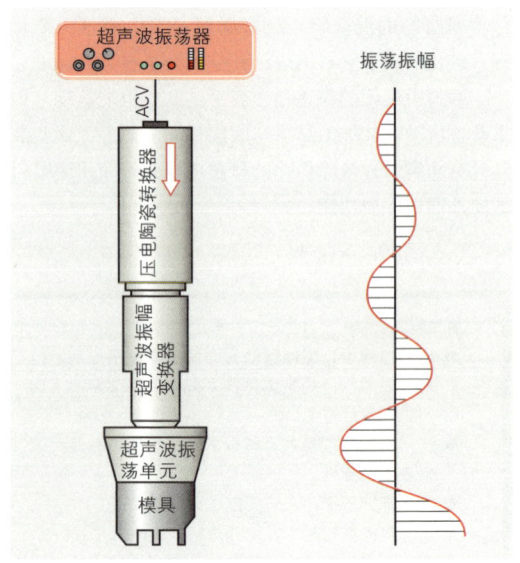

图 2：仪器技术和振幅放大

9.6.2.5　电火花蚀刻切削

如果认真观察一辆行驶里程已很长的旧汽车发动机的气缸活塞，可见活塞上部表面的严重损伤，但这里并没有出现摩擦。其原因是发动机使用寿命之内数百万次的点火电火花。

这种材料损伤效应应用到电火花蚀刻切割法则意义非凡。使用这种又称蚀刻切削的加工方法可以切削或插入所有导电材料。因此，这种加工方法可划分为电火花蚀刻沉孔法和电火花蚀刻切削法。电火花蚀刻切削又称线切割，因为加工时电极是一根循环的、一般由铜－锌合金制成的导线。用这根导线可以非常精确地切削淬火钢，甚至硬质合金（图1）。

待加工材料的硬度或其可切削性在线切割加工法中并无意义。

根据机床结构的不同，可向工件和刀具施加从20～150 V的脉冲式直流电压。工件和刀具这两种金属均变成电极。电极之间是非导电的液体（电介质）。该液体的作用是在以火花形式强烈放电之前形成一个强电场。这种放电在极短时间内可产生高达12000℃高温，足以熔化和气化两个电极表面的材料微粒（图2）。

通过这个过程，工件表面逐步形成一个与模具相反的形状。电介质（矿物油，脱盐水）冷却并冲洗蚀刻下来的材料微粒。调节放电电流强度（最人可达100 A）可控制材料蚀刻的厚度。放电电流越大，表面质量却越差。显微镜下蚀刻后工件表面许多微小的凹穴清晰可辨。这些凹穴可使润滑材料在均匀的材料表面产生良好的附着力。

这种线切割加工方法的缺点主要在于加工时相对较高的模具成本。由于模具自身也受到损害，必须经常对模具进行精加工，用于加工出形状理想的第二个对应工件。此外，精加工时的切削效率极低。由于高昂的加工费用，这种加工方法只用于材料表层尽可能不允许受加工热量影响的工件。

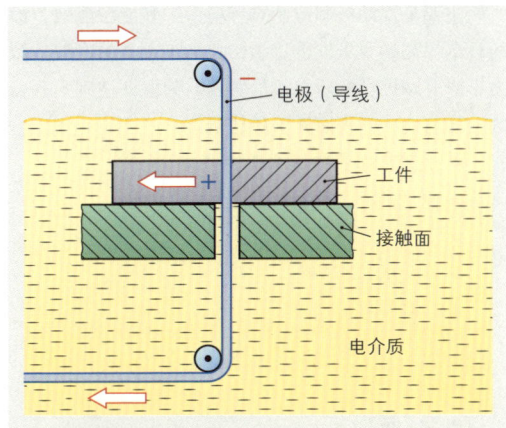

图1：线切割原理

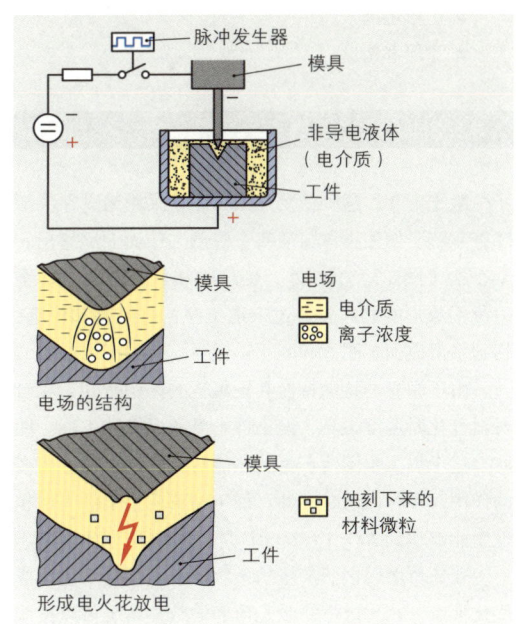

图2：蚀刻切削的作用方式（电火花蚀刻沉孔法举例）

作业：

1. 研磨如何达到尽可能低的表面粗糙度？

2. 出于何种原因采用这种费用相对高昂的电火花蚀刻加工法？

9.6.3　结构式加工方法

主要是发动机制造业对环境保护和能源能效方面的日渐提高的要求推进着结构式加工方法的发展。致力于研究摩擦学的研究人员发现，为保证达到下列目的，如何使工件表面处于最佳状态：

- 滑动工作面的高承载能力。
- 更低的润滑材料耗用量。
- 更低的磨损。
- 优化的运行特性。
- 一种特殊的附着。

对此，合适的加工方法有：

- 激光珩磨。
- 激光成型法。
- 定位珩磨。
- 仿形珩磨。
- 涂层和珩磨。

9.6.3.1　激光珩磨

激光珩磨，这种精密加工方法是采用激光在一个摩擦系统（例如缸体与活塞）滑动工作面上烧熔出一个小槽（图1）。槽深处，熔融物和氧化物形成多个边缘不成形的凸起。通过下道工序：打毛刺和珩磨，达到平滑表面（图2和图4）。

由于激光的特殊特性和极短暂的作用时间，尽管材料气化时温度很高，但工件本身的温升并不高。因此，这个加工步骤所产生的热能对工件材料特性改变的作用几乎可以忽略不计。加工结束后，工件表面粗糙度能够达到 $Rz = 1 \sim 2 \, \mu m$，是良好的滑动面。

普通珩磨因偶然产生的条纹使表面结构不能形成优化形态，相比之下，激光珩磨的数控系统可以按照工艺给定数据准确加工出槽的位置、深度和结构。

由于槽内润滑材料能够汇集，因此可以更小的磨损获得更好的滑动性能，与此同时，由于明显降低了滑动面之间的摩擦力，使用寿命也得到提高。

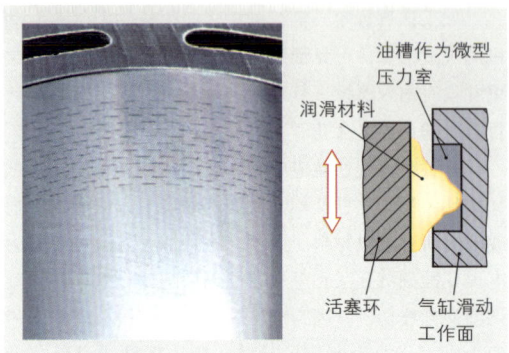

图1：激光珩磨后气缸的滑动工作面

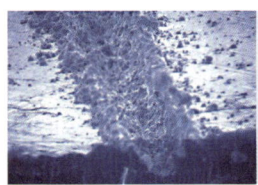

图2：激光处理（左图）和接着进行珩磨（右图）之后的表面结构

图3：激光加工发动机缸体

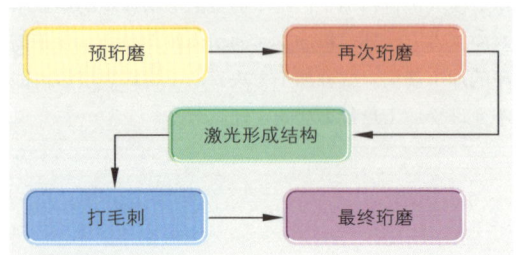

图4：激光珩磨的加工步骤

9.6.3.2　激光成型加工法

一对材料之间更好的滑动性能并不总是加工的目的。在某些情况下，制造出一种特殊的表面，在结构上更为重要，用以达到例如不同零件之间更好的粘附效果，或制造出高技术材料，如薄层太阳能电池组件，化学过程的催化净化装置或微型装置。

通过一种特别成型的字母也可在产品表面形成一段防伪保护、对比强烈且持久稳定的文字。数控激光几乎可以制成所有所需的结构，直至许多材料表面的微观领域（图1）。即便极其微小或复杂的三维形状也可以制造。整个过程快速且不会产生刀具磨损。

激光光束照射在材料表面后产生高温，其温度之高足以使材料微粒气化（图2）。由于通过透镜可以非常迅速且精确地控制激光光束，所以即便是非常复杂的结构也不成问题。

用于激光加工的机床一般专用于特殊产品加工，因此常在特种机械制造业制造。由于对微结构加工的需求日趋旺盛，已经有首批机床制造商开始选择将激光成形加工法制成5轴CNC加工中心（图2）。玻纤激光扫描头通过HSK（空心锥杆）接口可在短短几分钟之内装入机床。这样便没有必要将铣削后的工件更换装夹进行下道工序的加工。

激光成型加工法的发展使之在机械切削技工任务范围内的地位上升，尤其在刀具和模具制造领域。

激光束的产生方法各有不同。在加工技术领域内经常采用玻纤激光。其特征是相对简单，结构紧凑，使用寿命长（图3）。

使用激光设备的企业实行特种事故防范条例。也适用职业协会条例BGV B2激光射线。例如，企业主必须书面认定激光防护委托人。

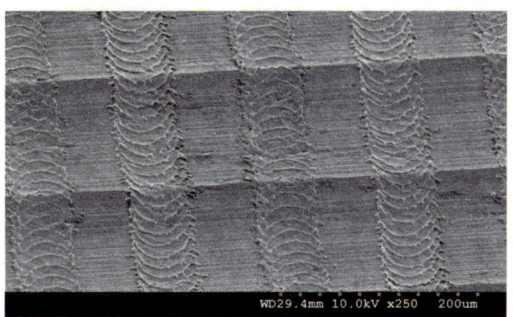

图1：激光成型加工法加工的工件表面

图2：激光加工

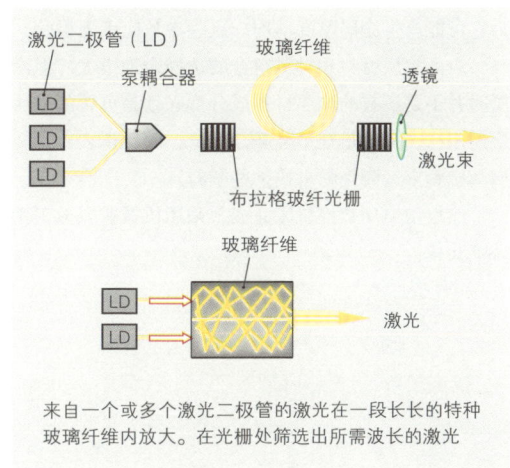

来自一个或多个激光二极管的激光在一段长长的特种玻璃纤维内放大。在光栅处筛选出所需波长的激光

图3：玻纤激光的功能

9.6.3.3 涂层与珩磨

特种零件要求某些相互矛盾的材料特性，例如基体要求质轻，价廉物美且易于切削，表层却要求坚硬耐磨。这样的材料特性在任何一种单体材料中都难觅踪迹。

因此便研发出种种使两种材料涂层良好结合的方法，它们可以满足多种极高的苛刻要求，如高热，强振动，持续的化学侵蚀，持续的摩擦，使用寿命长，等等（图1）。这种结合必须具备高粘附强度。其中的热喷涂法已经在 DIN EN 657 标准化（图1，图2和图3）。

表面未涂覆其他材料之前，必须先打毛，去脂，干燥，因为绝大部分的黏附属于机械连接。钻削或车削这类切削方法可以达到所需的表面粗糙度。

接着将喷涂添加剂，金属丝或粉末，加热至各自的熔点（图4）。糊状直至液态的材料微粒现在以高速（100～2000 m/s）喷涂到基体材料上。爆裂的球形微粒包围材料表面的凸起，并在冷表面迅速冷却。工件表面并未熔化，仅有适度温升。至此便形成一个所需的表面涂层，例如坚硬耐磨并可延展。

在最后一个步骤中，必须用传统的珩磨加工法处理新形成的工件表面，满足径向跳动，尺寸偏差和表面质量等工艺要求。最后结果是，工件表面致密无孔，很大程度上无裂纹，微观结构同质。位置、尺寸和形状精度等只能通过定位珩磨有限地予以均衡，因为它可能产生涂层厚度不均。这些参数应事先检验。

表面涂层材料和材料组合的选择余地很大。但涂层时并不是所有的涂层材料成分都必须是可熔的。涂层所用材料可以是众多金属，合金，碳化钨粉末，金属陶瓷粉末，陶瓷粉末或某些塑料。

涂层由专用数控机床完成，采用机械臂或人工手持喷涂枪。

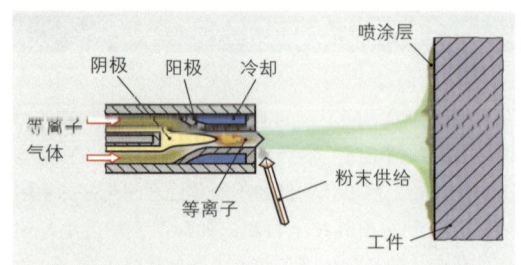

图1：等离子喷涂

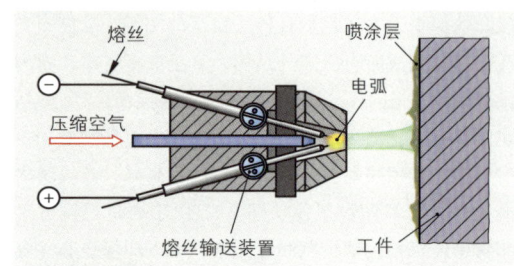

图2：电弧喷涂

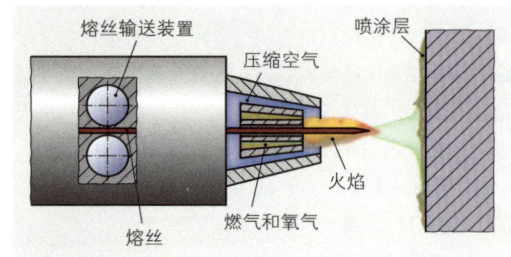

图3：火焰喷涂

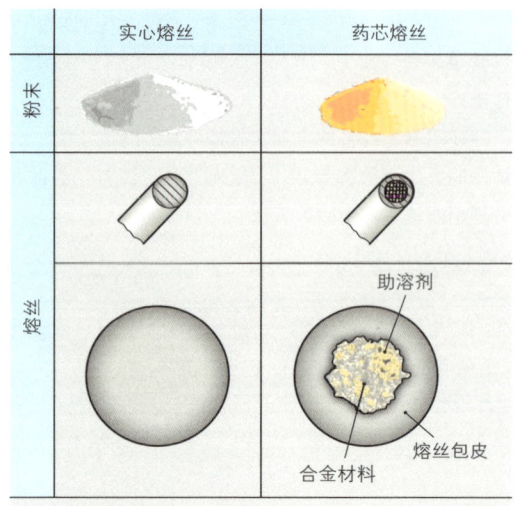

条，棒或液体的使用极为罕见。

图4：喷涂添加剂

10 加工系统和生产过程

VEL 机械股份有限公司计划批量加工生产图1所示花键轴。这里，花键轴需有多种不同的改型和尺寸，用于不同的产品。

作为 VEL 机械股份有限公司的员工，您接受的任务是，分析生产花键轴所需的生产过程，以及合适的加工系统和物流系统。

利用关于运行特性数值的知识技能计算生产过程。

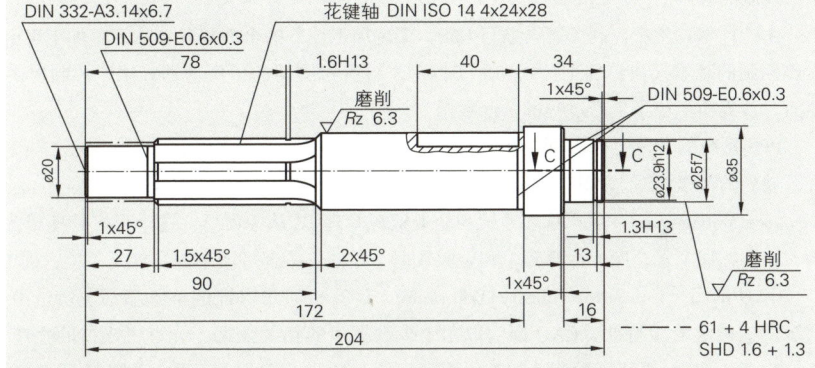

图1：花键轴

10.1 生产过程的计划

> 生产过程的计划包括企业所有生产部门。设计，工艺，加工和装配以及质量安全等所有生产部门均始终处于彼此相互作用的状态。

今天，这些部门之间生产过程计划的绝大部分只有通过计算机支持的系统才能完成。图2所示是一个企业不同部门之间的网络示意图。企业生产部门之间的信息流始于订单加工，并最终产生生产的计划和控制。

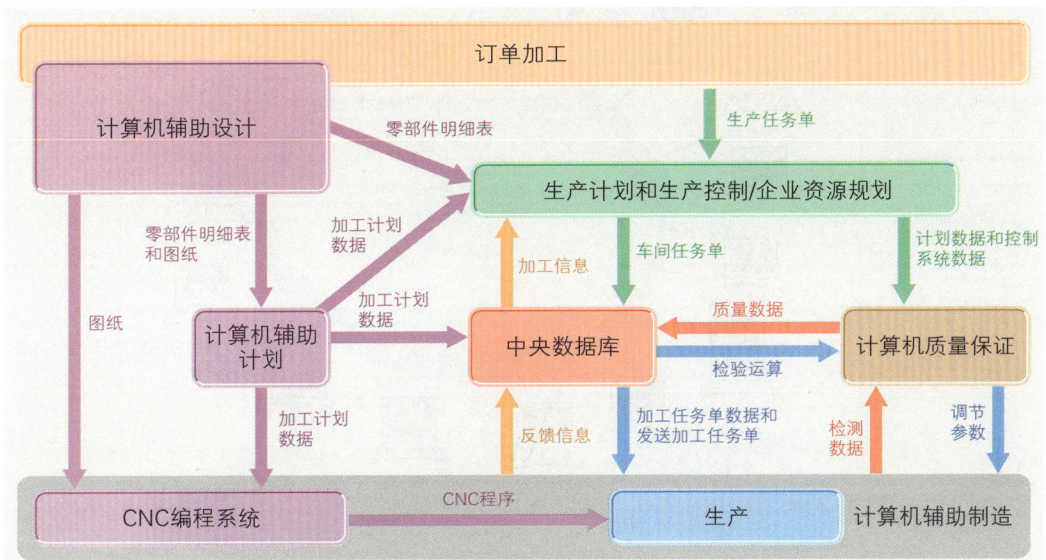

图2：生产过程网络示意图

订单加工的基础是设计部门的信息。设计部门制作加工图纸和零部件明细表。在现有加工图纸数据的基础上编制 CNC 程序。计算机支持设计称为 CAD（Computer Aided Design，计算机辅助设计的英语缩写）。

根据 CAD 编制的设计技术资料制作生产所需的加工计划。由计算机支持制作加工计划称为 CAP（Computer Aided Planning，计算机辅助计划的英语缩写）。这里确定零件，部件和成品的每一个加工步骤和装配步骤。此外，还确定每个加工步骤的时长。加工计划一方面用于编制 CNC 程序，另一方面用作生产计划和生产控制的基础。

生产计划和生产控制（德语缩写 PPS）支持加工任务的全面展开，从订单加工直至产品发运。生产计划和生产控制的基本模块是加工计划和加工控制。计算机支持的生产计划和生产控制提供一个管理中央数据库的界面，该界面汇集了生产过程的全部数据。

PPS 系统的功能已扩展到企业的所有部门，它们又可称为 ERP 系统（Enterprise Recource Planning，企业资源规划的英语缩写）。图 1 所示是 ERP 程序的模块"PMS-ERM"（Produktions-Management System -Enterprise Resource Management，生产管理系统 – 企业资源管理）。从中可见，这个程序管理着各个不同的企业部门（采购，销售，加工，仓库，计算等）和企业数据（零件，零部件明细表，加工工位，加工计划，人员等）。

CAQ 部门（Computer Quality Assurance，计算机质量保证的英语缩写）负责由计算机支持的质量保证系统。为确定检验特征，CAQ 部门取用中央数据库的相关数据。计算机支持的生产 CAM（Computer Aided Manufacturing，计算机辅助制造的英语缩写）从 PPS 或 ERP 系统获取车间加工任务单。由 PPS 或 ERP 系统管理的加工控制系统计算出在哪个加工工位用多长工时进行生产加工。车间任务单执行完毕后，各个加工工位反馈加工信息。

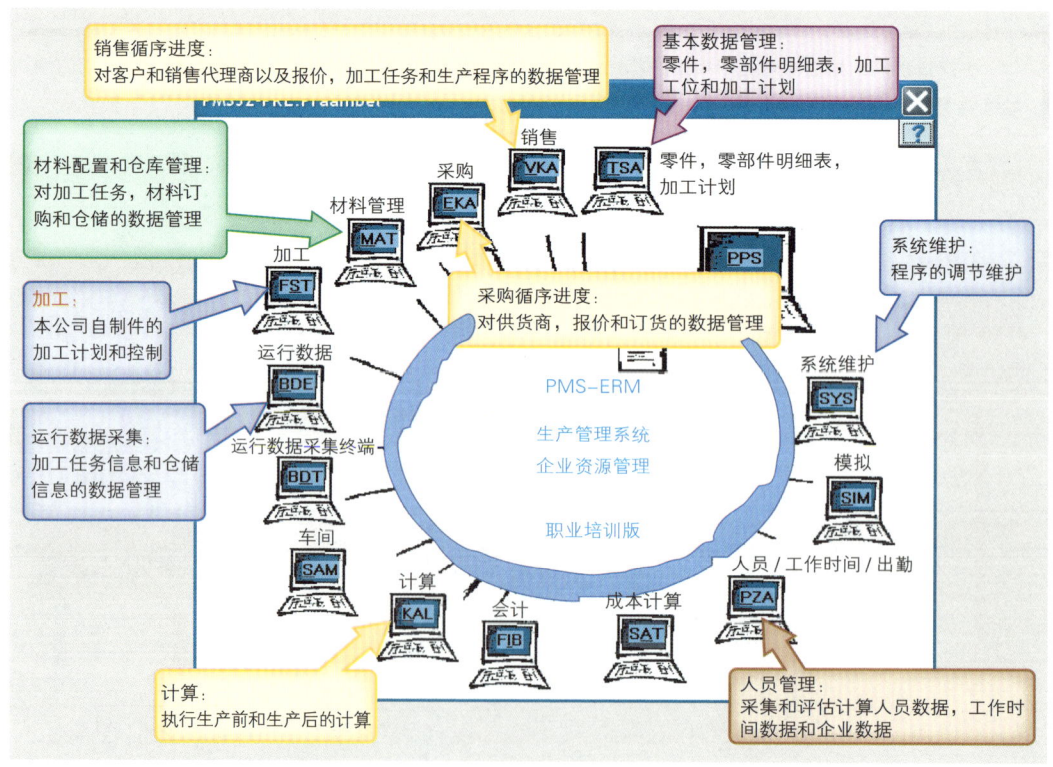

图 1：ERP 程序"PMS-ERM"模块

10.1.1   加工计划

一个企业的加工计划涉及其待生产产品的总体性。加工计划应确定如何组织各个产品的生产流程。按照产品的初步计划制定流程计划。图 1 列举的花键轴加工粗略计划描述了加工工位的顺序，并标注出各个加工工位的生产时间。

用精细计划计算生产过程中的加工时间（准备时间和单件加工时间，以及每单位所需时间）。这里将详细列举各加工工位上各加工过程的加工顺序。接着确定单个加工过程的主有效时间和辅助时间。所有主有效时间和辅助时间的总和将作为单件加工时间和每单位所需时间与附加费用一起汇总。

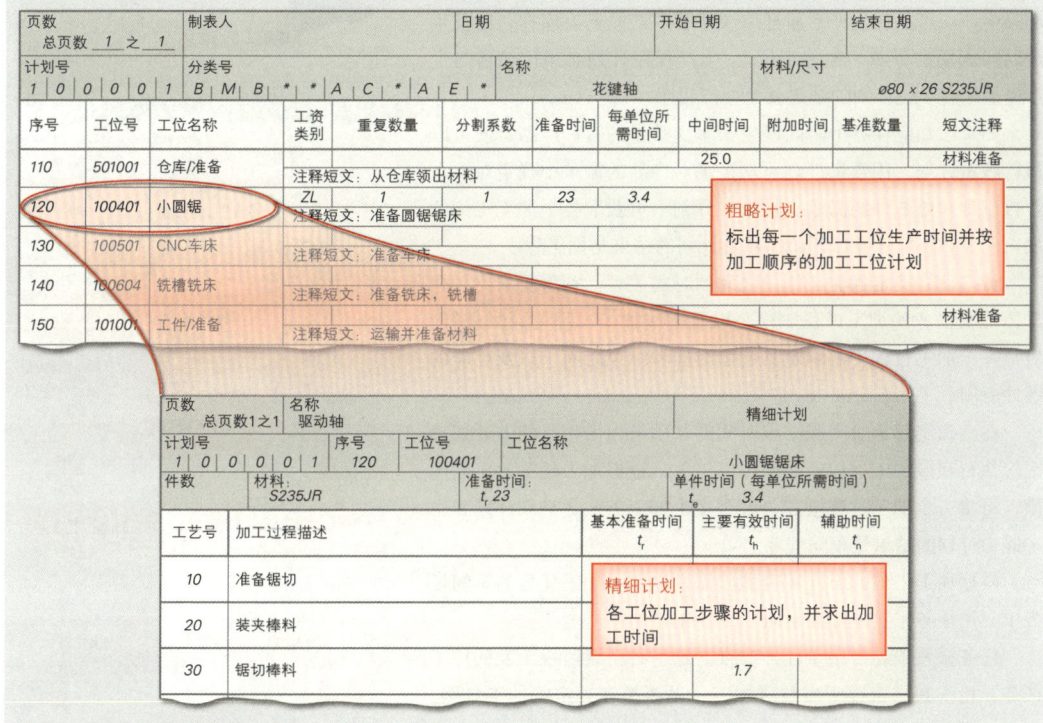

图 1：粗略计划和精细计划节选

所有待加工产品的粗略计划制定完毕后，接着可制订材料流和信息流的流程计划。粗略计划用作生产中制定加工过程的基础。

根据流程计划制定出生产设备计划。该计划确定一个相应加工工位上所有必需的机床，工装，刀具等加工所需装备。

对加工工位还需定义加工时间和休息时间。同时应确定加工的企业日历时间。即加工只能在企业日历的工作日才能进行。企业日历是企业自己制定的工作日日历，它是制定加工计划不可或缺的要素。

用加工成本计划计算一个加工工位的基本加工成本。加工成本计划的重要组成部分是确定每个加工工位的工资成本和机床运行小时成本，以及非生产性费用附加费。

10.1.2　加工控制

根据现有的客户订单实施加工控制。加工控制很大程度上反映出产品从任务入厂直至产品交货的全程信息流。加工控制的基础是中央数据库，这里存储着关于产品（加工计划，零部件明细表等）的全部信息和关于加工工位的全部数据。

生产程序计划是加工控制的第一项任务，它确定待加工产品的类型和数量。一方面，将具体的客户订单纳入这个计划，另一方面，需预测产品可能的销路，并进行与不针对具体客户的通用产品生产。产品的生产数量还取决于哪些产品已有库存，以及生产时可调用的资源（加工工位）。生产程序计划必须使销售与生产密切结合。该计划的结果就是生产程序。

如果已知应在哪个时间段生产多少数量的哪种产品，便可以执行数量计划。用数量计划可从市场对产品的需求中确定对本企业自制件和外购件的需求。从数量计划中可获取各个加工工位的加工任务和装配任务。因此，数量计划的结果是加工程序。

日期计划确定各加工任务之间的时间关系。它需要求出一个具体加工任务的加工过程顺序，以及哪些加工过程可同时进行。对每一个加工过程均需制定其起始时间和结束时间，以及可能的缓冲时间。

在已确定起始时间和结束时间的基础上，由生产能力计划确定应执行相应加工过程所需的加工工位。根据加工任务的不同规模，可将一个加工过程按需分解至多个加工工位。日期计划和生产能力计划的结果是车间程序。

根据加工工位的可使用性检验派发生产中加工任务的车间任务单。用任务派发单可编制加工任务分配文件。

任务派发单还可用于任务监视。这里将持续监视派发的加工任务，检查其是否按所需数量加工，是否遵守约定的加工日期。一旦确认实际情况与计划之间出现偏差，应由任务监视制定相应的对应措施。加工任务单制定完毕后，应向任务监视发回反馈信息。

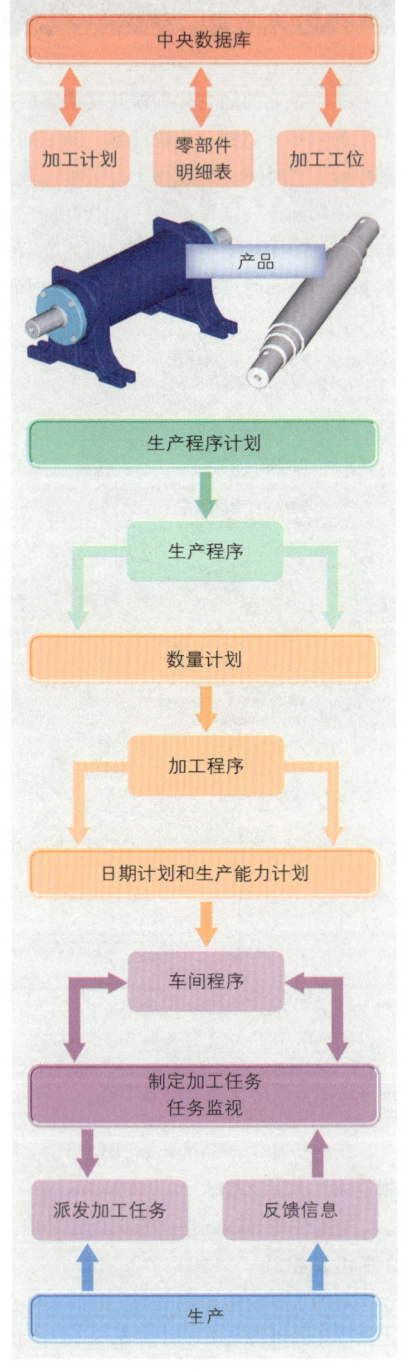

图1：加工控制的信息流

10.1.3 工时的计算

为计算单件工资成本和机床成本，有必要求出完成加工任务所需时间，即工时（图1）。工时始终与加工工位相关。它涉及人工工位和机床工位。

若涉及人工工位，应在基本时间（工作时间）内加入休息时间和非作业定额时间附加费。若是机床工位，若使用自动化机床，一般只在基本时间内加入非作业定额时间附加费。工时不包含材料的停放时间和运输时间（中间时间和输送时间）。

工时的计算方法是，用准备时间 t_r 和每单位所需时间 t_e 乘以单个任务每单位所需生产的数量（批量）。一个单位一般由一个工件或一个部件组成。若是这种情况，每单位所需时间亦可称为单件时间，每个单位的数量又称为件数。

准备时间 t_r 是一个加工任务前期准备和后期准备所需的时间。例如图纸阅读，CNC 编程，刀具准备或启动机床等行为均可列入准备时间。一个任务（批次）只计算一次准备时间，它与加工任务的件数无关。计算加工工位或机床准备的基本准备时间时，某些过程，例如机床的启动应采用非作业定额准备时间进行计算。

每单位所需时间 t_e 指每个加工工位的加工时间。它与准备时间一样计入基本时间和非作业定额时间和休息时间。加工过程的基本时间 t_g 从主有效时间和辅助时间的总和中计算得出。装配过程中，直接制定各个装配过程所需的基本时间。

主有效时间指刀具的加工运动所需时间。切削加工时，刀具在这段时间里切入工件或刀具位于工件前后的附近位置。

辅助时间由不同的时间成分组成。机床加工时应将下列时间视为辅助时间：

- 工件装夹的装入，换装和卸下所需时间。
- 刀具快速趋近行程运动所需时间。
- 工件检验所需时间。
- 更换刀具所需时间。

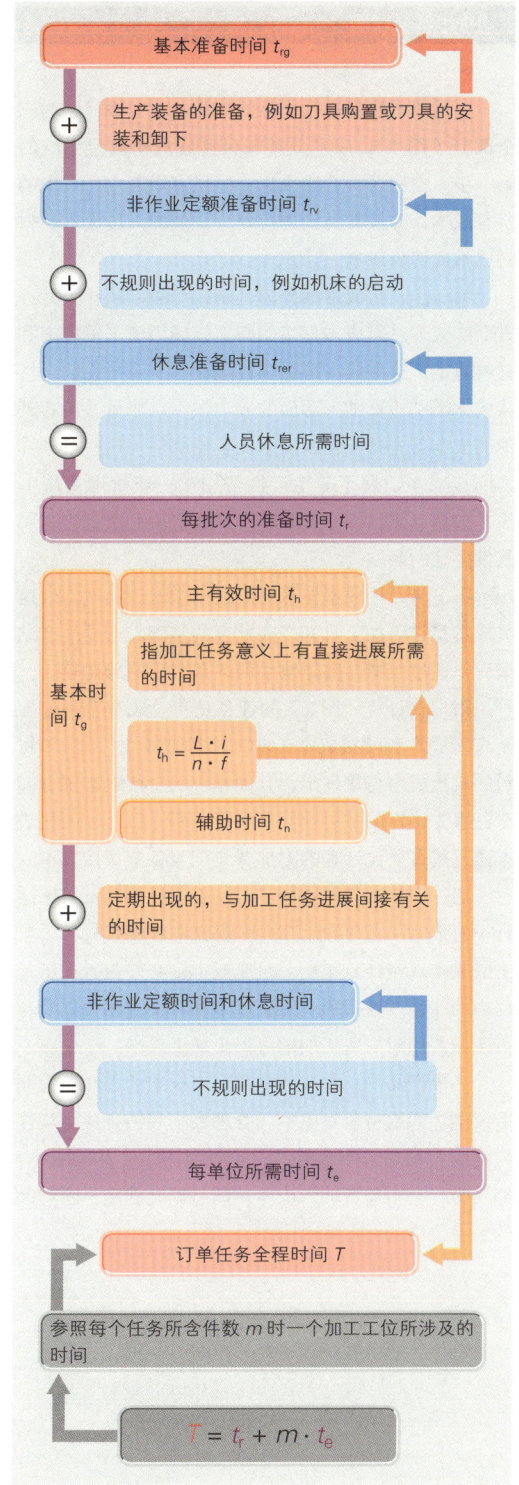

图1：工时的计算

10.1.4 核算

通过成本账目进行产品的核算。成本账目分为三个部分（图1）。成本分类账目完成成本账目系统的第一步。使用这种方法采集一个核算周期内所产生的所有成本，并按其类别进行划分，例如人员成本，材料成本或销售成本。

第二步，将成本细分为已制成产品以及相关劳务方面的成本。但成本直接的归类只能用于工资成本和材料成本。这些成本可称为直接成本。可将它们直接从成本类别核算纳入后面的成本核算点账目。所有其他的成本首先归入它所发生的企业部门。这些成本称为间接成本，属于非生产性费用（一般管理费用）。成本核算点账目回答那些非生产性费用无法直接归属其发生地的问题。

第三步，用成本核算对象账目求出产品成本。这些成本是订单加工及其产品预算的基础。产品生产结束后，通过复核与实际发生的成本费用进行比较。

附加费计算（图2）的任务是将总成本费用分配至直接成本和间接成本（非生产性费用）。工资和材料的直接成本直接列出，其他相应的直接成本则分摊至已事先确定的非生产性费用附加费。因此，间接成本通过按百分比计算的附加费分配至各个直接成本。

通过一个加工工位的工时和工资成本以及机床运行小时成本（图3）计算出工资成本和机床成本。与工资成本直接计算相比，机床成本则必须归入加工过程中的非生产性费用。工资成本和与工资相关以及与机床相关的附加费相加即可得出加工成本。

一个产品的总材料成本与加工成本的总和称为制造成本。如果将研发成本，管理成本和销售成本均作为附加费用加入制造成本，可得出一个产品的成本。如果将盈利附加费加入成本，即可据此确定一个产品的销售价格。

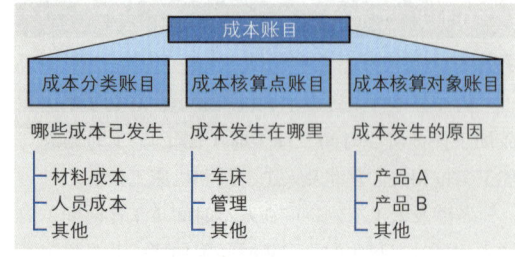

图1：成本账目的分布区域

	材料直接成本
+	材料的一般管理费用
=	**材料成本**
	工资直接成本
+	与工资相关的加工时的非生产性费用
+	与机床相关的加工时的非生产性费用
=	**加工成本**
	材料成本
+	加工成本
+	加工时的特殊直接成本
=	**制造成本**
+	研发成本和设计成本
+	管理和销售性一般管理费用
+	销售时的特殊直接成本
=	**成本**
+	盈利附加费
=	**销售价格**

图2：附加费计算

成本类别	成本，单位：欧元/小时
折旧费用计算	
$\dfrac{购置价格}{使用期限 \cdot 使用时间}$	
利息成本计算	
$\dfrac{购置价格}{2 \cdot 使用时间} \cdot \dfrac{利率}{100\%}$	
房租费用	
$\dfrac{面积需求 \cdot 计算的租金价格}{使用时间}$	
能源成本	
功率 · 电价	
维护保养费用	
$\dfrac{购置价格}{使用时间} \cdot \dfrac{维护保养费用}{100\%}$	
机床运行小时成本	
各成本费用的总和	

图3：机床运行小时成本的计算

10.2 加工的组织

当今已有多种不同的加工组织原则。根据加工组织原则确定加工机床和加工工位的空间排列。同时还相应地确定原材料，零件或部件应如何和以何种顺序进入生产。于是，加工任务的材料流和信息流便按照这个流程顺序贯穿整个生产过程。

加工原则可划分为车间加工，成组加工和流水线加工等多种类型。

车间加工（图1）的特征是，在一个车间内将加工方法相同的机床汇合组成一个加工技术单元。按照这种组织形式，一个车间内，例如所有的车床在空间上彼此相邻。一个待加工零件必须将所有所需工段依序逐个走完。这种组织原则的后果是各个加工工位之间长长的运输距离。车间加工组织原则主要应用于小订单型单件加工和混合型小批量加工。

成组加工（图2）时，将完整加工一个已定义工件组所需的不同加工方法的机床汇集成组。在一个机床组内部，材料流是可变的。在全部加工范围内，在相互关系的上层层面，机床组作为一个单元仅需一个控制系统。由于这个单元一般可完成一个工件的全部加工，可以减少运输过程的次数。机床彼此之间的界线与产品相关，在每个组内可形成数量众多的多种组合。

流水线加工（图3）时，由工件加工过程的顺序确定机床的排列布置。流水线加工的优点导致其结果无论在加工过程的全部环节还是个别环节始终是相同的，或至少是类似的。它按照产品的划分排列布置机床的空间位置。但采用流水线加工的前提条件是件数，即充分使用这种方法排列的机床所能带来的令人满意的件数。流水线加工的典型应用范例是汽车制造。

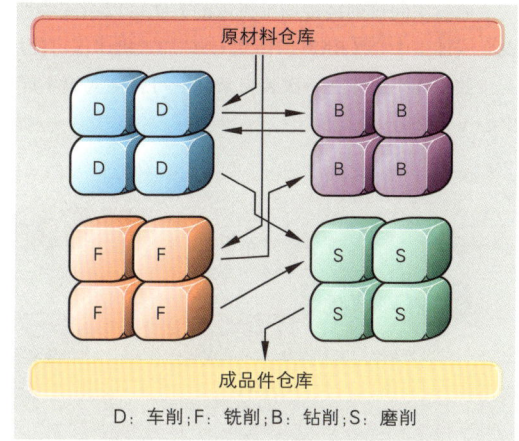

D：车削；F：铣削；B：钻削；S：磨削

图1：车间加工

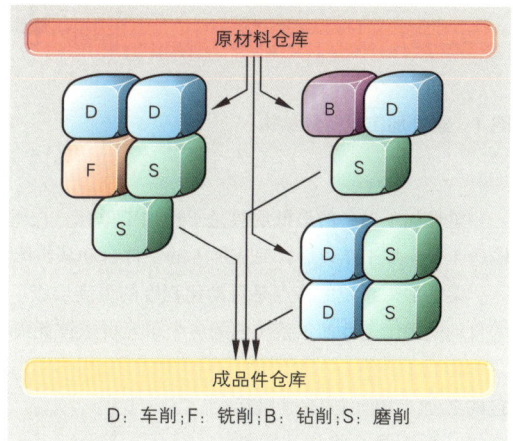

D：车削；F：铣削；B：钻削；S：磨削

图2：成组加工

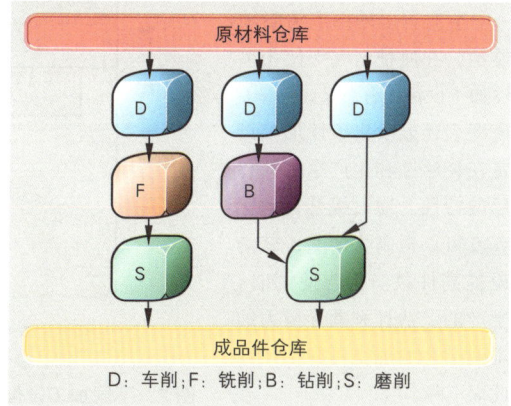

D：车削；F：铣削；B：钻削；S：磨削

图3：流水线加工

10.3　柔性加工设备和加工系统

通过空间排列链接加工机床的方法可以组成柔性加工设备（图1）。柔性加工设备的基本组件是数控加工机床或加工中心（BAZ）。使用 CNC 加工机床仅可使用一种加工方法。

如果加工机床在一次装夹条件下可自动实施不同的加工方法（例如车削，铣削和钻削），我们称之为加工中心（BAZ）。

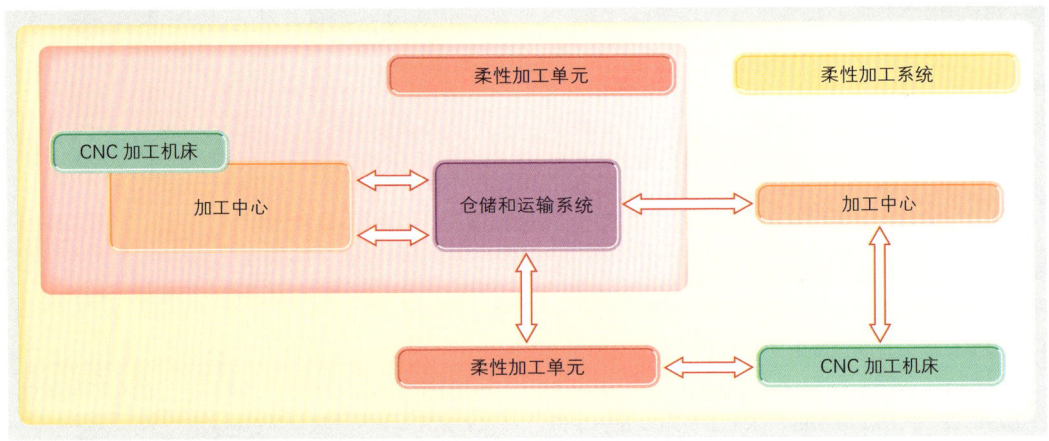

图1：柔性加工设备的结构

柔性加工设备的最低层级是柔性加工单元。这里，由一个工件存储机构向 CNC 加工机床或加工中心自动输送工件。加工结束后，完成加工的工件自动从机床取走。

柔性加工系统的特点是自动化程度的更高层级。通过 CNC 加工机床与加工中心或柔性加工单元之间工件的自动输送，柔性加工系统内的各个单元可以彼此连接起来。

柔性生产线是一个特例，它的各加工单元按序列相互连接。后面几页将详述柔性加工设备。

本文右边的图表清晰地显示，在何种情况下使用柔性加工设备才有意义（图2）。该图表还显示出柔性加工设备在灵活性和生产率之间相反的特性。通过提升自动化程度可以提高生产率，就是说提高件数。但与此同时，生产的灵活性和差异极大的不同工件的加工可能性却因此而下降。

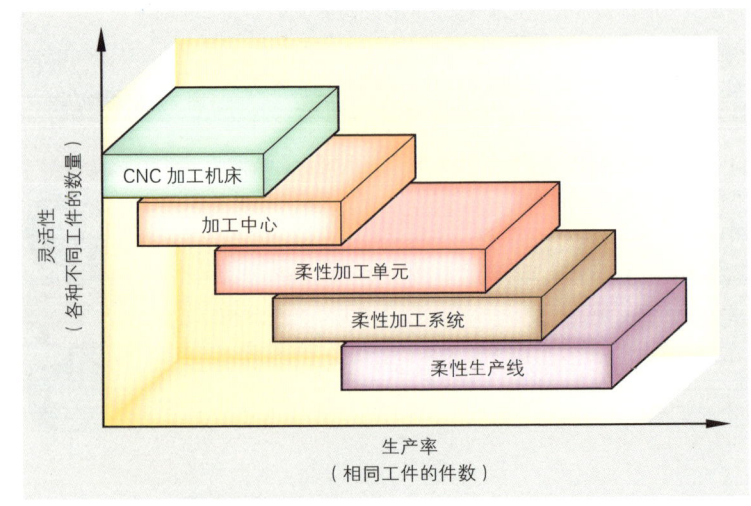

图2：不同加工设备的灵活性和生产率

10.3.1 单机系统

仅使用一台配装辅助外设的加工机床即可进行柔性加工。

■ **CNC 加工机床和加工中心**

CNC 加工机床作为柔性加工设备的基本组件属自动化程度最低层级。机床控制系统计算机担负切削运动和进给运动以及刀具更换等自动控制任务。它与加工中心的区别是，CNC 加工机床主要只使用一种加工方法（例如车削）。

而使用加工中心则在一次装夹的条件下完成一个工件的多种加工运行（图 1）。使用回转工作台可加工工件的外表面。附加工件托盘更换台可在一个工件加工过程的同时装夹另一个工件。

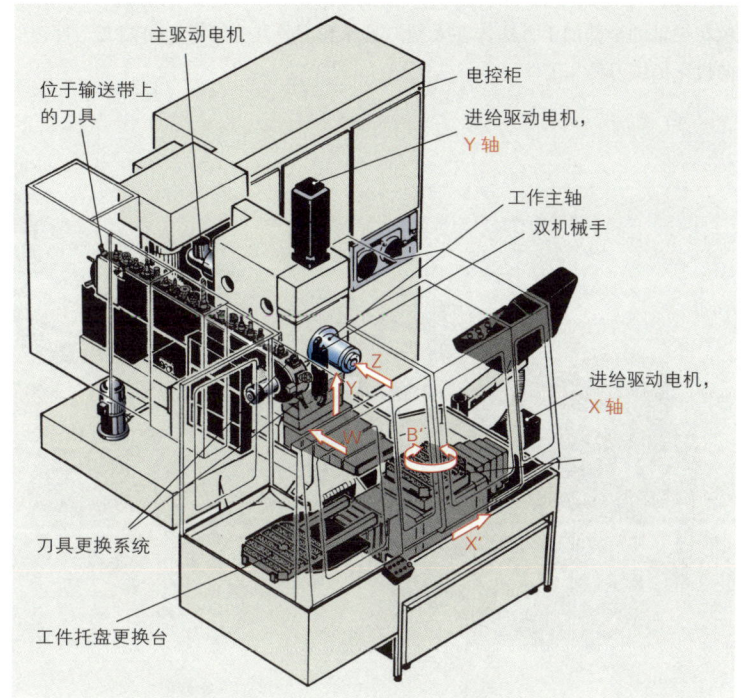

图 1：装备工件托盘更换台的加工中心

CNC 加工机床的特征（图 2）：

● 单台机床方案。

● 主要采用一种加工方法加工一个工件。

● 自动化刀具库。

● 自动控制进给运动和切削运动。

● 使用机床内部控制系统计算机进行刀具自动更换。

加工中心的特征（图 3）：

● 单台机床方案。

● 一次装夹即可采用多种加工方法加工一个工件。

● 自动控制回转工作台用于加工工件外表面。

● 自动控制进给运动和切削运动。

● 自动化刀具库和使用机床内部控制系统计算机进行刀具自动更换。

CNC 加工机床和加工中心构成柔性加工设备的基本组件。

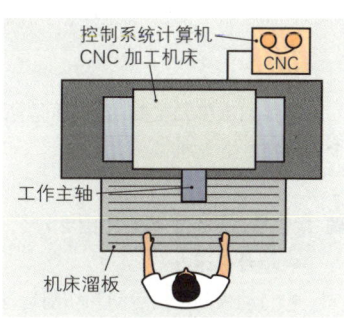

图 2：CNC 加工机床

图 3：加工中心

■ 柔性加工单元

柔性加工单元是柔性加工设备的最低层级。通过对 CNC 加工机床或加工中心扩展加装工件存储机构，输送系统和刀具更换站，即可组成一个柔性加工单元（图 1）。下图所示的柔性加工单元可以实施加工 473 页所示花键轴的全部加工方法。在大型刀具库和刀具装夹站旁边是两套工件存储机构，它们通过直线门式机器人向机床提供刀具和工件。

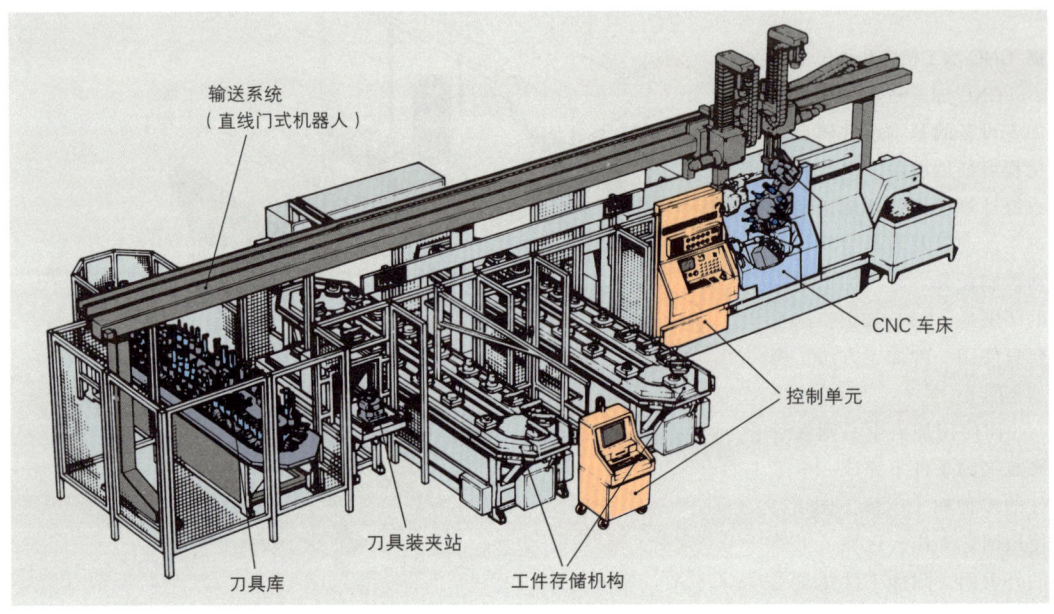

图 1：柔性加工单元的结构

柔性加工单元主要用于不同类型零件的中小批量加工。柔性加工单元不能使用完全不同的加工方法对一个部件实施全部加工。

■ 柔性加工单元的特征（图 2）

- 单台机床方案。
- 自动控制进给运动和切削运动。
- 自动化刀具库和使用机床内部控制系统计算机进行刀具自动更换。
- 自动存放工件。
- 一个共用的工件输送系统连接刀具库和工件存储机构。
- 自动准备，装夹和更换机床所需刀具。
- 可通过附加装置完成例如检验和打毛刺等过程。
- 中央控制系统计算机承担柔性加工单元的控制任务。

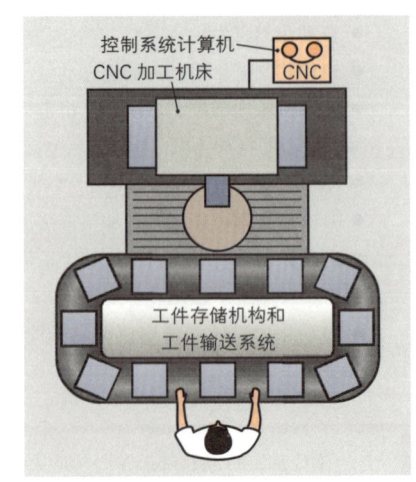

图 2：柔性加工单元

10.3.2 多机系统

　　柔性加工系统包含多台CNC加工机床，加工中心或柔性加工单元。这里，由一台上级主控计算机控制各加工站之间的工件输送。下图所示的柔性加工系统由四个加工中心组成（图1）。

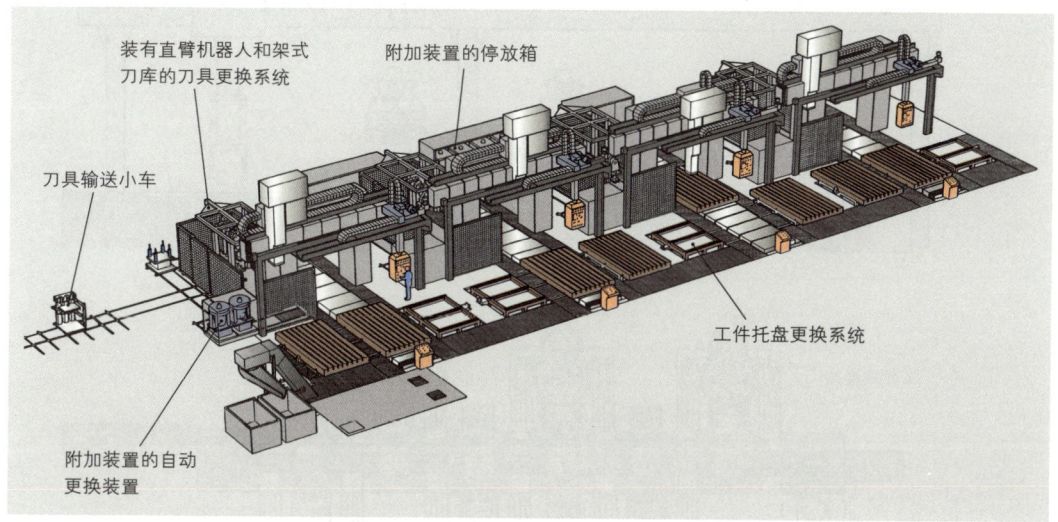

刀具输送小车

装有直臂机器人和架式
刀库的刀具更换系统

附加装置的停放箱

工件托盘更换系统

附加装置的自动
更换装置

图1：柔性加工系统的结构

　　待加工的花键轴穿过全部三个加工站。一台由中央主控计算机控制的门式机器人控制各加工站之间的工件输送。根据工件送往哪一个加工站的具体情况，加工站收到中央主控计算机信息，指示该工件应何时加工。加工站内部的加工则由其内部的控制系统计算机控制。加工完毕，门式机器人将已加工的轴输送至位于中央的工件存储机构。

　　无人驾驶输送系统将锯切中心的半成品输送至柔性加工系统。加工完毕的工件由无人驾驶输送系统送至淬火处理车间或磨削车间。无人驾驶输送系统的控制任务同样由中央主控计算机承担。

■ **柔性加工系统的特征（图2）**
- 多台机床方案。
- 自动工件输送系统连接各个加工站。
- 一台上级主控计算机组织控制至加工站以及各个加工站之间的工件输送。
- 一个加工站每次加工过程的开始均由主控计算机控制。
- 柔性加工系统可以完成一个工件或部件的全部加工任务。
- 工件可采用不同路径在各加工站之间输送，也可越过加工站。

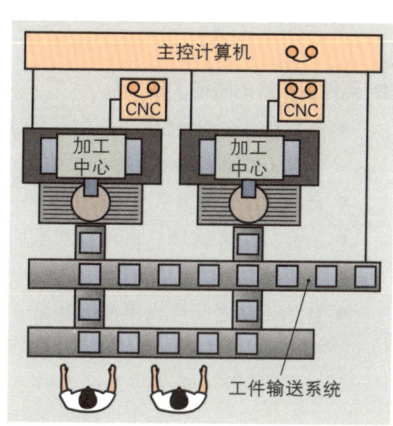

主控计算机

CNC　　CNC

加工中心　　加工中心

工件输送系统

图2：柔性加工系统

■ **柔性生产线**

　　加工极大批量且加工方法类似的工件时，要求很高的加工费用。因此，经济快捷的方法是使用柔性生产线。这里，各个加工站按照指定顺序排列（图1）。工件必须穿过生产线的所有加工站。

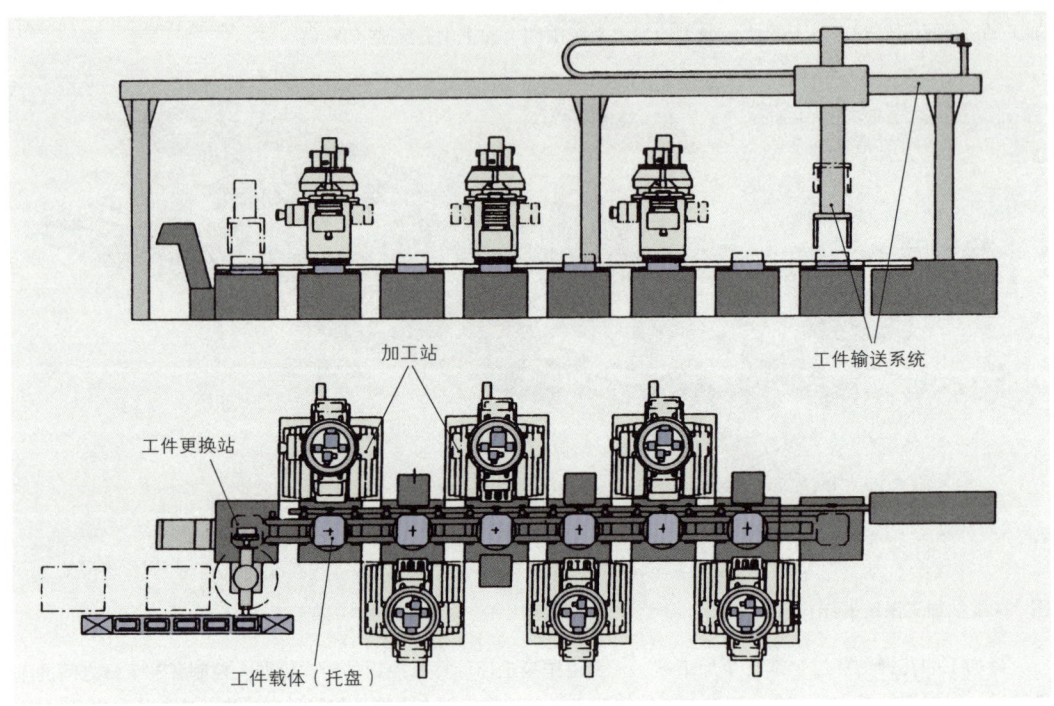

图1：柔性生产线的结构

　　图1从两个视角展示的生产线各有三个相对而立的加工站（BAS）。这里的加工站不是固定装备指定刀具的单用途加工机床，而是机床周边装备着刀具更换系统的加工机床。生产线上的加工站也可换为与柔性生产线集成为一体的装配站。除加工站的控制系统计算机外，至机床以及机床之间的工件输送可由一台控制系统计算机控制。

■ **柔性生产线的特征（图2）**

- 多台加工站排列在一条生产线上，就是说，一个工件必须经过所有加工站。
- 自动化工件输送系统连接全部加工站。
- 一台控制系统计算机可控制至加工站以及各加工站之间的工件输送。
- 各加工站之间可设平衡缓冲站，用于平衡各加工站之间不同的加工时间。

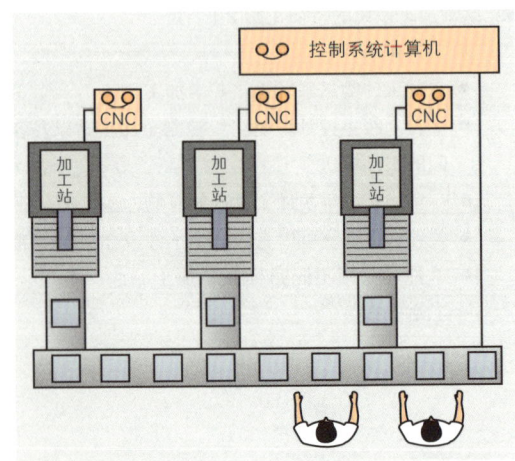

图2：柔性生产线

10.4   柔性加工设备的输送系统

对于柔性加工设备范围内的自动加工而言，刀具和工件必须输送进入和离开各个加工站。这个功能由输送系统承担。这类输送系统可划分为刀具输送系统和工件输送系统。

> 输送，指在一个基准坐标系统内将一定几何形状的物体实施空间位置的指定变化或暂时维持。

10.4.1   刀具输送系统

图 1 所示为已在第 10.3.1 节介绍的加工中心外观图。这里可以识别出一个链式刀具库及其换刀装置。链式刀具库内存放着用于一个较长时间段加工所需的刀具，借助换刀装置将所需刀具装入工作主轴。换刀装置由一个回转机械手组成。加工所需的各个刀具由输送链送至机械手指定位置。接着，机械手从链式刀具库取出刀具，通过回转动作装入工作主轴。

刀具库基本上可划分为存放活动式和驻站式刀具的刀具库（图 2）。属于活动式刀具库的除链式刀具库外，还有盘式刀具库，鼓轮式刀具库和星形刀具库。

使用哪一种刀具库的选择标准是刀具更换的快捷性，刀具库在机床内部的占用面积，以及各个刀具库内可供使用的刀具数量。

驻站式刀具库中，刀具位于固定不动的托盘或板条上。如需从刀具库中取用刀具，机械手必须首先驶向刀具。接着，机械手再驶向机床，然后将刀具送入工作主轴或刀架。刀具的取出和运送均由下一节介绍的输送装置执行。

> 原则上，刀具输送系统由一个刀具库系统和机械手系统组成。

刀具输送系统中，刀具可以是运动的或静止的。为了取用正确的刀具，必须对刀具及其在刀具库内的存放位置实施编码。

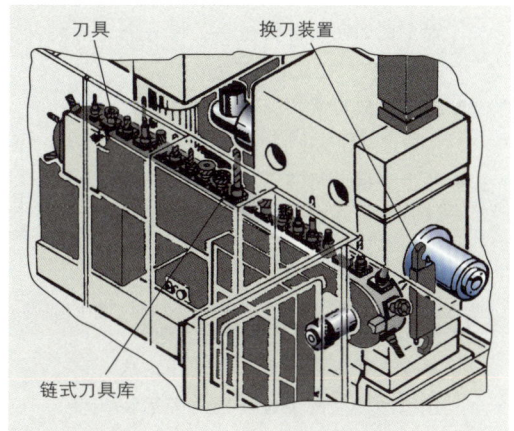

图 1：刀具输送系统

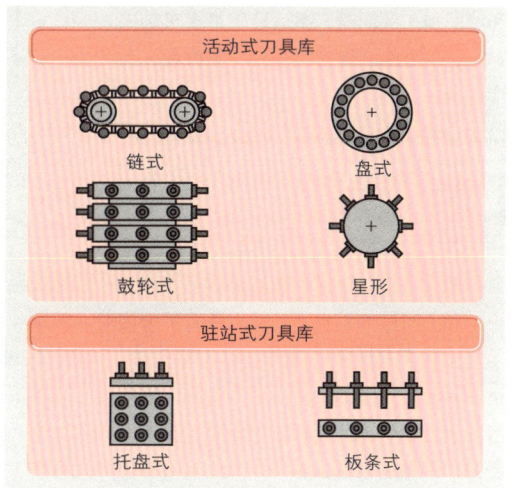

图 2：活动式和驻站式刀具库

10.4.2　工件输送系统

工件输送系统由输送单元和取出工件的搬运装置组成。

图 1 所示为加工中心的输送单元实例。工件输送过程的具体步骤如下：

- 在工件托盘存放台的装配工位上执行工件的装夹。这里，搬运装置（例如回转臂机械手）将一个工件装夹在托盘上。
- 托盘存放台旋转，将已装夹的工件输送至加工中心的托盘更换台。
- 托盘更换台将装有工件的托盘从托盘存放台取出，并推入机床溜板。工件在机床溜板上可进行铣削和磨削加工。
- 加工完毕，托盘回到托盘更换台，并送入托盘存放台。工件托盘从这里送回装配工位。再由搬运装置将工件卸下托盘。

在第一个工件送入加工中心进行铣削和磨削加工的同时，搬运装置最多可装夹 7 个工件托盘，装完的托盘均停放在托盘存放台。

因此，工件托盘存放台的功能又可视为托盘存储装置。

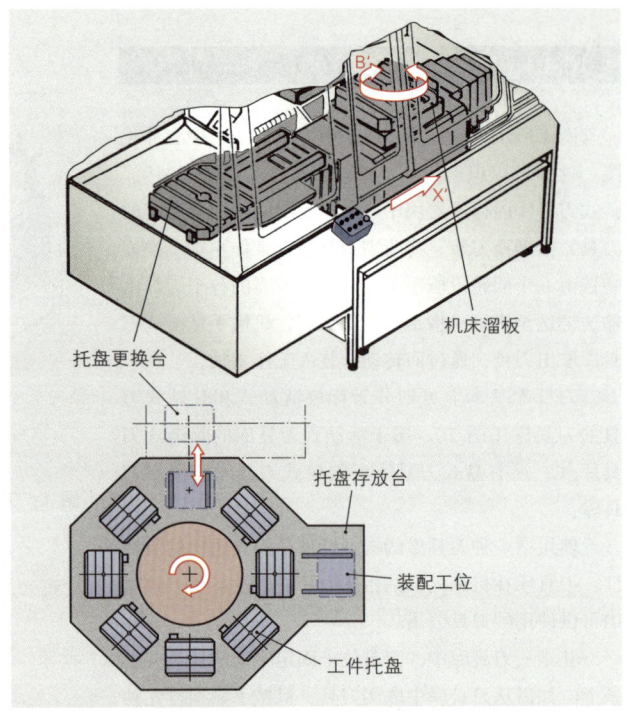

图 1：加工中心的输送单元

所有可将一个物体搬运至指定地点并将其旋转至正确位置的装置均可称为搬运装置。

用于柔性加工设备的搬运装置可分为装入装置和工业机器人。

装入装置可理解为简单的，带有固定运动程序的自动运动装置。一般均通过简单的机械控制来实现这些运动。这类装置的灵活性极为有限，因此常常只用于柔性加工设备内部简单的装配动作。

工业机器人则是用途广泛的自动运动装置，它可多轴同时运动。各轴的运动均由计算机支持的控制系统控制。除搬运输送任务外，工业机械手还可执行加工任务，例如焊接或油漆等。

工业机器人又可分为四种机器人制造类型：

- 直臂机器人。
- 门式机器人。
- 回转臂机器人。
- 弯臂机器人。

■ **直臂机器人**

直臂机器人适宜用于简单的搬运任务（图 1）。机器人的机械手只能在一个相对较小的工作空间内运动。长方六面体形工作空间的尺寸在长度和高度均为数米，宽度受 3 轴较小直臂运动空间限制。直臂机器人可输送的工件从小型至中等规格。

图 1 所示的直臂机器人拥有 4 个运动轴。第 1、第 2 和第 3 轴仅能作线性（直线）运动。第 4 轴可使机械手作回转（旋转）运动。

直臂机器人的应用范围除加工机床的输送任务外，还有装配任务和检验任务。

■ **门式机器人**

门式机器人可在一个极大的工作空间内执行输送任务（图 2）。因此，这类机器人适用于一个柔性加工系统内向多个加工站的输送任务。与直臂机器人相比，门式机器人可输送的工件重量最大可达 100千克。

门式机器人工作空间的长度最大可达 20 米，宽度最大 6 米，高度最大 2 米。门式机器人长方六面体形工作空间由抓具的三个线性轴（长度、宽度和高度）以及类似于直臂机器人的回转轴构成。这里所指的是四运动轴机器人。

门式机器人的应用范围除加工机床工件托盘的输送外，还有点焊和小型装配动作。

■ **回转臂机器人**

回转臂机器人主要设计用于装配动作（图 3）。这类机器人在水平面上通过其万向节可极为灵活地运动，但与之相反，在垂直面上的动作却非常僵硬。这种特性在对接时极具优势，因为大部分对接运动要求垂直方向较大的力。

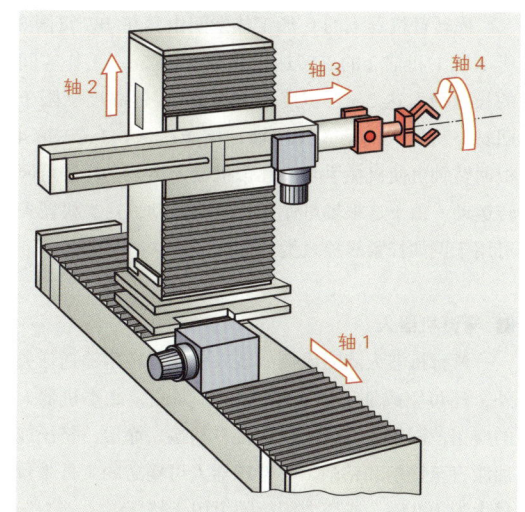

图 1：直臂机器人

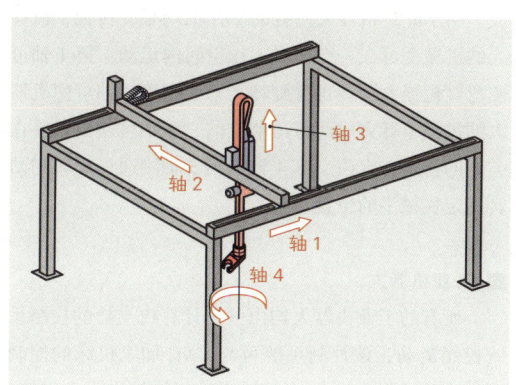

图 2：门式机器人

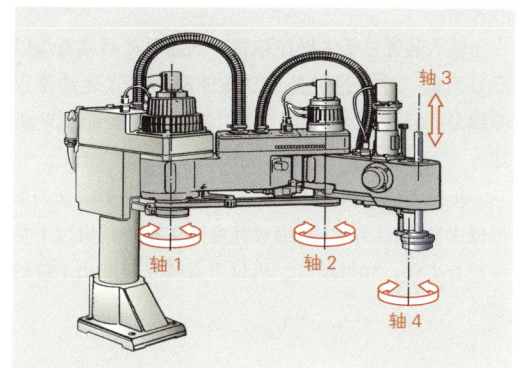

图 3：回转臂机器人

回转臂机器人的 C 形工作空间由其在 487 页图 3 所示轴 1 和轴 2 的旋转运动构成（图 1）。工作空间的长度最大达 2 m，宽度最大 1.5 m。但高度受限于回转臂机器人的第 3 线性轴，仅能达到 0.3 m。第 4 根回转轴可使机械手与前几个机器人类型一样进行回转运动。由于这根轴可作多种旋转运动，这类机器人可用于例如拧紧螺栓之类的装配工作。

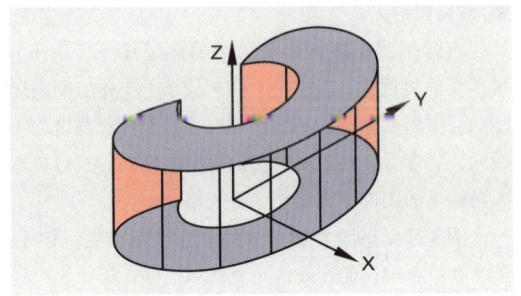

图 1：回转臂机器人的工作空间

■ 弯臂机器人

弯臂机器人除完成例如装入任务或机床输送任务外，还可完成加工任务（图 2）。因此，此类机器人的应用范围较为宽泛，从焊接，粘接，涂层，挤压或油漆直至铣削和钻削。弯臂机器人可输送的工件重量最大为 100 kg，或产生相应的力用于挤压。

弯臂机器人的工作空间由 5 个回转型旋转轴构成。由于此类机器人所有的工作轴均是旋转轴，机器人的机械手可在一个球形工作空间内运动。第 1 轴可使弯臂机器人围绕自身旋转，第 2 和第 3 轴可使机器人的机械手臂完成回转运动。前三根轴可使机械手在空间的指定点定位。第 4 轴和第 5 轴则通过旋转和回转确定机械手的位置。

■ 工业机器人

所有的工业机器人均由一个计算机支持的控制系统控制运动，该控制系统可与 CNC 加工机床的控制系统连接（图 3）。这个控制系统已链接进入总系统。除输入装置外，传感器可影响控制系统对机器人运动的控制。

输入装置是手工操作装置，软盘驱动器或键盘以及显示屏。除通过键盘或软盘驱动器输入运动流程程序外，还可以通过手工操作装置手动控制工业机器人。

传感器位于机器人工作空间之内，用于检查例如机械手动作。因此，可通过光电开关检查其机械手是否抓有工件。如果没有，机械手必须重复取出工件的动作。

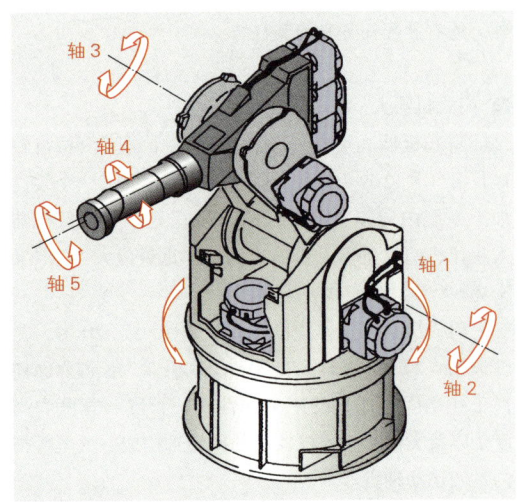

图 2：弯臂机器人

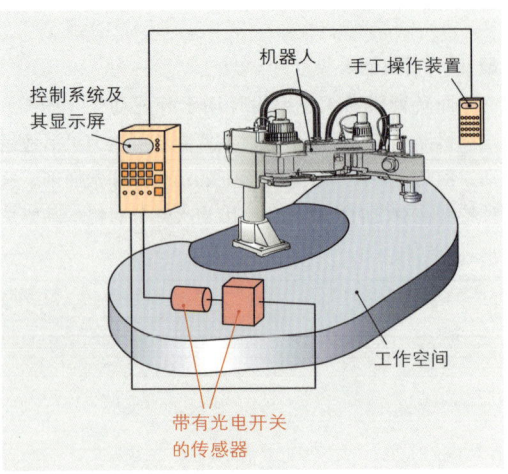

图 3：工业机器人的控制系统

■ **工业机器人的编程**

工业机器人运动的控制可分为两种类型，点位控制和连续轨迹控制。点位控制指仅向控制系统通报机械手运动的起始点和终结点（图1）。这种控制类型使机械手走最快的路径从起始点至终结点。这个路径不必是机械手最短的路径，因为例如回转臂机器人的圆形运动快于直线运动。

连续轨迹控制时，机器人的机械手按事先规定轨迹运动（图2）。一般均以指定的进给速度进行圆形运动或直线运动。这种运动方式对于机器人计算机的运算实质上更费时，因为必须计算和插补起始点与终结点之间大量的中间点。连续轨迹控制主要用于慢速和准确的运动，例如焊机或机械手快到工件切削点前最后的趋近运动。

■ **工业机器人的编程方式**

为了确定机械手复杂的运动行程，需对控制系统编程。这里的编程可划分为两种方式，直接在机器人上编程（在线编程）和独立于机器人之外的编程（离线编程）（图3）。在机器人上进行示教编程和重放编程的同时，也可以在机器人上或在机器人之外进行文本编程。

例如手动操作装置需要示教编程（图4）。这里，手动操作机械手至指定点。这个机械手位置可存储在一个已定义的点名称下。

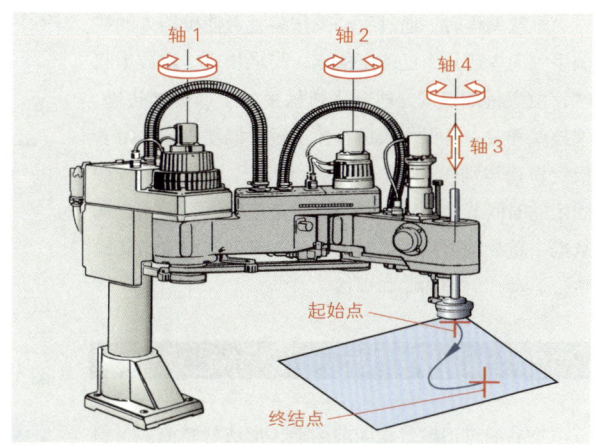

图1：点位控制下的机械手运动

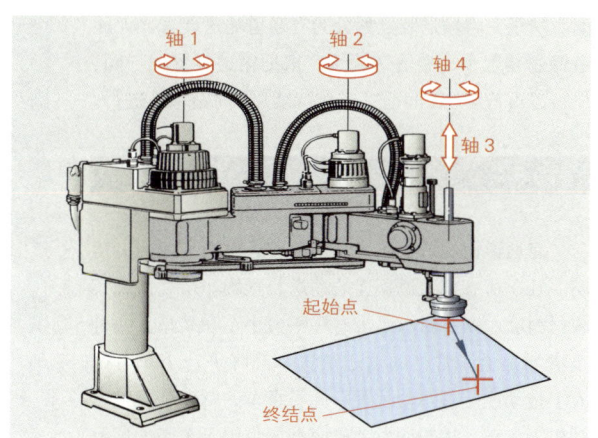

图2：连续轨迹控制下的机械手运动

工业机器人编程方法		
在线编程		离线编程
示教	重放	文本编程
编程		编程语言：
趋近行程和存储终结点	驶离一个轨迹和存储数据	例如 SRCL（KUKA）MANUTEC（Siemens）BAPS（Bosch）ROLF（CLOOS）

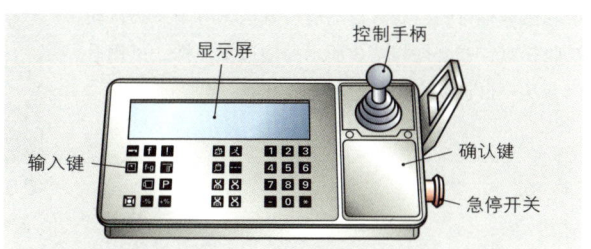

图3：手动操作装置

示教编程时，通过手动操作装置可使机器人的机械手驶向少数几个已确定的点，与之相比，重放编程时，由大量的点确定机器人机械手的全部运动轨迹。重放编程时，由操作人员直接通过手柄使机械手沿着指定轨迹运动（图1）。在这个阶段，控制系统按照固定的时间节奏自动存储用于轨迹重放所必需的全部数据。重放编程用于机器人机械手必须按照复杂轮廓轨迹运动，例如油漆和焊接。

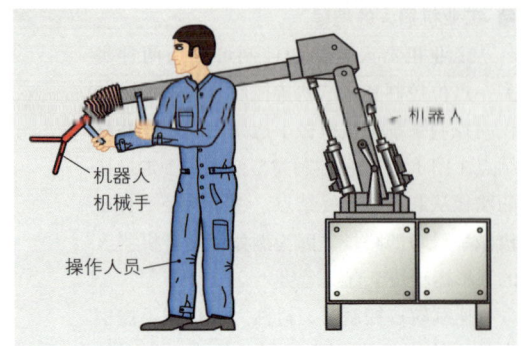

图1：重放编程

10.5　运输和材料流

物品通过运输过程向前运动，形成材料流。材料流的运动可以任意方向，通过输送装置跨过一定距离。这里，将输送装置划分为有通道输送装置，无通道输送装置和高架输送装置。根据输送装置的不同，材料流可持续（无间断）或非持续（有间断）地进行。

10.5.1　有通道输送装置

有通道输送装置在为其规定的运输通道地面上运动。几乎所有与通道相连的输送装置均非持续性地实施材料流。图2所示是带升降平台小车和叉车。两种车辆均是最为常见的输送装置。升降平台小车可由人工拖动或配备驱动装置。此类小车的驱动装置是电动机。叉车采用柴油发动机驱动，可用于车间外部范围。输送车和叉车均在其前部或后部配装叉形抓具。使用此类抓具可进行提升运动，并根据其结构进行推拉运动。

图2：带升降平台小车和电动叉车

自动通道输送车作为有通道输送车可在线环上行驶，或自由行驶。这种车辆称为"无人驾驶输送系统"（FTS）（图3）。它们常由上一级计算机控制。自动通道输送车的导轨一般采用铺设在通道表面或内部的磁性行车线。自由行驶输送车一般采用图形处理系统和已编程行驶路线。自动通道输送车可用叉铲自动接收托盘，或必须与图3所示的输送车一样，可用升降台从一台辅助操作装置上装载托盘。

图3：无人驾驶输送系统（FTS）

10.5.2　无通道输送装置

无通道输送装置一般与轨道相连或在一个支架上回转运动。图 1 所示是一种电动悬挂轨道的结构。这类轨道可按不同的自动化程度设计建造。在电动悬挂轨道上悬挂的输送车已配装自己的驱动装置。电动悬挂轨道作为通用输送装置可用于一个生产范围内部或各不同生产范围之间的输送任务。

属于无通道输送车的还有各种结构迥异的吊车。吊车作为起重设备用于物品的垂直和水平输送。根据吊车吊具的不同，吊车分别可运送散装或成件的物品。

生产中最常用的吊车制造类型是图 2 所示的行车。行车可通过轨道穿过整个生产车间。但行车却不能将重物送到另一个车间。桥式堆垛机（图 3a）是行车与叉车的组合。行车小车下装有一个与高层货架堆垛机上同样的伸缩式可移动并可回转的堆垛机吊臂。门式吊车（图 3b）的结构与行车相同，但装有可在地面轨道上运行的支架。门式吊车的应用范围一般在露天场所。

回转起重机也有多种不同的结构。这类起重设备一般都是位置固定的塔式回转起重机。回转起重机的吊臂固定在一个立柱（图 3c）或一个塔上。可通过行驶运动或摆动改变其吊臂回转半径。

图 1：电动悬挂轨道

图 2：行车

a)　　　　　　　　　b)　　　　　　　　　c)

图 3：桥式堆垛机，门式起重机和立柱式回转起重机

10.5.3 高架输送装置

高架输送装置主要用于材料从起始点至目标点的持续输送（无间断）。由于其建造结构在空中，常构成一种障碍物。这类输送装置装卸物品时还需另外添加用于转运的输送装置。

图 1 所示为直线和弧线辊道，它利用重力输送物品。其输送速度取决于辊道的倾斜角度。但可以通过例如刹车控制滚动速度。其所输送的物品必须有一个平面接触面，或装在一个辅助货箱内。

图 2 所示为滚球滚道，它可使所输送物品向任意方向运动。物品的驱动可使用人力，或在轻度倾斜滚道上使用重力。

如果采用电力驱动，适宜用于辊道或皮带输送系统。若在辊道上采用电力驱动，可使用传动链或传动皮带驱动辊子。驱动时，可驱动每个辊子，或每间隔两个或间隔三个驱动一个辊子。图 3 所示为皮带输送装置，它的牵拉方式是皮带。皮带既是牵拉工具，同时又是输送载体，所输送的物品放置在皮带上。皮带围绕着至少两个皮带轮循环运行，其中一个皮带轮装备驱动装置，另一个则装备皮带张紧装置。所输送物品可以直接放置在皮带上，无需货箱。

斗式提升机（图 4）是一种循环型成件物品输送装置。其驱动装置是两个平行运行的链股。载物斗悬挂在链条上，通过将其固定在两个链条上而无法摆动，斗的装载面始终处于水平位置。采用类似原理工作的是叶片式输送装置（图 4）。但叶片输送时，载物叶片悬挂在链条上可以摆动。溜道（图 4）属于最简单的持续型输送装置，所输送物品无需动力仅靠重力滑行到更低的平面。

分拣台（图 5）上由链条驱动的托盘没有遮盖，但也不直接连接。被称为台的托盘装有自己的导轮，导轮在一个平面上滚动。如果托盘下方装有翻转装置，依靠重力可使物品向侧边倾倒。这种输送装置称为翻斗输送装置。

图 1：辊道

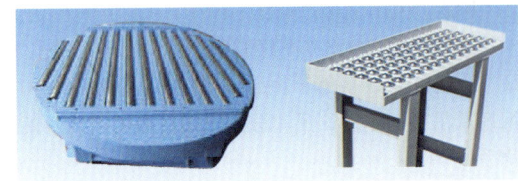

图 2：滚球滚道

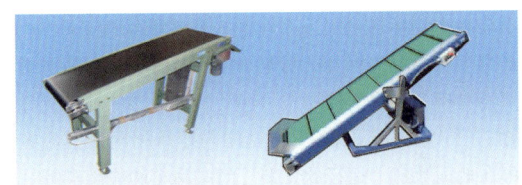

图 3：皮带输送装置

图 4：斗式提升机，叶片式输送装置，溜道

图 5：分拣台

10.6　企业特性数值

　　VEL 机械股份有限公司为评估企业业绩需要如下企业特性数值：经济性，盈利性和生产率。图 1 列出了计算所需特性数值的企业前一年的汇总数据清单。

　　评估企业及其生产过程的辅助手段是列举企业的特性数值。生产过程的目的是"提升企业的经济性能"。一个不盈利的企业在市场上无法取得长期业绩。

> 　　经济性指利用尽可能少的资金创造尽可能大的业绩。

　　经济性（图 2）可称为投入与收益的比例。收益指从产品销售中获取的收入。投入由生产时所出现的成本费用组成（材料成本，加工人员工资，一般管理费用）。达到良好经济性是指收益与投入之比大于 1 时。

　　特征数值"盈利性"（图 3）指使用的资金与利润之间的比例。一般从收益中减去所有成本费用即可计算出盈利。

> 　　盈利性是一个关于所投入资金产生利息的数据。

　　特性数值"生产率"（图 4）所指不是价值，而是数量。一个企业的生产率表明其与投入数量相关的生产能力。

　　生产能力指收益或产品的产量。收益的单位是欧元，而产品产量的单位是"件"。根据产品特性的不同，生产能力的单位也可使用"公斤"或"立方"。对生产的投入可以是制造产品所需材料的投入。也可以是员工的数量（人员生产率）或所需工作时数。

> 　　生产率指一个企业通过与前一年所耗用时间的对比或与同行类似企业特性数值的对比所获取的业绩数字。

　　"花键轴加工"的生产部门与前一个会计年度相比，得出如下企业特性数值

企业数据	
每年生产产量	9000 个花键轴
每件销售价格	118 欧元
每年生产成本	960000 欧元
企业员工人数	16 人
投放资金	1275000 欧元

图 1：VEL 机械股份有限公司的企业数据

$$经济性 = \frac{收益}{投入的成本费用}$$

收益 = 销售价格 · 每年产量
收益 = 118 欧元 · 9000 个花键轴
收益 = 1062000 欧元
投入的成本 = 960000 欧元

$$经济性 = \frac{1062000 \text{ 欧元}}{960000 \text{ 欧元}} = 1.11$$

图 2：经济性

$$盈利性 = \frac{利润}{所投入的资金} \cdot 100\%$$

利润 = 收益 - 成本
利润 = 1062000 欧元 - 96000 欧元
利润 = 102000 欧元
所投入的资金 = 1275000 欧元

$$经济性 = \frac{102000 \text{ 欧元}}{1275000 \text{ 欧元}} \cdot 100\% = 8\%$$

图 3：盈利性

$$生产率 = \frac{收益}{职工人数}$$

收益 = 1062000 欧元
员工人数 = 16 人

$$经济性 = \frac{1062000 \text{ 欧元}}{16} = 66375 \text{ 欧元}$$

图 4：生产率

内容深化作业：

图 1（473 页）所示花键轴在下一个会计年度将采用不同的制作尺寸和改型。首先加工 75 个图示的花键轴。

下列数据用于计算 CNC 车床加工 75 个花键轴所需工时：

基本准备时间：45 分钟；

主有效时间：4.67 分钟；辅助时间：5.33 分钟

所有时间的非作业定额时间附加费和休息时间附加费：12%

下列数据用于计算花键轴：

材料单件成本：4.50 欧元；

材料的非生产性费用附加费：67%；

CNC 机床的小时工资成本：23.20 欧元 / 小时；

其他机床的总单独工资成本：7.20 欧元；

加工工资的非生产性费用附加费：115%；

所有机床的机床运行小时成本：35.40 欧元 / 小时；

管理的非生产性费用附加费：45%；

销售的非生产性费用附加费：58%；

利润附加费：30%

生产过程的分析：

1. VEL 机械股份有限公司决定批量生产花键轴之后，应制作由计算机支持的加工图纸和加工计划。

VEL 机械股份有限公司的哪些生产部门负责完成这些任务。请描述各个生产部门所需负责的任务范围。

2. 请解释哪些任务可由计算机支持的 ERP 系统完成。

3. 请描述粗略计划与精细计划之间的差别。

4. 为什么在企业中使用企业日历？

5. 如何区分加工控制与加工计划？

6. 请解释加工控制系统中的信息流。

7. 辅助时间由哪些时间组成？

8. 请确定一个花键轴在 CNC 车床上加工所需的基本时间。

9. 请计算 CNC 车床加工花键轴所需工时。

10. 请确定一个花键轴的销售价格。

11. 有哪些任务分配给成本核算点账目。

加工系统的分析：

12. 请描述车间加工与流水线加工之间的区别。

13. 请列举加工中心的特征。

14. 加工花键轴时，应将 CNC 车床扩展成为柔性加工单元。应为柔性加工单元扩展哪些部分？

15. 如何区分柔性加工系统与柔性生产线？

16. 请指出活动式与驻站式刀具输送系统的差别。

17. 一般主要按照机器人制造类型区分工业机器人。请描述机器人的各种制造类型，并为每一种类型的机器人列举一个应用实例。

18. 请解释点位控制与连续轨迹控制之间的区别。

19. 如何区分示教编程与重放编程？

20. 无通道输送装置与有通道输送装置相比，前者有哪些优点和缺点？

21. 请为无通道输送装置和有通道输送装置各列举两个应用实例。

22. 花键轴应采用高架输送装置从 CNC 车床单件运送至铣床。请提出合适的输送装置，并描述您所选择的输送装置。

企业特性数值：

本会计年度已知如下数据：年产 11000 个花键轴；单件销售价格（参见作业 10）；年生产成本：970000 欧元；职工人数：18；投资资金：1300000 欧元。

23. 请计算 VEL 机械股份有限公司的经济性，并将该数字与上一个年度进行比较（参见 10.6 节）。

24. 请计算已投入资金可产生的利息。

25. VEL 机械股份有限公司的人员生产率是多少？

11 质量管理

11.1 目标设定

凡欲在市场上生产并将产品销售给客户的厂家，都必须满足市场对其产品的要求。对于某些产品，这就意味着美丽的外观，新颖的式样或花样翻新的造型。但这些特性都是主观感受，时尚和商业手段的结果。而切削技工却与这些主观感知方式甚少相同之处。他们得到的是关于一个工件尺寸，位置和表面特性等方面具体的要求。所有这些要求均可以进行检测，而且其中大部分必须得到检测。

在现代生产条件的大部分情况下，如何检验，检验的频度等检验工作都已不再留给一个切削技工执行。检验需经过周密计划（64 页）。

为了消除故障源，需保证机床、检验装置和整个加工过程都始终符合质量要求（64 ~ 66 页）。

所有上述这一切都必须记录建档，从而便于确定每一个工位上的工作都符合质量要求（505 ~ 507 页）。质量管理的职责恰在此处。

> 质量管理包含着与质量相关的所有行为和目标设定。

除了客户或直接用户之外，对整个社会利益的考量也必须逐步增加。所有这一切均包含在一个所谓的质量闭环链之内（见 496）。

11.2 质量

质量是与满足质量要求之能力相关的一个单位特性。

"单位"这个概念，我们既可以将其理解为商品，如加工完成的轴，又可以理解为服务，如客户对话和整个客服工作均属此列。

这里，我们可以把质量要求细分为具体的要求，例如在图纸上所见，也可视为客户对供货日期，客户服务，价格和必要的质量改进的要求。但对于这些，客户是不愿意额外付费的。

数量特性	长度，直径，圆度，径向跳动，粗糙度，平面度，平行度，角度，形状如螺纹，齿轮	可量化检验
质量特性	清洁度，表面光泽，密封性，无锈蚀性，功能性，美学造型	不可量化检验

图 1：质量特性

客户利益	制造商利益	公共利益
有利的性价比 产品的可靠性 可为客户提供服务的功能性	通过良好质量和服务得到市场认可 通过低廉的成本和 / 或高价格获取高额盈利	在生产，使用和仓储过程中环境的可承受性 接触产品的无害性 一般性利益，例如本地生产

图 2：现代加工技术中不同利益的考量

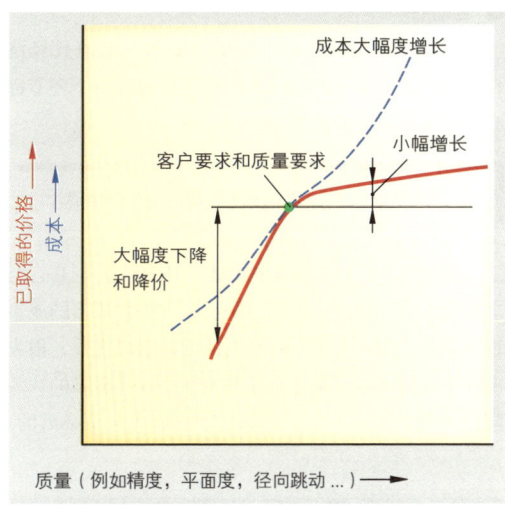

图 3：质量，价格与成本之间的内在关系

11.3　质量闭环链

> 质量的达成不单单通过精确的检验，而是通过企业内所有共同为满足质量要求这一目标而工作的部门的闭环链接而实现。

质量闭环链形象地阐明了这种相关关系。质量闭环链的出发点和终点就是客户的要求和期望。所谓质量要求即由此而生（图1）。

对产品的质量要求是要求产品应具有的特性。属于此列的有：

- 产品的可靠性（功能行，可维护性，可使用性）。
- 操作使用时的安全性。
- 可更换性。
- 环境的可承受性。
- 经济性。
- 美学造型。

■ **经济性**

为使产品的制造即符合质量要求，又兼具经济性，在整个质量闭环链以及在质量管理的各个环节都必须把满足质量要求放在中心位置。其格言是：

> 避免缺陷的成本远低于寻找和消除缺陷。

在研发和设计阶段节约成本的可能性特别高；与之相比，当产品已达到客户手后再去消除缺陷的成本也特别高。而在后者，除去耗费大量金钱之外，损失的还有企业形象，重塑企业形象则是极其困难的。为阻止这种情况的发生，各部门之间的沟通是必需的。

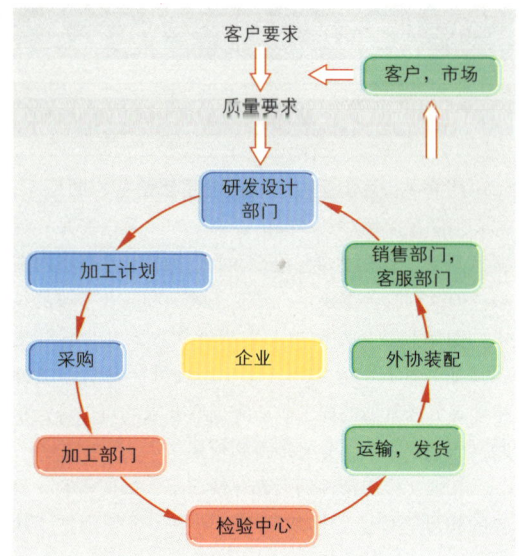

图1：质量闭环链

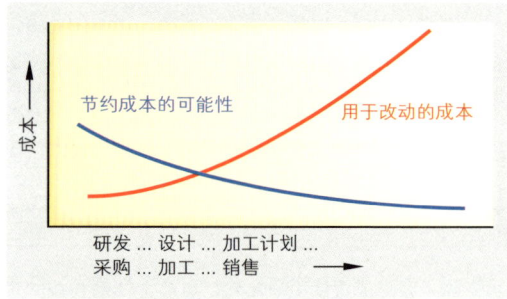

图2：质量闭环链中消除缺陷的成本

如果没有信息反馈，缺陷发生点之前的各个部门就无法对缺陷做出反应。这里，缺陷可能性及其影响的分析（FMEA）法很有助益，这种做法可以做到早期识别并避免缺陷。

产品的缺陷与瑕疵			
客户拒绝的产品可能存在着缺陷或瑕疵。			
缺陷 = 不能准确地满足已规定的要求	缺陷	可客观认定的	可消除
瑕疵 = 不能满足已规定的要求或适度的期望。（例如外观，新颖性，操作的适宜性）	瑕疵	可客观/主观认定的	部分可消除需对比
所以：通过市场调研获知客户的期望！			

11.4 质量管理体系

大多数企业通过质量管理体系（QM 体系）满足客户对产品特性所提出的要求。引进质量管理体系并不会导致产品的价格上升，它只会更好地达到规定的产品质量。现在已知的质量管理体系均建立在 EFQM 模块（European Foundation for Quality Management，欧洲质量管理基础的英语缩写）或 ISO 9001 的基础上。两种体系均用于保障生产过程质量。两种体系均可通过评审，确定是否已满足质量管理体系所规定的要求（参见 510 页）。评审由授权的专业机构实施，若评审结果为正，可获取质量认证。下文将详细解释 ISO 9001 的各项规定。

11.4.1 以过程为标准

ISO 9001 标准系列是将以过程为标准作为基础构建的，这些过程在企业组织内必须是公开的。具体描述请参阅质量手册（Q 手册）。ISO 9001 对一个质量管理体系的最低要求作出了规定，即生产组织必须满足为市场上存在的需求生产产品并实施相应的服务。

质量管理以过程为标准的做法建立在威廉·爱德华·戴明著名的戴明环（PDCA）基础上。

PDCA 环由四个要素组成：计划（Plan）—执行（Do）—检查（Check）—处理（Act）。该环可理解为对每个阶段在其执行之前作出计划并进行测试。如果已知企业内改进的潜力（计划），应迅速作出反应制定新方案，并采用简单可行的方法予以测试，例如在一个工位上（执行）。检查阶段指对已测试的过程流程及其结果进行仔细的审查，在将成果转化为应用时可将之作为标准推行。这个新标准将在其所属范围内全面引入推广、确定并定期检查其遵守状况（处理）。

这个标准的改进在计划阶段已经开始。

依照 ISO 9001 的以过程为标准，现可推演出四个重要过程：

质量管理体系基本原则
- 以客户为标准
- 领导责任
- 所有员工参与
- 以过程为标准
- 持续改进的过程（KVP）
- 优化供货商关系

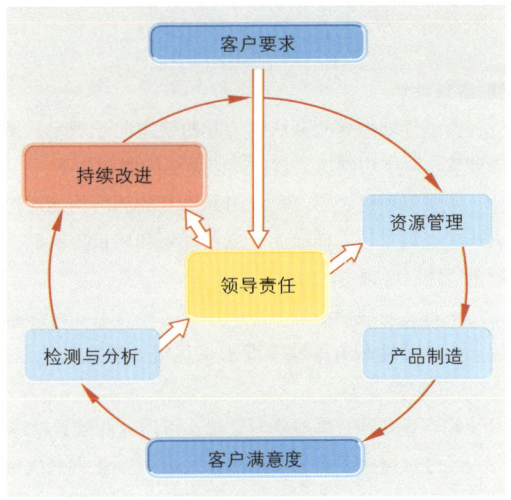

图 1：ISO 9001 的以过程为标准

领导责任	资源管理	产品生产	检测与分析
· 拟定和移植一个质量榜样 · 确定以客户为标准的战略 · 付诸实施一个质量管理体系	· 人员能力 · 准备所有所需的材料资源 · 实现信息流 · 财政	· 采集客户要求 · 研发产品 · 检测并保证产品的加工 · 产品检验	· 采集客户满意度 · 定义成果的特性数值 · 采集并修正错误

市场上持续的成功一般只能通过持续地改进才能得以实现，而此类改进必须以采集已变化的客户要求和客户满意度为基础。

11.4.2 质量管理的职权范围

质量手册是一个企业质量文档的核心要素。其内容一般至少包含质量政策的规定，质量目标，现在所采用的标准，企业的组织结构和执行机构以及质量管理体系的结构。

质量政策指企业在处理所有利益相关方要求和需求时的目标设定。最重要的利益伙伴是客户、供货商和企业员工，除此之外还有社会的某些部分，如市民和研究所以及伙伴企业。

一个企业的质量目标和任务可具体划分为质量管理的职权范围，质量控制，质量安全和质量改进。更高一级的目标应是各利益伙伴持续增长的满意度。

质量管理		

质量计划
·质量计划的要求，即对产品特性的要求
·确定质量特性
·质量特性的分类和权衡
	质量控制
	  产品制造过程中即开始进行预防性的，监视性的和修正性的工作，就是说，为满足质量要求而消除现存或潜在可能的缺陷或瑕疵的原因
		质量检验
		  确定产品是否已满足质量要求。检验可以仅涉及产品的某个质量要求，亦可涉及全部质量要求。质量检验贯穿从材料入厂，加工处理，直至销售的生产全过程。

质量促进措施 所有为提高满足质量要求而采取的措施。此类措施既涉及技术和组织范围，同时也涉及企业员工范围。此类措施的目标就是使思维和行为均以质量为准则。此外还有改进质量的合理建议，对员工成绩的认可，共同参与质量控制体系，所有员工关于质量管理目标及其责任所在的信息获取等，均属此类措施之列。		

■ 质量计划

质量计划内含所有从生产开始就定向于满足质量要求的规划工作。它涉及质量闭环链中从客户愿望出发的环节。对于切削加工而言，应思考的要点如下：

质量闭环链表明，企业内部所有的部门均能对产品质量产生影响。但是，产品生产过程的简单明了并不意味着决策过程同样如此。质量规划和质量控制时，所有部门必须齐心协力通盘合作。确定质量要求和选择质量特性时必须考虑：

● 加工时应使用哪一种机床？这种机床可达到哪一级质量？

● 本企业现有哪些专业加工优势？确定的质量要求具有可执行性吗？在哪一种条件下它们是可执行的（教程等）？

● 本企业现有哪些检测装置？可用这些装置检测已确定的质量特性吗？

经过对这些要点的深思熟虑之后，企业方能决定，确定制造的零件由本企业自己生产，还是作为外购件由其他企业生产。

许多企业有意在部门之间营造市场条件。"切削加工"部门面对本企业的装配部门如同销售员面对竞争中的对手企业。作为客户的装配部门自己决定购买谁的零件。

"切削加工"部门因此被迫将优质零件低价销售。这就要求在无误生产的前提下达到最高生产率。

11.4.3 以客户为标准

对于每一家企业均适用的基本原则是：若欲持续保持市场业绩，必须始终与客户的愿望和要求保持一致，并不断优化。客户常常对市场上的供货商拥有很大的选择权，因此，他们只决定选择那些可以提供和保证他们所希望的最佳性价比产品。所以，客户发出订单时的决定性因素是，生产企业积极的外部表现，例如经证明的认证或参考订单。发出批量加工订单时，能够受到客户信赖的企业经营方能获得成功，他们深知如何在企业中保证遵守质量要求的各种规章规范（图1）。这里无一例外涉及的不仅是纯加工问题，而是整个生产过程都必须由高效质量管理体系支持和保障的证明。

生产开始之前，需首先检查供货商，例如原材料，辅助材料或半成品的供货商，查阅他们质量控制能力的证明档案，并介绍给客户。

在生产过程中需检测规定的尺寸和表面质量。为保证产品所要求的质量，检测使用的检测装置必须按规定期限进行校验，为此还需保存相应的校验证明并为客户记录在案（图2）。

客户－供货商－关系方面的另一个重要要素是超出供货范围的服务。通过质量管理开发出适用于客户服务的全套仪器设备，在质量管理手册上强制性规定执行客户服务的时间顺序、种类以及方式方法。这里，典型的客服方法是客户满意度分析，例如通过公司外勤客服人员定期走访客户进行客户满意度分析（图3）。

只有通过对客户关系的有效维护，对质量管理的精心组织和经营，并将责任落实到每一个员工身上，一个企业才能在市场上长期立足并取得成功。

图1：一家变速箱零件供货商的企业经营

[DE] 质量控制校验数据：
102H7GRLD/402

102H7GRLD/402 的端头数据

检测装置状态	允许使用
下次检验	2014 年 3 月 17 日
检测装置所属组别	量规 ISO286 T1/
检测装置适用标准	DIN 7163/7164
检测装置名称	极限塞规
检验周期	1 年
细节 1	标称尺寸 102
细节 2	公差范围 H7
细节 3	
细节 4	

图2：极限塞规的校验记录（节选）

客户满意度分析
企业：
VEL 员工：
日期：

MECHANIK GmbH

客户满意度调查对象	评估				
	5分	4分	3分	2分	1分
产品质量					
尺寸精度					
表面质量					
外观状态					
满足所有其他设定数值					
产品品种齐全					
订单处理					
处理时间（订单的循序进展情况）					
灵活性（短期愿望）					
交货时间					
订单与交货的相符程度（交货状态）					
企业常规					
外协企业辅助					
合作意愿					
投诉的处理					
企业形象					

VEL 股份有限公司在未来可改进之处？

您对优化合作还有何建议？

客户：

图3：客户满意度分析

11.5　加工过程的质量控制

　　切削加工企业主要聚集在工业供货商领域。供货商必须在每一个零件上保证满足客户的质量要求。由客户确定供货商应遵循哪一种标准。典型的标准是例如 DIN ISO 9000 及其后面的若干标准，或汽车工业企业的标准 ISO/TS 16949。但在许多情况下，客户也希望得到独立于标准化质量控制方法之外的证明，表明供货商按照对零件的全部质量要求实施加工。供货商有义务按照所要求的质量无缺陷地加工产品，并能够随时予以证明。

　　供货链各个环节的名称均按照国际标准 DIN EN ISO 9001:2008。供货链可出现在企业外部（在本企业之外将制成品提交给客户）或在企业内部（在本企业之内）将制成品提交给另一个部门。下文将详述加工过程质量控制的各个要素。批量加工开始之前，首先启动对机床能力和过程能力测试的基本流程。上述能力得到证明后，仍需借助统计学方法持续监视加工过程。

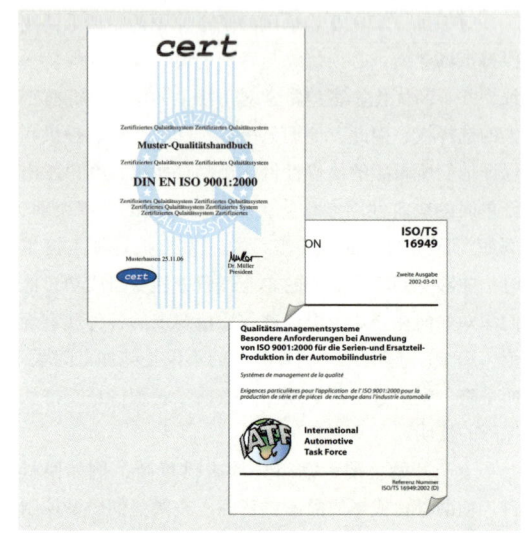

图 1：各种质量标准的认证书

图 2：按照 DIN EN ISO 9001:2008 标准供货链的名称

11.5.1　机床能力测试

　　机床能力和过程能力这两个概念系由汽车工业发展而来，其目标是创造出一种统一的、保证生产过程质量能力的工具。要达到高能力特性值，就必须加大对生产过程安全可控性的投入。其基本思想是，避免缺陷，而不是消除缺陷，因为在后面任何一个生产阶段消除质量缺陷都会导致成本的数倍增加（约为 10 倍）。

　　使用可控工艺加工出理想质量的前提是加工设备，它能使企业在遵循所有重要加工参数的条件下永远立足于世界市场的竞争之中。在这个意义上，对加工机床效率和能力的要求日渐增高。通过日益提高的加工参数，如切削速度，进给速度等，使加工时间越来越短，与此同时，通过日益缩小的工件公差范围，使加工精度要求越来越高。

　　具体而言，机床能力和过程能力涉及的是工业产品的结构质量，通过与已规定的技术标准进行比对，即可检验出这种质量。一个产品或一个过程的偏差若超出允许的公差范围，均可被认作为有缺陷。

　　机床能力测试（MFU）指测试一个加工装置的能力，即遵守指定公差，加工速度，重复精度和其他确定参数的能力。时间和环境的影响在此不予考虑。

在系列加工开始之前或验收时，所有的机床都应接受机床能力测试。并据此确定，机床及其全部外围设备（例如输送系统，供料系统，夹具，检测仪等）必须符合哪些参数。验收条件中均已明确规定了这些参数。

一般情况下，客户发出订单之前将提出具体要求，例如尺寸精度和表面质量，并抽取某个产品进行检验。选定零件后，确定并记录周期时间，包括辅助时间，例如装载过程。具体的机床能力测试的边界条件是，一台处于运行热态的机床，一把已定义的刀具和一个已确定的毛坯件。

■ 机床能力测试（MFU）流程

- 连续加工 50 个零件。
- 按加工顺序检测已加工的零件，将检测结果录入原始数值卡。
- 计算标准偏差和平均值。
- 计算能力指数 C_m（Capability– 机床能力的英语缩写）和 C_{mk}（机床临界能力）（503 页）。

在试验单上记录试验开始的钟点时间和机床的工件计数器状态。机床上所有来自外部的影响作用，例如刀具磨损，故障报告，冷却润滑液消耗量等均记入试验单。最后一个零件完成后再次记录钟点时间和机床计时器的实际周期时间。

机床能力测试的评估是根据已记录的系列检测数据进行的，它表明机床是否具备（完成订单的）能力。如果检测系列数据中没有"偏差值"，就是说，检测值基本位于平均值附近，扩散很小，表明机床具备所要求的能力。为了证明机床的能力，已加工零件中至少 99.994% 位于公差范围之内。试验结果记录在验收纪要，直到机床成功通过机床能力测试之后，才能允许该机床投入加工生产。

图 1：正在进行机床能力测试

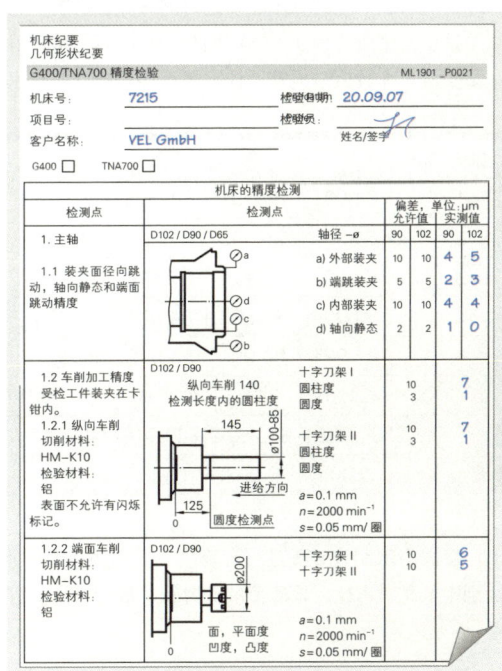

图 2：机床验收纪要

11.5.2　求算机床能力

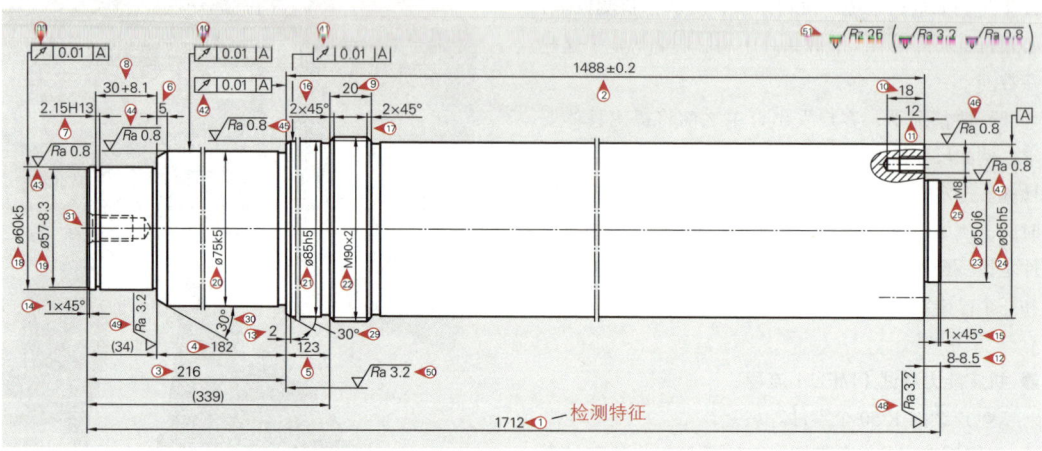

图 1：轴

　　为客户批量加工生产传动轴，每批次批量为 10000 件。尺寸 85h5 对于变速箱的功能具有特殊意义；客户因此要求对该尺寸的机床能力进行测试。客户要求的机床能力特性数值 $c_m \geq 1.67$ 和 $c_{mk} \geq 1.33$。

　　抽检范围应达到 $n = 5$ 个零件，抽检次数 $m = 10$。按加工顺序用配装精密指针的千分卡尺逐个检测零件并记录受检尺寸数值。接着，计算每个抽检样品的算术平均值 $\bar{x}$ 和检测误差 R。

抽检样品	1	2	3	4	5	6	7	8	9	10
×1	84.991	84.991	84.993	84.994	84.993	84.994	84.992	84.991	84.990	84.993
×2	84.991	84.993	84.991	84.990	84.994	84.992	84.991	84.989	84.991	84.991
×3	84.993	84.994	84.992	84.993	84.991	84.991	84.993	84.989	84.993	84.992
×4	84.994	84.992	84.991	84.990	84.991	84.994	84.993	84.990	84.992	84.990
×5	84.995	84.991	84.992	84.991	84.994	84.991	84.991	84.998	84.989	84.991
Σ×	424.964	424.963	424.959	424.958	424.963	424.962	424.960	424.947	424.955	424.957
$\bar{x}$	84.9928	84.9926	84.9918	84.9916	84.9926	84.9924	84.9920	84.9894	84.9910	84.9914
R	0.004	0.003	0.002	0.004	0.003	0.003	0.002	0.003	0.04	0.003

　　接着为编制直方图进行计算。直方图用条形柱形式图形表达检测值的频度分布，柱的高度表示数值在该级别中的相对占比。检测值的位置和扩散均可从直方图中读取。同时也能轻松识别其相应的规律性。

首先计算检测误差和分级数量。下一步计算分级范围宽度。第一级的下限从 x_{min} 开始，加上分级范围宽度求出第一级的上限。这种算法适用于全部 7 个分级。

$$R = X_{max} - X_{min} = 84.995 \text{ mm} - 84.988 \text{ mm} = 0.007 \text{ mm}$$

$$k = \sqrt{50} = 7.07 \quad \text{（已选 7 个分级）}$$

$$w = \frac{R}{K} \approx \frac{0.007 \text{ mm}}{7} \approx 0.001 \text{ mm}$$

将 7 个分级代入直方图，选择检测值并将它们分配给各个分级。最后求出检测值在各个分级中的绝对和相对分布。

分级	抽检表和直方图		
		n_j 绝对分布	h_j 单位：% 相对分布
84.988 ~ 84.989	‖	1	2
84.989 ~ 84.990	‖	3	6
84.990 ~ 84.991	‖‖	5	10
84.991 ~ 84.992	‖‖‖ ‖‖‖ ‖‖‖ ‖	16	32
84.992 ~ 84.993	‖‖‖ ‖	7	14
84.993 ~ 84.994	‖‖‖ ‖‖‖	10	20
84.994 ~ 84.995	‖‖‖ ‖	8	16

通过对直方图的评估可以确定，所测检测值属正常分布，略有向最大尺寸值方向倾斜的趋势。由此可得出结论，该机床能力可以保证加工。接着可对该结论进行计算验证。

计算机床能力 c_m 时，设抽检样品 $n=5$，然后用标准偏差预估值 σ 进行计算。

$\overline{R} = 0.0031$

$\hat{\sigma} = 0.43 \cdot \overline{R} = 0.001333$

$c_m = \dfrac{0.0015 \text{ mm}}{6 \cdot 0.001333} = \underline{1.875}$

$$c_m = \frac{T}{6 \cdot \hat{\sigma}}$$

$\hat{\sigma} =$ 标准偏差预估值

$\overline{R} = m$ 次抽检的检测误差平均值

$z_{krit1} =$ 最大尺寸 - 总平均值

$z_{krit1} = 85.000 \text{ mm} - 84.9917 \text{ mm} = 0.0083 \text{ mm}$

$z_{krit2} =$ 总平均值 - 最小尺寸

$z_{krit2} = 84.9917 \text{ mm} - 84.9850 \text{ mm} = 0.0067 \text{ mm}$

由于距离公差极限的偏差 z_{krit2} 较小，这里应代入

$c_{mk} = \dfrac{0.0067 \text{ mm}}{3 \cdot 0.001333 \text{ mm}} = \underline{1.675}$

$$\overline{R} = \frac{R1 + R2 + R3 + \ldots Rm}{m}$$

$$c_m = \frac{z_{krit}}{3 \cdot \hat{\sigma}}$$

$z_{krit} =$ 总平均值与公差极限的最小间距

机床能力和机床极限能力的数值已满足客户的设定参数。检测值的扩散和检测值的位置均位于公差范围之内，这已满足相关要求。据此可证明，该机床具有按照规定质量和尺寸重复精度加工工件的能力。

11.5.3 过程能力测试

即便所有已投入使用的机床已通过机床能力测试证明其能力合格，在生产过程中仍可能出现缺陷，其原因如工件的频繁换装，企业内部的运输和仓储，或环境影响因素的改变等。因此，整个生产过程，从原材料入厂直至产品到达客户手中，都必须进行检验和优化，直至生产过程的重复精度达到所要求的质量为止。

> 过程能力测试（PFU）用于测试整个加工过程的能力，即按照所要求的质量加工一个产品。测试时，所有的时间和环境影响因素均需考虑在内。

过程能力测试需证明的是，加工以及产品的质量是随时可以重复的。其目的是证明连续运行的批量加工条件下加工过程的能力。除精确确定所有预设企业部门和进程外，一般还需对一个正在运行的加工过程进行抽检，因为高产量设备的大批量产品不允许对每一个零件都进行检验，检验本身常常也需耗费时间，由此产生的成本都将反映在产品的价格上。

从约 125 个抽检样品开始，从批量加工产品标准分布值中可以得出结论，测试结果足以准确描述一个基本总体性。每个批次待抽检样品数量一般由生产组织机构决定，它取决于各个不同的生产订单和检验水平的确定（表 1）。

过程能力测试流程：

- 从正在运行的加工过程中每 5 个零件抽检一个，共抽检 20 至 25 个。
- 检测由客户确定的检测特征，结果记入卡片。
- 将特殊的故障影响因素记入卡片。
- 计算抽检样品的标准偏差和平均值。
- 计算能力指数 C_p（过程能力）和 C_{pk}（参见图表手册）。

一般情况下，已加工零件中至少 99.73% 位于公差极限值之内，即可视为加工过程能力合格。实际所要求的数值可以由客户确定并允许与此有所偏差。

只有当整个加工过程安全稳妥地满足了所要求的条件，才允许机床执行加工任务。所有对加工过程施加影响的量，如加工参数，刀具和工件的装夹，或环境的其他条件等，均需记录在案，建档入库，遵守所要求参数实施测试的证明将移交客户。

表 1：根据检验水平决定抽检数量

批量规模	检验水平		
	1	2	3
最多至 15 件	2	3	4
16～25 件	3	4	5
26～50 件	5	7	9
51～100 件	9	13	17
101～150 件	13	19	25
151～300 件	17	21	27
从 301 件开始	7.5%	10%	12.5%

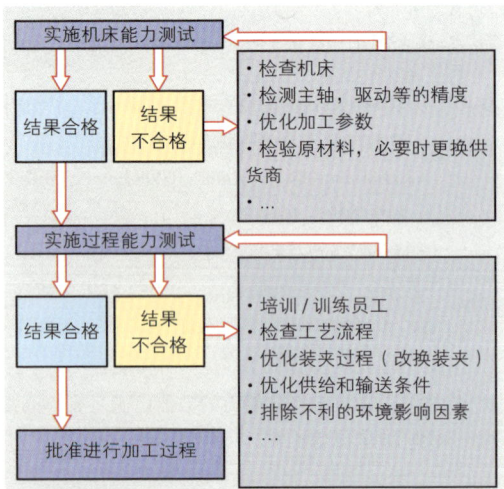

图 1：为获准加工过程的过程能力测试

11.6 统计型质量管理

> 统计型质量管理指企业使用统计学方法所做的与质量相关的工作，例如连续监视加工过程。

这些统计学方法即可用于质量计划，也可用于质量控制和质量检验。

接受加工任务之前，增加在质量计划中使用统计学方法［过程前（Preline）质量管理］。

在加工过程中，已经使用统计学方法［过程中（Online）质量管理］。

加工之后的质量控制［过程后（Postline）质量控制］意义已经不大。

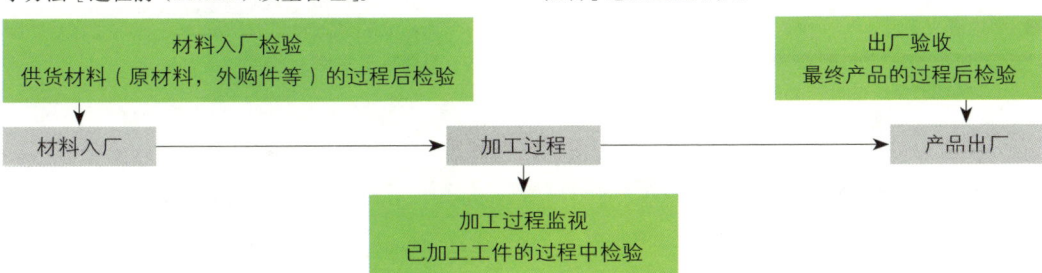

如今，对于切削加工已实施加工过程监视，即在加工过程进行到一半时，实施过程中检验。加工过程监视也可以使用缩写 SPC（Statistical Process Control 的英语首字母缩写，意为：统计学过程控制）。

加工过程监视的目的：

- 确定加工过程中的质量缺陷。
- 采取对应措施消除缺陷。

采用统计学方法的前提是掌握下述若干概念和相互关系的知识：

11.6.1 统计型质量管理的基础知识

■ 偶然性和系统性影响因素

生产一个工件时，有许多内部和外部条件影响加工过程。如果这些因素共同作用，工件将永无可能符合理想的质量特征。

> 偶然因素产生偶然性偏差（缺陷），系统因素产生系统性偏差（缺陷）。

偶然因素举例：

- 材料成分的改变。
- 切削条件的改变。
- 装夹的改变（装夹力，校准）。
- 检验条件的改变。
- 刀具的磨损。
- 外部条件的改变（灯光等）。

系统因素举例：

- 材料成分明显的偏差。

- 刀具断裂。
- 检验装置误差。
- 某段时间内温度的持续变化。

> 系统因素的原因可以预见和排除。偶然因素却只能予以考虑。

■ 概率 P（Probability 首字母缩写）

> 一个事件发生的概率等于有利（希望的）情况与所有可能情况之比。

$$P = \frac{\text{有利情况的数量}}{\text{可能情况的数量}}$$

形象地解释：

掷骰子掷出一个"6"的概率是 1/6，就是说，掷 600 次骰子大概可掷得 100 次"6"。掷的次数越多，掷中的可能性越大。

■ **正态分布**

数学家 C.F. 高斯发现，偶然因素产生的某些特性值点是围绕着一个平均值波动。由该平均值构成的误差分布法则可用图形绘制出一个钟形曲线（图1）。

举例：

未出现系统因素时，直径应为 25 mm 的轴将围绕着这个数值随机波动。为在加工中能以可比数据为依据，应采用标准化数值。

■ **平均值 $\bar{x}$**

> 平均值 $\bar{x}$ 是抽检样品所有检测单值的算术平均值。

$$\bar{x} = \frac{x_1 + x_2 + x_3 + \cdots + x_n}{n}$$

■ **中位数值 $\tilde{x}$**

> 中位数值 $\tilde{x}$ 是位于其两边数量相等的检测值中央的一个数值。

■ **标准偏差 s 和检测误差 R**

> R 和 s 是与平均值有偏差的尺寸数值。

标准偏差 s（亦作 σ）是钟形曲线中拐点至平均值的间距。检测误差 R 是抽检样品最小与最大检测值之间的差。从 R 和 s 可绘制出钟形曲线的形状（狭

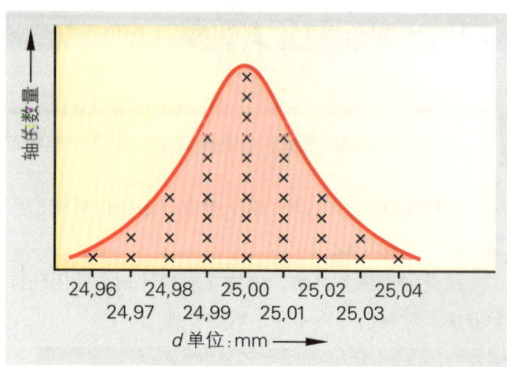

图 1：高斯钟形曲线

抽检轴直径（mm）
25.01；25.02；25.04；24.99；24.98；25.00；24.97

$$\bar{x} = \frac{25.01 + 25.02 + \cdots + 24.97}{7} = 25.0014 \text{ mm}$$

$$\tilde{x} = 25.00 \text{ mm}$$

图 2：对比平均值与中位数值

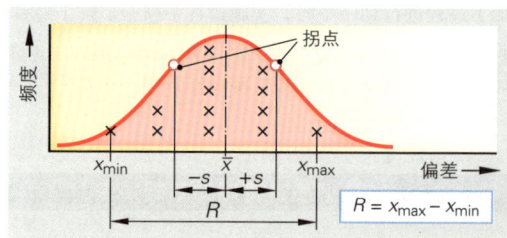

图 3：标准偏差和检测误差

长，宽阔），并由此得知检测值与平均值的偏差状况（图 3）。

11.6.2 作为加工监视工具的质量控制卡

质量控制卡（QRK）用于监视生产过程中的质量特性（例如长度，角度），并找出缺陷。使用质量控制卡应能捕捉偶然波动并发现系统性缺陷。整个生产过程应始终处于统计监控之中；除统计监控外，还必须保持对生产过程的干预。实际出现缺陷时的及时干预将对成本趋势产生很大影响，当然，过度小心的干预行动与无所作为同样是错误的。

加工过程只能处于两种状态：有缺陷和无缺陷。因此，操作人员和计算人员每次只需在两种决定中选一个：干预或不干预。

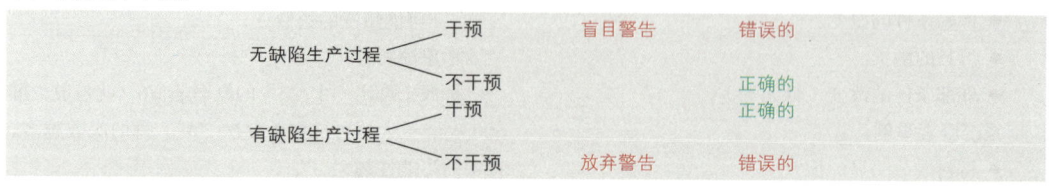

■ 质量控制卡（QRK）的设计

> 为保证使缺陷遗漏的可能性降至最低，质量控制卡的设计应使它对缺陷做出提示说明。

设计质量控制卡时需确定：

● 抽检范围。
● 抽检的时间间隔。
● 干预极限。

> 干预极限（单方面或双方面）是一种界限，即干预必须遵照的一个固定的范围，不超过（上限），不低于（下限）。

例如，所有零件自上次抽检后需再次检测。

干预极限系计算得出。

如果干预极限距平均线的间距过小，将会在偶然性偏差时触发盲目警告。

但如果干预极限过大，可能导致干预过迟。

因此应经常补充警告极限（极限值的 95%）。这里也有固定的步骤，例如：立即再次取样。

已检测的数值或计算和求取的数值，如平均值，中位数值，标准偏差或检测误差等可以记入质量控制卡。因此，质量控制卡的种类有着若干不同。部分控制卡是组合使用的，如 $\tilde{x}$-R 卡（中位数值 – 检测误差 – 控制卡），或 $\tilde{x}$-s- 卡（中位数值 – 标准偏差 – 控制卡）。

从质量控制卡可以识别出许多缺陷和对加工过程的影响因素：

● 所有数值在中轴线附近摆动：加工过程在控制之中。
● 平均值和中位数值向一个方向漂移：趋向，可能是均匀磨损的原因。
● 平均值和中位数值超过 7 个抽检数值偏向一边：发展，可能是换刀，刀具破损，新材料等的原因。
● 上述数值比上一点的偏离更大：与中轴线的偏离增加，可能是机床的一般性磨损。
● 检测值已超出干预极限：可能是一个检测错误，一个偶然性偏差或一个基础故障的原因。

对于上述各点，企业工作指南中已述明如何应对的措施。

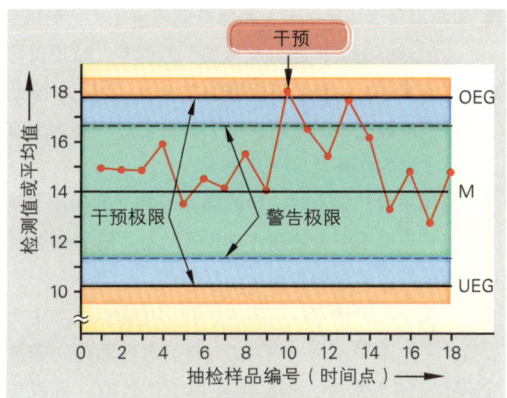

图 1：质量控制卡（普通结构）

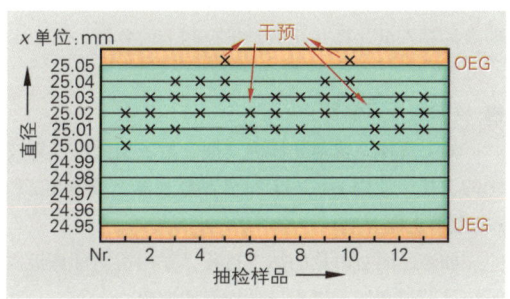

图 2：质量控制卡（原始数值卡）

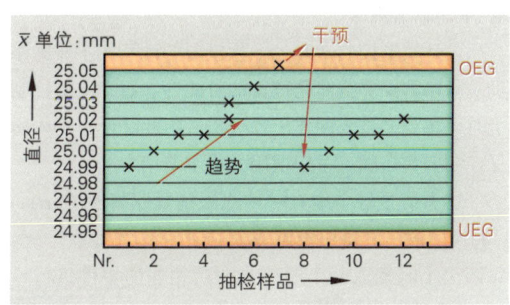

图 3：质量控制卡的 $\tilde{x}$ 卡（中位数值卡），趋势

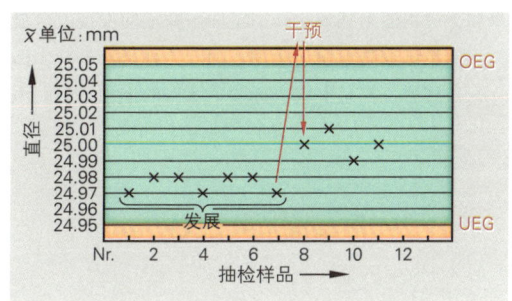

图 4：质量控制卡的 $\tilde{x}$ 卡（中位数值卡），发展

■ 检测误差卡（R－卡）和标准偏差卡（s－卡）

为记录检测值扩散以及与加工的偏差，特地设计检测误差卡（R－卡）和标准偏差卡（s－卡）。除此之外，标准偏差值对于机床能力和加工过程能力也有意义（参见 502 页及后面几页）。

使用质量控制卡时，检测误差卡和标准偏差卡每次需与平均值卡组合使用才能发挥效益。这种组合可对检测值的位置和偏离程度一目了然。

若仅想简单确定偏离程度，使用中位数值（中央数值）－检测误差卡（$\tilde{x}$－R－卡）组合即可。若欲准确定义偏离程度，则必须使用中位数值－标准偏差卡（$\tilde{x}$－s－卡）组合。

$\tilde{x}$－s－卡组合的灵敏度更高。但使用 $\tilde{x}$－s－卡时要求计算人员计算并评估质量控制卡的数值。

■ 检验和计算偏差

如上所述，快速并精确掌握大量数据要求计算技术的支持。使用 $\tilde{x}$－s－卡时可在监视器上解读出 $\tilde{x}$ 和 s 的数值走向。

如今，面对海量的加工过程，采用检测计算机执行统计监视和加工过程与平均值的偏离。

■ 使用信号灯卡

设计质量控制卡时，干预极限的计算成本非常昂贵。所以需要寻找简化过程的可能性。研发质量控制卡时可将公差极限用作干预极限。由此降低了引入质量控制卡和在加工过程使用的成本费用。

这类信号灯卡中有一种称为预置控制卡（preset control）。它主要用于汽车制造业。作为抽检方式，每两个小时抽取两个顺序为前后相连的零件进行检

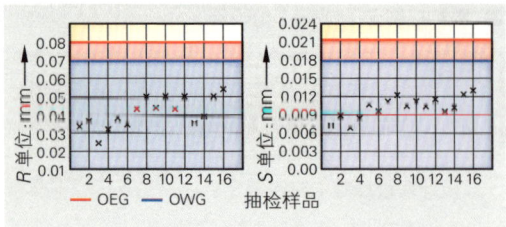

图 1：检测误差卡和标准偏差卡

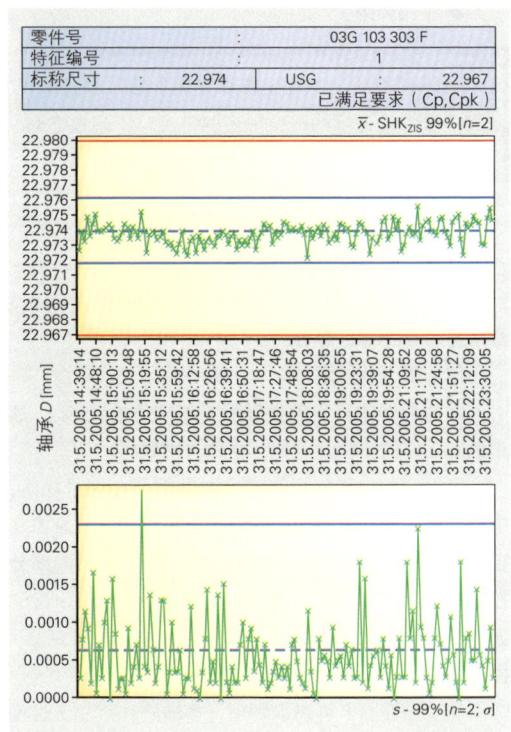

图 2：监视器上的 $\tilde{x}$－s－卡

验。按照控制卡规定的算法进行计算。其算法是："继续"、"修正"和"修正与分类"。使用这类控制卡的前提是现有机床设备加工过程的高度稳定性，因为抽检的时间间隔相当密集。反对使用此类控制卡的观点是，如果加工过程达不到如此高稳定性，缺陷的发现就会显得太迟。

信号灯控制卡便于应用，因为这种来自日常生活的颜色具有很高的信号警示作用。

在这里，控制卡中也标明了所有的干预措施，因此便于追踪整个加工过程，包括其中的缺陷。

11.7 通过企业管理增强企业实力

前面几节详述了加工过程中的质量控制，应能对下文质量管理的其他要素起到提示作用，即质量管理可以使企业持久保持市场业绩，并能总体增强企业在市场上的实力和地位。这里的质量管理要素尤指持续改进过程，审计和认证，环境政策、生产安全、劳动安全以及紧急状态管理等多个环节的管理过程。

11.7.1 持续改进过程

持续改进过程（KVP）是 ISO 9001 一个不能放弃的组成部分（参见 497 页）。一个欲获得 ISO 9001 质量认证的企业必须证明，它已例如确定了哪些措施对 KVP 做出计划并予以执行。这些措施的执行及其结果均应建档。因此，持续改进过程（KVP）是针对所有企业领域和管理体系自身的一个标准化质量管理的重要组成部分。

可与之相比较的是日本哲学 KAIZEN（日语的 Kai = 改变；Zen = 改善）。两个概念的大部分是同义的。持续改进过程有着多重目标。首先是追求更好的客户满意度。为保证客户的满意度，应将降低成本、保证质量、迅速处理（时间效率）所出现的问题视为与其他各项相比更为重要的目标。业界常用石川的鱼骨图形象地表述持续改进过程（KVP）。

KVP 和 KAIZEN 均以下述设想为基础，即每一种现实状态都值得改进，员工必须为改进现状而努力。进一步而言，是希望优化员工团队。通过持续不断的继续培训保证员工的责任心，并在企业内部构建一种等级制度，使每一名企业员工在改进方面都有话语权。有目的地实施 KVP 的方式方法（图 1）。如果某员工发现在其工作范围内有改进潜力，就应该根据其建议在工作小组或质量团队中对问题作出描述，评估该问题的重要性并做出分析。

接着，汇集关于解决方案的各种想法，推导出相应措施，根据该措施所需资源作出协商，执行并建档载入例如质量手册。通过 KVP 将例如：

- 改善客户满意度和产品质量。
- 降低成本。
- 更好地充分利用资源。
- 发现并利用最佳合作效果。
- 优化工作流程和过程。
- 提高员工的主动性和能力。
- 改善企业文化，使所有企业员工都能与企业实现认同（Corporate Identity– 企业认同）。

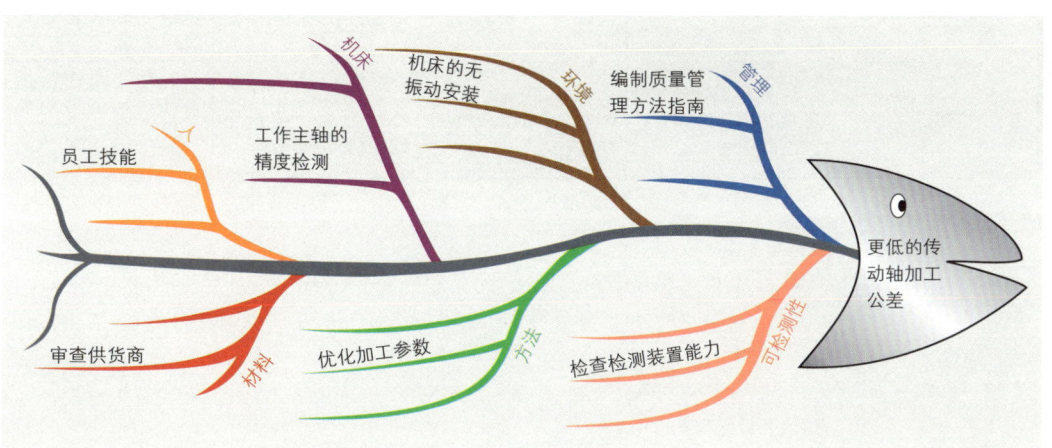

图 1：用石川鱼骨图表述传动轴（例如 502 页）加工的持续改进过程

在质量管理体系中现有多种不同方法可供采用。如早期源自 KAIZEN 的石川图（参见 509 页），这是一个原因（作用图）。其结构状若鱼骨架，所以又称鱼骨图。鱼头表示问题或待改进的要素，7 个 "M" 表示最重要的、必须不断检查并持续改进的因素。在 509 页所述具体的实例中应将传动轴（502 页）的加工公差降至客户的期望值，目的是简化传动轴装入变速箱的工作并降低变速箱运行噪音。

11.7.2　认证作为质量管理的目标

评审（拉丁词 Audition = 倾听）是一种设定与实际的比较，目的是检查是否已遵守规定的要求。这里应检查：

- 是否遵守规定。
- 这些规定是否适用于达成所需目标。

评审是一个系统性的，独立的和用文件资料证明的过程，其目的是证明已在多大程度上满足了指定的质量要求。评审用于发现缺陷源头和改进的可能性。在这个意义上，评审具有预防功能。但它也是一个指导性工具，可用于设定目标并通报关于达成目标的管理信息。

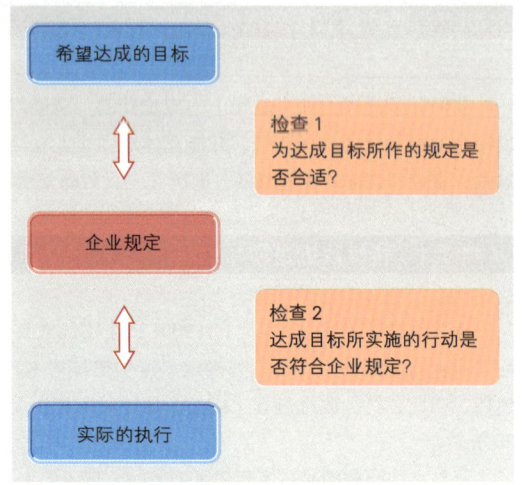

图 1：评审时的检查

根据 ISO 9001，评审机构必须在规定的时间间隔内证明管理体系的有效性。这里需划分企业内部和外部评审。内部评审一般用于发现一个企业内部的薄弱环节或系统缺陷。外部评审一般用作认证目的。

ISO 19011 规定质量管理和 / 或环境管理体系评审的指导原则。

评审的类型	供货商评审	产品评审	过程评审	质量管理体系评审
执行	外部 供货商的客户	内部 / 外部 质量特征的抽检检验	内部 / 外部 质量控制、加工过程和组织流程的系统性检验	内部 / 外部 质量手册要求与规定的设定值与实际值比较并与企业流程比较
目标 / 结果	评判供货商的质量能力和可靠性 – 供货商评审	认出系统缺陷与趋势 – 与客户期望比较	认出加工过程的不足之处，检查组织流程的有效性	内部：检查，是否所有的调节均遵守规定并且有效 外部：企业认证

认证（拉丁词 "certe" = 确定，认定和 "facere" = 做，实施）是一个过程，借助该过程证明对指定要求的遵守。虽然没有法律条文规定一个企业需认证其质量管理体系，但根据 DIN 9001 第 4 章 "要求"：遵循相应质量管理体系的客户有责任判断并监视其供货商的质量能力和可靠性。由于切削加工企业一般都是供货商，因此其认证意义重大，为保持其市场地位，这种认证可视为 "性命攸关"。

若要颁发一份 ISO 9001 标准国际认可的质量管理认证证书，必须遵守 ISO 19011 的要求。认证只允许由经过授权（国家认可）的机构执行。在德意志联邦共和国由德国认证委员会（DAR）负责对认证企业进行认可和注册。

认证时，应根据质量手册对文件证明的质量控制要求的执行和维护做出判断。认证证书以书面形式证明所列举的质量控制标准已得到适当的执行，本证书有效期 3 年。

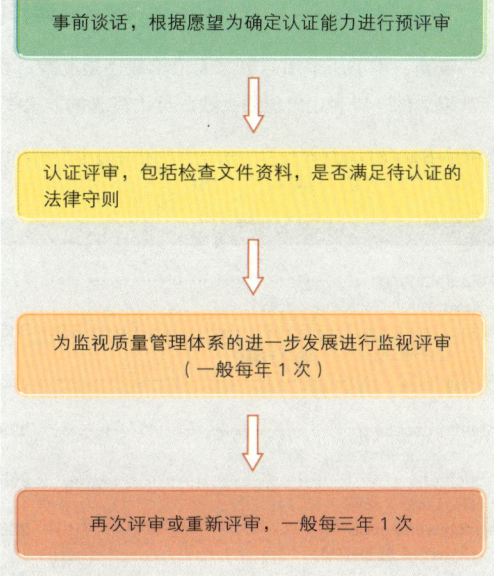

图 1：认证流程

作业：

1. 除其他利益之外，考虑客户利益对于一个企业获取成功具有决定性意义。质量管理体系中哪些要素用于企业采集客户需求并予以满足？

2. 请解释，按照您的观点，谁应在企业中负责产品的质量？

3. 请解释机床能力测试与过程能力测试的相互关系与区别。

4. 机床验收时已算出 $c_m = 2.067$，$c_{mk} = 1.654$。请借助图表手册解释这两个数值。

5. 为执行批量生产传动轴而进行的过程能力测试结果不令人满意。请在一个石川鱼骨图中列出至少 3 个可能的原因。

6. 请解释，为什么认证可为企业增强其市场地位做出贡献。

词汇索引

说明：本书所采用的概念无论单数还是复数，均依照其在本书的应用场景或通用用法。本书仅列出含有所涉概念的一段表述出现的页数。英语概念的取义视其前后文意义的衔接，即使该概念还有其他含义。

I

J

K

Q

标准和规范

金属切削加工领域内现有数以千计的标准和规范。它们涉及材料，加工方法，加工机床设计和劳动保护等诸多类别。标准的名称已部分简化。

下面的节选表仅是众多标准和规范的管窥一斑。我们试图选取每个实用领域中具有代表性的标准，规则和规范。

DIN 202	螺纹概论	DIN 24900—10	机械制造图形符号；加工机床
DIN 862	游标卡尺	DIN 30910—4	烧结金属成型件
DIN 863—1~4	千分卡尺	DIN 40150	功能单元与结构单元的排列概念
DIN 1301—1	单位；单位名称，单位符号	DIN 66025—1	数控加工机床的程序结构；概论
DIN 1301—2	单位；一般用途零件及变化	DIN 66025—2	数控加工机床的程序结构；行程
DIN 1304—1	公式符号；一般公式符号		条件，辅助功能
DIN 1305	质量，称重数值，力，重力，负荷	DIN IEC 60050—351	控制技术
DIN1319—1	检测技术的基本概念；一般的基本概念；基本概念	DIN ISO 286—1	长度尺寸的 ISO 公差系统；基础概念
DIN1319—2	检测技术的基本概念；检测仪应用的概念	DIN ISO 513	用于金属切削的硬质切削材料
		DIN ISO 525	黏接磨料的磨具
DIN1319—3	检测技术的基本概念；各项检测的评估计算	DIN ISO 1832	切削刀具的可转位刀片
		DIN ISO 2768—1	长度尺寸和角度尺寸的未注公差
DIN1319—4	检测计算的基本概念；检测的评估计算，检测的不稳定性	DIN ISO 2768—2	形状和位置的未注公差
		DIN ISO 2806	工业自动化系统；机床的数字控
DIN 2244	螺纹；概念		制系统；概念
DIN 2258	长度检测技术的图形符号	DIN ISO 7083	形状和位置公差的符号
DIN 6580	切削技术的概念；切削过程的运动和几何形状	DIN ISO 11054	切削刀具 – 高速切削钢组
		DIN ISO 14617	图形符号
DIN 6581	切削技术的概念；刀具切削部分的基准系统和角度	DIN EN 10020	钢的分类，概念
		DIN EN 10027—1	钢的命名系统；缩写名称
DIN 6582	切削技术的概念；刀具，切削楔和切削刃的补充概念	DIN EN 10027—2	钢的命名系统；代码系统
		DIN EN 10083—1~3	调质钢
DIN 6583	切削技术的概念；基本概念	DIN EN 10084	渗碳钢
DIN 6584	切削技术的概念；力，能量，功，功率	DIN EN 10085	渗氮钢
DIN 8580	加工方法；概念；分类，概览	DIN EN 14070	加工机床的安全
DIN 8589—0	切削加工方法；分类，细分，概念	DIN EN ISO 148—1	夏比（Charpy）开口冲击韧性试验
DIN 8599—1	加工方法：车削	DIN EN ISO 1101	形状，方向，位置和跳动的几何
DIN 8589—2	加工方法：钻孔，锪孔，铰孔		公差
DIN 8589—3	加工方法：铣削	DIN EN ISO 1302	表面特征的标注
DIN 8589—4	加工方法：刨削，插削	DIN EN ISO 4287	产品的几何特征
DIN 8589—5	加工方法：拉削		– 表面特征
DIN 8589—5	加工方法：锯		– 触针步进检测法
DIN 8589—11	使用旋转刀具磨削	DIN EN ISO 4957	工具钢
DIN 8589—11	珩磨	DIN EN ISO 6505—1	布氏硬度检验
DIN 8589—11	研磨	DIN EN ISO 6507—1	维氏硬度检验
DIN 8590	分离式加工方法	DIN EN ISO 6508—1	洛氏硬度检验
DIN 17022—1~3	铁材料的热处理	DIN EN ISO 6892—1	拉力试验

行业协会的规范和规则 – 节选

出版者：德国法定事故保险公司 – DGUV，10117 柏林

销售者：Wolters Kluwer GmbH, Carl Heymanns 出版股份有限公司，卢森堡大街 449 号，50939 科隆，www. arbeitssicherheits.de

自 2014 年 5 月 1 日起一种新的规则分类开始生效。它将规则细分为原则（G），条例（V），信息（I）和规则（R）。

例如一条完整信息的表达为：

DGUV 信息 204–022 急救……

V 1	预防的原则	I 209-024	微量润滑
V 3	电气设备及其元器件	I 209-026	加工机床的火灾与爆炸防护
I 204-006	急救，引言	I 209-066	切削加工机床
I 204-007	急救手册	I 209-074	工业机器人
I 204-022	企业内急救	R 109-003	与冷却润滑材料的接触
I 204-034	紧急呼叫 – 应报告什么信息?	R 109-005	使用 – 吊具 – 钢丝绳
I 204-035	急救员	R 109-006	使用 – 吊具 – 纤维绳
I 209-001	手持工具工作时的劳动安全		
I 209-002	磨削	§ 14 GefStoffV	对企业员工的授课和指导
I 209-004	磨削的安全性 – 接触危险材料		

其他文献

下面所列是本教科书在各个具体专业领域所涉书籍，它仅是专业书籍、教科书和信息杂志的一小部分。除此之外，多家企业和研究所还对本书各个具体专题提供了专业信息的书籍和手册。

Böge, A.; Arbeitshilfen und Formeln für das technische Studium, Bd. 3; Vieweg, Wiesbaden

Degner, W. u.a.; Spanende Formung; Hanser, München

Dutschke, W./Keferstein, C.; Fertigungsmesstechnik; Teubner, Wiesbaden

Herr, H. u.a., Formeln der Technik; Europa-Lehrmittel, Haan

Kammer, C. u.a.; Werkstoffkunde für Praktiker; Europa-Lehrmittel, Haan

König/Klocke; Fertigungsverfahren 1; Drehen, Fräsen, Bohren; Springer, Berlin/Heidelberg

Müller, G. u.a.; Lexikon Technologie; Europa-Lehrmittel, Haan

Paetzold; CNC für die Aus- und Weiterbildung; Europa-Lehrmittel, Haan

Reichard, A. u.a.; Fertigungstechnik 1; Handwerk und Technik, Hamburg

Scheipers, P. u.a.; Handbuch der Metallbearbeitung; Europa-Lehrmittel, Haan

Schmid, D. u.a.; Automatisierungstechnik in der Fertigung; Europa-Lehrmittel, Haan

Schmid, D. u.a.; Produktionsorganisation; Europa-Lehrmittel, Haan

Schmid, D. u.a.; Steuern und Regeln in Maschinenbau und Mechatronik; Europa-Lehrmittel, Haan

Schmid, D. u.a.; Industrielle Fertigung – Fertigungsverfahren, Mess- und Prüftechnik; Europa-Lehrmittel, Haan

Schmid, D. u.a.; Qualitätsmanagement; Arbeitsschutz und Umweltmanagement; Europa-Lehrmittel, Haan

Tschätsch, H.; Praxis der Zerspantechnik; Springer/Vieweg, Wiesbaden

Tschätsch, H.; Werkzeugmaschinen; Hanser, München

Weck, M.; Werkzeugmaschinen, Bd. 1...5; Springer, Berlin/Heidelberg

Wienecke, F.; Produktionsmanagement; Europa-Lehrmittel, Haan

DIN-Taschenbücher; Beuth, Berlin
Sie enthalten alle für ein bestimmtes Fachgebiet relevanten Normen im Originaltext, verkleinert auf das Format A5.

1	Mechanische Technik; Grundnormen
3	Maschinenbau; Normen für Studium und Praxis
6/1	Bohrer, Senker, Reibahlen
6/2	Gewindebohrer, Gewindeschneideisen, Gewindefurcher
10	Mechanische Verbindungselemente 1 – Schrauben
11/1	Längenprüftechnik 1; Grundnormen
11/2	Längenprüftechnik 2; Lehren
11/3	Längenprüftechnik 3; Messgeräte, Messverfahren
14	Werkzeugspanner
19	Mechanisch-technologische Prüfverfahren
40	Drehwerkzeuge
41	Schraubwerkzeuge
43	Mechanische Verbindungselemente 2 – Bolzen, Stifte, Niete, Keile
151	Werkstückspanner und Vorrichtungen
167	Fräswerkzeuge
204	Antriebselemente
220	Fertigungsverfahren 2; Trennen, Zerteilen, Spanen, Abtragen, Zerlegen, Reinigen
223	Qualitätsmanagement und Statistik; Begriffe
226	Qualitätsmanagement, QM-Systeme und Verfahren
404/1	Stahl und Eisen; Gütenormen 4/1; Maschinenbau, Werkzeugbau

照片来源索引

Airtec Pneumatik GmbH, Kronberg

Alfotec GmbH, Wermelskirchen

Alzmetall GmbH & Co. KG, Altenmarkt/Alz

ANCA (Europa) GmbH, Mannheim

ATOMIT DURAWID GmbH Werkzeugfabrik, Plettenberg

Berufliches Schulzentrum Werdau

Blohm Maschinenbau GmbH, Hamburg

BSZ Technik, Freundeskreis des e.V., Annaberg-Buchholz

BSZ für Technik III., Richard Hartmann, Chemnitz

Buderus Schleiftechnik GmbH, Aßlar

Ceram Tec AG, Ebersbach

Carl Zeiss, Oberkochen

De Beers Industrie GmbH, Willich

Deckel-Maho Drehmaschinen GmbH, Pfronten

Demag Cranes & Components GmbH, Wetter/Ruhr

Diamant Board Deutschland GmbH, Haan

Diamant-Gesellschaft Tesch GmbH, Ludwigsburg

DMG Vertriebs- und Service GmbH, Bielefeld

Dörries

EMCO-Maier GmbH, Hallein (Österreich)

Emuge Werk, Lauf

ESKA Sächsische Schraubenwerke GmbH, Chemnitz

Fertigungstechnik „Nord" GmbH, Gadebusch

Fooke GmbH, Borken

Frömag GmbH & Co. KG, Fröndenberg/Ruhr

Gehring Technologies GmbH, Ostfildern

Gildemeister AG, Bielefeld

Gildemeister Devlieg, Bielefeld

Gildemeister Drehmaschinen GmbH, Bielefeld

GKN Sintern Metals GmbH & Co. KG, Radevormwald

Wolfgang Grießhaber GmbH, Esslingen

Gühring oHG, Albstadt

Handtmann Metallguss GmbH, Biberach/Riss

Dr. Johannes Heidenhain GmbH Traunreut

Hohenstein Vorrichtungsbau und Spannsystem GmbH, Hohenstein-Ernstthal

Hommel ETAMIC GmbH, Villingen-Schwenningen

Hommel + Keller, Aldingen

Hydro-Aluminium Deutschland GmbH, Grevenbroich

KADIA Produktion GmbH + Co., Nürtingen

Kirchner und MüllerLasertechnik GmbH – Dremicut GmbH, Dresden

Karl Klink GmbH Werkzeug- und Maschinenfabrik, Niefern-Öschelbronn

Klüber Lubrication München KG, München

Knuth GmbH & Co. Werkzeugmaschinen KG, Wasbeck

Kuka GmbH, Schwarzenberg

Linde AG, Aschaffenburg

LU Leuchtenumformtechnik, Otto Vollmann GmbH & Co. KG, Scheibenberg

Mahr GmbH, Esslingen

Mahr GmbH, Göttingen

Mahr Kundenzentrum Berlin/Chemnitz

MAN Roland Druckmaschinen AG, Werk Plamag Plauen

Mitsubishi Carbide, Meerbusch

Nabertherm GmbH, Lilienthal

Optimum Maschinen Germany GmbH, Hallstadt/Bamberg

Preisser Messtechnik, Gummertingen

psb GmbH Materialfluss und Logistik, Pirmasens

REFA, Muggensturm

Reik Schleifmittelwerke Dresden, Dresden

Richter Vorrichtungsbau GmbH, Langenhagen

Röders GmbH, Soltau

Röhm GmbH, Sontheim

R. & S. Keller GmbH, Wuppertal

Sandvik GmbH Geschäftsbereich Coromant, Düsseldorf

Sandvik GmbH; ESKA Automotive GmbH, Chemnitz

Schaudt Maschinenbau GmbH, Hartmannsdorf

Schließanlagen GmbH, Pfaffenhain/Sachsen

Schweriner Ausbildungszentrum, Schwerin

Siemens Pressebild

Siemens VDO Automotive AG, Limbach-Oberfrohna

SL-Automatisierungstechnik, Iserlohn

STRUERS GmbH, Willich

TEDI Technische Dienste GmbH, Gadebusch

TN Werkzeugmaschinen GmbH, Vösendorf (Österreich)

TU Chemnitz, Chemnitz

VDI Verlag, Düsseldorf

Verlag Bundesanzeiger,
Bd. 1 ISBN 3-89817-390-9;
Bd. 2 ISBN 3-89817-360-7

Verlag Europa-Lehrmittel, Haan,
Aus den folgenden Werken: „Der Werkzeugbau";
„Fachkunde Metall"; „Steuern und Regeln";
„Rechenbuch Metall"; „Produktionsmanagement";
„Industrielle Fertigung"; „Elektrische und elektronische Steuerungen"; „Fachkunde Mechatronik"

Manfred Wader-plastic, Elterlein

Waldrich, Adolf, Werkzeugmaschinenfabrik GmbH & Co., Coburg

Webomatik Maschinenfabrik, Bochum

Wollschläger, Bochum

Zentrale für Gussverwertung, Düsseldorf

图书在版编目（CIP）数据

机械切削加工技术（中文版第二版）/ [德]阿明·施泰因米勒等著；杨祖群译. -- 长沙：
湖南科学技术出版社,2020.9

ISBN 978-7-5710-0567-2

Ⅰ．①机… Ⅱ．①阿… ②杨… Ⅲ．①金属切削Ⅳ．①TG5

中国版本图书馆 CIP 数据核字(2020)第 069411 号

Original Title: Zerspantechnik Fachbildung

Copyright 2015 (6th edition): Verlag Europa-Lehrmittel,
Nourney, Vollmer GmbH & Co. KG, 42781 Haan-Gruiten (Germany)

著作权合同登记号：18 — 2020 — 025

JIXIE QIEXUE JIAGONG JISHU (ZHONGWENBAN DIERBAN)
机械切削加工技术（中文版第二版）

著　者：[德]阿明·施泰因米勒等
译　者：杨祖群
责任编辑：杨　林
出版发行：湖南科学技术出版社
社　址：长沙市湘雅路 276 号
　　　　http://www.hnstp.com
邮购联系：本社直销科 0731-84375808
印　刷：长沙德三印刷有限公司
　　　　（印装质量问题请直接与本厂联系）
厂　址：湖南省长沙市宁乡市夏铎铺工业园亮之星米业内
邮　编：410604
版　次：2020 年 9 月第 1 版
印　次：2020 年 9 月第 1 次印刷
开　本：710mm×970mm　1/16
印　张：33.5
字　数：877 千字
书　号：ISBN 978-7-5710-0567-2
定　价：148.00 元
（版权所有·翻印必究）